U0238357

“十二五”“十三五”国家重点图书出版规划项目

China South-to-North Water Diversion Project

中国南水北调工程

● 征地移民卷

《中国南水北调工程》编纂委员会　编著

·北京·

内 容 提 要

本书为《中国南水北调工程》丛书的第六卷，系统地介绍了南水北调东、中线一期工程建设中的丹江口水库移民安置和干线工程征迁安置的规划任务、管理体制机制和制度建立、实施与管理、验收等工作情况，以及主要做法与体会等，实事求是地反映了南水北调工程征地移民工作的指导思想、政策依据和实施方法。

本书可供大中型水利水电、能源、交通等行业的工程技术人员、管理人员以及研究部门、大专院校有关专业师生等借鉴参考，也可供关心南水北调工程征地移民工作的各界人士查阅。

图书在版编目（CIP）数据

中国南水北调工程. 征地移民卷 / 《中国南水北调工程》编纂委员会编著. -- 北京 : 中国水利水电出版社, 2018.10
ISBN 978-7-5170-6976-8

Ⅰ. ①中… Ⅱ. ①中… Ⅲ. ①南水北调－水利工程－土地征用②南水北调－水利工程－移民安置 Ⅳ. ①TV68②D632.4

中国版本图书馆CIP数据核字(2018)第232356号

书　　名	中国南水北调工程 征地移民卷 ZHONGGUO NANSHUIBEIDIAO GONGCHENG ZHENGDI YIMIN JUAN
作　　者	《中国南水北调工程》编纂委员会　编著
出版发行	中国水利水电出版社 (北京市海淀区玉渊潭南路1号D座 100038) 网址: www.waterpub.com.cn E-mail: sales@waterpub.com.cn 电话: (010) 68367658 (营销中心)
经　　售	北京科水图书销售中心 (零售) 电话: (010) 88383994、63202643、68545874 全国各地新华书店和相关出版物销售网点
排　　版	中国水利水电出版社装帧出版部
印　　刷	北京中科印刷有限公司
规　　格	210mm×285mm　16开本　44印张　1097千字　26插页
版　　次	2018年10月第1版　2018年10月第1次印刷
印　　数	0001—3000册
定　　价	280.00元

领 导 重 视

2010 年 8 月，国务院南水北调办主任鄂竟平（左四）在郑州市中牟县姚湾移民试点新村调研

2011 年 11 月，国务院南水北调办主任鄂竟平（右四）到十堰市郧阳区谭家湾镇十方院移民安置点看望慰问移民

2017 年 7 月，国务院南水北调办副主任陈刚（右四）调研十堰市丹江口水库对口协作工作

2011 年 5 月，国务院南水北调办副主任张野（右三）视察双王城水库征迁工作

2011 年 4 月，国务院南水北调办副主任蒋旭光（左四）、司长袁松龄（左五）在郏县马湾移民新村调研

2017 年 6 月，国务院南水北调办副主任蒋旭光（右三）到湖北省团风县调研移民灾后重建情况

2010 年 9 月，河南省委书记卢展工（前排右二）在新乡辉县市常村镇常春社区调研丹江口库区移民安置工作

2010 年 3 月，河南省省长郭庚茂（左二）到平顶山市宝丰县柳沟营村调研第一批移民新村建设

2011年6月，河南省副省长刘满仓（左三）在荥阳市广武镇丹阳移民新村看望刚搬迁来的移民群众

2010年5月，湖北省省长李鸿忠（左二）帮助移民搬迁

2011 年 1 月 26 日，湖北省省长王国生（左四）赴团风县黄湖新区看望慰问南水北调移民

2006 年 3 月，北京市副市长牛有成（左三）到征迁一线调研

2015 年 7 月，北京市南水北调办主任孙国升（左三）视察通州支线工程

2009 年 3 月，天津市副市长李文喜（左三）视察天津干线征迁及施工现场

2014 年 4 月，天津市南水北调办专职副主任张文波（左四）现场推动滨海新区供水二期工程征迁工作

2011 年 4 月，江苏省委常委、副省长黄莉新（前中）现场查看南水北调工程征迁安置工作

2014 年 8 月 26 日，江苏省南水北调办副主任郑在洲（左四）现场听取南四湖下级湖影响处理补偿实施方案汇报

2008 年 5 月，山东省南水北调建管局副局长刘鲁生（左五）查看南四湖水资源控制工程现场

2009 年 11 月，湖北省副省长田承忠（右二）视察兴隆水利枢纽工程潜江市高石碑镇沿堤新村安置点

2012 年 11 月，湖北省南水北调办副主任郭新明（右三）现场督办引江济汉工程临时占地复垦

2010 年 12 月，河南省南水北调移民安置指挥部办公室副主任王小平（左二）在郑州市移民新村工地检查工作

2017 年 6 月，河南省移民办主任吕国范（前排左一）调研新郑市新蛮子营村移民产业发展

2017 年 7 月 7 日，湖北省移民局局长陈树林（左二）调研十堰市张湾区黄龙镇双丰村移民蔬菜大棚种植情况

2010 年 5 月，湖北省移民局副局长彭承波（右三）在团风县黄湖新区迎接搬迁移民

会 议

2008年6月，国务院南水北调办在郑州市召开南水北调工程征地移民工作会议

2015年12月，北京市南水北调办组织召开征迁安置市级验收会

2009 年 8 月，天津市南水北调办组织征地拆迁工作培训

2005 年 10 月，河北省召开京石段征迁安置工作会议

2010 年 11 月，江苏省南水北调办与邳州市人民政府、睢宁县人民政府签订邳州站、睢宁二站工程征迁安置投资包干协议

2010 年 1 月，山东省南水北调工程建设指挥部召开指挥部成员会议表彰全省南水北调工程征迁先进单位和先进个人

2011 年 6 月，湖北省南水北调办召开引江济汉工程征地拆迁安置工作总结暨建设动员会议

2014 年 11 月，安徽省召开五河县境内征地拆迁安置省级专项验收会

2012 年 5 月，“焦作有爱——‘六・一’关注南水北调征迁困难家庭儿童在行动”活动仪式在河南省焦作市会议中心广场举行

2009 年 7 月，河南省召开南水北调丹江口库区移民安置动员大会

2010 年 6 月，河南省南水北调丹江口库区第一批移民搬迁启动仪式

2011 年 5 月，河南省南水北调丹江口库区第二批移民搬迁启动欢送仪式

2012 年 5 月，河南省召开南水北调丹江口库区移民迁安总结表彰会

2010 年 4 月，湖北省南水北调丹江口库区郧县移民安置试点搬迁启动仪式

2012 年 9 月，湖北省召开南水北调中线工程丹江口水库移民搬迁安置工作表彰暨帮扶发展动员大会

2005年6月，天津市征迁现场测量放线

2006年9月，山东省二级坝泵站工程征迁现场实物量调查

2009 年 2 月，江苏省刘老涧二站征迁实物量复核

2007 年 3 月，北京市南水北调办工作人员到拆迁户家中做思想工作

2011 年 5 月，河南省征迁干部在许昌市朱阁田庄讲解征迁政策

2006 年 5 月，河北省保定市顺平县蒲上镇蒲王庄村对京石段工程征迁补偿实物量及标准进行公示

2010 年 1 月，河北省石家庄市元氏县孙庄村开展邯石段工程征迁安置补偿兑付

2007 年 6 月，河南省南水北调总干渠南阳段群众搬迁

2006 年 12 月，北京段卢沟桥乡东关村房屋拆迁

2010 年 1 月，河北省邢台市内丘县大孟镇拆迁现场

2009 年 9 月，南水北调总干渠河南省焦作城区段拆迁现场

2008 年 3 月，山东省东线穿黄河工程地上附着物清除现场

2010 年 1 月，河北省邯郸市永年县邯石段工程清除永久占地地上附着物

2009 年 5 月，湖北省兴隆水利枢纽右 C 渣场临时用地表层土剥离

2010 年 7 月，天津市南水北调征迁中心与联通公司现场研究切改方案

2007 年 9 月，北京段干线工程 110kV 电力线路改造

2010 年 11 月，工程建设管理单位出发慰问河北省高邑县征迁群众

2011 年 5 月，河北省元氏县群众到南水北调中线工程工地慰问演出

2009 年 9 月，湖北省鲍嘴村村民在搬迁房建设现场观看规划效果图

2014 年，江苏省泰州市海陵区南水北调渔行安置区

2012 年，河南省辉县市南水北调总干渠征迁安置小区一角

2014 年 8 月，安徽省张家沟蔡家湖泵站弃土区临时用地复耕后种植面貌

丹江口库区移民

丹江口库区移民临行前再捧一把家乡的泥土

2009年8月，工作人员在湖北省武当山特区进行丹江口水库淹没线下实物复核

移民搬迁前的房屋

标注有水位线的移民房屋

2009年2月，湖北省丹江口市移民在学习移民政策

湖北省丹江口市凉水河移民签订建房委托协议

依依不舍

湖北省丹江口市均县镇关门岩村移民在搬迁前聚餐

黎明准备登车的移民群众

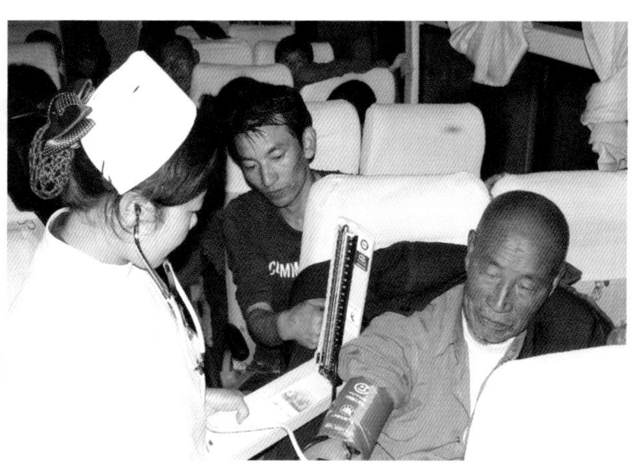

外迁途中医护人员精心为移民提供医疗服务

工作人员接移民奶奶进新家

搬迁群众登车出发

合力帮扶移民搬迁

齐心协力助搬迁

乡亲们欢送外迁移民时依依话别，难舍难分

路上行进的移民搬迁车队

河南省移民搬迁车队正在穿越淅川县城

当地群众欢迎首批移民

搬迁车队

河南省第一批移民安置新村——新郑市观沟新村

移民新村风貌——河南省新郑市新蛮子营村

湖北省团风县黄湖移民新村全景

湖北省柳陂镇卧龙岗社区内安居民点一角

湖北省外迁移民在枣阳市惠湾移民安置点仔细选点

2009 年 8 月，河南省南水北调丹江口库区首批搬迁至许昌县姬家营的移民喜赴新居

搬迁移民喜气洋洋走进新生活

河南省移民李金芬一家人在新郑新家欢度中秋佳节

移民幸福的笑容

移民在外迁安置区举办婚礼

外迁移民在安置区新家门口贴春联，喜迎新年

从湖北省十堰市郧阳区安阳镇外迁到团风县黄湖小学的学生们在操场参加升国旗仪式

◆《征地移民卷》编纂工作人员

主　　　编：袁松龄　王宝恩

副　主　编：张景芳　彭承波　李定斌　曹纪文

编 写 人 员：谭　文　朱东恺　盛　晴　王　琦　潘书峰

审 稿 专 家：段世耀　王长春　庄兴华　祁朝标　尹忠武

照片提供单位：北京市南水北调工程建设委员会办公室

天津市南水北调工程建设委员会办公室

河北省南水北调工程建设委员会办公室

江苏省南水北调工程建设领导小组办公室

山东省南水北调工程建设管理局

河南省人民政府移民工作领导小组办公室

湖北省南水北调工程建设领导小组办公室

湖北省移民局

北京市

审 稿 人 员：何凤慈　蒋春芹

统 稿 人 员：李国臣　刘晓音　谢　飞　郭忠义

编 写 人 员：王贤慧　刘　畅　于京波　邓海松　许迎春　陈　晨

天津市

审 稿 人 员：张文波　高洪芬　靳文泽

统 稿 人 员：陈绍强　赵考生　马树军　王中明

编 写 人 员：肖　艳　侯　佳　孙　轶　杨继超　商　涛　丁文成　刘　斌

郑冬艳　庞绍虎　田会明　肖　刚　刘　磊　马宇平　刘国成

沈　昱

河北省

审 稿 人 员：李洪卫　徐国勇

统 稿 人 员：陈曦亮　贾志忠

编 写 人 员：刘玉宏　张素洁　何增炼　包　辉　李延辉　陈培亮　耿子欣
胡海英　赵贵敏　贾瑞敏　郭彬剑　郭运芳　李建永　闫明宇
韩　伟　张　华

江苏省

审 稿 人 员：吕振霖　郑在洲

统 稿 人 员：徐忠阳　刘再国　王其强　屈宁一　沈菊琴

编 写 人 员：周　兴　尤其中　何玉良　凌国栋　胡正平　叶志才　孙洪滨
李太民　丁里广　王安和　胡铁辉　赵厚鑫　徐俊伟　许永振
陈思哲　张　东　刘兆虎　孙亚军　郭明珠　顾　俊　华占康
罗建华　张绍力　陈　波　李成禄　梁古柏　高正权　张正平
于殿元　王泽宏　赵方庆　茆德华　姜　辉　吕　强　王羊宝
徐元忠　许　健　蒋满珍　杨旭东　李　亚　董绪泽　王伯超
刘晓永　杨树云　郭功利　宋成武　潘　宁　仝道斌　刘　军
赵建坤　陈　龙　荣雁伟

山东省

审 稿 人 员：刘鲁生　王显勇

统 稿 人 员：黄国军

编 写 人 员：黄国军　周广科　王其同　阮同华　黄　茜　田光辉　郑　浩
李一涛　张运保　陈　伟　井　园　刘　霆

河南省

一、库区移民部分

审 稿 人 员：吕国范　崔　军

统 稿 人 员：李定斌

编 写 人 员：朱明献　张国朝　杨　涛　王五周　焦中国

二、干线部分

审稿人员：吕国范　崔　军

统稿人员：李定斌

编写人员：张西辰　李　冀　邱型群　刘　新　马明福　常江林　洪全成
孙会民　吕德水　莫金海　王永强　李禄轩　王海超　曹祥华
郭正芳

湖北省（丹江口库区）

审稿人员：陈树林　彭承波　荣以红　宫汉桥

统稿人员：王文杰　张玉水

编写人员：喻明福　方　伟　彭建锋　郝　毅　李红亚　张和平　李方涛
时　红　葛景华　杨文华　周家山　明平亮　刘英方　金正富
叶克权　刘　钧　王文举　管志伟　薛中怀　雷动天　赵国毅
王　锐　李艳军　陈耀华　李继文　聂致文　陈　慧　吴海涛
谢邦涛　张金香　吴才洲　邹　俊　赵兴华　刘义升　周　风
江良军　郭　涛

湖北省（汉江中下游治理工程）

审稿人员：郭新明　李　静　王延军　郭　平

统稿人员：颜新安　杨爱华

编写人员：颜新安　杨爱华　代天荣　徐中品　何裕森　肖代文　郝本良
范士军　刘明耀　李红群　曾国华　姜晓曦

安徽省

审稿人员：蔡建平

统稿人员：史志刚　王友贞　何双友　汤义声

编写人员：刘友良　朱金祥　马　刚　李　勇　卢正群　何卫锋　张海龙
陈夕瑞　张　辉　王　超　贾金权　杨林海　沈登乐　朱克宇
崔　健

序

水是生命之源、生产之要、生态之基。中国水资源时空分布不均，南多北少，与社会生产力布局不相匹配，已成为中国经济社会可持续发展的突出瓶颈。1952年10月，毛泽东同志提出“南方水多，北方水少，如有可能，借点水来也是可以的”伟大设想。自此以后，在党中央、国务院领导的关怀下，广大科技工作者经过长达半个世纪的反复比选和科学论证，形成了南水北调工程总体规划，并经国务院正式批复同意。

南水北调工程通过东线、中线、西线三条调水线路，与长江、黄河、淮河和海河四大江河，构成水资源“四横三纵、南北调配、东西互济”的总体布局。南水北调工程总体规划调水总规模为448亿m^3，其中东线148亿m^3、中线130亿m^3、西线170亿m^3。工程将根据实际情况分期实施，供水面积145万km^2，受益人口4.38亿人。

南水北调工程是当今世界上最宏伟的跨流域调水工程，是解决中国北方地区水资源短缺，优化水资源配置，改善生态环境的重大战略举措，是保障中国经济社会和生态协调可持续发展的特大型基础设施。它的实施，对缓解中国北方水资源短缺局面，推动经济结构战略性调整，改善生态环境，提高人民生产生活水平，促进地区经济社会协调和可持续发展，不断增强综合国力，具有极为重要的作用。

2002年12月27日，南水北调工程开工建设，中华民族的跨世纪梦想终于付诸实施。来自全国各地1000多家参建单位铺展在长近3000km的工地现场，艰苦奋战，用智慧和汗水攻克一个又一个世界级难关。有关部门和沿线七省市干部群众全力保障工程推进，四十余万移民征迁群众舍家为国，为调水梦的实现，作出了卓越的贡献。

经过十几年的奋战，东、中线一期工程分别于2013年11月、2014年12月如期实现通水目标，造福于沿线人民，社会反响良好。为此，中共中央总书记、国家主席、中央军委主席习近平作出重要指示，强调南水北调工程是实现我国水资源优化配置、促进经济社会可持续发展、保障和改善民生的重大战略性基础设施。经过几十万建设大军的艰苦奋斗，南水北调工程实现了中线一期工程正式通水，标志着东、中线一期工程建设目标全面实现。这是我国改革开放和社会主义现代化建设的一件大事，成果来之不易。习近平对工程建设取得的成就表示祝贺，向全体建设者和为工程建设作出贡献的广大干部群众表示慰问。习近平指出，南水北调工程功在当代，利在千秋。希望继续坚持先节水后调水、先治污后通水、先环保后用水的原则，加强运行管理，深化水质保护，强抓节约用水，保障移民发展，做好后续工程筹划，使之不断造福民族、造福人民。

中共中央政治局常委、国务院总理李克强作出重要批示，指出南水北调是造福当代、泽被后人的民生民心工程。中线工程正式通水，是有关部门和沿线省市全力推进、二十余万建设大军艰苦奋战、四十余万移民舍家为国的成果。李克强向广大工程建设者、广大移民和沿线干部群众表示感谢，希望继续精心组织、科学管理，确保工程安全平稳运行，移民安稳致富。充分发挥工程综合效益，惠及亿万群众，为经济社会发展提供有力支撑。

中共中央政治局常委、国务院副总理、国务院南水北调工程建设委员会主任张高丽就贯彻落实习近平重要指示和李克强批示作出部署，要求有关部门和地方按照中央部署，扎实做好工程建设、管理、环保、节水、移民等各项工作，确保工程运行安全高效、水质稳定达标。

南水北调工程从提出设想到如期通水，凝聚了几代中央领导集体的心血，集中了几代科学家和工程技术人员的智慧，得益于中央各部门、沿线各级党委、政府和广大人民群众的理解和支持。

南水北调东、中线一期工程建成通水，取得了良好的社会效益、经济效益和生态效益，在规划设计、建设管理、征地移民、环保治污、文物保护等方面积累了很多成功经验，在工程管理体制、关键技术研究等方面取得了重要突破。这些成果不仅在国内被采用，对国外工程建设同样具有重要的借鉴作用。

为全面、系统、准确地反映南水北调工程建设全貌，国务院南水北调工程建设委员会办公室自2012年启动《中国南水北调工程》丛书的编纂工作。丛书以南水北调工程建设、技术、管理资料为依据，由相关司分工负责，组织项目法人、科研院校、参建单位的专家、学者、技术人员对资料进行收集、整理、加工和提炼，并补充完善相关的理论依据和实践成果，分门别类进行编纂，形成南水北调工程总结性全书，为中国工程建设乃至国际跨流域调水留下宝贵的参考资料和可借鉴的成果。

国务院南水北调工程建设委员会办公室高度重视《中国南水北调工程》丛书的编纂工作。自2012年正式启动以来，组成了以机关各司、相关部委司局、系统内各单位为成员单位的编纂委员会，确定了全书的编纂方案、实施方案，成立了专家组和分卷编纂机构，明确了相关工作要求。各卷参编单位攻坚克难，在完成日常业务工作的同时，克服重重困难，对丛书编纂工作给予支持。各卷编写人员和有关专家兢兢业业、无私奉献、埋头著述，保证了丛书的编纂质量和出版进度，并力求全面展现南水北调工程的成果和特点。编委会办公室和各卷编纂工作人员上下沟通，多方协调，充分发挥了桥梁和纽带作用。经中国水利水电出版社申请，丛书被列为国家“十二五”“十三五”重点图书。

在全体编纂人员及审稿专家的共同努力下，经过多年的不懈努力，《中国南水北调工程》丛书终于得以面世。《中国南水北调工程》丛书是全面总结南水北调工程建设经验和成果的重要文献，其编纂是南水北调事业的一件大事，不仅对南水北调工程技术人员有阅读参考价值，而且有助于社会各界对南水北调工程的了解和研究。

希望《中国南水北调工程》丛书的编纂出版，为南水北调工程建设者和关心南水北调工程的读者提供全面、准确、权威的信息媒介，相信会对南水北调的建设、运行、生产、管理、科研等工作有所帮助。

前言

南水北调工程是缓解中国北方水资源严重短缺局面的重大战略性基础设施，是事关发展全局和保障民生的重大工程，在长达数十年的规划、勘测、建设、运行进程中，始终坚持以人为本的理念，实现了工程建设和征地移民的双赢。

征地移民工作是南水北调工程建设的重要组成部分，也是南水北调工作的重点和难点。做好征地移民工作，对于保障征地移民群众的合法权益，确保南水北调工程的顺利实施和沿线社会稳定具有重要的意义。南水北调征地移民具有线长、面广、点多、量大的特点，根据国务院批复的南水北调东、中线一期工程可行性研究总报告，工程永久征地近 94 万亩，临时用地近 51 万亩，搬迁安置人口约 44 万人，专项迁建 100 多万项，迁建企事业单位 10 多万家，拆除房屋 1110 多万 m^2，征地移民总投资近 1000 亿元。涉及北京、天津、河北、江苏、山东、河南、湖北、安徽 8 省（直辖市），25 个大中城市、150 多个县（市、区），征地移民工作任务十分复杂和繁重。经国务院同意实行的“国务院南水北调工程建设委员会领导、省级政府负责、县为基础、项目法人参与”征地移民管理体制，有效地保障了南水北调工程征地移民任务的如期完成。

《征地移民卷》共六章。第一章，东、中线一期工程征地移民工作概述；第二章，东线一期工程征迁安置工作；第三章，中线一期干线工程征迁安置工作；第四章，丹江口水库移民安置工作；第五章，湖北省汉江中下游治理工程征迁安置工作；第六章，征地移民工作经验与体会。第二章至第五章详细介绍和总结了各省（直辖市）征地移民基本任务，管理体制机制、政策规章制度，实施与管理，征地移民验收，经验与体会等方面内容。因丹江口水库移民多次搬迁，其特殊性、复杂性，成为南水北调工程建设的难点和全国关注的焦点，为此，单独成章。

《征地移民卷》编纂工作始于 2012 年 9 月，由征地移民司总负责，根据南水北调工程征地移民工作管理体制，各省（直辖市）征地移民主管部门分别承担了本辖区内征地移民工作内容的编纂任务，先后共有近两百人参与了书稿撰写及统稿、审稿工作，他们都经历和从事了南水北调工程征地移民的专业工作。邀请段世耀、王常春、庄兴华、祁朝标、尹忠武等专家对书稿内容进行了咨询审查，根据专家意见进行了多次修改，并随着征地移民工作的进展对内容不断完善和补充，至 2017 年年底，历时五年最终形成书稿。

《征地移民卷》是南水北调工程征地移民十几年工作的真实记录，凝聚着集体的智慧结晶，也饱含了无数人的汗水、泪水和血水，在此向曾经战斗在征地移民工作一线的干部职工致敬！同时，向丹江口水库移民和沿线广大征迁群众的高尚情怀、理解支持与奉献致以崇高的敬意！

南水北调工程征地移民工作是一项复杂的系统工程，涉及沿线各省（直辖市）、各级、各部门，实施时间较长，到本卷截稿时尚未全部完成。书稿内容难以做到全面、完整，加之编者水平有限，不足之处在所难免，敬请读者批评指正。

目录

第一章　东、中线一期工程征地移民工作概述

第一节　总　体　情　况

南水北调工程是缓解我国北方水资源严重短缺局面的重大战略性基础设施。建设南水北调工程，是党中央、国务院根据我国经济社会发展需要作出的重大决策。工程的实施，对优化我国水资源配置，促进经济社会可持续发展，保障和改善民生、全面建成小康社会，具有极为重要的作用。南水北调工程具有显著的社会效益、经济效益和巨大的生态效益。

一、南水北调工程总体规划情况

根据2002年国务院批准的《南水北调工程总体规划》，南水北调工程分别在长江下游、中游、上游规划了3个调水区，形成了东线、中线、西线三条调水线路。通过三条调水线路，与长江、淮河、黄河、海河四大江河相互联系，构成我国水资源“四横三纵、南北调配、东西互济”的总体格局。

(1) 东线工程：利用江苏省已有的江水北调工程，逐步扩大调水规模并延长输水线路。东线工程从长江下游扬州江都抽引长江水，利用京杭大运河及与其平行的河道经十三级泵站提水北送，并连接起调蓄作用的洪泽湖、骆马湖、南四湖、东平湖。出东平湖后分两路输水：一路向北，在山东省东阿县位山附近经隧洞穿过黄河，输水到天津；另一路向东，通过济平干渠经济南沿小清河北侧输水到烟台、威海。规划分三期实施。

(2) 中线工程：从加坝扩容后的丹江口水库陶岔渠首闸引水，沿线开挖渠道，经河南省西南唐白河流域西部过长江流域与淮河流域的分水岭方城垭口，沿黄淮海平原西部边缘，在郑州以西李村附近穿过黄河，沿京广铁路西侧北上，可自流到北京、天津。规划分两期实施。

(3) 西线工程：在长江上游通天河、支流雅砻江和大渡河上游筑坝建库，开凿穿过长江与黄河分水岭巴颜喀拉山的输水隧洞，调长江水入黄河上游。西线工程的供水目标，主要是解决涉及青海、甘肃、宁夏、内蒙古、陕西、山西等6省（自治区）黄河上中游地区和渭河关中平原的缺水问题。结合兴建黄河干流上的大柳树水利枢纽等工程，还可以向临近黄河流域的甘肃河西走廊地区供水，必要时也可相机向黄河下游补水。规划分三期实施。

三条调水线路互为补充，不可替代，规划最终调水规模448亿m^3，其中东线148亿m^3，中线130亿m^3，西线170亿m^3，建设时间约需50年。根据前期工作深度，先期实施东线和中线一期工程。

二、东、中线一期工程概况

（一）东线一期工程

东线一期工程的任务是从长江下游调水到山东半岛和鲁北地区，补充山东、江苏、安徽等省输水沿线地区的城市生活、工业和环境用水，兼顾农业、航运和其他用水。东线一期工程多年平均抽江水量为87.66亿m^3，受水区干线分水口门净增供水量36.01亿m^3，其中江苏省19.25亿m^3，山东省13.53亿m^3，安徽省3.23亿m^3。

东线一期工程在江苏现有江水北调基础上扩大规模、向北延伸，线路总长1467km。工程从长江北岸三江营引水，抽江水量500m^3/s，由里运河及三阳河、潼河两路输水至大汕子，经金宝航道、里运河两线输水入洪泽湖。从洪泽湖分别经由二河、中运河和徐洪河两路输水入骆马湖。从骆马湖经中运河至大王庙后分别由韩庄运河、不牢河两路输水入南四湖。南四湖段，利用湖内航道输水。出南四湖后，利用梁济运河、柳长河（或新开挖河道）单线输水（100m^3/s）入东平湖。出东平湖后分两路，一路向北穿过黄河后经小运河（50m^3/s）、七一河（25.5m^3/s）、六五河（13.7m^3/s）至德州大屯水库；一路向东经济平干渠、穿济南市至引黄济青上节制闸（50m^3/s）。东平湖以南布置13级34座抽水泵站，扬水约39m，沿线调蓄总库容47.29亿m^3。根据国务院确定的“先节水后调水，先治污后通水，先环保后用水”原则，在建设调水工程的同时，实施治污工程（由地方政府负责）。

调水工程建设内容主要包括：疏浚开挖整治河道14条，新建泵站21座，更新改造泵站4座，新建东湖、双王城、大屯3座调蓄水库，实施洪泽湖和南四湖下级湖抬高蓄水位影响处理工程、东平湖蓄水影响处理工程，建设穿黄工程，建设南四湖水资源控制和水质监测工程、骆马湖水资源控制工程，建设沿线截污导流工程，实施里下河水资源调整补偿工程等。

东线一期工程征地范围包括水库工程、河道工程、泵站及其他工程占地。根据国务院批准的《南水北调东线一期工程可行性研究总报告》，东线一期工程占地总面积22.4万亩，其中永久征地13.61万亩，临时用地8.79万亩；搬迁总人口2.71万人，其中农村1.82万人，城（集）镇0.89万人；拆迁房屋总面积144.86万m^2，其中农村104.47万m^2，城（集）镇40.39万m^2；机耕路378km；渡口码头208处；输电线路336km；通信电（光）缆584km；文物古迹101处；以及其他专业项目等。

根据《中华人民共和国土地管理法》《大中型水电工程建设征地补偿和移民安置条例》、水利部《水利水电工程水库建设征地移民设计规范》有关规定、国家和地方有关法规，以及国务院南水北调工程建设委员会第二次全体会议精神，建设征地及移民安置规划征用耕园地补偿和安置补助费之和按该耕园地被征收前三年平均年产值的16倍计算；征用非耕地（包括林地、其他农用地等）的，按各省土地管理条例执行。

东线一期主体工程共划分为16个单项工程、68个设计单元工程。2002年12月27日，江苏三阳河、潼河、宝应站工程和山东胶东干线东平湖至济南段工程（简称“济平干渠工程”）

率先开工，其余设计单元工程根据前期工作进展情况陆续开工建设，至2013年11月15日国务院批准正式通水，历时近11年。

（二）中线一期工程

中线一期工程的任务是向华北平原包括北京、天津在内的19个大中城市及100多个县（县级市）提供生活、工业用水，兼顾生态和农业用水。中线一期工程多年平均调水量95亿m^3，各省市分配水量为：河南省37.7亿m^3（含刁河灌区现状用水量6亿m^3），河北省34.7亿m^3，北京市12.4亿m^3，天津市10.2亿m^3。

中线一期工程由陶岔渠首从丹江口水库引水，总干渠自南向北经河南、河北、北京、天津4个省（直辖市），线路总长1432km。中线一期工程由水源及输水干线工程、汉江中下游治理工程、丹江口库区及上游水污染防治和水土保持等部分组成。水源及输水干线工程包括丹江口水库大坝加高、丹江口水库库区移民安置、陶岔渠首枢纽重建、穿黄河隧洞、穿漳河枢纽、输水明渠及其与河流的交叉建筑物、惠南庄泵站、PCCP管和暗涵等，其中，丹江口大坝将按正常蓄水位170m一次加高，工程完成后任务调整为防洪、供水为主，结合发电、航运等综合利用；总干渠（至北京）长1276.4km，天津干渠155.5km。汉江中下游治理工程包括建设引江济汉、兴隆水利枢纽、部分闸站改造、局部航道整治4项工程。

陶岔渠首至北拒马河段采用明渠输水方案，全断面衬砌，输水工程与交叉河流全部立交，采用隧洞、倒虹吸、渡槽等建筑物；北京段采用PCCP管和暗涵相结合的输水型式；天津干线采用暗涵输水型式。输水干线渠首断面设计流量350m^3/s，加大流量420m^3/s，至冀京交界断面处和天津干渠渠首设计流量均为50m^3/s，加大流量60m^3/s。

根据国务院批准的《南水北调中线一期工程可行性研究总报告》，中线一期工程建设用地122.48万亩，其中耕地82.30万亩（永久征地48.72万亩，临时用地33.58万亩），园地7.08万亩（永久征地4.91万亩，临时用地2.17万亩），林地9.61万亩（永久征地7.92万亩，临时用地1.69万亩），其他用地23.49万亩（永久征地18.75万亩，临时用地4.74万亩）；拆迁各类房屋面积969.44万m^2；规划生产安置人口49.93万人，规划搬迁建房人口41.1万人。中线一期工程主体工程共划分为16个单项工程、87个设计单元工程。

根据有关法律法规，南水北调东、中线一期工程建设征用耕园地补偿费和安置补助费之和按照该耕园地被征收前三年平均年产值的16倍计算；征用非耕地（包括林地、其他农用地等）的，按各省土地管理条例执行。

2003年12月，京石段应急供水工程开工建设，标志着南水北调中线一期工程进入实施阶段，至2014年12月12日中线一期工程正式通水，历时11年。

第二节　管理体制机制

一、机构设置

1. 国家层面

国务院成立国务院南水北调工程建设委员会（简称“建委会”）。建委会是高层次的决策机构，其任务是决定南水北调工程建设的重大方针、政策、措施和其他重大问题。建委会主任、副主任由国务院领导担任。成员有国家发展和改革委员会（简称“国家发展改革委”）、水利部、科技部、公安部、财政部、国土资源部、环境保护部、住房和城乡建设部、审计署、国务院南水北调工程建设委员会办公室、国务院办公厅、农业部、中国人民银行、国资委、国家林业局、国务院法制办、保监会、国家能源局、国家文物局、国家开发银行等国务院有关部门的主要负责同志和北京、天津、河北、江苏、山东、河南、湖北、陕西等8省（直辖市）主要负责同志。

建委会下设办公室负责日常工作，全称是国务院南水北调工程建设委员会办公室（简称“国务院南水北调办”）。国务院南水北调办在征地移民工作方面的职责是“组织制定南水北调工程移民迁建的管理办法；指导南水北调工程移民安置工作，监督移民安置规划的实施；参与指导、监督工程影响区文物保护工作”。国务院南水北调办内设征地移民司（2009年6月前为环境与移民司），具体履行东、中线一期工程建设征地移民实施管理职责。

2. 省级层面

南水北调东、中线一期工程沿线的省（直辖市）相应成立了以省（直辖市）长为负责人的省级建设委员会或领导小组或指挥部，如北京市南水北调工程建设委员会、天津市南水北调工程建设委员会、河北省南水北调工程建设委员会、江苏省南水北调工程建设领导小组、山东省南水北调工程建设指挥部、河南省南水北调中线工程建设领导小组、湖北省南水北调工程建设领导小组。各省级南水北调工程建设委员会（或领导小组或指挥部）成员包括省（直辖市）政府有关部门领导和沿线地市（或县、区）的主要领导。

各省级南水北调工程建设委员会（或领导小组或指挥部）均设置或指定了专门的办事机构，具体负责本省（直辖市）行政区域内征地移民工作的实施。如北京市南水北调工程建设委员会办公室、天津市南水北调工程建设委员会办公室、河北省南水北调工程建设委员会办公室、江苏省南水北调工程建设领导小组办公室、山东省南水北调工程建设管理局、河南省人民政府移民工作领导小组办公室、湖北省南水北调工程建设领导小组办公室、湖北省移民局（负责丹江口库区移民）等。

二、管理体制

经国务院同意印发的《南水北调工程建设征地补偿和移民安置暂行办法》（国调委发〔2005〕1号）规定，南水北调工程征地补偿和移民安置工作实行“国务院南水北调工程建设委员会领导、省级人民政府负责、县为基础、项目法人参与”的管理体制，这种体制充分体现了省级政府负责制的特点和工作原则。

（1）国务院南水北调工程建设委员会是南水北调工程建设最高决策层，负责制定征地移民政策、批准移民年度实施计划、协调重大问题等。建委会下设办公室即国务院南水北调办承担具体工作。

2005年4月，国务院南水北调办分别与7省（直辖市）人民政府协商签订了《南水北调主体工程建设征地补偿和移民安置责任书》。

国务院南水北调办应承担的责任主要如下：

1）贯彻执行《南水北调工程建设征地补偿和移民安置暂行办法》，制定相关配套制度。

2）东、中线一期工程总体可行性研究报告批复后，审批初步设计阶段的征地补偿和移民安置规划。

3）协调项目法人与省级主管部门签订征地补偿和移民安置投资和任务包干协议，并对执行情况进行监督检查。

4）审核下达征地补偿和移民安置年度投资计划，督促项目法人筹集和支付征地补偿和移民安置资金。

5）指导、监督征地补偿和移民安置的监理、监测。

6）对征地补偿和移民安置的实施进行稽查。

7）组织征地补偿和移民安置总体验收。

8）及时研究在征地补偿和移民安置中提出的问题。

9）协调南水北调主体工程移民后期扶持有关问题。（此条仅限河南省和湖北省库区）

（2）省级人民政府是沿线地方征地拆迁和移民安置实施工作的责任主体。根据与国务院南水北调办签订的责任书，各省（直辖市）人民政府应承担的责任主要如下：

1）贯彻执行《南水北调工程建设征地补偿和移民安置暂行办法》，制定本行政区域内南水北调工程征地补偿和移民安置的有关政策和规定，主要包括土地补偿和安置补助费分解兑付的办法和具体标准、有关优惠政策和管理制度等。

2）确定本行政区域内负责南水北调工程建设征地补偿和移民安置工作的主管部门（以下简称“主管部门”）。组织、督促本省有关部门、省级以下人民政府，按照各自职责做好征地补偿和移民安置相关工作，主要包括落实被征地农民和农村生产安置所需土地、编制征地补偿和移民安置实施方案并组织实施、编制移民后期扶持方案（仅限丹江口水库、河南省、湖北省库区移民）、预防和处置移民群体性事件及相关信访工作等。

3）发布工程征地范围确定的通告，控制在征地范围内迁入人口、新增建设项目、新建住房、新栽树木等。

4）责成省（直辖市）有关部门和省（直辖市）级以下人民政府配合项目法人开展工作，主要包括工程用地预审和工程用地手续办理、对工程占地（淹没）影响和各种经济损失进行调查、编制初步设计阶段征地补偿和移民安置规划。

5）根据国家批准的初步设计阶段征地补偿和移民安置规划，审批征地补偿和移民安置实施方案。

6）督促省（直辖市）主管部门与项目法人签订征地补偿和移民安置投资和任务包干协议，监督检查包干协议内征地补偿和移民安置任务的完成和资金的使用管理。

7）责成省（直辖市）级以下人民政府配合项目法人和省（直辖市）级主管部门开展征地补偿和移民安置的监理、监测。

8）组织本行政区域内征地补偿和移民安置的验收。

9）及时向国务院南水北调办反映征地移民工作中存在的问题。

（3）“县为基础”是征地移民工作的重要抓手。工程沿线和库区、移民安置区的各县相应成立了征迁安置或移民搬迁安置工作指挥部，四大班子领导成员坐镇指挥，县直机关和相关乡镇一把手为成员，采取各机关包干乡镇、乡镇干部包干村组的办法，把征迁安置的责任落实到每一个干部，动员干部数万人，开展宣传征地移民补偿政策、公示实物量和补偿资金、逐户发放和督促搬迁，落实房屋建设和调整生产用地，处理群众信访、上访，开展征地移民安置矛盾纠纷排查化解工作等，为南水北调工程征地移民安置工作提供了可靠的组织保障。

（4）各项目法人参与沿线征地补偿和移民安置工作的全过程，主要负责筹措和拨付国家批准的补偿投资，参与协调征地移民工作与工程建设关系等。如南水北调中线干线工程建设管理局（简称“中线建管局”），是根据国务院南水北调工程建设委员会（国调委发〔2003〕3号）文件，于2004年7月13日经国务院南水北调办批准成立的中线干线工程项目法人，参与中线干线征地拆迁安置工作，按照国家批准的南水北调中线干线工程初步设计和投资计划下达征地补偿资金。

三、工作机制

国务院南水北调办与有关部委、省（直辖市）征地移民主管部门、项目法人之间建立了务实有效的征地移民协调机制。沿线各省（直辖市）与省直有关部门、市县政府、征地移民主管部门、项目法人、建管单位也都建立了快捷、多样的征迁工作协调机制。各省（直辖市）征地移民主管部门及项目法人与前方建管单位、沿线市县征迁主管部门、施工单位建立了施工影响处理和建设环境保障工作协调机制，形成了覆盖征地移民、施工环境保障工作各层面、各环节的协调体系，并发挥了积极作用。

国务院南水北调办与有关部委（单位）建立的工作协调机制有如下方面：

（1）与国土资源部协调推动工程用地及手续办理有关工作，联合下发《关于南水北调工程建设用地有关问题的通知》（国土资发〔2005〕110号）并成立了南水北调工程用地协调小组。

（2）与国家林业局协调工程占用林地手续办理有关事宜，使问题得到快速、圆满解决。

（3）与国家文物局协调推动工程建设范围内文物保护与管理工作，成立“南水北调工程文物保护工作协调小组”，并联合印发《南水北调东、中线一期工程文物保护管理办法》《南水北调工程建设文物保护资金管理办法》。

（4）与国家档案局协调规范南水北调工程征地移民档案管理，并联合印发《南水北调工程征地移民档案管理办法》（国调办征地〔2010〕57号）。

（5）与公安部协调预防和处置征地移民群体性事件，维护社会稳定和建设环境，并联合印发《关于做好南水北调工程安全保卫和建设环境工作的通知》。

（6）与国家电网公司协调解决与电力项目有关问题，并联合印发《关于进一步做好南水北调工程永久、临时供（用）电工程建设及电力专项设施迁建协调工作的通知》（国调办投计〔2008〕28号）。

（7）作为成员单位，参与经国务院批准成立、由国家发展改革委牵头的“全国水库移民后期扶持政策部际联席会议制度”，共同协商研究丹江口水库移民后期扶持相关政策。

在国务院南水北调办与沿线北京、天津、河北、江苏、山东、河南、湖北等7省（直辖市）人民政府分别签订了南水北调主体工程建设征迁安置责任书后，各省（直辖市）人民政府或其征地移民主管部门逐级与市、县（区）人民政府签订责任书，将征地移民工作责任层层分解落实到地方各级政府及其有关机构。

工作中逐步建立和加强了征地移民管理保障机制。河南、湖北两省及涉及丹江口库区移民工作的地方各级党委、政府分别成立了高规格的库区移民搬迁安置指挥部，湖北省各级党委、

政府一把手始终把库区移民工作摆上重要议事日程，河南省委、省政府把南水北调中线工程作为全省的头号工程，两省把征地移民工作当作特别紧迫、非常敏感的重要政治任务，省直有关单位成立了包县工作组，市包县、县包乡、县、乡干部包村包户，形成了一级抓一级、层层抓落实、指挥强有力的工作格局。工程沿线各省（直辖市）建立了工作督导机制、进度通报机制、干部考核机制、工作奖惩机制，形成了你追我赶、创先争优的良好氛围，保证了征地移民任务的完成。地方政府和征地移民部门采取了“超前谋划、预留用地、提前启动、压茬实施、奖惩考核”的超常规措施，保证征地移民问题及时解决。

项目法人根据国家批准的各设计单元工程初步设计及概算，与沿线各省（直辖市）征迁主管部门签订征迁安置投资和任务包干协议。各省（直辖市）征迁主管部门严格按照国家批准的征迁设计和投资概算编制征迁实施方案，并与市、县人民政府及企事业单位、专项设施权属单位签订包干协议，实行征迁安置任务、投资双包干。如因地方政策调整、规划设计缺漏项等出现投资缺口，仍按照省级政府负责制的原则，由地方政府自行负责，从地方国有土地出让金、地方财政资金、地方补助资金、征迁预备费、耕地占用税等多渠道解决。

第三节　政　策　法　规

为控制丹江口库区和东、中线一期工程输水干线征地范围基本建设和人口增长，国务院办公厅于2003年2月向湖北省、河南省人民政府发出《关于严格控制丹江口水利枢纽大坝加高工程和库区淹没线以下区域人口增长和基本建设的通知》（国办发〔2003〕12号），国务院南水北调办、国家发展改革委、水利部于2003年9月向北京、天津、河北、河南、湖北、山东、江苏7省（直辖市）人民政府发出《关于严格控制南水北调东、中线一期工程输水干线征地范围内基本建设和人口增长的通知》（国调办环移〔2003〕7号）。这两个停建令，从源头上为控制南水北调征地移民规模作了政策约束。

党中央、国务院领导高度重视南水北调工程征地移民工作，多次强调征地移民工作是南水北调工程建设成败的关键。为了把移民群众安置好，2004年11月召开的国务院南水北调工程建设委员会第二次全体会议决定：南水北调工程土地补偿费和安置补助费之和按耕地征用前三年平均年产值的16倍计列。

一、国家层面政策规定

南水北调工程征地补偿和移民安置执行国家现行有关政策、法律法规。同时，国务院南水北调工程建设委员会及国务院南水北调办还结合南水北调工程建设实际情况，研究制定了一些征地移民工作政策、规定，为南水北调工程征地移民工作提供了针对性制度保障。

（一）国务院南水北调工程建设委员会有关政策规定

（1）2005年1月，国务院南水北调工程建设委员会印发《南水北调工程建设征地补偿和移民安置暂行办法》（国调委发〔2005〕1号），明确提出南水北调工程贯彻开发性移民方针，坚持以人为本，按照前期补偿、补助与后期扶持相结合的原则妥善安置移民，确保移民安置后生活水平不降低。南水北调工程建设征地补偿和移民安置工作实行“国务院南水北调工程建设委员会领导、省级人民政府负责、县为基础、项目法人参与”的管理体制。有关地方各级人民政府应确定相应的主管部门承担本行政区域内南水北调工程建设征地补偿和移民安置工作。办法从移民安置规划、征地补偿、实施管理和监督管理等方面作了具体规定，比如在征地补偿方面要求通过新开发土地或调剂土地安置被占地农户，有关地方政府应将土地补偿费、安置补助费兑付给提供土地的村或者迁入村的集体经济组织，村集体组织应将上述费用的收支和分配情况向本组织成员公布，接受监督，确保其用于被占地农户的生产和安置。城（集）镇、企事业单位和专项设施的迁建，按照原规模、原标准或恢复原功能所需投资补偿。城（集）镇迁建补偿费支付给有关地方人民政府。企事业单位和专项设施迁建补偿费，根据签订的迁建协议支付给企业法人或主管单位。在实施管理方面明确国务院南水北调办与有关省级人民政府签订征地补偿和移民安置责任书。根据责任书和移民安置规划，项目法人与省级主管部门签订征地补偿、移民安置投资和任务包干协议。省级主管部门依据移民安置规划，会同县级人民政府和项目法人编制移民安置实施方案，经省级人民政府批准后实施，同时报国务院南水北调办备案。项目法人按照下达的征地补偿和移民安置规划，根据工作进度及时将资金拨付给省级主管部门、中央和军队所属工业企业和专项设施迁建的实施单位。征地补偿和移民安置资金必须专账管理、专款专用。农村征地补偿和移民安置计划，由县级人民政府负责组织实施。

（2）2005 年 3 月，国务院南水北调工程建设委员会印发《关于南水北调工程建设中城市征地拆迁补偿有关问题的通知》（国调委发〔2005〕2 号）决定：南水北调工程沿线特别是城市征地拆迁补偿经国家批复后与当地征地拆迁标准之间的差额，根据《国务院关于深化改革严格土地管理的决定》（国发〔2004〕28 号）精神，由当地人民政府使用国有土地有偿使用收入予以解决。该通知是国务院南水北调办与国家发展改革委、国土资源部、住房和城乡建设部等建委会成员单位研究后，经国务院领导同意做出的决定。

（3）2005 年 4 月，国务院南水北调工程建设委员会于印发《关于南水北调工程建设征地有关税费计列问题的通知》（国调委发〔2005〕3 号）明确：南水北调库区及干线工程耕地开垦费按国土资源部、国家经贸委、水利部联合发布的国土发〔2001〕355 号文件的规定执行，即按各省、自治区、直辖市人民政府规定的耕地开垦费下限标准的 70%收取，待《大中型水利水电工程建设征地补偿和移民安置条例》修订出台后，再进行调整。森林植被恢复费按照财政部与国家林业局发布的《森林植被恢复费征收、使用管理暂行办法》（财综〔2002〕73 号）规定的标准计列，工程沿线渠道两侧绿化由地方负责，不列入概算。新菜地开发建设基金按《土地管理法》规定计列。

（4）2006 年 2 月，国务院南水北调工程建设委员会印发《关于进一步做好南水北调工程征地移民工作的通知》（国调委发〔2006〕1 号），强调要切实安置好被征地农民和农村移民的生产生活。土地是农民最基本的生产资料和生活保障，为保障被征地农民和农村移民不因征地或搬迁而降低生活水平，要坚持以农业安置为主。有关地方人民政府要积极协调，调剂和开垦新的土地安置被征地农民和农村移民；对土地资源匮乏、农业安置确有困难的，应积极开辟就业渠道，并制定相应的扶持措施，给予妥善安置。

（二）国务院南水北调办有关政策规定

（1）2005 年 6 月，国务院南水北调办印发《南水北调工程建设征地补偿和移民安置资金管

理办法》(国调办经财〔2005〕39号),强调征地移民资金管理遵循“责权统一、计划管理、专款专用、包干使用”的原则,从投资包干管理、计划管理、财务管理和监督管理方面作了具体规定,目的是规范南水北调工程建设征地补偿和移民安置资金管理,提高资金使用效率,保障移民合法权益,确保南水北调工程建设顺利实施。为规范南水北调工程征地移民资金的会计核算、全面反映和监督征地移民资金的使用情况、加强征地移民资金管理,财政部于2005年11月印发《南水北调工程征地移民资金会计核算办法》(财政部财会〔2005〕19号),强调各级征地移民管理机构应当设置专门的会计机构或专职会计人员,对征地移民资金进行独立核算;征地移民资金的拨付和使用必须遵循专款专用的原则,严禁挤占、截留、挪用。该办法从会计核算一般原则、会计机构和会计人员、内部控制制度、会计科目和会计报表等方面作了详细规定。

(2)2005年8月,国务院南水北调办印发《南水北调工程建设征地补偿和移民安置监理暂行办法》(国调办环移〔2005〕58号),规定:国务院南水北调办负责监理工作的指导、监督。项目法人会同省级主管部门编制监理招标文件,在工程初步设计批准后开展招标工作,确定监理单位。省级主管部门和项目法人共同与中标监理单位签订监理合同。省级主管部门负责监理工作的组织实施,市、县主管部门和实施单位配合开展工作。中标监理单位按照监理合同进行监理,监理项目实行总监理工程师负责制。办法还对监理单位必须具备的条件、监理单位的职责、监理工作程序等做了明确规定,同时明确中标监理单位不得转让、分包监理业务,要求监理人员应保持相对稳定等。

(3)2005年8月,国务院南水北调办印发《南水北调工程建设移民安置监测评估暂行办法(试行)》(国调办环移〔2005〕58号),该暂行办法适用于南水北调工程农村移民生产生活情况的监测评估,监测范围为征地影响区与安置区。暂行办法规定:国务院南水北调办负责监测工作的指导、监督。项目法人会同省级主管部门编制监测招标文件,通过招标确定监测单位。省级主管部门和项目法人共同与中标监测单位签订监测合同。省级主管部门负责监测工作的组织实施,市、县主管部门和实施单位配合开展工作。中标监测单位按照监测合同进行监测。办法还对监测单位必须具备的条件、主要职责、项目负责人、收集信息和评估应用的方法作出了具体规定。

(4)2010年3月,国务院南水北调办印发《南水北调干线工程征迁安置验收办法》(国调办征地〔2010〕19号)。该验收办法适用于设计单元工程完工阶段的征迁安置验收工作,并明确征迁安置验收应在设计单元工程完工验收前完成。国务院南水北调办负责设计单元工程完工验收阶段征迁安置验收的监督。省级征迁安置主管部门负责本行政区域内南水北调征迁安置工作的验收,项目法人参与。规定征迁安置验收应具备的条件是征迁安置补偿资金完成兑付,征用地手续办理完毕,征迁安置实施方案规定的任务完成,征迁安置财务决算完成,有关市、县完成自验收,征迁档案通过验收等。验收办法还明确,省级主管部门提出验收申请和工作大纲,商项目法人同意,报国务院南水北调办批准。征迁安置验收前,有关单位应提交征迁安置实施管理工作报告、市县自验收报告、监理监测报告、档案验收报告、财务决算报告和其他材料等。验收的成果性文件是征迁安置验收意见书,验收意见书应包括工程项目概况、征迁安置实施管理情况及评价、存在问题及整改情况、验收结论性意见和验收委员会成员签字表等。

(5) 2011年3月，国务院南水北调办印发《南水北调丹江口水库大坝加高工程建设征地补偿和移民安置验收管理办法（试行）》（国调办征地〔2011〕30号），规定：库区移民验收分为大坝加高蓄水前验收和总体验收两个阶段，均分为自验、初验和终验。自验由县级人民政府负责；初验由省级人民政府负责，南水北调中线水源有限责任公司参与；终验由南水北调办负责。办法对验收组织、程序、方法、内容、时间安排、验收条件及成果等作出了具体规定。

(6) 2010年4月，国务院南水北调办会同国家档案局印发《南水北调工程征地移民档案管理办法》（国调办征地〔2010〕57号），规定：在国家档案行政管理部门的监督、指导下，国务院南水北调办负责征地移民档案管理工作的组织协调和监督指导。省、市、县各级征地移民主管部门作为征地移民档案工作主管部门，负责本行政区域内征地移民档案工作的统一领导和管理，业务上接受上级主管部门和同级档案行政管理部门的监督和指导。各项目法人按照工作职责，做好各自征地移民档案管理工作。从事征地移民工作的单位或部门，按照“谁产生、谁整理”的原则，将征地移民工作中形成的文件进行收集、整理，并及时做好移交工作。

二、沿线各省（直辖市）有关规定

南水北调工程沿线各省（直辖市）征地移民工作在执行国家、本省（直辖市）政策法规同时，也相应制定了南水北调工程征地移民工作配套规定和办法。主要有：①《北京市南水北调工程征迁安置资金使用管理细则》；②《北京市南水北调工程征迁安置档案管理办法》；③《北京市南水北调工程征迁安置验收实施细则》；④《天津市南水北调工程建设委员会成员单位职责》；⑤《天津市南水北调配套工程征地拆迁安置验收暂行办法》；⑥《南水北调天津干线工程征地拆迁档案验收工作指导意见》；⑦《天津市南水北调工程征地拆迁变更程序》；⑧《天津市南水北调工程临时建设用地交付程序》；⑨《河北省南水北调中线干线工程征地拆迁安置暂行办法》；⑩《江苏省南水北调工程征地和移民安置资金财务管理办法（试行）》；⑪《江苏省南水北调东线一期江苏境内工程建设征地补偿和移民安置验收暂行办法》；⑫《山东省南水北调工程征地移民实施管理暂行办法》；⑬《山东省南水北调工程征地移民验收管理暂行办法》；⑭《山东省南水北调工程临时用地复垦实施管理办法》；⑮《河南省南水北调工程建设征地和移民安置资金管理办法》；⑯《丹江口水利枢纽大坝加高工程移民资金管理办法》；⑰《湖北省南水北调中线工程文物保护管理暂行办法》等。

第四节　实施与评价

南水北调征地移民工作按照已明确的管理体制和工作体系（包括签订的责任书、包干协议、征地移民安置规划以及实施规划等）开展实施工作。

一、库区移民安置实施

截至2013年年底，丹江口库区34.5万移民搬迁工作全部完成，其中河南16.4万人，湖北18.1万人；完成了湖北丹江口市均县镇、郧县柳陂镇和河南马蹬等16个城（集）镇迁建和161家企业迁复建、557家单位复建等项目；完成了库底清理工作；完成了蓄水前的验收工作。实

现了建委会确定的库区移民“四年任务、两年基本完成”的目标。

移民搬迁后，生产生活条件均得到了较大改善。搬迁前，丹江口大坝加高涉淹村组人均耕地仅有0.96亩，搬迁后人均旱地不少于1.4亩，湖北甚至达到1.7亩；搬迁前，库区移民人均住房面积约20m^2，且多为土木房、土坯房，搬迁后人均住房面积超过24m^2，河南达到34m^2、湖北达到31m^2，基本都是砖混结构。在实施中，地方集成中央和地方政策，优化调整实施方案，移民安置点都成为建设社会主义新农村的示范点。通过移民搬迁，移民生产生活条件、基础设施等有较大改善，享受公共服务的机会和能力极大增多、增强。已搬迁的群众总体稳定，正逐步融入当地社会，与当地群众同步发展。

二、干线征迁安置实施

截至2011年年底，东、中线一期干线工程累计提交建设用地88万亩（其中永久征地43万亩，临时用地45万亩），复垦退耕临时用地45万亩，搬迁9万人。保障了工程建设的需要，为工程建设的顺利推进起到积极作用。

干线工程沿线征迁群众的住房建设一般采用集中、分散相结合，就地、就近后靠为主，按照自建、统建两种方式建设，部分大城市居民通过地方政府建设住宅小区集中安置或采用货币化补偿通过自购房屋或投亲靠友方式解决。生产安置采用有土安置为主、货币化补偿为辅的方式，农村地区按照村民自治法，通过村民代表大会决议，采用调剂本村集体经济组织土地安排被征迁群众生产用地或分配土地补偿费等方式进行，部分大城市则按照城市拆迁条例等，采用社会保障安置方式进行。

同时，各级地方政府还将沿线征迁群众的生产生活纳入地方国民经济和社会发展规划，通过加大交通、能源、水利、环保、通信、文化、教育、卫生、广播电视等基础设施建设，加强征迁群众的就业培训、劳务输出等工作，进一步改善征迁群众的生产条件，提高征迁群众的生活水平。

三、初步评价

（一）实施情况评价

按照国务院批复的南水北调东、中线一期工程可行性研究总报告，干线主体工程规划永久征地48万亩，经初步设计阶段优化设计，永久征地减为43万亩。截至2015年年底，干线征迁累计交付建设用地88万亩（其中永久征地43万亩，临时用地45万亩），搬迁人口9万人，保障了干线工程建设顺利进行。库区移民完成搬迁34.5万人和城（集）镇、专项设施等迁建，满足了水库按期蓄水的要求。

党中央、国务院领导高度重视南水北调工程征地移民工作，在工程建设之初，即明确实行“国务院南水北调工程建设委员会领导、省级人民政府负责、县为基础、项目法人参与”的管理体制。国务院南水北调办与沿线各省（直辖市）签署征迁安置工作责任书，落实征迁安置工作的责任。沿线各省（直辖市）、市、县相应建立了切实可行的管理体制，制定了配套规定和办法，把南水北调工程作为头号工程，把征迁安置工作当作紧迫而重要的政治任务，保证了建设用地需要和按期完成移民搬迁任务，促进了工程建设顺利进行。

（二）生产发展和生活安置评价

南水北调工程征地移民工作制定了比较完善的补偿补助政策，采取综合措施，确保实现“搬得出、稳得住、能发展、可致富”的安置目标。主要体现在以下方面：

（1）补偿标准比较合理、补偿补助项目比较齐全。依据《中华人民共和国土地法》和《大中型水利水电工程建设征地补偿和移民安置条例》等相关规定，确定补偿标准、补偿补助项目构成，移民安置规划坚持以人为本，安置方案广泛征求移民群众意愿。

（2）率先执行土地补偿费和安置补助费为耕地被征收前三年平均年产值的16倍。针对丹江口库区实物指标、土地资源偏少等因素，通过增列生产安置增补费26.4亿元，占淹没土地补偿费的40%，惠及约22万移民，确保总体上移民安置后，人均土地资源不低于搬迁前，并有所改善。

（3）生产安置标准较淹没前显著提高。调地安置标准为大棚菜地0.4亩，或水田、水浇地和果园1.05亩，或旱地1.4亩，比淹没前涉淹村组人均土地0.96亩，有较大改善。

（4）移民住房标准较搬迁前明显改善。库区移民人均房屋面积不足$24m^2$的占64%，对于房屋补偿费不足以修建$24m^2$砖混房屋的移民进行差额补助，增列建房困难补助11.4亿元，占房屋及附属建筑物补偿费的29%，惠及约24万移民。

（5）迁建规划标准既考虑节约土地、优化设计，也尽可能与建设社会主义新农村相衔接。依据国家及河南、湖北两省相关规定，居民点人均建设用地标准$80m^2$/人，根据当地居民村台建设等习俗及需要，集中居民点按$5m^2$/人规划修建坑塘，居民点建设用地和坑塘用地可统筹使用。宅基地河南$167m^2$/户、湖北$140m^2$/户。

（6）移民安置居民点房屋结构安全有保证。在规划中，对于抗震设防烈度6度以上的居民点，增列抗震处理措施费（4400元/户）；对于集中居民点建设场地岩土具有弱至中等膨胀性的，实施中对膨胀土基础进行了技术处理，增列膨胀土地基处理费（7600元/户）。

（7）精细化设计，尊重少数民族习俗、妥善处理散落的烈士墓等。对于淹没搬迁涉及的郧县杨溪铺镇清凉寺村回民村，在安置地补助修建一座规模适当的小型清真寺；对于淅川县1949年前后分散安置的烈士墓，参照公墓建设标准予以补助。

（8）移民新村功能设施完善。按人均$0.15m^2$计列移民新村村委会及文化活动室建设补助费2338万元。

（9）注重移民生产技能培训。计列技术培训费1.09亿元，用于移民劳动技能、技术培训，增强移民生产水平，拓宽就业门路。

（10）丹江口水库农村移民享受后期扶持政策。丹江口水库移民纳入后期扶持范围，享受每人每年补助600元，从其完成搬迁之日起扶持20年。

总体上，移民群众对新时期的政策是满意的，这从一个侧面说明，南水北调征地移民政策是以人为本的，充分体现了群众意愿，以民生为本实现科学发展，让移民群众更多、更好分享改革发展成果。

（三）社会稳定情况评价

在党中央、国务院的高度重视和建委会的正确领导下，在中央有关部委的大力支持下，丹

江口库区及工程沿线各级党委政府切实加强领导，征地移民主管部门精心组织、统筹协调、稳步推进，实现了丹江口库区34.5万移民的和谐搬迁，实现了干线及时交地和工程无障碍施工，为工程顺利建设和水库如期蓄水创造了有利条件。在征地移民工作实施期间，没有出现大的群体性事件。南水北调工程征地移民工作能取得如此好的形势，得益于建委会的正确领导和决策部署，得益于中央成员单位和沿线各省（直辖市）党委政府的高度重视，得益于地方各级政府及实施管理部门对征地移民工作的艰苦付出，得益于沿线和库区征地移民群众的理解和支持。实践证明，只有坚持“征地移民业务工作”和“维护稳定”两手抓，才能真正取得征地移民工作的成功，有许多宝贵经验值得总结。

（1）深入细致做好征地移民工作，从源头上预防矛盾纠纷，是维护稳定的根本。只要征地移民工作做深、做细，就能有效减少矛盾纠纷；也只有把工作不折不扣做到位，才能避免矛盾激化、问题积重难返。

库区移民方面，河南、湖北两省及相关地方各级党委、政府分别成立了高规格的库区移民搬迁安置指挥部，省直有关单位成立了包县工作组，市包县、县包乡、县乡干部包村包户，形成了一级抓一级、层层抓落实、指挥强有力的工作格局。针对移民搬迁动员、移民建房、搬迁组织、后期发展等各个不同阶段，研究移民群众利益诉求，采取措施，保障移民权益。

干线征迁方面，工程沿线各级政府部门围绕工程建设大局，按照资金任务双包干的原则，完善工作机制，坚持以人为本，深入基层一线，检查、督促、协调、指导工作，积极协调相关行业主管部门和产权单位，优化征迁方案，整合各项资源，落实安置措施，及时高效地解决各种征迁问题，全力保障了工程用地需要，维护了良好施工环境，维护了被征迁群众的合法利益。

（2）深入开展矛盾纠纷排查化解工作，大量群众合理诉求得到妥善解决。国务院南水北调办每年都部署开展征地移民矛盾纠纷排查化解活动。工程沿线相关省、市、县积极开展群体性事件隐患排查和矛盾纠纷化解工作，将矛盾化解在基层，将群体性事件消除在萌芽状态，为工程建设营造良好的建设环境。

（3）建立健全体制机制，形成良好的工作联动格局。各地切实把征地移民稳定工作作为征地移民工作重要任务来抓，建立了维护稳定、预防和处置群体性事件的组织机构，各省南水北调办（局）建立健全了工作机制，制定了移民群体性事件处置预案，明确了分工，落实了责任，形成了良好的工作联动格局，有效解决了部门信访的困境。

（4）加强宣传，营造舆论氛围。征地移民工作政策性强，要做好征地移民工作，离不开群众的理解和支持。地方各级政府及实施管理部门在工作中充分利用网站、电视、出版物和报纸等媒体加强宣传工作，重点宣传南水北调工程的伟大意义、补偿政策等，让沿线群众和库区移民了解国家大政方针。同时，也加强了对征地移民干部的先进典型事迹宣传。以强大舆论攻势，形成强大舆论氛围，赢得移民群众的理解和支持，促进了征地移民工作。

（5）做好上访群众的接访工作，耐心细致地做好上访群众的解释和劝返说服工作。对于群众反映的问题，严格按照国家有关政策和程序，及时做好信访答复解释和问题处理工作，及时化解基层的矛盾纠纷，避免了恶性群体性事件的发生。

第二章　东线一期工程征迁安置工作

第一节　江苏省征迁安置工作

一、基本任务

（一）总体情况

江苏是南水北调东线工程的源头。东线一期工程江苏段输水干线404km，建设9个梯级泵站，扬程40m左右。

东线一期工程江苏段划分为8个单项工程，分别是：三阳河、潼河、宝应站工程，长江至骆马湖段2003年度工程，骆马湖至南四湖段江苏境内工程，南四湖水资源控制、水质监测和骆马湖水资源控制工程，长江至骆马湖段其他工程，截污导流工程，东线江苏段专项工程，南四湖下级湖抬高蓄水位影响处理工程。

8个单项工程又进一步划分为40个设计单元工程，分别是：三阳河、潼河工程，宝应站工程，江都站改造工程，淮阴三站工程，淮安四站工程，淮安四站输水河道工程，刘山泵站工程，解台泵站工程，蔺家坝泵站工程，姚楼河闸工程，杨官屯河闸工程，大沙河闸工程，南四湖水质监测工程，骆马湖水资源控制工程，泗阳站工程，泗洪站枢纽工程，刘老涧二站工程，皂河二站工程，皂河一站工程，骆南中运河影响处理工程，淮安二站工程，金湖站工程，高水河整治工程，金宝航道工程，睢宁二站工程，邳州站工程，洪泽湖抬高蓄水位影响处理工程，里下河水源调整工程，洪泽站工程，徐洪河影响处理工程，沿运闸洞漏水处理工程，江都截污导流，淮安截污导流，宿迁截污导流，徐州截污导流，江苏省文物保护，血吸虫北移防护工程，东线江苏段调度运行管理系统工程，东线江苏段管理设施专项工程，南四湖下级湖抬高蓄水位影响处理工程。

江苏省南水北调涉及征迁安置工作的设计单元工程为36个，其中截污导流工程下的4个设计单元工程（包括江都截污导流、淮安截污导流、宿迁截污导流、徐州截污导流）征迁安置工

作由所在市、县负责，其余设计单元工程的征迁安置工作由省级直接负责实施。不涉及征迁安置工作的工程4个，分别是江都站改造工程、南四湖水质监测工程、皂河一站工程、江苏省文物保护。

东线一期工程江苏段涉及江苏省的扬州、泰州、宿迁、盐城、淮安、徐州6个市24个县（市、区）。根据征迁安置规划，江苏南水北调东线一期调水工程涉及永久征地4.44万亩，临时用地3.68万亩，搬迁安置人口1.7万人，拆迁房屋55万m^2；实际使用永久征地4.39万亩，临时用地2.3万亩，搬迁安置人口1.52万人，拆迁房屋49.6万m^2，批复征迁安置总投资34.5亿元。

（二）设计单元工程征迁安置情况概述

1. 三阳河、潼河、宝应站工程

（1）工程概况。三阳河、潼河工程和宝应站工程是南水北调东线的两个设计单元工程，三阳河、潼河是宝应站输水河道，三阳河三垛以北段长29.95km，潼河长15.5km（其中泵站段长1.2km）；宝应站抽水流量100m^3/s。三阳河、潼河、宝应站工程是南水北调东线新增的水源工程，与江都站共同实现南水北调东线一期工程抽江500m^3/s规模，同时可以提高里下河地区的排涝能力，并为里下河地区航运提供基础条件。工程征迁涉及扬州市的高邮市、宝应县，其中高邮市涉及5个乡镇24个行政村，宝应县涉及2个乡镇8个行政村。

（2）初步设计批复情况。2003年1月，国家计委《关于核定江苏省三阳河、潼河、宝应站工程初步设计概算的通知》（计投资〔2003〕128号），批复征迁初步设计概算投资30754万元。2005年3月，国家发展改革委《国家发展改革委关于调增南水北调东、中线一期工程三阳河、潼河及宝应站等19项单项工程征地补偿投资概算的通知》（发改投资〔2005〕520号），调增征地补偿投资8848万元（含建设期贷款利息233万元）。以上共批复三阳河、潼河、宝应站工程征迁补偿静态投资39369万元，动态投资39602万元。

（3）初步设计主要实物指标。

1）农村移民补偿项目：征用土地12780.4亩，其中耕地8271.72亩（三阳河4016.92亩、潼河3776.4亩、宝应站478.4亩）；影响居民户1173户，总人口3683人（三阳河1697人、潼河1858人、宝应站128人）；影响各类农村房屋118933.25m^2。

2）企业迁建补偿项目：影响企业单位38个，占地241.25亩；拆迁各类房屋31635.53m^2。

3）事业单位迁建补偿项目：影响事业单位5个，占地17.89亩；拆迁各类房屋2213m^2。

4）专业项目复建：农村输电线43.93km，电话线18.55km，广播线12.77km，10kV线路14.38km，35kV线路2.6km，110kV线路0.78km，220kV线路0.25km，通信电缆2.35km、光缆33.61km。

2. 淮阴三站工程

（1）工程概况。淮阴三站工程位于淮安市清浦区和平镇境内，与淮阴一站并列布置，设计抽水流量100m^3/s。淮阴三站与已有的淮阴一站、二站及洪泽站组成南水北调东线一期工程第三个梯级，形成入洪泽湖300m^3/s的调水规模。该工程征迁安置涉及江苏省灌溉总渠管理处淮阴站管理所、二河新闸管理所，淮安市越闸翻水站、淮安市清浦区淮河入海水道河道管理所，共4个事业单位。

(2) 初步设计批复情况。2005 年 10 月，国家发展改革委《关于核定南水北调东线一期工程长江—骆马湖段（2003）年度工程初步设计概算的通知》(发改投资〔2005〕1294 号)，核定淮阴三站工程征迁安置补偿投资 1159 万元。

(3) 初步设计主要实物指标。

1）事业单位迁建补偿项目：临时用地 329 亩；拆迁各类房屋 14181.7m²；砍伐各类树木 27847 棵；附属设施补偿主要有水泥场地 6250m²，码头 2 座，水塔 2 座；淮阴站通信铁塔复建 1 座；水泥路 7319m²。

2）专业项目复建：10kV 高压线路 0.3km。

3. 淮安四站工程

(1) 工程概况。淮安四站是南水北调东线一期工程的第二个梯级抽水泵站，位于江苏省淮安市淮安区三堡乡境内里运河与灌溉总渠交汇处，设计抽水流量 100m³/s，装机 4 台套，总装机容量 10000kW。工程征迁涉及淮安市淮安区三堡乡鸭洲村。

(2) 初步设计批复情况。2005 年 10 月，国家发展改革委《关于核定南水北调东线一期工程长江—骆马湖段（2003）年度工程初步设计概算的通知》(发改投资〔2005〕1294 号)，核定淮安四站工程征迁安置补偿投资 1081 万元。

(3) 初步设计主要实物指标。

1）农村移民补偿项目：工程永久征地 307.7 亩，临时用地面积 61.7 亩；拆迁各类房屋 3861.48m²，影响农村居民 38 户，总人口 118 人。

2）事业单位迁建补偿项目：影响事业单位 1 个。

3）专业项目复建：影响输变电线 0.8km。

4. 淮安四站输水河道工程

(1) 工程概况。淮安四站输水河道位于白马湖地区，涉及淮安市淮安区南闸镇、林集镇、三堡镇，江苏省灌溉总渠管理处，江苏省农垦集团白马湖农场，扬州市宝应县，总长 29.8km，由三段组成，即运西河段、穿湖段、新河段。原有运西河（北运西闸—白马湖入口）输水规模仅 50m³/s，新河（镇湖闸—淮安站下）输水规模为 80m³/s，根据南水北调东线一期工程规划，淮安四站输水河道设计输水流量为 100m³/s。工程采取扩浚运西河长 7.5km，湖区抽槽 2.3km，河湖分开送水，新河整治恢复原 100m³/s 规模设计。

(2) 初步设计批复情况。2005 年 10 月，国家发展改革委《关于核定南水北调东线一期工程长江—骆马湖段（2003）年度工程初步设计概算的通知》(发改投资〔2005〕1294 号)，核定淮安四站输水河道工程征迁安置补偿投资 16439 万元。

(3) 初步设计主要实物指标。

1）农村移民补偿项目：永久征地 3532.72 亩；搬迁居民 912 户，人口 3749 人；影响各类农村房屋 98756m²。

2）企业迁建补偿项目：影响企业单位 22 个，影响职工人数 890 人，拆迁房屋 7340m²。

3）事业单位迁建补偿项目：事业单位 4 个，影响人数 140 人，拆迁房屋 1118m²。

4）专业项目复建：影响输变电线路 10.8km，通信电缆 10.11km、光缆 16.42km。

5. 刘山泵站工程

(1) 工程概况。刘山泵站工程位于邳州市境内京杭运河不牢河上，是南水北调东线一期工

程的第七个梯级抽水泵站，设计流量 125m³/s。工程征迁涉及邳州市宿羊山镇梁口村、车辐山镇红光村以及刘山船闸、刘山北站、刘山节制闸、邳州水利工程管理总站 4 个企事业单位。

（2）初步设计批复情况。2004 年 8 月 3 日，国家发展改革委《关于核定南水北调东线骆马湖至南四湖段江苏境内工程刘山泵站初步设计概算的通知》（发改投资〔2004〕1539 号），对刘山泵站征迁安置投资概算进行了审核。2004 年 8 月 26 日，水利部以《关于南水北调东线第一期工程骆马湖—南四湖段江苏境内工程刘山泵站初步设计的批复》（水总〔2004〕355 号），批复刘山泵站征迁安置补偿投资 2803 万元。2005 年 3 月，国家发展改革委《关于调增南水北调东、中线一期工程三阳河、潼河及宝应站等 19 项单项工程征地补偿投资概算的通知》（发改投资〔2005〕520 号），增加批复刘山泵站征迁补偿投资 482 万元，建设期贷款利息 20 万元。以上共批复刘山泵站征迁安置补偿静态投资 3285 万元，动态投资 3305 万元。

（3）初步设计主要实物指标。

1）农村移民补偿项目：永久征地 428.16 亩，临时用地 191.6 亩；拆迁各类房屋 3859.08m²，搬迁 91 人；各类树木 75293 棵；灌排渠 0.28km，涵闸 36 座，电灌站 4 座，人行桥 4 座，机耕桥 3 座。

2）企业迁建补偿项目：永久征地 96.3 亩，拆迁房屋 2921.71m²。

3）事业单位补偿项目：永久征地 69.13 亩，拆迁各类房屋 8130.04m²，树木 1888 棵，竹林 0.21 亩。

4）专业项目：低压电力线 9 道，变压器 4 座，水塔 1 座，油罐 4 个，加固堤岸 6.93km，地下管线干线 0.36km，地下管线支线 1.38km。

6. 解台泵站工程

（1）工程概况。解台泵站工程位于徐州市贾汪区境内的不牢河输水线上，与解台节制闸及解台一、二线船闸共同组成南水北调东线一期工程第八个梯级枢纽。泵站设计流量 125m³/s，节制闸设计流量为 500m³/s，校核流量为 587m³/s。

（2）初步设计批复情况。2004 年 8 月 3 日，国家发展改革委《关于核定南水北调东线骆马湖至南四湖段江苏境内工程解台泵站初步设计概算的通知》（发改投资〔2004〕1540 号），对解台泵站征迁安置投资概算进行了审核。2004 年 8 月 26 日，水利部以《关于南水北调东线第一期工程骆马湖—南四湖段江苏境内工程解台泵站初步设计的批复》（水总〔2004〕356 号），批复解台泵站征迁补偿投资 2229 万元。2005 年 3 月，国家发展改革委《关于调增南水北调东、中线一期工程三阳河、潼河及宝应站等 19 项单项工程征地补偿投资概算的通知》（发改投资〔2005〕520 号），增加批复解台泵站征迁补偿投资 186 万元，建设期贷款利息 4 万元。以上共批复解台泵站征迁补偿静态投资 2415 万元，动态投资 2419 万元。

（3）初步设计主要实物指标。

1）农村移民补偿项目：永久征地 400 亩，临时用地 130 亩；搬迁影响居民户 1 户，人口 3 人；拆迁各类农村房屋 404m²。

2）事业单位补偿项目：影响各类事业单位 6 个，影响职工人数 370 人，拆迁房屋 17727m²。

3）专业项目复建：影响 10kV 电力线路共 2 条，电缆线路 1 条，光缆线路 4 条。

7. 蔺家坝泵站工程

（1）工程概况。蔺家坝泵站工程位于徐州市铜山区境内，是南水北调东线一期工程的第九级抽水泵站，主要任务通过不牢河线从骆马湖向南四湖调水，设计流量 75m³/s。工程征迁涉及铜山区沿湖农场、国营江苏省徐州种牛场、铜山县第二航运公司、铜山区湖西地区水利工程管理所、沂沭泗蔺家坝管理局、徐州军分区农场。

（2）初步设计批复情况。2004 年 8 月 3 日，国家发展改革委《关于核定南水北调东线一期工程蔺家坝泵站工程初步设计概算的通知》（发改投资〔2004〕1536 号），对蔺家坝泵站征迁安置投资概算进行了审核。2004 年 8 月 26 日，水利部《关于南水北调东线第一期工程蔺家坝泵站初步设计的批复》（水总〔2004〕354 号），批复蔺家坝泵站征迁安置补偿投资 885 万元。2005 年 3 月，国家发展改革委《关于调增南水北调东、中线一期工程三阳河、潼河及宝应站等 19 项单项工程征地补偿投资概算的通知》（发改投资〔2005〕520 号），增加批复蔺家坝泵站征迁补偿投资 252 万元，建设期贷款利息 9 万元。以上共批复蔺家坝泵站征迁安置补偿静态投资 1137 万元，动态投资 1146 万元。

（3）初步设计主要实物指标。

1）农村移民补偿项目：永久征地 457.49 亩，临时用地 179.3 亩；拆迁各类房屋 159.28m²；成材树 1952 棵，苗木 42895 棵；灌溉站 4 座，机耕桥 1 座，涵闸 4 座，搬迁 3 人。

2）专业项目复建：10kV 输电线路 1.8km，变压器 4 座，低压电力线 9 道。

8. 姚楼河闸工程

（1）工程概况。姚楼河闸位于姚楼河的入湖口处，闸轴线距离湖西大堤 150m，闸两侧通过姚楼河堤与湖西大堤连接。工程征迁安置涉及徐州市沛县龙固镇。

（2）初步设计批复情况。2005 年 2 月，国家发展改革委《关于核定南水北调东线一期工程姚楼河闸、杨官屯河闸初步设计概算的通知》（发改投资〔2005〕518 号），批复江苏省境内姚楼河闸征迁安置补偿投资 2.26 万元。

（3）初步设计主要实物指标。农村移民补偿项目：江苏省境内永久征地 1.96 亩。

9. 杨官屯河闸工程

（1）工程概况。杨官屯河闸位于杨官屯河的入湖口，闸轴线距离湖西大堤约 130m，闸两侧通过杨官屯河堤与湖西大堤连接。工程征迁安置涉及徐州市沛县杨屯镇、大屯镇。

（2）初步设计批复情况。2005 年 2 月，国家发展改革委《关于核定南水北调东线一期工程姚楼河闸、杨官屯河闸初步设计概算的通知》（发改投资〔2005〕518 号），批复江苏省境内杨官屯河闸征迁安置补偿投资 88.98 万元。

（3）初步设计主要实物指标。

1）农村移民补偿项目：江苏省境内永久征地 20.64 亩，临时用地 21.79 亩，房屋 20m²，树木 6701 棵。

2）专业项目复建：通信电缆 0.8km。

10. 大沙河闸工程

（1）工程概况。大沙河属南四湖上级湖湖西支流，大沙河闸是其河口控制闸，位于河流入湖口，为Ⅰ等 1 级建筑物，闸轴线距离湖西大堤约 130m，闸两侧通过大沙河河堤与湖西大堤相连接。批复的大沙河闸初步设计方案为一座 14 孔节制闸和一座Ⅵ级航道船闸，节制闸每孔净宽 10m，节制闸闸底板顶高程 30.80m。工程征迁安置涉及徐州市沛县龙固镇前程子村、镇东居委会。

(2) 初步设计批复情况。2006 年 7 月，国家发展改革委《关于核定南水北调东线一期工程南四湖水资源控制工程大沙河闸、潘庄引河闸初步设计概算的通知》(发改投资〔2006〕1803号) 批复大沙河闸 (江苏省) 征迁补偿投资 500.22 万元；2010 年 3 月，国务院南水北调办《关于南水北调东线第一期南四湖水资源控制工程大沙河闸设计单元工程变更设计报告 (概算) 的批复》(国调办投计〔2010〕21 号) 批复增加征迁补偿投资 139.33 万元。累计批复大沙河闸 (江苏省) 征迁补偿投资 639.55 万元。

(3) 初步设计主要实物指标。

1) 农村移民补偿项目：江苏省境内永久征地 357.46 亩，临时用地 147.95 亩；拆迁房屋 172.9m^2，树木 29538 棵。

2) 专业项目复建：通信光缆 1km，码头 1 座。

11. 骆马湖水资源控制工程

(1) 工程概况。骆马湖水资源控制工程位于邳州市境内，主要任务是在满足泄洪和通航功能要求的条件下，加强对骆马湖水资源的控制与管理。建筑物设计洪水标准为 50 年一遇，设计洪水流量为 5600m^3/s，设计输水流量为 125m^3/s。工程征迁安置涉及邳州市戴庄镇山头村和邳州市水利工程管理总站。

(2) 初步设计批复情况。2005 年 10 月，国家发展改革委《关于核定南水北调东线一期工程南四湖水资源监测工程、骆马湖水资源控制工程初步设计概算的通知》(发改投资〔2005〕1776 号)，批复骆马湖水资源控制工程征迁安置补偿投资 181 万元。

(3) 初步设计主要实物指标。农村移民补偿项目：永久征地 67.81 亩，临时用地 57.3 亩；拆迁房屋 63m^2，搬迁 4 人；成材树 7665 棵，树苗 5283 棵；排水涵 1 座。

12. 泗阳站工程

(1) 工程概况。泗阳站是南水北调东线一期工程的第四个梯级抽水泵站。工程位于江苏省泗阳县县城 (众兴镇) 东南约 3km 处的中运河输水线上，毗邻泗阳船闸。为原泗阳一站规模扩建，原泗阳一站设计调水量 100m^3/s，新建泗阳站设计调水流量 165m^3/s，设计扬程 6.3m，安装 6 台套 3100ZLQ33－6.3 型立式全调节轴流泵，主要任务是与刘老涧枢纽、皂河枢纽一起，通过中运河向骆马湖输水 175m^3/s，同时为泗阳闸至刘老涧闸之间工农业、乡镇生活和航运补充水源。工程征迁安置涉及泗阳县众兴镇、李口镇和江苏省骆运水利工程管理处。

(2) 初步设计批复情况。2009 年 7 月，国务院南水北调办以《关于南水北调东线一期长江—骆马湖段其他工程泗阳站改建工程初步设计报告 (概算) 的批复》(国调办投计〔2009〕132 号)，批复泗阳站工程征迁安置补偿投资 5995 万元。

(3) 初步设计主要实物指标。

1) 农村移民补偿项目：工程永久征地 322.19 亩，临时用地 414.9 亩；拆迁住户 53 户，影响人口 195 人；拆迁租房户 5 户，影响人口 15 人；各类房屋面积 9291.8m^2。

2) 企业迁建补偿项目：拆迁的企业单位主要是宿迁市水利综合开发实业公司下属企业单位 16 家，共拆迁房屋面积 7604.4m^2。

3) 专业项目复建：影响 10kV 线路 0.9km，35kV 线路 2km，110kV 线路 3.6km，通信电缆 2.4km，通信光缆 6.6km。

13. 泗洪站枢纽工程

(1) 工程概况。泗洪站枢纽工程是南水北调东线一期工程运西线第四个梯级泵站，位于泗洪县朱湖镇东南的徐洪河上，距三岔河大桥下游 4km，洪泽湖顾勒河口上游约 16km 处，设计抽水流量 120m³/s，泵站装机 5 台套机组，总装机容量 10000kW。工程征迁安置涉及朱湖镇的太山村、新村、黄圩村，界集镇的吕南村和泗洪县徐洪河管理所的第八、第九管理站等。

（2）初步设计批复情况。2009 年 7 月，国务院南水北调办《关于南水北调东线一期长江—骆马湖段其他工程泗洪站枢纽工程初步设计报告（概算）的批复》（国调办投计〔2009〕130 号），批复泗洪站工程征迁安置补偿投资 4856 万元。

（3）初步设计主要实物指标。

1）农村移民补偿项目：永久征地 595.6 亩，临时用地 248.6 亩；房屋 4628m²；搬迁人口 62 户 148 人。

2）专业项目复建：迁移 10kV 输电线路 0.58km，35kV 输电线路 0.8km，迁移光缆 0.58km；赔建牌坊嘴泵站 1 座，渡槽 1 座，小型涵闸 23 座。

14. 刘老涧二站工程

（1）工程概况。刘老涧二站位于江苏省宿迁市东南约 18km 的中运河上，是刘老涧泵站枢纽的重要组成部分，该站与刘老涧一站，睢宁一、二站等工程共同组成南水北调东线一期工程第五个梯级。刘老涧二站设计流量 80m³/s，总装机流量 117.5m³/s，总装机容量 8000kW。

（2）初步设计批复情况。2009 年 7 月，国务院南水北调办《关于南水北调东线一期长江—骆马湖段其他工程刘老涧二站工程初步设计报告（概算）的批复》（国调办投计〔2009〕131 号），批复刘老涧二站工程征迁补偿投资 2804 万元。

（3）初步设计主要实物指标。

1）农村移民补偿项目：临时用地 211.11 亩（全部为农村集体土地）。

2）企事业单位迁建补偿项目：永久征地 151.36 亩，影响企业 10 个、事业单位 1 个，均为工程永久征地影响，拆迁房屋 7574.29m²。

3）专业项目复建：工程影响涵 4 座，水泥路 450m²，机耕桥 2 座，10kV 电力线 0.37km，35kV 电力线 0.36km；影响通信电缆 1.48km、光缆 0.03km。

15. 皂河二站工程

（1）工程概况。皂河站工程是南水北调东线一期工程的第六个梯级抽水泵站，位于江苏省宿迁市宿豫区皂河镇北 5km 处，东临中运河、骆马湖，西接邳洪河、黄墩湖。该梯级泵站由皂河一站和皂河二站组成，新建的皂河二站为皂河一站的备机泵站，装机 3 台套，单机流量 25m³/s，总流量 75m³/s。新建的邳洪河北闸设计排涝流量 345m³/s，为解决黄墩小河农田灌溉用水，结合闸身底板建灌溉地涵，设计灌溉引水流量 10m³/s。工程征迁安置涉及宿豫区皂河镇、江苏省骆运水利工程管理处、骆马湖沂沭泗管理局。

（2）初步设计批复情况。2009 年 7 月，国务院南水北调办《关于南水北调东线一期长江—骆马湖段其他工程皂河二站工程初步设计报告（概算）的批复》（国调办投计〔2009〕129 号），批复皂河二站工程征迁安置补偿投资 4546 万元。

（3）初步设计主要实物指标。

1）农村移民补偿项目：永久征地 388.57 亩，临时用地 355.53 亩；搬迁影响居民 40 户 167 人；拆迁房屋 4406.36m²。

2）企事业单位迁建补偿项目：影响企业单位 7 个，事业单位 1 个，均为工程永久征地影

响，拆迁房屋5335.18m^2。

3）专业项目复建：影响道路1.81km，桥梁2座，输变电线路共2.7km；影响通信电缆0.33km、光缆1.78km。

16. 骆南中运河影响处理工程

（1）工程概况。骆南中运河是南水北调东线一期工程主要输水干线，兼有泄洪、排涝和航运等功能，骆马湖以南中运河向北输水175～230m^3/s，与运西徐洪河一起承担南水北调东线一期工程入骆马湖流量350m^3/s的任务。影响处理范围为泗阳—皂河段，全长111.2km，建设内容包括：堤防复堤、防渗处理、河道防护；新建、维修加固和拆除重建穿堤建筑物及沿线灌排影响处理工程；新建和维修堤顶管理道路。工程征迁安置涉及宿迁市宿豫区、宿城区、泗阳县和淮安市淮阴区。

（2）初步设计批复情况。2010年2月，国务院南水北调办《关于南水北调东线一期长江—骆马湖段其他工程骆马湖以南中运河影响处理工程初步设计报告（概算）的批复》（国调办投计〔2010〕9号），批复骆南中运河影响处理工程征迁安置补偿投资1647万元。

（3）初步设计主要实物指标。

1）农村移民补偿项目：工程永久征地889.54亩，临时用地729.5亩；拆迁居民房屋7975.43m^2。

2）专业项目复建：通信线路2.04km。

17. 淮安二站工程

（1）工程概况。淮安二站位于淮安市淮安区南郊三堡乡，京杭大运河和苏北灌溉总渠的交汇处，是南水北调东线一期工程第二个梯级泵站之一。该站与淮安一站、淮安三站和淮安四站共同抽引江都站和宝应站输送的长江水由苏北灌溉总渠入淮阴站下，满足南水北调东线一期工程第二梯级抽水300m^3/s的目标。工程征迁安置涉及江苏省灌溉总渠管理处和淮安区三堡乡。

（2）初步设计批复情况。2010年2月，国务院南水北调办《关于南水北调东线一期长江至骆马湖段其他工程淮安二站改造工程初步设计报告（概算）的批复》（国调办投计〔2010〕10号），批复淮安二站工程征迁安置投资68万元。

（3）初步设计主要实物指标。事业单位迁建补偿项目：临时用地14.99亩，框架房347.79m^2，电缆（地下）400m，电缆沟200m，各类树木1887棵。

18. 金湖站工程

（1）工程概况。金湖站位于江苏省金湖县三河拦河坝下的金宝航道输水线上，距离金湖县城约10km。金湖站为南水北调东线一期工程第二个梯级抽水泵站，设计调水规模150m^3/s，安装机组5台套。工程征迁安置涉及金湖县前锋、银集、黎城三个乡镇和金湖县河湖管理所。

（2）初步设计批复情况。2010年3月，国务院南水北调办《关于南水北调东线一期长江至骆马湖段其他工程金湖站工程初步设计报告的批复》（国调办投计〔2010〕34号），批复了工程初步设计和概算。该项目征迁安置补偿投资4724.9万元，其中，金湖站征迁安置补偿投资3664.39万元，金湖县殡仪馆迁建专项投资1060.51万元。

（3）初步设计主要实物指标。

1）农村移民补偿项目：永久征地957.17亩，临时用地865.04亩；拆迁居民房屋1381.38m^2；搬迁居民15户，搬迁安置人口35人。

2）事业单位迁建补偿项目：工程影响事业单位 2 个，即金湖县河湖管理所和金湖县殡仪馆。

3）专业项目复建：高等级电力线 7.85km，通信线路 19.32km，涵、闸各 1 座。

19. 高水河整治工程

（1）工程概况。高水河是由江都站向北送水至里运河的河道，与三阳河、潼河一起承担南水北调东线一期工程向北输水 $500m^3/s$ 的任务，并兼有行洪、排涝及航运功能。高水河整治工程范围为江都站上至邵伯轮船码头，总长 15.2km，工程主要内容是拓浚河道、加固堤防和沿线穿堤建筑物，排涝影响处理，完善管理道路和设施。工程征迁安置涉及扬州市江都区邵伯镇、双沟乡及邗江区泰安镇。

（2）初步设计批复情况。2010 年 5 月，国务院南水北调办《关于南水北调东线一期长江至骆马湖段其他工程高水河整治工程初步设计报告（概算）的批复》（国调办投计〔2010〕72 号），批复高水河整治工程征迁安置补偿投资 4963 万元。

（3）初步设计主要实物指标。

1）农村移民补偿项目：永久征地 351.41 亩，临时用地 461 亩；涉及居民户 62 户 255 人；拆迁各类房屋 $15658.63m^2$。

2）企事业单位迁建补偿项目：影响企事业单位 5 个，土地面积 94.61 亩，拆迁房屋 $1502.89m^2$。

3）专业项目复建：影响涵 4 座，道路 0.16km，桥梁 4 座，10kV 输变电线 2.1km，通信光缆 0.44km，变压器 1 座。

20. 金宝航道工程

（1）工程概况。金宝航道是从里运河向洪泽湖输水的通道，设计输水规模 $150m^3/s$。工程主要建设内容是：疏浚、开挖河道，新建和加固圩堤，沿线节制闸、河口闸穿堤闸、排涝泵站配套，修建公路桥、生产桥和堤顶管理道路。工程征迁安置涉及扬州市宝应县和淮安市金湖县、盱眙县、洪泽县和省属宝应湖农场。

（2）初步设计批复情况。2010 年 6 月，国务院南水北调办《关于南水北调东线一期长江至骆马湖段其他工程金宝航道工程初步设计报告的批复》（国调办投计〔2010〕92 号），批复金宝航道工程征迁安置补偿投资 56792 万元。

（3）初步设计主要实物指标。

1）农村移民补偿项目：永久征地 5970.1 亩，临时用地 5718.36 亩；拆迁各类房屋 $75030m^2$；拆迁人口 763 户 2875 人。

2）企事业单位迁建补偿项目：影响企业单位 25 个、事业单位 3 个。

3）专业项目复建：10kV 线路 7.98km，35kV 线路 2.6km，低压线 32.87km，通信光缆 74.61km。

21. 睢宁二站工程

（1）工程概况。睢宁二站工程是南水北调东线一期工程的第五个梯级抽水泵站，位于江苏省徐州市睢宁县境内徐洪河线路上，该站的主要作用是通过徐洪河抽引泗洪站来水，沿徐洪河向北输送到邳州站，再由邳州站向东调入中运河，并为睢宁至邳州站间徐洪河沿线城镇生活、工农业生产和航运补充水源。根据南水北调东线一期规划，睢宁站梯级的设计流量 $110m^3/s$，

睢宁二站设计流量 $60m^3/s$，安装 4 台 2750HDQ23－9 立式混流泵（含一台套备机），单机流量 $20.0m^3/s$，总装机容量 12600kW。工程征迁安置涉及睢宁县沙集镇和江苏省骆运水利工程管理处。

（2）初步设计批复情况。2010 年 9 月，国务院南水北调办《关于南水北调东线一期长江至骆马湖段其他工程睢宁二站工程初步设计报告的批复》（国调办投计〔2010〕205 号），批复睢宁二站工程征迁安置补偿投资 4003 万元。

（3）初步设计主要实物指标。

1）农村移民补偿项目：永久征地 259.03 亩，新征宅基地 38.86 亩，临时用地 367.76 亩；影响农村居民户 80 户 322 人；拆迁农村各类房屋 $12517.44m^2$。

2）事业单位迁建补偿项目：拆迁沙集闸站管理所房屋 $1974.1m^2$，影响闸管所内鱼塘 24.55 亩，农村企业 1 个及沙集闸站管理所内企业 3 个，影响职工人数 138 人，拆迁房屋 $1743.7m^2$，各类树木 29362 棵。

22. 邳州站工程

（1）工程概况。邳州站是南水北调东线一期工程运西线第六个梯级抽水泵站，位于江苏省邳州市八路镇境内，徐洪河与房亭河交汇处东南角，设计流量 $100m^3/s$，安装 4 台机组，总装机容量 8000kW。工程征迁安置涉及邳州市八路镇。

（2）初步设计批复情况。2010 年 9 月，国务院南水北调办《关于南水北调东线一期长江至骆马湖段其他工程邳州站工程初步设计报告的批复》（国调办投计〔2010〕208 号），批复邳州站工程征迁安置补偿投资 4989 万元。

（3）初步设计主要实物指标。

1）农村移民补偿项目：永久征地 409.6 亩，临时用地 340.99 亩；拆迁人口 201 人；各类房屋 $7982.36m^2$。

2）企业迁建补偿项目：工程影响的企业单位主要为以养殖业为主的乡镇企业。

23. 洪泽站工程

（1）工程概况。洪泽站位于淮安市洪泽县镜内的三河输水线上，是南水北调东线一期工程运西线第三个梯级抽水泵站，其作用是抽引金湖站来水入洪泽湖向北调水和结合抽排宝应湖、白马湖地区的涝水。该站位于蒋坝镇北约 1km 处，介于洪金洞和三河船闸之间，紧邻洪泽湖，设计抽水流量 $150m^3/s$，安装 5 台机组，总装机容量 17750kW。工程征迁安置涉及淮安市洪泽县蒋坝镇、三河镇、洪泽县苗圃、淮安市洪金灌区管理处等，其中蒋坝镇影响头河居委会和彭城村两个村；三河镇影响八里居委会和桥南居委会两个村。

（2）初步设计批复情况。2010 年 10 月，国务院南水北调办《关于南水北调东线一期长江至骆马湖段其他工程洪泽站工程初步设计报告的批复》（国调办投计〔2010〕238 号），批复洪泽站工程征迁安置补偿投资 12972 万元。

（3）初步设计主要实物指标。

1）农村移民补偿项目：永久征地 1986.38 亩，临时用地 1084.85 亩；影响农村居民 21 户 88 人；拆迁各类房屋 $2116.72m^2$；影响的交通设施主要有各种道路面积 $10028m^2$。

2）企业迁建补偿项目：影响企业单位 2 家。

3）专业项目复建：输电线路 4.3km，通信光缆 9.45km。

24. 里下河水源调整工程

（1）工程概况。里下河水源调整工程是保证江都泵站抽水尽量北送，保证南水北调东线一期工程供水目标的水源调整工程，将原由江水北调工程供水的沿里运河和苏北灌溉总渠的342.55万亩农田调整为由里下河东引工程供水。里下河水源调整工程由水源工程和灌区调整工程组成，其中水源工程主要建设内容为拓浚卤汀河、开挖拓浚大三王河；灌区调整工程主要建设内容为疏浚引河、新建提水泵站、灌区水系调整。工程征迁安置涉及泰州市海陵区、姜堰区、兴化市，扬州市江都区、宝应县、高邮市，盐城市阜宁县、滨海县，淮安市淮安区。

（2）初步设计批复情况。2010年9月，国务院南水北调办《关于南水北调东线一期长江至骆马湖段其他工程里下河水源调整工程初步设计报告的批复》（国调办投计〔2010〕209号），批复里下河水源调整工程征迁补偿投资126399万元。

（3）初步设计主要实物指标。

1）卤汀河工程：①农村移民补偿项目，包括永久征地2065亩，临时用地10969.25亩，拆迁674户2335人，居民房屋76817m^2；②企事业单位迁建补偿项目，包括影响企业169个、事业单位7个，影响各类企业房屋36612.09m^2；③专业项目复建，包括道路38719m^2，桥42座，涵17座，闸11座，电灌站9座，输变电线路共25.69km，通信光电缆共81.84km，低压电力线63.66km，电话线41.83km，自来水管线12.18km。

2）大三王河工程：①农村移民补偿项目，包括永久征地1342.56亩，临时用地553.86亩，拆迁人口926人，各类房屋28350m^2；②事业迁建补偿项目，包括影响企业3个、事业单位1个，各类企业房屋面积2285.08m^2；③专业项目复建，包括影响道路12660m^2，桥16座，涵61座，闸5座，电灌站13座，10kV电力线路2.4km，通信光电缆共15.98km，低压电力线16.17km，电话线12.46km，自来水管线10.13km。

3）灌区调整工程：①农村移民补偿项目，包括永久征地614.29亩，施工临时用地3782.54亩，拆迁267户862人，各类房屋17374m^2，各类树木132717棵；②专业项目复建，包括影响道路1686m^2，桥2座，码头24座，涵13座，闸3座，电灌站6座，电力线路4.46km，通信光电缆21.03km，电话线0.2km，自来水管线10.13km。

25. 洪泽湖抬高蓄水位影响处理工程

（1）工程概况。洪泽湖抬高蓄水位影响处理工程是对受洪泽湖正常蓄水位由13.0m抬高到13.5m影响的河道支流、洼地圩区进行治理。工程主要内容是加固改造、拆除重建、新建圩区排涝泵站，修建滨湖圩堤护坡，新建、拆迁通湖河道节制闸。工程征迁涉及江苏省宿迁市宿城区、泗洪县、泗阳县和淮安市淮阴区、洪泽县、盱眙县。

（2）初步设计批复情况。2010年9月，国务院南水北调办《关于南水北调东线一期长江至骆马湖段其他工程江苏省洪泽湖抬高蓄水位影响处理工程初步设计报告的批复》（国调办投计〔2010〕207号），批复洪泽湖抬高蓄水位影响处理工程征迁补偿投资1090万元。

（3）初步设计主要实物指标。农村移民补偿项目：永久征地16.5亩，临时用地377亩；影响农村66户共计204人；拆迁各类房屋2793m^2，树木58640棵。

26. 徐洪河影响处理工程

（1）工程概况。徐洪河是南水北调东线一期工程洪泽湖至骆马湖区间与中运河平行的输水线路，全长120km，设计输水流量120～100m^3/s。徐洪河影响处理工程主要任务是建设和改造

因徐洪河输水位抬高后沿线受影响的工程，主要建设内容有：入湖段抽槽与湖口清障，堤防险工处理和河坡防护，改建桥梁，新建、改建沿线淹没和受影响的灌排泵站，新建、改建节制闸、套闸和地涵，修建堤顶管理道路。工程征迁安置涉及江苏省宿迁市泗洪县、宿城区和徐州市睢宁县、邳州市。

（2）初步设计批复情况。2010 年 10 月，国务院南水北调办《关于南水北调东线一期长江至骆马湖段其他工程徐洪河影响处理工程初步设计报告的批复》（国调办投计〔2010〕237 号），批复徐洪河影响处理工程征迁安置补偿投资 7990 万元。

（3）初步设计主要实物指标。

1）农村移民补偿项目：永久征地 3650.37 亩，临时用地 1284.53 亩；拆迁影响居民 39 户人口 130 人；拆迁各类房屋 $3045m^2$。

2）事业单位迁建补偿项目：事业单位 1 个，为民便河闸管理所。

3）专业项目复建：影响 10kV 输电线 0.26km，闸 6 座，涵 3 座，机耕桥 2 座，公路桥 1 座。

27. 沿运闸洞漏水处理工程

（1）工程概况。沿运闸洞漏水处理工程是对江苏省境内南水北调东线一期工程输水线路上的漏水涵闸进行处理，处理范围为与南水北调东线输水有关的河道（湖泊），包括高水河、里运河、二河、苏北灌溉总渠阜宁腰闸以西段、中运河、不牢河、徐洪河、房亭河、民便河，以及洪泽湖、骆马湖、南四湖周边等，涉及江苏省扬州、淮安、宿迁、徐州、盐城 5 市以及江苏省江都水利管理处、灌溉总渠管理处、骆运水利工程管理处。共处理 170 座闸洞，其中第一类更换或维修闸门启闭机的 40 座，第二类更换门槽埋件、更换或维修闸门启闭机的 120 座，第三类拆除重建的 10 座。

（2）初步设计批复情况。2011 年 5 月，国务院南水北调办《关于南水北调东线一期长江至骆马湖段其他工程沿运闸洞漏水处理工程初步设计报告的批复》（国调办投计〔2011〕93 号），批复沿运闸洞漏水处理工程征迁安置补偿投资 1200 万元。

（3）初步设计主要实物指标。

1）农村移民补偿项目：永久征地 3.25 亩，临时用地 524.18 亩；拆迁影响居民 11 户，人口 49 人；拆迁各类房屋 $1639.33m^2$。

2）企业迁建补偿项目：影响企业单位 1 个，临时占用企业单位土地 1.85 亩。

3）专业项目复建：影响低压线路 0.58km，通信电缆 0.10km、光缆 6.04km，广播电视设施线 0.2km。

28. 血吸虫北移防护工程

（1）工程概况。血吸虫北移防护工程是结合南水北调东线一期工程输水和泵站工程建设，实施水利血防工程措施，阻断钉螺迁移路径，控制或消除南水北调东线一期工程建成后钉螺在取水口、部分输水干线和涵闸直接扩散或二次扩散的潜在危险。血吸虫北移防护工程范围为高邮段里运河、金宝航道涂沟以西段北侧防护工程。

（2）初步设计批复情况。2011 年 4 月，国务院南水北调办《关于南水北调东线一期江苏专项工程血吸虫病北移扩散防护工程初步设计报告的批复》（国调办投计〔2011〕75 号），批复血吸虫北移防护工程征迁补偿投资 10 万元。

（3）初步设计主要实物指标。农村移民补偿项目：本工程没有永久征地，临时用地 20 亩，树木 388 棵。

29. 东线江苏段调度运行管理系统工程

（1）工程概况。为保证南水北调东线工程安全稳定运行和科学调度管理，实施江苏段调度运行管理系统工程，按总公司、分公司、管理所三级管理。

（2）初步设计批复情况。2011 年 9 月，国务院南水北调办《关于南水北调东线一期江苏境内调度运行管理系统工程初步设计报告的批复》（国调办投计〔2011〕231 号），批复东线江苏段调度运行管理系统工程征迁补偿投资 6286 万元。

（3）初步设计主要实物指标。农村移民补偿项目：永久征地 62.92 亩，临时用地 2689.17 亩，影响树木 30 万棵，拆迁房屋 495m^2。

30. 东线江苏段管理设施专项工程

（1）工程概况。南水北调东线一期工程管理体系为三级管理，在南京设立一级管理机构南水北调东线江苏水源有限责任公司（简称“江苏水源公司”），在扬州设立江淮分公司和泵站应急维修养护中心，在宿迁设立洪骆分公司和泵站应急维修养护中心，在淮安、徐州设立洪泽湖、骆北 2 个直属分公司，直属分公司下设 13 个泵站管理所、6 个河道管理所及 27 个交水断面管理所等 46 个三级管理机构。

（2）初步设计批复情况。2011 年 8 月，国务院南水北调办《关于南水北调东线一期江苏境内工程管理设施专项工程初步设计报告的批复》（国调办投计〔2011〕220 号），批复东线江苏段调度运行管理系统工程征迁补偿投资 6852 万元。

（3）初步设计主要实物指标。永久征地 87.9 亩。

31. 南四湖下级湖抬高蓄水位影响处理工程

（1）工程概况。南水北调东线一期工程实施后，南四湖下级湖正常蓄水位由 32.3m 抬高到 32.8m，为保证正常调水，对受蓄水位抬高影响的区域进行补偿。影响处理工程补偿范围为高程 32.3～32.8m（蓄水范围）和 32.8～33.3m（影响范围）。涉及江苏省徐州市铜山区和沛县。

（2）初步设计批复情况。2011 年 8 月，国务院南水北调办《关于南水北调东线一期南四湖下级湖抬高蓄水位影响处理工程初步设计报告的批复》（国调办投计〔2011〕237 号），批复南四湖下级湖抬高蓄水位影响处理工程江苏征迁补偿投资 22765 万元。

（3）初步设计主要实物指标。农村移民补偿项目：江苏境内房屋 10.49 万 m^2，养殖场 20 个，简易码头 5.3 万 m^2，泵站 68 座，湖田 5.27 万亩，鱼塘、蟹塘、台田 2.06 万亩，生产生活道路 80.4km，田间配套设施（桥、涵洞、闸）123 座，芦苇 1949 亩。

二、管理体制机制和规章制度

（一）江苏省南水北调工程征迁安置管理体制

为确保全省征迁安置工作正常进行，根据“国务院南水北调工程建设委员会领导、省级人民政府负责、县为基础、项目法人参与”的南水北调征地移民工作管理体制要求，结合江苏实际情况，建立了“省南水北调工程建设领导小组领导、市级人民政府负责、县级人民政府组织实施、项目法人参与”的征迁安置工作管理体制。即在省南水北调工程建设领导小组的领导

下，市人民政府会同县级人民政府编制征迁安置实施方案，经批准后由县级人民政府组织实施。在征迁安置工作中，按照“一户一卡”建立征迁户卡档案。对征迁安置的调查、补偿、安置、资金兑现等情况，以村或居委会为单位及时张榜公示，接受群众监督。各级政府在征迁安置具体实施中，坚持“以人为本、精心组织、规范操作”做法。生产安置方式主要是以调剂土地为主，生活安置采用因地制宜就近后靠、建立居民点和分散安置的方式。以下从省、市、县（区）、乡镇四个层次，分析南水北调工程征迁管理体制。

1. 省级征迁安置管理以监管为主

江苏省南水北调工程省级征迁安置管理体制包括江苏省南水北调工程建设领导小组、江苏省南水北调工程建设领导小组办公室。

（1）江苏省南水北调工程建设领导小组。江苏省南水北调工程建设领导小组组长由江苏省省长担任，小组成员包括省发展改革委、财政厅、环保厅、交通运输厅、水利厅、审计厅、国土资源厅、住房城乡建设厅、国资委、农委、监察厅、文化厅、科技厅、南水北调工程涉及市及江苏水源公司、省电力公司等单位的负责同志。其职责为：对南水北调征迁安置工作负有领导、监督责任，全面贯彻落实国家南水北调征迁安置政策，责成省级主管部门制定本省南水北调征迁安置政策、标准，制定南水北调各单项工程实施方案和实施计划；组织、督促本省有关部门，按照各自职责做好征地补偿和安置的相关工作；责成省相关部门办理征地、林地使用手续，搞好文物保护，协调省直部门搞好专项设施迁移工作；研究解决本省内南水北调征迁安置重大问题，领导、监督市、县人民政府做好相关工作。具体负责制定征迁安置政策、投资和宏观协调工作，下设南水北调办公室，组织负责对征迁安置的实施进行管理、监督、协调和技术指导工作。

（2）江苏省南水北调工程建设领导小组办公室。为南水北调东线江苏段工程建设提供保障，2004年3月15日，江苏省机构编制委员会《关于成立江苏省南水北调工程建设领导小组办公室的批复》（苏编〔2004〕6号），同意成立江苏省南水北调工程建设领导小组办公室（简称“江苏省南水北调办”）。其主要职责为：贯彻国家对征迁安置工作的法规和政策，制定工程征迁安置实施办法，并对征迁安置中的一些重要问题提出建议，报省政府批准后实施；按照批准的征迁安置总体规划、实施规划及估算，实施征迁安置工作；负责编制征迁安置计划，根据批准的年度计划，进行监督检查；负责经费管理，根据征迁安置进度安排拨款，并监督资金使用情况；会同市、县人民政府及有关部门，对征迁安置工作进行检查、监督，组织监测、评估和验收；根据项目实施进度情况，组织经验交流。

2. 市级征迁安置管理以监督、沟通、协调、指导下级移民工作为主

南水北调工程所在的扬州、淮安、徐州、盐城、泰州、宿迁等市均设立了南水北调工程建设（征地拆迁）领导小组，下设征迁安置办公室（协调办公室）或工程指挥部。主要职责为：负责宣传、贯彻党和政府的有关征迁安置政策；协调各县（市、区）的征迁安置工作；按照本级政府与上级政府签订的征迁安置责任书要求和上级批复的征迁项目，组织实施征迁安置工作；管理征迁安置资金；协调处理本市范围内工程所带来的矛盾，并接待群众的来信来访；直接组织实施开发性项目生产；负责组织有关部门对征迁群众进行培训及咨询服务；负责指导下级拆迁办工作。

3. 各县（市、区）征迁安置管理机构及职能各有差异

南水北调工程所在县（市、区）设立工程建设领导小组（指挥部）和征地拆迁办公室。主

要负责宣传、贯彻党和政府的有关征迁安置政策；协调各区（县）、乡的征迁安置工作；按照本级政府与上级政府签订的征迁安置责任书要求和上级批复的征迁项目，组织实施征迁安置工作；管理征迁安置资金；协调处理本区（县）范围内工程所带来的矛盾，并接待移民群众的来信来访；直接组织实施开发性项目生产；负责组织有关部门对移民群众进行培训及咨询服务；负责指导下级拆迁办工作。

全省共设立县级南水北调征迁机构45个，人员全部为兼职。

4. 乡镇具体负责实施征迁安置管理工作

南水北调工程所在乡镇设立征迁安置办公室，主要职责为宣传贯彻有关征迁安置政策，具体组织实施征迁安置规划；接受和发放补偿安置资金；领导和组织移民搬迁，并组织群众搞好生产和生活基础设施建设；负责向群众传达征迁机构的精神，接受群众的来访，并向上级反映群众意见。

如三阳河、潼河、宝应站工程征地拆迁涉及的扬州市高邮市三垛镇、司徒镇、周巷镇、横泾镇、临泽镇，宝应县氾水镇、夏集镇，分别建立了征地拆迁的工作班子，具体负责实施本地征地拆迁安置工作。

淮安四站工程征地拆迁涉及淮安市楚州区（现为淮安市淮安区）三堡镇，在区南水北调工程建设领导小组领导下，相应成立了“一办六组”，负责本乡镇内的征迁工作。

刘山站工程征地拆迁涉及徐州市邳州市车辐山镇、宿羊山镇，镇政府成立征迁协调工作组，由主要领导亲自挂帅，包括规划、土地、水利等单位以及相关村组负责同志，配合做好征迁安置和建设协调工作。

（二）江苏省南水北调工程征迁安置工作机制

南水北调东线一期工程江苏段征迁安置的工作开展和实施由江苏省南水北调工程建设领导小组领导，省级层面由江苏省南水北调工程领导小组办公室负责，各地市（县）水利局（南水北调办）分级负责本辖区内的征迁安置事务。具体实施中将涉及工程项目所在地政府，并包括水利、国土、农业、财税等行政主体和基层乡镇政府。

1. 构建了顺畅的协调机制

在南水北调东线一期工程征迁安置工作进行中，产生了越来越多的诸如社会、环境、质量、群众事件等由单纯一个部门无力解决的事务，因此政府各个部门之间进行协调和联系的必要性和频繁性不断增强，需要建立一种由政府领导协调、各部门之间相互协作和主动配合的良好机制。

（1）政府领导协调机制。江苏省南水北调工程建设领导小组每年至少召开一次会议，对工程建设中的重大问题进行研讨，对下一年主要任务进行部署。特别事项随时召开相关会议商讨解决方案。江苏省南水北调办为江苏省内南水北调工程建设征迁安置工作主管部门。工程沿线各县、市成立南水北调工程领导小组办公室，下设征迁安置专门机构（以下简称“征迁安置机构”），一般设置在水利部门，具体负责本行政区域内南水北调工程建设征迁安置工作。

（2）部门协作机制。江苏省南水北调办与省国土资源厅、省林业局建立了征地和使用林地协调机制，与省公安厅建立了南水北调工程安全保卫工作机制，与省直其他有关部门和重大专项设施主管部门建立了经常联系协商制度，完善了征迁安置工作的协调机制。市、县相关部门

也参照省里的做法建立了相应的部门协作工作机制。

江苏省南水北调办和江苏水源公司建立了联席会议制度。在江苏省省委、省政府的领导和国务院南水北调办、水利部的指导下，通过联席会议制度更好地履行职能、科学组织、协调运作、形成合力，切实加快推进江苏省南水北调工程建设、管理和运营工作。

（3）现场协调会办机制。建立稳定的现场协调会办机制对保证工程征迁安置工作顺利开展有着至关重要的作用，征迁安置工作中的现场协调会办指的是施工单位、建设单位和征迁部门三方的协调会办。施工过程中遇到问题主动、积极、及时与征迁部门协调处理，对于现场能解决的问题，及时向上级领导报告后，现场进行答复处理；对于现场不能解决的问题，做好反映人、反映问题的记录，拿出处理措施后及时向反映人回复，对于无法解决的问题，也要向反映人作出详细说明。江苏省各市县严格根据《关于建立健全江苏省南水北调工程建设环境和征迁工作协调机制的通知》（苏调办〔2006〕30号），建立现场协调会办制度。以泗阳县为例，泗阳县南水北调现场会办协调机制：一是在包干协议内的征迁移民问题由指挥部派员到现场会办；二是包干协议之外的问题，指挥部提出明确处理意见，邀请省南水北调办到现场会办。

（4）信访工作机制。为了保持同人民群众的密切联系，保护信访人的合法权益，规范南水北调信访工作，维护信访秩序和社会稳定，确保工程建设顺利实施，根据国务院《信访条例》，做好信访工作。

地方政府是征迁安置信访和矛盾纠纷处理的责任主体。各级南水北调办事机构都明确了责任人，建立了联系机制，确保信息渠道畅通。项目法人和现场建设管理机构在所负责的工程范围内，及时组织排查施工过程中影响群众利益的问题。同时配合当地政府做好群众工作，防止出现聚众滋事、群众与施工队伍发生冲突的事件。各相关单位建立反应灵敏、处置有力的应急处置体系，制定应急状态下维持治安秩序的各项预案，维护治安秩序，保障正常的生产、生活、工作秩序和社会稳定和谐。

征迁安置工作情况复杂，妥善处理群众上访和群体性事件问题是征迁安置工作的重要内容。在处理群体性事件时要重点抓住以下环节：一是将和谐征迁的科学发展理念贯彻到各项工作中，将南水北调打造成和谐工程；二是做好责任落实，坚持“谁主管、谁负责”“属地管理、分级负责”的原则；三是健全制度和机制，依法依规管理，按照制度办事；四是政策宣传、执行到位，切实维护沿线群众的合法权益；五是抓好宣传教育和思想发动，营造征迁移民工作的良好氛围；六是抓源头、抓萌芽、抓预判，增强征迁维稳工作的预见性和前瞻性；七是增强现场处理能力，多做说服引导工作，忌除简单粗暴的工作方式和作风；八是制定完善工作预案，积极应对突发事件；九是加强沟通，积极配合，形成征迁维稳工作合力。

（5）施工环境协调机制。为做好工作，江苏省南水北调办坚持“以人为本、严格政策、依法规范、公开透明、阳光操作”的原则，做实方案，细化任务，及时兑现征迁补偿资金，确保按时完成征迁安置任务，为工程建设创造良好的施工环境。施工过程中遇到问题，积极与各村负责人沟通协调，及时化解征迁安置过程中出现的矛盾。

在江苏省南水北调工程建设过程中，为保证工程建设顺利进行，采取了良好的协调方法：第一，各级政府加大宣传力度，创造和谐的舆论环境。建设单位和施工单位配合当地政府，阐明道理，树立典型，为南水北调工程建设创造了良好的舆论环境。第二，讲究工作方法，创造和谐的人际关系。工程建设过程中遇到可能涉及百姓利益的问题，建设单位和施工单位及时与各地区征迁负责人沟通，增强双方的了解和理解，与当地村民保持和谐的人际关系。第三，采取有效措施，从根源上预防纠纷的发生。施工单位注重提高自身素质，做到文明施工、安全施工，防止损害村民利益的行为出现。

（6）监理工作协调机制。国家计划委员会发布的《关于印发水电工程建设征地移民工作暂行管理办法的通知》[计基础〔2002〕262（3）号]，中第二十四条规定“建设征地移民安置的实施必须实行监理制度，由有资质的监理单位对移民安置实施的全过程进行综合监理，对各类移民工程按国家有关规定实行建设监理”，江苏省南水北调工程全面实行征迁监理制。

征迁监理组织协调主要通过文件、会议、请示、报告、汇报、送审、取证、宣传、说明等协调方法和信息沟通手段。归纳起来主要是五种：一是会议协调。配合实施单位召开工作例会、协调会议等，各方把问题和情况明确提出，加强沟通，减少分歧，解决矛盾，统一意见，作出决定。二是直接沟通，很多问题并不需要开会解决，可以通过面谈或电话交谈进行交流，及时协调。三是通过书面进行协调，在会议或交谈不方便或不需要时，可用书面来精确地表达意见，比如下发文件、汇报、监理通知、监理解释函等。四是“借权”协调。即对实施中遇到的难题，及时向业主汇报，并提出建议请示，得到业主的认可后，以业主认可的意见进行协调。五是访问法，以走访或邀访，查明实际情况，以事实为依据解决问题。

2. 实施了监测评估机制

工程征迁安置监测评估严格依据国家及地方有关征迁安置的各项法律法规，并借鉴其他工程有关办法进行制定。对征迁安置工作进行独立监测与评估，定期对征迁安置的实施活动进行跟踪监测评价，对征迁安置的进度、质量、资金进行监测，并提出咨询意见。对住房质量、经济收入与生产生活水平进行跟踪监测，向江苏省南水北调办提交监测评估报告。通过检查居民房屋征迁与安置、专项设施迁建的进度、资金、管理，分析比较群众在搬迁前后生产和生活的变化情况，分析比较工程影响范围内社会经济的发展变化情况，对本项目征迁安置工作进行跟踪评估。通过独立监测和评估，使项目主管单位对项目征迁安置工作是否按时、按质达到预期目标有充分的了解，指出问题之所在，并提出改进工作的建议。

监测评估内容主要包括征迁安置实施进度的监测评估、补偿资金的评估、生产安置的监测评估、生活安置评估。具体为以下内容：

（1）通过调查访谈，监测发包人与承包人的设置、分工与人员配备情况，加强承包人能力建设与培训活动，与征迁安置实施方案比较，评估其适宜性。

（2）征迁安置政策与补偿标准：调查了解征迁安置实施的主要政策，并与征迁安置实施方案比较，分析其变化情况，评估其适宜性。典型抽样核实各类征迁安置的补偿标准实际执行情况，并与征迁安置实施方案对比，分析其变化情况，评估其适宜性。

（3）征迁安置实施进度：主要采用综合查阅文献资料和现场抽样调查法，通过统计分析监测征迁安置实施进度，包括项目区范围内永久征地、临时用地、安置区土地（包括生产用地、宅基地、公共设施用地等各类安置用地）调整、征用（或划拨）及将其分配给群众、房屋拆迁、安置房重建、群众搬迁、生产开发项目实施、公共设施建设、专项设施复（迁、改）建、工矿企业单位迁建、劳动力安置的实施进度，并与征迁安置实施方案中的进度计划进行比较，分析和评估其适宜性。

（4）征迁安置补偿资金：监测各级征迁机构资金支付到位情况，通过统计分析监测征地拆

迁补偿资金使用情况，与征迁安置实施方案比较，分析评估征迁安置补偿资金的适宜性，并提出建议，评估征迁安置资金使用管理的状况。

(5) 生产生活安置：通过典型抽样调查和跟踪典型征迁户监测，对征迁群众生产生活安置与收入恢复计划实施情况进行评估。包括：农村征迁群众生产用地的调整、征用、开发与分配，征迁群众的安置，被拆迁企业的安置，受临时用地影响企业的人员的安置，残疾人、妇女及老人家庭等脆弱群体的生产安置，与征迁安置实施方案比较，评估其适宜性。

(6) 房屋重建与生活安置：通过抽样调查，进行分析评估。包括：安置方式，安置点的选择，宅基地的安排、分配与三通一平，旧房屋拆除与新房重建方式，搬迁前后房屋条件比较(房屋面积、质量、位置、交通、供水、供电、采光、环境等)，过渡期补助，各类公共设施配套情况，城市居民的安置区选择，补偿安置方式选择，过渡期安排、搬迁，搬迁前后居住条件比较，公共配套设施建设等，与征迁安置实施方案比较，评估其适宜性。

(7) 企业单位恢复重建：通过典型抽样调查与跟踪监测，了解企业单位拆迁与重建情况，与征迁安置实施方案比较，评估其适宜性。

(8) 城(集)镇及专项设施恢复重建：通过文献资料查阅和实地调查，掌握城(集)镇迁建与恢复实施状况，与征迁安置实施方案比较，评估其适宜性。

(9) 收入与生产生活水平恢复：通过征地拆迁之前的基底调查和安置之后的抽样调查与跟踪监测调查，掌握典型征迁户的收入来源、数量、结构、稳定性和支出结构、数量，并进行搬迁前后经济收支水平的对比分析，评估收入恢复等目标实现的程度。进行典型样本户、居住(房屋等)、交通、公共设施、社区环境、文化娱乐、经济活动等方面的比较，分析评估征迁群众收入与生活水平恢复目标实现的程度。

(10) 抱怨与申诉：通过查阅文件资料和现场典型户调查，监测征迁群众抱怨和申诉的渠道、程序，主要抱怨事项及处理情况。

(11) 公众参与、协商和信息公开：通过查阅文件资料和现场调查，监测实施过程中的公众参与、协商活动及其效果，信息册的编制、印发与反馈，信息公开活动及其效果。

(12) 落实处理上级单位提出的问题以及上期监测评估报告中提出的问题。

(13) 结论与建议：对征迁安置实施进行归纳总结，得出相应的结论。对存在的问题进行跟踪，直到处理完毕。

3. 实施了规范的合同管理机制

征迁安置合同是指为妥善安置征迁群众，由业主与相应的规划、勘察、设计、监理和征迁实施机构之间，征迁安置执行机构与承包商、物权人之间，签订的有关征迁安置规划、设计、实施、监理等内容的各种合同、协议等。合同管理的目的是监督项目在包干投资额度内按规划内容、计划进度、质量标准实施完成；同时协调合同履行中各方的关系，处理合同履行中可能出现的索赔、变更、争议等问题，确保合同顺利实现订立的标的。在征迁安置工程实施中，由于业主与当地政府所签的包干协议不完全具备法定的合同要素，在实施过程中一般都是协商解决，灵活性较大，很容易发生项目变更、进度调整、资金挪用等现象，从而影响移民工程的质量和进度，达不到规划的预期目的。因此，必须实施规范的征迁安置合同管理机制。

江苏省南水北调办在征迁安置工作中，以国家和国务院南水北调工程建设委员会有关征迁安置的法规为依据，如：《建设用地审查报批管理办法》《中华人民共和国土地管理法实施条例》《大中型水利水电工程建设征地补偿移民安置条例》《南水北调工程建设征地补偿和移民安置暂行办法》，结合经批准的征地征迁安置规划和概算及各地征迁安置的实际情况签订征迁安置合同，并由监理单位对合同履行过程中的进度、质量、投资、变更情况、验收与归档等方面进行管理。

4. 建立了高效的信息管理机制

为了使南水北调江苏段征迁安置目标顺利实现，要求在征迁安置的过程中建立并执行高效的信息管理机制。主要表现在以下几个方面：

（1）信息的收集。信息管理质量的好坏，很大程度上取决于原始资料的全面性和可靠性，因此收集原始数据是很重要的基础工作，只有做到信息的规范化和标准化，才能减少决策的失误，提高效率。原始资料的收集可以分为实施前、实施中和完工验收三个阶段。

1）实施前阶段。征迁安置的前期工作中产生了各种有关的文件和数据，对于工程目标的实现有重要意义。

2）实施阶段。整个实施过程中，由于地方各级政府和移民机构、监理单位等各方面的参与，同时实施过程中每天都会发生各种各样的情况，许多情况包含着各种信息。

3）征迁安置完工验收阶段。征迁安置按要求进行完工验收时，监理单位应将平时监理资料和完工验收有关的各种资料信息进行综合汇编，移交业主。

（2）信息的加工。南水北调建设征迁安置最基本的原则就是征迁安置的安置方式和容量控制。安置方式主要是根据群众意愿和地方政府的安置原则进行选择。容量控制主要是就集中安置的地区在一定生产力、一定生活水平和环境质量条件下所能承载的人口数量的控制。主要抓住两方面的信息进行加工。

1）征迁安置方式信息的加工。征迁安置方式是任何征迁安置工程涉及的最重要的内容，该方面的加工采用表格化显示。在表格中应列示工程涉及区的各乡镇、村的搬迁人数，总人数，安置地点，采用何种安置方式等。

2）环境容量分析与控制。环境容量分析是征迁安置规划的重要内容，是征迁安置区的经济效益、社会效益与环境效益协调发展的保证。

考虑到江苏南水北调工程建设中主要的安置是就地安置，即就近后靠原村庄进行分散或集中安置，在实施中可考虑原有村庄的人口分布和土地、资源情况，加以定量分析，通过图表反映安置前后经济的发展水平。在满足原有村庄经济水平条件下，进行合理的划拨土地、果树林木等，进行环境容量的控制。

（3）信息的存储与管理。在工程征迁安置实施过程中，信息量是非常大的。各相关单位内部必须建立完善的资料存储制度，将收集的有关信息资料分门别类地整理和建档，保证决策的科学性和依据性。

（4）移民信息的沟通。信息的沟通，包括信息的传递和信息反馈两方面。信息是为管理层决策服务的，若信息不进行传递，就起不到服务的作用；若信息未得到反馈，会降低工作效率。信息按照不同决策层次需求，其传递方式也不同。执行一种既能使信息及时传达，又能达到准确、适用的移民信息传递的机制。

5. 实行有效的维稳机制

为了保证江苏南水北调工程征迁安置工作的顺利开展，维护稳定，按照江苏省《关于建立

工程建设环境维护和专项设施迁建快速处置机制的通知》的要求，各市县积极响应江苏省南水北调办建立以宣传、调查、沟通、解决问题为程序的维稳机制。

(1) 加大宣传力度营造良好的征迁氛围。一是将征迁安置政策发放到每个征迁户手中；二是及时召开镇、村组代表等形式的动员大会，公开征求意见；三是公告及征迁安置方案公开，并完善相关程序；四是主动上门，做好宣传解释工作；五是对生活困难等弱势群体做到早摸排、早了解、早汇报，及时在能力范围内解决相关问题。采取进村入户等形式，加大宣传工作的力度，把宣传工作做到村组、做到个人，使征迁工作最大限度地得到群众的支持。

(2) 加强群众沟通和问题排查。征迁办做到“调查情况，积极调解，采取措施，平息矛盾”。在平时工作中，各征迁办重视与群众的交流沟通，在政策的制定和实施过程中充分体现民意，把问题纠纷产生的源头化解在萌芽状态。建立了群众集体性事件的应急预案和矛盾纠纷定期排查机制，明确责任和处理程序。

(3) 注重科学、创新举措。在征迁工作中，江苏省各市县始终坚持市镇村互动，部门联动，主动与相关主管部门沟通，对可能碰到的问题进行协商，争取在工程实施前解决问题，保证了征迁工作的顺利实施。积极组织征迁办成员为征迁户化解各种各样的矛盾和纠纷。在解决矛盾纠纷的过程中，始终把握立场，不偏不倚，抓住重点，循序渐进，注重科学的方法，为民办事，得到群众的好评和理解。

（三）江苏省南水北调工程征迁安置规章制度

1. 省级规章制度

江苏省南水北调办及各级征迁安置机构，严格执行《南水北调工程建设征地补偿和移民安置暂行办法》《南水北调工程建设征地补偿和移民安置资金管理办法》《南水北调工程征地移民资金会计核算办法》等国家法律法规及国务院南水北调办相关规章制度的规定。为保证征迁安置工作规范化、程序化操作，结合江苏省征迁安置工作实际情况，江苏省南水北调办建立了一系列加强征迁安置工作的制度，先后制定了《江苏省南水北调工程征地补偿和移民安置资金财务管理办法》《江苏省南水北调工程征地补偿和移民安置竣工财务决算编制办法》《南水北调东线一期江苏境内工程建设征地补偿和移民安置实施方案编制大纲》《南水北调东线一期江苏境内工程建设征地补偿和移民安置年度考核暂行办法》《关于加强江苏南水北调工程征迁安置管理工作的补充意见》。2009年印发了《南水北调征地拆迁文件制度汇编》。2014年10月江苏省南水北调办会同江苏水源公司从法律法规、建设管理、移民环保、财务管理、验收工作、运行管理等六个方面收集、整理了国家以及国务院南水北调工程建设委员会、国务院南水北调办以及有关部委、江苏省委省政府、江苏省南水北调办和江苏水源公司等单位制定的与南水北调工程建设与管理有关的法律、法规、规章、制度以及办法等，形成《江苏南水北调工程建设与管理制度汇编》并下发到全省征迁安置实施单位，用于规范和指导全省南水北调工程项目的管理工作。

(1) 执行《南水北调工程建设征地补偿和移民安置暂行办法》。为了规范南水北调主体工程建设征地补偿和移民安置工作，维护群众合法权益，保障工程建设顺利进行，依据《中华人民共和国土地管理法》等有关法律法规，国务院南水北调工程建设委员会制定《南水北调工程建设征地补偿和移民安置暂行办法》(国调委发〔2005〕1号)。江苏省积极响应并认真执行此办法，坚持以人为本，按照前期补偿、补助与后期扶持相结合的原则妥善安置征迁群众，确保征迁安置工作顺利开展。

（2）目标管理责任制。2005年4月5日，根据国务院印发的《南水北调工程建设征地补偿和移民安置暂行办法》有关规定，国务院南水北调办与江苏省人民政府签订南水北调主体工程建设征地补偿和移民安置责任书，明确江苏省人民政府应该承担的责任。

按照国家确定的征迁安置管理体制，江苏省人民政府明确各级地方政府为征迁安置工作的第一责任人，对辖区内南水北调工程征迁安置工作负总责。对南水北调工程征迁安置工作，实行目标管理责任制。省政府与沿线各区市政府签订征迁安置责任书，各区市政府与有关县政府签订征迁安置责任书，省、市、县一级抓一级，层层落实责任，保证征迁安置工作顺利开展。

（3）执行严格的土地管理制度。江苏省严格执行《中华人民共和国土地管理法》和《中华人民共和国土地管理法实施条例》，为了保证南水北调东线工程建设的顺利进行，江苏省政府办公厅印发《关于南水北调东线工程建设用地范围进行严格规划控制的通知》（苏政传发〔2006〕19号），严格控制征地拆迁红线。江苏省南水北调办等有关部门对各地组织开展了拆迁安置调查和复核，确定了工程用地范围，并进行了勘测定界。

为了保证土地利用总体规划的实施，充分发挥土地供应的宏观调控作用，控制建设用地总量，江苏省南水北调办贯彻执行土地预审管理办法，本着保护耕地、合理和节约用地的原则，实行分级预审，在项目可行性研究阶段，提出预审申请，经由省级国土资源管理部门受理后，报国土资源部审批。2005年11月，国土资源部《关于南水北调东线一期工程建设用地预审意见的复函》（国土资预审字〔2005〕490号），批复了江苏境内南水北调工程土地预审手续。

由于南水北调工程开工集中，加之用地手续报批要求执行严格的程序，部分工程在开工前用地组卷来不及报批，江苏省南水北调办、江苏水源公司与国土部门协商，由江苏省国土资源厅向国土资源部提出申请办理南水北调工程先行用地手续。2005—2007年，国土资源部先后批准了刘山泵站、解台泵站、蔺家坝泵站、淮安四站、骆马湖水资源控制等工程先行用地手续。

（4）征迁安置任务与投资包干制度。按照国家确定的管理体制，依据国务院南水北调办对各设计单元工程的初步设计概算的批复，由江苏水源公司与江苏省南水北调办签订了征迁安置委托协议，为保证工程顺利施工，江苏省南水北调办适时与各县（市、区）签订了征迁安置任务与投资包干协议，实行任务与投资包干制度。由江苏省南水北调办根据国家初设概算批复、红线图、实物量复核成果，议定各地南水北调征迁安置任务与包干投资。在时间顺序上，先与地方签订包干协议，后在征迁安置包干主要任务完成时，由各地政府编制实施方案，报省南水北调办核定投资。江苏省采取“投资包干与实施方案”双控办法，确保了工程进度，确保了投资控制。

（5）制定征迁安置实施方案编制大纲。为保证南水北调东线一期江苏境内工程建设征迁安置工作有序进行，完善设计单元工程初步设计征迁安置规划方案，搞好《南水北调工程建设征地补偿和移民安置实施方案》的编制工作，结合江苏省南水北调工程建设实际情况，江苏省南水北调办制定了《南水北调东线一期江苏境内工程建设征地补偿和移民安置实施方案编制大纲》（苏调办〔2007〕17号），对征迁安置实施方案编制进行规范，实施方案作为省内征迁安置实施、验收、审计、稽查的重要依据。

包干协议中明确规定五个方面内容：征迁安置任务、工作的进度要求、资金包干费用组

成、资金拨（支）付方式、监督管理。

（6）制定严格的资金管理办法。为规范南水北调工程征地补偿和征迁安置资金的会计核算，全面反映和监督征迁安置补偿资金的使用情况，加强征迁安置补偿资金管理，保障群众合法权益，确保南水北调工程建设顺利实施，根据《中华人民共和国会计法》、国务院南水北调工程建设委员会《南水北调工程建设若干意见》《南水北调工程建设征地补偿和移民安置暂行办法》和国务院南水北调办《南水北调工程建设征地补偿和移民安置资金管理办法》等相关规定。江苏省南水北调办制定了《江苏省南水北调工程征地补偿和移民安置资金财务管理办法（试行）》（苏调办〔2005〕39号）。

各级征迁管理机构在征迁安置过程中，严格执行财务管理规定，建立资金专用账户，做到专款专用，防止挪用和贪污，接受群众监督；制定项目检查验收办法和财务报账办法，加强对资金使用情况的跟踪管理，实行专项工程验收和完工决算审计。在账户管理上，各级拆迁办严格执行国家有关财经法规和江苏省南水北调办制定的各项规章制度，征迁安置资金专户存储，专户管理，在银行建立基本建设资金账户。以刘老涧二站工程为例，江苏省骆运水利工程管理处制定了《江苏省南水北调刘老涧二站工程征地补偿和移民安置资金财务管理办法（试行）》《财务组组长岗位职责》《总账会计岗位职责》《出纳会计岗位职责》。相关人员在工作过程中严格遵守这些规章制度，有效地实施了内部监督和控制，保证了单位财产的安全，保证了工程拆迁资金的安全和正确使用。

在财务收支核算过程中，严格按照《中华人民共和国会计法》的规定，严格执行《江苏省南水北调工程征地补偿和移民安置资金财务管理办法（试行）》，依法设置会计账簿和使用会计科目，根据实际发生的经济业务事项进行会计核算，编制财务会计报告。发生的各项经济业务事项在依法设置的会计账簿上统一登记、核算。具体做法如下：

1）为了保证征迁安置补偿资金的安全，必须实行专户存储，专款专用。任何部门、单位和个人不得截留、挤占、挪用。严格执行经批准的征迁安置实施方案，不得超标准、超规模使用征迁安置补偿资金。开立、变更、撤销银行账户应报上一级管理机构备案。

2）建立健全票据、印鉴的管理制度。支票的管理严格按照国家有关现金管理的规定，取得的货币收入必须及时入账，不准私设“小金库”。

3）征迁安置补偿资金支出要真实、准确，各种不合法、不合理的费用一律不得计入征迁安置补偿资金支出。

4）预付给征迁安置单位的款项，在未结算前，不得计入征迁安置补偿资金支出。

5）征迁安置补偿资金的兑现使用银行转账支票，杜绝现金结算。兑现给拆迁户的资金，采用银行存单方式，杜绝使用大额现金。

6）征迁安置补偿资金凡是兑现给拆迁户个人的一定要有每户签字或盖章的花名册，给集体的要有批复文件或协议书及收款收据。

7）征迁安置补偿资金兑现给行政村集体的，由行政村出具收款收据，兑现到行政事业单位的，由该单位出具有财政监制章的行政事业单位收款收据，兑现到企业的，由该企业出具收款收据。

8）实施管理费开支应本着厉行节约、勤俭办事的原则，在概算（合同）控制范围内实行预算管理，不得超支。

9）严格按照规定的内容和开支标准控制管理费用支出。有权拒绝任何机关和单位摊派的人力、物力、财力和各种非法的收费，不得巧立名目，挤占管理费用。加强对办公费、差旅费、会议费及业务招待费等方面的管理。

10）征迁安置补偿资金原则全部用于征地拆迁安置，年度包干结余转下年度继续使用。征地拆迁安置工作结束后，结余资金必须全部用于改善、提高移民的生产、生活条件。

11）购置的一般设备单位价值在500元以上，专用设备单位价值在800元以上，使用期限在一年以上，并在使用过程中基本保持原有物质形态的资产，均作固定资产管理。包括房屋和建筑物、专用设备、文物和陈列品、图书、其他固定资产等。对单位价值不足规定标准，但耐用时间在一年以上的大批同类资产，也应视同固定资产。不符合上述条件的按低值易耗品管理。在固定资产购置时，先由综合部门拟出采购计划，报处领导审批后，由处有关部门实行集中采购程序购买。

12）现金管理采取备用金制度，按照现金管理有关规定，严禁设“小金库”。财务报销严格按照财务管理办法和会计核算办法执行。杜绝以任何形式进行公款私存私放。

（7）制定规范的档案管理制度。南水北调工程征迁安置档案，是整个南水北调工程项目档案的重要组成部分，是南水北调工程征迁安置工作的真实记录，是上级对南水北调工程征迁安置进行稽查、审计、监督、验收及处理人民来信来访的重要依据，也是今后解决南水北调工程征迁安置有关纠纷最权威的原始凭据。江苏省南水北调办严格执行国务院南水北调办《关于做好南水北调工程征迁安置档案管理工作的通知》（国调办环移〔2006〕99号），建立健全征迁安置档案管理的工作制度，规范征迁安置档案管理工作，做好部门之间的衔接和协调，做好征迁安置档案验收工作。

为了切实加强和规范江苏省南水北调工程征迁安置档案管理工作，根据《中华人民共和国档案法》《江苏省档案管理条例》和国务院南水北调办、国家档案局《南水北调工程征地移民档案管理办法》（国调办征地〔2010〕57号）、《南水北调东线一期江苏境内工程建设项目档案管理暂行办法》（苏调水司〔2005〕59号）等有关规定和要求，结合江苏省南水北调工程征迁安置实施管理实际，江苏省南水北调办于2006年1月19日印发《关于加强南水北调东线一期江苏境内工程征地拆迁和移民安置档案管理工作的通知》（苏调办〔2006〕3号），明确规定了各级南水北调办事机构、项目法人及参建单位是征迁安置档案管理的责任单位，要求各级切实加强对征迁安置档案管理工作的领导，保证档案管理工作与征迁安置工作同步进行，将工程征迁安置实施过程真实全面、系统客观地记录下来，为工程建设提供一份翔实可靠的档案资料。

2010年12月6日，江苏省南水北调办和江苏省档案局联合印发《江苏省南水北调工程征地移民档案管理实施细则的通知》（苏调办〔2012〕62号），规范了南水北调东线第一期江苏段工程征迁安置文件材料归档范围、档案分类编号、保管期限和移交江苏省南水北调办档案的编号方法。

（8）实行规范的验收管理制度。为了加强南水北调东线一期江苏境内工程建设征迁安置专项验收管理，明确验收职责，规范验收行为，江苏省南水北调工程建设征迁安置验收工作严格执行国务院南水北调办《南水北调干线工程征迁安置验收办法》（国调办征地〔2010〕19号）。江苏省南水北调办为了规范验收工作程序、保证验收工作质量，研究制定了《南水北调东线一期××工程实施管理工作报告编写大纲》，2012年印发《关于做好江苏省南水北调工程征迁安

置完工验收工作的通知》（苏调办〔2012〕61号），保证南水北调东线各设计单元征迁安置完工验收工作的质量，确保验收工作顺利完成。

(9) 建立年度考核办法。为了完成南水北调工程征迁安置年度任务，不断加强征迁安置规范化、制度化管理，维护群众合法权益，确保南水北调江苏境内工程建设顺利实施，根据《南水北调工程建设征地补偿和移民安置暂行办法》（国调委发〔2005〕1号）和国务院《大中型水利水电工程建设征地补偿和移民安置条例》，江苏省南水北调办于2008年7月3日发布关于印发《南水北调东线一期江苏境内工程建设征迁安置工作年度考核办法（试行）》（苏调办〔2008〕41号）。主要考核流程如下。

1）江苏省南水北调办下达年度征迁安置任务：主要是江苏省南水北调办与有关市或征迁安置工作责任单位签订的《征迁安置投资与任务包干协议书》中明确的各项内容与要求，同时包括江苏省南水北调办当年部署的征迁安置相关工作和交办的各项任务。

2）江苏省南水北调办组织考核工作：每年组织一次，由江苏省南水北调办组织，江苏水源公司参加，对与江苏省南水北调办签订征迁安置投资包干协议的市县征迁管理机构进行考核。省级年度考核日常工作由江苏省南水北调办拆迁安置办具体负责。江苏省南水北调办通过听取被考核单位汇报、现场勘查、抽样调查、查阅资料等方法进行。考核评价采取百分制，根据征迁安置年度任务和当年南水北调办交办的有关工作完成情况分项赋分，按照考核分值高低，评定优良、合格、不合格等级。

3）奖励与处罚：对年度考核被评为“优良”和“合格”等级的单位，由江苏省南水北调办发给一次性奖励；对在年度工作中涌现出来的先进个人，由江苏省南水北调办、江苏水源公司联合表彰；对“不合格”的单位给予通报批评。

2. 市、县制定的征迁安置规章制度

为了保证江苏省南水北调征迁安置工作的顺利开展，各市、县征迁安置机构依据上级有关规定，制定了适合本单位实际管用的规章制度。

三、实施与管理

（一）三阳河、潼河、宝应站工程

1. 实物指标复核

工程实物指标调查以江苏省工程勘测研究院技术人员为主，与沿线市、县水利局以及乡、村有关人员一同组成调查组，对征地拆迁红线范围内的各项实物指标进行详细调查，调查依据为电力工业部1996年颁布的《水电工程水库淹没处理规划设计规范》、江苏省工程勘测研究院编写的《三阳河、潼河、宝应站工程征迁实物量调查技术设计书》及1/2000地形图。调查按农村房屋及附属设施、人口、土地、专项设施、企事业单位等分别进行，房屋及附属设施调查成果由村民核对并签字，乡、村盖章并张榜公布，专项设施和企事业单位调查结果也由产权单位核对、盖章认可。

实物指标复核成果：征用土地14984.53亩，其中工程永久征地14018.74亩、迁建征地965.79亩；拆迁各类房屋174130.7m^2；影响居民1325户，搬迁5750人；农村居民点新址征地928.21亩；影响企业单位52个，占地37.58亩，拆迁各类房屋46183m^2；影响事业单位2

个，拆迁各类房屋 3230m^2；迁建输变电线路 107 条，通信电缆光缆 234 条。

2. 公告公示

在江苏省、扬州市下达的调查实物量基础上，高邮市、宝应县沿线各乡镇组织精干力量，对拆迁红线范围内的实物量进行调查复核，对存在的问题及时报送征迁监理，征迁监理现场查勘核实，进行客观公正的评价分类。整个拆迁工作严格按照要求实行阳光操作，对每个拆迁户的补偿内容、补偿标准、补偿金额进行张榜公示一周，如有误差，由拆迁户、监理、拆迁办工作人员和村组干部现场核查，直至无误为止。

3. 各级补偿投资包干协议

江苏省南水北调三阳河、潼河、宝应站工程建设局（简称“三潼宝建设局”）以《关于核转南水北调三阳河潼河宝应站工程征地拆迁安置概算的通知》（苏调水建〔2003〕23 号）下达江苏省南水北调三阳河、潼河、宝应站工程扬州市建设处（简称“扬州建设处”）征地拆迁概算 28770.40 万元。

三潼宝建设局以《关于转发南水北调东线一期工程三阳河潼河宝应站工程征地补偿投资计划的通知》（苏调水建〔2006〕6 号）下达扬州建设处征地补偿增加投资 8848 万元，其中基本预备费 714 万元，建设期贷款利息 233 万元。

三潼宝建设局以《关于南水北调东线一期三阳河潼河宝应站工程电力、通信等专用线路拆迁超概算经费的批复》，认为“三线”超概算 882.27 万元（宝应县 405.84 万元，高邮市 476.43 万元），超概算部分在三阳河、潼河、宝应站工程征迁安置补偿及增补费用的省控经费中解决。

三潼宝建设局共下达扬州市建设处 37916.9 万元。

4. 实施方案的编制与批复

该项目是南水北调第一批开工项目，经省政府同意成立了江苏省南水北调三阳河、潼河、宝应站工程建设局作为建设期项目法人。江苏水源公司成立后，移交江苏水源公司管理。因当时国家及省南水北调机构尚未正式成立，没有要求编制实施方案。

5. 补偿兑付

公示结束后，扬州市南水北调工程建设领导小组与每一个拆迁户签订拆迁补偿协议，建设处、监理、财务和拆迁户相关镇各执一份。拆迁补偿资金在银行办理，每户发放补偿资金到户卡，本人凭身份证提取，切实防止截留、克扣和挪用现象的发生。发放土地补偿资金户卡，必须要有村民座谈会会议纪要，且该纪要上必须有参加座谈人员的签字手印。单位补偿资金兑付，采取转账方式办理。

6. 农村生产生活安置

（1）生产安置。农村移民基本采取后靠安置，实行调整土地方式的大农业安置方案。首先本组安置，本组安置不了本村安置，本村安置不了本乡安置，本乡安置不了本县安置。

根据征迁地区的实际情况，高邮市一般考虑人均 0.5 亩口粮田，人均 0.12 亩的经济田和人均 0.18 亩的生活用地，共计人均 0.8 亩。宝应县是自灌区，一般考虑人均 0.35 亩口粮田，人均 0.12 亩的经济田和人均 0.18 亩的生活用地，共计人均 0.65 亩。实施后，除少数征地前就达不到上述标准的村组外，其余的已全部达到了安置标准。高邮市平均达到 1.35 亩/人，宝应县平均达到 1.44 亩/人。

(2) 生活安置。三阳河、潼河、宝应站工程涉及高邮市、宝应县 1325 户居民的拆迁，其中：高邮市拆迁 5 个乡镇 640 户，建安置区（点）15 个，集中安置 455 户，分散安置 60 户，货币安置 125 户；宝应县拆迁 2 个乡镇 685 户，建安置区（点）24 个，集中安置 524 户，分散安置 47 户，货币安置 108 户。

7. 专项设施迁建

三线的复建由各所有权单位核实校对工作量，自行组织复建。首先由各所有权单位制定复建方案，包括工程施工期间临时过渡方案，和河道工程建成后最终实施方案。扬州市南水北调工程建设领导小组重点协助落实两件事：一是架杆过河线杆的位置的选择，保证二期工程不再拆迁；二是所有跨河桥梁预留管道，方便所有权单位线路过桥（包括自来水），除供电部门外，基本上接受补偿标准，自己复建。

8. 企事业单位迁建

三阳河、潼河、宝应站工程涉及 54 个企事业单位。其中高邮市 49 个，宝应县 5 个，部分单位只涉及附房、土地附属设施的征地补偿和关停的企业只要补偿资金到位，不需要另外复建。

需要复建的 5 家企业由乡镇帮助规划和选址，在乡镇工业园区安置，企事业单位自建。

9. 永久征地交付

永久征用土地在用地红线放样后，在江苏省工程勘测研究院等进行实物量核实的基础上，由扬州市进行补偿款发放之后，永久征地提前一季交付给工程单位建设使用。建设用地报批材料于 2005 年 6 月组织完成，后根据国家规定，补充相应材料并重新组织了报批工作，于 2009 年上报国土资源部。国务院国土资函〔2013〕290 号文件批复了江苏省人民政府《关于南水北调东线一期三阳河等工程建设用地事项的请示》。

10. 档案管理

在工程征迁安置过程中，形成了大量档案资料，分别以图表、照片、电子文件、纸质等不同形式与载体，真实地反映征迁历史记录和实施过程情况。在实施征迁过程中，扬州市南水北调工程建设领导小组一直把档案管理工作作为工程征迁安置工作的重要组成部分，努力做到档案管理与征地拆迁"三同步"。在过程中不断加强档案收集整理和管理工作。扬州市南水北调工程建设领导小组办公室、扬州市南水北调三阳河、潼河、宝应站工程高邮市建设处、扬州市南水北调三阳河、潼河、宝应站工程宝应县建设处工程共形成征迁安置档案 68 卷（扬州 20 卷、高邮 29 卷、宝应 19 卷），财务档案 325 卷（扬州 140 卷、高邮 120 卷、宝应 65 卷），照片档案 1 卷（29 张）。

（二）淮阴三站工程

工程征迁安置涉及淮安市水利局及江苏省灌溉总渠管理处。

1. 实物指标复核

2005 年 10 月 11 日，江苏苏源工程建设监理中心（监理部）会同淮安市征迁办、江苏省灌溉总渠管理处开始沿线复查征迁实物量。

淮安市实物指标复核成果：堤防管理所树木 15500 棵，临时用地 225 亩，部分渔民网具拆迁，迁移通信电缆 1.5km，淮安市越闸翻水站整体拆迁。

灌溉总渠管理处实物指标复核成果：临时用地314亩；拆迁各类房屋4771m^2；砍伐各类树林27847棵；附属设施拆迁主要有水泥场地350m^2，码头1座，水塔1座，变压器1座，淮阴一站通信铁塔复建1座，水泥路7319m^2。

2. 公告公示

在江苏省、淮安市下达的调查实物量基础上，总渠管理处、越闸翻水站管理所和清浦区堤闸管理所对拆迁红线范围内的实物量进行调查复核，对存在的问题及时报送征迁监理，征迁监理现场查勘核实，进行客观公正的评价分类。

3. 各级补偿投资包干协议

2005年8月，江苏省南水北调办与淮安市南水北调工程征地拆迁安置协调办公室签订了《南水北调东线一期淮阴三站、淮安四站及输水河道工程征迁安置投资包干协议》，协议明确淮阴三站、淮安四站及输水河道工程征地征迁安置工作经费9200万元。

2005年12月，江苏省南水北调办与江苏省灌溉总渠管理处签订了《南水北调东线一期淮阴三站工程征地拆迁投资包干协议书》，协议明确征迁安置工作经费431.4万元。

4. 实施方案的编制与批复

2011年8月23日，江苏省南水北调办以《关于南水北调淮阴三站工程（淮安）征迁安置实施方案的批复》（苏调办〔2011〕46号）批复了淮安市的征迁安置实施方案，同意淮安市南水北调工程征地拆迁安置协调办公室的越闸翻水站拆迁安置方案，越闸翻水站职工安置工作由淮安市水利局负责，越闸翻水站增加防汛防旱职能，对征迁红线范围内部分单位房屋等设施进行整修，增加办公用房、仓库及相关防汛防旱抢险设备购置，核定拆迁安置补偿经费651.42万元，其中越闸站补偿经费544.26万元，清浦堤管所补偿经费107.16万元。

2011年8月16日，江苏省南水北调办以《关于南水北调淮阴三站工程（总渠）征迁安置实施方案的批复》（苏调办〔2011〕45号）批复了省灌溉总渠管理处的征迁安置实施方案，核定征迁安置补偿经费459.4万元，其中淮阴三站房屋拆迁补偿经费228万元，交由江苏水源公司，纳入淮阴三站管理设施复建。

5. 补偿兑付

实物量公示无异议后，淮安市南水北调工程征地拆迁安置协调办公室和江苏省灌溉总渠管理处与各单位签订补偿协议，直接兑付补偿款。

6. 企事业单位迁建

淮阴三站征迁安置工作涉及二河枢纽管理所、淮阴一站管理所、越闸站管理所、清浦区堤管所四家事业单位，二河枢纽管理所、淮阴一站管理所和清浦区堤管所不涉及人员安置问题，对红线范围内临时用地，房屋树木等地上附着物都按照国家批复的标准进行了资金补偿兑付，拆迁工作顺利完成。

淮安市越闸翻水站是征迁安置工作的重点。该站位于淮安市清浦区与洪泽县交界处的二河堤堤后，原是江苏省江水北调的一个简易梯级大型翻水站，在职职工共26人，运行经费由省财政拨付。泵站建于1974年1月，经几年扩建改造，至1979年6月改建为简易抽水站。该站占地面积116.94亩，其中陆地面积36.94亩，水面80亩。站内装机26BH－40型混流泵（配6135型120马力柴油机）79台套及20BH－40型混流泵（配4135型100马力柴油机）67台（套），总装机容量16180马力，设计流量为100m^3/s。南水北调淮阴三站工程实施后，占用了

越闸翻水站的职能区，该站失去原有功能，无法履行翻水职能，涉及在职职工的工作安置问题。经多方会商，由淮安市南水北调工程征地拆迁安置协调办公室与淮安市水利局签订协议，将越闸站的安置工作交由淮安市水利局负责。淮安市水利局经请示淮安市人民政府同意，决定将越闸站整建制转变为淮安市防汛抢险机动队，保持营运经费渠道不变，利用淮阴三站拆迁补偿资金，对原址进行整修，作为培训基地，在城区购买办公房和仓库，购置防汛抗旱抢险设备。2011 年 8 月 1 日，淮安市水利局以《关于淮安市越闸翻水站安置的承诺函》（淮水函〔2011〕12 号）作出对越闸站职工的安置承诺，目前该单位能够正常运行。

清浦区淮河入海水道河道管理所仅涉及部分树木、临时用地、少量渔船网具和 1.5km 通信线路，对原有管理功能没有任何影响，不存在安置问题。

淮阴三站工程征用或临时占用的土地，全部属于水利建设用地，不需办理土地报批手续，临时占用土地，已由相关单位进行了整理，并恢复了正常使用和管理。

7. 永久征地交付

淮阴三站工程永久征地 616 亩，均为国有水利建设用地，均根据工程建设需要交付使用，保证工程建设需要。

8. 临时用地交付和复垦

工程施工完成后，施工单位及时将临时用地交还原有管理单位进行平整使用，目前临时用地上的植被已恢复，权属单位没有异议。

9. 档案管理

淮安市在工程征迁安置过程中形成的档案资料，真实地反映了征迁历史记录和实施过程情况。在实施征迁过程中，档案管理工作一直是工程征迁工作的重要组成部分，档案管理与征地拆迁“三同步”，在过程中不断加强档案管理的软硬件建设，确保档案管理规范、有序、完整。淮安市共形成档案 5 卷（其中财务档案 2 卷）。总渠管理处征迁安置仅涉及 4 家事业单位，共形成工程档案 4 卷（其中图纸 1 卷），会计档案 4 卷。

（三）淮安四站工程

1. 实物指标复核

淮安四站工程征迁开展前，根据江苏省工程勘测研究院提供的实物量调查表，楚州区征迁办组织公示，接受群众监督，对有错漏项的由群众向村组反应，由乡镇组织人员进行实核，以正式文件报楚州区征迁办，楚州区征迁办根据乡镇报告组织江苏苏源工程建设监理中心（拆迁监理）及淮阴市南水北调办对报告进行现场认定，参与人员现场签字，由江苏苏源工程建设监理中心制作复核表格，楚州区南水北调办将复核情况报淮阴市南水北调办，淮阴市南水北调办下文增补。

实物指标复核成果：淮安四站工程涉及楚州区三堡乡，涉及拆迁户 37 户，动迁人口 179 人，拆迁各类农村房屋 4236.41m^2；工程永久征地 237.78 亩，临时用地 61.7 亩。

2. 公告公示

楚州区、乡两级征迁办将江苏省南水北调办确定的实物量及补偿标准进行现场公示，并组织征迁人员入户做好工程补偿政策的宣传工作，及时做好各类征迁政法的解释工作。

3. 各级补偿投资包干协议

江苏省南水北调办与淮安市南水北调工程征地拆迁安置协调办公室签订了《南水北调东线

一期淮阴三站、淮安四站及输水河道工程征迁安置投资包干协议》，协议明确淮阴三站、淮安四站及输水河道工程征地征迁安置工作经费 9200 万元（经过拆分，其中淮安四站征地征迁安置工作经费 955.22 万元）。

淮安市未与乡镇签订协议。楚州区拆迁办以文件形式给各乡镇拆迁办下达实物量及金额，未签订协议，乡镇与拆迁移民户及企事业单位签订协议。

4. 实施方案的编制与批复

2005 年 8 月，楚州区南水北调征地拆迁安置办公室组织人员编写南水北调输水河道工程实施方案。方案编制在充分调研的基础上采取分项详细说明，方案共分 10 个部分，分别为综合说明、工程用地范围、社会经济调查、实物量调查复核、农村征迁安置、专业项目恢复改建、实施计划与管理、企事业单位迁建方案、移民补偿投资概算、问题与建议。该方案按照报批流程，报淮安市南水北调办统一审查上报。

2006 年 9 月 29 日，江苏省南水北调办组织省水利勘测设计研究院、江苏省工程勘测研究院、淮安市征迁办、楚州区征迁办、扬州市征迁办、宝应县征迁办及河海大学等单位专家和代表，召开南水北调工程征迁安置实施方案大纲编制座谈会，对实施方案编制工作进行了规范。之后楚州区南水北调征地拆迁安置办公室对实施方案进行了修改完善。

2006 年 12 月 25 日，江苏省南水北调办以《关于南水北调淮安四站及输水河道工程淮安市征迁安置实施方案的批复》（苏调办〔2006〕40 号）批复了淮安市的征迁安置实施方案，核定淮安四站及输水河道工程征迁安置工作补偿投资 8460.90 万元（其中淮安四站工程 955.22 万元）。

5. 补偿兑付

集体补偿资金以文件形式直接拨付所有权单位，对个人补偿资金由楚州区南水北调办直接确定到户卡资金数额，制作拆迁补偿资金到户卡，存入当地农村信用社，群众凭存单到信用社支取，杜绝了中间环节截留、克扣、挪用征迁补偿资金的现象。

6. 农村生产生活安置

（1）生产安置。淮安四站工程范围内鸭洲村村民人均耕地面积不足 0.2 亩，其主要收入来源为养殖业和劳务输出，村民失地后主要收入结构未变。生产安置采取货币补偿方式，弥补失地后种植业损失。

（2）生活安置。淮安四站工程征迁安置工作按照就近后靠，有利于生产、方便生活的原则，在集镇交通要道进行生活安置，新建集中安置点 1 个，与淮安四站输水河道工程拆迁群众共同安置，共安置 130 户 542 人，三堡乡政府全面加强安置小区各类基础设施配套建设，被征迁群众生活条件较拆前有所提高。

7. 专项设施迁建

工程征迁范围的水利、电力、通信等专项设施由相应的专项部门负责迁建，已全部完成，相关专业部门已经组织验收，全部投入使用。

8. 永久征地交付

淮安四站工程永久征地总面积为 237.78 亩，其中耕地 224.7 亩、宅基地 12.95 亩、精养鱼塘 0.13 亩。在补偿资金兑付后，及时交付用地。

9. 临时用地交付和复垦

淮安四站工程临时用地面积 61.7 亩，复垦工作由所在村组负责，已全部完成并交付使用。

10. 档案管理

楚州区、工程沿线乡镇征迁办高度重视档案管理工作，一是认真学习贯彻落实江苏省南水北调工程征迁安置档案管理办法，明确任务要求，抓落实。二是切实将征迁安置档案管理工作纳入工作计划。主管领导亲自抓，按照高起点、高标准、高质量的要求具体做好档案建设管理工作。三是认真搞好征迁档案管理收集、整理工作，确保征迁档案的完整、准确、安全、有效。

淮安市楚州区两级共形成淮安四站及输水河道工程档案356卷（含财务档案322卷、照片1本84张），其中淮安市南水北调办形成133卷（会计档案122卷）；楚州区南水北调办形成档案223卷（会计档案200卷、照片档案1卷84张）。

（四）淮安四站输水河道工程

工程征迁安置包括省农垦白马湖农场段、淮安段及扬州段。

1. 实物指标复核

根据江苏省工程勘测研究院调查的拆迁实物量，楚州区会同江苏省、淮安市征拆办组织乡、村、组干部搞好拆迁实物量复核，及时上报错漏项目。

2005年10月11日，江苏苏源工程建设监理中心（监理部）会同淮安市、楚州区、白马湖农场征迁办开始沿线复查征迁实物量。2006年10月10日，监理工程师会同淮安市征迁办、楚州区征迁办对扬州市运西河工程淮安段征迁实物量进行核查。

（1）白马湖农场段实物指标复核成果：征用各类土地667.08亩，临时用地982.29亩，楼房1467.38m^2，砖瓦房2944.28m^2，普通房831.51m^2，砖瓦灶房481.46m^2，棚房490.76m^2，简单灶房210.24m^2，各类树木约63553棵，苗圃187079株，竹林35m^2，光缆27.91km，电缆5.26km，变压器6台，企事业单位各类房屋3491.7m^2。

（2）淮安段实物指标复核结果：新河工程涉及三堡、林集、南闸3个乡镇，11个村，24个企事业单位，拆迁户264户，动迁人口1070人，拆迁房屋42932.04m^2，工程永久征地496亩，临时占用255.52亩；运西河工程涉及南闸镇5个村，5个企事业单位，工程永久征地519.06亩，临时占用510.75亩，拆迁户数包括分户共397户，拆迁安置人口1590人，拆迁各类房屋总面积为31926.39m^2；穿湖段工程涉及养殖水域面积806.61亩，其中围埂养殖441.43亩、围网养殖面积365.18亩。

（3）扬州段实物指标复核结果：工程永久征地207.38亩，临时用地386.5亩；工程拆迁拆迁户239户，涉及拆迁人口1016人；拆迁各类房屋20348.97m^2；拆迁企事业单位2个，影响职工人数29人，拆迁房屋411.66m^2；影响输变电线路5.84km，通信电缆4.21km、光缆1.76km；水利设施9座，交通设施生产桥2座。

2. 公告公示

在实物调查过程中，白马湖农场及时公布《关于实施淮阴三站、淮安四站输水河道工程征迁安置工作的通知》（苏调办〔2005〕27号）等相关政策文件，本着“对国家负责，对人民负责”的态度，一家一户地进行实物调查，在江苏省水利工程勘测设计院初查的基础上，白马湖农场按单位划分了各个拆迁区域，并进行了张贴公示，公示表上注清了各拆迁户或拆迁单位的所有实物清单、补偿标准、补偿金额等，并进行签字画押、拍照存档。

楚州区工程沿线乡镇两级征迁办将省南水北调办确定的实物量补偿标准及具体实物量进行现场公示，并组织征迁人员入户做好工程补偿政策的宣传工作，及时做好各类征迁政法的解释工作。

扬州市宝应县认真进行了实物量复核，对实物量有错漏的项目，征迁部门会同征迁监理、镇、村进行复核，确保准确无误，并对实物量进行公示。公示一周，让广大拆迁户充分了解自己和左邻右舍的补偿情况，接受社会和群众的监督。

3. 各级补偿投资包干协议

2005年8月18日，江苏省南水北调办与江苏省农垦集团有限公司签订了《淮安四站输水河道工程征地拆迁投资包干协议书》，协议明确淮安四站输水河道工程（白马湖农场段）征迁安置经费2169万元。

2005年8月18日，江苏省南水北调办与淮安市南水北调工程征地拆迁安置协调办公室签订了《南水北调东线一期淮阴三站、淮安四站及输水河道工程征迁安置投资包干协议》，协议明确淮阴三站、淮安四站及输水河道工程征地征迁安置工作经费9200万元（经过拆分，其中淮安四站输水河道工程征地征迁安置工作经费新河3728.51万元，运西河3742.18万元，穿湖段124.04万元）。

楚州区拆迁办以文件形式给各乡镇拆迁办下达实物量及金额，未签订协议，之后乡镇与拆迁移民户及企事业单位签订协议。

4. 实施方案的编制与批复

由于白马湖农场没有经历过这样的国家大型工程，实际工作中面临着人员不足和经验不足的问题，对此，农场工作人员克服困难、统筹分工，放弃公休日，夜以继日、加班加点编制实施方案。编制期间，相关人员多次前往省水利厅、省农垦集团公司和省水利勘测设计院等地了解工程的有关要求、规划设计的有关情况、编制方案的相关技术规定等。数次报请江苏省南水北调办专家审阅、指正，于2006年7月编制了《江苏省南水北调东线一期工程淮安四站输水河道白马湖农场段征地拆迁安置实施方案》。2007年1月25日，江苏省南水北调办以《关于淮安四站输水河道工程白马湖农场征迁安置实施方案的批复》（苏调办〔2007〕2号）批复了实施方案，核定征迁安置补偿投资2443.16万元。

2005年8月，楚州区水利局组织人员分别编写淮安四站输水河道工程征迁安置实施方案。方案编制单位为楚州区南水北调工程征地拆迁安置办公室。方案编制在充分调研的基础上进行了分项详细说明，方案共分10个部分，分别为综合说明、工程用地范围、社会经济调查、实物量调查复核、农村征迁安置、专业项目恢复改建、实施计划与管理、企事业单位迁建方案、移民补偿投资概算、问题与建议。该方案按照报批流程，报淮安市南水北调办统一审查上报。

2006年12月25日，江苏省南水北调办以《关于南水北调淮安四站及输水河道工程淮安市征迁安置实施方案的批复》（苏调办〔2006〕40号）批复了淮安市的征迁安置实施方案，核定淮安四站及输水河道工程征迁安置补偿投资8460.90万元（其中输水河道工程7505.68万元）。

2007年1月25日，江苏省南水北调办以《关于淮安四站输水河道运西河工程扬州市征迁安置实施方案的批复》（苏调办〔2007〕3号）批复了扬州市的征迁安置实施方案，核定扬州市淮安四站输水河道征迁安置补偿投资2713.33万元。

5. 补偿兑付

在资金兑付上，江苏省农垦集团有限公司和白马湖农场均设立了拆迁安置专有账户，安排

了专职会计人员，负责资金的进出、拨付和记账等各项工作。补偿款均由白马湖农场信用社代发，一户一卡，一户一单，经拆迁户签字盖章确认，农场征迁办盖章核实、南水北调领导小组组长签字同意后进账，禁止了各管理单位代领的行为，也防止了借机扣款行为的发生。已按照实施补偿标准，及时、足额兑付到位。在资金的使用管理上，做到专款专用、专人专办、专人监督。

淮安段征迁安置经费管理的原则是：分级管理、经费包干、专户储存、专款专用。集体补偿资金以文件形式直接拨付所有权单位。企事业单位直接与县拆迁办签订协议。对个人补偿资金由楚州区南水北调办直接确定到户卡资金数额，制作拆迁补偿资金到户卡，存入当地农村信用社，拆迁群众凭存单到信用社支取，杜绝了中间环节可能出现的截留、克扣、挪用移民补偿资金等的现象。

扬州段在实物量复核公示结束后，扬州市南水北调办公室与每一个拆迁户签订拆迁安置补偿协议，统一打卡，乡镇按照补偿清单送给每户拆迁群众签字领卡；企事业单位直接与县拆迁办签订协议，拆迁安置补偿协议由建设处、监理、财务、拆迁户和相关镇政府各执一份。拆迁补偿资金在银行办理，补偿资金到账，每户发放补偿资金到户卡，本人凭身份证提取，切实防止截留、克扣和挪用等现象发生。

6. 农村生产生活安置

（1）生产安置。白马湖农场段输水河道工程：因属于国有土地，补偿款全部给单位，由白马湖农场进行调田统一安置。

淮安段输水河道工程：由于工程占用耕地相对较少，在生产安置上均以货币补偿方式进行安置。此外，当地政府积极拓宽多种就业渠道，引导和鼓励被征迁群众搞第二、第三产业经营，想方设法提高被征迁群众经济收入。

扬州段输水河道工程：沿线被征用土地的村组，征用土地后人均耕地仍大于市政府规定的标准0.6亩耕地，但户与户之间人均耕地不平衡。由相关村进行了组内统一调田，调田的有徐庄村的朱庄、方庄、何庄和卫星组以及吴坝村的坝西组。

（2）生活安置。白马湖农场段只涉及临时房屋，全部采用货币补偿的方式，由农场负责安置。

淮安段输水河道工程征迁安置工作按照就近后靠，有利于生产、方便生活的原则，在交通要道及沿街进行生活安置，新建13个征迁安置点，共安置移民661户2660人。地方政府全面加强安置小区各类基础设施配套建设，被征迁群众生活条件较拆前有所提高。

扬州段输水河道工程征迁安置根据拆迁户的具体情况以及乡、村规划，建立4个集中安置区，共安置209户，分别为山阳镇区运西河集中安置一区和集中安置二区，安置拆迁户129户；山阳镇徐庄村卫星组建立徐庄村集中安置区，安置拆迁户50户；山阳镇徐庄村朱庄组建立朱庄组集中安置区，安置拆迁户30户。分散安置7户，均为该镇杨河村拆迁户。货币安置23户，其中吴坝村15户，大东村4户，徐庄村4户。为了确保安置政策落实到实处，对要求货币安置的拆迁户必须满足两个条件：①在本村组或异地购买农用房或商品房；②承诺以后不再要求安置宅基地。具体程序为个人提交申请报告，镇征迁办核实，县征迁办批准。

7. 专项设施迁建

（1）白马湖农场段：水利设施迁建根据实际需要，按照不低于原规模、原标准、原功能的原则进行选择性的重建。如：七区的电站拆除后，在原址向西移动 90m 新建一座电站。并在白马湖农场南总站增建一座排涝站。征地红线范围内的电力、通信、电视等线路根据实际需要均作了调整，保证了施工无障碍。农场广电线路拆除后改迁至农场境内西侧的东中心路边，再从各居民点向东联结至原用户区。农场拆迁办与苏源监理中心人员于 2006 年 3 月已对该复建线路作了检查和质量评定。通过检查，专项设施的拆迁达到设计方案要求，设施专项功能的恢复达到原来标准。工程征迁范围的水利、电力、通信等专项设施已全部复建或改建完成，相关专业部门已经组织验收，已全部投入使用。

（2）淮安市段：楚州区各类专项设施，根据江苏省工程勘测研究院及淮安市、楚州区两级征迁部门、专项设施主管单位共同核定的专项设施数量，对照南水北调工程专项设施补偿标准，楚州区征迁办将专项设施补偿资金直接打入被补偿单位，由被补偿单位自行恢复及验收。

（3）扬州市段：宝应县工程征迁范围内的水利、电力、通信等专项设施包括水利建筑物九座（分别是太平庄闸站、立新河涵洞、卫星涵洞、大西涵洞、赵刘庄涵洞、临湖涵洞、朱庄泵站、林庄泵站、小圩涵洞），交通设施桥梁两座（秦庄生产桥、太平生产桥）。三线拆迁后，原址的三线已不需要恢复，在新建的几个小区进行恢复，宝应建设处与供电、广电、邮电、自来水等部门签订了小区复建工程协议，已全部复建或改建完成，全部投入使用。

8. 企事业单位迁建

（1）白马湖农场段淮安四站输水河道工程：征地拆迁工作涉及白马湖农场 4 个分场（5 个管理区）、4 个场直企业、4 个民营企业。对于 4 个企业单位拆迁，其中 3 个砖瓦厂厂房拆迁后已按规划在 328 省道西侧的老区内新建了厂房，做到当年拆迁、当年完工、当年投入使用，职工生产生活稳定。种鸡场因属个人财产，拆除后没有自建，尊重其本人意愿将职工按原隶属关系安置就业。

（2）淮安市段输水河道工程：影响楚州区境内南闸、林集、三堡 3 乡镇企事业单位 23 个，企业单位 18 个，事业单位 5 个。企事业单位安置用地共计 33.13 亩，其中，新河工程安置用地 29.27 亩，运西河工程安置用地 3.86 亩，均采取货币补偿。

（3）扬州段输水河道工程：拆迁两个企业，分别是运西卷板厂和山阳供销社吴坝供销社，均属私营企业。吴坝供销社因原承包人病故，运西卷板厂拆迁后转作其他农业服务项目，不需进行生产安置，均采取一次性货币安置的方案。

9. 永久征地交付

永久征地在补偿资金兑付到位后，根据工程建设需要按时交付给建设单位使用。国土资源部以《国土资源部关于南水北调东线一期淮安四站及输水河道工程（楚州宝应段）建设用地的批复》（国土资函〔2011〕431 号）批复了江苏省人民政府《关于南水北调东线一期淮安四站及输水河道工程（楚州宝应段）建设用地事项的请示》。

10. 临时用地交付和复垦

淮安市段楚州区工程临时用地 780.64 亩，主要包括施工场地布置、弃土区、施工临时道路等，其中新河工程临时用地 269.89 亩，运西河工程临时用地 510.75 亩。

扬州市段根据工程实施方案，对原弃土区 395 亩按原状复垦外，还在河道工程实施过程中组织施工队伍，结合废弃沟塘，进行填筑和平整，变废沟塘为农田。老宅基地进行清杂平整成标准农田。根据当地村组的要求，将河道淤泥部分弃入低洼田中，抬高了低洼田地面，使吴坝

村坝西组和徐庄村卫星组原来由于受水淹而低产的土地成功地改造成了标准农田，先后整理出120多亩土地，并及时交与当地群众耕种。根据山阳镇实际情况，工程实施与地方经济发展相结合，从弃土区将工程多余的河道弃土调到镇工业园区，填筑了200多亩沟塘，使工程临时用地按原标准进行了复垦，同时也为镇工业园区解决了建设用地。

11. 档案管理

白马湖农场段为真实记录工程进展的全过程，农场征迁办在做好其他工作的同时，认真仔细地收集各类文件、图纸、照片、数据等，按省南水北调档案管理的要求分类整理成册，及时归档保存。期间共形成档案50个卷宗，其中农垦集团整理形成9个卷宗，白马湖农场整理形成41个卷宗（财务档案9个卷宗），并配备专业软件和电子文档。

淮安市楚州区两级共形成淮安四站及输水河道工程档案356卷（含财务档案322卷、照片1本84张）。其中，淮安市南水北调办形成133卷（会计档案122卷），楚州区南水北调办形成档案223卷（会计档案200卷、照片档案1卷84张）。

扬州市市县两级共形成档案78卷（扬州征迁34卷，宝应征迁44卷），图纸220张（招标图75张、施工图75张、完工图70张）。

（五）刘山站工程

1. 实物指标复核

2005年3月，徐州市南水北调工程建设领导小组办公室、邳州市国家南水北调（刘山站）工程建设协调工作领导小组办公室会同徐州市水利工程建设监理中心（监理部门）开展实物量复核工作，及时上报错漏项目。

实物指标复核成果：农村移民补偿项目包括永久征用土地115.87亩，拆除房屋3068.03m^2，砍伐树木17003棵，围墙430.66m，手压井21个，水泥地坪2178.36m^2，三线与专业项目10kV线路12道，低压电力线5道，通信光电缆19道，灌溉站1座；企事业单位迁建补偿项目包括永久征地274亩，房屋14251.09m^2，树木52777棵，水泥地坪7791.7m^2，手压井34个，围墙2489.7m，涵洞2座，三线与专业项目低压电力线4.25道，变压器1座，水塔1座，油罐4个，加固堤岸4.8km，地下管线1.2km。

2. 公告公示

在江苏省、徐州市下达的调查实物量基础上，邳州市宿羊山镇组织沿线各村精干力量，对拆迁红线范围内的实物量进行调查复核，对存在的问题及时报送征迁监理，征迁监理现场查勘核实，进行客观公正的评价分类。整个拆迁工作严格按照要求实行阳光操作，对每个拆迁户的补偿内容、补偿标准、补偿金额进行张榜公示一周，如有误差，由拆迁户、监理、拆迁办工作人员和村组干部现场核查，直至无误为止。

3. 各级补偿投资包干协议

2005年2月7日，江苏省南水北调办与徐州市国家南水北调工程建设领导小组签订了《江苏省南水北调刘山、解台、蔺家坝泵站工程征迁安置责任书》，明确刘山、解台、蔺家坝泵站工程征迁安置经费5400万元。经费下达给徐州市南水北调工程建设领导小组办公室包干使用，对徐州市水利局直属企事业单位采取直接补偿方式，对涉及邳州市征迁安置项目采取投资包干方式。

2005 年 4 月 15 日，徐州市国家南水北调工程建设领导小组与邳州市国家南水北调（刘山泵站）工程建设协调工作领导小组签订《征迁安置责任书》，明确征迁安置经费 1043 万元，由邳州市国家南水北调（刘山泵站）工程建设协调工作领导小组包干使用。

4. 实施方案的编制与批复

2005 年 3 月，徐州市南水北调办公室组织编制了《南水北调东线一期工程刘山、解台泵站工程征迁安置实施方案》。主要包括实物量调查复核、农村征迁安置方案、企事业单位迁建方案、专业项目及三线迁建方案等。

2005 年 9 月 20 日，江苏省南水北调办以《关于刘山解台泵站征迁安置实施方案审查意见的函》（苏调水〔2005〕31 号）原则同意该实施方案，核定刘山、解台泵站工程征迁安置包干经费为 4837 万元。2005 年 10 月该方案经徐州市人民政府批复同意，批复刘山站征迁补偿投资 2324.42 万元。

5. 补偿兑付

在补偿款兑付方面，严格按照财务支付程序操作。

（1）对于个人补偿部分：由征迁科工作人员、移民监理、农户三方共同进行实物量复核并签字盖章确认，征迁办公室根据确认后的实物量打印、张贴公示，公示 3 日后无异议的，签订征迁安置协议（到户卡），然后制定专用补偿款发放表，由征迁办统一到银行打卡直接兑付到拆迁群众手中，发放表由发放经办人、领款人、监理、审核人、主管领导签字确认。

（2）对于集体补偿部分：由征迁办工作人员、移民监理、被征迁单位三方共同进行实物量复核，并签字盖章确认后签订征迁补偿协议，被征迁单位在征迁补偿拨付单上签字盖章，征迁办、财务、纪检、分管领导、主管领导逐级审核签字确认后，直接拨付到被征迁单位专用账户。

6. 农村生产生活安置

（1）生产安置。根据工程的特点并在征求影响区乡镇政府和村民意见的基础上，采取本组内调整土地的方式进行生产安置，基本保证被征迁群众有基本的口粮田，此外，利用调地后节余的土地补偿费和劳动力安置补助费来开发其他生产项目，进行种植结构调整等，以增加农民收入。

（2）生活安置。工程涉及拆迁群众 43 户 150 人。搬迁和建房安置方式根据生产安置方式来确定，主要采取后靠分散安置的方式。

7. 专项设施迁建

徐州市南水北调办公室认真做好相关专项设施的调查、迁移工作，恢复原功能。依据国家有关规范、规定，合理确定迁移补偿费用。与有关专项设施产权单位联系协调，办理迁建事宜，资金包干使用，恢复方案由各产权单位自行确定，现已迁建完成。

8. 企事业单位迁建

南水北调刘山站主要影响各类企事业单位 4 个，分别为刘山船闸、刘山北站、刘山节制闸、邳州水利工程管理总站，影响职工人数 392 人。其中，刘山船闸、刘山北站、刘山节制闸（不含培训中心）、邳州水利工程管理总站采取货币补偿安置方案，刘山节制闸的培训中心安置在王大山节水示范基地。因徐州市政府对王大山规划建设需要，刘山节制闸培训中心再次搬迁，由徐州市负责增加的费用（包括安置用地规费）。

9. 永久征地交付

永久征收土地在用地红线放样过后，在徐州市南水北调工程建设领导小组办公室、邳州市国家南水北调（刘山站）工程建设协调工作领导小组办公室及徐州市水利工程建设监理中心进行实物量核实的基础上，由邳州市进行补偿款发放之后，永久征收土地直接交付给工程单位建设使用。建设用地手续已获得国土资源部批复。

10. 临时用地交付和复垦

刘山站工程施工完成后，施工单位及时将临时用地交还原有管理单位进行平整使用，目前临时用地上的植被已恢复，权属单位没有异议。

11. 档案管理

在实施征迁过程中，各级征迁实施机构把档案管理工作作为工程征迁工作的重要组成部分，努力做到档案管理与征迁工作“三同步”，在过程中不断加强档案管理的软硬件建设，确保档案管理规范、有序、完整。共形成征迁安置档案共计 29 卷（含图纸 2 卷 2 张），照片档案 2 卷 27 张，光盘档案 2 盘。

（六）解台泵站

1. 实物指标复核

2005 年 3 月，徐州市南水北调工程建设领导小组办公室、贾汪区南水北调工程协调领导小组办公室会同徐州市水利工程建设监理中心（监理单位）开展实物量复核工作，及时上报错漏项目。实物指标复核成果如下：

（1）农村：永久征用土地 12.45 亩，拆除各类房屋 1972.49m^2，坟墓 109 座，各类树木 8393 棵，猪圈 13 座，手压井 6 个，水泥地 809m^2，港口 1 座，码头 1 座，灌溉站 2 座。

（2）事业单位：永久征地 376.66 亩，拆除房屋 18564.99m^2，水泥场地 14424m^2，水泥路面 1.6km，各类树木 13203 棵，手压井 5 个，一般井 6 个，深水井 3 个，机耕桥 1 座。

（3）三线与专业项目：低压电力线 1.3km，变压器 2 座，油罐 1 个，加固堤岸 2.3km，码头 2 处，地下管线 3.44km。

2. 公告公示

在省、市下达的调查实物量基础上，徐州市贾汪区沿线各乡镇组织精干力量，对拆迁红线范围内的实物量进行调查复核，对存在的问题及时报送征迁监理，征迁监理现场查勘核实，进行客观公正的评价分类。整个拆迁工作严格按照要求实行阳光操作，对每个拆迁户的补偿内容、补偿标准、补偿金额进行张榜公示一周，如有误差，由拆迁户、监理、拆迁办工作人员和村组干部现场核查，直至无误为止。

3. 各级补偿投资包干协议

2005 年 2 月 7 日，江苏省南水北调办与徐州市国家南水北调工程建设领导小组签订了《江苏省南水北调刘山、解台、蔺家坝站工程征迁安置责任书》，明确刘山、解台、蔺家坝站工程征地征迁安置工作经费 5400 万元。江苏省南水北调办将经费下达给徐州市南水北调工程建设领导小组办公室包干使用。徐州市国家南水北调工程建设领导小组办公室负责工程涉及范围内的征迁安置相关工作，对徐州市水利局直属企事业单位采取直接补偿方式，对涉及贾汪区征迁安置项目采取投资包干方式。

2005年3月7日，徐州市国家南水北调工程建设领导小组与贾汪区国家南水北调工程协调领导小组签订《征迁安置责任书》，协议明确征迁安置工作经费179.07万元，由贾汪区国家南水北调工程协调领导小组包干使用。

4. 实施方案的编制与批复

2005年9月20日，江苏省南水北调办以《关于刘山解台泵站征迁安置实施方案审查意见的函》（苏调水〔2005〕31号）原则同意实施方案，核定刘山、解台泵站工程征迁安置包干经费为4837万元。2005年10月，徐州市人民政府批复同意该方案，批复解台泵站征迁补偿投资2512.58万元。

5. 补偿兑付

解台泵站工程主要涉及徐州市贾汪区，对涉及征地、拆迁群众和树木等地面附属物，贾汪区南水北调办、乡村代表和监理三方实地复核后，由所在乡镇牵头有关村组进行归户登记、核实造册，确保不错、不漏。再对征用土地面积和补偿标准、金额在所在村组公示栏进行公示，采用公示和抽查回访相结合的制度，从而保证数据的真实有效。资金兑付严格执行上级下达的补偿标准，补偿金额以银行存折形式直接发到群众手中。在发放补偿款时，由贾汪区南水北调办公室工作人员到村实地发放，要求领款人提供身份证，对代领款人，原则上要求是补偿表上登记人员的直系亲属，并且提供合法的证件才可以领取。确保补偿资金全部发放到征迁户手中，杜绝各种代领及克扣现象。

6. 农村生产生活安置

（1）生产安置。根据解台泵站工程的特点和征求影响区乡镇政府和村民的意见，主要采用本组内调整耕地的方式进行生产安置，基本保证被征迁群众有基本的口粮田。在此基础上，利用调地后节余的土地补偿费和劳动力安置补助费来开发其他生产项目，进行种植结构调整等，增加农民收入。

（2）生活安置。解台泵站工程涉及移民19户，影响62户。移民搬迁和建房安置方式根据生产安置方式来确定，主要采取后靠分散建房安置和自主分散安置。

7. 专项设施迁建

三线专业项目涉及低压电力线7道，变压器3座，水塔1座，油罐6座，加固堤岸2.91km，码头2处，地下管线干线2.9km、支线1.3km。徐州市南水北调办依据国家有关规范、规定，合理确定迁移补偿费用，资金包干使用，由产权单位自行实施迁建改建。所有专项设施已恢复原功能。

8. 企事业单位迁建

解台泵站工程主要影响各类企事业单位7个，分别为解台翻水站、解台船闸、解台节制闸、禹坤水利机械化施工处、徐州市抗旱排涝队、徐州市水利工程建设有限公司、解台水利港，影响职工人数459人。遵循恢复"原标准、原规模、原功能"的原则，根据影响程度及企事业单位意愿，采取货币补偿及搬迁复建两种方式。

9. 永久征地交付

解台泵站工程永久征用土地共计389.11亩（其中企事业单位永久征地376.66亩），永久征收土地在用地红线放样后，在各方进行实物量核实的基础上，由徐州市进行补偿款发放之后，直接交付给工程建设单位使用。

10. 临时用地交付和复垦

临时用地共 269.13 亩，工程施工完成后，施工单位及时将临时用地交还原有管理单位进行平整，目前临时用地上的植被已恢复，管理单位已恢复使用。

11. 档案管理

在实施征迁过程中，各级征迁实施机构把档案管理工作作为工程征迁工作的重要组成部分，努力做到档案管理与征地拆迁“三同步”。在过程中不断加强档案管理的软硬件建设，确保档案管理规范、有序、完整。共形成征迁安置档案共计 43 卷（含图纸 1 卷 3 张），照片档案 2 卷 19 张，光盘档案 2 盘。

（七）蔺家坝站工程

1. 实物指标复核

2005 年 11 月，徐州市南水北调工程建设领导小组办公室、铜山县国家南水北调工程建设领导小组办公室会同徐州市水利工程建设监理中心（监理部门）开展实物量复核工作，及时上报错漏项目。

实物指标复核成果：永久征用土地共计 379.21 亩，拆除各类房屋 123.27m^2，砍伐各类树木 64603 棵，灌溉站 4 座，机耕桥 8 座，涵闸 2 座，石渠 302m，混凝土槽 474m^3，煤窑 18 门，围墙 266m，手压井 3 口，水塔 1 座，三线与专项设施中迁移高压线路 1.374km，低压线路 4 道，变压器 3 座。

2. 公告公示

在江苏省、徐州市下达的调查实物量基础上，徐州市铜山县沿线各乡镇组织精干力量，对拆迁红线范围内的实物量进行调查复核，对存在的问题及时报送征迁监理，征迁监理现场查勘核实，进行客观公正的评价。整个拆迁工作严格按照要求实行阳光操作，对每个拆迁户的补偿内容、补偿标准、补偿金额进行张榜公示一周。如有误差，由拆迁户、监理、拆迁办工作人员和村组干部现场核查，直至无误为止。

3. 各级补偿投资包干协议

江苏省南水北调办与徐州市国家南水北调工程建设领导小组签订了《江苏省南水北调刘山、解台、蔺家坝站工程征迁安置责任书》，明确刘山、解台、蔺家坝站工程征迁安置工作经费 5400 万元，下达给徐州市南水北调工程建设领导小组办公室包干使用。

徐州市国家南水北调工程建设领导小组与铜山县国家南水北调工程建设领导小组签订了《征迁安置责任书》，明确征迁安置工作经费 1201.59 万元，下达给铜山县国家南水北调工程建设领导小组包干使用。

4. 实施方案的编制与批复

徐州市南水北调办公室组织编制了蔺家坝泵站工程征迁安置实施方案。

2007 年 9 月 24 日，江苏省南水北调办以《关于蔺家坝泵站工程征迁安置实施方案的批复》（苏调办〔2007〕24 号）同意徐州市国家南水北调工程建设领导小组办公室提出的方案，批复蔺家坝站征迁补偿投资 1023.84 万元。

5. 补偿兑付

对涉及征地、拆迁的群众和树木等地面附属物，铜山县南水北调办、乡村代表和监理三方实地丈量后，由所在乡镇牵头有关村组进行归户登记、核实造册，确保不错、不漏。再对征用土地面积和补偿标准、金额在所在村组公示栏进行公示，接受群众监督，发现误差，及时核准更正，并再次公示。采用公示和抽查回访相结合的制度，从而保证数据的真实有效。资金兑付严格执行上级下达的补偿标准，补偿资金以银行存折的形式直接发到群众手中。在发放补偿款时，由铜山县南水北调办公室工作人员到村实地发放，要求领款人提供身份证，对代领款人，原则上要求是补偿表上登记人员的直系亲属，并提供合法的证件才可以领取。确保补偿资金全部发放到拆迁户手中，杜绝各种代领及扣款等情况。

6. 农村生产生活安置

（1）生产安置。根据工程涉及各组生产安置人口、征地影响程度及征地后人均耕地情况分析，经征求地方政府意见，生产安置以货币补偿为主。

（2）生活安置。本工程没有拆迁群众，没有生活安置。

7. 专项设施迁建

徐州市南水北调办公室认真做好相关专项设施的调查、迁移的落实工作。依据国家有关规范、规定，合理确定迁移补偿费用。铜山县南水北调办公室与有关专项设施产权单位联系协调，办理迁建事宜，资金包干使用，恢复方案由各产权单位自行确定，已迁建完成。

8. 永久征地交付

永久征收土地在用地红线放样后，在徐州市南水北调工程建设领导小组办公室、铜山县国家南水北调工程建设领导小组办公室会同徐州市水利工程建设监理中心进行实物量核实的基础上，由徐州市、铜山县补偿资金发放之后，永久征地直接交付工程单位使用。建设用地手续已获得国土资源部批准。

9. 临时用地交付和复垦

工程施工完成后，施工单位及时将临时用地交还原有管理单位进行平整使用，目前临时用地上的植被已恢复，权属单位没有异议。

10. 档案管理

在实施征迁过程中，各级征迁实施机构把档案管理工作作为工程征迁工作的重要组成部分，努力做到档案管理与征地拆迁工作“三同步”，在过程中不断加强档案管理的软硬件建设，确保档案管理规范、有序、完整。共形成征迁安置档案29卷（含图纸2卷7张），照片档案2卷32张，光盘档案2盘。

（八）姚楼河闸工程

1. 实物指标复核

2008年9月，江苏省、徐州市、沛县南水北调办公室同江河水利水电咨询中心（监理单位）、淮委设计院以及征地所在村组开展实物量复核工作，及时汇总征迁项目类型，为签订包干协议和施工现场清理打下基础。

实物指标复核成果：耕地4.6亩，征用鱼塘0.2亩，堤防18.72亩，河内滩地15.99亩，影响鱼塘61.1亩，青苗补偿4.6亩，成材树1780棵，树苗1503棵。

2. 公告公示

在省、市下达的调查实物量基础上，徐州市沛县龙固镇组织精干力量，对拆迁红线范围内

的实物量进行调查复核，对存在的问题及时报送征迁监理，征迁监理现场查勘核实，进行客观公正的评价分类。整个拆迁工作严格按照要求实行阳光操作，对每个拆迁户的补偿内容、补偿标准、补偿金额进行张榜公示一周，如有误差，由拆迁户、监理、拆迁办工作人员和村组干部现场核查，直至无误为止。

3. 各级补偿投资包干协议

2008 年 10 月 10 日，江苏省南水北调办与徐州市国家南水北调工程建设领导小组签订了《南水北调东线一期姚楼河闸、杨官屯河闸、大沙河闸工程征迁安置投资包干协议书》，姚楼河闸工程征迁安置经费 76.72 万元。江苏省南水北调办将经费下达给徐州市南水北调工程建设领导小组办公室包干使用，徐州市国家南水北调工程建设领导小组办公室负责工程涉及范围内的征迁安置工作。

2008 年 10 月 15 日，徐州市国家南水北调工程建设领导小组与沛县国家南水北调工程建设领导小组签订《南水北调东线一期姚楼河闸杨官屯河闸大沙河闸工程征迁安置投资包干协议书》，协议明确征迁安置工作经费 76.72 万元，由沛县国家南水北调工程建设领导小组包干使用。

4. 实施方案的编制与批复

2014 年 12 月 17 日，徐州市南水北调办公室以《关于南水北调东线第一期南四湖水资源控制工程征迁安置实施方案的批复》（徐调办〔2014〕15 号），批复了沛县南水北调办公室上报的征迁安置实施方案。

5. 补偿兑付

对涉及的征地、地面附着物，在复核的基础上，由省、市南水北调办牵头进行汇总登记、核实造册，经有关各方签字确认后，交至村组分解到户，并进行张榜公示，接受群众监督，发现误差，及时核准更正，并再次公示。采用公示和抽查回访相结合的方法，从而保证数据的真实性。资金兑付严格执行上级下达的补偿标准，补偿经费以银行存折形式由村组发到群众手中。

6. 农村生产生活安置

姚楼河闸征用土地 4.6 亩，都是堤角地，无房屋拆迁，经过村民代表会研究决定，采用货币补偿的方式。

7. 永久征地交付

永久征收土地在用地红线放样后，在各方进行实物量核实的基础上，由徐州市沛县进行补偿款发放之后，直接交付给工程建设单位使用。

8. 档案管理

在实施征迁过程中，各级征迁实施机构把档案管理工作作为工程征迁工作的重要组成部分，努力做到档案管理与征地拆迁“三同步”。在实施过程中不断加强档案管理的软硬件建设，确保档案管理规范、有序、完整。共形成档案 24 卷（含图纸 1 卷 2 张），其中徐州市南水北调办公室形成档案 12 卷（含图纸 1 卷 2 张），沛县南水北调办公室形成档案 12 卷。

（九）杨官屯河闸工程

1. 实物指标复核

2008 年 9 月，江苏省、徐州市、沛县南水北调办公室同江河水利水电咨询中心（监理单位）、淮委设计院以及征地所在村组开展实物量复核工作，及时汇总征迁项目类型，为签订包干协议和施工现场清理打下基础。

实物指标复核成果：耕地 82.5 亩，堤防 60.12 亩，河湖内滩地 50.76 亩，青苗 137.56 亩，简易房 $20m^2$，树苗 3300 棵，网箱养鱼 16 亩。

2. 公告公示

在省、市下达的调查实物量基础上，徐州市、沛县沿线各乡镇组织精干力量，对拆迁红线范围内的实物量进行调查复核，对存在的问题及时报送征迁监理，征迁监理现场查勘核实，进行客观公正的评价分类。整个拆迁工作严格按照要求实行阳光操作，对每个拆迁户的补偿内容、补偿标准、补偿金额进行张榜公示一周，如有误差，由拆迁户、监理、拆迁办工作人员和村组干部现场核查，直至无误为止。

3. 各级补偿投资包干协议

2008 年 10 月 10 日，江苏省南水北调办与徐州市国家南水北调工程建设领导小组签订了《南水北调东线一期姚楼河闸、杨官屯河闸、大沙河闸工程征迁安置投资包干协议书》，杨官屯河闸工程征迁安置经费 365.37 万元。江苏省南水北调办将经费下达给徐州市南水北调工程建设领导小组办公室包干使用，徐州市国家南水北调工程建设领导小组办公室负责工程涉及范围内的征地拆迁和征迁安置工作。

2008 年 10 月 15 日，徐州市国家南水北调工程建设领导小组与沛县国家南水北调工程建设领导小组签订《南水北调东线一期姚楼河闸杨官屯河闸大沙河闸工程征迁安置投资包干协议书》，明确征迁安置工作经费 365.37 万元，由沛县国家南水北调工程建设领导小组包干使用。

4. 实施方案的编制与批复

2014 年 12 月 17 日，徐州市南水北调办公室以《关于南水北调东线第一期南四湖水资源控制工程征迁安置实施方案的批复》（徐调办〔2014〕15 号），批复了沛县南水北调办公室上报的征迁安置实施方案。

5. 补偿兑付

对涉及的征地、地面附着物，在复核的基础上，由省、市南水北调办牵头进行汇总登记、核实造册，经有关各方签字确认后，交至村组分解到户，并进行张榜公示，接受群众监督，发现误差，及时核准更正，并再次公示。采用公示和抽查回访相结合的方法，从而保证数据的真实性。资金兑付严格执行上级下达的补偿标准，补偿经费以银行存折形式由村组发到群众手中。

6. 农村生产生活安置

杨屯河闸征用耕地 82.5 亩，分属于 6 个行政村，全部为集体土地，无村民承包地。因此，不需要进行生产和生活安置。

7. 专项设施迁建

杨官屯河闸工程影响专项设施只有通信电缆一处，经核实为山东省所属。

8. 永久征地交付

杨官屯河闸工程永久征地初步设计阶段为 20.64 亩，实施阶段为 193.38 亩，永久征用土地在用地红线放样后，在各方进行实物量核实的基础上，由徐州市沛县进行补偿款发放之后，直

接交付给工程建设单位使用。

9. 临时用地交付和复垦

工程施工完成后，施工单位将临时用地平整至使用前状态交还至所在村组耕种，并办理了相应的交接手续，目前临时用地上的植被已恢复，权属单位没有异议。杨官屯河闸临时用地初步设计阶段为21.79亩，实施阶段为54.86亩。

10. 档案管理

在实施征迁过程中，各级征迁实施机构把档案管理工作作为工程征迁工作的重要组成部分，努力做到档案管理与征地拆迁“三同步”。在实施过程中不断加强档案管理的软硬件建设，确保档案管理规范、有序、完整。共形成档案27卷（含图纸1卷2张），其中徐州市南水北调办公室形成档案14卷（含图纸1卷2张），沛县南水北调办公室形成档案13卷。

（十）大沙河闸工程

1. 实物指标复核

2008年9月，江苏省、徐州市、沛县南水北调办公室同江河水利水电咨询中心（监理单位）、淮委设计院以及征地所在村组开展实物量复核工作，及时汇总征迁项目类型，为签订包干协议和施工现场清理打下基础。

实物指标复核成果：土地101.52亩、林地8.91亩、湖内滩地18.56亩、征用鱼塘3.10亩、藕塘6.60亩、陆生苇地1.27亩、堤防81.82亩、大沙河内及湖内鱼塘藕塘苇地等340.10亩；临时占用耕地100.53亩、土料暂存场临时用地16.01亩；青苗补偿173.80亩；房屋附建包括砖木房116.25m^2、土木房屋113.76m^2、简易房1068m^2、简易鸡棚190m^2、围墙16m、厕所2个、手压井21口、简易机井8口、抗旱井6口、坟墓157座；其他包括成材树6290棵、树苗2386棵、影响鱼塘5.10亩、影响鱼箱地笼850个、苗圃5.00亩、龙固港码头土方料18470.4m^2；专项设施包括水泥路900m^2、砂石路300m、水泥渠道300m。

2. 公告公示

在省、市下达的调查实物量基础上，沛县沿线各乡镇组织精干力量，对拆迁红线范围内的实物量进行调查复核，对存在的问题及时报送征迁监理，征迁监理现场查勘核实，进行客观公正的评价分类。整个拆迁工作严格按照要求实行阳光操作，对每个拆迁户的补偿内容、补偿标准、补偿金额进行张榜公示一周，如有误差，由拆迁户、监理、拆迁办工作人员和村组干部现场核查，直至无误为止。

3. 各级补偿投资包干协议

2008年10月10日，江苏省南水北调办与徐州市国家南水北调工程建设领导小组签订了《南水北调东线一期姚楼河闸、杨官屯河闸、大沙河闸工程征迁安置投资包干协议书》，大沙河闸工程征迁安置经费687.93万元。江苏省南水北调办将经费下达给徐州市南水北调工程建设领导小组办公室包干使用，徐州市国家南水北调工程建设领导小组办公室负责工程涉及范围内的征迁安置工作。

2008年10月15日，徐州市国家南水北调工程建设领导小组与沛县国家南水北调工程建设领导小组签订《南水北调东线一期姚楼河闸杨官屯河闸大沙河闸工程征迁安置投资包干协议书》，明确征迁安置工作经费 637.93 万元，由沛县国家南水北调工程建设领导小组包干使用。

2010 年 1 月 26 日，根据国务院南水北调办《关于〈南水北调东线第一期工程南四湖水资源控制工程大沙河闸变更设计报告（修改稿）〉的批复》（国调办设计〔2009〕211 号），以及工程征地红线图实际变更情况，江苏省南水北调办与徐州市南水北调工程建设领导小组办公室签订了《南水北调东线一期大沙河闸工程征迁安置投资补充协议书》，协议明确增加包干经费 121.36 万元。

4. 实施方案的编制与批复

2014 年 12 月 17 日，徐州市南水北调办公室以《关于南水北调东线第一期南四湖水资源控制工程征迁安置实施方案的批复》（徐调办〔2014〕15 号），批复了沛县南水北调办公室上报的征迁安置实施方案。

5. 补偿兑付

对涉及的征地、地面附着物，在复核的基础上，由省、市南水北调办牵头进行汇总登记、核实造册，经有关各方签字确认后，交至村组分解到户，并进行张榜公示，接受群众监督，发现误差，及时核准更正，并再次公示。采用公示和抽查回访相结合的方法，从而保证数据的真实性。资金兑付严格执行上级下达的补偿标准，补偿经费以银行存折形式由村组发到群众手中。

6. 农村生产生活安置

大沙河闸原设计征用土地 88.56 亩，后因船闸扩大标准，另新增征地 12.96 亩，合计 101.52 亩（其中前程子村 58.39 亩，镇东村 43.13 亩），镇东村的土地属集体土地，全部承包给山东省孙庄村进行耕种，因此，不需要进行生产生活安置。征地补偿资金全部用于改善村民生产和生活条件。

7. 专项设施迁建

大沙河闸工程影响专业项目：石渠 300m，因征迁后前程子村调整了农田灌溉系统，石渠补偿款用于水稻田水渠改建；通往度假村的水泥路已复建完毕，前程子村 300m 砂石路，采用货币补偿方式，由村自行修复；固港码头土方清除，因码头无需复建，采用货币补偿方式。

8. 永久征地交付

大沙河闸工程永久征地初步设计阶段为 357.46 亩，实施阶段为 562.18 亩，永久征收土地在用地红线放样后，在各方进行实物量核实的基础上，由徐州市沛县进行补偿款发放之后，直接交付给工程单位建设、使用。

9. 临时用地交付和复垦

大沙河闸工程临时用地初步设计阶段为 121.94 亩，实施阶段为 116.54 亩。工程施工完成后，施工单位将临时用地平整至使用前状态交还至所在村组耕种，并办理了相应的交接手续，临时用地上的植被已恢复，权属单位没有异议。

10. 档案管理

在实施征迁过程中，各级征迁实施机构把档案管理工作作为工程征迁工作的重要组成部分，努力做到档案管理与征地拆迁“三同步”。在实施过程中不断加强档案管理的软硬件建设，确保档案管理规范、有序、完整。共形成档案 27 卷（含图纸 1 卷 2 张），其中徐州市南水北调办公室形成档案 14 卷（含图纸 1 卷 2 张），沛县南水北调办公室形成档案 13 卷。

（十一）骆马湖水资源控制工程

1. 实物指标复核

2006年9月，徐州市南水北调工程建设领导小组办公室、邳州市国家南水北调骆马湖水资源控制工程建设协调工作领导小组办公室会同徐州市水利工程建设监理中心（监理单位）开展实物量复核工作，及时上报错漏项目。

实物指标复核成果：永久征用农村集体土地36.21亩，搬迁影响农村居民户2户4人，拆除房屋60.74m^2，通信电缆2道，排水涵1座，砍伐树木12954棵。

2. 公告公示

在省、市下达的调查实物量基础上，徐州市、邳州市沿线各乡镇组织精干力量，对拆迁红线范围内的实物量进行调查复核，将存在的问题及时报送征迁监理，征迁监理现场查勘核实，进行客观公正的评价分类。整个拆迁工作严格按照要求实行阳光操作，对每个拆迁户的补偿内容、补偿标准、补偿金额进行张榜公示一周，如有误差，由拆迁户、监理、拆迁办工作人员和村组干部现场核查，直至无误为止。

3. 各级补偿投资包干协议

2006年9月30日，江苏省南水北调办与徐州市国家南水北调工程建设领导小组签订《南水北调东线一期骆马湖水资源控制工程征迁安置投资包干协议书》，协议明确骆马湖水资源控制工程征地征迁安置经费165万元，江苏省南水北调办将经费下达给徐州市南水北调工程建设领导小组办公室包干使用，徐州市国家南水北调工程建设领导小组办公室负责工程涉及范围内的征迁安置工作。

2007年9月20日，徐州市国家南水北调工程建设领导小组与邳州市国家南水北调骆马湖水资源控制工程建设协调工作领导小组办公室签订《南水北调东线一期骆马湖水资源控制工程征迁安置投资包干协议书》，协议明确征迁安置工作经费152.88万元，由邳州市国家南水北调骆马湖水资源控制工程建设协调工作领导小组办公室包干使用。

4. 实施方案的编制与批复

徐州市南水北调办公室组织编制了骆马湖水资源控制工程征地补偿和征迁安置实施方案。

2007年5月11日，江苏省南水北调办以《关于骆马湖水资源控制工程征地补偿和征迁安置实施方案的批复》（苏调办〔2007〕15号）同意实施方案，核定骆马湖水资源控制工程征迁补偿投资207.67万元。

5. 补偿兑付

对涉及征地拆迁的居民和树木等地面附属物，在邳州市南水北调办、乡村代表和监理三方实地丈量后，由所在乡镇牵头有关村组进行归户登记、核实造册，确保不错、不漏。再对征用土地面积和补偿标准、金额在所在村组公示栏进行公示，接受群众监督，发现误差，及时核准更正，并再次公示。采用公示和抽查回访相结合的制度，从而保证数据的真实有效。资金兑付严格执行上级下达的补偿标准，补偿金额以银行存折形式直接发到群众手中。在发放补偿款时，由邳州市南水北调办公室工作人员到村实地发放，要求领款人提供身份证，对代领款人，原则上要求是补偿表上登记人员的直系亲属，并且提供合法的证件才可以领取。确保资金全部发放到征迁户手中，杜绝村民干部代领及扣款等情况。

6. 农村生产生活安置

（1）生产安置。根据工程的特点和征求影响区乡镇政府、村民的意见，采用本组内调整耕地安置农村被征迁群众，保证其有基本的口粮田，在此基础上，利用调地后节余的土地补偿费和劳动力安置补助费来开发其他生产项目，进行种植结构调整等，通过结构调整、生产开发项目等增加收入。

（2）生活安置。工程涉及村民 2 户，影响 4 人，房屋迁建采用分散后靠安置方式。

7. 专项设施迁建

徐州市南水北调办公室认真做好相关专项设施的调查、迁移工作，达到恢复原功能要求。依据国家有关规范、规定，合理确定迁移补偿费用。邳州市南水北调办公室委托邳州市戴庄盛阳水利工程施工队负责 2 道电缆的迁建工作，已移交广播电视局。

8. 永久征地交付

骆马湖水资源控制工程永久征地 36.21 亩，永久征收土地在用地红线放样后，在各方进行实物量核实的基础上，由徐州市进行补偿款发放，直接交付给工程单位建设、使用。

9. 临时用地交付和复垦

工程施工完成后，施工单位及时将临时用地交还原有管理单位进行平整使用，临时用地 88.5 亩，于 2009 年 10 月前分三次移交给邳州市戴庄镇山头村。临时用地上的植被已恢复，权属单位没有异议。

10. 档案管理

征迁实施过程中，各级征迁实施机构做到档案管理与征迁移民工作“三同步”，加强档案管理的软硬件建设，确保档案管理规范、有序、完整。共形成征迁安置档案 26 卷（含图纸 2 卷 6 张），照片档案 2 卷 35 张，光盘档案 2 盘。

（十二）泗阳站工程

泗阳站工程涉及江苏省骆运水利工程管理处、宿迁市泗阳县。

1. 实物指标复核

2009 年 5 月 18—21 日，由江苏省南水北调办、江苏省工程勘测研究院、上海水利勘测设计院、江苏省水源公司对实物量进行进一步的统计复核，2009 年 8 月 21—25 日，江苏省骆运水利工程管理处拆迁办公室、江苏河海工程建设监理有限公司对实物量再次进行了认真复核，确保相关数据准确无误，确保无遗漏、无重复，对相关建筑物、树木、绿化苗木进行标记、编号、拍照，并整理归档，保证了拆迁资料、财务资料的真实、完整、可靠、准确、安全。

2009 年 6 月 30 日，泗阳县南水北调泗阳泵站工程征迁测量放红线，泗阳县征迁办公室委托房屋评估公司对红线范围内的房屋及附属设施进行评估测量。移民监理人员与泗阳站征迁指挥部工作人员对众兴镇丁家沟村、李口镇南运河村、建华村境内施工红线范围内的房屋、树木、土地实物量进行认真清点和丈量。

（1）江苏省骆运水利工程管理处实物指标复核成果。工程影响 58 户 210 人，共拆迁房屋面积 4758.82m^2；事业单位 4 家，企业单位 8 家，共拆迁房屋面积约 6546.61m^2；其他地面附着物，包括低压供电线路、围墙、地坪、鱼塘、水塔及其他生活附属设施等。

（2）泗阳县实物指标复核成果。永久征地 70.77 亩，临时用地 220.88 亩；共拆迁房屋

10421.81m^2；砍伐树木8727棵；专项设施有：110kV兴翻线东移20m，船闸南侧排泥场10kV电力线路迁建，迁移电缆4.628km，光缆10.96km。

2. 公告公示

在江苏省南水北调办下达的调查实物量基础上，江苏省骆运水利工程管理处、泗阳县沿线各乡镇组织精干力量，对拆迁红线范围内的实物量进行调查复核，对存在的问题及时报送征迁监理，征迁监理现场查勘核实，进行客观公正的评价分类。整个拆迁工作严格按照要求实行阳光操作，对每个拆迁户的补偿内容、补偿标准、补偿金额进行张榜公示一周，自2009年8月20日开始张榜公示，如有误差，由拆迁户、监理、拆迁办工作人员和村组干部现场核查，直至无误为止。

3. 各级补偿投资包干协议

（1）江苏省骆运水利工程管理处。2009年8月16日，江苏省南水北调办与江苏省骆运水利工程管理处签订了《南水北调东一期泗阳站工程征迁安置投资包干协议书》，明确了工作任务、投资资金和使用规定。征迁安置包干总金额2047.15万元。

（2）泗阳县。2009年8月16日，江苏省南水北调办与泗阳县政府签订《南水北调东线一期泗阳泵站工程征迁安置投资包干协议书》，征迁安置包干总金额947.35万元。

4. 实施方案的编制与批复

（1）江苏省骆运水利工程管理处。编制《南水北调东线一期工程泗阳站工程征迁安置实施方案》，经江苏省南水北调办组织的审查，江苏省南水北调办于2011年8月以《关于南水北调东线一期工程泗阳站刘老涧二站皂河二站工程征迁安置方案的批复》（苏调办〔2001〕48号）予以批复，批复投资2047.15万元。

（2）泗阳县。2010年2月5日，江苏省南水北调办以苏调办〔2010〕6号批复了南水北调东线一期工程泗阳站工程征迁安置实施方案。核定征迁安置资金947.35万元。2010年1月26日，江苏省南水北调办以苏调办〔2010〕2号文件批复泗阳站100kV杆塔迁建项目，核定迁建经费29万元。

5. 补偿兑付

（1）江苏省骆运水利工程管理处。实物量调查表和相关技术文件经过其本人或法人（代表）、移民监理、测量人员签字确认，对照《南水北调东线一期工程泗阳站工程征迁安置实施方案》中确定的补偿标准形成兑付清单，按照程序并进行公示，无异议后，签订补偿协议（留存照片归档），完成相关物件的搬迁，并经过签字验收后，办理相关兑付手续及银行存折后，及时履行补偿款到户手续。对积极提前搬迁的，给予不同程度的提前搬迁奖励。形成的主要技术文件有：职工“房改房”和企事业单位拆迁技术评估表和装饰装潢及附属设施评估报告表文件、拆迁补偿安置验收表、拆迁安置补偿协议书、职工“房改房”拆迁安置补偿费到户卡、拆迁安置补偿领取表以及兑付证明相关文件，含身份证件、电子汇票、转账支票、银行存折证件（一户专用）、相关影像资料。对实物量存在异议的，及时再组织复测，做到统一标准，公正、公平，消除矛盾，取得理解，保证了工作的顺利推进。

（2）泗阳县。征迁补偿资金的发放，主要抓好四方面：一是严格依据《江苏省南水北调工程征地补偿和移民安置资金财务管理办法》制定补偿发放表；二是征迁补偿严格按照征迁包干协议标准；三是严格执行“多方复核—签订到户卡—公示—发放（一户一卡）”的资金支出程序；四是做好征迁公示工作，及时将被征迁人、征迁内容、数量和标准等信息通过公示表的形式在村委会进行公示。征迁资金已全部发放到位，在征迁过程中未有群众对此提出异议。

6. 农村生产生活安置

（1）江苏省骆运水利工程管理处。生活安置涉及江苏省泗阳闸站管理所院内的本单位职工及其家属、租房户的拆迁安置。其中，职工“房改房”拆迁 53 户，影响人口 195 人；租房户 5 户，影响人口 15 人，均为货币安置。

（2）泗阳县生产生活安置如下：

1）生产安置。采取货币补偿方式安置。

2）生活安置。采用分散安置和货币安置两种方式，泗阳站中 4 户 15 人实行货币安置，6 户 31 人安置在泗阳县城桂庄小区。

7. 专项设施迁建

（1）江苏省骆运水利工程管理处。影响低压电力线 1.50km，电话线 0.80km，加固岸 2890.00m，地下管线干线 4.22km，地下管线支线 1.30km，不需要复建。交通道路宽 6m、长 500m，已由泗阳站工程建设处复建完成，验收并交付使用。

（2）泗阳县。

1）电力项目：110kV 兴翻线东移 20m，角钢塔替换原水泥杆，土建部分由泗阳县建筑工程有限公司承建，泗阳供电公司负责迁建，经泗阳县供电公司验收后使用；船闸南侧排泥场 10kV 电力线路迁建，由泗阳供电公司承建，验收合格后恢复运行。

2）电信工程：迁移电缆 4.628km，光缆 10.96km，由泗阳县广电网络公司、中国联通、泗阳移动公司、泗阳电信公司等单位负责迁移并恢复，经验收合格后恢复运行。

8. 企事业单位迁建

（1）江苏省骆运水利工程管理处。泗阳站工程涉及 4 个事业单位和 8 个企业单位，事业单位分别为泗阳闸管理所院内的属于江苏省骆运水利工程管理处的泗阳一站变电所院内的房屋、水文站和泗阳县公安船闸派出所房屋和泗阳闸站管理所办公用房，其中前三家拆迁房屋采用一次性货币补偿，不需要安置。泗阳闸站管理所办公用房省水利厅以苏水管〔2011〕82 号批复复建泗阳闸站管理所管理楼 1676m^2，于 2014 年 10 月复建完工并交付使用。企业单位 8 家，重新安置 2 家，即塑料厂和塑料颗粒厂。2013 年 1 月 21 日，江苏省水利厅以苏水计〔2013〕13 号文件，下达了《关于省骆运水利工程管理处泗阳站生产经营设施复建工程初步设计的批复》，同意复建标准化厂房 1680m^2，经营管理用房 2 栋，总面积 607m^2，工程总投资 278 万元。工程建设经费从泗阳闸站管理所房屋拆迁补偿费中安排。因经营急需，原计划复建 1680m^2 标准化厂房，已由经营承包者个人出资兴建（免 7 年租赁费，7 年后厂房属于泗阳闸站管理所所有），于 2013 年 4 月建成并交付使用，现在生产经营活动已正常进行。不需要安置的 6 家，即织带厂、纯净水厂、勤俭印刷厂、冷冻厂、情人岛百果园饭店、宿迁市水利综合开发实业公司，对其采用一次性货币补偿后不再另行安置。

（2）泗阳县。涉及拆迁个体小企业 3 个。产权人无复建要求，仅对设备搬迁和简易厂房进行了货币补偿，产权人满意无异议。

9. 永久征地交付

（1）江苏省骆运水利工程管理处。泗阳站工程永久征地范围主要包括：泵站枢纽占地影响

区、引河河道工程占地影响区、工程管理占地影响区。对于工程管理区占地影响区，按工程管理设计确定，管理所占地面积为57.3亩（这部分费用未作补偿），涉及泗阳闸站管理所辖区纳入本方案补偿的新址征地为6亩，按照拆迁面积，通过安置补助费补偿，永久征收土地在用地红线放样后，在各方进行实物量复核的基础上，由江苏省骆运水利工程管理处进行补偿款发放，直接交付给工程单位建设、使用。

（2）泗阳县。泗阳站工程永久征地70.77亩，均为集体土地，永久征收土地在用地红线放样后，在各方进行实物量核实的基础上，由泗阳县进行补偿款发放之后，直接交付给工程建设单位使用。

10. 临时用地交付和复垦

（1）江苏省骆运水利工程管理处。泗阳站工程临时用地主要包括：施工临时生产用地、施工临时生活用地、施工临时道路用地、弃土场用地、排泥场用地等。施工临时生产用地、施工临时生活用地和施工临时道路用地均布置在永久征地中可利用的泗阳泵闸管理所的土地；除永久征地外，原泗阳一站下游引河北侧、泗阳二站管理范围内的临时用地，主要是弃土场用地、排泥场用地、临时施工道路用地等。

（2）泗阳县。2013年10月开始对临时用地按规定进行复垦，2014年11月底完成，经验收合格后，将所有临时用地分别退还给原使用权人。

11. 档案管理

（1）江苏省骆运水利工程管理处。泗阳站工程拆迁与征迁安置档案工作严格按照《江苏省南水北调工程征迁安置档案管理实施细则》的具体要求，本着“谁形成、谁收集、谁整理”的原则，档案收集工作与拆迁工作同时同步，保证了拆迁第一手资料的完整性、真实性，拆迁原始资料一共分为五大类：法规制度及规划综合管理材料、会议等文件材料、征迁安置材料、会计档案和特殊载体档案。按照资料归档要求，编制了档案总目录，并利用南水北调档案管理软件和计算机辅助管理，形成了电子档案（索引）便于查询。南水北调泗阳站工程的征迁安置最终形成会计档案74卷，会计月报6本及会计年报6本，法规制度及规划综合管理材料9卷，文件材料1卷，征迁安置材料9卷，特殊载体6卷等档案资料原件一套，复印件两套，每套共25卷。

（2）泗阳县。泗阳县南水北调泗阳泵站建设指挥部按照省南水北调办要求，专门成立了档案管理工作领导小组，根据“统一领导，分级管理”的原则，建立了档案管理网络，安排专人负责档案的收集、整理、归档工作，基本做到了“三纳入、四同步”。形成纸质档案92卷（含财务档案43卷），归档的文件材料基本做到了字迹清楚、图面整洁、签署完备。

（十三）泗洪站工程

1. 实物指标复核

泗洪站工程主要涉及朱湖镇新洪村、太山村、黄圩村，界集镇安东村，以及徐洪河管理所第八、第九管理站。2009年6月，江苏省南水北调办组织征地拆迁实物指标调查，江苏省水利工程科技咨询有限公司（监理单位）、泗洪县水利局、相关镇、村干部、淮安市水利勘测设计研究院有限公司（设计单位）共同参与复核。实物指标按涉及的行政区域，分县（市）、乡镇、村、组分级统计，房屋及附属设施均统计到工程影响户，所有实物指标成果均得到有关部门的盖章认可。

实物量复核成果：泗洪站工程拆迁影响户数62户，搬迁总人口148人；工程影响土地总面积中永久征地总面积1211.94亩，临时用地总面积346.78亩；工程涉及拆迁房屋共5234.68m²；工程直接影响2个堤防管理站，13处护堤站，均属于泗洪县徐洪河管理所。

2. 公告公示

依据泗洪县人民政府与江苏省南水北调办签署的征迁协议，结合泗洪县实际，泗洪县人民政府下发了《关于下发泗洪县南水北调工程征迁安置项目补偿标准的通知》，该通知对泗洪县境内南水北调工程征迁安置项目明确了补偿标准，文件下发到县有关乡镇人民政府和县有关办局。对每一项工程征迁实物量调查，都有当地村干部和征迁群众参加，并将调查的每家每户征迁实物量及时在村组所在地分别公示5～7天，对出现疑义问题的及时召集相关村组负责人和群众进行复查，对存在的问题及时给予纠正，对群众提出的不合理要求，耐心细致地做好工作。

3. 各级补偿投资包干协议

2009年8月15日，江苏省南水北调办与泗洪县人民政府签订了《泗洪站枢纽工程征迁安置投资包干协议书》，包干金额为2577.94万元。

4. 实施方案的编制与批复

《泗洪站征迁安置实施方案》由泗洪县南水北调工程办公室和淮安市水利勘测设计研究院有限公司于2010年9月编制完成。主要内容有：综合说明、工程用地范围、社会经济调查、实物量调查复核、农村征迁安置、事业迁建方案、专业项目恢复改建、实施计划与管理、征迁安置补偿投资概算、问题与建议等。实施方案经泗洪县人民政府以泗政复〔2010〕24号文件批复后上报江苏省南水北调办，江苏省南水北调办以苏调办〔2011〕52号文件批复实施，批复投资2577.94万元。

5. 补偿兑付

补偿兑付工作是征迁安置的重要工作，泗洪县南水北调工程办公室将村干部和征迁群众参加调查的实物量，在村、组所在地公示5～7天后，对没有出现任何疑义问题的，根据调查的每户征迁实物类别、类型、数量等，依据《泗洪县南水北调工程征迁安置项目补偿标准的通知》补偿标准，测算出补偿金额，以村、组为单位制成汇总表，再将每家每户征迁补偿的类别、类型、数量、补偿金额等，公示在村、组所在地5～7天，在没有疑义问题的情况下，与乡镇、村干部和被征迁群众制订并签订征迁补偿协议书或补偿到户卡，被征迁群众凭本人身份证到征迁办领取征迁补偿金存款本。

6. 农村生产生活安置

（1）生产安置。工程涉及的朱湖镇新洪、太山、黄圩三村和徐洪河管理所临时护堤员共计62户148人，征用耕地总面积365.32亩。生产安置采取大农业安置为主，辅以货币安置的方式。为了使被征用耕地的群众生产生活长期不受影响，泗洪县南水北调工程办公室采取以组为单位，将征地补偿款平均分配给该组全体群众，再将该组剩余耕地集中起来平均分配，保证了失地群众有土地耕种，有了长期生活来源。

（2）生活安置。泗洪县南水北调工程办公室与朱湖镇政府协调，对泗洪泵站工程建设拆迁影响的62户148人，用补偿资金在当地村建设了集中小区，由他们自主选购，如不愿选购可用

补偿资金到其他地方选购。

7. 专项设施迁建

交通、水利、三线等专业项目，泗洪县南水北调工程办公室在调查时按照产权的所有、建设时间、项目的规模等进行调查登记。根据项目规模、建设时间等，按规定补偿标准测算补偿金额，补偿给项目产权单位，由项目产权单位根据需要进行复建。

（1）电力线路恢复。工程影响10kV高压线1.02km，影响低压电力线14.25km，变压器1座。按原规模、原标准、恢复原功能的原则，所影响的电力线路补偿后由线路所属的泗洪县电力公司负责恢复。

（2）通信电缆恢复。项目影响电信光缆2.4km，广播电视设施0.06km，影响电话线6.7km，所影响的线路经补偿后均由泗洪县电信局负责恢复。

（3）水利交通设施恢复。涉及牌坊嘴泵站1座，渡槽1座，闸2座，涵洞16座，单管埋涵10座。由泗洪县水务局负责恢复。规模较大的牌坊嘴泵站复建为排灌结合泵站，外河为徐洪河，内河为圩内河道，以排涝功能为主、灌溉为辅，排涝面积为2.24km^2，灌溉面积为0.28万亩，设计排涝流量1.28m^3/s，灌溉流量0.56m^3/s。

8. 永久征地交付

泗洪站工程永久征地包括建筑物永久征地、上下游引河永久征地、办公管理所区永久征地、河道堤防占地和搬迁群众新征宅基地等。根据设计图纸，建筑物（泵站、节制闸、船闸、调节闸、排涝闸）主体工程区永久征地面积91.5亩，上下游河道、堤防永久征地面积1076.94亩，办公管理所区永久征地面积30亩，搬迁群众新征宅基地13.5亩，工程永久征地总面积为1211.94亩，其中耕地面积为315.32亩，占30.14%。在补偿款发放后，及时交付建设单位使用。

9. 临时用地交付和复垦

临时用地主要包括木工场、钢筋加工厂、施工临时道路、排泥场等225.78亩，大部分已复垦退还，因排泥场固结周期长，尚有121亩未移交。

10. 档案管理

泗洪县南水北调办征迁办人员和工程科人员主动配合，积极收集征迁安置档案资料，采取专人负责档案接收、校对、归档等管理工作。

（十四）刘老涧二站工程

1. 实物指标复核

2009年2月，江苏省南水北调办组织，江苏水源公司、征迁监理、江苏省骆运水利工程管理处刘老涧二站拆迁办公室对刘老涧二站拆迁涉及的实物量进行了认真的复核，确保相关数据准确无误，确保无遗漏、无重复，其实物量调查表经过本人或法人（代表）签字确认。

实物指标复核成果：永久征地150亩，临时用地128亩；工程影响企业7个、事业单位2个，均为工程永久征地影响，拆迁房屋8521.93m^2；另外，还涉及4名外来人员，均为刘老涧闸站管理所的树木承包户，影响到的土地归刘老涧闸站管理所所有，全部为国有用地，按规定不予补偿，房屋及其地面上的附属物补偿归个人所有；专项设施包括影响水泥路450m^2，机耕桥2座，10kV电力线0.37km，影响通信电缆0.18km、光缆0.54km。

2. 公告公示

2009 年 2 月 26 日，刘老涧二站工程建设拆迁办公室召开了动员大会，在省、市下达的调查实物量基础上，刘老涧二站沿线各乡镇组织精干力量，在 2 月 9—11 日对拆迁红线范围内的实物量进行调查复核，对存在的问题及时报送征迁监理，征迁监理现场查勘核实，进行客观公正的评价分类。整个拆迁工作严格按照要求实行阳光操作，对每个拆迁户的补偿内容、补偿标准、补偿金额进行张榜公示，如有误差，由拆迁户、监理、拆迁办工作人员和村组干部现场核查，直至无误为止。

3. 各级补偿投资包干协议

2009 年 2 月 26 日，江苏省南水北调办与江苏省骆运水利工程管理处签署了《刘老涧二站工程征迁安置投资包干协议书》，投资金额为 1621.77 万元。

4. 实施方案的编制与批复

江苏省骆运水利工程管理处以《南水北调东线一期江苏境内工程建设征迁安置实施方案编制大纲》为指导，遵循国家有关政策法令，按有关规程规范，编制《南水北调东线一期工程刘老涧二站工程征迁安置实施方案》，并上报江苏省南水北调办。2010 年 2 月，江苏省南水北调办以《关于南水北调东线一期工程泗阳站刘老涧二站皂河二站工程征迁安置实施方案的批复》（苏调办〔2011〕48 号）批复了实施方案，批复投资 1621.77 万元。

5. 补偿兑付

严格履行各项程序和手续，征迁安置资金进行专户存储，专款专用，封闭运行，单独核算，杜绝账外账。对补偿金的支付，一律采用银行转账方式直接、及时、足额地兑现。对个人的财产征迁补偿费通过银行卡或银行存折兑付给个人，在领款单上签名并按手印（红泥）。禁止现金支付，严格执行《现金管理条例》，建立健全会计账簿，做到手续完备，程序合法，坚决杜绝违规现象。

6. 农村生产生活安置

（1）生产安置。不涉及生产安置。

（2）生活安置。涉及 4 名外来人员，均在刘老涧闸站管理所承包树木管养，土地归刘老涧闸站管理所所有，全部为国有用地。房屋及其地面附属物归个人所有，采取货币补偿的方式进行安置。

7. 专项设施迁建

刘老涧二站工程影响交通设施仅为 2 座小型机耕桥，工程影响的机耕桥采取货币补偿方案。影响高等级电力线 1 条，为永久征地范围内实业公司 10kV 线路，10kV 线路规划采取拆除改建方式进行复建，复建长度为 1km。影响通信线路 3 条电缆、1 条光缆，全部采取拆除重建方式进行复建。

8. 企事业单位迁建

刘老涧二站工程共影响 7 个企业单位，分别为宿迁水利实业公司、实业公司捷达食品厂、实业公司宏达塑料厂、塑料厂、养鸡场、东山大酒店、商品批发部。影响 2 个事业单位，分别为骆运水利工程管理处和刘老涧闸站管理所。拆迁房屋 8530.92m^2，其中框架房 670.4m^2、砖混房 6538.01m^2、砖木房 1088.47m^2、棚房 234.04m^2。

除实业公司捷达食品厂、宏达塑料厂两家股份制企业进行就地安置外，其他企业均为租赁

实业公司厂房进行生产经营，土地属国有土地，房屋及附属设施补偿费用也属实业公司所有，以货币补偿方式进行安置。

9. 永久征地交付

工程永久征地总面积为150亩，均为原水利工程建设用地，涉及刘老涧管理处等单位，未涉及农村集体土地。根据工程建设需要及时提供。

10. 临时用地交付和复垦

工程临时用地面积为128亩，全部为国有用地。工程施工结束后已经退还。

11. 档案管理

严格按照《江苏省南水北调工程征迁安置档案管理实施细则》的具体要求，本着“谁形成、谁收集、谁整理”的原则，档案收集工作与拆迁工作同时同步，保证了拆迁第一手资料的完整性、真实性。拆迁原始资料一共分为五大类：法规制度及规划综合管理材料、会议等文件材料、征迁安置材料、会计档案和特殊载体档案。按照资料归档要求，编制了档案总目录，并利用南水北调档案管理软件和计算机辅助管理，形成了电子档案（索引）便于查询。南水北调刘老涧二站工程的征迁安置最终形成档案会计档案原件一套共计42卷；法规制度及规划综合管理材料、文件材料、征迁安置材料、特殊载体一式三套（原件一套，复印件两套），每套共42卷。

（十五）皂河二站工程

本工程征迁涉及江苏省骆运水利工程管理处（含沂沭泗管理局）和宿迁市宿豫区。

1. 实物指标复核

2010年1月10—19日，江苏省南水北调办组织，江苏省骆运水利工程管理处、地方政府以及江苏省水利工程科技咨询有限公司（监理单位）一同组成调查组，对征地拆迁红线范围内的各项实物指标进行详细调查。实物指标调查包括农村、工业企业和专业项目等。调查按房屋、土地、企事业单位和专业项目分别进行，调查由地方政府签字、盖章认可。2010年2月6—12日，江苏省骆运水利工程管理处皂河二站拆迁办组织第二次实物量指标复核。

（1）江苏省骆运水利工程管理处实物量指标。永久征地389.28亩，临时用地355.53亩；工程搬迁影响居民40户167人，搬迁房屋4406.36m^2；拆迁企事业房屋8756.56m^2；专项设施包括影响道路1.81km，输变电线路共2.7km，影响通信电缆0.33km、光缆1.78km。

（2）宿豫区实物量指标。永久征地181.97亩，临时用地208.47亩；共砍伐树木23382棵；拆除皂河镇袁甸村房屋2户181.22m^2；专项设施包括坟墓371穴，10kV施工线路100m，厕所5座。

2. 公告公示

在省、市下达的调查实物量基础上，皂河二站沿线各乡镇组织精干力量，对拆迁红线范围内的实物量进行调查复核，对存在的问题及时报送征迁监理，征迁监理现场查勘核实，进行客观公正的评价分类。整个拆迁工作严格按照要求实行阳光操作，对每个拆迁户的补偿内容、补偿标准、补偿金额进行张榜公示，如有误差，由拆迁户、监理、拆迁办工作人员和村组干部现场核查，直至无误为止。江苏省骆运水利工程管理处在2009年11月20日至12月10日进行公示，宿豫区在2010年2月9日开始公示。

3. 各级补偿投资包干协议

(1) 江苏省骆运水利工程管理处。2009 年 12 月，江苏省南水北调办与江苏省骆运水利工程管理处签订了《皂河二站工程征迁安置投资包干协议书》，包干总金额 1313.70 万元。

(2) 宿豫区。2009 年 12 月 10 日，江苏省南水北调办与宿迁市宿豫区人民政府签订了《皂河二站工程征迁安置投资包干协议》，包干总金额为 499.44 万元。

4. 实施方案的编制与批复

(1) 江苏省骆运水利工程管理处。2010 年 3 月，江苏省骆运水利工程管理处根据《征迁包干协议书》的具体要求，组织编制了《南水北调东线一期工程皂河二站工程征迁安置实施方案》并上报江苏省南水北调办。江苏省南水北调办于 2011 年 8 月下发《关于南水北调东线一期工程泗阳站刘老涧二站皂河二站工程征迁安置实施方案的批复》(苏调办〔2011〕48 号)，批复投资 1313.7 万元。

(2) 宿豫区。2011 年 12 月 13 日，宿豫区南水北调工程协调服务办公室向江苏省南水北调办上报《南水北调东线一期皂河二站工程征迁安置实施方案》。2012 年 3 月 5 日，省南水北调办下发《关于南水北调皂河二站工程宿豫区征迁安置实施方案的批复》。批复征迁安置投资 646.12 万元。

5. 补偿兑付

(1) 江苏省骆运水利工程管理处。皂河二站拆迁过程保持全透明状态，实物量、补偿标准、补偿资金全部上墙公示，切实做到公开、公平、公正，拆迁户对征迁安置结果无一有异议。资金兑付过程，签订协议后先期支付 30%，待拆迁完毕经过验收合格后支付剩余 70%，兑付全部采用银行转账方式。

(2) 宿豫区。资金支付分为两个阶段：第一阶段为实物量赔付阶段，从第一笔经费下拨开始，用于青苗等相关实物量赔付，于 2010 年年底基本完成所有征迁安置的附属物补偿支付工作。因施工方案调整导致的鱼苗损失和藕塘损失等补偿 35.8 万元，用于实物量赔付的部分资金连同尚未赔付的零星附属物补偿款也于 2010 年年底之前陆续发放到位。第二阶段为土地补偿，土地补偿款的 70%直接发放到拆迁户，剩余 30%由村集体留存。从 2010 年 12 月开始至 2011 年 4 月完成全部土地的补偿工作。

6. 农村生产生活安置

(1) 江苏省骆运水利工程管理处。工程搬迁影响江苏省水利工程管理处范围内临时住户 8 户 23 人，搬迁房屋 456.92m^2，其中砖木房 313.33m^2、杂房 45.65m^2、棚房 97.94m^2。由于涉及的房屋为非长期性居住用房，全部实行货币安置，共搬迁 8 户 23 人，拆迁户在获取房屋补偿款后，迁回原有村组居住。

(2) 宿豫区。

1) 生产安置。永久征地 181.968 亩，主要为林地、河滩地和粗养鱼塘，对实际耕地影响较小，全部实行货币补偿安置。

2) 生活安置。征地范围内仅有临时搭建的看鱼房 181.22m^2，对拆除房屋给予货币补偿。

7. 专项设施迁建

(1) 江苏省骆运水利工程管理处专项设施迁建如下：

1) 交通设施恢复改建。工程影响交通设施为水泥路 0.47km、砂石路 0.3km、土大路

0.07km及1座码头，经征求江苏省皂河抽水站管理所及相关部门意见，工程影响的道路及码头采取货币补偿方案。

2）高等级电力线路恢复改建规划。工程影响高等级电力线5条均采取升高加长方式进行复建。在实施中，对不需要复建的，采取货币补偿方案。

3）通信设施恢复改建规划。工程影响通信线路为4条电缆、3条光缆。影响电缆中永久征地范围内1条，影响长度为0.6km；影响电缆临时用地范围内3条，影响长度分别为0.13km、0.22km、0.1km；影响光缆永久征地范围内3条，影响长度分别为0.48km、0.15km、0.2km。经征求宿迁市通信部门及江苏省皂河抽水站管理所意见，全部采取拆除后改道重建方式进行复建，复建长度分别为1km、1km、1km、3.26km、1km。由于施工期较长，为保证通信通畅，由江苏省皂河抽水站管理所协调配合相关部门负责实施。

（2）宿豫区：不涉及专业设施迁建。

8. 企事业单位迁建

（1）江苏省骆运水利工程管理处。工程影响企业单位9个、事业单位2个，拆除企事业房屋8700.62m^2，其中，生产用房8023.75m^2，非生产用房583.37m^2，棚房93.50m^2。

1）事业单位2个。分别为皂河抽水站管理所、沂沭泗骆马湖管理局，均采用货币安置的方式。

2）企业单位9个。其中搬迁安置6个：分别是永盛编织袋厂、惠民塑料厂、诚信冷冻厂、万达渔网线厂、荷花池造船厂、乐华塑料制品有限公司，江苏省骆运水利工程管理处通过新建标准厂房5480m^2、企业管理用房755m^2，把拆迁企业全部搬入新建厂房。货币安置3个：分别是蔬菜基地、渔场基地、苗木基地，均采用货币补偿安置。

（2）宿豫区。不涉及企事业单位迁建。

9. 永久征地交付

（1）江苏省骆运水利工程管理处。永久征地150亩，均为原水利工程用地，未征农民集体土地。根据工程建设需要及时提供。

（2）宿豫区。永久征地补偿款兑付后，根据工程建设需要及时提供。

10. 临时用地交付和复垦

（1）江苏省骆运水利工程管理处。临时用地128亩，全部为国有土地，工程施工完成后已及时退还。

（2）宿豫区。因工程临时用地全部在邳洪河及骆马湖滩地上，不需要进行复垦。

11. 档案管理

（1）江苏省骆运水利工程管理处。皂河二站建设拆迁办公室坚持“资料完整、管理规范，分类合理、查阅方便”的档案管理思想，扎实有序地开展了档案的立卷、整理、归档、保管工作。皂河二站工程征迁安置档案资料已基本整理完毕，档案归档套数3份。截至目前共形成档案39卷，照片档案2卷101张，光盘档案1卷2张；形成会计凭证47本，账目16本。在建立常规文档的同时，还同步建立了电子文档。

（2）宿豫区。在工程征迁安置过程中，形成了大量的档案资料，分别以图片、照片、电子文件、纸质等不同形式与载体，真实地反映了征迁历史记录和实施过程情况。本着“谁形成、谁收集、谁整理”的原则，档案收集工作与征迁工作同时同步，保证了征迁第一手资料的完整性、真实性。按照资料归档要求，编制了档案总目录便于查询。最终形成征迁档案32卷，照片档案1卷52张。

（十六）骆马湖以南中运河影响处理工程

本工程征迁涉及宿迁市的宿城区、宿豫区和泗阳县。

1. 实物指标复核

2009年9月，江苏省南水北调办会同县（区）征迁部门、江苏淮源工程建设监理有限公司（征迁监理）、工程建设管理单位、镇、村干部、被拆迁户代表共同对施工红线区内实物进行测量、复核。实物量复核成果如下：

（1）宿城区。取、弃土区临时用地36.19亩；拆迁农村砖混结构房屋1226.11m^2，棚房434.37m^2，杂房25.8m^2，砖木房21m^2；砍伐成材树木2567棵。

（2）宿豫区。临时用地29.17亩，拆除房屋1035.85m^2，砍伐树木8271棵，拆除厕所1座、围墙179m、自来水道100m、水泥地坪1094m^2。

（3）泗阳县。临时占用农村集体土地124.2亩，临时占用国有土地89.41亩；拆迁房屋725.22m^2；三线与专业项目包括10kV线路0.68km，拆建水泥路228m^2，砂石路4722m^2，迁移变压器6台，搬移防汛块石1783m^3，拆除光缆0.21km，绿化恢复4700m^2。

2. 公告公示

2010年10—12月，骆南中运河影响处理工程根据施工进度，对实物量陆续进行公示。

3. 各级补偿投资包干协议

（1）宿城区。2010年10月25日，江苏省南水北调办与宿城区人民政府签订了《南水北调东线一期骆南中运河影响处理工程宿城区征迁安置投资包干协议书》，征迁安置包干经费151.4万元。

（2）宿豫区。2010年10月25日，江苏省南水北调办与宿豫区人民政府签订了《南水北调东线一期骆南中运河影响处理工程宿豫区征迁安置投资包干协议书》，征迁安置包干经费152.61万元。

（3）泗阳县。2010年10月25日，江苏省南水北调办与泗阳县人民政府签订了《南水北调东线一期工程骆南中运河影响处理工程泗阳县征迁安置投资包干协议书》，征迁安置包干经费334.72万元。

4. 实施方案的编制与批复

（1）宿城区。2013年3月27日，宿城区骆南中运河影响处理工程征迁办公室向宿城区人民政府上报了《关于批准南水北调东线一期骆南中运河影响处理工程征迁安置实施方案的请示》（宿区南征办〔2013〕1号）；2013年4月3日，宿城区人民政府印发了《关于南水北调东线一期骆南中运河影响处理工程征迁安置实施方案的批复》（宿区政复〔2013〕6号）；2013年11月25日，江苏省南水北调办对宿城区上报的南水北调东线一期骆南中运河影响处理工程（宿城区）征迁安置实施方案进行批复（苏调办〔2013〕102号），批复征迁安置投资189.34万元。

（2）宿豫区。2012年8月15日，宿豫区南水北调工程协调服务办公室江苏省南水北调办上报了《南水北调东线一期骆南中运河影响处理工程征迁安置实施方案》。2013年8月7日，

江苏省南水北调办下发《关于南水北调东线一期骆南中运河影响处理工程（宿豫区）征迁安置实施方案的批复》（苏调办〔2013〕88号），批复工程征迁安置投资163.3万元。

（3）泗阳县。2013年7月5日，江苏省南水北调办以苏调办〔2013〕48号文件批复了南水北调骆南中运河影响处理工程（泗阳县）征迁安置实施方案，核定征迁安置投资343.94万元。

5．补偿兑付

对于征迁补偿资金的发放，主要抓好四方面：一是严格依据《江苏省南水北调工程征迁安置资金财务管理办法》制定补偿发放表；二是征迁补偿严格按照征迁包干协议标准；三是严格执行"多方复核—签订到户卡—公示—发放（一户一卡）"的资金支出程序；四是做好征迁公示工作，及时将被征迁人、征迁内容、数量和标准等信息通过公示表的形式在村委会进行公示。征迁资金已全部发放到位，在征迁过程中未有群众对此提出异议。

6．农村生产生活安置

（1）宿城区。生产安置涉及永久征地12.57亩，采用货币补偿的方案；生活安置涉及拆除临时房屋，不涉及对村民永久生活住房的拆除，采用货币补偿的方案。

（2）宿豫区。不涉及永久征地，因此不存在生产安置；影响房屋及附属物等采取货币安置方案。

（3）泗阳县。分散安置2户7人，其他都是辅助用房，采用货币安置方案。

7．专项设施迁建

（1）宿城区。复堤段1.2km共实施水土保持面积11000m^2，植株900株，已全部完成。

（2）宿豫区。不涉及专项。

（3）泗阳县。

1）电力设施：①迁移10kV线路0.68km，由泗阳供电公司下属的众能实业有限公司负责迁建，经泗阳县供电公司验收后投入使用；②迁移变压器6台，由县机电排灌总站迁移恢复，验收合格后恢复运行。

2）道路项目：完成水泥路228m^2，其中众兴镇程道村28m^2，泗绢集团200m^2；拆除砂石路4722m^2，其中众兴镇运南居委会912m^2，中运河管理所3810m^2；搬移防汛块石1783m^3，拆除光缆0.21km，绿化恢复4700m^2。

3）影响工程2项：完成管理单位绿化1项（绿化垂柳等874棵、外调土方1320m^3，绿化四角亭1座，绿化草坪等1400m^2），防汛通道砂石路4.6km。

4）光缆项目：迁移西门闸监控光缆0.21km，由众东灌区管理所委托专业单位迁移并恢复。

8．企事业单位迁建

（1）宿城区。共涉及事业单位1个（宿城区中运河管理所），采取货币补偿方案。

（2）宿豫区。涉及6个行政事业单位（即宿迁水利枢纽管理局、宿豫区陆集镇荣闸村、水利服务站、皂河镇人民政府下属的敬老院、皂河灌区管理所、宿豫区中运河管理所）。2012年12月，所有需要拆迁的事业单位和个人已全部完成拆迁，并按南水北调征迁标准和《南水北调东线一期骆南中运河影响处理工程征迁安置实施方案》要求，进行了补偿。

（3）泗阳县。不涉及企事业单位迁建。

9．永久征地交付

宿城区：征迁实施中涉及的12.57亩永久征地主要包括两部分，其中，10.28亩永久征地为宿豫区中运河管理所用地（该地为宿豫区中运河管理所在1999年区划调整时分家所得，其管理房位于宿城区，规划的城南排涝站管理房建设需要将其拆除），支付的土地征迁款用于其搬迁后的管理房征地；另外2.29亩为复堤段堤防恢复占用的滩面边角地。

其他两地区不涉及永久征地。

10. 临时用地交付和复垦

（1）宿城区。临时用地已全部按照相关要求进行了平整退还，累计退还12.68亩。

（2）宿豫区。临时用地29.173亩，全为水利工程用地、河滩地、边角地，不需要复垦。

（3）泗阳县。2013年5月，指挥部开始对临时用地按规定进行复垦，2013年9月底完成，经验收合格后，将所有临时用地分别退还给原使用权人。共退还土地213.61亩。

11. 档案管理

（1）宿城区。在征迁安置档案管理中，宿城区骆南中运河影响处理工程征迁办公室专门成立了档案管理工作领导小组，把工程档案管理纳入征迁安置工程建设管理体系，从组织上保障档案工作的开展。档案整理时，宿城区骆南中运河影响处理工程征迁办公室按照“谁形成，谁整理”的原则，要求档案管理人员及时做好骆南中运河影响处理工程征迁安置工作文件资料的形成、收集整理、分类和组卷工作。共形成征迁档案27卷，其中综合档案25卷，照片档案1卷48张，电子档案1卷。

（2）宿豫区。工程最终形成征迁档案27卷，照片档案1卷37张，光盘档案1卷2张。

（3）泗阳县。泗阳县南水北调征迁工作指挥部按照省南水北调办要求，专门成立了档案管理工作领导小组，根据“统一领导，分级管理”的原则，建立了档案管理网络，安排专人负责档案的收集、整理归档工作，基本做到了“三纳入、四同步”。形成纸质档案33卷（含照片档案4卷）。归档的文件材料基本做到了字迹清楚、图面整洁、签署完备。

（十七）淮安二站工程

1. 实物指标复核

2010年8月8日，江苏省南水北调办根据江苏水源公司提供的红线图与江苏省灌溉总渠管理处、江苏淮源工程建设监理有限公司（移民监理），对红线范围内实物量现场复核汇总。

实物指标复核成果：临时用地14.99亩；拆除框架房347.79m^2，围墙259.8m，厕所1座，沼气池1座，水泥地736.96m^2；迁建自来水管100m，电缆（地下）400m，电缆沟200m；砍伐各类树木1887棵；完成投资54.81万元。

2. 公告公示

本项目不涉及个人实物量，只涉及总渠管理处实物量，在内部进行了公示。

3. 各级补偿投资包干协议

在2010年11月3日，江苏省南水北调办与江苏省灌溉总渠管理处签订《淮安二站改造工程拆迁补偿投资包干协议》，包干金额为54.81万元，由江苏省灌溉总渠管理处包干使用。

4. 实施方案的编制与批复

淮安二站建设处现场查勘初步设计确定的临时用地排泥场，发现地上附着物较多，四周已建多处民房，施工难度大，设计单位根据江苏水源公司《关于南水北调东线一期淮安二站改造工程排泥场位置调整意见的函》（苏水源函〔2010〕20号），会同淮安二站建设处进行了现场查

看测算，出具了红线变更图报江苏水源公司同意。淮安二站建设处于2010年8月5日以《关于调整淮安二站排泥场位置的请示》（苏淮二建〔2010〕9号）上报省南水北调办，建议临时用地排泥场调整至省灌溉总渠管理处院内，2013年4月6日，江苏省南水北调办以《关于南水北调东线一期工程淮安二站拆迁补偿项目实施方案的批复》（苏调办〔2013〕29号）批复同意江苏省灌溉总渠管理处上报的淮安二站工程拆迁补偿项目实施方案，批复补偿经费54.81万元。

5. 补偿兑付

在包干经费范围内，根据国家有关政策规定，严格按照“专款专储、专账管理”的要求加强经费管理。相关内容及经费54.81万元目前已按包干协议要求全部完成，具体如下：

（1）涉及管理单位原有地面构建物补偿，实际补偿经费34.24万元，该补偿经费已兑付。

（2）涉及管理单位原有草木补偿为17.27万元，该经费已划拨。

（3）临时用地14.99亩，补偿费2.3万元用于工程建设期间该土地的损失补偿及工程完建后的土地恢复，该经费已兑付。

（4）实施管理费1万元，用于淮安二站建设征地拆迁补偿期间发生的检查协调和车辆使用等支出以及参加人员出差补助等。

6. 档案管理

征迁实施机构做到档案管理与征迁安置工作“三同步”，加强档案收集、整理和归档工作，确保档案管理规范、有序、完整，征迁各类文件资料已按要求分类整理，归档保存，形成档案1卷。

（十八）金湖站工程

1. 实物指标复核

2010年4月13—15日，江苏省南水北调办组织江苏省工程勘测研究院、江苏淮源工程建设监理公司（监理单位）、金湖县国土局、金湖县水利局及有关镇、村干部和相关人员进行复核。依照江苏水源公司提供的工程红线图和实物量调查表，对在红线内及红线外受影响的因工程建设引起的个人、集体和企业单位受损失的、政策允许补偿的所有实物量进行复核。

实物指标复核成果：永久征地525.98亩，临时用地830.64亩；树木16249棵；搬迁居民8人，拆迁各类房屋1415.27m^2；影响10kV电力线0.61km，35kV电力线4.95km，220kV电力线6km，低压线0.41km，各种通信光缆17.69km，广播电话设施2.96km，交通柏油路1280m^2，柏涧站1座，加固岸2170m，防汛块石1320m^3。

2. 公告公示

公示内容为联合调查确认的实物量。公示地点在村委会公示栏或沿途主要路口。实物所有权人对公示实物量提出异议的，由县拆迁安置工作小组、镇、村、实物所有权人、移民监理派员共同复核，填写实物量遗漏表，直到无异议。无异议后，签订到户卡和补偿协议。

3. 各级补偿投资包干协议

江苏省南水北调办与金湖县政府4次签订包干协议，金湖站征迁安置资金共3173.16万元。

2010年3月23日，江苏省南水北调办与金湖县政府签订《南水北调东线一期金湖站工程输变电、电信工程迁建补偿投资包干协议书》，拆迁工作经费共计1167.17万元。

2010年3月29日，江苏省南水北调办与金湖县政府签订《南水北调东线一期金湖泵站工程金湖县殡仪馆迁建投资包干协议书》，迁建经费 1060.51 万元。

2010 年 4 月 30 日，江苏省南水北调办与金湖县政府签订《南水北调东线一期金湖站工程征迁安置投资包干协议书》，协议包干金额 945.48 万元。

2013 年 6 月，江苏省南水北调办与金湖县政府签订《南水北调东线一期金湖站东西偏泓闸工程征迁任务和投资包干协议书》，包干投资 338.27 万元。根据江苏水源公司与淮安市淮河入江水道整治工程建设处签订《南水北调东线一期金湖站东、西偏泓闸及套闸工程委托建设管理协议书》，对金湖站东西偏泓闸征迁经费，由江苏省南水北调办与金湖县人民政府签订征迁投资和任务包干协议，包干内容明确征迁工作结束后，由金湖县政府及时做好总结报告，做好全面验收工作。

4. 实施方案的编制与批复

金湖站工程征迁安置实施方案（不含殡仪馆迁建及东、西偏泓闸工程征迁）由金湖县政府牵头，县南水北调工程拆迁工作小组组织编制。县政府专门成立了编制小组，邀请了有资质单位的专家，会同监理单位，在认真做好实物量调查、复核和领会政策的前提下，按照江苏省南水北调办与县政府签订的包干协议，逐项进行比对、分析，形成实际投资预算，对征迁安置工作过程中可能出现的各种情况形成规范的处理办法，对江苏省南水北调办明确规定的具体工作逐项纳入实施方案，最终形成《南水北调东线一期金湖站工程金湖县征迁安置实施方案》，于 2012 年 10 月 10 日上报江苏省南水北调办。2012 年 11 月 28 日，江苏省南水北调办印发《关于南水北调金湖站工程金湖县征迁安置实施方案的批复》（苏调办〔2012〕68 号），批复征迁安置补偿投资 2332.47 万元。

5. 补偿兑付

金湖县财政局委派两名会计负责县南水北调工程财务工作，金湖县南水北调工程拆迁工作小组在县农商银行开设一个账户，属集体或单位签订补偿协议并按协议要求拨付资金，属补偿个人或到户资金一律登记造册打卡发放。

6. 农村生产生活安置

（1）生产安置。该项目征地前前锋镇白马湖村 2 组人均 2.55 亩，征地后人均 2.01 亩；银集镇高沈村 6 组征地前人均耕地 2.22 亩，征地后人均 1.36 亩。根据土地类别和村民代表会决议，实行货币补偿。

（2）生活安置。所拆除的房屋都是生产用房，不需要进行生活安置。

7. 专项设施迁建

专项设施共涉及如下实物量：10kV 电力线 0.61km，35kV 电力线 4.95km，220kV 电力线 6km，低压线 0.41km，各种通信光缆 17.69km，广播电话设施 2.96km，交通柏油路 1280m^2，柏涧站 1 座，加固岸 2170m，防汛块石 1320m^3。均已恢复重建。

8. 企事业单位迁建

金湖县殡仪馆采取搬迁复建的方案，原占地 25 亩，拆除建筑面积 3000 多 m^2。迁建后的殡仪馆位于江苏省属宝应湖农场二分场境内，占地面积 28 亩。已完成投入使用。

9. 永久征地交付

永久征用土地 348.03 亩，于 2010 年 6 月 15 日全部按期移交给金湖站工程建设处。

10. 临时用地交付和复垦

2010 年 10 月，临时用地按期交建设单位使用；2013 年 9 月，金湖县征迁办将所有临时用

地分别退还给原使用权人。

11. 档案管理

金湖县南水北调工程拆迁工作小组按照江苏省南水北调办要求，专门成立了由征迁办、档案局、有关单位相关人员组成的档案管理工作领导小组，安排具体工作人员负责档案工作。制定金湖县南水北调工程征迁安置档案管理制度，把工程档案管理纳入征迁安置工作管理体系，做到档案工作有布置、检查、总结、验收。形成征迁安置档案22卷，照片1册26张。归档材料达到了字迹清楚，图面整洁，签署完备。

（十九）高水河整治工程

1. 实物指标复核

2010年9月，扬州市南水北调办组织江都区南水北调办、江苏省工程勘测研究院、扬州市勘测设计研究院有限公司（移民监理）以及沿线镇、村干部组成调查组，对影响范围内的实物量进行了复核。

实物指标复核成果：工程主线占用土地428.24亩（其中永久征地190.75亩、含高水河码头用地33.9亩，临时用地237.49亩）；农村安置用地23.3亩；排泥场临时用地359亩；农村村民各类房屋框架房3329.3m^2，砖混房4294.38m^2，砖木房101.2m^2，土木房578.91m^2，杂房7203.16m^2；成材树13518棵，一般树3752棵，苗木11488棵，果树774棵；涉及拆迁户21户，动迁人口76人；生产安置人口76人；工程共影响企业7家，征地22.84亩，其中生产用房709.49m^2。

2. 公告公示

高水河工程扬州市征迁领导小组按照《征迁安置包干协议》《南水北调东线一期江苏境内工程建设征迁安置工作年度考核办法》和《南水北调东线一期江苏境内工程建设征迁安置验收暂行办法》的要求，通过走访，向拆迁安置人员耐心、详细宣传讲解了拆迁安置补偿政策和标准，江都仙女镇、邵伯镇等镇征迁办对拆除实物量进行了认真核实和公示，与拆迁安置户签订了《征迁安置补偿费到户卡》，并根据拆迁安置户的意愿进行安置公告，落实了安置去向。

2010年10月18日，江都仙女镇、邵伯镇等相关乡镇到各相关村组张贴补偿表，对实物量补偿标准进行了公示。

3. 各级补偿投资包干协议

2010年10月19日，江苏省南水北调办与扬州市人民政府签订了《高水河整治工程征迁安置投资包干协议书》，协议明确征迁安置工作经费3206.05万元。

4. 实施方案的编制与批复

扬州市南水北调工程建设领导小组办公室组织扬州市水务局南水北调高水河整治工程征地拆迁安置办公室、扬州市勘测设计研究院有限公司、江都市水务局南水北调高水河整治工程征地拆迁安置办公室通过调查、复核，并结合当地实际情况进行实施方案的编制。编制内容涵盖概述、工程占地范围、实物指标调查、农村征迁安置方案、企业单位迁建规划、专业项目复建规划、复耕规划、移民实施计划及管理、移民投资概算等。

江都市人民政府于2011年12月26日以扬江政发〔2011〕176号文件批复同意扬州市南水北调工程建设领导小组办公室编制的高水河整治工程实施方案，2013年12月27日，江苏省南水北调办以《关于南水北调东线一期工程高水河整治工程征迁安置实施方案的批复》(苏调办〔2013〕111号)批复同意，批复征迁安置投资3009.05万元。

5. 补偿兑付

补偿农户的征迁补偿款以直接汇入农户账户的方式一次性兑付，补偿村集体的补偿款以转账方式一次性兑付，由各村村民代表大会决定资金使用用途。

6. 农村生产生活安置

(1) 生产安置：全部为货币补偿安置。

(2) 生活安置：全部由镇、村采取集中安置，安置户数9户，人口43人，目前安置户生活安定。

7. 专项设施迁建

三线专业项目由相关权属单位采用投资包干方式实施。水利专业项目采用招投标的方式确定由江苏龙川水建公司实施，由地方相关权属单位进行监督管理，验收后移交地方。

8. 企事业单位迁建

征迁涉及7个企业均采取搬迁复建方案。协议主要内容包括场地平整费用、电力设施补偿、搬迁费用及停产损失等，补偿总金额包干。所有搬迁企业均已投入运行，正常生产。

9. 永久征地交付

工程用地红线图确定后，扬州市南水北调办与国土局进行沟通与对接，介绍用地范围，积极主动办理用地手续。国土局测绘队及时组织相关测绘人员现场调查，根据用地红线图进场测绘，与镇、村协调进行确权划界，分清土地权属，并对征用集体土地补偿费进行测算。永久征地补偿款已按标准补偿到位，永久征地按时交付工程建设使用。

10. 临时用地交付和复垦

临时用地使用结束后由当地镇村编制复垦方案，并负责复垦，地方镇、村和建设、监理、施工等相关单位共同参加临时用地交接，复垦补助支付给临时用地接收方，由其负责一切复垦事宜，并服从所在镇政府对复垦工作的指导和监管。

11. 档案管理

扬州市南水北调办公室明确专人负责征迁安置档案资料的收集整理工作，并落实了岗位责任。同时按照档案管理要求，建立健全征迁档案管理、使用等相关制度。对征迁过程中签订的协议及形成的相关资料，档案员及时进行收集、分类整理，便于档案资料的查阅，做到了档案资料的有效利用。征迁安置档案资料收集基本齐全、完整。

(二十) 金宝航道工程

金宝航道工程征迁安置涉及淮安市金湖县、盱眙县，扬州市宝应县和江苏省农垦集团宝应湖农场、江苏省灌溉总渠管理处。

1. 实物指标复核

(1) 金湖县：2010年7月11—25日，江苏省南水北调办组织江苏苏水工程建设监理有限公司(征迁监理)、淮安市金宝航道工程建设处、金湖县拆迁办、金湖县国土局，依照江苏水源公司提供的工程红线图和实物量调查表，对红线内及红线外受影响的因工程建设引起的个人、集体和企事业单位受损失的、政策允许补偿的所有实物量进行复核。

实物指标复核成果：永久征地4884.54亩，临时用地1736.76亩；树木80658棵；拆迁人口476户1904人，共拆除房屋39006.71m²；三线及专项设施包括35kV电力线路4.35km，10kV电力线路9.06km，通信光缆65.38km，电灌站7座，闸1座。

（2）宝应县：2010年7月26—31日，江苏省南水北调办组织江苏苏水工程建设监理有限公司（征迁监理）、金宝航道宝应建设办公室以及氾水镇人民政府对金宝航道工程征地拆迁实物指标（宝应县管辖范围）核实。

实物指标复核成果：永久征地878.45亩，临时用地949.98亩；共拆迁农村居民80户，搬迁农业人口312人，拆迁各类房屋面积7765m²；三线及专项设施包括较大涵洞4座，一般涵洞67座，单管埋涵6座，10kV线路0.47km，低压线2.11km，光缆2.6km，电缆5.8km，砂石路5257.5m²，机耕桥57.52m²，人渡1座，码头27.2m。

（3）宝应湖农场：2010年9月13—22日，江苏省南水北调办组织江苏省工程勘测研究院、宝应湖农场、江苏苏水工程建设监理有限公司（征迁监理）对金宝航道宝应湖农场段征迁实物量进行了复核。根据复核的数据，宝应湖农场聘请两家中介公司对拆迁户的房屋及地面附属物进行再复核和评估。对所有房屋的补偿标准及机械搬迁补偿，委托淮安市清华房屋与土地评估有限公司进行价格评估，附属物的复核、协议签订委托淮安市新淮房屋拆迁安置有限公司负责，评估单价和附属物数量均进行现场公示，公示时间一星期。

实物指标复核成果：永久征地1443.1亩，临时用地1994.36亩；各类树木29687棵；农村房屋面积22347.13m²；企业厂房面积10303.13m²；三线及专项设施包括10kV线路3.13km，35kV线路0.3km，低压线16.31km，通信光缆21.58km，水泥路2270m²，砂石路910m²，土路20843m²，人行桥2座，码头502.75m²，涵洞36座。

2. 公告公示

在省、市下达的调查实物量基础上，金湖县、宝应县、宝应湖农场沿线各乡镇组织精干力量，对拆迁红线范围内的实物量进行调查复核，对存在的问题及时报送征迁监理，征迁监理现场查勘核实，进行客观公正的评价分类。整个拆迁工作严格按照要求实行阳光操作，对每个拆迁户的补偿内容、补偿标准、补偿金额进行张榜公示一周，如有误差，由拆迁户、监理、拆迁办工作人员和村组干部现场核查，直至无误为止。

3. 各级补偿投资包干协议

（1）金湖县：2010年10月24日，江苏省南水北调办与金湖县人民政府签订《南水北调东线一期金宝航道工程Ⅰ标段征迁安置投资包干协议书》，协议明确征迁安置经费6991.09万元。

2011年1月30日，江苏省南水北调办与金湖县人民政府签订《南水北调东线一期金宝航道工程Ⅱ标段金湖县征迁安置投资包干协议书》，协议明确征迁安置经费8013.27万元。

（2）宝应县段：2010年10月13日，江苏省南水北调办与宝应县人民政府签订《南水北调东线一期金宝航道工程Ⅰ标段征迁安置投资包干协议书》，协议明确征迁安置经费3567.87万元。

（3）宝应湖农场：2010年11月30日，江苏省南水北调办与江苏省农垦集团有限公司签订《南水北调东线一期金宝航道工程Ⅱ标段宝应湖农场征迁安置投资包干协议书》，协议明确征迁安置经费12017.92万元。

（4）灌溉总渠管理处：2010年10月10日，江苏省南水北调办与江苏省灌溉总渠管理处签订《金宝航道工程Ⅰ标段省灌溉总渠管理处拆迁补偿投资包干协议》，协议明确征迁安置经费54.6万元。

（5）盱眙县：2012年3月15日，江苏省南水北调办以《关于南水北调金宝航道新三河段护坡工程征迁补偿经费的批复》（苏调办〔2012〕21号），批复新三河段临时用地及附着物补偿资金5.28万元，由江苏省南水北调金宝航道工程建设局负责兑付给盱眙县拆迁群众。

4. 实施方案的编制与批复

（1）金湖县段：2013年12月30日，江苏省南水北调办以《关于南水北调东线一期金宝航道工程金湖县境内征迁安置实施方案的批复》（苏调办〔2013〕115号）同意该实施方案，核定金宝航道工程金湖县段征迁安置补偿投资20047.58万元。

（2）宝应县段：2013年4月28日，江苏省南水北调办以《关于南水北调东线一期金宝航道工程（宝应县）征迁安置实施方案的批复》（苏调办〔2013〕34号）同意该实施方案，核定金宝航道工程宝应县段征迁安置补偿投资3657.6万元。

（3）宝应湖农场段：2013年12月30日，江苏省南水北调办以《关于南水北调东线一期金宝航道工程宝应湖农场境内征迁安置实施方案的批复》（苏调办〔2013〕112号）同意该实施方案，核定金宝航道工程宝应湖农场段征迁安置补偿投资12937.56万元。

5. 补偿兑付

（1）金湖县段：金湖县财政局委派两名会计负责县南水北调工程财务工作，金湖县南水北调工程拆迁工作小组在县农商行开设一个账户，属集体或单位签订补偿协议并按协议要求拨付资金，属补偿个人或到户资金一律做册打卡发放。

（2）宝应县段：

1）个人。被拆迁人拆迁完毕，经移民监理、县建设办公室和所在地镇领导现场共同验收合格后，县建设办公室到开设的专户银行，按户办理拆迁补助费银行存单，被拆迁人凭身份证到银行一次性直接领取房屋拆迁补助费。

2）集体。集体部分附属物及土地拆迁完毕后，经移民监理、县建设办公室和所在地镇领导现场共同验收合格后，由所在镇财政所开具财政收据，到县建设办公室办理相关转账手续。

（3）宝应湖农场段：所有补偿款的兑付都是由宝应湖农场南水北调办公室指定财务组通过金湖县工商银行打卡到户到人，企业补偿是通过企业法人出具的证明打卡到人。一律不用现金的方式兑付。

6. 农村生产生活安置

（1）金湖县段。

1）生产安置。全部采用货币补偿的方案。

2）生活安置。总拆迁安置476户1897人，其中，213户990人采取集中安置方式（安置小区），货币安置263户907人。共建三个安置区：在涂沟镇安排港中和通衢两个安置小区，在银集镇安排荷塘湾安置小区，三个安置小区共安排用地195.24亩。

（2）宝应县段。

1）生产安置。全部采用货币安置的方式。

2）生活安置。工程共涉及搬迁78户293人，全部采用货币补偿的方案。统一安置在氾水镇规划的安置小区。

(3) 宝应湖农场段。

1) 生产安置。宝应湖农场生产安置采用货币补偿和调整承包地两种。宝应湖农场属国有农业企业，土地均为国有，农业职工实行的是租赁承包。对农业职工承租周期到期的进行土地调整，保障职工不因征地而失去生活的来源，保障了职工的合法利益。渔业职工实行的是货币补偿，给予一次失地安置补偿和由农场发放三年生活费。其中，农业职工安置7人，安排承包耕地245亩；渔业职工安置12人，安排鱼塘养殖2户107亩；其他人员采用一次性货币补偿和连续三年由农场发放生活费的方法给予临时安置。

2) 生活安置。搬迁人口集中在沿金宝航道两岸施工主线范围内，全场搬迁居民239户，搬迁人口708人，其中一分场21户62人，鲤鱼滩水产养殖场47户136人，刘圩社区123户386人，刘圩水产养殖场24户58人，四分场24户66人。

搬迁户采用集中安置和货币补偿两种。集中安置173户507人，集中安置区位于宝应湖农场刘圩居委会西侧，安置区面积84.96亩；货币安置66户201人。

7. 专项设施迁建

(1) 金湖县段。

1) 三线专业项目：杆线移位与恢复分别由金湖县征迁办同杆线所有单位协议包干。总长度97.82km，其中，供电11.68km，广电31.38km，移动1.76km，联通16.08km，电信36.92km。由杆线所有单位组织实施，已验收。

2) 水利专业项目：郭家滩地涵，委托金湖县水建公司实施，已验收；张尖以东4座地涵，委托金湖县滩涂公司实施，已验收；涂沟北站，委托金湖县水务局实施；五星、秦庄村2个电灌站，委托两村实施。

3) 交通专业项目：高嵇大桥（大汕子桥），委托淮阴水建公司施工；五星村道路540m，委托村实施；秦庄村道路1200m，委托村实施；涂沟镇码头改建，委托涂沟镇实施。

(2) 宝应县段。

1) 三线专业项目：输变电工程电力设施拆除14.08km，电力设施恢复10.52km，电信工程光、电缆2.8km，已交付使用。

2) 水利专业项目：泵站1座，较大涵洞11座，一般涵洞29座，单管埋涵13座，排水中沟赔建30880m^3，防汛块石搬迁、转运460m^3。

3) 交通专业项目：复建水泥路1685m^2，砂石路4835m^2，机耕桥57.52m^2，人渡1座，中心渔场村渔船停靠点位移1处，北侧圩堤渔船停靠点230m。

(3) 宝应湖农场段。

1) 三线专业项目：由金湖县统一实施。

2) 水利专业项目：一般涵36座，单管涵234座，较大闸1座，一般电灌站8座，已按时交付使用。

3) 交通专业项目：水泥路2270m^2，砂石路910m^2，土路20843.36m^2，人行桥2座，人渡1座，码头502.75m^2，航标1座。

4) 其他专业项目：低压线16.31km，变压器5台，电话线1.8km。

8. 企事业单位迁建

金宝航道工程共影响企业单位25个，其中宝应县1个，金湖县3个，宝应湖农场21个，工程征地56.84亩，影响职工人数589人，拆迁各类房屋2075.36m²，全部采用货币补偿安置方案。

9. 永久征地交付

金宝航道工程永久征用集体土地5513.21亩，其中，涉及扬州市宝应县747.87亩，淮安市金湖县2986.72亩，宝应湖农场2184.94亩，盱眙县50.57亩。国有土地456.89亩，其中，涉及扬州市宝应县176.77亩，淮安市金湖县258.21亩，盱眙县21.91亩。永久征地在用地红线放样后，进行实物量核实、补偿款发放之后，分季交地，提前一季交付给工程建设单位使用，满足工程建设需要。

10. 临时用地交付和复垦

临时用地按时交付建设单位使用，施工完成后及时退还复垦，已全部完成复垦退还。

11. 档案管理

各单位专门成立档案管理机构，配备专人负责档案工作。

负责档案的收集整理归档工作，依据档案管理有关文件规定，制定了相应的档案管理工作制度，设置了档案室，购置了必要的硬件设施，确保档案收集及时、完整、准确。

（二十一）睢宁二站工程

工程涉及徐州市睢宁县、江苏省骆运水利工程管理处。

1. 实物指标复核

睢宁二站工程睢宁县段征地拆迁实物指标调查、复核由睢宁县南水北调工程征地拆迁领导小组办公室、徐州市水利工程建设监理中心（监理单位）、工程影响区镇、村有关人员组成调查组，共同负责完成。2010年12月至2011年3月，调查组对徐州市水利建筑设计研究院测放的征地拆迁红线范围内的各项实物指标进行详细的调查、复核。

实物量指标如下：永久征地117.38亩，临时用地331.81亩；共拆迁房屋16703m²，涉及动迁人口372人；工程影响各类企事业单位4个，需拆迁房屋总面积715.21m²；共砍伐树木10089棵。影响电力设施有35kV沙翻306线16～18号杆；35kV沙余308线15～27号杆，长度3.2km；三丁郭庄变压器低压线路0.26km；安置小区自来水泵房临时用电低压线路0.51km；安置小区配电工程10kV线路0.471km，低压线路0.73km；四丁、胡庄线路、变压器移位改造10kV线路1.13km，低压线路0.75km；安置小区水源井配电工程10kV线路0.21km，低压线路0.04km；10kV沙闸线路改造工程0.41km；10kV沙仝线路改造工程0.25km。电信设施有三丁、沙圩两个村移民征迁区内影响工程施工的通信电缆，长度7.0km；沙集船闸专用光纤改造工程，长度2.8km；军用光纤1条。水利设施有三丁村电灌站1座，泵站水泥地面15m²。

江苏省骆运水利工程管理处范围内的实物指标复核由江苏省南水北调办和江苏水源公司组织和协调，江苏省工程勘测研究院、徐州市水利建筑设计研究院、徐州市水利工程建设监理中心（监理单位）等有关单位一同组成调查组参与调查。2011年3月监理单位再次进行了复核。

实物指标如下：永久征地112.13亩，临时用地26.33亩；搬迁居民2户4人，搬迁房屋137.5m²；影响企业4个、事业单位1个，合计需要拆迁面积3370.94m²。

2. 公告公示

在省、市下达的调查实物量基础上，睢宁县拆迁办、江苏省骆运水利工程管理处对拆迁红

线范围内的实物量进行调查复核，对存在的问题及时报送征迁监理，征迁监理现场查勘核实，进行客观公正的评价分类。整个拆迁工作严格按照要求实行阳光操作，对每个拆迁户的补偿内容、补偿标准、补偿金额进行张榜公示一周，如有误差，由拆迁户、监理、拆迁办工作人员和村组干部现场核查，直至无误为止。

3. 各级补偿投资包干协议

2010 年 11 月 22 日，江苏省南水北调办分别与睢宁县县政府、江苏省骆运水利工程管理处签订了《睢宁二站工程（睢宁县）征迁安置投资包干协议书》《睢宁二站工程（骆运）征迁安置投资包干协议书》，明确了工作任务、投资和使用规定。征迁安置投资包干总额分别为 2429.95 万元、757.60 万元。

4. 实施方案的编制与批复

睢宁二站睢宁县段实施方案由睢宁县南水北调睢宁二站工程征地拆迁领导小组负责组织，睢宁县南水北调睢宁二站工程征地拆迁领导小组办公室负责编制。编制主要参照《南水北调征地拆迁文件制度汇编》，内容包含综合说明、工程用地范围、实物量调查复核、农村征迁安置方案、企事业迁建方案、专业项目恢复改建方案、临时用地复耕方案、分期实施与管理、补偿投资概算等内容。

《实施方案》编制完成，经睢宁县人民政府批准同意，上报江苏省南水北调办。2013 年 12 月 30 日，江苏省南水北调办以《关于南水北调东线一期工程睢宁二站工程（睢宁县）征迁安置实施方案的批复》（苏调办〔2013〕116 号）批复同意，批复征迁安置补偿资金 2414.48 万元。

江苏省骆运水利工程管理处以《南水北调东线一期江苏境内工程建设征迁安置实施方案编制大纲》为指导，遵循国家有关政策法令，按有关规程规范，编制《南水北调东线一期工程睢宁二站工程征迁安置实施方案》，经江苏省南水北调办组织审查，并于 2012 年 11 月获得批复（苏调办〔2012〕62 号）。批复征迁安置补偿资金 776.22 万元。

5. 补偿兑付

睢宁二站睢宁县段协议签订后，采用“一户一卡”办法，到银行打卡，直接把征迁补偿款兑付到被征迁群众手中。在发放补偿款时，工作人员严格把关，由征迁办工作人员到村实地发放，要求领款人提供身份证，签字并按手指印方可领取；对于集体补偿资金，征迁办与被征迁单位签订补偿协议，征迁办直接将补偿资金拨付到沙集镇政府财政账户，由沙集镇政府监督被征迁单位的资金使用。

睢宁二站江苏省骆运水利工程管理处段拆迁过程保持全透明状态，实物量、补偿标准、补偿资金全部上墙公示，切实做到公开、公平、公正，拆迁户对拆迁安置结果无一有异议。资金兑付过程，签订协议后先期支付 30%，待拆迁完毕经过验收合格后支付剩余的 70%，兑付过程全部采用银行转账方式。

6. 农村生产生活安置

（1）睢宁县。经征求沙集镇政府、有关村民委员会、村民代表意见，结合实际情况，本工程生产安置采用货币补偿的方式。生活安置共计拆迁农村房屋 91 户，其中集中安置 78 户 372 人，安置地点为三丁村夏庄组、沙圩村张庄组及废弃学校处。其余 13 户进行货币安置。

（2）江苏省骆运水利工程管理处。涉及的 2 户 4 人均为占用国有水利用地，不涉及农村用地，仅对其房屋及地面附属物进行补偿，经征求地方政府意见，拆迁户在获取房屋补偿款后，迁回至农村原有村组居住。

7. 企事业单位迁建

（1）睢宁县。农村企事业单位主要有张庄小学校和3个养鸡场。根据项目对各单位的影响程度，结合当地经济结构调整规划与城镇发展规划，确定安置采取货币补偿方式。企业安置补偿包括房屋及附属设施补偿、生产基础设施补偿费、设备搬迁损失费、停业损失等，征迁实施机构分别与企业主签订征迁补偿协议书，协议签订后一周内搬迁完毕，经验收合格后将补偿款发放到位，企业领取补偿款后自行建设。

（2）江苏省骆运水利工程管理处。影响企业4个、事业单位1个，已拆除面积3370.94m²，其中，生产用房1279.71m²，非生产用房2091.23m²。涉及事业单位1个，为江苏省沙集闸站管理所，土地属于国有水利用地，房屋及附属设施归单位所有。复建办公楼1130.20m²，职工宿舍470.90m²，复建工程由江苏省骆运水利工程管理处委托睢宁二站工程建设处代建，于2013年4月10日复建完工并交付使用；涉及企业单位4个，为宿迁市水利综合开发实业公司、2个聚氯乙烯塑料造粒厂及1个水泥预制厂，均为工程永久征地影响，对企业搬迁实行货币补偿。

8. 专项设施迁建

睢宁县段专项设施改建：

（1）电力设施恢复改建。按照原规模、原标准（等级）、恢复原功能的原则，通过签订包干协议，由睢宁县供电公司进行复建规划，徐州阳光送变电有限公司和铜山县淮海输变电水暖安装工程处负责实施，睢宁县供电公司、睢宁县南水北调征地拆迁领导小组办公室组织验收。已全部复建完成。

（2）通信设施恢复改建。按照原规模、原标准（等级）、恢复原功能的原则，通过签订包干协议，由中国电信股份有限公司睢宁分公司进行复建规划，负责实施并组织验收。沙集船闸专用光纤改造工程由徐州金鼎办公设备销售有限公司负责实施，新建架空光缆2.8km。军用光纤1条，由海门电信公司承建。均已全部完成。

（3）水利设施恢复改建。工程影响的水利设施为三丁村电灌站1座，因泵站灌溉的农田现征用为征迁安置点，不需再恢复重建，只按标准补偿给三丁村村集体，补偿资金打入睢宁县沙集镇财政账户，由沙集镇人民政府监督村民委员会使用。

9. 永久征地交付

睢宁县新征永久征地117.38亩，其中耕地104.84亩，道路3.87亩，鱼塘2.17亩，废弃张庄小学校6.5亩。睢宁县南水北调办积极配合国土部门做好永久征地的组卷报批工作。永久征收土地在用地红线放样后，在各方进行实物量核实的基础上，由睢宁县进行补偿款发放之后，直接交付给工程单位建设、使用。

江苏省骆运水利工程管理处完成永久征地总土地面积为112.13亩，永久征收土地在用地红线放样后，在各方进行实物量核实的基础上，由江苏省骆运水利工程管理处进行补偿款发放之后，直接交付给工程单位建设、使用。

10. 临时用地交付和复垦

睢宁县段工程涉及临时用地分为三类，分别为：①施工弃土区，设计占用期2年，面积

220.05 亩（其中国有堤防占地 158.85 亩，三丁村占地 61.2 亩）；②施工临时用地，设计占用期 1 年和 3 年，面积分别为 14.01 亩和 48.25 亩；③土料暂存场兼排泥场占地，设计占用期 4 年，面积 49.5 亩。共需要复耕土地 331.81 亩。复垦工作计划安排为：原征地协议结束后 6 个月内完成，已全部复垦退还。

江苏省骆运水利工程管理处段建设完成后，建设单位将临时用地 26.33 亩交还原管理单位使用。

11. 档案管理

睢宁县睢宁二站征地拆迁领导小组办公室成立档案专项工作领导小组，负责档案的收集整理归档工作，依据档案管理有关文件规定，制定了相应的档案管理工作制度，配备专人负责档案工作，设置了档案室，购置了必要的硬件设施，确保档案收集及时、完整、准确。

江苏省骆运水利工程管理处睢宁二站工程征迁安置档案资料已整理完毕，档案归档套数 3 份。共形成档案 25 卷，照片档案 2 卷，光盘档案 1 卷 3 张。在建立常规文档的同时，还同步建立了电子文档。

（二十二）邳州站工程

1. 实物指标复核

邳州市南水北调办、工程征迁涉及的镇、村、徐州市水利工程建设监理中心（监理单位）等组成复核小组，依据征地红线图，共同对邳州站工程征迁范围内的实物量进行复核。

实物指标复核成果：工程永久征地 409.6 亩，临时用地 340.99 亩；工程涉及农民 54 户 201 人；影响房屋 7982.36m^2；影响棚房 9160m^2，简易房 279.2m^2；影响鱼塘 57.9 亩。

2. 公告公示

在省、市下达的调查实物量基础上，邳州站沿线各乡镇组织精干力量，对拆迁红线范围内的实物量进行调查复核，对存在的问题及时报送征迁监理，征迁监理现场查勘核实，进行客观公正的评价分类。整个拆迁工作严格按照要求实行阳光操作，对每一拆迁户的补偿内容、补偿标准、补偿金额进行张榜公示一周，如有误差，由拆迁户、监理、拆迁办工作人员和村组干部现场核查，直至无误为止。

3. 各级补偿投资包干协议

2010 年 11 月 22 日，江苏省南水北调办与邳州市人民政府签订《邳州站工程征迁安置投资包干协议书》，包干投资 3679.53 万元。

4. 实施方案的编制与批复

邳州市南水北调办公室根据《南水北调东线一期江苏境内工程征迁安置实施方案编制大纲》等有关法律法规的规定以及上级批复精神，按照邳州市委、市政府有关会议要求，参考各项目初步设计，在建重点水利工程以及交通、新农村建设等其他工程征迁标准，结合工程实际情况，编制邳州站工程征迁安置实施方案。2011 年 12 月，邳州站工程征地征迁安置实施方案编制完成。12 月 24 日，邳州市委常委会专题研究了邳州站征迁安置工作，对工程标准等做出了详细的安排。2013 年 6 月，邳州市人民政府又以《关于邳州站征迁安置部分实施项目工程的批复》（邳政复〔2013〕31 号），批复同意实施饮水、影响水系恢复、改厕、道路、移民新址文化设施、中低产田改造等六项基础设施工程。

2013年10月，江苏省南水北调办以《关于南水北调东线一期工程邳州站工程征迁安置实施方案的批复》（苏调办〔2013〕94号）批复同意，批复征迁安置补偿投资3962.99万元。

5. 补偿兑付

邳州市南水北调办公室严格按照财务支付程序兑现补偿款，对于个人补偿部分：由征迁办工作人员、移民监理、农户三方共同进行实物量复核并签字盖章确认，征迁办根据确认后的实物量打印、张贴公示，公示3日后无异议签订征迁安置协议（到户卡），然后制定专用补偿款发放表，由征迁办统一到银行打卡直接兑现到群众手中，发放表由发放经办人、领款人、监理、审核人、主管领导签字确认。对于集体补偿部分，由征迁办工作人员、移民监理、被征迁单位三方共同进行实物量复核，并签字盖章确认后签订征迁补偿协议，被征迁单位在征迁补偿拨付单上签字盖章，征迁办、财务、纪检、分管领导、主管领导逐级审核签字确认后，直接拨付到被征迁单位专用账户。

6. 农村生产生活安置

根据社会经济调查情况、占压耕地影响程度和当地镇、行政村的意见，按照有关法律法规的规定，由各村民小组召开村民代表会议，讨论商定永久征地分配方案。完成生产安置人口223人，采用组内调地方式。生活安置52户155人，采取集中安置的方式。

7. 专项设施迁建

专项设施迁建采用货币补偿方式，由邳州市南水北调办和权属单位签协议，按照补偿标准支付给权属单位，由权属单位按照协议时间要求，自行做好专项设施迁建恢复工作，已全部完成。具体有：①影响10kV线0.37km，改造变压器2台，光缆1.22km；②影响水文拉杆1处，过路管涵14个，电灌站1座，加固岸150m；③影响水泥路1.17km、面积5850m^2，砂石路0.5km、面积600m^2，人行桥3座；④影响低压电力线0.46km。

8. 企事业单位迁建

全部采用货币补偿安置方案，由邳州市南水北调办和权属单位签协议，按照补偿标准支付给权属单位，由权属单位按照协议时间要求，自行迁建恢复。

9. 永久征地交付

邳州站工程永久征地409.6亩。永久征收土地在用地红线放样后，在各方进行实物量核实的基础上，由邳州市进行补偿款发放之后，直接交付给工程建设单位使用。

10. 临时用地交付和复垦

根据临时用地使用情况，临时用地于2014年12月全部复垦退还至权属单位。

11. 档案管理

按照征迁档案管理与征迁工作同步的要求，邳州站工程征迁安置档案基本收集整理完成。

（二十三）洪泽湖抬高蓄水位影响处理工程

洪泽湖抬高蓄水位影响处理工程共涉及宿迁市宿城区、泗洪县、泗阳县及淮安市盱眙县、淮阴区、洪泽县。

1. 实物指标复核

宿城区段征迁安置复核，主要由宿城区南水北调办会同江苏淮源工程建设监理有限公司（监理单位）、工程施工单位、村委会、被征迁对象共同对施工红线区内实物进行测量与复核。

具体实物量：永久征地3.76亩；取土区临时用地21.75亩（其中耕地13.50亩），临时占用鱼塘39.28亩；青苗补偿17.26亩；无征迁人口、生产安置人口和搬迁企事业单位。

泗洪县段由泗洪县南水北调工程办公室牵头，会同江苏淮源工程建设监理有限公司（监理单位），对实物量调查和复核。主要实物指标复核结果：临时用地469.22亩；拆迁房屋共2427.67m^2；影响树木23793棵，蟹塘201.84亩，牲畜房12个，围墙80m，厕所7个，水井25个；补偿青苗72.41亩；专业项目有田间涵闸、涵洞、渡槽13座，机耕桥3座，乡间水泥路、碎石路1.6km。

泗阳县段复核工作由泗阳县洪泽湖抬高蓄水位建设指挥部牵头，会同江苏淮源工程建设监理有限公司（监理单位），对实物量调查与复核。主要实物指标复核结果：永久征用河滩地3.83亩，临时占用农村集体土地54.19亩；拆迁房屋2095.74m^2；砍伐树木8787棵；专项设施有迁移变压器3台，搬移冷库1处，货场码头各1座。

盱眙县段实物量复核由淮安市南水北调办、盱眙县水利局会同江苏淮源工程建设监理有限公司（监理单位）、工程施工单位、村委会、各乡镇水务站、被征迁对象共同对施工红线区内实物进行测量与复核。主要实物指标复核结果：临时用地17.81亩，青苗补偿51.3亩，补偿棚房188m^2，成材树木4032棵，补偿鱼苗405斤。

淮安市淮阴区段实物量复核由淮安市南水北调办、淮阴区水利局会同江苏淮源工程建设监理有限公司（监理单位）、工程施工单位、村委会、各乡镇水务站、被征迁对象共同对施工红线区内实物进行测量与复核。复核主要实物量指标结果：永久征用集体土地6.83亩；临时用地包括取土区临时用地51.5亩，施工临时用地101.4亩，鱼塘2.3亩。

淮安市洪泽县段实物量复核由淮安市南水北调办、洪泽县水利局会同江苏淮源工程建设监理有限公司（监理单位）、工程施工单位、村委会、各乡镇水务站、被征迁对象共同对施工红线区内实物进行测量与复核。主要实物量指标：砍伐树木4271棵，西顺河泵站处征用鱼藕塘0.5亩，老子山占用鱼塘7亩，影响渔网长314.55m。

2. 公告公示

在江苏省、相关市、县签订的包干协议基础上，洪泽湖周边各乡镇组织精干力量，对拆迁红线范围内的实物量在复核的基础上进行公示。对存在的问题及时报送征迁监理，征迁监理现场查勘核实，进行客观公正的评价分类。整个拆迁工作严格按照要求对每个拆迁户的补偿内容、补偿标准、补偿金额进行张榜公示一周，实行阳光操作，如有误差，由拆迁户、监理、拆迁办工作人员和村组干部现场核查，直至无误为止。

3. 各级补偿投资包干协议

2013年3月16日，江苏省南水北调办与宿城区人民政府签订《南水北调东线一期洪泽湖抬高蓄水位影响处理工程宿城区境内征迁安置包干协议》，征迁安置包干投资53.4万元。

2013年3月19日，江苏省南水北调办印发《关于下达南水北调洪泽湖抬高蓄水位影响处理工程宿城区五河闸新增导流工程征迁补偿经费的通知》（苏调办〔2012〕22号），下达五河闸导流征迁经费39.44万元。

2011年3月16日，江苏省南水北调办与泗洪县人民政府签订《南水北调东线一期洪泽湖抬高蓄水位影响处理工程泗洪县征迁安置投资包干协议书》，包干资金350.73万元。

2011年3月16日，江苏省南水北调办与泗阳县政府签订《南水北调东线一期洪泽湖抬高蓄水位影响处理工程泗阳县征迁安置投资包干协议书》，包干金额 132.11 万元。

2011 年 5 月 18 日，江苏省南水北调办与淮安市签订征迁安置投资包干协议书，包干金额 313.31 万元。淮安市征迁办与淮安市洪泽湖抬高蓄水位建设处签订投资包干协议，共计 313.31 万元，建设处分别以淮洪抬建〔2011〕4 号、淮洪抬建〔2011〕5 号、淮洪抬建〔2011〕6 号下达盱眙县 158.44 万元、淮阴区 120.72 万元、洪泽县 30.50 万元，三县（区）包干资金共 309.66 万元。

4. 实施方案的编制与批复

2013 年 3 月 27 日，宿城区骆南中运河影响处理工程征迁办公室（负责宿城区境内的骆南、洪抬、徐洪河等三个项目的征迁安置工作）向宿城区人民政府上报了《关于批准南水北调东线一期洪泽湖抬高蓄水位影响处理工程征迁安置实施方案的请示》（宿区南征办〔2013〕2 号）。2013 年 4 月 3 日，宿城区人民政府印发了《关于南水北调东线一期洪泽湖抬高蓄水位影响处理工程征迁安置实施方案的批复》；2013 年 11 月 25 日，江苏省南水北调办对宿城区上报的南水北调东线一期洪泽湖抬高蓄水位影响处理工程（宿城区）征迁安置实施方案进行批复（苏调办〔2013〕103 号），批复投资 91.95 万元。

2013 年 12 月 30 日，江苏省南水北调办以《关于南水北调东线一期洪泽湖抬高蓄水位影响处理工程泗洪县境内征迁安置实施方案的批复》（苏调办〔2013〕113 号）批复泗洪县征迁安置实施方案，核定征迁安置补偿经费 350.28 万元。

2013 年 7 月 5 日，江苏省南水北调办以《关于南水北调东线一期洪泽湖抬高蓄水位影响处理工程（泗阳县）征迁安置实施方案的批复》（苏调办〔2013〕49 号）批复泗阳县征迁安置实施方案，核定征迁安置补偿经费 132.45 万元。

2013 年 8 月 7 日，江苏省南水北调办以《关于南水北调东线一期洪泽湖抬高蓄水位影响处理工程（淮安市）征迁安置实施方案的批复》（苏调办〔2013〕87 号）批复淮安市征迁安置实施方案，核定征迁安置补偿经费 327.13 万元。

5. 补偿兑付

征迁补偿资金的发放，主要抓好四方面：一是严格依据《江苏省南水北调工程征迁安置资金财务管理办法》制定补偿发放表；二是征迁补偿严格按照征迁包干协议标准；三是严格执行“多方复核—签订到户卡—公示—发放（一户一卡）”的资金支出程序；四是做好征迁公示工作，及时将被征迁人、征迁内容、数量和标准等信息通过公示表的形式在村委会进行公示。目前，征迁资金已全部发放到位，在征迁过程中未有群众对此提出异议。

6. 农村生产生活安置

（1）生产安置情况。宿城区段涉及永久征地 3.76 亩，淮阴区段涉及永久征地 6.83 亩，主要为河堤边角地，全部采取货币安置方式。泗洪县、泗阳县、盱眙县、洪泽县段无永久征地。

（2）生活安置情况。拆迁房屋均不涉及居民住房，主要是临时性房屋，全部采取货币补偿的方式。

7. 专项设施迁建

宿城区专项设施复建涉及五河闸管理所长度为 0.5km 的 10kV 线路迁移，迁移由宿迁市宿能农电有限公司实施，施工在停电计划期实施，对当地供电无影响。

泗洪县段专业项目包括：新建田间涵闸、涵洞、渡槽 13 座，机耕桥 3 座，乡间水泥碎石路

1.6km。由淮安市水利勘测设计研究院有限公司设计，徐州市水利工程建设监理中心监理，泗洪县水利工程处承建。已于2014年通过专项验收投入使用。

泗阳县段专业项目，迁移变压器3台由宿迁市苏能电力工程有限公司实施搬迁并恢复，验收合格后恢复运行。货场与码头由所有权人自行拆除并复建。

淮安段专项补偿主要是泵站清淤及管理房等，已根据设计要求实施完成。

8. 永久征地交付

宿城区永久征地3.76亩主要为河堤边角地，其中徐墩站建设占用1.3亩，五河闸管理所建设征用2.46亩。永久征收土地在用地红线放样后，在各方进行实物量核实的基础上，由宿城区进行补偿款发放之后，直接交付给工程建设单位使用。

淮安市永久征地14.33亩，其中，洪泽县7.5亩，淮阴区6.83亩。永久征收土地在用地红线放样后，在各方进行实物量核实的基础上，由淮安市进行补偿款发放之后，直接交付给工程建设单位使用。

9. 临时用地交付和复垦

宿城区段临时用地40.03亩，已全部复垦退还。

泗洪县段临时用地于2013年年底已全部退还给原使用权人。共退还469.22亩，耕地已正常种植农作物。

2013年9月，泗阳县洪泽湖抬高蓄水位工程拆迁指挥部开始对临时用地按规定进行复垦，12月底完成，经验收合格后，将所有临时用地分别退还给原使用权人。共退还土地54.19亩。

淮阴区段临时用地已全部按照相关要求进行了平整退还，累计退还91.86亩。

10. 档案管理

宿城区段共形成征迁档案20卷，照片档案1卷46张，电子档案1卷。泗洪县段共形成征迁安置档案40卷。泗阳县段共形成纸质档案18卷。淮安市共形成档案31卷以及照片4本。

（二十四）里下河水源调整工程

里下河水源调整工程包括卤汀河、大三王河、灌区调整工程。卤汀河涉及泰州段、扬州市江都段；大三王河涉及扬州市宝应县；灌区调整工程涉及扬州市高邮市、宝应县，淮安市淮安区，盐城市阜宁县、滨海县。

1. 实物指标复核

（1）卤汀河。泰州段复核由江苏省南水北调办组织江苏省工程勘测研究院、泰州市卤汀河指挥部、工程征迁所在县及镇村干部、被征迁对象共同对施工红线区内实物进行测量与复核。复核过程中，复核人员对每一临时用地排泥场都与地方村组进行了充分的对接。实物指标复核结果如下：①永久征地2579.07亩。②临时用地7702.34亩。③拆迁房屋76958.44m^2，砍伐各类树木31252棵。④专业项目迁建，一是输变电线路、通信电缆共15.6km；二是交通水利设施恢复重建项目和补充完善项目，项目内容为涵5个，闸站3座，单管埋涵296个，人渡5座，加固岸1612m，水泥路18302.2m^2，地下管线7.25km。

江都段实物指标由江苏省南水北调办组织江苏省工程勘测研究院、扬州市南水北调办、江都区南水北调办及征迁所在镇、村共同对施工红线区内实物进行测量与复核。复核过程中，复核人员对每一临时用地排泥场都与地方村组进行了充分的对接。复核结果如下：①永久征地

162.05 亩。②临时用地 1178.14 亩。③拆迁房屋 3292.84m²，砍伐各类树木 2964 棵。④专业项目迁建，一是输变电线路、通信电缆共 3 处；二是交通水利设施恢复重建项目和补充完善项目，项目内容包括拆建圩口闸 1 座，泵站 2 座，闸站 3 座。危桥改造 2 座，圩堤加固 700m，新建混凝土路 6374.57m²，防渗渠 6484.3m²；三是征地拆迁安置实施方案补充完善项目，项目内容包括河道疏浚 2km，浆砌块石护坡 300m，沥青混凝土路 9658m²，C30 混凝土路 8176.04m²，钢护栏 300m。

（2）大三王河。宝应县实物量核实由扬州市南水北调办公室组织盐城市河海工程建设监理中心（征迁监理）、扬州市南水北调里下河水源调整工程建设处，南水北调里下河水源调整工程宝应大三王河征迁办公室以及柳堡镇与夏集镇人民政府及相关村委会共同完成。复核结果如下：①永久征用农村集体土地 1332.76 亩；②临时用地中弃土区占地 117.42 亩，其他占地 785.59 亩；③拆迁各类房屋 38989.25m²，砍伐各类树木 24807 棵。

（3）灌区调整。扬州灌区宝应段实物指标复核，由扬州市南水北调办组织盐城市河海工程建设监理中心（征迁监理）、宝应县南水北调办及征迁涉及镇村共同对施工红线区内实物进行测量和复核。实物指标复核结果如下：

1）农村征迁安置补偿。工程永久征用农村集体土地 11.71 亩，临时占用农村集体土地 754.79 亩。拆迁群众 70 户，拆迁各类房屋 2559.24m²，砍伐各类树木 4525 棵。

2）专业项目复建。迁建输变电线路、通信电缆光缆共 6 处。生产安置配套项目：永安泵站渠道护砌 900m 和倒虹吸维修，潼口泵站、祖全泵站出水口改建，营沙河桥梁扩建（新阳桥、卫庄桥四河桥）建设站出水口护砌，杨蒋泵站吴堡闸首改建，黄塍泵站支渠倒虹吸改建，周管泵站渠道出水口节制及护砌 25m，大李庄泵站管理道路修建 780m，宋庄泵站引水河河坡护岸 1m，固晋泵站引水河河坡护岸和西荡河疏浚整治 3.9km。

扬州灌区高邮段实物指标由扬州市南水北调办组织盐城市河海工程建设监理中心（征迁监理）、高邮市南水北调办及征迁涉及镇村共同对施工红线区内实物进行测量和复核。复核结果如下：①农村征迁安置补偿项目，工程永久征地 19.05 亩，只补不征工程用地 44.55 亩，货币安置居民宅基地 0.5 亩，企业用地 3 亩；临时用地 1078.31 亩；拆迁群众 145 户，拆迁各类房屋 7186m²；砍伐各类树木 43955 棵。②企业迁建补偿项目，影响企业单位 1 个，拆迁企业单位房屋 913m²。③专业项目复建，迁建 10kV 电力线 2 条、低压线 12 条，通信光缆 54 条、电缆 41 条；河道护坡 2km、涵闸 6 座，排涝泵站 1 座。

盐城市灌区工程实物量复核主要由盐城市南水北调办会同盐城市河海工程建设监理中心（监理单位）、村委会、被征迁对象共同对施工红线区内实物进行测量与复核。复核结果如下：①永久征地 195.54 亩，临时用地 1408.69 亩。②搬迁群众 35 户 117 人，其中阜宁 27 户 88 人、滨海 8 户 29 人（不含 4 条河 9 座泵站）。③拆除各类房屋 10102.31m²；涉及事业单位 9 个，拆除办公、生活用房 6572m²。④迁移通信光缆 9 道，迁移供电线路 7 道，拆建电灌站 4 座，拆除沿河码头 22 座，拆除自来水管线 2689.6m，砍伐各类树木 39469 棵。

淮安市灌区复核主要由淮安区南水北调办会同盐城市河海工程建设监理中心（监理单位）、工程施工单位、村委会、被征迁对象共同对施工红线区内实物进行测量与复核。完成实物量如下：①永久征地 67.79 亩，临时用地 84.32 亩；②拆除房屋 322.03m²，树木 5299 棵，特种树苗 2 棵，牲畜房 1 个，坟 126 座；③自来水管线 208m，电缆 1.39km。

2. 公告公示

在江苏省、各市下达的调查实物量基础上，里下河沿线泰州市、江都区、宝应县、高邮市、盐城市及淮安区各乡镇组织精干力量，对拆迁红线范围内的实物量进行调查复核，对存在的问题及时报送征迁监理，征迁监理现场查勘核实，进行客观公正的评价分类。整个拆迁工作严格按照要求实行阳光操作，对每个拆迁户的补偿内容、补偿标准、补偿金额进行张榜公示一周，如有误差，由拆迁户、监理、拆迁办工作人员和村组干部现场核查，直至无误为止。

各县（市）充分征求各方面的意见，创造性地提出了符合搬迁现场的安置模式。在实际操作上，坚持公开透明、阳光搬迁，始终按政策办事，做到“一碗水端平”，绝不允许乱开口子和违背政策。凡是要求公示的政策及事项一律公示上墙，主动接受群众监督。始终坚持一把尺子量到底，做到公开、公平、公正，搬迁工作得到了广大搬迁户的积极响应和支持。同时坚持以人为本，工作中既注重引导征迁群众着眼长远，又带着深厚感情做好深入细致的思想工作。严格执行各项征迁安置政策，妥善处置合理诉求，和群众一起算大账、算细账、算得失账。真心实意地为群众办实事、办好事，赢得群众的理解和支持。针对征迁过程中附属物或房屋登记错误或漏报的，逐户核查，并协同监理人员现场确认，邀请镇、村工作人员共同认定，最终得到圆满解决，并让群众深切感受到国家重点工程带来的实惠。

3. 各级补偿投资包干协议

（1）卤汀河。

1）泰州段。2010 年 10 月 27 日，江苏省南水北调办与泰州市人民政府签订《南水北调东线一期卤汀河工程（泰州市）征迁安置投资包干协议书》，包干经费为 43427.14 万元。

2）江都段。2010 年 10 月 19 日，江苏省南水北调办与扬州市人民政府签订《南水北调东线一期卤汀河工程征迁安置投资包干协议书》，包干经费为 4463.78 万元。2010 年 11 月 10 日，扬州市人民政府与扬州市江都区人民政府签订《南水北调东线一期卤汀河工程征迁安置投资包干协议书》，包干经费为 4295.46 万元。

（2）大三王河。2011 年 5 月 19 日，江苏省南水北调办与扬州市人民政府签订《里下河水源调整大三王河工程征迁安置投资包干协议书》，包干经费为 11488.37 万元。

（3）灌区调整。2010 年 12 月 29 日，江苏省南水北调办与扬州市人民政府签订《南水北调东线一期里下河水源调整灌区调整（扬州）工程征迁安置投资包干协议书》，包干经费为 3292.13 万元。

2010 年 12 月 29 日，江苏省南水北调办与楚州区人民政府签订《南水北调东线一期里下河水源调整灌区调整（楚州）工程征迁安置投资包干协议书》，包干经费为 1161.31 万元。

2011 年 1 月 8 日，江苏省南水北调办与盐城市人民政府签订《南水北调东线一期里下河水源调整灌区调整（盐城）工程征迁安置投资包干协议书》，包干经费为 6628.38 万元。

扬州市对宝应段灌区调整投资包干情况：2010 年 12 月 30 日，扬州市人民政府与宝应县人民政府签订《南水北调东线一期里下河水源调整灌区调整（宝应）工程征迁安置投资包干协议书》，包干经费为 1322.7 万元。

扬州市对高邮段灌区调整包干情况：2010 年 12 月 30 日，扬州市人民政府与高邮市人民政府签订《南水北调东线一期里下河水源调整灌区调整（高邮）工程征迁安置投资包干协议书》，包干经费为 1844 万元。

盐城市对下签订包干协议情况：2011年1月，盐城市政府与阜宁县政府签订《南水北调东线一期里下河水源调整盐城灌区2011年度工程（阜宁泵站及小中河拓浚）征迁安置投资包干协议书》，包干经费为1297.86万元。2011年8月，与滨海县政府签订《南水北调东线一期里下河水源调整盐城灌区2012年度工程（民便河疏浚及引水闸等工程）征迁安置投资包干协议书》，包干经费为759.09万元。2012年1月，与阜宁县政府签订《南水北调东线一期里下河水源调整盐城灌区2012年度工程（阜东灌区四条河九座分散泵站）征迁安置投资包干协议书》，包干经费为1573.47万元。2011年9月，与中国人民解放军73682部队签订《通信线路改道保护协议书》（即军用光缆迁移补偿），补偿经费为70万元（此外，施工单位配合军用光缆迁移等垫支23万元）。2011年8月，盐城市征迁安置办公室与盐城市大套第一抽水站管理所签订原北坍翻水站拆迁补偿协议，包干经费为391.51万元。

4. 实施方案的编制与批复

（1）卤汀河。泰州段实施方案由南水北调卤汀河拓浚工程建设指挥部、海陵区南水北调卤汀河拓浚工程建设指挥部、姜堰市卤汀河工程建设处、兴化市南水北调卤汀河拓浚工程领导小组办公室、扬州市勘测设计研究院有限公司负责编制。主要内容为工程用地范围、实物量调查复核、农村征迁安置方案、企事业单位迁建方案、专业项目恢复改建方案、临时用地复耕方案、实施计划与管理等。实施方案于2012年12月14日通过专家审核。2013年10月，江苏省南水北调办以《关于泰州市里下河水源调整工程卤汀河工程征迁安置实施方案的批复》（苏调办〔2013〕93号）批复同意实施方案，批复征迁安置补偿资金55438.33万元。

江都区里下河水源调整工程征地拆迁安置办公室根据卤汀河工程江都段征地拆迁的实际情况，编制了实施方案并上报扬州市南水北调工程建设领导小组办公室，扬州市南水北调工程建设领导小组办公室转报江苏省南水北调办。2012年11月，江苏省南水北调办以《关于南水北调江线一期工程里下河水源调整工程卤汀河工程（江都）征迁安置实施方案的批复》（苏调办〔2012〕57号）批复同意实施方案，批复投资4020.05万元。2014年3月，江苏省南水北调办以《关于扬州市卤汀河征迁安置实施方案补充完善项目的批复》（苏调办〔2014〕11号）批复同意实施补充完善项目，批复投资443.08万元。

（2）大三王河。2013年12月27日，江苏省南水北调办以《关于南水北调东线一期工程里下河水源调整大三王河工程征迁安置实施方案的批复》（苏调办〔2013〕110号），批复扬州市南水北调办，同意大三河工程征迁安置实施方案，批复征迁安置补偿投资11259.68万元。

（3）灌区调整。

1）扬州灌区宝应段。2013年3月，江苏省南水北调办以《关于南水北调东线一期里下河水源调整工程灌区调整（宝应）征迁安置实施方案的批复》（苏调办〔2013〕10号），批复实施方案，批复投资1321.88万元。

2）扬州灌区高邮段。2013年10月，江苏省南水北调办以《关于南水北调东线一期里下河水源调整工程灌区调整（高邮）征迁安置实施方案的批复》（苏调办〔2013〕92号），批复实施方案，批复投资1844.01万元。

3）盐城灌区调整工程。分别由盐城市南水北调里下河水源调整工程征迁办公室、阜宁县征迁办、滨海县征迁办编制实施方案。三份方案均征得同级政府批准后上报江苏省南水北调办审核。2013年12月，江苏省南水北调办以《关于盐城市南水北调里下河水源调整工程征迁安

置实施方案的批复》（苏调办〔2013〕109号），批复同意实施方案，批复投资5599.09万元。

4）淮安市灌区调整工程。于2011年1月开始实施，随着征迁工作的开展，补偿兑付数量与初步设计批复存在较大的变化，淮安市里下河水源调整工程征迁办根据实际发生情况，编制并上报了征迁项目的实施方案。2013年3月4日，江苏省南水北调办批复了《淮安市楚州区里下河水源调整工程征迁安置实施方案》（苏调办〔2013〕16号），批复同意实施方案，批复投资1133.62万元。

5. 补偿兑付

直接拨付给农村集体经济组织的相关补偿资金及专项设施补偿费，征迁办公室按项目补偿标准与相关农村集体经济组织签订补偿协议，经征迁监理确认后，按照协议约定的条款支付。直接补偿给拆迁户的补偿资金，由征迁办以户为单位，按项目补偿标准建立补偿金发放到户卡，经征迁监理确认后，将补偿金直接打入各自银行卡（存折），有效杜绝截留、克扣、挪用补偿资金的行为。为确保拆迁资金及时足额兑现到拆迁户手中，对每个拆迁户发放一张拆赔兑现到户卡，将拆迁实物量名称、数量、补偿标准、补偿金额等一一填写清楚，由农户和所在村签字盖章后领卡。任何集体、单位和个人不得截留、挤占、克扣拆迁群众的补偿资金，对拆迁群众原有欠款不扣，上缴税费不抵，切实做到"一卡清，定民心"。

6. 农村生产生活安置

（1）生产安置情况。

1）卤汀河工程。卤汀河泰州市海陵段各村组被征地后不再进行土地调整，根据征地数量核定进入社保体系的人数。姜堰市生产安置采用货币补偿。兴化市土地调整原则上根据征地范围及面积，按村或按组调整土地，不少于70%的土地补偿费和全部的征迁安置补助费分配到减少土地的农民。但对征地面积较小或由于承包政策制约等因素使土地调整困难的，不再进行土地调整。

卤汀河段江都永久征地162.05亩，其中涉及武坚镇花庄村156.15亩，小纪镇吉东村5.9亩。根据两个村的永久征地量，小纪镇吉东村耕地不受影响，武坚镇花庄村耕地有所减少，通过本村本组耕地的内部调节进行生产安置，解决减少耕地的问题。征地前武坚镇花庄村人均耕地1.93亩，征地后人均耕地1.88亩，仍然在本地区农民人均耕地水平以上。

2）大三王河工程。宝应县对大三王河工程征迁涉及的村组，采取货币补偿生产安置方式。

3）灌区调整工程。扬州市宝应灌区、高邮灌区及淮安区灌区征地仅仅是泵站用地，对涉及的村组耕地影响不大，采取货币补偿生产安置方式。盐城灌区生产安置形式为货币补偿安置方式。

（2）生活安置情况。

1）卤汀河工程。卤汀河工程泰州市海陵区共设立朱庄、朱东、窑头1、窑头2、渔行村五个安置区，建房方式：朱庄村为统建，渔行统建、自建结合，其他均为村自建，共安置259户。姜堰市需要安置的拆迁户都在华港镇，设1个安置区，安置区征地面积36.282亩，共集中安置52户278人；货币安置5户20人。集中安置户中有21户选择代建，其余31户选择自建。兴化市临城镇老阁村集中安置区集中安置该村76户323人，周庄镇分散安置11户45人，陈堡镇采取货币安置和分散安置方式安置12户33人，开发区分散安置18户48人，昭阳镇货币安置4户15人。

卤汀河江都段拆迁安置14户42人，均居住在江都市武坚镇花庄村，实行货币补偿。安置方式有四种类型：一是在本村本组自建新宅；二是到所在镇区购买商品房；三是投靠子女；四是回老宅居住。14户安置情况：自建房户5户，其中安武坚镇镇区1户，花庄村九里组2户，花庄村里河组2户；在武坚镇区购买商品房3户；投靠子女的2户；回老宅居住4户。

2）大三王河工程。大三王河宝应县分散安置120户，集中安置157户，集中安置小区有夏集双塘小区、柳堡柳东小区、柳堡陆璒小区、柳堡王通河小区、柳堡郜垛小区。

3）灌区调整工程。宝应段灌区调整工程拆迁涉及70户，全部为生活辅助房，无住宅房屋，不需进行生活安置，只需对拆迁房屋进行补偿。宝应县政府根据其意愿，全部实行货币安置，不再统建或者自建。

高邮段灌区调整工程拆迁涉及的房屋绝大部分是在河道堤防上临时搭建的房屋和部分违章建设的房屋，不需要安置；仅汉留镇有2户居民符合安置条件，高邮市根据其意愿，给予了货币补偿安置，另在澄潼河有大量渔民住家船长期停靠在澄潼河内生产生活，高邮市征迁办和当地镇政府另行安排河道安置住家船，并建设了相应的基础设施。

盐城灌区范围工程唯有阜宁县陈集镇具有征迁安置任务，对陈集镇金星村22户拆迁户采取了集中安置形式，新建了集中安置小区；对陈集镇闸东村5户采取了分散安置形式。

淮安灌区段采取了货币补偿安置方式。

7. 专项设施迁建

（1）卤汀河泰州段专项迁改建工作。电力通信杆线迁建涉及供电、通信（移动、联通、铁通、电信）、有线电视、自来水、海事、铁路部门。各杆线主管部门上报迁移实物量和费用预算，报造价咨询事务所审核。泰州市卤汀河工程指挥部根据审核结果与各单位签订搬迁协议。除供电造价按供电部门上报价的70%签订协议外，其他杆线造价均根据事务所的审核价签订协议。交通道路按以下标准控制补偿投资，需复建的实施时按招标实际价格调整，交通道路控制标准为：水泥路、柏油路为100元/m^2，砂石路40元/m^2。其他交通设施按审批标准补偿。卤汀河工程影响到的其他主要设施为加固岸1.612km，单管埋涵296个，人渡5座，地下管线7.25km（干线、支线）。经征求相关部门意见，按包干经费予以货币补偿，不再复建。

（2）卤汀河江都段专项迁改建工作。迁建输变电线路、通信电缆共3处。通过招标实施完成交通水利设施恢复重建项目和补充完善项目：拆建圩口闸1座，新建泵站2座，闸站3座，危桥改造2座，圩堤加固700m，新建混凝土路6374.57m，防渗渠6484.3m。补充完善项目：河道疏浚2km，浆砌块石护坡300m，AC－16－C型沥青混凝土面层（5cm厚）9658m^2，C30混凝土路8176.04m^2，Gr－A－4E钢护栏300m。已进行验收投入使用。

（3）大三王河宝应县专项迁改建工作。输变电工程10kV电线23道，低压线完成50道，变压器3台，由宝应县供电局负责实施；电信工程电缆76道，光缆30道，广播电视设施14道，电话线9道，由宝应县电信局负责实施；水利专业项目由宝应县水务局实施。已全部完成投入运行。

（4）宝应段灌区专项迁改建工作。迁建输变电线路、通信电缆、光缆共6处。生产安置配套项目：永安泵站渠道护砌900m和倒虹吸维修，潼口泵站、祖全泵站出水口改建，营沙河桥梁扩建（新阳桥、卫庄桥、四河桥），建设站出水口护砌，杨蒋泵站、吴堡闸首改建，黄塍泵站支渠倒虹吸改建，周管泵站渠道出水口节制及护砌25m。大李庄泵站管理道路修建780m，

宋庄泵站引水河河坡护岸14m，固晋泵站引水河河坡护岸和西荡河疏浚整治39km。生产安置配套项目于2013年9月开工，2014年9月通过完工验收。

(5) 扬州灌区高邮段专项迁改建工作。三线及自来水的复建由各所有权单位核实校对工作量，拆迁办与各单位签订协议，兑付补偿款，由各单位自行制定复建方案组织复建。

(6) 盐城灌区段专项迁改建工作。通过签订补偿协议，由专业项目产权单位自行组织迁移，盐城市及阜宁县、滨海县征迁办按迁移进度兑付补偿资金，完成后由产权单位组织验收。

(7) 淮安灌区段专项迁改建工作。输变电工程采用包干协议，高压和低压线均采用工程所在项目区包干方式由产权单位实施复建；水利专项设施赔建和增补工程按照基建程序“四制”实施。2011年4月29日，第一批水利专项设施赔建工程发布招标公告，招标内容为新建农渠首5座，涵闸5座，拆建单管涵11座，地涵5座，泵站3座，生产桥1座，陈徐西闸1座，马圩闸上部拆除1座，桥头排灌站出水口接长1座。2011年10月，工程建设任务全部完成。2011年12月12日，增补工程发布招标公告，招标内容为拆建下舍泵站工程和崔河五组灌排站工程，新建张尖桥、高圩桥，拆建太阳桥、宥城桥。2012年3月2日开工建设，年底全部完成建设任务。2013年9月27日，征迁补偿工作和增补工程通过完工验收。

8. 企事业单位迁建

(1) 卤汀河。卤汀河泰州段工程涉及企事业单位61个，其中整体搬迁的16个，局部影响、不需整体搬迁的45个。根据单位意愿，采取了货币补偿、局部后靠、集中安置等方案，集中安置小区有姜堰华港安置区、海陵区朱庄安置区、海陵区朱东安置区、海陵区窑头安置区、海陵区鱼行安置区、兴化市临城老阁安置区。

(2) 大三王河。大三王河宝应县搬迁企事业单位3个，此外受影响的企业2个，已妥善安置。

(3) 灌区调整工程。扬州灌区高邮段工程涉及企事业单位主要是高邮市国松电镀厂1个，根据企业影响情况采取货币补偿安置方案。

盐城灌区段工程影响企事业单位主要有盐城市机械排灌处原北坍翻水站、滨海县总渠堤防管理所、滨海县五汛水利站、阜宁县总渠堤防管理所、阜宁县船闸电站河堤管理处等共5个，均为国有事业单位。该工程建设仅对此5个单位造成少部分影响，进行了货币补偿安置。

9. 永久征地交付

(1) 卤汀河。泰州段永久征用农村集体土地2579.07亩，永久征收土地在用地红线放样过后，在各方进行实物量复核的基础上，由泰州市进行补偿款发放之后，直接交付给工程建设单位使用。

扬州江都卤汀河段永久征地162.05亩，永久征收土地在用地红线放样后，在各方进行实物量核实的基础上，由江都市进行补偿款发放之后，直接交付给工程建设单位使用。

(2) 大三王河。大三王河宝应县永久征用土地1332.76亩，永久征收土地在用地红线放样后，在各方进行实物量核实的基础上，补偿款发放之后，直接交付给工程建设单位使用。

(3) 灌区调整工程。扬州宝应灌区永久征用农村集体土地11.71亩，永久征收土地在用地红线放样后，在各方进行实物量核实的基础上，由宝应县进行补偿款发放之后，直接交付给工程单位建设、使用。

扬州高邮灌区工程永久征用土地19.05亩，只补不征工程用地44.55亩，货币安置居民宅基地 0.5 亩、企业用地 3 亩。永久征收土地在用地红线放样过后，在各方进行实物量核实的基础上，由高邮市进行补偿款发放之后，直接交付给工程建设单位使用。

盐城灌区工程共永久性征用农村集体土地 197.12 亩，用于阜宁泵站及小中河拓浚工程、北坍泵站拆建及民便河疏浚工程、阜东灌区 4 条河 9 座分散泵站工程建设等。按照建设用地使用情况，仅有阜宁泵站站身及上游引河 108.25 亩建设用地，需要办理永久性建设用地手续。此外，集中安置区 10 亩在县农用地转用指标中解决。北坍泵站及民便河疏浚工程永久征土地 23.69 亩，阜东灌区 9 座分散泵站永久征地 55.18 亩，仅按照永久征地补偿标准予以补偿，不需要办理建设用地报批手续。

淮安灌区工程永久征地 61.79 亩，在用地红线放样后，在各方进行实物量核实的基础上，由淮安市进行补偿款发放之后，直接交付给工程建设单位使用。

10. 临时用地交付和复垦

（1）卤汀河。泰州段海陵区工程临时用地共 1389.58 亩，其中排泥场（8 个）用地 1324.04 亩，施工临时用地 65.54 亩。排泥场中含有精养鱼塘 292.86 亩，根据因地制宜的原则，采用平整还耕，对其全部进行复耕。海陵区工程临时用地共 3873.82 亩，经验收合格后，交付给各镇、村。兴化市工程临时用地共 3873.82 亩，各乡镇政府作为复耕实施主体、责任主体。姜堰区工程临时用地 2438.94 亩，由各乡镇政府负责复垦，已完成并退还使用。江都区卤汀河工程实际临时占用排泥场 6 个，面积 1162.01 亩，施工临时用地 16.13 亩，排泥场于 2013 年 10 月全部完成退还，施工临时用地于 2014 年 1 月完成退还，由当地镇、村编制复垦方案，地方镇、村和建设、监理、施工等相关单位共同参加临时用地退还交接，并由征迁机构将复垦费支付给临时用地接收方，临时用地接收方负责复垦到位，服从所在镇政府对复垦工作的指导，6 个排泥场根据吹填土情况，结合当地经济发展实际，部分复垦为农田，部分复垦为水产养殖区，并改善了田间交通条件，加固了临河圩堤，复垦工作全部到位。

（2）大三王河。大三王河宝应县已按照相关补偿标准与相关村组签订了临时用地协议，将复垦资金一并兑付给了村组，由村组自行组织复垦工作。

（3）灌区调整工程。扬州高邮灌区工程充分利用了沟塘、废地，少量占用了农田，已按照相关补偿标准与相关村组签订了临时用地协议，将复垦资金一并兑付给了村组，由村组自行组织复垦工作。

扬州宝应灌区根据工程实施方案，在河道工程实施过程中，组织施工队伍，结合废弃沟塘，进行填筑和平整，变废沟塘为农田。根据当地村组的要求，及时将临时用地进行复垦，并交还给当地群众使用。

盐城灌区段阜宁泵站及小中河拓浚等工程临时用地，明确由各村自行组织复垦，县征迁办组织验收。阜东灌区 4 条河及 9 座分散泵站工程临时用地由各村自行组织复垦。民便河疏浚排泥场临时占用土地、取土坑临时用地由县征迁办组织复垦。已全部复垦退还。

淮安灌区排泥场临时用地、施工临时用地由所在村组委会员负责复垦，复垦时沟塘弃土区里的淤土被运走，重新开挖成鱼塘；废沟、废塘被填整后，重新种植。

11. 档案管理

（1）卤汀河。泰州段明确专人负责档案管理工作，建立健全征迁安置档案搜集、整理、保管、利用、保密等各项制度。按照档案管理有关规定，做好征迁安置档案资料搜集分类、整

理、归档工作，确保征迁安置档案完整、准确、系统、安全和有效利用。

扬州市江都区水务局南水北调里下河水源调整工程征地拆迁安置办公室一直把档案管理工作作为工程建设管理工作的重要组成部分，把档案质量作为工程建设质量体系的一部分，树立“资料完整、管理规范、分类合理、查阅方便”的档案管理思想，不断加强档案管理的软硬件建设，确保档案管理规范有序、完整，验收的单位工程共形成档案84卷（其中管理档案41卷、施工档案28卷、监理档案15卷）。

（2）大三王河。大三王河宝应县征迁办公室努力做到资料收集、整编同步进行。归档文件整理规则等档案管理，按照《档案业务工作文件选编》所载的规范、规定实施。宝应县征迁办公室积极做好对征迁资料的立卷归档工作的指导，坚持定期归档、检查验收制度，做到日常管理与集中管理相结合，从文件材料的形成环节查缺堵漏，确保归档文件收集齐全。

（3）灌区调整工程。扬州宝应灌区共形成档案48卷（其中管理档案16卷、施工档案24卷、监理档案8卷）。

扬州高邮灌区共形成档案17卷。

盐城灌区从源头上收集、整理好征迁档案，2011年4月，盐城市征迁办会同盐城市档案局联合举办南水北调里下河水源调整工程盐城灌区征迁安置档案管理工作培训班，阜宁、滨海县征迁办、档案局有关人员参加了培训，涉及的乡镇亦派员参加了培训。盐城市征迁办在《工程建设管理制度汇编》中制定了档案管理制度，对档案的收集整理、安全存放、科学管理等都作出了规范要求。

淮安灌区段共形成征迁档案40卷，监理档案7卷。

（二十五）洪泽站工程

1. 实物指标复核

2010年10月至2011年1月，洪泽县南水北调办会同江苏淮源工程建设监理有限公司（监理单位）、镇、村干部、被征迁对象共同对施工红线区内实物量进行了复核。实物指标复核成果：洪泽站工程永久征地1986.38亩，临时用地1084.85亩；拆迁各类房屋2116.72m^2，全部为农村房屋；树木共80320棵；搬迁21户89人；洪泽站工程征地影响企业单位2个；工程共征用企业单位土地69.51亩，涉及职工人数62人，生产厂房646.40m^2，非生产厂房641.47m^2；影响输变电线路6.56km；影响大小涵洞18座，闸3座，电灌站1座；影响各种道路面积为10028m^2。

2. 公告公示

在实物量调查基础上，对洪泽站工程征迁影响范围内的实物量进行公示，对存在的问题及时报送征迁监理，征迁监理现场查勘核实，进行客观公正的评价分类。整个拆迁工作严格按照要求实行阳光操作，对每个拆迁户的补偿内容、补偿标准、补偿金额进行张榜公示一周，如有误差，由拆迁户、监理、拆迁办工作人员和村组干部现场核查，直至无误为止。

3. 各级补偿投资包干协议

2010年12月6日，江苏省南水北调办与洪泽县政府签订了《南水北调东线一期洪泽站工程征迁安置投资包干协议书》，协议内容包括除临时用地补偿投资外的所有征迁安置补偿内容，包干投资为6784.92万元。2011年6月20日，江苏省南水北调办与洪泽县政府签订了《南水北调东线一期洪泽站工程建设临时用地补偿投资补偿协议书》，协议内容为临时用地补偿及复垦补偿，包干投资为833.78万元，两次合计包干投资为7618.7万元。

4. 实施方案的编制与批复

洪泽站工程征迁安置实施方案由南水北调洪泽泵站建设指挥部办公室与扬州大学工程设计研究院共同编制。2012年11月1日，南水北调洪泽泵站建设指挥部办公室以洪站建办发〔2012〕6号文件向洪泽县人民政府请示，2012年12月6日，洪泽县人民政府以洪政复〔2012〕78号文件予以批复同意实施方案内容，南水北调洪泽泵站建设指挥部办公室以洪站建办发〔2012〕8号文件向江苏省南水北调办报批。之后，因实施方案中为改善被征地群众的生产生活而考虑建设的生产安置措施难以实施需要作调整，2013年10月将新方案予以上报。2013年10月，江苏省南水北调办以《关于南水北调东线一期工程洪泽站工程征迁安置实施方案的批复》（苏调办〔2013〕101号）批复同意实施方案，批复投资7989.42万元。

5. 补偿兑付

个人、单位兑付形式采取分期兑付与一次兑付，到户打卡兑付、集体转账等方式。洪泽县土地、树木、房屋等补偿兑付方式为与个人、单位直接签订补偿协议，并在实物搬迁或清障完后一次性兑付到位，由个人或单位提供银行账号，由洪泽县南水北调办财务人员将补偿款直接拨付给个人或单位。洪泽县电力杆线、三杆线路迁移补偿实行包干制，根据线路迁移进度分期拨付补偿款。

6. 农村生产生活安置

本工程农村生产安置人口942人，其中蒋坝镇750人，三河镇192人。生产安置942人中，通过组内调地安置为845人，调整土地面积537.02亩；出组安置97人，调整土地面积48.6亩。

农村生活安置共需安置21户65人，其中18户56人采用货币安置，其余3户9人为分散安置。

7. 专项设施迁建

2012年12月3日，水利、交通项目配套设施项目通过招投标确定了施工单位，由江苏中禹水利建设有限公司中标。该工程涉及大小涵洞18座，闸3座，电灌站1座，影响各种道路面积为10028m²，包括柏油路3段共2923m²，水泥路4段共1570m²，砂石路1段共2575m²，土大路1段共2960m²；影响桥梁4座，其中人行桥1座，机耕桥3座101.32m²。项目已全部完工。

电力杆线由洪泽洪能电力实业开发有限公司负责组织实施，共影响输变电线路6.56km，其中10kV线路1.84km，35kV线路0.80km，110kV线路0.53km，220kV线路1.13km，低压电力线2.26km；影响通信设施主要是通信线路，共长10.50km，其中光缆9.45km，电话线1.05km，签订包干协议，经费包干使用，超支不补，已验收。此外联通和电信杆线迁移工作，实行补偿经费包干使用，超支不补，已完成并进行了验收。

8. 企事业单位迁建

洪泽站工程征地实际影响企业单位3个，分别是洪泽县蒋坝镇发波四季鹅种鹅场、扣蟹养殖场和曹文豹鹅场。企业单位用地均为租用的集体土地，租用总面积为750.10亩，厂房5549.35m²，水泥地8833.6m²，各类树木7650棵等。补偿已到位，企业已全部搬迁。

企业搬迁全部为货币补偿。

9. 永久征地交付

永久征收土地在用地红线放样后，在各方进行实物量核实的基础上，由洪泽县进行补偿款发放之后，直接交付给工程建设单位使用。2012年6月20日，国土资源部以国土资函〔2012〕476号文件批复用地，批复建设用地1901.442亩。

10. 临时用地交付和复垦

临时用地中挡洪闸引河北侧、挡洪闸引河南侧、进水闸引河下游北侧、进水闸下游引河北侧及挡洪闸引河南侧五个地块共309.18亩需要复垦，其余地块为国有水利建设用地，不需要进行复垦。复垦由洪泽县南水北调洪泽泵站建设指挥部办公室组织，全部复垦完成并退还。

11. 档案管理

洪泽站档案管理责任单位为洪泽县南水北调洪泽泵站建设指挥部办公室，建设指挥部办公室明确专人进行移民档案管理。南水北调洪泽泵站建设指挥部办公室认真学习贯彻落实《国务院南水北调办关于做好南水北调工程征迁安置档案管理工作的通知》等文件精神，加强洪泽站档案资料管理，对洪泽站征迁过程中的档案进行认真收集、整理并完善，确保征迁安置档案完整、准确、系统、安全和有效利用。

（二十六）徐洪河影响处理工程

徐洪河涉及徐州市的邳州市、睢宁县及宿迁市的泗洪县及宿城区。

1. 实物指标复核

邳州实物量由邳州市南水北调办会同江苏省水利工程科技咨询有限公司（监理单位）、工程建设单位、村委会、被征迁对象共同对施工红线区内实物进行测量和复核。复核结果如下：临时用地21.81亩；征地农户房屋9家，事业单位房屋2家，拆除各类房屋1481.02m²；清理各类树木47155棵，拆除河道加固岸330m。

睢宁县实物量由睢宁县南水北调办会同江苏省水利工程科技咨询有限公司（监理单位）、工程建设单位、村委会、被征迁对象共同对施工红线区内实物进行测量和复核。复核工作自2011年4月22日开始，2012年7月22日结束。复核实物量结果如下：永久征地10.93亩，均为农村集体土地；临时用地10.03亩，青苗183.87亩，桑苗14.42亩，大蒜1.5亩；拆迁房屋面积353.47m²；砍伐各类树木共计45532棵；企事业单位补偿涉及民便河船闸安置补助、梁集水利站、沙集抽水站、新工扬水站、古邳水利站；专业项目包括：①水利，完成睢宁县徐洪河河道扩挖工程两侧水利工程恢复重建项目，维修加固电灌站9座，拆除重建电灌站14座；维修加固涵洞、跌水15座，新建涵洞1座，修建进场道路2条。②电力10kV下邳线改造。③凌城镇电线杆迁移。④通信，完成白门楼闸、桥闸位置处移动、联通光纤遗址工程改造和移址。

泗洪县实物量自2011年3月中旬至6月中旬，由泗洪县南水北调办牵头，会同江苏省水利工程科技咨询有限公司（监理单位），做好实物量的调查与复核。复核结果如下：永久征地392.34亩，临时用地1072.49亩。拆迁各类房屋4099.92m²，简易房51个，树木53015棵，苗圃11.5亩，围墙62.8m，牲畜房17个，厕所26个，手压井32个，水泥地坪7012.26m²，网箱316个及部分围网设施。专业项目补偿情况：①输变电工程，低压线4.6km；②水利设施，桥涵2座，涵洞3座，渡槽2座，放水洞12座，泵房30m²，拆建、加固泵站21座；③其他，明坟 37 穴。

宿城区由宿城区南水北调办会同江苏省水利工程科技咨询有限公司（监理单位）、工程建设单位、村委会、被征迁对象共同对施工红线区内实物进行测量和复核。具体实物量如下：永久征地（陈集北闸南侧）12 亩，圩堤（泗河地涵）2.02 亩；临时用地、施工场地占地 38.65 亩，其中 19.2 亩处于泗洪县交接处；树木 2511 棵、居民饮水管道迁移 130m；国有土地地面附着物（树木）4971 棵；专业项目有秦沟排灌站水泥路面 200m^2、陈集北闸排涝沟整治。

2. 公告公示

在省、市下达的调查实物量基础上，徐洪河沿线邳州市、睢宁县、泗洪县及宿城区各乡镇组织精干力量，对拆迁红线范围内的实物量进行调查复核，并陆续进行公示，对存在的问题及时报送征迁监理，征迁监理现场查勘核实，进行客观公正的评价分类。整个拆迁工作严格按照要求实行阳光操作，对每个拆迁户的补偿内容、补偿标准、补偿金额进行张榜公示一周，如有误差，由拆迁户、监理、拆迁办工作人员和村组干部现场核查，直至无误为止。

3. 各级补偿投资包干协议

2011 年 3 月 15 日，江苏省南水北调办与邳州市人民政府签订《南水北调东线一期徐洪河影响处理工程邳州市征迁安置投资包干协议》，包干经费 402.14 万元。

2011 年 3 月 15 日，江苏省南水北调办与睢宁县人民政府签订《南水北调东线一期徐洪河影响处理工程睢宁县征迁安置投资包干协议书》，包干经费 815.57 万元。

2011 年 3 月 16 日，江苏省南水北调办与泗洪县政府签订《南水北调东线一期徐洪河影响处理工程泗洪县征迁安置投资包干协议书》，包干经费 4124.73 万元。

2013 年 3 月 16 日，江苏省南水北调办与宿城区人民政府签订《南水北调东线一期徐洪河影响处理工程宿城区征迁安置投资包干协议书》，包干协议投资 81.22 万元。

4. 实施方案的编制与批复

邳州市根据《南水北调工程建设征地补偿和移民安置暂行办法》的规定和初步设计，参考在建重点水利工程以及交通、新农村建设等其他工程征迁标准，结合工程实际情况，南水北调邳州站建设工程办公室组织编制了《南水北调徐州市徐洪河（邳州段）影响工程征迁安置实施方案》，经邳州市人民政府批准后上报，2012 年 3 月 5 日，江苏省南水北调办以《关于南水北调徐洪河影响处理工程（邳州段）征迁安置实施方案的批复》（苏调办〔2012〕18 号）批复该实施方案，批复投资 402.14 万元。

睢宁县实施方案批复情况：2013 年 7 月 5 日，江苏省南水北调办以《关于南水北调东线一期徐洪河影响处理工程（睢宁段）征迁安置实施方案的批复》（苏调办〔2013〕46 号）批复该实施方案，核定征迁安置补偿经费 812.85 万元。

泗洪县实施方案批复情况：2013 年 12 月 30 日，江苏省南水北调办以《关于南水北调东线一期徐洪河影响处理工程泗洪县境内征迁安置实施方案的批复》（苏调办〔2013〕113 号）批复该实施方案，核定征迁安置补偿经费 4056.84 万元。

宿城区实施方案批复情况：2013 年 7 月 15 日，宿城区骆南中运河影响处理办公室向宿城区人民政府上报了《关于批准南水北调东线一期徐洪河影响处理工程征迁安置实施方案的请示》（宿区南征办〔2013〕5 号）；2013 年 7 月 19 日，宿城区人民政府印发了《关于南水北调东线一期徐洪河影响处理工程征迁安置实施方案的批复》（宿区政复〔2013〕12 号）；2013 年 11

月 25 日，江苏省南水北调办以《关于南水北调东线一期徐洪河影响处理工程（宿城区）征迁安置实施方案的批复》（苏调办〔2013〕104 号）批复实施方案，批复投资 81.46 万元。

5. 补偿兑付

本工程征迁补偿协议或者征迁补偿到户卡，经乡镇领导、村干部、受补偿人、县南水北调办公室主要领导、分管领导、征迁监理和征迁科全体人员签字后，财务部门才能按照协议或补偿到户卡的金额，将征迁补偿款汇到被征迁单位账户；个人补偿款按照受补偿人身份证号码到银行办理存折，做到一户一卡，由财务人员、征迁科人员和乡村负责人发送到受补偿人的手中。对补偿款项有异议的，征迁科人员与有关人员都要调查核对，把工作做细，做到既符合政策规定又达到群众满意为止。

6. 农村生产生活安置

（1）生产安置情况。睢宁县段不涉及永久征地，不需进行生产安置。

泗洪县段永久征地 19.19 亩，涉及归仁镇 8.95 亩，金锁镇 5.03 亩，徐洪所 5.21 亩，均为河滩上未利用的边角地，未涉及村民的生产用地，采取货币补偿的方式进行安置。

宿城区段涉及永久征地 2.02 亩，主要为河堤边角地，采取货币补偿的方式进行安置。

（2）居民生活安置情况。邳州市按照征迁补偿标准采取货币补偿方式安置。

睢宁县采用货币补偿方式安置。

泗洪县拆迁影响人口 79 户，涉及龙集镇、归仁镇、金锁镇、朱湖镇及安东河闸管理所、徐洪河管理所。拆迁住房中主要是结构简单的堤上种植养殖临时管理房，村民的主要住房在村里，征迁工程不影响村民正常居住，采取货币补偿方式进行安置。

宿城区不涉及对村民永久生活住房的拆除，主要是临时性房屋，主要通过货币补偿的方式进行生活安置。

7. 专项设施迁建

（1）睢宁县段。

1）河道扩挖工程两侧水利工程恢复重建项目。维修加固电灌站 9 座，拆除重建电灌站 14 座。涵闸跌水工程：维修加固涵洞、跌水 15 座，新建涵洞 1 座。道路工程：修建古邳引河站、旧城河站进场道路各 1 条。通过招标，由睢宁县水利工程建筑安装公司中标，于 2013 年 4 月 20 日开工建设，到 2013 年 6 月 15 日合同工程内容全部完工。2013 年 12 月 6 日合同工程完工验收，已移交相关镇水利站管理。

2）电力。10kV 下邳线改造。委托古邳镇供电站和睢宁县睢城镇腾达低压电器安装服务部实施，2011 年 5 月 22 日完成施工，保证了古邳引河站施工。凌城镇电线杆迁移委托凌城镇供电站实施，2012 年 5 月 20 日完成，保证了道路施工。

3）电信白门楼闸北桥闸位置处移动、联通光纤移址工程。由中国移动、中国联通睢宁分公司负责改造和移址，已实施完成，保证了工程顺利实施。

（2）泗洪县段。

1）水利设施迁改建。有三个部分，一是影响水利设施（包括 $\phi100\times5$m 涵洞 3 座，$\phi50\times9$m 放水洞 12 座，桥涵 2 座，渡槽 2 座），因规划调整无需复建，只做补偿。二是徐洪河淹没影响处理工程，共拆建、加固泵站 14 座，由宿迁市水务勘测设计研究有限公司设计，徐州市水利工程建设监理中心监理，分为 2 个标段招标实施：一标由江苏中禹水利建设有限公司承建，分别为黄圩新站、吴湾北站、庄塘站、北贺站、上马站、裴庄站；二标由灌南县水利建筑工程有限公司承建，分别为管圩站、泗河站、沙庄站、潘山站、凌汪新站、姜冯北站、安河站、归仁站，于2012年2月开工，9月完工，已通过验收移交使用。三是实施方案批复的征迁安置专业项目，拆建、改造苏洼站、双桥站、大庄站、邵庄站、王滩站、颜圩站、谢嘴站7座泵站，由淮安市水利勘测设计研究院有限公司设计，徐州市水利工程建设监理中心监理，通过招标由泗洪县水利工程处承建，于2014年3月开工，5月完成，8月通过验收移交使用。

2）拆除河道加固岸330m，与管理单位签订了迁建补偿协议书，在规定时间内完成了加固岸的拆除任务，保证了工程顺利实施。

（3）宿城区段。主要是秦沟排灌站200m^2水泥路面，陈集北闸排涝沟整治（1.8万m^3），均已完成。

8. 企事业单位迁建

邳州段工程影响事业单位2个，分别签订征迁补偿协议，并及时予以补偿，共拆除房屋576.18m^2，在协议约定时间内完成搬迁拆除工作。

睢宁县段工程涉及企事业单位共5个：①民便河船闸，停航损失补助91.1万元，直接进行货币安置；②梁集水利站，徐洪河堤防看护房，直接货币补偿，不另行复建，2012年4月搬迁完成；③沙集抽水站，涉及围墙、树木等，直接货币补偿，2012年5月搬迁完成；④新工扬水站，涉及庭院水泥地围墙、树木等，直接货币补偿，2012年7月搬迁完成；⑤古邳水利站，涉及白门楼闸施工临时用地，直接货币补偿，2012年4月搬迁完成。

9. 永久征地交付

邳州段无永久征地。

睢宁县段永久征地10.93亩，均为农村集体土地，在用地红线放样后，在各方进行实物量核实的基础上，由睢宁县进行补偿款发放之后，直接交付给工程建设单位使用。

泗洪县段永久征地392.34亩，在用地红线放样后，在各方进行实物量核实的基础上，由泗洪县进行补偿款发放之后，直接交付给工程建设单位使用。

宿城区段永久征地2.02亩，在用地红线放样后，在各方进行实物量核实的基础上，由宿城区进行补偿款发放之后，直接交付给工程建设单位使用。

10. 临时用地交付和复垦

邳州市临时用地由邳州市政府结合航道“五改三”工程组织复垦退还，已全部完成，共退还21.81亩。

睢宁县临时用地较少，多为堤防、河滩地，属国家所有。睢宁县人民政府实施徐洪河河道扩挖工程暨航道“五改三”工程，徐洪河影响处理工程占用的临时道路全为河道滩面、堤防，徐洪河河道工程扩挖后，临时道路全被开挖为河道。新开挖后的河道堤防，滩地由县委、县政府统一规划使用，植树造林防止水土流失，不允许种植农作物，不需进行复耕。

泗洪段由泗洪县南水北调工程办公室退还与复垦，2013年年底，所有临时用地全部退还给原使用权人，共计1072.49亩。

宿城区段临时用地在工程实施完成后进行了平整退还，共退还38.65亩。

11. 档案管理

邳州市截至目前共形成档案54卷，其中综合管理档案6卷，征迁安置档案9卷，照片档案

1卷，照片30张，会计档案38卷。

宿城区共形成征迁安置档案33卷，其中工程档案21卷，会计档案10卷，照片档案1卷34张，电子档案1卷。

睢宁县段形成征迁安置档案83卷（不含会计档案，含照片档案1卷），83卷均为永久卷，财务档案74卷。

泗洪县已形成征迁安置档案228卷（含财务档案34卷）。

宿城区段共形成征迁档案33卷，其中工程档案21卷，会计档案10卷，照片档案1卷34张，电子档案1卷。

（二十七）南四湖下级湖抬高蓄水位影响处理工程

1. 实物指标复核

铜山区南水北调办公室和沛县南水北调办公室于2012年5—7月组织人员、物资、设备、车辆等，会同上海宏波工程咨询有限公司（移民监理）、徐州市水利建筑设计院采取“典型调查和摸底调查相结合”的方式，开展实物量复核工作。复核发现结果与初步设计批复数量差距很大，比如铜山区影响区范围的鱼（蟹）塘总面积有10万亩、湖（台）总面积有8万亩，而初步设计批复鱼（蟹）塘总面积7504亩、湖（台）总面积14365亩。此外，实物指标复核发现补助标准难以操作，高程32.3～32.8m为淹没范围，高程32.8～33.3m为影响范围，两者之间补偿标准相差近一倍，由于南四湖下级湖湖区地面坡度平缓，实际操作中难以准确界定两者界线。为此，两县（区）南水北调办公室征求县、乡政府意见，采取将货币补偿为主调整为实施公益性工程补助为主，并将方案向县（区）政府汇报，县（区）政府表示同意实施公益性工程，2012年7—9月，两县（区）南水北调办对湖区影响范围再次实施公益性工程调查复核。

铜山区复核结果：房屋重置面积1172m^2，实施泵站140座，桥梁20座，涵洞41座，闸15座，交通路2.8km，生产道路106.5km，生活道路6.5km。

沛县复核结果：实施泵站65座，涵洞645座，桥梁66座，水闸9座，生产道路60.2km。

2. 公告公示

2012年9—10月，两县（区）南水北调办向湖区影响范围内的乡镇进行实物量复核结果公示，沿线所有乡镇均对公示无异议。

2012年10月，铜山区人民政府分别与利国镇、柳泉镇、茅村镇、柳新镇、沿湖农场、马坡镇签订了征迁协调工作责任书，乡镇又与所涉及的村组签订了征迁协调工作责任书。

2012年10月，沛县沛镇、魏庙镇、五段镇、湖寨镇、湖西农场、大屯镇政府向沛县水利局出具说明，表示同意实施公益性工程，公益性项目实施中涉及的土地树木房屋等所有实物一律不予补偿，组织专人负责做好协调工作。

3. 实施方案的编制与批复

2012年11月，铜山区南四湖下级湖抬高蓄水位影响处理工程建设处和沛县南四湖下级湖抬高蓄水位影响处理工程建设处，会同徐州市水利建筑设计研究院编制完成了《南四湖下级湖抬高蓄水位影响处理工程实施方案》，并报两县县政府批复同意。2012年11月14日，江苏省南水北调办组织中水淮河有限责任公司、江苏省防汛抗旱指挥部、江苏水源公司、徐州市水利局、河海大学等单位的专家和代表，对实施方案进行了技术审查，提出了审查意见，铜山和沛县两县（区）根据审查意见进行了修改。江苏省南水北调办将实施方案编制情况向国务院南水北调办进行了汇报，并征得同意。

2013年12月，江苏省南水北调办以《关于南水北调东线一期南四湖下级湖抬高蓄水位影响处理工程实施方案的批复》（苏调办〔2013〕117号）批复了实施方案。批复实物量有：①铜山区境内重置房屋1172m²，湖台田产调3871亩，泵站140座，过路涵41座，水闸17座，桥梁20座，道路115.81km；②沛县境内泵站65座，涵洞645座，水闸9座，桥梁66座，渡槽15座，砂石路15.17km，混凝土路41km。

4. 各级补偿投资包干协议

2012年2月，江苏省南水北调办与徐州市人民政府签订了《南水北调东线一期南四湖下级湖抬高蓄水位影响处理工程建设和投资包干协议书》，包干投资20377万元。

5. 补偿兑付

铜山区房屋重置补偿在公示无异议后，于2015年7—11月，分别打卡兑付到被补偿村民。

两县（区）公益性工程于2014年10月招标，11月开工建设，2015年5月完成水下工程，2015年7月泵站工程进行了机组试运行，2015年10月，泵站、桥梁、涵洞、水闸、渡槽工程全部实施完成，并发挥效益，剩余的道路工程计划在2015年12月全部实施完成。

湖台田产业调整项目调整为实施公益性工程，于2015年9月招标，10月开工实施，计划于2015年12月实施完成。

（二十八）江苏省南水北调工程永久征地组卷报批情况

江苏省南水北调工程于2002年开工建设，上报建设用地手续在2009年才开始启动。在中间的这段时间里，江苏省南水北调办与江苏省国土资源厅多次进行协调，江苏省国土资源厅认为，江苏南水北调工程征地补偿标准按照国务院令第471号确定，低于江苏省政府令第26号规定的标准，加之批复的耕地开垦费远低于江苏省省内的标准，存在较大的缺口，因此不同意按照批复标准办理南水北调工程用地手续。江苏省水利厅、江苏省南水北调办又专门与省财政厅协调，请求帮助解决资金缺口问题，并向省政府做了专题情况汇报。2009年6月，省政府办公厅召集省国土资源厅、省水利厅、省财政厅、省南水北调办、江苏水源公司主要领导，进行研究协调，提出了办理南水北调工程用地手续的相关建议，分别报告分管国土、水利相关省级领导后江苏南水北调工程用地手续加快办理速度。

2009年8月下旬，江苏省国土资源厅、南水北调办联合组织召开会议，江苏水源公司及南水北调沿线国土、水利部门参加会议，对用地手续办理进行工作部署。为了做好南水北调工程用地手续技术工作，2009年8—10月，江苏省南水北调办与江苏省土地勘测规划院、江苏省土地开发征用事务所先后签订《南水北调工程建设征地材料组织服务委托协议书》《南水北调工程（江苏段）用地勘测定界及地籍调查委托协议书》《南水北调工程江苏段涉及部分乡镇土地利用总体规划修改方案及实施影响评估报告》，委托江苏省土地开发征用事务所负责江苏省南水北调东线一期江苏境内工程统一征地服务和用地报批材料组织工作，委托江苏省土地勘测规划院负责勘测定界、地籍调查、土地利用总体规划修改及实施影响评估工作，南水北调沿线征迁实施机构及国土部门提供相关资料和配合工作。

2010年4月至2012年12月，江苏省南水北调工程调水工程建设用地材料先后以11个报

件全部上报给国土资源部，总面积3.77万亩，其中耕地1.43万亩。均已获得国土资源部批准。

（二十九）江苏省南水北调工程征迁安置监督评估情况

江苏省南水北调办严格执行国务院南水北调办《南水北调工程建设征地补偿和移民安置监理暂行办法》（国调办环移〔2005〕58号）和《南水北调工程建设移民安置监测评估暂行办法》（国调办环移〔2005〕58号）。工程征迁监理及监测评估单位，由江苏省南水北调办统一招标委托。被委托单位与江苏省南水北调办签订委托协议书，按合同要求及法律法规要求，开展移民监理和监测评估工作，及时提交工作报告。江苏省南水北调工程征迁监理及监测评估单位确定情况见表2-1-1。

表2-1-1　　江苏省南水北调工程征迁监理及监测评估情况

<table>
<tr><th>序号</th><th>设计单元工程名称</th><th>监理单位</th><th>监测评估单位</th></tr>
<tr><td>1</td><td>三阳河、潼河工程</td><td rowspan="2">江苏苏源工程建设监理中心</td><td rowspan="2">河海大学</td></tr>
<tr><td>2</td><td>宝应站工程</td></tr>
<tr><td>3</td><td>淮阴三站工程</td><td rowspan="3">江苏苏源工程建设监理中心</td><td rowspan="3">江苏同辉评估咨询有限公司</td></tr>
<tr><td>4</td><td>淮安四站工程</td></tr>
<tr><td>5</td><td>淮安四站输水河道工程</td></tr>
<tr><td>6</td><td>刘山泵站工程</td><td rowspan="3">徐州市水利工程建设监理中心</td><td rowspan="3">江苏同辉评估咨询有限公司</td></tr>
<tr><td>7</td><td>解台泵站工程</td></tr>
<tr><td>8</td><td>蔺家坝站工程</td></tr>
<tr><td>9</td><td>姚楼河闸工程</td><td rowspan="3">江河水利水电咨询中心</td><td rowspan="3">无</td></tr>
<tr><td>10</td><td>杨官屯河闸工程</td></tr>
<tr><td>11</td><td>大沙河闸工程</td></tr>
<tr><td>12</td><td>骆马湖水资源控制工程</td><td>徐州市水利工程建设监理中心</td><td>无</td></tr>
<tr><td>13</td><td>泗阳站工程</td><td>江苏河海工程建设监理有限公司</td><td>江苏同辉评估咨询有限公司</td></tr>
<tr><td>14</td><td>泗洪站工程</td><td>江苏省水利工程科技咨询有限公司</td><td>江苏同辉评估咨询有限公司</td></tr>
<tr><td>15</td><td>刘老涧二站工程</td><td>江苏省水利工程科技咨询有限公司</td><td>江苏省水利工程科技咨询有限公司</td></tr>
<tr><td>16</td><td>皂河二站工程</td><td>江苏省水利工程科技咨询有限公司</td><td>江苏省工程勘测研究院有限责任公司</td></tr>
<tr><td>17</td><td>骆南中运河影响处理工程</td><td>江苏淮源工程建设监理有限公司</td><td>无</td></tr>
<tr><td>18</td><td>淮安二站工程</td><td>江苏淮源工程建设监理有限公司</td><td>无</td></tr>
<tr><td>19</td><td>金湖站工程</td><td>江苏淮源工程建设监理有限公司</td><td>江苏同辉工程咨询有限公司</td></tr>
<tr><td>20</td><td>高水河整治工程</td><td>扬州市勘测设计研究院有限公司</td><td>无</td></tr>
<tr><td>21</td><td>金宝航道工程</td><td>江苏苏水工程建设有限公司</td><td>江苏同辉工程咨询有限公司</td></tr>
<tr><td>22</td><td>睢宁二站工程</td><td>徐州市水利工程建设监理中心</td><td>江苏同辉工程咨询有限公司</td></tr>
<tr><td>23</td><td>邳州站工程</td><td>徐州市水利工程建设监理中心</td><td>江苏同辉工程咨询有限公司</td></tr>
</table>

续表

序号	设计单元工程名称	监理单位	监测评估单位
24	洪泽湖抬高蓄水位影响处理	江苏淮源工程建设监理有限公司	无
25	里下河水源调整工程	盐城市河海工程建设监理中心（大三王河、灌区调整）、江苏河海工程建设监理有限公司（卤汀河）	河海大学
26	洪泽站	江苏淮源工程建设监理有限公司	江苏同辉工程咨询有限公司
27	徐洪河影响处理工程	江苏省水利工程科技咨询有限公司	江苏省工程勘测研究院有限责任公司
28	南四湖下级湖抬高蓄水位影响处理工程	上海宏波工程咨询管理有限公司	河海大学

四、档案管理与征迁专项验收

根据《南水北调工程建设征地补偿和移民安置暂行办法》（国调委发〔2005〕1号）、《南水北调干线工程征迁安置验收办法》（国调办征地〔2010〕19号），结合江苏省南水北调工程征迁安置工程管理实际，江苏省南水北调办负责组织和主持设计单元工程征迁安置完工验收。完工验收以设计单元工程和对应实施机构为单位分别组织，参加单位有项目法人、市县政府、市县征迁实施管理机构、监理单位、监测评估单位及特邀专家。完工验收应具备的条件是：征迁安置补偿资金全部兑付，土地征用手续已上报，市县完工自验完成，财务决算完成并经过审计，征迁安置档案通过专项验收。完工验收一般程序是：查看征迁安置现场，召开会议听取实施管理机构工作报告、财务管理和决算审计工作报告、监理工作报告、监测评估工作报告，验收委员讨论形成验收意见，江苏省南水北调办成文印发验收意见。

为了保证征迁安置完工验收工作质量，在国务院南水北调办出台的验收办法基础上，江苏省南水北调办制定了《工程征迁安置完工验收实施管理工作报告编写大纲》，印发至市县各征迁安置管理机构。实施管理工作报告共由16个部分组成，分别是工程概况，概算及实施方案批复，征迁安置完成情况，资金使用管理情况，矛盾处理及来信来访处理，农村补偿安置情况，城（集）镇补偿安置情况，企事业单位补偿安置情况，专项设施复建情况，征迁安置档案管理情况，移民监理和监测评估工作，用地手续办理情况、存在问题和建议、评价意见、大事记。

征迁安置档案专项验收是完工验收的前提，由江苏省南水北调办会同江苏省档案局组织对档案进行专项验收，为了保证验收工作质量，要求市县征迁安置机构在申报档案验收前，会同当地档案局进行档案自验。

（一）档案专项验收

（1）2011年11月24日，三阳河、潼河、宝应站工程征迁安置档案通过专项验收，江苏省南水北调办《关于印发〈南水北调东线三阳河潼河宝应站工程征迁安置档案专项验收意见〉的通知》（苏调办〔2011〕66号），印发了验收意见，验收结论是：三阳河、潼河、宝应站工程征

迁安置档案基本达到了完整、准确、系统、规范和档案管理要求，达到合格等级，一致同意通过档案专项验收。

(2) 2011年6月24日，刘山站工程征迁安置档案通过专项验收，江苏省南水北调办《关于印发〈南水北调东线刘山站工程征迁安置档案专项验收意见〉的通知》(苏调办〔2011〕39号)印发了验收意见，验收结论是：刘山站工程征迁安置档案基本做到完整、准确、系统和规范，满足档案管理要求，达到合格等级，一致同意通过档案专项验收。

(3) 2011年6月30日，解台站工程征迁安置档案通过专项验收，江苏省南水北调办《关于印发〈南水北调东线解台站工程征迁安置档案专项验收意见〉的通知》(苏调办〔2011〕41号)印发了验收意见，验收结论是：解台站工程征迁安置档案基本做到完整、准确、系统和规范，满足档案管理要求，达到合格等级，一致同意通过档案专项验收。

(4) 2011年6月24日，蔺家坝站工程征迁安置档案通过专项验收，江苏省南水北调办《关于印发〈南水北调东线蔺家坝站工程征迁安置档案专项验收意见〉的通知》(苏调办〔2011〕40号)印发了验收意见，验收结论是：蔺家坝站工程征迁安置档案基本做到完整、准确、系统和规范，满足档案管理要求，达到合格等级，一致同意通过档案专项验收。

(5) 2011年6月24日，骆马湖水资源控制征迁安置档案通过专项验收，江苏省南水北调办《关于印发〈南水北调东线骆马湖水资源控制工程征迁安置档案专项验收意见〉的通知》(苏调办〔2011〕38号)印发了验收意见，验收结论是：骆马湖水资源控制工程征迁安置档案基本做到完整、准确、系统和规范，满足档案管理要求，达到合格等级，一致同意通过档案专项验收。

(6) 2011年11月4日，淮安四站输水河道（白马湖段）征迁安置档案通过专项验收，江苏省南水北调办《关于印发〈南水北调淮安四站及输水河道（白马湖农场段）工程征迁安置档案专项验收意见书〉的通知》(苏调办〔2011〕61号)印发了验收意见，验收结论是：淮安四站输水河道工程（白马湖农场段）征迁安置档案基本符合完整、准确、系统和规范的要求，达到合格等级，一致同意通过档案专项验收。

(7) 2011年6月17日，刘老涧二站工程征迁安置档案通过专项验收，江苏省南水北调办《关于印发〈南水北调东线一期工程刘老涧二站工程征迁安置档案专项验收意见〉的通知》(苏调办〔2011〕36号)印发了验收意见，验收结论是：刘老涧二站征迁安置档案基本做到完整、准确、系统和规范，满足档案管理要求，达到合格等级，同意通过档案专项验收。

(8) 2011年6月17日，泗阳站工程（骆运）征迁安置档案通过专项验收，江苏省南水北调办《关于印发〈南水北调东线一期泗阳站工程（骆运）征迁安置档案专项验收意见〉的通知》(苏调办〔2011〕37号)印发了验收意见，验收结论是：泗阳站征迁安置档案基本做到完整、准确、系统和规范，满足档案管理要求，达到合格等级，同意通过档案专项验收。

(9) 2013年8月8日，泗阳站工程（泗阳县）征迁安置档案通过专项验收，江苏省南水北调办《关于印发〈南水北调东线一期泗阳站工程征迁安置档案专项验收意见〉的通知》(苏调办〔2014〕19号)印发了验收意见，验收结论是：泗阳站工程征迁安置档案基本达到了完整、准确、系统的要求，达到合格等级，一致同意通过档案专项验收。

(10) 2013年8月7日，皂河二站（骆运）征迁安置档案通过专项验收，江苏省南水北调办《关于印发〈南水北调东线一期皂河二站工程（骆运管理处）征迁安置档案专项验收意见〉

的通知》（苏调办〔2014〕16号）印发了验收意见，验收结论是：南水北调东线一期皂河二站工程征迁安置档案基本达到了完整、准确、系统的要求，达到合格等级，一致同意通过档案专项验收。

（11）2013年12月10日，皂河二站（宿豫区）征迁安置档案通过专项验收，江苏省南水北调办《关于印发〈宿豫区南水北调东线一期皂河二站工程征迁安置档案专项验收意见〉的通知》（苏调办〔2014〕24号）印发了验收意见，验收结论是：宿豫区南水北调东线一期皂河二站工程征迁档案系统完整，反映了征地拆迁的全过程，能够满足利用需要，达到了合格等级，同意该项工程征地拆迁档案通过档案专项验收。

（12）2015年2月6日，徐洪河影响处理工程（泗洪县）征迁安置档案通过专项验收，江苏省南水北调办《关于印发〈南水北调东线一期徐洪河影响处理工程泗洪县征迁安置档案专项验收意见〉的通知》（苏调办〔2015〕13号）印发了验收意见，验收结论是：南水北调东线一期徐洪河影响处理工程泗洪县征迁安置档案专项验收组通过听取汇报，查阅档案及认真讨论，认为征迁安置档案资料归档齐全，整理规范，达到了合格等级，同意通过档案专项验收。

（13）2015年2月7日，徐洪河影响处理工程（邳州段）征迁安置档案通过专项验收，江苏省南水北调办《关于印发〈南水北调东线一期徐洪河影响处理工程（邳州段）征迁安置档案验收意见〉的通知》（苏调办〔2015〕10号）印发了验收意见，验收结论是：南水北调东线一期徐洪河影响处理工程邳州市征迁安置档案收集较齐全，案件质量较好，达到合格等级，一致同意通过档案专项验收。

（14）2015年2月7日，徐洪河影响处理工程（睢宁段）征迁安置档案通过专项验收，江苏省南水北调办《关于印发〈南水北调东线一期徐洪河影响处理工程睢宁县征迁安置档案专项验收意见〉的通知》（苏调办〔2015〕9号）印发了验收意见，验收结论是：南水北调东线一期徐洪河影响处理工程睢宁县征迁安置档案收集较齐全，案件质量较好，达到合格等级，一致同意通过档案专项验收。

（15）2015年12月10日，徐洪河影响处理工程（宿城区）征迁安置档案通过专项验收，江苏省南水北调办《关于印发〈南水北调东线一期徐洪河影响处理工程宿城区境内征迁安置档案专项验收意见〉的通知》（苏调办〔2014〕22号）印发了验收意见，验收结论是：该工程征迁安置档案形成程序规范、签署完备、收集齐全，整理质量符合要求，反映工程征迁安置的全过程，验收小组一致同意通过档案专项验收，验收结果为合格等级。

（16）2013年8月7日，睢宁二站工程（骆运）征迁安置档案通过专项验收，江苏省南水北调办《关于印发〈南水北调东线一期睢宁二站工程（骆运管理处）征迁安置档案专项验收意见〉的通知》（苏调办〔2014〕17号）印发了验收意见，验收结论是：南水北调东线一期睢宁二站工程征迁安置档案基本达到了完整、准确、系统的要求，达到合格等级，一致同意通过档案专项验收。

（17）2014年6月24日，金湖站工程征迁安置档案通过专项验收，江苏省南水北调办《关于印发〈南水北调东线一期金湖站工程征迁安置档案验收意见〉的通知》（苏调办〔2014〕29号）印发了验收意见，验收结论是：金湖站征迁安置专项档案收集齐全，案卷质量较好，已运用计算机辅助档案管理，基本符合完整、准确、系统、安全的要求，达到合格等级，一致同意通过档案专项验收。

(18) 2014 年 11 月 17 日，里下河水源调整工程（楚州灌区）征迁安置档案通过专项验收，江苏省南水北调办《关于印发〈南水北调东线一期里下河水源调整工程灌区调整工程（楚州）征迁安置档案专项验收意见〉的通知》（苏调办〔2014〕44 号）印发了验收意见，验收结论是：南水北调东线一期里下河水源调整工程灌区调整工程（楚州）征迁安置档案收集较齐全，案卷质量较好，符合完整、准确、系统、安全的要求，达到合格等级，一致同意通过档案专项验收。

(19) 2014 年 11 月 17 日，骆南中运河影响处理工程（宿豫区）征迁安置档案通过专项验收，江苏省南水北调办《关于印发〈宿豫区南水北调东线一期骆南中运河影响处理工程征迁安置档案专项验收意见〉的通知》（苏调办〔2014〕25 号）印发了验收意见，验收结论是：宿豫区南水北调东线一期骆南中运河影响处理工程征迁档案系统完整，反映了征地拆迁的全过程，能够满足利用需要，达到了合格等级，同意该项工程征地拆迁档案通过档案专项验收。

(20) 2013 年 8 月 8 日，骆南中运河影响处理工程（泗阳县）征迁安置档案通过专项验收，江苏省南水北调办《关于印发〈南水北调东线一期骆南中运河影响处理工程（泗阳县）征迁安置档案专项验收意见〉的通知》（苏调办〔2014〕20 号）印发了验收意见，验收结论是：骆南中运河影响处理工程征迁安置档案基本达到了完整、准确、系统的要求，达到合格等级，一致同意通过档案专项验收。

(21) 2013 年 12 月 10 日，骆南中运河影响处理工程（宿城区）征迁安置档案通过专项验收，江苏省南水北调办《关于印发〈南水北调东线一期骆南中运河影响处理工程宿城区境内征迁安置档案专项验收意见〉的通知》（苏调办〔2014〕21 号）印发了验收意见，验收结论是：该工程征迁安置档案形成程序规范、签署完备、收集齐全、整理质量符合要求，反映工程征迁安置的全过程，验收小组一致同意通过档案专项验收，验收结果为合格等级。

(22) 2013 年 12 月 10 日，洪泽湖抬高蓄水位影响处理工程（宿城区）征迁安置档案通过专项验收，江苏省南水北调办《关于印发〈南水北调东线一期洪泽湖抬高蓄水位影响处理工程宿城区境内征迁安置档案专项验收意见〉的通知》（苏调办〔2014〕23 号）印发了验收意见，验收结论是：该工程征迁安置档案形成程序规范、签署完备、收集齐全、整理质量符合要求，反映工程征迁安置的全过程，验收小组一致同意通过档案专项验收，验收结果为合格等级。

(23) 2013 年 8 月 8 日，洪泽湖抬高蓄水位影响处理工程（泗阳县）征迁安置档案通过专项验收，江苏省南水北调办《关于印发〈南水北调东线一期洪泽湖抬高蓄水位影响处理工程（泗阳县）征迁安置档案专项验收意见〉的通知》（苏调办〔2014〕18 号）印发了验收意见，验收结论是：洪泽湖抬高蓄水位影响处理工程征迁安置档案基本达到完整、准确、系统的要求，达到合格等级，一致同意通过档案专项验收。

(24) 2015 年 2 月 6 日，洪泽湖抬高蓄水位影响处理工程（泗洪县）征迁安置档案通过专项验收，江苏省南水北调办《关于印发〈南水北调东线一期洪泽湖抬高蓄水位影响处理工程泗洪县征迁安置档案专项验收意见〉的通知》（苏调办〔2015〕14 号）印发了验收意见，验收结论是：南水北调东线一期洪泽湖抬高蓄水位影响处理工程泗洪县征迁安置档案专项验收组通过听取汇报，查阅档案及认真讨论，认为征迁安置档案资料归档齐全，整理规范，达到了合格等级，同意通过档案专项验收。

(25) 2015 年 8 月 27 日，洪泽湖抬高蓄水位影响处理工程（淮安市）征迁安置档案通过专项验收，江苏省南水北调办《关于印发〈南水北调东线一期洪泽湖抬高蓄水位影响处理淮安市境内工程征迁安置档案专项验收意见〉的通知》（苏调办〔2015〕55号）印发了验收意见，验收结论是：南水北调东线一期洪泽湖抬高蓄水位影响处理工程征迁安置档案专项验收组通过听取汇报、查阅档案及认真讨论，认为征迁安置档案资料归档较齐全，整理规范，达到了合格等级，同意通过档案专项验收。

（26）2015年7月27日，南四湖水资源控制工程征迁安置档案通过专项验收，江苏省南水北调办《关于印发〈南水北调东线一期大沙河闸姚楼河闸杨官屯河闸工程征迁安置档案专项验收鉴定书〉的通知》（苏调办〔2015〕40号）印发了验收意见，验收结论是：南水北调东线一期大沙河闸、姚楼河闸、杨官屯河闸工程征迁安置档案专项验收组通过听取汇报、查阅档案及认真讨论，认为征迁安置档案资料归档较齐全，整理规范，达到了合格等级，同意通过档案专项验收。

（二）省级完工验收

（1）2012年12月28日，三阳河、潼河、宝应站工程征迁安置通过完工验收，江苏省南水北调办《关于印发〈南水北调东线三阳河潼河宝应站工程征迁安置完工验收意见〉的通知》（苏调办〔2012〕78号）印发了验收意见，验收结论是：三阳河、潼河、宝应站工程征迁安置工作合格，验收委员会同意通过验收。

（2）2012年11月14日，刘山站工程征迁安置通过完工验收，江苏省南水北调办《关于印发〈南水北调东线刘山站设计单元工程征迁安置验收意见〉的通知》（苏调办〔2012〕64号）印发了验收意见，验收结论是：刘山站设计单元工程征迁安置工作合格，验收委员会同意通过验收。

（3）2012年11月14日，解台站工程征迁安置通过完工验收，江苏省南水北调办《关于印发〈南水北调东线解台站设计单元工程征迁安置验收意见〉的通知》（苏调办〔2012〕65号）印发了验收意见，验收结论是：解台站设计单元工程征迁安置工作合格，验收委员会同意通过验收。

（4）2012年11月14日，蔺家坝站工程征迁安置通过完工验收，江苏省南水北调办《关于印发〈南水北调东线蔺家坝站设计单元工程征迁安置验收意见〉的通知》（苏调办〔2012〕66号）印发了验收意见，验收结论是：蔺家坝站设计单元工程征迁安置工作合格，验收委员会同意通过验收。

（5）2012年11月14日，骆马湖水资源控制工程征迁安置通过完工验收，江苏省南水北调办《关于印发〈南水北调东线骆马湖水资源控制设计单元工程征迁安置验收意见〉的通知》（苏调办〔2012〕67号）印发了验收意见，验收结论是：骆马湖水资源控制设计单元工程征迁安置工作合格，验收委员会同意通过验收。

（6）2011年12月23日，淮安四站工程征迁安置通过完工验收，江苏省南水北调办《关于印发〈南水北调淮安四站工程征迁安置完工验收意见书〉的通知》（苏调办〔2011〕74号）印发了验收意见，验收结论是：符合南水北调工程征迁安置完工验收条件，同意通过验收。

（7）2011年12月23日，淮安四站输水河道（淮安段）工程征迁安置通过完工验收，江苏省南水北调办《关于印发〈南水北调淮安四站及输水河道工程（淮安段）征迁安置完工验收意见书〉的通知》（苏调办〔2011〕73号）印发了验收意见，验收结论是：符合南水北调工程征迁安置完工验收条件，同意通过验收。

（8）2011年12月30日，淮安四站输水河道（扬州段）工程征迁安置通过完工验收，江苏

省南水北调办《关于印发〈南水北调淮安四站及输水河道工程（扬州段）征迁安置完工验收意见书〉的通知》（苏调办〔2011〕72号）印发了验收意见，验收结论是：符合南水北调工程征迁安置完工验收条件，同意通过验收。

(9) 2012年2月23日，淮安四站输水河道工程（白马湖农场段）征迁安置通过完工验收，江苏省南水北调办《关于印发〈南水北调淮安四站及输水河道工程（白马湖农场段）征迁安置完工验收意见书〉的通知》（苏调办〔2012〕17号）印发了验收意见，验收结论是：符合南水北调工程征迁安置完工验收条件，同意通过验收。

(10) 2014年1月9日，刘老涧二站工程征迁安置通过完工验收，江苏省南水北调办《关于印发〈南水北调东线一期工程刘老涧二站工程征迁安置完工验收意见书〉的通知》（苏调办〔2014〕15号）印发了验收意见，验收结论是：达到《南水北调干线工程征迁安置验收办法》规定的合格等级，同意通过征迁安置验收。

(11) 2015年6月12日，泗阳站工程（骆运管理处实施）征迁安置通过完工验收，江苏省南水北调办《关于印发〈南水北调东线一期泗阳站工程征迁安置完工验收（省骆运管理处负责实施部分）意见书〉的通知》（苏调办〔2015〕32号）印发了验收意见，验收结论是：验收合格，同意通过征迁安置专项验收。

(12) 2015年1月22日，泗阳站工程（泗阳县实施）征迁安置通过完工验收，江苏省南水北调办《关于印发〈南水北调东线一期泗阳站工程征迁安置完工验收（泗阳县负责实施部分）意见书〉的通知》（苏调办〔2015〕17号）印发了验收意见，验收结论是：验收合格，同意通过征迁安置专项验收。

(13) 2012年9月21日，淮阴三站工程征迁安置通过完工验收，江苏省南水北调办《关于印发〈南水北调东线一期淮阴三站设计单元工程征迁安置完工验收意见书〉的通知》（苏调办〔2012〕50号）印发了验收意见，验收结论是：南水北调淮阴三站设计单元工程征迁安置工作符合《南水北调干线工程征迁安置验收办法》（国调办征地〔2010〕19号）完工验收条件，征迁安置工作合格，同意通过验收。

(14) 2015年10月29日，徐洪河影响处理工程（邳州段）征迁安置通过完工验收，江苏省南水北调办《关于印发〈南水北调东线一期徐洪河影响处理工程（邳州段）征迁安置完工验收意见书〉的通知》（苏调办〔2015〕64号）印发了验收意见，验收结论是：邳州市徐洪河影响处理工程征迁安置工作合格，同意通过完工验收。

(15) 2015年10月29日，徐洪河影响处理工程（睢宁段）征迁安置通过完工验收，江苏省南水北调办《关于印发〈南水北调东线一期徐洪河影响处理工程睢宁县征迁安置完工验收意见书〉的通知》（苏调办〔2015〕63号）印发了验收意见，验收结论是：睢宁县徐洪河影响处理工程征迁安置工作合格，同意通过完工验收。

(16) 2014年10月29日，徐洪河影响处理工程（宿城区段）征迁安置通过完工验收，江苏省南水北调办《关于印发〈南水北调东线一期徐洪河影响处理工程征迁安置完工验收意见书（宿城区负责实施部分）〉的通知》（苏调办〔2014〕46号）印发了验收意见，验收结论是：验收合格，同意通过该项目征迁安置完工验收。

(17) 2015年4月29日，徐洪河影响处理工程（泗洪县段）征迁安置通过完工验收，江苏省南水北调办《关于印发〈南水北调东线一期徐洪河影响处理工程征迁安置完工验收（泗洪县负责实施部分）意见书〉的通知》（苏调办〔2015〕29号）印发了验收意见，验收结论是：验收合格，同意通过该项目征迁安置完工验收。

（18）2015年6月12日，睢宁二站工程（骆运）征迁安置通过完工验收，江苏省南水北调办《关于印发〈南水北调东线一期睢宁二站工程征迁安置完工验收（省骆运管理处负责实施部分）意见书〉的通知》（苏调办〔2015〕33号）印发了验收意见，验收结论是：验收合格，同意通过征迁安置专项验收。

（19）2014年7月11日，金湖站工程征迁安置通过完工验收，江苏省南水北调办《关于印发〈南水北调东线一期金湖站工程征迁安置完工验收意见书〉的通知》（苏调办〔2014〕34号）印发了验收意见，验收结论是：验收合格，同意通过征迁安置完工验收。

（20）2014年11月8日，里下河水源调整工程（淮安灌区）征迁安置通过完工验收，江苏省南水北调办《关于印发〈南水北调东线一期里下河水源调整工程灌区调整工程（楚州）征迁安置完工验收意见书〉的通知》（苏调办〔2014〕45号）印发了验收意见，验收结论是：本项目征迁安置工作合格，验收委员会同意通过验收。

（21）2014年1月16日，淮安二站工程征迁安置通过完工验收，江苏省南水北调办《关于印发〈南水北调淮安二站改造工程征迁安置完工验收意见书〉的通知》（苏调办〔2014〕26号）印发了验收意见，验收结论是：验收委员会一致认为达到南水北调干线工程征迁安置验收合格等级，同意淮安二站征迁安置通过完工验收。

（22）2015年4月29日，洪泽湖抬高蓄水位影响处理工程（泗洪县）征迁安置通过完工验收，江苏省南水北调办《关于印发〈南水北调东线一期洪泽湖抬高蓄水位影响处理工程征迁安置完工验收（泗洪县负责实施部分）意见书〉的通知》（苏调办〔2015〕28号）印发了验收意见，验收结论是：验收合格，同意通过该项目征迁安置完工验收。

（23）2015年10月29日，洪泽湖抬高蓄水位影响处理工程（宿城区）征迁安置通过完工验收，江苏省南水北调办《关于印发〈南水北调东线一期洪泽湖抬高蓄水位影响处理工程征迁安置完工验收（宿城区负责实施部分）意见书〉的通知》（苏调办〔2014〕48号）印发了验收意见，验收结论是：验收合格，同意通过该项目征迁安置完工验收。

（24）2015年1月22日，洪泽湖抬高蓄水位影响处理工程（泗阳县）征迁安置通过完工验收，江苏省南水北调办《关于印发〈南水北调东线一期洪泽湖抬高蓄水位影响处理工程征迁安置完工验收（泗阳县负责实施部分）意见书〉的通知》（苏调办〔2015〕15号）印发了验收意见，验收结论是：验收合格，同意通过该项目征迁安置完工验收。

（25）2015年8月28日，洪泽湖抬高蓄水位影响处理工程（淮安市）征迁安置通过完工验收，江苏省南水北调办《关于印发〈南水北调东线一期洪泽湖抬高蓄水位影响处理淮安市境内工程征迁安置完工验收鉴定书〉的通知》（苏调办〔2015〕15号）印发了验收意见，验收结论是：验收合格，同意通过征迁安置完工验收。

（26）2015年1月22日，骆南中运河影响处理工程（泗阳县）征迁安置通过完工验收，江苏省南水北调办《关于印发〈南水北调东线一期骆南中运河影响处理工程征迁安置完工验收（泗阳县负责实施部分）意见书〉的通知》（苏调办〔2015〕16号）印发了验收意见，验收结论是：验收合格，同意通过征迁安置完工验收。

（27）2015年7月3日，骆南中运河影响处理工程（宿豫区）征迁安置通过完工验收，江

苏省南水北调办《关于印发〈南水北调东线一期骆南中运河影响处理工程征迁安置完工验收意见书（宿豫区负责实施部分）〉的通知》（苏调办〔2015〕39号）印发了验收意见，验收结论是：验收合格，同意通过征迁安置完工验收。

（28）2013年10月29日，骆南中运河影响处理工程（宿城区）征迁安置通过完工验收，江苏省南水北调办《关于印发〈南水北调东线一期骆南中运河影响处理工程征迁安置完工验收意见书（宿城区负责实施部分）〉的通知》（苏调办〔2014〕47号）印发了验收意见，验收结论是：验收合格，同意通过征迁安置完工验收。

（29）2015年7月29日，南四湖水资源控制工程征迁安置通过完工验收，江苏省南水北调办《关于印发〈南水北调东线一期大沙河闸姚楼河闸杨官屯河闸工程征迁安置完工验收鉴定书〉的通知》（苏调办〔2015〕39号）印发了验收意见，验收结论是：验收合格，同意通过征迁安置完工验收。

五、经验与体会

（一）征迁安置实施的效果

1. 及时提供建设用地，确保工程建设需要

江苏省南水北调工程开工与建设离不开建设用地的及时提供，江苏省南水北调各级征迁安置管理机构通过完善的管理体制和运行机制的构建与有效实施，有效地协调解决了征迁安置过程中的各类矛盾，征迁安置方案圆满地得到落实。如南水北调东线三阳河、潼河、宝应站工程实施过程中，及时提供了临时用地及永久征地，临时用地使用过程中，当地征迁部门合理安排临时用地使用时间，提前一季与群众协商临时用地范围和时间，既减少群众损失，又减少临时用地补偿费用，促使征迁安置工作的质量和进度得到了有效的控制，同样的永久征地也是提前一季与群众签订补偿协议，使征迁资金得到了有效监管和控制，又确保了南水北调工程建设对用地的要求，为全线工程建设的顺利推进奠定基础。

2. 征迁群众得到有效安置，整体生活质量大幅提高

在江苏南水北调工程征迁安置实施过程中，依据各地的情况，对受影响的征迁群众的生产和生活进行了合理有效的安置，改善了生产生活条件，提高了整体的生活质量，征迁群众满意度较高。

生产安置方面，各地区根据工程用地量大小，采取不同的方式进行了生产安置：对河道工程用地量较大工程，一般采取调地的生产安置方式。如三潼宝工程采取以调整土地为主的安置办法，首先本组安置，本组安置不了本村安置，本村安置不了本乡安置，本乡安置不了本县安置。高邮市一般考虑人均0.5亩口粮田，人均0.12亩的经济田和人均0.18亩的生活用地，共计人均0.8亩；宝应县一般考虑人均0.35亩口粮田，人均0.12亩的经济田和人均0.18亩的生活用地，共计人均0.65亩。调地政策的实施，确保了被征迁群众最基本的生产用地，为其生产生活提供保障。对用地量比较小的地区，主要采取货币补偿的方式。在弥补征地损失的同时，积极拓宽多种就业渠道，引导和鼓励被征迁群众搞第二、三产业经营，想方设法提高被征迁群众的经济收入，确保其生产水平达到或者超过原有水平，并保障其收入的长期稳定增长，实现社会的可持续发展，保持社会的和谐稳定。

生活安置方面，采取了集中安置、分散安置、货币安置等不同方式，工程共拆迁群众4571户，建设安置小区58处，其中集中进入安置小区2884户，分散安置322户，货币安置1325户，不需要安置的40户。集中安置小区大多位于城镇区，通常建在交通方便，医院、教育、商业、银行等配套设施比较完善的地段，安置小区地理位置优越，教育、医疗条件较好，小区内功能完善、结构清晰、布局合理、道路畅通、设施齐全、绿化美观、管理科学。拆迁群众原有住房结构较简单，有的长期散住河边，居住地点相对分散，休闲娱乐、排水、物业管理等配套设施不够完善，有些小型住户原有住房比较拥挤。通过搬入安置小区，大部分住户超过原来住房面积，小区内的供电、供水、排水、物业管理等配套设施及绿化配套实施，住房及出行条件都得到了改善。

3. 提前谋划，保证企业满意安置，确保土地供给

江苏南水北调工程实施过程中，对涉及的企业单位，根据南水北调工程对企业的影响程度，严格执行国家以及地方产业政策，结合安置的目标，进行了合理安置。

尤其是部分地区提前与企业协商，合理解决企业安置过程中的问题，由于企业存有大量订单，如果停产，企业将会违约造成损失，为了确保企业如期供货，征迁部门对企业提前进行安置。在搬迁之前将安置厂房建好，搬迁后即可自动投产，对生产影响很小，有了这样的安置条件，企业才愿意把建设用地交出来，不仅做到企业满意安置，而且保证了工程建设用地的及时提供，保证了整体工程的建设进度。

4. 合理规划土地使用，节约临时用地

江苏南水北调工程初步设计规划临时用地3.68万亩，实施完成临时用地2.30万亩，节约临时用地共计约1.38万亩，占38%。南水北调工程临时用地的节约，主要基于三个方面：一是临时用地与永久征地使用范围相结合，将临时用地尽量规划在永久征地使用范围内，减少临时用地面积。二是利用废沟废塘填筑复垦增加耕地，减少对临时用地的使用。如在淮安四站输水河道工程时，根据山阳镇实际情况，从弃土区将多余的河道弃土调到镇工业园区，填筑了200余亩沟塘，使工程临时用地按原标准进行了复垦，也为镇工业园区解决了建设用地。三是增加工程措施，减少临时用地。如高水河整治工程原设计临时用地359亩，实施过程中，将临时排泥场取消，把临时用地补偿节约费用投入到工程措施中，改为弃土外运至交通部门实施的道路工程中，还解决了道路填筑的土源问题。

（二）征迁安置工作实施的经验做法

1. 政府高度重视是做好征迁安置工作的保障

江苏省委、省政府站在讲政治、讲大局的高度，把南水北调工程建设作为全省的大事来抓。省政府把南水北调工程列入对相关市县政府的年度考核目标，定期召开会议，听取南水北调工程实施进展情况，研究涉及全局的有关重大事项，为江苏南水北调征迁安置工作顺利推进提供了坚强领导和组织保障。

江苏南水北调沿线地方党委政府高度重视南水北调工程征迁安置工作，按照属地管理原则，加强组织领导，做好宣传发动，营造工程建设良好氛围，通过专题会议研究南水北调工程征迁安置工作，及时协调处理化解矛盾，保障了征迁安置工作的顺利实施。

2. 政策宣传是做好征迁安置工作的关键

在拆迁安置工作中，江苏南水北调征迁安置各级征迁机构非常注重政策宣传工作，通过横

幅、标语、宣传车、电视、广播等媒介，大力宣传南水北调工程的重要性，让群众了解国家的政策，让政策深入人心。通过反复宣传教育，使广大拆迁群众和单位认清了形势，了解了法规，主动服从大局、配合工作，自觉关心与支持国家重点工程建设。比如三潼宝工程征迁安置工作过程中，为做到征迁安置政策的家喻户晓，不折不扣地执行补偿标准，征迁实施单位印发了人手一册的《拆迁政策汇编》和《拆迁安全知识汇编》，做到每个拆迁户一册，每个拆迁单位一册，使拆迁群众充分理解国家征迁安置补偿政策，从工程建设需要，积极搬迁、让出土地，做到顾大局、识大体，以实际行动支持国家重点工程建设。

3. 阳光操作是征迁安置工作核心

江苏南水北调工程征迁安置工作始终坚持阳光操作，做到"四公开"，即政策公开、数量公开、标准公开、补偿资金公开，接受社会和群众监督。对所有征迁补偿实物量在移民监理的全程监督下进行复核，复核结果张贴在村委会、集市、交通要道口等人流集中路段，一般至少公示3天，如果公示中有异议，再行组织复核，直至无异议。再把公示结果按照补偿标准制作"到户卡"，发放给拆迁群众，让每一拆迁群众心中明白。补偿资金兑付采取银行打卡方式，在拆迁群众签字后领取补偿资金银行卡（或存折）。

4. 实行包干协议投资与实施方案核批"双控制"，实现了双赢局面

在工程开工时，征迁机构既要及时提供建设用地，又要开展拆迁补偿工作，任务重、矛盾多。为此，先用包干办法让地方和拆迁群众吃上"定心丸"。在拆迁工作主要任务完成后，地方政府根据包干协议内容，拆迁补偿中新发生的数量变化和问题或矛盾的处置，编制完整、详细反映征迁安置补偿全貌的实施方案，经县级以上政府批准后，报省南水北调办核批。

5. 妥善解决来信来访是做好征迁安置工作的重要环节

江苏省南水北调各级征迁机构自上而下建立的信访处理工作机制，主动排查征迁安置过程的矛盾，进行妥善处理和化解。对于任何来信来访，做到不推诿，认真了解、耐心解释，做到事事有回音、件件有落实。对于重点地区、重要问题和反复上访事项，坚持重点督办、重点跟踪、一盯到底。对于符合政策的，抓紧解决到位；对于不符合政策的，耐心细致地做好解释工作，同时讲明政策、讲明道理，心平气和做好说服教育，不激化矛盾，努力把工作做好、做实、做透，把矛盾化解在基层，把问题解决在基层。

（三）工作建议

1. 土地及地面附着物补偿宜实行同地同价

与交通、电力、城市建设等工程相比，由于水利工程的公益性较强，水利工程征迁安置的补偿标准往往低于同一个地区其他类型工程的补偿标准。同一地区不同工程征迁安置补偿标准，给水利工程征迁安置工作的开展带来了压力。

建议今后水利工程占地补偿标准按照所在省最新制定的标准，全面实行征地统一年产值标准和区片综合地价，即"建设用地位于同一年产值或区片综合地价区域的，征地补偿水平应基本保持一致，做到征地补偿同地同价"，这样不仅有利于减少征地矛盾，而且有利于维护移民的切实利益，确保征地区域的和谐稳定。此外，对于地面附着物补偿，江苏省每个地级市都公布了城市和农村补偿标准，国家大中型水利工程宜按此标准批复补偿经费概算，实际操作中便于减少矛盾，保障被拆迁群众的合法利益。

2. 进一步完善耕地占补平衡政策，建立跨区域占补平衡机制

对于跨省调水工程，应由受益省份提供土地占补平衡指标。江苏省土地后备资源不足，现已采取了市场运作解决占补平衡问题，江苏省国土资源厅建有耕地占补平衡操作平台，今后应通过市场平台解决耕地占补平衡。

3. 加强安置区环境整治的投入，切实提升拆迁群众生活质量

目前安置小区配套基础设施投资普遍偏低，安置小区配套基础设施有待完善。如安置小区配套设置主要是考虑拆迁群众基本的生产生活，许多已经建成的集中安置点配套基础设施配套不足，缺乏清污分流以及污水集中处理系统，出现污水随河排放造成河道污染的现象，因此建议加强对安置区环境整治等基础设施的投入，加强对安置小区环境的改善，切实提高拆迁群众的生活质量。

第二节　山东省征迁安置工作

一、基本任务

（一）山东省征迁安置情况概述

南水北调东线一期工程山东段划分为11个单项工程，分别是：韩庄运河段工程、南四湖水资源控制及水质监测工程、南四湖至东平湖段工程、东平湖至济南段工程（济平干渠工程）、济南至引黄济青段工程、穿黄河工程、鲁北段输水工程、南四湖下级湖抬高蓄水位影响处理工程、东平湖蓄水影响处理工程、山东段专项工程、截污导流工程。11个单项工程又进一步划分为54个设计单元工程，其中涉及征迁安置工作（由省级直接负责）的有9个单项29个设计单元工程（详见表2-2-1），分别是韩庄运河、南四湖水资源控制、南四湖至东平湖段、济平干渠、济南至引黄济青段、穿黄河、鲁北段、南四湖下级湖抬高蓄水位影响处理、东平湖蓄水影响处理工程（其中后两个单项工程不涉及永久征地，仅为补偿补助项目）。工程涉及山东省的枣庄、济宁、泰安、济南、滨州、淄博、潍坊、东营、聊城、德州10个市32个县（市、区）。此外，截污导流工程征迁安置工作由所在市、县负责，山东段专项工程不涉及征迁安置。

根据征迁安置规划（不含截污导流工程），工程永久征地9万亩，临时用地5.2万亩，搬迁安置人口8785人，生产安置人口6.75万人，拆迁房屋42.1万m^2，征迁总投资84.8亿元。

表2-2-1　南水北调东线一期山东段涉及征迁安置的9个单项29个单元工程统计

单项工程（9个）	设计单元工程（29个）	涉及市	县（市、区）
韩庄运河段工程	台儿庄、万年闸、韩庄3个泵站和韩庄运河段水资源控制工程	枣庄市、济宁市	峄城区、台儿庄区、微山县
南四湖水资源控制及水质监测工程	二级坝泵站、姚楼河闸、杨官屯河闸、大沙河闸、潘庄引河闸	济宁市、枣庄市	微山县、鱼台县、薛城区

续表

单项工程（9个）	设计单元工程（29个）	涉及市	县（市、区）
南四湖至东平湖段工程	湖内疏浚工程	济宁市	微山县、市中区
	梁济运河段工程	济宁市	任城区、市中区、北湖区、嘉祥县、汶上县、梁山县
	柳长河段工程	济宁市	梁山县
		泰安市	东平县
	引黄灌区灌溉影响处理工程	济宁市	梁山县
	长沟泵站工程	济宁市	任城区
	邓楼泵站工程	济宁市	梁山县
	八里湾泵站工程	泰安市	东平县
济平干渠工程	济平干渠工程	济南市	平阴县、长清区、槐荫区
		泰安市	东平县
济南至引黄济青段工程	济南市区段工程	济南市	槐荫区、天桥区、历城区
	明渠段输水工程	济南市	历城区、章丘市
		淄博市	桓台县、高青县
		滨州市	邹平县、博兴县
		东营市	广饶县
	陈庄输水工程	淄博市	高青县
		滨州市	邹平县
	东湖水库工程	济南市	历城区、章丘市
	双王城水库工程	潍坊市	寿光市
穿黄河工程	穿黄河工程	泰安市	东平县
		聊城市	东阿县
鲁北段输水工程	小运河输水工程	聊城市	东阿县、阳谷县、东昌府区、市经济开发区、茌平县、临清市
	七一·六五河输水工程	聊城市	临清市
	大屯水库工程	德州市	武城县
	灌区影响处理工程	聊城市	临清市
		德州市	夏津县、武城县
南四湖下级湖抬高蓄水位影响处理工程	南四湖下级湖抬高蓄水位影响处理工程	济宁市	微山县
东平湖蓄水影响处理工程	东平湖蓄水影响处理工程	泰安市	东平县

(二)设计单元工程征迁安置情况概述

1. 韩庄运河段台儿庄泵站工程

(1)工程概况。台儿庄泵站工程是南水北调工程进入山东段的第一级提水泵站工程,也是南水北调东线一期工程的第七级泵站。工程设计流量125m^3/s,安装5台立式轴流泵机组。台儿庄泵站主要由主泵房、副厂房、安装间、进出水池、进出水渠、清污机桥和交通桥组成。工程征迁涉及枣庄市台儿庄区。

(2)初步设计批复情况。2004年10月,国家发展改革委印发了《关于核定南水北调东线一期工程韩庄运河段台儿庄泵站工程、水资源控制工程初步设计概算的通知》(发改投资〔2004〕2291号),批复台儿庄泵站工程征迁安置投资1771万元。2005年2月,国家发展改革委印发了《关于调增南水北调东、中线一期工程三阳河、潼河及宝应站等19项单项工程征地补偿投资概算的通知》(发改投资〔2005〕520号),调增台儿庄泵站工程征迁安置投资788万元。国家发展改革委两次批复征迁安置投资合计2559万元。

(3)初步设计主要实物指标。台儿庄泵站永久征地548.95亩,临时用地84.84亩;拆迁居民38户136人;拆迁房屋2631.73m^2;拆除主要附属设施为厕所11处,猪圈1处,敞棚1处,门楼3处,围墙252m,水泥地面1441m^2,手压井15处,有线电话12户,闭路电视11户,龙门吊1处,地磅1处,油罐2处,坟墓44座;清除果树4822株,其他树木10096株;拆迁农副业设施3处;迁建企业单位1处;拆迁船闸1处,迁建10kV电力线路2处。

2. 韩庄运河段万年闸泵站工程

(1)工程概况。万年闸泵站工程位于韩庄运河中段,是南水北调东线工程的第八级抽水梯级泵站,也是山东境内的第二座泵站。工程设计流量为125m^3/s,安装5台立式轴流泵机组。工程主要建筑物包括主厂房、副厂房、前池、出水池、清污闸、引水渠、引水闸、出水闸及万年闸公路桥等。工程征迁涉及枣庄市峄城区和台儿庄区。

(2)初步设计批复情况。2004年8月,国家发展改革委印发了《关于核定南水北调东线一期工程万年闸泵站枢纽工程初步设计概算的通知》(发改投资〔2004〕1530号),批复万年闸泵站工程征迁安置投资2299万元。2005年2月,国家发展改革委印发了《关于调增南水北调东、中线一期工程三阳河、潼河及宝应站等19项单项工程征地补偿投资概算的通知》(发改投资〔2005〕520号),调增万年闸泵站工程征迁安置投资658万元。国家发展改革委两次批复征迁安置投资共计2957万元。

(3)初步设计主要实物指标。永久征地834.6亩,临时用地82.9亩;搬迁21户86人;拆迁房屋2915m^2,围墙700m,水渠水池23398m^3,有线电话15户,厕所22个,坟墓254座,水泥地面6000m^2;清除乔木5355株,果树4470株;迁建低压线路40杆,通信广播线路45杆。

3. 韩庄运河段韩庄泵站工程

(1)工程概况。韩庄泵站是南水北调东线一期工程的第九级抽水梯级泵站,也是山东省内第三座泵站。工程设计流量125m^3/s,安装5台贯流泵机组。工程包括主厂房、副厂房、引水渠、引水闸、出水闸、交通桥和排涝渠及排涝涵洞等主要建筑物。工程征迁涉及枣庄市峄城区和济宁市微山县。

（2）初步设计批复情况。2004年8月，国家发展改革委印发了《关于核定南水北调东线一期工程韩庄泵站枢纽工程初步设计概算的通知》（发改投资〔2004〕1534号），批复韩庄泵站工程征迁安置投资1405万元。2005年2月，国家发展改革委印发了《关于调增南水北调东、中线一期工程三阳河、潼河及宝应站等19项单项工程征地补偿投资概算的通知》（发改投资〔2005〕520号），调增韩庄泵站工程征迁安置投资512万元。国家发展改革委两次批复征迁安置投资合计1917万元。

（3）初步设计主要实物指标。韩庄泵站工程永久征地602.6亩，临时用地100.6亩；搬迁居民4户17人；拆除房屋978m²，围墙860m，水渠水池13761m³，坟墓283座；清除乔木26035株，果树26999株；迁建低压线杆30杆，通信广播线路30杆。

4. 韩庄运河水资源控制工程

（1）工程概况。韩庄运河段水资源控制工程位于韩庄运河北魏家沟、三支沟、峄城大沙河三条支流上，主要包括魏家沟、三支沟橡胶坝及峄城大沙河节制闸工程。工程征迁涉及枣庄市峄城区和台儿庄区。

（2）初步设计批复情况。2004年10月，国家发展改革委印发了《关于核定南水北调东线一期工程韩庄运河段台儿庄泵站工程、水资源控制工程初步设计概算的通知》（发改投资〔2004〕2291号），批复韩庄运河段水资源控制工程征迁安置投资63万元。2005年2月，国家发展改革委印发了《关于调增南水北调东、中线一期工程三阳河、潼河及宝应站等19项单项工程征地补偿投资概算的通知》（发改投资〔2005〕520号），调增韩庄运河水资源控制工程征迁安置投资93.00万元。国家发展改革委两次批复征迁安置投资合计156万元。

（3）初步设计主要实物指标。工程永久征地45.5亩，临时用地55亩。

5. 南四湖水资源控制工程二级坝泵站工程

（1）工程概况。二级坝泵站是南水北调东线工程的第十级抽水梯形泵站，也是山东境内第四座泵站。工程设计流量125m³/s，站内安装5台轴流泵机组。工程包括主厂房、副厂房、引水渠、引水闸、出水闸、交通桥和排涝渠及排涝涵洞等主要建筑物。工程征迁涉及济宁市微山县。

（2）初步设计批复情况。2005年3月，国家发展改革委印发了《国家发展改革委关于核定南水北调东线一期工程二级坝泵站枢纽工程初步设计概算的通知》（发改投资〔2005〕159号），批复二级坝泵站枢纽工程征迁安置总投资1314万元。

（3）初步设计主要实物指标。二级坝泵站永久征地940.8亩，临时用地188亩；拆迁房屋180m²；生产安置人口489人；迁建专项设施8项；其他主要附着物包括苇地、鱼塘、乔木、苗木、果树、柳条、蘑菇菌地、草皮、农村道路、水利设施、网箱、网箔等。

6. 南四湖水资源控制工程姚楼河闸工程

（1）工程概况。姚楼河闸位于苏鲁边界姚楼河的入湖口处，工程建设内容为2孔钢筋混凝土框架结构节制闸。工程征迁涉及山东省济宁市鱼台县。

（2）初步设计批复情况。2005年2月，国家发展改革委印发了《国家发展改革委关于核定南水北调东线一期工程姚楼河闸、杨官屯河闸工程初步设计概算的通知》（发改投资〔2005〕518号），批复姚楼河闸工程征迁安置总投资222.41万元（其中山东省220.15万元）。

（3）主要实物指标。姚楼河闸工程永久征地198.16亩，临时用地45.4亩；清除各类树木

7368 株；拆迁各类房屋 135m²；迁移电杆 6 根，通信线路 800m；清除货运码头 2 处；清理砂石材料 6000m²。

7. 南四湖水资源控制工程杨官屯河闸工程

（1）工程概况。杨官屯河闸位于苏鲁边界杨官屯河的入湖口处，工程包括 2 孔钢筋混凝土框架结构节制闸、船闸等主要建筑物。工程征迁涉及山东省济宁市微山县。

（2）初步设计批复情况。2005 年 2 月，国家发展改革委印发了《国家发展改革委关于核定南水北调东线一期工程姚楼河闸、杨官屯河闸工程初步设计概算的通知》（发改投资〔2005〕518 号），批复杨官屯河闸工程征迁安置总投资 276.58 万元（其中山东省 187.60 万元）。

（3）初步设计主要实物指标。杨官屯河闸永久征地 261.14 亩，临时用地 53.68 亩；该工程涉及传输线路 1 处，半砖瓦房 23m²；其他主要附着物包括树木、网箱、网箔等。

8. 南四湖水资源控制工程大沙河闸工程

（1）工程概况。大沙河闸位于苏鲁边界大沙河的入湖口处，工程包括 14 孔钢筋混凝土开敞式结构节制闸、船闸等建筑物。工程征迁涉及济宁市微山县。

（2）初步设计批复情况。2006 年 10 月，国家发展改革委印发了《国家发展改革委关于核定南水北调东线一期工程南四湖水资源控制工程大沙河闸、潘庄引河闸工程初步设计概算的通知》（发改投资〔2006〕1803 号），批复大沙河闸工程征迁安置投资 597.70 万元。

（3）初步设计主要实物指标。大沙河闸工程永久征地 553.85 亩，临时用地 77.67 亩；拆除房屋 74m²，禽舍 72m²；迁建通信线路 1 处；其他地面附着物主要包括树木、鱼池、青苗、水井、涵管、石渠、坟墓等。

9. 南四湖水资源控制工程潘庄引河闸工程

（1）工程概况。潘庄引河闸在山东省境内，位于南四湖湖东大堤与潘庄引河的交汇处附近。工程建设内容主要为 1 孔钢筋混凝土框架结构节制闸。工程征迁涉及枣庄市薛城区。

（2）初步设计批复情况。2006 年 10 月，国家发展改革委印发了《国家发展改革委关于核定南水北调东线一期工程南四湖水资源控制工程大沙河闸、潘庄引河闸工程初步设计概算的通知》（发改投资〔2006〕1803 号），批复潘庄引河闸工程征迁安置投资 141.62 万元。

（3）初步设计主要实物指标。潘庄引河闸工程永久征地 71.04 亩，临时用地 154.94 亩；清除各类树木 40748 株；拆迁房屋 72m²、禽舍 385m²；其他附着物有穿堤涵、地埋管和 U 形渠等农田水利设施。

10. 南四湖至东平湖段湖内疏浚工程

（1）工程概况。南四湖至东平湖段湖内疏浚工程位于济宁境内，工程利用原有京杭运河航道输水，疏浚扩挖南阳（南）至湖口段，长约 30km，底宽由 50m 扩挖至 68m。工程征迁涉及济宁市微山县和市中区。

（2）初步设计批复情况。2010 年 4 月，国务院南水北调办印发了《关于南水北调东线一期南四湖至东平湖段输水与航运结合工程湖内疏浚工程初步设计报告（概算）的批复》（国调办投计〔2010〕49 号），批复该工程征迁安置投资为 8132 万元。

（3）初步设计主要实物指标。工程永久征地 1253.96 亩，临时用地 3918 亩；搬迁安置 24 人；拆迁各类房屋 800m²；涉及鱼塘 436.76 亩；影响航标 10 处，电力线路 3 处，通信线路 1 处，广电线路 1 处。

11. 南四湖至东平湖段梁济运河工程

（1）工程概况。梁济运河输水与航运结合工程沿现状梁济运河工程，从湖口至邓楼全长56.252km，在现状工程基础上按输水流量100m^3/s进行扩宽挖深。工程征迁涉及济宁市的北湖区、任城区、市中区、梁山县、嘉祥县、汶上县和梁济运河管理处等7个县（区、管理处）。

（2）初步设计批复情况。2010年8月，国务院南水北调办印发了《关于南水北调东线一期南四湖至东平湖段输水与航运结合工程梁济运河段工程初步设计报告的批复》（国调办投计〔2010〕157号），批复工程征迁安置投资为81161.02万元。

（3）初步设计主要实物指标。工程永久征地4459.38亩，临时用地14273.75亩；生产安置人口1564人；搬迁各类农村房屋5469.69m^2；清除果树78391株，树木444038株，坟墓19503座，机井1136眼；迁移交通设施有渡口27处，码头37处；电信设施有移动线路9处，网通线路3处，传输局线路6处，广播电视线路8处；电力设施有高等级输变电10kV线路19处，35kV线路2处，6kV线路1处，低压输电线路54.3km；挖压影响水工建筑物103座。

12. 南四湖至东平湖段柳长河工程

（1）工程概况。柳长河段工程在梁山县境内利用现状柳长河河槽扩挖输水，在东平县境内新辟输水渠道，输水线路总长20.98km。工程征迁涉及济宁市梁山县和泰安市东平县。

（2）初步设计批复情况。2010年8月，国务院南水北调办印发了《关于南水北调东线一期南四湖至东平湖段输水与航运结合工程柳长河段工程初步设计报告的批复》（国调办投计〔2010〕156号），批复柳长河工程征迁安置投资43071万元。

（3）初步设计主要实物指标。工程永久征地4935.56亩，临时用地752.78亩；搬迁安置人口96人，生产安置人口2215人；拆迁房屋3140.94m^2；清除乔木175078株，果树333株，坟墓2224座；迁移电力线路、长途运输局、网通、移动、联通、广播电视、电信、铁通线路等专项共41处；需新（改）建涵闸、排涝站、排涝闸等交叉建筑物37座。

13. 南四湖至东平湖段引黄灌区影响处理工程

（1）工程概况。引黄灌区灌溉影响处理工程分为陈垓灌区和国那里灌区，两引黄灌区总的设计灌溉面积为94.07万亩，其中，国那里引黄灌区设计灌溉面积为38.89万亩，陈垓引黄灌区设计灌溉面积为55.18万亩。受南水北调工程影响的引黄灌区面积为40.01万亩。工程建设涉及7个乡镇67个行政村，输水线路总长49.25km，其中，国那里输水干渠长41.04km，陈垓输水干渠长8.21km。工程征迁涉及济宁市梁山县。

（2）初步设计批复情况。2009年6月，国务院南水北调办印发了《南水北调东线一期南四湖至东平湖段输水与航运结合工程引黄灌区灌溉影响处理工程初步设计报告（概算）》（国调办投计〔2009〕105号），批复征迁安置投资9725.01万元。

（3）初步设计主要实物指标。工程永久征地1429.6亩，临时用地1360亩；搬迁安置人口338人，生产安置人口632人；拆迁各类房屋12986.7m^2，水泥地面4098.27m^2；涉及乔木139829株，果树200株，坟墓4270座，机井12364m，埋涵1540m；涉及电力线路、长途运输局、网通、移动、联通、广播电视、电信、铁通线路共74处；需重（改）建交叉建筑物48座。

14. 南四湖至东平湖段长沟泵站工程

（1）工程概况。长沟泵站工程为南水北调东线一期工程的第十一级抽水梯级泵站，也是山东境内第五座泵站。工程位于济宁市任城区。设计输水流量100m^3/s，安装4台液压全调节式

3100ZLQ-4型立式轴流泵，泵站总装机容量8960kW。长沟泵站包括主厂房、副厂房、引水渠、出水渠、引水闸、出水闸、梁济运河节制闸、变电站、办公及生活福利设施等。工程征迁涉及济宁市任城区。

（2）初步设计批复情况。2009年6月2日，国务院南水北调办印发了《南水北调东线一期南四湖至东平湖段输水与航运结合工程长沟泵站工程初步设计报告（概算）》（国调办投计〔2009〕93号），批复该工程征迁安置投资3529万元。

（3）初步设计主要实物指标。工程永久征地388.5亩，临时用地183.2亩；生产安置人口316人；拆迁各类房屋43m²，禽舍27354.5m²；涉及果树40734株，乔木23215株；涉及电力线路1条。

15. 南四湖至东平湖段邓楼泵站工程

（1）工程概况。邓楼泵站工程位于梁山县梁济运河和东平湖新湖区南大堤相交处，是南水北调东线工程的第十二级抽水梯级泵站，也是山东境内第六座泵站。工程设计流量为100m³/s，安装4台液压全调节式3100ZLQ-4型立式轴流泵，泵站总装机容量8960kW。邓楼泵站包括主厂房、副厂房、引水渠、出水渠、引水涵闸、出水涵闸、梁济运河邓楼节制闸、变电站、防洪围堤、办公生活福利设施等。工程征迁涉及济宁市梁山县和梁济运河管理处。

（2）初步设计批复情况。2009年6月16日，国务院南水北调办印发了《关于南水北调东线一期工程南四湖至东平湖输水与航运结合邓楼泵站征地拆迁及安置初步设计报告（概算）的批复》（国调办投计〔2009〕106号），批复该工程征迁安置投资2281万元。

（3）初步设计主要实物指标。工程永久征地401.8亩，临时用地74.2亩；搬迁安置人口28人，生产安置人口269人；拆迁各类房屋895.05m²；涉及果树1200株，乔木19776株；涉及电力、网通线路2处。

16. 南四湖至东平湖段八里湾泵站

（1）工程概况。八里湾泵站工程是南水北调东线工程的第十三级抽水梯级泵站，也是山东境内第七座泵站，位于东平县商老庄乡八里湾村附近。设计输水流量100m³/s，安装4台3100ZLQ34-5.4型立式轴流泵，泵站总装机容量11200kW。八里湾泵站包括主厂房、副厂房、引水渠、出水渠、变电站、防洪围堤、办公及生活福利设施等。工程征迁涉及泰安市东平县。

（2）初步设计批复情况。2009年12月，国务院南水北调办印发了《关于南水北调东线一期南四湖至东平湖段输水与航运结合工程八里湾泵站工程初步设计报告（概算）的批复》（国调办投计〔2009〕249号），批复该工程征迁安置投资2034.89万元。

（3）初步设计主要实物指标。工程永久征地193.1亩，临时用地271亩；生产安置人口19人，拆迁各类房屋834.8m²；迁移专项设施涉及10kV输电线路500m，380kV电力线路设施2km。

17. 济平干渠工程

（1）工程概况。济平干渠工程是南水北调东线一期向胶东输水干线首段工程，也是南水北调东线一期干线工程首先开工的项目之一。济平干渠工程，自东平湖出湖闸至济南市西部的小清河源头睦里庄闸，全长90.06km，工程征迁涉及山东省泰安市的东平县和济南市的平阴县、长清区、槐荫区。

（2）初步设计批复情况。2003年1月，国家发展计划委印发了《国家计委关于核定山东省

济平干渠工程初步设计概算的通知》（计投资〔2003〕129号），批复济平干渠征迁安置投资32664万元。2005年4月，国家发展改革委印发了《国家发展改革委关于调增南水北调东、中线一期工程三阳河、潼河及宝应站等19项单项工程征地补偿投资概算的通知》（发改投资〔2005〕520号），调增济平干渠征迁安置投资9515万元，国家两次批复征迁安置投资合计42179万元。

（3）初步设计主要实物指标。济平干渠工程永久征地15861亩，临时用地377亩；拆迁房屋4.43万m^2；工程影响区需搬迁230户，生活安置人口974人；工程共迁移各类专项线路2669m；工程沿线清除乔木36.27万株，果树2.72万株。

18. 济南至引黄济青段济南市区段工程

（1）工程概况。济南市区段工程是胶东输水干线西段工程的重要组成部分，西起济南市槐荫区睦里庄小清河源头，接已建成通水的济平干渠，东至小清河洪家园桥下，全长27.99km。工程征迁涉及济南市槐荫区、天桥区、历城区。

（2）初步设计批复情况。2008年10月9日，国务院南水北调办印发《关于南水北调东线一期工程济南至引黄济青段济南市区段输水工程初步设计报告的批复》（国调办投计〔2008〕149号），批复济南市区段工程征迁安置投资为102496万元。

（3）初步设计主要实物指标。济南市区段工程永久征地为310.88亩，临时用地3319.07亩；农村部分房屋拆迁40户184人，拆迁面积8984.2m^2；城区房屋拆迁766户2321人，拆迁面积113297m^2；企事业单位搬迁98个，其中国有企业38个，集体企业60个；专业项目复建包括道路、桥梁、自来水管线、污水管线、电力线路、通信电缆、军用电缆、中水管线、热力管线、燃气管线、路灯共11类。

19. 济南至引黄济青段明渠段输水工程

（1）工程概况。济南至引黄济青明渠段工程自济南市区输水暗涵出口起，至博兴县小清河分洪道子槽引黄济青上节制闸，线路全长111.17km。工程征迁涉及济南市的历城区和章丘市，滨州市的邹平县和博兴县，淄博市的高青县和桓台县，东营市的广饶县，途经4市7县（市、区）169个行政村。

（2）初步设计批复情况。2010年9月16日，国务院南水北调办印发《关于南水北调东线一期胶东干线济南至引黄济青段工程明渠段段工程初步设计报告的批复》（国调办投计〔2010〕197号），批复济南至引黄济青明渠段输水工程征迁安置投资为125510万元。

（3）初步设计主要实物指标。济南至引黄济青明渠段输水工程永久征地12945.38亩，临时用地共计4275.74亩；搬迁居民民503户1872人；拆迁各类农村房屋共计101048.97m^2；涉及集镇搬迁1处；影响各类村副业49个，职工446人；影响各类事业单位3处；影响各类店铺15个，职工24人；复建柏油路面10356m^2，水泥路面37679m^2，砂石路面45261m^2，硬化路面190431m^2，电信设施65处，广播电视线路21处，输变电线路82处，低压线路31.28km，电线杆519杆，变压器7个；分洪道建筑物复堤接长43处，各类管道迁建及加固57处。

20. 济南至引黄济青段陈庄段输水工程

（1）工程概况。陈庄段输水工程因济南至引黄济青明渠段考古发现西周时期古城址—陈庄遗址变更设计后新挖渠道，线路全长13.23km。工程征迁涉及淄博市高青县和滨州市邹平县。

（2）初步设计批复情况。2011年1月19日，国务院南水北调办印发了《关于南水北调东线一期胶东干线济南至引黄济青段工程陈庄段输水线路工程初步设计报告的批复》（国调办投计〔2011〕7号），批复陈庄段输水工程征迁安置投资为13725万元。

（3）初步设计主要实物指标。陈庄段输水工程永久征地1480.50亩，临时用地共297.90亩；拆迁各类房屋644.03m²；生产安置人口457人；影响各类村副业9个，职工118人；专项迁建柏油路2100m²，生产路12305m²，电信设施2处，移动线路4处，移动线路基站1处，传输局线路1处，10kV线路3处，低压线路7.12km，建筑物重建2处。

21. 济南至引黄济青段东湖水库工程

（1）工程概况。东湖水库是南水北调东线一期工程济南至引黄济青段新建平原蓄水工程，也是南水北调干线工程山东境内第一座调蓄水库。工程位于济南市东北约30km处，水库最大库容5377万m³。工程主要内容包括围坝填筑、穿小清河倒虹、入库泵站、排渗泵站、放水洞、截渗沟、井家排水沟等工程，围坝轴线总长8.13km。工程征迁涉及济南市历城区和章丘市。

（2）初步设计批复情况。2009年11月27日，国务院南水北调办印发了《关于南水北调东线一期胶东干线济南至引黄济青段工程东湖水库工程初步设计报告（概算）的批复》（国调办投计〔2009〕230号），批复东湖水库工程征迁安置投资为54847万元。

（3）初步设计主要实物指标。东湖水库工程永久征地8073.56亩，临时用地88.56亩；生产安置人口4854人；影响村副业6个，职工91人；拆迁房屋1076.46m²；清除乔木126056株，果树3101株；迁建电力线路3处，移动线路1处，生产生活道路2条，水利设施3处。

22. 济南至引黄济青段双王城水库工程

（1）工程概况。双王城水库工程是南水北调东线一期胶东干线工程重要调蓄水库，也是南水北调干线工程山东境内第二座调蓄水库。工程位于寿光市双王城生态经济园区境内引黄济青输水干渠北侧，水库最大库容6150万m³。工程建设内容包括库区、入库泵站、引水渠、出水渠、复建道路及管理区。工程征迁涉及潍坊市寿光市。

（2）初步设计批复情况。2009年12月30日，国务院南水北调办印发了《关于南水北调东线一期胶东干线济南至引黄济青段工程双王城水库工程初步设计报告（概算）的批复》（国调办投计〔2009〕248号），批复双王城水库工程征迁安置投资为28093万元。2011年6月14日，国务院南水北调办印发了《关于南水北调东线一期济南—引黄济青段双王城水库工程增设泄水洞设计变更报告的批复》（国调办投计〔2011〕118号），批复双王城水库泄水洞、泄水渠工程征迁安置投资389万元，所增投资在已批复的双王城水库工程初步设计概算投资中统筹解决。

（3）初步设计主要实物指标。双王城水库永久征地11212.73亩（其中新征地2617.63亩，老库区占地8595.10亩），临时用地64.41亩；生产安置人口745人；拆迁房屋795.39m²，小桥1064m²，涵103m；清除树木11802株，机井11眼，坟墓193座；迁建潍坊传输局光缆13.8km，吊线4.3km，寿光广播电视网络传输中心光缆14.15km，吊线9km，复建生产道路1条。

23. 穿黄河工程

（1）工程概况。穿黄河工程是南水北调东线工程从东平湖至黄河以北输水干渠的一段输水工程，全长7.87km，是南水北调东线的关键控制性项目。工程主要由出湖闸、南干渠、埋管进口检修闸、穿黄隧洞、穿引黄渠埋涵、出口闸及连接明渠等建筑物组成。工程征迁涉及泰安市东平县和聊城市东阿县。

（2）初步设计批复情况。2007年3月2日，国家发展改革委印发了《国家发改委关于核定

南水北调东线一期穿黄河工程初步设计概算的通知》（发改投资〔2007〕459号），批复穿黄河工程征迁安置投资12353万元。

（3）初步设计主要实物指标。穿黄河工程永久征地771亩，临时用地5465亩；搬迁人口885人；拆迁各种房屋53016m²；清除果树11883株，用材树36840株。

24. 鲁北段工程小运河工程

（1）工程概况。小运河输水工程全部位于聊城市境内，自东阿县位山过穿黄隧洞出口起，止于临清邱屯闸上，全长98.29km，其中新开挖输水河道40.13km，利用小运河、赵王河、周公河等现状河道长58.16km。沿线新建、改建、加固各类建筑物296处371座。工程征迁涉及聊城市东阿县、阳谷县、东昌府区、经济开发区、茌平县、临清市6个县（市、区）。

（2）初步设计批复情况。2010年9月16日，国务院南水北调办印发了《关于南水北调东线一期鲁北段工程小运河段工程初步设计报告的批复》（国调办投计〔2010〕196号），批复该工程征迁安置投资为107460.71万元。

（3）初步设计主要实物指标。小运河工程永久征地10098.36亩，临时用地9273.52亩；农村搬迁人口881人，生产安置人口4775人，拆迁农村房屋34542.29m²；涉及各类村副业24个，涉及职工305人，拆迁村副业占地101.64亩，各类房屋7051.83m²；涉及各类店铺6个，涉及职工29人，拆迁店铺占地3亩，各类房屋1277.72m²；涉及1处集镇，为阳谷县七级镇，工程直接影响区占地74.18亩，拆迁房屋113户，涉及514人，拆迁各类房屋面积14113.61m²；专项设施工程影响涉及电信线路14处，移动线路34处，联通线路37处，传输局线路68处，广播电视线路46处，输变电线路104处，影响各类管道18处；工程涉及挖压影响建筑物38座，其中涵闸33座，倒虹5座。

25. 鲁北段七一·六五河工程

（1）工程概况。七一·六五河段输水线路全长77.01km，其中利用六分干扩挖12.84km，利用七一·六五河现状河道长64.17km。工程征迁涉及聊城市的临清市、德州市的夏津县和武城县。

（2）初步设计批复情况。2010年9月28日，国务院南水北调办印发了《关于南水北调东线一期鲁北段七一·六五河工程初步设计报告的批复》（国调办投计〔2010〕206号），批复该工程征迁安置投资为30815.17万元。

（3）初步设计主要实物指标。七一·六五河工程永久征地1961.23亩，临时用地2536.52亩；农村搬迁安置人口54人，生产安置人口1049人，拆迁各类农村房屋面积共计3810.84m²；工程影响城镇1处，位于夏津县，占地229.25亩，拆迁房屋74户，296人，拆迁房屋9299.06m²；涉及各类村副业27个；涉及事业单位5个；涉及电信设施54处，广播电视线路4条，输变电线路88条，管道6处；涉及重建建筑物93处。

26. 鲁北段大屯水库工程

（1）工程概况。大屯水库位于山东省德州市武城县恩县洼滞洪区东侧，为南水北调东线一期山东境内第三座调蓄水库。水库最高蓄水位29.80m，最大库容5209万m³。工程包括围坝、进水闸、泵站、涵洞、出水池、六五河节制闸等建筑物。工程征迁涉及德州市武城县。

（2）初步设计批复情况。2010年6月，国务院南水北调办印发了《关于南水北调东线一期鲁北段工程大屯水库工程初步设计报告的批复》（国调办投计〔2010〕96号），批复该工程征迁安置投资为56107.66万元。

(3) 初步设计主要实物指标。大屯水库工程永久征地9732.9亩，临时用地69.5亩；拆迁房屋839.45m^2；搬迁安置人口15人，生产安置人口3113人；涉及村副业1处；涉及专业项目有10kV电力线路1条，桥梁4座。

27. 鲁北段灌区影响处理工程

(1) 工程概况。鲁北段灌区影响处理工程包括临清灌区影响处理工程、夏津灌区影响处理工程、武城灌区影响处理工程三部分。工程征迁涉及聊城市的临清市、德州市的夏津县和武城县。

(2) 初步设计批复情况。2010年7月，国务院南水北调办印发了《关于南水北调东线一期工程鲁北段工程灌区影响处理工程初步设计报告的批复》(国调办投计〔2010〕110号)，批复该工程征迁安置补偿总投资为16156.01万元，其中临清灌区影响处理工程7426.24万元，夏津灌区影响处理工程5934.35万元，武城灌区影响处理工程2795.42万元。

(3) 初步设计主要实物指标。鲁北灌区影响处理工程永久征地1629亩，临时用地4694亩；搬迁安置人口307人，生产安置人口886人；拆迁各类房屋总面积11520m^2；涉及各类村副业20个；涉及事业单位1处；涉及输变电线路、电信、移动、联通、传输局、广播电视线、管道等各类专业项目共计199处。

28. 南四湖下级湖抬高蓄水位影响处理工程

(1) 工程概况。南四湖下级湖抬高蓄水位影响处理工程主要解决因抬高蓄水位对湖内居民的生产、生活设施的影响，投资为补助性质。根据淹没影响程度的不同，采取不同标准的补助处理措施(水位32.3～32.8m按淹没处理，32.8～33.3m按影响处理)。工程征迁涉及济宁市微山县。

(2) 初步设计批复情况。2011年8月30日，国务院南水北调办印发了《关于南水北调东线一期南四湖下级湖抬高蓄水位影响处理工程初步设计报告的批复》(国调办投计〔2011〕237号)，批复南四湖下级湖抬高蓄水位影响处理工程投资为40984万元。

(3) 初步设计主要实物指标。南四湖下级湖抬高蓄水位影响处理工程影响房屋25.85万m^2，养殖场126个，简易码头13.7万m^2，泵站126座，湖田7.67万亩，鱼塘、蟹塘及台田6.35万亩，生产、生活道路211.2km，田间配套设施桥、涵、闸分别为326、310、318座，芦苇2.9万亩，造船厂17座，简易交通桥2座。

29. 东平湖蓄水影响处理工程

(1) 工程概况。东平湖蓄水影响处理工程建设的任务是对南水北调东线一期利用东平湖蓄水而产生的影响问题进行处理和补偿，确保东平湖老湖区安全，从而实现向胶东和鲁北输水的目标。东平湖蓄水影响处理工程包括围堤加固工程、排涝排渗泵站改扩建工程、济平干渠渠首闸湖内引渠清淤工程和蓄水影响补偿等。工程征迁涉及泰安市东平县。

(2) 初步设计批复情况。2011年8月23日，国务院南水北调办印发了《关于南水北调东线一期东平湖蓄水影响处理工程初步设计报告的批复》(国调办投计〔2011〕211号)，批复东平湖蓄水影响处理工程征迁安置投资为44439万元。

(3) 初步设计主要实物指标。东平湖蓄水影响土地总计56376亩，临时用地为759.0亩；影响砖混机井房屋共计116m^2；影响机井4眼，灌溉石渠1479m，低压线路1.08km。

二、管理体制机制和规章制度

（一）管理体制与工作机制

1. 征迁安置管理体制

根据《大中型水利水电工程建设征地补偿和征迁安置条例》《南水北调工程建设征地补偿和征迁安置暂行办法》，山东省对南水北调干线工程征迁安置管理体制及内容进一步进行了明确。

（1）省级人民政府对南水北调征迁安置工作负有领导、监督责任，全面贯彻落实国家南水北调征迁安置政策，责成省级主管部门制定本省南水北调征迁安置政策、标准，制订南水北调各单项工程实施方案和实施计划；责成省相关部门办理征地、林地使用手续，搞好文物保护，协调省直部门搞好专项设施迁移工作；研究解决本省内南水北调征迁安置重大问题，领导、监督市、县人民政府做好相关工作。

（2）市级人民政府对南水北调征迁安置工作负有组织协调责任，全面贯彻国家、省南水北调征迁安置政策，负责征迁安置实施方案的组织评审工作，协调市级相关部门、县级人民政府做好南水北调征迁安置有关工作，组织、督促县级人民政府做好征迁安置实施方案的落实工作。

（3）县级人民政府是实施征迁安置工作的责任主体，对南水北调征迁安置工作负有组织、落实责任，领导县级相关部门、乡镇人民政府全面落实征迁安置实施方案，制定实物核查报告，组织地上附着物清除，做好环境协调，维护施工秩序。

（4）县为基础：县级人民政府为征迁安置工作的实施主体，地上附着物核查、征迁安置实施方案编制、兑付补偿、办理永久征地、临时用地、使用林地手续、征迁安置统计、临时用地复垦等工作都以县为单位来开展。县级是征迁安置工作质量评定的基础单位，也是征迁安置县级验收的组织单位。

（5）项目法人参与：南水北调工程实行的是项目法人责任制，项目法人负责组织南水北调工程建设及运行管理，承担向银行贷款和还贷的责任主体。项目法人参与征迁安置前期工作、方案制定、地上附着物核查、征地手续的办理、征迁安置工程招标、验收等工作，协调征迁安置相关工作。

2. 征迁安置工作机制

（1）政府领导协调机制。山东省南水北调工程建设指挥部建立了成员单位例会制度，决定每年至少召开一次省指挥部成员（扩大）会议，特别事项随时召开，及时协调研究解决工程建设中的重大问题。市、县南水北调沿线各市、县（市、区）均成立了政府领导挂帅，国土、林业、公安等部门为成员的南水北调工程建设领导机构，及时调度和研究解决南水北调工程建设征迁等重大问题。

（2）部门协作机制。山东省南水北调工程建设管理局与省国土资源厅、省林业厅建立了征地和使用林地协调机制，与省公安厅建立了南水北调工程安全保卫工作机制，与省直其他有关部门和重大专项设施主管部门建立了经常联系协商制度，完善了征迁安置工作的协调机制。市、县相关部门也参照省里的做法建立了相应的部门协作工作机制。

（3）施工环境协调机制。

1）建立征迁安置与施工环境现场协调机制。根据南水北调工程建设的需要，工程施工现场都成立了现场协调工作组。现场协调工作组由县南水北调办事机构牵头，水利、国土、林业、公安、有关乡镇政府、现场建设管理机构、征迁监理、施工单位等组成。

2）建立南水北调工程安全保卫工作联席会议制度。省、市、县（市、区）南水北调办事机构、公安机关、项目法人、现场建设管理机构按照统一协调、分级负责、多方配合、上下联动的原则，层层建立了南水北调工程安全保卫工作联席会议制度，成立相应的工作组。现场建设管理机构和施工单位根据实际情况，与当地乡镇政府、派出所、村委会等建立定期的工作协调会议制度。

（4）信访工作机制。征迁安置工作情况复杂，妥善处理群众上访和群体性事件问题是征迁安置工作的重要内容。

地方政府是征迁安置信访和矛盾纠纷处理的责任主体。各级南水北调办事机构都明确了责任人，建立了联系机制，确保信息渠道畅通。

项目法人和现场建设管理机构在所负责的工程范围内，及时组织排查施工过程中影响群众利益的问题。同时配合当地政府做好群众工作，防止出现聚众滋事、群众与施工队伍发生冲突的事件。

各相关单位建立反应灵敏、处置有力的应急处置体系，制定应急状态下维持治安秩序的各项预案，维护治安秩序，保障正常的生产、生活、工作秩序和社会稳定和谐。

（二）机构设置

1. 省级指挥机构和办事机构

（1）省政府的职责。在山东省人民政府与各地市人民政府签订的《南水北调主体工程征迁安置补偿和施工环境保障责任书》中，对省政府的职责进行了明确界定：

1）贯彻执行《南水北调工程建设征地补偿和征迁安置暂行办法》，责成省主管部门编制南水北调工程建设初步设计阶段征迁安置规划。制定省南水北调工程征迁安置的有关政策和规定，主要包括土地补偿和安置补偿费分解兑付办法和具体标准、有关优惠政策和管理制度等。

2）根据国家批准的初步设计阶段征地补偿和征迁安置规划，审批征迁安置实施方案。督促省主管部门与市人民政府签订征迁安置任务包干协议，监督检查包干协议内征迁安置任务的完成和资金的使用管理。

3）组织、督促省级有关部门按照各自职责做好征迁安置相关工作，主要包括地方配套资金落实、工程压矿、地质灾害评估、使用林地可研、文物保护、工程用地预审、办理建设用地及林地使用手续等。

4）组织南水北调单项工程征迁安置的验收工作。

5）对市人民政府履行职责情况进行督查通报，并实行责任追究制度。

6）及时研究协调解决有关地级市在征迁安置工作中提出的有关问题。

7）责成省南水北调工程建设管理局认真贯彻落实南水北调工程征迁安置的有关法律、法规和政策，编制省南水北调工程建设初步设计阶段征迁安置规划，及时拨付征迁安置补偿资金，监督检查补偿资金的兑付和落实，承办省政府交办的其他事项。

(2) 山东省南水北调工程建设指挥部职责。2002 年 9 月 27 日，中共山东省委、山东省人民政府下发鲁委〔2002〕303 号文件，成立山东省南水北调工程建设指挥部。文件同时明确“山东省南水北调工程建设指挥部具体组织实施山东省境内南水北调工程的建设管理工作”。

2005 年 4 月 30 日，山东省政府办公厅下发鲁政办字〔2005〕30 号文件，公布了指挥部成员单位的职责，主要内容如下。

山东省南水北调工程建设指挥部（简称“山东省指挥部”）是确定山东境内南水北调工程建设有关方针、政策、措施和解决其他重大问题的指挥机构，负责对山东境内南水北调工程建设的统一指挥、组织协调，督导沿线各级政府及有关部门积极做好辖区内的南水北调相关工作，特别是做好征地、拆迁、施工环境保障、文物保护、南水北调方针、政策宣传等工作，确保山东省南水北调工程建设顺利进行。省南水北调工程建设管理局是省指挥部的办事机构，承担省指挥部的日常工作，负责省指挥部决定事项的执行和督办。

省水利厅、省南水北调工程建设管理局：负责草拟境内南水北调工程建设的政策、管理办法和有关法规草案；负责组织境内南水北调的各项前期工作；组织境内南水北调配套工程规划编制工作，并负责配套工程的建设管理；按照有关规定，管理南水北调工程建设资金，协调境内南水北调工程年度开工项目建议计划和投资规模控制；审查并提出境内南水北调工程配套投资总量意见；协调配合省政府有关职能部门和地方政府做好工程项目区的节水、征迁安置和生态环境与文物保护等工作；承担国务院南水北调办委托的山东境内南水北调干线工程建设的行政管理和行政监督工作；协调解决山东境内南水北调工程建设中的有关重大技术问题；负责境内南水北调工程建设的科技和对外技术合作与交流；负责工程建成后的运行管理总体方案的拟定、队伍建设等。

省林业局（厅）：负责办理工程建设过程中征占用林地的审核、树木的采伐等相关手续；指导和监督工程沿线绿化带和防护林的建设等。

省国土资源厅：负责工程建设用地的征收、耕地占补平衡等管理工作；组织工程用地报批，协调市、县主管部门依法办理用地相关手续；对工程征地、地面附着物赔偿资金支付进行监督管理；负责工程建设项目用地预审和用地计划指标安排管理工作；负责工程地质灾害危险性评估备案、压矿报告审查，并办理相关手续。

省公安厅：负责督导所在地公安机关维护好南水北调工程建设区域社会治安秩序和交通秩序，依法查处盗窃、哄抢工程建设物料及破坏工程设施等案件，打击违法犯罪分子，确保良好的施工和运输环境。

省监察厅：对指挥部成员单位承担任务的完成情况进行监督检查；会同有关部门对工程建设过程中的招标活动进行监督。

省审计厅：对工程资金的到位、使用和管理进行审计监督。

省文化厅（文物局）：负责工程沿线文物保护方案的编制和实施。

省通信管理局：组织工程建设重大活动的通信保障工作，协调解决影响工程施工的通信设施迁移工作。

山东电力集团：组织保障工程建设、运行的电力调度和供应，协调解决影响工程施工的电力设施的迁移工作。

济南、淄博、枣庄、东营、潍坊、济宁、泰安、德州、聊城、临沂、滨州、菏泽市人民政府及工程沿线县（市、区）政府：根据工程建设需要，健全南水北调组织领导体系，明确有关机构负责境内南水北调的组织领导和实施工作（主要职责见本节市级指挥机构各办事机构）。

通过上述省委、省政府下发的两个文件，对相关部门和地方承担的山东省南水北调工程征迁安置和施工环境保障工作等职责进行了明晰界定。

（3）山东省南水北调工程建设管理局职责。2003年8月11日，山东省机构编制委员会以鲁编〔2003〕8号文件批复设立山东省南水北调工程建设管理局（简称“山东省南水北调建管局”）。2004年8月18日，山东省机构编制委员会以鲁编〔2004〕17号文件公布了山东南水北调建管局的职责。明确职责如下：“省南水北调工程建设管理局为省南水北调工程建设指挥部的办事机构”“协调配合省政府有关职能部门和地方政府做好工程项目区的节水、治污、征地、移民和生态环境与文物保护等社会层面的管理工作，保证工程建设环境”。

2005年1月10日，山东省政府办公厅以鲁政办字〔2005〕3号文件复函国务院南水北调办，进一步明确“山东省南水北调建管局为山东南水北调征地补偿和征迁安置组织实施工作机构，代省政府行使全省征地补偿和征迁安置组织实施工作”。此后，山东省南水北调建管局也按照这种模式，对市、县两级人民政府的“南水北调征地补偿和征迁安置组织实施工作机构”函商认可，明确了市、县两级南水北调办事机构，保证了在征迁安置资金拨付、审计、稽查等工作中责任的落实。山东省南水北调建管局内设处室征迁安置处（初期叫政策法规处），负责承担征迁工作实施。

（4）南水北调东线山东干线有限责任公司职责。根据《国务院南水北调工程建设委员会有关南水北调工程项目法人组建的意见》（国调委发〔2003〕2号），2004年6月19日，省政府上报了《南水北调东线山东干线有限责任公司组建方案》。2004年7月9日，国务院南水北调工程建设委员会给予正式批复（国调委发〔2004〕4号），成立南水北调东线山东干线有限责任公司（简称“山东干线公司”）。山东干线公司职责明确为：“负责南水北调东线一期山东省境内干线工程建设的组织实施和运行管理，负责工程所需资金的筹措、使用与贷款的偿还，承担授权范围内国有资产的保值增值责任”。山东干线公司正式在工商部门注册后，先期成立了征迁安置部，与山东省南水北调建管局征迁安置处合署办公，联合承担起省级南水北调工程建设征迁安置工作的组织和实施。

2. 市级指挥机构和办事机构

（1）成立的依据。根据山东省人民政府办公厅《山东省南水北调工程建设指挥部成员单位职责》（鲁政办字〔2005〕30号）要求，工程沿线的济南、淄博等市级人民政府，应根据工程建设需要，健全南水北调组织领导体系，明确有关机构负责境内南水北调的组织领导和实施工作。2005年5月19日，省南水北调工程建设指挥部成员会议形成山东省人民政府会议纪要（〔2005〕第37号）。会议确定：按照分级管理的原则，沿线各市、县须设立相应的指挥领导机构，并依托水利部门设立办事机构，明确专门班子、固定人员，确保有机构办事、有人办事。

（2）成立的概况。各有关地市按照省指挥部的统一安排部署，根据工程进展需要，结合各自实际，相继成立市级南水北调工程建设指挥部和南水北调工程建设管理局，组建起指挥机构和办事机构。仿照省里的模式，市级指挥机构一般由市政府主要领导任指挥，分管领导任副指挥，有关职能部门主要领导为成员。各市南水北调工程建设管理局作为市级指挥机构的办事机构一般依托市水利（务）局组建，下设综合、工程协调、环境协调、财务等职能科室。由于全

省各地工程开工时间不同，各市机构成立时间前后不一，泰安市、枣庄市因为境内济平干渠工程、韩庄运河段工程等实施较早，指挥机构和办事机构成立较早（2004 年 3 月至 2005 年 7 月）。截至 2012 年年底，全省涉及南水北调工程项目的 15 个市级指挥机构和办事机构基本组建完成。

（3）市级机构职责。

1）山东省人民政府办公厅《山东省南水北调工程建设指挥部成员单位职责》对市级指挥机构职责定位是：组织实施地方配套工程的建设和运行管理；负责筹集配套资金；做好主体工程、截污导流工程以及配套工程的土地征用、地面附着物清除和专项设施迁移等工作，组织好工程建设范围内城乡居民的迁移工作，确保在本行政区域内的工程按时开工、不停工，提供良好的施工环境。

2）在山东省人民政府与各地市人民政府签署的《南水北调主体工程征迁安置补偿和施工环境保障责任书》中，对市级人民政府的职责进行了明确界定：

确定本行政区域内负责南水北调工程建设征迁安置的办事机构。发布工程征地范围确定的通告，控制在征地范围内迁入人口、新增建设项目、新建住房、新栽树木等。

组织、督促本市有关部门、市以下人民政府，根据省主管部门提出的征迁安置时间要求，按照各自职责做好征迁安置相关工作，主要包括：编制征迁安置实施方案并组织实施；落实被征地农民生产安置所需土地；及时进行地上附着物清除及专项设施的迁移，确保工程按时开工。

预防和处置征迁安置群体性事件及相关信访工作，维护工程施工环境，不发生停工事件。按照《南水北调工程建设征地补偿和征迁安置暂行办法》等有关规定，征迁安置的调查、补偿、安置、资金兑现等情况，要以村或居委会为单位及时张榜公示并接受群众监督。征迁安置资金要设立专户、专款专用，接受国家的审计、稽查和监督。

与县（市、区）签订《南水北调主体工程征迁安置补偿和施工环境保障责任书》。组织、督促市有关部门、市级以下人民政府，配合省主管部门对工程占地影响和各种经济损失进行调查；对征迁安置工作进行监督、检查；组织本行政区域内征迁安置的验收工作；及时上报建设用地及林地使用手续。

对县（市、区）人民政府履行职责情况，进行督查通报，并实行责任追究制度。及时向省主管部门反映征迁安置工作中存在的问题。

3）2009 年 4 月 2 日，山东省南水北调工程建设管理局颁布《山东省南水北调工程征地移民实施管理暂行办法》（鲁调水政字〔2009〕15 号），以规范性文件进一步完善、界定了市级人民政府（南水北调办事机构）任务及职责：负责本行政区域内征迁安置实施管理工作的组织、指导和监督；负责将省南水北调办事机构与市人民政府签订的《征迁安置任务及投资包干协议》中征迁安置的具体任务，分解落实到有关县级人民政府，与县级人民政府签订征迁安置任务及投资包干协议，参与技术培训工作；对县级申报的征迁安置实施方案和征迁安置选址方案组织评审并批复；按照有关规定、政策和批准的征迁安置实施方案，组织对征迁安置实施及资金管理工作进行检查、审计，按时编报征迁安置统计报表和资金会计报表；参与征迁安置县级验收工作，负责征迁安置市级验收工作；做好信访工作，协同有关部门及时处理突发事件；督促县级人民政府办理征地及使用林地手续。

（4）市级机构作用。市级南水北调工程建设指挥机构和办事机构的成立，为工程沿线的各县（市、区）贯彻落实国务院南水北调工程建设委员会新颁布的国家《南水北调工程建设征地补偿和征迁安置暂行办法》，实行《山东省南水北调主体工程征迁安置补偿和施工环境保障责任书》制度提供了组织保证。征迁工作体制与现行行政管理体制高度吻合，在省级和县（市、区）之间形成桥梁和纽带，起到承上启下的作用。

3. 县级指挥机构和办事机构

（1）县级机构成立的依据。国务院南水北调工程建设委员会《南水北调工程建设征地补偿和征迁安置暂行办法》规定"南水北调工程建设征地和征迁安置工作，实行国务院南水北调工程建设委员会领导、省级人民政府负责、县为基础、项目法人参与的管理体制。有关地方各级人民政府应确定相应的主管部门承担本行政区域内的南水北调工程建设征地补偿和征迁安置工作"。

2005年5月19日，山东省南水北调工程建设指挥部成员会议形成山东省人民政府会议纪要（〔2005〕第37号）。会议确定：按照分级管理的原则，沿线各市、县须设立相应的指挥领导机构，并依托水利（务）局设立办事机构，明确专门班子、固定人员，确保有机构办事、有人办事。

（2）县级机构成立概况。按照省指挥部的统一安排部署，南水北调东线一期山东段干线工程沿线各县级人民政府都相继成立了南水北调工程建设指挥机构和办事机构。县级南水北调工程建设指挥部都由政府主要领导任指挥，分工副职任副指挥，发改、水利、公安、国土、财政、审计、林业、环保等相关部门负责人为成员。县级南水北调工程建设管理局（办公室）作为县级指挥部办事机构普遍依托水利（务）局筹建，也有的按独立法人设置，列入县本级财政预算。县级办事机构普遍设置综合、工程协调、环境保障、财务等科室。下面介绍几个成立较早的县级南水北调办事机构的基本情况。

1）东阿县。聊城市东阿县地处黄河北岸，东线工程穿黄河试验探洞入口在其境内。早在1984年6月，为配合工程进行，该县在全省率先成立了县级办事机构——东阿县支援南水北调工程建设办公室，1名副县长挂帅，有7名工作人员。

2）东平县。泰安市东平县由于单项工程多、前期工作任务重，2001年6月成立了独立法人的东平县南水北调办公室，为正科级全额事业单位。这是全省配合主体工程实施成立最早的县级机构。

3）临清市。聊城市临清市由于境内有3处设计单元工程，工作协调面广量大，成立了独立法人的临清市南水北调工程建设管理局，为正科级全额事业单位，定编20人。

（3）县级机构职责任务。县级指挥机构和办事机构的成立，为"县为基础"体制的建立奠定了坚实的组织保证，是"县为基础"征迁工作体制实施的基本载体。在《山东省南水北调工程征地移民实施管理暂行办法》（鲁调水政字〔2009〕15号）中，界定县级人民政府（南水北调办事机构）任务及职责如下：

1）宣传征迁安置法律、法规，做好移民的思想教育工作，及时妥善处理征迁安置工作中出现的问题，维护工程施工环境及社会稳定，参与技术培训工作。

2）负责按规定招标或委托选择设计单位完成本行政区域内的征迁安置技施阶段的设计任务，组织编制征迁安置实施方案和征迁安置选址方案。

3）按照市人民政府与县人民政府签订的《征迁安置任务及投资包干协议》要求，分解、落实、完成本行政区内的征迁安置实施任务。

4）按照经批准的征迁安置实施方案，严格征迁安置资金管理，组织对征迁安置资金的使用情况进行检查、审计，按要求及时上报征迁安置统计报表和资金会计报表。

5）按照“公开、公正、接受人民群众监督”的原则，充分听取移民意见，严格依法办事，切实保护移民的合法权益。

6）按有关规定及时收集、整理、归档征迁安置资料，保证档案资料的完整、准确、系统、安全和有效。

7）负责征迁安置县级验收工作。

4. 现场协调机构

（1）成立背景。南水北调工程进入实施阶段以后，征迁和施工环境保障成为制约工程进展的重大课题，因征迁原因导致的施工环境恶化、阻工现象时有发生。群众维权意识强、政策透明程度高、地方维稳压力大等都对征迁工作提出了新的要求。2006年10月23日，省指挥部审时度势，提出了加强南水北调工程建设现场协调机构的要求，以便及时解决征迁带来的问题，最大限度地确保主体工程建设顺利进行。要求工程建设现场协调工作组由南水北调办事机构牵头，水利、国土、林业、公安、有关乡（镇、街道）、现场建设管理局、征迁监理、施工等单位组成。

（2）职能任务。

1）协调工作组的任务是及时解决本地南水北调工程建设中出现的征迁和施工环境协调等问题，尽量把问题就地化解。现场协调解决有困难的问题，由现场协调小组形成意见后报县（市、区）南水北调指挥部协调解决。如县（市、区）解决仍有困难，可向上一级单位报告，启动更高层次的协调机制。未经现场协调，有关单位不得将问题直接报告上级主管单位。

2）各市南水北调办事机构要帮助、督促县（市、区）协调工作组开展工作，切实解决群众反映的合理问题；对群众阻挠施工现象要正确分析，既要维护群众正当利益，又要依法打击非法行为，维护好南水北调工程建设环境。

3）各现场建设管理局要积极组织施工单位开展“文明施工和法律进工地”教育活动，改进施工方式，尽量避免因施工产生的噪声、粉尘等对群众生产、生活造成影响，争得群众对工程建设的理解和支持。

4）各市南水北调办事机构负责督促有关县（市、区）尽快就已开工和新开工项目成立工程建设现场协调工作组，并将各县（市、区）工作组名单和联系方式汇总上报，确保协调工作组联系渠道畅通。

（3）成立的情况与发挥的作用。省指挥部通知下发后，山东省南水北调建管局积极督促落实，工程施工所在县（市、区）人民政府普遍成立了南水北调工程建设现场指挥部，政府分工负责人现场督导工作，组织有关部门参加。有的地方把公安警务室、治安队等设在施工现场，济宁市南水北调工程建设管理局、市公安局还联合建立了《南水北调工程施工安全保卫机制》；济宁、枣庄等市政府下发了关于维护施工环境的通告；潍坊市成立了南水北调工程双王城水库派出所等。这些都起到很好的保驾护航作用，工程施工环境明显好转。

同时，从穿黄河工程施工开始，山东干线公司派出的现场建管局普遍增设征迁安置部，注重从社会上招收有相关工作经验的人，安排专门人员从事征迁协调工作。从而做到了第一时间发现问题，立即协调解决，把征迁工作对主体工程正常施工的影响降到最低限度，取得良好效果。

山东省南水北调工程建设现场施工协调，注意倾听地方群众呼声。对一些合理要求，组织设计人员和征迁监理人员现场核实，尽快给予解决。对群众反映虽不强烈，但确属工程建设影响范围的，也本着以人为本、落实科学发展观的要求全力以赴解决，赢得了工程沿线群众对南水北调工程的关心、理解和支持。

（三）包干协议签订

根据《南水北调工程建设征地补偿和移民安置暂行办法》等有关法律法规和政策的要求，2005年1月，南水北调山东干线有限责任公司和山东省南水北调工程建设管理局经协商，签订了《南水北调东线一期工程（主体工程）山东省境内征地补偿和移民安置工作委托协议》，南水北调山东干线有限责任公司将南水北调山东段全部设计单元工程征地补偿和移民安置（含文物保护）工作委托给山东省南水北调工程建设管理局实施。每个单元工程初步设计批复后及时组织编制征地移民安置实施方案，并组织实施。整个南水北调山东段就签订了这一个总的工作协议，不再分别签订各单元工程征地移民工作委托协议。

（四）规章制度

山东南水北调征迁工作紧密结合山东实际，勇于探索，大胆实践，把水利工程建设法律法规和南水北调工程征迁实际有机地结合起来，在征迁安置工作各个环节，突出加强制度建设，创造性地开展工作。先后起草颁布了《山东省南水北调工程征地移民实施管理暂行办法》《山东省南水北调工程征地移民评比奖励办法》等16个办法或者规定，这些办法很好地指导了山东省南水北调的征迁安置工作。

1.《山东省南水北调工程征地移民实施管理暂行办法》

2009年4月2日，山东出台了《山东省南水北调工程征地移民实施管理暂行办法》（鲁调水政字〔2009〕15号），明确了征迁安置工作的原则和管理体制、征迁安置工作程序、各级政府和办事机构的职责、征迁资金管理和奖罚附则等四方面问题。在指导全省南水北调工程建设尤其是“三大段”（指两湖、济东、鲁北）工程建设征迁工作中起到了“基石”的作用，使征迁工作开展的规范、有序，进度、投资、质量、利益诉求等方面都处在可控之中，确保了全省南水北调工程建设“高峰期、关键期”（指2011年、2012年两年集中会战）建设用地的需要，为按期完工、如期通水奠定了基础。

2.《山东省南水北调工程征地移民评比奖励办法》

为了扎实开展山东省南水北调工程征迁安置工作，结合贯彻落实党的十七大提出的关于“以人为本、构建和谐社会”的要求，依法依规促进南水北调工程建设的健康顺利进行。根据国务院南水北调办与山东省人民政府签订的《南水北调主体工程建设征地补偿和征迁安置责任书》及国家有关规定，决定在山东省南水北调工程征迁安置工作中开展评比表彰活动，引入评比机制，解决干好干坏一个样的问题。2008年12月25日，山东省出台了《山东省南水北调工程征地移民评比奖励办法》（鲁调水指字〔2008〕8号），明确了评比奖励的组织管理、表彰范

围及奖励、先进单位和个人的标准、一票否决的条件等事项。此后，山东省南水北调工程建设指挥部于2010年代表省政府对南水北调工程征迁安置工作中涌现的先进单位和个人进行表彰，在全省形成了征迁工作的良好氛围。

3.《山东省南水北调干线主体工程征地移民协议（合同）监督管理实施细则（试行）》

在征迁安置工作实践中发现，有的地方对山东省南水北调干线主体工程征迁安置协议（合同）的执行出现偏差，对各项征迁安置制度的理解执行不一，一旦出现不利情况，都会对征迁工作造成干扰，影响工程建设。为此，将征迁安置工作的“过程监督”提到日程，一旦出现问题，便于及时进行整改。2011年8月2日，山东省南水北调工程建设管理局研究出台了《山东省南水北调干线主体工程征地移民协议（合同）监督管理实施细则（试行）》，规范了“征迁安置协议（合同）的订立、执行和验收，省、市两级办事机构监督管理的职责，协议（合同）监督检查的内容和程序”等三方面内容。把此前收效良好的省指挥部开展的分地市征迁安置专项督查工作制度化、规范化，推动征迁工作沿着健康正常的轨道开展。

4.《山东省南水北调工程临时用地复垦实施管理办法》

2009年3月18日，山东省南水北调工程建设管理局、省国土资源厅、林业局联合研究出台了《山东省南水北调工程临时用地复垦实施管理办法》（鲁调水政字〔2009〕13号），明确了临时用地的复垦设计、复垦实施、复垦验收及移交、复垦资金管理、各方责任等五方面问题。通过实施这个办法，依据国家有关规范，由设计单位做出复垦方案设计，组织专家评审，实施管理部门严格管理，使临时用地复垦工作开展得扎实有效，“退地难”问题在山东迎刃而解。2012年年底，山东境内全部施工临时用地退还给县级。截至2013年6月，除少量需要续占使用的临时用地外，其余均全部退还给群众进行耕种。

5.《山东省南水北调工程专项设施恢复建设实施管理暂行办法》

2009年4月1日，山东省南水北调工程建设管理局出台了《山东省南水北调工程专项设施恢复建设实施管理暂行办法》，明确了专项实施迁移的内容、管理体制、方案设计、具体实施等各方面要求。各地本着“不影响主体工程施工建设”和“先易后难、先急后缓”的原则，兼顾施工企业和专项权属单位利益，及时把专项实施迁出，为主体工程正常施工创造了条件。

6.永久界桩埋设、管理以及征地边界管理

为了减少工程建设期间和以后工程运行过程中的纠纷，确保有一条清晰、完整、准确的南水北调工程永久征地边界，2007年3月12日，山东省南水北调工程建设管理局研究出台了《山东省南水北调工程永久界桩埋设及管理暂行办法》，明确了界桩的制造、埋设、交接、管理等方面内容，在工程施工过程中严格监督执行，永久界桩为工程区提供了屏障和保护作用，减少了用地边界纠纷，促进了工程建设的顺利进行。

南水北调工程建设实施后，与地方群众的边界纠纷一度成为阻工的主要原因。为了减少各现场建管机构（各委托建管单位）与被征地单位和群众的矛盾，构建和谐的施工环境，也便于工程建成后的运行管理，2010年4月3日，山东省南水北调工程建设管理局印发了《关于加强南水北调工程征地边界管理工作的通知》（鲁调水政字〔2010〕13号），对征地边界管理责任主体、管理要求进一步明确。

7.征迁安置验收管理

根据大中型水利水电工程建设规范，主体工程竣工验收前，必须先期进行征迁安置工作验收。没有征迁安置验收或者验收不合格，不得进行主体工程验收。2009年5月8日，山东省南水北调工程建设管理局研究出台了《山东省南水北调工程征地移民验收管理暂行办法》，明确了征迁安置验收工作的依据、层次、内容、条件、程序、争议解决等，尤其对与群众利益密切相关的临时用地复垦验收做了明确规定。验收办法的出台，为省、市、县三级征迁安置工作者提供了工作标准，指明了工作方向，推动了征迁安置工作规范开展，使征迁安置的每个工作环节都有章可循、井然有序。

8. 征迁安置档案管理

2009年9月27日，山东省南水北调工程建设管理局印发了《山东省南水北调工程征地移民档案管理暂行办法》，做到档案工作与征迁安置工作同部署、同检查、同验收。档案管理办法兼顾了征迁安置档案的门类广、层次多、要求严的特点，明确了征迁安置档案管理责任主体、档案的收集整理和归档立卷、档案资料的验收移交等事项，对档案材料的随时收集、及时整理、高标准归档都产生了积极的现实意义。

9. 征迁安置实施方案编报和审查管理

在总结前期工作基础上，山东省南水北调工程建设管理局研究出台了征迁安置实施方案编报和审查管理的一系列办法，并在此后补充完善，为各地开展征迁安置工作提供了规范的技术支撑。

（1）征迁安置实施方案编报和审查管理办法。2010年7月12日，山东省南水北调工程建设管理局印发了《山东省南水北调工程征地移民实施方案编报和审查管理办法》（鲁调水政字〔2010〕31号），明确了征迁安置实施方案编报的责任主体、编制依据、编制大纲、内容格式、批复程序等主要内容。

（2）对实施方案编报和审查管理办法的修订完善。

1）增加《地上附着物补偿方案》。根据国家加快南水北调工程建设进度的要求，结合目前山东省南水北调工程征迁安置工作的实际，在编制《征迁安置实施方案》之前，县级人民政府（或南水北调指挥机构）和设计单位要首先编制《地上附着物补偿方案》。

2）对《地上附着物补偿方案》及《征迁安置实施方案》的评审与批复程序进行了明确。《地上附着物补偿方案》由市南水北调指挥机构按照《山东省南水北调工程征地移民实施方案编报和审查管理办法》负责组织有关专家评审并批复。《征地移民实施方案》应按照《山东省南水北调工程征地移民实施方案编报和审查管理办法》，由市南水北调指挥机构负责组织专家评审后，上报省南水北调工程建设指挥部，由省南水北调工程建设指挥部代山东省人民政府批复。

（3）征迁安置实施方案编制有关问题补充说明。为了加快征迁安置实施方案的编制和批复，促进主体工程顺利建设，针对各地在方案编制中出现的共性问题和关心的问题，2010年12月10日，山东省南水北调工程建设指挥部印发了《关于南水北调工程征地移民实施方案编制有关问题的通知》（鲁调水指字〔2010〕17号），对征迁安置实施方案中的地上附着物补偿方案、征迁安置规划方案、专项设施和临时用地复垦、征迁安置投资包干资金使用和动用预备费等问题处理给予明确说明。

1）地上附着物补偿方案编制、评审与批复。地上附着物补偿方案编制：以县为单位，由各县人民政府（或县南水北调指挥机构）牵头和征迁安置原初设单位共同编制，地上附着物复

查数量、补偿单价、补偿投资预算，要分别列表与初设批复进行比较，与初设不一致的应分析原因、说明理由、提出意见。

地上附着物补偿方案评审：地上附着物补偿方案评审以市为单位，由市南水北调指挥机构（或市人民政府）组织评审，评审专家由国家、省、市三级从事征迁安置及相关专业的技术人员组成，评审意见以县为单位单独形成。

地上附着物补偿方案批复：县级地上附着物补偿方案根据专家评审意见修改完善后，由市南水北调指挥机构（或市人民政府）批复。

2）征迁安置初设方案修订与下达。初设方案的修订编制：以县为单位由设计单位完成，土地面积以勘测定界单位实际测量为准，地类原则以现场复查的结果为准，专项设施迁移、临时用地复垦等项目隶属关系与初设不一致的，也应以县为单位进行调整。

不跨县（市、区）的设计单元工程，征迁安置初设方案不再进行修订。

征迁安置初设修订方案由省南水北调工程建设管理局直接下达。

3）征迁安置规划方案设计、评审与批复。南水北调工程凡需集中安置的征迁项目，必须编制详细的征迁安置规划，集中安置点的确定、宅基地（或住房）的分配必须在征求拆迁户同意的基础上实行，并办理相关手续。征迁安置规划设计，应包括移民房屋补偿与建设、水、电、路等基础设施设计等。

集中安置水、电、路等规划由县人民政府确定，集中安置设计方案由县人民政府与设计单位共同完成。

集中安置规划设计方案以县为单位编制后由市人民政府（或市南水北调指挥机构）组织评审后报省南水北调工程建设指挥部批复。

集中安置规划设计方案评审专家由国家、省、市从事征迁安置及相关专业的技术人员组成。

（4）专项设施迁移复建。

1）电力、网通、移动、管线（输水、输气、排污）等专项设施在初设阶段由产权单位自行设计、专家审核通过，实施阶段由地方人民政府协调，征迁安置办事机构与产权单位（或主管部门）直接签订包干协议，由产权单位（或主管部门）按期完成，不得影响工程建设。

2）水利、桥梁、道路等地方影响专项设施，在实施阶段应由市级南水北调办事机构按基建程序管理。

（5）临时用地复垦设计。临时用地复垦设计按《山东省南水北调工程临时用地复垦实施管理办法》，由县南水北调指挥机构（或县人民政府）与设计单位共同完成。评审与批复按《山东省南水北调工程临时用地复垦实施管理办法》及相关部门规定办理。

（6）县级征迁安置实施方案编制、评审与批复。县级征迁安置实施方案编制由县人民政府（或县南水北调指挥机构）与设计单位共同完成。

县级征迁安置实施方案评审由市南水北调指挥机构（或市人民政府）组织评审并修改完善后报省南水北调工程建设指挥部批复。

征迁安置实施方案评审专家由国家、省、市征迁安置及相关专业的技术人员组成。

（7）征迁安置技施设计报告（设计单元工程征迁安置实施方案）编制与评审。各县征迁安置实施方案、初设修订方案及各单项征迁安置设计方案完成后，由设计单位以设计单元工程为单位，形成征迁安置技施设计报告。征迁安置技施设计报告由省南水北调工程建设管理局组织专家评审。

(8) 征迁安置投资包干资金使用和动用预备费问题。实施阶段各县确定的征迁安置投资包干直接费用可以按相关规定（标准）在征迁安置各单项项目之间调剂使用，征迁安置各单项项目之间费用无法调剂且本县征迁安置包干直接费用全部用完后，方可动用征迁安置预备费，征迁安置预备费的动用按有关程序和规定办理。

10. 征迁安置设计变更管理

参照一般大中型水利水电工程建设的做法，国务院南水北调建委会在批复山东南水北调各设计单元工程征迁安置方案中，计列了征迁安置预备费，专门用作技施阶段征迁工作出现问题的处理，避免因初步设计不到位或需要变更等影响主体工程建设顺利进行。由于征迁安置设计变更与动用预备费直接相关，为了使征迁安置预备费使用规范有序、安全快捷，减少变更对工程建设的影响，山东总结南水北调工程开工以来的经验做法，2010 年 8 月 18 日，下发了《山东省南水北调工程征地移民设计变更管理暂行办法》，对征迁安置设计变更的责任主体、前提条件、工作程序等方面提出明确要求。

11. 东平湖蓄水影响处理工程征迁安置实施管理

东平湖蓄水影响处理工程征迁安置初步设计与南水北调其他设计单元工程有所不同，其主要投资为建设开发项目，为做好该单元工程的实施管理工作，2011 年 11 月 4 日，省指挥部研究出台了《南水北调东线一期东平湖蓄水影响处理工程征迁安置规划项目实施管理办法》（鲁调水指字〔2011〕54 号），明确了规划项目实施方案的编制审批、施工图设计审批、项目实施管理、项目实施监督检查、资金管理、省市县在项目实施中的任务责任等事项，为建设好沿湖乡镇因南水北调蓄水影响计列的开发项目提供了制度保障。

（五）管理措施

为了全面推进南水北调工程征迁工作开展，山东省强化管理措施建设，综合利用法律、经济、行政等多种手段，促进了主体工程建设的顺利进行。

1. 督查考核

为确保征迁安置和施工环境保障工作落实到位，山东省率先实行了征迁安置工作督查考核制度，把南水北调工程征迁安置和施工环境保障工作纳入地方各级政府年度工作综合考核体系。从 2009 年开始，山东省人民政府将南水北调征迁安置纳入对各市人民政府的科学发展年度综合考核体系。省政府办公厅将征迁安置工作纳入省政府督查范围，每年组织督导组分头对各市征迁安置和施工环境保障工作进行督导检查，对出现的问题及时提出整改意见。每年年底，对各市征迁工作量化打分，排出名次，予以奖惩。

(1) 督查工作实施方案。

1) 组织形式。由省政府督查室牵头，组成由省发展改革委、省公安厅、省监察厅、省财政厅、省审计厅、省人力资源社会保障厅、省国土资源厅、省水利厅、省林业局、省南水北调工程建设管理局等单位参加的督查组。

2) 督查依据。山东省人民政府与沿线各市人民政府签订的《山东省南水北调主体工程征迁安置补偿和施工环境保障责任书》；山东省政府办公厅印发的《山东省南水北调工程建设指挥部成

员单位职责》；批准的初步设计、省市签订的投资和任务包干协议、实施规划、安置方案或迁建协议、设计变更、征迁安置工作进度计划、会议纪要及其他各类合同、协议和审计稽查报告等。

3）督查范围。每年安排对干线工程及续建配套工程沿线的15市人民政府及有关县（市、区）政府进行督查。

4）督查内容。征迁安置工作进度和效果，包括永久征地、临时用地的补偿兑付和移交进度；青苗、房屋等附属物的清理进度；居民搬迁及生活安置进度；企事业单位和专项设施迁建补偿协议签订和拆除进度；临时用地复垦进度；永久征地和临时用地手续办理进度；征迁安置资金拨付使用管理情况。

施工环境保障情况，包括宣传教育措施；维护建设环境机制和制度建设情况；阻工、停工事件处置情况；群众来信来访和社会稳定情况；续建工程配套投资及征地区征地价补偿配套资金到位情况。

5）督查时间安排。每半年督查一次，第一次于每年的7月进行，第二次安排在每年的12月进行。

6）督查工作程序。以省政府办公厅名义发出督查通知。督查工作一般采取书面通知形式提前通知被督查单位，特殊情况下，可以直接进驻施工现场进行督查。

督查组到被督查单位进行现场督查，听取汇报，召开座谈会，并进行现场调查。

督查组成员交换意见，编写督查报告。督查报告主要内容包括：督查考核工作概况；被督查单位征迁安置工作完成情况及评价；存在的主要问题；整改意见与建议。

根据督查报告编写督查通报，督查通报经审核同意后印发。

被督查单位根据督查报告或通报提出的整改意见和建议组织整改、落实，在规定时间内将整改结果及落实情况报省督查组。省南水北调工程建设管理局适时对整改情况进行复核，并将复核情况报省政府办公厅。

整改后仍有下列情形之一的，追究被督查单位的责任：征迁工作进度明显滞后，造成阻工、停工，影响工程建设的；发生征迁安置群体性事件，影响恶劣的；违反征迁安置资金使用管理有关规定且造成不良后果的；信访、上访问题处理不当，引发社会不稳定的。追究被督查单位责任的形式包括：责令说明情况，限期解决问题；通报批评；黄牌警告；提出对被督查单位领导班子工作业绩考评的建议。

（2）考核方案。

1）考核组织和对象。南水北调工程征迁安置和施工环境保障工作的督查考核，省级由省委组织部牵头，考核对象是工程沿线涉及的各有关市、县人民政府。

2）考核内容。征迁安置考核坚持客观公正、实事求是，维护被征地群众合法权益，保障工程建设需要的原则。

督查考核的内容主要包括：征迁安置和环境保障工作领导及办事机构、机制建立健全情况；有关政策法规和征迁安置投资包干责任制执行情况；征迁安置工作进度满足工程建设的程度；施工环境状况，阻工能否及时解决，有无群体性阻工、强行停工现象；补偿资金是否按时兑付到位，有无违法违纪现象；征迁安置来信来访处理情况和被征地区域社会稳定状况，有无群体性上访和闹事事件；有关部门承担的征迁安置工作任务完成情况。

3）考核方式及指标。对各地征迁安置工作的考核评比实行百分制，分为优、良、一般、差四个档次，对应的分值分别为90以上、80～90、70～80、70以下。量化指标有：征迁安置各项任务，不能按时完成的，每延迟一周扣1分；工程建设过程中每发生一起阻工、停工事件的扣2分；每发生一起进京、赴省集体上访（30人以上）的事件扣20分；每收到一封反映问题属实的群众来信扣1分；干线工程征迁安置到位的配套资金，每拖欠1%扣1分。

南水北调征迁安置和环境保障工作在各级政府年度考核中所占的分值，乘以百分制计分的考核得分百分比，就是市、县政府年度综合考核的得分。

4）考核结果的使用。考核结果作为被考核单位领导干部职务调整的重要依据，并按照山东省南水北调工程建设指挥部印发的《山东省南水北调工程征地移民工作评比奖励办法》对被考核单位进行奖惩：考核结果为优的单位，一律确定为征迁安置先进单位，给予表彰奖励，并增加10%先进个人名额；考核结果为良的单位，按规定程序评选先进单位和先进个人；考核结果一般或差的单位，不得确定为征迁安置先进单位，相应核减10%的先进个人名额，并在全省通报批评。

2. 通报奖励

（1）征迁安置工作通报制度。为便于及时掌握征迁安置和施工环境保障工作情况，尽快解决突出问题，维护正常的施工环境，建立征迁安置工作情况通报制度非常必要。2010年4月，省指挥部下发了《关于进一步做好南水北调工程征地移民情况通报工作的通知》，决定以省指挥部的名义，编发征迁安置情况通报，传阅范围是省南水北调工程建设指挥部成员，有关市、县主要领导和分工领导。通报内容是各地征迁安置工作任务完成情况、工作进度、存在问题、下步要求等。截至2013年6月底，共编发通报72期。通报制度的实施，把工作情况置于广泛舆论监督之下，既达到通报情况、鞭策后进、促进工作的目的，也为地方政府年度科学发展考核提供重要依据。

（2）奖励先进。为激励和调动地方南水北调工程征迁安置工作的积极性，贯彻落实中央关于以人为本、构建和谐社会的要求，按时保质地完成南水北调工程征迁安置工作，根据国务院南水北调办与省人民政府签订的《南水北调主体工程建设征地补偿和征迁安置责任书》及国家有关规定，山东省指挥部在全省开展了南水北调工程征迁安置工作先进单位及先进个人评比奖励活动（鲁调水指字〔2008〕8号）。同时，对于征迁工作量集中或者难度很大的专项工作，山东省指挥部和山东省南水北调建管局制定了专门的奖励政策。

2008年12月至2010年1月，省指挥部组织开展了一次较大规模的征迁安置先进单位和先进个人表彰活动，对已开工南水北调工程的各市、县（市、区）征迁安置实施单位和个人在全省南水北调系统进行了通报表扬，共表彰先进单位40个、先进个人144名，先进单位奖励2万元、先进个人奖励3000元。

2010年8—11月，南水北调两湖段梁济运河、柳长河、济南至引黄济青明渠段、鲁北段小运河、七一·六五河等工程集中开展征迁安置工作，为及时交付建设用地、确保工程按期开工，省南水北调工程建设管理局决定对按期完成交地任务的有关市、县（市、区）、乡镇南水北调指挥机构实行奖励。辖区内每个县（市、区）按时完成交地任务且工程按期开工的，奖励市级南水北调指挥机构10万元；县（市、区）按时完成交地任务且工程按期开工的，奖励每个县级南水北调指挥机构20万元；乡镇按时完成交地任务且工程按期开工的，奖励每个乡级南水北调指挥机构10万元。

2012年9月，为确保临时用地顺利退还，省南水北调工程建设管理局决定对按期完成临时用地复垦退还任务的市、县南水北调办事机构和现场建管机构给予一定的奖励，奖励金额根据工作量等统筹核定，一般市级办事机构10万～40万元不等；县级办事机构5万～40万元不等；现场建管机构10万元。

3. 审计稽查

（1）审计。山东省南水北调工程征迁安置工作接受过国家审计署2次审计、国务院南水北调办委托会计师事务所开展的3次内部审计、山东省南水北调工程建设管理局委托的2次内部审计。结果显示，征迁安置项目管理规范，政策执行比较到位，基本符合国家要求。

在配合审计工作期间，主要做了以下工作：

1）搞好预审。联合相关处室，完成了征迁安置沿线各县（市、区）、乡镇的内部财务审计工作。从审计征迁资金落实情况入手，促进征迁工作开展。对审计出来的问题依据省指挥部的要求，督促地方政府及各方及时进行了整改。

2）积极配合。在国家审计署进驻前，多次召集会议，认真贯彻审计工作的指示精神，充分做好各方面准备工作。在审计署进驻后，派专人全程配合，解读政策，答疑释惑。通过与审计人员的密切联系、积极配合，征迁安置工作得到了审计人员的理解和支持。

3）严肃对待。2012年4—6月，国家审计署组织对南水北调山东段征迁安置工作进行了全面审计。山东省南水北调工程建设管理局认真指导和协调，各市、县对审计提出的问题严肃对待，在为审计取证的问题作出合理解释的同时，也化解了很多审计问题，确保了审计工作顺利通过。2012年度国家审计署审计报告对山东南水北调征迁安置工作给予了高度评价："山东省高度重视，措施得力；制度健全，资金管理严格；征迁进展有序，安置及时妥善。"

各有关市、县（市、区）每年在接受国务院南水北调办或省政府组织的征迁安置专项审计的同时，根据当地实际，政府牵头组织审计、监察、财政、检察院等力量，开展阶段性的征迁安置资金落实情况检查，从规范资金过程入手，确保把征迁工作落到实处。

（2）稽查。山东省共接受2次国务院南水北调办征迁安置稽查组的专项稽查，一次是2010年7月，另一次是2012年3月。稽查组由审计、计划、财务、征迁等方面专家组成，从征迁安置工作的设计、批复、监理、建设、征迁实施、勘界、资金兑付、地方工作各个环节和方面检查评价工作。采取的办法一般是采取查阅省、市、县、乡、村五级资料、到村入户走访座谈、工程现场查看、听取各方汇报等相结合的方式，不受各级地方政府干扰，独立开展工作，直接对国务院南水北调办负责。

通过稽查，客观公正地评价南水北调工程征迁工作，发现问题，向有关地方政府提出建议，改进工作，进而推动征迁工作顺利开展。征迁工作稽查在客观上充当了征迁工作"推进器"的作用，通过稽查，一些征迁遗留问题，包括一批"疑难杂症"问题顺利解决，丰富了市场经济条件下推进大中型水利水电工程征迁工作开展的手段。

三、实施与管理

（一）韩庄运河段台儿庄泵站工程

1. 实物指标复核

2005年5月，枣庄市南水北调工程建设指挥部组织枣庄市航运局、台儿庄区政府、区水务局、区国土局、区林业局、现场建管局、设计、征迁监理等有关单位人员组成联合调查组，分别对工程永久征地和临时用地范围内的各项实物指标进行了实地调查，山东省南水北调工程建设管理局全程监督指导。在调查过程中，对勘测定界的范围内的各类地面附着物进行了调查复核，调查结果由各参加单位及产权人于现场进行了签字认可。

实物指标复核成果：台儿庄泵站永久征用土地 468.40 亩，临时用地 84.84 亩；拆迁房屋 6659.99m^2，搬迁 42 户 182 人；采伐树木 1.43 万株；专项设施迁建包括：老航道及老船闸所有影响施工的驳船迁移和沉船打捞迁移，简易钢筋混凝土码头 13 处，台儿庄节制闸水文数据传输线路拆迁，网通光缆临时和永久迁移，广电光缆临时和永久迁移，自来水管道迁移，拆除枣庄市航运管理局老船闸 1 座。

2. 公告公示

2005 年 8 月，台儿庄区南水北调工程建设指挥部对实物调查复核成果及补偿标准进行了张榜公示，公示期为 5 天。

3. 实施方案的编制与批复

根据实物量调查复核、公示成果和征迁补偿进度，枣庄市南水北调工程建设指挥部和征迁监理单位联合分批编制了台儿庄泵站征迁补偿实施方案，上报山东省南水北调工程建设管理局。

2005 年 8 月 2 日，山东省南水北调工程建设管理局下达了《关于南水北调台儿庄泵站工程施工临时用地、地面附着物及船闸等补偿实施方案的批复》(鲁调水政字〔2005〕14 号)，对台儿庄泵站施工临时用地及基础设施等补偿实施方案进行了批复。

2005 年 9 月 1 日，山东省南水北调工程建设管理局下达了《关于下达南水北调台儿庄泵站工程永久征收土地、青苗及船闸补偿实施方案的通知》(鲁调水政字〔2005〕19 号)，对台儿庄泵站永久征地、青苗补偿及船闸补偿实施方案进行了批复。

2005 年 11 月 1 日，山东省南水北调工程建设管理局下达了《关于下达南水北调台儿庄泵站工程专项设施码头及水泥地面补偿实施方案的通知》(鲁调水政字〔2005〕27 号)，对台儿庄泵站简易钢筋混凝土货运码头及货场水泥地面补偿实施方案进行了批复。

2006 年 6 月 30 日，山东省南水北调工程建设管理局分别下达了《关于下达南水北调台儿庄泵站工程四项专项设施补偿实施方案的通知》(鲁调水政字〔2006〕11 号) 和《关于下达南水北调台儿庄泵站工程自来水管道迁移补偿实施方案的通知》(鲁调水政字〔2006〕12 号)，对台儿庄泵站初步设计漏项老航道及老船闸所有影响施工的驳船迁移和沉船打捞迁移、台儿庄节制闸水文数据传输线路拆迁、网通光缆临时和永久迁移、广电光缆临时和永久迁移、自来水管道迁移等专项设施补偿实施方案进行了批复。

4. 补偿协议

2005 年 5 月 9 日，山东省政府与枣庄市政府签订了《山东省南水北调主体工程征迁安置补偿和施工环境保障责任书》。

5. 补偿兑付

台儿庄泵站征迁安置资金由省、市、区南水北调办事机构逐级兑付，台儿庄区南水北调办事机构收到征迁安置资金后，按照实物量复核结果，对补偿给集体的资金直接兑付给集体单位；对补偿给个人的资金通过办事处、居委会兑付给个人。为加快征迁进度，涉及枣庄市航运

局集体和个人补偿，由枣庄市南水北调工程建设管理局直接将补偿款兑付到市航运局。由于自来水管道迁移需结合主体工程一并实施，山东省南水北调工程建设管理局与市、区南水北调办事机构协商同意后，由山东省南水北调工程建设管理局将自来水管道迁移补偿资金直接拨付给淮委南水北调东线建管局台儿庄泵站工程建设管理处，由该处完成迁移任务。

至2011年10月31日，山东省南水北调工程建设管理局拨付台儿庄泵站工程农村征迁安置资金879.37万元，工业企业迁建171.41万元，专业项目复建690.18万元，税费140.26万元，其他费用402.23万元。

6. 农村生产生活安置

（1）生产安置。台儿庄泵站工程征用农用地233.17亩，涉及台儿庄区运河办事处的兴隆和顺河居委会，生产安置人口为1035人。由于永久征地面积相对较少，在本居委会范围内进行调地安置，至2007年年初台儿庄泵站两居委会土地调整完成，土地补偿款全部兑付到农户。

（2）生活安置。台儿庄搬迁人口为42户182人，其中32户为散居拆迁户，由台儿庄区对搬迁户进行了补偿，自行安置宅基地。剩余10户为港航局职工，原初设计划进行集中安置，经与拆迁户协商，变更初设集中安置方案为一次性货币补偿，山东省南水北调建管局以《关于〈南水北调东线一期韩庄运河段台儿庄泵站枣庄市港航局职工搬迁安置变更方案〉的批复及下达补偿资金的通知》（鲁调水局征字〔2014〕55号）对货币补偿方案进行了批复并下达了资金，港航局10户职工得到了妥善安置。

7. 专项设施迁建

台儿庄泵站涉及的专项设施由山东省南水北调建管局下达专项设施迁移实施方案，除自来水管道迁移由建设单位结合工程实施，其他均由权属单位自行组织迁建。

至2008年6月，各专项设施已经完成，台儿庄区组织相关单位完成了验收工作。

8. 永久征地交付

台儿庄泵站工程永久征地468.40亩，其中国有用地140.60亩。

2005年11月30日，山东省南水北调工程建设管理局、枣庄市台儿庄区南水北调办事机构及勘界、设计、监理单位联合对附着物清除情况进行验收，将永久征地468.40亩全部交付给淮委南水北调东线建管局台儿庄泵站工程建设管理处。

9. 临时用地交付和复垦

台儿庄泵站工程临时用地共计84.84亩，分布在韩庄运河的河滩地上，主要是作为施工场地临时征用，由于用地较少，经各方协商，由施工企业负责施工场地清理，对表土进行平整和疏松后，交付群众耕种。至2008年11月，临时用地已全部交付群众耕种。

10. 用地组卷报批

（1）林地手续。2006年10月30日，山东省林业局以《使用林地审核同意书》（鲁林政许准〔2006〕101号）同意南水北调韩庄运河段建设项目征占用林地113.37亩。

（2）征地手续。2005年8月24日，山东省南水北调工程建设管理局与山东省国土资源厅协商，开始了启动韩庄运河段工程永久征地手续办理工作。

2008年5月，山东省国土资源厅完成了台儿庄征地组卷整理工作，山东省人民政府将韩庄运河段台儿庄泵站工程征地报卷材料报至国土资源部。

2009年4月24日，国土资源部下达《国土资源部关于南水北调东线一期韩庄运河段工程建设用地的批复》(国土资函〔2009〕541号),其中批复台儿庄泵站工程永久征地共计31.23hm^2。

11. 变更管理

征用旱地年产值设计变更:根据设计单位2004年6月编制的《南水北调东线一期工程台儿庄泵站工程初步设计补充材料》,台儿庄泵站征用旱地年产值为1100元/亩,与先期实施的韩庄运河段万年闸泵站工程旱地年产值1200元/亩不一致,为确保台儿庄泵站工程征地移民工作顺利实施,经山东省南水北调建管局向国务院南水北调办汇报同意,在实施征地补偿时,按照年产值1200元/亩统一补偿。

12. 征迁监理

2004年10月30日,根据公开招标结果,山东省南水北调建管局确定由山东龙信达咨询监理有限公司承担台儿庄泵站征迁监理工作,并与山东龙信达咨询监理有限公司签订了《山东省南水北调韩庄运河段工程监理合同书》。

(二)韩庄运河段万年闸泵站工程

1. 实物指标复核

2004年10月10—12日,枣庄市南水北调工程建设指挥部组织峄城区、台儿庄区政府有关单位、现场建管局、设计、征迁监理、所在乡、村等有关单位人员组成联合调查组,对工程永久征地和临时用地范围内的各项实物指标进行了实地调查复核,山东省南水北调建管局全程监督指导。调查复核结果由各参加单位及产权人于现场进行了签字认可。

实物指标复核成果:工程永久征地764.11亩,临时用地82.9亩;影响房屋面积2169m^2;各种树木1.91万株;影响坟墓254个;影响专项设施77处;拆迁码头2处;拆迁企业1个;生产安置人口459人,搬迁人口86人。

2. 公告公示

2004年10月,峄城区与台儿庄区南水北调工程建设指挥部对实物调查复核成果及补偿标准进行了张榜公示,公示期为5天。

3. 实施方案的编制与批复

2004年9月25日,山东省南水北调韩庄运河段工程指挥部与山东龙信达咨询监理公司南水北调韩庄段Ⅲ标监理部在征求市、区、镇南水北调办事机构基础上,编制上报了《万年闸泵站征地补偿和征迁安置实施方案》。

2004年9月28日,山东省南水北调工程建设管理局以《关于下达万年闸泵站征地补偿征迁安置实施方案和补偿标准的通知》(鲁调水法规字〔2004〕3号)下达了《万年闸泵站工程征地补偿和征迁安置实施方案》。

4. 补偿协议

2005年2月28日,山东省南水北调工程建设管理局与中国网通(集团)有限公司枣庄市分公司签订了《南水北调韩庄运河段万年闸泵站工程通信设施迁移实施协议》。

2005年2月28日,山东省南水北调工程建设管理局与枣庄市峄城区水务局签订了《南水北调韩庄运河段万年闸泵站工程电力设施迁移实施协议》。

2007年6月8日,山东省南水北调工程建设管理局与枣庄市南水北调工程建设管理局签订

了《南水北调东线万年闸泵站工程建设征用码头补偿协议》。

5. 补偿兑付

山东省南水北调工程建设管理局根据复核调查成果、相关征迁协议和实际工作进度，以征迁安置补偿支付证书的形式将征地移民资金下达到枣庄市南水北调工程指挥部办公室。

专项设施补偿资金由山东省南水北调工程建设管理局（或通过市南水北调工程指挥部办事机构）与产权单位签订拆除或迁移补偿协议，直接兑付。

2004 年 10 月 20 日，为保证开工典礼所用土地，峄城区水务局垫付资金 20 万元，用于部分永久征地补偿。

从 2004 年 11 月 2 日起，山东省南水北调工程建设管理局以《南水北调韩庄运河段工程征迁安置补偿支付证书》方式分批分期下达了万年闸泵站工程征地移民资金。

截至 2011 年 10 月 31 日，山东省南水北调工程建设管理局拨付万年闸泵站工程农村移民资金 1696.10 万元，专业项目复建 526.36 万元，税费 418.53 万元，其他费用 308.47 万元。

6. 农村生产生活安置

（1）生产安置。万年闸泵站工程征用土地 764.11 亩，涉及峄城区古邵镇 5 个村和台儿庄区涧头集镇 1 个村，万年闸泵站生产安置人口 495 人，经广泛征求所在村被征地群众意见，全部在村内调地进行安置。截至 2005 年 6 月，土地补偿款已全部兑付到农户，土地调整已完成。

（2）生活安置。万年闸泵站工程需搬迁 24 户 86 人，所有搬迁人口由所在村分散安置。

7. 专项设施迁建

2005 年 2 月 28 日，万年闸泵站专项设施迁建由山东省南水北调工程建设管理局分别与中国网通集团有限公司枣庄分公司、枣庄市峄城区水务局和枣庄市南水北调工程建设管理局签订了专项设施迁移协议，涉及的专项设施由各专项部门提出专业复建方案，经批准后由相关部门自行组织实施。截至 2005 年 12 月，各专项设施已经完成，并通过验收。

8. 企事业单位迁建

2007 年 6 月 8 日，山东省南水北调工程建设管理局与枣庄市南水北调工程建设管理局签订了《南水北调东线万年闸泵站工程建设征用码头补偿协议》，拨付万年闸泵站工程建设征用码头补偿资金 489.04 万元，资金包干使用，签订协议后 20 日内，枣庄市南水北调工程建设管理局负责协调施工单位开挖货场及码头拆除工作。

9. 永久征地交付

万年闸泵站工程永久征地面积为 764.11 亩，其中峄城区 749.46 亩，台儿庄区 14.65 亩。山东省南水北调工程建设管理局、枣庄市峄城、台儿庄区南水北调办事机构及勘界、设计、监理单位联合对附着物清除情况进行验收，第一批于 2004 年 11 月 8 日将 130 亩永久征地交付现场管理局用于开工典礼，第二批于 2005 年 3 月将剩余的永久征地全部交付给现场建设管理单位使用管理。

10. 临时用地交付和复垦

万年闸泵站临时用地共计 82.9 亩，由于用地较少，至 2007 年 11 月底，由施工企业整理复垦后交付群众耕种。

11. 用地组卷报批

（1）林地手续。2006 年 10 月 30 日，山东省林业局以《使用林地审核同意书》（鲁林政许准〔2006〕101号）同意南水北调韩庄运河段建设项目征占用林地113.37亩。

（2）征地手续。2004年10月29日，国土资源部办公厅以《关于南水北调东线韩庄运河段万年闸及韩庄泵站枢纽工程先行用地的复函》（国土资厅函〔2004〕578号）同意先行用地。

2008年5月，山东省人民政府将韩庄运河段万年闸泵站工程征地报卷材料报至国土资源部。

2009年4月24日，国土资源部印发《国土资源部关于南水北调东线一期韩庄运河段工程建设用地的批复》（国土资函〔2009〕541号），其中批复万年闸泵站工程永久征地50.94hm^2。

12. 征迁监理

2004年10月30日，根据公开招标结果，山东省南水北调工程建设管理局确定由山东龙信达咨询监理有限公司承担韩庄运河段万年闸泵站工程的征迁监理工作，并与山东龙信达咨询监理有限公司签订了《山东省南水北调韩庄运河段工程监理合同书》。

（三）韩庄运河段韩庄泵站工程

1. 实物指标复核

2005年8月，枣庄、济宁市南水北调工程建设指挥部分别组织峄城区及微山县政府、县（区）林业局、国土局、现场建管局、设计、征迁监理、所在乡村等有关单位人员组成联合调查组，分别对工程永久征地和临时用地范围内的各项实物指标进行了实地调查复核，山东省南水北调工程建设管理局进行了全程指导和监督。调查复核结果由各参加单位及产权人于现场进行了签字认可。

实物指标复核主要成果：工程永久征地527.51亩，临时用地16.74亩；影响房屋面积1353.46m^2；各种树木8.27万株。

2. 公告公示

2005年10月，峄城区、微山县南水北调工程建设指挥部分别对调查的实物指标及补偿标准进行了张榜公示，公示期为5天。

3. 实施方案的编制与批复

根据实物量调查复核、公示成果和征迁补偿进度，征迁监理单位编制了韩庄泵站征迁补偿实施方案。

2005年9月18日，山东省南水北调工程建设管理局以《关于下达南水北调韩庄泵站工程永久征收土地、青苗及地面附着物补偿实施方案的通知》（鲁调水政字〔2005〕22号）和《关于下达南水北调韩庄泵站工程（出水渠部分）永久征收土地、青苗及地面附着物补偿实施方案的通知》（鲁调水政字〔2005〕23号）下达了韩庄泵站征迁安置实施方案及投资。

4. 补偿协议

2005年5月9日，山东省政府分别与枣庄市、济宁市政府签订了《山东省南水北调主体工程征迁安置补偿和施工环境保障责任书》。

2007年11月19日，山东省南水北调工程建设管理局与枣庄市南水北调工程建设管理局签订了《南水北调东线韩庄泵站工程专项设施迁建补偿协议》。

2007年6月1日，山东省南水北调工程建设管理局、南水北调东线山东干线有限责任公司与南四湖水利管理局韩庄水利枢纽管理局签订了《南水北调韩庄泵站工程占用胜利渠首闸管理

用地协议书》。

5. 补偿兑付

山东省南水北调工程建设管理局根据下达的土地及附着物补偿实施方案及投资计划、相关补偿协议及时向济宁、枣庄市南水北调办事机构拨付征迁安置资金。

从2005年9月18日起，山东省南水北调工程建设管理局以《关于下达南水北调韩庄泵站工程永久征收土地、青苗及地面附着物补偿实施方案的通知》（鲁调水政字〔2005〕22号）和《关于下达南水北调韩庄泵站工程（出水渠部分）永久征收土地、青苗级地面附着物补偿实施方案的通知》（鲁调水政字〔2005〕23号），分别向枣庄市、济宁市分批下达了征迁安置资金。

至2011年10月31日，山东省南水北调工程建设管理局拨付韩庄泵站工程农村征迁安置1396.17元，专业项目复建6万元，税费283.43元，其他费用224.97万元。

6. 农村生产生活安置

（1）生产安置。韩庄泵站工程永久征地527.51亩，涉及枣庄市峄城区古邵镇和济宁市微山县韩庄镇，生产安置人口为364人。征地后人均耕地均接近和大于1亩，生产安置在本村内调节安置。至2007年2月，土地补偿款已全部兑付到农户，土地调整已完成。

（2）生活安置。韩庄泵站工程搬迁人口3户14人，所有搬迁人口均由所在村进行分散安置。

7. 专项设施迁建

2007年11月19日，韩庄泵站专项设施迁建由山东省南水北调工程建设管理局与枣庄市南水北调工程建设管理局签订了包干协议，由枣庄市负责组织实施专项设施迁移补偿工作，并做好施工安全、补偿及协调工作。至2007年年底，韩庄运河航运灯塔、老运河节制闸闸管所道路、胜利渠渠首电力电缆改建等专项设施已经完成迁建，保证了工程顺利施工。

8. 永久征地交付

韩庄泵站工程永久征地527.51亩，其中济宁市微山县52.68亩，枣庄市峄城区474.83亩。2005年12月25日，济宁市微山县和枣庄市峄城区组织镇、村、户完成了征地范围内附着物清除工作，经现场建管局、征迁监理等单位验收合格，向现场建设管理机构交付了永久征地。

9. 临时用地交付和复垦

韩庄泵站工程临时用地在枣庄市峄城区，共计14.7亩，地上附着物清除后，及时向现场建设管理机构进行交付。由于用地较少，由施工企业负责复垦，临时用地使用结束后已顺利交付群众耕种。

10. 用地组卷报批

（1）林地手续。2006年10月30日，山东省林业局以《使用林地审核同意书》（鲁林政许准〔2006〕101号）同意南水北调韩庄运河段建设项目征占用林地113.37亩。

（2）征地手续。2004年10月29日，国土资源部办公厅以《关于南水北调东线韩庄运河段万年闸及韩庄泵站枢纽工程先行用地的复函》（国土资厅函〔2004〕578号），同意先行用地。

2008年5月，山东省国土资源厅完成了省级组卷工作，将韩庄运河段工程征地报卷材料报至国土资源部。

2009年4月24日，国土资源部印发《国土资源部关于南水北调东线一期韩庄运河段工程建设用地的批复》（国土资函〔2009〕541号），其中批复了韩庄泵站工程永久征地35.17hm^2。

11. 征迁监理

2004年10月30日，根据公开招标结果，山东省南水北调工程建设管理局确定由山东龙信达咨询监理有限公司承担韩庄运河段韩庄泵站工程的征迁监理工作，并与山东龙信达咨询监理有限公司签订了《山东省南水北调韩庄运河段工程监理合同书》。

（四）韩庄运河段水资源控制工程

1. 实物指标复核

2005年8月，枣庄市组织台儿庄、峄城区政府有关单位、现场建管局、设计、征迁监理等有关单位人员组成联合调查组，分别对工程永久征地和临时用地范围内的各项实物指标进行了实地调查。

实物指标复核成果：永久征地15.18亩，其中农用地3.18亩，建设用地12亩；清除移栽树木1863株，果树2182株。

2. 公告公示

2005年8月，台儿庄、峄城区南水北调工程建设指挥部分别对实物调查成果及补偿标准进行了张榜公示，公示期为5天。

3. 实施方案的编制与批复

根据实物量调查复核、公示成果和征迁补偿进度，枣庄市南水北调工程建设指挥部和征迁监理单位联合编制了韩庄运河段水资源控制工程征迁补偿实施方案，上报山东省南水北调工程建设管理局。

2005年9月18日，山东省南水北调工程建设管理局以《关于下达南水北调韩庄运河段水资源控制工程永久征收土地、青苗及地面附着物补偿实施方案的通知》（鲁调水政字〔2005〕24号）下达了实施方案及投资计划。

4. 补偿协议

2005年5月9日，山东省政府与枣庄市政府签订的《山东省南水北调主体工程征迁安置补偿和施工环境保障责任书》。

5. 补偿兑付

韩庄运河段水资源控制工程征迁安置资金由省、市、区南水北调办事机构逐级兑付，按照实物量复核结果，对补偿给集体的资金直接兑付给集体单位，补偿给个人的资金通过办事处、村兑付给个人。

从2005年9月18日起，山东省南水北调工程建设管理局以《关于下达南水北调韩庄运河段水资源控制工程永久征收土地、青苗及地面附着物补偿实施方案的通知》（鲁调水政字〔2005〕24号）下达了韩庄运河段水资源控制工程第一批征迁安置资金。

至2011年10月31日，山东省南水北调工程建设管理局拨付韩庄运河段水资源控制工程农村征迁安置资金60.64万元，税费0.37万元，其他费用24.84万元。

6. 农村生产生活安置

由于韩庄运河段水资源控制工程永久征用耕地仅为3.18亩，并且分散在三个村，对当地人均耕地影响较小，村委会决定直接将土地补偿款兑付给被征地群众。

7. 永久征地交付

韩庄运河段水资源控制工程永久征地共15.18亩，其中台儿庄区11.44亩，峄城区3.74

亩。2005年11月8日，地上附着物清除后，台儿庄区、峄城区及时向现场建设管理局交付了永久征地。

8. 用地组卷报批

(1) 林地手续。2006年10月30日，山东省林业局以《使用林地审核同意书》(鲁林政许准〔2006〕101号)同意南水北调韩庄运河段建设项目征占用林地113.37亩。

(2) 征地手续。2008年5月，山东省国土资源厅完成了省级组卷工作，将韩庄运河段工程征地报卷材料报至国土资源部。

2009年4月24日，国土资源部印发《国土资源部关于南水北调东线一期韩庄运河段工程建设用地的批复》(国土资函〔2009〕541号)，其中批复韩庄运河段水资源控制工程永久征地1.01hm^2。

9. 征迁监理

2004年10月30日，根据公开招标结果，山东省南水北调工程建设管理局确定由山东龙信达咨询监理有限公司承担韩庄运河段水资源控制工程的征迁监理工作，与山东龙信达咨询监理有限公司签订了《山东省南水北调韩庄运河段工程监理合同书》。

(五) 南四湖水资源控制工程二级坝泵站工程

1. 实物指标复核

2006年8月13日，山东省南水北调工程建设管理局印发《关于下达二级坝泵站征迁安置工作实施计划的通知》，对征迁安置时间提出了明确要求。

微山县南水北调工程建设指挥部于2006年9月、2007年5月分两次组织征迁安置设计、监理、勘测定界单位及乡镇、村，对二级坝永久及临时用地范围的土地及地上附着物进行了复核确认。

实物指标复核成果：工程永久征用土地901.8亩，主要附着物包括苇地68.03亩、鱼塘87.76亩、砖木房367m^2、鱼塘管理房700m^2、鸭棚2824m^2，另外还有乔木、苗木、果树、柳条、蘑菇菌地、草皮、农村道路、低压线、水利设施、网箱、网箔和专项设施等。

2. 公告公示

实物调查成果汇总确认后，微山县南水北调工程建设指挥部于2006年9月20日对调查成果在各村进行了公示，公示期为5天。

3. 补偿方案编制与批复

2006年10月9—25日，山东省南水北调工程建设管理局、山东省水利勘测设计院、济宁市南水北调工程建设管理局、微山县水利局、征迁安置监理单位连续三次召开座谈会讨论补偿方案问题。经综合考虑国家批复、征迁安置补偿实际情况及国家相关政策，共同完成了实施阶段的征迁安置补偿方案。

2006年11月30日，山东省南水北调工程建设管理局下达《关于南水北调二级坝泵站工程永久征收土地及地面附着物补偿实施方案的批复》，下达征迁安置补偿费用1055.6万元。2008年6月17日，山东省南水北调工程建设管理局印发《关于南水北调二级坝泵站工程永久征收土地及地面附着物补偿实施方案的批复》，下达资金364.07万元。两次累计下达1419.67万元。

4. 农村生产生活安置

工程征用163.85亩耕地全部属于张白庄村集体，本次工程没有生活搬迁人口，涉及生产安置人口 112 人，主要通过土地补偿费扶持发展建材业、运输业、养殖业及农副产品加工业、旅游业进行安置。

5. 专项设施迁建

2007 年 5 月 22 日，由山东省南水北调工程建设管理局、山东省水利勘测设计院、济宁市南水北调工程建设管理局、微山县水利局、征迁安置监理及相关单位在二级坝泵站建设管理局召开了专项设施迁移专题会。会议对专项设施迁移标准、规模、原则等进行了部署，勘察了现场，山东省水利勘测设计院与专项设施各产权单位商谈了具体迁移方案。

2008 年 5 月 19 日，山东省南水北调工程建设管理局下达《南水北调东线一期二级坝泵站专项设施恢复迁建实施办法》的通知。按照通知及有关规定，各产权单位编制上报了专项设施迁移设计方案及预算，山东省水利勘测设计院经多次查勘现场进一步核实，根据有关规范编写了专项设施迁移方案。

工程影响的专业项目有微山电力实业总公司的 10kV 线路 2 条、35kV 线路 1 条，微山广电、济宁广电、微山网通、济宁传输局、济宁联通、济宁移动 6 家产权单位共杆的通信线路 1 条，机耕路 3 条。

站区防洪平台征地线内有 10kV 线路 4 基 10m 水泥电杆，2 基钢管塔。规划将原电杆拆除并在征地线外架新杆。

出水渠穿二级坝南，二级坝桥东、西两侧各有 10kV 线路水泥电杆各 1 基，影响工程施工。规划将 2 基电杆拆除，并在桥东、西侧外移架设新杆。

站区防洪平台征地线内有 35kV 线路 18m 铁塔 2 基。规划将原电杆拆除并在征地线外架新杆。

上级湖出水渠征地范围有通信线路的 3 杆，影响出水渠扩挖。规划拆除中间杆，两侧杆分别外移并架高。

电力线路复建投资 45.43 万元，通信线路复建投资 23.19 万元，共计 68.62 万元。

机耕路复建：工程占用张白庄村机耕路 3 条。对道路进行复建，沿站区平台东、西外堤脚布置生产路，与原有生产路连接。复建工程费用 33.47 万元，地面附着物补偿费用 4.91 万元，共计 38.38 万元。

上述专项由产权单位自行恢复，已于 2008 年 6 月底全部完成。

6. 永久征地交付

2006 年 9 月下旬，由微山县水利局、设计单位、监理单位、勘测定界单位、现场建管单位、县国土资源局、林业局以及乡镇组成现场联合工作组，将 901.81 亩永久征地交付二级坝泵站建管局。

根据《山东省南水北调工程永久界桩埋设集管理暂行办法》等规定，2007 年 3 月 13 日，由省南水北调工程建设管理局、二级坝泵站建管局、济南水文水资源勘测局、济宁市水利工程建设监理中心等代表，对二级坝泵站工程永久征地边界桩联合进行现场确认，签署了南水北调二级坝泵站征地边界界桩交界记录。

7. 临时用地交付和复垦

二级坝泵站工程临时用地共计 188 亩。

临时用地复垦费用按初步设计概算包干给使用，由微山县根据工程施工进度提供所需临时

用地，对用完的临时用地及时组织复垦。临时用地复垦按批复设计每亩500元标准补偿给村民，由村民自行恢复到原貌和原功能后使用。

8. 用地组卷报批

2008年3月11日，山东省林业局批复了《使用林地审核同意书》（鲁林政许准〔2001〕013号）。批复南四湖水资源控制工程永久使用微山县、鱼台县林地4.61hm²（含二级坝泵站、杨官屯河闸、姚楼河闸）。

2008年8月19日，山东省南水北调工程建设管理局向山东省国土资源厅发送了《关于商请办理南水北调南四湖水资源控制工程建设用地报批手续的函》，同时提交了办理永久征地所需的相关材料。

2011年8月，山东省国土资源厅对《南水北调二级坝泵站工程土地勘测定界技术报告书》进行了审查。

2011年9月2日，山东省南水北调工程建设指挥部印发了《关于抓紧办理南水北调工程征地手续的通知》，对建设用地报批急需办理的补偿协议签订、听证、办理林地手续等工作以及各市县将报批材料报到省国土资源厅的时间作出了明确要求。

2011年10月21日开始，山东省国土资源厅组成专门工作组，与山东省南水北调工程建设管理局联合办公，对市县上报的南四湖水资源控制工程建设用地报批材料进行审查。2012年年底，山东省将征地报卷材料报国土资源部。

2013年2月7日，国土资源部印发《国土资源部关于南水北调东线一期工程南四湖水资源控制工程建设用地的批复》（国土资函〔2013〕149号），批复南四湖水资源控制工程建设用地共计53.89hm²，其中二级坝泵站45.25hm²。

9. 征迁监理

2006年8月10日，山东省南水北调工程建设管理局委托济宁市水利工程建设监理中心承担二级坝泵站工程征迁监理工作，并签订了合同书。2006年9月，济宁市水利工程建设监理中心派员进驻工程现场开展相关工作，参与了技术交底会、勘测定界、实物调查复核、实物量和补偿标准公示、地上附着物清除、补偿资金兑付、专项设施迁建、后期遗留问题处理等征迁全过程。

2014年9月20日，山东省南水北调工程建设管理局在济南组织召开了二级坝泵站、姚楼河闸、杨官屯河闸、大沙河闸、潘庄引河闸等工程征迁安置监理合同项目完成验收会议，验收委员会听取了监理单位的工作汇报，查看了监理档案资料，经充分讨论，认为已完成合同约定内容，同意通过合同验收。

（六）南四湖水资源控制工程姚楼河闸

1. 实物指标复核

2007年7月23日，山东省南水北调工程建设管理局向济宁市南水北调工程建设管理局下达《关于做好南水北调工程征迁安置有关工作的通知》，要求认真做好该闸的征迁安置准备工作。

2007年10月17日，山东省南水北调工程建设管理局向国务院南水北调办南四湖水资源控制工程建设协调领导小组报送了《关于尽快启动南四湖水资源控制工程姚楼河闸、杨官屯河闸工程征迁安置工作有关问题的请示》。

2007年10—11月，鱼台县政府组织征迁安置设计单位中水淮河规划设计研究有限公司、监理单位江河水利水电咨询中心、勘测定界单位济南水文水资源勘测局以及县国土、林业等部门，在建管单位淮委治淮工程建设管理局南水北调东线工程建管局的积极配合下，进行了姚楼河闸的征迁安置勘测定界和实物清点复核工作，省、市两级南水北调办事机构进行了现场监督指导。

实物指标复核成果：永久征地187.72亩，临时用地35.45亩；树木7386株，各类房屋135m^2，电杆4根，通信线路850m，高压线500m，坟头29处，鱼塘8.94亩；清除货运码头2处，砂石材料6000m^3，另外还有手压井、机井、厕所等。

2. 公告公示

2007年11月12日，鱼台县南水北调工程建设指挥部对调查成果进行了公示，公示期为7天。

3. 资金兑付

由于本工程涉及征地内容较为简单，且均为村级迁占范围，因此未编制县级征迁安置实施方案以及设计单元工程征迁安置实施方案，征迁各项内容的实施依据山东省南水北调工程建设管理局下达的批复文件和投资计划执行。姚楼河闸地面附着物补偿标准：鱼塘管理房、青苗补偿标准按照批复执行；批复中没有涉及的地面附着物，按照山东省鲁价费发〔1999〕314号文和南水北调征迁安置设计工作大纲等相关规定执行；没有规定的，根据实际情况计算单价或参照相关工程补偿单价给予补偿。

4. 专项设施迁建

完成专项迁建电杆4株，通信线路850m，高压线500m，清除货运码头2处，已于2008年4月底完成迁移。

5. 永久征地交付

姚楼河闸工程初步设计永久征地共198.16亩，在实施阶段经复核涉及山东省187.72亩。

2007年12月4日，鱼台县政府、山东省南水北调工程建设管理局与淮委南水北调东线建管局签订工程建设用地交付证书，将建设用地交付淮委南水北调东线建管局使用。

6. 临时用地交付和复垦

姚楼河闸工程临时用地包括施工布置用地及取土区临时用地，共45.4亩。临时用地按占地类型分为耕地35.45亩和河滩地9.95亩。临时用地复垦费按初步设计批复标准交付地方，临时用地用完后由地方及时进行了复垦。

7. 用地组卷报批（含勘测定界）

姚楼河闸工程占地涉及济宁市鱼台县老砦乡的后姚楼村、双河村、后六屯村。

2008年3月11日，山东省林业局批复了《使用林地审核同意书》（鲁林政许准〔2001〕013号）。批复南四湖水资源控制工程永久使用微山县、鱼台县林地4.61hm^2（含二级坝泵站、杨官屯河闸、姚楼河闸）。

2008年8月19日，山东省南水北调工程建设管理局向国土资源厅发送了《关于商请办理南水北调南四湖水资源控制工程建设用地报批手续的函》，同时提交了办理永久征地所需的相关材料。

2008 年 12 月 15 日，山东省南水北调工程建设管理局向微山县人民政府印发了《关于尽快上报南四湖水资源控制二级坝泵站、杨官屯河闸、大沙河闸建设用地报批材料的函》。

该工程由济南水文水资源勘测局作为勘测定界单位，勘测定界成果完成后，首先征求了县级林业、国土部门的意见，然后形成《南水北调姚楼河闸工程土地勘测定界技术报告书》，2011 年 8 月，省国土资源厅进行了审查。2011 年 9 月 2 日，山东省南水北调工程建设指挥部印发了《关于抓紧办理南水北调工程征地手续的通知》，对建设用地报批急需办理的补偿协议签订、听证、办理林地手续等工作以及各市县将报批材料报到省国土资源厅的时间作出了明确要求。

2011 年 10 月 21 日开始，山东省国土资源厅组成专门工作组，与山东省南水北调工程建设管理局联合办公，对济宁市、鱼台县上报的建设用地报批材料进行审查。2012 年年底，山东省将征地报卷材料报国土资源部。

2013 年 2 月 7 日，国土资源部印发《国土资源部关于南水北调东线一期工程南四湖水资源控制工程建设用地的批复》（国土资函〔2013〕149 号），批复四湖水资源控制工程建设用地共计 53.89hm^2，其中姚楼河闸工程建设用地 4.41hm^2。

8. 征迁监理

2007 年 1 月 16 日，在国务院南水北调办的协调下，山东省南水北调工程建设管理局委托江河水利水电咨询中心承担姚楼河闸工程征迁监理工作，并签订了合同书。

（七）南四湖水资源控制工程杨官屯河闸

1. 实物指标复核

2007 年 7 月 23 日，山东省南水北调工程建设管理局向济宁市南水北调工程建设管理局下达《关于做好南水北调工程征迁安置有关工作的通知》，要求做好征迁安置准备工作。

2007 年 10 月 17 日，山东省南水北调工程建设管理局向国务院南水北调办南四湖水资源控制工程建设协调领导小组报送了《关于尽快启动南四湖水资源控制工程姚楼河闸、杨官屯河闸工程征迁安置工作有关问题的请示》。

2007 年 11 月由山东省、济宁市、微山县三级南水北调建管局、设计单位、监理单位、张楼乡政府以及张楼村委组成联合调查组进行征迁安置附着物清点核查。清查结果由六方签字认可，全部过程公开透明。

实物指标复核成果：永久征地 165.87 亩，临时用地 31.89 亩；树木 622 株，房屋 23m^2，通信线路 920m，网箱 30 个，网箔 30 个，此外还有农村道路、鱼池、灌排渠系等。

2. 公告公示

2007 年 11 月 12 日，微山县南水北调工程建设指挥部对调查成果及补偿标准在各村进行了公示，公示期为 7 天。

3. 资金兑付

杨官屯河闸工由于征地补偿内容比较简单，因此未编制县级征迁安置实施方案以及设计单元工程征迁安置实施方案，征迁各项内容的实施依据山东省南水北调工程建设管理局下达的批复文件和投资计划执行。

2007 年 11 月 18 日，山东省南水北调工程建设管理局向济宁市南水北调建管局下达《关于南水北调南四湖水资源控制工程姚楼河闸、杨官屯河闸工程征占土地及地面附着物补偿实施方案的批复》，下达杨官屯河闸工程征迁安置首批投资 141.46 万元。2008 年 8 月 29 日至 2010 年 2 月 26 日，又分三次下达资金 142.34 万元。共计下达资金 283.8 万元。

4. 专项设施迁建

该工程涉及传输线路 1 处，微山县南水北调建管局组织专项设施主管单位于工程开工之前已完成了专项设施的改建。

5. 永久征地交付

2007 年 12 月 4 日，微山县向淮委建管局签证移交 165.87 亩永久征地。

6. 临时用地交付和复垦

杨官屯河闸临时用地包括施工临时用地和取土区临时用地，共 53.68 亩。临时用地复垦按设计批复每亩 500 元的标准补偿给村民，由村民自行恢复到原貌和原功能后使用。

7. 用地组卷报批

2008 年 3 月 11 日，山东省林业局批复了《使用林地审核同意书》（鲁林政许准〔2001〕013 号）。批复南四湖水资源控制工程永久使用微山县、鱼台县林地 4.61hm^2（含二级坝泵站、杨官屯河闸、姚楼河闸）。

2008 年 8 月 19 日，山东省南水北调工程建设管理局向省国土资源厅发送了《关于商请办理南水北调南四湖水资源控制工程建设用地报批手续的函》，同时提交了办理永久征地所需的相关材料。

2011 年 10 月 21 日开始，山东省国土资源厅组成专门工作组，与山东省南水北调工程建设管理局联合办公，对济宁市、微山县上报的建设用地报批材料进行审查。2012 年年底，山东省将征地报卷材料报国土资源部。

2013 年 2 月 7 日，国土资源部印发《国土资源部关于南水北调东线一期工程南四湖水资源控制工程建设用地的批复》（国土资函〔2013〕149 号），批复南四湖水资源控制工程建设用地共计 53.89hm^2，其中杨官屯河闸 4.1hm^2。

8. 征迁监理

2007 年 1 月 16 日，在国务院南水北调办的协调下，山东省南水北调工程建设管理局委托江河水利水电咨询中心承担了杨官屯河闸工程征迁监理工作，并签订了合同书。江河水利水电咨询中心派出监理人员参与了勘测定界、实物调查复核、实物量和补偿标准确认、地上附着物清除、补偿资金兑付、专项设施迁建、后期遗留问题处理等征迁全过程。

（八）南四湖水资源控制工程大沙河闸

1. 实物指标复核

2008 年 6 月，由微山县南水北调工程办事机构、征迁安置设计单位、征迁监理单位、勘测定界单位、张楼乡政府以及大孙庄村委组成联合调查组，进行了征迁安置勘测定界和实物清点核查。

实物指标复核成果：工程永久征地 359.63 亩，临时用地 10.42 亩；地面附着物主要包括征地范围内的乔木 13081 株，果树 300 株，苗圃 3 亩，压水井 11 眼，机井 8 眼，坟墓 23 座，禽舍 73m^2，房屋 74m^2，通信线路 1000m；另外还有鱼塘、涵管、石渠、柳条等。

2. 公告公示

2008 年 6 月 22 日，微山县南水北调工程建设指挥部对调查成果及补偿标准在各村进行了公示，公示期为 7 天。

3. 补偿兑付

由于工程征地补偿工作简单，本工程未编制县级征迁安置实施方案以及设计单元工程征迁安置实施方案，征迁补偿依据山东省南水北调工程建设管理局下达的批复文件和投资计划执行。

2008 年 7 月 17 日，山东省南水北调工程建设管理局向济宁市南水北调工程建设管理局下达《关于南水北调南四湖水资源控制工程大沙河闸征迁安置实施方案的通知》，下达首批征迁安置资金 269.55 万元。2008 年 8 月 29 日、2010 年 2 月 16 日又分别下达资金 22.57 万元、54.25 万元。共计下达大沙河闸工程征迁安置资金 346.37 万元。

4. 专项设施迁建

该工程涉及传输线路 1 处，投资 6.5 万元，微山县协调专项设施产权单位自行完成了专项设施的迁移工作。

5. 永久征地交付

大沙河闸工程地上附着物清除后，2008 年 12 月 30 日，微山县与淮委治淮工程建设管理局签订了建设用地交付证书，将 359.63 亩永久征地交付工程现场建管机构。

6. 临时用地交付和复垦

大沙河闸工程临时用地总面积 77.67 亩，主要包括施工临时用地和土料暂存场用地。其中施工临时用地 59.59 亩，土料暂存场用地 18.09 亩。临时用地复垦按设计批复每亩 500 元标准补偿给村民，由村民自行恢复到原貌和原功能后使用。

7. 用地组卷报批

2008 年 8 月 19 日，山东省南水北调工程建设管理局向省国土资源厅发送了《关于商请办理南水北调南四湖水资源控制工程建设用地报批手续的函》，同时提交了办理永久征地所需的相关材料。

2011 年 10 月 21 日开始，山东省国土资源厅组成专门工作组，与山东省南水北调工程建设管理局联合办公，对济宁市、微山县上报的建设用地报批材料进行审查。2012 年年底，山东省将征地报卷材料报国土资源部。

2013 年 2 月 7 日，国土资源部印发《国土资源部关于南水北调东线一期工程南四湖水资源控制工程建设用地的批复》（国土资函〔2013〕149 号），批复四湖水资源控制工程建设用地共计 53.89hm^2，其中大沙河闸工程 0.13hm^2。

8. 征迁监理

本工程征迁监理单位由国务院南水北调办协调，由江河水利水电咨询中心作为征迁安置监理单位，监理单位参与了实物调查复核、补偿资金兑付、专项设施迁建、后期遗留问题处理等征迁全过程。

（九）南四湖水资源控制工程潘庄引河闸

1. 实物指标复核

根据南水北调东线一期南四湖水资源控制工程建设协调领导小组第四次会议部署，2008 年

6月初，山东省启动了征迁安置工作。6月2日，山东省南水北调工程建设管理局下发了《关于开展南水北调南四湖水资源控制工程潘庄引河闸、大沙河闸征迁安置工作的通知》。随后，薛城区政府组织征迁安置设计、监理、勘测定界单位以及县国土、林业等部门，在淮委建管单位的积极配合下，进行了征迁安置勘测定界和实物清点工作，省、市两级南水北调办事机构进行了现场监督指导。

实物指标复核成果：工程永久征地71.04亩，临时用地123.71亩；地上附着物包括各类树木40748株；房屋72m^2，禽舍385m^2，穿堤涵、地埋管和U形渠800m；此外还有灌木、经济林木等。

2. 公告公示

实物调查成果汇总复核完成后，2008年6月22日，薛城区政府对调查成果及补偿标准在各村进行了公示，公示期为7天。

3. 补偿兑付

由于征迁安置内容较为简单，本工程未编制县级征迁安置实施方案以及设计单元工程征迁安置实施方案，征迁补偿依据山东省南水北调工程建设管理局下达的批复文件。

2008年7月17日，山东省南水北调工程建设管理局印发《关于下达南水北调南四湖水资源控制工程潘庄引河闸征迁安置实施方案的通知》（鲁调水政字〔2008〕26号），下达工程首批征迁安置补偿资金194.86万元。2008年11月26日，山东省南水北调工程建设管理局《关于下达南水北调南四湖水资源控制工程潘庄引河闸征迁安置补偿资金的通知》（鲁调水政字〔2008〕42号），又增补了施工范围内存在附着物及河道养鱼等漏项31万元。2008年7月17日、2009年12月3日又分别下达资金20万元、5万元。共计下达征迁安置资金250.86万元。

4. 永久征地交付

潘庄引河闸工程永久征地共计71.04亩。

2008年8月18日，山东省南水北调工程建设管理局下达《关于抓紧清除大沙河闸和潘庄引河闸地面附着物确保按期交付工程建设用地的通知》，薛城区组织力量于9月底按时将建设用地交付建设单位淮委建管局。

5. 临时用地交付和复垦

潘庄引河闸工程临时用地包括施工布置占地、取土区用地及导流沟占地，共123.71亩，其中耕地114.53亩，水利设施用地9.18亩。临时用地由地方组织完成复垦及交付工作。

6. 用地组卷报批

潘庄引河闸工程永久征地全部为国有建设用地，原使用权人是薛城区水务局。2009年9月22日，山东南水北调工程建设管理局印发《关于办理潘庄引河闸建设用地使用权手续的函》。枣庄市国土资源局薛城分局及时上报用地手续，2009年7月27日，枣庄市人民政府以《关于向山东省南水北调工程建设管理局划拨国有建设用地使用权的批复》（枣政土字〔2009〕107号）进行批准。

7. 变更管理

根据施工现场变化情况，淮委治淮工程建设管理局南水北调东线建管局编制了《南水北调东线一期工程潘庄引河闸工程取土料场设计变更报告》，2009年12月8日，南水北调东线山东干线有限责任公司下达《关于南水北调东线一期南四湖水资源控制工程潘庄引河闸工程取土料

场设计变更报告的批复》。

8. 征迁监理

在国务院南水北调办的协调下，江河水利水电咨询中心完成了潘庄引河闸工程征迁安置监理工作。

（十）南四湖至东平湖段湖内疏浚工程

1. 实物指标复核

2010 年 9 月 20 日，山东省南水北调工程建设管理局印发《南水北调东线一期南四湖至东平湖段输水与航运结合湖内疏浚工程征迁安置实施计划》。

2010 年 12 月 6—20 日，济宁市中区和微山县分别制定了《南四湖至东平湖段输水与航运结合湖内疏浚工程征迁安置实物调查工作实施计划》。

2010 年 12 月 10—31 日，济宁市中区和微山县指挥部，分别组织召开了由设计、监理、勘测定界单位、县水利局、县南水北调工程建设管理局、县林业局、县国土资源局、相关乡（镇、街道）及村的负责人及工作人员参加的南水北调东线一期南四湖至东平湖段输水与航运结合湖内疏浚工程征迁安置实物调查工作动员会。

2011 年 1 月 6—20 日，济宁市中区和微山县南水北调办事机构分别组织由征迁安置设计、监理、勘测定界单位、联合调查组参加的技术交底会议，由征迁安置设计详细讲解了实物调查的原则及实施细则，对实物调查中可能遇到的实际问题、解决的程序、解决的途径及解决的办法做了详细的说明。

2011 年 1 月 20 日至 2 月 28 日，济宁市中区和微山县人民政府组织县直有关部门、各沿线涉及乡镇人民政府、设计、监理、勘测定界等单位组成的联合调查组，开展了南四湖至东平湖段输水与航运结合湖内疏浚工程征地勘测定界及外业调查等工作，山东省、济宁市南水北调工程建设管理局进行了全程指导和监督。

实物指标复核成果：工程永久征地 1247.71 亩，临时用地 3863.88 亩；影响房屋总面积 1614.5m^2；影响专项 15 处，其中航标 10 处，电力线路 3 处，影响通信线路 1 处，广电线路 1 处。

2. 公告公示

2011 年 3 月 1—10 日，济宁市中区和微山县南水北调工程建设指挥部对调查结果及补偿标准进行了公示，公示期为 5～7 天。

3. 实施方案的编制与批复

（1）地上附着物补偿方案。2011 年 3 月 18 日，济宁市南水北调工程建设管理局组织召开了地上附着物补偿方案评审会议，对市中区、微山县南水北调工程建设指挥部和山东省水利勘测设计院共同编制完成的《南水北调湖内疏浚工程市中区地上附着物补偿实施方案》《南水北调湖内疏浚工程微山县地上附着物补偿实施方案》进行评审。2011 年 3 月 29 日，济宁市南水北调工程建设指挥部分别对市中区和微山县湖内疏浚工程征迁安置地上附着物补偿实施方案进行了批复。

（2）县级征迁安置实施方案。2011 年 5 月 6 日，济宁市南水北调工程建设管理局在济南组织召开了评审会议，对《南水北调东线一期南四湖至东平湖段输水与航运结合湖内疏浚工程

（市中区段）征迁安置实施方案》《南水北调东线一期南四湖至东平湖段输水与航运结合湖内疏浚工程（微山县）征迁安置实施方案》进行了评审。2011 年 8 月 29 日，山东省南水北调工程建设指挥部分别以鲁调水指字〔2011〕31 号、33 号文对市中区和微山县征迁安置实施方案进行了批复。

（3）单元工程征迁安置实施方案。2012 年 3 月 30 日，山东省南水北调工程建设管理局在济南组织召开评审会议，对山东省水利勘测设计院编制的《南水北调东线一期工程南四湖至东平湖段输水与航运结合湖内疏浚工程征迁安置实施方案》进行评审。2012 年 4 月 2 日，山东省南水北调工程建设指挥部以《关于南水北调东线一期南四湖至东平湖段输水与航运结合工程湖内疏浚工程征迁安置实施方案的批复》（鲁调水指字〔2012〕13 号）批复了该实施方案。

（4）临时用地复垦方案。2012 年 10 月 12 日，济宁市南水北调工程建设指挥部在济南市组织对微山县南水北调工程指挥部和山东省水利勘测设计院联合编制的《南水北调东线一期南四湖至东平湖段输水与航运结合工程湖内疏浚微山县临时用地复垦实施方案》进行了评审；2012 年 12 月 3 日，山东省南水北调工程建设指挥部以鲁调水指字〔2012〕72 号文对微山县临时用地复垦实施方案进行了批复。

4. 各级补偿投资包干协议

2009 年 9 月 11 日，山东省南水北调工程建设管理局与济宁人民政府签订了《南水北调东线一期主体工程征迁安置任务及投资包干协议》。

2009 年 10 月，济宁市南水北调工程建设管理局与微山县和市中区人民政府签订了征迁安置任务及投资包干协议。

2010 年 11—12 月，市中区和微山县人民政府分别与沿线乡（镇、街道）签订了征迁安置任务及投资包干协议。对专项实施的迁建，与各专项设施单位签订包干协议，由各专项设施单位负责迁建。

5. 补偿兑付

2010 年 11 月 22 日，山东省南水北调工程建设管理局下发《南水北调东线一期湖南四湖至东平湖段输水与航运结合湖内疏浚工程征迁安置资金（第一批）的通知》（鲁调水征字〔2010〕38 号），拨付济宁市南水北调工程建设管理局征迁安置资金 1161 万元。

2011 年 3 月 24 日，山东省南水北调工程建设管理局下发《南水北调东线一期湖南四湖至东平湖段输水与航运结合湖内疏浚工程征迁安置资金（第二批）的通知》（鲁调水征字〔2011〕32 号），拨付济宁市南水北调工程建设管理局征迁安置资金 3019.98 万元。

2012 年 4 月 26 日，山东省南水北调工程建设管理局下发《南水北调东线一期湖南四湖至东平湖段输水与航运结合湖内疏浚工程征迁安置资金（第三批）的通知》（鲁调水征字〔2012〕52 号），拨付济宁市南水北调工程建设管理局征迁安置资金 449.06 万元。

2012 年 11 月 5 日，山东省南水北调工程建设管理局下发《南水北调东线一期湖南四湖至东平湖段输水与航运结合湖内疏浚工程征迁安置资金（第四批）的通知》（鲁调水征字〔2012〕122 号），拨付济宁市南水北调工程建设管理局征迁安置资金 39.57 万元。

6. 农村生产生活安置

（1）生产安置。本工程永久征地涉及市中区和微山县的 4 个镇（街道）20 个行政村，永久征地 1247.71 亩。由于成带状开挖，平均扩宽 40m，对各村渔湖民的生产影响不大。

1）市中区。工程永久征地涉及市中区 2 个乡镇 4 个行政村，由于土地全部在南四湖内，土地性质为村集体所有，征地后不再进行土地调整，土地补偿费作为集体资金统一使用。

2）微山县。工程在微山县共涉及 2 个乡镇 16 个行政村。由于原土地性质为村集体所有，不再进行土地调整，土地补偿费由村集体统一使用，经村民会议通过后主要用于村内涝洼地改造、生产道路等基础设施等。

（2）生活安置。湖内疏浚工程征迁安置需搬迁微山县 8 户 24 人。由于拆迁房屋位于湖内，不需要新征宅基地，迁建方式采用分散安置的办法，将补偿费存入搬迁个人账户，由村民自行建设。建房方式：村民在获取房屋补偿后按照规划自拆自建，旧料归己。按 2500 元/人的标准给予基础设施的补偿。

7. 专项设施迁建

工程涉及航标 10 处、传输局线杆 1 处、广播电视局线杆 1 处和电力线杆 3 处。

在专业项目处理中，各产权单位编制了实施方案，根据已批准的实施方案，由本单位组织实施。

8. 永久征地交付

南四湖至东平湖段输水与航运结合湖内疏浚工程永久征地面积为 1247.71 亩，其中微山县 1076.37 亩，市中区 171.04 亩。

2011 年 8—10 月，市中区、微山县分别组织乡镇、村、户完成了征地范围内附着物的清除工作。

2011 年 11 月 1 日，工程 1247.71 亩永久征地全部交付山东省南水北调南四湖至东平湖段输水与航运结合湖内疏浚工程建设管理处使用。

9. 临时用地交付和复垦

湖内疏浚段工程临时用地 3863.88 亩，其中林地 57.98 亩，圈鱼塘（湖内）2398 亩，鱼塘（湖外）415 亩，养殖水面 1105 亩。湖内疏浚工程共设计 25 个弃土区，其中 24 个在湖内，1 个在湖外。

湖内弃土区设计高程为 33.5m，正常蓄水位为 34.0m，由于湖内弃土区高度低于输水水位 0.5m，每亩补偿 500 元，不需要进行复垦。

湖外弃土区在老湖堤外，全部位于微山县境内，面积为 183 亩，根据开挖土方量吹填后的弃土，高程达到 36.0m，需要进行复垦。

2012 年 10 月，微山县与山东省勘测设计院共同编制了临时用地复垦实施方案。

2012 年 11 月，施工企业对弃土区进行了整平。

2012 年 11 月 28 日，施工企业把已经整平的弃土区交由微山县南水北调工程建设指挥部进行第二阶段复垦工作。

2013 年 3 月 30 日，微山县全部完成临时用地复垦并通过验收，移交给当地群众手中。

10. 用地组卷报批（含勘测定界）

本工程永久征地涉及沿线 2 个县（区）的 4 个镇（街道）20 个行政村，永久征地 1247.71 亩。由于本工程永久征地都是国有用地，且全部在南四湖水面以下，故不再办理用地手续。

11. 监督评估

（1）征迁监理。2009 年 5 月 11 日，山东省南水北调工程建设管理局经公开招标，确定由山东省科源工程建设监理中心承担湖内疏浚工程工程征迁监理工作。2009 年 5 月 27 日，签订了合同书。

根据监理合同要求，至 2013 年 8 月底，山东省科源工程建设监理中心完成湖内疏浚工程外业调查工作、用地及界桩验收移交、专项设施恢复建设的审核签字工作。

至 2013 年年底，湖内疏浚工程征迁安置面上工作已基本结束，山东省科源工程建设监理中心提交监理工作半月报、月报、监理日志等档案资料 12 卷 94 件。

2015 年 5 月 19 日，山东省南水北调工程建设管理局在济南组织召开了两湖段工程征迁安置监理和监测评估合同验收会议，经验收小组认真评议，认为山东省科源工程建设监理中心完成了合同约定的全部工作内容，同意通过合同验收。

（2）监测评估。2009 年 5 月 11 日，山东省南水北调工程建设管理局经公开招标，确定由河海大学承担湖内疏浚工程征迁监测评估工作。2009 年 5 月 27 日，签订了合同书。

根据监测评估合同，至 2013 年年底，完成了农村群众搬迁前的生产生活情况的本底调查，并完成了四期专题监测报告和监测评估总报告。从移民监测评估和独立第三方角度：两湖段湖内疏浚工程征地移民程序规范，手续齐全，符合相关的行业规范；通过补偿资金、生产转型，移民家庭的经济收入水平得到了提高，消除了移民中的不稳定因素；公众参与的实施增加了移民对政府工作的信任度和满意度。

2015 年 5 月 19 日，山东省南水北调工程建设管理局在济南组织召开了两湖段工程征迁安置监理和监测评估合同验收会议，经验收小组认真评议，认为监测评估单位完成了合同约定的全部工作内容，同意两湖段湖内疏浚工程征迁安置监测评估通过合同验收。

（十一）南四湖至东平湖段梁济运河工程

1. 实物指标复核

2010 年 8 月 20 日，山东省南水北调工程建设管理局印发了《南水北调东线一期南四湖至东平湖段输水与航运结合梁济运河工程征迁安置实施计划》。

2010 年 9 月 6—28 日，济宁市中区、任城区、北湖区、嘉祥县、梁山县、汶上县和梁济运河管理处分别制定了《南四湖至东平湖段输水与航运结合梁济运河工程征迁安置实物调查工作实施计划》。

2010 年 9 月 10—15 日，济宁市中区、任城区、北湖区、嘉祥县、梁山县、汶上县南水北调指挥部和梁济运河管理处分别组织召开了由设计、监理、勘测定界单位、县水利局、县南水北调工程建设管理局、县林业局、县国土资源局、相关乡（镇、街道）及村的负责人及工作人员参加的南水北调东线一期南四湖至东平湖段输水与航运结合梁济运河工程征迁安置实物调查工作动员会。

2010 年 9 月 11—20 日，济宁市中区、任城区、北湖区、嘉祥县、梁山县、汶上县南水北调办事机构和梁济运河管理处分别组织由征迁安置设计、监理、勘测定界单位、联合调查组参加的技术交底会议，对实物调查中可能遇到的实际问题、解决的程序、解决的途径及解决的办法做了详细的说明。

2010 年 9 月 15 日至 10 月 5 日，济宁市中区、任城区、北湖区、嘉祥县、梁山县、汶上县人民政府和梁济运河管理处组织县直有关部门、各沿线涉及乡镇人民政府、设计、监理、勘测

定界等单位组成的联合调查组，开展了南四湖至东平湖段输水与航运结合梁济运河工程征地勘测定界及外业调查等工作，山东省、济宁市南水北调办事机构进行了全程指导和监督。

实物调查完成后，按照行政区划进行分类汇总，土地、地面附着物、专业项目等调查成果得到了乡镇、县政府、设计、监理的认可。

实物指标复核成果：工程永久征地 3355.47 亩，临时用地 12268.49 亩；影响房屋总面积 8339.77m^2；影响各类专业项目共计 186 处，其中渡口 8 处，码头 37 处，电信设施 2 处，移动线路 8 处，网通线路 5 处，传输局线路 6 处，广播电视线路 7 处，输变电线路 10 处；工程挖压影响建筑物 103 座。

2. 公告公示

2010 年 10 月 1—10 日，济宁市中区、任城区、北湖区、嘉祥县、梁山县、汶上县和梁济运河管理处对调查结果及补偿标准进行了公示，公示期为 5～7 天。

3. 实施方案的编制与批复

（1）地上附着物补偿方案。2010 年 10 月 12 日，济宁市南水北调工程建设管理局召开了南水北调梁济运河段工程征迁安置地上附着物补偿方案评审会议，对南水北调东线一期南四湖至东平湖段输水与航运结合工程梁济运河段工程市中区、任城区、北湖区、嘉祥县、梁山县、汶上县和梁济运河管理处征迁安置地上附着物补偿方案进行了审查。2010 年 10 月 20 日，济宁市南水北调工程建设指挥部分别对市中区、任城区、北湖区、嘉祥县、梁山县、汶上县和梁济运河管理处地上附着物补偿实施方案进行了批复。

（2）县级征迁安置实施方案。2011 年 5 月 6 日，济宁市南水北调工程建设指挥部在济南组织召开了评审会议，对由市中区、任城区、北湖区、嘉祥县、梁山县、汶上县南水北调工程建设指挥部、梁济运河管理处和山东省水利勘测设计院共同编制的《南水北调东线一期南四湖至东平湖段输水与航运结合工程梁济运河段工程市中区、任城区、北湖区、嘉祥县、梁山县、汶上县和梁济运河管理处征迁安置实施方案》进行了评审。2011 年 8 月 29 日，山东省南水北调工程建设指挥部分别以鲁调水指字〔2011〕24 号、25 号、28 号、29 号、30 号、35 号、36 号文对梁济运河工程济宁市市中区、任城区、北湖区、嘉祥县、梁山县、汶上县和梁济运河管理处县级征迁安置实施方案进行了批复。

（3）专项迁建实施方案。2012 年 2 月 26 日，济宁市南水北调工程建设指挥部在济南组织召开了梁济运河工程任城区、嘉祥县专项设施迁建实施方案评审会议。2012 年 3 月 9 日，山东省南水北调工程建设指挥部以《关于南水北调东线一期工程南四湖至东平湖段输水与航运结合梁济运河工程任城区及嘉祥县电力专项设施迁建实施方案的批复》（鲁调水指字〔2012〕3 号）对此进行了批复。

（4）单元工程征迁安置实施方案。2012 年 3 月 30 日，山东省南水北调工程建设管理局在济南组织召开了南水北调东线一期南四湖至东平湖段输水与航运结合工程梁济运河段工程征迁安置实施方案评审会议，对《南水北调东线一期南四湖至东平湖段输水与航运结合工程梁济运河段工程实施方案》进行评审。2012 年 4 月 2 日，山东省南水北调工程建设指挥部以《关于南水北调东线一期南四湖至东平湖段输水与航运结合工程梁济运河段工程征迁安置实施方案的批复》（鲁调水指字〔2012〕17 号）批复了该实施方案。

（5）临时用地复垦方案。2012 年 9 月 27 日，济宁市南水北调工程建设指挥部在济南市组织对市中区、任城区、北湖区、嘉祥县、梁山县、汶上县南水北调工程指挥部和山东省水利勘测设计院联合编制的南水北调东线一期南四湖至东平湖段输水与航运结合工程梁济运河段工程市中区、任城区、北湖区、嘉祥县、梁山县、汶上县临时用地复垦实施方案进行了评审；2012年11月28日和12月3日，山东省南水北调工程建设指挥部分别以鲁调水指字〔2012〕72号、90号、91号、92号、93号、94号文件分别对市中区、任城区、北湖区、嘉祥县、梁山县、汶上县临时用地复垦实施方案进行了批复。

(6) 征迁遗留问题实施方案。2013年3月25日，山东省南水北调工程建设管理局在济南组织对梁山县南水北调工程指挥部和山东省水利勘测设计院共同编制的《南水北调梁济运河邓楼节制闸以上段淹没滩地补偿方案》进行了评审。2013年5月28日，山东省南水北调工程建设管理局以鲁调水征字〔2013〕82号文件对该方案进行了批复。

2013年3月26日，山东省南水北调工程建设管理局在济南组织对梁山县南水北调工程指挥部和山东省水利勘测设计院共同编制的《南水北调梁济运河梁山县施工排水淹没处理补偿方案》进行评审。2013年5月28日，山东省南水北调工程建设管理局下达了《〈关于批复南水北调梁济运河梁山县施工排水淹没处理补偿方案〉及下达补偿资金的通知》(鲁调水征字〔2013〕83号) 对方案进行了批复。

2013年6月8日，山东省南水北调工程建设管理局在济南组织召开了南水北调梁济运河渗水影响处理补偿方案评审会。2013年9月5日，山东省南水北调工程建设管理局以《南水北调东线一期南四湖至东平湖段梁济运河工程排泥场渗水影响处理补偿方案的批复》(鲁调水征字〔2013〕104号) 对方案进行了批复。

4. 各级补偿投资包干协议

2009年9月11日，山东省南水北调工程建设管理局与济宁市人民政府签订了《南水北调东线一期主体工程征迁安置任务及投资包干协议》。

2009年10月，济宁市南水北调工程建设管理局与市中区、任城区、北湖区、嘉祥县、梁山县、汶上县人民政府及梁济运河管理处签订了征迁安置任务及投资包干协议。

2009年11月，各县(区)人民政府与沿线乡(镇、街道)签订了征迁安置任务及投资包干协议。对专项实施的迁建，与各专项设施单位签订包干协议，由各专项设施单位负责迁建。

5. 补偿兑付

(1) 2010年8月25日，山东省南水北调工程建设管理局下发《南水北调东线一期湖南四湖至东平湖段输水与航运结合梁济运河工程征迁安置资金(第一批)的通知》(鲁调水征字〔2010〕10号)，拨付征迁安置资金23659.60万元。

(2) 2010年12月17日，山东省南水北调工程建设管理局下发《南水北调东线一期湖南四湖至东平湖段输水与航运结合梁济运河工程征迁安置资金(第二批)的通知》(鲁调水征字〔2010〕47号)，拨付征迁安置资金9012.30万元。

(3) 2012年11月5日，山东省南水北调工程建设管理局以《关于下达南水北调东线一期南四湖至东平湖段梁济运河工程征迁安置资金(第三批)的通知》(鲁调水征字〔2012〕123号)，拨付征迁安置补偿资金548.97万元。

(4) 2012年11月5日，山东省南水北调工程建设管理局以《关于下达南水北调东线一期南四湖至东平湖段梁济运河工程征迁安置资金(第四批)的通知》(鲁调水征字〔2012〕124

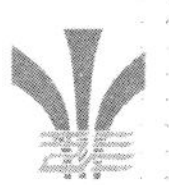

号），拨付梁济运河段嘉祥县境内堤外施工导流工程征迁安置补偿资金310.81万元。

（5）2012年11月21日，山东省南水北调工程建设管理局以《关于拨付南水北调东线一期南四湖至东平湖段梁济运河工程任城区西陈村永久征地补偿资金的通知》（鲁调水征字〔2012〕139号），拨付任城区长沟镇西陈村永久征地补偿资金44.22万元。

（6）2012年11月21日，山东省南水北调工程建设管理局以《关于下达南水北调东线一期南四湖至东平湖段输水与航运结合工程新增零星永久征地补偿资金的通知》（鲁调水征字〔2012〕142号），拨付任城区新增零星永久征地补偿资金13.44万元；嘉祥县新增零星永久征地补偿资金4.54万元；梁山县新增零星永久征地补偿资金58.14万元。

（7）2012年12月4日，山东省南水北调工程建设管理局以《关于下达南水北调东线一期南四湖至东平湖段输水与航运结合工程临时用地续占补偿资金的通知》（鲁调水征字〔2012〕148号），拨付梁济运河工程临时用地续占补偿资金2765.36万元。

（8）2012年12月5日，山东省南水北调工程建设管理局以《关于下达南水北调东线一期南四湖至东平湖段输水与航运结合梁济运河工程汶上县、嘉祥县、市中区和北湖区临时用地复垦资金的通知》（鲁调水征字〔2012〕160号），拨付梁济运河工程临时用地复垦资金2398.68万元。

（9）2012年12月5日，山东省南水北调工程建设管理局以《关于下达南水北调东线一期南四湖至东平湖段输水与航运结合梁济运河、柳长河、灌区影响和邓楼泵站工程梁山县临时用地复垦资金的通知》（鲁调水征字〔2012〕162号），拨付梁济运河工程梁山县临时用地复垦资金1921.55万元。

（10）2012年12月5日，山东省南水北调工程建设管理局以《关于下达南水北调东线一期工程南四湖至东平湖段输水与航运结合梁济运河及长沟泵站工程任城区临时用地复垦资金的通知》（鲁调水征字〔2012〕164号），拨付梁济运河工程任城区临时用地复垦资金3578.37万元。

（11）2013年3月5日，山东省南水北调工程建设管理局以《关于〈南水北调东线一期工程南四湖至东平湖段输水与航运结合梁济运河工程任城区新增专项设施迁建实施方案〉及补偿资金的批复》（鲁调水征字〔2013〕30号），拨付梁济运河工程任城区新增专项设施迁建投资131.86万元。

（12）2013年3月6日，山东省南水北调工程建设管理局以《关于拨付南水北调东线一期南四湖至东平湖段梁济运河工程任城区王庄村永久征地补偿资金的通知》（鲁调水征字〔2013〕32号），拨付梁济运河工程任城区王庄村永久征地补偿资金215.76万元。

（13）2013年5月28日，山东省南水北调工程建设管理局以《关于批复“南水北调梁济运河邓楼节制闸以上段淹没滩地补偿方案”及下达补偿资金的通知》（鲁调水征字〔2013〕82号），拨付梁山县南水北调梁济运河邓楼节制闸以上段淹没滩地补偿费用107.32万元。

（14）2013年5月28日，山东省南水北调工程建设管理局以《关于批复“南水北调梁济运河工程施工影响梁山县淹没处理补偿方案”及下达补偿资金的通知》（鲁调水征字〔2013〕83号），拨付南水北调梁济运河工程施工影响梁山县淹没处理补偿费用445.22万元。

6. 农村生产生活安置

（1）生产安置。梁济运河工程永久征地3355.47亩，涉及生产安置人口1584人。

1）市中区。市中区永久征地10亩，涉及生产安置21人。市中区征用前耕地就很少，由于位于城市规划区内，农业收入在总收入中的比重低于20%，征地后不再进行统一调整土地，土地补偿款直接拨付到村民个人，村民利用土地补偿款，转移就业和自主创业，实现生产安置的目标。

2）任城区。本工程在任城区永久征地132.19亩，需生产安置52人。在征地后人均耕地面积都在1.2亩以上，通过村民代表大会表决，不再进行统一调整土地，采取一次性货币补偿的方式直接发放给个人。

3）嘉祥县。本工程永久征地339.48亩，涉及生产安置266人。征地后人均耕地面积影响很小，采取在本村内调剂土地的方式进行安置。将土地补偿资金拨付到村集体账户，由村民代表大会表决通过利用补偿资金进行村内基础设施建设。

4）梁山县。本工程永久征地1545.65亩，涉及生产安置1115人。梁山县采用了两种方案安置：一是在本村内调剂土地，将土地补偿资金拨付到村集体账户，由村民代表大会表决通过使用资金进行中低产田改造和村内基础设施建设；二是将补偿资金拨付到被征地村民账户，村内不再进行土地调整。

5）汶上县。本工程永久征地163.27亩，涉及生产安置130人。汶上县的土地资源比较丰富，征地后人均耕地面积也高于1.2亩，因此，生产安置人口都在村内安置。根据村民大会意见，采取村内土地统一调剂的方式。

（2）生活安置。搬迁安置以实施阶段调查复核、各方签字确认的数量为准，需搬迁共计30户，安置人口119人。涉及梁山县和汶上县，其中梁山县27户106人，汶上县3户13人。

1）梁山县。梁山县的西马垓村搬迁4户17人，东吴大庙村搬迁1户5人，由于搬迁人口少，采取了后靠分散建房安置，建房宅基地标准为0.3亩/户，在获取房屋补偿后按照规划自拆自建，旧料归己。

西吴大庙村搬迁10户38人，薛垓村搬迁12户46人，由于涉及搬迁人口较多，两个村采用集中安置的方案。由村统一规划了宅基地和道路，搬迁户在领取房屋补偿后自行建房。

2）汶上县。由于搬迁人口较少，涉及3户13人，采取了后靠分散建房安置，建房宅基地标准为0.3亩/户，搬迁户在获取房屋补偿后按照规划自拆自建，旧料归己。按2500元/人的标准给予基础设施补偿。

7. 专项设施迁建

影响各类专业项目共计186处，其中，渡口8处，码头37处，电信设施2处，移动线路8处，网通线路5处，传输局线路6处，广播电视线路7处，输变电线路10处，工程挖压影响建筑物103座。

在专业项目处理中，各实施单位严格履行基本建设程序，按照委托限额设计、《设计报告》评审批复、施工招标（或委托）、工程恢复建设和组织验收等六个阶段组织实施。在主体工程开工前迁建的全部迁建完成，没有影响主体施工。在主体工程开工后复建的，均由各实施单位按设计要求复建完成。专业项目迁建没有影响主体工程建设，符合设计要求。

8. 永久征地交付

南四湖至东平湖段输水与航运结合梁济运河工程永久征地面积为3355.47亩，其中，市中区10亩，任城区132.19亩，嘉祥县339.48亩，梁山县1545.65亩，汶上县163.27亩，梁济运河管理处1164.87亩。

2010年9—10月，市中区、任城区、北湖区、嘉祥县、梁山县、汶上县南水北调工程建设管理局分别组织乡镇、村、户完成了征地范围内附着物的清除工作。

2010年11月1日，工程3355.47亩永久征地全部交付山东省南水北调南四湖至东平湖段工程建设管理局使用。

9. 临时用地交付和复垦

南四湖至东平湖段输水与航运结合梁济运河工程临时用地共计12268.47亩，其中市中区1302.35亩，任城区4120.51亩，北湖区418.38亩，嘉祥县1058.45亩，梁山县5086.36亩，汶上县282.44亩。

根据工程建设需要，2010年10月31日，各县（区）将临时用地地上附着物清除后交由各施工企业使用。

2012年10月，随着主体工程的基本完工，大部分临时用地已不再使用，各施工企业在大致整平的基础上，陆续将临时用地退还到县级政府。至2012年12月底，山东省南水北调南四湖至东平段建设管理局已组织施工企业将全部临时用地退还到各县级人民政府。各县级人民政府在接到临时用地后，按照山东省南水北调工程建设指挥部批复的《临时用地复垦方案》，采取招投标或直接委托等方式，展开第二阶段的复垦工作。至2013年8月31日，临时用地全部交付群众耕种。

10. 用地组卷报批（含勘测定界）

2011年8月5日，山东省南水北调工程建设管理局和山东省国土资源厅联合，在济宁市梁山县召开了南四湖至东平湖段（梁济运河）工程征地报卷工作会议，对征地报卷工作进行了动员部署。

2011年8月13日，山东省南水北调工程建设管理局和山东省国土资源厅组织南四湖至东平湖段勘测定界成果验收会，对需办理建设用地手续的勘测定界成果进行了验收。

2011年9月2日，山东省南水北调工程建设指挥部印发了《关于抓紧办理南水北调工程征地手续的通知》，对建设用地报批急需办理的补偿协议签订、听证、办理林地手续等工作以及各市县将报批材料报到省国土资源厅的时间作出了明确要求。至10月中旬，将梁济运河工程征地报卷材料报至山东省国土资源厅。

2011年10月21日开始，山东省国土资源厅组成专门工作组，与山东省南水北调工程建设管理局联合办公，对市县上报的建设用地报批材料进行审查，2012年年底，山东省将征地报卷材料报国土资源部。

2013年3月29日，国土资源部印发《国土资源部关于南水北调东线一期南四湖至东平湖段梁济运河工程建设用地的批复》（国土资函〔2013〕208号），批复梁济运河工程建设用地202.89hm^2。

11. 监督评估

（1）征迁监理。2009年5月，通过公开招标，确定江河水利水电咨询中心为南四湖至东平湖段梁济运河工程征迁监理单位。2009年5月27日，山东省南水北调工程建设管理局与江河水利水电咨询中心签订了征迁安置监理合同。2009年10月4日，江河水利水电咨询中心成立了南四湖至东平湖段梁济运河工程征迁安置监理项目部，进驻现场开展监理任务。2013年8月底完成外业调查工作、用地及界桩验收移交、专项设施恢复建设的审核签字工作。

至2014年年底，梁济运河工程征迁安置面上工作已基本结束，江河水利水电咨询中心提交监理工作半月报、月报、监理日志等档案资料68卷294件。

2015年5月19日，山东省南水北调工程建设管理局在济南组织召开了两湖段工程征迁安置监理合同验收会议，经验收小组认真评议，认为江河水利水电咨询中心完成了合同约定的全部工作内容，同意通过合同验收。

（2）监测评估。2009年5月，经过公开招标，确定河海大学为南四湖至东平湖段梁济运河工程监测评估单位。2009年5月27日，山东省南水北调工程建设管理局与河海大学签订了征迁安置监测评估合同。

2009年9月，河海大学选派专人对征迁中各项工作的调查，开展监测评估工作。

根据监测评估合同，至2014年年底，共完成了农村移民搬迁前的生产生活情况的本底调查，并完成了四期专题监测报告，提交了监测评估总报告。从移民监测评估和独立第三方角度：两湖段梁济运河工程征地移民程序规范，手续齐全，符合相关的行业规范；通过补偿资金、生产转型，移民家庭的经济收入水平得到了提高，消除了移民中的不稳定因素；公众参与的实施增加了移民对政府工作的信任度和满意度。

2015年5月19日，山东省南水北调工程建设管理局在济南组织召开了两湖段工程征迁安置监测评估合同验收会议，经验收小组认真评议，认为监测评估单位完成了合同约定的全部工作内容，同意两湖段梁济运河工程征迁安置监测评估通过合同验收。

（十二）南四湖至东平湖段柳长河工程

1. 实物指标复核

2010年8月20日，山东省南水北调工程建设管理局印发《南水北调东线一期南四湖至东平湖段输水与航运结合柳长河工程征迁安置实施计划》。

2010年8月28日、31日，济宁市梁山县和泰安市东平县分别制定了《南四湖至东平湖段输水与航运结合柳长河工程征迁安置实物调查工作实施计划》。

2010年9月1日、11日，济宁市梁山县和泰安市东平县南水北调办事机构分别组织由征迁安置设计、监理、勘测定界单位、联合调查组参加的技术交底会议，由征迁安置设计单位详细讲解了实物调查的原则及实施细则。

2010年9月2日、15日，梁山县和东平县南水北调指挥部，分别组织召开了由设计、监理、勘测定界单位、县水利局、县南水北调工程建设管理局、县林业局、县国土资源局、相关乡（镇、街道）及村的负责人及工作人员参加的南水北调东线一期南四湖至东平湖段输水与航运结合柳长河工程征迁安置实物调查工作动员会。

2010年9月11—30日，济宁梁山县和泰安市东平县人民政府组织县直有关部门、各沿线涉及乡镇人民政府、设计、监理、勘测定界等单位组成的联合调查组，开展了南四湖至东平湖段输水与航运结合柳长河工程征地勘测定界及外业调查等工作，山东省、济宁市和泰安市南水北调工程建设管理局进行了全程指导和监督。

实物指标复核成果：工程永久征地4825.55亩；临时用地729.11亩；影响房屋总面积5249.23m²；影响各类专业项目共计101处，其中电力线路35处，移动线路8处，联通（网通）线路9处，广播线路5处，长途传输线路与光缆5处，电信线路1处，铁通线路1处，挖

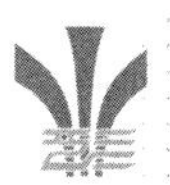

压影响建筑物37座。

2. 公告公示

2010年10月1—10日，济宁市梁山县和泰安市东平县对调查结果及补偿标准进行了公示。公示期为5～7天。

3. 实施方案的编制与批复

(1) 地上附着物补偿方案。2010年10月12日，济宁市南水北调工程建设指挥部在梁山县组织召开了柳长河工程征迁安置地上附着物补偿方案评审会议，对《南水北调东线一期南四湖至东平湖段输水与航运结合柳长河工程梁山县地上附着物补偿方案》进行了审查。2010年10月20日，济宁市南水北调工程建设指挥部对《地上附着物补偿方案》进行了批复。

2010年10月26日，泰安市南水北调工程建设领导小组在东平县组织召开了柳长河工程征迁安置地上附着物补偿方案评审会议，对《南水北调东线一期南四湖至东平湖段输水与航运结合柳长河工程东平县地上附着物补偿方案》进行了审查，并形成专家审查意见。2010年11月2日，泰安市南水北调工程建设领导小组对该方案进行了批复。

(2) 县级征迁安置实施方案。2011年4月2日，济宁市南水北调工程建设指挥部在济南组织召开了《南水北调东线一期南四湖至东平湖段输水与航运结合柳长河工程梁山县征迁安置实施方案》评审会议。根据专家评审意见，2011年8月29日，山东省南水北调工程建设指挥部以《关于南水北调东线一期南四湖至东平湖段输水与航运结合柳长河工程梁山县征迁安置实施方案的批复》(鲁调水指字〔2011〕26号)对梁山县柳长河征迁安置实施方案进行了批复。

2011年5月6日，泰安市南水北调工程建设领导小组在济南组织召开了《南水北调东线一期南四湖至东平湖段输水与航运结合柳长河工程东平县征迁安置实施方案》评审会议。根据专家评审意见，2011年8月29日，山东省南水北调工程建设指挥部以《关于南水北调东线一期南四湖至东平湖段输水与航运结合柳长河工程东平县征迁安置实施方案的批复》(鲁调水指字〔2011〕34号)对东平县实施方案进行了批复。

(3) 单元工程征迁安置实施方案。2012年3月30—31日，山东省南水北调工程建设管理局在济南组织召开了《南水北调东线一期南四湖至东平湖段输水与航运结合工程柳长河工程征迁安置实施方案》评审会议。2012年4月2日，山东省南水北调工程建设指挥部以《关于南水北调东线一期南四湖至东平湖段输水与航运结合工程柳长河工程征迁安置实施方案的批复》(鲁调水指字〔2012〕18号)批复了实施方案。

(4) 临时用地复垦方案。2012年10月10日，济宁市南水北调工程建设指挥部在济南市组织对梁山县南水北调工程指挥部和山东省水利勘测设计院联合编制的《南水北调东线一期南四湖至东平湖段输水与航运结合工程柳长河梁山县临时用地复垦实施方案》进行了评审。2012年12月3日，山东省南水北调工程建设指挥部以鲁调水指字〔2012〕78号文件对梁山县临时用地复垦实施方案进行了批复。

2012年10月12日，泰安市南水北调工程建设指挥部在济南市组织对东平县南水北调工程指挥部和山东省水利勘测设计院联合编制的《南水北调东线一期南四湖至东平湖段输水与航运结合工程柳长河东平县临时用地复垦实施方案》进行了评审；2012年12月3日，山东省南水北调工程建设指挥部以鲁调水指字〔2012〕73号文件对东平县临时用地复垦实施方案进行了批复。

（5）征迁遗留问题实施方案。2013 年 3 月 23 日，山东省南水北调工程建设管理局在济南组织对东平县南水北调工程指挥部和山东省水利勘测设计院共同编制的《南水北调柳长河段工程东平县施工影响稻田补偿方案》进行了评审。2013 年 5 月 28 日，山东省南水北调工程建设管理局下达《〈关于批复南水北调梁济运河东平县施工排水淹没处理补偿方案〉及下达补偿资金的通知》（鲁调水征字〔2013〕81 号）对该方案进行了批复。

2013 年 3 月 23 日，山东省南水北调工程建设管理局在济南组织对梁山县南水北调工程指挥部和山东省水利勘测设计院共同编制的《南水北调柳长河工程梁山县降排水影响鱼塘及淹没农田补偿方案》进行了评审。2013 年 7 月 26 日，山东省南水北调工程建设管理局以鲁调水征字〔2013〕91 号文件对该方案进行了批复。

4. 各级补偿投资包干协议

2009 年 9 月 11 日，山东省南水北调工程建设管理局与济宁、泰安市人民政府签订了《南水北调东线一期主体工程征迁安置任务及投资包干协议》。

2009 年 10 月，济宁市南水北调工程建设管理局与梁山县人民政府签订了征迁安置任务及投资包干协议；泰安市南水北调工程建设管理局与东平县人民政府签订了征迁安置任务及投资包干协议。

2009 年 11 月各县人民政府与沿线乡镇签订了征迁安置任务及投资包干协议。对专项实施的迁建，与各专项设施单位签订包干协议，由各专项设施单位负责迁建。

5. 补偿兑付

（1）2010 年 8 月 25 日，山东省南水北调工程建设管理局下达《南水北调东线一期湖南四湖至东平湖段输水与航运结合柳长河工程（济宁段）征迁安置资金（第一批）的通知》（鲁调水征字〔2010〕9 号），拨付济宁市南水北调工程建设管理局征迁安置资金 8340.12 万元。

（2）2010 年 8 月 31 日，山东省南水北调工程建设管理局下达《南水北调东线一期湖南四湖至东平湖段输水与航运结合柳长河工程（泰安段）征迁安置资金（第一批）的通知》（鲁调水征字〔2010〕11 号），拨付泰安市南水北调工程建设管理局征迁安置资金 1346.75 万元。

（3）2010 年 12 月 17 日，山东省南水北调工程建设管理局下达《南水北调东线一期湖南四湖至东平湖段输水与航运结合柳长河工程（济宁段）征迁安置资金（第二批）的通知》（鲁调水征字〔2010〕46 号），拨付济宁市南水北调工程建设管理局征迁安置资金 10590.15 万元。

（4）2010 年 12 月 17 日，山东省南水北调工程建设管理局下达《南水北调东线一期湖南四湖至东平湖段输水与航运结合柳长河工程（泰安段）征迁安置资金（第二批）的通知》（鲁调水征字〔2010〕49 号），拨付泰安市南水北调工程建设管理局征迁安置资金 1346.75 万元。

（5）2012 年 5 月 3 日，山东省南水北调工程建设管理局下达《南水北调东线一期湖南四湖至东平湖段输水与航运结合柳长河工程（泰安段）征迁安置资金（第三批）的通知》（鲁调水征字〔2012〕54 号），拨付泰安市南水北调工程建设管理局征迁安置资金 38.11 万元。

（6）2012 年 7 月 27 日，山东省南水北调工程建设管理局下达《南水北调东线一期湖南四湖至东平湖段输水与航运结合柳长河工程和邓楼泵站工程临时用地延期续占和新增永久征地补偿问题的批复》（鲁调水征字〔2012〕89 号），拨付济宁市南水北调工程建设管理局柳长河工程征迁安置资金 51.62 万元。

（7）2012 年 11 月 30 日，山东省南水北调工程建设管理局下达《南水北调东线一期湖南四

湖至东平湖段输水与航运结合柳长河工程征迁安置资金（第四批）的通知》（鲁调水征字〔2012〕145号），拨付南水北调东线八里湾泵站工程建设管理局工程影响鱼塘资金220.93万元。

（8）2012年12月5日，山东省南水北调工程建设管理局以《关于下达南水北调东线一期南四湖至东平湖段输水与航运结合梁济运河、柳长河、灌区影响和邓楼泵站工程梁山县临时用地复垦资金的通知》（鲁调水征字〔2012〕162号），拨付柳长河梁山县临时用地复垦资金132.79万元。

（9）2013年5月28日，山东省南水北调工程建设管理局下达《关于批复〈南水北调柳长河工程东平县施工影响稻田补偿方案〉及下达补偿资金的通知》（鲁调水征字〔2013〕81号），拨付泰安市南水北调工程建设管理局柳长河工程征迁安置资金308.10万元。

（10）2013年7月26日，山东省南水北调工程建设管理局下达《关于批复〈南水北调柳长河工程施工影响梁山县鱼塘及农田补偿方案〉及下达补偿资金的通知》（鲁调水征字〔2013〕91号），拨付济宁市南水北调工程建设管理局柳长河工程征迁安置资金598.05万元。

6. 农村生产生活安置

（1）生产安置。柳长河工程永久征地4825.55亩，涉及生产安置人口1805人。由于被征地各村土地资源比较丰富，大部分村人均耕地在1亩以上。工程占地对移民的生活水平影响不是很大。

1）梁山县。梁山县境内工程永久征地4368.4亩，涉及生产安置人口1632人。由于梁山县在征地后人均耕地面积影响较小，都在1.2亩以上，一部分采取了在本村内调剂土地的方式，将土地补偿资金拨付到村集体账户，由村民代表大会表决通过土地及资金使用方案；另一部分根据村民代表大会通过的决议，采取一次性货币补偿的形式，将补偿资金全部兑付到个人账户。

2）东平县。东平县境内工程永久征地457.6亩，涉及生产安置人口173人。柳长河在东平县涉及征地村只有两个，薛庄村和八里湾村。八里湾村在征地后人均耕地面积为0.64亩，由于该村第二、三产业较邻村发展快，耕地的减少对生产和生活影响可以通过地方政府扶持和具体措施积极引导以及征迁安置资金补偿来克服。经村民代表大会表决同意，采取一次性货币补偿的形式，不再进行调地。薛庄村征地后人均土地影响较小，根据村民代表会议的决定，采用统一调剂土地的方式，土地补偿资金拨付到村集体账户后，由村民代表大会表决通过资金使用方案。

（2）生活安置。根据调查，本工程需要拆迁24户，人口88人。由于搬迁户较少，采取后靠分散建房安置，建房宅基地标准为0.3亩/户。搬迁户在获取房屋补偿后按照规划自拆自建，旧料归己。按2500元/人和350元/人的标准给予基础设施补偿费和搬迁运输费。

7. 专项设施迁建

柳长河工程专项设施涉及专项部门多、数量大。其中：电力线路35处，移动线路8处，联通（网通）线路9处，广播线路5处，长途传输线路与光缆5处，电信线路1处，铁通线路1处，挖压影响建筑物37座。

根据山东省南水北调工程建设指挥部鲁调水指字〔2010〕17号文件要求，梁山县和东平县南水北调工程建设指挥与专项设施部门，按照初设批复的投资标准签订了迁移复建包干协议。

电力、移动、联通等专项，技施设计阶段与初步设计比较，出现了新增、漏项或变化，根据省南水北调工程建设管理局鲁调水征函字〔2011〕10号文件要求，由各专项设施单位委托具有设计资质的单位进行各专业迁建方案设计，专项设施迁移复建方案设计由省水利勘测设计院复核审查后编入实施方案，由县南水北调工程建设指挥部与各专项设施部门签订迁移复建协议，进行迁建。

挖压影响建筑物由县南水北调办事机构委托山东省水利勘测设计院编制工程设计后，由市南水北调工程建设管理局组织专家进行了评审。根据评审意见设计单位修订了设计报告。2011年12月通过公开招标，梁山县和东平县确定了施工单位和工程监理单位。2012年对挖压影响建筑物进行了施工复建，12月底全部通过单位工程验收。2013年6月，挖压影响建筑物通过工程试运行和竣工验收。

8. 永久征地交付

2010年9月15日，东平县人民政府召开了由县直各有关部门、商老庄乡、八里湾村和薛庄村20余人参加的南水北调东线柳长河工程建设动员会，对地上附着物清除工作进行安排部署。

截至2010年10月底，永久征地范围内房屋、树木、坟头等附着物已基本清理完毕，梁山县和东平县将柳长河工程4825.55亩永久征地全部交付山东省南水北调南四湖至东平湖段工程建设管理局使用。

9. 临时用地交付和复垦

本工程临时用地729.11亩，其中弃土临时用地334.33亩，工程施工临时用地394.78亩，占地类型大部分为耕地，全部临时用地都需复耕。在2012年10月底前，各施工企业对已用完的临时用地进行了整平。

2012年12月31日，由山东省南水北调南四湖至东平湖段工程建设管理局牵头，各施工企业全部将已用完的临时用地交付给地方政府，除200亩施工临时用地仍需使用外，其余临时用地交由地方政府进行下一阶段的复垦工作。

复垦前，柳长河段工程有关实施县分别与山东省勘测设计院共同编制了临时用地复垦实施方案。复垦根据各县的复垦方案的要求和技术标准实施。

至2015年9月底前，除梁山县200亩施工临时用地施工企业仍需使用外，其余全部完成复垦，交付群众耕种。

10. 用地组卷报批（含勘测定界）

2011年8月5日，山东省南水北调工程建设管理局和山东省国土资源厅联合在济宁市梁山县召开了南四湖至东平湖段工程征地报卷工作会议，济宁市、泰安市、梁山县、东平县国土资源局、南水北调工程建设管理局，山东省国土测绘院、山东省水利勘测设计院、济南市水文水资源局等单位参加了会议。会议对征地工作任务和计划进行了安排，对征地报卷工作进行了动员部署。

2011年8月13日，山东省南水北调工程建设管理局和山东省国土资源厅组织南四湖至东平湖段勘测定界成果验收会，对需办理建设用地征地手续的勘测定界成果进行了验收。相关市、县（市、区）国土部门的代表和专家参加了验收会。

2011年9月2日，山东省南水北调工程建设指挥部印发了《关于抓紧办理南水北调工程征

地手续的通知》，对建设用地报批急需办理的补偿协议签订、听证、办理林地手续等工作以及各市县将报批材料报到省国土资源厅的时间作出了明确要求。至10月中旬，将柳长河工程征地报卷材料报至山东省国土资源厅。

2011年10月21日开始，山东省国土资源厅组成专门工作组，与山东省南水北调工程建设管理局联合办公，对市县上报的建设用地报批材料进行审查，2012年年底，山东省将全部征地报卷材料报国土资源部。

2013年3月29日，国土资源部印发《国土资源部关于南水北调东线一期南四湖至东平湖段柳长河工程建设用地的批复》（国土资函〔2013〕206号），批复柳长河工程建设用地327.65hm²。

11. 监督评估

（1）征迁监理。2009年5月，通过公开招标，确定济宁市水利工程建设监理中心承担南四湖至东平湖段柳长河工程征迁监理工作。2009年5月27日，签订了合同书。

2009年10月，济宁市水利工程建设监理中心就进入梁山县、东平县柳长河开展相关工作，参与了技术交底会、勘测定界、实物调查复核、实物量和补偿标准确认、地上附着物清除、补偿资金兑付、专项设施迁建、后期遗留问题处理等征迁全过程。

至2013年年底，柳长河工程征迁安置面上工作已基本结束，济宁水利工程建设监理中心提交监理工作半月报、月报、监理日志等档案资料18卷89件。

2015年5月19日，山东省南水北调工程建设管理局在济南组织召开了两湖段工程征迁安置监理合同验收会议，经验收小组认真评议，认为济宁水利工程建设监理中心完成了合同约定的全部工作内容，同意通过合同验收。

（2）监测评估。2009年5月，经过公开招标，确定河海大学为南四湖至东平湖段柳长河工程监测评估单位。2009年5月27日，签订了合同书。

2009年9月，河海大学选派专人对移民征迁中各项工作的调查，开展监测评估工作。

根据监测评估合同，至2014年年底，完成了农村移民搬迁前的生产生活情况的本底调查，并完成了四期专题监测报告和监测评估总报告。从移民监测评估和独立第三方角度：两湖段柳长河工程征地移民程序规范，手续齐全，符合相关的行业规范；通过补偿资金、生产转型，移民家庭的经济收入水平得到了提高，消除了移民中的不稳定因素；公众参与的实施增加了移民对政府工作的信任度和满意度。

2015年5月19日，山东省南水北调工程建设管理局在济南组织召开了两湖段工程征迁安置监测评估合同验收会议，经验收小组认真评议，认为监测评估单位完成了合同约定的全部工作内容，同意两湖段柳长河工程征迁安置监测评估通过合同验收。

（十三）南四湖至东平湖段引黄灌区影响处理工程

1. 实物指标复核

2009年4月20日，山东省南水北调工程建设管理局印发《南水北调东线一期南四湖至东平湖段输水与航运结合引黄灌区影响处理工程征迁安置实施计划》。

2009年9月6日，济宁市梁山县南水北调工程建设指挥部制定了《南水北调东线一期南四湖至东平湖段输水与航运结合引黄灌区影响处理工程征迁安置实物调查工作实施计划》。

2009年9月10日，梁山县南水北调工程建设指挥部，分别组织召开了由设计、监理、勘测定界单位、县水利局、县南水北调工程建设管理局、县林业局、县国土资源局、相关乡（镇、街道办）及村的负责人及工作人员参加的南水北调东线一期南四湖至东平湖段输水与航运结合引黄灌区影响处理工程征迁安置实物调查工作动员会。

2009年9月11日，梁山县南水北调工程建设管理局组织由征迁安置设计、监理、勘测定界单位、联合调查组参加的技术交底会议，由征迁安置设计详细讲解了实物调查的原则及实施细则，对实物调查中可能遇到的实际问题、解决的程序、解决的途径及解决的办法作了详细的说明。

2009年9月12—30日，梁山县人民政府组织县直有关部门、各沿线涉及乡镇人民政府、设计、监理、勘测定界等单位组成的联合调查组，开展了南四湖至东平湖段输水与航运结合引黄灌区影响处理工程征地勘测定界及外业调查等工作，省、济宁市南水北调办事机构进行了全程指导和监督。

实物指标复核成果：征用永久征地1396.11亩，临时用地1273.94亩；拆迁房屋7096.22m^2；乔木104070株，果树264株；机井4422m；坟墓1564座；专项设施160处，其中10kV配电迁移工程1处，改造0.4kV低压线路10处，10kV高压线路27处，35kV高压线路3处；移动线路15处，传输光缆9处，联通线路37处，广播线路10处，交叉影响支进闸48座。

2. 公告公示

2009年10月1—12日，梁山县南水北调工程建设指挥部对各项实物调查成果及补偿标准进行张榜公示，公示期为5～7天。

3. 实施方案的编制与批复

（1）地上附着物补偿方案。2009年12月1日，济宁市南水北调工程建设管理局在梁山县组织评审会对《南水北调东线一期工程南四湖至东平湖段输水与航运结合工程引黄灌区灌溉影响处理工程地上附着物补偿方案》进行了评审，2009年12月2日，济宁市南水北调工程建设管理局以济调水组字〔2009〕4号文件予以批复。

（2）县级征迁安置实施方案。2011年4月2日，济宁市南水北调工程建设管理局在济南组织专家对《南水北调东线一期南四湖至东平湖段输水与航运结合引黄灌区影响处理工程梁山县征迁安置实施方案》进行评审。2011年8月29日，山东省南水北调工程建设指挥部以《关于南水北调东线一期南四湖至东平湖段输水与航运结合引黄灌区影响处理工程梁山县征迁安置实施方案的批复》（鲁调水指字〔2011〕27号）文件对实施方案进行了批复。

（3）单元工程征迁安置实施方案。2012年3月31日，山东省南水北调工程建设管理局在济南组织召开了评审会议，对《南水北调东线一期工程南四湖至东平湖段输水与航运结合工程引黄灌区灌溉影响处理工程征迁安置实施方案》进行评审。2012年4月2日，山东省南水北调工程建设指挥部以《关于南水北调东线一期工程南四湖至东平湖段输水与航运结合工程引黄灌区灌溉影响处理工程征迁安置实施方案的批复》（鲁调水指字〔2012〕22号）批复了实施方案。

（4）临时用地复垦方案。2012年10月10日，济宁市南水北调工程建设指挥部在济南市组织对梁山县南水北调工程指挥部和山东省水利勘测设计院联合编制的《南水北调东线一期南四湖至东平湖段输水与航运结合工程引黄灌区灌溉影响处理工程梁山县临时用地复垦实施方案》进行了评审。2012年11月29日，山东省南水北调工程建设指挥部以鲁调水指字〔2012〕69号

文件对该方案进行了批复。

（5）专项设施方案。2011 年 5 月 21 日，济宁市南水北调工程建设管理局在济南组织召开了《梁山县南水北调引黄灌区灌溉影响处理工程附属建筑物恢复建设实施方案》评审会议。2011 年 6 月 23 日，济宁市南水北调工程建设管理局对该方案进行了批复。

4. 各级补偿投资包干协议

2009 年 9 月 11 日，山东省南水北调工程建设管理局与济宁人民政府签订了《南水北调东线一期主体工程征迁安置任务及投资包干协议》。

2009 年 10 月，济宁市南水北调工程建设管理局与梁山县人民政府签订了征迁安置任务及投资包干协议。

2009 年 11 月县人民政府与沿线乡（镇、街道）签订了征迁安置任务及投资包干协议。对专项实施的迁建，与各专项设施单位签订包干协议，由各专项设施单位负责迁建。

5. 补偿兑付

2009 年 7 月 28 日，山东省南水北调工程建设管理局下达《南水北调东线一期南四湖至东平湖段输水与航运结合引黄灌区影响处理工程征迁安置资金（第一批）的通知》（鲁调水政字〔2009〕33 号），拨付征迁安置资金 7576.13 万元。

2010 年 7 月 27 日，山东省南水北调工程建设管理局下达《南水北调东线一期南四湖至东平湖段输水与航运结合引黄灌区影响处理工程征迁安置资金（第二批）的通知》（鲁调水政字〔2010〕33 号），拨付征迁安置资金 206.62 万元。

2012 年 12 月 5 日，山东省南水北调工程建设管理局以《关于下达南水北调东线一期南四湖至东平湖段输水与航运结合梁济运河、柳长河、灌区影响和邓楼泵站工程梁山县临时用地复垦资金的通知》（鲁调水征字〔2012〕162 号），拨付灌区影响处理工程梁山县临时用地复垦资金 255.34 万元。

6. 农村生产生活安置

（1）生产安置。本工程永久征地涉及沿线 7 个乡镇，60 个行政村，永久征地 1396.11 亩，其中，耕地 1127.36 亩，需生产安置人口 709 人。由于沿线各村土地资源比较丰富，大部分村人均耕地在 1 亩以上，本工程沿线所有村均采用村内调剂土地进行安置。土地补偿款的使用方案由各村组织召开村民代表大会研究制定，主要用于兴修水利搞好田间水利管网工程、生产道路等配套设施建设，进一步改善农业生产条件。现土地补偿款已到位，土地调整已完成。

（2）生活安置。本工程需要搬迁 38 户 176 人，全部采取本村后靠分散建房安置，宅基地按每户 0.3 亩，在获取房屋补偿后按照规划自拆自建，按基础设施补偿费 2500 元/人和搬迁运输费 350 元/人标准给予补偿。现已全部完成搬迁安置，已搬入新家居住。

7. 专项设施迁建

本工程共影响专项设施 160 处，其中 10kV 配电迁移工程 1 处，改造 0.4kV 低压线路 10 处，10kV 高压线路 27 处，35kV 高压线路 3 处；移动线路 15 处，传输光缆 9 处，联通线路 37 处，广播线路 10 处，交叉影响支进闸 48 座。

本工程涉及专项设施由各专项部门提出专业复建方案，经批准后相关部门自行组织实施。至 2013 年 7 月 20 日，各专项设施已经完成，并通过验收。

8. 永久征地交付

灌区影响工程永久征地面积为 1396.11 亩。

2009年8月，梁山县人民政府在召开了县、镇、村参加的南水北调东线灌区影响工程建设动员大会，对地上附着物清除工作进行安排部署。

至2009年10月底，库区内房屋、树木、坟头等附着物已基本清理完毕。1396.11亩永久征地全部交付梁山县南水北调工程引黄灌区灌溉影响处理工程建设管理处使用。

9. 临时用地交付和复垦

工程临时用地共涉及工程沿线小安山、馆驿、韩岗、韩垓、水泊街道、拳铺5个乡镇和1个街道办，总面积1273.94亩，包括弃土临时用地879.94亩，工程施工临时用地394亩。

2012年11月29日，山东省南水北调工程建设指挥部以鲁调水指字〔2012〕69号文件批复了《南水北调东线一期南四湖至东平湖段输水与航运结合工程引黄灌区灌溉影响处理工程临时用地复垦实施方案》，批复项目总投资627.20万元。

按照鲁调水指字〔2012〕69号文件批复的《南水北调东线一期南四湖至东平湖段输水与航运结合工程引黄灌区灌溉影响处理工程临时用地复垦实施方案》和《山东省南水北调工程临时用地复垦实施办法》，县南水北调灌区灌溉影响处理工程建设管理处对涉及工程部分进行了组织协调和实施，并按时完成。对涉及农民补偿部分，2013年4月12日，梁山县南水北调引黄灌区灌溉影响处理工程建设管理处以梁灌建字〔2013〕6号文件下发了《关于梁山县南水北调引黄灌区灌溉影响处理工程办理临时用地移交及复垦补偿资金兑付的通知》，将临时用地移交程序、时限、资金补偿标准和兑付程序下发到各乡镇。

2013年5月20日，梁山县南水北调引黄灌区灌溉影响处理工程建设管理处与各乡镇签订临时用地复垦补偿协议书，并将补偿资金全部兑付到村。

至2013年5月31日，引黄灌区灌溉影响处理工程所涉及的临时用地全部移交到群众手中进行耕种。

10. 用地组卷报批（含勘测定界）

南四湖至东平湖段灌区影响处理工程永久征地1396.11亩，涉及梁山县7个乡镇，60个行政村。

2011年8月5日，山东省南水北调工程建设管理局和山东省国土资源厅联合，在济宁市梁山县召开了工程征地报卷工作会议，会议对征地工作任务和计划进行了安排，对征地报卷工作进行了动员部署。

2011年8月13日，山东省南水北调工程建设管理局和山东省国土资源厅组织南水北调南四湖至东平湖段勘测定界成果验收会，对需办理建设用地征地手续的勘测定界成果进行了验收。

2011年9月2日，山东省南水北调工程建设指挥部印发了《关于抓紧办理南水北调工程征地手续的通知》，对建设用地报批急需办理的补偿协议签订、听证、办理林地手续等工作作出了明确要求。至10月中旬，将灌区影响工程征地报卷材料报至山东省国土资源厅。

2011年10月21日开始，山东省国土资源厅组成专门工作组，与山东省南水北调工程建设管理局联合办公，对市县上报的建设用地报批材料进行审查，2012年年底，山东省将征地报卷材料报国土资源部。

2013年2月7日，国土资源部印发《国土资源部关于南水北调东线一期南四湖至东平湖段灌区影响工程建设用地的批复》（国土资函〔2013〕150号），批复引黄灌区影响处理工程建设

用地 92.74hm²。

11. 监督评估

（1）征迁监理。2009年5月，通过公开招标，确定四川征迁监理公司为南四湖至东平湖段灌区影响处理工程征迁监理单位。2009年5月27日，签订了合同书。

2009年10月4日，四川征迁监理公司成立了南四湖至东平湖段灌区影响处理工程征迁安置监理项目部，进驻现场开展监理任务。

至2013年年底，灌区影响处理工程征迁安置面上工作已基本结束，四川征迁监理公司提交监理工作半月报、月报、监理日志等档案资料11卷78件。

2015年5月19日，山东省南水北调工程建设管理局在济南组织召开了两湖段工程征迁安置监理合同验收会议，经验收小组认真评议，认为四川征迁监理公司完成了合同约定的全部工作内容，同意通过合同验收。

（2）监测评估。2009年5月，经过公开招标，确定河海大学为南四湖至东平湖段灌区影响处理工程监测评估单位。2009年5月27日，签订了合同书。

2009年9月，河海大学选派专人对征迁中各项工作的调查，开展监测评估工作。

根据监测评估合同，至2014年年底，完成了农村群众搬迁前的生产生活情况的本底调查，并完成了四期专题监测报告和监测评估总报告。从移民监测评估和独立第三方角度：两湖段灌区影响处理工程征地移民程序规范，手续齐全，符合相关的行业规范；通过补偿资金、生产转型，移民家庭的经济收入水平得到了提高，消除了移民中的不稳定因素；公众参与的实施增加了移民对政府工作的信任度和满意度。

2015年5月19日，山东省南水北调工程建设管理局在济南组织召开了两湖段工程征迁安置监测评估合同验收会议，经验收小组认真评议，认为监测评估单位完成了合同约定的全部工作内容，同意两湖段灌区影响处理工程征迁安置监测评估通过合同验收。

（十四）南四湖至东平湖段长沟泵站工程

1. 实物指标复核

2009年4月20日，山东省南水北调工程建设管理局印发《南水北调东线一期南四湖至东平湖段输水与航运结合长沟泵站工程征迁安置实施计划》。

2009年5月8日，济宁市任城区制定了《南四湖至东平湖段输水与航运结合长沟泵站工程征迁安置实物调查工作实施计划》。

2009年5月10日，任城区指挥部，分别组织召开了由设计、监理、勘测定界单位、县水利局、县南水北调工程建设管理局、县林业局、县国土资源局、相关镇及村的负责人及工作人员参加的南水北调东线一期南四湖至东平湖段输水与航运结合长沟泵站工程征迁安置实物调查工作动员会。

2009年5月15日，任城区南水北调工程建设管理局组织由征迁安置设计、监理、勘测定界单位、联合调查组参加的技术交底会议，由征迁安置设计单位详细讲解了实物调查的原则及实施细则，对实物调查中可能遇到的实际问题、解决的程序、解决的途径及解决的办法做了详细的说明。

2009年5月16—18日，任城区人民政府组织县直有关部门、各沿线涉及乡镇人民政府、设计、监理、勘测定界等单位组成的联合调查组，开展了南四湖至东平湖段输水与航运结合长沟泵站工程征地勘测定界及外业调查等工作，省、济宁市南水北调办事机构进行了全程指导和监督。

实物指标复核成果：工程永久征地面积388.5亩，工程临时用地180.9亩；影响各类农村房屋9m²，禽舍（砖混结构）27354.5m²，电力线路1处。

2. 公告公示

2009年6月，任城区南水北调工程建设指挥部对调查结果及补偿标准进行了公示，公示期为5～7天。

3. 实施方案的编制与批复

（1）县级征迁安置实施方案。2011年4月2日，济宁市南水北调工程建设指挥部在济南组织召开了南水北调东线一期南四湖至东平湖段工程长沟泵站枢纽工程征迁安置实施方案评审会议。2011年8月29日，山东省南水北调工程建设指挥部下达了《关于南水北调东线一期南四湖至东平湖段输水与航运结合长沟泵站任城区征迁安置实施方案的批复》（鲁调水字〔2011〕32号），对该工程县级征迁安置方案进行了批复。

（2）单元工程征迁安置实施方案。2012年3月30日，山东省南水北调工程建设管理局在济南组织召开了评审会议，对任城区南水北调工程指挥部和山东省水利勘测设计院联合编制的《南水北调东线一期工程南四湖至东平湖段工程长沟泵站工程征迁安置实施方案》进行评审。2012年4月2日，山东省南水北调工程建设指挥部以《南水北调东线一期工程南四湖至东平湖段工程长沟泵站枢纽工程征迁安置实施方案的批复》（鲁调水指字〔2012〕19号）批复了该单元工程实施方案。

（3）临时用地复垦方案。2012年10月11日，济宁市南水北调工程建设指挥部在济南市组织对任城区南水北调工程指挥部和山东省水利勘测设计院联合编制的《南水北调东线一期南四湖至东平湖段输水与航运结合工程长沟泵站任城区临时用地复垦实施方案》进行了评审。2012年12月3日，山东省南水北调工程建设指挥部分别以鲁调水指字〔2012〕76号文件对任城区临时用地复垦实施方案进行了批复。

（4）征迁遗留问题实施方案。由于长沟泵站建设给周边农田灌排造成影响，山东省水利勘测设计院编制了《南水北调东线一期南四湖至东平湖段输水与航运结合长沟泵站灌排影响处理措施报告》。2010年3月27日，山东省南水北调建设管理局在济南组织了该报告的评审。2010年8月13日，山东省南水北调建设管理局下达了《关于南四湖至东平湖工程长沟泵站有关问题的批复》（鲁调水征字〔2012〕3号），对本项目进行了批复。

4. 各级补偿投资包干协议

2009年9月11日，山东省南水北调工程建设管理局与济宁市人民政府签订了《南水北调东线一期主体工程征迁安置任务及投资包干协议》。

2009年10月，济宁市南水北调工程建设管理局与任城区人民政府签订了征迁安置任务及投资包干协议。

2009年11月，县人民政府与长沟镇签订了征迁安置任务及投资包干协议。对专项设施的迁建，与各专项设施单位签订包干协议，由各专项设施单位负责迁建。

5. 补偿兑付

2009年5月4日，山东省南水北调工程建设管理局下达《南水北调东线一期南四湖至东平

湖段输水与航运结合长沟泵站工程征迁安置资金（第一批）的通知》（鲁调水政字〔2009〕18号），预拨济宁市南水北调工程建设管理局征迁安置资金2276万元。

2012年5月，收回长沟泵站失地农户生产生活水平改善提高项目416.8万元和梁济运河管理处国有水利设施用地补偿款140.97万元。

6. 农村生产生活安置

（1）生产安置。工程建设征地共涉及10个村，其中乔子村实行村内调地，土地补偿款归集体所有；其他9个村全部实行土地一次性货币补偿的安置方式，将补偿款直接拨付到村民账户，土地不再调整。征地后各村人均占地都在0.8亩以上，对村民生产生活相对影响不大。

（2）生活安置。长沟泵站工程不涉及搬迁安置，只有生产安置。

7. 专项设施迁建

专项迁建内容为：任城变电站至大站分支线一条10kV架空电力线路。

由于设计年度与实施年度较长，原材物料价格上涨，概算补偿资金不足，据任城区南水北调工程建设指挥部申请，监理方签证，山东省南水北调工程建设管理局以鲁调水征字〔2012〕126号文件动用预备费增加电力专项设施迁移费13.57万元。该专项设施由任城区南水北调工程建设管理局与供电部门签订协议，由供电部门自行迁移。

8. 永久征地交付

长沟泵站工程永久征地387.96亩。2009年4月，任城区人民政府召开了县、镇、村参加的南水北调东线长沟泵站工程建设动员大会，对地上附着物清除工作进行安排部署。

至2009年10月1日，项目区内房屋、树木、坟头等附着物已基本清理完毕。永久征地全部交付山东省南水北调南四湖至东平湖段工程建设管理局使用。

9. 临时用地交付和复垦

长沟泵站工程临时用地180.9亩。其中弃土临时用地96.07亩，施工临时用地84.83亩。

2012年10月31日，山东省南水北调南四湖至东平湖段工程建设管理局组织施工企业将全部临时用地交付给任城区南水北调指挥部进行第二阶段复垦工作。

任城区南水北调指挥部根据批准的临时用地复垦实施方案，2012年12月底前全部完成临时用地复垦，并通过验收和办理移交。

10. 用地组卷报批（含勘测定界）

本工程永久征地涉及任城区长沟镇的10个行政村，永久征地387.96亩。

2011年8月5日，山东省南水北调工程建设管理局和山东省国土资源厅联合，在济宁市召开了工程征地报卷工作会议，对征地报卷工作进行了动员部署。

2011年8月13日，山东省南水北调工程建设管理局和山东省国土资源厅组织南四湖至东平湖段勘测定界成果验收会，对需办理建设用地征地手续的勘测定界成果进行了验收。

2011年9月2日，山东省南水北调工程建设指挥部印发了《关于抓紧办理南水北调工程征地手续的通知》，对建设用地报批急需办理的补偿协议签订、听证、办理林地手续等工作作出了明确要求。至10月中旬，将长沟泵站工程征地报卷材料报至山东省国土资源厅。

2011年10月21日开始，山东省国土资源厅组成专门工作组，与山东省南水北调工程建设管理局联合办公，对市县上报的建设用地报批材料进行审查，2012年年底，山东省将征地报卷材料报国土资源部。

2013年3月29日，国土资源部印发《国土资源部关于南水北调东线一期南四湖至东平湖段长沟泵站工程建设用地的批复》（国土资函〔2013〕148号），批复长沟泵站工程建设用地24.84hm²。

11. 监督评估

（1）征迁监理。2009年5月，通过公开招标，确定江河水利水电咨询中心为南四湖至东平湖段长沟泵站工程征迁监理单位。2009年5月27日，签订了合同书。

2009年10月4日，江河水利水电咨询中心成立了南四湖至东平湖段长沟泵站工程征迁安置监理项目部，进驻现场开展监理任务。

至2014年年底，长沟泵站工程征迁安置面上工作已基本结束，江河水利水电咨询中心提交监理工作半月报、月报、监理日志等档案资料15卷60件。

2015年5月19日，山东省南水北调工程建设管理局在济南组织召开了两湖段工程征迁安置监理合同验收会议，经验收小组认真评议，认为江河水利水电咨询中心完成了合同约定的全部工作内容，同意通过合同验收。

（2）监测评估。2009年5月，经过公开招标，确定河海大学为南四湖至东平湖段长沟泵站工程监测评估单位。2009年5月27日，签订了合同书。

2009年9月，河海大学选派专人对征迁中各项工作的调查，开展监测评估工作。

根据监测评估合同，至2014年年底，河海大学完成了农村移民搬迁前的生产生活情况的本底调查，并提交了四期专题监测报告和监测评估总报告。从移民监测评估和独立第三方角度：两湖段长沟泵站工程征地移民程序规范，手续齐全，符合相关的行业规范；通过补偿资金、生产转型，移民家庭的经济收入水平得到了提高，消除了移民中的不稳定因素；公众参与的实施增加了移民对政府工作的信任度和满意度。

2015年5月19日，山东省南水北调工程建设管理局在济南组织召开了两湖段工程征迁安置监测评估合同验收会议，经验收小组认真评议，认为监测评估单位完成了合同约定的全部工作内容，同意两湖段长沟泵站工程征迁安置监测评估通过合同验收。

（十五）南四湖至东平湖段邓楼泵站工程

1. 实物指标复核

2009年4月20日，山东省南水北调工程建设管理局印发《南水北调东线一期南四湖至东平湖段输水与航运结合邓楼泵站工程征迁安置实施计划》。

2009年9月6日，济宁市梁山县制定了《南四湖至东平湖段输水与航运结合邓楼泵站工程征迁安置实物调查工作实施计划》。

2009年9月20日，梁山县指挥部召开了由设计、监理、勘测定界单位、县水利局、县南水北调工程建设管理局、县林业局、县国土资源局、相关乡（镇、街道）及村的负责人及工作人员参加的南水北调东线一期南四湖至东平湖段输水与航运结合邓楼泵站工程征迁安置实物调查工作动员会。

2009年10月6日，梁山县南水北调工程建设指挥部组织由征迁安置设计、监理、勘测定界单位、联合调查组参加的技术交底会议，由征迁安置设计详细讲解了实物调查的原则及实施细则，对实物调查中可能遇到的实际问题、解决的程序、解决的途径及解决的办法做了详细的

说明。

2009年10月10—30日，梁山县人民政府组织县直有关部门、各沿线涉及乡镇人民政府、设计、监理、勘测定界等单位组成的联合调查组，开展了南四湖至东平湖段输水与航运结合邓楼泵站工程征地勘测定界及外业调查等工作，省、济宁市南水北调办事机构进行了全程指导和监督。

实物指标复核成果：工程永久征地400.2亩，临时用地71.03亩；影响各类农村房屋638.96m^2；果树187株，乔木17427株；专项设施两处，其中，梁山县韩岗镇司垓村村民集资修建的水泥混凝土道路和地埋电缆一处，韩岗变电站至司垓段10kV架空电力线路一条。

2. 公告公示

2009年11月，梁山县南水北调工程建设指挥部对调查结果及补偿标准进行了公示，公示期为7天。

3. 实施方案的编制与批复

(1) 县级征迁安置实施方案。2011年4月2日，济宁市南水北调工程建设指挥部在济南组织召开了《南水北调东线一期南四湖—东平湖段工程邓楼泵站工程梁山县征迁安置实施方案》评审会议。2012年8月30日，山东省南水北调建设管理局对邓楼泵站工程梁山县征迁安置实施方案进行了批复。

(2) 单元工程征迁安置实施方案。2012年3月31日，山东省南水北调工程建设管理局在济南组织召开了《南水北调东线一期工程南四湖至东平湖段工程邓楼泵站工程征迁安置实施方案》评审会议。2012年4月2日，山东省南水北调工程建设指挥部以《南水北调东线一期工程南四湖至东平湖段工程邓楼泵站枢纽工程征迁安置实施方案的批复》(鲁调水指字〔2012〕20号)批复了该实施方案。

(3) 临时用地复垦方案。2012年10月10日，济宁市南水北调工程建设指挥部在济南市组织对梁山县南水北调工程指挥部和山东省水利勘测设计院联合编制的《南水北调东线一期南四湖至东平湖段输水与航运结合工程邓楼泵站梁山县临时用地复垦实施方案》进行了评审。2012年12月3日，山东省南水北调工程建设指挥部以鲁调水指字〔2012〕77号文件对任城区临时用地复垦实施方案进行了批复。

4. 各级补偿投资包干协议

2009年9月11日，山东省南水北调工程建设管理局与济宁人民政府签订了《南水北调东线一期主体工程征迁安置任务及投资包干协议》。

2009年10月，济宁市南水北调工程建设管理局与梁山县人民政府签订了征迁安置任务及投资包干协议。

2009年11月县人民政府与沿线乡(镇、街道)签订了征迁安置任务及投资包干协议。对专项实施的迁建，与各专项设施单位签订包干协议，由各专项设施单位负责迁建。

5. 补偿兑付

2009年7月28日，山东省南水北调工程建设管理局以《关于下达南水北调东线一期南四湖至东平湖段输水与航运结合邓楼泵站工程征迁安置资金(第一批)的通知》(鲁调水政字〔2009〕34号)，下达济宁市南水北调工程建设管理局征迁安置资金1237.11万元。

2010年7月27日，山东省南水北调工程建设管理局以《关于下达南水北调东线一期南四湖至东平湖段输水与航运结合邓楼泵站工程征迁安置资金（第二批）的通知》（鲁调水政字〔2010〕34号），下达济宁市南水北调工程建设管理局征迁安置资金19.32万元。

2012年7月27日，山东省南水北调工程建设管理局下达《南水北调东线一期南四湖至东平湖段输水与航运结合柳长河工程和邓楼泵站工程临时用地延期续占和新增永久征地补偿问题的批复》（鲁调水征字〔2012〕89号），拨付济宁市南水北调工程建设管理局邓楼泵站工程征迁安置资金7万元。

2012年12月5日，山东省南水北调工程建设管理局以《关于下达南水北调东线一期南四湖至东平湖段输水与航运结合梁济运河、柳长河、灌区影响和邓楼泵站工程梁山县临时用地复垦资金的通知》（鲁调水征字〔2012〕162号），拨付邓楼泵站工程梁山县临时用地复垦资金40.11万元。

6. 农村生产生活安置

（1）生产安置。工程永久征地400.2亩，其中征用耕地238.26亩。各村根据村民会议意见，采取村内土地调剂的方式进行生产安置。同时利用土地补偿费对农业生产结构进行调整和中低产田改造，以改善生产条件。

征地后各村人均占地都在0.8亩以上，对村民生产生活相对影响不大。

（2）生活安置。工程需搬迁共计4户，安置人口20人。4户全部以货币补偿后，自行建房分散安置。

7. 专项设施迁建

专业项目处理2处，包括：梁山县韩岗镇司垓村村民集资修建的水泥混凝土道路和地埋电缆；韩岗变电站至司垓段一条10kV架空电力线路。

司垓村村民集资修建的水泥混凝土道路和地埋电缆在概算中未涉及。经梁山县南水北调工程建设指挥部申请，监理方复核签证，山东省南水北调工程建设管理局以鲁调水征字〔2010〕2号文件批复，予以资金补偿。

10kV电力线路复建为拆除被占压的30基电杆，改为地下电缆，穿过邓楼泵站征地范围。截至2013年7月20日，各专项设施迁建已经完成，并通过验收。

8. 永久征地交付

邓楼泵站工程永久征地面积为400.2亩。

2009年12月7日，项目区内房屋、树木、坟头等附着物已基本清理完毕，永久征地全部交付山东省南水北调南四湖至东平湖段工程建设管理局使用。

9. 临时用地交付和复垦

邓楼泵站工程临时用地71.03亩，包括弃土区临时用地22.81亩，施工临时用地48.22亩。施工临时用地包括济宁市梁济运河管理处、梁山东平湖管理局国有土地11.19亩属水利设施用地，不计列复垦。本工程临时用地复垦为59.84亩，其中弃土临时用地32.71亩，施工临时用地27.13亩。

2012年10月底，山东省南水北调南四湖至东平湖段工程建设管理局牵头，组织梁山县南水北调工程建设指挥部、主体施工企业、征迁监理、工程监理、设计等单位，将邓楼泵站临时用地全部交付到梁山县南水北调建设指挥部。

按照《南水北调东线一期南四湖至东平湖段输水与航运结合工程邓楼泵站临时用地复垦实

施方案》和《山东省南水北调工程临时用地复垦实施办法》，梁山县南水北调工程建设指挥部按照复垦方案的要求和技术标准实施，全部完成了临时用地复垦工作。

2013年5月20日，梁山县南水北调建设管理指挥部已将临时用地全部移交到乡镇，并由乡镇交付群众手中。

10. 用地组卷报批（含勘测定界）

2011年7月，山东省南水北调工程建设管理局和山东省国土资源厅联合，在济宁市召开了工程征地报卷工作会议，对征地报卷工作进行了动员部署。

2011年8月13日，山东省南水北调工程建设管理局和山东省国土资源厅组织南四湖至东平湖段勘测定界成果验收会，对需办理建设用地征地手续的勘测定界成果进行了验收。

2011年9月2日，山东省南水北调工程建设指挥部印发了《关于抓紧办理南水北调工程征地手续的通知》，对建设用地报批急需办理的补偿协议签订、听证、办理林地手续等工作作出了明确要求。至10月中旬，将邓楼泵站工程征地报卷材料报至山东省国土资源厅。

2011年10月21日开始，山东省国土资源厅组成专门工作组，与山东省南水北调工程建设管理局联合办公，对上报的建设用地报批材料进行审查，2012年年底，山东省将征地报卷材料报国土资源部。

2013年2月7日，国土资源部印发《国土资源部关于南水北调东线一期南四湖至东平湖段邓楼泵站工程建设用地的批复》（国土资函〔2013〕143号），批复邓楼泵站工程建设用地21.97hm^2。

11. 监督评估

（1）征迁监理。2009年5月，通过公开招标，确定江河水利水电咨询中心为南四湖至东平湖段邓楼泵站工程征迁监理单位。2009年5月27日，签订了合同书。

2009年10月4日，江河水利水电咨询中心成立了南四湖至东平湖段邓楼泵站工程征迁安置监理项目部，进驻现场开展监理任务。

至2013年年底，邓楼泵站工程征迁安置面上工作已基本结束，江河水利水电咨询中心提交监理工作半月报、月报、监理日志等档案资料13卷68件。

2015年5月19日，山东省南水北调工程建设管理局在济南组织召开了两湖段工程征迁安置监理合同验收会议，经验收小组认真评议，认为江河水利水电咨询中心完成了合同约定的全部工作内容，同意通过合同验收。

（2）监测评估。2009年5月，经过公开招标，确定河海大学为南四湖至东平湖段邓楼泵站工程监测评估单位。2009年5月27日，签订了合同书。

2009年9月，河海大学选派专人对征迁中各项工作的调查，开展监测评估工作。根据监测评估合同，至2014年年底，完成了农村移民搬迁前的生产生活情况的本底调查，并完成了四期专题监测报告和监测评估总报告。从移民监测评估和独立第三方角度：两湖段邓楼泵站工程征地移民程序规范，手续齐全，符合相关的行业规范；通过补偿资金、生产转型，移民家庭的经济收入水平得到了提高，消除了移民中的不稳定因素；公众参与的实施增加了移民对政府工作的信任度和满意度。

2015年5月19日，山东省南水北调工程建设管理局在济南组织召开了两湖段工程征迁安置监测评估合同验收会议，经验收小组认真评议，认为监测评估单位完成了合同约定的全部工作内容，同意两湖段邓楼泵站工程征迁安置监测评估通过合同验收。

（十六）南四湖至东平湖段八里湾泵站

1. 实物指标复核

2010年1月20日，山东省南水北调工程建设管理局印发《南水北调东线一期南四湖至东平湖段输水与航运结合八里湾泵站工程征迁安置实施计划》。

2010年3月8日，东平县南水北调工程建设指挥部制定了《南四湖至东平湖段输水与航运结合八里湾泵站工程征迁安置实物调查工作实施计划》。

2010年3月10日，东平县南水北调工程建设指挥部组织召开了由设计、监理、勘测定界单位、县水利局、县南水北调工程建设管理局、县林业局、县国土资源局、商老庄乡及八里湾村的负责人及工作人员参加的南水北调东线一期南四湖至东平湖段输水与航运结合八里湾泵站工程征迁安置实物调查工作动员会。

2010年4月15日，东平县南水北调办公室组织由征迁安置设计、监理、勘测定界单位、联合调查组参加的技术交底会议。

2010年4月16日，东平县人民政府组织县直有关部门、商老庄乡人民政府、设计、监理、勘测定界等单位组成的联合调查组，开展了南四湖至东平湖段输水与航运结合八里湾泵站工程征地勘测定界及外业调查等工作，山东省、泰安市南水北调工程建设管理局进行了全程指导和监督。

实物指标复核成果：工程永久征地面积191.17亩，工程临时用地271亩；影响各类农村房屋580.72m^2；乔木25836株，坟墓32座，苗圃0.87亩，电力线路3处。

2. 公告公示

2010年6月1日，东平县南水北调工程建设指挥部对调查结果及补偿标准进行了公示，公示期为7天。

3. 实施方案的编制与批复

（1）县级征迁安置实施方案。2010年4月22日，泰安市南水北调工程建设管理局在东平县组织召开了八里湾泵站工程征迁安置实施方案评审会议，对《南水北调东线一期南四湖至东平湖段输水与航运结合工程八里湾泵站工程东平县征迁安置实施方案》进行了审查。2010年4月24日，泰安市南水北调工程建设领导小组下发了《关于〈南水北调东线一期南四湖至东平湖段输水与航运结合工程八里湾泵站工程征迁安置实施方案〉的批复》（泰调水领字〔2010〕3号），对八里湾泵站征迁安置县级实施方案进行了批复。

（2）单元工程征迁安置实施方案。2012年3月31日，泰安市南水北调工程建设领导小组在济南市组织对中水淮河规划设计研究有限公司编制的《南水北调东线一期南四湖至东平湖段输水与航运结合工程八里湾泵站征迁安置实施方案》进行了评审。2012年4月2日，山东省南水北调工程建设指挥部下发了《关于南水北调东线一期南四湖至东平湖段输水与航运结合工程八里湾泵站征迁安置实施方案的批复》（鲁调水指字〔2012〕21号），对八里湾泵站征迁安置实施方案进行了批复。

（3）临时用地复垦方案。2012年10月12日，泰安市南水北调工程建设领导小组在济南市组织对东平县南水北调工程指挥部和山东省水利勘测设计院联合编制的《南水北调东线一期南

四湖至东平湖段输水与航运结合工程八里湾泵站东平县临时用地复垦实施方案》进行了评审。2012 年 12 月 3 日，山东省南水北调工程建设指挥部以鲁调水指字〔2012〕70 号文对东平县临时用地复垦实施方案进行了批复。

（4）征迁遗留问题实施方案。2013 年 1 月 13 日，山东省南水北调工程建设管理局在济南组织对山东省水利勘测设计院编制的《南水北调东线一期工程八里湾泵站工程东平县施工降水影响鱼塘补偿方案》进行了评审。2013 年 2 月 6 日，山东省南水北调工程建设管理局以鲁调水征字〔2013〕26 号文件对该方案进行了批复。

4. 各级补偿投资包干协议

2009 年 9 月 11 日，山东省南水北调工程建设管理局与泰安市人民政府签订了《南水北调东线一期主体工程征迁安置任务及投资包干协议》。

2009 年 10 月，泰安市南水北调工程建设管理局与东平县人民政府签订了征迁安置任务及投资包干协议。

2009 年 11 月，东平县人民政府与商老庄乡人民政府签订了征迁安置任务及投资包干协议。对专项实施的迁建，与各专项设施单位签订包干协议，由各专项设施单位负责迁建。

5. 补偿兑付

2010 年 2 月 4 日，山东省南水北调工程建设管理局下达《南水北调东线一期南四湖至东平湖段输水与航运结合八里湾泵站工程征迁安置资金（第一批）的通知》（鲁调水政字〔2010〕6 号），拨付征迁安置资金 842.06 万元。

2010 年 10 月 25 日，山东省南水北调工程建设管理局下达《南水北调东线一期南四湖至东平湖段输水与航运结合八里湾泵站工程征迁安置资金（第二批）的通知》（鲁调水政字〔2010〕6 号），拨付征迁安置资金 221.15 万元。

2013 年 2 月 6 日，山东省南水北调工程建设管理局以《关于〈南水北调东线一期工程八里湾泵站工程东平县施工降水影响鱼塘补偿方案〉及补偿资金的批复》（鲁调水征字〔2013〕26 号），下达南水北调东线八里湾泵站工程建设管理局鱼塘补偿资金 251.29 万元。

6. 农村生产生活安置

（1）生产安置。八里湾泵站工程生产安置人口 19 人，均在商老庄乡八里湾村，由于征用 191.17 亩土地全部在该村，征地面积较大，且各村民小组占地面积不均衡，经村民代表大会通过，全村进行统一调整土地，土地补偿资金由各组平均分配，直接发放给个人。

（2）生活安置。本工程需要拆迁房屋主要是鱼塘看护房和东平湖网箱养殖看护房，涉及人口为 4 人，均在八里湾村有住房，采取自行安置，按 2500 元/人和 350 元/人的标准给予基础设施补偿费和搬迁运输费。

7. 专项设施迁建

永久征地影响范围内，有 1 条 10kV 输电线路，供电对象为柳长河老八里湾泵站，隶属于东平县供电公司。实施阶段直接委托东平县供电公司的普惠电力工程有限公司实施了迁建。

另有 380kV 电力线路设施主线 2 条，支线遍布各个鱼塘，该线路主要为临时用地范围内的鱼塘养殖供电，影响线路总长 3.0km。由于临时用地以后将恢复为耕地，该段线路将不予恢复，直接予以补偿。

8. 永久征地交付

工程永久征地 191.17 亩，位于东平县商老庄乡八里湾村内。2010 年 5 月 6 日，省、市、县三级及勘界、设计、监理部门联合对附着物清除情况进行验收，将建设用地全部交付给南水北调东线八里湾泵站工程建设管理局使用。

9. 临时用地交付和复垦

工程临时用地271亩，占地类型大部分为耕地，全部临时用地都需复耕。

复垦前，东平县南水北调办公室与山东省勘测设计院共同编制了临时用地复垦实施方案。

2012年12月底，山东省南水北调南四湖至东平湖段工程建设管理局牵头，将八里湾泵站临时用地全部交付到东平县南水北调工程建设指挥部组织复垦。

按照《南水北调东线一期南四湖至东平湖段输水与航运结合工程八里湾泵站临时用地复垦实施方案》和《山东省南水北调工程临时用地复垦实施办法》，东平县南水北调工程建设指挥部按照复垦方案的要求和技术标准实施，全部完成了临时用地复垦工作。截至2013年3月31日，已将全部临时用地移交到群众手中。

10. 用地组卷报批（含勘测定界）

八里湾泵站工程永久征地191.17亩，全部位于东平县商老庄乡八里湾村。

2011年8月5日，山东省南水北调工程建设管理局和山东省国土资源厅联合在济宁市梁山县召开了工程征地报卷工作会议，对征地报卷工作进行了动员部署。

2011年8月13日，山东省南水北调工程建设管理局和山东省国土资源厅组织勘测定界成果验收会，对需办理建设用地征地手续的勘测定界成果进行了验收。

2011年9月2日，山东省南水北调工程建设指挥部印发了《关于抓紧办理南水北调工程征地手续的通知》，对建设用地报批急需办理的补偿协议签订、听证、办理林地手续等工作以及各市县将报批材料报到省国土资源厅的时间作出了明确要求。至10月中旬，将八里湾泵站工程征地报卷材料报至山东省国土资源厅。

2011年10月21日开始，山东省国土资源厅组成专门工作组，与山东省南水北调工程建设管理局联合办公，对上报的建设用地报批材料进行审查。2012年年底，山东省将征地报卷材料报国土资源部。

2013年3月29日，国土资源部印发《国土资源部关于南水北调东线一期南四湖至东平湖段八里湾泵站工程建设用地的批复》（国土资函〔2013〕142号），批复八里湾泵站工程建设用地12.11hm^2。

11. 监督评估

（1）征迁监理。2009年5月，山东省南水北调工程建设管理局通过公开招标，确定济宁市水利工程建设监理中心为南四湖至东平湖段八里湾泵站工程征迁监理单位。2009年5月27日，签订了合同书。

2009年11月，济宁市水利工程建设监理中心成立了南四湖至东平湖段八里湾泵站工程征迁安置监理项目部进驻现场，参与了勘测定界、实物调查复核、实物量和补偿标准确认、地上附着物清除、补偿资金兑付、专项设施迁建、后期遗留问题处理等征迁全过程。

至2014年年底，八里湾泵站工程征迁安置面上工作已基本结束，济宁水利工程建设监理中心提交监理工作半月报、月报、监理日志等档案资料17卷79件。

2015年5月19日，山东省南水北调工程建设管理局在济南组织召开了两湖段工程征迁安置监理合同验收会议，经验收小组认真评议，认为济宁水利工程建设监理中心完成了合同约定

的全部工作内容，同意通过合同验收。

（2）监测评估。2009 年 5 月，山东省南水北调工程建设管理局委托河海大学承担南四湖至东平湖段八里湾泵站工程征迁安置监测评估工作，并签订了合同书。

根据监测评估合同，至 2014 年年底，完成了农村群众搬迁前的生产生活情况的本底调查，并完成了四期专题监测报告和监测评估总报告。从移民监测评估和独立第三方角度得出结论：两湖段八里湾泵站工程征地移民程序规范，手续齐全，符合相关的行业规范；通过补偿资金、生产转型，移民家庭的经济收入水平得到了提高，消除了移民中的不稳定因素；公众参与的实施增加了移民对政府工作的信任度和满意度。

2015 年 5 月 19 日，山东省南水北调工程建设管理局在济南组织召开了两湖段工程征迁安置监测评估合同验收会议，经验收小组认真评议，认为监测评估单位完成了合同约定的全部工作内容，同意两湖段八里湾泵站工程征迁安置监测评估通过合同验收。

（十七）济平干渠工程

1. 实物指标复核

2002 年 9 月 27 日，山东省委、省政府以鲁委〔2002〕303 号文件成立了山东省南水北调工程建设指挥部。2003 年 5 月 22 日，山东省南水北调工程建设指挥部以鲁南指临字〔2003〕13 号文件成立了山东省南水北调济平干渠工程建设现场指挥部，承担了济平干渠工程的征迁安置和施工环境协调工作。

2003 年 4 月，山东省南水北调工程征迁安置工作开始实施时，市、县级南水北调办事机构尚未健全，济平干渠现场指挥部依靠东平县南水北调办公室和平阴县、长清区、槐荫区国土部门及有关乡镇、征迁设计、征迁监理等联合组成调查组，完成了土地勘测定界及地上附着物清单复核工作。2003 年 7 月底，外业工作完成。

实物指标复核成果：工程永久征地共计 12889.76 亩，临时用地 1368 亩；拆迁房屋 16670.95m^2；就近后靠搬迁移民 75 户；迁移电力、通信、油、气、水管道、水文设施等各类专项设施 37 项。

2. 公告公示

在勘测定界、地面附着物调查、实物量汇总的基础上，2003 年 5 月 30 日，各县国土部门对沿线各村（组）实物调查数量、补偿标准进行了公示，公示期为 5 个工作日。

公示后，联合调查组对有异议的实物进一步现场核实确认，由户主、村级代表、镇级代表、县级代表、设计代表、征迁安置监理六方签字认可。

3. 实施方案的编制

济平干渠工程实物指标复核后，设计单位编制了设计单元工程征迁安置实施方案。

实施过程中，各项实物调查复核均履行相关各方签字手续。外业调查完成后，根据土地勘测定界提供的土地分类、面积及现场实物调查成果，依据国家计委核定的济平干渠工程征迁安置补偿标准，征迁安置监理工程师对永久征地、临时用地、房屋及附属设施和地面附着物进行了补偿费用核算。对批复文件未涉及到的项目及标准，依据山东省《关于调整征用土地年产值和地面附着物补偿标准的批复》（鲁价费发〔1999〕314 号），合理确定补偿单价，给予合理补偿。为便于实施和管理，补偿方案以村为单位对土地、地面附着物补偿分别列表计算，以乡镇、县（区）为单位分别进行了汇总。山东省南水北调工程建设指挥部以此为补偿依据，下拨补偿资金。

4. 补偿兑付

2003年8月5日，山东省南水北调工程建设指挥部下发了《关于山东省南水北调工程迁占补偿资金管理有关问题的通知》（鲁南指临函字〔2003〕15号），要求各县（区）南水北调工程建设指挥部、国土资源局对土地及迁占补偿资金必须开立专户，专款专用，不得挪用、截留、滞留，并接受审计、财政机关和省指挥部的监督。

2001年，东平县成立了南水北调办公室，济平干渠东平段征迁安置补偿费兑付一直由东平县南水北调办公室承担。2002年，济平干渠征地时，由于平阴县、长清区、槐荫区南水北调办事机构尚未成立，征地补偿费及地面附着物补偿经费通过县（区）国土资源局拨付到乡镇政府，逐级兑付到被征地村。以后随着各县（区）南水北调办事机构成立并运作，平阴县、长清区、槐荫区在以后经费拨付中通过县（区）南水北调工程建设指挥部逐级兑付。

5. 农村生产生活安置

（1）基本情况。济平干渠工程共征收土地12889.76亩，其中耕地10605.82亩；拆迁房屋16670.95m^2；就近后靠搬迁75户312人，生产安置人口8990人。按照鲁政发〔2004〕25号文件规定，土地补偿费和安置补助费主要用于被征地农民的原则，土地补偿费和安置补助费全额兑付到村集体，土地补偿费和安置补助费的使用分配和参加永久性征地补偿款分配人员资格的认定，由各村委会召集村民会议选举村民代表，授权村民代表会议讨论通过。

（2）失地农民安置。南水北调济平干渠工程在济南市槐荫区征地中出现四个失地农民村（人均耕地不足0.2亩），这是国家南水北调工程开工以来首次遇到的农民失地问题。槐荫区属于济南市区，由于历史上多次工程征地，群众人均耕地本来就少，南水北调征地后，小杨庄、东谢屯、由里、宋桥4个村2437人，人均耕地不足0.2亩，成为失地农民村。

2005年5月9日，山东省南水北调工程建设指挥部召开成员会议，根据国务院南水北调建设委员会第二次全委会会议精神，南水北调一期工程的征地补偿标准按前三年每亩平均年产值的16倍计列，并允许省内可以调整使用。会议确定省、市各调整一倍征地补偿资金，重点用于解决失地和特殊困难农民问题；失地农民地段征地补偿标准按照山东省有关政策规定的上限，即国家批复标准的30倍执行（山东省人民政府《会议纪要》〔2005〕第37号）。

针对城乡接合部按照30倍补偿后仍不能保证被征地农民原有生活水平不降低，济南市、槐荫区政府提出了建立失地农民生活保障制度的意见。经核算，为失地农民建立基本养老保险和就业能力培训共需资金2520万元。

2005年8月18日，山东省人民政府召开协调会议，确定：一是将山东省和济南市各调整的一倍补偿资金共计2260万元拨付槐荫区政府，统筹用于解决失地农民问题；二是为确保失地农民原有生活水平不降低，决定由省里筹集600万元，济南市筹集400万元，用于解决失地农民问题，若还有不足，由济南市从国有土地有偿收入中补贴。至此，槐荫区失地农民问题从政策、资金来源、操作方式等方面有了圆满结局。

6. 专项设施迁建

济平干渠工程涉及迁移电力、通信、油、气、水管道、水文设施等各类专项设施共37项，完成投资1093.89万元。

7. 永久征地交付

济平干渠工程共征收土地12889.76亩，2003年7月始，在平阴县、长清区、槐荫区国土局、东平县南水北调办公室的组织协调下，各乡镇、村完成了地上附着物的清除工作，陆续交付工程建设用地，保证了工程建设顺利实施。

8. 临时用地交付和复垦

济平干渠工程共使用临时土地1368亩，已全部复耕退还。

2005年之前，济平干渠工程临时用地的使用由施工企业按照设计要求，与相关村签订临时用地协议。

临时用地补偿按照国家批复的标准每季500元/亩，土地用完后一次性拨付土地复耕费500元/亩。山东省南水北调工程建设指挥部根据用地计划每年两次向有关县（区）下拨临时用地补偿费，逐级兑付到被用地村。

为确保施工企业对临时用地的复耕达到要求，2005年后，山东省南水北调济平干渠现场指挥部经与县国土资源部门协商，向各施工项目部、征迁监理部下发了《关于济平干渠工程临时用地有关问题的通知》，要求施工企业按照国家批准的临时用地标准，先行支付用地补偿费和复耕费，企业交还临时用地，由现场指挥部组织验收合格后，将临时用地补偿费一次性支付给项目部。该方案实施后，群众对临时用地问题比较满意。

9. 用地组卷报批

济平干渠勘测定界单位为山东省水利勘测设计院，在完成土地勘测定界成果后，首先征求了县级林业、国土部门的意见，2003年8月，山东省国土资源厅主持对勘测定界单位编制完成的《南水北调济平工程土地勘测定界技术报告书》进行了审查。

按照使用林地和征地报批程序要求，山东省南水北调工程建设指挥部先后通过县级林业、国土主管部门分别逐级上报了使用林地和永久征地手续申请材料。

山东省林业、国土主管部门对征地所需的一系列材料审核后，分别向国家林业局和国土资源部组卷上报使用林地手续和永久征地手续。

2004年11月3日，国土资源部印发《关于南水北调东线一期工程东平湖至济南段工程建设用地的批复》（国土资函〔2004〕424号），批复济平干渠建设用地858.37hm^2。

10. 变更设计

（1）济平干渠工程渠首闸设计变更。济平干渠工程渠首闸位于东平湖大堤上，根据防洪影响评价，工程施工可能对陈山口出湖闸安全有影响，同时为保证输水渠水流顺畅，渠首段设计中心线也需调整，需追加征用土地7.96亩。根据国家办理用地手续的有关规定，2005年9月30日，山东省南水北调工程建设指挥部向东平县国土资源局发送了《关于追加南水北调济平干渠工程（东平段）建设用地的函》（鲁调水指南字〔2005〕23号），申请办理了用地手续。

（2）济平干渠工程刁山坡段设计变更。济平干渠工程在设计桩号22＋950～23＋450段右侧，因当地水泥厂取土形成陡崖，从渠道工程安全考虑，必须进行加固处理，渠坡整修需追加征用土地6.3亩。根据国家办理用地手续的有关规定，2005年4月25日，山东省南水北调工程建设指挥部向平阴县国土资源局发送了《关于追加南水北调济平干渠工程建设用地的函》（鲁调水指南字〔2005〕14号），申请办理了用地手续。

11. 监督评估

2003年3月18日，根据公开招标结果，山东省南水北调工程建设指挥部与山东省水利工程建设监理公司签订南水北调济平干渠工程征迁安置监理合同。

2003年4—7月，济平干渠征迁安置监理部进驻现场，先后完成了济南市平阴段、东平县、长清段、槐荫段工程土地勘测定界和地上附着物清点监理工作。

至2009年8月，山东省水利工程建设监理公司全程参与了济平干渠工程征地补偿兑付、专项迁建、界桩埋设、验收等征迁安置实施全过程监理工作。

因工程实施较早，当时没有实行监测评估制度。

（十八）济南至引黄济青段济南市区段工程

1. 实物指标复核

2008年9月21日，山东省人民政府会议纪要（〔2008〕第78号）明确，南水北调济南市区段工程用地结合济南市小清河综合治理项目实施，具体由济南市小清河综合治理工程建设指挥部负责。

2008年11月，济南市小清河综合治理工程建设指挥部委托山东营特建设项目管理公司小清河监理项目部会同沿线槐荫、天桥、历城区指挥部、各企事业单位、乡（镇、街道）、村庄（居委会）以及测量单位等有关人员组成联合调查组，对工程沿线实物量进行了全面调查，调查成果得到了权属单位、物权人、相关集体组织的签字认可。

实物指标复核成果：工程影响的现有管线包括自来水、污水、热力、燃气、电力、电信管线、路灯管线、再生水管、军用电缆，共有九种管线；影响企事业单位共20个，其中国有企业15个，镇、村办集体企业5个；占用集体土地面积1217亩，占用国有土地664亩；拆除集体房屋面积127558m^2，拆除企事业单位房屋面积35373m^2；影响城市居民房屋189户473人，拆迁房屋面积8812m^2。

2. 公告公示

2009年1月，槐荫区、天桥区、历城区小清河工程综合治理指挥部，对实物量调查成果和有关征迁补偿标准、补偿政策等进行了公示，公示期为5～7天。

3. 实施方案的编制与批复

2012年3月30—31日，山东省南水北调工程建设管理局在济南组织专家，对山东省水利勘测设计院编写的《南水北调东线一期工程济南至引黄济青济南市区段输水工程征迁安置实施方案》进行评审。

2012年4月2日，山东省南水北调工程建设指挥部批复了济南至引黄济青济南市区段输水工程征迁安置实施方案（鲁调水指字〔2012〕11号）。

4. 各级补偿投资包干协议

2008年11月12日，山东省南水北调工程建设管理局与济南市人民政府签订了《南水北调东线一期济南市区段工程征迁安置投资包干协议》。明确了山东省南水北调工程建设管理局与济南市人民政府各方的责任、权利和义务，签订包干投资共89514.77万元。

2009年1月开始，济南市小清河综合治理工程指挥部组织协调槐荫区、天桥区、历城区与被征迁权属单位、组织和个人陆续签订征迁补偿协议。

5. 补偿兑付

济南市区段工程第一、二批征迁安置资金，通过济南市水利局拨付到槐荫区、天桥区、历

城区；后期征迁安置资金通过济南市小清河综合治理工程指挥部拨付到槐荫区、天桥区、历城区。

2008年11月17日和12月12日，山东省南水北调工程建设管理局分别以鲁调水政字〔2008〕40号和鲁调水政字〔2008〕44号文件下达济南市水利局济南市区段工程征迁安置资金10000万元和9000万元。

2008年12月19日，山东省南水北调工程建设管理局以鲁调水政字〔2008〕48号文件下达济南市小清河综合治理工程指挥部济南市区段工程征迁安置资金20000万元。

2009年1月21日，山东省南水北调工程建设管理局以鲁调水政字〔2009〕4号文件下达济南市小清河综合治理工程指挥部济南市区段工程征迁安置资金10000万元。

2009年5月12日，山东省南水北调工程建设管理局以鲁调水政字〔2009〕22号文件下达济南市小清河综合治理工程指挥部济南市区段工程征迁安置资金20000万元。

2010年1月11日，山东省南水北调工程建设管理局以鲁调水政字〔2010〕1号文件下达济南市小清河综合治理工程指挥部济南市区段工程征迁安置资金111.24万元。

2011年7月8日，山东省南水北调工程建设管理局以鲁调水征字〔2011〕72号文件下达济南市小清河综合治理工程指挥部济南市区段工程征迁安置资金10000万元。

2011年9月29日，山东省南水北调工程建设管理局以鲁调水征字〔2011〕96号文件下达济南市小清河综合治理工程指挥部济南市区段工程征迁安置资金5000万元。

2012年4月1日，山东省南水北调工程建设管理局以鲁调水征字〔2012〕44号文件下达济南市小清河综合治理工程指挥部济南市区段工程征迁安置资金500万元。

2013年11月21日，山东省南水北调工程建设管理局以鲁调水征字〔2013〕142号文件下达济南水务集团有限公司济南市区段工程征迁安置资金493430.75元。

2013年12月4日，山东省南水北调工程建设管理局以鲁调水征字〔2013〕144号文件下达济南市小清河开发建设投资有限公司济南市区段工程征迁安置资金504200元。

6. 农村生产生活安置

（1）生产安置。济南市区段工程直接影响到槐荫、天桥、历城3个行政区、7个办事处、34个行政村，生产安置人口计3329人。由于占地呈带状分布，不涉及整村安置，只是村集体的土地被部分征用，根据《济南市统一征用土地暂行办法》（济南市人民政府令第204号），工程主要安置方式是村内调整土地和社会保险相结合的安置方式，即土地补偿资金由全体村民共享，剩余土地进行调整，集体发展投资项目，拓展就业，部分人以社会保险方式安置。

（2）生活安置。济南市区段工程直接影响需搬迁安置人口768人，结合小清河综合治理工程采取三种安置方案供受影响户选择：一是政府安置小区安置；二是货币补偿安置；三是搬迁户自建房屋安置。

根据《济南市统一征用土地暂行办法》（济南市人民政府令第204号）中的规定的房屋补偿标准加上参照的相邻国有土地评估价，村民得到两种费用的补偿后，全部得到妥善安置。

7. 城市区（集镇）居民搬迁

济南市区段工程征迁安置结合济南市小清河治理工程拆迁安置实施，济南市政府实行统一管理，均采取统一标准。同时，在征迁安置前就启动了重点工程拆迁安置房建设工程，并对安置房源进行了调查，对补偿标准采取房屋评估的补偿方式，政府提供重点工程安置小区安置、货币安置两种安置方式，由拆迁户自由选择。

重点工程安置小区安置是市政府提供安置小区由拆迁户选择，房屋采取评估，由拆迁户自由选择户型，房屋差价相互结清。货币安置就是房屋安置评估价结清补偿款，由拆迁户自行购房安置。安置标准根据《济南市城市房屋拆迁管理办法》(济南市政府令第223号）执行。

2005年，济南市在加快城市建设和奥体中心建设时，确定了七个安置小区进行建设，来安置市重点工程的拆迁户。这七个拆迁安置小区分别为药山小区、和苑新区、磐苑新区、怡苑新区、美里新居、北全福小区、天翔小区。用于小清河工程治理和济南市区段工程安置的小区是美里新居，位于槐荫区小清河北侧，新沙村东侧，总投资近8亿元，占地27.68hm^2，共53栋楼，建筑面积38.12万m^2，可入住居民3790户。济南市区段工程建设完工前，沿线189户473人等被征迁群众均得到妥善安置。

8. 专项设施迁建

济南市区段工程影响的管线包括自来水、污水、热力、燃气、电力、电信管线、路灯管线、再生水管及军用电缆共九种管线。大部分在济南市小清河北岸，主要管线为10～220kV高压线、直径1800～2000mm的污水主干管，DN1400给水主干管及DN500燃气主干管等都在北岸，各种管线位于南水北调输水暗涵的设计施工红线内。根据与输水暗涵工程和小清河工程的施工范围线关系的不同，分为输水暗涵直接影响区、小清河综合治理工程直接影响区，输水暗涵与小清河工程间接影响区。济南市区段输水暗涵的扩挖敷设破坏了小清河北岸现状道路30条，多为沥青混凝土路面。济南市区段输水明渠段现状河道扩挖，复建三座公路桥，分别是位里桥（桩号2+245)、淡水研究所桥（桩号3+037)、油赵桥（桩号4+048)。

经山东省水利勘测设计院核算，南水北调济南市区段分摊各管线复建投资41678.68万元；工程道路复建投资5637.38万元；公路桥复建投资394.77万元；左岸管道工程复建投资2750.00万元。综合以上，济南市区段各专项复建投资共计50460.83万元。至2015年9月底，济南市区段工程各专项设施迁建全部完成。

9. 企事业单位迁建

南水北调济南市区段工程影响企事业单位共20个，拆迁面积35373m^2，其中国有企业15个，拆迁面积9941m^2；镇、村办企业5个，拆迁面积25432m^2。

企事业单位安置由济南市小清河指挥部统一规划，统筹解决。总体原则采取货币补偿，政府指导，企业自主搬迁的安置原则。

受影响的企事业安置规划时，进行了方案的选比、新址选择、确定新建企事业的经营性质、生产规模、建设规模和占地面积、原材料来源、投资概算等。受影响企事业的恢复方案由企事业确定，安置地点和安置方案符合项目征迁安置政策和城市规划的要求。受影响企业在满足生产经营要求的情况下，尽可能就近重建。对于资不抵债的企业采取破产处理方式，而对于严重影响城市环境及居民生活的企业采取搬离生活区。尽可能先建后拆，避免或减少停产、停业时间及损失。受影响企业因拆迁安置必须停业停产的，按有关政策给予停业损失补偿费。根据工程对企业的影响程度及考虑企业恢复重建的意愿，按照调整产业结构，确定企业安置恢复方案。

企事业单位资产评估由济南市小清河综合治理工程建设指挥部公开招标选定评估机构，根据《济南市国有土地收购储备办法》（济南市人民政府令第230号）进行收购评估。房地产综

合评估，根据其区位、用途、结构、装修状况、建成年代，按照房地产市场价格进行评估，评估完成后签订土地使用权收购合同。济南市政府根据企业性质提供工业园区，由企业自主安置。

10. 永久征地交付

2011年4月26日，南水北调东线山东干线有限责任公司与济南市小清河综合治理工程指挥部签订济南市区明渠段委托建设协议。2011年7月1日，南水北调济南市区段明渠段工程全面开工，济南市小清河综合治理工程指挥部共交付施工单位永久征地285.88亩。

11. 临时用地交付和复垦

济南市区段工程临时用地共3178亩，其中：管道开挖占地1454亩，弃土（渣）占地1242亩，施工道路占地249亩，施工临时设施占地233亩。

根据临时用地规划措施，按照典型地块的复垦投资预算，济南市区段工程弃土（渣）临时用地复垦费每亩4813元，施工临时用地复垦费500元/亩，复垦投资共612.39万元。

2012年11月，济南市区段暗涵工程全部完工后，济南市小清河综合治理工程建设指挥部对济南市区段临时用地组织进行了复垦，至2013年6月底，南水北调东线山东段全线试通水前已全部复垦完成。

12. 用地组卷报批（含勘测定界）

南水北调济南市区段工程未涉及占用林地，因此不需办理使用林地手续。工程永久征地由济南市国土部门按照建设用地手续报批程序要求逐级组卷上报。

2008年10月13日，国土资源部批复了小清河综合治理工程（济南段）建设用地（国土资函〔2008〕650号），共批复小清河综合治理工程（济南段）建设用地269.11hm^2，南水北调济南市区段主体工程永久征地均在其批复范围内。

13. 变更管理

根据国家批复的初步设计报告，济南市区段利用小清河段输水工程自小清河睦里庄跌水处接已建成通水的济平干渠工程，至京福高速下节制闸，全长4645m。在与济南市小清河综合治理工程及济南市西部城区高铁片区工程结合实施中，济南市区段暗涵及京福高速节制闸枢纽需上移321m，济南市区段利用小清河输水段长度调整为4324m。

2011年4月，山东省水利勘测设计院编制了《南水北调东线一期工程济南至引黄济青济南市区段利用小清河输水工程设计变更报告》，作为一般变更项目，经项目法人南水北调东线山东干线有限责任公司批复后实施，设计变更节约永久征地约53.68亩。

14. 监督评估

（1）征迁监理。根据2008年11月12日山东省南水北调工程建设管理局与济南市人民政府签订《南水北调东线一期济南市区段工程征迁安置投资包干协议》，2008年12月19日，山东省南水北调工程建设管理局将济南市区段工程征迁安置监理费430万元拨付给济南市小清河综合治理工程建设指挥部（鲁调水政字〔2008〕48号）。济南市区段征迁安置监理工作由济南市小清河综合治理工程建设指挥部委托山东营特建设项目管理有限公司组织实施。

（2）监测评估。2008年11月，山东省南水北调工程建设管理局与江河水利水电咨询中心签订《南水北调东线一期工程济南至引黄济青段工程征迁安置监测评估合同书》，总价合同金额为398万元。根据工作计划和南水北调济南市区段工程征迁安置实施进度，江河水利水电咨询中心对济南市槐荫区、天桥区和历城区济南市区段工程征迁安置工作进行了细致的监测评估工作，山东省南水北调工程建设管理局、济南市小清河综合治理工程建设指挥部及济南市槐荫区、天桥区和历城区有关负责征迁安置的负责人员积极给予配合，在深入实际调查基础上，至2013年7月底已形成4期监测评估报告，为济南市区段工程征迁安置实施提供了连续不断的反馈信息，促进提高了各级南水北调办事机构及有关部门征迁安置管理水平，同时有效促进了工程建设进度。

移民监测评估报告结论：济南市区段工程征迁机构建设基本到位，实施机构工作成效明显，征迁资金管理基本符合程序，政策宣传有效，信息公开；移民搬迁安置进度满足工程建设要求，生产生活水平与搬迁前比较均有一定的改善和提高，移民基本满意，征用耕地对当地农村居民影响较大，受征迁影响的农村居民生活压力较大；济南市区段工程征地移民安置移民的生产生活水平基本恢复，准时高效征迁满足了施工单位进场要求。总体上讲，济南市区段征地移民安置达到了预期的目标，整体令人满意。

（十九）济南至引黄济青段明渠段输水工程

1. 实物指标复核

济南至引黄济青明渠段输水工程（简称“济东明渠段工程”）征迁工作涉及济南市的历城区和章丘市、滨州市的邹平县和博兴县、淄博市的桓台县和高青县、东营市的广饶县，共4市7县（市、区）。

2010年9月29日，山东省南水北调工程建设管理局下达《关于下达南水北调东线一期济南至引黄济青段明渠段工程征迁安置实施计划的通知》（鲁调水征字〔2010〕17号）。

2010年10月10日，山东省南水北调工程建设管理局在济南市组织召开了济南至引黄济青段和鲁北段工程征迁安置业务培训动员大会，征迁安置工作全面启动。

2010年10月11日至11月30日，济东明渠段工程沿线各市、县（市、区）南水北调工程指挥部组织各县（市、区）水利、国土、林业、农业等部门及沿线有关乡镇、村及土地所有权单位、国有土地使用权单位、物权人、专项设施产权人等，会同工程设计、移民设计、征迁监理和勘测定界单位共同组成联合调查组，对工程征迁范围内地上附着物逐一进行调查。

实物调查完成后，按照行政区划进行分类汇总，土地、地面附着物、专业项目等调查成果得到了乡镇、县政府、设计、监理的认可。

实物指标复核成果：济东明渠段工程永久征地总面积为12941.08亩，临时用地4011.10亩；工程影响居民481户，人口1689人，共需拆迁房屋面积94973.56m^2；工程影响的集镇为邹平县魏桥镇1个集镇，占地209.71亩；工程影响各类村副业46个，影响各类事业单位3个，影响各类店铺15个；涉及专项设施产权单位20个，专业项目60处。

2. 公告公示

济东明渠段工程沿线历城区、章丘市、桓台县、高青县、邹平县、博兴县、广饶县各南水北调工程指挥部及时对实物调查成果进行汇总，2010年10—12月，各县人民政府组织对实物调查成果及补偿标准进行了公示，公示期为5～7天。

3. 实施方案的编制与批复

（1）地上附着物补偿方案。2010年11月18日，济南市南水北调济南东工程征迁指挥部在

济南市组织专家，对章丘市、历城区南水北调工程指挥部编制的《南水北调东线济南至引黄济青明渠段工程章丘市（历城区）地面附着物补偿实施方案》进行了评审。2010年11月20日，济南南水北调济南东工程征迁指挥部分别以济调水指字〔2010〕12号文件和济调水指字〔2010〕13号文件对济东明渠段工程章丘市和历城区地面附着物补偿实施方案进行了批复。

2010年11月17日，滨州市南水北调工程指挥部在滨州市区组织专家，对邹平县、博兴县南水北调工程建设指挥部编制的《南水北调济南至引黄济青明渠段工程邹平县（博兴县）地面附着物补偿方案》进行了评审。2010年11月22日，滨州市南水北调工程指挥部办公室分别以滨调水办字〔2010〕8号文件和滨调水办字〔2010〕7号文件对济东明渠段工程邹平县和博兴县地面附着物补偿实施方案进行了批复。

2010年11月16日，淄博市南水北调工程建设领导小组在淄博市张店区组织专家，对桓台县南水北调工程建设领导小组、高青县南水北调工程建设指挥部编制的《南水北调济南至引黄济青明渠段工程桓台县（高青县）地上附着物补偿方案》进行了评审。2010年11月22日，淄博市南水北调工程建设领导小组分别以淄调水组字〔2010〕1号文件和淄调水组字〔2010〕2号文件对济东明渠段工程桓台县和高青县地上附着物补偿实施方案进行了批复。

（2）征迁安置实施方案。2011年1月21日，济南市南水北调济南东工程征迁指挥部在济南市组织专家，对章丘市、历城区南水北调工程指挥部和山东省水利勘测设计院联合编制的《南水北调东线一期工程济南至引黄济青明渠段输水工程章丘市（历城区）征迁安置实施方案》进行评审。2011年1月28日和1月30日，山东省南水北调工程建设指挥部分别以鲁调水指字〔2011〕2号文件和鲁调水指字〔2011〕3号文件分别对济东明渠段工程章丘市、历城区征迁安置实施方案进行了批复。

2012年2月25日，济南市南水北调济南东工程征迁指挥部在济南市组织专家，对历城区南水北调工程指挥部和山东省水利勘测设计院联合编制的《南水北调东线一期工程济南至引黄济青明渠段输水工程历城区国有土地划拨补偿实施方案》和《南水北调东线一期济南至引黄济青明渠段输水工程历城区洪家园村征迁安置设计变更方案》进行评审。2012年3月14日，山东省南水北调工程建设指挥部以鲁调水指字〔2012〕5号文件对济东明渠段工程历城区国有土地划拨补偿实施方案及洪家园村征迁安置设计变更方案进行了批复。

（3）专项迁建实施方案。2011年3月30日，济南市南水北调济南东工程征迁指挥部在济南市组织专家，对历城区南水北调工程指挥部和山东省水利勘测设计院联合编制的《南水北调东线一期工程济南至引黄济青明渠段输水工程历城区专项设施迁建实施方案》进行评审。2011年6月7日，山东省南水北调工程建设管理局以鲁调水征字〔2011〕48号文件对济东明渠段工程历城区专项设施迁建实施方案进行了批复。

（4）县级征迁安置实施方案。2011年3月30日，济南市南水北调济南东工程征迁指挥部在济南市组织专家，对章丘市、历城区南水北调工程指挥部和山东省水利勘测设计院联合编制的《南水北调东线一期济南至引黄济青明渠段输水工程章丘市（历城区）征迁安置实施方案》进行评审。2011年8月22日，山东省南水北调工程建设指挥部分别以鲁调水指字〔2011〕19号文件和鲁调水指字〔2011〕21号文件分别对济东明渠段工程章丘市、历城区征迁安置实施方案进行了批复。

2011年4月1日，滨州市南水北调工程指挥部在济南市组织专家，对邹平县、博兴县南水北调工程建设指挥部和山东省水利勘测设计院联合编制的《南水北调东线一期济南至引黄济青明渠段工程邹平县（博兴县）征迁安置实施方案》进行评审。2011年8月27日，山东省南水北调工程建设指挥部分别以鲁调水指字〔2011〕23号文件和鲁调水指字〔2011〕22号文件分别对济东明渠段工程邹平县和博兴县征迁安置实施方案进行了批复。

2011年3月31日，淄博市南水北调工程建设领导小组在济南市组织专家，对桓台县、高青县人民政府和山东省水利勘测设计院联合编制的《南水北调东线一期济南至引黄济青明渠段工程桓台县（高青县）征迁安置实施方案》进行评审。2011年8月22日，山东省南水北调工程建设指挥部分别以鲁调水指字〔2011〕16号文件和鲁调水指字〔2011〕17号文件分别对济东明渠段工程桓台县和高青县征迁安置实施方案进行了批复。

2010年11月21日，东营市南水北调工程指挥部在广饶县组织水利、国土及林业等方面专家，对广饶县人民政府和山东省水利勘测设计院联合编制的《南水北调东线一期济南至引黄济青明渠段输水工程广饶县征迁安置实施方案》进行评审。2010年12月29日，山东省南水北调工程建设指挥部以鲁调水指字〔2010〕22号文件对济东明渠段工程广饶县征迁安置实施方案进行了批复。

（5）临时用地复垦方案。2012年9月27日，济南市南水北调济南东工程征迁指挥部在济南市组织专家，对章丘市、历城区南水北调工程指挥部和山东省水利勘测设计院联合编制的《南水北调东线一期工程济南至引黄济青明渠段输水工程章丘市（历城区）临时用地复垦实施方案》进行评审。2012年11月28日和12月3日，山东省南水北调工程建设指挥部分别以鲁调水指字〔2012〕66号文件和鲁调水指字〔2012〕83号文件对济东明渠段工程章丘市、历城区临时用地复垦实施方案进行了批复。

2012年9月28日，滨州市南水北调工程指挥部在济南市组织专家，对博兴县、邹平县南水北调工程建设指挥部和山东省水利勘测设计院联合分别编制的《南水北调东线一期工程济南至引黄济青明渠段输水工程博兴县临时用地复垦实施方案》和《南水北调东线一期工程济南至引黄济青明渠段输水工程邹平县临时用地复垦实施方案（含陈庄输水线路工程）》进行评审。2012年11月28日，山东省南水北调工程建设指挥部分别以鲁调水指字〔2012〕67号文件和鲁调水指字〔2012〕68号文件对济东明渠段工程博兴县、邹平县临时用地复垦实施方案进行了批复。

2012年9月28日，淄博市南水北调工程建设领导小组在济南市组织专家，对桓台县南水北调工程建设领导小组、高青县南水北调工程建设指挥部和山东省水利勘测设计院联合分别编制的《南水北调东线一期工程济南至引黄济青明渠段输水工程桓台县（高青县）临时用地复垦实施方案》进行评审。2012年12月3日，山东省南水北调工程建设指挥部分别以鲁调水指字〔2012〕79号文件和鲁调水指字〔2012〕81号文件对济东明渠段工程桓台县、高青县临时用地复垦实施方案进行了批复。

2012年9月28日，东营市南水北调工程建设指挥部在济南市组织专家，对广饶县南水北调工程建设管理办公室和山东省水利勘测设计院联合编制的《南水北调东线一期工程济南至引黄济青明渠段输水工程广饶县临时用地复垦实施方案》进行评审。2012年12月3日，山东省南水北调工程建设指挥部以鲁调水指字〔2012〕71号文件对济东明渠段工程广饶县临时用地复垦实施方案进行了批复。

(6) 设计单元工程征迁安置实施方案。2012 年 3 月 30—31 日，山东省南水北调工程建设管理局在济南组织召开了南水北调东线一期工程济南至引黄济青明渠段输水工程征迁安置实施方案评审会议。2012 年 4 月 2 日，山东省南水北调工程建设指挥部下达了《关于南水北调东线一期工程济南至引黄济青明渠段输水工程征迁安置实施方案的批复》（鲁调水指字〔2012〕12 号）。

(7) 遗留问题实施方案。2012 年 5 月，广饶县人民政府和山东省水利勘测设计院编写完成《南水北调东线一期工程济南至引黄济青明渠段输水工程东营市（下游 7km）征迁安置补偿方案》。2012 年 6 月 21 日，山东省南水北调工程建设管理局以鲁调水征字〔2012〕75 号文件进行了批复。

2012 年 11 月 15 日，济南市南水北调济南东工程征迁指挥部在济南市组织专家，对历城区南水北调工程指挥部和山东省水利勘测设计院共同编制的《南水北调东线一期工程济南至引黄济青明渠段输水工程历城区征迁安置预备费项目实施方案》进行评审。2012 年 12 月 25 日，山东省南水北调工程建设管理局下达了《关于济南至引黄济青明渠段输水工程和东湖水库工程历城区征迁安置预备费项目实施方案的批复》（鲁调水征字〔2012〕182 号）。

2013 年 3 月 23 日，山东省南水北调工程建设管理局在济南市组织专家，对邹平县南水北调工程指挥部报送的《南水北调济南至引黄济青明渠段输水工程邹平县受影响工程实施方案》进行评审。2013 年 5 月 6 日，山东省南水北调工程建设管理局以鲁调水征字〔2013〕73 号文件对济东明渠段输水工程邹平县受影响工程实施方案进行了批复。

2013 年 4 月 21 日，山东省南水北调工程建设管理局在济南市组织专家，对历城区南水北调工程指挥部和山东省水利勘测设计院联合编制的《南水北调东线一期工程济东明渠段工程历城区施工损坏道路补助方案》和《南水北调东线一期工程济东明渠段工程历城区施工影响稻田补偿方案》进行评审。2013 年 8 月 20 日，山东省南水北调工程建设管理局分别以鲁调水征字〔2013〕98 号文件和鲁调水征字〔2013〕99 号文件对济东明渠段工程历城区施工损坏道路补助方案和历城区施工影响稻田补偿方案进行了批复。

2013 年 6 月 8 日，山东省南水北调工程建设管理局在济南市组织专家，对山东省水利勘测设计院编制的《南水北调东线一期济南至引黄济青明渠段工程博兴县子槽段灌排影响处理方案》进行评审。2013 年 9 月 2 日，山东省南水北调工程建设管理局以鲁调水征字〔2013〕102 号文件对济东明渠段工程博兴县子槽段灌排影响处理实施方案进行了批复。

4. 各级补偿投资包干协议

2010 年 9 月 30 日，山东省南水北调工程建设指挥部与济南市人民政府签订了《南水北调东线一期胶东干线济南至引黄济青段工程明渠段工程征迁安置任务及投资包干协议》。同日，山东省南水北调工程建设管理局与淄博市人民政府、滨州市人民政府、东营市人民政府签订《南水北调东线一期胶东干线济南至引黄济青段工程明渠段工程征迁安置任务及投资包干协议》。

2010 年 10—12 月，济南、淄博、滨州、东营市人民政府又分别与辖区内相关县（市、区）人民政府签订了征迁安置任务责任书或协议，各县（市、区）与相关乡（镇、街道）又逐级签订了济东明渠段工程征迁任务与责任书。

2010 年 10 月至 2011 年 9 月，根据实施阶段调查成果和山东省南水北调工程建设管理局批复的各县（市、区）征迁安置专项设施迁建方案，各县（市、区）南水北调办事机构与各专项设施权属单位签订了专项迁建协议。

5. 补偿兑付

2010年9月29日，山东省南水北调工程建设管理局预拨付了济东明渠段工程第一批征迁安置资金34768.14万元。

2010年9月30日至2013年8月30日，山东省南水北调工程建设管理局下达济南市南水北调工程建设管理局济东明渠段工程征迁安置资金36738.98万元。

2010年9月30日至2013年8月30日，山东省南水北调工程建设管理局下达淄博市南水北调工程建设管理局济东明渠段工程征迁安置资金15359.51万元。

2010年9月30日至2013年8月30日，山东省南水北调工程建设管理局下达滨州市南水北调工程指挥部办公室济东明渠段工程征迁安置资金23820.65万元。

2010年9月30日至2013年8月30日，山东省南水北调工程建设管理局下达东营市南水北调工程建设管理局济东明渠段工程征迁安置资金159.93万元。

2014年1月29日，山东省南水北调工程建设管理局以鲁调水征字〔2014〕16号文件下达济南市南水北调工程建设管理局济东明渠段工程征迁安置资金4万元。

2014年1月29日至2015年1月26日，山东省南水北调工程建设管理局下达淄博市南水北调工程建设管理局济东明渠段工程征迁安置资金160.47万元。

2014年1月29日至4月17日，山东省南水北调工程建设管理局下达滨州市南水北调工程建设管理局济东明渠段工程征迁安置资金979.32万元。

2014年5月9日，山东省南水北调工程建设管理局以鲁调水征字〔2014〕35号文件下达东营市南水北调工程建设管理局济东明渠段工程征迁安置资金20万元。

6. 农村生产生活安置

（1）生产安置情况。济东明渠段输水工程征用耕地9594.05亩，涉及生产安置人口6820人。其中，济南市生产安置人口共2216人，淄博市生产安置人口共1442人，滨州市生产安置人口共3162人。主要采取生产安置方式：一是以村为单位进行土地调整，征地补偿资金由全村享受待遇的村民人均分配；二是以片（组）为单位进行土地调整，征地补偿资金由占地范围内片（组）自行分配；三是不再调整土地，根据《山东省土地征收管理办法》（山东省人民政府令第226号）规定，土地征收补偿安置费的80%支付给被征地承包户，其余20%支付给被征收土地的农村集体经济组织，用于兴办公益事业或者进行公共设施、基础设施建设；四是以村为单位进行土地调整后征地补偿资金不发放到户，全部用于村内公益事业建设。

（2）搬迁安置情况。济东明渠段工程涉及农村搬迁生活安置共计476户1672人，主要采用建设集中居民点（444户1556人）和分散安置（32户116人）两种方式。其中：历城区集中安置208户839人；章丘市集中安置236户717人，分散安置20户83人；高青县分散安置12户33人。搬迁群众在获取房屋补偿后限期拆除，旧料归移民；集中安置由地方政府组织在批准的集中安置区以村为单位进行集中居民点建设，分散安置由村委会划拨宅基地给被拆迁户分散建房；同时按照搬迁运输费2×350元/人和房屋租赁费4×150元/人（按4个月计）的标准给予相应补偿，明渠段工程各县（市、区）搬迁群众均得到妥善安置。

7. 城市区（集镇）居民搬迁

（1）城市区搬迁安置。历城区涉及城市搬迁华山镇洪家园村共计23户123人，拆迁房

屋 8939.57m²。

2011 年 1 月历城区编制了《南水北调东线一期工程济南至引黄济青明渠段输水工程历城区征迁安置实施方案》，洪家园村安置区规划建设 2 栋 11 层楼房，规划占地面积 13.8 亩。后因历城区华山办事处洪家园村整体搬迁规划调整，洪家园村安置方案不再采取单独建设集中安置房屋，经山东省南水北调工程建设指挥部批复，对需拆迁 23 户中有房产证的 18 户拆迁房屋及其附属设施进行专业评估，根据评估价格进行拆迁货币补偿方式，同时在小清河北岸洪家园村一处闲置地建设临时周转房供 18 户拆迁户临时过渡，待华山历史文化公园片区安置房建成后与整村其他住户一同搬迁。对其余无房产证的 5 户，按照南水北调初设批复的补偿标准进行补偿，不再进行搬迁安置。

2011 年 6 月下旬，洪家园村陆续签订房屋拆迁协议。2011 年 10 月，历城区南水北调工程指挥部与华山街道办事处共同委托山东恒信建筑设计有限公司进行了洪家园村临时周转房的规划设计，并委托山东阳光招标有限公司进行了招投标，中标单位济南鸿舜古建筑工程有限公司实施了项目建设。2012 年 3 月底，洪家园村房屋拆迁完成，群众得到妥善安置。

（2）集镇搬迁安置。南水北调济东明渠段输水工程直接影响集镇 1 个，为滨州市邹平县魏桥镇，经济较为发达，影响区占地 209.71 亩，需搬迁村副业设施 8 个，拆迁房屋 3862.66m²。

2011 年 8 月，山东省南水北调工程建设指挥部批复了邹平县征迁安置实施方案，其中魏桥镇集镇搬迁方案投资 746.95 万元。迁建方案：一是对原集镇内的村副业按照批复投资进行补偿；二是在魏桥镇驻地以西重新规划集镇 60 亩，配套建设相应的基础设施，对魏桥大集进行整体搬迁；三是对魏桥镇施工沿线道路进行维修及部分院墙进行改造，以消除工程施工对周边学校及基础设施的影响。

2011 年 12 月底，魏桥镇集镇搬迁基本完毕，保障了南水北调明渠段工程顺利建设。

8. 专项设施迁建

济东明渠段输水工程专项迁建共涉及权属单位 57 个，专项项目共计 247 处。其中，历城区共涉及专项设施产权单位 20 个，专业项目 60 处；章丘市涉及专项设施产权单位 5 个，专业项目 35 处；邹平县涉及专项设施产权单位 10 个，专业项目 68 处；博兴县涉及专项设施产权单位 6 个，专业项目 19 处；高青县涉及专项设施产权单位 8 个，专业项目 32 处；桓台县涉及专项设施产权单位 4 个，专业项目 9 处；广饶县涉及专项权属单位 4 个，专业项目 24 处。

山东省南水北调工程建设指挥部批复济东明渠段输水工程各种专业项目迁建费共计 8798.51 万元。2011 年 12 月底，济东明渠段工程各项专项设施全部迁建完成。

9. 副业和企（事）业迁建

（1）村副业迁建。济东明渠段工程影响村副业共 46 个，主要集中在历城区、章丘市等 6 个区（市、县）。其中，历城区 13 个，章丘市 11 个，邹平县 8 个，高青县 3 个，桓台县 5 个，博兴县 6 个。基本为村内小型或个体村副业，均采取后靠安置方式。

（2）事业单位迁建。济东明渠段工程影响的事业单位共 4 个，其中，章丘市影响 3 个，博兴县 1 个。事业单位迁建按照“一公平合理公开、二统筹兼顾、三合理补偿、四货币补偿与自愿重建、五合理规划尽量减少整体搬迁”原则组织实施。影响章丘市的企事业单位分别为章丘市小清河管理处、章丘市粮食局宗家粮站和章丘市供销社赵百户棉厂。章丘市小清河管理处原址位于小清河左岸，占地 22.45 亩，受工程影响拆迁后，考虑到单位今后发展及工程管理的需要，将安置区设在水寨镇政府驻地王家桥村南，潘王公路西侧，安置区用地为22.45亩。宗家粮站及赵百户棉厂迁建采取靠后安置，其安置区分别设在粮站北面、棉厂西侧空地，安置用地分别为5.25亩和2.39亩。工程直接影响博兴县的事业单位为博兴县小清河管理所，占地1.34亩，影响砖混房屋338.74m^2，复合板房512.2m^2，柏油路1478.5m^2，树木1067棵，根据影响程度采取直接补偿后靠自行安置的方式。至2011年6月30日，4个事业单位全部安置完成。

10. 永久征地交付

济东明渠段工程永久征地12941.08亩。其中，历城区2596.39亩，章丘市1689.24亩，邹平县2893.36亩，博兴县2337.01亩，高青县3087.48亩，桓台县333.53亩，广饶县4.07亩。

2010年11月27日至12月15日，历城区、章丘市、桓台县、高青县、邹平县、博兴县、广饶县组织乡镇、村、户基本完成了征地范围内附着物的清除工作。

2010年12月15日，济东明渠段工程永久征地全部交付现场施工单位。

11. 临时用地交付和复垦

济东明渠工程工程临时用地共计4011.10亩，其中，弃土临时用地2357.04亩，施工临时用地1654.06亩。2011年年初陆续交付使用。

2012年12月底，济东明渠段工程临时用地第一阶段复垦完成，全部退还到县级南水北调指挥机构。

至2013年5月底前，济东明渠段工程沿线7县（市、区）南水北调指挥机构陆续组织各乡（镇、街道）、村完成了第二阶段复垦工作，并组织通过临时用地复垦最终验收和移交。

12. 用地组卷报批（含勘测定界）

（1）林地手续。济东明渠段工程办理使用林地手续，根据批复标准向山东省林业局缴纳森林植被恢复费121.56万元，其中，章丘市缴纳森林植被恢复费34.43万元，高青县缴纳森林植被恢复费86.33万元，博兴县缴纳森林植被恢复费0.80万元。

2011年9月1日，山东省林业局分别批复了济东明渠段《使用林地审核同意书》（鲁林地许长〔2011〕082号和鲁林地许林〔2011〕006号），共批复济东明渠段工程永久使用林地13.52hm^2，其中，高青县高城国有林场7.53hm^2，章丘市高官寨镇、高青县黑里寨镇、博兴县锦秋街道办事处集体林地5.99hm^2。共批复济东明渠段临时使用林地2.86hm^2，其中，高青县高城林场2.77hm^2，章丘市高官寨0.09hm^2。

（2）征地手续。济东明渠段工程建设用地手续，由山东省南水北调工程建设管理局提出用地申请，历城区等7区（市、县）国土资源局负责组卷，济南、淄博、滨州、东营市国土资源局负责审查后报山东省国土资源厅。

2012年12月底，山东省国土资源厅组织完成了省级组卷工作，将明渠段工程征地报卷材料报至国土资源部。

2013年2月7日，国土资源部印发《国土资源部关于南水北调东线一期济南至引黄济青段明渠段工程建设用地的批复》（国土资函〔2013〕146号），批复济东明渠段工程建设用地共计876.84hm^2。

13. 变更管理

济东明渠段工程征迁安置实施中设计变更主要涉及济南市历城区国有土地划拨及洪家园村征迁安置。

2012 年 2 月 25 日，济南市南水北调济南东工程征迁指挥部在济南组织召开了《南水北调东线一期工程济南至引黄济青明渠段输水工程历城区国有土地划拨补偿实施方案》和《南水北调东线一期工程济南至引黄济青明渠段输水工程历城区洪家园村征迁安置设计变更方案》评审会议。

2012 年 3 月 14 日，山东省南水北调工程建设指挥部印发《关于南水北调东线一期工程济南至引黄济青明渠段输水工程历城区国有土地划拨补偿实施方案及洪家园村征迁安置设计变更方案的批复》（鲁调水指字〔2012〕5 号），共批复设计变更增加投资 1073.71 万元。

14. 监督评估

（1）征迁监理。2009 年 12 月，根据公开招标结果，山东省南水北调工程建设管理局分别与山东省水利工程建设监理公司、四川省移民工程建设监理有限公司、河南黄河移民经济开发公司签订《南水北调东线一期工程济南至引黄济青段工程征迁安置监测评估合同书（标段 1、标段 2、标段 3)》。

根据监理合同，各监理单位制定了济东明渠段工程征迁安置监理规划和监理细则后，2010 年 9 月 29 日始参与了明渠段工程征迁安置动员会、技术交底会、勘测定界、实物调查复核、实物量和补偿标准确认、地上附着物清除、补偿资金兑付、专项设施迁建、后期遗留问题处理等征迁全过程。

（2）监测评估。2009 年 12 月，根据公开招标结果，山东省南水北调工程建设管理局与江河水利水电咨询中心签订《南水北调东线一期工程济南至引黄济青段工程征迁安置监测评估合同书（标段 6)》。

根据制定的监测评估工作计划和济南至引黄济青明渠段输水工程征迁安置实施进度，江河水利水电咨询中心对工程征迁安置工作进行了细致的监测评估工作，至 2013 年 7 月底已形成 4 期监测评估报告，为项目实施提供了连续不断的反馈信息，促进提高各级机构或部门的征迁安置管理水平，促进了工程建设进度。移民监测评估报告结论：明渠段工程征迁机构建设基本到位，实施机构工作成效明显，征迁资金管理基本符合程序，政策宣传有效，信息公开；移民搬迁安置进度满足工程建设要求，生产生活水平与搬迁前比较均有一定的改善和提高，移民基本满意，征用耕地对当地农村居民影响较大，受征迁影响的农村居民生活压力较大；明渠段工程征地移民安置移民的生产生活水平基本恢复，准时高效征迁满足了施工单位进场要求。总体上讲，明渠段征地移民安置达到了预期的目标，整体令人满意。

（二十）济南至引黄济青段陈庄输水线路工程

1. 实物指标复核

济南至引黄济青陈庄输水线路工程涉及淄博市高青县和滨州市邹平县。陈庄输水线路工程是从济东明渠段工程中划分出来的一个独立单元工程，国务院南水北调办于 2011 年 1 月 17 日批复初步设计。为避免群众建设范围内乱栽乱种、乱搭乱建，经请示国家和省、市主管部门同意，高青县和邹平县结合明渠段工程征迁安置迁建提前组织开展了陈庄段征迁安置外业调查工作。

2010 年 11 月 5 日至 2011 年 1 月 3 日，高青县和邹平县南水北调建设工程指挥部会同设计、监理和县国土局、林业局、公安局、镇政府、各影响村等有关单位人员组成联合调查组，组织完成了对征迁安置范围内的各项实物指标调查。调查成果由县级代表、镇级代表、村级代表、设计代表、征迁安置监理、户主六方签字认可，实物调查完成后，进行户、村、乡、县四级汇总。山东省南水北调工程建设管理局和淄博市、滨州市南水北调工程建设管理局派员全程进行了监督。

实物指标复核结果：陈庄段工程永久征地总面积为1479.31亩；影响农村房屋总面积811.71m^2；影响乔木49657棵，果树804棵，苗圃0.18亩，特种苗木30.05亩；坟墓62座，机井24眼，穿堤涵17个；影响专业项目包括交通道路19685m^2；通信线路共8处，10kV电力高压线路3处，低压线路7.12km；影响建筑物2处。

2. 公告公示

2011年1月3日，高青县和邹平县人民政府将实物调查成果及补偿标准分别在各村进行公示，公示期为5个工作日。

3. 实施方案的编制与批复

（1）县级征迁安置实施方案。2011年4月1日，滨州市南水北调工程指挥部在济南市组织专家，对邹平县南水北调工程建设指挥部和山东省水利勘测设计院联合编制的《南水北调东线一期工程济南至引黄济青明渠段输水工程邹平县征迁安置实施方案（含陈庄输水线路工程）》进行评审。2011年8月27日，山东省南水北调工程建设指挥部印发《关于南水北调东线一期济南至引黄济青明渠段工程邹平县征迁安置实施方案（含陈庄输水段工程）的批复》（鲁调水指字〔2011〕23号）。

2011年6月3日，淄博市南水北调工程建设领导小组在济南市组织专家，对高青县人民政府和山东省水利勘测设计院联合编制的《南水北调东线一期济南至引黄济青陈庄段工程高青县征迁安置实施方案》进行评审。2011年9月5日，山东省南水北调工程建设指挥部印发《关于南水北调东线一期济南至引黄济青陈庄段工程高青县征迁安置实施方案的批复》（鲁调水指字〔2011〕52号）。

（2）临时用地复垦方案。2012年9月28日，滨州市南水北调工程指挥部在济南市组织专家，对邹平县南水北调工程建设指挥部和山东省水利勘测设计院联合编制的《南水北调东线一期工程济南至引黄济青明渠段输水工程邹平县临时用地复垦实施方案（含陈庄输水线路工程）》进行评审。2012年11月28日，山东省南水北调工程建设指挥部鲁调水指字〔2012〕68号文件对济东陈庄段工程邹平县临时用地复垦实施方案进行了批复。

2012年9月28日，淄博市南水北调工程建设领导小组在济南市组织专家，对高青县南水北调工程建设指挥部和山东省水利勘测设计院联合编制的《南水北调东线一期济南至引黄济青陈庄输水线路工程高青县临时用地复垦实施方案》进行评审。2012年12月3日，山东省南水北调工程建设指挥部鲁调水指字〔2012〕80号文件对济东陈庄段工程高青县临时用地复垦实施方案进行了批复。

（3）设计单元工程征迁安置实施方案。2012年3月30—31日，山东省南水北调工程建设管理局在济南组织专家，对山东省水利勘测设计院编制的《南水北调东线一期工程济南至引黄济青陈庄输水线路工程征迁安置实施方案》（设计单元）进行评审，国务院南水北调办派员进行了监督。

2012年4月2日，山东省南水北调工程建设指挥部印发《关于南水北调东线一期工程济南

至引黄济青陈庄输水线路工程征迁安置实施方案的批复》（鲁调水指字〔2012〕13号）。

4. 各级补偿投资包干协议

2011年3月1日，山东省南水北调工程建设管理局与淄博市人民政府签订了《南水北调东线一期济东干线济南至引黄济青段工程陈庄段输水线路工程征迁安置任务及投资包干协议》，同日，与滨州市人民政府签订了《南水北调东线一期济东干线济南至引黄济青段工程陈庄段输水线路工程征迁安置任务及投资包干协议》。

2011年3—5月，淄博市、滨州市南水北调指挥机构分别与高青县和邹平县签订了济南至引黄济青陈庄输水线路工程征迁任务责任书，随后，高青县和邹平县与各专项设施权属单位签订了各专项迁建协议。

5. 补偿兑付

2011年3月17日，山东省南水北调工程建设管理局分别以鲁调水征字〔2011〕30号文件和鲁调水征字〔2011〕31号文件预拨付淄博市南水北调工程建设管理局和滨州市南水北调工程指挥部办公室陈庄段工程第一批征迁安置资金7941.31万元和13.41万元。

2011年3月18日至2013年1月30日，山东省南水北调工程建设管理局下达淄博市南水北调工程建设管理局陈庄段征迁安置资金3087.50万元。以鲁调水征字〔2012〕174号文件下达72.17万元；以鲁调水征字〔2013〕13号文件下达15万元。

2011年3月18日至2012年12月5日，山东省南水北调工程建设管理局下达滨州市南水北调工程指挥部办公室陈庄段征迁安置资金24.43万元。

2014年12月4日，山东省南水北调工程建设管理局以鲁调水征字〔2014〕60号文件下达淄博市南水北调工程建设管理局陈庄段征迁安置资金20万元。

6. 农村生产生活安置

（1）生产安置。陈庄输水线路工程共占用耕地1124.58亩，生产安置人口为585人。被征收土地的村征收土地后，均采取在本村内调整土地安置方式。

（2）生活安置。陈庄输水线路工程没有需搬迁生活安置的人口。

7. 专项设施迁建

陈庄输水线路工程涉及高青县交通道路、电信设施、广播电视线路、电力线路、水利工程等专项迁建共计8项，共计投资1702.45万元。

根据已批复的陈庄输水线路工程高青县征迁安置实施方案，高青县与各产权单位签订了专项迁建或补偿协议，由产权单位自行迁建或对其补偿，迁建完成后由各产权单位组织验收合格后交付各专项运行管理部门负责。2012年6月，高青县陈庄输水线路工程专项迁建全部完成。

8. 村副业迁建

陈庄输水线路工程影响村副业9个，全部位于淄博市高青县境内，至2011年12月底迁建安置完毕。

迁建安置方案采取货币补偿、政府指导、村副业自主搬迁方式，涉及职工人数118人，拆迁房屋面积4346.51m^2，迁建补偿资金共计753.07万元。

9. 永久征地交付

陈庄输水线路工程永久征地共计1479.31亩，其中，淄博市高青县永久征地为1478.16亩，滨州市邹平县永久征地为1.15亩。2011年5月，高青县和邹平县组织完成陈庄输水线路工程地面附着物清除工作，将工程建设用地交付现场施工单位。

10. 临时用地交付和复垦

陈庄输水线路工程占用临时用地共计 289.77 亩，其中，高青县 235.60 亩，邹平县 54.17 亩。2011 年 3 月，高青县和邹平县南水北调办事机构组织陆续交付给现场施工单位。

2012 年 11 月 6 日，施工企业组织完成邹平县陈庄输水线路工程临时用地第一阶段复垦工作，经验收合格形成验收签证书和移交签证书，全部退还到邹平县南水北调工程建设指挥部。

2012 年 12 月 4 日，施工企业组织完成高青县陈庄输水线路工程临时用地第一阶段复垦工作，经验收合格形成验收签证书和移交签证书，全部退还到高青县南水北调工程建设指挥部。

截至 2013 年 4 月底，按照批复的临时用地复垦实施方案，高青县和邹平县南水北调工程建设指挥部组织完成第二阶段复垦和验收工作，工程临时用地 289.77 亩全部退还耕种。

11. 用地组卷报批（含勘测定界）

（1）林地手续。陈庄输水线路工程使用林地手续，由山东省南水北调工程建设管理局提出申请后，高青县林业局负责组卷送淄博市林业局审查，逐级上报山东省林业局进行批复。在办理使用林地手续时，高青县南水北调办事机构向山东省林业局缴纳森林植被恢复费共计 95.15 万元。

2011 年 9 月 1 日，山东省林业局批复了陈庄段永久使用林地审核同意书（鲁林地许长〔2011〕081 号）和临时使用林地审核同意书（鲁林地许临〔2011〕006 号），共批复陈庄段工程永久使用林地 12.82hm^2、临时使用林地 1.49hm^2。

（2）征地手续。2012 年 12 月底，山东省国土资源厅组织完成了省级组卷工作，将陈庄段工程征地报卷材料报至国土资源部。

2013 年 2 月 7 日，国土资源部印发《国土资源部关于南水北调东线一期济南至引黄济青段陈庄输水线路工程建设用地的批复》（国土资函〔2013〕145 号），批复陈庄输水线路工程建设用地共计 98.62hm^2。

12. 监督评估

（1）征迁监理。2009 年 12 月，根据公开招标结果，山东省南水北调工程建设管理局分别与四川省移民工程建设监理有限公司、河南黄河移民经济开发公司签订《南水北调东线一期工程济南至引黄济青段工程征迁安置监测评估合同书（标段 2、标段 3）》。

根据监理合同，四川省移民工程建设监理有限公司、河南黄河移民经济开发公司分别制定了陈庄输水线路工程征迁安置监理规划和监理细则后，于 2010 年 11 月始积极参与了陈庄段工程征迁安置技术交底、勘测定界、实物调查复核、实物量和补偿标准确认、补偿资金兑付、专项设施迁建、后期遗留问题处理等征迁全过程。

（2）监测评估。2009 年 12 月，根据公开招标结果，山东省南水北调工程建设管理局与江河水利水电咨询中心签订《南水北调东线一期工程济南至引黄济青段工程征迁安置监测评估合同书》，由江河水利水电咨询中心负责陈庄段工程征迁安置监测评估工作。

移民监测评估报告结论：陈庄段输水工程征迁机构建设基本到位，实施机构工作成效明显，征迁资金管理基本符合程序，政策宣传有效，信息公开，信访稳定；移民搬迁安置进度满足工程建设要求，生产生活水平与搬迁前比较均有一定的改善和提高，移民基本满意，征用耕地对当地农村居民影响较大，受征迁影响的农村居民生活压力较大；陈庄段输水工程征地移民

安置移民的生产生活水平基本恢复，准时高效征迁满足了施工单位进场要求。总体上讲，陈庄段征地移民安置达到了预期的目标，整体令人满意。

（二十一）济南至引黄济青段东湖水库工程

1. 实物指标复核

根据东湖水库工程的实际情况，历城区、章丘市南水北调工程指挥部确定了“由外及内、由大到小；先勘地界、再入村户；化整为零、逐个突破；压茬进行、稳步推进；质量为先、一步定准”的征迁工作思路，按照省、济南市的工作部署，及时组织土地测量和地上附着物调查。

2010年1月16日，工程占地勘测定界开始，至2010年2月结束。

2010年1—2月，历城区、章丘市南水北调工程指挥部组织设计、监理和区（市）水务局、国土局、林业局、镇人民政府及相关村等有关单位人员组成地上附着物联合调查组，在勘测定界的迁占范围内，展开了地上附着物实地调查工作。

实物复核调查完成后，首先对到户调查表进行整理，确认无误后，再按照初设批复及有关规定，进行村、镇、市三级逐级分类汇总，对汇总数据对照原始调查表各方反复核对，以确保准确无误、数据精准。

实物指标复核成果：东湖水库工程占地共8221.79亩，其中，永久征地8073.56亩，临时用地92.88亩，复建道路占地55.35亩；工程生产安置人口4750人；影响各类村民民营企业7处；专项设施复建项目输变电线路3处，移动专项设施1处，道路2处，水利设施5处。

2. 公告公示

2010年2月，实物调查成果汇总复核完成后，历城区、章丘市南水北调工程指挥部对实物量调查成果及补偿标准进行了公示，公示期为10天。

3. 实施方案的编制与批复

（1）县级征迁安置实施方案。2011年6月3日，济南市南水北调工程建设管理局组织专家，对历城区、章丘市南水北调工程指挥部与山东省水利设计院联合组织编制了《南水北调东线一期工程济南至引黄济青段东湖水库工程征迁安置实施方案》进行评审。

2011年8月22日，山东省南水北调工程建设指挥部下达《关于南水北调东线一期工程济南至引黄济青段东湖水库工程历城区征迁安置实施方案的批复》（鲁调水指字〔2011〕20号）及《关于南水北调东线一期济南至引黄济青段东湖水库工程章丘市征迁安置实施方案的批复》（鲁调水指字〔2011〕15号）。

（2）临时用地复垦方案。2012年9月27日，济南市南水北调济南东工程征迁指挥部在济南市组织专家，对章丘市、历城区南水北调工程指挥部和山东省水利勘测设计院联合编制的《南水北调东线一期工程济南至引黄济青段东湖水库工程章丘市（历城区）临时用地复垦实施方案》进行评审。

2012年12月3日，山东省南水北调工程建设指挥部分别以鲁调水指字〔2012〕82号文件和鲁调水指字〔2012〕84号文件对东湖水库工程章丘市、历城区临时用地复垦实施方案进行了批复。

（3）设计单元工程征迁安置实施方案。2012年3月30—31日，山东省南水北调工程建设管理局在济南市组织专家，对山东省水利勘测设计院编制的《南水北调东线一期工程济南市至引黄济青段东湖水库工程征迁安置实施方案》进行评审。

2012年4月2日，山东省南水北调工程建设指挥部下达了《南水北调东线一期工程济南市至引黄济青段东湖水库工程征迁安置实施方案》(鲁调水指字〔2012〕14号)。

(4) 遗留问题实施方案。2012年11月15日，济南市南水北调济南东工程征迁指挥部在济南市组织专家，对历城区南水北调工程指挥部和山东省水利勘测设计院共同编制的《南水北调东线一期工程济南至引黄济青段东湖水库工程历城区征迁安置预备费项目实施方案》进行评审。

2012年12月25日，山东省南水北调工程建设管理局下达了《关于济南至引黄济青明渠段输水工程和东湖水库工程历城区征迁安置预备费项目实施方案的批复》(鲁调水征字〔2012〕182号)。

4. 各级补偿投资包干协议

2009年12月31日，山东省南水北调工程建设指挥部与济南市人民政府签订了《南水北调东线一期工程济南至引黄济青段东湖水库工程征迁安置任务及投资包干协议》。

2010年1月10日，济南市人民政府分别与历城区和章丘市签订了《南水北调东线一期工程济南至引黄济青段东湖水库工程征迁安置任务及投资包干协议》。随后，历城区、章丘市人民政府又分别与相关乡（镇、街道）签订了东湖水库工程征迁任务与责任书，与各专项设施权属单位签订了专项迁建协议，通过招标，确定了库底清理实施单位，并签订了东湖水库库底清理施工协议。

5. 补偿兑付

2009年12月14日，山东省南水北调工程建设管理局以鲁调水政字〔2009〕56号预拨付济南市南水北调工程管理局东湖水库工程征迁安置资金33412.68万元。

2010年1月1日至12月31日，山东省南水北调工程建设管理局下达济南市南水北调工程管理局东湖水库工程征迁安置资金17340.03万元。

2011年1月1日至12月31日，山东省南水北调工程建设管理局下达济南市南水北调工程管理局东湖水库工程征迁安置资金211.40万元。

2012年1月1日至12月31日，山东省南水北调工程建设管理局下达济南市南水北调工程管理局东湖水库工程征迁安置资金3424.04万元。

2013年1月1日至4月17日，山东省南水北调工程建设管理局下达济南市南水北调工程管理局东湖水库工程征迁安置资金10.72万元。

2015年11月19日，山东省南水北调工程建设管理局下达章丘市白云湖镇政府东湖水库工程征迁安置资金1487.81万元。

6. 农村生产生活安置

(1) 生产安置。东湖水库工程征迁占地涉及3个乡镇9个村，生产安置人口共计4854人。

征迁安置贯彻“以人为本”的思想，实行开发性搬迁方针。由于工程影响地区基本为农业区，绝大多数搬迁群众为农业户口，因此，以农业安置为主。2010年在历城区唐王镇和章丘市高官寨镇、白云湖镇人民政府监督下，各村分别召开村民大会或村民代表大会，各村确定对东湖水库工程占地均实行村内土地调整方式，并确定了各村参加工程征地补偿分配人员资格和人

数。会后，按照确定人口到户分配本村土地补偿费和安置补助费。

(2) 后期扶持。2011年10月18日，水利部《关于印发2010年度新建大中型水库农村移民后期扶持人数核定成果的函》(水移函〔2011〕296号)，核定东湖水库纳入2010年后期扶持人数共计4854人，其中章丘市3604人，历城区1250人。

按照《山东省人民政府关于印发山东省大中型水库移民后期扶持政策实施方案的通知》(鲁政发〔2006〕84号) 有关要求，章丘市和历城区编制东湖水库移民后期扶持实施规划，经济南市人民政府报山东省人民政府批复后实施。东湖水库工程移民后期扶持工作主要实行项目扶持，用于解决移民村农业技术培训、交通修缮、农田灌溉、养老保险等生产生活中存在的突出问题，确保东湖水库移民生活水平不断提高。

7. 专项设施迁建

东湖水库工程专项设施迁建共11处，总投资989.26万元。其中，一是电力设施迁建3条，批复投资88.02万元；二是移动专项复建1条，批复投资13.4万元；三是水利设施迁建4处，批复投资493.72万元；四是道路复建3条，批复投资394.12万元。历城区、章丘市南水北调工程指挥部分别与各专业项目产权单位单位签订迁建合同或补偿协议，至2013年7月，东湖水库工程已批复专项设施项目全部迁建完成。

8. 永久征地交付

为了保护东湖水库环境卫生，控制水传染疾病，防止水质污染，确保东湖水库供水安全，济南市历城区和章丘市全面组织了东湖水库库区的库底清理工作，清理范围为库区永久征地8073.56亩。

2010年3月，历城区和章丘市南水北调指挥部通过公开招标确定了东湖水库库底清理队伍。

2010年4月，章丘市和历城区南水北调工程指挥部与章丘市水利建筑工程公司等中标单位签订东湖水库库底清理合同，于2010年5月完成全部工程内容。2010年6月中旬通过征迁监理现场检验。2010年6月底，章丘市和历城区南水北调工程指挥部组织完成了东湖水库工程库底验收工作。

2010年7月22日，山东省南水北调工程建设管理局组织了东湖水库工程永久征地及界桩交付，形成交付证书。共交付永久征地8073.56亩，其中，章丘市6089.16亩，历城区1984.40亩。

9. 临时用地交付和复垦

2010年2月，山东省水利勘测设计院组织完成东湖水库工程临时用地勘测定界工作，东湖水库库临时用地共92.88亩，其中历城区为12.35亩，章丘市为80.53亩。

2012年9月27日，济南市南水北调济南东征迁指挥部在济南组织召开专家评审会，对东湖水库历城区和章丘市临时用地复垦实施方案进行了评审。

2012年12月3日，山东省南水北调工程建设指挥部印发了《关于南水北调东线一期济南至引黄济青段东湖水库工程历城区临时用地复垦实施方案的批复》(鲁调水指字〔2012〕84号) 和《关于南水北调东线一期济南至引黄济青段东湖水库工程章丘市临时用地复垦实施方案的批复》(鲁调水指字〔2012〕82号)，批复东湖水库工程历城区复垦投资1.30万元和章丘市复垦投资12.98万元。

2012年12月底，东湖水库临时用地全部退还到章丘市和历城区南水北调工程建设指挥部。

至2013年3月底，按照批复的临时用地复垦实施方案，章丘市和历城区南水北调指挥部组织了第二阶段的复垦和验收工作，工程临时用地92.88亩全部退还耕种。

10. 用地组卷报批（含勘测定界）

东湖水库工程征地共涉及济南市历城区和章丘市的3个镇9个行政村，勘测定界工作由山东省水利勘测设计院负承担。

（1）林地手续。东湖水库工程使用林地手续，由山东省南水北调工程建设管理局提出申请后，历城区和章丘市林业局负责组卷上报济南市林业局审查，送山东省林业局审核后上报国家林业局进行批复。

2011年7月4日，国家林业局批复了南水北调东湖水库《使用林地审核同意书》（林资许准〔2011〕150号），批复东湖水库工程永久使用林地196.85hm^2，其中历城区集体林地35.89hm^2，章丘市集体林地160.96hm^2。

（2）征地手续。东湖水库建设用地由历城区国土资源局、章丘市国土资源局负责组卷，历城区、章丘市南水北调办事机构等有关部门全面配合；济南市国土资源局负责合卷，山东省南水北调工程建设管理局及济南市南水北调工程建设管理局负责配合。

2011年7月29日，山东省南水北调工程建设管理局和山东省国土资源厅组织南水北调济南至引黄济青段勘界成果验收会，相关市、县（市、区）国土部门的代表和专家参加了验收，并形成《土地勘测定界验收报告》。会后，勘测定界单位根据验收会专家意见对勘测定界成果进行了修订完善。

2011年8月，济南市及历城区和章丘市组织各乡镇、各村进行征地公告、组织征地听证、签订征地协议、分幅土地利用现状图制作、"一书四方案"编制、逐级行文上报等工作。

2011年11月21日始，山东省国土资源厅与山东省南水北调工程建设管理局联合办公对将东湖水库工程征地报卷材料进行审查。

2012年12月底，山东省国土资源厅组织完成了省级组卷工作，将东湖水库工程征地报卷材料报至国土资源部。

2013年3月29日，国土资源部印发《国土资源部关于南水北调东线一期东湖水库工程建设用地的批复》（国土资函〔2013〕207号），共计批复建设用地538.34hm^2。

11. 变更管理

按初设批复，东湖水库工程10kV井家线98支、33支线权属历城区供电公司，其迁建任务应由历城区电力公司完成。在东湖水库工程征迁安置实施过程中，发现该线路为章丘市白云湖镇黄家塘村与李家码头村共同出资修建，产权应属黄家塘和李家码头村共有。

为了妥善解决迁建争议，济南市南水北调工程建设管理局于2011年1月26日在济南召开东湖水库建设管理处、设计单位、监理单位、章丘市南水北调工程指挥部、历城区南水北调工程指挥部、历城区供电公司、白云湖镇人民政府、黄家塘村及李家码头村等单位参加的南水北调东湖水库工程10kV电力专项设施工作协调会，并形成了《南水北调东湖水库工程10kV电力专项设施迁建工作协调会议会议纪要》（〔2011〕第1号），明确迁建责任主体由历城区南水北调工程指挥部变更为章丘市南水北调工程指挥部。

12. 监督评估

（1）征迁监理。2009年12月，根据公开招标结果，山东省南水北调工程建设管理局与山

东科源工程建设监理中心签订《南水北调东线一期工程济南至引黄济青段工程工程征迁安置监理合同书（标段4）》，东湖水库工程征迁安置监理任务由山东科源工程建设监理中心负责。

（2）监测评估。2009年12月，根据公开招标结果，山东省南水北调工程建设管理局与江河水利水电咨询中心签订《南水北调东线一期工程济南至引黄济青段工程征迁安置监测评估合同书》，东湖水库工程征迁安置监测评估工作由江河水利水电咨询中心负责。

移民监测评估报告结论：东湖水库工程征迁机构建设基本到位，实施机构工作成效明显，征迁资金管理基本符合程序，政策宣传有效，信息公开；移民搬迁安置进度满足工程建设要求，生产生活水平与搬迁前比较均有一定的改善和提高，移民基本满意，征用耕地对当地农村居民影响较大，受征迁影响的农村居民生活压力较大；东湖水库征地移民安置移民的生产生活水平基本恢复，准时高效征迁满足了施工单位进场要求。总体上讲，东湖水库征地移民安置达到了预期的目标，整体令人满意。

（二十二）济南至引黄济青段双王城水库工程

1. 实物指标复核

2010年1月23—28日，寿光市南水北调工程建设指挥部办公室组织设计、监理、勘测定界单位，羊口镇人民政府，相关村庄对地面附着物进行了清点复核。

实物指标复核成果：工程永久征地面积为11201.9亩；影响果园及乔木287.39亩，温室大棚32.8亩，乔木28427棵，坟墓199座，地埋管1760m，电杆7根，机井32眼，桥涵375.25m；影响专项设施3项。

2. 公告公示

2010年3月底，寿光市南水北调工程建设指挥部以村为单位对双王城水库工程各项实物调查成果及补偿标准进行了公示，公示期为7天。

3. 实施方案的编制与批复

（1）县级征迁安置实施方案。2011年11月，寿光市南水北调工程建设指挥部和山东省水利勘测设计院联合编制了《南水北调东线一期工程济南至引黄济青段双王城水库工程寿光市征迁安置实施方案》。2011年8月22日，山东省南水北调工程建设指挥部以鲁调水指字〔2011〕18号文件对该方案进行了批复。

（2）临时用地复垦实施方案。2012年9月27日，潍坊市南水北调工程建设指挥部在济南市组织专家，对寿光市南水北调工程指挥部和山东省水利勘测设计院共同编制的《南水北调东线一期工程济南至引黄济青段双王城水库工程寿光市临时用地复垦实施方案》进行评审。

2012年12月3日，山东省南水北调工程建设指挥部以鲁调水指字〔2012〕75号文件批复了南水北调东线一期济南至引黄济青段双王城水库工程寿光市临时用地复垦实施方案。

（3）设计单元工程征迁安置实施方案。2012年3月，山东省水利勘测设计院编制完成了南水北调东线一期工程济南至引黄济青段双王城水库单元工程征迁安置实施方案。3月30—31日，山东省南水北调工程建设管理局在济南组织专家，对南水北调东线一期工程济南至引黄济青段双王城水库工程征迁安置实施方案进行了评审。

2012年4月2日，山东省南水北调工程建设指挥部下达《关于南水北调东线一期工程济南至引黄济青段双王城水库工程征迁安置实施方案的批复》（鲁调水指字〔2012〕15号）。

（4）遗留问题实施方案。2013年6月8日，山东省南水北调工程建设管理局在济南市组织专家，对山东省水利勘测设计院和寿光市南水北调工程建设指挥部编制的《南水北调东线一期济南至引黄济青段双王城水库工程复建道路排水工程实施方案》进行评审。

2013年8月28日，山东省南水北调工程建设管理局下达《关于南水北调东线一期济南至引黄济青段双王城水库工程复建道路排水工程实施方案的批复》（鲁调水征字〔2012〕101号）。

4. 各级补偿投资包干协议

2009年12月31日，山东省南水北调工程建设管理局与潍坊市人民政府签订《南水北调东线一期工程济南至引黄济青段双王城水库工程征迁安置任务及投资包干协议》。随后，寿光市人民政府分别与羊口镇人民政府及各专业项目权属单位签订征迁安置责任书和专项复建协议。

5. 补偿兑付

2009年12月30日，山东省南水北调工程建设管理局以鲁调水政字〔2009〕57号文件预拨付潍坊市南水北调工程建设管理局双王城水库征迁安置资金19116.78万元。

2010年4月26日，山东省南水北调工程建设管理局以鲁调水政字〔2010〕17号文件下达潍坊市南水北调工程建设管理局双王城水库第二批征迁安置资金5667.02万元。

2011年7月5日，山东省南水北调工程建设管理局以鲁调水征字〔2011〕69号文件下达潍坊市南水北调工程建设管理局双王城水库征迁安置资金10万元。

2012年1月20日，山东省南水北调工程建设管理局以鲁调水征字〔2012〕3号文件下达潍坊市南水北调工程建设管理局双王城水库征迁安置资金698.04万元。

2012年12月5日，山东省南水北调工程建设管理局分别以鲁调水征字〔2012〕178号文件和鲁调水征字〔2012〕179号文件下达潍坊市南水北调工程建设管理局双王城水库征迁安置资金22.51万元和84.35万元。

2013年1月22日，山东省南水北调工程建设管理局以鲁调水征字〔2013〕11号文件下达潍坊市南水北调工程建设管理局双王城水库征迁安置资金15万元。

2013年3月12日，山东省南水北调工程建设管理局以鲁调水征字〔2013〕38号文件下达潍坊市南水北调工程建设管理局双王城水库征迁安置资金810.52万元。

2013年8月28日，山东省南水北调工程建设管理局以鲁调水征字〔2013〕101号文件下达潍坊市南水北调工程建设管理局双王城水库征迁安置资金138.88万元。

2014年5月28日，山东省南水北调工程建设管理局以鲁调水征字〔2014〕37号文件下达潍坊市南水北调工程建设管理局双王城水库征迁安置资金30万元。

6. 农村生产生活安置

（1）生产安置。双王城水库工程建设直接影响到寿光市羊口镇8个村和圣城街道办事处1个村，共征用农村土地2184.65亩，涉及生产安置人口745人。

双王城水库征地影响最大的寇二村、李家坞村，征地后人均耕地仍能达到2.27亩和2.52亩。生产安置采取调整土地的方式进行，土地以村为单位进行调整。按照各村村民大会或村民代表大会决议，双王城水库征地补偿费和征迁安置补助费采取各村确定参与分配人员资格，按人口数量进行统筹分配，经公示后由村集体账户直接兑付到户。

（2）后期扶持。双王城水库工程纳入后期扶持人口总计745人。按照《山东省人民政府关于印发山东省大中型水库移民后期扶持政策实施方案的通知》（鲁政发〔2006〕84号）有关要

求，寿光市按照年度编制东湖水库移民后期扶持实施规划，经潍坊市人民政府报山东省人民政府批复后实施。双王城水库工程移民后期扶持工作主要采实行项目扶持，用于解决交通道路修缮、农业灌溉、移民保险等生产生活中存在的突出问题，确保双王城水库移民生活水平不断提高。

7. 专项设施迁建

双王城水库工程专业迁建项目共3项，其中，一是潍坊传输局传输线路，批复迁建投资123.63万元；二是寿光广播电视网络传输中心线路，批复迁建总投资46.91万元；三是道路复建工程，批复复建投资1303.61万元，分两期实施，其中，一期工程投资418.98万元，二期工程投资884.63万元。

潍坊传输局传输线路和寿光广播电视网络传输中心线路迁建设计批复后，寿光市南水北调工程建设指挥部与各产权单位签订恢复建设协议，由产权单位负责严格按照技施设计和批复投资实施，于2010年3月15日至4月22日迁建完成。2010年6月8日通过专项迁建验收交付使用。

道路复建工程由寿光市南水北调工程建设指挥部按照基本建设程序组织实施，2010年4月16日和2013年4月12日，潍坊南水北调工程建设管理局分别对双王城水库工程道路复建一期和二期工程组织了招标工作。一期工程于2010年4月20日开工，由中标单位寿光市市政工程有限公司组织复建，2010年6月6日竣工；截至2013年7月，双王城水库道路复建二期工程正在实施，尚未完成。

8. 永久征地交付

为保证工程建设质量，防止污染，保护人群健康，寿光市南水北调工程建设指挥部委托寿光市规划设计研究院对双王城水库库底清理工程进行了设计，编制《南水北调寿光市双王城水库库底清理工程设计》，2010年4月开始组织了双王城水库工程库底清理工作。

双王城水库库底清理主要工程量包括：房屋及附属设施1230.9m^2，围墙125.4m，猪圈厕所4个，道路清理7.8km，桥涵51个，机井22眼，坟墓199座，树木27285株，工程总投资75.73万元。

机井封堵是双王城水库库底清理的重点项目，封堵质量的好坏对水库建成后的运行管理产生重大影响。双王城水库库区范围内有水井22眼，井深为30～290m不等，如封堵处理不善，将会造成渗漏，对水库防渗产生重大影响。山东省水利勘测设计院对库区水井封堵处理进行了专门设计。根据设计处理方案，封堵处理过程在双王城水库建设管理处、寿光市南水北调工程建设指挥部、双王城水库征迁安置监理现场监督下进行，处理过程资料现场填写，实行一井一卡，建立水井处理档案，每一过程由施工方及监督方四家单位共同签字确认。

截至2015年9月底，根据技施阶段勘测定界成果，双王城水库工程实际交付永久征地11201.95亩，其中新征地2628.73亩，老库区占地8573.22亩。

9. 临时用地交付和复垦

双王城水库工程临时用地为84.03亩，临时用地复垦方案投资共计25.73万元。

2012年12月底，双王城水库建管处组织施工企业向寿光市南水北调工程建设指挥部交回全部临时用地，寿光市南水北调工程建设指挥部在征求双王城生态经济园区和占用村群众意见的基础上，按复垦方案的面积和标准，将复垦费兑付给双王城生态经济园区财政所和引黄济青寿光市管理处，由园区管委会组织权属人全部完成复垦。

10. 用地组卷报批（含勘测定界）

双王城水库工程征地共涉及潍坊市寿光市2个镇9个行政村，勘测定界工作由济南水文水资源勘测局承担。

（1）林地手续。双王城水库工程使用林地手续，由寿光市林业局负责组卷送潍坊市林业局审查，逐级上报山东省林业局进行批复。

2010年12月21日，山东省林业局批复了南水北调双王城水库工程《使用林地审核同意书》（鲁林地许长〔2010〕128号），批复同意双王城水库工程建设项目征占用寿光市营里镇西河北村集体林地0.97hm²，寿光市国有机械林场国有林地0.35hm²。

（2）征地手续。双王城水库建设用地手续，由寿光市国土资源局负责组卷，潍坊市国土资源局负责审查后报山东省国土资源厅。

2011年7月29日，山东省南水北调工程建设管理局和山东省国土资源厅组织南水北调济南至引黄济青段勘界成果验收会，潍坊市、寿光市国土部门的代表和专家参加了验收，并形成《土地勘测定界验收报告》。会后，勘测定界单位根据验收会专家意见对勘测定界成果进行了修订完善。

2011年8月，潍坊市及寿光市组织各乡镇各村进行征地公告、组织征地听证、签订征地协议、分幅土地利用现状图制作、“一书四方案”编制、逐级行文上报等工作。

2011年11月21日始，山东省国土资源厅与山东省南水北调工程建设管理局联合办公对双王城水库工程征地报卷材料进行审查。

2012年12月底，山东省国土资源厅组织完成了省级组卷工作，将双王城水库工程征地报卷材料报至国土资源部。

2013年2月7日，国土资源部印发《国土资源部关于南水北调东线一期双王城水库工程建设用地的批复》（国土资函〔2013〕144号），批准建设用地共计746.55hm²。

11. 变更管理

双王城水库工程初步设计时，在水库西北角有一条自水库通往塌河的泄水渠。国家在批复双王城水库工程时，未将其列入其中。经山东省和国家主管部门进一步论证，认为增加水库泄水渠是必要的。经山东省水利勘测设计院和工程勘测定界单位（济南水文水资源勘测局）确认，泄水渠共需永久征地82.63亩。

按照变更设计程序，2010年9月，山东省南水北调工程建设管理局上报国务院南水北调办；2010年10月，国务院南水北调办组织专家进行了评审。

2011年6月国务院南水北调办下达《关于南水北调东线一期工程济南至引黄济青段双王城水库工程增设泄水洞设计变更报告的批复》（国调办投计〔2011〕118号），核定设计变更增加静态投资为926万元，要求在已批复的双王城水库工程初步设计概算投资中统筹解决，实际并未下达相关资金。

12. 监督评估

（1）征迁监理。2009年12月，根据公开招标结果，山东省南水北调工程建设管理局与中水移民开发中心签订《南水北调东线一期工程济南至引黄济青段工程工程征迁安置监理合同书（标段5）》，双王城水库工程征迁安置监理工作由中水移民开发中心负责。

(2) 监测评估。2009 年 12 月，根据公开招标结果，山东省南水北调工程建设管理局与江河水利水电咨询中心签订《南水北调东线一期工程济南至引黄济青段工程征迁安置监测评估合同书》，双王城水库工程征迁安置监测评估工作由江河水利水电咨询中心完成。

移民监测评估报告结论：双王城水库工程征迁机构建设基本到位，实施机构工作成效明显，征迁资金管理基本符合程序，政策宣传有效，信息公开；移民搬迁安置进度满足工程建设要求，生产生活水平与搬迁前比较均有一定的改善和提高，移民基本满意，征用耕地对当地农村居民影响较大，受征迁影响的农村居民生活压力较大；双王城水库征地移民安置移民的生产生活水平基本恢复，准时高效征迁满足了施工单位进场要求。总体上讲，双王城水库征地移民安置达到了预期的目标，整体令人满意。

(二十三) 穿黄河工程

1. 实物指标复核

2007 年 6 月 8 日，山东省南水北调工程建设管理局下达了《关于下达南水北调东线一期工程穿黄河工程征迁安置实施计划及补偿标准的通知》(鲁调水政字〔2007〕7 号)，明确了穿黄河工程征迁补偿标准及初步实施计划。

2007 年 11 月 29 日，山东省南水北调工程建设管理局下达了《关于下达南水北调东线一期工程穿黄河工程征迁安置实施计划修订方案的通知》(鲁调水政字〔2007〕22 号)，进一步调整穿黄河工程征迁工作实施计划。

2007 年 12 月，东平、东阿两县南水北调工程建设指挥部分别召开了南水北调东线穿黄河工程征迁安置工作会议，县国土局、林业局、公安局、交通局、水利局、广电局、供电局及乡镇政府等指挥部成员单位负责同志参加会议，会议明确了征迁工作的具体任务、各方责任和实物调查复核要求。

2007 年 12 月、2008 年 3 月、2010 年 10 月、2011 年 6 月，东平、东阿两县南水北调工程建设指挥部，组织工程设计、征迁设计、征迁监理和县国土局、林业局、公安局、乡镇政府等有关单位人员组成联合调查组，分别对工程永久征地、第一批临时用地、第二批临时用地和闸前疏浚排泥场临时用地范围内的各项实物指标进行了实地调查复核。

现场调查复核结束后，征迁监理单位与县南水北调穿黄河工程征迁工作现场指挥部共同对实物调查原始记录表进行了汇总计算和分析整理。实物指标调查复核结果由各参加调查单位及产权人共同进行了签字认可。省、市南水北调工程建设管理局进行了全程指导和监督。

实物指标复核成果：工程永久征地 572.89 亩，临时用地 2728.58 亩；拆迁各类农村房屋 38599.48m^2，拆迁集镇各类房屋 8497m^2；清除用材树 10.6 万株，果树 5.9 万株；工程影响的专业项目有电力、长途传输电信线路，移动线路，联通、网通、广播线路，桥梁、涵闸、排涝设施等。

2. 公告公示

2007 年 12 月 28 日，东平、东阿县南水北调工程建设指挥部对实物调查复核成果及补偿标准进行了公示，公示期为 5 天。

3. 实施方案的编制与批复

2012 年 1 月，根据实物指标调查复核成果，东平县、东阿县与中水北方勘测设计研究有限责任公司编制完成《南水北调东线一期工程穿黄河（东平县）工程征迁安置实施方案》《南水北调东线一期工程穿黄河（东阿县）工程征迁安置实施方案》。

2012年3月，中水北方勘测设计研究有限责任公司编制完成《南水北调东线一期工程穿黄河工程征迁安置实施方案》（设计单元工程实施方案）。

2012年4月，山东省南水北调工程建设指挥部以鲁调水指字〔2012〕23号文件对南水北调东线一期穿黄河工程征迁安置实施方案进行了批复。

4. 补偿协议及责任书签订

2005年5月9日，山东省人民政府与泰安市人民政府签订了《山东省南水北调主体工程征迁安置补偿和施工环境保障责任书》。

2005年5月9日，山东省人民政府与聊城市人民政府签订了《山东省南水北调主体工程征迁安置补偿和施工环境保障责任书》。

2007年9月10日，山东省南水北调工程建设管理局、泰安市南水北调工程建设管理局、东平县人民政府三方签订了《南水北调东线一期工程穿黄河工程征迁安置投资包干协议》。

2008年6月25日，山东省南水北调工程建设管理局、聊城市南水北调工程建设管理局筹备组和东阿县人民政府三方签订了《东阿县位山村征迁安置补偿及安全协议》。

5. 补偿兑付

2007年11月30日，山东省南水北调工程建设管理局分别以《关于预拨南水北调东线一期工程穿黄河工程征迁安置资金的通知》（鲁调水政字〔2007〕23号）和《关于预拨南水北调东线一期工程穿黄河工程征迁安置资金的通知》（鲁调水政字〔2007〕24号）预拨给聊城市和泰安市穿黄河工程第一批征迁安置补偿资金4600万元。

2007年12月25日，山东省南水北调工程建设管理局分别以《关于下达南水北调穿黄河工程永久征地及地面附着物补偿实施方案的通知》（鲁调水政字〔2007〕25号）和《关于下达南水北调穿黄河工程永久征地及地面附着物补偿实施方案的通知》（鲁调水政字〔2007〕26号）下达了穿黄河工程永久征地资金2407.41万元，该资金从预拨资金中列支。

2008年4月23日，山东省南水北调工程建设管理局以《关于南水北调穿黄河工程临时用地及地面附着物补偿实施方案的批复》（鲁调水政字〔2008〕10号）下达了穿黄河工程东平县临时用地征迁安置资金1195.77万元，其中从预拨资金中列支1058.46万元。

2008年6月24日，山东省南水北调工程建设管理局以《关于下达南水北调穿黄河工程临时用地及地面附着物补偿实施方案的通知》（鲁调水政字〔2008〕18号）下达了穿黄河工程东阿县临时用地补偿资金180.96万元，该资金从预拨资金中列支。

2008年6月24日，山东省南水北调工程建设管理局以《关于拨付南水北调穿黄河工程专项设施补偿资金的通知》（鲁调水政字〔2008〕20号）下达了穿黄河工程东阿县专项设施补偿资金122.55万元，该资金从预拨资金列支。

2008年6月24日，山东省南水北调工程建设管理局以《关于拨付南水北调穿黄河工程专项设施补偿资金的通知》（鲁调水政字〔2008〕19号）下达了穿黄河工程专项设施征迁安置资金1023.07万元。

2008年6月27日，山东省南水北调工程建设管理局以《关于拨付南水北调穿黄河工程东阿县位山村居民点规划补偿资金的通知》（鲁调水政字〔2008〕21号）下达了东阿县位山村居

民点规划补偿资金156.22万元，该资金从预拨资金列支。

2008年6月27日、2008年8月15日和2010年7月13日，山东省南水北调工程建设管理局分别以《关于下达南水北调穿黄河工程东阿县位山老村搬迁补偿实施方案的通知》（鲁调水政字〔2008〕22号）、《关于拨付南水北调穿黄河工程东阿县位山老村搬迁补偿资金的通知》（鲁调水政字〔2008〕32号）、《关于拨付南水北调穿黄河工程东阿县征迁安置补偿资金的通知》（鲁调水政字〔2010〕30号）下达了东阿县位山老村搬迁补偿资金1023.80万元，其中从预拨资金列支658.40万元。

2008年12月19日和2010年3月2日，山东省南水北调工程建设管理局以《关于下达南水北调穿黄河工程东平县斑鸠店镇集镇迁建实施方案的通知》（鲁调水政字〔2008〕47号）和《关于调整南水北调东线穿黄河工程东平县斑鸠店镇集镇迁建实施方案的批复》（鲁调水政字〔2010〕8号）核定穿黄河工程集镇迁建资金1037.93万元。

2009年8月13日，山东省南水北调工程建设管理局以《关于拨付南水北调穿黄河工程位山引黄闸测流测沙设施拆迁及占地补偿资金的通知》（鲁调水政字〔2009〕37号）下达了穿黄河工程位山引黄闸测流测沙设施拆迁补偿资金101.76万元。

2010年4月1日和2010年8月30日，山东省南水北调工程建设管理局以《关于拨付南水北调东线穿黄河工程临时用地复垦资金的通知》（鲁调水政字〔2010〕12号）和《关于拨付南水北调穿黄河工程东平县第一批临时用地复垦资金的通知》（鲁调水征字〔2010〕12号）下达了穿黄河工程东平县临时用地复垦资金871.38万元。

2010年12月21日，山东省南水北调工程建设管理局以《关于下达南水北调东线一期穿黄河工程斑鸠店镇城区段部分商住户恢复供电设施补偿资金的通知》（鲁调水征字〔2010〕55号）下达了穿黄河工程斑鸠店镇城区段部分商住户恢复供电设施补偿资金49.23万元。

2011年7月21日，山东省南水北调工程建设管理局以《关于拨付南水北调穿黄河工程出湖闸前疏浚工程征迁安置资金的通知》（鲁调水征字〔2011〕82号）下达了出湖闸前疏浚工程征迁安置资金361.58万元。

2012年6月11日，山东省南水北调工程建设管理局以《关于拨付南水北调东线一期穿黄河工程东阿县临时用地复垦资金的通知》（鲁调水征字〔2012〕71号）下达了穿黄河工程东阿县临时用地复垦资金65.67万元。

2013年4月19日，山东省南水北调工程建设管理局以《关于拨付南水北调东线一期穿黄河工程浮桥道路损坏补偿资金的通知》（鲁调水征字〔2013〕65号）下达了穿黄河工程浮桥道路损坏补偿资金81.65万元。

2008年1月至2013年8月期间，山东省南水北调工程建设管理局还向聊城市和泰安市南水北调办事机构下达穿黄河征迁安置临时用地按季补偿及遗留问题补偿等15笔征迁安置资金，共计837.31万元。

6. 农村生产生活安置

（1）生产安置。穿黄河工程占用耕园地面积为452.28亩，涉及东平县2个乡镇8个村、东阿县1个镇1个村，生产安置人口为371人。由于各村土地资源比较丰富，征地后人均耕地大于1亩，确定在本村内调剂土地进行安置。截至2010年2月，土地补偿款已全部兑付到农户，土地调整已完成。

（2）生活安置。东平县生活安置涉及解山老村，穿黄实验隧洞早在20世纪80年代就已开工建设，大部分居民已搬迁至解山新村，本次需搬迁剩余69户78人，仍在解山新村进行分散安置。

东阿县位山村由于穿黄河探洞施工已先后搬迁两次，老村部分村民已经搬迁到距离老村1.2km的位山新村，根据原穿黄河探洞建设管理单位与地方政府签订的协议和工程施工的要求，对涉及的位山村所有搬迁户176户619人均搬迁至聊位路以西的位山新村，采取集中安置方式。位山新村基础建设主要内容包括新村宅基地平整、新村道路建设、排水设施、新村电力并对原老村宅基地复垦等。

7. 城（集）镇迁建影响情况

穿黄河工程南干渠穿越东平县斑鸠店镇政府驻地，并横跨220国道。初设批复搬迁119人，拆迁各类房屋12042m²，征用安置用地38亩，基础设施规划包括供水、供电、道路、排水、照明等项目建设，批复投资795.78万元。经过联合调查复核，工程影响26户，搬迁115人，拆迁各类房屋8497.18m²，征用安置用地36.72亩。

山东省南水北调工程建设管理局以鲁调水政字〔2007〕25号文件对城（集）镇迁建方案进行了批复，拨付集镇迁建资金683.63万元。

由于拆迁房均为沿街商住两用房，被拆迁户要求在沿街安置，按群众要求设计单位对原安置方案进行了调整。2008年10月，完成《南水北调东线穿黄河工程东平县斑鸠店镇集镇迁建规划调整方案》，规划将府前路东西贯通，对被拆迁户沿府前路进行安置。2008年11月25日，泰安市南水北调工程建设管理局在济南召开斑鸠店镇集镇迁建规划调整方案咨询会，邀请专家对斑鸠店镇集镇迁建规划调整方案进行了评审，根据专家评审意见，山东省南水北调工程建设管理局以鲁调水政字〔2008〕47号文件批复了集镇迁建规划调整方案，增加36亩安置用地及相应基础设施配套项目，增加投资406.43万元。

由于当地商住两用房市场价格较高，与拆迁补偿标准差距较大，被拆迁户抵触情绪强烈，又担心在新建路边盖经营房没有生意，要求进行货币安置。

为确保当地的社会稳定和工程的顺利实施，促使被拆迁户尽快完成搬迁，根据市、县南水北调办事机构要求，山东省南水北调工程建设管理局组织专家对斑鸠店镇集镇迁建安置资金补偿方式调整方案进行了评审，山东省南水北调工程建设管理局根据地方要求和专家评审意见，以鲁调水政字〔2010〕8号文件批复，同意将斑鸠店镇集镇迁建规划调整方案由集中安置调整为货币补偿，并核减耕地开垦费52.13万元。实际斑鸠店镇集镇迁建补偿资金为1037.93万元，比初设批复增加242.15万元。通过货币补偿，被拆迁户完成了拆迁任务，保证了工程顺利施工。

8. 专项设施迁建

穿黄河工程专项设施由县南水北调办事机构（或通过镇）与产权单位签订协议，由产权单位完成迁建恢复工作，2010年12月专项迁建恢复工作全部完成。

（1）东平县。输变电设施迁建：工程影响需迁建的电力线路有35kV线路1条，10kV线路8条，0.4kV线路7条。

通信线路系统迁建：工程影响斑鸠店镇沿220国道及浮桥路范围内网通线路3处，移动通信光缆1处，联通光缆2处，传输局光缆1处。

广播电视专业项目迁建：工程影响广播电视局光缆1处，斑鸠店镇有线电视线路3条。

水利及交通设施恢复：由于输水渠道东西横穿东平县斑鸠店镇，破坏了原有的南北排灌体系，对村庄排灌体系进行重新规划调整和恢复。同时新建部分生产道路、小型桥梁及其他交通设施等。

城区段商住户供电设施恢复：工程征地范围涉及斑鸠店镇驻地部分商住户变电站设施拆迁，该变电站供电用户200余户（工业用电、商业用电及照明用电）。

影响泰昌浮桥道路整修：泰昌浮桥及其附属道路（至220国道）由浮桥业主集资修建，穿黄河工程施工车辆通行造成道路损坏严重，施工完成后对损坏路面进行了整修。

（2）东阿县。水利设施恢复：东阿县水利设施主要包括灌溉设施和位山新村人畜饮水工程两项。一是灌溉设施恢复。由于工程占用位于引黄渠西侧的扬水站及部分灌溉渠道，完工后对现有扬水站进行重建，并根据新村位置对原有灌溉渠道进行适当调整。二是位山新村人畜饮水工程。在位山新村西北部新打机井一眼，配套井房、潜水电泵、水处理设施、电力设施等，通过铺设主管道和支管道输水到新村住宅楼下。

交通、道路设施恢复：根据新村规划需修外接道路95m，外界道路采用C25素混凝土路面。

电力设施迁建：工程影响需迁建1.4km的牛屯10kV高压线路1条。

测流测沙设施迁建：穿引黄渠的暗涵施工对测流测沙设施进行迁建补偿，测流测沙设施迁建投资101.76万元。

9. 永久征地交付

穿黄河工程永久征地面积为572.89亩，其中聊城市东阿县33.99亩，泰安市东平县538.90亩。

2008年4月，穿黄河工程东平县、东阿县征地范围内地上附着物已基本清理完毕，山东省南水北调工程建设管理局、泰安市、聊城市、东平县、东阿县南水北调办事机构及勘界、设计、监理单位联合对附着物清除情况进行验收，及时将永久征地572.89亩交付给现场建设管理单位使用管理。

10. 临时用地复垦

穿黄河工程临时用地面积为2729亩，其中聊城市东阿县317亩，泰安市东平县2412亩。项目共计复垦土地面积2534亩，其中复垦耕地2034亩，园地18亩，林地256亩，复垦养殖水面226亩。

按照山东省南水北调相关规定，东平、东阿县委托设计单位对临时用地（第一批）进行了土地复垦设计，并通过评审。穿黄河工程临时用地复垦工作由两个阶段组成，第一阶段由穿黄河工程施工企业对临时用地整平及回填表层土，第二阶段由县南水北调办事机构对临时用地进一步整理，以达到征用前的耕地生产水平。2013年2月，复垦工作已结束，土地已顺利交付村民耕种。东平县闸前疏浚工程临时用地（第二批）征迁资金（含复垦费）已拨付到东平县，由东平县包干使用，待疏浚工程结束后再开展复垦工作。

11. 用地组卷报批（含勘测定界）

（1）林地手续。2008年1月28日，山东省林业局以《使用林地审核同意书》（鲁林政许准〔2008〕007号）同意穿黄河工程征用东平县集体所有林地27.24亩，征用东阿县集体所有林地

8.93 亩，占用东阿县国有林地 2.69 亩。

2008 年 12 月 26 日，山东省林业局以《山东省林业局关于同意山东省南水北调工程建设管理局进行南水北调东线一期工程穿黄河工程建设临时占用林地的批复》（鲁林地林字〔2008〕04 号）同意穿黄河工程临时占用东平县集体所有林地 140.18 亩，征用东阿县集体所有林地 168.09 亩。

（2）征地手续。2013 年 2 月 7 日，国土资源部印发《国土资源部关于南水北调东线一期工程穿黄河工程建设用地的批复》（国土资函〔2013〕151 号），批复穿黄河工程永久征地 38.19hm^2。

12. 变更管理

（1）斑鸠店镇商住户供电设施变更。南水北调东线穿黄河工程征地范围涉及斑鸠店镇驻地部分商（住）户变电站设施拆迁，该变电站供电用户 200 余户（工业用电、商业用电及照明用电），为确保拆迁工作顺利进行，并确保原 200 余户的正常用电，不引发新的不稳定因素，需对变电设施及线路进行恢复。

斑鸠店镇根据实际情况，委托东平普惠电力公司编制了供电设施恢复方案及预算，经南水北调东线山东干线有限责任公司计划合同部审核投资为 49.23 万元，由东平县南水北调办公室包干使用。

（2）斑鸠店镇集镇迁建方案变更。2010 年 3 月 1 日，山东省南水北调工程建设管理局以《关于调整南水北调东线穿黄河工程东平县斑鸠店镇集镇迁建实施方案的批复》（鲁调水政字〔2010〕8 号）批准泰安市南水北调工程建设管理局《关于调整南水北调东线穿黄河工程东平县斑鸠店镇集镇迁建规划方案的请示》（泰调水字〔2009〕9 号）及《关于报送南水北调穿黄河工程东平县斑鸠店镇集镇迁建安置资金补偿方式调整专家咨询意见的报告》（泰调水字〔2009〕11 号），同意将东平县斑鸠店镇集镇迁建方案由集中安置调整为货币直接补偿。同时明确，由于调整后的方案不再涉及安置征地，应将《南水北调穿黄河工程东平县斑鸠店镇集镇迁建实施方案的通知》（鲁调水政字〔2008〕47 号）中下达的补偿资金核减耕地开垦费 52.13 万元。其他项目补偿资金按鲁调水政字〔2008〕47 号文件执行，并据此拨付东平县南水北调办公室。批复要求斑鸠店镇集镇迁建方案调整后实行补偿资金包干使用制度，要按照补偿资金包干使用要求进行公示，完善补偿手续。

（3）穿黄河工程位山引黄闸测流测沙设施。穿引黄渠埋涵出口左临位山闸管理所，测流房位于位山闸管理所东北角，还有一些相关设施在引黄东西渠的隔堤旁。由于穿黄河工程建设需要占用位山闸测流房所在位置，只能进行拆建或加固处理。2008 年 10 月 9 日，参建各方组织会议共同商讨测流房的处理方案，会上要求对测流设施做加固方案和拆建方案进行经济技术比较，由中水北方勘测设计研究有限公司进行复核。2008 年 10 月 13 日，山东黄河河务局聊城供水分局提交了测流房的拆迁方案，投资为 290.85 万元。2008 年 10 月 16 日，聊城市黄河工程局提交了测流房的加固方案，投资为 272.33 万元。2008 年 11 月 6 日，中水北方勘测设计研究有限公司对拆迁方案、施工单位提出的钢板桩加固方案进行了复核，同时对测流房基础托换方案及围封方案进行了比较论证。中水北方勘测设计研究有限公司认为加固方案不利因素较多，建议采取拆迁方案。

2009 年 8 月 13 日，山东省南水北调工程建设管理局根据《南水北调工程东线一期穿黄河工程位山引黄闸测流测沙设施拆迁及占地补偿报告》及《关于南水北调东线一期工程穿黄河工

程位山引黄闸测流测沙设施拆迁及占地补偿报告评审意见》，核定位山引黄闸测流测沙设施拆迁及占地补偿资金 101.76 万元，并由聊城市包干使用。

13. 监督评估

（1）征迁监理。穿黄河工程通过公开招标确定了征迁监理单位，2007 年 10 月，山东省南水北调工程建设管理局与山东省水利工程建设监理公司签订了穿黄河工程征迁监理合同书。随后，山东省水利工程建设监理公司进入穿黄河工程工地开展相关工作，参与了技术交底会、勘测定界、实物调查复核、实物量和补偿标准确认、补偿资金兑付、专项设施迁建、后期遗留问题处理等征迁全过程。

（2）监测评估。穿黄河工程监测评估工作通过公开招标，由征迁监理单位山东省水利工程建设监理公司同时承担。按时提交监测评估报告。

（二十四）鲁北段小运河工程

1. 实物指标复核

2010 年 9 月 29 日，山东省南水北调工程建设管理局印发《南水北调东线一期小运河工程征迁安置实施计划》（鲁调水征字〔2010〕15 号）。

2010 年 10 月，东阿县、阳谷县、东昌府区、聊城市经济开发区、茌平县、临清市南水北调工程建设指挥部，分别组织召开了由设计、监理、勘测定界单位、县水利（务）局、县南水北调工程建设管理局、县林业局、县国土资源局、相关乡（镇、街道）及村的负责人及工作人员参加的南水北调东线一期鲁北段小运河工程征迁安置实物调查工作动员会及技术交底会议。

2010 年 10—11 月，东阿县、阳谷县、东昌府区、聊城市经济开发区、茌平县、临清市人民政府分别组织县直有关部门、沿线涉及乡镇人民政府、设计、监理、勘测定界等单位组成联合调查组，开展了小运河工程征地勘测定界及外业调查等工作，山东省、聊城市南水北调工程建设管理局进行了指导和监督。

实物指标复核成果：工程永久征地 10218.94 亩，临时用地 9243.61 亩；影响房屋总面积 32243.32m^2；影响各类村副业 60 个。影响各类专业项目共计 342 处，其中，输变电线路 104 处，电信设施 199 处，包括移动线路 34 处、联通线路 37 处、传输局线路 68 处、广播电视线路 46 处、电信线路 14 处，管道设施 39 处，包括城市自来水 1 处、输油管道 2 处、燃气管道 1 处、热电专用管道 8 处、输油气管道 1 处、天然气管道 2 处、农村自来水管道 24 处。

2. 公告公示

2010 年 11—12 月，东阿县、阳谷县、东昌府区、聊城市经济开发区、茌平县、临清市南水北调工程建设指挥部分别组织，对小运河工程征迁外业实物量调查成果及补偿标准进行了公示，公示期为 5～7 天。

3. 实施方案的编制与批复

（1）地上附着物补偿实施方案。2010 年 11 月，小运河工程沿线东阿县、阳谷县、东昌府区、聊城市经济开发区、茌平县、临清市等 6 个县（市、区）南水北调工程建设指挥部和山东省水利勘测设计院共同编制了《小运河工程各县（市、区）地上附着物补偿实施方案》。2010 年 12 月 8 日，聊城市南水北调工程建设指挥部组织专家对上述方案进行了评审。2010 年 12 月至 2012 年 1 月，聊城市南水北调工程建设指挥部批复了方案。

（2）县级征迁安置实施方案。2011年4—9月，小运河工程沿线东阿县、阳谷县、东昌府区、聊城市经济开发区、茌平县、临清市等6个县（市、区）南水北调工程建设指挥部，会同山东省水勘测设计院共同编制完成了《南水北调东线一期工程鲁北段小运河工程县级征迁安置实施方案》。2011年5月7—8日，聊城市南水北调工程建设指挥部组织专家对上述方案进行了评审。2011年9月5日，山东省南水北调工程建设指挥部分别以鲁调水指字〔2011〕47号、42号、40号、41号、39号、51号文件对东阿县、阳谷县、东昌府区、经济开发区、茌平县、临清市征迁安置实施方案进行了批复。

（3）设计单元工程征迁安置实施方案。2011年9月至2012年3月，山东省水利勘测设计院编制完成了《南水北调东线一期工程鲁北段小运河工程征迁安置实施方案》。2012年3月30日，山东省南水北调工程建设管理局在济南组织召开了专家评审会，对小运河工程征迁安置实施方案进行了评审。2012年4月2日，山东省南水北调工程建设指挥部以鲁调水指字〔2012〕24号文件批复了小运河设计单元工程征迁安置实施方案。

（4）临时用地复垦实施方案。2012年9月，小运河工程沿线东阿县、阳谷县、东昌府区、聊城市经济开发区、茌平县、临清市等6个县（市、区）南水北调工程建设指挥部，会同山东省水勘测设计院编制完成了南水北调东线一期工程鲁北段小运河输水工程各县临时用地复垦实施方案。2012年5月25日，聊城市南水北调工程建设指挥部组织专家对上述方案进行了评审。2012年12月3日，山东省南水北调工程建设指挥部分别以鲁调水指字〔2012〕89号、88号、87号、59号、86号、58号文件对东阿县、阳谷县、东昌府区、经济开发区、茌平县、临清市临时用地复垦实施方案进行了批复。

（5）遗留问题实施方案。

1）为降低南水北调小运河工程给东昌府区沿线村庄交通道路造成的影响，东昌府区南水北调工程建设指挥部编制了《南水北调东线一期鲁北段小运河工程东昌府区南水北调干线工程交通道路影响恢复实施方案》。2013年1月23日，聊城市南水北调工程建设指挥部在济南组织召开了专家评审会，对东昌府区交通道路影响恢复实施方案进行了评审。2013年3月25日，山东省南水北调工程建设指挥部以鲁调水指字〔2012〕48号文件对该方案进行了批复。

2）为解决小运河工程经济开发区段对辛闸村生活污水和汛期涝水的排泄问题，聊城经济开发区南水北调工程建设指挥部和聊城市水利勘测设计院编制了《南水北调东线一期鲁北段小运河工程聊城经济开发区辛闸村排水工程实施方案》。2013年1月23日，聊城市南水北调工程建设指挥部在济南组织召开了专家评审会，对辛闸村排水工程实施方案进行了评审。2013年3月12日，山东省南水北调工程建设指挥部以鲁调水指字〔2012〕39号文件对该方案进行了批复。

3）为解决小运河工程周公河管理所管理用地（东昌府区后田村）征地补偿差价问题，东昌府区南水北调工程建设指挥部编制了《南水北调东线一期鲁北段小运河输水工程东昌府区周公河管理所管理用地增加经费实施方案》。2014年1月14日，山东省南水北调工程建设管理局在济南组织召开了专家评审会，对该方案进行了评审。2014年1月24日，山东省南水北调工程建设管理局以鲁调水征字〔2014〕6号文件对该方案进行了批复。

4）为解决小运河工程八东节制闸管理用地（江北水城旅游度假区湖西街道办事处）征地补偿差价问题，江北水城旅游度假区南水北调工程建设指挥部编制了《南水北调鲁北段小运河

江北水城旅游度假区八东节制闸管理用地增加补偿实施方案》。2014 年 1 月 27 日，山东省南水北调工程建设管理局在济南组织召开了专家评审会，对该方案进行了批复。

4. 各级补偿投资包干协议

2010 年 7 月 6 日，山东省南水北调工程建设管理局与聊城市人民政府签订了《南水北调东线一期主体工程征迁安置任务及投资包干协议》。

2010 年 12 月 15 日，聊城市南水北调工程建设指挥部代表市人民政府与各县（市、区）人民政府（南水北调指挥部）签订了《南水北调小运河工程征迁安置任务及投资包干协议》。此后，各县（市、区）人民政府与沿线有关乡（镇、街道）也签订了征迁安置任务及投资包干协议。

5. 补偿兑付

2010 年 9 月 29 日，山东省南水北调工程建设管理局拨付小运河工程第一批征迁安置资金 28516.49 万元（鲁调水征字〔2010〕24 号）。

2010 年 12 月 27 日，山东省南水北调工程建设管理局拨付小运河工程第二批征迁安置资金 22036.56 万元（鲁调水征字〔2010〕48 号）。

2010 年 12 月 30 日，山东省南水北调工程建设管理局拨付小运河工程永久征地耕地占用税 18983.96 万元（鲁调水征字〔2010〕57 号）。

2011 年 3 月 28 日，山东省南水北调工程建设管理局拨付小运河工程征迁安置奖励资金 390 万元（鲁调水征字〔2011〕33 号）。

2011 年 11 月至 2014 年 12 月，山东省南水北调工程建设管理局向聊城市南水北调工程建设管理局拨付小运河征迁安置资金 16442.92 万元。

6. 农村生产生活安置

（1）生产安置。

1）东阿县。位山村在征地后人均耕地面积为 0.64 亩。但由于该村第二、三产业较邻村发展快，耕地的减少对生产和生活影响可以通过地方政府扶持和具体措施积极引导以及征迁安置资金补偿来克服，该村采取一次性货币补偿的形式。前关山村征地后人均耕地面积为 0.38 亩，通过规划开发村围庄田、改造中低产田，提高耕地产值，使村民达到原有农业收入水平。

除位山村、前关山村以外的其余村庄在征地后人均耕地面积影响较小，也都在 1.2 亩以上，经当地政府协商同意，采取一次性货币补偿的形式予以补偿。

2）阳谷县。大部分被占地后人均耕地大于 1 亩。采用了两种方案安置：一是在本村内调剂土地，将土地补偿资金拨付到村集体账户，由村民代表大会表决通过土地及资金使用方案；二是将补偿资金拨付到被征地村民账户，村内不再进行土地调整。对征地影响程度较大的两村（阿东村 20.38%，刘楼村 19.05%），通过弃土填充改造低洼地、完善农业基础设施、提高复种指数等手段，确保被征地农民的生产、生活水平稳步提高。

3）东昌府区。东昌府区占地程度为 0.03%～32.81%，绝大部分环境容量都能满足要求。个别工程征用前耕地就很少的村（湖西办事处的贾庄村，人均 0.378 亩；工程征用后，人均为 0.254 亩）由于位于城市规划区内，农业收入在总收入中比重仅为 15%，村民利用土地补偿款，转移就业和自主创业，实现生产安置的目标；生产安置的其他村通过土地调整，辅以中低产田改造，加大土地开垦，增加人均耕地面积。同时，进一步加快农业产业结构调整，引导群众种植优质高效农作物。通过兴修水利搞好田间水利管网工程、生产道路等配套设施建设，进一步改善农业生产条件，实现生产安置的目标。

4）开发区。小运河工程开发区段只占用辛闸村一个村土地。工程占地影响不足5%，影响量不大，采用以大农业为主的安置方式。按照国家有关规定及《山东省土地征收管理办法》，将土地补偿款的80%发放到被占地群众手中，其余20%由村集体管理。

5）茌平县、临清市。茌平县、临清市土地资源比较丰富，征地后人均耕地面积也高于1.2亩，因此，生产安置人口都在村内安置。附着物及青苗部分的补偿资金，直接发放到权属人手中。村集体资金采用政府引导，村民代表大会或全体村民大会表决通过的形式，张榜公示后组织发放，并提交县南水北调施工指挥部备案。

（2）生活安置。根据工程影响区的实际情况，本次生活安置采用建设集中居民点和分散安置及货币补偿三种方式。本工程搬迁安置287户852人。各县（市、区）生活安置实施情况如下：

1）东阿县。东阿共搬迁安置15户37人，搬迁户较少，采取分散安置，宅基地标准为0.3亩/户，被拆迁户在获取房屋补偿后按照规划自拆自建，旧料归己。按照2500元/人和350元/人的标准给予基础设施补偿费和搬迁运输费；按每户8811元（新征宅基地标准29370元/亩×0.3亩）的宅基地补偿款以及每户4300元的房屋抗震建设补助给予补助；按照350元/人的回迁费与50元/m^2的拆迁费给予补助。

2）阳谷县。阳谷县分散安置6户21人，货币补偿安置2户，采取本村分散建房安置，建房宅基地标准为0.3亩/户，被拆迁户在获取房屋补偿后按照规划自拆自建，旧料归己。阳谷县南水北调工程建设指挥部、乡镇人民政府共同对搬迁安置情况进行监督管理，并由各村委会与被拆迁户签订搬迁安置协议，乡政府监督实施，报县南水北调工程建设指挥部备案，限期予以安置。

3）东昌府区。东昌府区搬迁安置111户493人。

集中安置的有两处：一是梁水镇土闸村56户集中安置，安置点设置在土闸村西侧，占地48亩，按照《土闸村南水北调工程拆迁居民安置区规划实施方案》组织施工，目前，房屋和道路、给排水系统、电力系统、电信系统、绿化、健身广场等基础设施基本建设完成，安置区基础设施投资为216.89万元；二是十里铺村22户集中安置，安置点设置在十里铺新村原址附近，占地22.3亩。该处安置房由各搬迁户自行建设、配套设施由镇统一组织建设，目前除部分搬迁户外出打工没有建房外，其他安置房已基本建成。

其余均为分散安置，执行了以下三种安置方法：一是按照实施方案要求，被拆迁户及在建宅基地由所属各村分别安排新宅基地进行安置，宅基地安置标准按0.49亩/户计列；二是被拆迁户不再由所属村给予安排新宅基地进行安置，而是给予宅基地一次性货币补偿的方式进行安置，宅基地货币补偿依据批复标准0.3亩/户计算；三是被拆迁户由所属村在原址给予安排，调整宅基地进行安置，宅基地安置标准依照住户原来的宅基地标准。

4）开发区。开发区搬迁安置19户85人，开发区拆迁安置采取“拆部分、补全部”的办法，实行货币补偿方式进行补偿。为鼓励尽快拆除房屋，凡在规定时间内完成拆迁的户，以奖补资金的形式兑现房屋搬迁基础设施补偿费、拆迁安置补助及搬迁运输费。每户4300元的抗震建设补助费在工程涉及的房屋拆除到位后一次性兑现。

5）临清市。戴闸村25户由集中安置变更为分散安置，宅基地规划标准0.3亩/户；不要求安排宅基地的按宅基地补偿标准折款补偿到户。在获取房屋补偿后按照规划自拆自建，旧料归己。基础设施补偿费按概算批复金额拨入镇人民政府，由镇统筹、包干使用。根据实际情况由村进行基础设施建设或者负责补偿到户。

7. 城市区（集镇）居民搬迁

小运河工程穿阳谷县七级镇而过。需搬迁输水河道征地范围内的房屋、村副业、公用设施，工程占地143.05亩，拆迁房屋共152户涉及589人，拆迁各类房屋面积17675.32m^2。结合了七级集镇近期建设规划设计了该安置区方案。采用就地后靠集中安置方案，安置房设计为临街二层或三层仿古式商住楼。由于安置户数较多，具体实施过程中，阳谷县指挥部、七级镇政府共同对搬迁安置情况进行监督管理，镇人民政府与被拆迁户签订搬迁安置协议，限期予以安置。目前，该处沿渠道商铺已基本建设完毕，新的商业聚集区的功能初步显现。该处安置是山东省最大的一次性集中安置区，由于工作到位，实现了文明拆迁、和谐安置，受到前来检查工作的国家、省、市各级领导的好评，也成为山东南水北调城市区（集镇）居民搬迁安置的典型。

8. 专项设施迁建

小运河工程影响各类专业项目共计342处，其中，输变电线路104处；电信设施199处，包括移动线路34处、联通线路37处、传输局线路68处、广播电视线路46处、电信线路14处；管道设施39处，包括城市自来水1处、输油管道2处、燃气管道1处、热电专用管道8处、输油气管道1处、天然气管道2处、农村自来水管道24处。专项设施迁建的实施一般采取如下步骤：

（1）根据批复审查意见和批复投资，县级南水北调工程建设指挥部代表县级人民政府与以上各产权单位签订恢复建设协议，由各产权单位负责具体组织实施。各实施单位严格按照批复的实施方案和投资实施，因扩大规模和提高标准而增加的投资，由各实施单位自行解决。

（2）各专项设施实施单位负责按规定招标和委托选择施工和监理单位，并将以上工作资料报县级南水北调工程建设指挥部审查备案；施工阶段负责督促、协调、实施指导和初步验收等工作，竣工验收前提交档案资料和资金支付资料；竣工阶段，及时向县级南水北调建设指挥部提交竣工资料，县级南水北调建设指挥部负责监督及组织验收。此外，随着工程建设的深入，新发现了（漏项）专项设施29处。为确保把影响工程建设的程度降至最低，尽快制订方案并组织专家评审，按相关程序批复后动用征迁预备费来完成实施。

9. 永久征地交付

小运河工程永久征地情况：东阿县1012.72亩，阳谷县1638.53亩，开发区127.24亩，东昌府区3695.82亩，茌平县799.06亩，临清市2930.04亩。

2010年11月15日至12月10日，东阿县、阳谷县、聊城市经济开发区、东昌府区、茌平县、临清市组织乡镇、村、户完成了征地范围内附着物的清除工作。

2010年12月15日，小运河工程10218.94亩永久征地全部交付鲁北段工程建设管理局使用。

10. 临时用地交付和复垦

小运河工程临时用地情况：东阿县1227.4亩，阳谷县1970.48亩，开发区28.25亩，东昌府区 3205.25 亩，茌平县 927.17 亩，临清市 1578.5 亩。随着工程建设的需要，上述临时用地从 2011 年年初陆续交付施工企业使用。

至 2014 年年底，全部临时用地已完成复垦任务并退还给群众耕种。

11. 用地组卷报批（含勘测定界）

小运河输水工程征用土地涉及聊城市的 6 个县（市、区），其中，东阿县、阳谷县、聊城开发区、东昌府区的勘测定界工作由济南市水文水资源局承担；茌平县、临清市由山东省国土测绘院承担。

（1）林地手续。小运河输水工程使用林地手续，由山东省南水北调工程建设管理局根据占用实际提出申请，涉及占用林地的东阿县、阳谷县、东昌府区、茌平县、临清市林业局负责组卷送聊城市林业局审查，根据批复权限逐级上报国家林业局进行批复。

2011 年 12 月 30 日，国家林业局分别批复了小运河工程《使用林地审核同意书》（林资许准〔2011〕374 号和林资许准〔2011〕375 号），共批复小运河工程征收林地 86.06hm^2。

（2）征地手续。小运河工程永久征地涉及东阿县 1 个镇 8 个行政村、阳谷县 2 个镇 19 个行政村、聊城市经济技术开发区 1 个街道办 1 个行政村、东昌府区 8 个镇（街道）63 个行政村、茌平县 2 个镇 9 个行政村、临清市 5 镇 36 个行政村。

2011 年 7 月 10 日，山东省南水北调工程建设管理局在济南市组织召开了小运河工程征地报卷工作会议，聊城市及东阿县、阳谷县、聊城市经济开发区、东昌府区、茌平县、临清市等 6 县（市、区）的国土资源局、南水北调建管局，山东省国土测绘院、山东省水利勘测设计院、济南市水文水资源局 3 家勘测定界单位参加了会议。会议对征地工作任务和计划进行了安排，对征地报卷工作进行了动员部署。

2011 年 8 月 9 日，山东省南水北调工程建设管理局在聊城市组织召开了小运河工程勘测定界成果验收会，对需办理建设用地征地手续的勘测定界成果进行了验收。

2011 年 8 月 14 日至 9 月 14 日，聊城市及所辖东阿县、阳谷县、东昌府区、聊城市经济开发区、茌平县、临清市组织各乡镇各村进行了征地公告、组织征地听证、签订征地协议、土地利用规划修订、分幅土地利用现状图制作、“一书四方案”编制、逐级行文上报等工作，至 2011 年 9 月 16 日，将小运河工程征地报卷材料报至山东省国土资源厅。

2011 年 10 月 21 日至 12 月底，山东省国土资源厅组织完成了省级组卷工作，将小运河工程征地报卷材料报至国土资源部。

2013 年 2 月 7 日，国土资源部印发《国土资源部关于南水北调东线一期小运河工程建设用地的批复》（国土资函〔2013〕140 号），批复小运河工程建设用地 680.72hm^2。

12. 变更管理

东昌府区嘉明经济开发区十里铺村集中安置变更问题如下：

嘉明经济开发区十里铺村 22 户居民在南水北调永久征地范围内，需拆迁房屋 2990.6m^2。在《南水北调东线一期工程鲁北段小运河工程征迁安置初步设计专题报告》中，十里铺新村安置方式为集中安置。

在东昌府区征迁安置实施方案编制过程中，东昌府区经过研究，拟定了货币补偿安置方案，即对被拆迁户进行一次性货币补偿，由被拆迁户自行购买商品房自主安置。2011 年 9 月 5 日，山东省南水北调工程建设指挥部以鲁调水指字〔2011〕40 号文件批复了该分散安置方案。

但在实施过程中，被拆迁户强烈要求集中安置。为妥善安置被拆迁户，东昌府区人民政府、嘉明经济开发区管委会做了大量工作，与群众面对面沟通座谈，经各方协商，确定了在原址附近新征地进行集中安置的方案。2012 年 3 月 21 日，山东省南水北调工程建设指挥部以鲁调水指字〔2012〕6 号文件批复了集中安置方案。

13. 监督评估

（1）征迁监理。2010 年 7 月 12 日，山东省南水北调工程建设管理局经公开招标，确定由济宁市水利工程建设监理中心（负责东阿县、阳谷县境内）、山东省聊城市水利工程建设监理中心（负责开发区、东昌府区境内）、中水移民开发中心（负责茌平县、临清市境内）3 家监理单位承担小运河工程征迁监理工作，分别作为征迁监理 1 标、2 标、3 标开展工作。2010 年 7 月 24 日，签订了合同书。

根据监理合同要求，各监理单位制定了小运河工程征迁安置监理规划和监理细则，从 2010 年 10 月下旬起，积极参与了各县技术交底会、勘测定界、实物调查复核、实物量和补偿标准确认、地上附着物清除、补偿资金兑付、专项设施迁建、后期遗留问题处理等征迁全过程。至 2014 年年底，南水北调东线一期干线工程鲁北段征迁安置面上工作已基本结束，征迁监理 1 标、2 标、3 标分别提交监理工作半月报、月报、监理日志等档案资料 30 卷 387 件、25 卷 512 件、28 卷 594 件。

2015 年 5 月 19 日，山东省南水北调工程建设管理局在济南组织召开了鲁北段工程征迁安置监理合同验收会议，经验收小组认真评议，认为各监理单位均完成了合同约定的各项工作内容，同意鲁北段工程征迁安置监理 1 标、2 标、3 标通过合同验收。

（2）监测评估。2010 年 7 月 12 日，山东省南水北调工程建设管理局经公开招标，确定由江河水利水电咨询中心承担小运河工程征迁安置监测评估工作（鲁北段征迁安置监测评估 7 标）。2010 年 7 月 24 日，签订了合同书。

根据制定的监测评估工作计划和小运河工程征迁安置实施进度，江河水利水电咨询中心对小运河工程沿线 6 个县（市、区）范围内涉及的征迁安置工作进行了细致的监测评估工作，至 2013 年 8 月底已形成 4 期监测评估报告，并提交了总报告，为项目实施提高了连续不断的反馈信息，促进提高各级机构或部门的征迁安置管理水平，促进了工程建设进度。

2015 年 5 月 19 日，山东省南水北调工程建设管理局在济南组织召开了鲁北段工程征迁安置监测评估合同验收会议，经验收小组认真评议，认为监测评估单位完成了合同约定的全部工作内容，同意鲁北段工程征迁安置监测评估 7 标段通过合同验收。

移民监测评估结论：小运河工程征迁机构建设基本到位，实施机构工作成效明显，各项规章制度完善，征迁资金管理基本符合程序，政策宣传有效，信息公开；移民搬迁安置进度满足工程建设要求，生产生活水平与搬迁前比较均有一定的改善和提高，移民基本满意，征用耕地对当地农村居民影响较大，受征迁影响的农村居民生活压力较大；小运河工程征地移民安置移民的生产生活水平基本恢复，准时高效征迁满足了施工单位进场要求。总体上讲，小运河征地移民安置达到了预期的目标，整体令人满意。

（二十五）鲁北段七一·六五河工程

1. 实物指标复核

七一·六五河工程涉及德州市的夏津县、武城县，聊城市的临清市 3 县（市）11 个乡镇 84

个村。

2010年11月9日，山东省南水北调工程建设管理局印发《南水北调东线一期鲁北段工程七一·六五河工程征迁安置实施计划》(鲁调水征字〔2010〕29号)。

2010年10—12月，夏津县、武城县、临清市分别召开了南水北调东线一期鲁北段工程建设动员大会，工程正式进入征迁安置阶段。

2010年12月至2011年1月，夏津县、武城县、临清市七一·六五河工程建设指挥部分别制定了《鲁北段七一·六五河工程征迁安置实物调查工作实施计划》。

2010年12月，夏津县、武城县、临清市七一·六五河工程建设指挥部，分别组织召开了由设计单位、监理单位、勘测定界单位、县水务局、县南水北调建管局、县林业局、县国土资源局、相关乡（镇、街道）及村的负责人及工作人员参加的南水北调东线一期鲁北段工程七一·六五河工程征迁安置实物调查工作动员会及技术交底会议。

2010年12月至2011年1月，三县（市）人民政府组织县直有关部门、各沿线涉及乡镇人民政府、设计、监理、勘测定界等单位组成6个工作组，开展了七一·六五河工程征地勘测定界及外业调查等工作，山东省、德州市、聊城市南水北调工程建设管理局进行了指导和监督。

实物指标复核成果：本工程永久征地总面积为1957.51亩，临时用地2116.40亩；影响各类农村房屋面积共计2525.81m^2；影响城镇居民房屋和村副业面积8972.39m^2，企事业单位房屋面积2766.40m^2，果树3778株，乔木6747株，农电线杆8根，坟墓26座，砖砌水池19.3m^3，砖砌水渠34.8m^3，扬水站1座，苗圃3.07亩；影响专项设施涉及电信设施83处，广播电视线路10条，输变电线路88条，各类管道6处。

2. 公告公示

2011年1—2月，夏津县、武城县、临清市人民政府对调查实物指标及补偿标准进行了公示，公示期为5天。

3. 实施方案的编制与批复

(1) 地上附着物补偿方案。2011年3月，夏津县、武城县、临清市南水北调工程建设指挥部会同设计单位分别编制了各县级七一·六五河工程征迁安置地上附着物和青苗补偿实施方案。3月29—31日，德州市、聊城市南水北调工程建设指挥部分别组织召开了各县级七一·六五河工程征迁安置地上附着物和青苗补偿实施方案评审会议。2011年4月，德州市、聊城市南水北调工程建设指挥部分别批复了各县级七一·六五河工程征迁安置地上附着物和青苗补偿实施方案。

(2) 县级征迁安置实施方案。2011年5月，夏津县、武城县、临清市南水北调工程建设指挥部和山东省水利勘测设计院分别编制完成了鲁北段工程七一·六五河工程各县级征迁安置实施方案。2011年6月3—5日，德州市、聊城市南水北调工程建设指挥部组织召开了夏津县、武城县、临清市各县级征迁安置实施方案评审会议。2011年9月5日，山东省南水北调工程建设指挥部分别以鲁调水指字〔2011〕49号文件、鲁调水指字〔2011〕48号文件、鲁调水指字〔2011〕44号文件对夏津县、武城县、临清市各县级征迁安置实施方案进行了批复。

(3) 设计单元工程征迁安置实施方案。2012年3月，山东省水利勘测设计院编制完成了《南水北调东线一期鲁北段七一·六五河工程征迁安置实施方案》。3月30—31日，山东省南水北调工程建设管理局在济南组织召开了征迁安置实施方案评审会。4月2日，山东省南水北调

工程建设指挥部以鲁调水指字〔2012〕25号文件对鲁北段七一·六五河工程征迁安置实施方案进行了批复。

（4）临时用地复垦实施方案。2012年9月，夏津县、武城县、临清市南水北调工程建设指挥部分别和山东省水利勘测设计院编制完成了鲁北段七一·六五河工程各县级临时用地复垦实施方案。9月24日，聊城市、德州市南水北调工程建设指挥部分别在济南组织召开了鲁北段七一·六五河工程各县级临时用地复垦实施方案评审会议。2012年11月26日，山东省南水北调工程建设指挥部分别以鲁调水指字〔2012〕63号文件、鲁调水指字〔2012〕62号文件、鲁调水指字〔2012〕60号文件批复了夏津县、武城县、临清市临时用地复垦实施方案。

（5）遗留问题实施方案。

1）七一·六五河工程夏津段左岸管理道路与河口内侧之间的条带状边角地（南水北调临时用地）复垦后难以耕种，群众反映强烈。2012年9月26日，在南水北调工程东线一期鲁北段七一·六五河工程夏津县临时用地复垦实施方案评审会上，专家评审意见第三条建议：该部分临时用地不再复垦，按永久征地补偿，土地由现场建管局使用和管理。2012年10月，夏津县南水北调工程建设管理局会同勘测定界单位、设计单位共同对该条带状边角地进行了实地勘测，在此基础上，于2013年1月编制了《南水北调鲁北段七一·六五河工程夏津段管理道路内侧及沿线边角地补偿实施方案》。2013年4月2日，山东省南水北调工程建设管理局以鲁调水征字〔2013〕54号文件对该实施方案进行了批复。

2）为解决七一·六五河工程武城县道路、桥梁压坏损毁问题，2013年7月，武城县南水北调工程建设指挥部与山东省水利勘测设计院共同编制完成了《南水北调鲁北段七一·六五河输水工程施工损坏武城县道路、桥梁补偿实施方案》。2013年9月16日，山东省南水北调工程建设管理局组织召开评审会议，对该方案进行了评审。2013年11月21日，山东省南水北调工程建设管理局以鲁调水征字〔2013〕141号文件批复了该方案。

3）为解决七一·六五河工程夏津管理处管理用地补偿差价问题，2014年1月，夏津县南水北调工程建设指挥部编制了《南水北调东线一期工程鲁北段七一·六五河输水工程夏津县管理用地增加经费实施方案》。2014年1月14日，山东省南水北调工程建设管理局组织召开评审会议，对该方案进行了评审。2014年1月27日，山东省南水北调工程建设管理局以鲁调水征字〔2014〕8号文件批复了该方案。

4. 各级补偿投资包干协议

2010年7月6日，山东省南水北调工程建设管理局分别与德州市、聊城市人民政府签订了《南水北调东线一期工程鲁北段工程（含七一·六五河工程）征迁安置任务及投资包干协议》。

2010年8月30日，德州市人民政府与夏津县人民政府签订《德州市南水北调主体工程责任书》。夏津县人民政府随后与沿线镇（街道）签订了征迁安置任务及投资包干协议。

2010年12月15日，聊城市南水北调工程建设管理局与临清市人民政府签订了征迁安置任务及投资包干协议，临清市人民政府随后与沿线镇（街道）签订了征迁安置任务及投资包干协议。

5. 补偿兑付

2010年11月22日，山东省南水北调工程建设管理局拨付七一·六五河工程第一批征迁安置资金5101.98万元。

2011 年 4 月 27 日，山东省南水北调工程建设管理局拨付七一·六五河工程征迁安置奖励资金 210 万元。

2011 年 5 月 26 日，山东省南水北调工程建设管理局拨付七一·六五河工程第二批征迁安置资金 10692.49 万元。

2012 年 3 月 16 日，山东省南水北调工程建设管理局拨付七一·六五河工程第三批征迁安置资金 1989.21 万元。

2012 年 6 月至 2013 年 1 月，山东省南水北调工程建设管理局又累计下达聊城市南水北调工程建设管理局七一·六五河工程征迁安置资金 291.13 万元。

2012 年 8 月至 2014 年 12 月，山东省南水北调工程建设管理局又累计下达德州市南水北调工程建设管理局七一·六五河工程征迁安置资金 3268.5 万元。

6. 农村生产生活安置

（1）生产安置。七一·六五河工程永久征地涉及夏津县苏留庄镇、银城街道、北城镇、宋楼镇、双庙镇、白马湖镇、开发区的 47 个村；武城县武城镇、郝王庄镇 2 个镇 18 个村；临清市新华办、先锋 2 个镇 19 个村。七一·六五河工程征收土地后，生产安置人口 1289 人。

七一·六五河工程征地后，夏津县、武城县、临清市绝大部分村人均耕地都大于 1 亩，工程征地对各村影响相对很小，生产安置基本采用在本村内部调整土地进行安置。

（2）搬迁安置。七一·六五河工程影响农村房屋 42 户，搬迁人口 167 人。其中，夏津县 8 户 30 人、临清市 34 户 137 人。搬迁安置全部采取分散安置，被拆迁户在获取房屋补偿后限期拆除，自拆自建，旧料归己，由村委会划拨宅基地给被拆迁户分散建房。同时按基础设施补偿费 2500 元/人，搬迁运输费 2×350 元/人和房屋租赁费 4×150 元/人（按 4 个月计）的标准给予相应补偿。

7. 城市区（集镇）居民搬迁

七一·六五河工程城镇迁建只涉及夏津县。夏津县城镇迁建分两期实施。

（1）前期实施情况。2007 年 8 月，夏津县委、县政府围绕工程大局，结合城市建设，本着先治理，先受益，争主动，保质量，保进度的原则，按照南水北调过水断面要求进行了工程设计，提前展开了城区河道治理工程，完成了城区段 3.5km 先期治理河道的岸边学校、工厂、商店、加油站、居民房屋及附属设施等的拆迁安置任务，并于 2008 年 8 月竣工通水。实际拆迁安置城镇居民 78 户，拆迁房屋面积共计 9750.31m^2，拆迁补偿及安置费共计支出 1355.33 万元，其中南水北调征地红线内拆迁安置城镇居民 68 户，拆迁房屋 7974.86m^2，拆迁补偿费用为 985.79 万元。

（2）后期实施情况。后期实施于 2011 年 2 月开始，涉及夏津县银城办事处的王庄、栗庄、王堤、霍庄、胡里长屯、塔坡、西关、原种场 8 个村庄及单位的地上附着物，共拆迁房屋面积 997.53m^2，清除地上附着物果树 3778 株，乔木 6747 株，农电线杆 8 根，坟墓 26 座，扬水站 1 座。工程涉及 3 处副业位于银城的塔坡村，受影响副业全部为个体副业，副业迁建补偿包括占地、房屋及附属设施补偿、停产停业损失、基础设施补偿、设备搬迁与损失费、搬迁运输及损失费等。地上附着物补偿及涉及副业全部采取货币补偿方式，共计 291.39 万元。

夏津县城镇迁建两期实施共计征迁补偿费用为 1277.18 万元。

8. 专项设施迁建

七一·六五河工程影响的专业项目包括输变电线路、移动线路、联通线路、传输局线路、

电信线路、广播电视线路、管道设施等，共计 199 处。

根据已批复的七一·六五河工程各县级征迁安置实施方案，临清市、武城县、夏津县南水北调工程建设指挥部分别与各产权单位签订了专项迁建或补偿协议，由产权单位自行迁建或对其补偿，迁建后的专项设施的运行管理由各专项部门负责。截至 2012 年 6 月，临清市、武城县、夏津县境内共 199 处各专项设施已经全部迁建完成。

七一·六五河工程专项迁建批复总投资 3193.53 万元。

9. 企事业单位迁建

(1) 事业单位迁建。七一·六五河工程影响的事业单位共 2 个，全部位于夏津县境内，分别为水利后勤和碧水绕城指挥部。因影响程度较大，均采取后靠安置方式，后靠安置占地 16.1 亩。恢复重建由单位自行解决。恢复重建补偿包括附属设施补偿费、设备损失及临时存放费、搬迁运输费等。

水利后勤单位自 2011 年 9 月开始进行迁建，拆迁各类房屋面积共计 2507.86m^2，其中砖混结构 451.5m^2，砖木结构 1925.65m^2。

碧水绕城指挥部自 2011 年 9 月开始进行迁建，拆迁各类房屋面积共计 398.1m^2，其中砖混结构 253.13m^2，杂房 136.12m^2。

截至 2012 年 3 月，两家单位恢复重建均已完成，迁建总投资 236.90 万元。

(2) 村副业迁建。七一·六五河工程影响夏津县、武城县、临清市村副业共 25 个。

1) 夏津县。七一·六五河工程影响夏津县村副业 6 个，均为个体副业，根据工程对各副业的影响程度，杨堤村、北铺店村给予选址重建，李文庄村确定采取货币补偿副业自主搬迁的方案。村副业迁建补偿包括占地、房屋及附属设施补偿、停产停业损失、基础设施补偿、设备搬迁与损失费、搬迁运输及损失费等。迁建补偿 107.31 万元。

2) 武城县。七一·六五河工程影响武城县村副业 1 个，采取货币补偿、自主搬迁的安置方案。补偿资金总计 851.50 万元。

3) 临清市。七一·六五河工程影响临清市村副业 18 个，基本为村内小型或个体村副业。安置方案为从本村划拨宅基地给搬迁户分散建房或一次性货币补偿，在村委会指导下自行迁建。村副业迁建补偿包括房屋及附属设施补偿。迁建总投资共计 417.15 万元。

10. 永久征地交付

七一·六五河工程永久征地包括输水渠扩挖占地、堤防占地、护堤占地、交叉影响建筑物占地、前方基地占地等，共计 1957.51 亩。其中夏津县 967.31 亩，武城县 242.1 亩，临清市 748.1 亩。

2011 年 2—3 月，夏津县、武城县、临清市分别组织所属村、户对征地范围内附着物进行集中清理、砍伐、移栽树木和迁移坟墓。2011 年 3 月，三县（市）南水北调建设指挥部以乡镇为单位对附着物清理工作进行验收。

2011 年 3 月，七一·六五河工程 1957.51 亩永久征地全部交付鲁北段工程建设管理局和施工单位使用。

11. 临时用地交付和复垦

鲁北段七一·六五河工程临时用地于 2011 年年初陆续交付使用，共计 2120.10 亩，其中弃土临时用地 1652.7 亩，施工临时用地 467.40 亩。

根据批复的七一·六五河工程临时用地复垦实施方案，复垦总投资1369.81万元，其中，工程措施费685.57万元，生化措施费98.67万元，临时工程费15.49万元，补偿补助费345.97万元，其他费用224.11万元。

2012年12月底，鲁北段七一·六五河工程临时用地第一阶段复垦任务完成，并全部退还到县级南水北调指挥机构。按照复垦实施方案，截至2014年年底，全部临时用地已完成复垦任务并退还给群众耕种。

12. 用地组卷报批（含勘测定界）

七一·六五河工程永久征地涉及德州市夏津县7个镇（街道）47个行政村、武城县2个镇（街道）18个行政村、聊城市的临清市2个镇（街道）19个行政村。

（1）林地手续。七一·六五河工程使用林地手续，由山东省南水北调工程建设管理局根据占用实际提出申请后，涉及占用林地的夏津县、武城县、临清市林业局负责组卷送德州市和聊城市林业局审查，根据批复权限逐级上报山东省林业局进行批复。

2012年1月19日，山东省林业局分别批复了鲁北段七一·六五河工程《使用林地审核同意书》（鲁林地许长〔2012〕017号）和《项目临时占用林地的行政许可决定》（鲁林地许临〔2012〕003号），共批复鲁北段七一·六五河工程永久使用林地3.70hm²，其中征收德州市夏津县林地0.80hm²，武城县0.65hm²，聊城市临清市2.25hm²。

（2）征地手续。七一·六五河工程建设用地手续，由山东省南水北调工程建设管理局提出申请，夏津、武城、临清等三县（市）国土资源局负责组卷，德州、聊城市国土资源局负责审查后报山东省国土资源厅。

2011年7月14—15日，山东省南水北调工程建设管理局和山东省国土资源厅联合，在德州市召开了鲁北段（含七一·六五河工程）工程征地报卷工作会议，德州市、聊城市及夏津县、武城县、临清市国土资源局、南水北调建管局，山东省国土测绘院、山东省水利勘测设计院、济南市水文水资源局3家勘测定界单位参加了会议。会议对征地工作任务和计划进行了安排，对征地报卷工作进行了动员部署。

2011年8月13日，山东省南水北调建管局和山东省国土资源厅组织召开鲁北段勘测定界成果验收会，德州市、聊城市国土部门的代表和专家进行了验收，并形成《土地勘测定界验收报告》，会后，勘测定界单位根据验收会专家意见对勘测定界成果进行了修订完善。

2011年9月至10月上旬，德州市及所辖夏津县、武城县、聊城市及所辖临清市组织各乡镇各村进行征地公告、组织征地听证、签订征地协议、土地利用规划修订、分幅土地利用现状图制作、“一书四方案”编制、逐级行文上报等工作。至10月中旬，将七一·六五河工程征地报卷材料报至山东省国土资源厅。

2011年10月下旬开始，山东省国土资源厅组织完成了省级组卷工作，2012年12月底将七一·六五河工程征地报卷材料报国土资源部。

2013年2月7日，国土资源部印发《国土资源部关于南水北调东线一期鲁北段七一·六五河工程工程建设用地的批复》（国土资函〔2013〕139号），批复工程建设用地90.53hm²。

13. 变更管理

七一·六五河临清段部分跌水口重建问题。南水北调工程临清市七一·六五河设计单元输水干线途径临清市城区，周三里南（桩号100+320处）、周三里北（桩号100+550处）、陈坟

(桩号 101＋100 处)、什方院（桩号 102＋620 处)、权庄（桩号 107＋850 处）原来有入六分干的跌水口共 5 个，用于村内排涝。六分干河道治理后这些跌水口将被破坏，主体工程中也未将这些跌水口列入恢复计划，经临清市南水北调工程建设指挥部反映，山东省南水北调工程建设管理局以鲁调水计财字〔2011〕5 号文件批复列入征迁安置实施方案投资 150 万元。在工程实施时，为保证工程质量和便于实施，该部分工程纳入了主体工程实施。

14. 监督评估

(1) 征迁监理。2010 年 7 月 12 日，山东省南水北调工程建设管理局经公开招标，确定由山东省淮海工程建设监理有限公司承担七一・六五河工程征迁监理工作（鲁北段征迁安置监理 4 标)。2010 年 07 月 24 日，签订了合同书。

根据监理合同要求，山东省淮海工程建设监理有限公司制定了鲁北段七一・六五河工程征迁监理规划和监理细则，2010 年 12 月 17 日至 2013 年 8 月 30 日，参与完成了七一・六五河工程技术交底会、勘测定界、实物调查复核、实物量和补偿标准确认、地上附着物清除、补偿资金兑付、专项设施迁建、后期遗留问题处理等征迁全过程。至 2014 年年底，南水北调东线一期干线工程鲁北段征迁安置面上工作已基本结束，征迁监理 4 标提交监理工作半月报、月报、监理日志等档案资料 18 卷 194 件。

2015 年 5 月 19 日，山东省南水北调工程建设管理局在济南组织召开了鲁北段工程征迁安置监理合同验收会议，经验收小组认真评议，认为监理单位完成了合同约定的全部工作内容，同意鲁北段工程征迁安置监理 4 标通过合同验收。

(2) 监测评估。2009 年 7 月 12 日，山东省南水北调工程建设管理局经公开招标，确定由江河水利水电咨询中心承担七一・六五河工程移民监测评估工作（鲁北段征迁监测评估 7 标段)。2010 年 7 月 24 日，签订了合同书。

根据制定的七一・六五河工程监测评估工作计划和征迁安置实施进度，江河水利水电咨询中心对夏津县、武城县、临清市征迁安置生活、生产安置、企事业迁建与恢复、收入水平恢复、合法权益保护、机构运行及管理、征迁安置预算及执行等情况进行了深入细致地调查，并根据评价指标体系，结合现场调查、分析、计算的基础指标，对项目实施进行评价。至 2013 年 7 月共提交了 4 期监测评估报告，并提交了监测评估总报告。

2015 年 5 月 19 日，山东省南水北调工程建设管理局在济南组织召开了鲁北段工程征迁安置监测评估合同验收会议，经验收小组认真评议，认为监测评估单位完成了合同约定的全部工作内容，同意鲁北段工程征迁安置监测评估 7 标段通过合同验收。

移民监测评估结论：七一・六五河工程征迁机构建设基本到位，实施机构工作成效明显，各项规章制度完善，征迁资金管理基本符合程序，政策宣传有效，信息公开；移民搬迁安置进度满足工程建设要求，生产生活水平与搬迁前比较均有一定的改善和提高，移民基本满意，征用耕地对当地农村居民影响较大，受征迁影响的农村居民生活压力较大；七一・六五河工程征地移民安置移民的生产生活水平基本恢复，准时高效征迁满足了施工单位进场要求。总体上讲，七一・六五河征地移民安置达到了预期的目标，整体令人满意。

（二十六）鲁北段大屯水库工程

1. 实物指标复核

2010 年 6 月 30 日，山东省南水北调工程建设管理局印发《南水北调东线一期鲁北段工程大屯水库工程征迁安置实施计划》(鲁调水政字〔2010〕29号)。

2010年7月6日，在大屯水库库区召开了南水北调东线一期鲁北段工程建设动员大会，工程正式进入征迁安置阶段。

2010年7月21—22日，武城县大屯水库工程建设指挥部制定了《大屯水库工程征迁安置实物调查工作实施计划》。

2010年7月22—23日，武城县大屯水库工程建设指挥部，组织召开了由设计单位、监理单位、勘测定界单位、县水务局、县南水北调局、县林业局、县国土资源局、相关乡（镇、街道）及村的负责人及工作人员参加的南水北调东线一期鲁北段工程大屯水库工程征迁安置实物调查工作动员会及技术交底会议。

2010年7月24日至8月1日，武城县人民政府组织县直有关部门、郝王庄镇人民政府、设计、监理、勘测定界等单位组成6个工作组，开展了大屯水库征地勘测定界及外业调查等工作，省、市南水北调办事机构进行了全程指导和监督。

实物指标复核成果：工程永久征地9730.22亩，临时用地115.63亩；青苗8819.8亩；影响房屋面积2394.97m^2；乔木42984株，果树727株，其他经济树种914株；砖窑1座，坟墓70座，下管井1950m，砂管井238m，机井401m；影响1条10kV电力线路，影响桥梁4座。

2. 公告公示

2010年8月，武城县人民政府组织对实物调查成果及补偿标准进行了公示，公示期为5天。

3. 实施方案的编制与批复

(1) 地上附着物补偿实施方案。为及时兑付地上附着物和青苗补偿款，确保施工企业2010年9月6日进场施工，根据《关于〈山东省南水北调工程征迁安置实施方案编报和审查管理办法〉修订有关事宜的通知》(鲁调水指字〔2010〕12号)精神，武城县人民政府会同山东省水利勘测设计院先期编制了大屯水库工程征迁安置地上附着物和青苗补偿实施方案。2010年9月1日，德州市南水北调工程建设管理局在德州市组织召开了评审会议，对其进行了评审。

(2) 县级征迁安置实施方案。根据评审意见和勘测定界成果，武城县人民政府和山东省水利勘测设计院共同编制完成了《南水北调东线一期鲁北段工程大屯水库工程武城县征迁安置实施方案》(简称《武城县实施方案》)。2010年12月10日，德州市南水北调工程建设管理局在德州市组织召开了评审会议，对《武城县实施方案》进行了评审。2011年9月5日，山东省南水北调工程建设指挥部下达了《关于南水北调东线一期大屯水库工程武城县征迁安置实施方案的批复》(鲁调水指字〔2011〕43号)，对《武城县实施方案》进行了批复。

(3) 设计单元工程征迁安置实施方案。根据《武城县实施方案》，山东省水利勘测设计院于2012年3月编制完成了《南水北调东线一期鲁北段大屯水库工程征迁安置实施方案》(简称《大屯水库实施方案》)。2012年3月30—31日，山东省南水北调工程建设管理局在济南组织召开了南水北调东线一期工程鲁北段大屯水库工程征迁安置实施方案评审会议，对《大屯水库实施方案》进行评审。2012年4月2日，山东省南水北调工程建设指挥部下达了《关于南水北调东线一期工程鲁北段大屯水库工程征迁安置实施方案的批复》(鲁调水指字〔2012〕27号)，对《大屯水库实施方案》进行了批复。

(4) 临时用地复垦实施方案。2012年9月，武城县人民政府与山东省水利勘测设计院共同

编制了大屯水库工程武城县临时用地复垦实施方案。2012年10月，德州市南水北调工程建设指挥部在济南组织召开专家评审会，对大屯水库武城县临时用地复垦实施方案进行了评审。2012年12月，山东省南水北调工程建设指挥部下达了《关于南水北调鲁北段大屯水库工程武城县临时用地复垦实施方案的批复》（鲁调水指字〔2012〕63号）。

（5）遗留问题补偿实施方案。2013年4月，武城县南水北调工程建设指挥部和山东省水利勘测设计院编制了《南水北调东线一期鲁北段大屯水库工程施工损坏武城县郑郝路补偿方案》（简称《郑郝路补偿方案》）。2013年6月8日，山东省南水北调工程建设管理局在济南组织召开了南水北调东线一期鲁北段大屯水库工程施工损坏武城县郑郝路补偿方案评审会议，对《郑郝路补偿方案》进行评审。2013年8月19日，山东省南水北调工程建设管理局下达了《关于南水北调东线一期鲁北段大屯水库工程施工损坏郑郝路补偿方案的批复》（鲁调水征字〔2013〕96号），对《郑郝路补偿方案》进行了批复。

4. 各级补偿投资包干协议

2010年7月6日，山东省南水北调工程建设管理局与德州市人民政府签订了《南水北调东线一期主体工程（鲁北段工程，含大屯水库工程）征迁安置任务及投资包干协议》。

5. 补偿兑付

2010年6月30日，山东省南水北调工程建设管理局印发《关于下达南水北调东线一期鲁北段工程大屯水库工程征迁安置补偿资金（第一批）及实施计划的通知》（鲁调水政字〔2010〕29号），下达了农村征迁安置补偿、专业项目补偿、库底清理、森林植被恢复费、实施管理费等28298.68万元。

2010年11月25日，山东省南水北调工程建设管理局印发《关于下达南水北调东线一期鲁北段工程大屯水库工程征迁安置补偿资金（第二批）的通知》（鲁调水征字〔2010〕40号），下达了耕地开垦费、永久征地耕地占用税、实施管理费等22951.84万元。

2012年10月30日，山东省南水北调工程建设管理局印发《关于下达南水北调东线一期鲁北段大屯水库工程武城县征迁安置预备费（征迁安置资金第三批）的通知》（鲁调水征字〔2012〕117号），下达了预备费114.45万元。

2012年12月5日，山东省南水北调工程建设管理局印发《关于下达南水北调东线一期鲁北段大屯水库工程征迁安置资金（第四批）的通知》（鲁调水征字〔2012〕151号），下达了直接费、实施管理费等307.32万元。

2012年12月5日，山东省南水北调工程建设管理局印发《关于下达南水北调东线一期鲁北段大屯水库工程临时用地复垦资金的通知》（鲁调水征字〔2012〕155号），下达了复垦资金19.41万元。

2015年7月31日，山东省南水北调工程建设管理局印发《关于下达南水北调东线一期鲁北段大屯水库工程施工损坏郑郝路补偿资金即扣回武城县管理用地补偿资金的通知》（鲁调水征字〔2015〕20号），下达补偿资金655.07万元。

6. 农村生产生活安置

（1）生产安置。大屯水库工程永久征地涉及郝王庄镇的草一、草二、大吕王庄、前玄帝庙、后玄帝庙、高明庄、辛立庄、大姜庄、南小李9个行政村，广运街道办的梁庄、张庄2个行政村。大屯水库工程征收土地后，生产安置人口3119人。

按照鲁政发〔2004〕25号文件规定，土地补偿费和安置补助费主要用于被征地农民的原则，武城县人民政府将土地补偿费和安置补助费全额兑付到村集体，土地补偿费和安置补助费的使用分配方案和参加大屯水库永久性征地补偿款分配人员资格的认定，由各村委会召集村民会议选举村民代表，授权村民代表会议讨论通过。

1）土地补偿款使用分配方案，分为两种类型。草一、草二、前玄帝庙、后玄帝庙、高明庄、辛立庄6个征收土地面积较大的行政村，决定将征地的土地补偿费和安置补助费分两次分配使用。第一次分配给符合条件的个人；第二次设立财务专户，优先发展集体经济，兴修水利，发展高效农业，兴办公益事业。

大吕王庄、大姜庄、南小李、梁庄、张庄征地面积较少的行政村，土地补偿费和安置补助费设立财务专户，用于改善和提高村民现有的生产生活水平，发展农业生产，加强公益事业建设，建立公益基金，作为老年人养老补贴、生活补贴和入托儿童的教育补贴等。

2）参加大屯水库永久性征地补偿款分配人员资格。各村委会召集村民代表开会，村民代表现场填写《大屯水库征地补偿款分配村民表决书》进行表决，确定参与补偿款分配人员的资格。

（2）生活安置。大屯水库工程需搬迁人口8人，所有搬迁人口在各自的村庄安置，对其进行基础设施补偿和搬迁运输补偿。

7. 专项设施迁建

大屯水库工程影响从草一村到农场的1条10kV电力线路。该电力线路产权属于村副业，由于土地的征用，村副业功能丧失，不考虑复建，只对其进行补偿。

影响桥梁4座，分别是跨越六五河的后玄帝庙、辛立庄、祁村3座生产桥、跨越利民河东支的后玄帝庙村1座生产桥。该4座桥梁不考虑复建，只对其进行补偿。

8. 永久征地交付

2010年9月26日，大屯水库工程完成库底清理工作。9月27日，工程9683.21亩永久征地全部交付鲁北段工程建设管理局使用。

9. 临时用地交付和复垦

大屯水库工程共计115.63亩临时用地都是施工临时用地，全部需要复垦。

复垦前，武城县人民政府与山东省水利勘测设计院共同编制了大屯水库工程武城县临时用地复垦实施方案。2012年12月，山东省南水北调工程建设指挥部印发了《关于南水北调鲁北段大屯水库工程武城县临时用地复垦实施方案的批复》（鲁调水指字〔2012〕63号），批复复垦投资12.44万元。武城县根据批准的临时用地复垦实施方案，于2013年3月底前全部完成复垦任务，并通过验收和办理了移交手续。

10. 用地组卷报批（含勘测定界）

大屯水库工程永久征地涉及武城县4个镇（街道）18个行政村。

（1）林地手续。大屯水库工程使用林地手续，由山东省南水北调工程建设管理局提出申请后，武城县林业局负责组卷送德州市林业局审查，逐级上报山东省林业局进行批复。

2011年6月29日，山东省林业局批复了大屯水库工程《使用林地审核同意书》（鲁林地许长〔2011〕028号），批复同意大屯水库工程建设项目征收郝王庄镇草屯二村、后玄村、前玄村集体林地5.64hm^2。

（2）征地手续。2011年7月14—15日，山东省南水北调工程建设管理局和山东省国土资源厅，在德州市召开了鲁北段（大屯水库）工程征地报卷工作会议，对征地报卷工作进行了动员部署。

2011年8月13日，山东省南水北调工程建设管理局和山东省国土资源厅组织鲁北段勘测定界成果验收会，对大屯水库工程勘测定界成果进行了验收。会后，勘测定界单位根据验收会专家意见对勘测定界成果进行了修订，在与市县国土资源局反复沟通的基础上，于9月初提交了大屯水库工程勘测定界成果。

2011年9月，武城县国土部门和南水北调部门根据勘测定界成果，开始进行征地公告、组织征地听证、签订征地协议、土地利用规划修订、分幅土地利用现状图制作、“一书四方案”编制、逐级行文上报等工作。至10月中旬，将大屯水库工程征地报卷材料报至山东省国土资源厅。

2011年10月21日开始，山东省国土资源厅组成专门工作组，与山东省南水北调工程建设管理局联合办公，对大屯水库建设用地报批材料进行审查，国土资源厅形成审查意见后于2012年年底上报国土资源部。

2013年2月7日，国土资源部印发《国土资源部关于南水北调东线一期鲁北段大屯水库工程建设用地的批复》（国土资函〔2013〕138号），共批复建设用地625hm^2。

11. 变更管理

大屯水库“远征田”问题：由于修建大屯水库，前玄帝庙、后玄帝庙、高明庄3村在利民河东支的2200亩耕地，村民必须绕水库去耕种，耕种距离增加6.5km，给群众生产管理带来极大不便。

2010年12月，武城县南水北调工程建设指挥部委托德州市公路勘察设计院编制了《南水北调东线一期鲁北段工程前玄帝庙、后玄帝庙、高明庄三村“远征田”绕大屯水库生产道路施工图设计》（以下简称“‘远征田’道路施工图设计”），预算投资704.33万元。2011年8月24日，德州市南水北调工程建设管理局在武城组织召开了“远征田”道路施工图设计审查会议，专家组形成了专家意见。根据专家审查意见，德州市公路勘察设计院修改、完善了设计方案，预算投资495.69万元，编入了《南水北调东线一期工程鲁北段大屯水库武城县征迁安置实施方案》。2011年9月5日，山东省南水北调工程建设指挥部以《关于南水北调东线一期大屯水库工程武城县征迁安置实施方案的批复》（鲁调水指字〔2011〕43号）批复了“远征田”道路设计方案。

12. 监督评估

（1）征迁监理。2010年7月12日，经公开招标，山东省南水北调工程建设管理局委托山东科源工程建设监理中心承担鲁北段大屯水库工程征迁监理工作，7月24日签订了《南水北调东线一期工程鲁北段工程征迁安置监理合同书（标段5）》。2010年7月22日，山东科源工程建设监理中心进入武城县大屯水库开展相关工作，参与了征迁安置技术交底会、勘测定界、实物调查复核、实物量和补偿标准确认、地上附着物清除、补偿资金兑付、专项设施迁建、后期遗留问题处理等征迁全过程。至2014年年底，南水北调东线一期干线工程鲁北段征迁安置面上工作已基本结束，征迁监理5标提交监理工作半月报、月报、监理日志等档案资料18卷54件。

2015年5月19日，山东省南水北调工程建设管理局在济南组织召开了鲁北段工程征迁安置监理合同验收会议，经验收小组认真评议，认为监理单位完成了合同约定的全部工作内容，同意鲁北段工程征迁安置监理5标通过合同验收。

（2）监测评估。2010年7月12日，经公开招标，山东省南水北调工程建设管理局委托江河水利水电咨询中心承担鲁北段大屯水库工程征迁安置安置监测评估工作（鲁北段征迁监理7标），7月24日签订了《南水北调东线一期工程鲁北段工程征迁安置监测评估合同书（标段7）》。

根据工作计划和征迁实施进度，江河水利水电咨询中心对大屯水库工程征迁安置工作进行了细致的监测评估工作，在翔实的调查基础上，按照合同进度要求，至2013年1月底已提交4期监测评估报告，并提交了总报告，为大屯水库工程征迁安置实施连续不断地提供了反馈信息。

2015年5月19日，山东省南水北调工程建设管理局在济南组织召开了鲁北段工程征迁安置监测评估合同验收会议，经验收小组认真评议，认为监测评估单位完成了合同约定的全部工作内容，同意鲁北段工程征迁安置监测评估7标段通过合同验收。

移民监测评估结论：大屯水库工程征迁机构建设基本到位，实施机构工作成效明显，各项规章制度完善，征迁资金管理基本符合程序，政策宣传有效，信息公开；移民搬迁安置进度满足工程建设要求，生产生活水平与搬迁前比较均有一定的改善和提高，移民基本满意，征用耕地对当地农村居民影响较大，受征迁影响的农村居民生活压力较大；大屯水库工程征地移民安置移民的生产生活水平基本恢复，准时高效征迁满足了施工单位进场要求。总体上讲，大屯水库征地移民安置达到了预期的目标，整体令人满意。

（二十七）鲁北段灌区影响处理工程

1. 实物指标复核

鲁北段灌区影响处理工程涉及德州市的夏津县、武城县，聊城市的临清市3县（市）21个乡镇94个村。

2010年11月9日，山东省南水北调工程建设管理局印发《南水北调东线一期鲁北段工程灌区影响处理工程征迁安置实施计划》（鲁调水征字〔2010〕28号）。

2010年10—12月，夏津县、武城县、临清市分别召开了南水北调东线一期鲁北段工程建设动员大会，工程正式进入征迁安置阶段。

2010年12月至2011年1月，夏津县、武城县、临清市南水北调指挥部分别制定了《鲁北段灌区影响工程征迁安置实物调查工作实施计划》。

2010年12月，夏津县、武城县、临清市南水北调指挥部分别组织召开了由设计、监理、勘测定界单位、县水务局、县南水北调局、县林业局、县国土资源局、相关乡（镇、街道）及村的负责人及工作人员参加的南水北调东线一期鲁北段工程灌区影响工程征迁安置实物调查工作动员会及技术交底会议。

2010年12月至2011年1月，夏津县、武城县、临清市人民政府组织县直有关部门、各沿线涉及乡镇人民政府、设计、监理、勘测定界等单位组成的联合调查组，开展了灌区影响征地勘测定界及外业调查等工作，山东省、德州市、聊城市南水北调办事机构进行了全程指导和监督。

实物指标复核成果：工程永久征地1603.58亩，临时用地4122.84亩；影响房屋总面积

14471.5m^2；乔木 193855 株，果树 12326 株，坟墓 1371 穴，低压线杆 120 根；影响机井 2677m，普通机井 140 眼，砂管井 53 眼，各类水井 1163.5m，小桥 1925.87m^2，穿涵/涵洞 563.3m；影响各类村副业 25 个；事业单位 1 个；影响各类专业项目共计 198 处，其中输变电线路 48 处；电信设施 113 处，包括移动线路 33 处，联通线路 25 处，传输局线路 31 处，广播电视线路 21 处，电信线路 3 处；管道设施 37 处，包括天然气管道 1 处，供水管道 13 处，节水管道 7 处，农村自来水管道 16 处。

2. 公告公示

2011 年 1—3 月，夏津县、武城县、临清市南水北调工程建设指挥部分别组织对鲁北灌区影响处理工程征迁实物调查成果及补偿标准进行了公示，公示期为 5 天。

3. 实施方案的编制与批复

（1）地上附着物补偿方案。2011 年 3 月，夏津县、武城县、临清市南水北调工程建设指挥部会同设计单位分别编制了各县级灌区影响处理工程征迁安置地上附着物和青苗补偿实施方案。3 月 29—31 日，德州市、聊城市南水北调工程指挥部分别在济南市组织召开了各县级灌区影响处理工程征迁安置地上附着物和青苗补偿实施方案评审会议。2011 年 4 月，德州市、聊城市南水北调工程建设指挥部分别批复了各县级灌区影响处理工程征迁安置地上附着物和青苗补偿实施方案。

（2）县级征迁安置实施方案。2011 年 5 月，夏津县、武城县、临清市南水北调工程指挥部和山东省水利勘测设计院分别共同编制完成了鲁北段工程灌区影响处理工程各县级征迁安置实施方案。2011 年 6 月 3—5 日，德州市、聊城市南水北调工程建设管理局在济南市组织召开了夏津县、武城县、临清市各县级征迁安置实施方案评审会议。2011 年 9 月 5 日，山东省南水北调工程建设指挥部分别以鲁调水指字〔2011〕50 号文件、鲁调水指字〔2011〕46 号文件、鲁调水指字〔2011〕45 号文件对夏津县、武城县、临清市各县级征迁安置实施方案进行了批复。

（3）设计单元工程征迁安置实施方案。2012 年 3 月，山东省水利勘测设计院编制完成了《鲁北段灌区影响处理工程征迁安置实施方案》，3 月 30—31 日，山东省南水北调工程建设管理局在济南组织召开了征迁安置实施方案评审会。4 月 2 日，山东省南水北调工程建设指挥部以鲁调水指字〔2012〕26 号文件对鲁北段灌区影响处理工程征迁安置实施方案进行了批复。

（4）临时用地复垦实施方案。2012 年 9 月，夏津县、武城县、临清市分别和山东省水利勘测设计院编制完成了鲁北段灌区影响处理工程各县级临时用地复垦实施方案。9 月 24 日，聊城市、德州市南水北调工程建设指挥部分别在济南组织召开了临时用地复垦实施方案评审会议。2012 年 11 月 26 日、12 月 3 日，山东省南水北调工程建设指挥部分别以鲁调水指字〔2012〕65 号文件、鲁调水指字〔2012〕85 号文件、鲁调水指字〔2012〕61 号文件批复了夏津县、武城县、临清市临时用地复垦实施方案。

（5）遗留问题实施方案。为解决鲁北灌区影响处理工程武城县道路、桥梁压坏损毁问题，2013 年 7 月，武城县南水北调工程建设指挥部与山东省水利勘测设计院共同编制完成了《南水北调鲁北段灌区影响处理工程施工损坏武城县道路、桥梁补偿实施方案》。2013 年 9 月 16 日，山东省南水北调工程建设管理局组织召开评审会议，对该方案进行了评审。2013 年 11 月 21 日，山东省南水北调工程建设管理局以鲁调水征字〔2013〕130 号文件批复了该方案。

4. 各级补偿投资包干协议

2010 年 7 月 6 日，山东省南水北调工程建设管理局分别与德州市、聊城市人民政府签订了

《南水北调东线一期工程鲁北段工程（含灌区影响处理工程）征迁安置任务及投资包干协议》。

2010年8月30日，德州市人民政府与夏津县人民政府签订德州市南水北调主体工程责任书。夏津县人民政府随后与沿线镇（街道）签订了征迁安置任务及投资包干协议。

2010年12月15日，聊城市南水北调工程建设管理局与临清市人民政府签订了征迁安置任务及投资包干协议，临清市人民政府随后与沿线镇（街道）签订了征迁安置任务及投资包干协议。

5. 补偿兑付

2010年11月22日，山东省南水北调工程建设管理局拨付鲁北灌区影响处理工程第一批征迁安置资金3337.63万元。

2011年5月27日、6月7日，山东省南水北调工程建设管理局拨付鲁北灌区影响处理工程第二批征迁安置资金7407.98万元。

2012年7月至2013年4月，山东省南水北调工程建设管理局下达聊城市南水北调工程建设管理局鲁北灌区影响处理工程征迁安置资金1933.12万元。

2012年9月至2013年12月，山东省南水北调工程建设管理局下达德州市南水北调工程建设管理局征迁安置资金1217.39万元。

6. 农村生产生活安置

（1）生产安置。灌区影响处理工程共涉及夏津县、武城县、临清市21个乡镇94个村，生产安置人口952人。工程征地对夏津县、武城县、临清市等所辖各村影响较小，生产安置均在本村内调剂土地安置。

（2）搬迁安置。灌区影响处理工程共涉及农村房屋拆迁86户321人（其中，夏津县29户115人，武城县2户3人，临清市55户203人）。全部采用分散安置方式，从本村划拨宅基地给移民户分散建房，居民宅基地的落实方式采用抽签的办法。拆迁户原宅基地面积小于0.3亩的，按0.3亩标准安置宅基地；拆迁户原宅基地面积大于0.3亩的按原宅基实有面积安置宅基地。拆迁户在获取房屋补偿后自拆自建，旧料归己。

7. 专项设施迁建

本工程影响的专业项目包括输变电线路、移动线路、联通线路、传输局线路、电信线路、广播电视线路、管道设施等，共计198处。其中，输变电线路48处（临清市20处，夏津县24处，武城县4处）；电信设施113处（包括移动线路、联通线路传输局线路、广播电视线路、电信线路等，临清市36处，夏津县49处，武城县28处）；管道设施37处（包括天然气管道、供水管道、节水管道、农村自来水管道等，临清市21处，夏津县16处）。

根据已批复的灌区影响处理工程各县级征迁安置实施方案，临清市、武城县、夏津县南水北调工程建设指挥部分别与各产权单位签订了专项迁建或补偿协议，由产权单位自行迁建或对其补偿，迁建后的专项设施的运行管理由各专项部门负责。截至2012年年底，各专项设施已经全部迁建完成。

8. 企事业单位迁建

（1）事业单位迁建。灌区影响工程影响事业单位1处，为夏津县农业局植保站食用菌养殖场（病虫观测场），该养殖场位于夏津县宋楼镇西张官屯村西南，工程影响占地面积2.19亩，影响菌种培养室、工具房、传达室和药品库等房屋面积355.5m^2。

由于工程仅影响养殖场的部分设施，对该单位影响较小，经征求意见，确定采取货币补偿的安置方式，货币补偿资金总计 35.95 万元。

（2）村副业迁建。灌区影响工程影响各类村副业 25 个。

1）夏津县。工程涉及夏津县村副业 8 个，基本为村内小型或个体村副业，分别是宋楼镇王楼村王楼兴预制厂、宋楼镇西张官屯村提净厂、银城镇王皮庄村蛋鸡场、宋楼镇东张官屯村宏兴油脂公司、宋楼镇东张官屯村楼板厂、南城镇白庙村唐金城厂、宋楼镇东张官屯村孟宪尧养鸡场、雷集镇常安集村泰昇装饰城。根据项目对各村副业的影响程度，结合当地经济结构调整规划，采取货币补偿、村委会指导、自主搬迁的安置方案。村副业补偿资金总计 197.53 万元。

2）临清市。工程涉及各类村副业 17 个，其中王坊分干 10 个和裕民渠 7 个，基本为村内小型或个体村副业。经与地方政府及影响村副业户座谈，确定了从本村划拨宅基地给移民户分散建房或以一次性货币补偿，包括房屋及附属设施补偿、设备搬迁与损失费、停产停业损失费。在村委会指导下自行迁建的安置方案。村副业补偿费用包括占地补偿、房屋及附属设施补偿、设备搬迁与损失费、停产停业损失、基础设施补偿费等。补偿资金总计 196.36 万元。

9. 永久征地交付

灌区影响处理工程永久征地包括河道扩挖占地、建筑物占地、管理用地等，共计为 1603.58 亩，其中夏津县 476.71 亩，武城县 293.34 亩，临清市 833.53 亩。

2011 年 2—3 月，临清市、夏津县、武城县分别组织所属村、户对征地范围内附着物进行集中清理、砍伐、移栽树木和迁移坟墓。2011 年 3 月，各县（市）南水北调建设指挥部以乡镇为单位对附着物清理工作进行验收。

2011 年 3 月，灌区影响工程 1603.58 亩永久征地全部交付南水北调鲁北段工程建设管理局和施工企业使用。

10. 临时用地交付和复垦

灌区影响处理工程临时用地于 2011 年年初陆续交付使用，共计 4143.57 亩，其中夏津县 844.79 亩，武城县 991 亩，临清市 2307.78 亩。

根据批复的灌区影响处理工程临时用地复垦实施方案，复垦总投资 2909.98 万元，其中，工程措施费 1595.63 万元，生物措施费 237.49 万元，临时工程费 34.11 万元，补偿补助费 728.19 万元，其他费用 314.56 万元。

2012 年 12 月底，灌区影响处理工程临时用地第一阶段复垦任务完成，并全部退还到县级南水北调指挥机构。按照复垦实施方案，至 2013 年 6 月底，鲁北段灌区影响工程夏津县、武城县、临清市南水北调指挥机构陆续组织各乡（镇、街道）、村完成了第二阶段复垦及交地工作，并退还群众进行耕种。

11. 用地组卷报批（含勘测定界）

灌区影响工程永久征地涉及夏津县 6 个镇（街道）35 个行政村、武城县 7 个镇（街道）30 个行政村、临清市 8 个镇（街道）29 个行政村。

（1）林地手续。灌区影响工程使用林地手续，由山东省南水北调工程建设管理局根据占用实际提出申请后，涉及占用林地的夏津县、武城县、临清市林业局负责组卷送德州市和聊城市林业局审查，根据批复权限逐级上报国家林业局进行批复。

2011年12月31日，国家林业局分别批复了鲁北段灌区影响处理工程《使用林地审核同意书》（林资许准〔2011〕392号）和《项目临时占用林地的行政许可决定》（林资许准〔2011〕393号），共批复鲁北段灌区影响工程永久使用林地17.60hm²，其中征收德州市夏津县集体林地8.96hm²、占用国有林地0.39hm²，武城县集体林地5.02hm²，聊城市临清市集体林地3.23hm²。

（2）征地手续。灌区影响处理工程建设用地手续，由山东省南水北调工程建设管理局提出申请，夏津县、武城县、临清市等三县（市）国土资源局负责组卷，德州、聊城市国土资源局负责审查后报山东省国土资源厅。

2011年7月14—15日，山东省南水北调工程建设管理局和山东省国土资源厅联合，在德州市召开了鲁北段（含灌区影响处理工程）工程征地报卷工作会议，德州市、聊城市及夏津县、武城县、临清市的国土资源局、南水北调建管局，以及山东省国土测绘院、山东省水利勘测设计院、济南市水文水资源局3家勘测定界单位参加了会议。会议对征地工作任务和计划进行了安排，对征地报卷工作进行了动员部署。

2011年8月13日，山东省南水北调工程建设管理局和山东省国土资源厅组织鲁北段勘测定界成果验收会，德州市、聊城市国土部门的代表和专家进行了验收，并形成《土地勘测定界验收报告》，会后，勘测定界单位根据验收会专家意见对勘测定界成果进行了修订完善。

2011年9月至10月上旬，德州市及所辖夏津县、武城县、聊城市及所辖临清市组织各乡镇各村进行征地公告、组织征地听证、签订征地协议、土地利用规划修订、分幅土地利用现状图制作、"一书四方案"编制、逐级行文上报等工作。至10月中旬，将灌区影响处理工程征地报卷材料报至山东省国土资源厅。

2011年10月下旬开始，山东省国土资源厅组织完成了省级组卷工作，2012年12月底将灌区影响处理工程征地报卷材料报国土资源部。

2013年2月7日，国土资源部印发《国土资源部关于南水北调东线一期鲁北段灌区影响处理工程建设用地的批复》（国土资函〔2013〕138号），批复工程建设用地88.91hm²。

12. 监督评估

（1）征迁监理。2010年7月12日，山东省南水北调工程建设管理局经公开招标，确定由四川省移民工程建设监理有限公司承担鲁北灌区影响处理工程征迁监理工作。2010年7月24日，签订了合同书。

根据监理合同要求，四川省移民工程建设监理有限公司制定了鲁北段灌区影响处理工程征迁监理规划和监理细则，2010年12月17日至2013年8月30日，参与完成了灌区影响处理工程征迁安置技术交底会、勘测定界、实物调查复核、实物量和补偿标准确认、地上附着物清除、补偿资金兑付、专项设施迁建、后期遗留问题处理等征迁全过程。至2014年年底，南水北调东线一期干线工程鲁北段征迁安置面上工作已基本结束，征迁监理6标提交监理工作半月报、月报、监理日志等档案资料16卷138件。

2015年5月19日，山东省南水北调工程建设管理局在济南组织召开了鲁北段工程征迁安置监理合同验收会议，经验收小组认真评议，认为监理单位完成了合同约定的全部工作内容，同意鲁北段工程征迁安置监理6标通过合同验收。

（2）监测评估。2009年7月12日，山东省南水北调工程建设管理局经公开招标，确定由

江河水利水电咨询中心承担鲁北灌区影响处理工程征迁监测评估工作（鲁北段征迁监理 7 标段）。2010 年 7 月 24 日，签订了合同书。

至 2013 年 7 月，共提交了 4 期监测评估报告，并提交了总报告。

2015 年 5 月 19 日，山东省南水北调工程建设管理局在济南组织召开了鲁北段工程征迁安置监测评估合同验收会议，经验收小组认真评议，认为监测评估单位完成了合同约定的全部工作内容，同意鲁北段工程征迁安置监测评估 7 标段通过合同验收。

移民监测评估结论：鲁北灌区影响处理工程征迁机构建设基本到位，实施机构工作成效明显，各项规章制度完善，征迁资金管理基本符合程序，政策宣传有效，信息公开；移民搬迁安置进度满足工程建设要求，生产生活水平与搬迁前比较均有一定的改善和提高，移民基本满意，征用耕地对当地农村居民影响较大，受征迁影响的农村居民生活压力较大；鲁北灌区影响处理工程征地移民安置移民的生产生活水平基本恢复，准时高效征迁满足了施工单位进场要求。总体上讲，鲁北灌区影响处理工程征地移民安置达到了预期的目标，整体令人满意。

(二十八) 南四湖下级湖抬高蓄水位影响处理工程

1. 工程基本概况

南四湖下级湖抬高蓄水位影响处理工程涉及济宁市微山县的夏镇街道办事处、昭阳街道办事处、韩庄镇、欢城镇、傅村镇、微山岛乡、高楼乡、张楼乡、西平乡、赵庙乡等 10 个乡（镇、街道）109 个行政村。该工程主要解决因抬高蓄水位对湖内居民的生产、生活设施的影响，投资为补助性质。主要内容包括资金补助和基础设施建设两大部分。

(1) 资金补助部分。根据淹没影响程度的不同，采取不同标准的补助处理措施（水位 32.3～32.8m 按淹没处理，32.8～33.3m 按影响处理）。补助项目包括房屋、泵站、生产道路、田间配套、简易码头等交通设施、畜禽养殖场、湖田、台田、鱼蟹塘、网围、水生植物等，该部分投资为 29279 万元。

(2) 基础设施建设部分。昭阳低洼地影响处理工程是解决昭阳街道低洼地而实施的建设项目，是下级湖抬高蓄水位影响处理工程的一部分，主要建设内容是新建南庄南、北两座排涝站，通惠河、秀水河两座节制闸，开挖秀水河、白鹭河及其抬高两块低洼地，工程投资为 3780 万元。

2. 实物指标复核

2011 年 11 月 17 日，山东省南水北调工程建设管理局在微山县组织召开工程进场协调工作会议。

2011 年 12 月 4 日，山东省南水北调工程建设管理局组织勘测定界、设计、监理等部门技术人员在微山县召开技术交底会。

2011 年 12 月 8 日，微山县政府召开动员大会，会后勘测定界、设计、监理单位以及微山县有关乡镇政府、街道办事处成立联合调查组，对影响范围内的工程项目及实物量进行了详细复核。

2012 年 4 月 30 日，完成了外业、勘界和实物量核查工作。

2012 年 5 月至 8 月底，对外业调查成果进行了汇总、校核、计算、调整和确认。

由于该项目初步设计与现状地形、地貌差距大，再加上是在两个不同高程水位之间的空间测量，因此利用原有的测量模式已远远不能满足实际需要。为了确保在资金兑付工作中做到不漏、不掉、不超补，防止由于调查不全面引起群众因补偿出现上访问题，在外业测量中采用了航拍技术，采用立体三维模型对不同水位高程进行了区分，主要外业测量调查技术：一是采用航空摄影的方法，获取整个下级湖的立体像对；二是通过建立三维模型，在全湖区搜寻高程范围内的空间位置；三是搜寻到的范围内全野外密集测定高程点，以求精确确定调查边界线。通过这三个步骤，可以确保在整个下级湖的 32.3～32.8m、32.8～33.3m 两个高程区间内，做到实体内容统计不遗漏，超范围内容不统计，满足初步设计对整个淹没区和影响区不同补助标准的要求。

2012 年 8 月 11 日，山东省南水北调工程建设管理局组织有关专家对勘测定界技术成果进行了验收。

核查实物量为：房屋 20.42 万 m^2，养殖场 11.57 万 m^2，简易码头 13.57 万 m^2，泵站总装机容量 1600kW，湖田 3.65 万亩，台田 4.03 万亩，鱼塘 14.46 万亩，生产生活道路 122.83km，田间配套设施 165 处，造船厂 17 个，交通桥 2 座，网围 5 万亩，水生植物 2.53 万亩等。

3. 公告公示

实物调查成果汇总复核完成后，微山县人民政府按照实物量调查成果公示的内容及格式，于 2012 年 7 月 31 日至 8 月 6 日，对调查成果在各村进行了公示，公示期为 7 天，公示期间对物权所有人提出的疑义进行现场复核。根据复核情况对汇总表进行调整，最终形成各方确认的汇总表，汇总表由设计、监理、县指挥部三方盖章认可，作为实施方案编制及兑付的依据。

4. 实施方案的编制与批复

南水北调东线一期工程南四湖下级湖抬高蓄水位影响处理工程山东省实施方案由微山县南水北调工程建设指挥部和中水淮河勘测设计研究有限公司共同编制完成。

2012 年 9 月 2 日，济宁市南水北调工程建设指挥部在微山县组织召开了《南水北调东线一期工程南四湖下级湖抬高蓄水位影响处理工程山东省实施方案》评审会议，对南四湖下级湖抬高蓄水位影响处理工程实施方案进行了评审。

2012 年 9 月 17 日，山东省南水北调工程建设指挥部对《南水北调东线一期工程南四湖下级湖抬高蓄水位影响处理工程山东省实施方案》进行了批复（鲁调水指字〔2012〕50 号）。

2013 年 11 月 11 日，山东省南水北调工程建设管理局对《南水北调东线一期工程南四湖下级湖抬高蓄水位影响处理工程遗留问题处理实施方案》进行了批复（鲁调水征字〔2013〕122 号）。

5. 基础设施建设管理

昭阳低洼地影响处理工程严格按照基本建设程序实施管理。为此，微山县专门成立了微山县南水北调下级湖抬高蓄水位影响处理工程建设管理处，作为项目法人负责昭阳低洼地影响处理工程的建设与管理。

2013 年 1 月 13 日，山东省南水北调工程建设管理局在济南组织召开昭阳低洼地影响处理工程施工图审查评审会议。

2013 年 1 月 18 日，微山县南水北调下级湖抬高蓄水位影响处理工程建设管理处委托山东海逸恒安项目管理有限公司作为招标代理机构，负责工程项目的招标代理工作。

2013 年 3 月 11 日，山东省南水北调工程建设管理局批复工程监理和施工招标方案（鲁调

水征字〔2013〕18号），施工分三个标段，监理分一个标段。

（1）工程监理。2013年1月25日，招标代理机构发布监理招标公告。2013年2月23日，招标代理机构组织开标评标。因工程建设监理已发布两次招标公告，在评标过程中，投标单位不足三家，按照有关规定，2013年3月11日，山东省南水北调工程建设管理局对昭阳低洼地影响处理工程建设监理招标有关问题进行了批复（鲁调水征字〔2013〕37号），明确了济宁市水利工程建设监理中心负责工程的监理工作。

（2）工程施工。2013年1月25日，招标代理机构发布施工招标公告。2013年2月23日，招标代理机构组织开标评标。2013年2月25日，对拟中标单位进行公示。德州黄河建业工程有限责任公司为施工Ⅰ标段中标候选人，济宁市水利工程施工公司为施工Ⅱ标段中标候选人，山东大禹工程建设有限公司为施工Ⅲ标段中标候选人。

（3）工程进展。2013年3月15日，昭阳低洼地影响处理工程正式开工建设。2013年8月22日，昭阳低洼地影响处理工程完成建设任务。2013年8月31日，昭阳低洼地影响处理工程通过了济宁市南水北调工程建设管理局组织的完工项目验收。微山县南水北调工程建设管理局委托中介机构对财务决算进行了审计。

6. 资金下达及补偿兑付

南水北调下级湖抬高蓄水位影响处理工程共下达三批资金，累计下达投资34375.89万元。

2011年11月17日，山东省南水北调工程建设管理局印发《关于下达南水北调东线一期南四湖下级湖抬高蓄水位影响处理工程征迁安置资金预拨款的通知》（鲁调水征字〔2011〕108号），预拨征迁安置资金5000万元。

2012年11月21日，山东省南水北调工程建设管理局印发《关于下达南水北调东线一期南四湖下级湖抬高蓄水位影响处理工程征迁安置资金（第一批）的通知》（鲁调水征字〔2012〕140号），下达征迁安置资金25232.59万元。

2013年7月31日，山东省南水北调工程建设管理局印发《关于下达南水北调东线一期南四湖下级湖抬高蓄水位影响处理工程征迁安置资金（第二批）的通知》（鲁调水征字〔2013〕93号），下达征迁安置资金4143.3万元。

2013年11月15日，山东省南水北调工程建设管理局印发《关于下达南水北调东线一期工程南四湖下级湖抬高蓄水位影响处理工程遗留问题处理补助资金的通知》（鲁调水征字〔2013〕123号），下达征迁安置资金1407.3万元。

2014年1月24日，山东省南水北调工程建设管理局印发《关于下达南水北调东线一期南四湖下级湖抬高蓄水位影响处理工程预备费的通知》（鲁调水征字〔2014〕5号），下达征迁安置资金1290.8万元。

（1）国有单位的资金兑付。对影响到国有单位的资金兑付，微山县南水北调工程建设指挥部办公室与国有单位签订了协议书，协议书明确了兑付实物内容、数量和资金数额，并规定了处理影响实物完成时间。此部分资金由微山县南水北调工程建设指挥部直接拨付到国有单位账户上。

（2）村集体的资金兑付。对影响到村集体的资金兑付，微山县南水北调工程建设指挥部办公室与村集体所在乡镇、村集体三方签订了协议书，协议书明确了兑付实物内容、数量和资金数额，并规定了处理影响实物完成时间。

此部分资金由微山县南水北调工程建设指挥部直接拨付到乡镇财政所，再由乡镇财政所拨付到村集体。

(3) 个人资金兑付。对影响到个人的资金兑付，由微山县南水北调工程建设指挥部与个人签订承诺书，承诺书中附有实物量、资金数额及县指挥部、监理、乡镇政府、村负责人、物权人五方签字的资金兑付表。个人凭承诺书到所在乡镇财政所领取存款卡。

2010 年 9 月 12 日以后，湖区 9 个村陆续召开村民代表大会确定了永久征地补偿款发放方案，陆续开始永久征地补偿款兑付工作，至 9 月 27 日，完成永久征地补偿款兑付工作。

7. 变更管理

昭阳洼地影响处理工程在国家批复的南四湖下级湖抬高蓄水位影响处理工程中没有列入，在实施方案评审时，微山县和设计单位提出应将其纳入影响处理的范围，经评审专家评审，同意在初步设计批复的影响处理范围内，将昭阳低洼地纳入影响处理工程范围。

(1) 位置与影响面积。昭阳低洼地地处微山县城驻地南部，北起老运河，西、南至湖东堤，东至新薛河，面积 9.6km^2，地面高程 32.4～33.5m 的区域内有昭阳街道办事处昭阳社区 9 个村庄，人口 1 万余人，耕地 8470 亩；低于 33.3m 高程以下的面积是 8483 亩，是下级湖湖东受抬高蓄水位影响面积最大的耕地。

(2) 列入实施方案中的理由。该地区地势低洼，大部分在 33.3m 高程以下，符合下级湖抬高蓄水位影响处理的基本原则、范围和设计理念。在下级湖水位没有抬高前，绝大部分耕地能够耕种，抬高水位后大部分耕地变成沼泽地，群众失去生产生活的基础，意见很大，国土资源部门也要求尽量减少耕地被淹没的面积。从微山县县城的发展来讲，微山县城北部是矿区沉陷区，东临新薛河已到枣庄市地界，西临下级湖湖东堤，没有城市发展的空间，只有南部这唯一一片区域，县委、县政府计划充分利用该区域，目前已经制定了南部新城规划。由于下级湖抬高蓄水位影响，部分土地将被淹没，部分将受到渍涝影响，如不采取措施进行处理，将会造成田地减产或绝产，影响当地群众生产生活，造成社会的不稳定。

(3) 影响处理工程的内容。为了抬高耕地的高程必须利用土方填筑，需开挖疏通秀水、星月、白鹭、通惠、南庄 5 条河，在河道的汇聚地开挖一个小集水池（湖），开挖面积 90 万 m^2，开挖土方 225 万 m^3，将该土方填到耕地上，平均抬高地面 0.46m，大部分区域地面可超过 33.3m 高程，改善 7133 亩耕地的生产条件。在填筑前将耕地的熟土剥离放到一边，开挖的土填筑到一定高程后在将熟土覆到上面，使耕作层保持原土地肥力。

为了确保该区域旱涝保收，需要配套建设南庄南、南庄北 2 处排涝站，由于该区域将划到城市范围，设计排水面积为 10km^2，排水流量确定为 10m^3/s，装机 800kW；为沟通该区域河道排水通道需建设通惠河、104 公路节制闸 2 座。

8. 监督评估

(1) 征迁监理。2011 年 10 月 17 日，山东省南水北调工程建设管理局经公开招标，确定由山东省水利工程建设监理公司和济宁市水利工程建设监理中心承担南四湖下级湖抬高蓄水位影响处理工程征迁监理工作。

2011 年 11 月 15 日，山东省南水北调工程建设管理局分别与山东省水利工程建设监理公司和济宁市水利工程建设监理中心签订了合同书。

2011 年 12 月至 2014 年 9 月，参与完成南四湖下级湖抬高蓄水位影响处理工程征迁外业调

查复核、实物量和补偿标准确认、补偿资金兑付、征迁县级验收等征迁实施全过程。

2014年9月20日，完成征迁监理合同验收工作。

（2）监测评估。2011年10月17日，山东省南水北调工程建设管理局经公开招标，确定由河海大学承担南四湖下级湖抬高蓄水位影响处理工程征迁监测评估工作。

2011年11月15日，山东省南水北调工程建设管理局与河海大学签订了合同书。

根据监理评估合同，2012年3月5日，河海大学完成了本底调查工作。以后河海大学陆续按合同要求提供了监测评估报告。移民监测评估（独立第三方）报告结论：南四湖下级湖抬高蓄水位影响处理工程程序规范，手续齐全，符合相关的行业规范；通过补偿资金、生产转型，移民家庭的经济收入水平得到了提高，消除了移民中的不稳定因素；公众参与的实施增加了移民对政府工作的信任度和满意度。

2014年9月20日，完成征迁监理、监测评估合同验收工作。

（二十九）东平湖蓄水影响处理工程

1. 基本概况

东平湖蓄水影响处理工程包括蓄水影响补偿和主体工程处理两个方面的内容，初设批复总投资48976万元。工程涉及泰安市东平县的州城、新湖、商老庄、戴庙、银山、斑鸠店、老湖、旧县8个乡镇。

（1）征迁安置部分。蓄水影响处理补偿和主体工程施工临时用地补偿内容列在征迁安置部分，国家批复投资为44439万元。

1）水影响处理。根据批复的东平湖蓄水影响初步设计报告，征迁安置规划项目投资为35530万元，项目主要包括涝洼地改造项目、农业生产建设项目、家庭养殖业与畜禽养殖繁育场、水产养殖项目、加工业和专项设施等。

2）施工临时用地。因主体工程施工原因，需占用部分土地，全部为临时用地，占用面积约760亩。根据初步设计批复，临时用地地上附着物补偿投资302.68万元，临时用地补偿投资1896.66万元。

（2）主体工程部分。主体工程处理初设批复投资4537万元，包括围堤加固工程、排涝排渗泵站改扩建工程、济平干渠湖内引渠清淤工程。

2. 征迁安置规划项目实施管理

为规范南水北调东线一期东平湖蓄水影响处理工程征迁安置规划项目实施管理工作，提高资金使用效益，保障工程建设的顺利进行，2011年11月4日，山东省南水北调工程建设指挥部下发《关于印发〈南水北调东线一期东平湖蓄水影响处理工程征迁安置规划项目实施管理办法〉的通知》（鲁调水指字〔2011〕54号），规范了项目的实施管理工作。

（1）项目实施管理体制。征迁安置规划项目总体实行“政府领导、分级负责、县为基础、全过程监理监测”的管理体制。

东平县人民政府成立了东平县东平湖蓄水影响处理工程建设管理处，作为项目法人负责征迁安置规划项目实施和运营管理。在征迁安置规划项目工程实施期间，对征迁安置规划项目的工程质量、安全、进度和资金使用负总责。

（2）项目的工程质量监督。泰安市成立了南水北调东线一期东平湖蓄水影响处理工程质量监督项目站，负责对工程质量进行监督管理。

（3）项目方案编制与评审。在充分考虑项目整体实施计划的原则下，由东平县南水北调工程建设指挥部与中水北方勘测设计研究有限公司共同分批次进行编制。泰安市南水北调工程建设领导小组将评审后的实施方案上报山东省南水北调工程建设指挥部批复。

征迁安置规划项目计划分五批实施，至2015年9月底，完成了五批项目实施方案的评审和批复工作。

东平湖蓄水影响处理工程征迁安置规划项目（第一批）实施方案于2012年2月通过专家评审。2012年3月，经山东省南水北调工程建设指挥部批复（鲁调水指字〔2012〕2号），批复投资9239.36万元。

东平湖蓄水影响处理工程征迁安置规划项目（第二批）实施方案于2012年9月通过专家评审。2012年11月，经山东省南水北调工程建设指挥部批复（鲁调水指字〔2012〕57号），批复投资19369.27万元。

东平湖蓄水影响处理工程征迁安置规划项目（第三批）实施方案于2012年8月通过专家评审。2012年9月，经山东省南水北调工程建设指挥部批复（鲁调水指字〔2013〕19号），批复投资5868.29万元。

东平湖蓄水影响处理工程征迁安置规划项目（第四批）实施方案于2014年6月通过专家评审。2014年6月，经山东省南水北调工程建设指挥部批复（鲁调水指字〔2014〕8号），批复投资6240.41万元。

东平湖蓄水影响处理工程征迁安置规划项目（第五批）实施补充方案于2015年9月通过专家评审。2015年9月，经山东省南水北调工程建设指挥部批复（鲁调水指字〔2015〕14号），批复投资6512.67万元。

（4）施工图设计与评审。施工图设计评审由东平县南水北调办公室组织，评审后的施工图设计报泰安市南水北调工程建设管理局批复，泰安市南水北调工程建设管理局将批复后的施工图设计报省南水北调工程建设管理局备案。

南水北调东线一期工程东平湖蓄水影响处理工程征迁安置规划项目（第一批1期）施工图设计于2012年4月20日通过专家评审。2012年4月28日，经泰安市南水北调工程建设领导小组批复（泰调水领字〔2012〕8号）。

南水北调东线一期工程东平湖蓄水影响处理工程征迁安置规划项目（第一批2期）施工图设计于2012年7月8日通过专家评审。2012年7月27日，经泰安市南水北调工程建设领导小组批复（泰调水领字〔2012〕9号）。

南水北调东线一期工程东平湖蓄水影响处理工程征迁安置规划项目（第二批1期）施工图设计于2012年12月4日通过专家评审。2012年12月15日，经泰安市南水北调工程建设领导小组批复（泰调水领字〔2012〕15号）。

南水北调东线一期工程东平湖蓄水影响处理工程征迁安置规划项目（第二批2期）施工图设计于2013年4月19日通过专家评审。2013年5月12日，经泰安市南水北调工程建设领导小组批复（泰调水领字〔2013〕2号）。

南水北调东线一期工程东平湖蓄水影响处理工程征迁安置规划项目（第二批第3期）施工图设计于2013年9月17日通过专家评审。2013年10月10日，经泰安市南水北调工程建设领

导小组批复（泰调水领字〔2013〕6号）。

南水北调东线一期工程东平湖蓄水影响处理工程征迁安置规划项目（第三批第1期）施工图设计于2013年12月27日通过专家评审。2014年1月5日，经泰安市南水北调工程建设领导小组批复（泰调水领字〔2014〕1号）。

南水北调东线一期工程东平湖蓄水影响处理工程征迁安置规划项目（第三批第2期）施工图设计于2014年1月22日通过专家评审。2014年3月3日，经泰安市南水北调工程建设领导小组批复（泰调水领字〔2014〕3号）。

南水北调东线一期工程东平湖蓄水影响处理工程征迁安置规划项目（第四批第1期）施工图设计于2014年7月12日通过专家评审。2014年7月29日，经泰安市南水北调工程建设领导小组批复（泰调水领字〔2014〕5号）。

南水北调东线一期工程东平湖蓄水影响处理工程征迁安置规划项目（第四批第2期）施工图设计于2014年8月26日通过专家评审。2014年9月17日，经泰安市南水北调工程建设领导小组批复（泰调水领字〔2014〕8号）。

南水北调东线一期工程东平湖蓄水影响处理工程征迁安置规划项目（第四批第3期）施工图设计于2014年12月12日通过专家评审。2014年12月17日，经泰安市南水北调工程建设领导小组批复（泰调水领字〔2014〕9号）。

南水北调东线一期工程东平湖蓄水影响处理工程征迁安置规划补充实施项目（第五批第1期）施工图设计于2015年9月29日通过专家评审。2015年9月30日，经泰安市南水北调工程建设领导小组批复（泰调水领字〔2015〕4号）。

南水北调东线一期工程东平湖蓄水影响处理工程征迁安置规划补充实施项目（第五批第2期）施工图设计于2015年12月17日通过专家评审。2015年12月31日，经泰安市南水北调工程建设领导小组批复（泰调水领字〔2015〕5号）。

（5）项目招投标。项目招标方案由东平县南水北调办公室报泰安市南水北调工程建设管理局批复，批复后的方案由泰安市南水北调工程建设管理局报山东省南水北调工程建设管理局备案。项目招投标工作分五批12期分期实施。

（6）项目验收。东平湖蓄水影响处理工程第五批征迁安置规划项目全部为生产经营项目，为确保项目建成后能够尽早投产使用，发挥项目的经济效益，由泰安市南水北调工程建设管理局主持，东平县南水北调办公室组织进行了项目验收。

2013年8月至2017年3月，完成了五批12期共76个项目的完工项目验收工作。

3. 实物指标复核

2011年11月5日，东平县南水北调办公室组织勘界单位、征迁监理、设计与乡镇人员、村干部共同到现场进行调查复核。

2012年1月30日，完成外业调查复核工作。

2012年2月14日，山东省南水北调工程建设管理局组织有关专家对勘测定界成果进行验收。

实物指标复核成果：蓄水影响土地总计56376亩，其中耕地48875亩（高程为39.2～39.9m的30682亩，高程为38.8～39.2m的18193亩），苇地5432亩，交通用地815亩，水利设施用地765亩，其他土地489亩。此外，还涉及部分交通道路、水利、水产、码头等专项设施。

4. 项目资金下达

2011 年 11 月 17 日，山东省南水北调工程建设管理局印发《关于下达南水北调东线一期东平湖蓄水影响处理工程征迁安置资金预拨款的通知》（鲁调水征字〔2011〕107 号），预拨征迁安置资金 3000 万元。

2012 年 8 月 3 日，山东省南水北调工程建设管理局印发《关于下达南水北调东线一期东平湖蓄水影响处理工程征迁安置规划项目（第一批）资金的通知》（鲁调水征字〔2012〕92 号），下达资金 6239.36 万元。

2012 年 12 月 3 日，山东省南水北调工程建设管理局印发《关于下达南水北调东线一期东平湖蓄水影响处理工程征迁安置规划项目（第二批）补偿资金（第 1 期）的通知》（鲁调水征字〔2012〕146 号），下达资金 10801.05 万元。

2014 年 3 月 24 日，山东省南水北调工程建设管理局印发《关于下达南水北调东线一期东平湖蓄水影响处理工程征迁安置规划项目（第二批）补偿资金（第 2 期）的通知》（鲁调水征字〔2014〕22 号），下达资金 8255.91 万元。

2015 年 7 月 21 日，山东省南水北调工程建设管理局印发《关于下达南水北调东线一期东平湖蓄水影响处理工程征迁安置规划项目（第三批）资金的通知》（鲁调水征字〔2015〕19 号），下达资金 5868.29 万元。

2016 年 5 月 19 日，山东省南水北调工程建设管理局印发《关于下达南水北调东线一期工程东平湖蓄水影响处理工程移民安置规划项目（第四批）资金的通知》（鲁调水局征字〔2016〕15 号），下达资金 6240.41 万元。

5. 变更管理

东平湖蓄水影响处理工程湖内引渠清淤工程排泥场初步设计中布置在玉斑堤外侧，由于附近村庄密集，人多地少，排泥场征地十分困难。在工程招标阶段，经与东平县及山东黄河河务局东平湖管理局初步协商，排泥场调整至湖内引渠东侧、旧县生产堤附近，由于结合涝洼地治理实施，受排泥高度的限制，排泥场面积将会比初步设计增加很多，排泥场仍存在征地困难的问题。经与东平县及山东黄河河务局东平湖管理局进一步协商，根据现场实际情况，需对排泥场布置进一步调整，调整后的排泥场位置目前已经确定。但是根据现在排泥场的位置，除其中一段可直接利用绞吸式挖泥船直接开挖吹填至排泥场外，其他剩余土方均需采用抓斗式挖泥船开挖土方，利用泥驳船通过运输通道运至排泥场附近的抛泥区，再利用绞吸式挖泥船吹填至排泥场。

根据调整后的土方平衡与施工方案，2017 年年底经过完工结算审计，核定湖内引渠清淤工程增加费用 1738.70 万元。

6. 监督评估

（1）征迁监理。2011 年 9 月 23 日，山东省南水北调工程建设管理局经公开招标，确定由四川省移民工程建设监理有限公司和山东科源工程建设监理中心承担东平湖蓄水影响处理工程征迁监理工作。

2011 年 11 月 2 日，山东省南水北调工程建设管理局分别与四川省移民工程建设监理有限公司和山东科源工程建设监理中心签订了合同书。

根据监理合同，2011 年 11 月 5 日，山东科源工程建设监理中心和四川省移民工程建设监理有限公司进驻现场参与外业调查复核工作。

2012 年 1 月 30 日，山东科源工程建设监理中心和四川省移民工程建设监理有限公司配合完成了外业调查复核工作。

2015 年 4 月至 2015 年 9 月底，参与东平湖蓄水影响处理工程专项检查工作。

（2）监测评估。2011 年 9 月 23 日，山东省南水北调工程建设管理局经公开招标，确定由中水移民开发中心承担东平湖蓄水影响处理工程征迁安置监测评估工作。

2011 年 11 月 2 日，山东省南水北调工程建设管理局与中水移民开发中心签订了合同书。

根据监理评估合同，2012 年 3 月 1 日，中水移民开发中心完成了本底调查工作。

2012—2017 年，中水移民开发中心陆续提供了 10 期监测评估报告，完成了合同约定的监测评估任务。

2017 年 9 月 7 日，南水北调工程东线一期东平湖蓄水影响处理工程监理、监测评估合同通过验收。

（三十）初设批复外完成的项目

1. 干线工程影响（遗留）问题

干线工程建成后，进入通水运行期，工程沿线陆续暴露了一些对当地生产生活和交通影响的问题，群众意见强烈。为此，山东省南水北调工程建设管理局利用全省征迁结存资金，立项批复了一批干线工程影响（遗留）问题处理项目。

（1）为了解决长沟泵站影响当地灌溉排涝问题，2016 年 5 月 5 日，山东省南水北调工程建设管理局在济南组织对任城区南水北调工程建设指挥部和山东省水利勘测设计院共同编制的《南水北调东线一期工程任城区长沟泵站工程遗留问题处理实施方案》进行了评审。2016 年 5 月 30 日，山东省南水北调工程建设指挥部下达了《关于南水北调东线一期工程任城区长沟泵站工程遗留问题处理实施方案的批复》（鲁调水指〔2016〕5 号）。

（2）为了解决小运河工程影响临清市灌溉排涝问题，2016 年 5 月 5 日，山东省南水北调工程建设管理局在济南组织对临清市南水北调工程建设管理局和山东省水利勘测设计院共同编制的《南水北调东线一期小运河工程临清市遗留问题处理实施方案》进行了评审。2016 年 6 月 1 日，山东省南水北调工程建设指挥部下达了《南水北调东线一期小运河工程临清市遗留问题处理实施方案的批复》（鲁调水指字〔2016〕7 号）。

（3）为了解决鲁北灌区影响处理工程影响临清市灌溉排涝问题，2016 年 5 月 5 日，山东省南水北调工程建设管理局在济南组织对临清市南水北调工程建设管理局和山东省水利勘测设计院共同编制的《南水北调东线一期鲁北灌区影响处理工程临清市遗留问题处理实施方案》进行了评审。2016 年 6 月 1 日，山东省南水北调工程建设指挥部下达了《南水北调东线一期鲁北灌区影响处理工程临清市遗留问题处理实施方案的批复》（鲁调水指字〔2016〕6 号）。

（4）为了解决七一·六五河工程影响夏津县排涝问题，2016 年 5 月 5 日，山东省南水北调工程建设管理局在济南组织对夏津县南水北调工程建设管理局和山东省水利勘测设计院共同编制的《南水北调东线一期鲁北段七一·六五河输水工程夏津县排涝影响处理设计报告》进行了评审。2016 年 5 月 30 日，山东省南水北调工程建设指挥部下达了《南水北调东线一期鲁北段七一·六五河输水工程夏津县排涝影响处理设计报告的批复》(鲁调水指字〔2016〕4号)。

(5)为了解决小运河工程影响阳谷县灌溉排涝的问题，2017年2月19日，山东省南水北调工程建设管理局在济南组织对阳谷县南水北调工程建设管理局和山东省水利勘测设计院共同编制的《关于南水北调东线一期鲁北段工程阳谷县影响问题处理工程实施方案》的评审。2017年2月27日，山东省南水北调工程建设管理局下达了《关于南水北调东线一期鲁北段工程阳谷县影响问题处理工程实施方案的批复》(鲁调水局征字〔2017〕3号)。

(6)为了解决七一·六五河工程影响武城县灌溉排涝的问题，2017年2月19日，山东省南水北调工程建设管理局在济南组织对武城县南水北调工程建设管理局和山东省水利勘测设计院共同编制的《关于南水北调东线一期鲁北段工程武城县影响问题处理实施方案》的评审。2018年5月31日，山东省南水北调工程建设管理局下达了《关于南水北调东线一期鲁北段工程武城县影响问题处理实施方案的批复》(鲁调水局征字〔2017〕4号)，对本项目进行了批复。

通过实施这些影响项目，切实解决了工程沿线群众反映的突出问题，维护了群众权益，保障了工程运行管理的正常进行。

2. 永久征地确权登记发证工作

为给山东省南水北调干线工程调度运行创造一个和谐稳定的外部环境，山东省南水北调工程建设管理局组织编制了《南水北调东线干线一期工程山东段永久征地确权发证实施方案》，2012年2月组织专家进行了评审。2012年4月，山东省南水北调工程建设指挥部以鲁调水指字〔2012〕10号文件批复了该实施方案。自2012年下半年至2016年年底，山东省各级国土资源主管部门、南水北调办事机构共同配合，积极协调，组织完成了全省南水北调干线工程永久征地确权发证工作，共发放土地证556本，累计发证面积7.92万亩，占全部应发证面积的98%(其他未发证土地不具备发证条件)。永久征地土地证的办理，为南水北调干线工程土地管理提供了坚强的法律保障，为干线工程的运行管理创造了条件。

四、档案管理与征迁专项验收

(一)档案管理

1. 山东省南水北调工程征迁安置档案管理工作概述

根据国家规定，结合山东省南水北调工程征迁安置实施管理实际，山东省制定了《山东省南水北调工程征迁安置档案管理暂行办法》，明确规定了各级南水北调办事机构、项目法人及参建单位是征迁安置档案管理的责任单位，要求各级切实加强对征迁安置档案管理工作的领导，保证征迁安置档案管理工作与征迁安置工作同步进行，将工程征迁安置实施过程真实全面、系统客观地记录下来，为工程建设提供一份翔实可靠的档案资料。

(1)档案管理职责。各级南水北调办事机构要求明确分管征迁安置档案管理工作的负责人，设立档案室。档案形成数量多、征迁安置工作任务重的单位，需要配备一定的专职档案人员；档案形成数量少、征迁安置工作任务较轻的单位，要配备专职或兼职工作人员，负责所承担的征迁安置工作全过程所产生的档案资料的收集保管工作。

参与征迁安置工作的各级国土、林业等主管部门，设计、监理、监测评估、文物保护、勘测定界、现场建设管理机构、专项设施恢复建设及权属等单位，都应做好相应的征迁安置档案

管理工作。

在征迁安置档案管理业务上，应接受档案主管部门和上级南水北调办事机构的监督、检查、指导。

(2) 档案管理总体要求。南水北调工程征迁安置档案要保证完整性、准确性和系统性，满足征迁安置工作需要。

县级南水北调办事机构、乡镇人民政府及村委会应建立征迁安置分户档案，分户档案要齐全完整，包括经搬迁群众签字认可的征迁安置调查表、补偿兑付表、搬迁补偿协议、公告、存折复印件等内容。

为保证档案管理工作的正常开展，在征迁安置实施过程中，参与征迁安置的各单位，为档案保管提供了必要的设备及工作经费。

(3) 档案收集与整理。征迁安置档案的收集整理要列入征迁安置管理程序和工作计划，按照“谁产生，谁收集，谁整理”的原则开展工作。

征迁安置工作过程中产生的分散在各部门或个人手中的文件材料，由各级南水北调办事机构和档案管理人员及时收集。

收集的各类文件材料，按照时间顺序和分类要求进行归类后，依照档案齐全、完整、系统的原则，逐一进行甄别和审查。

各级南水北调办事机构负责督促、检查、指导本行政区域内征迁安置档案的收集工作，会同专（兼）职人员对档案的整理归档情况进行定期检查，并审核、验收归档案卷。

参与征迁安置工作的单位，要根据本单位工作流程、职责范围，在文件材料产生种类、时间和方式基础上，按照“便于管理、易于归类、没有交叉”的原则，及时收集档案材料，既保证征迁安置档案的详细分类能涵盖本单位征迁安置档案的全部内容，又能体现档案分类的统一性、排斥性和可扩充性。

征迁安置档案收集整理要尊重文件原始面貌，最大限度保持文件之间的历史联系，以利于档案的保管和利用。遵循档案的形成规律，坚持档案成套性整理。征迁安置档案整理，要按分类方案进行组卷和编目，标注案卷题名和档案编号，建立档案的全引目录、分类目录和检索体系。

(4) 档案验收。征迁安置各层次验收前，由验收组织单位对各参与征迁安置工作单位的档案组织自验通过后，再组织征迁安置验收。设计单元工程或单项工程征迁安置档案要接受国家组织的验收。征迁安置档案原件应保证各级南水北调办事机构存档需要，参与征迁安置工作单位根据需要保存档案复印件。

征迁安置档案没有验收或验收不合格，不能组织征迁安置验收。如果征迁安置档案资料基本齐全，只是有少量整理工作没有达到规定，并不影响征迁安置验收，但要作为验收遗留问题写入验收结论，并明确由相关单位负责，在规定期限内尽快完成整理工作。

(5) 档案移交。移交与接收征迁安置档案的时间，应视征迁安置工程实施的实际情况而定。一般各专项征迁安置实施工作完成后，就应完成有关工作档案的收集、整理，随后即可进行档案资料移交和接收。全部征迁安置档案材料的交接，要在征迁安置实施工作完成后的1个月内完成。征迁安置遗留问题档案材料应在遗留问题解决后进行移交。

县（市、区）级以下征迁安置工作的档案向县（市、区）南水北调办事机构移交。设计、监理、专项设施恢复建设及权属单位等的档案在验收时按要求向甲方（委托方）移交。监测评估、勘测定界、文物保护单位产生的档案在验收时按要求向省南水北调办事机构移交。省南水北调办事机构保存的征迁安置档案，通过档案验收后，向项目法人移交。

2. 山东省南水北调工程征迁安置档案资料分类

山东省南水北调工程征迁安置档案一般分为三大类，每一大类分若干小类内容。

（1）征迁安置法规、制度、规划及综合管理文件。

1）政策、规定、办法、标准等规范性文件。包括：国家及省级制定的政策、办法及标准等规范性文件；省级人民政府签订的征迁安置和施工环境保障责任书；上级机关及本级制定的政策、办法及标准等规范性文件；县级政府签订的征迁安置和施工环境保障责任书；市、县、乡人民政府发布的关于在征地范围禁止新增项目和偷土，维护施工环境等内容的通告等。

2）可研及初设阶段文件材料。包括：项目建议书及批复文件；可行性研究报告及审批文件；初步设计报告及审批文件；地质灾害评估报告及审批文件；压覆矿产资源调查报告及审批文件；使用林地可行性研究报告；初步设计专项设施权属单位认可的恢复建设方案及概算投资材料；经批复的征迁安置初步设计报告；初步设计征迁安置实物指标调查原始记录、地方政府认可的材料等。

3）综合管理及相关事务文件材料。包括：各阶段验收工作报告、成果性文件及批复文件；有关音像材料、统计报表；建设用地、征地界桩及专项设施运行管理的移交手续；重要的工作总结、工作计划、大事记、宣传材料；县级信访记录、答复处理材料，预防和处置群体性事件、排查化解矛盾纠纷等的文件材料；征迁安置表彰和通报文件材料；成立、调整指挥机构及办事机构的文件；其他综合及相关事务文件材料。

（2）征迁安置会议文件材料。上级机关及本级机关征迁安置各种技术培训会、动员会、协调会、论证会、评审会议的通知、报告、会议交流材料、总结、决议、纪要、会议相关的调研及考察类等文件。

（3）征迁安置实施文件材料。有关征迁安置工作的各种合同、协议书、合同谈判记录、纪要；索赔与反索赔材料；征迁安置申请、批准文件及红线图、土地使用证、行政区域图；征迁、安置、补偿及实施方案和相关的批准文件；临时用地复垦文件材料；会计档案资料；文物保护文件等材料。

3. 山东省南水北调工程征迁安置档案资料成果

（1）实施管理部门主要档案成果。设计单元工程征迁安置档案成果主要包括：征迁安置实施管理工作报告；地质灾害危险性评估报告；压覆矿产资源调查报告；土地勘测定界技术报告；征用土地批复文件；征迁安置责任书、工作委托协议及机构设置文件；征迁安置补偿有关协议；征迁安置补偿支付证书；征迁安置指挥部、山东省南水北调工程建设管理局发文；征迁安置地方来文；征迁安置会议纪要；文物保护工作报告；征迁安置设计管理工作报告；工程土地勘测定界工作总结报告；工程沿线各县（区）征迁安置实施工作报告；征迁安置监理工作报告；临时用地补偿资料；专项设施迁建资料；工程沿线各县（区）地面附着物清查资料；工程沿线各县（区）征迁安置补偿资料。

（2）征迁安置设计资料档案。主要包括：可研阶段成果《南水北调东线一期××工程可行性研究报告》；初步设计成果《南水北调××工程征迁安置专题报告》（初步设计批复稿）；技

施（实施阶段）设计成果《南水北调××单元工程征迁安置实施方案》；临时用地复垦设计成果。

（3）征迁安置监理及监测评估档案。征迁安置监理档案包括：发包人提供的文件资料，包括项目介绍、发包人情况、监理招投标文件等；监理业务管理文件，包括各设计单元工程各标段监理合同文件（专业文本）、监理机构、人员情况等；监理规划、监理实施细则，规划和细则上报稿以及被发包人批复情况；监理月报、监理工作范围的专题报告、半年报、年报专题报告及各阶段各层次征迁安置验收需要的总结报告、备忘录、会议纪要、监理工作大事记；有关征迁安置工作的法律、法规、规章、监理依据；征迁安置工作协调文件、征迁安置中出现问题的汇报材料；监理日记等材料；其他应归档的材料。

监测评估档案包括：发包人提供的文件资料，包括项目介绍、发包人情况、招投标文件等；监测评估业务管理文件，包括监测评估单位的机构、人员情况；监测评估合同文件（指与发包人签署的规范合同文本的合同书）；监测评估实施大纲，应包括发包人审核批复意见；监测评估分期报告，包括基底调查报告（工程开工前的被征地区经济社会现状报告）和随着工程进度的后期监测评估报告（按照监测评估合同文件，直到工程验收后的每期报告，一般半年一期）；监测评估总报告，合同到期后对分期报告的汇总报告；监测评估专题报告，按合同约定，需要向发包人汇报的监测评估单项工作；有关征迁安置工作的法律、法规、规章、监测评估依据；其他应归档的材料。

（4）勘测定界档案。勘测定界档案包括下列内容：勘测定界技术报告书；土地勘测定界技术说明。

勘测定界技术报告书包括：土地勘测定界技术说明；土地勘测定界表；土地分类面积表；界址点坐标成果表；建设项目用地地理位置图。

土地勘测定界技术说明包括：勘测定界的目的和依据；施测单位及日期；勘测定界外业调查情况；勘测定界外业测量情况；勘测定界面积量算与汇总情况；相关情况说明；关键工序照片；界桩检查、移交等材料。

4. 山东省南水北调工程征迁安置档案管理工作进展情况

在南水北调东线工程山东段通水及征迁验收高峰到来之际，按照“征迁安置各层次验收前，由验收组织单位对各参与征迁安置工作单位的档案组织自验通过后，再组织征迁安置验收”以及“设计单元工程或单项工程征迁安置档案应当接受国家组织的验收”的规定，各级南水北调工程建设指挥部（管理局），对南水北调工程征迁安置档案进行了认真收集、整理、归档，按照“齐全、完整、系统”的原则进行了自查完善。

至2017年6月，山东省南水北调干线工程沿线30个县全部完成了县级征迁安置档案验收。至2017年9月，29个单元工程全部完成了省级征迁安置档案验收。

县级征迁安置档案验收一般由县档案局主持，邀请相关专家组成验收小组，听取县南水北调办事机构档案管理工作报告，审阅征迁安置档案资料整理归档情况，最终形成县级征迁安置档案验收鉴定书。

省级征迁安置档案验收由国家级征迁安置专家主持，邀请省档案局等有关专家组成验收委员会，听取省南水北调局档案管理工作报告，审阅省级征迁安置档案整理归档情况，最终形成省级征迁安置档案验收鉴定书。

下面列举小运河茌平县县级征迁安置档案验收情况及验收结论。

2015 年 4 月 23 日，茌平县档案局在茌平县主持会议，对南水北调东线一期鲁北段小运河输水工程茌平县县级征迁安置档案进行验收。会议组成验收小组，听取了茌平县南水北调办事机构档案管理工作报告，查阅了征迁安置档案，咨询和讨论了有关问题，验收小组一致认为：南水北调东线一期鲁北段小运河输水工程茌平县征迁安置档案管理体制健全，档案内容完整，分类组卷合理，案卷装订牢固整齐，排列有序，档案整理归档符合相关规定要求，达到完整、准确、系统，同意通过茌平县征迁安置档案专项验收。

下面列举南四湖水资源控制工程省级征迁安置档案验收情况及验收结论。

2014 年 9 月 30 日，山东省南水北调工程建设管理局在济南主持会议，对南水北调东线一期南四湖水资源控制工程二级坝泵站、姚楼河闸、杨官屯河闸、大沙河闸、潘庄引河闸等设计单元工程征迁安置档案进行了专项验收。会议组成了验收委员会，听取了山东省南水北调工程建设管理局“征迁安置档案管理工作报告”，查阅了征迁安置档案材料，咨询和讨论了有关问题，验收委员会一致认为：征迁安置档案管理工作制度健全，档案内容完整，分类组卷合理，案卷装订牢固整齐，排列有序。征迁安置档案整理归档符合相关规定要求，总体达到完整、准确、系统，并在工程建设、运行管理中发挥了较好的作用，同意通过征迁安置档案专项验收。

（二）验收管理

1. 山东省南水北调工程征迁安置验收工作大纲

为做好南水北调工程征迁安置验收工作，根据《南水北调干线工程征迁安置验收办法》和《山东省南水北调工程征迁安置验收管理暂行办法》等规定，结合山东省征迁安置工作的实际，山东省南水北调工程建设管理局制定了山东省南水北调干线工程征迁安置验收工作大纲。

（1）征迁安置验收层次划分。山东省征迁安置验收分为县级验收、技术验收和省级验收。

1）县级验收。县级验收由县级人民政府（南水北调指挥部）主持，省、市、县南水北调办事机构、征迁安置设计、监理、勘测定界等技术人员参加验收工作。

2）技术验收。技术验收在县级验收后省级验收前进行，技术验收由市南水北调工程建设管理局主持，省、市南水北调工程建设管理局及现场建管局、征迁设计、监理及其他参与实施单位技术人员参加。技术验收会议听取县级及实施各方完成征迁安置工作情况汇报，察看现场，讨论形成验收结论。验收结论包括：征迁安置基本情况及完成情况；确定县级是否全部完成征迁安置工作任务，是否完成征迁安置档案自验；辖区内征迁安置项目是否具备省级验收条件。各县征迁安置技术验收可以打捆进行，也可单独验收。

3）省级验收。省级验收由省南水北调工程建设管理局主持，国务院南水北调办派员参加。

（2）征迁安置验收中各方任务和职责。

1）省南水北调工程建设管理局：负责主持省级验收工作，负责批复技术验收鉴定书，确定县级验收时间并委托市南水北调工程建设管理局批复县级验收鉴定书。

2）市南水北调工程建设管理局：负责组织安排征迁安置县级验收培训工作；负责组织并主持辖区各县征迁安置技术验收工作；负责提出辖区内县级验收计划，审查并向省南水北调工程建设管理局转报县级验收申请；负责批复县级验收鉴定书；负责本级并指导县级征迁安置档案整理及归档工作。

3）县级人民政府（南水北调工程指挥部）及县级南水北调办事机构：县级人民政府（南水北调工程指挥部）主持县级验收工作。县南水北调办事机构负责承担县级验收及技术验收工作；编写征迁安置实施工作报告，完善档案资料的整理及归档工作，保证档案的完整性和一致性；负责邀请有实际经验的档案管理技术人员对征迁安置档案整理、归档工作进行指导，在档案自验中邀请档案管理专家参加。

4）征迁安置设计、监理、勘测定界单位：负责编写各自实施工作报告；负责完善县级补偿签字和设计变更手续，协助县南水北调办事机构搞好征迁安置补偿兑付资料的归档工作；监理单位具体指导县级验收档案资料的收集和整理。

5）现场建管局：负责梳理征迁现场遗留问题，提出遗留问题处理意见。

（3）关于验收各个报告中实物量及投资确定。县级实施管理工作报告、征迁安置设计工作报告和监理工作报告中，县级完成的各实物指标均以监理单位认可的为准。监理单位会同县南水北调办事机构，参考县级实施方案预算表，设计各县完成征迁安置实物指标表，并统一作为各实施工作报告附件。

各县完成征迁安置投资，以县级征迁安置完工决算报告为准，县级完工决算报告征迁安置投资应包括：县级征迁安置总投资、征迁安置直接费、各项目投资及其他费用投资等。

2. 山东省南水北调工程征迁安置验收工作进展情况

2009年5月8日，山东省南水北调工程建设管理局印发了《山东省南水北调工程征迁安置验收管理暂行办法》（鲁调水政字〔2009〕20号），明确了各专业各层次的验收条件、内容、程序及成果要求。为指导与督促各市、县（市、区）加快完成南水北调东线一期山东段征迁安置县级验收工作。2013年1月3日，山东省南水北调工程建设管理局印发了《关于做好南水北调东线一期工程山东段征迁安置县级验收工作的通知》（鲁调水征字〔2013〕1号），对征迁安置县级验收的条件、应准备的材料及组织与监督单位、验收程序、档案要求等提出了要求。2013年9月2日，山东省南水北调工程建设管理局下达了《关于印发山东省南水北调干线工程征迁安置验收工作大纲的通知》（鲁调水征字〔2013〕1号），对验收层次划分、省市县南水北调指挥机构和办事机构以及移民设计、监理、勘测定界单位、现场建管机构职责和任务、验收各工作报告中实物量及投资确定等事项做了进一步明确。

2013年9月2日，山东省南水北调工程建设管理局在济南组织召开了南水北调工程征迁安置完工财务决算及征迁安置验收工作会议，会议对征迁安置验收、资金管理与财务决算编制工作提出了明确要求，并对各县级征迁安置验收以及设计单元工程征迁安置省级验收的时间节点进行了统一安排。

（1）市县级验收。至2017年8月底，山东省南水北调干线工程30个县全部完成了县级验收。县级验收一般由县人民政府主持，省、市南水北调办事机构、县水利局、南水北调办事机构、国土局、林业局、设计、监理、勘测定界等单位组成验收委员会，查勘工程现场情况，召开验收会议，会议议程如下：

1）听取县南水北调办事机构征迁安置实施管理工作报告。

2）听取征迁资金使用情况报告。

3）听取设计单位征迁安置设计管理工作报告。

4）听取监理单位征迁安置监理工作报告。

5）听取勘测定界单位勘测定界工作报告。

6）审阅征迁安置档案。

7）质询问题。

8）讨论形成县级征迁安置验收鉴定书。

下面列举济南至引黄济青段双王城水库寿光市征迁安置县级验收情况及验收结论。

2014年12月27日，寿光市人民政府在寿光市主持召开南水北调东线一期济南至引黄济青段双王城水库工程征迁安置县级验收会议。会议由省、市南水北调工程建设管理局，寿光市人民政府、水务局、南水北调局、国土局、林业局、相关镇人民政府、设计、监测、勘测定界等单位组成了验收委员会，查看了双王城水库工程征迁安置现场，听取了县级征迁安置实施、移民设计、征迁监理、勘测定界等有关单位的汇报，查阅了县级征迁安置档案，质询、讨论了有关问题，验收委员会一致认为：寿光市双王城水库工程征迁安置工作，严格执行国家、省有关征迁安置法律、法规，已按批复方案完成双王城水库工程生产安置、专项设施迁建恢复、临时用地复垦等工作。建设用地已经国土资源部批复，土地确权登记发证工作已完成。征迁安置档案专项验收及县级征迁安置财务初步决算已完成，库区社会稳定，工程运行环境良好，同意通过验收。

（2）省级技术性验收。至2017年9月，山东省南水北调干线工程29个设计单元工程全部完成征迁安置省级技术性验收。省级技术性验收一般由征迁安置省级技术性验收委员会主持，其中验收委员会由特邀专家，项目法人，市、县人民政府及南水北调办事机构、相关部门，设计、监理、勘测定界等单位代表组成，验收委员会通过查看工程现场情况，组织召开验收会议的方式进行验收，其中验收会议议程如下：

1）山东省南水北调工程建设管理局征迁处汇报征地移民实施管理工作报告。

2）山东省南水北调工程建设管理局办公室汇报征地移民档案管理工作报告。

3）市南水北调局汇报征地移民市、县级管理工作报告。

4）设计单位汇报设计工作报告。

5）监理单位汇报监理工作报告。

6）监测评估单位汇报监测评估工作报告。

7）查看市、县级征地移民档案。

8）质询问题。

9）讨论形成省级征迁安置技术性验收意见书。

下面列举大屯水库省级技术性验收情况及结论。

2016年6月25—26日，山东省南水北调工程建设管理局在德州市组织召开了南水北调东线一期鲁北段工程大屯水库设计单元工程征迁安置省级技术验收会议，参加会议的有：南水北调东线山东干线有限责任公司、南水北调东线山东干线德州管理局、德州市人民政府、德州市南水北调工程建设管理局、武城县人民政府、武城县南水北调工程建设指挥部、武城县水务局、武城县南水北调工程建设管理局、山东省水利勘测设计院、山东省科源工程建设监理中心、江河水利水电咨询中心等单位。参会单位代表及特邀专家组成了验收委员会，验收委员会察看了工程现场，听取了山东省南水北调工程建设管理局征迁安置实施管理工作报告和档案管理工作汇报、德州市南水北调工程建设管理局实施管理工作报告、移民设计、移民监理和监测评估单位的工作报告，查阅了征迁安置档案。验收委员会通过认真讨论，一致认为：大屯水库

工程征迁安置任务全部完成，武城县已组织完成征迁安置自验，省、县及监理、监测评估档案已通过专项验收。验收委员会一致评定大屯水库工程征迁安置为合格，同意通过省级技术验收。

(3) 省级验收。至2017年年底，山东省南水北调干线工程仅济南市区段工程、梁济运河工程和东平湖蓄水影响处理工程尚未完成征迁安置完工验收，其他26个设计单元工程全部完成省级完工验收。省级完工验收须报国务院南水北调办审核批准，一般由省南水北调指挥部主持，特邀专家，山东省南水北调建管局，市、县人民政府及南水北调办事机构、相关部门，设计、监理、勘测定界等单位组成验收委员会召开验收会议，会议议程如下：

1）观看南水北调干线工程永久征地三维模型演示。

2）听取省南水北调办事机构征迁安置实施管理工作报告。

3）听取省南水北调办事机构征迁安置档案管理报告。

4）听取省南水北调办事机构征迁安置财务决算报告。

5）听取设计单位代表征迁安置设计管理工作报告。

6）听取监理单位代表征迁安置监理工作报告。

7）听取监测评估单位代表征迁安置监测评估工作报告。

8）审阅省级征迁安置档案。

9）质询问题。

10）讨论形成征迁安置省级完工验收鉴定书。

鉴于前期已经进行了省级技术性验收，故省级完工验收阶段一般采取打捆的方式，一次性对几个设计单元工程集中进行验收，下面列举韩庄泵站等16个设计单元工程省级完工验收情况及验收结论。

2016年12月27日，山东省南水北调工程建设管理局在济南市组织召开了南水北调东线一期工程韩庄泵站等16个设计单元工程征迁安置完工验收会议，参加验收会议的有：国务院南水北调办，南水北调东线山东干线有限责任公司，山东省水利勘测设计院，山东省科源工程建设监理中心，江河水利水电咨询中心，济南市南水北调济南东工程征迁指挥部、章丘市南水北调工程指挥部、历城区南水北调工程指挥部，淄博市南水北调工程建设领导小组、高青县南水北调建设工程指挥部，枣庄市南水北调工程建设指挥部、台儿庄区南水北调工程建设指挥部、峄城区南水北调工程建设指挥部、薛城区南水北调工程建设指挥部，滨州市南水北调工程建设指挥部、邹平县南水北调工程建设指挥部，济宁市南水北调工程建设指挥部、任城区南水北调工程建设指挥部、微山县南水北调工程建设指挥部、梁山县南水北调工程建设指挥部、鱼台县南水北调工程建设指挥部，泰安市南水北调工程建设领导小组、东平县南水北调工程建设指挥部，德州市南水北调工程建设指挥部、武城县南水北调工程建设指挥部、夏津县南水北调工程建设指挥部，聊城市南水北调工程建设指挥部、临清市南水北调工程建设指挥部、东阿县南水北调工程建设指挥部等单位。会议成立了省级完工验收委员会，验收委员会依次听取了山东省南水北调工程建设管理局关于征地三维模型演示、实施管理工作、财务决算和档案管理工作汇报，移民设计、移民监理和监测评估单位的工作汇报，查阅了征迁安置档案。验收委员会通过认真讨论，一致认为：韩庄泵站等16个设计单元工程征迁安置任务全部完成，补偿资金完成兑付，建设用地手续已获批复，财务决算已全部完成，县级自验收及省级技术验收已经完成，征迁安置档案已通过验收。验收委员会一致评定韩庄泵站等16个设计单元工程征迁安置为合格，同意通过征迁安置完工验收。

五、经验与体会

（一）实施管理经验做法

1. 省政府采取强有力的措施是搞好征迁安置工作的关键

为搞好征迁安置工作，山东省政府采取一系列有力措施，加强南水北调工程征迁安置工作。一是省委组织部将南水北调工程建设纳入全省科学发展年度综合考核指标体系，依据南水北调工程征迁安置和施工环境保障等工作情况对各市政府年度工作进行量化打分，对征迁安置工作不力的地市进行扣分，促使征迁安置难题能够得到尽快解决。二是省政府将南水北调征迁安置工作纳入政府督查内容，定期组织督查组赴工程沿线各市、重点县（市、区）督查指导征迁安置和环境保障工作，对征迁安置难点和焦点问题进行跟踪督办。三是建立约谈制度，对于征迁重大难点问题，由省指挥部领导约谈各市、县政府主要负责人。

2. 建立健全领导和办事机构是搞好征迁安置工作的可靠保障

为搞好山东省征迁安置工作，山东省成立了以省长任指挥、两位副省长任副指挥的省南水北调工程建设指挥部，领导山东省征迁安置工作，对征迁安置重大问题进行决策，同时成立南水北调工程建设管理局作为省南水北调工程建设指挥部的办事机构，负责执行省指挥部决定的事项，各市县也成立了相应的指挥机构和办事机构。山东省南水北调工程建设管理局与省国土资源厅、省林业局建立了征用土地和使用林地协调机制，与省公安厅建立了南水北调工程安全保卫联席会议制度，与省直其他有关部门和重大专项设施主管部门建立了经常联系制度，完善了征迁安置工作的协调机制。各市县南水北调办事机构与同级国土、林业、公安等部门密切配合，与当地政府、办事机构建立了征迁安置和施工环境协调工作联动机制以及矛盾纠纷排查化解工作领导小组和工作组，为处理征迁安置和施工环境影响引发的矛盾纠纷、信访、上访及其他突发性事件奠定了组织基础，有力地保障了施工环境。

3. 搞好宣传发动工作能够保证征迁安置工作的顺利开展

一是加大宣传力度，充分利用报刊、电台、电视台、网络等多种媒体，广泛宣传南水北调工程建设的重大意义以及征迁安置政策、补偿标准，营造全社会关注关心支持南水北调工程建设的良好舆论氛围，为做好征迁安置工作奠定坚实的思想基础和社会基础。二是工程征迁安置实施前，省、市、县逐级召开征迁安置动员大会，安排部署征迁安置工作，深入发动、动员各级各部门，形成工作合力，层层落实征迁安置工作任务。三是在工程现场及有关村庄采取设立宣传栏、出动宣传车、发放明白纸、张贴标语等多种方式，进一步扩大宣传范围、提高宣传效果，让工程建设意义和征迁安置政策深入民心，赢得群众的理解支持。四是在征迁安置实施过程中，各级征迁安置干部深入田间地头，向广大被征地群众宣讲政策、沟通交流、答疑解惑，争取群众认可并自觉执行国家征迁安置相关政策法规。

4. 建立奖励通报制度能够促进征迁安置工作的开展

为搞好山东省南水北调工程征迁安置工作，省南水北调工程建设指挥部印发了《山东省南水北调工程征迁安置评比奖励办法》，决定在山东省南水北调工程征迁安置工作中开展评比表

彰活动，对在各设计单元工程征迁安置工作中做出突出成绩的单位和个人进行表彰奖励。2009年，山东省组织了一次大规模的征迁安置评比表彰奖励活动，在2010年召开的省南水北调工程建设指挥部成员会议上，省指挥部对评选出的40个先进单位和144名先进个人进行了表彰奖励。此外，在2010年年底南水北调山东段集中交付永久建设用地及2012年临时用地复垦退还工作中，山东省也实行了奖励政策，大大加快了工作进程。另一方面，对于征迁安置工作进展缓慢、进度滞后的市、县，省南水北调工程建设指挥部建立了通报制度，以督促其加大征迁力度、保障施工环境。省南水北调工程建设指挥部每两周印发一期《南水北调工程征迁安置情况通报》，发送给省南水北调工程建设指挥部领导、成员单位、各有关市、县（市、区）政府主要领导。通报主要刊登征迁安置进展情况、存在问题、征迁安置工作成绩及经验等内容，对征迁安置工作扎实有效的县（区）提出表扬，对存在征迁问题并经多次督促仍不能解决的县（区），进行通报批评。

5. 建章立制能够规范征迁安置工作的开展

山东省着力加强征迁安置制度建设，认真钻研有关政策法规并经广泛调研，陆续出台了永久界桩埋设及管理、临时用地复垦、专项设施复建、征迁安置实施管理、验收、档案管理、征迁安置评比奖励、资金管理、征迁安置实施方案编报和审查、征迁安置设计变更管理等16个管理办法或规定，初步形成了山东省南水北调工程征迁安置实施管理的制度体系。这些规章制度的出台，使得征迁安置业务工作的实施有章可循、有据可依。在建章立制的同时，注重加强对市、县等地方的业务指导。在每个单项工程征迁安置外业工作开展之初，组织参与征迁工作的市、县（区）征迁安置技术人员进行业务培训，通过专家授课、座谈讨论等多种形式，对征迁安置工作的任务要求、投资包干责任制、实施方案编制、征迁安置、专项设施复建、档案管理、验收等进行讲解和座谈，并就下一步工作配合进行安排，各相关单位工作人员也可以借此机会进行对接和协调，从而为下步征迁安置工作的顺利实施打好基础。

（二）实施方案编制经验做法

1. 实物调查应当全面准确

《大中型水利水电工程征地补偿和征迁安置条例》规定：“工程占地和淹没区实物调查，由项目主管部门或者项目法人会同工程占地和淹没区所在地的地方人民政府实施；实物调查应当全面准确，调查结果经调查者和被调查者签字认可并公示后，由有关地方人民政府签署意见。”具体组织实施中，一般实物量调查表都要由几方共同签字认可，目的也是为了确保准确无误。实施阶段的调查成果非常重要，如果调查中掉项漏项严重，那么在补偿兑付时肯定出现补偿资金不足的情况，即便使用预备费或者进行设计变更能够解决，也势必会增加程序、拖后进度；如果调查中弄虚作假、多列实物量，则会无法完全兑付，容易出现资金挪用等现象，引起群众不满，不符合国家审计稽查要求。

2. 地方政府应切实发挥主导作用

实施阶段的调查和方案编制应当以地方政府为主，特别是县级人民政府是征迁安置实施的责任主体，必须全面了解工程征迁安置基本情况和国家征迁安置方针政策，才能做到编制出的方案有的放矢、便于实施。

3. 补偿标准的确定要合法合规

补偿标准要严格执行国家、省、市有关法律法规和政策规定，原则上既要服从国家初步设计批复，又要满足征地实施需要，补偿标准要经过公示程序，确保被征迁安置群众知情、满意。对于初步设计中无批复项目的单价应说明制定补偿单价的依据和理由。

4. 合理考虑征迁和施工影响问题

对于不在征地红线范围内但工程建设会有明显影响的问题，如房屋或院墙拆到一半、鱼池占到三分之一、施工放炮影响、基坑渗水影响等类似的问题，要综合考虑影响程度、工程实际等多种因素，确定给予合理的补偿、补助。对于灌排、交通等影响群众正常生产、生活需要的问题，也应在实施方案中予以适当考虑，运用工程措施或者资金补偿等方式方法，消除或者降低对群众生产、生活的影响。

5. 专业项目复建设计深度要到位

专业项目复建方案由各产权单位委托具有相关专业资质的设计单位按照“原标准、原规模、恢复原功能”的“三原”原则进行设计，所提交的方案应满足实施要求，专业项目设计方案经审查批复后就成为县级南水北调办事机构与产权单位签订专业项目迁建协议的依据。专业项目复建时涉及其他行业主管部门时，需要有该主管部门对迁建方案的认可文件。

6. 高度重视临时用地复垦方案

临时用地复垦工作一般在征迁安置工作最后阶段进行，在编制征迁安置总体实施方案时，临时用地复垦往往达不到实施深度，在这种情况下，应先编制临时用地复垦规划，依据技术经济合理的原则，兼顾自然条件与土地类型，选择土地复垦后的用途，宜农则农、宜林则林、宜牧则牧、宜渔则渔，科学安排以农、林、牧、渔为主的各项用地。弃土区临时用地数量可先以勘测定界单位提供的成果为准，复垦标准原则执行国家初步设计批复标准。施工临时用地可暂按初步设计批复计列数量、单价及使用时间。

7. 征迁安置方案要具体、有可操作性

征迁安置特别是搬迁安置，直接涉及群众的生产生活需要，关系到社会稳定的大局，地方政府应予以高度重视。对于分散安置和集中安置的人口、户数、宅基地选址、标准及分配方案应进行准确复核，并由设计、监理、本人等各方签字认可。县级人民政府应组织规划、国土、南水北调等相关部门对征迁安置点选址、基础设施配套规划等提出明确意见，县级南水北调办事机构据此会同设计单位进行详细、具体的方案设计，方案设计过程中要征求每个搬迁户的意见，确保征迁安置方案的可行性和可操作性。

8. 依法合规制订征迁安置补偿费的分配使用方案

农村搬迁在本县通过新开发土地或者调剂土地进行安置的，县级人民政府应当将土地补偿费、安置补助费和集体财产补偿费直接全额兑付给该村集体经济组织或者村民委员会，土地补偿费和集体财产补偿费的使用方法应当经村民会议或者村民代表大会讨论通过。

由于被征地各村组在人均耕地面积、征地比重、经济发展水平、主要收入来源、村委会及村党支部领导能力等方面差别较大，决定了征地补偿费、集体财产补偿费分配使用和调整承包土地方式上的多样化，这就需要县、乡镇人民政府对被征地村组分别指导，制定切合实际的补偿费分配方案，并做好征地补偿费、集体财产补偿费使用的监督工作，维护被征地群众的权益。

（三）专项设施迁建经验做法

1. 加大公告力度

一是在初设调查阶段，由地方南水北调工程建设指挥部（办事机构）在报纸、电视等新闻

媒体广泛刊登工程迁建公告（包括线路走向、迁建范围等），通告和督促各专项设施产权单位及时申报受影响专项设施，特别是地下等隐蔽专项。二是在实施阶段，由地方南水北调工程建设指挥部（办事机构）进行广泛公告，督促产权单位抓紧迁建所属专项设施。并且，因地下专项隐蔽性强，前期初设调查中难免掉项漏项，这个阶段的公告也可以提醒有关产权单位加大对南水北调工程建设范围的关注，随时发现可能因工程建设影响的掉项漏项专项设施，以便及时申报列入迁建范围。

2. 初设阶段设计单位应加大调查的力度和深度

专项设施作为征迁安置实施内容中的重要部分，其征迁投资额度一般是除征用土地补偿外最大，而根据国家南水北调工程征迁实行投资和任务包干责任制的规定，初设阶段征迁概算一经国家审查批复后，没有特殊原因不变动。鉴于此，设计单位应当在初设阶段加大对专项设施的调查力度和深度，力争不掉项、少漏项。同时，在征迁主管部门的支持下，要对征迁范围内专项设施产权单位进行全面的调查，了解工程实施是否影响该单位的某些专项，确保将调查到的专项设施纳入初步设计报告。

3. 实施阶段及时处理设计变更或漏项项目

由于专项设施涉及行业部门庞杂，某些专项设施特别是地下的专项隐蔽性强，初设阶段调查时设计深度满足不了实施要求（批复概算完成不了迁建任务）或者因调查之后又新建了专项设施，因而出现掉、漏项现象。这就要求对实施阶段的这些设计变更或者漏项项目及时进行处理，由专业部门委托相关单位编制专项设施迁建实施方案，由省级或市级南水北调办事机构组织专家评审、批复后实施，迁建资金可使用预备费或者调剂征迁包干资金解决。

4. 建立完善的工作机制

工作机制包括三个方面，一是坚持“块块”管理为主。国家规定征迁安置工作实行“政府领导、分级负责、县为基础”的管理体制，专项设施作为征迁安置工作的一部分，也应坚持这一体制，由政府发挥主导作用。特别是涉及一些国有大型企业或者垄断行业的专项，必须发挥政府强有力的协调作用，才能确保顺利达成迁建协议、按期完成迁建任务。二是加强“条条”管理。专项设施如电力、通信等行业很多是垂直管理的，有时在某县（市、区）范围的通信设施，其管辖权却归省级甚至某中央企业，这就要求有关行业要加强本行业的管理，督促和引导本行业的各级专项设施权属单位积极支持国家重点工程建设、维护国家大局。三是在专项设施迁建中，建设方、施工方、地方与专项权属单位要建立快速反馈沟通协商机制，对于迁建方案、具体实施计划、完成工期等应及时沟通协商，达成一致。

（四）临时用地复垦经验做法

1. 科学制定临时用地复垦办法

为了规范临时用地复垦实施管理工作，维护土地所有人的合法权益，山东省在对南水北调工程临时用地复垦进行调研的基础上，通过多次与省国土资源厅、林业局沟通协调，省南水北调工程建设管理局、省国土资源厅、省林业局于2009年3月联合下发了《山东省南水北调工程临时用地复垦实施管理办法》，明确了临时用地复垦工作中县级人民政府的责任主体地位，规定了省、市、县南水北调办事机构及现场建管机构的职责分工，并对复垦验收及移交做出了原则性规定。该办法的出台，为山东省南水北调临时用地复垦工作提供了政策依据。

2. 重视勘界成果，摸清用地现状

工程临时用地使用以后，不仅改变了原有的地形和地貌，而且权属界线也难以分辨。摸清临时用地现状、搞好调查是制定临时用地复垦方案的关键。为了更切合实际地反映临时用地的现状，山东省南水北调工程建设管理局根据复垦设计要求，与山东省水利勘测设计院、济南市水文局、山东省国土测绘院三家勘测定界单位签订合同，由三家勘界单位就临时用地进行了更详细的测量，确定了复垦面积、复垦类型、村界，以便于编制复垦方案和签订任务、投资包干协议。

选定勘测定界队伍后，由现场建管机构牵头，勘界单位负责临时用地勘界及地形测量工作，编写临时用地测量专题报告。由县政府牵头，乡、村、设计、监理单位负责调查临时用地类型、弃土形状等，从而进一步摸清了底子，为复垦方案编制和今后顺利退还土地奠定了坚实基础。

3. 重视基层调查，弄清群众需求

山东省规定由县级人民政府牵头，组织设计、监理、勘界、现场建管机构等单位逐地块调查了解，充分征求乡镇、村特别是被征地群众对复垦的意见。为使复垦方案编制更加符合实际，山东省要求县级在征求意见的基础上，逐级、逐地块签订复垦退还协议。通过调查，对淤泥及弃土区放坡导致土地减少等问题，研究制定了切实可行的解决办法，列入复垦方案中。

4. 认真搞好复垦设计，确保方案质量

针对临时用地交付使用后出现的许多新问题、新情况，如弃土区弃土被拉走导致堆高降低或弃土占地较少、弃土区的超期使用等，省南水北调工程建设管理局要求设计单位在做复垦方案设计时，严格控制临时用地使用时限，进一步优化设计方案。同时，为了确保临时用地复垦方案编制科学合理、满足实施要求，山东省要求县级人民政府与设计单位共同承担临时用地复垦方案编制工作，由县级针对每块临时用地提出初步的复垦方案，设计单位搞好技术设计。复垦方案投资要求分解到村、到地块，便于包干，确保临时用地能够顺利退还。方案编制完成后由市指挥部组织评审，省指挥部批复实施。

5. 积极协调，稳步推进工作

临时用地复垦实施工作涉及部门较多，因此必须抓好协调，明确各方职责。2012 年上半年，山东省多次召开专题会议，连续四次行文有关市、县南水北调办事机构，设计、监理、勘测定界单位，要求抓紧开展临时用地复垦相关工作，2012 年 6 月 20 日，组织召开全省南水北调工程临时用地复垦工作会议，对临时用地设计、实施、验收等提出了具体要求，要求 2012 年 9 月上旬完成全省临时用地复垦设计方案评审批复工作，2012 年 12 月底前将临时用地分批次及时交付给各县南水北调办事机构。现场调查前，又召开了临时用地复垦勘界测量和现场调查进场动员会，进行了技术交底和动员。

6. 制定奖惩措施，调动地方积极性

为加快临时用地复垦退还工作进度，根据相关规定，山东省明确了奖惩政策，规定在临时用地复垦方案中增列部分实施管理费和乡村协调工作经费。对按时退还临时用地的市、县、乡、村进行奖励，未按时退还临时用地的不再进行奖励。

山东省把临时用地复垦退还工作情况作为对地方政府及南水北调办事机构考核的重要依据，对没有按期完成临时用地复垦退还的市、县要进行通报批评，同时作为年终对地方政府及

南水北调机构考核的一项重要指标。

7. 专款专用，经费包干

根据勘测成果，设计单位与所在县编制完善临时用地复垦方案，以县和单元工程为单位测算核定临时用地复垦总费用。按照评审通过的复垦投资，对各种补偿资金，县、乡、村层层签订了包干协议，确保了临时用地复垦资金专款专用，投资便于控制。

8. 加强信息管理，实行通报制度

临时用地复垦退还工作实行通报制度，每半月一通报。按照设计方案中临时用地退还计划，没有按期完成的要进行通报批评。

9. 增强公众参与和社会监督

山东省南水北调临时用地复垦工作之所以能比较顺利，在于加强了公众参与和社会监督。公众参与是为了充分了解社会各界人士对建设的态度和观点，反映他们的意见和建议，从而使项目规划、设计、施工和运行更加完善、合理，建设更加民主化、公众化，避免片面性和主观性。同时，为了工程的顺利实施，需要加强引导公众参与土地复垦工作，积极宣传土地复垦法律、法规和相关政策，使社会各界人士形成复垦土地、保护生态的意识，增强公众参与和监督意识。

（五）征地手续办理经验做法

1. 加强领导、专人负责

（1）加强领导。山东省征地区片综合地价工作从2009年7月1日开始实施，而国家批复山东省南水北调最高征地补偿标准是年产值的16倍。经测算，仅这一项就存在17亿元资金缺口。为保障被征地群众合法利益，推动南水北调征地工作顺利实施，山东省委、省政府主要领导亲自调度，决定从省市县各级财政拿出专项资金，弥补这一缺口。

（2）专人负责。为推动征地报批工作有效开展，从2011年上半年起，山东省南水北调系统安排干部和专门业务人员，负责征地报卷协调工作，包括：与山东省国土资源厅等有关部门联络沟通，征地组卷报卷计划制定，征地组卷报卷方案落实等。

2. 加强配合、及时调度

（1）加强配合。2010年11月，山东省国土资源厅领导带领各业务处室主要负责人，到山东省南水北调工程建设管理局现场办公，对征地报卷、耕地占补平衡、临时用地复垦等工作进行了沟通交流，确定建立南水北调征地工作联系人制度，并达成尽快着手开展征地报卷工作的共识。此后，两厅局联合召开了六次征地报卷工作会议，厅局及业务处室之间形成了密切的工作交流制度。

（2）及时调度。征地组卷报卷政策性强、技术标准要求高，涉及人员多、头绪繁杂、工作量大。为保障各项工作高效有序开展，省南水北调工程建设管理局重点加强了对各市县南水北调办事机构和勘测定界单位的调度。向各市县南水北调办事机构下发了《关于做好南水北调东线山东段工程建设用地报卷工作的通知》，要求各级加强建设用地报卷工作组织领导，抽调精干力量，组建专门工作班子，加强与国土部门沟通配合。为保证勘界单位能及时高效提交高质量勘测定界成果，在关键时段，坚持“每天一调度、每周一例会”。

3. 制定政策、简化环节

对南水北调这类国家特大型的战略性基础设施工程，制定了专项的用地政策，简化有关环节，保证合法及时提供建设用地，确保工程按期完工。

（1）区别项目，优先供地。区别项目供地，优先保证南水北调等国家战略性基础设施工程项目。

（2）立项审批减少环节。南水北调工程规划已论证五十年，且已通过国务院审批，是“非做不可”的项目，再经过重重关卡审批的意义不大。在初设技术方案及概算审查时，应当下放审批权限，尽量简化有关程序，缩短审批时限。

（3）简化程序。改革用地报件审查方式，对县、市政府组织的用地报件，改变传统的由政府常务会议或办公会讨论通过为由主要负责人审签。省级国土资源部门业务审查由串联改为并联，并建立内部联动机制，将建设项目用地会审的具体内容与规划调整方案、基本农田调整补划方案、土地勘测定界验收等程序性工作，从由各相关业务部门分别审查改为建设用地会审阶段一并审查，分别出具审查意见；集中会审时，对在用地预审阶段已审查过的内容和方案，不再进行重复审查，只进行复核。

4. 建立完善的社会保障制度

建立被征地农民基本生活保障制度。以统筹城乡经济与社会发展、加快城乡一体化和全面建成小康社会为方向，以维护被征地农民根本利益、切实保障其基本生活为主要目标。坚持保障水平与经济发展水平相适应，做到“政府能承受，群众能接受”；坚持统一制度与因地制宜相结合，尽快建立和完善被征地农民基本生活保障制度；坚持多方筹资，政府、集体、个人共同承担；坚持突出重点与搞好配套相结合，把保障被征地农民的基本生活，作为制度建设的核心。同时，要十分重视完善就业、土地征收管理等相关的配套政策措施。

5. 明确相关经费来源

在征地补偿投资概（估）算的其他费用中明确前期工作经费来源并增列实施阶段费用。前期工作经费包括地质灾害评估费、压矿储量调查费、林地可行性研究费、勘测定界费、土地确权发证费；实施阶段费用包括实施管理费和验收经费。

山东省南水北调工程建设管理局从省级掌握的征迁安置预备费中拿出了部分资金，直接下达到有组卷报卷任务的市县南水北调办事机构，作为专门工作经费，解决了“无米之炊”的问题。

6. 抓好协调、强化管理

（1）对土地勘测定界边界纠纷，由国土部门及地方人民政府根据职责分工及隶属关系协调解决。涉及征占用林地的，县级政府牵头，协调林业与国土部门确定。

（2）充分利用二次土地调查成果。

（3）抓好勘测定界单位的管理。

7. 简化程序、提高效率

（1）简化征地报批程序。国务院《关于深化改革严格土地管理的决定》（国发〔2004〕28号）指出：在征地过程中，要维护农民集体土地所有权和农民土地承包经营权的权益。在征地依法报批前，要将拟征地的用途、位置、补偿标准、安置途径告知被征地农民，对拟征土地现状的调查结果须经被征地农村集体经济组织和农户确认，确有必要的，国土资源部门应当依照有关规定组织听证。目前，基层国土部门不论征地具体情况，一律实行听证。由于地方利益及其他因素影响，听证通过难度太大，经常拖延征地时间。南水北调工程立项经过各方面多次论

证，国家已经批复，其用地属于单独选址的国家建设用地，不同于商业开发等其他用地，不可能因为某个村群众听证没通过而停建。南水北调工程占地属重点项目建设用地，且南水北调工程各单项工程用地预审已全部通过，建议办理用地手续时，减少土地听证等相关程序。只要按国家标准补偿到位，就可办理用地手续。

(2) 简化征地报卷材料。简化建设用地审批程序和内容，合并土地审批相关事项。上报国务院或省政府审批农转用、征收土地的单独选址项目用地和城市分批次用地，凡涉及土地利用总体规划调整的，规划调整方案随同建设用地报件一并报国务院或省政府审批。对报国务院审批的用地报件，按照国土资源部用地审批的要求办理。对报省政府审批的分批次用地、单独选址项目用地报批材料，尽量简化。

8. 政府主导、各方配合

(1) 省直有关部门和市、县（市、区）人民政府要加强组织领导，健全协调机制，及时研究解决重大问题。按“提前介入，程序不变，缩短周期，绿色通道”的要求，加快办理重点建设项目前期工作相关手续，为办理用地手续创造条件，确保建设项目依法顺利实施。

(2) 基础设施项目征地的主体是地方各级人民政府，必须强化县级人民政府在征地工作中的责任主体地位。

(3) 项目建设单位为用地主体，具体到南水北调工程则为各项目法人。项目法人应主动向当地政府及南水北调办事机构进行汇报，就征地补偿兑付、征迁安置、临时用地复垦、专项迁建等问题进行沟通协商，争取当地政府和办事机构的全力支持和配合。在征迁安置资金上，要优先保证，及时足额到位。

(六) 档案管理经验做法

1. 加强领导，建立健全档案管理机构

为切实加强对档案管理工作的领导，实行了统一领导、分级管理的原则。山东省南水北调工程建设管理局设置了档案室和档案柜，配备了专职、兼职档案管理人员，形成了有专门机构、有专人负责的档案管理体系。指导参与征迁安置工作的国土、文物等部门以及设计、监理、勘测定界等单位，都建立了相应档案管理机构，配备了专职档案管理人员和必要的设施，明确了责任。

2. 建章立制，为档案管理提供制度保障

先后制定了《山东省南水北调工程档案管理暂行办法》（鲁南指临字〔2003〕38号）、《山东省南水北调工程征迁安置档案管理暂行办法》（鲁调水政字〔2009〕46号）、《山东省南水北调文件材料归档制度》（鲁调水办字〔2005〕23号）、《山东省南水北调档案资料整编及立卷要求》（鲁调水办字〔2005〕15号）以及档案统计、保密、保管、鉴定销毁、库房管理、设备维护使用等多项管理制度，使征迁安置档案进入规范化管理轨道。

3. 重视培训，提高管理人员业务水平

先后派多名专兼职档案管理人员参加了水利部、国务院南水北调办和山东省档案局举办的各类机关档案规范化管理培训班。通过现场查勘、阶段性验收等方式对征迁安置参与单位资料整理人员进行业务指导和实践培训。组织举办了2次档案管理研讨培训班，有关市、县（市、区）南水北调办事机构以及设计、监理等单位共400人次参加了培训。为做好档案专项验收，聘请了山东省档案局等单位专家对档案资料进行验收前的检查、指导，明确了收集范围、立卷标准和移交程序等。

4. 强化指导，增强参与单位责任意识

档案管理人员提前介入资料的整理工作，与参与单位签订合同时，将档案工作列入合同条款，促进档案工作向精细化、规范化、标准化方向发展。档案管理人员深入工程一线，掌握征迁动态，准确把握资料形成和整理情况，做到勤检查、早发现，及时解决问题。同时，参与单位资料整理人员与征迁主管部门档案管理人员保持密切联系，对于资料整理过程中出现的问题及时沟通、协调、整改。

5. 严抓管理，提高归档率和准确率

为提高大量基础资料的归档率，从公文处理阶段就开始严格管理，设立收文、发文登记簿，规范办理程序，对每一份文件跟踪办理，所有办理完毕的文件一律收集到指定地点统一保管，从源头上杜绝了文件的丢失。对于移交的资料，档案室严格把关，大到档案装具，小到每件文件的档号，都对参与单位提出了明确的要求，不符合要求的资料要重新整改，直到符合移交标准为止。

6. 综合服务，有效利用档案资源

在实际工作中，利用库存的档案资料先后编写了《山东省南水北调工程征迁安置工作指南》(2008年版和2010年版)、《征地文件汇编》《失地农民政策汇编》(2005年版)、年鉴、大事记等，促进了南水北调征迁安置工作的开展。为适应当今时代数字化、信息化的要求，还通过专门的档案管理软件，对现有的文件资料进行电子化处理，努力提高档案资料的管理和利用水平。

（七）工作体会

1. 各级领导重视和支持是前提

国务院南水北调办领导多次到山东检查指导工作。山东省委、省政府主要领导和分管领导，多次专题听取南水北调工作汇报，省政府主要领导多次召开省政府常务会议，研究部署南水北调工作，解决了制约征迁安置工作进展的许多重大问题。如对于南水北调工程征地补偿低于山东省征地区片综合地价标准问题，省政府召开常务会议专题研究，决定山东南水北调工程征地执行区片综合地价补偿标准，由此增加的17亿元投资，按分级负担的原则由省、市、县分担，其中省级承担20%、市级承担不少于16%、其余由县级从耕地占用税等多方筹资解决。这些制约征迁工作的重大问题，离开了领导的重视和支持，是根本无法克服和解决的。

2. 政府发挥主导推动作用是关键

征迁安置工作政策性强，工作复杂，涉及利益主体多，只有紧紧依靠各级地方政府充分发挥社会动员、资源调配、行政执法、维护稳定等政府行为，才能做好征迁安置工作。根据国家实行“政府领导、分级负责、县为基础、项目法人参与”的征迁安置管理体制的精神，充分发挥市、县级政府的积极性，大胆放手让市县主动开展工作，同时加强检查、监督，才是实现和谐征迁与加快工程建设进程双赢的正确选择。

3. 运转高效的办事机构是基础

征迁安置工作综合性强，每项具体工作的完成都可能涉及多个部门、多个群体，这就需要

有一个运转高效的办事机构来沟通上下、协调左右，确保征迁安置任务的合理分解、落实到位。同时，征迁安置工作又是一项细致周密的群众工作，事关社会稳定，没有专职的各级办事机构，不可能完成这项工作。实践证明，凡是有专职机构的地区，政令畅通，工作阻力小，征迁安置工作开展顺利。

4. 执行政策原则性和灵活性要统一

一方面，国家对南水北调征地补偿和拆迁安置制定了统一的政策规定，在征迁安置实施过程中，必须严格执行国家有关的政策法规、标准，坚持原则，依法行政，把握好政策的天平和尺度，才能维护国家政策的权威，并赢得群众的支持和拥护。另一方面，南水北调工程沿线各地又有各自不同的实际，特别是各地经济发展水平不一甚至相差很大，这就需要在执行征迁政策时，在坚持原则性的前提下，根据具体情况作一些灵活性处理，允许各地在投资包干范围内统筹调剂使用征迁安置资金，适当调整征迁补偿标准。

5. 建立督查考核和奖惩机制是保障

督查考核，兑现奖惩，是保障征迁安置工作顺利开展的重要手段。由省政府办公厅组织省直部门组成督查组，赴工程沿线市县督导检查征迁安置和施工环境保障工作，能够有力地促进征迁工作的开展。由省委组织部对各市南水北调工程征迁安置工作进行考核，更能促进一些重点难点问题的及时解决。省政府或省南水北调领导机构开展的征迁安置评比表彰奖励和通报批评活动，则能够切实引起地方各级各部门的重视，形成你追我赶、争创先进的竞争氛围。

第三节　安徽省征迁安置工作

一、基本任务

（一）工程概况

南水北调东线一期工程安徽省境内仅有 1 个设计单元工程，即南水北调洪泽湖抬高蓄水位影响处理（安徽省境内）工程。

为了更大地发挥湖泊的调节作用，南水北调东线一期工程将洪泽湖非汛期蓄水位由 12.81m 抬高至 13.31m，抬高 0.5m，洪泽湖库容由 30.11 亿 m^3，增至 38.35 亿 m^3，新增加调节库容 8.24 亿 m^3，由此将影响沿淮河和沿怀洪新河低洼地的正常排涝。影响范围涉及安徽省 26 片洼地，总排涝面积 790.12km^2。安徽省南水北调工程内容主要是对除申家湖、四河以外的 24 片洼地进行影响处理。建设工程位于滁州、蚌埠、宿州三市的五河、泗县、明光、凤阳等 4 个县（市）境内。主要措施是改建、拆除重建和新建排涝泵站，疏浚排涝河沟。主要建设内容是处理泵站 52 座（新建 4 座，拆除重建、扩建及合并重建 13 座，加固改造 35 座），疏浚排涝河沟 16 条（总长 80.95km）。

国务院南水北调办以《关于南水北调东线一期工程洪泽湖抬高蓄水位影响处理工程（安徽省境内）初步设计报告的批复》（国调办投计〔2010〕155 号），批复本工程初步设计概算静态总投资 3.75 亿元，工程投资纳入南水北调工程统一管理，总工期 26 个月。

（二）安徽省征迁安置概况

工程初步设计阶段征迁安置总投资 3436.3 万元，其中，滁州市 1034.7 万元，蚌埠市 1884.9 万元，宿州市 516.7 万元。征迁任务为：永久征地 627 亩，临时用地 3726 亩，拆迁附属物树木 128161 棵、通信线路 350m、坟墓 27 座等。

工程实施阶段累计完成永久征地 632 亩，临时用地 3101 亩，拆迁附属物房屋 2825m^2、树木 57205 棵、坟墓 81 座、厕所或猪圈 69 个、高压线路 270m 等。截至 2016 年 12 月底，累计完成征地拆迁投资 3028 万元，占批复投资的 88%。

（三）各市县征迁安置情况概述

本工程征（占）地范围共涉及蚌埠市的五河县、宿州市的泗县和滁州市的明光市、凤阳县等 4 县（市）。

1. 蚌埠市五河县征迁安置情况

（1）工程概况。五河县受回水影响洼地共 15 片，分别为龙潭湖洼地、郜家湖洼地、张家沟洼地、三冲湖洼地、申家湖洼地、杨庵湖洼地、漴潼河北岸洼地、岳庙洼地、张姚洼地、大圩洼地、王小湖洼地、马拉沟洼地、董咀洼地及郭咀、黑鱼沟、彭圩、大路、四河等洼地，总面积 552.6km^2。

五河县境内工程主要位于五河县城关、头铺、申集等 10 个乡镇境内。工程主要建设内容有：新建泵站 2 座，分别为马拉沟站、董咀站；拆除重建及扩建泵站 7 座，分别为龙潭湖东站、龙潭湖西站、五河站、许沟老站、荣渡站、打雁刘站及四陈站；加固维修及技术改造泵站 12 座，分别为旧县站、许沟新站、新集站、蔡家湖站、万庄站、双河站、三冲站、柳沟站、北店站、杨庵站、钱家沟站、王小湖站。以上 21 座泵站总计设计排涝流量 184.06m^3/s，总计装机 16826kW（含五河站排涝流量 30m^3/s，装机 2700kW）。列入疏浚大沟 12 条，分别为郜湖大沟、张家沟、许沟、马拉沟、董咀大沟、四陈大沟、岳庙大沟、张姚大沟、郭咀大沟、黑鱼沟、彭圩大沟及大路大沟，总长 60.54km。

（2）初步设计批复情况。初步设计批复五河县永久征地 289 亩，临时用地 1773 亩，树木 40152 棵以及专业项目光缆 350m 等。其中，五河泵站、龙潭湖东站等 21 座泵站分别需永久征地 31 亩，临时用地 194 亩；郜湖大沟、张家沟、张姚大沟等 12 条大沟分别需永久征地 258 亩，临时用地 1579 亩。

（3）项目实施阶段主要实物指标。五河县在工程实施阶段的实物数量：永久征地 273 亩，临时用地 1952 亩；拆迁房屋 1068m^2 及附属物等。

2. 宿州市泗县征迁安置情况

（1）工程概况。宿州市受到回水影响的县（区）为泗县，泗县的洼地有 2 片，分别为石梁河下游洼地、唐河下游洼地，总面积 49km^2。

泗县境内工程主要位于唐河下游丁湖镇、草沟镇以及石梁河下游的墩集镇和大路口乡。工程的主要建设内容：拆除重建泵站 2 座，分别为樊集站、大安站；大沟疏浚 1 条，为石梁河下游河段 2.23km。以上泵站总设计排涝流量 3.38m^3/s，总设计装机 330kW；大沟疏浚总长度 2.23km。

（2）初步设计批复情况。初步设计批复泗县永久征地92亩，临时用地827亩，树木23600棵以及专业项目坟墓迁建27座等。其中，樊集站、大安站2座泵站分别需永久征地15亩，临时用地2亩；石梁河下游大沟疏浚分别需永久征地77亩，临时用地825亩。

（3）项目实施阶段主要实物指标。泗县在工程实施阶段的实物数量为：永久征地89亩，临时用地126亩，拆迁房屋80m²及附属物等。

3. 滁州市征迁安置情况

（1）工程概况。滁州市受到回水影响的县（区）为明光市和凤阳县，共5片洼地，分别为明光市的潘村湖洼地、七里湖洼地、池河下游洼地、泊圈岗堤和凤阳县的花园湖洼地，总面积332.76km²。

滁州市境内工程主要位于明光市的泊岗乡、潘村镇、柳巷镇、明西街道、女山湖镇、苏巷镇、石坝镇、明东街道、明光街道、涧溪镇和凤阳县的枣巷镇、黄湾乡共12个乡镇境内。滁州境内工程初步设计阶段规划滁州市境内的建设内容为：新建泵站2座，拆除重建泵站4座，加固维修及技术改造泵站22座，排涝大沟疏浚18.21km。工程实施阶段的建设内容为：新建泵站2座，分别为码头站、花园湖站；拆除重建泵站3座，分别为东西涧站、南湖站、胡台站；加固维修及技术改造泵站9座，分别为老窑站、太平站、钱西站、山高中、车巷站、丁台站、梁山站、戴湾站、红旗站。以上泵站总设计排涝流量64.95m³/s，总设计装机6284kW；疏浚大沟2条，分别为护岗河疏浚、花园湖排涝干沟疏浚，大沟疏浚总长度18.21km；新建抹山防汛道路，总长4.03km。

（2）初步设计批复情况。初步设计批复滁州市明光市永久征地108亩，临时用地829亩，树木58000棵；滁州市凤阳县境内涉及永久征地138亩，临时用地297亩，树木6409株。

（3）项目实施阶段主要实物指标。滁州市在工程实施阶段的实物数量为：永久征地271亩，临时用地1022亩。其中明光市永久征地148亩、临时用地713亩，拆迁房屋140m²及树木3021棵、坟墓4座及其他附属物。凤阳县永久征地123亩、临时用地309亩，拆迁房屋1617m²及树木6230株、坟墓37座、厕所（禽畜舍）9个、高压线路70m及其他附属物。

二、管理体制机制和规章制度

（一）管理体制和机构设置

1. 省级机构

本工程建设管理机构采取“1＋4”模式，即一个项目法人和四个建设管理单位。项目法人为安徽省南水北调东线一期洪泽湖抬高蓄水位影响处理工程建设管理办公室（简称“安徽省南水北调项目办”），负责安徽省境内工程的宏观管理和协调工作。四个建设管理单位分别是安徽省水利水电基本建设管理局、滁州市治淮重点工程建设管理局、蚌埠市治淮重点工程建设管理局、宿州市南水北调东线洪泽湖抬高蓄水位影响处理工程建设管理处，受安徽省南水北调项目办的委托，分别负责五河泵站、滁州市境内项目、蚌埠市境内项目（不含五河泵站）、宿州市境内项目的建设管理工作。

安徽省南水北调项目办设立了移民部负责安徽省境内南水北调工程的征迁安置宏观管理工作，协调解决工程征迁安置中遇到的问题，负责与国务院南水北调办进行沟通、汇报，检查督促各建设管理单位落实各项征迁工作，督促和指导各市县开展征迁安置工作的实施方案评审、征迁安置专项验收工作。

由四个建设管理单位分别与项目所在县人民政府签订征迁安置包干协议，相应县人民政府成立了征迁安置办公室负责征迁安置的具体实施工作。

2. 县级机构

工程所涉五河县、泗县、凤阳县、明光市人民政府负责本辖区征迁安置工作，职责包括制定安置方案，组织实施拆迁安置工作，协调解决工作中的矛盾和问题，确保征迁安置范围内群众的正常生产和生活，确保按时按标准完成任务，确保社会稳定。

各县（市）政府均成立了洪泽湖抬高蓄水位影响处理工程征迁安置领导小组（以下简称“领导小组”），成员单位由县水利局、发展改革委、公安局、监察局、民政局、财政局、国土资源局、建设局、交通局、林业局、审计局、信访局、淮河河道局及有关乡镇政府等单位和部门组成。下设洪泽湖抬高蓄水位影响处理工程征迁安置办公室（以下简称“征迁安置办”）全面负责征迁安置的组织实施工作。领导小组成员单位工作职责主要包括以下内容：

（1）征迁安置办。负责永久征地和临时用地的整体丈量及地面附属物的总清点及其补偿。公开拆迁内容、补偿对象、补偿标准，明确工作程序、进度要求和申诉渠道，维护群众的知情权、参与权、监督权。

负责做好征迁安置区干部群众思想动员工作。负责制定和落实实施计划。按照年度工程进度的要求，按照项目法人年度征迁安置建设计划，制定征迁安置年度实施计划，合理组织安排征迁安置工作，满足工程建设进度要求。

负责征迁安置资金兑付和财务管理工作。征迁安置资金设专户管理，专款专用，坚持“公开、公平、公正”的原则，补偿标准和方案要张榜公布，由征迁民安置工作领导小组办公室将补偿资金直接发放给补偿户，并按资金管理要求造册列表，及时兑现，不得截留、挤占和挪用征迁安置补偿资金。

负责会同监理单位向项目法人及时编报征迁安置进展情况，编报基建财务、统计报表。

负责征迁安置工程竣工决算，档案管理，专项验收的相关工作。

（2）县公安局负责工程实施期间突发事件的处理及实施过程中的治安保卫工作。

（3）县监察局负责对征迁安置补偿资金发放使用进行监督监察，确保资金安全。

（4）交通、供电局负责道路及输电线路改造工作。

（5）国土资源局负责工程建设用地征用手续、土地证办理等具体工作，及时提供建设用地。

（6）林业局负责办理树木砍伐的相关手续。

（7）淮河河道局、怀洪新河河道管理局负责协调办理破堤等相关手续。

（二）规章制度

为加强征迁安置工作管理，依法规范征迁安置行为，有效维护被征迁安置当事人的合法权益，推动征迁安置工作的全面落实，根据有关规定，洪泽湖抬高蓄水位影响处理工程征迁安置所涉及的县（市）主要建立了以下工作制度。

1. 调查登记制度

（1）调查人员的组成。征迁安置现场实物调查必须由三个方面的人员组成，即实行“三到

场三签字”调查确认制度：被征地集体经济组织法人或其委托代理人到场及签字；被征地承包经营人到场及签字；征迁办工作人员到场及签字。

（2）调查登记要求。现场调查必须做到以下要求：实事求是和公平公正；公开测量、公开登记，做到不重不漏；表格填写清晰，杜绝随意涂改，全名签字盖章；现场绘制调查登记表上被征土地及房屋示意草图、填写尺寸数据，现场拍摄照片并编号备查。

（3）资料移交要求。调查登记资料必须一式两份，在现场调查人与被调查人签字确认后，一份现场交给被调查人或其所属行政村负责人，另外一份及时移交专人签收管理（作原始资料存档备查、录入汇总）。

2. 公示制度

根据国务院南水北调办、水利部、国土资源部等部委的相关规定，对被征单位和个人相关征用情况进行公示，公示地点主要设在所属村委会公示栏或征迁安置现场，公示主要内容包括：工程名称及征用土地方式，被征用土地的所有权人、地类、面积以及附属物数量，征地及附属物补偿标准，监督举报电话等。

3. 信访制度

为落实信访工作，应做到以下要求：

（1）落实专人负责群众接待，向群众宣传征迁安置政策、法规和有关规定，提供政策咨询，听取群众意见和建议。

（2）设立投诉举报电话和举报箱，对待来信来访要认真做好记录。处理信访件，做到件件有结果。

（3）对群众反映的问题，及时分析解决，不得拖延和推诿。重大问题及时汇报，加强沟通，把问题化解在萌芽状态，严禁因处理不及时出现群众集体（越级）上访事件的发生。

（4）对群众反映的合理要求，要促使有关部门解决；不符合政策规定的，要耐心解释。

4. 监督检查制度

征迁安置工作接受市、县纪检部门和县水利局的监督检查，征迁办负责人对所有负责征迁安置工作的人员采取定期或不定期检查，发现问题及时处理并予以通报，情节严重的要追究其法律责任。

5. 责任承诺制度

五河县、凤阳县为保证工作落到实处，作出以下工作承诺：

（1）坚持依法征迁安置，严格执行相关法律、法规。教育、督促征迁安置人员遵守各项制度和规定，按要求做好公示和信访接待，实行阳光操作。

（2）保证严格依法履行征迁安置补偿相关协议，补偿资金在规定期限内足额支付到位。

（3）保证不采取暴力、威胁或其他非法手段，强迫实施征迁安置行为。

（4）保证妥善处理好征迁安置中的纠纷，不发生因征迁安置工作不到位而引发集体（越级）上访事件。

（5）保证按时、按要求、按质量完成交办工作任务。

6. 责任追究制度

有下列情况之一的，对工作人员将进行责任追究，分别给予提醒、批评教育、告诫、通报，情节严重、影响恶劣的，将提请主管部门更换直至行政纪律处分：

（1）消极对待征迁安置工作，抵制工作安排的。

（2）违反征迁安置资金管理和使用规定的。

（3）借征迁安置工作之便，弄虚作假，擅自篡改原始调查记录达到个人非法目的，致使征迁安置补偿资金重大损失和严重负面影响的。

（4）违反征迁安置廉政规定的。

（5）未按程序或未依法实施征迁安置的。

（6）扰乱征迁安置秩序，散布虚假信息，混淆是非的。

（7）对失职行为经教育拒不改正的。

（8）未按时按量完成征迁安置工作任务的。

7. 征迁安置工作廉政规定

通过以下廉政规定，对工作人员的行为作风进行严格约束：

（1）严禁利用工作便利，为他人谋取不当利益。

（2）严禁索要或接受被征迁安置当事人的一切礼品礼金，不得在对方报销任何应由个人支付的费用。

（3）严禁擅自修改或篡改原始调查数据等弄虚作假。

（4）严禁随意表态乱开政策口子。

（5）严禁做被征迁安置当事人的反面工作。

8. 征迁安置资金监督管理办法

（1）征迁安置资金用于征迁安置的各类补偿费和与征迁安置相关的有关税费和征迁安置管理工作经费。

（2）洪泽湖征迁办根据征迁安置补偿协议、征迁安置补偿发放表严格审核支付补偿费用。

（3）对征迁安置补偿费使用实施监管，通过银行拨付的征迁安置补偿费，必须专款专用，不得占用、挪用，不得漏付、错付、延付、多付、少付等。

（4）按照法律法规相关规定，与财务审计部门定期或不定期对征迁安置补偿资金进行检查，征迁办按规定提交征迁安置费用使用情况。

具体办法如《宿州市南水北调东线洪泽湖抬高蓄水位影响处理工程建设财务管理办法》《宿州市南水北调东线洪泽湖抬高蓄水位影响处理工程价款结算管理办法》《宿州市南水北调东线洪泽湖抬高蓄水位影响处理工程建设管理费管理使用办法》等。

三、实施与管理

（一）蚌埠市五河县境内工程实施与管理

1. 实物指标复核

南水北调东线一期洪泽湖抬高蓄水位影响处理工程五河县境内征迁安置工程经国家批复后，五河县征迁办根据国家、省和市的部署要求和招标设计文件，立即着手开展征地范围内的调查工作。

为了确保调查成果的全面性、真实性和准确性，五河县征迁办遵循依法、客观、公正、公平、全面、准确的原则，结合当地实际情况，向社会大力宣传工程的重要性及征迁安置的相关

法规。为了推进工作进度，对急需开工的泵站和大沟疏浚工程，五河县征迁办直接与工程所在乡镇政府签订投资包干协议，让乡镇积极参与到征迁安置工程中，从以往的单纯配合、协助转为积极主动的工作，同时对征迁安置工作涉及的村召开村民大会并公布调查结果。

五河县征迁办委托专业的土地登记代理公司对工程涉及的永久征地进行勘测定界和报批工作。五河县征迁办大量搜集工程涉及区域的地籍图、地形图、土地利用现状图、土地利用总体规划图、基本农田界线图、测区范围内的航片图、土地权属界线图以及建设项目工程施工总平面布置图和权属证明文件，并结合《城镇地籍调查规程》《土地利用现状调查技术规程》《城市测量规范》等法律、法规和政策性文件，结合自身实际情况，合理制定征迁安置调查范围内的土地、房屋、树木等具体调查方法。确保实物调查成果实事求是地反映实物的实际情况，杜绝产生影响社会稳定的隐患。

五河县境内征地实物调查工作，首先由设计单位会同项目法人、县征迁办及国土局、乡镇等单位，依据征地规划及工程施工图，现场确定工程征迁安置范围，并做好界限标示。征迁范围确定后，由五河县征迁办及时组织其工作人员对红线范围内的实物工程量以村为单位进行调查，登记造册。

实物复核调查完成且参与各方确认无误后，五河县征迁办按照包干协议及相关规定，对汇总数据对照原始调查表各方反复核对，以确保准确无误、数据精准。

2. 公告公示

实物调查成果汇总复核完成后，由五河县征迁办按照相关规定对调查成果在各村进行公示。

（1）第一次公示及宣传。以村为单位的实物量调查好后，由五河县征迁办公布调查结果及红线范围，禁止在红线范围内从事一切生产、生活活动。

（2）第二次公示。在第一次征迁实物量公示的基础上应及时将征迁实物量落实到户，并根据群众对公示结果的反映，五河县征迁办对第一次公示结果进行增减修改，并进行第二次公示，补偿资金发放原则上以第二次公示为准。

3. 实施方案的编制与批复

五河县征迁办分别于2010年和2011年编制了《南水北调东线一期工程洪泽湖抬高蓄水位影响处理工程五河县境内五河泵站征迁安置实施方案》《南水北调东线一期工程洪泽湖抬高蓄水位影响处理工程五河县境内2010年度实施工程征迁安置建设任务实施方案》《南水北调东线一期工程洪泽湖抬高蓄水位影响处理工程五河县境内2011年度实施工程征迁安置建设任务实施方案》，另外委托淮北市水利建筑勘测设计院有限公司编制了《南水北调东线一期洪泽湖抬高蓄水位影响处理工程五河县境内征迁安置实施方案》，由五河县征迁办报蚌埠市水库移民工作领导小组办公室批复后实施。

4. 补偿协议

（1）与项目法人签订的包干协议。2010年10月10日，安徽省水利水电基本建设管理局与五河县人民政府签订了《南水北调东线一期工程洪泽湖抬高蓄水位影响处理工程（安徽省境内）五河站征迁安置建设任务与投资包干协议书》。

2010年11月20日，蚌埠市治淮重点建设管理局与五河县人民政府签订了《南水北调东线一期工程洪泽湖抬高蓄水位影响处理工程2010年度实施工程征迁安置建设任务与投资包干协议书》。

2011年9月22日，蚌埠市治淮重点建设管理局与五河县人民政府签订了《南水北调东线一期工程洪泽湖抬高蓄水位影响处理工程2011年度实施工程征迁安置建设任务与投资包干协议书》。

(2) 与被征乡镇、村签订包干协议。为推进征迁安置工程进度，经五河县征迁办研究决定，对急需开工的泵站和大沟疏浚工程，县征迁办直接与工程所在乡镇政府签订投资包干协议，让乡镇从以往的单纯配合、协助转为积极主动地参与工作。对于其他工程，县征迁办在征得被征迁户同意后，直接与村委会签订征迁安置补偿协议书。

5. 补偿兑付

南水北调东线一期洪泽湖抬高蓄水位影响处理工程五河县境内征迁安置补偿标准严格执行国家批复标准。但在具体实施过程中，针对坟墓、厕所、鱼塘等在包干协议中未涉及的补偿类型，五河县征迁办联合有关主管部门及相关业务部门召开了多次关于补偿标准的会议，最终形成会议纪要报上级主管部门。对包干协议中没有提及的补偿类型，参照蚌埠市和五河县的地方标准，在不损害国家利益的前提下，最大限度地减小被征单位和个人的损失，让惠于民。

在标准执行过程中，五河县认真研究相关补偿标准依据，并结合实际对补偿方式进行优化。例如包干协议中对临时用地的补偿是根据整个工程施工工期一次性补偿一年半或两年半，但具体到某一分部工程或单元工程时，只需要较短的时间。为此，五河县对临时用地，采取按季度补偿方式，即影响一季补偿一季，直到临时用地恢复农业生产。仅此一项，就为国家节约了大量的补偿资金，同时又不损害群众的利益。

6. 农村生产生活安置

南水北调东线一期洪泽湖抬高蓄水位影响处理工程五河县境内征迁安置涉及房屋主要采用征迁户自建房屋的补偿方式。县征迁办积极协助征迁户宅基地落实手续。宅基地在村民组内调剂的，安置资金中宅基地部分归村民组；宅基地在乡镇规划区购买的，由征迁户自行解决购买资金，对安置资金缺口较大的，县征迁办积极与征迁户所在乡镇协商，予以适当资金补偿。

五河县境内征迁安置涉及房屋较少，整体拆迁难度很小，多数为渔场和泵站的管理房，共计1068m^2，其中五河泵站涉及渔场房屋共计160m^2，结合实际情况县征迁办对涉及房屋本着“就近靠后”的原则自行安置，并对征迁户进行适当的货币补偿。

工程涉及的耕地征用比较分散，相对于一个村而言，征用土地很少。工程征地率在1%以下，对农村经济和社会发展影响较小，生产安置均可在本村内调地。

7. 专项设施迁建

五河县境内涉及的专项设施迁建为380V线路380m和220V线路200m，在具体执行过程中，五河县征迁办与供电部门及电信部门召开了多次协调会，同时向蚌埠市治淮重点建设管理局汇报征迁过程中遇到的问题，通过市一级对征迁环境进行协调，成功地解决了五河县线路的迁移问题。

8. 永久征地交付

五河县永久征地273亩，其中五河泵站、龙潭湖东站等21座泵站需永久征地51亩；郜湖大沟、张家沟、张姚大沟、郜湖高排沟、双河大沟、黑板桥大沟及荣渡大沟等16条大沟需永久征地222亩；五河县征迁办通过联合工程涉及的各方对用地范围进行确认和丈量以后，对征迁内容进行公示，在公示没有异议的情况下，根据《南水北调东线一期工程洪泽湖抬高蓄水位

影响处理工程征迁安置建设任务与投资包干协议书》进行补偿。在补偿款发放到位后，县征迁办将已被征用的土地交付给施工单位使用。

9. 临时用地交付和复垦

南水北调东线一期洪泽湖抬高蓄水位影响处理工程五河县境内共涉及临时用地1952亩（滩地208.5亩），其中五河泵站、龙潭湖东站等21座泵站需临时用地457.15亩，郜湖大沟、张家沟、张姚大沟、郜湖高排沟、双河大沟、黑板桥大沟及荣渡大沟等16条大沟需临时用地1495亩。

五河泵站、龙潭湖东站等21座泵站临时用地主要用于搭建临时工棚，原材料堆放、机械设备临时停放区以及施工围堰取土及临时堆土区和弃土区。郜湖大沟、张家沟、张姚大沟等12条大沟临时用地主要用于堆土区、弃土区和施工便道等。在大沟清淤过程中，针对部分大沟因常年淤堵土方量大、淤泥多的问题，积极协助施工单位制定堆、弃土区方案，并根据现场实际情况，适当增加了临时用地面积。

五河县征迁办对临时用地进行复核丈量后，对每一户的征地情况进行公示，公示无异议后，发放补偿款，并将临时用地交付施工单位使用。

五河县征迁办先后组织了三次复耕工程的招投标。根据包干协议和实物调查结果并结合工程建设进度，五河县对临时用地复垦分四次实施，恢复耕地1704亩。

（1）第一次复垦。五河县征迁办在2011年6月前先期对五河、龙潭湖西站、荣渡、三冲、四陈、柳沟、双河、马拉沟、董咀泵站及四陈站沟、郭咀、董咀、张姚、黑鱼、岳庙、马拉、大路、彭圩沟临时用地进行复耕，此次实施复垦面积为706亩，主要对取土区进行填土平整、弃土区摊平翻耕、施工临时场地建筑垃圾清理和场地平整。由于此次临时用地复垦工程涉及五河县境内多个乡镇，工程涉及面广、点散，在一定程度上增加了施工的成本及难度。为了不影响农民的播种、育苗和缩短施工工期、降低标价、改善支付条件，县征迁办对本次复垦采用议标的方式。

（2）第二次复垦。根据工程实施的进度，五河县征迁办在2012年11月对北店泵站、蔡家湖泵站、打雁刘泵站、旧县泵站、杨庵泵站、龙潭湖东站、钱家沟泵站、万庄泵站、王小湖泵站、新集泵站、许沟泵站等泵站及许沟高排沟临时用地进行复垦。此次工程涉及五河县境内双忠庙、新集、头铺及城关镇等4个乡镇，复垦面积321亩。

（3）第三次复垦。由于复垦区域多为淤泥堆积区，复垦施工难度较大。为了能够赶在夏种前完成复垦任务，五河县征迁办在2013年3月前开始对张家沟临时用地进行复垦，为了更好地完成工作，要求施工单位采取多上机械、多点开工的方式。此次实施项目涉及五河县境内新集、小圩、头铺等乡镇复垦面积为35亩。

（4）第四次复垦。根据施工进度，郜湖大沟、郜湖高排沟、双河、黑板桥及荣渡大沟疏浚弃土区、施工占地等土地复垦在2013年5—6月进行，此次临时用地复垦主要是将弃土区土地表面整平，恢复原来排灌及生产道路并基本具备耕作条件。此次疏浚涉及五河县城关、头铺等乡镇，复耕总面积为327亩。

（二）宿州市泗县境内工程实施与管理

1. 实物指标复核

泗县南水北调工程征迁安置领导小组办公室组织泗县水利局和乡镇水利站工作人员，乡镇政府和村民委员会干部，对施工范围内需征迁的土地、附着物等实物指标进行复核。经复核，大安站、樊集站重建工程与批复量差别不大，整体补偿经费差别不大。

实物复核调查完成且参与各方确认无误后，泗县征迁办按照包干协议及相关规定，对汇总数据对照原始调查表各方反复核对，以确保准确无误、数据精准。

2. 公告公示

实物调查成果汇总复核完成后，由泗县征迁办按照相关规定对调查成果在各村进行公示。

第一次公示，以村为单位的实物量调查完成后，由泗县征迁办公布调查结果及红线范围，禁止在红线范围内从事一切生产、生活活动。

第二次公示，在第一次公示的基础上将征迁实物量落实到户并根据群众对公示的意见，泗县征迁办对第一次公示结果进行修正，并进行第二次公示，补偿资金发放原则上以第二次公示为准。

3. 实施方案的编制与批复

宿州市南水北调东线洪泽湖抬高蓄水位影响处理工程建设管理处委托宿州市水利水电勘测设计院编制了《南水北调东线一期洪泽湖抬高蓄水位影响处理工程泗县境内征迁安置实施方案》，实施方案中明确了工程任务、时间安排、补偿标准、职责分工、资金拨付、奖励措施等内容，由泗县人民政府批复后实施。

4. 补偿协议

泗县南水北调工程征迁安置领导小组与宿州市南水北调洪泽湖抬高蓄水位影响处理工程建设管理处签订了拆迁包干协议，协议价为 427 万元（实物量部分）。

5. 补偿兑付

根据与宿州市南水北调工程建设管理处签订的包干协议，泗县各涉及征迁的镇、村和水利站负责完成土地丈量和地面附属物的清点到户工作，以村或居委会为单位对土地和地面附属物的数量分别丈量到户，填写补偿花名册，提供身份证号码，逐户签字确认，加盖村、乡镇公章上报县征迁办。

各村在村公开栏或显著位置张榜公示补偿情况，公示时间不少于 7 天，公示有举报、监督电话，由县征迁办派员现场拍照存档。公示无异议后，由县征迁办直接全额兑付给补偿对象及个人，因工程特殊需要的由所在乡镇政府兑付给补偿对象及个人。

6. 农村生产生活安置

工程永久征地比较分散，相对于一个村而言，征用土地很少。工程征地率各村多在 1%以下，对农村经济和社会发展影响很小，生产安置均可在本村内调地。

泗县境内征迁安置涉及的房屋较少，主要为樊集电灌站建设用地内民房，采取货币补偿方式，由征迁户自建房屋。

7. 永久征地交付

宿州市境内的大安、樊集站永久征地，根据设计和建设需要，按规定程序赔付到位且附着物清理完毕后，交施工单位使用。石梁河清淤疏浚工程征迁工作因为赔偿问题进度较缓慢。为了确保工程顺利实施，依据《泗县河道管理实施细则》（泗县人民政府第 2 号令）、《关于进一步加强国有河道管理有关问题的通知》（泗政〔2000〕43 号），关于“石梁河管理范围内的水土资源所有权属于国家，泗县水利局为政府的河道主管机关，负责对河道的管理和水土资源的开

发利用，其他任何单位、个人不得干预阻挠和强占”的规定，泗县水利局向当地群众发布了公告，对在施工地段范围的地块进行确权。根据《安徽省人民政府关于公布安徽省征地补偿标准的通知》（皖政〔2009〕132号）文件规定，以及泗县政府与宿州市南水北调建设管理处签订的包干协议，对被征农户补偿。在补偿款发放到位后，县级征迁办将已征用的土地交付给施工单位使用。征迁工作开展过程中，各部门积极配合，保证现场的征迁和施工秩序，保证工程顺利实施。

8. 临时用地交付和复垦

大安站、樊集站临时用地，根据建设需要和施工单位要求，按规定程序赔付到位且附着物清理完毕后，交施工单位使用。工程完工后，施工单位对临时用地进行清理后，交由被征地村民，由村民自己进行复耕。

石梁河临时用地通过县政府的强力推动，进展顺利，征地赔偿工作完成后交施工单位使用。工程完工后，先由施工单位对临时用地进行清理，交由被征地村民，由村民自己进行复耕。

（三）滁州市境内工程实施与管理

1. 实物指标复核

（1）明光市实物指标复核。明光市征迁安置工作办公室组织明光市有关部门和各乡镇联合组成调查组对施工范围内需征迁的土地、附着物等实物指标按照规定进行复核，并经拆迁单位和拆迁户对实物量进行核实认可。

经复核，明光市境内工程永久征地面积185.85亩，临时用地面积466.69亩，整体补偿经费差别不大。

（2）凤阳县实物指标复核。凤阳县洪泽湖抬高蓄水位影响处理工程现场建设管理处组织凤阳县水利局和各乡镇政府水利站及村民委员会干部，对施工范围内需征迁的土地、附着物等实物指标进行复核。经复核，凤阳县境内工程永久征地面积120亩，临时用地面积414亩，地面附着物多出坟墓37座，房屋及附属物共1630m^2，整体补偿经费差别不大。

2. 公告公示

实物调查成果复核完成后，明光市征迁办和凤阳县征迁办按照相关规定对调查成果在各村进行公示。

（1）第一次公示及宣传。以村为单位的实物量调查完成后，由滁州市征迁办公布调查结果及红线范围，并以滁州市政府名义下达征迁范围内停建令，禁止在红线范围内从事一切生产、生活活动。同时由滁州市征迁办出面，组织电视台、广播电台等单位大力宣传工程建设的重要性及征迁安置的相关法规，同时召开征迁涉及村的村民大会，广泛宣传，做到家喻户晓。

（2）第二次公示。第一次征迁实物量公示是以村为单位，在此基础上将征迁实物量落实到户，进行第二次公示，并对第一次、第二次公示实物量总数的差异作出备注或说明。

（3）第三次公示。根据群众对二次公示的反映，征迁办人员对二次公示结果进行必要调整后，进行第三次公示，补偿资金发放原则上以第三次公示为准。

3. 实施方案的编制与批复

滁州市治淮重点工程建设管理局委托中工武大设计研究有限公司编制了《南水北调东线一

期工程洪泽湖抬高蓄水位影响处理工程滁州市境内工程征迁安置实施方案》。实施方案中规定了征迁安置的基本原则和工作任务、管理体制、补偿标准、拆迁安置的具体实施方案和财务管理制度。2014年3月，滁州市水利局组织了对实施方案的评审，评审通过后报滁州市发展改革委员会进行审批。

4. 补偿协议

（1）明光市投资补偿包干协议。2010年12月，滁州市治淮重点工程建设管理局与明光市人民政府签订了《安徽省南水北调东线一期洪泽湖抬高蓄水位影响处理工程（明光市境内）项目征迁安置建设任务与投资包干协议》。包干协议中明确了包干建设任务、投资、征迁工作的工期、协议双方的工作职责以及结余资金的用途等。

明光市征迁办与柳巷镇人民政府签订了《关于柳巷镇境内工程项目征迁安置建设任务的投资包干协议》，由柳巷镇人民政府负责本镇内工程的征迁安置工作，后期因柳巷镇东西涧泵站拆除重建工程征迁安置工作难度较大，又签订了投资包干补偿协议。

明光市征迁办与明西街道办事处后薛村民委员会签订了《山高电力排灌站技改工程明西街道办事处征迁安置工作的投资包干协议》。

另外，明光市征迁办又与潘村镇人民政府签订了《东西涧泵站拆除重建工程潘村征迁安置工作的投资包干协议》。

（2）凤阳县补偿投资包干协议。2010年10月3日，滁州市治淮重点工程建设管理局与凤阳县人民政府签订了《安徽省南水北调东线一期洪泽湖抬高蓄水位影响处理工程（凤阳县境内）项目征迁安置建设任务与投资包干协议》。包干协议中明确了征迁安置工作任务、投资及建设工期。

凤阳县境内工程位于黄湾乡和枣巷镇，为切实做好这两个乡镇范围内的征迁补偿工作，凤阳县人民政府分别与黄湾乡人民政府和枣巷镇人民政府签订了补偿协议书，由这两个乡镇具体组织实施征迁安置工作，凤阳县管理处负责监督检查工作。

5. 补偿兑付

（1）明光市补偿兑付工作开展情况。明光市以《南水北调东线一期工程明光市洪泽湖抬高蓄水位影响处理工程征迁安置实施方案》为工作指南。在征迁安置补偿工作过程中，充分体现公开、公正、公平的基本原则，征占地补偿按照以下步骤开展：

1）首先调查摸底并弄清征占地范围、面积数额。

2）与涉及农户商定补偿数额。

3）与农户签订《征占地安置补偿协议书》。

4）制作《征占地安置补偿公示表》。

5）将《征占地安置补偿公示表》在村内公开栏公示7天并拍照。

6）公示无异议，制作《征占地安置补偿费用发放花名册》，要求领款农户在《花名册》中签字。

7）由征迁办或委托所在镇政府直接将征占地安置补偿费分户打入农户“一卡通”信用卡上。

8）整理归档征占地安置补偿工作图片文字资料报有关单位（一式三份）。

截至2015年9月，明光市征地补偿兑付工作顺利完成。

（2）凤阳县补偿兑付工作开展情况。签订投资包干和补偿协议后，凤阳县黄湾乡和枣巷镇根据补偿协议要求，对地面附着物和工程建设用地进行丈量和清点，并将清点结果和各项补偿标准及数额进行公示，公示结果报送凤阳县人民政府。补偿款由乡财政所直接打入农户"一卡通"账户。各乡镇人民政府负责将补偿款发放的情况造册汇总，由农户签字认可。

截至2015年9月，凤阳县永久征地、临时用地、临时房屋及其附属物和地面附着物的补偿兑付工作已完成。

6. 农村生产生活安置

南水北调东线一期洪泽湖抬高蓄水位影响处理工程滁州市境内征迁安置涉及耕地征用比较分散，相对于一个村而言，征用土地很少。工程征地率各村多在1%以下，对农村经济和社会发展影响很小，生产安置均可在本村内调地。

本工程涉及的征迁户主要采用货币补偿、自建房屋的安置方式。各县征迁办积极协助征迁户落实宅基地，宅基地在村民组内调剂的，安置资金中宅基地部分归村民组；宅基地在乡镇规划区购买的，由征迁户自行解决购买资金，对安置资金缺口较大的，各县征迁办积极与征迁户所在乡镇协商，予以适当资金补偿。

对征迁涉及房屋为临时搭建的鸭棚和看守菜地的临时房屋，根据规定的标准进行补偿，不需要重建。

另外，凤阳县花园湖泵站涉及两家农户搬迁，位于凤阳县枣巷镇车杨村，共涉及搬迁人口5人，两户的房屋面积分别为77.7m^2和55.72m^2。对于这两户搬迁的农户，采取货币补偿的办法，由枣巷镇协调建房用地，由搬迁户自行建房，整个搬迁过程顺利。

7. 永久征地交付

（1）明光市永久征地交付情况。南水北调东线一期洪泽湖抬高蓄水位影响处理工程明光市境内工程共涉及永久征地186亩。

在工程开工前，明光市征迁办联合施工、监理、设计以及乡镇、村对工程用地范围进行确认。凡涉及永久征地的，一律要在图纸上标注好地形、范围和使用面积。乡镇和村再进一步联系被征用土地农户前来实际丈量土地面积。在经过公示后没有异议的情况下向被征户发放补偿款。在补偿款发放到位后，明光市征迁办将已被征用的土地交付给施工单位使用。

（2）凤阳县永久征地交付情况。根据对滁州市凤阳县境内的实物量复核结果，南水北调东线一期洪泽湖抬高蓄水位影响处理工程凤阳县境内共涉及永久征地120亩。凤阳县泽湖抬高蓄水位影响处理工程现场建设管理处通过工程涉及征迁的黄湾乡和枣巷镇对工程用地范围进行丈量、清点以后，对征迁内容进行公示，在公示没有异议的情况下，发放补偿款。在补偿款发放到位后，泗县征迁办将已被征用的土地交付给施工单位使用。

8. 临时用地交付和复垦

大安站、樊集站临时用地，根据建设需要和施工单位要求，县征迁办对临时用地进行复核丈量后，对每一户的征地情况进行公示，公示无异议后，发放补偿款，按规定程序赔付到位且附着物清理完毕后，交施工单位使用。

滁州市南水北调工程临时用地复垦涉及明光市和凤阳县多个乡镇，为了不影响农民的播种、育苗，滁州市境内工程的临时用地复垦采用先由施工单位进行初步清理、农民自行复耕的方式，即由施工单位对取土区进行填土平整、弃土区摊平翻耕、施工临时场地建筑垃圾清理和场地平整，经过清理和平整的临时用地并根据面积按照一定的标准给予农民复耕补偿，交由农民自己进行复耕。

四、档案管理与征迁专项验收

（一）档案管理

为全面了解、掌握征迁安置工程的质量、进度、投资信息，解决征迁安置各方的责、权、利关系，促进征迁安置合同的全面履行，促进工程信息传递、反馈、处理的标准化、规范化、程序化和数据化，确保征迁安置工程档案的完整、规范、真实、时效，便于动态管理、实时更新和查询，各县征迁办均专门成立了档案管理科室，专人负责档案资料整理及日常管理工作。

1．档案管理的基本标准和内容

（1）规范。征迁安置信息所有文字材料都是原件两份，一律采用黑色钢笔或签字笔填写，印章、手印一律用红色印泥且清晰可辨，所有签名一律是本人签名，代签人员签名时必须是注明代签。

信息按来源分为项目法人信息、征迁实施单位信息、设计信息、其他信息（包括上级文件、法规等）。

所有档案资料均满足国务院南水北调办、国家档案局《南水北调工程征地移民档案管理办法》（国调办征地〔2010〕57号）和水利部《水利基本建设项目（工程）档案资料管理规定》（水办〔1997〕275号）的要求。

（2）完整。完整性主要体现在内容完整，无遗漏内容无遗漏手续；份数完整，无短缺；形式完整，有申请文必须有函复文，有会议通知，就有会议纪要或决定，月报、季报、年报也必须互相衔接。

（3）真实。所有信息资料都必须真实可靠，杜绝弄虚作假。层层落实，设立责任追究制，档案管理人员为第一责任人，征迁办主任负总责。

（4）时效。征迁安置工作的动态性使征迁安置信息具有很强的时效性，当日信息，必须当日整理、当日录入、当日更新，当月资料必须当月整理统计上报，电子信息、上网信息也要做到实时更新，便于查询。

2．档案管理的方式

（1）建立收发文制度。建立严密的收发文制度，严格按收发文处理流程处理收发文，收文发文必须登记，接收文件时，应注明签收人、签收日期和签收时间。

（2）严格执行档案管理制度。各参与单位都要制定文件档案管理制度，档案管理人员是档案管理的责任人。档案归档时，必须进行编码，内容、页码必须登记清楚，归案时间、归档责任人必须登记清楚。借阅人员必须办理相关手续，经批准后方可登记借阅并在规定时间内归还。

（3）电子档案的录入、更新、查询制度。为使南水北调东线一期洪泽湖影响处理工程安徽省境内征迁安置信息及时公正地上网发布，五河县、泗县、明光市和凤阳县洪泽湖影响处理工程征迁安置领导小组办公室及时在网上发布征迁安置信息，方便各级政府、相关部门及时准确地了解掌握征迁安置动态信息。

（二）征迁专项验收

1. 蚌埠市征迁安置验收

南水北调东线一期洪泽湖抬高蓄水位影响处理工程五河县境内征迁安置工作从2010年9月正式开始实施，至2013年6月已完成绝大部分任务。郜湖大沟疏浚工程范围内征迁安置任务剩余部分工作未完成。2013年6月底，五河县洪泽湖抬高蓄水位影响处理工程征迁安置领导小组办公室已经对前期完成的任务进行了整理和总结。2014年7月18日，蚌埠市政府主持召开了征地拆迁和移民安置专项验收会议，验收结论为合格，完成了征迁安置市县级自验。

2014年11月12日，蚌埠市大中型水库移民后期扶持工作领导小组办公室在五河县主持召开了南水北调东线一期工程洪泽湖抬高蓄水位影响处理工程五河县境内征迁安置专项验收会议。会议成立了验收委员会。验收委员会听取了五河县人民政府征迁安置工作报告以及设计等工作报告，查阅了五河县征迁安置的相关档案资料，经过研究讨论，验收委员会综合评定南水北调东线一期工程洪泽湖抬高蓄水位影响处理工程五河县境内征迁安置为合格，同意通过专项验收。

2. 宿州市征迁安置验收

至2013年9月底，泗县征迁安置工作基本结束，宿州市和泗县征迁办通过历次的审计和检查，对征迁及赔付工作进行自检和梳理，为泗县的征迁安置验收工作做好前期准备工作。因征迁实施方案部分调整产生少量结余资金，按照《南水北调工程建设征地补偿和移民安置暂行办法》（国调委发〔2005〕1号）及《安徽省水利水电工程建设征用土地及安置移民办法》等有关规定，编制了征迁结余资金使用方案，上报县政府并得到批准，用于修复、改善征迁受影响区人民群众的生产生活条件。目前，修复与改善项目已实施完毕。宿州市项目全部位于泗县境内。泗县人民政府于2016年10月28日召开了宿州市境内南水北调项目征地拆迁及移民安置验收会议，验收结论为合格。

3. 滁州市征迁安置验收

滁州市征迁安置工作从2010年9月正式开始实施，现已全部完成征迁安置任务。

2014年8月9日，滁州市发展改革委在滁州市主持召开了南水北调东线一期洪泽湖抬高蓄水位影响处理工程滁州市境内征迁安置专项验收会议。会议成立了验收委员会。验收委员会听取了征迁安置工作情况汇报，检查档案资料，根据《国务院南水北调办南水北调干线工程征迁安置验收办法》（国调办征地〔2010〕19号）规定，经充分讨论，认为滁州市境内征迁安置补偿标准符合国家和安徽省有关规定，补偿资金全部兑现，投资控制效果良好；档案资料基本齐全，手续齐备；同意通过专项验收，验收结论为合格。

4. 安徽省南水北调项目办组织征迁专项完工验收

2017年11月17日，根据国务院南水北调办《关于南水北调东线一期洪泽湖抬高蓄水位影响处理工程（安徽省境内）征迁安置完工验收的批复》（国调办征移〔2017〕177号）精神，安徽省南水北调项目办在合肥市组织召开了安徽省南水北调工程征迁安置完工验收会议。会议成立了验收委员会，经听取汇报、查阅资料以及质询和讨论有关问题，验收委员会认为本工程拆迁安置任务全部完成，档案基本齐全，市、县级征迁安置验收已完成，征迁安置财务决算已经市、县级政府审计和国务院南水北调办核准，同意通过验收。按照批复要求，安徽省南水北调项目办已将征迁安置完工验收意见书报送国务院南水北调办备案，同时印发各相关单位。

五、经验与体会

南水北调东线一期洪泽湖抬高蓄水位影响处理工程（安徽省境内）征迁安置工作的主要特点是点多面广，征地拆迁数量并不是特别大，但是很分散，不利于工作的集中开展。安徽省南水北调工程各个市县的征地拆迁工作贯穿了整个工程的建设过程，自2010年工程开工至2016年年底，已完成51座技改（新建）泵站和16条大沟疏浚工程，涉及永久征地、临时用地、部分专项迁建以及地面附属物的补偿工作。从工程前期准备阶段到后期完工阶段，通过各级政府和部门的关心与支持、相关部门之间相互协调和帮助、被征迁群众积极配合工作，保证了安徽省南水北调工程的征迁安置任务顺利完成。主要经验总结如下：

（1）各级政府和各部门对安徽省南水北调工程征迁安置工作高度重视，安排组织专门的工作小组负责征迁安置工作，为工作的顺利开展提供了组织保障。

（2）严格执行国家的各项政策和法规，各县（区）制定的相关实施方案和制度均通过工作小组讨论后报上级部门批复，这些基本的制度和法规为征迁安置工作的开展提供了制度保障。遵照各项制度开展工作，有利于获得群众的信任，进而获得群众的积极配合，有利于提高工作效率和加快工作进度。

（3）工作中，坚持一切以群众利益为最基本的出发点。南水北调工程是一项利国利民的工程，在征地拆迁过程中注重维护被征地群众的利益，杜绝吃、拿、卡、要。每一处的征地拆迁，都要严格执行公示制度，对于群众的举报、咨询电话要认真的予以解答回复。凡是能当场解决的问题，决不拖到事后，当场解决不了的，24小时内必须予以答复。通过这种事事以群众利益为重的工作方式，提高了群众的积极性，促进了工作的顺利开展。

（4）积极开展宣传工作，严格执行公示制度，保证工作的公开、公正性。工程涉及的村、镇，经常不定期地给农民宣讲征地拆迁和移民安置工作的相关政策法规和补偿政策。面对农民最关心的补偿标准问题，通过在村委会公开栏公开发布公告，详细地将各类补偿标准张榜公布。

（5）各级征迁办工作人员的积极努力也是本工程征迁安置工作顺利完成的一个必不可少的因素。为了保证征迁安置工作进度，各级征迁工作人员放弃节假日抓紧时间展开工作，工作在一线的实物调查和面积丈量的人员不辞辛苦，认真对待每个数据，做好记录和整理，为征迁安置工作提供可靠的数据依据。

（6）对于征迁安置结余资金，按照相关文件精神和规定编制专门的结余资金使用方案，上报相关政府批准后，用于修复、改善征迁受影响区人民群众的生产生活条件，保证了南水北调工程征迁安置资金的合理利用，体现了南水北调工程征迁安置工作的公平公正性，赢得了广大被征迁群众的好评。

第三章　中线一期干线工程征迁安置工作

第一节　北京市征迁安置工作

一、基本任务

南水北调中线京石段应急供水工程北京段（简称“干线北京段工程”）起点位于房山区北拒马河中支南与河北省交界处，经房山城关西北，穿过大石河、永定河、丰台铁路编组站进入市区，然后沿西四环路下面北上，过五棵松地铁至终点颐和园团城湖，全长80km。北京段首端设计流量50m^3/s，加大流量60m^3/s，末端设计流量30m^3/s，加大流量35m^3/s。全线基本为管涵加压输水型式，输水流量小于20m^3/s时，重力自流输水；输水流量大于20m^3/s时，启动泵站加压输水。

根据设计方案，干线北京段工程征迁安置涉及北拒马河暗渠工程、惠南庄泵站工程、永定河倒虹吸工程、西四环暗涵工程和其他工程（惠南庄—大宁段工程、卢沟桥暗涵工程、团城湖明渠工程）、北京段工程管理专题、北京段专项设施迁建工程和文物保护工程。

（一）北拒马河暗渠工程

北拒马河暗渠工程是干线北京段工程的起点，工程位于冀京交界处北拒马河，为2孔混凝土暗埋方涵结构，总长度1781.05m，其中北拒马河暗渠长1686.05m，是穿越北拒马河中、北支的交叉输水建筑物。工程建有退水系统，包括退水闸和退水渠。

工程永久征地为巡线路，设计宽度为7m。工程临时用地以施工开挖、运输及堆土为主，沿渠线两侧布置。施工生活区与加工厂临时用地布置在北拒马河河滩内。

（二）惠南庄泵站工程

惠南庄泵站工程位于北京市房山区大石窝镇惠南庄村东。泵站工程主要有进口闸、前池、进水池、主厂房、副厂房、进出水管等建筑物。

惠南庄泵站工程进口为北拒马河暗渠工程终点，出口为 DN4000 PCCP 输水管道工程起点。

工程永久征地：厂区范围 420m×300m，以坡脚线顶端围墙外延 10m 作为边界。厂外专用道路宽度 7m，道路两侧需布置排水沟及绿化树木，单侧占地宽度为 5m。永久征地范围以道路两侧外延 5m 作为边界。工程临时用地：惠南庄泵站北侧外墙与北侧厂外专用道路之间约 25 亩耕地作为施工临时用地范围，主要布置钢筋、木材加工厂和综合仓库，并包括输水管开挖、堆土用地。

（三）永定河倒虹吸工程

永定河倒虹吸工程位于北京市房山区与丰台区交界永定河河道内，为南水北调总干渠穿越永定河的一座重要建筑物。永定河倒虹吸工程为 4 孔混凝土方涵结构，全长 2590m，起点在大宁水库副坝下游，穿过大宁水库副坝、大宁水库库底、永定河右堤、永定河主河道、永定河左堤后，再穿过五环路、大兴灌渠后结束。工程施工除穿过五环路采用浅埋暗挖法施工外，全部采用明挖法施工。

工程占地主要为施工临时用地，施工开挖平均宽度 70m；施工运输路双侧宽度 2×12m；施工双侧堆土宽度 2×40m。

（四）西四环暗涵工程

西四环暗涵工程进口位于北京市丰台区大井村西京石高速路永定路立交桥西南角，穿越永定路及京石高速路后沿高速路北侧向东北约 1.4km 由岳各庄桥进入四环路下，沿四环路向北约 11km 由四海桥脱离四环路北行约 500m 与团城湖明渠相接。工程为 2 孔暗埋混凝土管涵结构，穿京石高速路及四环路段长约 11.15km 采用浅埋暗挖施工方式，其余长约 1.49km 采用明挖施工方式。

工程永久征地包括 7 号、10 号永久检修井，3 处分水口蝶阀井及管理房，西四环暗涵出口闸等占地。工程临时用地为施工开挖、堆土及施工竖井等占地。

（五）其他工程

1. *惠南庄—大宁段工程*

惠南庄—大宁段工程线路总长 56.479km，包括 PCCP 管道工程、隧洞工程和大宁调压池工程三项，其中隧洞工程包括西甘池隧洞和崇青隧洞。输水干线进口位于北京市房山区大石窝镇的惠南庄，接惠南庄泵站出水管，终点至大宁水库副坝下新建的大宁调压池。本段输水管线为双排直径 4m 的 PCCP 管道。

永久征地：设计宽 7m 的巡线路（巡线路前段 4881m 为惠南庄泵站与房易路连接段，为运输大型设备，其巡线路永久征地宽度设计为 9m），排气阀井 98 处、排空井 19 处、连通井 3 对及大宁调压池。巡线路沿 PCCP 管线单侧布置。

大宁调压池以设计防护网内区域为永久征地。工程临时用地主要是 PCCP 管线埋设施工时，开挖、运输及堆土等占地，平均用地宽度 136m。大宁调压池没有另设临时用地。隧洞进出口的临时用地归入其相邻管线工程段。

2. *卢沟桥暗涵工程*

卢沟桥暗涵工程进口位于北京市丰台区晓月苑小区南侧，与永定河倒虹吸工程北侧的两孔

箱涵对接，终点与西四环暗涵相接，卢沟桥暗涵工程全长5269m。

卢沟桥暗涵工程为双孔混凝土结构，宽度约10m，平均挖深约10m。工程基本采用明挖法施工，临时用地主要是施工开挖、运输、堆土及生活等占地，平均占地宽度42m。

3. 团城湖明渠工程

团城湖明渠工程上接北京市西四环暗涵出口闸，下接团城湖下游京密引水渠，为南水北调中线干线末端工程，全长885m。渠道经过金河、金河路和船营村，穿过颐和园围墙后进入团城湖下游京密引水渠。

工程永久征地：自四海市场至颐和园外墙，封闭护栏范围以内及金河倒虹吸、船营桥、金河路及田间路改建的区域。工程临时用地：颐和园外墙以内。

（六）北京段工程管理专题

干线北京段工程管理专题涉及的占地包括闸阀、分水口、连接路等用地。

（七）北京段专项设施迁建工程

干线北京段专项设施迁建包括输变电工程、通信工程、地下管道工程、华油天然气管线迁建工程、丰台编组站液化气管线迁建工程、详探增加的各类管线迁建和施工新增管线迁建。

（八）文物保护工程

干线北京段文物保护工程包括惠南庄泵站—王庄—杨家庄勘探区、岩上墓葬区、坟庄—六间房遗址、顺承郡王家族墓葬区、皇后台遗址、丁家洼遗址、常乐寺（果各庄）墓葬区和南正遗址项目。

二、管理体制机制和规章制度

（一）管理体制机制

《南水北调工程建设征地补偿和移民安置暂行办法》（国调委发〔2005〕1号）规定：“南水北调工程建设征地补偿和移民安置工作，实行国务院南水北调工程建设委员会领导、省级人民政府负责、县为基础、项目法人参与的管理体制。有关地方各级人民政府应确定相应的主管部门承担本行政区域内南水北调工程建设征地补偿和移民安置工作。”

据此，在国务院南水北调工程建设委员会领导下，北京市人民政府是干线北京段工程征迁安置工作的责任主体，房山区、丰台区、海淀区政府为本行政区内征迁安置工作的实施主体；南水北调中线干线工程建设管理局（简称“中线建管局”）为项目法人，参与征迁安置相关工作。

1. 市级机构

（1）北京市南水北调工程建设委员会办公室（简称“北京市南水北调办”）。北京市成立北京市南水北调工程建设委员会（简称“北京市南水北调建委会”），是南水北调中线干线工程北京段征迁安置工作的决策机构。

北京市南水北调建委会下设北京市南水北调办，为北京市南水北调建委会的办事机构，由北京市政府根据国务院南水北调办《关于有关省市组建南水北调工程办事机构意见的函》（国调办综函〔2003〕9号）批准设立。

北京市南水北调办负责贯彻落实北京市南水北调建委会的决定事项及国家南水北调工程建设的有关法规、政策和管理办法；负责提出市南水北调干线工程有关投资调整建议；参与研究市南水北调工程基金方案及供水水价方案；负责市南水北调工程的建设管理，协调解决工程建设中的重大技术问题；参与市南水北调干线工程竣工验收；负责市南水北调工程征地拆迁和专项设施迁建的组织、协调、监督及管理工作；监督征地拆迁资金的使用；负责市南水北调工程安全运行、供水安全的监督管理和应急管理，协调解决相关水事纠纷；协助、配合国家有关部门对市南水北调干线工程的监督检查和稽查工作；负责市南水北调工程建设中环境保护、生态建设等重大问题的协调，参与指导、监督市南水北调工程项目内文物保护工作。

（2）北京市南水北调工程拆迁办公室（简称“北京市南水北调拆迁办”）。北京市南水北调拆迁办是北京市南水北调办下属事业单位，主要承担北京市南水北调中线干线工程征地拆迁工作的组织、协调、监督检查及管理职能，审核干线工程征地拆迁工作的总体实施方案，年度实施计划及年度投资计划；完成北京市南水北调办交办的各项干线工程征地拆迁的前期工作，具体包括征地拆迁总体计划的编制，协调、指导有关各区开展辖区范围内的征占土地和房屋拆迁的实施，协调文物部门开展文物保护工作，并负责地上、地下专项设施迁建实施工作。

2. 区级机构

房山区、丰台区、海淀区政府组建各区南水北调办事机构，负责各行政区域范围内的征占土地、房屋拆迁和林木伐移工作的实施。

（1）房山区。2005年5月，房山区南水北调工程建设委员会（简称“房山区建委会”）成立（房政办发〔2005〕38号），主任由区长担任。下设办公室，主任由房山区副区长兼任，副主任由房山区水务局局长兼任。办公室的职责是：负责建设委的日常工作，负责南水北调工程前期拆迁与移民安置调查、乡镇规划调整与线路保护工作；负责征地拆迁与移民安置的具体实施工作。按照“属地拆迁”的实施原则，房山区的7个乡镇政府也成立了南水北调工程征地拆迁指挥部，具体负责本乡镇范围内的征地拆迁协调、组织和实施工作。

（2）丰台区。2005年5月，丰台区南水北调中线工程建设征地拆迁领导小组（简称“丰台区领导小组”）成立（丰政函〔2005〕38号），组长由副区长担任。征地拆迁领导小组办公室设在丰台区水务局，主任由丰台区水务局局长兼任。其主要职责是：承担本行政区域内南水北调工程建设征地补偿和移民安置工作；负责解决辖区内征地拆迁工作中遇到的问题；协调有关部门做好相关的审批和监督管理工作；提供相关的法律依据和意见；负责征地拆迁全过程的审计和监督。

（3）海淀区。2005年7月，南水北调工程（海淀段）征地拆迁安置领导小组（简称“海淀区领导小组”成立（海政函〔2005〕38号），组长由常务副区长担任。征地拆迁领导小组办公室设在水务局，主任由海淀区水务局局长兼任。其主要职责是：承担本行政区域内南水北调工程建设征地补偿和移民安置工作；负责解决辖区内征地拆迁工作中遇到的问题；协调有关部门做好相关的审批和监督管理工作；提供相关的法律依据和意见；负责征地拆迁全过程的审计和监督。

（二）工作模式

1. 2004年以前

南水北调中线干线北京段工程征地拆迁的工作机制在2004年以前相对简单，北京段第一

个单位工程“永定河倒虹吸工程”，由北京市水务局下属北京市水利建设管理中心（简称“北京市水利建管中心”）负责实施，征迁安置工作也由该中心直接实施。

2. 2004年以后

2004年以后，北京段工程征地拆迁形成了比较完善的协议工作机制。

（1）签订责任书。2005年4月5日，国务院南水北调办与北京市人民政府签订《南水北调主体工程建设征地和拆迁补偿责任书》，明确北京市政府为干线北京段征地拆迁责任主体。2005年6月3日，北京市南水北调办与丰台区、海淀区、房山区人民政府签订《北京市南水北调干线工程征地拆迁工作责任书》，明确由区人民政府负责各自行政区域内南水北调工程建设征地拆迁工作。

（2）签订工作协议。2005年9月7日，中线建管局与北京市南水北调办签订《南水北调中线京石段应急供水工程（北京境）征地、拆迁补偿工作协议书》，委托北京市南水北调办负责北京段征地拆迁工作。协议书规定了以下内容。

1）中线建管局负责落实国家批复资金。中线建管局委托北京市南水北调办负责以下事项：中央和军队所属的工业企业和专项设施迁建工作（中线建管局负责落实全部迁建资金）；办理土地征用手续（中线建管局负责向北京市南水北调办提供用地申请和建设用地报批所需文件）；对工程征地范围内占压矿产、地质灾害和文物等进行调查评估，提出专项报告。

2）北京市南水北调办按照《关于南水北调工程建设中城市征地拆迁补偿有关问题的通知》（国调委发〔2005〕2号），请示北京市政府落实高出国家标准的补偿资金需求；实施征地拆迁工作和市属及以下工业企业和专项设施迁建工作；与市级文物主管部门签订工作协议。

2012年8月17日，根据《关于南水北调中线京石段应急供水工程（北京段）征地拆迁有关问题的函》（京发改〔2006〕1523号）和2012年4月国家审计署审计取证单意见，北京市南水北调拆迁办与海淀区、房山区、丰台区南水北调办事机构就征地拆迁工作任务、投资及双方责任等问题签订工作协议。

（三）征迁安置组织实施

1. 实物量调查

做好实物量指标调查是做好征地拆迁安置方案和确定征地拆迁安置投资的重要基础性工作。干线北京段工程征地拆迁实物量指标调查自1999年开始，主要工作在2004年开展并基本完成。

1999年5月24日，长江水利委员会召开“关于开展南水北调中线工程总干渠渠线占地实物指标初步调查”的会议，会议要求总干渠沿线各有关单位，对渠线占地范围内的居住人口、土地、城乡房屋、工矿企业及专业项目等主要实物指标进行调查，并收集沿线国民经济、自然资源、物价等有关资料，为计算渠线占地补偿投资提供依据。

2003年5月，北京市水利规划设计研究院委托北京市春地拆迁公司开展干线北京段工程可研阶段征地拆迁实物量调查工作，同月，北京市水利局对北京市春地拆迁公司编制的《南水北调中线京石段应急供水工程北京段征地拆迁专题报告》进行审查并基本通过。

2003年7月26日，水利部水利规划设计总院在武汉主持召开《南水北调一期工程总干渠渠线占地移民规划设计及补偿投资概算编制办法》审查会，会议要求按审查意见予以修改和完善，作为总干渠沿线各设计院编制占地规划设计及补偿投资概算的依据。

2003年8月20日，北京市水利局给房山、丰台、海淀3个区的水资源局印发《关于开展南水北调中线工程（北京段）占地实物指标调查有关问题的函》（京水计〔2003〕130号、131号、132号），要求按照水利部新规范，对总干渠北京段线路占地范围内实物指标按初步设计深度要求进行调查。调查内容包括城乡居住人口、房屋、土地、农村机井、小型副业设施、零星果木及坟墓、工业企业、输变电、广电线路、各类管道、矿产资源及文物古迹等，以上调查必须入户。并要求区水利局组成拆迁、占地调查小组，由一名副局长负责，北京市水利规划设计研究院派专人协助工作，按照《南水北调中线一期工程总干渠占地实物指标调查大纲》的要求，结合本地区的实际情况按时、保质地提交成果。

2003年11月11日，《南水北调中线总干渠沿线占地实物指标调查大纲》（以下简称《调查大纲》）由水利部审查通过。根据《调查大纲》的要求，在水利部长江水利委员会（简称“长江委”）统一协调下，有关省（直辖市）人民政府具体负责组织计划、水利、移民、国土等部门和有关市、县人民政府成立联合调查组，开展境内输水干线征地拆迁实物指标调查工作。长江勘测规划设计研究院（简称“长江委设计院”）作为中线工程的技术总负责单位，派人参加调查，对各省（直辖市）调查工作进行技术指导、质量检查并负责最终成果的复核，以便保持工作的连续性、标准的统一性和成果的合理性。

2004年1月14日，根据国务院《关于南水北调工程总体规划的批复》（国函〔2002〕117号）、北京市规划委员会（简称“北京市规划委”）《关于南水北调管线路由方案的批复》（市规发〔2003〕1275号）以及长江委设计院编制的《南水北调中线一期工程总干渠占地实物指标调查大纲》等文件精神，确定本次征地拆迁实物指标调查的范围为：由市界穿房山山前丘陵区，房山城区西、北关，经大石河、小清河、永定河、在岳各庄桥处沿西四环北上至终点团城湖，全长约80km。共涉及房山、丰台、海淀3个区13个乡约67个村。

2004年1月16日，长江委在北京市主持召开南水北调中线一期工程总干渠占地实物指标调查工作协调会。参加会议的有水利部调水局、水利水电规划设计总院（简称“水规总院”），河南省、河北省、北京市和天津市南水北调办、移民办及水利设计院、长江委设计院的领导和代表。会议明确在长江委统一协调下，有关省（直辖市）人民政府具体负责组织成立联合调查组，开展总干渠占地实物指标调查工作。

北京市水利规划设计研究院协调相关单位按照长江委公布的实物量指标调查大纲和投资概算编制办法，对北京市境内的实物量指标进行了重新整理和调查。2005年11月，按照长江委的要求，北京市水利规划设计研究院参加了由长江委设计院组织编写的总体可研汇总工作，将按照要求编写的初步设计阶段的实物指标结果进行了确认，并以此为基础形成了占地及拆迁安置补偿投资概算。

整体来看，干线北京段工程征地拆迁实物量指标调查工作分三个阶段进行：宣传动员阶段、现场调查阶段、成果审核汇总及认定、上报阶段。

第一阶段，宣传动员。北京市政府批转水利部《关于商请开展南水北调中线一期工程输水干线征地拆迁实物指标调查工作的函》，北京市发展和改革委员会（简称“北京市发展改革委”）编制南水北调中线工程北京段征地拆迁实物指标调查工作安排，并向相关单位下发通知，召开“南水北调中线工程北京段征地拆迁实物指标调查工作会议”。2004年2月24日，北京市发展改革委和市水利局共同组织召开南水北调中线工程北京段征地拆迁实物指标调查会。北京市财政局、

市国土房管局、市建设委员会、市市政市容管理委员会、市林业局、市园林局、市通信公司、市供电公司、燕化集团公司以及房山区、丰台区、海淀区政府等有关部门参加会议。

第二阶段，现场调查。房山区、丰台区、海淀区成立三级调查工作协调小组，并协调开展管辖范围内的实物量调查工作；北京市水利规划设计研究院到现场放线调查；由于地下管线调查情况复杂，经专题讨论，设计院委托专业机构开展专项设施勘察，将各类地下管线种类、规格、位置、数量、与工程的关系等有关问题做出详细调查。

第三阶段，认定、复核。长江委设计院、南水北调北京工程办公室及有关区派员组成质量检查组，就北京干渠段占地实物指标调查的初步成果进行了质量检查。质量检查组听取实物指标调查单位（北京市水利规划设计研究院）工作情况报告，现场实地检查海淀区的岳各庄至团城湖段，丰台区王佐镇庄户中心村、卢沟桥镇卢沟桥村，房山区城关办事处西街村、大石窝镇惠南庄村等，最终对实物量调查结果进行了确认，并提出建议。

2. 工作程序

干线北京段工程征地拆迁工作涉及永久征地、临时用地、国有土地上房屋征收与补偿、集体土地上房屋拆迁、林木伐移、专项设施迁建和文物保护七项主要工作。

前期开展设计工作由北京市水利规划设计研究院承担。文物保护工作由北京市文物局承担。地质灾害危险性评估、占压矿产资源核查工作由北京市地质勘察技术院承担。征用林地可行性报告编制工作由北京市林业勘察设计院承担。土地复垦方案的编制及论证工作由中地宝联（北京）建设工程有限公司承担。

干线北京段工程立项完成后，北京市南水北调办依法确定征地拆迁设计、监督等服务单位，并与房山区、海淀区和丰台区人民政府签订责任书，北京市南水北调拆迁办与区南水北调办事机构签订工作协议。北京市南水北调拆迁办会同区南水北调办事机构依法确定征地拆迁评估、拆迁服务、拆除单位。主体确定完成后，北京市南水北调办和各区南水北调办事机构办理建设项目用地审批流程。

北京市南水北调办委托规划设计单位编制干线北京段工程各单元工程的初步设计方案，征求北京市规划委及北京市发展改革委意见，报国家发展改革委进行批复。

项目开展实施文物保护、专项设施迁建、永久征地、临时用地、征占林地及树木伐移、国有土地上房屋征收与补偿、集体土地房屋拆迁工作流程。同时，北京市南水北调拆迁办上报年度资金需求与使用计划，北京市南水北调办经北京市财政局审核同意并下达资金后进行拨付；区南水北调办事机构及其相关单位向市南水北调拆迁办报资金需求与使用计划，审核后拨付资金。

永久征地、临时用地、征占林地及树木伐移、国有土地上房屋征收与补偿、集体土地房屋拆迁工作流程完成后，区南水北调办事机构负责组织相关单位进行征迁安置区级自验，北京市南水北调办在区级自验完成后，组织开展市级档案验收和财务决算，财务决算报国务院南水北调办批复后，开展征地拆迁安置的市级验收。

3. 规章制度

为提高干线北京段工程征地拆迁工作效率，规范征地拆迁工作的实施管理，北京市南水北调办和北京市南水北调拆迁办编制了完善的内部管理制度，包括以下内容：

（1）制定《北京市南水北调工程征地拆迁实施工作指南》，以流程图形式对征地拆迁中永久征地、临时用地、国有土地上房屋征收与补偿、集体土地上房屋拆迁、林木伐移、专项设施迁建和文物保护等七项具体工作实施的流程进行指导说明，明确了每一流程的工作主体和涉及部门、工作内容、周期、成果等，为提高征地拆迁效率奠定了基础。

（2）制定《北京市南水北调工程建设管理办法》，对北京市南水北调工程（含干线北京段工程）的管理体制、建设程序基本要求及施工、征地拆迁等具体事项的管理进行规定，以规范工程建设和征地拆迁管理，确保工程质量和安全，提高工程投资效益。

（3）制定《北京市南水北调工程征地拆迁资金使用管理细则》，明确了北京市南水北调工程征地拆迁资金的来源和使用制度，对投资变化的处理办法进行了说明。

（4）制定《北京市南水北调工程征地拆迁监理管理办法》，对征地拆迁监督单位和专项设施迁建监理单位应具备的条件、主要职责和监理程序等内容作出明确规定，对规范监理工作，保证工程征地拆迁项目实施有序管理起到了指导作用。

（5）制定《北京市南水北调工程征地拆迁变更管理办法》，对征地拆迁变更的定义内容、管理原则、审批权限、职责划分、申报审批和变更责任等事项进行说明，以规范北京市南水北调工程征地拆迁变更程序，明确变更审批权责，加强和规范变更管理。

（6）制定《北京市南水北调工程征地拆迁预备费使用管理办法》，对批复的预算投资中预备费的管理原则、费用申请条件、预备费的审批和使用等进行规定，以规范北京市南水北调工程征地拆迁预备费的使用管理，做到明确程序、理顺关系、落实责任。

（7）制定《北京市南水北调工程专项设施迁建项目变更管理办法》，对专项设施迁建的变更管理原则和变更审批流程作出规定，以加强北京市南水北调工程专项设施迁建的变更管理，规范迁建工程变更管理程序，保证迁建质量和进度。

（8）制定《北京市南水北调工程合同管理办法》，对征地拆迁和安置的有关合同的分类、订立、变更、履行和资料管理等事项作出规定，以加强北京市南水北调工程征地拆迁合同管理程序，明确合同管理工作，建立规范化、制度化、科学化的合同管理体系。

（9）制定《北京市南水北调工程征迁安置验收实施细则》，对北京市南水北调工程征地拆迁验收的层级、验收条件、验收内容、验收主体等内容进行了明确约定，以提高征地拆迁验收的效率，规范验收管理。

（10）制定《北京市南水北调工程征迁安置档案管理办法》，对北京市南水北调工程征地拆迁档案的管理、验收和移交等流程进行说明，以规范北京市南水北调工程征迁安置档案管理。

此外，北京市南水北调拆迁办和房山区、丰台区、海淀区各区南水北调办建立了内部审批制度，并按照合同、协议的约定严格执行。同时，建立有效的工作机制，严格执行各类制度，以规范日常工作中的财务行为、资金管理、合同管理、变更管理等工作，明确责任，规范程序，做到南水北调征地拆迁项目的有序管理，确保工程质量和安全，保证征地拆迁工作的实施效率和进度。

（四）批复情况

1. 实物量批复

（1）国家批复。根据 2003 年 12 月至 2004 年 12 月水利部陆续批复干线北京段永定河倒虹吸工程，西四环暗涵工程，惠南庄泵站工程，惠南庄至大宁段、卢沟桥暗涵、团城湖明渠工程，北拒马河暗渠工程五项设计单元工程（以下简称“五项设计单元工程”）的初步设计报告，

干线北京段工程涉及征占地12367.49亩，其中永久征地992.49亩，临时用地11375亩；安置人口1361人；拆迁房屋面积224560.23m²，其中住宅房屋面积75386.14m²，非住宅房屋面积149174.09m²；改移电力线路53770m，电力杆728根，变压器47台，架空通信线路19370m，电信竿323根，地下管线390条。

根据2007年12月国务院南水北调办《关于南水北调中线京石段应急供水工程北京段专项设施迁建（修订）方案的批复》（国务院南水北调办投计〔2007〕161号），专项设施迁建工程包括输变电工程：10kV电力线路（房山段）迁改工程、35kV及以上部分电力线路迁改工程、10kV电力线路（丰台段）迁改工程和农电迁改工程；通信工程分地上架空线和地下管道线，涉及电信、电缆和光缆等218处，共367条；地下管道工程包括军用通信线路、燕山石化、燃气集团、雨水管线改移等专项，共127条管线，其中军用通信56条，燕山石化64条，燃气集团2条，雨水管线改移5条；华油天然气（陕气进京）管线迁建工程共2条管线；丰台编组站液化气管线迁建工程涉及铁路顶管3处，液化石油气6条；详探增加的各类管线迁建：燃气管线共8处14条，给水、排水、电力、热力等管线共324条；施工新增管线迁建：施工期间新增了43条管线，包括2条燃气管线、36条给排水管线和5条电力管线。

根据2008年1月国务院南水北调办《关于南水北调中线京石段应急供水工程管理专题初步设计报告的批复》（国务院南水北调办投计〔2008〕9号），闸阀、分水口、连接路永久征地约40.32亩。

（2）北京市批复。根据2006年9月北京市发展改革委《关于南水北调中线京石段应急供水工程（北京段）征迁安置有关问题的函》（京发改〔2006〕1523号），干线北京段征迁安置实物量为永久征地1093.56亩、临时用地10913.82亩、拆迁住宅房屋86663.14m²、非住宅房屋165361.49m²。

根据2011年11月北京市发展改革委《关于南水北调中线京石段应急供水工程（北京段）征迁安置实施方案调整有关事宜的函》（京发改〔2011〕2156号），干线北京段征迁安置实物量为永久征地1147.86亩、临时用地11689.48亩、拆迁住宅房屋79898.46m²、非住宅房屋161827.12m²。

2. 资金批复

（1）水利部批复。根据2003年12月至2004年12月水利部陆续批复干线北京段"五项设计单元工程"的初步设计报告，核定工程总投资为60.68亿元，其中征迁安置总投资38796万元（包括专项设施迁建投资7036万元和北拒马河暗渠工程河北段征迁安置资金544.45万元）。

（2）国家发展改革委批复。根据2005年3月国家发展改革委《关于调增南水北调东、中线一期工程三阳河、潼河及宝应站等19项单项工程征地补偿投资概算的通知》（发改投资〔2005〕520号），南水北调征地补偿标准由10倍增至16倍，北京段拆迁投资增加1629万元。总投资增至40425万元。

（3）国务院南水北调办批复。根据2005年11月国务院南水北调办《关于南水北调东中线一期工程控制性文物保护方案的批复》（国务院南水北调办环移〔2005〕97号），北京段控制性文物保护经费共计619万元。总投资增至41044万元。

随着工程深入展开，实际实施的专项设施迁建数量远远超出最初设计。2007年12月，国务院南水北调办以《关于南水北调中线京石段应急供水工程北京段专项设施迁建（修订）方案的批复》(国务院南水北调办投计〔2007〕161号),核定专项设施迁建工程总投资33222万元,扣除已批复初步设计的7036万元,需增加的26186万元投资在南水北调中线工程投资中安排解决。其中,输变电工程补偿费4994万元,通信工程补偿费4986万元,地下管道工程补偿费10700万元,华油天然气管线迁建工程335万元,丰台编组站液化气管线迁建工程1432万元,详探增加的各类管线迁建9266万元,施工新增管线迁建979万元,建设期贷款利息530万元。总投资增至67230万元。

根据2008年1月国务院南水北调办《关于南水北调中线京石段应急供水工程管理专题初步设计报告的批复》(国务院南水北调办投计〔2008〕9号),批准闸阀、分水口、连接路永久征地40.32亩,投资160.63万元。总投资增至67390.63万元。

根据2009年10月国务院南水北调办《关于南水北调东中线一期工程初步设计阶段文物保护方案的批复》(国务院南水北调办征地〔2009〕188号),同意计列新发现的南正遗址项目,同时取消没有发掘内容的北京段洪寺遗址、前后朱各庄村墓群、乌古轮家族墓地3个项目和相应发掘面积,核定南水北调中线干线工程北京段初步设计阶段文物保护概算投资342.25万元。总投资增至67732.88万元。

(4)中线建管局批复。2009年4月,中线建管局以《关于预拨南水北调中线干线工程北京段PCCP管道穿越张坊供水管线工程迁建资金的函》(中线建管局移函〔2009〕24号),拨付PCCP管道穿越张坊供水管线工程迁建费用1082.86万元。总投资增至68815.74万元。

2011年7月,中线建管局以《关于拨付南水北调中线京石段应急供水工程(北京段)PCCP管道深挖槽段未恢复原地面处理及工程临时用地延期补偿资金的函》(中线建管局移环函〔2011〕34号),拨付临时用地延期补偿资金1510.95万元,PCCP管道深挖槽段未恢复原地面处理征地补偿资金2735.38万元,共计4246.33万元。总投资增至73062.07万元。

(5)北京市发展改革委批复。2006年6月,北京市发展改革委以《关于南水北调中线京石段应急供水工程(北京段)征迁安置有关问题的函》(京发改〔2006〕1523号),核定干线北京段征迁安置总投资为17.67亿元,其中征迁安置资金14.94亿元、专项设施迁建投资2.73亿元。

2011年11月,北京市发展改革委以《关于南水北调中线京石段应急供水工程(北京段)征迁安置实施方案调整有关事宜的函》(京发改〔2011〕2156号)对征迁安置投资重新进行核定:征迁安置总投资为17.47亿元(不含专项设施迁建费用、征迁安置前期费用、文物保护费用),其中利用中央资金解决3.62亿元,其余13.85亿元从北京市政府固定资产投资中安排解决。除上述北京市发展改革委核定的征占土地和房屋拆迁投资174703.91万元外,干线北京段工程征地拆迁前期工作投资1012.81万元,专项设施迁建投资34304.86万元(含专项设施改移直接费、专项设施迁建建设单位管理费、专项设施迁建勘测设计费、专项设施迁建监理费和专项设施迁建建设期贷款利息),文物保护投资961.25万元。

按北京市南水北调拆迁办《关于南水北调工程中线京石段应急供水工程(房山段)征地拆迁补偿概算的函》(京调拆〔2006〕34号),房山区工程征地拆迁直接费总计为59993.45万元,其中土地补偿费22912.03万元,房屋补偿费22402.14万元,地上物及树木补偿14679.28万元。

按北京市南水北调拆迁办《关于南水北调工程中线京石段应急供水工程(丰台段)征地拆

迁补偿概算的函》（京调拆〔2006〕35号），丰台区工程征地拆迁直接费总计43678.73万元，其中土地补偿费2964.35万元，房屋补偿费33604.98万元，地上物及树木补偿费7109.4万元。京调拆〔2006〕43号文和京调拆〔2006〕35号文批复农村基础设施费849.09万元。京调拆〔2006〕24号文批复，丰台区京保路导行拆迁补偿费33.27万元。北京市南水北调拆迁办京调拆〔2006〕28号文累计批复丰台区管理费195万元。京调拆〔2008〕18号文批复丰台区临时用地延期补偿费905.52万元。市拆迁办根据京丰调〔2006〕17号文请示，拨付耕地开垦费759.52万元。

按北京市南水北调拆迁办《关于南水北调工程中线京石段应急供水工程（海淀区）征地拆迁补偿概算的函》（京调拆〔2006〕36号），海淀区工程征地拆迁直接费总计17305.15万元，其中土地补偿费5662.08万元，房屋补偿费9977.68万元，地上物及树木补偿费1665.39万元。

（6）资金来源。2004年10月25日，国务院南水北调工程建设委员会（简称"建委会"）第二次全体会议在京召开，会议就南水北调工程建设征地拆迁问题提出了因城市征地拆迁补偿标准高于国家标准而产生的资金缺口，由地方政府自筹解决的原则性意见。会后，建委会发布《关于南水北调工程建设中城市征地拆迁补偿有关问题的通知》（国调委发〔2005〕2号），明确提出"南水北调工程沿线特别是城市征地拆迁补偿经国家批复后与当地征地拆迁标准之间的差距，由当地人民政府使用国有土地有偿使用收入予以解决"。因此，按照上述意见，南水北调中线京石段应急供水工程（北京段）征地拆迁资金来源，一是经国家发展改革委批复的初步设计概算规定的资金额度由国家拨付，二是由国家批复概算与北京市本地标准之间的差额由北京市自筹解决。

（五）补偿政策

征地拆迁政策和法规是指全部现行的与征地拆迁活动有关的法律法规和政策文件。就法律规范的渊源和效力等级而言，征地拆迁的法律政策体系由法律、行政法规、地方法规、部门规章、地方政府规章以及规范性文件构成。

1. 国家政策

《中华人民共和国土地管理法》（主席令第28号）明确了征收土地的类型及征地审批流程、征地补偿费用的组成及标准、非法占用土地的认定及追责认定等内容。《中华人民共和国土地管理法实施条例》（国务院令第256号）明确了国家所有土地的类型，对征收土地的程序及征地补偿的流程进行了详细说明。

《中华人民共和国农村土地承包法》（主席令第73号）保证了农村承包地被依法征收、征用、占用时承包人有权依法获得补偿的权利。

《中华人民共和国城市房地产管理法》（主席令第72号）保障了国家征收国有土地上单位和个人的房屋时，被征收人依法获得拆迁补偿的权利。

《国有土地上房屋征收与补偿条例》（国务院令第590号）对房屋征收决定的作出、补偿的确定及实施、房屋征收与补偿中相关的法律责任等问题进行了明确说明，有力保障了被征收房屋所有权人的合法权益。

《大中型水利水电工程建设征地补偿和移民安置条例》（国务院令第471号）规定了大中型水利水电工程建设征地补偿和移民安置的原则，对大中型水利水电工程建设移民安置规划的编制程序、征地补偿和移民安置具体程序的实施、移民安置后期的补偿政策、移民安置和后期扶持实行全过程的监督管理以及条例设计的法律责任进行了详细说明。

《南水北调工程建设征地补偿和移民安置暂行办法》(国调委发〔2005〕1号)规定了南水北调工程建设征地补偿和移民安置的原则,详述了移民安置规划的编制流程及征地补偿和移民安置的实施管理程序,并对征地补偿和移民安置过程中监督管理的实施进行了说明。

除上述主要涉及征用土地和房屋拆迁的政策法规外,与南水北调工程征地拆迁相关的国家层法律法规和政策还涉及土地征用、房屋拆迁、林地及树木伐移、文物保护等。

涉及土地征用的《中华人民共和国城镇国有土地使用权出让和转让暂行条例》(国务院令第55号)、《国务院关于深化改革严格土地管理的决定》(国发〔2004〕28号)、《国务院关于加强土地调控有关问题的通知》(国发〔2006〕31号)、《土地登记办法》(国土资源部令第40号)、《建设项目用地预审管理办法》(国土资源部令第42号)、《建设用地审查报批管理办法》(国土资源部令第49号)、《国土资源部办公厅关于切实做好征地拆迁管理工作的紧急通知》(国土资电发〔2011〕72号)等,从征地拆迁过程中涉及的土地使用权出让和转让、征地补偿政策和安置制度的完善、土地调控、土地登记、用地审批流程和管理、征迁工作的管理等内容进行规定。

涉及房屋拆迁的《中华人民共和国城乡规划法》(主席令第74号)、《国务院办公厅关于控制城镇房屋拆迁规模严格拆迁管理的通知》(国办发〔2004〕46号)、《国务院办公厅关于进一步严格征地拆迁管理工作切实维护群众合法权益的紧急通知》(国办发明电〔2010〕15号)、《城市房屋拆迁行政裁决工作规程》(建住房〔2003〕252号)、《城市房屋拆迁工作规程》(建住房〔2005〕200号)、《国有土地上房屋征收评估办法》(建房〔2011〕77号)等,对征地拆迁过程中房屋拆迁工作的规划、评估、工作流程以及群众合法权益的维护与争议裁决等内容进行规定。

涉及征占林地及树木伐移的《中华人民共和国森林法》(主席令第3号)、《中华人民共和国森林法实施条例》(国务院令第278号)、《城市古树名木保护管理办法》(建城〔2000〕192号)、《占用征用林地审核审批管理办法》(国家林业局令第2号)、《森林植被恢复费征收使用管理暂行办法》(财综〔2002〕73号)、《占用征用林地审核审批管理规范》(林资发〔2003〕139号)等,对征地拆迁过程中森林树木的保护、植被恢复、征占用林地操作流程等内容进行规定。

涉及文物保护的《中华人民共和国文物保护法》(主席令第84号)、《中华人民共和国文物保护法实施条例》(国务院令第377号)、《文物认定管理暂行办法》(文化部令第46号)等,这些文件对征地拆迁工作中文物保护的方法及实施流程进行规定。

2003—2004年,水利部陆续批复干线北京段“五项设计单元工程”的初步设计报告,征迁安置补偿费计算依据长江委设计院编制的《南水北调中线一期工程总干渠渠线占地移民规划设计及补偿投资概算编制办法》,执行中线全线统一标准。

2004年10月25日,国务院总理、国务院南水北调工程建设委员会主任温家宝主持召开国务院南水北调工程建设委员会第二次全体会议。会议就南水北调工程建设征迁安置问题提出了因城市征迁安置补偿标准高出国家标准而产生的资金缺口,由地方政府自筹解决的原则性意见。

2005年3月,国务院南水北调工程建设委员会印发《关于南水北调工程建设中城市征迁安

置补偿有关问题的函》（国调委发〔2005〕2号），明确“南水北调工程沿线特别是城市征迁安置补偿经国家批复后与当地征迁安置标准之间的差额，……由当地人民政府使用国有土地有偿使用收入予以解决”。

2. 北京市政策

《北京市实施〈中华人民共和国土地管理法〉办法》（1991年3月15日北京市第九届人民代表大会常务委员会第26次会议通过）详细阐述了北京市实施土地征用的范围、流程及补偿标准，对征用土地的土地补偿费和安置补助费进行了规定。

《北京市建设征地补偿安置办法》（北京市人民政府令第148号）规定了北京市征地补偿费用的范围，明确了征地补偿费用的最低标准及实施方法。

《北京市集体土地房屋拆迁管理办法》（北京市人民政府令第124号）明确了拆迁人享有获得补偿、安置的权利，对征用地拆迁房屋的补偿标准评定范围进行了说明。

《北京市国有土地上房屋征收与补偿实施意见》（京政发〔2011〕27号）明确了各区县房屋征收与补偿工作的责任划分，规定了北京市实施国有土地房屋征收与补偿工作的原则和流程。

《北京市基本农田保护条例》（北京市人民代表大会常务委员会公告第17号）规定了征用、占用基本农田时征地费用的计算方法和涵盖内容。

除上述北京市出台的直接对征占土地和房屋拆迁进行规定的地方性法规外，与南水北调工程征地拆迁相关的北京市级法规和政策还涉及土地征占、房屋拆迁、林地及树木伐移、文物保护等内容。

涉及土地征占的《北京市耕地开垦费收缴和使用管理办法》（京政办发〔2002〕51号）、《北京市国土局关于征地公示公告程序的通知》（京国土征〔2004〕238号）、《北京市征地补偿费最低保护标准》（2004年10月1日施行）、《北京市收回企业国有土地使用权补偿办法》（京国土用〔2005〕534号）、《北京市实施〈中华人民共和国城镇土地使用税暂行条例〉办法》（北京市人民政府令第188号）、《北京市实施〈中华人民共和国耕地占用税暂行条例〉办法》（北京市人民政府令第210号）、《北京市国土资源局土地权属审查办法（试行）》（2011年7月29日发布），对北京市征地拆迁工作中耕地的使用管理、征地公示公告流程、征地补偿费用标准及土地权属等问题进行规定。

涉及房屋拆迁的主要包括《北京市非住宅房屋拆迁评估技术标准》（京房地评字〔1999〕656号）、《北京市人民政府关于调整本市城市房屋拆迁补偿办法的批复》（京政函〔2000〕60号）、《关于加强城市房屋拆迁补偿安置资金使用监督的通知》（京国土房管拆字〔2001〕1177号）、《北京市房屋拆迁评估规则（暂行）》（京国土房管拆字〔2001〕1234号）、《北京市国土资源和房屋管理局关于房屋权属登记有关问题的通知》（京国土房管权〔2003〕526号）、《北京市宅基地房屋拆迁补偿规则》（京国土房管征〔2003〕606号）、《〈北京市集体土地房屋拆迁管理办法〉实施意见》（京国土房管拆〔2003〕666号）、《北京市人民政府关于做好房屋拆迁工作维护社会稳定的意见》（京政发〔2003〕24号）、《北京市住房和城乡建设委员会关于进一步做好北京市城市房屋拆迁安置和补偿工作的若干意见》（京建拆〔2009〕431号）、《北京市城市住宅房屋拆迁市场评估技术方案》（京建拆〔2009〕450号），对北京市征地拆迁工作中房屋拆迁评估、资金使用的监督管理、权属登记、安置补偿等内容进行规定。

涉及征占林地及伐移的主要包括《北京市古树名木保护管理条例》（北京市人民代表大会

常务委员会公告第2号)、《北京市森林资源保护管理条例》(2010年12月23日修正)、《北京市古树名木保护管理条例实施办法》(京绿保发〔2007〕4号)、《〈北京市森林资源保护管理条例〉实施办法》(北京市人民政府令第200号)、《北京市园林绿化局关于城市绿地养护管理投资标准的意见》(京绿地发〔2008〕11号)、《北京市树木移植砍伐许可管理办法(试行)》(2010年3月1日施行)、《北京市森林、林木生产性采伐(移植)管理程序》《北京市园林局关于城市树木伐移申报审批办法》《北京市工程建设采伐〈移植〉林木管理程序》《北京市占用、征用林地管理程序》,对北京市征地拆迁工作中古树名木保护、森林资源保护、城市绿地养护、林木伐移的许可管理、申报审批程序等进行规定。

涉及文物保护的主要包括《北京市实施〈中华人民共和国文物保护法〉办法》(北京市人民代表大会常务委员会公告第26号)、《北京历史文化名城保护条例》(北京市人民代表大会常务委员会公告第32号)、《北京市文物局关于在全国重点文物保护单位、市级文物保护单位的保护范围内进行建设工程的有关规定》(京文物〔2002〕271号)、《北京市文物局关于在全国重点文物保护单位、市级文物保护单位的建设控制地带内进行建设工程的有关规定》(京文物〔2003〕457号)、《北京市文物保护单位保护范围及建设控制地带管理规定》(北京市人民政府第200号令)、《北京市〈文物认定管理暂行办法〉实施细则(试行)》(2010年4月10日施行),对北京市征地拆迁工作中文物保护范围的确认、文物保护工作的具体实施等内容进行规定。

三、实施与管理

(一)房山区

1. 实物指标复核

2003年8月,北京市水利局印发《关于开展南水北调中线工程(北京段)占地实物指标调查的通知》(京水计〔2003〕130号),通知中要求"根据水利部、水利部水规总院、长江水利委员会的要求,按照水利部新规范,对总干渠北京段线路占地范围内实物指标按初步设计深度要求进行调查。调查内容包括城乡居住人口、房屋、土地、农村机井、小型副业设施、零星果木及坟墓、工业企业、输变电、广电线路、各类管道、矿产资源及文物古迹等,以上调查必须入户"。

2004年4月,房山区成立了南水北调工程实物指标调查工作领导小组,由区建委、土地、林业、水务等部门以及北京瑞欧房地产评估公司、北京华信房地产评估公司联合成立拆迁调查工作组,具体负责房山段实物指标的拆迁调查工作,工程拆迁调查涉及大石窝、长沟、韩村河、周口店、城关、青龙湖、长阳等7个镇(街道),于2004年4月30日完成了全部实物指标拆迁调查工作,历时近1个月。

2005年4月22—25日,房山区组织有关单位深入被拆迁乡镇进行拆迁复核调查,实物指标复核成果如下:

(1)拆迁。清点树木797319棵,其中果树267553棵、经济林24384棵、用材林505382棵。全线清点机井39眼、坟墓2723座、各种路面10.3万m^2、各种线杆7678根、电线电缆9.8万m、各类围墙2.9万m^2,以及其他大量附属物。共拆迁230个宅院。房屋拆迁调查共涉

及7个乡镇42个行政村，7个国有单位，房屋拆迁产权单位519个，拆迁总建筑面积143172.39m^2。其中，住宅230户，拆迁建筑面积41967.76m^2；非住宅289户，拆迁建筑面积101204.63m^2。

(2) 征用地。征用地10240.84亩，其中永久征地836.18亩，临时用地9404.66亩。按地类划分，南水北调工程房山段用地总面积10240.84亩，其中耕地5839.28亩（含永久征地532.69亩，临时用地5306.59亩）；林地981.76亩（含永久征地61.69亩，临时用地920.07亩）；园地976.35亩（含永久征地112.47亩，临时用地863.88亩）；独立工矿1029.2亩（含永久征地52.28亩，临时用地976.92亩）；其他用地1414.25亩（含永久征地81.04亩，临时用地1333.21亩）。

2. 公告公示

2006年3月22日，房山区南水北调办通过《房山报》、房山电视台发布《南水北调（房山段）工程征迁安置公告》，将拆迁的责任主体、拆迁范围、拆迁期限和拆迁联系人进行公告。征地拆迁公告规定，拆迁范围：PCCP输水管道两侧拆迁占地线范围内所有的地上物（房屋、树木及其他构筑物）、地下物（各类管线、坟墓及其他构筑物），涉及大石窝、长沟、韩河村、周口店、城关、青龙湖、长阳等7个镇（街道），拆迁占地线具体位置由属地镇政府、村委会负责解释。拆迁期限：截至2006年4月30日前全部拆迁完毕，请物主自公告之日起10日内联系拆迁事宜，逾期责任自负。

3. 实施方案的编制与批复

2005年7月7日，根据北京市、房山区有关征地、房屋拆迁补偿安置政策规定，经房山区南水北调办、区国土局、区建委共同协商讨论，提出《南水北调中线工程房山段建设征地补偿实施方案》征求意见稿。

2005年9月5日，根据2005年8月3日政府办公会意见，房山区南水北调办再次会同房山区建委、区国土局等部门对《南水北调中线工程房山段建设征地补偿实施方案》（房南办字〔2005〕7号所呈方案）进行了修改。

2005年9月16日，房山区南水北调办制定的《南水北调中线工程房山段建设征地拆迁补偿实施方案》经本届房山区政府第35次专题会议讨论通过，并由房山区政府印发《北京市房山区人民政府办公室关于转发区南水北调建设委员会办公室南水北调工程房山段建设征地拆迁补偿实施方案的通知》（房政办发〔2005〕72号）。

4. 各级补偿投资包干协议

2005年6月3日，北京市南水北调办与房山区人民政府签订《北京市南水北调工程征地拆迁工作责任书》。

2005年6月16日，房山区政府与大石窝、长沟、韩村河、周口店、城关、青龙湖、长阳等7个镇（街道）政府、办事处签订征地拆迁责任书。按照“属地拆迁”的实施原则，房山区涉及南水北调拆迁工作任务的7个镇（街道）政府也成立了南水北调工程征地拆迁指挥部，具体负责本镇域范围内征地拆迁协调、组织、实施工作。并由各乡镇政府与沿线各村村民委员会签订征地拆迁补偿协议。

房山区南水北调办分别与青龙湖、大石窝、长沟、韩村河、周口店、长阳等镇和城关街道以及国有单位签订南水北调工程拆迁补偿协议书351份，签订征地拆迁服务费类合同23份。

5. 补偿兑付

房山区南水北调办征地拆迁资金管理按照《北京市南水北调工程征地拆迁资金使用管理细则》相关规定，对征地拆迁资金专款专用，并执行南水北调专项资金的支付审批程序。

按照国务院南水北调办《南水北调工程建设征地补偿和移民安置资金管理办法（试行）》《南水北调工程征地移民资金会计核算办法》等有关规定，房山区南水北调办制定了《北京市房山区南水北调工程征地拆迁资金使用管理细则》《北京市房山区南水北调工程建设委员会办公室财务管理制度》《北京市房山区南水北调工程建设委员会办公室财务开支审批程序》《北京市房山区南水北调工程建设委员会办公室固定资产购置及管理办法》等财务管理制度，并按照各项制度对南水北调征地移民资金进行管理和使用。

截至 2015 年 12 月，房山区南水北调办及相关单位共收到并兑付的征地拆迁投资 103737.05 万元，其中国家投资 10260 万元，北京市财政资金 92371.8 万元，房山区财政资金 50 万元，利息收入 1055.25 万元。

6. 农村生产生活安置

农村基础设施补偿共计 6298.79 万元，其中包括以下内容：

（1）农村水利设施。恢复灌溉渠道 11 处共 2695m，灌溉管道 4 处共 7640m，蓄水池 3 座，费用合计 418.3 万元。

（2）灌溉管网工程。恢复泵房 46 座、管理房 2 座，灌溉渠道、管道工程 30 处，蓄水池 3 座，蓄水池附属工程 1 处，费用合计 969.72 万元。

（3）机井配套设施建设。包括机井凿井 51 眼，采购及安装井群机电设备 48 套，采购及安装变压器 36 台，费用合计 3853.64 万元。

（4）农村道路设施工程。涉及 7 个乡镇共 187 条道路，其中村级道路 112 条，沥青道路 75 条，费用合计 577.4 万元。

（5）工程服务费。包括监理服务费 107.61 万元，工程设计费 358.5 万元，工程审计费 13.62 万元，合计 479.73 万元。

7. 拆迁安置项目

房山区段安置项目包括武装部训练基地、青龙湖镇大苑村小学、长阳镇篱笆房小学，共计 5754.21 万元，具体情况如下：

（1）武装部训练基地。干线北京段工程穿越房山区武装部训练基地靶场，该基地由于靶场原址无法恢复和继续使用，需重新选址新建。拆迁武装部训练基地原址房屋面积 3738.67m^2，土地面积 64498.90m^2，支付拆迁安置费用为 3137.60 万元。

（2）青龙湖镇大苑村小学。干线北京段工程穿越房山区青龙湖镇大苑村小学，占小学总面积的 80%，使得该学校迁址复建。大苑村小学拆迁安置费用为 2198.8 万元，校舍周转房建设费用为 41.81 万元。

（3）长阳镇篱笆房小学。干线北京段工程因施工占用房山区长阳镇篱笆房小学，学校无法继续使用，需迁址新建。迁建后建筑面积 4765m^2，南水北调补充拆迁安置费用 376 万元。

8. 专项设施迁建

房山区段专项设施迁建工作主要由北京市南水北调拆迁办统一实施，由房山区南水北调办组织实施的项目仅有房山段农电改移，共计 49 处，完成投资 809.75 万元。

9. 工业企业迁建

房山区拆迁范围内涉及集体企业 9 家，总建筑面积 14343.80m²，补偿费共计 8365.89 万元，其中 PCCP 工程集体企业 1 家，建筑面积共 7499.28m²，评估补偿额为 3794.72 万元，永定河倒虹吸工程集体企业 1 家，评估补偿额为 409.12 万元。卢沟桥暗涵工程集体企业 4 家，建筑面积共 3373.46m²，评估补偿额为 1733.28 万元，西四环暗涵工程集体企业 3 家，建筑面积共 3471.06m²，评估补偿额为 2428.77 万元。

房山区拆迁范围内涉及国有企业 20 家，建筑面积共 16492.21m²，评估补偿额为 7459.40 万元。其中 PCCP 工程国有企业 3 家，建筑面积共 1486.92m²，评估补偿额为 569.47 万元。卢沟桥暗涵工程段国有企业 17 家，建筑面积共 15005.29m²，评估补偿额为 6889.93 万元。

10. 永久征地交付

房山段永久征地共计 948.85 亩，永久征地补偿费共计 16685.34 万元。其中：大石窝镇人民政府提供 5.62 亩永久征地，用于南水北调中线干线北拒马河暗渠工程建设；另大石窝镇人民政府（办事处）提供 43.10 亩永久征地用于南水北调工程建设；周口店镇人民政府（办事处）分别提供 5.65 亩、14.87 亩、6.37 亩永久征地用于南水北调工程建设；韩村河镇人民政府（办事处）分别提供 22.84 亩、9.31 亩、5.67 亩永久征地用于南水北调工程建设；长阳镇人民政府（办事处）提供 10.06 亩永久征地用于南水北调工程建设；城关街道办事处提供 22.65 亩永久征地用于南水北调工程建设。

11. 临时用地交付和复垦

房山区临时用地涉及 7 个乡镇 48 个行政村，共计 9957.21 亩。临时用地补偿费共计 9697.89 万元，临时用地延期补偿费共计 970.96 万元。

2006 年，北京市国土资源局房山分局核发临时使用土地批准书，批准北京市南水北调工程建设管理中心临时使用城关镇、大石窝镇、青龙湖镇、韩村河镇、长阳镇、长沟镇、周口店镇的土地，临时使用土地期限为 2006 年 4 月 5 日至 2008 年 4 月 5 日。其中：大石窝镇人民政府提供 109.09 亩临时用地用于南水北调中线干线北拒马河暗渠工程建设；周口店镇人民政府（办事处）分别提供 71.6 亩、238.12 亩、109.51 亩临时用地用于南水北调工程建设；大石窝镇人民政府（办事处）提供 555.44 亩临时用地用于南水北调工程建设；韩村河镇人民政府（办事处）分别提供 401.31 亩、269.45 亩、121.79 亩临时用地用于南水北调工程建设；长阳镇人民政府（办事处）提供 164.45 亩临时用地用于南水北调工程建设；城关街道办事处提供 488.46 亩临时用地用于南水北调工程建设。

2008 年 6 月 18 日，南水北调工程房山区段施工临时用地 9957.21 亩，其中 2006 年度测绘面积为 9513.72 亩，分界测量误差为 443.49 亩。截至 2008 年 4 月施工临时用地已全部到期，急需办理临时用地延期手续。

因南水北调工程建设原因，新增临时用地需办理用地手续。2008 年 10 月 17 日，北京市国土资源局房山分局核发南水北调房山区段临时使用土地的延期批准书，批准号码为京（房土）〔临〕字 2008 第 001－006，批准北京市南水北调工程建设管理中心临时使用。同时规定临时用地不得修建永久建筑物，临时使用土地期限为 2008 年 10 月 5 日至 2009 年 3 月 5 日。2005—2008 年，依据与 7 个乡镇签订的征地拆迁补偿协议（临时用地青苗补偿及地力恢复费、边角地、临时用地延期等），共计拨付补偿资金 6323.87 万元。

截至2008年10月17日，临时用地已全部复耕退还。为确保工程占用的农用地满足复垦要求，保证土地使用人的合法权益，委托房山区农业科学研究所在土地移交前、后分别对土壤状况进行了检测备案和复核检测工作，并以此作为地力恢复的标准。

12. 征占林地及树木伐移

房山区大石窝镇南河村征占林地共计0.59hm² 用于北拒马河暗渠工程建设，林种是防护林，树种是杨树，共490株，采伐490株，蓄积30.07m³。

房山区大石窝、长沟、韩村河、周口店、城关、青龙湖、长阳等7个镇（街道）及丰台区王佐镇征占林地共计129.30hm²。其中征占房山区林地面积110.19hm²，包括永久征用商品林地4.11hm²，永久征用防护林地1.08hm²，临时用商品林地83.30hm²，临时用防护林地21.70hm²，被征占林木株树98927株，采伐蓄积2048.04m³。

房山区大石窝镇惠南庄村征占林地共6.50hm² 用于惠南庄泵站建设工程建设，林木总株数562株。

房山区和丰台区征占林地共计3.64hm² 用于永定河倒虹吸工程，征占林地全部为临时用地，林种是特种用途林，树种是加杨、榆树等，林木总株数2443株，需要采伐树木株数47株，移植2396株，采伐蓄积9.1836m³。

13. 用地组卷报批（含勘测定界）

2006年12月27日，北京市国土资源局房山分局完成建设用地组卷工作。

2007年8月16日，房山区人民政府致函北京市国土资源局《关于北京市南水北调工程建设管理中心申请办理征地手续的函》（房政函〔2007〕119号），申请征收房山区用地55.56hm²。

2009年7月3日，国土资源部《关于南水北调中线京石段应急供水工程（北京段）建设用地的批复》（国土资函〔2009〕846号）批准干线北京段工程（包含房山段、丰台段、海淀段）永久征地66.80hm²。实际实施中，阀井、连接路等管理设施需新增永久征地。

14. 档案管理

依据国务院南水北调办、国家档案局《南水北调工程征地移民档案管理办法》《北京市南水北调工程征迁安置档案管理办法》《北京市南水北调工程征迁安置验收实施细则》《重大建设项目档案验收办法》《国家重大建设项目文件归档要求与档案整理规范》，房山区南水北调办对干线北京段工程房山区域内征迁安置过程中产生的资料进行了收集、整理和归档。在档案管理中高度重视日常管理工作，配备专职档案管理人员，对档案资料进行认真整理，并接受北京市南水北调办监督和区档案局指导，做到文件资料内容真实准确、确保征迁安置档案完整、安全及有效利用。

房山区南水北调办档案分为三类：文书档案、科技档案及声像档案，其中文书档案包括征迁安置综合类档案及一户一档。文书档案共计2529卷，其中征迁安置综合类档案538卷；一户一档档案1991卷。

征迁安置综合类档案包括：征迁安置机构成立、批复、请示文件；征迁安置责任书；关于南水北调工程征迁安置工作的请示、批复文件及资金的请示与批复文件、各级部门下达的投资与拨款文件；签订的征迁安置补偿协议书；各级政府签发的征迁安置补偿标准文件；向有关部门申报办理的征迁安置、拆除手续文件；拆迁公告；征迁安置会议纪要；信访、投诉案件与调解判决文件；稽查、审计资料；实物量指标调查文件；占用征用林地可行性报告、环境评价报

告、明挖石方爆破调整方案等；土地测绘报告；市规委规划意见及附图；大事记、工作总结、评奖及优秀成果资料等。一户一档包括：沿线各乡镇（村）与被拆迁人签订的征迁安置补偿、林木及地上物补偿、爆破施工补偿等各类协议；与被拆迁人相关的评估报告、身份证复印件、领款证明复印件等文件。

科技档案共计135卷。主要包括：南水北调专项设施恢复工程涉及的招投标文件、设计图及竣工图、施工资料；高、低压线路改移工程预（概）算书、工程量确认单；与委托代理招标、监理、设计、施工等单位签订的合同文件；监理单位工作文件及相关施工资料、分部验收、竣工验收资料等文件。

声像档案分为照片档案及光盘档案，照片档案、光盘档案各1册，其中照片档案32张，视频档案12件。

15. 遗留问题处理

工程完工后，部分区域PCCP管沟回填不能恢复原状地貌，沿线形成了深挖槽、高填方等问题。由此带来的灌溉、交通、排水等一系列问题给沿线百姓的生产生活带来了不利影响。经北京市政府、国务院南水北调办研究同意，北京市水利规划设计研究院编制了《南水北调中线京石段应急供水工程（北京段）惠南庄—大宁段PCCP管道工程深挖槽段未恢复原地面处理方案占地图册》（2009年3月）。据此，房山区南水北调办委托北京天地鸿图测绘有限公司，对深挖槽段未恢复原地面项目进行测绘，于2009年3月26日出具《南水北调工程深挖槽段未恢复原地面项目技术报告书》，分镇、村对土地面积进行了分类统计。按上述处理方案和技术报告书，房山区南水北调办于2010年12月分别与长沟、韩村河、周口店、青龙湖、长阳等镇及城关街道签订深挖槽、高填方占地补偿协议，共支付补偿金额7503.79万元。

房山段施工爆破避险转移补偿工作，根据北京市政府、北京市南水北调办的要求，房山区南水北调办邀请有关爆破专家对爆破影响范围进行了鉴定，根据2006年10月27日《关于干线北京段工程爆破施工影响范围》的专家意见，制定了《南水北调中线工程北京房山段施工爆破影响补偿实施方案》，爆破施工共涉及补偿费用8386.63万元。

16. 征迁安置监理

江河水利水电咨询中心承担干线北京段工程的征迁安置（不包含专项设施迁建工程）监理工作。根据监理合同要求，2006年9月15日成立了南水北调中线工程（北京段）工程征迁安置监理部（以下简称“监理部”），下设两个监理分部，监理人员于2006年9月正式进场。监理部于2006年10月编写了《南水北调中线干线工程京石段应急供水工程（北京段）征迁安置监理实施细则》。

在监理周期内，监理部通过不定期巡查、现场查勘、访谈、参加协调会、参加督察等形式，了解掌握征迁安置工作中出现的涉及质量、进度和资金等方面的问题。根据发现的问题，通过及时召开或参加现场协调会，以及发出监理文件、监理报告等形式，协调解决或督促有关部门落实解决问题。

（二）丰台区

1. 实物指标复核

根据北京市南水北调办2005年4月11日会议精神，丰台区南水北调征地拆迁实物指标调查工作协调小组组织区园林绿化局等成员单位及天润评估公司、政源拆迁公司和相关乡（镇、街道）等单位，于2005年4月复核实物指标调查结果，复核范围以北京市水利规划设计研究院《南水北调中线京石段应急供水工程（北京段）拆迁占地平面图》确定的拆迁范围和临时用地范围为准，涉及丰台区王佐镇、老庄子乡、宛平街道办事处、卢沟桥街道、卢沟桥乡。

丰台区实物指标调查结果如下：

（1）拆迁。住宅5处195户，建筑面积36845m²；宅基地70.4亩，常住人口751人。国有和乡、村属单位24个，需拆除各类建筑面积29696.1m²，围墙（栏杆）10920m，混凝土地坪18101m²，乡村级道路22146m²，机井（泵站）33眼，变压器（配电室）11台，企业单位用地356.7亩。

（2）征用地。工程总征用地1576.3亩，永久征地48.7亩，临时用地1527.6亩；移伐零星树木18075棵，绿地29800m²。

2. 公告公示

（1）PCCP管道工程。2006年3月27日，丰台区南水北调拆迁办向丰台区领导小组提交《拆迁公示申请书》。2006年3月31日，丰台区领导小组在PCCP输水管线及巡线路工程沿线住宅张贴了拆迁公示。2006年3月31日，丰台区南水北调拆迁办在PCCP输水管线及巡线路工程沿线张贴了《致被拆迁住户的一封信》，告知住户将于2006年4月4日开始对房屋进行调查评估。2006年7月7日，丰台区领导小组发布《拆迁公告》（丰建拆告字〔2006〕第144号）。

（2）西四环暗涵工程。2006年3月11日，丰台区领导小组在西四环暗涵（首部）工程沿线住宅张贴了拆迁公示。2006年3月14日，丰台区南水北调拆迁办在西四环暗涵（首部）工程沿线张贴了《致被拆迁住户的一封信》，告知住户将于2006年3月15日开始对房屋进行调查评估。2006年6月27日，丰台区南水北调拆迁办向丰台区领导小组提交《拆迁许可证申请书》。2006年7月7日，丰台区领导小组发布《拆迁公告》（丰建拆告字〔2006〕第170号），拆迁范围为南水北调工程丰台段规划用地红线内（岳各庄地区）。上述用地范围内的房屋及其附属物需要拆迁，自2006年7月19日至2006年8月18日中午12时以前完成搬迁。

（3）永定河倒虹吸工程。2006年3月2日，丰台区南水北调拆迁办向丰台区领导小组提交《拆迁公示申请书》。2006年3月11日，丰台区领导小组在永定河倒虹吸输水管道工程沿线住宅张贴了拆迁公示。2006年3月14日，丰台区南水北调拆迁办在永定河倒虹吸输水管道工程沿线张贴了《致被拆迁住户的一封信》，告知住户拆迁、评估公司将于2006年3月15日开始对房屋进行调查评估。2006年7月18日，丰台区领导小组发布《拆迁公告》（丰建拆告字〔2006〕第171号），自2006年7月19日至2006年8月18日中午12时以前完成搬迁。

（4）卢沟桥暗涵工程。2006年3月2日，丰台区南水北调拆迁办向丰台区领导小组提交《拆迁公示申请书》。2006年3月11日，丰台区领导小组在卢沟桥暗涵工程沿线住宅张贴了拆迁公示。2006年3月14日，丰台区南水北调拆迁办在卢沟桥暗涵工程沿线张贴了《致被拆迁住户的一封信》，告知住户将于2006年3月15日开始对房屋进行调查评估。2006年4月，拆迁、评估公司开始了入户调查工作。2006年10月13日，丰台区领导小组发布《拆迁公告》（丰建拆告字〔2006〕第240号）。

3. 实施方案的编制与批复

2005年6月20日，丰台区水务局根据《北京市南水北调干线工程征地拆迁工作实施方案

的通知》(京调委〔2005〕2号)及现行的征地拆迁政策，结合丰台区的实际，向区政府报送《关于丰台区南水北调工程建设征地拆迁工作实施方案的请示》(京丰水〔2005〕44号)。

4. 各级补偿投资包干协议

2005年6月3日，按照北京市政府的要求，北京市南水北调办与丰台区人民政府协商签订《北京市南水北调工程征地拆迁工作责任书》。

2005年11月23日，根据丰台区人民政府与北京市南水北调办签订的《北京市南水北调干线工程征地拆迁工作责任书》的要求，丰台区南水北调拆迁办向丰台区政府上报了《关于南水北调工程拆迁评估招标评标有关问题的请示》(丰调办〔2005〕1号)，经区政府批复(丰台区人民政府办文第1926号)同意，于2005年12月2日自行组织南水北调(丰台段)工程项目拆迁的评估及拆迁的招标，招标形式为邀请招标。

2006年5月15日，丰台区南水北调拆迁办向丰台区政府提出《关于南水北调工程委托住宅拆除工作的请示》，经区政府批示(丰台区人民政府办文第715号)同意，2006年6月12日与北京鑫建捷市政工程有限责任公司签订《委托住宅拆除协议书》。

5. 补偿兑付

2005年8月，丰台区南水北调拆迁办印发《专项资金管理制度》，规定南水北调专项资金按相关规定专款专用，并严格按照南水北调专项资金的支付程序审批。丰台区在财务核算上执行《财务管理制度》等有关规定，南水北调专项资金实行专户储存、专户管理。

截至2015年12月，丰台区南水北调拆迁办支付征用土地补偿费6162.10万元，房屋拆迁补偿费33743.15万元，地上物补偿费6125.41万元，农村设施迁建费560.39万元，税费1050.34万元，其他费用255万元。

6. 农村生产生活安置

(1) 农村基础设施补偿。丰台区实际支出补偿费554.84万元，工程服务费5.55万元，总计560.39万元。

(2) 其他补偿。2007年4月5日，丰台区人民政府向北京市国土资源局报送《丰台区人民政府关于南水北调工程征地补偿(人员)安置情况说明的函》(丰政函〔2007〕37号)，南水北调工程需征用王佐镇庄户中心村的集体土地38.63亩，按照《北京市建设征地补偿安置办法》及相关规定，丰台区依法拟定了征地补偿标准和人员安置方案。共征收土地2.58hm^2(38.6325亩)，总计支付965.75万元，征地补偿费将优先用于农转非劳动力、超转人员的安置。需农转非13人，其中农转非劳动力8人，由王佐镇庄户中心村村民委员会负责。

7. 专项设施迁建

丰台区段专项设施迁建工作由北京市南水北调拆迁办组织实施。

8. 工业企业迁建

拆迁范围内涉及集体企业9家，总建筑面积14343.80m^2，补偿费共计8365.89万元，其中PCCP工程集体企业1家，建筑面积共7499.28m^2，评估补偿额为3794.72万元，永定河倒虹吸工程集体企业1家，评估补偿额为409.12万元。卢沟桥暗涵工程集体企业4家，建筑面积共3373.46m^2，评估补偿额为1733.28万元，西四环暗涵工程集体企业3家，建筑面积共3471.06m^2，评估补偿额为2428.77万元。

工程涉及国有企业20家，建筑面积共16492.21m^2，评估补偿额为7459.40万元。其中

PCCP 工程国有企业 3 家，建筑面积共 1486.92m^2，评估补偿额为 569.47 万元。卢沟桥暗涵工程段国有企业 17 家，建筑面积共 15005.29m^2，评估补偿额为 6889.93 万元。

9. 永久用地交付

丰台区批复永久征地补偿费 1526 万元。截至 2012 年 7 月 10 日，已完成永久征地 49.24 亩，工程管理专项占地 11.82 亩，共计占地 61.06 亩，其中包括：①王佐镇辖区内巡线路、排气阀井、王佐分水口等，共征地 53.48 亩，其中工程管理专项占地 4.24 亩；②丰台区宛平地区街道办事处所属北京市鸿发农工商实业中心拆迁范围内修建通气检查井、放空检修井及连接路等，共征地 1.70 亩；③丰台区卢沟桥乡卢沟桥村拆迁范围内建排气阀井，征地 0.18 亩；④丰台区卢沟桥乡大瓦窑村所属北京经纬诚信投资公司拆迁范围内修建排气井，征地 0.21 亩；⑤丰台区卢沟桥乡郭庄子村所属北京市庄宇投资管理公司拆迁范围内修建排气井，征地 0.28 亩；⑥丰台区卢沟桥乡大井村所属北京天弓高尔夫球俱乐部拆迁范围内修建排气阀井、检修路等，征地 1.13 亩；⑦岳各庄村所属北京中展伟宏投资管理公司修建压力箱兼浅埋暗挖进口在线竖井、检修路等，征地 2.92 亩；⑧丰台区卢沟桥林业工作站建排气阀井、检修路等，征地 0.5 亩；⑨卢沟桥暗涵工程段在北京宛平房地产开发有限责任公司所属用地范围内建有 2 号排气阀井，需永久征地 0.1 亩；⑩在丰台区市政管理委员会养路队所属范围内建有放空井，需永久征地 0.38 亩；⑪在中铁六局集团北京铁路建设有限公司所属用地范围内建有 4 号排气阀井，需永久征地 0.18 亩。

10. 临时用地交付和复垦

丰台段临时用地 1651.46 亩，临时用地补偿费 3635.6 万元，临时用地延期补偿费 1197.02 万元，其中包括：①丰台区宛平房地产开发有限责任公司提供施工临时用地 57.8 亩；②丰台区老庄子乡提供施工临时用地 76.4 亩；③丰台区卢沟桥乡岳各庄村提供施工临时用地 38.21 亩；④北京天弓高尔夫球俱乐部提供施工临时用地 155.4 亩；⑤丰台区卢沟桥乡大瓦窑村提供施工临时用地 33.8 亩；⑥丰台区卢沟桥乡郭庄子村提供施工临时用地 37.4 亩；⑦丰台区园林局提供施工临时用地 25.2 亩；⑧北京富邦花木公司提供施工临时用地 17.49 亩；⑨丰台区王佐镇庄户中心村提供施工临时用地 176.9 亩；⑩北京糖业烟酒公司酒类经营分公司提供施工临时用地 10.21 亩；⑪丰台区北京铁路局北京工务机械段提供施工临时用地 10.1 亩；⑫丰台区王佐镇庄户中心村提供施工临时用地 649.3 亩；⑬丰台区公安分局看守所提供施工临时用地 5.4 亩；⑭丰台区北京同友盛商贸公司提供施工临时用地 4.64 亩；⑮丰台区中铁六局集团北京铁路建设有限公司提供施工临时用地 9 亩；⑯中国人民解放军总装备部装甲兵装备技术研究所提供施工临时用地 25.5 亩；⑰中国人民解放军 63985 部队提供施工临时用地 43.94 亩；⑱丰台区教育局仓库提供施工临时用地 0.8 亩；⑲丰台区王佐镇庄户中心村提供施工临时用地 0.8 亩；⑳丰台区教育局仓库提供施工临时用地 0.8 亩；㉑丰台区首都公路发展有限责任公司安畅高速公路管理分公司提供施工临时用地 12.7 亩；㉒丰台区卢沟桥村提供施工临时用地 31.2 亩；㉓丰台区市政养路队提供施工临时用地 3.94 亩。

临时用地已全部复耕退还，且工程占用的农用地满足复垦要求，保证了土地使用人的合法权益。

11. 征占林地及树木伐移

丰台区卢沟桥镇大瓦窑村、郭庄子村和大井村征占林地共 5.17hm^2，用于卢沟桥暗涵工程

建设，征占林地全部为临时用地，林种是环境保护林，树种是各种露根乔木、土球苗木等，林木总株树 8189 株，需要采伐树木株树 221 株，移植 7968 株，采伐蓄积 66.43m^3。

丰台区和房山区征占林地共计 3.64hm^2 用于永定河倒虹吸工程建设，征占林地全部为临时用地，林种是特种用途林、树种是加杨、榆树等，林木总株树 2443 株，需要采伐树木株树 47 株，移植 2396 株，采伐蓄积 9.18m^3。

12. 用地组卷报批（含勘测定界）

2006 年 10 月 16 日，按照征地报批程序要求，北京市国土资源局丰台分局完成建设用地项目呈报材料。

2006 年 10 月 19 日，丰台区人民政府致函北京市国土资源局《丰台区人民政府关于南水北调京石段应急供水工程征收土地的函》（丰政函〔2006〕110 号），申请征收丰台区王佐镇庄户中心村集体土地 2.30hm^2。

2009 年 7 月 3 日，国土资源部以《关于南水北调中线京石段应急供水工程（北京段）建设用地的批复》（国土资函〔2009〕846 号）批复了丰台区正式用地手续。

13. 档案管理

丰台区南水北调拆迁办设置档案室，聘请有丰富档案管理工作经验的人员进行档案的收集、整理、立卷、保管等工作，确保档案管理工作的顺利进行。

在档案的日常管理中，丰台区南水北调拆迁办领导多次组织全体人员召开档案收集工作会，要求工作人员在日常工作中注意收集手头分管的各项工作档案，协助档案员做好资料收集整理工作。

在区档案局的指导下，丰台区南水北调拆迁办根据文书档案的要求，按照拆迁工作的实施顺序将档案分为综合类和监督管理两大类。综合类文件主要是各年度收发文，监督管理类的文件主要涉及拆迁工程招投标文件、拆迁工程实施手续及各类拆迁协议。

丰台区南水北调拆迁办坚持定期对档案进行检查，做好防火防潮工作，确保档案安全。建立健全档案安全规章制度，把建立健全档案保管、编目、利用、保护、保密等方面的规章制度，真正做到责任到人，措施到位。

按照丰台区档案局的指导意见，丰台区南水北调拆迁办档案分为综合管理档案、征迁安置档案及声像档案。综合管理类档案共计 78 卷。

征迁安置档案共计 300 卷，包括 PCCP 管道、永定河倒虹吸、卢沟桥暗涵、西四环暗涵 4 个单项工程拆迁审批文件；住宅拆迁协议（一户一档）；企业拆迁补偿协议、延期占地补偿协议；招投标文件；PCCP 管道施工降水、房屋震裂、深挖槽文件、图纸及补偿协议；监理月报；竣工财务决算、临时用地交接单、审计、拆迁占地图纸等文件。

照片档案共计 170 张。

14. 征迁安置监理

江河水利水电咨询中心承担干线北京段工程的征迁安置（不包含专项设施迁建工程）监理工作。根据监理合同要求，2006 年 9 月 15 日成立了南水北调中线工程（北京段）工程征迁安置监理部（以下简称监理部），下设两个监理分部，监理人员于 2006 年 9 月正式进场。监理部于 2006 年 10 月编写了《南水北调中线干线工程京石段应急供水工程（北京段）征迁安置监理实施细则》。

在监理周期内，监理部通过不定期巡查、现场查勘、访谈、参加协调会、参加督察等形式，了解掌握征迁安置工作中出现的涉及质量、进度和资金等方面的问题。根据发现的问题，通过及时召开或参加现场协调会，以及发出监理文件、监理报告等形式，协调解决或督促有关部门落实解决问题。

（三）海淀区

1. 实物指标调查

按照北京市水务局要求2005年5月开始对南水北调中线干线北京（海淀）段线路占地范围内实物指标按初步设计深度要求进行调查。为此海淀区人民政府成立了《北京市海淀区南水北调工程征地拆迁安置领导小组》，由海淀区水务局牵头成立领导小组办公室，成员包括区建委、区国土局、区财政局、区公安局等。

北京市海淀区南水北调工程征地拆迁安置领导小组办公室（简称“海淀区南水北调办”）深入被拆迁乡镇进行拆迁复核调查，南水北调中线工程（海淀段）途经万寿路、八里庄、田村、曙光、四季青5个镇（街道）。全长9.64km，其中暗涵8.75km，明渠段885m。拆迁任务包括：永久征地面积125.95亩，临时用地面积80.81亩，其中伐移树木面积102.58亩，所属树木18473棵及多年生花卉和竹子39734m^2。拆迁居民15户，面积2060m^2，农民院落6处，面积4193.7m^2，拆除市场面积两处共43000余m^2、清除垃圾渣土达31000余t。具体实物指标调查结果如下：

（1）拆迁。拆迁房屋总计37016.02m^2。其中企业房屋约34360.24m^2，居民房屋约2655.78m^2，主要隶属于北京市第六建设工程公司、四季青农工商总公司林业工作站四队、四季青农工商总公司大潮市场、四季青农工商总公司四海市场、四博连环境美化中心、汇通公司和船营村（自然村）。

海淀区南水北调工程拆迁企业房屋约34360.24m^2，围墙（栅栏）829m，混凝土地坪21186.94m^2，各类地下管线1622m，主要隶属于北京市第六建设公司、四季青农工商总公司林业工作站四队、四季青农工商总公司大潮市场、四季青农工商总公司四海市场、四博连环境美化中心、汇通公司。

海淀区南水北调工程拆迁居民房屋约2655.78m^3，计6个院落，为农民房屋，主要位于船营村（自然村）。

（2）征用地。征用土地总计176.72亩。其中永久征地约132.54亩，临时用地约44.18亩，其中林地面积47.49亩，耕地面积4.56亩，果园面积16.4亩，苗圃面积0.55亩，绿地面积10.56亩，居民点面积52.91亩，交通用地面积33.8亩，河道及空地面积9.83亩。需伐移经济林木、树苗和果木共计29560棵。

海淀区负责的征地拆迁工作按照设计单元划分，西四环暗涵分水口工程、团城湖明渠工程征迁实物指标如下：

1）西四环暗涵分水口工程（永引左右分水口）：永引右分水口：永久征地73.04m^2，临时占地666.93m^2，产权单位分别为玉渊潭农工商总公司和玉渊潭木材加工厂。永引左分水口：永久征地233.64m^2，临时用地473.57m^2，拆迁涉及产权人17个（住户约30户），产权单位为北京市市政工程管理处。

2）团城湖明渠工程：大潮四海市场产权单位为四季青镇，属集体土地，拆迁房屋面积31436m²。搬迁商户1250余户，清理垃圾渣土达31000余t，完成永久征地129.98亩。树木伐移所属树木18473棵（林木、果树、树苗等）及多年生花卉和竹子39734m²。于2006年4月完成拆迁工作。

2. 公告公示

（1）团城湖明渠工程。根据海淀区关于《加快四季青镇船营村六个农民院拆迁工作的批示》，于2007年9月29日取得船营村六个农民院的拆迁许可证并张贴拆迁公示进行入户调查。

同日，海淀区南水北调办在团城湖明渠工程沿线四季青玉泉地区张贴了《房屋拆迁通知书（致被拆迁居民的一封信）》，告知住户在规划范围内实施拆迁工程，根据房地产评估价格对被拆迁房屋的产权人实施货币补偿，恳请居民支持和配合拆迁工作。

（2）西四环暗涵工程。2006年5月10日，海淀区南水北调办在西四环暗涵分水口工程沿线张贴了《致被拆迁居民的一封信》，告知住户在规划范围内实施拆迁工程，根据房地产评估价格对被拆迁房屋的产权人实施货币补偿，恳请居民支持和配合拆迁工作。

3. 实施方案的编制与批复

根据北京市南水北调办《关于南水北调中线京石段应急供水工程（北京段）征迁安置方案有关事宜的函》（京调办函〔2006〕06号），海淀区制定了相应的实施方案开展征迁安置工作。

4. 各级补偿投资包干协议

2005年6月8日，北京市南水北调办与海淀区人民政府签订《北京市南水北调工程征地拆迁工作责任书》。

海淀区南水北调办统一组织了对设计、监理的招标工作，并委托代理机构对评估、拆迁及拆除等单位进行了公开招标，确定中标单位实施相关的评估、拆迁及拆除等工作。

2005年12月23日，海淀区南水北调办与北京海地基业房屋拆迁有限公司签订《委托拆迁合同》，委托该公司完成前期测量调查、核实临时建筑、违章建筑和非正式房屋情况，编制拆迁工程预算以及拆迁补偿补助明细表，办理相关手续，动员被拆迁人签订拆迁补偿协议书等工作。

2006年3月23日，海淀区南水北调办与北京海创房地产评估有限公司签订《房屋拆迁委托评估合同》，委托该公司对海淀区四季青镇中拟建的团城湖明渠工程征地拆迁范围内的地上物进行评估。按照投资计划，对需拆迁的房屋及地上物进行评估，根据评估结果与被补偿单位及个人签订补偿合同或协议，支付拆迁资金均通过内部审批程序。海淀区涉及的西四环暗涵工程和团城湖明渠工程征地拆迁工作共签署31份拆迁合同，合同金额共计16380.41万元。

5. 补偿兑付

截至2015年12月，海淀区南水北调办实际征地拆迁补偿17050.72万元，其中已完成投资16721.16万元，未完成投资329.56万元。

6. 农村生产生活安置

海淀区农村基础设施补偿包括建设4口井、农田水利设施、灌溉管网、机井配套设施等。

7. 专项设施迁建

海淀区段专项设施迁建工作由北京市南水北调拆迁办组织实施。

8. 永久征地交付

海淀区段永久征地137.95亩，永久征地补偿费4410.93万元。

2006年8月9日，根据北京市南水北调办与海淀区人民政府签订的《北京市南水北调干线工程征地拆迁工作责任书》以及与四季青镇人民政府签订的《征地拆迁补偿协议书》《补充协议书》等，由四季青镇人民政府提供南起四海桥市场，经四海市场、玉泉村林地，北至船营村南永久征地，用于南水北调中线干线团城湖明渠工程建设，经现场核实，具备移交条件，施工单位可以进场施工。

9. 临时用地交付和复垦

临时用地涉及西四环暗涵工程和团城湖明渠工程，截至2013年6月全部到期。临时用地共计80.81亩，补偿资金242.36万元，临时占地延期补偿资金221.30万元。

2006年8月9日，根据北京市南水北调办与海淀区人民政府签订的《北京市南水北调干线工程征地拆迁工作责任书》以及与四季青镇人民政府签订的《征地拆迁补偿协议书》《补充协议书》等，由四季青镇人民政府提供南起四海桥市场，经四海市场、玉泉村林地，北至船营村南临时用地，用于南水北调中线干线团城湖明渠工程建设。

临时用地已全部复耕退还，且工程占用的农用地满足复垦要求，保证了土地使用人的合法权益。

10. 征占林地及树木伐移

海淀区四季青镇玉泉村征占林地共计6.84hm^2用于南水北调工程建设，征占林地全部为永久征地，被征占林木总株数20673株，采伐蓄积11.89m^3。

11. 用地组卷报批（含勘测定界）

2006年12月22日，北京市国土资源局海淀分局完成用地组卷工作。

2006年12月25日，海淀区人民政府致函北京市国土资源局《关于南水北调中线京石段应急供水工程项目征地的函》（海政函〔2006〕169号），申请征收海淀区集体土地8.66hm^2。

2009年7月3日，国土资源部以《关于南水北调中线京石段应急供水工程（北京段）建设用地的批复》（国土资函〔2009〕846号）批复了海淀区用地手续。

12. 档案管理

按照海淀区档案局的指导意见，海淀区南水北调办档案分为三类：文书档案、科技档案及声像档案。

文书档案共计112件，内容包括：征迁安置机构成立、批复、请示文件；征迁安置责任书；关于南水北调工程征迁安置工作的请示、批复文件及资金的请示与批复文件，各级下达的投资与拨款文件；向有关部门申报办理的征迁安置、拆除手续文件；拆迁公告；征迁安置会议纪要；实物量指标调查等文件；大事记、总结等文件。

科技档案共计30卷，归档内容包括：签订的征迁安置补偿协议书；市规划委规划意见及附图；与委托代理招标、监理、设计、施工等单位签订的合同等文件。

照片档案共计30张。

13. 征迁安置监理

江河水利水电咨询中心承担干线北京段工程的征迁安置（不包含专项设施迁建工程）监理工作。根据监理合同要求，2006年9月15日成立了南水北调中线工程（北京段）工程征迁安置监理部（以下简称"监理部"），下设两个监理分部，监理人员于2006年9月正式进场。监理

部于2006年10月编写了《南水北调中线干线工程京石段应急供水工程（北京段）征迁安置监理实施细则》。

在监理周期内，监理部通过不定期巡查、现场查勘、访谈、参加协调会、参加督察等形式，了解掌握征迁安置工作中出现的涉及质量、进度和资金等方面的问题。根据发现的问题，通过及时召开或参加现场协调会，以及发出监理文件、监理报告等形式，协调解决或督促有关部门落实解决问题。

（四）专项设施迁建

1. 工作内容

专项设施迁建工作内容主要是对各类专项设施进行拆除、导改、新建及管线保护。具体包括以下方面内容：

（1）房山区南街村、鸿雁饭店、大众洗浴、西街村、北关村、羊头岗村、洪寺村低压线路拆改，涉及杆（塔）154座，长度27226m。

（2）丰台区卢沟桥地区电力线路改移，涉及杆（塔）128座，长度24641m。

（3）丰台区王佐镇、南宫地区、五里店路、郭庄子线路改移，南水北调中国原子能科学研究所10kV电力/电信线路迁改，涉及杆（塔）30座，长度5591.12m。

（4）海淀区昆明湖路、集美家具、巴沟路拆改高、低压线及迁移变压器，涉及杆（塔）35座，长度4969m。

（5）全线通信、有线、电力等各种架空、埋地线的迁建保护工程（不包括供电公司线路及军属通信线路），共涉及线路493条（处），长度701050.3m，变压器1个。

（6）西四环暗涵路面通气孔光缆改移，涉及线路14条（处），长度32044m。

（7）全线军缆迁建工程，涉及线路62条（处），长度14678m。

（8）全线燕山石化及相关单位所属燃气、热力、供水及各种工业管线迁建、保护工程，涉及线路61条（处），杆（塔）1座，长度4717.38m。

（9）全线自来水、雨水、污水等管线迁建保护工程，涉及线路299条（处），长度106844.88m。

（10）全线液化气、热力、天然气等市政管线迁建保护工程（不包括燕山石化天然气管线），涉及线路54条（处），长度7546.4m。

2. 工作方式

干线北京段工程征地拆迁涉及的专项设施迁建工作，根据专项设施的属性进行分类实施，工程对象为中央、军队及地方的行政事业单位、企业、集体或个人所属管线，北京市南水北调拆迁办根据物探的结果，向专项设施产权单位/行业主管部门沟通征求意见，确定项目的迁建方案及预算。

（1）涉密、迁建难度大或不需恢复建设的专项设施，采用直接补偿方式。北京市南水北调拆迁办与专项设施产权单位/行业主管部门签订专项迁建协议，并拨付资金，由产权单位或行业主管部门自行组织进行专项设施迁建。

（2）不适用直接补偿的，由北京市南水北调拆迁办组织进行迁建。干线北京段工程涉及迁建的专项设施包括电力线缆、通信线缆、军用电缆、多种工业管线、市政管线等与南水北调供水主管线相交叉的各专业管线。

3. 实施过程

2006年6月2日，北京市南水北调办委托北京市首建建设有限公司作为代理单位，组织实施专项设施迁建。

2006年6月24日，北京市南水北调拆迁办通过招标确定北京燕华建筑安装工程有限责任公司负责实施燕山石化及相关输油单位所属管线迁建工程，北京住总市政工程有限责任公司负责实施通信、有线、电力等市政管线的迁建工程，北京市市政工程管理处负责实施自来水、雨水、污水等市政管线迁建工程，北京市市政二建设工程有限责任公司负责实施燃气、热力、天然气等市政管线迁建工程。

2006年8月3日，中线建管局会同北京市南水北调办通过招标确定北京致远工程建设监理有限责任公司为专项设施迁建监理单位。

2006年10月14日，北京市南水北调拆迁办通过招标确定北京市电信管理局负责实施军缆迁建工程。

2007年12月，所有与供水主管线交叉的各专业管线的拆除、导改及管线保护等施工作基本完成（不包括管线恢复）。

2008年12月，所有与主管线交叉的各专业管线的拆除、导改、保护及管线恢复等施工作基本完成，个别管线遗留问题在2009年10月得到解决。

2009年10月，管线恢复工作全部完成并全部移交给原产权单位，施工资料编制、组卷完成。管线改移期间未发生安全事故，未对产权单位和相关地区产生不利影响，保障了工程建设的顺利进行。

2012年7月，北京市南水北调拆迁办组织各专项设施迁建单位完成专项设施迁建工程结算和合同验收。

四、验收

按照国务院南水北调办要求，2012年7月，北京市南水北调办组建征迁安置验收工作领导小组，明确验收工作安排，向各区南水北调办下发《关于开展南水北调中线京石段应急供水工程（北京段）征迁安置验收的通知》和《南水北调中线京石段应急供水工程（北京段）征迁安置验收工作大纲》，以指导各区南水北调办开展征迁安置验收工作。

干线北京段工程征迁安置验收工作2012年逐步开展，包括区级征迁验收前的区级档案验收和区级财务决算，以及区级征迁验收。2012年7月4日，干线北京段工程专项设施迁建通过合同验收；2012年7月18日，干线北京段工程丰台区段征迁安置通过区级自验；2015年7月16日，干线北京段工程房山区段征迁安置通过区级自验；2015年12月8日，干线北京段工程海淀区段征迁安置通过区级自验。

2015年12月29日，北京市南水北调办组织成立干线北京段工程征迁安置市级验收委员会，验收委员会由北京市南水北调办，中线建管局，北京市发展改革委，北京市规划委，北京市国土局，北京市园林绿化局，北京市档案局，北京市南水北调拆迁办，北京市南水北调建管中心，海淀区、丰台区、房山区南水北调办和两名验收专家组成。经现场查验、听取工作汇报、查阅档案资料、质询，根据国务院南水北调办批复的《南水北调中线京石段应急供水工程北京段征迁安置市级验收工作大纲》确定的验收标准，同意干线北京段工程征迁安置项目通过

市级验收。至此，干线北京段工程征地拆迁工作全部完成。

五、经验与体会

干线北京段工程征迁安置工作从2003年起实施，在各区南水北调办的大力支持配合下，于2007年年底基本完成，为干线北京段工程主体工程建成通水奠定了坚实的基础。

（一）征迁安置工作经验

1. 坚持原则，狠抓兑现落实

对于群众通过信访等渠道反映的合理要求，在坚持原则的前提下，对法律和政策有明确规定，而且能够解决的，落实责任单位，限期督办解决。并具体做到三点：①讲究效率，对群众反映合理的问题，一次性给予答复、办结，提高一次性处理信访问题的成功率；②狠抓督查，强化对信访案件的督查力度，对各级领导批示的事件，抓住“事件反馈”和“结果上报”环节，确保案件查办时效和质量；对影响较大的重点事件，成立小组重点查办，强化责任追究；对涉及社会稳定、时效性强的信访事件，坚持特事特办，急事急办，直至问题解决；③坚持原则，坚持执行政策法规不动摇，原则面前不让步。

2. 加强沟通，及时掌握第一手材料

北京市南水北调办与工程沿线三个区南水北调办事机构建立了定期沟通交流机制，定期进行各种信息的交流沟通，并建立周例会制，主要通报各单位每周工作进展、下周工作计划以及工作中的困难和解决办法，保证南水北调的信息及时、准确、高效的流通。每一项工作，每一个拆迁节点，都经过了反复的沟通、协调。

3. 群策群力，启动联动机制

由北京市南水北调办、房山区政府、工程建设单位，以及各有关部门组成联动机制，发现问题现场决策，快速解决。如遇到群众阻工，各有关部门第一时间赶赴现场，由施工单位先行报警，镇政府负责做群众解释工作，区公安部门负责对阻工人员进行劝诫。对蓄意阻工者，劝诫无效后，协调区公安等部门予以强行带离，确保施工顺利进行，创造良好的施工环境。

4. 精益求精，提高自身素质

为丰富知识，提高自身素质，先后举办了征迁安置法律法规学习培训班、干线北京段工程征迁安置物权法培训班和南水北调工程征迁安置档案管理培训班，邀请移民专家、法律专家和档案管理专家结合南水北调征迁安置实际工作，进行全面、细致的培训。房山区、丰台区、海淀区南水北调办事机构，沿线乡镇地方政府、专项设施迁建各标施工单位及监理单位参加了培训，通过培训进一步强化各级拆迁工作人员的拆迁法律知识，着力提高基层工作人员的业务能力和思想素质。

5. 防范群体性事件，保障群众利益

征迁安置工作一直是群体性事件多发的焦点。和沿线省市相比，干线北京段工程征迁安置有三个突出特点：①城市拆迁情况复杂，货币拆迁资金量大；②沿线群众诉求多，征迁安置政策性较强；③要确保首都社会稳定，工作任务政治性较强。在北京市南水北调工程征迁安置工作中，坚持实事求是，在国务院南水北调办和北京市委市政府的领导和支持下，从保障工程顺利进行和群众利益的角度，根据北京市征迁安置工作面临的实际情况确定补偿标准和补偿范围，保障周边群众利益，从政策源头上防范群体性信访事件。

(二)工作体会

1. 思想政治工作必须先行

要求各级拆迁工作人员站在“讲政治、讲大局”的高度来认识做好征迁安置工作的重要意义,站在人民群众“满意不满意”的高度来检验工作。要求工作人员进一步加强学习,积极开展政策调研工作,以提高拆迁中的思想政治工作水平。讲究工作方法,房屋拆迁工作是涉及被拆迁人利益的再分配过程,要求拆迁工作人员要有过细的工作作风,在拆迁过程中如何融入思想政治工作,把握好拆迁政策,以法律作为支撑点,平衡好拆迁人与被拆迁人的利益关系,是拆迁工作的重中之重。

2. 凝聚团队精神,打造坚强战斗集体

拆迁工作始终坚持依法拆迁的原则,同时认识到阳光工程就要成为民心工程,就要用爱心来承担责任。基层工作人员勇于发扬“敢于担当、敢于碰硬、敢于创新”的精神,吃、住在工地,顶着烈日,冒着严寒,用自己的真情见证南水北调人的情之切切。

3. 发挥纽带作用,充分调动部门联动

干线北京段工程征迁安置是一项综合性工作,不可能由哪个部门单独完成,需市政府各职能部门通力合作。能否调动各部门的联动性,则直接关系到协调的效果如何。处理好同各部门的关系,充分调动各部门联动性,在工作中将起到事半功倍的作用。

4. 实行阳光操作,实现和谐拆迁

凡是涉及群众切身利益的事情,必须坚持公开、公平、公正的原则,做到科学执政、民主执政、依法执政。在包户拆迁过程中,实行阳光操作,以相关法律法规和政策为依据,坚持统一标准,将拆迁工作全程公开,让老百姓心中有数,群众心平、气顺,实现和谐拆迁,避免由于误解而造成的群众上访。

5. 灵活运用政策,破解复杂问题

破解复杂问题,必须坚持原则性和灵活性相统一,创新工作思路,用好、用活、用足政策。各乡镇包片领导和机关干部在包户拆迁过程中,针对一家一户的具体情况,坚持原则性和灵活性的统一,创新思维,开拓思路,逐一研究拆迁政策和方案。

安居才能乐业。拆迁工作是与民众切身利益最密切的工作之一,对拆迁相关问题的处置不当极易引发群体事件,影响社会稳定。在拆迁工作中,只有依法行政,充分考虑到各方特别是被拆迁人的利益,让民众通过拆迁分享改革发展的成果,在工作中真正做到公平、公正、公开,才能稳步推进拆迁工作,为和谐社会和世界城市的建设作出贡献。

第二节　天津市征迁安置工作

一、基本情况

本章所述基本情况主要包括与工程征迁安置有关的工程概况、沿线自然地理概况、社会经济概况和征迁安置工作情况等。

（一）工程概况

南水北调中线一期天津干线工程西起河北省保定市西黑山，东至天津市西青区中北镇曹庄北天津干线出口闸，工程总长度为155km，共分为6个设计单元，其中，在河北省境内131km，分为4个设计单元，分别为保定市1段设计单元、保定市2段设计单元、保定市3段设计单元、廊坊市段设计单元；在天津市境内约24km，分为2个设计单元，分别为天津市1段设计单元和天津市2段设计单元，称为南水北调中线一期天津干线天津境内段工程（简称“天津干线天津市1、2段工程”）。工程结构形式为地下钢筋混凝土箱涵，在桩号148＋657处设子牙河北分流井1座，分流井以上段为3孔4.4m×4.4m钢筋混凝土有压箱涵，设计流量$45m^3/s$，加大流量$55m^3/s$；分流井以下段为2孔3.6m×3.6m钢筋混凝土有压箱涵，设计流量$18m^3/s$，加大流量$28m^3/s$。

天津干线天津市1、2段工程沿线主要建筑物有王庆坨连接井、子牙河北分流井、津浦铁路涵、津浦铁路南检修闸、阜盛道涵、星光公路涵，曹庄排干倒虹吸，天津干线出口闸和1座通气孔。

工程途经武清区、北辰区、西青区3个行政区和市农垦集团红光农场，工程所涉及地区人口密度较大，土地较肥沃，经济较发达。途经的武清区王庆坨镇仍以农业为主，近年来乡镇企业和村办企业发展较快。北辰区、西青区距离市区较近，区域经济发达，沿线新增了不少养殖场和企业。

工程线路自西向东基本与津保公路平行，与津浦铁路、津同公路、津保高速公路相交。其中津保公路为天津干线天津1、2段工程对外最方便的交通道路。

（二）征迁安置前期工作准备情况

1. 天津干线天津市1、2段工程初步设计开展及批复情况

经项目法人中线建管局组织工程初步设计招标，天津市水利勘测设计院中标，编制了《南水北调中线一期工程天津干线天津市1段、2段工程初步设计报告》。经审查，2008年6月国务院南水北调办《关于南水北调中线一期工程天津干线天津市1段、2段工程初步设计报告的批复》（国调办投计〔2008〕85号）文予以批准。

批准的初步设计中，天津干线天津市1、2段工程征迁安置主要指标有工程永久征地面积87.56亩，临时用地6391.92亩，搬迁安置人口164人，拆迁房屋$21455.90m^2$，涉及企业11家，副业2家，学校1所，改建、复建专项设施约111处。

2008年5月国家发展改革委以《国家发展改革委关于核定南水北调中线一期工程天津干线天津市1、2段工程初步设计概算的通知》（发改投资〔2008〕1228号），核定天津干线天津市1、2段工程征迁安置补偿总投资17977万元。

2. 征迁安置实施方案编制及批复情况

2007年11月中旬，天津市南水北调办组织召开专题会议，部署天津市南水北调工程征地拆迁管理中心（简称“天津市征迁中心”）统一组织协调天津干线天津市1、2段工程所在区南水北调工程征地拆迁办公室配合天津市水利勘测设计院对各辖区内工程占地实物指标进行复核，并根据复核结果，依据当时天津市其他建设工程项目征迁安置补偿标准，编制本辖区内天

津干线天津市1、2段工程征迁安置实施方案。

2008年7月，天津市征迁中心特邀征迁安置专家会同各有关部门和单位对征迁安置实施方案进行了初步审查。会后，工程沿线各区征迁办公室会同天津市水利勘测设计院对各区征迁安置实施方案进行了修改和完善。同年9月，工程沿线武清、北辰、西青三区人民政府完成了《天津干线天津市1、2段工程征迁安置实施方案》的编制工作。

2008年10月，天津市南水北调办依据《天津市南水北调配套工程征地拆迁管理办法》（津调委发〔2007〕7号）的有关规定，组织天津市发展改革委、市财政局、市国土房管局、市林业局等天津市南水北调工程建设委员会（简称"天津市南水北调建委会"）成员单位，并特邀征迁安置专家对工程沿线三区人民政府编报的征迁安置实施方案进行了审查。会后，天津市南水北调办将审查意见和实施方案一并报市人民政府审批。

2008年10月，天津市人民政府《关于南水北调中线一期天津干线（天津境内工程）建设征地拆迁安置实施方案的批复》（津政函〔2008〕147号），批复天津干线天津境内工程征迁安置补偿总投资为6.59亿元，比国务院南水北调办批准的初步设计报告中征迁安置概算补偿投资（17977万元）增加了4.79亿元。

《南水北调中线一期工程天津干线天津1、2段工程征地拆迁安置实施方案》于2008年12月报送国务院南水北调办备案。

3. 各设计单元概述

（1）天津市1段。

1）征用地情况。根据天津干线天津市1段工程特点，工程征用地绝大部分为临时用地，极少量永久征地。临时用地范围呈带状，以农用地为主；永久征地主要为工程建筑物占地，占地面积很小，呈点状分布。工程占地面积为5612.22亩，其中永久征地70.82亩，临时用地5541.40亩。

2）占压主要实物指标。天津干线天津市1段工程征迁安置工作涉及武清区、北辰区和西青区4个乡镇共21个行政村和市农垦集团1个国有农场。占压实物指标包括：拆迁房屋17706.60m^2；搬迁人口164人；搬迁村组副业1家；工业企业7家；涉及高压输电线路15条，占压长度为3.29km；涉及低压线路36条，占压长度22.70km；涉及通信线路有35条，占压长度为5.81km；涉及国防、军用线路1条，占压长度0.170km；涉及各类管道9条，占压长度为2.87km。占压果树3593棵；共占压经济树木1932棵；共占压用材林木19738棵；搬迁坟墓862座；机井20眼；共涉及灌排渠道（0.8m^3/s以下）29条，渠道长度为5.40km；乡村道路46条，占压长度为11.30km。

3）前期工作情况。2007年9月，水利部水利水电规划设计总院以《关于提交南水北调中线一期工程天津干线天津市1、2段初步设计报告审查意见的函》（水总投〔2007〕560号），审定天津市1段工程征迁安置总投资18493万元。2008年5月国家发展改革委在《国家发展改革委关于核定南水北调中线一期工程天津干线天津市1、2段工程初步设计概算的通知》（发改投资〔2008〕1228号）中，核定天津市1段工程征迁安置总投资15288万元。

2008年5月，国家发展改革委对天津干线天津市1、2段工程初步设计进行了批复，批复的征迁安置补偿投资依据是2004年第三季度的价格水平。2008年10月，天津干线天津市1、2段工程沿线各区征迁办公室组织开展征迁安置实施工作。从天津干线天津市1、2段工程征迁

安置实施情况来看，由于近年来市场价格上涨幅度较大，国家发展改革委批复的天津干线天津市1、2段工程征迁安置补偿投资（2004年第三季度价格水平）及补偿标准偏低，不能满足天津干线天津市1、2段工程征迁安置补偿兑付工作的需求，经中线建管局请示国务院南水北调办同意，对天津干线天津1、2段工程征迁安置补偿价格水平年按照2007年第三季度价格水平进行调整。2008年12月，天津市水利勘测设计院受天津市征迁中心委托，编制完成了《南水北调中线一期工程天津干线天津市1、2段工程建设征地拆迁安置规划设计补偿投资价差调整专题报告》（报告中实物指标为初设最终批复成果），并上报中线建管局。2009年3月12日，中线建管局组织专家对天津市1、2段工程征迁安置补偿价格调整报告进行了初审，天津市水利勘测设计院根据初审意见对报告进行了修改和完善，形成了《南水北调中线一期工程天津干线天津市1、2段工程初步设计建设征地拆迁安置补偿投资价格水平年调整专题报告（审定稿）》。2011年1月，国务院南水北调办以《关于南水北调中线一期工程天津干线天津市1段、2段工程初步设计概算价格水平年调整专题报告的批复》（国调办投计〔2011〕6号），批复天津干线天津市1段工程征迁安置总投资为18764万元，比原初步设计阶段批复的征迁安置补偿投资15288万元增加3476万元。

（2）天津市2段。

1）征用地情况。工程征用地绝大部分为临时用地，极少量永久征地。临时用地范围呈带状，以农用地为主，永久征地主要为工程建筑物占地，呈点状分布，面积很小。工程占地面积为867.26亩，其中永久征地16.74亩，临时用地850.52亩。

2）占压主要实物指标。天津干线天津市2段工程征迁安置工作涉及西青区中北镇镇区及其4个行政村。占压实物指标包括：拆迁农村房屋3749.30m^2；搬迁村组副业1家，工业企业4家，镇外单位1家；涉及高压输电线路6条，占压长度为0.90km；涉及低压线路3条，占压长度2.00km；涉及通信线路有3条，占压长度为0.35km；涉及广播电视线路1条，占压长度为0.12km；涉及天然气管道2条，占压长度为1.06km。占地范围内涉及用材林木1181棵；坟墓3座；灌排渠道（0.8m^3/s以下）3条，渠道长度为0.50km；乡村道路1条为土路，占压长度0.29km。

3）前期工作情况。2007年9月，水利部水利水电规划设计总院以《关于提交南水北调中线一期工程天津干线天津市1、2段初步设计报告审查意见的函》（水总投〔2007〕560号），审定天津市2段工程征迁安置总投资2992万元。2008年5月国家发展改革委印发了《国家发展改革委关于核定南水北调中线一期工程天津干线天津市1、2段工程初步设计概算的通知》（发改投资〔2008〕1228号），核定天津市2段工程征迁安置总投资2689万元。

天津干线天津市2段工程初步设计阶段征迁安置补偿投资2689万元。由于存在与天津市1段同样的价格水平年调整问题，经过同样的工作程序，价格水平年调整后的征迁安置总投资为3485万元，比原初步设计调增796万元。

二、管理体制机制和规章制度

（一）管理体制

依据国务院南水北调工程建设委员会《南水北调工程建设征地补偿和移民安置暂行办法》

(国调委发〔2005〕1号）关于“南水北调工程建设征地补偿和移民安置工作，实行国务院南水北调工程建设委员会领导、省级人民政府负责、县为基础、项目法人参与的管理体制”和“有关地方各级人民政府应确定相应的主管部门承担本行政区域内南水北调工程建设征地补偿和移民安置工作”的规定，天津市南水北调工程建设委员会明确了天津市南水北调工程征地拆迁工作，实行“市人民政府领导，工程所在地区、县人民政府组织实施，项目法人参与”的管理体制。

1. 明确天津市南水北调工程办为市南水北调工程征迁安置主管部门

经中共天津市委批准，天津市人民政府于2003年12月18日成立了天津市南水北调工程建设委员会（简称“天津市南水北调建委会”）。其主要任务是，贯彻落实国家制定的南水北调工程建设的方针、政策、措施，决定天津市南水北调市内配套工程建设的重大问题。

天津市南水北调建委会下设天津市南水北调工程建设委员会办公室作为日常办事机构，主要负责天津市南水北调建委会决定事项的落实和督促检查，监督工程建设项目投资执行情况，协调、落实和监督本市南水北调工程建设资金的筹措、管理和使用，对本市南水北调工程建设质量监督管理，协调本市南水北调工程项目区环境保护和生态建设等工作，承担天津市南水北调工程征迁安置主管部门职责，负责天津干线天津市1、2段工程和南水北调市内配套工程征迁安置的监督管理和协调工作。

根据工作需要，天津市南水北调办内设环境移民处，具体负责天津市南水北调工程征迁安置方面的有关政策、规章制度拟订并监督实施；协调解决工程征地补偿和移民安置工作中的重大问题；审查工程征地补偿和移民安置设计变更与预备费的使用；组织市工程征地补偿和移民安置工作验收等。

2. 成立天津市南水北调工程征地拆迁管理中心

2006年6月5日，天津市南水北调办根据天津干线天津市1、2段工程征迁安置工作实际，结合配套工程的征迁安置工作情况，向天津市人民政府申请成立“天津市南水北调工程征地拆迁管理中心”。2007年7月23日，经天津市机构编制委员会批准成立天津市南水北调征地拆迁管理中心。天津市征迁中心在天津市南水北调办的领导下开展工作，其主要职责是：负责组织天津干线天津市1、2段工程和天津市南水北调配套工程的征迁安置管理工作，办理有关用地报批手续，负责征迁安置和专项设施迁建资金的管理等有关工作。

3. 组建区（县）南水北调工程征地拆迁管理机构

天津市南水北调建委会印发的《天津市南水北调配套工程征地拆迁管理办法》（津调委发〔2007〕1号）第七条规定：“区县政府是本行政区域内征地拆迁工作的责任主体，负责组织实施本行政区域内征地拆迁工作，预防和处置群体性突发事件。区县人民政府应确定本区县的南水北调工程征地拆迁工作机构，具体负责本行政区域内征地拆迁实施工作。”依据上述规定，为保证天津干线天津市1、2段工程征迁安置工作顺利进行，在天津市南水北调办推动和协调下，工程沿线武清区、北辰区和西青区人民政府相继组建了区级南水北调工程征地拆迁管理机构。

2005年3月7日，武清区人民政府成立南水北调工程征地拆迁工作领导小组，武清区区长兼任领导小组组长，副区长兼任副组长，成员单位由武清区水务局、国土分局、规划局、农林局和王庆坨镇人民政府等15个部门组成。领导小组下设办公室（即武清区南水北调工程征地

拆迁工作领导小组办公室），办公室设在武清区水务局。

2006年11月23日，北辰区人民政府成立南水北调工程征地拆迁指挥部，北辰区区长任总指挥，常务副区长任副总指挥，北辰区区水务局、国土分局、规划局、农林局和双口镇、青光镇及天津市农垦集团红光农场等有关单位主要领导为成员，成员单位共24个，按照分工，各负其责。指挥部下设办公室（即北辰区南水北调工程征地拆迁指挥部办公室），办公室设在北辰区水务局。

2007年3月21日，西青区人民政府成立南水北调工程征地拆迁工作领导小组，西青区副区长兼任领导小组组长，西青区水务局局长、区人民政府办公室副主任兼任副组长，成员单位20个。领导小组下设办公室即西青区南水北调工程征地拆迁工作领导小组办公室，办公室设在西青区水务局。

武清、北辰、西青3区南水北调工程征地拆迁办公室（以下简称"区征迁办公室"）负责本辖区南水北调工程征迁安置的组织实施和日常管理工作。

（二）管理机制

1. 充分发挥各级政府在征迁安置工作中的责任主体作用

依据国务院南水北调办《南水北调工程建设征地补偿和移民安置暂行办法》的规定，为充分发挥省（直辖市）级人民政府在南水北调工程征迁安置工作中的责任主体作用和基层人民政府的基础性作用，2005年4月5日，国务院南水北调办与天津市人民政府签订了《南水北调主体工程建设征地补偿和移民安置责任书》。2008年10月，天津市人民政府分别与武清区、北辰区和西青区人民政府签订了《天津市南水北调工程征地拆迁工作责任书》，在责任书中明确了市、区两级人民政府在天津干线天津市1、2段工程征迁安置工作中的职责。

（1）天津市人民政府的职责。

1）结合天津市南水北调工程征地拆迁工作实际，制定工程征地拆迁有关政策，确定工程征地拆迁补偿标准，并协调解决天津干线天津市1、2段工程征迁安置补偿经费缺口。

2）督促天津市南水北调建委会各成员单位，按照各自职责做好南水北调工程征地拆迁各项工作，协调解决征地拆迁工作中的问题。

3）确定天津市南水北调办为天津市南水北调工程征地拆迁工作的主管部门，负责征地拆迁监督管理工作；确定天津市征迁中心负责征地拆迁的组织协调和资金管理等工作。

4）责成市有关部门和区（县）人民政府配合项目法人，对工程占地实物指标进行调查，编制征地拆迁安置规划，办理工程用地预审和工程用地手续，开展征地拆迁的监理、监测。

5）责成天津市南水北调办和各区（县）人民政府督促天津市征迁中心与区（县）南水北调工程征地拆迁机构签订工程征地拆迁投资包干协议，监督检查征地拆迁任务完成情况和资金使用管理情况。

6）发布天津市南水北调工程征地范围内控制迁入人口，新增建设项目，新建房屋、设施，新栽树木等影响工程建设活动的通告。

7）组建天津市南水北调工程安全保卫和维护建设环境联席会议制度和工作小组，指导市有关部门和区（县）做好安全保卫和维护建设环境工作，预防、处置征地拆迁和工程建设过程中的群体性事件，做好相关信访工作。

8）责成天津市南水北调办负责审批本市南水北调工程征地拆迁实施方案。

9）责成天津市南水北调办组织南水北调工程征地拆迁工作验收。

（2）武清区、北辰区和西青区人民政府的责任

1）贯彻执行《南水北调工程建设征地补偿和移民安置暂行办法》和《天津市南水北调配套工程征地拆迁管理办法》，根据市南水北调工程征地拆迁工作管理体制，区（县）人民政府是本行政区域内征地拆迁工作的责任主体，负责组织实施本行政区域内征地拆迁工作。

2）确定本行政区域内南水北调工程征地拆迁工作机构，具体负责本行政区域内南水北调工程征地拆迁实施工作；具体负责维护工程建设环境和社会稳定工作，预防和处置征地拆迁和工程建设过程中的群体性事件，做好信访工作。

3）按市人民政府发布的通告，严格控制在工程建设占地范围内迁入人口，新增建设项目，新建房屋、设施，新栽树木等影响工程建设的活动。

4）责成区有关部门配合项目法人和市征迁中心开展工作，主要包括：对工程占地实物指标进行调查，编制征地拆迁安置规划，办理工程用地预审手续，办理工程建设用地选址意见书、规划许可证，地籍调查前置、勘界，办理永久征地报批材料的组卷、临时用地的审批手续，办理林地使用证和砍伐证等工作。

5）落实被征迁人生产、生活安置方案。

6）责成区（县）征迁办公室会同项目法人和设计单位，组织编制本行政区域内南水北调工程征地拆迁实施方案，经天津市南水北调办批准后组织实施。

7）督促区（县）征迁办公室与市征迁中心签订工程征地拆迁投资包干协议。

8）责成区（县）征迁办公室和乡镇人民政府、企事业单位、区属专项设施主管单位，按照工程征地拆迁投资包干协议的要求，做好征地拆迁实施工作，按时向建设单位交付建设用地；监督检查包干协议中征地拆迁任务的完成情况并负责资金的安全及有效使用。

9）责成区（县）征迁办公室负责落实本区（县）临时用地复垦工作，并配合征迁监理单位开展监理、监测工作。

10）负责本行政区域内征地拆迁档案工作的管理。

11）组织本行政区域内征地拆迁工作的初步验收。

12）及时向天津市南水北调办反映征地拆迁工作中存在的问题。

2. 充分调动各级征迁机构的组织协调和推动作用

2008年10月，天津市南水北调办所属天津市征迁中心分别与武清区、北辰区、西青区征迁办公室签订了《天津市南水北调工程征地拆迁投资包干协议书》，在协议书中明确了双方的责任、征迁安置任务完成时间和资金管理等事项。

天津市水利勘测设计院为天津干线天津市1、2段工程的设计单位，承担了配合工程沿线各区征迁办公室编制天津干线天津市1、2段工程征迁安置实施方案的设计工作。经天津市南水北调办统一组织协调，确定由天津市水利勘测设计院会同天津市水文水资源勘测管理中心共同承担天津干线天津市1、2段工程征迁安置现场放线工作。

通过中线建管局和天津市南水北调办公开招标，天津市金帆工程建设监理有限公司承担天津干线天津市1、2段工程征迁安置的监理、监测评估工作任务。

为贯彻落实国土资源部和国务院南水北调办联合印发的《关于南水北调工程建设用地有关

问题通知》（国土资发〔2005〕110号）精神，做好天津干线天津市1、2段工程征迁安置工作，依法、及时用地，确保工程建设顺利进行，2007年12月18日，天津市南水北调办和天津市国土房管局联合印发《关于成立天津市南水北调工程征地拆迁协调小组的通知》（津国土房资〔2007〕1134号），成立天津市南水北调工程征地拆迁协调小组（以下简称“协调小组”），协调小组下设办公室。协调小组办公室根据工作需要，不定期召开会议，协调解决天津干线天津市1、2段工程征迁安置工作中遇到的问题，及时办理工程建设用地审批手续。

3. 充分发挥天津市南水北调建委会各成员单位的职能作用

在天津干线天津市1、2段工程征迁安置工作中，充分发挥天津市南水北调建委会各成员单位的职能作用，保证了征迁安置工作的顺利进行。天津市发展改革委及时组织开展前期审批工作，科学核定征迁安置补偿投资概算；市财政局负责落实征迁安置补偿投资缺口，千方百计筹措资金；市国土房管局协助办理建设用地审批手续；市林业局配合开展征占林地和林木砍伐的审批手续；为了强化征迁安置过程中的安全保卫和矛盾纠纷排查化解工作，创造更加和谐的工程建设环境，根据国务院南水北调办和公安部《关于做好南水北调安全保卫和建设环境工作的通知》（国调办环移〔2007〕119号）要求，2007年11月13日，经天津市人民政府同意，建立了天津市南水北调工程安全保卫和维护建设环境工作联席会议制度（简称“联席会议”），组建了由天津市南水北调办、市公安局、市国土房管局、市水务局、信访办、武清区、北辰区、西青区人民政府和天津市水利工程建设管理中心（以下简称“市水利工程建管中心”）等有关部门分管领导和负责同志组成的天津市南水北调工程安全保卫和维护建设环境联席会议工作小组（简称“联席会议工作小组”）。

联席会议工作小组各成员单位根据各自的职能，相应的制定了工程征迁安置和维护建设环境应急预案，建立了联络通信机制，实行不定期召开联席会议，排查化解各类矛盾纠纷，做到防控结合，有效地维护了天津干线天津市1、2段工程征迁安置工作和建设环境。自2008年建立联席会议以来，坚持不定期排查化解征迁安置和工程建设过程中的各类矛盾纠纷，避免引发群体性事件。联席会议成员单位按照各自制定的处置征迁安置群体性事件应急预案开展工作。几年中，由于各成员单位人事变动，联席会议工作小组人员相应的进行了调整，不断更新通信联络系统，加强业务与工作上的联系，做到了维稳工作不脱节。根据天津干线天津市1、2段工程及其配套工程的进展情况，联席会议工作小组每年最少组织召开2次以上工作会议，研究和解决南水北调工程征迁安置、建设进展和维护工程建设环境方面的问题。

4. 充分发挥项目法人和各参建单位的参与配合作用

在天津干线天津市1、2段工程征迁安置工作中，项目法人（中线建管局）积极参与，配合天津市南水北调办积极协调解决在天津干线天津市1、2段工程征迁安置工作中存在的问题，重点协调和解决了专项设施迁建、切改的变更问题；市水利工程建管中心负责天津干线天津市1段工程的建设管理任务，在工程征迁安置实施过程中，全力配合市征迁中心和各区征迁办公室开展征迁安置工作，及时办理临时用地交接手续，按照临时用地复垦的有关规定，积极组织施工单位开展临时用地的复垦前期工作，使天津干线天津市1段工程在规定时间内完成临时用地退还移交工作。由于项目法人、建管单位和各参建单位的积极参与和密切配合，使得天津干线天津市1、2段工程征迁安置工作得以顺利实施。

（三）规章制度

为规范天津干线天津市1、2段工程和天津市南水北调配套工程征迁安置工作，明确各部门的职责，细化工作分工，保证征迁安置工作顺利实施，天津市人民政府印发了《天津市南水北调配套工程征地拆迁管理办法》（津调委发〔2007〕1号）、《天津市南水北调工程建设委员会成员单位职责》；随着征迁安置工作的深入开展，天津市南水北调办相继印发了《天津市南水北调配套工程征地拆迁安置验收暂行办法》《南水北调天津干线工程征地拆迁档案验收工作指导意见》《天津市南水北调工程征地拆迁变更程序》《天津市南水北调工程建设征地拆迁临时用地交付程序》等一系列规章制度。有关区结合本辖区实际也制订了相应的实施细则。这些规章制度和实施细则均适用于天津干线天津市1、2段工程和天津市南水北调配套工程。

1.《天津市南水北调配套工程征地拆迁管理办法》

2007年11月29日，天津市南水北调办印发了《天津市南水北调配套工程征地拆迁管理办法》（以下简称《管理办法》）。

《管理办法》中明确天津市南水北调办是天津市南水北调配套工程征迁安置工作的主管部门，负责征迁安置监督管理和协调推动工作。天津市征迁中心在天津市南水北调办领导下，负责征迁安置的组织协调和资金管理等工作。按照批准的初步设计及概算与区征迁办公室签订征地拆迁投资包干协议；按照批准的初步设计及概算，与专项设施主管单位签订征地拆迁投资包干协议；对征迁安置中的文物保护项目，按照批准的概算，与市文物主管部门签订文物保护投资包干协议。

《管理办法》中还明确各区人民政府是本行政区域内征迁安置工作的责任主体，负责组织实施本行政区域内征迁安置工作，预防和处置群体性突发事件。区人民政府确定的本区的南水北调工程征地拆迁工作机构，具体负责本行政区域内征迁安置实施工作。

2.《天津市南水北调工程建设委员会成员单位职责》

2008年12月29日，天津市南水北调建委会第一次全体会议召开，审议通过了《天津市南水北调工程建设委员会成员单位职责》。要求天津市南水北调建委会各成员单位应按照各自职责完成工程征迁安置的相应工作，协调解决征迁安置工作中的问题。

3.《天津市南水北调工程建设征地拆迁变更程序》

为及时解决天津干线天津市1、2段工程征迁安置实施过程中遇到的设计漏项或设计方案变更等问题，2009年1月12日，依据《天津市南水北调配套工程征地拆迁管理办法》等有关规定，天津市南水北调办印发了《天津市南水北调工程建设征地拆迁变更程序》（津调水移〔2009〕1号）（以下简称《变更程序》）。

《变更程序》中规定，因设计漏项引发的设计变更，各区征迁办公室或涉及的专项切改设施主管部门，在征迁安置实施过程中，应对发生变化的实物指标或专项切改设施进行详细登记，并由设计、监理单位确认后，向市征迁中心提出设计变更申请；因设计变化引发的设计变更，区征迁办公室、项目法人（建管单位）或专项设施主管部门，会同设计单位编制设计变更文件，经监理单位确认后，向天津市征迁中心提出设计变更申请。

天津市征迁中心在接到各区征迁办公室或专项设施主管部门提出的征迁安置变更申请后，组织征迁监理、设计单位对变更内容进行核准，提出初审意见，报天津市南水北调办审批。

天津市征迁中心根据天津市南水北调办批复意见，按变更程序及时将变更后的资金拨付给申请单位。

4.《天津市南水北调工程建设征地拆迁临时用地交付程序》

2008年12月19日，根据《天津市南水北调配套工程征地拆迁管理办法》《天津市南水北调工程征地拆迁工作责任书》和《南水北调天津干线征地拆迁投资包干协议书》等有关规定，天津市南水北调办印发《天津市南水北调工程建设征地拆迁临时用地交付程序》（津调水移〔2008〕17号）。

《天津市南水北调工程建设征地拆迁临时用地交付程序》对南水北调工程临时用地的交付原则、临时用地交付条件和临时用地的交接进行了明确规定。

各区人民政府作为本辖区南水北调工程征迁安置工作的责任主体，应根据投资包干协议书的要求，完成本辖区临时用地征迁安置工作，并及时向建设单位交付本辖区内的临时用地。

临时用地阶段性交付工作由各区征迁办公室组织，工程建设单位、市征迁中心、设计单位和征迁监理单位参加，并对临时用地交付签署意见，现场监督。

临时用地交付的条件有以下方面：

（1）临时用地征迁安置工作已经完成，在征迁安置范围内各类地上物应清理至自然地坪，满足进场施工条件。

（2）各级征迁安置补偿协议书齐备，临时用地征迁安置补偿资金到位，具有村集体或被征迁安置户签字的领取补偿资金明细表。

（3）各类补偿资金均已兑现，户主对地上物已清理或有书面同意由工程建设单位代为清除（不涉及房屋、设施的地上物可以户主口头同意替代书面同意）。

（4）征迁安置边界线标志清晰，边界线放线验收手续齐全，满足实施方案设计要求。

5.《天津市南水北调配套工程征地拆迁安置验收暂行办法》

2011年6月28日，天津市南水北调办根据《南水北调干线工程征迁安置验收办法》（国调办征地〔2010〕19号）的有关规定，印发了《天津市南水北调配套工程征地拆迁安置验收暂行办法》（津调水移〔2011〕5号）。该验收办法中规定，天津干线天津市1、2段工程及其配套工程征迁安置验收工作实行工程所在地区人民政府自验收和市级复验收的两级管理体制。

天津市南水北调办负责天津干线天津市1、2段工程及其配套工程征迁安置验收工作的监督管理，组织天津干线天津市1、2段工程和天津市南水北调配套工程征迁安置市级复验收工作。

天津市征迁中心负责组织市属专项设施迁（复）建验收工作，在天津市南水北调办的领导下，具体负责天津干线天津1、2段工程及其配套工程征迁安置的实施工作。

工程所在地区人民政府是天津干线天津市1、2段工程及其配套工程征迁安置验收工作的责任主体，负责组织本辖区征迁安置自验收工作。工程所在地区人民政府确定的征迁工作机构具体负责本辖区征迁安置自验收工作的组织实施。

6.《南水北调天津干线工程征地拆迁档案验收工作指导意见》（津调水移〔2013〕4号）

2013年3月27日，天津市南水北调办依据《南水北调工程征地移民档案管理办法》（国调办征地〔2010〕57号）的规定，拟定了《南水北调天津干线工程征地拆迁档案验收工作指导意见》，用以指导工程沿线各区征迁办公室组织开展天津干线天津市1、2段工程征地移民档案验收工作。指导意见中明确，天津干线天津市1、2段工程征地移民档案验收分为区级征迁工作机构自验收和市级复验收两个层次。

区级征迁工作机构征地移民档案自验收工作由工程沿线各区征迁办公室自行组织，并接受天津市南水北调办监督指导。

天津市南水北调办是天津干线天津市1、2段工程征地移民档案验收工作的领导部门，负责主持市级复验收工作。各区征地移民档案自验收完成后，由市征迁中心负责收集各区征地移民档案自验收资料，在7个工作日内完成整理工作，并向天津市南水北调办提出市级复验收申请。同时做好市级复验收资料的准备工作。

市级复验收主要是对区征迁办公室和市征迁中心等单位的征地移民档案资料完整性、规范性进行验收。

三、实施与管理

（一）天津市1段

1. 实物指标复核

（1）复核过程。天津干线天津市1、2段工程征迁安置实物量调查工作起步较早，天津市水利勘测设计院于2005年1月开始进行天津干线天津市1、2段工程可行性研究工作。在初步设计工作过程中，结合天津干线天津市1、2段工程占地情况及实物指标调查成果，对线路进行了优化和调整。

在天津市南水北调办的部署下，天津市水利勘测设计院依据长江水利勘测设计院编制的《南水北调中线一期工程占地实物指标调查工作大纲》要求，组织工程沿线各区征迁办公室会同相关部门和村镇工作人员，于2005年6—7月，对天津干线天津市1、2段工程占地实物指标按初步设计阶段深度，进行了调查，调查成果得到了沿线各区人民政府的确认，为初步设计阶段编制工程征地补偿和移民安置专题设计报告，打下坚实基础。

2007年11月，国家发展改革委投资评审中心在北京组织专家对天津干线天津市1、2段工程初步设计报告进行了评审；2008年5月，国家发展改革委对天津市1、2段工程初步设计进行了批复。

2007年11月8日，天津市征迁中心在天津市组织武清区、北辰区和西青区征迁办公室，召开了关于编制天津干线天津市1、2段工程实施阶段征迁安置实施方案工作会议，安排部署了下阶段各区征迁办公室工作任务和完成时间。

2007年11月中下旬，在天津市南水北调办和天津市征迁中心的统一组织协调下，由天津市广哲科技开发服务有限公司负责现场放线，分别对位于武清区、北辰区、西青区的天津市1、2段工程开展占地实物指标的核查工作。在核查工作中，天津市水利勘测设计院指导三区征迁办公室精心组织核查工作。武清区、北辰区和西青区征迁办公室会同各区水务局、区国土分局、区林业局和工程沿线涉及的乡镇人民政府、村集体以及企事业等单位对天津干线天津市1、2段工程占地实物指标进行了复核，核查成果再次得到了各区人民政府的认可。

（2）核查方法。核查范围由专业测量人员利用RTK仪器，根据已埋设的Ⅳ等控制（导线）点和天津市水利勘测设计院提供的1∶2000占地范围图和坐标表，测设中心线和两侧占压边界

线。在测定的中心线和两侧永久占压边界处，各插一面红旗，表示永久征地区，在临时用地边界处，插入黄旗，表示临时用地范围，旗距一般为200m，遇有村庄、房舍、林地、果园等视力受阻的地段，旗距适当缩小，以便调查人员看清占压范围边界。调查人员根据测量确定的边界范围，按照设计精度要求，对人口、房屋及附属物进行逐户调查，并在1：2000地形图上标注所处位置，调查表均由涉及户主和调查人共同签字认可。对工程占压的土地，调查人员实地勾绘行政村界线，在1：2000地形图上标绘地类量算面积并实地校核，按土地类别进行分村统计，并由涉及镇、村干部和调查人员共同签字认可；对涉及的专业设施项目进行核查。

对于占地范围或实物指标变化的区域进行核查，根据变化情况对实物指标进行相应调整；对于地下埋设的光缆、电缆和各类管道等，根据其工程标识进行现场调查，并进一步向当地村、镇和专项设施主管部门深入了解地埋专项的数量、规格、属性及占压等情况，逐一进行登记，记录在册。

（3）核查成果。

1）武清区实物指标核查成果。经调查核实，天津干线天津市1段工程武清区段占地1549.31亩，其中永久征地20.61亩，临时用地1528.70亩。需拆迁农村房屋2265.30m^2，其中砖木房屋1771.60m^2，附属房493.70m^2。共占压零星树木19877棵，其中零星果树350棵，全部为幼树；经济树木5445棵，其中成树5085棵，幼树360棵；用材林木12282棵，其中成树5033棵，幼树7249棵；防护林木1800棵。沿线需搬迁坟墓409座，机井12个。

武清区段工程占地范围内共涉及乡村道路15条，占压长度为3.64km；涉及灌排渠道（0.8m^3/s以下）11条，占压长度为1.92km；涉及10kV高压输电线路1条，占压长度0.19km。

天津干线天津市1段工程武清区段初步设计阶段与实施阶段主要实物指标对比分析结果详见表3-2-1，主要内容如下。

表3-2-1　天津干线天津市1段工程武清区段初步设计阶段与实施阶段主要实物指标对比表

项　目			单位	实施阶段	初步设计阶段	变化量
实物指标	房屋	农村房屋	m^2	2265.30	125.30	2140.00
	占地	永久征地	亩	20.61	20.61	0
		临时用地	亩	1528.70	1722.40	−193.70
		小计	亩	1549.30	1743.10	−193.70

a. 占地面积。实施阶段与初设阶段相比，占地总面积减少了193.70亩，均为临时用地。临时用地面积相应减少主要是因行政区划界（武清区与西青区、武清区与河北省霸州市接壤）边界存在争议（插花地）造成的；实物指标的变化主要是由于种植结构的调整引发的。

b. 农村房屋。实施阶段与初步设计阶段相比，房屋面积略有增加。房屋面积增加的主要原因是由于实施阶段与初步设计阶段存在一定的时间差。

2）北辰区实物指标核查成果。经调查核实，天津干线天津市1段工程北辰区段共占地2381.2亩，其中永久征地33.37亩，临时用地2347.8亩。需拆迁农村房屋19848.98m^2，其中砖混房屋1813.60m^2，砖木房屋13499.50m^2，附属房3929.11m^2，新增房屋606.77m^2。占压范围内共占压树木9186棵，均为成树，其中果树2893棵，用材林木6016棵，经济林木277

棵；沿线需搬迁坟墓459座，机井4眼。

北辰区段工程占压范围内共涉及21条乡村道路，占压长度为5.31km；涉及排灌渠道12条，占压长度1.87km。涉及10kV高压输电线路6条，占压长度1.74km；占压通信电缆9条，占压长度1.53km，全部为架空方式；共占压供排水管道8条，占压长度2.9km，其中混凝土给水管2条，管径为600mm和1500mm，占压长度1.70km；饮用水铁管2条，管径为100mm，占压长度1.20km。

北辰区段工程共涉及企业5家，分别为津工驾校、龙源养马场、红光科普园、宇泰房地产公司和天马国际俱乐部有限公司（原九二六厂），占压房屋面积5260.32m^2，其中生产用房2874.82m^2，生活用房2385.5m^2。

天津干线天津市1段工程北辰区段初步设计阶段与实施阶段主要实物指标对比分析结果详见表3-2-2。

表3-2-2　天津干线天津市1段工程北辰区段初步设计阶段与实施阶段主要实物指标对比表

项目			单位	实施阶段	初步设计阶段	变化量
实物指标	房屋	农村房屋	m^2	19849.0	17308.5	2540.5
	占地面积	永久征地	亩	33.37	33.37	0
		临时占地	亩	2347.8	2271.56	76.2
		合计	亩	2381.2	2329.31	76.2

a. 占地面积。实施阶段比初设阶段增加76.2亩土地面积，均为临时用地。临时占地增加，主要是由于施工期间京福公路断交，需要修建临时交通道路，新增建设临时用地以及边角地等。

虽然本工程占地面积数量变化很小，但是各种土地类别变化较大。本次调查成果与初设成果相比大棚增加100亩，温室大棚增加47亩，果园增加148亩，养殖水面增加119亩；旱地、菜地、苗圃和工矿仓储用地相应减少。

造成地类变化的主要原因是：近年来本工程沿线社会经济的发展很快，农民结合当地种植特点，根据市场需求变化进行了种植结构的调整。

b. 房屋面积。实施阶段与初步设计阶段相比，农村房屋总面积增加了2540.5m^2，主要是由于工程占地范围的调整所增加的。

3）西青区实物指标核查成果。经调查核实，天津干线天津市1段工程西青区段总占地面积1873.35亩，其中永久征地16.22亩，临时用地1857.13亩。占压农村房屋836.81m^2。共占压经济树木2424棵。沿线需搬迁坟墓1943座，机井10眼。

西青区段占地范围内共涉及灌排渠道（0.8m^3/s以下）15条，占压渠道长度为3.5km；涉及乡村道路17条，占压长度为30.74km。高压输电线路8条，占压长度为1.37km。通信线路有26条，占压长度为4.28km。有线电视线路有3条，占压长度为1.60km。各类管道7条，占压长度1.173km。

经核查，西青区段涉及副业1家为盛江养殖小区，占地面积100.0亩，其中工程占压面积60.0亩，拆迁副业房屋1063.3m^2，全部为砖木结构。

西青区段沿线共涉及2家企业，分别为万达养鸡厂、德仁水产养殖中心，企业占地面积为

175.0亩，工程占压面积为50.4亩，需拆迁企业房屋1456.90m^2。

天津干线天津市1段工程西青区段实施阶段与初步设计阶段主要实物指标对比分析结果详见表3-2-3。

表3-2-3　天津干线天津市1段工程西青区段实施阶段与初步设计阶段主要实物指标对比表

项　目			单位	实施阶段	初步设计阶段	变化量
实物指标	房屋	农村房屋	m^2	836.81	272.80	564.01
	占地面积	永久征地	亩	16.22	16.84	−0.62
		临时用地	亩	1857.13	1547.50	309.63
		小计	亩	1873.35	1566.55	309.01

a. 占地面积。实施阶段与初设阶段相比，土地面积增加了309.01亩，其中永久征地减少了0.62亩，临时用地增加了309.63亩。永久征地面积减少主要是由于实施阶段永久建筑物占地调整引起的；临时用地面积的增加主要原因是工程线路调整引起的。

b. 专业项目。实施阶段与初设阶段相比，有线电视线路增加了3条，主要是由于实施阶段与初设阶段存在一定时间差，专业部门为了自身发展需要，新建了3条有线电视线路。

c. 房屋面积。实施阶段与初设阶段相比，房屋面积增加了564.01m^2。由于实施阶段与初设阶段存在一定的时间差，在此期间新增了一些房屋，导致农村房屋面积增加。

2. 公告公示

为准确掌握天津干线天津市1、2段工程占地范围内实物指标数量和编制工程征迁安置补偿投资概算，防止各种抢栽、抢种、抢建行为，有效控制工程投资，积极营造良好的工程建设环境，根据国务院南水北调办、国家发展改革委、水利部《关于严格控制南水北调中、东线第一期工程输水干线征地范围内基本建设和人口增长的通知》（国调办环移〔2003〕7号）精神，2005年12月30日，天津市人民政府发布了《关于严格控制南水北调天津干线征地范围内基本建设和人口增长的通告》（津政发〔2005〕116号）。通告规定：自通告发布之日起，天津市1段工程征地范围内新增迁入人口、新增建设项目、新建房屋设施和农业生产设施、新栽树木等一律不予承认。

《天津市人民政府关于严格控制南水北调天津干线征地范围内基本建设和人口增长的通告》（以下简称停建令）发布后，天津市1、2段工程沿线武清区、北辰区、西青区人民政府认真落实停建令，结合本区实际情况，相继制定了相关的办法、公告、通知，并利用电视、报刊等新闻媒体对南水北调工程征迁安置政策进行广泛宣传，有效控制区域人口增长、基本建设和抢栽、抢种现象的发生。保障了实物指标调查、确认等工作的有效开展，为编制征地补偿和移民安置规划报告奠定了基础。

2006年6月，北辰区人民政府发布《关于南水北调天津干线天津市1、2段工程北辰区段征迁安置补偿费用的有关说明》；2007年3月，北辰区人民政府再次发布《关于重申严格控制南水北调工程占地范围内基本建设和人口增长的公告》（北辰政告〔2007〕1号）；在征迁安置实施过程中，北辰区人民政府于2009年5月又发布了《关于对南水北调天津干线天津段工程未拆除的房屋限期搬迁的通告》，对未拆除的房屋提出了最后的搬迁期限，为南水北调工程的征迁安置工作顺利实施提供了保障。

2008年3月，武清区王庆坨镇人民政府在武清区广播电视台滚动播放迁坟公告并在相关村街张贴迁坟公告。

2008年10—11月，西青区征迁办公室在《天津日报》《今晚报》等新闻媒体连续一周时间集中刊登迁坟公告；此外还在西青广播电视台多次滚动播放迁坟公告，扩大信息范围，以便尽快让坟墓家属认领。这些措施既保护了被拆迁群众的合法权益，又节省了征迁安置工作时间，为天津市1段工程顺利征迁安置奠定了基础。

3. 实施方案的编制与批复

（1）实施方案的编制。2007年11月，天津市征迁中心组织武清区、北辰区和西青区征迁办公室，召开了关于编制天津干线天津市1、2段实施阶段征迁安置实施方案工作会议，安排部署了天津干线天津市1、2段工程沿线三区征迁办公室工作任务和完成时间。

根据工作任务和时间安排，2007年11月中旬，在天津市南水北调办和天津市征迁中心的统一组织协调下，武清区、北辰区和西青区征迁办公室会同天津市广哲科技开发服务有限公司及各区水务局、国土分局、林业局及涉及镇人民政府等单位对天津干线天津市1段占地实物指标进行了复核。

根据工程占地实物指标复核结果，武清区、北辰区和西青区征迁办公室于2008年2月完成了各自征迁安置实施方案的编报工作，2008年7月，天津市征迁中心组织专家对各区征迁安置实施方案报告进行了审查。

2008年8月，受武清区、北辰区和西青区征迁办公室和天津市征迁中心的委托，天津市水利设计院根据专家审查意见对天津干线天津市1段工程武清区段、北辰区段和西青区段实施阶段征迁安置实施方案进行了修改和完善。

按照2008年9月天津干线天津市1、2段工程征迁安置工作会议的部署，天津干线天津市1段工程沿线武清、北辰、西青三区人民政府组织本区征迁办公室及区相关部门，根据天津市水利设计院的修改意见，进一步完善了本辖区内工程征迁安置实施方案的编报工作。2008年10月，在天津市南水北调办和天津市征迁中心的组织和协调下，武清区、北辰区和西青区人民政府及区相关部门听取了天津市水利勘测设计院关于天津干线天津市1段工程武清区、北辰区和西青区征迁安置实施方案的修改意见汇报，各区征迁办公室与天津市水利勘测设计院对报告中的工程占地实物指标进行了核对，根据核对后的实物指标，天津市水利勘测设计院对征迁安置实施方案报告进行了修改和完善。

（2）实施方案的批复。2008年10月，天津市南水北调办组织市发展改革委、市财政局、市国土房管局、市林业局，并特邀征迁安置专家对工程沿线三区人民政府组织编报的征迁安置实施方案进行了审查，对补偿资金提出了审核意见，根据审查意见做了修改完善后上报天津市人民政府审批。按照天津市人民政府《关于南水北调中线一期天津干线（天津境内工程）建设征迁安置实施方案的批复》（津政函〔2008〕147号），批复天津干线天津市1、2段工程征迁安置补偿总投资为6.59亿元，其中4.84亿元由西青区、北辰区和武清区人民政府包干使用（武清区征迁安置补偿投资为3367.88万元，北辰区征迁安置补偿投资为22590.35万元；西青区征迁安置补偿投资为22461.41万元，包括天津市2段工程西青区征迁安置补偿投资），不足部分由各区人民政府自行解决；中央及市属专项设施切改投资、勘测设计费、监理监测费、管理用房征地补偿费、其他费用、基本预备费和有关税费1.75亿元由天津市南水北调办按照相关规

定统一管理和使用。

4. 各级补偿投资包干协议

2008年7月，依据国家发展改革委批准的《国家发展改革委关于核定南水北调中线一期工程天津干线天津市1、2段工程初步设计概算的通知》（发改投资〔2008〕1228号），中线建管局与天津市南水北调办签订了《南水北调中线一期工程天津干线天津市1、2段工程土地征用、移民安置任务及投资包干协议书》，明确了天津市南水北调办和中线建管局在天津干线天津市1、2段工程征迁安置工作中各自的具体责任和工作内容，确定了征地补偿投资包干任务和资金。

2008年10月，根据天津市人民政府《关于南水北调中线一期天津干线（天津境内工程）建设征地拆迁安置实施方案的批复》（津政函〔2008〕147号），为加大各区征迁安置工作力度，天津市南水北调办与武清区、北辰区和西青区人民政府签订了征地拆迁投资包干协议。

（1）西青区包干协议。由于天津干线天津市1、2段工程征迁安置任务均涉及西青区，因此天津市南水北调办与西青区人民政府于2008年10月10日在西青区人民政府所在地杨柳青镇签订了《南水北调天津干线天津段西青区段征地拆迁投资包干协议书》，包含了天津市1、2段工程征迁任务和补偿资金数额。

1）征迁安置任务。西青区段征迁安置范围包括杨柳青镇的7个行政村和市农垦集团杨柳青农场。自大柳滩与王庆坨镇小三河曾交界处起，至杨柳青十街与原九二六厂交界，长约5.1km。

该征迁安置范围内永久征地25.62亩、临时用地2786.71亩及附属物若干，其中拆迁房屋9306.83m^2，工业企业6家，村组副业2家，事业单位1家，生产生活安置人口27人，区属交通道路，灌排渠道等专项设施共33.18km等。

2）征迁安置资金。工程征迁安置补偿直接费22461.41万元，其中农村补偿投资16216.10万元，工业企业补偿投资5060.29万元，区属专项设施迁建切改补偿投资1038.00万元；其他费用147.02万元。

3）时间要求。2008年11月底前完成临时用地的征迁安置工作，2009年3月底前完成全部征迁安置工作，在此之前，根据工程建设项目需要完成部分土地征用工作，满足工程开工建设需要。

（2）北辰区包干协议。天津市南水北调办与北辰区人民政府于2008年10月9日签订了《南水北调天津干线天津段北辰区段征地拆迁投资包干协议书》，北辰区段征迁安置任务及补偿资金概述如下。

1）征迁安置任务。北辰区的征迁安置包括双口和青光2个镇的5个行政村及市农垦集团红光农场。征迁安置范围自杨柳青十街和原九二六厂交界起经红光农场、铁锅店至子牙河结束，全长约7.24km。

该征迁安置范围内有永久征地33.38亩、临时用地2264.32亩及附属物若干，其中拆迁房屋25109.3m^2，工业企业5家，生产生活安置人口24人，区属交通道路，灌排渠道等专项设施共9.47km等。

2）征迁安置资金。征迁安置补偿直接费22458.31万元，其中农村补偿投资17674.97万元，工业企业补偿投资4163.34万元，区属专项设施迁建切改补偿投资620万元，其他费用

132.05万元。

3）时间要求。2008年11月底前完成临时用地的征迁安置工作，2009年3月底前完成全部征迁安置工作，在此之前，根据工程建设项目需要完成部分土地征用工作，满足工程开工建设需要。

（3）武清区包干协议。天津市南水北调办与武清区人民政府于2008年10月10日在武清区人民政府所在地杨村镇签订了《南水北调天津干线天津段武清区段征地拆迁投资包干协议书》，武清区段征迁安置任务及补偿资金概述如下。

1）征迁安置任务。武清区的征迁安置范围包括王庆坨镇9个行政村，起点为津保高速公路南侧王庆坨镇二街村与河北交界处，终点为武清区与西青区交界处（大柳滩村附近），全长约5.76km。

该征迁安置范围内有永久征地17.39亩、临时用地1528.7亩及附属物若干，其中拆迁房屋125.30m^2，生产生活安置人口15人，区属交通道路，灌排渠道等专项设施共5.56km等。

2）征迁安置资金。征迁安置补偿直接费3287.26万元，其中，农村补偿投资3095.96万元，区属专项设施迁建切改补偿投资191.30万元，其他费用80.62万元。

3）时间要求。2008年11月底前完成临时用地的征迁安置工作，2009年3月底前完成全部征迁安置工作，在此之前，根据工程建设需要完成部分土地征用工作，满足工程开工建设需要。

5. 补偿兑付

（1）补偿兑付依据。根据天津市南水北调建委会制定的征迁管理体制，天津干线天津市1段工程征地拆迁补偿兑付依据为天津市南水北调办与武清、北辰、西青三区签订的《南水北调天津干线工程征地拆迁投资包干协议书》，以及各区征迁办公室和个乡镇政府签订的征迁补偿协议书等。

（2）开设专用账户。根据《天津市南水北调配套工程征地拆迁管理办法》（津调委发〔2007〕1号）第二十四条的规定：市征迁中心和区县征迁机构应在一家国有或国有控股商业银行开设专用账户，对征迁安置资金实行专户存储、专款专用、专账核算，任何单位和个人不得挤占、截留和挪用。天津市征迁中心和区县征迁机构开设、变更、撤销银行账户应告知天津市南水北调办。

天津市征迁中心和武清、北辰、西青三区征迁办公室均在规定时间内分别设立了征迁安置专用账户，并报送天津市南水北调办备案。

（3）补偿兑付程序。根据《南水北调天津干线工程征地拆迁投资包干协议书》，天津市征迁中心将征迁安置补偿资金拨付到武清、西青、北辰三区征迁办公室；区征迁办公室根据征迁实施方案中确定的地上物实物量与乡镇政府签订征迁补偿协议，并将补偿资金拨付到乡镇政府；乡镇政府根据各村地上物实物量与村委会签订征迁补偿协议，并将补偿资金拨付到村委会；最后由村委会负责兑付到被征迁户。其中专项设施、工业企业迁建补偿资金除镇属企业下达到镇之外，市直属企业或中央企业由市征迁中心下达到其主管部门或本企业单位。其中西青区农村征迁安置补偿费12863.67万元，工业企业迁建补偿费5060.29万元，专业项目迁建补偿费2630.80万元；北辰区农村征迁安置补偿费3102.66万元，工业企业迁建补偿费4163.34万元，专业项目迁建补偿费804.20万元；武清区农村征迁安置补偿费16216.10万元，专业项目

迁建补偿费218.31万元。

(4）安全监督。2008年11月，天津市南水北调办下达了《关于开展南水北调工程建设资金和征迁安置资金使用情况自查的通知》，2011年9月转发了国务院南水北调办《关于天津市南水北调办公室2010年度征地移民资金审计发现问题及整改意见的通知》的函。沿线三区根据审计意见，按照天津干线天津市1段工程征迁安置专项资金审计结果及整改意见进行了及时整改。此后又曾多次接受国家审计署、国务院南水北调办组织的征迁安置专项审计，保证了天津干线天津市1段工程征迁安置补偿资金的安全和规范使用。

6. 农村生产生活安置

天津干线天津市1段征迁安置线路全长19.5km，工程涉及武清、北辰、西青三区4镇21个行政村和市农垦集团红光农场。天津市1段工程主要用地大多是临时用地（农用地），在工程建设完工后，将其占用的农用地退还当地农民耕种。天津市1段工程涉及搬迁人口总计141人，生产安置人口42人。依据天津市人民政府颁发的《天津市被征地农民社会保障试行办法》(津政发〔2004〕112号）的规定，对需搬迁安置人口以参加社会保障的方式进行安置，并足额缴纳了被征地农民养老保险费用；对符合生产生活安置的农村人口由户籍所在地地方人民政府予以划分土地进行妥善安置。

天津市1段工程涉及的村组副业为两户养殖业户，经征求当地人民政府和村委会意见，并经村委会同意，采取原址恢复重建的安置方式进行安置。对涉及拆迁房屋、围墙、护栏、路面、门楼、水塔、水池、水井、管道等设施进行一次性经济补偿，对发电机、电焊机、变压器、水罐、切割机等可搬迁设备，给予赔偿拆卸、搬迁运输、安装调试等费用。待工程施工结束后对副业进行原址恢复重建。

7. 城市区（集镇）居民搬迁

天津干线天津市1段工程不涉及城市区（集镇）居民搬迁。

8. 专项设施迁建

(1）专项设施迁建完成情况。依据《关于南水北调中线一期工程天津干线天津市1段、2段工程初步设计报告的批复》（国调办投计〔2008〕85号），批复该工程1段需迁建通信、电力、各类管道专项设施59条，施工道路46条，占压长度11.59km，排灌渠道29条，占压长度5.397km，切改范围共涉及西青区（杨柳青镇）、武清区、北辰区中国联通天津分公司、中国移动天津分公司、天津市电力公司城东供电分公司、天津市电力公司城西供电分公司、武清区王庆坨供电所、大成万达（天津）有限公司、天津市陕津天然气集输有限公司、天津市自来水集团有限公司西青分公司、天津市津安热电有限公司等9家专项设施产权单位，上述产权单位均在天津干线天津市1段工程拆迁规定时间内完成了切改任务。

在实施专项设施切改过程中，发现新增了中国电信天津分公司、天津广播电视网络有限公司、中国人民解放军北京空军93508部队、天津市电力公司路灯处、北京铁路局天津供电段、天津市西青区市政工程管理所、天津市城投集团管网公司等多家专项主管单位的65条市属通信、电力、管道及军事设施等专项切改项目。市征迁中心根据设计监理及产权单位现场实际调查情况，分别与专项设施产权单位签订补偿协议。此外，涉及北辰区、西青区区属专项设施24条以及道路28.69km，也分别与两区征迁办公室签订了补偿协议。具体情况如下。

1）通信设施。通信设施包括通信光缆线路和通信电缆线路，通信光缆线路和通信电缆线路因铺设形式的不同又分为地上架空线路和地下埋设线路。天津干线天津市1段工程共占压通信线路61条，其中架空线路26条，地埋线路35条。

2）电力设施。电力设施包括高压电力线路和低压电力线路，天津干线天津市1段工程共占压电力线路44条，其中高压电力线路26条，低压电力线路18条，另有变压器2座。

3）管道设施。管道设施包括供水、排水、自来水、供热、天然气管道，天津干线天津市1段工程共占压管道设施19条，其中供水管道2条，排水管道8条，自来水管道2条，供热管道3条，燃气管道4条。

4）交通设施。天津干线天津市1段工程共涉及道路39.994km，其中占压土路（三级）9.075km，泥结石路25.197km，水泥路（二级）1.417km，沥青路（一级）4.305km。

5）灌排渠道。排灌渠道分为灌水渠道和饮水渠道，天津干线天津市1段工程共涉及灌排渠道5.397km。

（2）专项设施迁建工作。上述专项设施中，区属专项设施的迁建任务已包含在天津市南水北调办与区征迁工作机构签订的征地拆迁投资包干协议中，迁建资金也随征迁安置资金拨付。市属专项设施迁建工作是与各行业专项主管部门签订专项设施迁建投资包干协议书，由于工程沿线较长，涉及中央驻津单位和市属大型企业等多家专项主管单位，因此天津市南水北调办专门组织了有关专项设施主管部门参加了专题会议，研究专项切改工作。该工作由市征迁中心组织，会同设计单位，征迁监理单位共同召开会议，召集各专项主管单位参加，由设计单位对工程整体情况进行细致的介绍，包括路由、路径、占地宽度、工程形式等，对专项主管单位提出的问题进行解答，并确定现场调查时间。会后由设计单位统一带领各专项主管单位进行现场查看，熟悉线路位置，各专项主管单位根据现场实际情况及征迁图纸，确定专项设施的规模、数量，并上报专项切改方案及概算，设计单位将其纳入工程初步设计报告中，报送项目法人（中线建管局），审查后报国务院南水北调办审批。

2008年6月2日，国务院南水北调办对《南水北调中线一期工程天津干线天津市1段、2段工程初步设计报告》进行了批复，接到批复概算文件后，市征迁中心对专项部分概算进行分解、细化，并与各专项切改单位进行了协商，按照初步设计批复的专项设施数量及资金相互签订了该工程专项切改投资包干协议书，并及时拨付了切改资金。

在实施专项设施迁建工作过程中，市征迁中心以专项设施迁建投资包干协议书为依据进行监督、管理，从前期调查到竣工验收严格按照中线建管局和天津市南水北调办的相关规定开展工作，如切改主管单位采取委托形式的，在签订协议前，必须要向市征迁中心提交委托书或委托证明。专项切改工程实施过程中及时督促征迁监理单位做好现场记录，并对切改进度及质量进行全过程管理，发现有漏项的，市征迁中心严格按照南水北调变更程序进行操作，及时组织监理单位、设计单位及切改单位到现场进行实物量确认，监理单位出具监理报告单，设计单位针对切改单位上报的概算出具设计意见，并汇总后成册上报项目法人审批，批复后签订专项切改补充协议书。

切改工程竣工后，市征迁中心及时组织了竣工验收，由于并没有针对专项切改验收的管理办法，因此，市征迁中心经过与专项设施主管部门研究，决定以验收记录表的形式对专项设施切改工作进行验收，召集各参建方参加验收会，如各方对切改工程均无异议，专项主管单位、建设单位、监理单位、征迁安置主管单位共同在验收记录表上签字并加盖公章，视为验收通

过，验收后拨付专项切改工程尾款。上述管理过程，使市征迁中心能够从始至终对切改的进度、质量、资金进行有效的控制，保证了切改工作的顺利实施。

（3）切改效果。在整个施工过程中，市征迁中心掌握切改情况，遇到问题及时解决。由于各切改单位与各施工单位紧密结合，未发现由于切改原因导致影响南水北调工程进度的情况，切改效果良好，保证了天津干线天津市1段工程建设的顺利进行。

9. 企事业单位迁建

天津干线天津市1段工程共占压企业单位7家。原址恢复重建企业3家，分别为北辰区红光科普园、津工驾校和西青区万达养鸡厂。整体搬迁企业1家，为德仁水产养殖中心。一次性补偿企业有3家，分别为北辰区天马国际俱乐部有限公司（原九二六厂）、宇泰房地产公司和龙源养马场。

10. 永久征地交付

根据天津市人民政府2008年10月《关于南水北调中线一期天津干线（天津境内工程）建设征迁安置实施方案的批复》（津政函〔2008〕147号）的批复文件，天津干线天津市1段工程永久征地总计87.11亩。工程建设用地79.6亩，其中：武清区25.62亩，北辰区33.38亩，西青区4.14亩；天津干线天津市1、2段工程直管部门管理用地7.51亩。土地补偿经费已按照天津市区片价足额补偿到位，并经国土部门复审。

市征迁中心代中线建管局办理天津干线天津市1段工程永久征地手续，经天津市勘察院予以永久征地勘界、市规划局同意规划选址和各区国土部门开展组卷等各种行政许可程序，2008年，市征迁中心向国土部门报送天津干线天津市1段工程永久征地申请，足额缴纳征地所需的费用。经各方协调，天津干线天津市1段工程永久征地于2011年4月获得国土资源部批准。

11. 临时用地交付和复垦

（1）临时用地及复垦情况。天津干线天津市1、2段工程土地归还及土地复垦工作于2012年10月全部完成，天津市1段工程完成的临时用地面积分别为：武清区占地1480亩（位于王庆坨镇），复垦1265.44亩；北辰区占地2246.45亩（位于青光镇、双口镇、红光农场、北辰区天马国际俱乐部有限公司），复垦2016亩；西青区占地1857.13亩（位于杨柳青镇），根据天津干线天津市1、2段工程初步设计报告，临时用地复垦耕园地。

（2）复垦依据。天津市1段工程于2008年进行临时用地征迁安置工作，根据《关于加强生产建设项目土地复垦管理工作的通知》（国土资发〔2006〕225号）的有关规定，市征迁中心在初步设计阶段委托天津市土地开垦征地事务中心进行了复垦方案的编制，要求在初步查勘、收集资料和调研的基础上，按照《关于组织土地复垦编报和审查有关问题的通知》（国土资发〔2007〕81号）的要求和管理部门的意见，编制了《南水北调中线一期工程天津干线天津市段工程土地复垦方案报告书》，并于2008年10月16日天津市国土和房管局对该工程复垦报告书进行了评审，根据评审意见，市土地开垦征地事务中心对报告书进行了相应的修改，编制完成了该报告。

（3）复垦费用。复垦费用相应纳入初步设计概算。在天津干线天津市1、2段工程征迁安置实施操作中，经天津市南水北调办与国土部门协商，各区征迁办公室将复垦费作为土地复垦保证金交付武清、北辰、西青三区国土分局，待临时用地复垦验收后返还。

（4）临时用地的交地与归还。市征迁中心将包干协议的征迁安置资金（包括复垦费）支付给三区征迁办公室，三区征迁办公室同时向市水务建管中心移交临时用地。其中，天津市1段：武清区交付1480亩，北辰区2246.45亩，西青区1857.13亩。临时用地主要用于工程建设的输水箱涵的开挖作业面、施工临时道路、堆土区、料场及加工区等的用地。随着施工建设的结束，施工单位已将临时用地恢复原状，达到场清地平时，由市征迁中心组织市水务建管中心分期分批向各区征迁办公室及乡镇人民政府归还了临时用地。其面积与交地面积一致。

（5）复垦达标恢复原状。还地后，市征迁中心及时与相关区征迁办公室联系，协调相关部门开展土地复垦工作。按照复垦设计标准，通过实施复垦，使破坏的土地恢复为可利用土地，同时保证了复垦后的耕地质量不下降，使恢复利用的农用地达到了原有的灌排条件；通过全面综合治理，部分土地种植了防护林，有效地控制水土流失，改善了农业生产条件和农业生态环境。

（6）复垦验收。当复垦土地达到标准后，由区征迁办公室向区国土分局等相关部门提出土地复垦验收申请，经区国土分局组织区农业、林业、环保、水务等部门对临时用地复垦工作进行联合验收，验收合格后，出具验收合格意见。复垦验收合格后，区国土分局已将复垦保证金退还区征迁办公室，至此完成土地复垦工作。

12. 用地组卷报批（含勘测定界）

（1）工程征地勘测定界工作。天津干线天津市1段工程勘测定界工作由天津市勘察院承担。天津市勘察院是全国甲级测绘单位，是天津市国土房管局指定具有地籍测绘资质的勘测定界权威部门。受征迁中心的委托，天津市勘察院于2008年6月，开始承担天津干线天津市1段工程勘测定界工作。

在勘测定界过程中，天津市南水北调办、天津市征迁中心和市国土房管局以及工程沿线三区国土分局给予了相应的支持和配合。

天津干线天津市1段工程勘测定界面积约20km^2，涉及武清区王庆坨镇二街、王二淀、四合庄、道沟子、一街、大三河曾、张家地、蔡家地、小三河曾等村（街道）；北辰区双口镇中河头、上河头、东堤等村，青光镇子牙河、铁锅店、李家房子等村，红光农场；杨柳青镇十七街、大柳滩、十街、四街、五街、十九街等村（街道）。

勘测定界依据《南水北调中线一期工程天津干线天津市1段征地勘测定界测量“任务书”》《城镇地籍调查规程》《建设用地勘测定界技术规程（试行）》及国土资源部《全国土地分类》、《南水北调中线一期工程天津干线天津市1段征地勘测定界测量技术设计书》等文件。

提交勘测定界主要成果：

1）1980坐标系下得D级GPS平面控制网1个，共计4点；E级GPS平面控制网1个，共计28点。

2）测设界址点60个。

3）实测整个输水线路1：2000勘测定界图19.445km。

4）土地勘测定界技术报告。报告书内容由勘测定界技术说明、勘测定界表、土地分类面积表、界址点坐标成果表、界址点点记和用地地理位置等。

上述资料均已归档。

（2）办理建设用地预审手续。为了保证天津干线天津市1段工程顺利开工，天津市南水北调办积极配合项目法人组织开展办理工程建设用地预审手续相关资料的提供工作，并向其提供

《关于南水北调中线一期工程天津干线天津境内（一）2 段建设用地预审的请示》，同时提供了土地权属证明；拟使用土地所在 1∶2000 或 1∶10000 地形图（用铅笔标注建设用地范围）；项目建议书和可行性研究报告的批复文件。天津干线天津市 1、2 段工程建设用地预审手续，由国务院南水北调办统一办理。2005 年 11 月国土资源部以《关于南水北调中线一期工程建设用地预审意见的复函》（国土资预审字〔2005〕489 号）同意通过南水北调中线一期工程建设用地预审。

（3）办理土地征转手续。2007 年 6 月，天津市南水北调办与中线建管局签订了《南水北调中线干线工程天津干线（天津境内）征地移民管理工作协议》，根据工作协议，天津市南水北调办作为天津市人民政府确定的市征迁安置主管部门，负责天津干线天津市 1、2 段工程的土地征用、移民安置、文物保护等工作。中线建管局移民环保局和市征迁中心是征迁安置工作业务对口单位，并授权市征迁中心全权负责办理天津干线天津市 1、2 段建设用地手续办理工作。

2008 年 6 月，市征迁中心到市规划局办理天津干线天津市 1 段工程建设项目选址意见书，并向其提供天津干线天津市 1 段工程建设项目申请报告或相关批复文件；附拟建项目用地范围的 1∶500、1∶2000 或 1∶10000 现势地形图。工程建设用地规划选址意见书办理完毕后，还需办理总平面设计方案及建设用地规划许可证。

2008 年 12 月，在取得天津干线天津市 1 段工程建设项目选址意见书及建设用地规划许可证后，到市国土管理局开始办理土地征收转用手续，市征迁中心代中线建管局向市国土房管局提供天津干线天津市 1 段工程可研报告及批件、建设项目选址意见书、初步设计审查批准文件、土地权属地类证明文件及《南水北调中线一期工程天津干线天津境内 1 段土地勘测定界技术报告书》报告书、经各区国土分局批准的意见书，以及市林业部门出具的占用林地同意使用意见书等有关文件。

（4）办理土地证。2011 年 4 月，天津干线天津市 1 段工程建设用地征用手续获国土资源部批准。据此，市征迁中心持有关批件到各区国土分局办理国有建设用地批准书和国有建设用地划拨决定书，向各区国土部门分别提供天津市 1 段工程建设用地批准书申请表；《建设项目用地预审报告》、《选址意见书》及《建设用地规划许可证》；可行性研究报告及其批复文件；经批准的投资计划文件；初步设计批准文件；勘测定界技术报告书、勘测定界图及位置示意图；安置补偿协议；新增费和耕地占用税缴纳凭证等申报要件。各区国土部门认真履行审批程序，积极支持和配合我市南水北调工程建设用地土地产权证的颁发工作。截至 2015 年 9 月，天津干线天津市 1 段工程建设用地手续已全部办完，完成土地产权证的核发工作。2017 年 7 月 27 日，将天津干线天津市 1 段工程土地产权证共计 14 本正式移交中线建管局。

13. 档案管理

（1）管理机构设置及职责。为加强天津干线天津市 1 段工程征地移民档案管理工作，根据国务院南水北调办、国家档案局联合印发的《南水北调工程征地移民档案管理办法》以及天津市南水北调办下发的《关于转发南水北调工程征地移民档案管理办法的通知》的精神，天津市南水北调办在市征迁中心专门设置了档案室和档案柜，配备了专、兼职档案管理人员。武清、西青、北辰三区也相应在区征迁办公室中指派了专人负责征地移民档案管理工作。

征地移民档案管理工作，实行统一领导，市、区分级管理负责的原则。形成层层有专门机构，有专人负责的征地移民档案管理体系。

天津市南水北调办是天津干线天津市1、2段工程征地移民档案工作主管部门，负责本市征地移民档案工作的统一领导，业务上接受国务院南水北调办和市档案行政主管部门的监督和指导。天津市南水北调办产生或经办的文件由本单位整理归档，区级以下征迁安置工作产生的文件，按有关要求归档整理后向区征迁办公室移交，为便于工作可保留副本。

天津市征迁中心及各区征迁办公室按照各自工作职责，做好各自征地移民档案管理工作。

设计、勘测定界、监理、监测评估单位负责做好相应的征地移民档案收集、整理、归档工作，并按规定向天津市南水北调办及市征迁中心移交。

从事征迁安置工作的各单位或部门，按照“谁产生，谁整理”的原则，将征迁安置工作中形成的文件进行收集、整理，并及时做好移交工作。

（2）归档内容和范围。征地移民档案归档内容和范围是指负责或参与天津干线天津市1段工程征迁安置工作的各有关单位在征迁安置工作中所形成的有价值的文字、图表、声像、照片、电子文件等不同形式与载体的历史记录。

主要归档内容包括政策法规文件、规章制度、前期工作文件、会议纪要、公示、公告、责任书、协议书、合同文件、征迁安置实施管理文件、政策变更文件、建设用地报批等相关资料。

征地移民档案工作是天津干线天津市1、2段工程建设重要的基础性工作，是天津干线天津市1、2段工程征迁安置工作的重要组成部分。

（3）档案收集、整理标准及要求。根据归档内容和范围要求，将本单位或部门产生的各类文件材料收集齐全。

按照国家有关对档案收集、整理标准与规范要求，各级档案管理部门对文件进行分类整理，并保持文件材料之间的有机联系和成套性，区别不同的保管期限，便于保管和利用。

政策法规类档案按照《文书档案案卷格式》（GB/T 9705—2008）或《归档文件整理规则》（DA/T 22—2000）的规定整理、归档。

征迁安置组织实施类档案按照《国家重大建设项目文件归档要求与档案整理规范》（DA/T 28—2002）和水利部印发的《水利工程建设项目档案管理规定》（水办〔2005〕480号）的要求进行整理、归档。

会计类档案按照财政部、国家档案局颁发的《会计档案管理办法》（财会字〔1998〕32号）进行整理、归档。

征迁安置工作过程中产生的录音、录像、照片、光盘、磁盘等特殊载体的档案材料，均按要求标注事由、时间、地点、人物、作者等说明性内容，并参照《照片档案管理规范》（GB/T 11821—2002）和《电子文件归档与管理规范》（GB/T 18894—2002）进行了整理、归档。

（4）注重培训，提高管理水平。为了提高征地移民档案管理人员的业务水平和管理能力，曾先后派20余名专、兼职档案管理人员参加了水利部、国务院南水北调办举办的档案管理培训班。天津市南水北调办、征迁中心还组织了市、区各有关单位档案管理人员培训班，专门聘请国务院南水北调办、市档案局档案管理专家授课。并组织档案管理人员通过现场查勘、互相参观、交流、阶段性验收等形式，对征迁安置参与单位档案管理人员、资料整理人员进行业务指导和实践培训。还组织举办了3次档案管理研讨培训班，有关市、区南水北调征迁工作机构以及设计、监理等单位30余人参加。

（5）档案形成情况。天津市南水北调办档案管理部门负责将本单位产生或经办的文件进行整理归档；武清、西青、北辰三区征迁办公室及征迁中心按照有关要求，由专职档案管理人员将本单位档案资料进行整理归档；区级以下征迁安置机构按照有关要求将档案资料整理后移交本区征迁办公室，由征迁办公室统一进行归档。

在档案资料形成过程中，各级档案管理机构档案管理人员能够认真履行职责，分类存放各相关档案并做好档案分类及电子目录等相关工作，保证档案的规范性、完整性。

（6）档案验收工作。各级档案管理机构，为了做好档案专项验收，在整个档案管理过程中，积极接受上级部门的检查和指导，聘请国务院南水北调办和市档案局等单位专家对档案资料进行验收前的检查、指导，明确收集范围、立卷标准和移交程序等，做到发现问题随时整改，为档案最后验收打下良好基础。

截至2014年7月底，武清、西青、北辰三区征迁办公室根据《天津市南水北调市内干线工程征迁安置验收暂行办法》和《南水北调天津干线天津市1、2段工程征地拆迁档案验收工作指导意见》以及《天津市南水北调工程区级征迁安置验收大纲》等文件中，规定的天津干线天津市1、2段工程征地移民档案验收程序、要求、标准、范围、成果等，相继完成了各区档案专项验收工作，并顺利将档案资料移交区级档案馆。

1）2014年5月31日，北辰区征迁办公室组织开展了档案验收工作，并顺利通过验收。档案验收资料共形成六大类，其中包括前期工作文件（北辰区征迁安置实施方案等）、责任书、协议书、合同等文件（北辰区投资包干协议书、征迁设计变更补充协议书等）、征迁安置实施管理文件（会议通知、纪要、函等）、征迁安置变更文件（设计变更请示、批复等）、建设用地报批（临时用地交接单、土地复垦验收意见等）及照片。

2）2014年6月5日，武清区征迁办公室组织开展了档案验收工作，并顺利通过验收。档案验收资料共形成五大类，其中包括前期工作文件（武清区征迁安置实施方案等）、责任书、协议书、合同等文件（武清区投资包干协议书、征迁设计变更补充协议书等）、征迁安置实施管理文件（会议通知、纪要、函等）、验收文件（验收会议通知、验收方案、验收单等）、财务审计文件（武清区财务决算审计报告）。

3）2014年7月8日，西青区征迁办公室组织开展了档案验收工作，并顺利通过验收。档案验收资料共形成六大类，其中包括前期工作文件（西青区1段工程征迁安置实施方案等）、责任书、协议书、合同等文件（杨柳青镇段征地拆迁工作责任书、杨柳青镇投资包干协议书等）、征迁安置实施管理文件（会议通知、纪要、函等）、征迁安置变更文件（杨柳青镇投资设计变更补充协议等）、政策法规文件（国家、市政府印发的政策法规等）、建设用地报批文件（天津市1段工程临时用地交接单等）。

14. 变更管理

为规范天津干线天津市1、2段工程征迁安置工作，及时解决征迁安置实施过程中遇到的设计漏项或设计方案变更等问题，2009年1月，天津市南水北调办印发了《天津市南水北调工程建设征地拆迁变更程序》（津调水移〔2009〕1号）。变更程序规定：因设计漏项引发的设计变更，各区征迁办公室或专项设施主管部门，在征迁安置实施过程中，应对发生变化的实物指标或专项设施进行详细登记，并由设计、监理单位确认后，向市征迁中心提出设计变更申请；因设计变化引发的设计变更，各区征迁办公室、项目法人（建管单位）或专项设施主管部门，会同设计单位编制设计变更文件，经监理单位确认后，向市征迁中心提出设计变更申请。

天津市征迁中心在接到各区征迁办公室、项目法人（建管单位）或专项设施主管部门提出的征迁安置变更申请后，要组织征迁监理单位会同设计单位对变更实物量进行复核，提出初步审查意见，报天津市南水北调办审批。根据天津市南水北调办批复意见，按程序及时将变更资金拨付给相关单位。天津市1段设计变更共6项，简述如下。

（1）武清区段征迁安置设计变更。2009年2月，武清区征地拆迁办公室向市征迁中心提出征迁安置设计变更申请，其理由是：武清区段实施方案中存在漏登、漏报情况，其中临时用地面积47.46亩，新增房屋面积90m²，树木90845棵，坟墓36座等，申请设计变更投资共计465.71万元。为此，市征迁中心组织设计、监理单位会同武清区征迁办公室对变更事项进行审核，提出审核意见，报天津市南水北调办批准。2009年3月，天津市南水北调办以《关于南水北调中线一期天津干线天津市1、2段工程武清区段征地拆迁设计变更的批复》（津调水移〔2009〕6号）批复了武清区段征迁安置设计变更补偿投资，同意其中400万元从天津干线天津市1段工程征迁安置基本预备费中解决，其余65.71万元由武清区人民政府自行解决。

（2）京福公路道路两侧树木砍伐变更。2009年5月，北辰区征迁办公室向市征迁中心提出征迁安置变更申请，其理由是：北辰区京福公路道路两侧需砍伐的树木由原来的220棵核减为120棵，树木砍伐补偿标准由60元/棵调整到400元/棵，除概算中计列的1.32万元补偿资金外，需增加补偿资金3.48万元。为此，市征迁中心组织设计、监理单位会同北辰区征迁办公室对变更事项进行审核，提出审核意见，报天津市南水北调办批准。2009年6月，天津市南水北调办以《关于调增南水北调天津干线京福公路道路两侧树木砍伐补偿投资的批复》（津调水移〔2009〕9号）批准了京福公路道路两侧树木砍伐补偿投资，同意增加的补偿资金3.48万元从征迁安置预备费中列支。

（3）津同公路两侧行道树变更。2009年5月，西青区征迁办公室向市征迁中心提出征迁安置设计变更申请，其理由是：西青区段津同道路两侧行道树存在漏报、漏查情况，共计112棵行道树，共需增加补偿投资4.48万元。为此，市征迁中心组织设计、监理单位会同西青区征迁办公室对变更事项进行审核，提出审核意见，报天津市南水北调办批准。2009年9月，天津市南水北调办以《关于调增南水北调天津干线津同公路两侧行道树补偿投资的批复》（津调水移〔2009〕11号）核定了津同公路两侧行道树补偿投资，同意增加补偿投资4.48万元从征迁安置预备费中列支。

（4）北辰区段征迁安置设计变更。2009年5月，北辰区征迁办公室向市征迁中心提出征迁安置设计变更申请，其理由是：北辰区段实施方案中存在错登、漏登实物量的情况，房屋类别纠正及拆除373.34m²，养鱼池调整83亩，新增边角地17.69亩，新增农村机井1眼等。为此，市征迁中心组织设计、监理单位会同北辰区征迁办公室对变更事项进行审核，提出审核意见，报天津市南水北调办批准。2009年9月，天津市南水北调办以《关于南水北调天津干线北辰区段征地拆迁设计变更的批复》（津调水移〔2009〕12号）批复了北辰区段征迁安置设计变更。

（5）西青区段征迁安置设计变更。西青区征迁办公室根据征迁安置工作实施进度，向市征迁中心提出征迁设计变更申请，其理由是：西青区段实施方案中存在错登、漏登实物量的情况，涉及房屋面积906.44m²，临时用地面积165.99亩，树木505棵，坟墓70座等。为此，市

征迁中心组织设计、监理单位会同西青区征迁办公室对变更事项进行审核，提出审核意见，报天津市南水北调办批准。2009年10月，天津市南水北调办以《关于南水北调中线一期天津干线天津市1、2段工程西青区段征地拆迁设计变更的批复》(津调水移〔2009〕15号）批复了西青区段征迁安置设计变更。

2011年3月，西青区征迁办公室向市征迁中心提出征迁设计变更申请，其理由是：西青区段由于设计线路调整导致地上实物量增减和金山电缆厂等相关企业拆迁实物量变更，涉及元宝路段设计线路调整、杨柳青镇实物量漏登以及金山电缆厂、色织十二厂、色织三厂和兴盛达液压配件等四家企业拆迁。为此，市征迁中心组织设计、监理单位会同西青区征迁办公室对变更事项进行审核，提出审核意见，报天津市南水北调办批准。2011年3月，天津市南水北调办以《关于南水北调中线一期天津干线天津市1、2段工程西青区段征地拆迁设计变更的批复》(津调水移〔2011〕2号）批准了西青区段新增实物量变更补偿投资，同意新增设计变更补偿投资。

(6）津工驾校征迁安置设计变更。2011年6月，北辰区征迁办公室向市征迁中心提出征迁安置设计变更申请，其理由是：天津干线天津市1段工程穿越津工驾校，需恢复沥青路面32622m²，需增加补偿投资；另外，工程施工期造成驾校不能开展正常的经营活动，需在施工期租赁外单位训练场地开展教学经营所发生的燃油差价费用。为此，市征迁中心组织设计、监理单位会同北辰区征迁办公室对变更事项进行审核，提出审核意见，报天津市南水北调办批准。2012年2月，天津市南水北调办以《关于南水北调中线一期天津干线北辰区段津工驾校征迁变更的批复》(津调水移〔2012〕3号）批准了津工驾校征迁安置变更进行了核定，同意增加设计变更补偿投资。

15. 监督评估

天津干线天津市1、2段工程征迁安置监理检测和评估工作由中线建管局会同天津市南水北调办联合招标（考虑到天津市2段工程段仅涉及西青区中北镇一个街镇下属的4个行政村，为方便工作故将天津市1段和2段工程一并招标）。天津市金帆工程建设监理有限公司中标，承担对天津干线天津市1段和2段工程征迁安置工作监测评估工作。征迁安置监测与评估，是根据项目的征迁安置行动计划，对征迁安置实施进行调查、监测和评估的工作。它是通过现场调查访问等方法，对征迁安置实施进行数据和信息的收集，在此基础上对项目征迁安置实施工作进行客观评估，结合征迁安置行动计划以及实际实施情况、甄别行动计划本身及实施偏差两方面已经出现或潜在的问题，并就此提出意见，反馈给天津市南水北调办和市征迁中心及各区征迁办公室，从而推动征迁安置实施工作的不断改进与完善，最终做好征迁安置，实现项目的总体目标。监理单位独立进行监测评估工作，一方面使天津市南水北调办及时、详细地了解征迁安置的实际进展、存在的问题以及工作改进的方法和措施，另一方面在于帮助天津市南水北调办了解征迁安置实施的社会、经济和文化效果。

(1）监督评估的目的和范围。监督评估的目的在于调查天津干线天津市1段工程征迁安置工作的实施进展，征迁户搬迁前的生产生活情况以及在征迁安置工作中存在的问题和可能解决的途径，从而为整个征迁安置工作提供客观、公正的外部监测与评估意见，为征迁安置工程的顺利实施创造有利条件。征迁安置工作是一个长期而又艰巨的系统工程，在搬迁后相当长的时间内，都有可能出现各种各样的问题。因此征迁安置的好坏，不仅涉及征迁安置户本身的利益，而且对整个社会的稳定与发展都会产生巨大的影响。

本次监评的征迁安置范围为天津干线天津市1段工程的征迁安置部分。监测点包括天津市1段工程武清区段王庆坨镇的9个村、北辰区的红光农场、青光镇和双口镇的5个行政村、西青区杨柳青镇的7个行政村。

(2) 工作方法和主要内容。首先编制监理工作大纲。调查方法为根据工作大纲所规定的征迁安置监测评估要求，详细制定调查大纲和设计调查表格，按照监评的总体要求和调查的范围及工作量，将全体监测与评估人员共分成2组进行。实地调查中白天2组人员分别深入北辰区、武清区和西青区不同村去调查，晚上开会进行研讨。

实地调查的程序为：首先，通过三区的征迁办公室了解整个征迁安置工作的进展；其次，到各征迁安置现场去实地调查，与有关人员等座谈，确定抽样户；到被拆迁户家中进行走访，收集抽样户2008年的经济收入情况；然后，在市征迁中心、三区的征迁办公室收集有关征迁安置相关的各种报告、文件、文献和报表；最后进行有关数据的整理以及报告的编写、修改等业内工作，形成正式的监评报告。

(3) 监测评估的依据。报告根据《中华人民共和国土地管理法》《中华人民共和国水法》和《大中型水利水电工程征地补偿和移民安置条例》(中华人民共和国国务院令第471号) 以及《水利水电工程建设征地移民设计规范》(SL 290—2003)、《南水北调工程建设征地补偿和移民安置监理暂行办法》(国调办环移〔2005〕58号)、《南水北调工程建设移民安置监测评估暂行办法》《征迁实施方案》《监测评估大纲》以及天津干线天津市1段工程移民监理招投标文件及合同等相关文件进行监测评估工作。

监测与评估的内容侧重于对征迁安置的实施进度以及拆迁户生产生活状况的监评。

(4) 统计内容。被拆迁户生产、生活的恢复是实现征迁安置规划目标的重要因素，也是征迁安置监评的重要内容。被拆迁户生产生活水平的调查先进行拆迁前的建立底档，为以后的调查提供参照对象。

农村居民家庭纯收入，包括从事生产性和非生产性的经营收入，取自在外人口寄回带回和国家财政救济、各种征迁安置补贴、青苗补偿费等非生产性收入，既包括货币收入，又包括自产自用的实物收入，但不包括由于土地、房屋被占用的经济补偿，以及向银行、信用社和向亲友借款等借贷性的收入。

具体的收入还随农户种植结构以及当年的天津市场行情变化。

抽样户的经济收入调查采取入户访谈的形式。调查的表格和提纲事先拟定，保证调查的全面性。根据调查表格，以及实际的原始调查记录，整理后获得抽样户的经济收入情况。

(5) 结果统计与分析。征迁安置的生活恢复情况是本次调查的重点之一。根据监测小组获得的抽样调查数据，统计分析征迁安置户所有的收入来源，天津干线天津市1段工程征迁安置户的经济收入以林果收入为主，其中西青区征迁安置户的经济收入主要为林果收入，北辰区征迁安置户的经济收入相对较高，北辰区和西青区征迁安置户的经济收入除林果收入外，农业收入和打工收入亦占相当比重。总体看来，天津干线天津市1段工程征迁安置户的收入构成仍属于比较典型的农业经济收入。

(6) 存在的问题。

1) 天津干线天津市1段工程所在各区征迁办公室反映的主要问题为部分村民对征地补偿的期望过高，致使区征迁办公室的工作难度加大。

2）部分村民担心临时用地（耕、园地）退还后土地肥力下降，影响收成。

（7）问题的解决。对征迁安置中出现的村民对征迁安置补偿期望过高致使征迁安置难度较大的问题，监理方面对问题户做了大量政策宣传的工作，帮助征迁工作机构的相关人员进行征迁安置协调。经协调后，被征迁户普遍能够理解政策并配合区征迁办公室的工作，使征迁安置工作顺利进行。

（8）征迁安置工作评估报告和工作结论。征迁监理按照合同要求对征迁安置工作做出了评估报告，并收档作为征迁安置工作验收资料。

1）各级征迁安置工作有序开展。各级征迁工作机构成立后，进行了大量艰苦有效的工作。在征迁安置实施前期，制定详细的工作计划和工作重点，并围绕这些重点展开工作。针对群众工作量大、面广、具体的特点，坚持从实际出发，创造性地开展工作，深入贯彻“严、细、深、实、快”的工作方针，打牢了群众工作基础。

2）政策宣传工作到位。从实地调查来看，总体上征迁安置户对实物指标均很熟悉，了解天津干线天津市1、2段工程的实物指标，市、区征迁工作机构对宣传工作重视，效果良好。

3）征迁安置工作取得成效。由于前期宣传工作到位，目前，大部分村民均能理性看待征迁安置问题，征迁安置户能从国家利益的大局出发，理解和支持天津干线天津市1段工程的征迁安置工作。干群关系融洽，社会稳定，征迁群众安居乐业。

（二）天津市2段

1. 实物指标复核

（1）复核过程。由于初步设计批复较可研批复线路调整较大，根据长江水利委员会设计院编制的《南水北调中线一期工程占地实物指标调查工作大纲》要求，在天津市南水北调办及相关部门的大力支持和协助下，天津市水利勘测设计院组织天津干线天津市2段工程所在地西青区征迁办公室会同相关部门和中北镇工作人员，于2005年6月初至7月，对天津干线天津市2段工程实物指标按初步设计阶段深度要求进行了核查，核查成果得到了西青区人民政府的认可。

2007年11月，国家发展改革委投资评审中心在北京组织专家对天津干线天津市1、2段工程初步设计进行了评审，2008年5月，国家发展改革委对天津市1、2段工程初步设计进行了批复。

2007年11月8日，天津市征迁中心在天津市组织武清区、北辰区和西青区征迁办公室，召开了关于编制天津干线天津市1、2段工程实施阶段征迁安置实施方案工作会议，安排部署了下阶段各区征迁办公室工作任务和完成时间。

2007年11月中旬，在天津市南水北调办和天津市征迁中心的统一组织协调下，由天津市广哲科技开发服务有限公司（市水文总站测量队）负责现场放线，对西青区段天津市2段工程开展占地实物指标的核查工作，在核查工作中，天津市水利勘测设计院指导三区征迁办公室组织核查工作，西青区征迁办公室会同区水务局、区国土分局、区林业局、中北镇人民政府等单位对西青区境内天津市2段工程段占地实物指标进行了复核，核查成果得到了当地人民政府的认可。

（2）核查方法。核查范围由专业测量人员利用RTK仪器，根据已埋设的天津干线天津市2

段工程Ⅳ等控制（导线）点和天津市水利勘测设计院提供的1：2000占地范围图和坐标表，测设中心线和两侧占压边界线。调查人员根据测量确定的边界范围，按照设计精度要求，对人口、房屋及附属物进行逐户调查，并在1：2000地形图上标注所处位置，调查表均由涉及户主和调查人员共同签字认可。对工程占压的土地，调查人员实地勾绘行政村界线，在1：2000地形图上标绘地类量算面积并实地校核，按土地类别进行分村统计，并由涉及镇、村干部和调查人员共同签字认可；对涉及的专业设施项目进行核查。

（3）核查成果。天津干线天津市2段工程坐落在西青区中北镇，涉及4个行政村，工程占地实物指标经调查核实，天津干线天津2段西青区工程总占地面积为946.33亩，其中永久征地16.75亩，临时用地929.58亩。占压农村房屋3827.34m^2。共占压经济树木1181棵，均为成树。沿线需搬迁坟墓550座。

天津市2段工程占地范围内共涉及灌排渠道（0.8m^3/s以下）3条，占压渠道长度为0.496km；涉及乡村道路1条，占压长度为0.286km。高压输电线路6条，占压长度为0.895km。通信线路有3条，占压长度为0.345km。广播电视线路1条，占压长度0.12km。各类管道2条，占压长度1.064km。

天津市2段工程涉及副业1家为一家养猪场，涉及砖木结构房屋744.8m^2。附属设施有砖围墙80m^2，地窖1个，压水井5眼，电话1个，粪池1个，罩棚180m^2。

天津市2段工程沿线共涉及3家企业，分别为金山电线电缆股份有限公司、天成制药厂（待建）、兴盛达液压配件有限公司，工程占压面积为19.27亩，拆迁企业房屋2196.2m^2。

天津干线天津市2段工程西青区段实施阶段与初步设计阶段主要实物指标对比分析结果详见表3-2-4。

表3-2-4　天津干线天津市2段工程西青区段实施阶段与初步设计阶段主要实物指标对比表

项目			单位	实施阶段	初步设计阶段	增加量
实物指标	房屋	农村房屋	m^2	3827.34	3749.3	78.04
	占地面积	永久征地	亩	16.75	16.74	0.01
		临时用地	亩	929.58	850.50	79.08
		小计	亩	946.33	869.69	79.09

实施阶段比初设阶段批复增加了79.09亩土地面积，其中永久征地增加了0.01亩，临时用地增加了79.08亩。永久征地面积增加主要是由于工程标识的调整引起的；临时用地增加的主要原因是增加了线外鱼塘占地。

2. 公告公示

为准确掌握天津干线天津市1、2段工程占地范围内实物指标数量和编制工程征迁安置补偿投资概算，防止各种抢栽、抢种、抢建行为，有效控制工程投资，积极营造良好的工程建设环境，根据国务院南水北调办、国家发展改革委、水利部《关于严格控制南水北调中、东线第一期工程输水干线征地范围内基本建设和人口增长的通知》（国调办环移〔2003〕7号）精神，2005年12月30日，天津市人民政府发布了《关于严格控制南水北调天津干线征地范围内基本建设和人口增长的通告》（津政发〔2005〕116号）。通告规定：自通告发布之日起，天津市2段工程征地范围内新增迁入人口、新增建设项目、新建房屋设施和农业生产设施、新栽树木等

一律不予承认，有效保障了实物指标调查、确认等工作，为编制征地补偿和移民安置规划报告奠定了基础。

《天津市人民政府关于严格控制南水北调天津干线征地范围内基本建设和人口增长的通告》发布后，天津市2段工程所在的西青区人民政府结合本区实际情况，相继制定出台了相关的说明、公告、通知，并利用电视、报刊等新闻媒体对征迁安置政策进行宣传，使得征迁安置工作得以顺利开展。

2008年10—11月，西青区征迁办公室与《天津日报》《今晚报》签订刊登迁坟公告协议，天津市2段工程与天津1段工程西青区段一起集中刊登迁坟公告一周时间；另外与西青区广电局联系，利用4～5天的时间，每天在新闻过后，播放迁坟公告，扩大信息范围，以便尽快让坟家属认领，缩短征迁安置工作时间。

3. 实施方案的编制与批复

（1）实施方案的编制。2007年11月，天津市征迁中心组织武清、北辰、西青三区征迁办公室，召开了关于编制天津干线天津市1、2段工程实施阶段征迁安置实施方案工作会议，会议上安排部署了天津市2段工程所在地西青区征迁办公室工作任务和完成时间。

根据工作任务和时间安排，2007年11月中旬，在天津市南水北调办和天津市征迁中心的统一组织协调下，西青区征迁办公室会同天津市广哲科技开发服务有限公司及区水务局、国土分局、林业局及涉及中北镇人民政府等单位对天津市2段工程占地实物指标进行了复核。

根据复核结果，西青区征迁办公室于2008年2月完成了天津市2段工程征迁安置实施方案的编报工作，2008年7月25日，市征迁中心组织专家对天津市2段工程征迁安置实施方案进行了审查。

2008年8月，受西青区征迁办公室和市征迁中心的委托，天津市水利设计院根据专家审查意见对天津干线天津市2段工程实施阶段征迁安置实施方案进行了修改和完善。

按照2008年9月天津干线天津市1、2段工程征迁安置工作会议的部署，天津干线天津市2段工程所在地西青区人民政府组织本区征迁办公室及区相关部门根据市水利设计院的修改意见，进一步完善了天津市2段工程征迁安置实施方案的编报工作。2008年10月，在天津市南水北调办和天津市征迁中心的组织和协调下，西青区人民政府及区相关部门听取了天津市水利勘测设计院关于天津干线天津市2段工程征迁安置实施方案修改意见的汇报，西青区征迁办与天津市水利设计院对报告中的工程占地实物指标进行了核对，根据核对后的实物指标，天津市水利设计院对征迁安置实施方案报告进行了修改和完善。

（2）实施方案的批复。2008年10月，天津市南水北调办组织市发展改革委、市财政局、市国土房管局、市林业局，并特邀征迁安置专家对西青区人民政府编报的天津市2段工程征迁安置实施方案进行了审查，对补偿资金提出了审核意见。根据审查意见做了修改完善后上报天津市人民政府审批。

2008年12月，天津市人民政府以《关于南水北调中线一期天津干线（天津境内工程）建设征迁安置实施方案的批复》（津政函〔2008〕147号）文，对天津干线天津市1、2段工程进行了批复，批复天津干线天津市2段工程西青区段征迁安置补偿总投资为2.25亿元（包括天津市1段工程西青区段征迁安置补偿投资）。

4. 各级补偿投资包干协议

2008年9月27日，天津市南水北调办召开了天津干线天津市1、2段工程建设征迁安置动员会。天津市南水北调办领导出席了会议，天津市南水北调办环移处、天津市征迁中心、三区征迁办公室、天津市水利勘测设计院、市水利工程建管中心的主要负责同志参加了会议。会上天津市南水北调办对天津干线天津市1、2段工程建设征迁安置任务作了布置，设计单位对征迁安置范围内实物指标种类、数量及专项设施迁建任务作了详细说明，与会人员认真研究讨论。10月中旬，天津市南水北调办完成了天津干线天津市2段工程建设征迁安置实施方案审查，报请天津市人民政府批准。

2008年10月，根据天津市人民政府《关于南水北调中线一期天津干线（天津境内工程）建设征迁安置实施方案的批复》（津政函〔2008〕147号），天津市南水北调办与西青区人民政府于2008年10月10日，在西青区人民政府所在地杨柳青签订了《南水北调天津干线天津段西青区段征地拆迁投资包干协议书》，协议书包含了天津市1、2段工程征迁安置任务和补偿资金22461.41万元。为工作方便起见，西青区征迁办公室将两段征迁安置工作一并实施。

（1）征迁任务。天津市2段工程征迁安置范围包括西青区中北镇4个行政村自子牙河起，往南至津浦公路。西青道元宝路往东，止于曹庄花卉北。全长4.28km。

征迁安置范围内的永久征地、临时用地、拆迁房屋、工业企业、村组副业迁建，生产生活安置人口数、通信、电力、交通道路、排管渠道等专项设施迁建任务均包括在天津市1段工程建设征迁安置范围任务内。

（2）征迁安置资金。天津市1段工程建设征迁安置补偿投资22461.41万元中包括天津市2段工程建设征迁安置补偿投资。

（3）时间要求。2008年11月底前完成临时用地的征迁安置工作，2009年3月底前完成全部征迁安置工作。

5. 补偿兑付

（1）补偿兑付依据。根据天津市南水北调建委会制定的征迁管理体制，天津干线天津市2段工程征地拆迁补偿兑付依据为市南水北调办与武清、北辰、西青三区签订的《南水北调天津干线工程征地拆迁投资包干协议书》，以及各区征迁办公室和个乡镇政府签订的征迁补偿协议书等。

（2）开设专用账户。根据《天津市南水北调配套工程征地拆迁管理办法》第二十四条的规定："市征迁中心和区县征迁机构应在一家国有或国有控股商业银行开设专用账户。对征迁安置资金实行专户存储，专款专用，专款核算，任何单位和个人不得挤占，截留和挪用。天津市征迁中心和区县征迁机构开设、变更、撤销银行账户应告知天津市南水北调办。"

天津市征迁中心和西青区征迁办公室均在规定时间内设立了征迁安置专用账户，并报送天津市南水北调办备案。

（3）补偿兑付程序。根据《南水北调天津干线工程征地拆迁投资包干协议书》，天津市征迁中心将征迁安置补偿经费拨付到西青区征迁办公室；西青区区征迁办公室根据征迁实施方案中确定的地上物实物量与乡镇政府签订征迁补偿协议，并将补偿资金拨付到乡镇政府；乡镇政府根据各村地上物实物量与村委会签订征迁补偿协议，并将补偿资金拨付到村委会；最后由村委会负责兑付到被征迁户。其中专项设施、工业企业迁建补偿经费除镇属企业下达到镇之外，市直属企业或中央企业由市征迁中心下达到其主管部门或本企业单位。其中天津干线天津市2段工程农村移民安置补偿费3352.43万元，工业企业迁建补偿506.29万元；专业项目迁建补偿

263.80万元。

(4) 补偿兑付安全监督。2008年11月，天津市南水北调办下达《关于开展南水北调工程建设资金和征地移民资金使用情况自查的通知》，2011年下达《关于天津市南水北调办公室2010年度征地移民资金专项审计结果及整改意见的通知》。西青区根据审计意见进行了整改，其间，曾多次接受国家审计署、国务院南水北调办组织的征迁安置审计，保证了天津干线天津市2段工程征迁安置补偿资金的安全和规范使用。

6. 农村生产生活安置

根据天津市人民政府批准的实施方案，天津干线天津市2段征迁安置线路全长4.28km，西青区中北镇4个行政村。本段主要用地大多是临时用地，在工程建设完成后，将其占用的农用地退还当地农民耕种。因此，天津市2段工程涉及搬迁人口总计23人，生产安置人口24人。依据天津市人民政府颁发《天津市被征地农民社会保障试行办法》规定，对需搬迁安置人口以参加社会保障的形式，足额缴纳了被征地农民参加养老保险费用；对需要生产生活安置的已由地方政府予以划分土地进行妥善安置。

天津市2段工程不涉及村组副业。

7. 城市区（集镇）居民搬迁

天津干线天津市2段工程未涉及城市区（集镇）居民搬迁。

8. 专项设施迁建

(1) 专项设施迁建完成情况。依据《关于南水北调中线一期工程天津干线天津市1、2段工程初步设计报告的批复》(国调办投计〔2008〕85号)，该段工程需迁建通信、电力、各类管道专项设施12条（其中通信线路4条，电力线路6条，管道线路2条），施工道路1条，占压长度0.286km，排灌渠道3条，占压长度0.496km，切改范围涉及西青区（中北镇）天津网通公司、天津市电力公司城西供电分公司、天津市陕津天然气集输有限公司、天津市燃气集团有限公司第三销售分公司等4家专项主管单位，上述产权单位均在天津干线天津市2段工程拆迁规定的时间内完成了切改任务。在实施专项设施切改过程中发现新增了中国电信天津分公司、天津广播电视网络有限公司、天津警备区司令部通信处、铁通天津分公司、天津市自来水集团有限公司西青分公司、天津市燃气集团有限公司第三销售分公司、西青排水、西青供热等多家专项主管单位的28条市属通信、管道等专项设施和西青区部分区属专项设施（新增西青区有线电视线路0.6km，管道0.2km），因此，实际工作量为专项设施40条（其中通信专项21条，另有有线电视线路0.6km，电力专项6条，管道专项13条，另有自来水管道0.2km），施工道路0.286km，排灌渠道3.193km，上述市、区属专项设施共签订协议资金1033.45万元，具体情况如下：

1) 通信设施。通信设施包括通信光缆线路和通信电缆线路，通信光缆线路和通信电缆线路因铺设形式的不同又分为地上架空线路和地下埋设线路。天津干线天津市2段工程共占压通信线路21条，其中架空线路11条，地埋线路10条。

2) 电力设施。电力设施包括高压电力线路和低压电力线路，天津干线天津市2段工程共占压电力线路6条，均为高压线路。

3) 管道设施。管道设施包括排水、自来水、供热、天然气、燃气管道，天津干线天津市2段工程共占压管道设施13条，其中排水管道2条，自来水管道2条，供热管道4条，天然气管道3条，燃气管道2条。

4）交通设施。天津干线天津市2段工程涉及泥结石道路1条，占压长度0.286km。

5）灌排渠道。排灌渠道分为灌水渠道和饮水渠道，天津干线天津市2段工程涉及灌排渠道3.193km。

（2）专项设施迁建工作。根据国家发展改革委批准天津干线天津市1、2段工程初步设计概算，天津市人民政府批准天津干线天津市境内工程征迁安置实施方案，以及天津市征迁中心与武清、北辰、西青三区征迁办公室签订的南水北调天津干线天津市1、2段工程建设征地拆迁投资包干协议书中，均包括1段和2段的征迁安置任务。加之，天津市2段工程，线路长度仅4.28km，涉及1个乡镇的4个行政村，还因为该两段工程专项设施工作的内容、程序基本相同，所以为方便工作起见，天津市南水北调办委托天津市征迁中心统一组织，会同设计单位，征迁监理单位共同向天津干线天津市1、2段工程专项设施的主管部门布置、介绍、说明专项切改迁建工作任务，并组织现场查看，确定专项设施的规模、种类、数量、切改方案及概算等，设计单位将其纳入工程初步设计报告中，将天津市2段工程连同天津市1段工程一并上报项目法人（中线建管局）审查后报国务院南水北调办审批。

在实施天津干线天津市2段工程专项设施迁建过程中，天津市征迁中心以专项设施迁建投资包干协议为依据，与天津市1段工程一并进行监督、管理和质量控制。当天津干线天津市2段工程专项设施迁建、切改工程竣工后，天津市征迁中心及时组织了竣工验收。

（3）切改效果。在天津干线天津市2段工程专项设施迁建施工过程中，天津市征迁中心积极主动进行监督管理，有问题及时解决，各切改单位与施工单位紧密配合，共同努力，切改效果良好，保证了天津干线天津市2段工程建设的顺利进行。

9. 企事业单位迁建

天津干线天津市2段工程占压企业单位共计4家。原址恢复重建企业3家，分别为色织三厂、金山电线电缆股份有限公司、天津市兴盛达液压配件有限公司。一次性补偿企业有1家，为西青区天成制药厂。

10. 永久征地交付

根据天津市人民政府《关于南水北调中线一期天津干线（天津境内工程）建设征迁安置实施方案的批复》（津政函〔2008〕147号），天津干线天津市2段工程永久征地总计16.74亩。土地补偿经费已按照天津市区片价足额补偿到位，并经国土部门复审。

市征迁中心代中线建管局办理天津市2段工程永久征地手续。因天津市2段工程仅涉及西青区中北镇一个街镇下属4个行政村，工程招标时与天津市1段工程合并招标，属一个标段，故在办理永久征地手续过程中，天津市2段与1段工程合并办理。经天津市勘察院予以永久征地勘界、规划选址和各区国土部门开展组卷等各种行政许可程序，2008年，市征迁中心向国土部门报送天津干线天津市2段工程永久征地申请，足额缴纳征地所需的费用。经各方协调，天津干线天津市2段工程永久征地于2009年4月获得国土资源部批准。到2010年4月已全部移交建设单位使用。

11. 临时用地交付和复垦

（1）临时用地及复垦情况。天津干线天津市1、2段工程土地归还及土地复垦工作于2012年10月全部完成，天津市2段工程完成的临时用地面积为892.68亩（位于西青区中北镇），根

据天津干线天津市1、2段工程初步设计报告，临时用地复垦耕园地。

（2）复垦依据。天津市2段工程于2008年进行临时用地征迁安置工作，根据《关于加强生产建设项目土地复垦管理工作的通知》（国土资发〔2006〕225号）的有关规定，市征迁中心在初步设计阶段委托天津市土地开垦征地事务中心进行了复垦方案的编制，要求在初步查勘、收集资料和调研的基础上，按照《关于组织土地复垦编报和审查有关问题的通知》（国土资发〔2007〕81号）的要求和管理部门的意见，编制了《南水北调中线一期工程天津干线天津市段工程土地复垦方案报告书》，2008年10月16日天津市国土和房管局对该工程复垦报告书进行了评审，根据评审意见，市土地开垦征地事务中心对报告书进行了相应的修改，编制完成了该报告。

（3）复垦费用。复垦费用相应纳入初步设计概算。在天津干线天津市1、2段工程征迁安置实施操作中，经天津市南水北调办与国土部门协商，西青区征迁办公室将复垦费作为土地复垦保证金交付西青区的国土部门，待临时用地复垦验收后返还。

（4）临时用地的交地与归还。市征迁中心将包干协议的征迁安置资金（包括复垦费）支付给西青区征迁办公室，西青区征迁办公室同时向天津市水利工程建管中心移交临时用地。天津市2段：西青区892.68亩。临时用地主要用于工程建设的输水箱涵的开挖作业面、施工临时道路、堆土区、料场及加工区等的用地。随着施工建设的结束，施工单位已将临时用地恢复原状，达到场清地平时，由市征迁中心组织天津市水利工程建管中心分期分批向各区征迁办公室及乡镇政府归还了临时用地。其面积与交地面积一致。

（5）复垦达标恢复原状。还地后，市征迁中心及时与西青区征迁办公室联系，协调相关部门开展土地复垦工作。按照复垦设计标准，通过实施复垦，使破坏的土地恢复为可利用土地，同时保证了复垦后的耕地质量不下降，使恢复利用的农用地达到了原有的灌排条件；通过全面综合治理，部分土地种植了防护林，有效地控制水土流失，改善农业生产条件和农业生态环境。

（6）复垦验收。当复垦土地达到标准后，由区征迁办公室向区国土分局等相关部门提出土地复垦验收申请，经区国土分局组织区农业、林业、环保、水务等部门对临时用地复垦工作进行联合验收，验收合格后，出具验收合格意见。复垦验收合格后，区国土分局已将复垦保证金退还区征迁办公室，至此完成土地复垦工作。

12. 用地组卷报批（含勘测定界）

（1）工程征地勘测定界工作。天津干线天津市2段工程勘测定界工作由天津市勘察院承担。天津市勘察院是全国甲级测绘单位，是天津市国土房管局指定具有地籍测绘资质的勘测定界权威部门。受市征迁中心的委托，天津市勘察院于2008年6月开始承担天津干线天津市2段工程勘测定界工作。

在勘测定界过程中，天津市南水北调办、天津市征迁中心和天津市国土房管局以及西青区国土分局给予了相应的支持和配合。

天津干线天津市2段工程勘测定界工作，涉及西青区中北镇大梁庄、王庄、大卞庄、曹庄村等。

勘测定界依据：《南水北调中线一期工程天津干线天津市2段征地勘测定界测量“任务书”》《城镇地籍调查规程》《建设用地勘测定界技术规程（试行）》、国土资源部《全国土地分类》和《南水北调中线一期工程天津干线天津市2段征地勘测定界测量技术设计书》等文件。

勘测定界主要成果包括：①1980坐标系下得D级GPS平面控制网1个，共计4点，E级GPS平面控制网1个，共计4点；②测设界址点25个；③实测整个输水线路1∶2000勘测定界图4.5km；④土地勘测定界技术报告，报告书内容由勘测定界技术说明、勘测定界表、土地分类面积表、界址点坐标成果表、界址点点记和用地地理位置等组成。上述资料均已归档。

（2）办理建设用地预审手续。为了保证天津干线天津市2段工程顺利开工，天津市南水北调办积极配合项目法人组织开展办理工程建设用地预审手续相关资料的提供工作，并向其提供《关于南水北调中线一期工程天津干线天津境内（一）2段建设用地预审的请示》，同时提供了土地权属证明；拟使用土地所在1∶2000或1∶10000地形图（用铅笔标注建设用地范围）；项目建议书和可行性研究报告的批复文件。天津干线天津市1、2段工程建设用地预审手续，由国务院南水北调办统一办理。2005年11月国土资源部以《关于南水北调中线一期工程建设用地预审意见的复函》（国土资预审字〔2005〕489号）同意通过南水北调中线一期工程建设用地预审。

（3）办理土地征转手续。2007年6月，天津市南水北调办与中线建管局签订了《南水北调中线干线工程天津干线（天津境内）征迁安置管理工作协议》，根据工作协议，天津市南水北调办作为天津市人民政府确定的征迁安置主管部门，负责天津干线天津市1、2段工程的土地征用、移民安置、文物保护等工作。中线建管局移民环保局和市征迁中心是征迁安置工作业务对口单位，并授权市征迁中心全权负责办理天津干线天津市1、2段工程建设用地手续办理工作。

天津干线天津市2段工程永久征地手续与天津市1段同时办理。

（4）办理土地证。2011年4月，天津干线天津市2段工程建设用地征用手续与天津市1段工程同时获得国土资源部批准。据此，市征迁中心持有关批件到西青区国土分局办理国有建设用地批准书和国有建设用地划拨决定书，同时提供以下材料：天津市2段工程建设用地批准书申请表；《建设项目用地预审报告》《选址意见书》及《建设用地规划许可证》；可行性研究报告及其批复文件；经批准的投资计划文件；初步设计批准文件；勘测定界技术报告书、勘测定界图及位置示意图；安置补偿协议；新增费和耕地占用税缴纳凭证。

截至2015年9月，天津干线天津市1、2段工程建设用地征用手续已全部办完，土地证已经获取。2017年7月27日，已将天津干线天津市2段工程土地产权证共计2本移交中线建管局。

13. 档案管理

（1）管理机构设置及职责。天津干线天津市2段工程只涉及天津市西青区中北镇的4个行政村，征地移民档案管理机构设置及职责与天津市1段工程相同。为加强天津市2段工程征地移民档案的管理，西青区征迁办公室为天津市2段工程配备了专门的档案室和档案柜，并指派了专人或兼职人员负责档案管理工作。

（2）归档内容和范围。征地移民档案归档内容和范围是指负责或参与天津干线天津市2段工程征迁安置工作的各有关单位在征迁安置工作中所形成的有价值的文字、图表、声像、照片、电子文件等不同形式与载体的历史记录。主要归档内容包括政策法规文件、规章制度、前期工作文件、会议纪要、公示、公告、责任书、协议书、合同文件、征迁安置实施管理文件、

政策变更文件、建设用地报批等相关资料。

征地移民档案工作是天津干线天津市1、2段工程建设重要的基础性工作，是天津干线天津市1、2段工程征迁安置工作的重要组成部分。

(3) 档案收集、整理标准及要求。天津干线天津市2段工程档案收集、整理标准及规范要求与天津市1段工程相同。

(4) 注重培训，提高管理水平。为提高征地移民档案管理人员的业务水平和管理能力，负责天津市2段工程档案管理工作的专职人员或兼职人员与天津市1段工程专、兼职档案管理人员同时参加了水利部、国务院南水北调办举办的各类档案管理培训班。同时参加了由天津市南水北调办、市征迁中心组织的市、区各有关单位档案管理人员培训班。通过档案管理专家授课、工程工地现场查勘，互相参观、交流、阶段性验收等形式的观摩学习，极大地提高了参加培训人员的业务水平和管理能力。

(5) 档案形成情况。中北镇及4个行政村按照相关要求，将各自档案资料整理后移交西青区征迁办公室；西青区征迁办公室及征迁中心专职档案管理人员负责将本单位档案资料进行整理归档；天津市南水北调办档案管理部门负责将本单位产生或经办的文件进行整理归档。

在档案资料形成过程中，各级档案管理机构的档案管理人员能够认真履行职责，分类存放各相关档案并做好档案分类及电子目录等相关工作，保证档案的规范性、完整性。

(6) 档案验收工作。2014年7月，西青区征迁办公室根据国家和天津市有关天津干线天津市1、2段工程征地移民档案验收规定，组织开展了天津干线天津市2段工程档案验收工作，并顺利通过验收。档案验收资料共形成六大类，其中包括：前期工作文件（西青区天津市2段工程征迁安置实施方案等），责任书、协议书、合同等文件（中北镇段征地拆迁工作责任书、中北镇段征地拆迁投资包干协议书等），征迁安置实施管理文件（会议通知、纪要、函等），征迁安置变更文件（中北镇投资设计变更补充协议书等），政策法规文件（国家、市政府印发的政策法规等），建设用地报批文件（天津市2段工程临时用地交接单等）。

14. 变更管理

为规范天津干线天津市1、2段工程征迁安置工作，及时解决征迁安置实施过程中遇到的设计漏项或设计方案变更等问题，2009年1月，天津市南水北调办印发了《天津市南水北调工程建设征地拆迁变更程序》（津调水移〔2009〕1号）。变更程序规定：因设计漏项引发的设计变更，各区征迁办公室或专项设施主管部门，在征迁安置实施过程中，应对发生变化的实物指标或专项设施进行详细登记，并由设计、监理确认后，向市征迁中心提出设计变更申请。

因设计变化引发的设计变更，区征迁办公室、项目法人（监管单位）或专项设施主管部门，会同设计单位编制设计变更文件，经监理单位确认后，向天津市征迁中心提出设计变更申请。

天津市征迁中心在接到实物量变更或设计变化申请后，组织征迁监理对变更实物量进行复核，提出意见，报天津市南水北调办审批，并根据天津市南水北调办批复意见，按程序及时将变更后的资金拨付给申请单位。其中天津市2段征迁安置设计变更共有2个，分别如下。

2009年10月，天津市南水北调办《关于南水北调中线一期天津干线天津市1、2段工程西青区段征地拆迁设计变更的批复》（津调水移〔2009〕15号）核定了西青区段征迁安置设计变更补偿投资。天津干线天津市2段工程西青区段征迁安置实施过程中存在错登、漏登实物量，共涉及房屋面积 906.44m^2，临时用地面积 165.99 亩，树木 505 棵，坟墓 70 座等，均按设计变更相关程序予以补偿。

2011 年 3 月，天津市南水北调办《关于南水北调中线一期天津干线天津市 1、2 段工程西青区段征地拆迁设计变更的批复》（津调水移〔2011〕2 号）核定了西青区段新增实物量变更补偿投资。西青区段由于设计线路调整导致地上实物量增减和金山电缆厂等相关企业拆迁实物量变更，变更项目涉及包括元宝路段设计线路调整、杨柳青镇实物量漏登以及金山电线电缆股份有限公司、色织十二厂、色织三厂和天津市兴盛达液压配件有限公司等四家企业拆迁等内容，均按设计变更相关程序予以补偿。

15. 监督评估

天津干线天津市 2 段工程征迁安置监理监测和评估工作由中线建管局会同天津市南水北调办联合招标，如天津市 1 段工程招标工作中所述，考虑到天津市 2 段工程仅涉及西青区中北镇一个街镇下属的 4 个行政村，故为方便工作将 1 段和 2 段工程合在一起一并招标，天津市金帆工程建设监理有限公司中标，承担对天津干线天津市 1 段工程和 2 段工程征迁安置工作的监测评估工作。

（1）监督评估的目的和范围。监测评估的目的在于调查天津干线天津市 2 段工程征迁安置工作的实施进展，群众搬迁前的生产生活情况，以及在征迁安置中存在的问题和可能解决的途径，从而为整个征迁安置工作提供客观、公正的外部监测与评估意见，为征迁安置工程的顺利实施创造有利条件。征迁安置工作是一个长期而又艰巨的系统工程，在搬迁后相当长的时间内，都有可能出现各种各样的问题。因此征迁安置的好坏，不仅涉及征迁安置户本身的利益，而且对整个社会的稳定与发展都会产生巨大的影响。

本次监评的征迁安置范围为天津干线天津市 2 段工程的征迁安置部分。监测点包括天津市 2 段工程西青区段的中北镇的 4 个行政村。

（2）工作方法和主要内容。调查方法为根据工作大纲所规定的征迁安置监测评估要求，详细制定调查大纲和设计调查表格，按照监评的总体要求和调查的范围及工作量，将全体监测与评估人员共分成 2 组进行。实地调查中白天 2 组人员深入 4 村去调查，晚上开会进行研讨。

实地调查的程序为：首先，通过西青区征迁办公室了解整个征迁安置工作的进展；其次，到各移民点去实地调查，与村委会主任等座谈，确定抽样户；到征迁户家中进行走访，收集抽样户 2008 年的经济收入情况；再次，在市征迁中心和西青区征迁办公室收集有关征迁安置相关的各种报告、文件、文献和报表；最后，进行有关数据的整理以及报告的编写、修改等业内工作，形成正式的监评报告。

（3）监测评估的依据。报告根据《中华人民共和国土地管理法》《中华人民共和国水法》和《大中型水利水电工程征地补偿和移民安置条例》（中华人民共和国国务院令第 471 号）以及《水利水电工程建设征地移民设计规范》（SL 290—2003）、《南水北调工程建设征地补偿和移民安置监理暂行办法》（国调办环移〔2005〕58 号）、《南水北调工程建设移民安置监测评估暂行办法》以及天津干线天津市 2 段工程移民监理招投标文件及合同等相关文件进行监测评估工作。

监测与评估的内容侧重于对征迁安置的实施进度以及拆迁户生产生活状况的监测与评估。

（4）统计内容。征迁群众生产、生活的恢复是实现征迁安置规划目标的重要因素，也是征

迁安置监评的重要内容。被拆迁户生产生活水平的调查，先进行拆迁前的摸底，为以后的调查提供参照对象。

农村居民家庭纯收入，包括从事生产性和非生产性的经营收入，取自在外人口寄回和带回及国家财政救济、各种征迁安置补贴、青苗补偿费等非生产性收入；既包括货币收入，又包括自产自用的实物收入。但不包括由于土地、房屋被占用的经济补偿，以及向银行、信用社和向亲友借款等借贷性的收入。

具体的收入还随农户种植结构以及当年的天津市场行情变化。

抽样户的经济收入调查采取入户访谈的形式。调查的表格和提纲事先拟定，保证调查的全面性。根据调查表格，以及实际的原始调查记录，整理后获得抽样户的经济收入情况。

（5）结果统计与分析。征迁安置户的生活恢复情况是本次调查的重点之一。根据监测小组获得的抽样调查数据，统计分析征迁安置户所有的收入来源，天津干线天津市2段工程征迁安置户的经济收入以林果收入为主，其中西青区中北镇4个村征迁安置户的经济收入属于比较典型的农业经济收入。

（6）问题的解决。征迁安置中出现的村民对征迁安置补偿期望过高致使征迁安置难度较大的问题，监理方面对问题户做了大量政策宣传的工作，帮助了区征迁工作机构相关人员进行了征迁安置协调。经协调后被迁户普遍能够理解政策，积极支持区征迁办公室的工作，使征迁安置工作顺利进行。

（7）征迁安置工作评估报告和工作结论。征迁监理按照合同要求对征迁安置工作做出了评估报告，并收档作为征迁安置工作验收资料。

1）各级征迁安置工作有序开展。各级征迁办公室成立后，进行了大量艰苦有效的工作。在征迁安置实施前期，制定详细的工作计划和工作重点，并围绕这些重点展开工作。针对群众工作量大、面广的特点，坚持从实际出发，创造性地开展工作，深入贯彻“严、细、深、实、快”的工作方针，打牢了群众工作基础。

2）政策宣传工作到位。从实地调查来看，总体上征迁安置户对实物指标都很熟悉，了解天津干线天津市1、2段工程的实物指标，市、区征迁工作机构对宣传工作重视，效果良好。

3）征迁安置工作取得成效。由于前期宣传工作到位，目前，大部分村民均能理性看待征迁安置问题，征迁安置户能从国家利益的大局出发，理解和支持天津干线天津市2段工程的征迁安置工作。干群关系融洽，社会稳定，征迁群众安居乐业。

四、验收

为做好天津干线天津市1、2段工程征迁安置验收工作，天津市南水北调办超前谋划，积极做好各项准备工作。

依据《南水北调干线工程征迁安置验收办法》（国务院南水北调办征地〔2010〕19号），天津市南水北调办印发了《天津市南水北调配套工程征地拆迁安置验收暂行办法》（津调水移〔2011〕5号），明确了天津干线天津市1、2段工程征迁安置专项验收工作的管理体制、责任主体、验收条件、验收内容及验收程序等。

依据国务院南水北调办、国家档案局联合颁发的《南水北调工程征地移民档案管理办法》（国务院南水北调办征地〔2010〕57号），天津市南水北调办印发了《南水北调天津干线天津市

1、2段工程征地拆迁档案验收工作指导意见》（津调水移〔2013〕4号），明确了天津干线天津市1、2段工程征地移民档案验收的层次、要求、内容和程序等。

在天津市南水北调办指导下，市征迁中心编制了《天津市南水北调工程区级征迁安置验收工作大纲》，对区级验收的程序、方法和标准、验收成果、验收结论进行了进一步的明确，由于天津干线天津市1、2段工程征迁安置涉及武清、北辰、西青三区，区级自验收按设计单元进行。

此外，天津市南水北调办多次组织培训班，对市征迁中心、设计单位、监理单位、各区征迁办公室等相关单位进行征迁安置验收专项培训；天津市南水北调办对验收工作高度重视，多次召开专题会议，对征迁安置验收工作进行统一部署，制定验收工作计划，明确组织分工，提出保证措施，为验收工作的顺利开展创造了有利条件。

（一）区级自验

1. 自验程序及要求

（1）自验收程序。区级自验收由工程所在地区征迁办公室具体负责实施，根据验收工作内容，确定参加单位和有关专家，成立验收委员会。验收委员会主任委员由区征迁办公室主要负责人担任。

工程征迁安置区级验收分为单项自验和区级验收。设计单元工程所在的区征迁工作机构组织实施部门自验。部门自验通过后，区征迁办公室组织实施区级验收。

验收程序为：查勘征迁安置工作现场，审核征迁安置实施工作报告、审核征迁安置财务决算报告，审核征迁监理、监测评估工作报告，审核临时用地复垦工作报告，查阅建设用地批准手续，查阅征迁安置工作有关档案资料等。

（2）自验收具备条件。

1）工程所在地区人民政府已经履行南水北调工程征迁安置工作责任。

2）区征迁安置工作机构组织健全、工作任务和责任明确。

3）工程征迁安置实施方案业经市人民政府批准并已落实。

4）工程征地拆迁投资包干协议书已经履行。

5）工程建设用地已获批准。

6）工程建设用地范围内地上附着物已全部清除、工程永久征地和临时用地已全部提供建设单位。

7）临时用地复垦工作已经完成。

8）征迁安置补偿资金全部兑付到位，财务决算已经完成。

9）征地移民档案资料齐全、完整，并按有关规定整理归档。

（3）自验收方法。工程征迁安置验收工作以设计单元为单位组织开展。征迁安置财务决算以设计单元为单位进行。

工程征迁安置验收内容分为项目用地、房屋及地上附属物、安置项目、农村基础设施、财务、档案等六大类。

部门自验根据国家和天津市南水北调工程有关法规、规章和规范性文件、批复的设计文件、征迁安置实施方案等，对验收范围内的各项分类进行全面检查，逐项验收。

（4）自验收标准。验收结论分为合格和不合格两个等级。

根据分类验收内容的特点，采取定量分析与定性分析相结合的方法，对项目用地、房屋及地上附属物、安置项目、农村基础设施、专项设施、财务、档案等七大类进行验收。七大类验收结论全部为合格，则验收委员会成员方可将该征迁安置项目的验收结论评定为合格。

1）项目用地。检查下述验收内容，下列项目全部评为合格的，项目用地验收结论为合格。

永久征地：办理完成建设项目国土预审、建设项目选址意见书、建设用地规划许可证、征收集体土地批准手续并签订集体土地征收补偿协议为合格；未办理完成以上手续的永久征地，有明确处理意见的为合格。

临时用地：办理完成临时用地批准手续并签订临时用土地补偿协议的为合格；未办理完成以上手续的临时用地，有明确处理意见的为合格。

涉及征用林地：办理完成使用林地审核手续并签订补偿协议的为合格。

征用地工作程序：符合相关法律法规为合格。

征用地完成情况：补偿协议已签订，补偿资金已兑付为合格。

纠纷争议处理：无重大纠纷，上访得到妥善处理为合格。

土地移交：资料手续齐全，按时移交为合格。

2）房屋及地上附属物。检查下述验收内容，下列项目全部评为合格的，房屋及地上附属物验收结论为合格。

行政审批手续：林木伐移办理完成林木或树木砍伐、移植许可证的为合格。

拆迁拆除工作程序：符合相关法律法规的为合格。

房屋及地上物拆迁：房屋、地上物、林木清除完毕的为合格。

纠纷争议处理：无重大纠纷，上访得到妥善处理的为合格。

3）安置项目。检查下述验收内容，下列项目全部评为合格的，安置项目验收结论为合格。

安置完成情况：完成比例95%以上的为合格。

补偿资金拨付：兑付比例95%以上的为合格。

安置质量状况：符合设计和施工规范要求的为合格。

纠纷争议处理：无重大纠纷，上访得到妥善处理的为合格。

4）农村基础设施。检查下述验收内容，下列项目全部评为合格的，农村基础设施项目验收结论为合格。各类项目中，95%以上的工程已按时建成完工或补偿产权人，为验收合格。

农村道路恢复工程。

农田灌溉设施及小型农田水利设施恢复工程。

5）财务。检查下述验收内容，下列项目全部评为合格的，财务验收结论为合格。

资金管理制度：财务内控制度建立健全的为合格。

资金使用情况：专款专用，无截留、挤占、挪用，无超标准、超规模使用的为合格。

资金审批程序：符合相关法律法规规定的为合格。

监督检查及审计整改：审计问题已整改完毕或有处理意见的为合格。

6）档案。检查下述验收内容，下列项目全部评为合格的，档案验收结论为合格。

档案的整编：档案自验已完成，验收成果已提交的为合格。

档案的保管：存放条件符合规定，管理制度齐全，安全措施有效的为合格。

（5）自验收成果。验收的成果性文件是区级自验报告书。主要内容包括：项目概况；征迁安置实施管理情况及评价，包括征地补偿、安置项目、占地及用地手续办理、房屋及地上附属物拆迁、农村基础设施建设、监理监测、资金使用、档案管理等；存在问题、整改要求及处理意见；验收结论性意见表和验收委员会成员签字表、被验收单位代表签字表；验收结论等。

验收结论是验收委员会根据验收委员会成员对征迁安置项目的验收初步结论做出最终验收结论。结论分为合格和不合格，应经过2/3以上的验收委员会成员同意。对于不同意见应有明确记载。验收委员会对最终验收结论负责。

2. 北辰区自验情况

为做好天津干线天津市1段工程北辰区段征迁安置验收工作，北辰区征迁办公室依据《天津市南水北调市内干线工程征迁安置验收暂行办法》和《天津市南水北调工程区级征迁安置验收大纲》等文件要求，成立了验收委员会，规范验收程序，结合天津干线天津市1段工程北辰区征迁安置实际，于2014年5月组织完成了北辰区天津干线天津市1段工程征迁安置验收工作。具体情况如下。

（1）项目概况。天津干线天津市1段工程北辰区征迁安置工程是天津干线天津市1段工程的重要组成部分，起点为北辰区九二六厂西，桩号142＋212，终点为青光镇铁锅店村子牙河中心，桩号149＋450，全长7.238km。

天津市1段工程征迁安置任务涉及双口镇的上河头村、中河头村、东堤村；青光镇的铁锅店村、李家房子村、红光农场、九二六厂，其中红光农场内涉及企业有津工驾校、龙源养马场、红光科普园、宇泰房地产公司，共计2个镇的5个行政村，5家企业。主要实物指标为：永久征地33.38亩，临时用地2264.32亩，搬迁人口161人，需拆迁房屋为19849m^2，涉及搬迁企业5家，输变电18条，各类管道8条，安置人口24人，区属交通道路5.61km、灌排渠道2.67km，地上附着物若干。

2008年10月9日，北辰区人民政府与天津市南水北调办签订《南水北调天津干线工程北辰区段征地拆迁投资包干协议书》。2009年9月23日，北辰区征迁办公室与天津市征迁中心相继签订《南水北调中线一期天津干线工程北辰区段征地拆迁设计变更投资包干补充协议书》；2011年9月1日签订《南水北调中线一期天津干线工程征地拆迁设计变更补充协议书》；2012年3月5日签订《南水北调中线一期天津干线工程北辰区段征地拆迁设计变更投资包干补充协议书》。项目总投资23599.05万元（不包括市征迁中心直接与红光农工商总公司签订的175.153万元补偿协议）。

（2）征迁安置实施管理情况。

1）征地补偿情况。天津市1段工程征迁安置涉及青光、双口两个镇的5个行政村，红光农场、九二六厂。征迁安置范围全长7.238km。根据区征迁办公室与青光、双口两镇人民政府签订的包干协议书及补充协议书，共拨付青光镇征迁安置、设计变更及专业切改资金共计12243.88万元，拨付双口镇征迁安置和专业切改资金共计2019.87万元，还有拨付红光农场征迁安置、专业切改资金共计7696.6万元，拨付天津市兴辰水电工程建筑安装有限公司专业项目切改资金共计375.66万元，拨付天马国际俱乐部有限公司（原九二六厂）征迁安置补偿直接费共计181.49万元，拨付京福公路树木砍伐补偿资金共计4.8万元。

在征迁安置补偿资金拨付和发放过程中，区征迁办公室与乡镇、乡镇与村逐级签订了征地

拆迁补偿投资包干协议书，严格落实拆迁兑付工作。在征迁安置工作中，征地补偿执行情况良好，无矛盾纠纷和上访事件。

2）安置项目情况。天津干线天津市1段工程北辰区占地范围内涉及5家企业，需拆迁房屋5290.52m^2。根据现有相关政策，对北辰区天马国际俱乐部有限公司（原九二六厂）、宇泰房地产公司、龙源跑马场3家企业采取一次性补偿方式。临时用地至工程结束，计划复垦土地2051.7亩，征迁安置质量符合设计和施工规范要求，已经通过北辰国土分局验收为合格。

3）占地及用地手续办理情况。在北辰区段征迁安置工作中，区征迁办公室协助天津市征迁中心办理本行政区内工程征迁安置各种手续，具体工作内容是：临时用地申报和审批手续、林地使用证和砍伐证、永久征地等所需手续，保证征迁安置工作顺利实施，满足建设需要。

4）房屋及地上所属物拆迁情况。按照征地拆迁投资包干协议内容，根据时间节点，按时完成地上物清理和工程用地的交接，工作程序符合相关政策，补偿资金执行到位，工作开展顺利。

5）农村基础设施建设情况。天津市1段工程涉及北辰区的农村基础设施全部给予一次性经济补偿，并按时迁建，投入正常使用。

6）投资使用情况。征迁安置补偿资金分解兑付工作严格遵守国家有关法律和财务管理制度，专款专用，确保资金拨付到位。区征迁办公室定期跟踪各类征迁安置资金使用及工作进度情况，资金使用符合各项规定，无截留、挪用情况。2013年下半年，华寅五洲会计师事务所对征迁安置工程（北辰区段）财务决算进行了审核，反映该工程财务决算符合建设单位会计制度及国家有关文件规定。

7）档案管理情况。在征迁安置工作过程中，按照档案管理规范要求，及时对各类资料进行整理、归档，存放条件符合规定，管理制度齐全，安全措施有效，确保工程征地移民档案资料的完整性、准确性和系统性。

（3）验收评价。区征迁办公室在天津干线天津市1段工程北辰区建设征迁安置工作中，严格按照天津市征迁中心要求，履行职责，遵守相关制度，保证资金使用安全，从工程开始至结束，未发生群众上访和矛盾纠纷，确保了工程顺利进行。验收委员会同意通过验收。

3. 武清区自验情况

根据天津市人民政府与武清区人民政府签订的《天津市南水北调工程征迁工作责任书》的要求，武清区征迁办公室履行了《南水北调天津干线天津市段工程武清区段征地拆迁投资包干协议书》约定内容。在武清区征迁办公室及有关单位的共同努力下，及时为工程建设提供了建设用地，用地手续齐全，补偿资金到位，征迁安置工作有序，没有发生征迁安置群访信访事件。按照天津市南水北调办的工作部署，已完成征地移民档案资料的整理和归档工作，具备区级自验收条件。依据《天津市南水北调市内干线工程征迁安置验收暂行办法》和《天津市南水北调工程区级征迁安置验收大纲》等文件要求，武清区成立了验收委员会，并于2014年6月组织完成了区级自验收工作。

（1）项目概况。天津干线天津市1段工程武清区段起点为津保高速公路南侧王庆坨镇二街村与河北交界处，终点为武清区与西青区交界处（大柳滩村附近），设计桩号131＋360～137＋120，全长约5.76km，采用3孔4.4m×4.4m钢筋混凝土箱涵形式。沿线设有混凝土箱涵通气孔2处、王庆坨水库连接井等建筑物。箱涵上顶覆土约2.5m。本次征迁安置涉及王庆坨镇一街、二街、王二淀、四合庄、道沟子、大三河曾、小三河曾及张家地 9 个行政村（街道）。永久征地 17.39 亩，临时用地 1528.7 亩，拆迁房屋 125.3m^2，生产生活安置人口 15 人，区属交通公路、电力线路、灌排渠道等专项设施共 5.56km。

（2）征迁安置实施管理情况及评价。

1）征地补偿情况。天津干线天津市 1 段工程武清区段占地涉及王庆坨镇 9 个村，工程占地为 1546.09 亩，其中永久征地 17.39 亩，补偿资金 37.93 万元；临时用地面积 1528.7 亩，补偿资金 1383.42 万元。

在征迁安置补偿资金拨付和发放过程中，区征迁办公室与王庆坨镇、王庆坨镇与村逐级签订征迁安置补偿投资包干协议书，严格落实拆迁兑付工作。在征迁安置工作中，征地补偿执行情况良好，无矛盾纠纷和上访事件。

2）安置项目情况。生产生活安置人口 15 人，采取一次性补偿方式，征迁安置质量符合设计和施工规范要求。

3）征用地手续办理情况。在武清区段征迁安置工作中，区征迁办公室协助天津市征迁中心办理本行政区内工程征迁安置各种手续，具体工作内容是：临时用地申报和审批手续、林地使用证和砍伐证、永久征地等所需手续，保证征迁安置工作实施，满足建设需要。

4）房屋及地上附属物拆迁情况。拆迁房屋面积为 125.3m^2，补偿资金 4 万元。

地上物包括零星树木 10.38 万棵，机井 12 眼，坟墓 427 座，共补偿资金 1404.52 万元。

5）农村基础设施建设情况。农村基础设施方面，包括乡村道路 15 条，占压长度 3.642km；灌排渠道 11 条，占压长度 1.920km，高压输变电线路 1 条，占压长度为 0.186km，共补偿资金 191 万元。

6）资金使用情况。天津干线天津市 1 段工程武清区段征迁安置工程共补偿资金 3832.65 万元，已兑付资金总额 3832.65 万元。征迁安置补偿资金分解兑付工作严格遵守国家有关法律、法规和财务管理制度，专款专用，确保资金拨付到位。2013 年下半年，华寅五洲会计师事务所对征迁安置工程（武清区段）财务决算进行了审核，反映该工程财务决算符合建设单位会计制度及国家有关文件规定。

7）档案管理情况。对工程进行中形成的文件、材料、图片等材料及时收集、及时存档，并按照要求进行规范完善，按编号进行立卷，做到立卷准确，内容真实，确保了档案资料的完整、准确和真实，档案资料在整理立卷时，按规格装订，符合要求。

（3）验收评价。武清区征迁办公室在天津干线天津市 1 段工程武清区段征迁安置工程中，严格按照市征迁中心工作要求，履行职责，遵守相关制度，保证资金使用安全，从工程开始至结束，未发生群众上访和矛盾纠纷，确保了工程顺利进行。验收委员会同意验收。

4. 西青区自验情况

2014 年 7 月，西青区征迁办公室在西青区水务局召开了天津干线天津市 1、2 段工程西青区段征迁安置（区级）验收会议，参加会议的有西青区政府办公室、区征迁办公室、区国土分局、区档案局、区农委、杨柳青镇人民政府、中北镇人民政府、天津市南水北调办、天津市征迁中心以及天津市水利勘测设计院、金帆工程监理公司等单位代表。会议成立了天津干线天津市 1 、2 段工程西青区段征迁安置（区级）验收委员会。会议分别听取了区征迁办公室负责同志和工程设计、监理单位关于天津干线天津市 1、2 段工程征迁安置工作汇报，经过与会代表

查验征迁安置资料，形成如下验收意见。

（1）天津市1段验收情况。

1）项目概况。天津干线天津市1段工程征迁安置工作涉及西青区杨柳青镇7个行政村。征迁安置长度6.718km。拆迁实物指标主要有工程永久征地8.87亩、临时用地1857.13亩、拆迁房屋1087.9m²、生产安置人口3人等。

2）征迁安置实施管理情况及评价。

a. 征地补偿情况。按照市人民政府批准的征迁安置实施方案，天津市南水北调办与西青区人民政府签订了征地拆迁补偿投资包干协议。区征迁办公室与杨柳青镇政府签订了征地拆迁补偿投资包干协议。现已按照征迁安置实物量全部完成了征迁安置补偿兑付工作，无遗留问题。

b. 生产安置情况。西青区需生产安置人口3人已经得到妥善安置。

c. 占地及用地手续办理情况。工程建管单位办理了临时用地申请，区国土分局批准了工程临时用地手续。工程临时用地复垦验收工作已经完成。

d. 房屋及地上物拆迁情况。天津干线天津1段工程共拆迁房屋1087.9m²，按照征迁安置实施方案，已全部完成拆迁工作。

e. 农村基础设施建设情况。农村基础设施已按原设计标准、原功能进行了恢复（或复建）。

f. 资金使用情况。西青区征迁办公室按照南水北调工程征迁安置资金管理办法的有关规定，建立了征迁安置资金专项账户，专款专用，并按有关规定拨付征迁安置资金。征迁安置资金补偿到位，使用合理、合规。

g. 档案管理情况。根据《市南水北调办关于印发天津干线工程征地拆迁档案验收工作指导意见的通知》精神，西青区征迁办公室已完成征地移民档案资料整理工作，征地移民档案资料齐全，符合档案管理规定。

3）存在问题、整改要求及处理意见。

a. 建议区征迁办公室进一步总结征迁安置工作经验，充实区自验收工作总结材料，做好市级复验准备。

b. 抓紧整理西青区征迁安置专项验收资料，尽快完成天津干线天津市1段工程西青区段征地移民档案移交工作。

c. 鉴于天津干线天津市1段工程临时用地复垦验收已经完成，应抓紧完成土地复垦费发放和临时用地耕地占用税退还工作。

d. 抓紧完善工程永久征地手续。

4）验收结论。在西青区人民政府的领导下，在区征迁办公室和各有关单位的努力下，天津干线天津市1段工程西青区段征迁安置工作已经全部完成，经过验收委员会集体讨论，同意天津干线天津市1段工程西青区段征迁安置工作通过验收。

（2）天津市2段验收情况。

1）项目概况。天津干线天津市2段工程征迁安置工作涉及西青区中北镇4个行政村。征迁安置长度4.284km。拆迁实物指标主要有工程永久征地16.74亩、临时用地929.58亩、拆迁房屋4975.54m²、生产安置人口24人等。

2）征迁安置实施管理情况及评价。

a. 征地补偿情况。按照市人民政府批准的征迁安置实施方案，天津市南水北调办与西青区人民政府签订了征地拆迁补偿投资包干协议。区征迁办公室与中北镇政府签订了征地拆迁补偿投资包干协议。现已按照征迁安置实物量全部完成了征迁安置补偿兑付工作，无遗留问题。

b. 生产安置情况。天津干线天津市 2 段工程需生产安置人口 24 人已经得到妥善安置。

c. 占地及用地手续办理情况。工程建管单位办理了临时用地申请，区国土分局批准了工程临时用地手续。工程临时用地复垦验收工作已经完成。

d. 房屋及地上物拆迁情况。天津干线天津市 2 段工程共拆迁房屋 4975.54m^2，按照征迁安置实施方案，已全部完成拆迁工作。

e. 农村基础设施建设情况。农村基础设施已按原设计标准、原功能进行了恢复（或复建）。

f. 资金使用情况。西青区征迁办公室按照南水北调工程征迁安置资金管理办法的有关规定，建立了征迁安置资金专项账户，专款专用，并按有关规定拨付征迁安置资金。征迁安置资金补偿到位，使用合理、合规。

g. 档案管理情况。根据《市南水北调办关于印发天津干线工程征地拆迁档案验收工作指导意见的通知》精神，西青区征迁办公室已完成征地移民档案资料整理工作，征地移民档案资料齐全，符合档案管理规定。

3）存在问题、整改要求及处理意见。

a. 建议区征迁办公室进一步总结征迁安置工作经验，充实区自验收工作总结材料，做好市级复验准备。

d. 抓紧整理西青区征迁安置专项验收资料，尽快完成天津干线天津 2 段工程西青区段征地移民档案移交工作。

c. 鉴于天津干线天津市 2 段工程临时用地复垦验收已经完成，应抓紧完成土地复垦费发放和临时用地耕地占用税退还工作。

d. 抓紧完善工程永久征地手续。

4）验收结论。在西青区人民政府的领导下，在区征迁办公室和各有关单位的努力下，天津干线天津市 2 段工程西青区征迁安置工作已经全部完成，经过验收委员会集体讨论，同意天津干线天津市 2 段工程西青区征迁安置工作通过验收。

（二）市级复验

1. 市级复验内容

（1）自验收程序。市级复验由天津市南水北调办具体负责实施，根据验收工作内容，确定参加单位和有关专家，成立验收委员会。验收委员会主任委员由天津市南水北调办负责同志担任。

验收程序为：审核征迁安置工作报告，审核征迁安置财务决算报告，审核档案市级复验报告，审核有关区县征迁安置自验收工作报告，审核征迁安置设计报告，审核征迁安置监理、检查评估工作报告，查阅档案资料和质询等。

（2）验收方法及评定标准。

1）验收方法：市级复验对区级自验收工作进行检查并抽查，抽查比例原则上不低于 5%，对天津市征迁中心组织实施的专项设施迁建项目自验工作进行检查并抽查，抽查比例原则上不低于 5%。

2）评定标准。验收标准分为合格、不合格两个等级进行评定。

永久征地：永久征地面积、权属和地类确定，补偿资金兑付到位；建设用地手续获国土资源部批准，土地产权证已办理完毕，无遗留问题为合格。

临时用地：临时用地满足工程建设需求并已完成退还，补偿资金兑付到位，并完成国土部门复垦验收为合格。

房屋及地上物拆迁：农村拆迁安置项目按设计要求（获实施方案）已经落实，补偿资金兑付到位为合格。

专项设施迁建：专项设施迁建工程按设计要求已建成完工，或已完成补偿资金兑付；通过合同验收并移交产权单位为合格。

财务管理：征迁安置资金管理制度健全，征迁安置补偿资金使用和管理规范，账目清晰为合格。

档案管理：按照《南水北调工程征地移民管理办法》《南水北调中线天津干线工程征地拆迁档案验收工作指导意见》等有关规定进行整理、归档，并通过征迁安置档案市级验收。

（3）验收结论评定。市级验收结论须经2/3以上的验收委员会委员同意并签字认可。对于验收中发现的为题，验收委员会应提出明确的处理意见和整改要求；对于验收委员会成员有不同意见的，应有明确记载。

（4）验收成果。验收成果性文件是《南水北调中线一期工程天津干线天津市1、2段工程征迁安置和市级验收意见书》。其主要内容包括：工程项目概况，征迁安置实施管理情况及评价，存在问题、整改要求及建议，验收结论性意见等。

2. 征迁安置档案市级验收情况

2016年9月6日，天津市南水北调办主持召开南水北调中线一期天津干线天津市1、2段工程征迁档案验收会议，按照档案管理验收程序，成立了由市档案局负责同志任组长，有关专家为成员的档案验收专家组。

专家组听取了南水北调中线一期天津干线天津市1、2段工程征迁工作基本情况和征迁工作档案自检报告，查阅了档案资料。经专家组讨论、研究，形成了档案验收意见：

（1）档案文件材料收集齐全、分类清晰、组卷合理、编目准确、档案案卷质量符合《南水北调工程征地移民档案管理办法》和档案管理要求。

（2）按照分级管理的原则，督促指导武清、西青、北辰区完成区级自验收及档案移交工作。

（3）档案较完整地记录了南水北调中线一期天津干线天津市1、2段工程征迁工作全过程，为今后查阅相关资料奠定了良好的基础。

专家组一致同意，通过验收。

3. 征迁安置市级复验情况

2016年12月15日，天津市南水北调办以《关于开展南水北调中线一期工程天津干线天津市1、2段工程征迁安置市级验收的请示》（津调水办报〔2016〕2号）向国务院南水北调办提出验收申请，12月21日，国务院南水北调办《关于南水北调中线一期工程天津干线天津市1、2段工程征迁安置市级验收申请的批复》（国调办征移〔2016〕179号）同意天津市南水北调办开展南水北调中线一期工程天津干线天津市1、2段工程征迁安置市级验收工作。

2016年12月28日，天津市南水北调办主持召开南水北调中线一期天津干线天津市1、2段工程征迁安置市级验收会议。会议成立了由天津市南水北调办负责同志任主任委员，市发展改革委、市国土房管局、市林业局、市档案局、市南水北调办、南水北调中线建管局有关负责同志和特邀专家为委员的验收委员会具体负责征迁安置市级验收工作。

（1）征迁安置实施情况。天津干线天津市1、2段工程征地拆迁工作自2008年10月开始办理建设用地手续，陆续开始启动征迁工作，历经4年，到2012年10月，征地拆迁工作全部完成。2014年6月9日，武清区段征迁安置通过区级自验；2014年5月30日，北辰区段征迁安置通过区级自验；2014年7月8日，西青区段征迁安置工作完成区级自验。

1）征占用土地。天津干线天津市1、2段工程征地拆迁工作涉及武清、北辰、西青三区永久征地85.84亩（武清区17.39亩，北辰区33.38亩，西青区35.07亩），临时用地6579.74亩（武清区1528.71亩，北辰区2264.32亩，西青区2786.71亩）。工程开工前，工程所需临时用地均已获得三区国土部门行政许可，批准手续齐全；工程完工后，临时用地及时退还移交，并通过国土部门组织的复垦验收。工程永久征地全部获得批准，土地产权证已经获取。

2）房屋拆迁。天津干线天津市1、2段工程征地拆迁涉及拆迁房屋工作全部完成，按照征迁实施方案，共完成拆迁农村房屋拆迁26037.74m^2，其中武清区125.3m^2，北辰区19849m^2，西青区6063.44m^2；工业企业、村组副业等拆迁安置工作业已全部完成。

3）其他地上物清除。依据征迁实施方案，地上物的清除工作均已全部完成，其中完成林业部门批准的砍伐树木11.83万株（武清区10.38万株，北辰区10986株，西青区3541株），拆除机井23眼（武清区12眼，北辰区1眼，西青区10眼），迁移坟墓3379丘（武清区427丘，北辰区459丘，西青区2493丘）等。

4）拆迁安置项目。完成工业企业、村组副业迁建14家；完成搬迁安置人口161人，农村生产安置人口66人。

5）农村基础设施恢复。农村基础设施建设包括乡村道路、排灌渠道、高压输变电线路和各类管道恢复等111条已全部完成。

6）市属专项设施迁建。完成中央及市属专项设施迁建共136条（处）并已全部移交产权单位，其中：电力线路29条（处），通信线路83条（处），燃气管道3处，天然气管道4处，供热管道6处，供水管道7处，排水管道2处，中水管道1处，自来水管道1处等。

7）资金使用情况。依据市政府批准的征迁实施方案和市调水办批复的征迁变更文件，天津干线天津市1、2段工程征迁补偿资金已按照包干协议全部支付，其中武清区完成补偿资金3832.65万元；北辰区完成补偿资金23598.31万元；西青区完成补偿资金23980.69万元；专项设施迁建完成补偿资金2061.67万元。

（2）财务决算情况。2015年上半年，华寅五洲会计师事务所对2014年12月31日前的南水北调中线一期工程天津干线1、2段工程征地拆迁补偿和移民安置完工财务决算进行了审计，确定该工程财务决算符合建设单位会计制度及国家有关文件规定。

（3）档案管理情况。各级征迁工作机构，认真履行天津干线天津市1、2段工程征迁安置档案管理职责，建立了较完善的档案管理工作机制。

（4）专项设施验收情况。专项设施迁建工程通过合同验收并移交权属单位，无遗留问题。

（5）验收结论性意见。验收委员会经现场查验，听取市南水北调征迁中心，市水利勘测设

计院，武清、北辰、西青三区征迁机构，金帆工程建设监理有限公司，市南水北调办计财处有关工作情况的报告，进行了档案查阅和质询，一致认为：天津干线天津市1、2段工程征迁安置任务全面完成，补偿资金兑付到位；永久征地面积、权属和地类确定，已获取土地产权证；临时用地已完成退还；安置项目按设计要求已落实完毕并投入使用；农村搬迁安置、生产安置人口已经得到妥善安置；专项设施迁建工程按设计要求已建成完工，通过合同验收并移交权属单位；征迁安置资金管理制度健全，征迁安置补偿资金使用和管理规范，财务决算已完成；档案整理、组卷、归档符合工作实际和行业规范，已通过档案专项验收。同意天津干线天津市1、2段工程征迁安置项目通过市级验收。

五、经验与体会

在天津干线天津市1、2段工程征迁安置工作中，充分发挥了天津市南水北调工程建委会的领导和综合协调作用，成立了南水北调工程相应的组织机构和办事机构，认真落实与国务院南水北调办签订的《南水北调主体工程征迁工作责任书》，依据国家规定建立健全了南水北调工程征迁安置管理体制和运行机制，采取层层签订征迁安置工作责任书的方式，把征迁安置工作任务、责任分解到区。由于基础工作扎实、准备充分、在各级征迁工作机构的精心组织协调下，征迁安置工作进展顺利，为建设管理单位及时提供建设用地，保证了工程建设用地需求。在征迁安置工作中没有出现较大的矛盾纠纷，没有发生群体性事件，没有出现集体上访或进京上访事件，为天津干线天津市1、2段工程建设赢得了荣誉。虽然天津干线天津市1、2段工程征迁安置任务量相对较小，但地处近郊，征迁安置工作难度极大，总结起来有以下几点体会。

1. 政策制度是基础

在天津干线天津市1、2段工程征迁安置实施前，重点熟悉国家对南水北调工程征迁安置的相关政策，在此基础上，根据国务院南水北调办印发的《南水北调工程建设征地补偿和移民安置暂行办法》，结合天津市实际，研究制定了《天津市南水北调配套工程征地拆迁管理办法》，在办法中明确了天津市南水北调工程征迁安置工作的管理体制和运行机制，并对征迁安置工作的实施做了详细的具体的规定；对天津市人民政府与工程沿线三区人民政府签订的《天津市南水北调工程征地拆迁工作责任书》相关内容进行了细化安排，明确了市、区人民政府在征迁安置工作中的各自职责；在征迁安置实施过程中，还组织制定了《天津市南水北调工程建设征地拆迁临时用地交付程序》《天津市南水北调工程建设征地拆迁变更程序》《天津市南水北调配套工程征地拆迁安置验收暂行办法》《南水北调天津干线工程征地拆迁档案验收工作指导意见》《天津市南水北调工程临时用地复垦工作指导意见》等规章制度，天津市上述政策和制度的制定，为天津市天津干线天津市1、2段工程建设征迁安置工作依法推进、依法管理提供了基础性的制度保障。

2. 领导重视是保证

天津干线天津市1、2段工程征迁安置工作得到了各级领导的高度重视和大力支持。天津市人民政府于2008年9月，专题召开了天津干线天津市1、2段工程征迁安置工作推动会，贯彻落实南水北调工程征迁安置工作各项规定，工程沿线的武清区、北辰区和西青区人民政府主要领导同志向天津市人民政府领导同志递交了《天津市南水北调工程征地拆迁工作责任书》，市政府分管领导同志部署征迁安置工作任务。会后，各级人民政府及其征迁工作机构迅速开展征迁安置工作。沿线三区人民政府主要领导亲自过问，分管领导亲历亲为，多次与天津市南水北调办领导一起现场检查协调，解决征迁安置难点问题。尤其在工程征迁安置收尾阶段，天津市人民政府、天津市南水北调办和区人民政府各级领导更是多次深入现场推动征迁安置工作，才使得天津干线天津市1、2段工程征迁安置工作在2010年5月底前顺利完成，确保了工程建设进度。有了各级领导的支持，为征迁安置工作顺利实施提供了坚强保证。

3. 前期工作是保障

天津干线天津市1、2段工程沿线三区人民政府按照批准的初步设计，坚持从实际出发，根据征迁安置工作管理体制，及时组织区征迁工作机构会同镇政府、村集体、设计单位和监理单位联合进行占地实物指标复核，复核成果由被拆迁户、征迁监理、镇人民政府和村委会共同确认；在实物指标复核的基础上，各区人民政府本着能少拆迁则少拆迁的原则，尽量优化占地范围，对搬迁户相对集中的采取集中安置，编制了操作性强的征迁安置实施方案。天津市南水北调办在组织对天津干线天津市1、2段工程征迁安置实施方案审查时，邀请了征迁安置专家进行把关，确保实施方案合理可行、便于操作，确保群众利益得到有效保护，从源头上预防了矛盾纠纷的发生，为天津干线天津市1、2段工程征迁安置工作提供了技术保障。

4. 队伍建设是支撑

为了规范征迁安置工作，天津市南水北调办组织开展了天津干线天津市1、2段工程征迁安置工作培训工作，对参与征迁安置的市征迁中心和区征迁办公室业务骨干进行专业培训，聘请了多名征迁安置专家，讲解征迁安置政策法规和业务知识，以提高征迁安置工作人员政策业务水平和实际操作能力。各区人民政府抽调了政治合格、作风正派、品行端正、实践经验丰富的优秀干部到征迁工作机构集中办公，他们边组织实施征迁安置，边注意做好镇村干部和部分群众的思想工作，加强对天津干线天津市1、2段工程和征迁安置政策的宣传，坚持以人为本，从源头上控制各类矛盾纠纷的发生。

各区征迁工作机构负责同志和相关人员坚持深入征迁安置工作现场，发扬了无私奉献的工作精神，认真清点实物量，核定补偿费用。天津干线天津市1、2段工程征迁安置工作中涌现出一批先进人物。

天津市南水北调办环移处、天津市征迁中心多次被评为天津干线天津市1、2段工程征迁安置工作先进集体；很多同志多次被评为天津干线天津市1、2段工程征迁安置工作先进个人，受到国务院南水北调办的表彰，为天津干线天津市1、2段工程征迁安置做出了极大贡献。

正是有了这样素质过硬、政策性强、敢打胜仗、无私无畏的征迁安置工作干部队伍，才充分保障了天津干线天津市1、2段工程征迁安置工作的顺利实施。

第三节 河北省征迁安置工作

一、基本任务

南水北调中线干线一期工程河北段线路全长597.326km，划分为3个单项工程14个设计单元工程。3个单项工程分别为京石段工程、邯石段工程以及天津干线工程。14个设计单元工

程分别为京石段工程的滹沱河倒虹吸、古运河枢纽、唐河倒虹吸、釜山隧洞、漕河段、京石段其他段、北拒马河段工程（北京市委托），邯石段工程的邯邢段、邢石段、穿漳工程，天津干线工程的西黑山段、保定1段、保定2段、廊坊段工程。京石段和邯石段渠道总长465.919km，天津干线河北段长131.407km。涉及河北省邯郸、邢台、石家庄、保定、廊坊5个设区市以及邯郸市磁县、马头工业城、邯山区、复兴区、邯郸县、永年县，邢台市沙河市、桥西区、邢台县、内丘县、临城县，石家庄市高邑县、赞皇县、元氏县、鹿泉市、桥西区、新华区、正定县、新乐市，保定市曲阳县、定州市、唐县、顺平县、满城县、徐水县、易县、涞水县、涿州市、容城县、白沟·白洋淀温泉城管委会、雄县，廊坊市固安县、霸州市、永清县、安次区共35个县（市、区）。

113个乡镇545个行政村，工程规划占地27.44万亩，其中永久征地12.03万亩、临时用地15.41万亩；生产生活安置人口9.11万人，搬迁人口6508人；清除树木219.42万棵，搬迁坟墓9.83万座，拆迁各类房屋53.65万m^2；迁建电力专项线路418.45km，通信线路351.21km，广播电视线路13.61km，各类管道160.22km。

（一）京石段工程

南水北调中线干线京石段工程河北段（石家庄至北拒马河段）起点为石家庄市新华区的古运河，终点为京冀交界处的北拒马河中支南，渠段总长227.391km。

京石段工程又称京石段应急供水工程。国家为缓解南水北调中线干线一期工程建成通水前北京市的供水紧张状态，提出了先期建设南水北调中线干线京石段应急供水工程，利用河北省太行山前的大型水库蓄水，实现向北京市应急供水。2003年3月，国家发展改革委和水利部确定了利用河北省境内的岗南、黄壁庄、王快和西大洋4座大型水库，经南水北调中线京石段总干渠向北京市应急供水方案。该方案分别利用岗南、黄壁庄水库的石津干渠，王快水库的沙河干渠以及西大洋水库的唐河干渠，将上述4座水库与南水北调中线干线京石段总干渠连通，水库水源可通过连接工程和京石段总干渠应急输送到北京市，以缓解北京市水资源状况，应对突发缺水情况。

按照初步设计批复，京石段工程河北段分为先期开工工程、其他段工程和北拒马河段工程。

京石段工程征迁安置涉及石家庄市的新华区、正定县、新乐市和保定市的定州市、曲阳县、唐县、顺平县、满城县、徐水县、易县、涞水县、涿州市等2个设区市12个县（市、区）43个乡镇189个行政村，涉及搬迁单位14个、企业30家；工程规划永久征地5.02万亩，临时用地6.71万亩；生产生活安置人口4.45万人，其中迁移安置人口2330人；占压农村房屋8.73万m^2，果树10.83万棵，一般树木14.46万棵，机井1114眼，坟墓2.5万座；占压农村副业房屋面积3.6万m^2，涉及职工1331人；拆迁单位和企业房屋7.06万m^2，涉及职工2045人；占压高压线路103.22km，低压线路85.07km，变压器68台；占压通信光、电缆114.09km，占压广播电视线路3.1km，占压各类管道（包括输水、排水、输气、输油管道）105.7km；涉及部队及保密单位5处（直接穿越的3处，占压房屋2.15万m^2）；占压文化遗址、墓地51处，寺庙1处。

2004年12月，水利部、国家发展改革委分别以水总〔2004〕605号和发改投资〔2004〕

2492号文件批复了京石段应急供水工程（石家庄至北拒马河段）初步设计。2005年3月29日，国家发展改革委根据国务院南水北调二次建委会精神，土地补偿费和安置补助费之和按土地年产值的16倍标准重新核定了征迁安置投资（发改投资〔2005〕520号）。

2005年5月，设计单位河北省水利水电勘测设计研究院按照南水北调中线总体可研标准编制完成了《南水北调中线京石段应急供水工程占迁安置规划修订报告》。2005年7月，水利部水规总院对规划修订报告进行了审查。京石段河北段工程依据审查确定的投资规模，纳入了南水北调中线干线总体可研。

2005年10月27日，国务院南水北调办、国土资源部、河北省人民政府、中线建管局在北京联合召开京石段征迁安置协调会议，明确河北省京石段工程征迁安置补偿投资包干使用。

2011年6月13日，国务院南水北调办下达《关于南水北调中线京石段应急供水工程（石家庄至北拒河段）占迁安置规划修订报告的批复》（国调办投计〔2011〕124号），最终核定了京石段工程河北段（不包括北拒马河段工程）征迁安置投资。

北拒马河段工程由北京市组织建设，其中涉及河北省的征迁安置工作，由北京市南水北调办委托河北省南水北调办组织实施，国家批复京石段工程河北段征迁安置任务与投资不包含北拒马河段工程征迁安置任务与投资。

1. 先期开工工程

为确保京石段应急供水工程如期实现通水目标，在编制完成京石段工程总体可研的同时，对京石段渠线内工程建设规模大、施工工期长的滹沱河倒虹吸工程、唐河倒虹吸工程、釜山隧洞工程、漕河段工程（包括吴庄隧洞、漕河渡槽、岗头隧洞等3座大型建筑物）和古运河枢纽工程等5个单项工程先期进行了初步设计。2003年12月，水利部、国家发展改革委分别以水总〔2003〕645号和发改投资〔2003〕2303号文件批复了滹沱河倒虹吸工程初步设计；2004年3月，以水总〔2004〕142号和发改投资〔2004〕445号文件批复了唐河倒虹吸工程初步设计；2004年5月，以水总〔2004〕145号和发改投资〔2004〕444号文件批复了釜山隧洞工程初步设计；2004年7月，相继以水总〔2004〕305号和发改投资〔2004〕1329号文件批复了漕河段工程初步设计，以水总〔2004〕306号和发改投资〔2004〕1328号文件批复了古运河枢纽工程初步设计。

滹沱河倒虹吸工程位于河北省正定县正定镇新村村北，工程由上下游明渠段、穿河渠道倒虹吸、退水闸、附属工程4部分组成，建筑物轴线长2993.64m。工程规划占地3254亩，其中永久征地1200亩，临时用地2054亩。生产生活安置人口336人，占压房屋面积12238m^{2}及围墙、厕所等一些附属建筑物；占压机井14眼，果树2596棵，一般树木4523棵，需迁移坟墓21座；占压自来水公司地下输水管道DN800铸铁管7200m及水源井6眼。

唐河倒虹吸工程位于河北省曲阳县支曹村北和定州市辛庄村西约150m处，工程由进口明渠、出口明渠、穿河倒虹吸和退水闸4部分组成，倒虹吸总长1534.4m。工程规划占地3380亩，其中永久征地568亩，临时用地2812亩；占压树木23264棵，机井7眼，需迁移坟墓100座，占压低压线路850m，变压器1台；工程进口范围内占压小型灌溉渠道200m，占压地下灌溉管道25000m。

釜山隧洞工程位于保定市徐水县北河庄东南0.5km处，出口位于易县东娄山村西南1.5km，线路全长2664m。工程规划占地1086亩，其中永久征地671亩，临时用地415亩；占

压果树 8815 棵，一般树木 17898 棵，机井 2 眼，水窖 5 个，需迁移坟墓 98 座；工程占压 13 个石子厂，拆迁房屋 133m^2；占压低压线路 550m，水源井 1 眼及输水管道 1350m，占压灌溉管道 500m。

漕河段工程位于保定市满城县境内，渠段由吴庄隧洞、土渠段、漕河渡槽、石渠段、岗头隧洞、大楼西南沟排水涵洞（兼交通）、大楼西沟排水涵洞、漕河退水闸组成，线路全长 9319.7m。工程规划占地 4416 亩，其中永久征地 2475 亩，临时用地 1941 亩；工程占压农村居民 7 户，人口 21 人，占压砖混结构房屋 650m^2；占压果树 25448 棵，一般树木 2547 棵，机井 10 眼，需迁移坟墓 789 座；占压 35kV 高压线路 242m，10kV 高压线路 968m，低压线路 1855m。

古运河枢纽工程位于石家庄市新华区，包括上游渠道工程、古运河暗渠工程及田庄分水闸工程，总长 657.7m，由进口渐变段、进口闸室段、洞身段、出口闸室段及出口渐变段 5 部分组成。工程规划占地 887 亩，其中永久征地 350 亩，临时用地 537 亩；占压砖混房屋 1415m^2，砖木房屋 468m^2；占压一般树木 2889 棵，机井 3 眼，需迁移坟墓 442 座；占压地下电缆 560m，低压线 550m，PVC 管道 3500m，通信铁塔 1 座。

2. 其他段工程

京石段工程河北段除去先期开工的 5 个建筑物工程以及北拒马河段工程，其余工程统称为其他段工程。京石段其他工程总长 210.22km，渠道途经石家庄市新华、正定、新乐和保定市曲阳、定州、唐县、顺平、满城、徐水、易县、涞水、涿州等 12 个县（市、区）。工程规划占地 10.42 万亩，其中永久征地 4.49 万亩，临时用地 5.93 万亩；生产生活安置人口 4.41 万人，其中搬迁人口 1994 人；占压农村房屋 7.26 万 m^2，果树 7.14 万棵，一般树木 9.35 万棵；占压机井 1078 眼，需迁移坟墓 2.36 万座；占压副业房屋 3.59 万 m^2，职工人数 1328 人；占压单位企业房屋 7.06 万 m^2，涉及职工人数 2045 人；占压高压电力线路 102.02km，低压线路 84.69km，变压器 68 台；占压通信线路 114.03km，广播电视线路 10 处，占压长度 3.1km；占压管道包括输水、排水管道和输气、输油管道，共占压各类管道 102.08km。

其他段工程中的应急连接段工程，包括利用岗南、黄壁庄水库应急供水的石津干渠连接段，利用王快水库供水的沙河干渠连接段和利用西大洋水库供水的唐河干渠连接段。连接段工程涉及石家庄市新华区、保定市曲阳县和唐县 3 个县（区）8 个行政村、1 个单位、2 个企业。工程规划占地 377.2 亩，其中永久征地 86.3 亩，临时用地 290.9 亩；占压零星果树 120 棵，用材树 872 棵，需迁移坟墓 74 座。

3. 北拒马河段工程

北拒马河暗渠工程是南水北调中线干线工程北京段的起点，位于冀京交界处北拒马河，由渠首枢纽和北拒马河暗渠两部分组成。渠首枢纽位于河北省涿州市西疃村北的北拒马河中支南岸，是中线干线冀京界点连接建筑物。

北拒马河段工程河北省境内的征迁安置工作，北京市委托河北省组织开展。

（二）邯石段工程

南水北调中线干线一期邯石段工程起于冀豫界（漳河南），止于石家庄市古运河南，全段总长 239.626km。途径河北省邯郸、邢台、石家庄 3 个设区市 17 个县（市、区）50 个乡镇 249

个行政村。按照初步设计批复，邯石段工程征迁安置划分为邯邢段、邢石段和穿漳工程3个设计单元。工程规划占地12.51万亩，其中永久征地6.95万亩，临时用地5.56万亩；生产生活安置人口4.6万人，其中搬迁人口3606人；占压农村房屋15.84万m^2，生活安置农村居民2841人，拆迁农村副业182家；占压城（集）镇居民、单位房屋3.86万m^2，安置城镇居民765人；占压工矿企业47个，房屋面积7.05万m^2；占压果树8.53万棵，一般树木29.8万棵，机井1608眼，迁移坟墓6.74万座；占压输电线路464处173.16km，通信线路362处95.62km，广播电视线路38处9.2km，各类管道53处51.92km。

1. 邯邢段工程

邯邢段工程起始于漳河北，止于邢台与石家庄市交界，征迁安置涉及邯郸、邢台2个设区市11个县（市、区）32个乡镇187个行政村。工程规划占地9.08万亩，其中永久征地5.15万亩，临时用地3.93万亩；生产生活安置人口3.4万人，其中搬迁人口2843人；占压农村房屋11.01万m^2，生活安置农村居民2078人，拆迁村组副业144家；占压城集镇居民、单位房屋3.86万m^2，安置城镇居民765人；占压工矿企业25个，房屋面积3.48万m^2；占压果树5.79万棵，一般树木5.78万棵，机井1095眼，迁移坟墓5.06万座；占压输电线路370处155.8km，通信线路259处63.2km，广播电视线路35处8.6km，各类管道39处34.29km。

2. 邢石段工程

邢石段工程起始于邢台市与石家庄市交界，止于石家庄市新华区古运河枢纽，征迁安置涉及沿途经过的石家庄市高邑县、赞皇县、元氏县、鹿泉市、桥西区和新华区等6个县（市、区）18个乡镇62个行政村。工程规划占地面积3.42万亩，其中永久征地1.79万亩，临时用地1.63万亩；生产生活安置人口1.2万人，其中搬迁人口763人；拆迁农村房屋152户，拆迁房屋面积4.83万m^2，生活安置农村居民763人，拆迁村组副业38家；占压树木14.36万棵，其中果树2.74万棵，一般树木11.62万棵；占压机井509眼，搬迁坟墓1.68万座；占压单位工业企业22个，房屋面积3.57万m^2；占压高压电力线路94处17.36km，通信线路103处32.42km，广播电视线路3处0.6km；占压影响较大的排水管道14处3.22km，灌溉管道14.41km。

3. 穿漳工程

总干渠穿漳工程为省界工程，工程涉及征用河北省永久征地126.8亩、临时用地63.5亩。永久征地中水浇地87.5亩，用材林36.3亩，苗圃3.0亩；临时用地中水浇地47.0亩，用材林16.5亩；占压杨树12.4万棵，紫穗槐12000丛，机井4眼。

（三）天津干线工程

天津干线工程走向自西向东，西起河北省保定市徐水县西黑山村西北的西黑山进口闸，东至天津市外环河西侧，止于天津市西青区曹庄村北出口闸。采用全箱涵无压接有压全自流输水方案，其中调节池以上为无压输水段，调节池以下为有压输水段，线路全长155.35km。天津干线工程河北省境内全长131.41km，分为西黑山段、保定1段、保定2段和廊坊段工程。征迁安置涉及保定市的徐水县、容城县、白沟·白洋淀温泉城管委会、雄县和廊坊市的固安县、霸州市、永清县、安次区共2市8个县（市、区、管委会）20个乡镇107个行政村。工程规划占地总面积3.2万亩，其中永久征地565亩，临时用地3.14万亩；拆迁农村居民、企业副业房屋

5.36万m^2，搬迁安置农村人口572人，搬迁工矿企业6家，村组副业43家；占压机井782眼，果树61.72万棵，一般树木94.08万棵，迁移坟墓5880座；迁建各类管道2.6km，电力线路57km，广播电视线路1.31km，通信线路141.5km。

1. 西黑山段、保定1段、保定2段

天津干线工程河北省境内的西黑山段、保定1段、保定2段均位于保定市境内，征迁安置涉及徐水县、容城县、白沟·白洋淀温泉城、雄县4个县（管委会）9个乡镇42个行政村。工程规划占地1.78万亩，其中永久征地366.5亩，临时用地1.74万亩；占压农村房屋1.35万m^2，搬迁安置农村人口231人；占压农村副业8家，房屋面积0.3万m^2；占压工业企业2家，房屋面积0.1万m^2；占压机井335眼，果树10.54万棵，一般树木19.51万棵，迁移坟墓2638座；占压农村道路201条37.57km，通信线路144条67.9km，广播电视线路5条0.31km，各类管道2条0.25km。

2. 廊坊市段

天津干线廊坊市段征迁安置涉及固安县、霸州市、永清县、安次区4个县（市、区）11个乡镇65个行政村，工程规划占地1.42万亩，其中永久征地198.5亩，临时用地1.4万亩；占压农村房屋2.25万m^2，搬迁安置农村人口341人；占压农村副业35家，房屋面积1.09万m^2；占压工业企业4家，房屋面积0.27万m^2；占压机井447眼，果树51.18万棵，一般树木74.57万棵，迁移坟墓3242座；占压农村道路116条29.98km，通信线路86条73.6km，广播电视线路1条1km，各类管道14条2.35km。

二、管理体制、机制和规章制度

（一）管理体制

按照“国务院南水北调工程建设委员会领导、省级人民政府负责、县为基础、项目法人参与”的征迁安置管理体制，地方政府为征迁安置工作的责任主体。国务院南水北调办与河北省人民政府签订征迁安置责任书，项目法人按照国家批准的征迁安置投资概算与地方征迁安置主管部门签订任务与投资包干协议，地方政府及其征迁安置主管部门按照责任书和包干协议组织实施并完成征迁安置工作。

河北省人民政府主要职责：①对河北省南水北调中线干线工程征迁安置工作负总责，与国务院南水北调办签订征迁安置责任书，并与沿线设区市政府签订征迁安置责任书，落实征迁安置任务；②贯彻执行《南水北调工程建设征地补偿和移民安置暂行办法》，研究制定重大方针政策，制定省内南水北调征迁安置有关政策和规定；③确定负责南水北调征迁安置工作的主管部门，组织、督促有关部门和市、县政府，按照各自职责做好征迁安置工作；④发布确定工程征地范围通告，控制在征地范围内迁入人口、新增建设项目、新建住房、新栽树木等；⑤责成省有关部门和市、县政府配合项目法人开展工作；⑥根据国家批准的初步设计阶段征迁安置规划，审批征迁安置实施方案；⑦督促省南水北调办与项目法人及市、县政府签订征迁安置任务与投资包干协议，监督检查包干协议内征迁安置任务的完成和资金的使用管理；⑧责成市、县政府配合项目法人和省级主管部门开展征迁安置的监理、监测；⑨组织征迁安置工作验收；⑩及时向国务院南水北调办反映征迁安置工作中存在的问题。

工程沿线各设区市人民政府主要职责：①市政府为辖区内征迁安置工作的第一责任人，对辖区内征迁安置工作负总责，与省政府签订征迁安置责任书，并与沿线有关县（市、区）政府签订征迁安置责任书，分解落实征迁安置任务；②贯彻落实国家和省有关南水北调征迁安置政策，制定辖区内征地补偿和安置补助费分解兑付办法和具体补偿标准，编制审批征迁安置实施方案并组织实施；③确定辖区内负责南水北调征迁安置工作的主管部门，根据下达的任务计划和任务投资包干协议，组织市有关部门和县（市、区）政府，开展辖区内征迁安置工作；④依据“停建令”，严格控制征地范围内迁入人口、新增建设项目、新建住房、新栽树木等；⑤配合项目法人和设计单位，做好征迁安置相关前期工作；⑥监督检查辖区内征迁安置资金的使用和管理，防止违纪违规现象发生；⑦加强南水北调有关政策宣传，及时解决征迁安置工作中存在的问题，预防和处置群体性事件和相关信访工作；⑧组织辖区内征迁安置工作验收；⑨及时向上级反映征迁安置工作中出现的重大问题。

工程沿线各县（市、区）人民政府主要职责：①县（市、区）政府为辖区内征迁安置工作的直接责任人，是辖区内征迁安置工作的实施主体，对辖区内征迁安置工作负总责，与市政府签订征迁安置责任书；②贯彻落实国家和省有关南水北调征迁安置政策，编制征迁安置实施方案；③确定辖区内负责南水北调征迁安置工作的主管部门，根据下达的任务计划和任务投资包干协议，组织县有关部门和乡镇政府、村集体经济组织，开展辖区内征迁安置工作，按期完成征迁安置任务，及时提供工程建设用地；④依据“停建令”，严格控制征地范围内迁入人口、新增建设项目、新建住房、新栽树木等；⑤积极配合项目法人和设计单位，做好征迁安置相关前期工作和实施阶段征占地设计方案优化工作；⑥做好南水北调有关政策宣传，及时解决征迁安置工作中存在的问题，预防和及时处置群体性事件和相关信访工作，维护沿线社会稳定，为工程建设创造良好的外部环境；⑦组织辖区内征迁安置工作自验；⑧及时向上级反映征迁安置工作中出现的重大问题。

国土资源、林业、通信、电力、文物、水利、交通、农业等部门主要职责：省国土资源、林业、通信、电力、文物、水利、交通、农业等部门是本系统、本行业所涉及征迁安置工作的责任部门，负责协调解决本系统、本行业征迁安置工作中出现的问题，管理本行业迁建、恢复项目的实施工作，积极支持配合南水北调办和项目法人工作，依据工作协议和工程建设进度要求，办理相关用地手续，按期、保质完成迁建任务。

项目法人主要职责：①认真履行法人职责，依据有关法律法规，与省南水北调办协商分解征迁安置任务，按照国家初设概算批复和商订的工作量，签订任务和投资包干协议，组织实施责任范围内的征迁安置工作；②会同省南水北调办对工程占地和各种经济损失情况进行调查，商有关部门对工程征地范围内的压覆矿产、地质灾害和文物等进行调查评估，提出专项报告；③在工程初步设计阶段，会同省南水北调办编制征迁安置规划；④在工程可行性研究报告报批前申请用地预审，在工程开工前3个月向有关市、县土地主管部门提出用地申请；⑤编制中央和军队所属工业企业、专项设施迁建计划，并与企业法人或主管单位签订迁建协议；⑥根据工作进度及时拨付资金，及时研究解决实施过程中地方提出的重大问题；⑦会同省南水北调办通过招标方式确定中介机构，对征迁安置工作实施监理、监测。

（二）工作机制

按照确定的征迁安置管理体制，结合河北省实际，在遵循国家相关法律法规和行政许可的

前提下，本着分工明确、责权利统一、便于协调、高效运转和充分调动各方面积极性的原则，河北省研究制定了境内南水北调干线工程实行“分级、分部门负责，条块结合，县为基础，项目法人参与”的征迁安置工作机制。

“分级负责”是指沿线各级地方政府实行属地管理，对本行政区域内南水北调征迁安置工作负总责。“分部门负责”就是加强行业管理，涉及哪个部门的事，就由哪个部门负责；涉及哪个行业的事，就由哪个行业的主管部门负责。一旦实施中遇到问题，由主管部门及时进行研究和协调解决，保持整体有序推进。

“条块结合”就是地方各级政府分级负责与分部门负责相结合，形成齐抓共管、协调推进、高效运转的强大工作合力。

“县为基础”就是征迁安置工作的重点在县一级，县级是具体实施的主体，由县级人民政府组织辖区内南水北调征迁安置各项工作的具体实施。

“项目法人参与”就是项目法人认真履行法人义务，将工程建设与征迁安置工作紧密结合在一起，积极参与征迁安置工作，协调解决超出地方协调能力的问题和矛盾。

（三）组织机构设置

1. 省级组织机构设置

为全面做好南水北调中线河北段工程建设各项任务，2003年10月23日，经河北省人民政府批准，河北省南水北调工程建设委员会成立，省长任委员会主任，常务副省长任副主任，成员由河北省政府副秘书长和有关厅局负责人、工程沿线有关市市长组成。

同年11月，河北省南水北调工程建设委员会办公室成立（简称“河北省南水北调办”），河北省人民政府办公厅以《关于印发河北省南水北调工程建设委员会办公室主要职责内设机构和人员编制规定的通知》（冀政办〔2003〕36号）明确了机构职责。2004年11月25日，经河北省人民政府研究，明确河北省南水北调办为省内南水北调征迁安置主管部门，代表省政府行使组织、协调、监督、检查、指导等职责，负责全省南水北调工程征迁安置工作的综合管理和协调调度，与项目法人协商签订征迁安置任务与投资包干协议，编制征迁安置工作计划、实施方案和投资包干方案，落实包干资金，组织征迁安置各项工作任务的实施。

为集中力量加快征迁安置工作进程，经河北省人民政府同意，2005年6月23日，成立了河北省南水北调工程建设征迁安置管理中心，承担南水北调中线干线工程征迁安置项目日常管理和组织实施工作。

2. 市级组织机构设置

依据《南水北调工程建设征地补偿和移民安置暂行办法》第四条规定“有关地方各级人民政府应确定相应的主管部门承担本行政区域内南水北调工程建设征地补偿和移民安置工作”，邯郸、邢台、石家庄、保定、廊坊5个设区市人民政府，从南水北调工程建设和征迁安置需要出发，均成立了市级南水北调工程建设委员会及其办公室。市级南水北调工程建设委员会办公室为辖区内征迁安置工作的主管部门，指导、协调、督促、检查市有关部门和各县征迁安置工作，组织各县编制实施计划，控制进度与投资，及时处理实施过程中出现的问题。重大问题及时报请市政府、市建委会和省南水北调办研究解决。

（1）石家庄市。2004年4月，石家庄市政府成立了石家庄市南水北调工程建设委员会，作为决策机构，其任务是决定石家庄工程建设的重大方针、政策措施和其他重点问题。市长任主任、三位副市长为副主任，各有关县（市、区）、有关部门主要领导为成员。2004年10月，河北省编办以《关于设立石家庄市南水北调工程建设委员会办公室的批复》（冀机编办复〔2004〕20号）批准设立石家庄市南水北调工程建设委员会办公室（简称“石家庄市南水北调办”）。

2006年8月，石家庄市人民政府批准同意石家庄市南水北调办成立临时机构征迁安置管理中心，负责石家庄市境内南水北调中线干线征迁安置组织实施工作。

（2）保定市。2004年6月11日，保定市人民政府办公厅印发《关于成立保定市南水北调工程建设委员会等4个议事协调机构和临时机构的通知》（〔2004〕保市府办60号），保定市南水北调工程建设委员会正式成立。市长为建委会主任。建委会下设办公室，临时设在市水利局，水利局局长兼任办公室主任。

2004年11月18日，保定市南水北调工程建设委员会办公室（简称“保定市南水北调办”）正式成立［《关于设立保定市南水北调工程建设委员会办公室的通知》（市编字〔2004〕35号）］，是保定市南水北调工程建设委员会的征迁安置主管部门。

（3）邢台市。2004年12月，邢台市南水北调工程建设委员会办公室（简称“邢台市南水北调办”）成立。为切实做好邢台市南水北调征迁安置工作，经邢台市委、市政府决定，于2009年12月31日，成立邢台市南水北调征迁安置指挥部，指挥部下设办公室，地点在邢台市南水北调办公室。

2010年9月16日，邢台市南水北调办成立了邢台市南水北调桥梁建设协调小组，积极配合中线建管局开展百日竞赛活动，加快桥梁建设进度。

2010年9月25日，按照河北省南水北调办《关于成立南水北调工程电力迁建协调领导小组的通知》（冀调水计〔2010〕47号）要求，邢台市南水北调办、邢台市供电公司联合成立了邢台市南水北调电力迁建协调领导小组［《关于成立南水北调工程电力迁建协调领导小组的通知》(邢调水综〔2010〕93号)］。

（4）邯郸市。2004年3月1日，邯郸市人民政府成立邯郸市南水北调工程建设委员会，下设办公室，办公室主任由邯郸市水利局局长兼任。同年7月22日，邯郸市机构编制委员会办公室批复成立邯郸市南水北调工程建设委员会办公室（简称“邯郸市南水北调办”）。

2009年12月30日，邯郸市人民政府成立了邯郸市南水北调工程征迁安置工作指挥部。指挥部下设办公室、土地组、督导检查组、林业组、信访稳定组等。

（5）廊坊市。2005年8月10日，廊坊市人民政府成立廊坊市南水北调工程建设委员会［《关于成立廊坊市南水北调工程建设委员会的通知》(廊政办〔2005〕36号)］。廊坊市南水北调工程建设委员会为决策机构，其任务是研究决定廊坊市南水北调工程建设的重大方针、政策、措施和其他重大事项。

2007年6月11日，正式组建廊坊市南水北调工程建设委员会办公室（简称“廊坊市南水北调办”）［《关于成立廊坊市南水北调工程建设委员会办公室的通知》(编办〔2007〕21号)］。办公室主任由廊坊市水务局局长兼任。

3. 县级组织机构设置

县级是南水北调中线干线工程征迁安置工作组织实施的基础单位。

南水北调中线干线工程河南省境内沿线35个县（市、区），随着工程建设进展，陆续成立

了南水北调工程建设委员会或领导小组，由县（市、区）政府负责人担任委员会主任或领导小组组长，各相关部门、乡镇负责人为成员；最迟至2009年8月底前，先后完成了南水北调工程建设委员会办公室（简称“县级南水北调办”）的组建。县级南水北调办根据具体情况新设或设在县水务局、农办、政府办内。

县级南水北调办作为辖区内征迁安置工作的主管部门，具体组织辖区内征迁安置工作的实施，负责编制、落实征迁安置实施计划，完成承担的具体征迁安置工作任务，督促、检查、协调相关行业部门完成各自承担的任务。

（四）规章制度

南水北调中线干线工程跨越沿线多个行政区域，征迁安置工作涉及多行业、多部门和多领域，直接关系沿线广大被征地农民、被迁建单位的切身利益，关系到工程建设能否顺利实施，更关系到沿线社会的和谐稳定。河北省在南水北调中线干线工程征迁安置实践过程中，在深入研究国家有关政策、法律法规和相关规范性文件的基础上，认真贯彻落实国家有关部委、国务院南水北调工程建设委员会及其办公室制定的各项规章制度、相关办法和有关规定，结合河北省工作实际，探索和制定了一系列规范征迁安置组织管理的工作制度、办法和规定，并在工作实践中不断进行补充完善，形成了较为完善、适合省情的征迁安置制度建设体系，为征迁安置工作稳步推进提供了制度保障。

1. 河北省人民政府制定的有关制度

河北省自京石段应急供水工程征迁安置工作组织开展以来，省委、省政府高度重视征迁安置工作，陆续制定和出台了南水北调工程征迁安置相关办法和工作制度，奠定了征迁安置组织实施的坚实基础。

（1）目标管理责任制。按照国家确定的征迁安置管理体制，河北省人民政府明确各级地方政府为征迁安置工作的第一责任人，对辖区内南水北调工程征迁安置工作负总责。南水北调中线干线工程征迁安置工作，实行目标管理责任制，省政府与沿线设区市政府签订征迁安置责任书，各设市区政府与有关县（市、区）政府签订征迁安置责任书，省、市、县一级抓一级，层层落实目标责任。

（2）省政府协调会议制度。为使南水北调工程征迁安置工作中遇到的重大问题和重要事项得到及时研究解决，河北省人民政府建立了南水北调工程征迁安置工作省政府协调会议制度。征迁安置工作中的重大事项要及时报请省政府或省南水北调工程建设委员会研究决定；征迁安置工作中涉及的专项工作，通过召开省政府专题会议或建委会办公会议研究决定。

（3）省内南水北调征迁安置暂行办法。为规范南水北调中线干线工程河北段征迁安置工作，维护群众合法权益，保证工程建设顺利进行，河北省南水北调办依据国家有关法律、行政法规、国务院南水北调工程建设委员会印发的《南水北调工程建设征地补偿和移民安置暂行办法》以及省内相关规章、规定，组织起草了《河北省南水北调中线干线工程建设征地拆迁安置暂行办法》（草案），经广泛征求意见，并经省政府第49次常务会议讨论通过，2005年9月19日，河北省人民政府以冀政〔2005〕77号文件印发了《河北省南水北调中线干线工程建设征地拆迁安置暂行办法》。省内南水北调征迁安置暂行办法的制定，落实了地方各级各部门责任，规范了工作程序，为组织实施提供了重要工作依据。

（4）征迁安置任务与投资包干制度。按照国家确定的管理体制，河北省南水北调办与项目法人签订了征迁安置任务与投资包干协议。对省内南水北调征迁安置工作，河北省实行任务与投资包干制度，由河北省南水北调办根据征迁安置任务和国家初设概算批复、国家批准的征地组卷方案和河北省南水北调工程建设委员会批复的征迁安置实施方案，核定沿线设区市南水北调征迁安置任务与包干投资，编制下达任务与投资计划（包干方案）。

2. 河北省南水北调办制定的有关制度

河北省南水北调办作为省政府确定的南水北调中线干线工程征迁安置主管部门，代表省政府行使组织、协调、监督、检查和指导等职责。为加强组织管理、规范工作程序，在组织实施中不断强化制度建设，相继研究制定了一系列制度措施。

（1）补偿兑付卡（单）制度。南水北调征迁安置补偿兑付涉及科目种类和补偿标准繁多，补偿资金又直接涉及群众切身利益，为规范兑付管理，提高兑付的准确度和透明度，河北省南水北调办实行了补偿兑付卡（单）制度。每一项、每一笔补偿资金，都要填制补偿兑付卡（单），包括实物名称、单位、数量、补偿单价、合价等，分别由县、乡、村、权属人、征迁安置监理单位五方共同签字确认，作为补偿兑付和统计报表、财务记账的基础依据。

（2）协调调度会议制度。为及时掌握南水北调征迁安置工作进度、研究协调工作中遇到的有关问题、安排部署下步工作，河北省南水北调办建立了协调调度会议制度。河北省南水北调办每月8日定期召开协调调度会议（遇有重大问题随时召开），沿线各市、县根据实际情况，定期安排调度时间。在补偿兑付的高峰期，市、县坚持周调度和日调度，以便掌控工作进度、及时协调解决出现的问题，实现整体有序推进。

（3）信息通报制度。为加强信息管理、督促工作进度，河北省南水北调办建立了信息通报制度。工作中的重要信息、重大进展及工作动态等，及时逐级报送。河北省南水北调办设立了信息简报，及时向国务院南水北调办、省委省政府、有关市县发布。同时，为表扬先进、鞭策和督促后进，河北省南水北调办启动了通报制度，以县为单位通报任务完成情况和主要工作进展，通报发送省政府和有关市、县政府。在补偿兑付的关键时期，实行“周通报”制度，每周通报一次进度情况。

（4）统计制度。为加强南水北调征迁安置统计管理工作，河北省南水北调办制定印发了征迁安置统计制度，明确了统计内容、报表格式和报送要求，定期掌握工作完成情况。为提高统计工作管理水平，编制了征迁安置信息管理系统软件，应用数字化平台，规范了电子统计报表管理，提高了统计工作管理水平。

（5）奖励制度。为激发和调动南水北调征迁安置工作的积极性，按时、保质、保量完成征迁安置工作任务，河北省人民政府从省财政专拨奖励资金100万元，专项用于京石段工程征迁安置工作的奖励激励。河北省南水北调办制定《河北省南水北调中线京石段应急供水工程征迁安置奖励暂行办法》，明确受奖条件和奖励标准，并对2006年5月底前控制性建筑物具备进场施工条件的单位和2006年6月底前具备进场施工条件的县（市、区）兑现了奖励。在邯石段和天津干线征迁安置组织实施中，为配合工程建设，2010年9—12月，河北省南水北调办组织开展了进度评比、“三到位、三落实”等奖励激励活动，印发了《河北省南水北调办关于“三到位、三落实”活动检查评比奖励办法》，对工作进度显著、成绩突出、按时完成征迁安置工作目标的市县，给予一定的实施管理费奖励。

(6) 临时用地有关规定。针对临时用地设计方案发生重大变化的实际情况，为做好临时用地特别是取土场、弃土弃渣场临时用地征用工作，河北省南水北调办制定了临时用地征用工作意见，明确了“遵循国家批准的初步设计临时用地设计方案，结合现场实际，加强协调沟通，按照方便和满足施工、保护耕地、节约用地的要求，合理确定临时用地的使用数量、时间和地点，依法按程序办理用地手续、兑付补偿，确保工程顺利建设和沿线社会稳定”的总体思路，确定了工作程序，提出了工作要求，有力地推进了临时用地征用工作。

为了充分调动地方、建管、设计和施工单位等各方积极性，节约集约用地，提高工作效率，进一步规范南水北调中线干线河北省境内临时用地有关工作，2009 年 4 月 1 日，河北省南水北调办和中线建管局召开了南水北调中线干线河北省境内临时用地工作协调会。本着体制不变、责权利统一、完善机制的总体思路，根据有关法律法规，结合南水北调中线干线京石段工程征迁安置工作实践，协商确定了“设计单位负责完善设计，市、县南水北调办负责征用、监督、协调，用地单位负责补偿兑付以及复垦退还”的总体分工原则，就临时用地方案和复垦方案编制、征用、使用管理、复垦退还等具体工作进行了进一步明确，印发了《南水北调中线干线河北省境内临时用地工作协调会议纪要》(冀调水计〔2009〕8 号)。

(7) 工程建设环境协调调度制度。为及时解决影响制约工程建设的各种矛盾和征迁问题，营造良好施工环境，保障工程建设顺利推进，河北省南水北调办建立了工程建设环境协调调度制度，定期或遇到重大问题随时组织市县南水北调办、项目法人、建管、设计、监理、施工单位，分析问题原因，制定解决措施，落实责任单位，限期加以解决。

(8) 永久、临时供（用）电工程和电力专项设施迁建工作协商制度。为进一步完善南水北调电力专项迁建设计，规范组织实施管理，做好迁建协调工作，根据国务院南水北调办、国家电网公司《关于进一步做好南水北调工程永久、临时供（用）电工程建设及电力专项设施迁建协调工作的通知》(国调办投计〔2008〕28 号) 要求，河北省南水北调办建立了永久、临时供（用）电工程和电力专项设施迁建工作协商制度，成立了南水北调中线干线河北省境内（不含天津干线廊坊段）工程永久、临时供（用）电工程和电力专项设施迁建协调工作组，组长由河北省南水北调办主任担任，副组长分别由河北省电力公司和中线建管局主管领导担任。

(9) 征迁安置实施方案编制大纲。为做好天津干线和邯石段征迁安置组织实施工作，规范组织实施管理，河北省南水北调办在总结京石段工程征迁安置实施经验的基础上，制定了《南水北调中线干线河北省境内工程征迁安置实施方案编制大纲》，明确了“以县为单元，据实核定任务，落实安置方案，分市控制投资，省市综合平衡，确保不超概算”的编制原则，并于 2009 年 7 月 3 日印发执行。

(10) 征迁安置监理工作导则。为充分调动和发挥征迁安置监理单位的积极性，发挥征迁监理作用，规范监理工作，根据《南水北调工程建设征地补偿和移民安置暂行办法》《南水北调工程建设征地补偿和移民安置监理暂行办法》《河北省南水北调中线干线工程建设征地拆迁安置暂行办法》和征迁安置监理合同，结合河北省实际，河北省南水北调工程建设委员会办公室于 2009 年 9 月 21 日印发《南水北调中线干线工程河北境内征迁安置监理工作导则》，对监理单位的组织管理、工作职责、工作范围和内容、程序，进度、质量与投资控制，合同、信息管理及关系协调等方面，提出了明确要求。

(11) 信访管理办法。为规范信访接待工作，河北省南水北调办根据国务院《信访条例》，制定了《河北省南水北调工程征迁安置信访管理办法》，明确了信访工作接待机构及其职责、工作程序与工作要求等。各市、县南水北调办也相应制定了信访接待办法，认真做好群众来信、来电、来访的接待和政策解释工作，及时解决群众提出的合理诉求，维护沿线社会的和谐稳定。

(12) 财务管理办法。为加强征迁安置资金使用管理，规范会计工作秩序，强化财务管理，河北省南水北调办制定了《河北省南水北调工程建设征迁安置管理中心财务管理办法》。河北省南水北调工程建设征迁安置管理中心编制印发了《财务管理及会计核算手册》，指导和规范市、县征迁安置财务管理工作。有关市、县结合当地工作实际，制定了征迁安置资金管理和使用办法或规定。

(13) 征迁安置档案管理办法。为规范河北省南水北调中线干线工程征迁安置档案管理工作，规范征迁安置档案管理，维护档案的完整、准确、系统、安全，充分发挥档案作用，根据《中华人民共和国档案法》《河北省档案工作条例》《重大建设项目档案验收办法》《南水北调工程征地移民档案管理办法》《河北省南水北调中线干线工程建设征地拆迁安置暂行办法》以及国家有关档案工作规范、标准，结合河北境内南水北调干线工程征迁安置工作实际，河北省南水北调办会同河北省档案局于2011年8月16日制定印发了《河北省南水北调干线工程征迁安置档案管理办法》，对征迁安置档案的组织管理与各方职责、收集整理归档、验收、移交等进行了明确。

(14) 征迁安置验收办法。为做好南水北调干线工程征迁安置验收工作，明确验收职责，规范验收行为，根据《大中型水利水电工程建设征地补偿和移民安置条例》《南水北调工程建设征地补偿和移民安置暂行办法》《南水北调工程验收管理规定》《南水北调干线工程征迁安置验收办法》和《河北省南水北调中线干线工程建设征地拆迁安置暂行规定》，结合河北省境内南水北调干线工程征迁安置工作实际，河北省南水北调办于2012年8月10日制定印发了《河北省南水北调中线干线工程征迁安置验收办法》，对验收组织、验收分类及验收内容、应具备的验收条件、资料准备、验收程序、验收方法及评定标准等内容进行了明确。

3. 市级人民政府及南水北调办制定的有关制度

(1) 石家庄市。在国家和省有关规章制度的基础上，石家庄市南水北调办制定《石家庄市南水北调工程建设征地补偿和移民安置资金管理办法》《石家庄市南水北调办公室内部财务管理办法》《会计电算化管理办法》《石家庄市南水北调办公室内部控制制度》等，进一步强化过程控制和资金管理。

2010年1月，为实现邯石段工程"确保3月底、争取2月底完成永久征地兑付移交任务"工作目标，石家庄市南水北调办制定《石家庄市古运河以南段南水北调工程征迁安置工作考核办法》。2010年3月，石家庄市南水北调办制定《石家庄市古运河以南段南水北调征迁安置工作重点考核实施细则》。通过加强邯石段征迁工作考核，为如期完成任务发挥了重要作用。

2010年8月25日，石家庄市南水北调办印发《关于成立南水北调古运河南至邢石界段桥梁建设协调工作组的通知》(石调水〔2010〕80号)，成立了石家庄市南水北调古运河南至邢石界段桥梁建设协调工作组，建立了协调调度机制。

2010年9月8日，石家庄市南水北调办印发《关于成立南水北调工程电力迁建协调工作组的通知》(石调水〔2010〕83号)，成立了石家庄市南水北调工程电力迁建协调工作组，建立了

协调机制，协调解决了电力迁建中出现的有关问题。

（2）保定市。2005 年 7 月 14 日，保定市南水北调办向南水北调保定段沿线有关县（市）印发《关于建立南水北调征迁安置工作宣传、调度、奖惩制度的通知》（保市调水办〔2005〕59 号）。

2005 年 9 月 20 日，保定市南水北调办印发《保定市南水北调工程建设委员会办公室内部财务管理制度》《保定市南水北调工程建设委员会办公室接待工作规定》和《保定市南水北调工程建设委员会办公室车辆管理规定》（保市调水办〔2005〕78 号）。规范了财务程序、会议和业务招待、车辆管理等工作行为，保障了各项工作正常运转。

2006 年 5 月 8 日，保定市南水北调工程建设委员会向南水北调保定段沿线有关县（市）政府、有关部门印发《保定市南水北调工程建设征地补偿和移民安置资金管理办法》（保市调水〔2006〕2 号）。

2006 年 5 月 19 日，保定市南水北调办印发《关于建立南水北调宣传工作考核奖励机制的通知》（保市调水办〔2006〕48 号）。在南水北调工程征迁安置资金兑付工作已经全面展开，各种矛盾问题突显的情况下，充分组织开展好宣传活动，通过深入宣传，让被征地农民和广大人民群众切实感受到党和政府的关怀，了解国家南水北调工程有关政策，赢得对工程建设的理解和支持。

2007 年 1 月 18 日，保定市南水北调工程建设委员会向南水北调保定段沿线有关县（市）政府、市南水北调工程建设委员会各成员单位印发《关于成立南水北调工程建设环境协调机制的通知》（保市调水〔2007〕1 号）。

2011 年，为强化宣传工作，保定市南水北调办制定《2011 年南水北调宣传工作实施办法》。紧紧围绕南水北调各项重要节点工作开展广泛宣传活动，坚持贴近工程、贴近一线、贴近建设者，加强策划，创新思路，整合资源，加大力度，深入宣传南水北调工程促进科学发展的重要作用。

2011 年，为创优工程建设环境，及时预防、协调和处置施工扰民、群众阻挠施工及集体上访的突发事件，确保工程建设顺利进行，保定市南水北调办制定《南水北调工程建设环境维护和专项设施迁建快速处置预案》。

保定市有关县（市）均制定了有关加强征迁安置资金管理的相关制度。以徐水县为例：2006 年，徐水县南水北调办为加强南水北调征迁资金管理，确保三个安全，依据相关法律法规，先后制定了《徐水县南水北调征地资金实施村财乡代管制度》《南水北调征地资金拨付管理办法》《南水北调征地补偿资金的使用、管理和监督办法》《徐水县南水北调工程建设协调领导小组办公室财务管理制度》《电算化管理制度》《村集体经济组织征地移民资金的使用管理办法》等财务制度，形成了横向监督，纵向制约的管理格局。

（3）邢台市。2010 年 1 月 6 日，邢台市南水北调办印发《南水北调工程邢台段征迁安置兑付工作程序》（邢调水建〔2010〕6 号），要求各县（市、区）南水北调工程建设委员会办公室、征迁监理部参照执行。

2010 年 1 月 7 日，邢台市南水北调办印发《邢台市南水北调征迁安置资金管理及拨付程序》（邢调水财〔2010〕9 号），要求各县（市、区）南水北调办参照执行。

（4）邯郸市。邯郸市人民政府制定了《南水北调征迁安置工作奖惩办法》（〔2009〕158

号）。磁县、永年县、邯山区、复兴区、马头工业城等沿线有关县（区）也相应制定了征迁安置工作奖惩办法。

为及时协调解决影响总干渠建设的征迁问题，邯郸市建立了以邯郸市南水北调办牵头，有关县（区）南水北调工程建设委员会办公室、总干渠建设管理单位、总干渠施工单位参与的联席会议制度，定期不定期召开会议，沟通情况，及时发现和研究解决征迁问题。

邯郸市南水北调办制定了征迁安置资金财务管理办法、经费开支管理办法等内部管理相关制度。2011年7月18日，邯郸市南水北调办制定印发《南水北调中线干线工程邯郸段临时用地复垦管理暂行办法》。

三、实施与管理

南水北调中线干线工程河北段征迁安置工作实行任务与投资包干管理，采取自上而下逐级包干任务与投资的方式，实行与征迁安置任务相对应的资金包干使用制度。河北省、市、县各级政府逐级签订了征迁安置责任书，层层落实了各级各部门任务和责任。经河北省人民政府同意，河北省南水北调办与项目法人中线建管局先后签订了京石段工程、天津干线河北段工程和邯石段工程征迁安置任务与投资包干协议，商定了包干投资总额，明确了地方与项目法人双方的权利和义务。

河北省南水北调办依据初步设计批复的征迁安置规划，组织设计单位和市、县南水北调工程建设委员会办公室，分解任务与投资，编制沿线各市征迁安置实施方案，经市政府审定并报省政府同意后，以河北省南水北调工程建设建委会文件批复实施方案，河北省南水北调办依据批复的实施方案，核定各市包干投资，下达任务与投资计划（任务与投资包干方案）。沿线各县（市、区）南水北调工程建设委员会办公室依据实施方案批复、任务与投资计划（包干方案）和市政府批准的相关补偿标准，核定各县任务与补偿投资，市政府或建委会下达沿线各县任务与投资包干方案。沿线各县（市、区）南水北调办依据任务与投资包干方案和县政府审批的补偿兑付方案，组织兑付补偿资金，完成相关征迁安置任务。在包干投资范围内，允许各市、县根据具体情况，调剂使用征迁安置直接费用。如出现较大错漏项、重大设计变更以及国家政策发生调整，按程序报批追加包干投资。

在征迁安置各项工作任务中，永久征地、临时用地、城（集）镇和工矿企事业单位迁建、专项设施恢复、生产生活安置等均由地方各级南水北调办组织实施。受项目法人委托，中央和军队所属专项设施迁建，由地方南水北调工程建设委员会办公室负责组织实施。

（1）永久征地组织实施。永久征地用地申请（包括占用林地申请）及相关用地报批材料提供由项目法人负责。实物核查由市、县南水北调办牵头组织，设计、有关部门、乡镇、村、征迁监理参加，由设计单位编制实物核查报告。依据初设批复、实物核查报告、有关政策法规，省、市南水北调办组织设计单位编制征迁安置实施方案，经市政府（建委会）审定同意后，征求省有关部门意见，上报省南水北调工程建设委员会审批。省南水北调工程建设委员会批复征迁安置实施方案后，市、县南水北调办组织设计单位编制征迁安置兑付方案。市政府或市南水北调工程建设委员会批复兑付方案后，市、县南水北调办组织开展勘界、公告、公示、用地手续办理，县南水北调办组织补偿资金兑付，完成建设用地移交。

（2）临时用地组织实施。临时用地占地方案（包括占地规模、位置、用途等）由项目法人

或建设管理单位与市、县南水北调办协商确定。用地申请由项目法人或建设管理单位提出。实物调查、复核工作，由县南水北调办负责组织完成。临时用地协议由县南水北调办、建设管理单位与被占地村集体经济组织（或单位）三方共同协商签订。履行公示程序后，由县南水北调办组织补偿兑付，移交建设用地。用地使用完毕后，由县南水北调办组织实施临时用地复垦，通过验收后退还村集体经济组织（或单位）。

（3）城镇、企事业单位迁建安置组织实施。城镇恢复工作由县级人民政府组织实施。企事业单位恢复由县南水北调办与企事业主管部门或企事业法人签订恢复协议，由企事业主管部门或企事业法人按协议组织实施。不需要迁建的企事业单位，由县南水北调办将补偿资金按协议拨付给权属所有者。

（4）专项设施迁建恢复组织实施。专项设施恢复由市、县南水北调办与专项设施行业主管部门或业主签订迁建恢复协议，明确补偿投资、迁建时间和技术要求，由行业主管部门或业主按协议要求组织迁建恢复。灌溉恢复、连接路、小型水利设施等专项设施恢复，由县南水北调办组织实施。不需要恢复的专项设施，由县南水北调办将补偿资金按协议拨付给权属所有者。文物保护与发掘工作，由河北省文物局按与河北省南水北调办签订的工作协议组织实施。邯石段和天津干线电力专项迁建，由省南水北调办与省电力公司、华北电力公司签订迁建协议，由电力行业主管部门组织迁建恢复。邯石段和天津干线非电力产权的电力专项迁建，由市、县南水北调办与产权部门签订迁建恢复协议，由产权部门组织迁建恢复。

（5）生产安置组织实施。《河北省南水北调中线干线工程建设征地拆迁安置暂行办法》规定七种安置方式：①本村农业安置，由县级人民政府组织农业、国土资源、征迁安置主管部门、乡镇人民政府和村集体经济组织实施；②货币安置，经村民代表大会讨论，乡镇政府同意后，报县人民政府批准后，由县征迁安置主管部门组织实施；③投亲靠友安置，投亲靠友仍从事农业生产的，由本人出具迁入地县级以上人民政府同意接收、提供土地证明和户籍准迁证，经迁出地乡镇人民政府和县征迁安置主管部门同意，三方签订合同，办理相关手续；④自谋职业自主安置（含投亲靠友非农业安置），被征地人出具居住地（投亲接收地）有关单位对其职业与住房情况的证明，经村集体经济组织、乡镇人民政府和县征迁安置主管部门审查，确认其具备自谋职业条件后，办理相关手续并予与公证；⑤养老保险安置，由乡镇人民政府、村集体经济组织提出参保对象，县征迁安置主管部门审批后按有关规定办理；⑥就业安置，由县征迁安置主管部门按国家批复组织实施；⑦异地农业生产安置，由县人民政府组织农业、国土、征迁安置主管部门、乡镇人民政府，按照批准的实施方案组织实施。

（6）生活安置组织实施。生活安置包括集中和分散两种安置方式。县南水北调办组织乡镇人民政府、村集体经济组织（居委会），与被占压房屋户主签订恢复协议，乡镇人民政府和村集体经济组织（居委会）负责落实宅基地。补偿资金兑付后，县南水北调办组织开展场地平整等基础设施建设，乡镇人民政府和村集体经济组织（居委会）组织被占压房屋户主按期完成拆建。

实施过程中，河北省南水北调工程建设委员会和河北省南水北调办多次组织召开工作会、协调会，对重要工作作出安排部署，明确时间节点目标，落实责任；并组织开展培训，确保征迁安置工作顺利完成，保障工程建设用地需要。

2005 年 5 月，河北省人民政府研究确定了南水北调干线工程征迁安置工作机制，提出了确保农民合法利益得到保障、确保按时按量提供建设用地、确保沿线社会稳定、确保资金使用安全、确保工程建设顺利进行的“五个确保”总体要求。

2005年5月16日，河北省人民政府召开专题会议，分析讨论了京石段工程征迁安置工作中需要协调解决的重大问题，确定了省内征迁安置工作机制，并就推进征迁安置工作的具体措施进行了认真研究，明确了下步抓紧制定落实征迁安置标准和计划、尽快制定征迁安置工作方案、切实做好土地征用、抓好专项设施恢复等四项重点工作，提出了“争取6个月、确保8个月”全部完成京石段工程征迁安置任务的目标要求。

2006年5月底，京石段12个控制性建筑物工程全部进场开工。2006年6月底，京石段工程全线实现开工建设。到2008年5月底，京石段工程全线完工，具备通水条件。2008年9月18日开始向北京应急供水

2008年11月12日，河北省人民政府召开南水北调工程建设委员会第二次会议。要求认真贯彻落实国务院南水北调工程建设委员会第三次全体会议精神，抓住国家实施投资拉动经济这一难得的历史机遇，从长远考虑、从大局考虑，高度重视南水北调工程建设，加快工程建设进度，做实做细征迁安置工作，确保邯石段工程和天津干线建设顺利实施。

2009年7月8日和10日，河北省南水北调办和河北省国土资源厅联合组织分别召开邯石段工程和天津干线河北段工程征迁安置工作会议，对征迁安置工作进行动员，安排部署征迁安置实施方案编制工作。

2009年12月19日，河北省政府召开南水北调工程建设委员会第三次全体会议，明确了“天津干线2009年12月底前提交60%工程建设用地、2010年3月全部提交工程建设用地，邯石段力争2010年3月、确保4月完成永久征地补偿兑付任务”的工作目标。

2010年3月，天津干线河北段开工建设；4月，邯石段工程开工建设。

2012年5月29日，河北省人民政府召开河北省南水北调工程建设委员会第四次全体会议。要求扎实推进征迁安置工作，全力以赴确保南水北调工程如期建成。

2014年12月12日，南水北调中线工程全线通水。

(一) 京石段工程

京石段工程河北段征迁安置组织实施包括三部分：一是先期开工的5个控制性建筑物工程，二是京石段其他工程，三是受北京市委托的北拒马河段河北省境内工程。

2005年4月前，在各种条件尚不完备的情况下，河北省按照“早开工、多开工”的工作思路，本着急事急办的原则，按照先行用地方式开展征迁安置工作，确保了滹沱河倒虹吸、唐河倒虹吸、釜山隧洞、漕河段和古运河枢纽等5个设计单元控制性工程的开工和顺利建设。

2005年10月，在京石段无法采取整体先行用地的情况下，国务院南水北调办等几家单位协调确定河北省京石段征迁安置投资按31亿元包干使用后，河北省适时调整思路，省政府确定了“正式用地组卷报批，补偿投资直接费各市包干调剂使用”的总体工作思路。10月31日，河北省南水北调办与国土资源厅联合召开京石段征迁安置工作会议，全线启动首批征地组卷工作。2005年12月底，完成了京石段首批4.6万亩建设用地组卷上报。

2006年2月27日，京石段工程首批组卷建设用地手续批复后，河北省境内京石段工程全线进入实施阶段。

2006年3月，石家庄、保定两市按照征地程序，完成了征地补偿兑付方案的编制与审批，按照河北省政府“四个确保”（确保农民权益，确保资金安全，确保工程建设顺利，确保沿线社会稳定）的总体要求，全线开展补偿兑付，经过一个多月的艰苦努力，完成了首批征地任务，及时移交了工程建设用地，实现了省政府提出的“2006年5月底前部分控制性建筑物工程具备进场施工条件，2006年6月底前首批国家批复工程建设用地全部具备进场施工条件”的工作目标。

2006年下半年，在完成首批征地任务的基础上，着力解决了一些影响和制约工程建设的突出问题。如首批征地错漏项和列入后续征地范围的零散永久征地、取土场和弃土弃渣场、专项设施迁建、灌溉系统恢复、桥梁设置、红线外影响等问题。

2007年10月12日，河北省人民政府组织召开全省南水北调工程建设调度会议，针对征迁安置和工程建设的紧迫性，提出了“攻坚克难，决战百天，以加快征迁安置工作为基础，以营造良好施工环境为保障，以‘四保’（保工期、保质量、保安全、保稳定）为重点，创造性地开展工作，再掀建设高潮，确保圆满完成既定的目标任务”的总体要求。

征迁安置工作的实施，为2008年9月18日京石段工程实现通水奠定了基础。

1. 实物指标复核

（1）控制性建筑物工程。

1）滹沱河倒虹吸工程。2003年12月30日，河北省境内滹沱河倒虹吸工程率先实现开工建设，南水北调中线干线京石段工程河北省境内征迁安置工作全线启动。

由于开工之时项目法人尚未组建，国家明确工程建设由南水北调中线干线工程石京段河北建设管理处负责。鉴于地方各级征迁安置管理机构尚未成立，经与石家庄市人民政府协商，工程所在地的正定县人民政府为滹沱河倒虹吸工程征迁安置责任单位，南水北调中线干线工程石京段河北建设管理处与正定县人民政府签订协议，委托正定县人民政府组织实施征迁安置工作。

2003年6月7日，滹沱河倒虹吸工程建设协调会在石家庄市召开。7月20日，石家庄市召开滹沱河倒虹吸工程实物核查会议，安排部署核查工作，会议明确由河北省水利水电勘测设计研究院、征迁监理以及正定县水务局、国土局、林业局共同对滹沱河倒虹吸工程进行实物调查。2003年9月7日至10月5日，历时近一个月，完成核查任务。根据核查成果，河北省水利水电勘测设计研究院编制完成了《南水北调中线工程总干渠2003年7座开工建筑物占迁实物调查报告》。

2003年12月12—16日，由河北省水利厅移民办牵头，河北省南水北调中线工程建设开发筹备处、南水北调中线干线石京段河北建设管理处、石家庄市水利局移民办、正定县水务局、正定县国土资源局、正定镇政府及所涉村委会，组成联合调查组，对工程占压实物进行现场复核，并经产权人签字确认，河北省水利水电勘测设计研究院编制完成了《南水北调中线干线滹沱河倒虹吸工程占压实物核查报告》。根据核查结果，滹沱河倒虹吸共征用地2301.7亩，其中永久征地1200亩，临时用地1101.7亩。征用地范围共涉及人口336人，占压房屋面积10666m^{2}及围墙、厕所等一些附属建筑物；占压果树155棵；占压一般树木3610棵；需拆迁坟墓1座，机井24眼；占压自来水公司地下输水管道DN800铸铁管7200m及水源井6眼，低压线杆75根，通信线杆7根。

2）唐河倒虹吸和釜山隧洞工程。2004年9月1日，唐河倒虹吸和釜山隧洞工程同时开工建设。以此为标志，南水北调中线京石段应急供水工程进入全面建设阶段。

2004年6月7日，河北省南水北调办组织召开唐河倒虹吸、釜山隧洞两项工程建设协调会议，对工程开工和征迁工作进行了安排部署。

2004年6月21日，河北省南水北调办、河北省南水北调建设管理处在保定市召开唐河倒虹吸和釜山隧洞工程占迁实物核查工作动员会议，有关各方共同组建了唐河倒虹吸和釜山隧洞两工程征迁实物核查小组。

唐河倒虹吸工程实物指标核查工作自2004年6月23日开始，至7月8日结束，共用16天时间；釜山隧洞工程实物指标核查工作自2004年6月24日开始，7月8日结束后，8月7—15日对釜山隧洞工程进出口连接路进行了核查，共用23天时间。核查工作外业结束后，河北省水利水电勘测设计研究院编制完成了《南水北调中线唐河倒虹吸工程占迁实物量核查报告》和《南水北调中线釜山隧洞工程占迁实物指标核查报告》。根据核查成果，唐河全线虹吸工程永久征地568亩，其中曲阳县境内349.49亩，定州市境内179.06亩，国有未利用河道39.45亩；临时用地367.15亩，其中曲阳县境内247.95亩，定州市境内119.20亩；占压各类零星树木5383棵，机井4眼，坟墓174座，高低压线路393.8m，变压器1台。釜山隧洞工程永久征地466.32亩，临时用地275.88亩；占压各类零星树木4483棵，机井4眼，坟墓84座；影响碎石厂6家，进出口连接路占压1家采石洞；占压低压线路20m，高压线路300m，房屋135.9m²。

3）漕河段工程。2004年11月2日，河北省南水北调办在保定市组织召开漕河段工程占迁实物指标核查预备会，对征迁核查及相关工作进行了安排部署。

2004年11月5日，满城县人民政府组织召开漕河段占迁实物指标核查工作启动会议。为保证核查工作顺利进行，经请示保定市人民政府同意，成立了漕河段工程占迁实物指标核查工作领导协调小组，负责协调解决核查工作中出现的问题。同时，成立了漕河段工程占迁实物指标联合核查工作组。核查工作自2004年11月6日开始，至2004年12月28日结束，核查工作历时53天。

2005年3月，河北省水利水电勘测设计研究院编制完成《南水北调中线京石段总干渠漕河段工程实物核查报告》。根据核查报告，漕河段工程永久征地1489.72亩，临时用地1119.97亩；占压各类果木40932棵；占压各类房屋6229.4m²；占压村组副业27处，涉及人口278人；占压机井12眼，坟墓800座；占压输电线路3条1210m，变压器3台，通信线路7条，各类管道10处。

4）古运河枢纽工程。2004年11月7日，河北省南水北调办在石家庄市召开南水北调总干渠古运河枢纽工程建设协调会议，对古运河枢纽工程征迁核查工作进行了安排部署。

2004年12月20日，石家庄市水务局组织召开古运河枢纽工程占迁实物指标核查会议。2004年12月21日至2005年1月12日，石家庄市水务局组织河北省水利水电勘测设计研究院、监理单位、新华区南水北调征迁安置主管部门等有关单位共计57人，对古运河枢纽工程进行了实物核查，历时23天，完成了核查工作。

2004年12月30日，河北省水利水电勘测设计研究院编制完成《南水北调中线京石段应急供水工程（石家庄至北拒马河段）古运河枢纽工程实物核查报告》。根据核查成果，古运河枢纽工程永久征地193.607亩，临时用地450.719亩，占压各类树木3142棵、房屋1960m²、各

类电力线路2902m、管道2145m，占压企业1个，占压农村房屋1960m^2。

(2) 京石段其他工程。2004年2月19日至4月9日，根据水利部南水北调规划设计管理局和水利部长江水利委员会2004年1月16日“南水北调中线一期工程总干渠占地实物指标调查工作协调会议”精神及河北省南水北调工作部署，石家庄市、保定市组织完成了京石段占迁实物调查工作。

2004年7月16日，河北省南水北调办在石家庄市组织召开河北省南水北调中线一期工程占迁安置规划工作会议，对河北段总干渠占迁安置规划工作进行了安排部署。石家庄、保定、邢台、邯郸4市南水北调办、沿线27个县（市、区）水务（利）局、河北省水利水电勘测设计研究院、河北省水利水电第二勘测设计研究院和南水北调干线工程建设管理处的负责同志、技术骨干等近百人参加会议，河北省南水北调中线一期工程占迁安置规划工作正式启动。

2005年4月28—29日，河北省南水北调办组织中线干线沿线石家庄、保定、邢台、邯郸4市及27县（市、区）南水北调征迁安置主管部门和设计、监理单位，开展了征迁安置政策、业务培训。

2005年6月3日，河北省南水北调办组织召开河北省南水北调中线京石应急段征迁安置地面附着物核查工作会议，对京石段一次性开展核查工作急需解决的有关问题进行了研究，明确了各部门分工。

2005年6月29日，京石段工程实物核查工作全线启动。省、市、县及有关单位共投入700余人，历时50多天，至2005年8月24日，京石段工程实物指标核查工作全部结束。

外业核查工作结束后，根据核查成果，2006年1月，石家庄、保定市南水北调办及沿线各县（市、区），积极配合河北省水利水电勘测设计研究院编制完成了《南水北调中线京石段应急供水工程实物核查报告》和分县（市、区）实物核查报告。

1) 石家庄市。2005年5月26日，石家庄市人民政府召开全市南水北调工作会议，对南水北调工作及京石段石家庄市境内征迁安置工作进行了全面部署。按照会议部署，紧紧围绕河北省政府“争取用6到8个月时间，一次性完成京石段征迁安置任务”的工作目标，在石家庄市南水北调办的统一协调和各部门的支持配合下，京石段应急工程沿线新华区、正定县、新乐市三个县（市、区）政府及有关部门，加紧开展了南水北调京石段征迁安置工作。

2005年6月22—23日，石家庄市南水北调办组织召开由京石段3县（市、区）、国土、林业等有关部门和单位参加的征迁安置工作会议，安排部署京石段征迁安置占地实物外业核查工作，并就征迁安置有关政策、占地实物核查技术要求等，对3个县（市、区）南水北调征迁负责人和技术骨干进行了培训。6月29日，石家庄市组成5个核查组，开展沿线核查工作。核查工作中，河北省水利水电勘测设计研究院负责提供技术支撑并派出设计代表，提供征地范围图、坐标及技术指导，编制核查报告；石家庄市南水北调办负责整个工作的组织、协调、督促和检查，并具体负责青苗、地面附着物核查及征地界桩的预制和埋设，收集整理核查资料，向河北省水利水电勘测设计研究院提供各方认可的核查成果；县国土部门负责土地勘界、地类确认、权属划分并参与地上附着物清点，提供各方认可的土地核查成果；林业部门根据现状及相关规划进行林地划分，并负责林木清点以及现场涉及的其他有关林业方面的内容；各乡镇人民政府和村集体经济组织负责协调辖区内的核查工作，并参与地上附着物清点，权属划分和核查成果确认。

至2005年7月底，完成了石家庄市段总干渠永久征地实物指标核查外业工作。河北省水利水电勘测设计研究院依据核查成果，编制完成《南水北调中线京石段应急供水工程石家庄市永久征地征迁实物指标核查报告》。根据核查成果，京石段其他段工程石家庄市境内共涉及新华区、正定、新乐3个县（市、区）12个乡镇49个村，永久征地1.09万亩，临时用地1.82万亩，占压各类房屋6.12万m^2、各类树木14.0251万棵、工副业和企业72个、高压输电线路77处19.281km，低压线路106.043km，通信、广播线路96处。各类管道97.669km。需要进行生产生活安置的人口1.35万人。

2）保定市。2005年6月16日，保定市南水北调办组织召开实物指标核查工作碰头会，要求各县（市）和有关部门，按照6月底进行核查做好各项准备工作。6月20—22日，保定市南水北调办组织有关县（市）南水北调征迁安置主管部门、国土、林业和涉及的31个乡镇，共计130人进行了政策法规和实物核查培训。

2005年6月30日上午，保定市人民政府召开全市南水北调工作会议，市有关部门和总干渠沿线9个县（市）的主要领导、主管领导、水利局局长（南水北调工程建设委员会办公室主任）、县国土和林业局主要负责同志参加了会议，会议要求各县（市）立即启动占迁实物指标核查工作，确保如期完成任务。6月30日下午，保定市南水北调办对9个县（市）的核查工作，进行了详细部署。7月1日，各县（市）分别召开县直有关部门和乡镇、村参加的动员会议，成立核查工作领导小组和工作小组。

2005年7月2日，保定市实物指标核查工作全线展开。保定市南水北调办以县为单位，根据各县总干渠长度，分成10个工作组进场核查。至8月24日，实物指标外业核查工作全部结束。根据核查成果，总干渠京石段保定境内共涉及33个乡镇153个村。工程永久征地31392.4亩，占压房屋面积10.6万m^2，各类树木681188棵，机井333眼，坟墓11065座，农村副业149家，工矿企业12家，企事业单位12家，各类管道109.998km，电力线路201处，通信线路163处，陕气进京输气管道1条，部队军营1处，部队训练场1处。

(3) 北拒马河段工程。2006年5月29日，涿州市南水北调办组织有关单位、乡镇、村，会同北京市水利规划设计研究院开展实物指标核查工作，至6月20日结束，历时23天，完成了北拒马河段工程征迁核查工作。

2006年7月，依据核查成果，涿州市南水北调办组织完成了《南水北调中线京石段应急供水工程北拒马河暗渠工程河北省涿州市境内工程占地实物指标核查报告》。根据核查报告，北拒马河工程永久征地217.1亩，临时用地101亩，占压机井2眼，坟墓8座。

2. 公告公示

(1) 控制性建筑物工程。

1）滹沱河倒虹吸工程。补偿兑付资金公示工作由正定县南水北调征迁安置主管部门组织开展，公示内容为各方签字确认的实物核查成果、补偿标准、分户补偿资金，在村公示栏张贴公示汇总表、公开明细表、兑付单，公示时间3天。公示时出现错漏项情况，根据群众举报申诉，正定县南水北调征迁安置主管部门、设计代表、监理和有关人员进行现场核实，经确认后再次公示，无异议后开始兑付补偿资金。

2）唐河倒虹吸、釜山隧洞和漕河段工程。工程所在县南水北调征迁安置主管部门对经个人签字的实物核查成果、补偿标准、分户补偿资金计算表等进行张榜公示，张榜时间3天，设

举报电话，接受群众监督。对张榜公示后发现的错、漏项（与核查报告不符之处），及时报征迁监理工程师和设计代表，并由保定市南水北调办现场代表、监理工程师、设计代表共同签字确认后改正公布。公示中，对群众举报的问题，县征迁主管部门及时会同征迁监理工程师予以核实，将结果及时反馈举报人，再将核实结果重新张榜公示。县南水北调征迁安置主管部门最终处理结果以文字形式报市南水北调征迁安置主管部门备案。公示3天无异议后，开展资金补偿兑付。

下面以釜山隧洞工程为例进行说明。釜山隧洞工程于2004年9月1日开工，为确保国家重点工程顺利实施，2004年8月28日徐水县南水北调办发布了征占地补偿安置方案公告。

2004年8月30日至9月1日，徐水县南水北调办将核查登记的北釜山、北合庄、北街3个村占压青苗及地面附着物数量进行了张榜公布。为确保工程按时开工，组织东釜山乡在尚未补偿兑付的情况下，开展地面附着物清除工作。东釜山乡抽调专人负责，采取分组包村的办法，与所涉及的3个村干部组成附着物清除小组，督促被占压户清除附着物。2004年8月30日上午9时，工程建设用地正式移交釜山隧洞项目部使用，9月1日正式进场施工。

2005年1月17日，保定市南水北调办批复《徐水县南水北调釜山隧洞工程征迁安置实施细则》后，1月19日，徐水县南水北调办发布《徐水县南水北调工程建设协调领导小组办公室关于釜山隧洞工程占地补偿的公告》（徐调办〔2005〕1号公告）和《釜山隧洞工程征地补偿兑付工作程序》。同时，按照征迁安置公开、公平、公正的原则及补偿程序，将工程涉及的东釜山乡北合庄、北釜山、北街3个村永久征地补偿费、青苗补偿费、临时用地补偿费、林木补偿费、坟墓补偿费明细表于1月21—23日进行了为期3天张榜公示。

3）古运河枢纽工程。石家庄市新华区南水北调工程建设委员会办公室（简称“新华区南水北调办”）依据经市、区、乡、村及征迁监理核实确认的实物核查成果、补偿标准、分户补偿资金，分村、分户计算征占地及地上物补偿金额，编制京石段应急供水工程古运河暗渠占地及地上附着物征迁安置补偿公示表。对公示表进行张榜公示，公示时间3天，设举报电话，接受群众监督。出现错项、漏项等问题，由新华区南水北调办组织有关乡镇、村、监理和设计单位，按规定程序进行修改确认。修改确认后，再次张榜公示，无异议后开始兑付补偿资金。

（2）京石段其他工程。根据工程建设进度和征迁安置准备情况，征迁安置资金补偿兑付前，由县（市、区）国土资源局对永久征地面积、地类、补偿标准，在被征收土地乡镇、村陆续进行公告公示；各县（市、区）南水北调征迁安置主管部门对核查成果、补偿标准与补偿金额进行公示。公示时间均为3天，设立举报电话，接受群众监督。对张榜公示中发现的错漏项（与核查报告不符之处），及时报征迁监理工程师和设计代表，并由监理工程师、设计代表共同签字确认后改正公布，报市南水北调工程建设委员会办公室备案。公示过程中，对群众举报的问题，县南水北调征迁安置主管部门及时会同征迁监理予以核实，将结果及时反馈举报人，再将核实结果重新张榜公示。经核实无误后，逐户发放《南水北调中线干线工程征迁安置补偿兑付卡》，兑付补偿资金。

（3）北拒马河段工程。涿州市南水北调办按照核实后的土地分类面积、地上附着物数量、补偿标准等，逐村逐户计算补偿资金金额，编制公示表。2006年7月2—4日，入村进行为期3天的张榜公示，同时公布举报电话，接受群众监督。

2006年7月5—7日，公示无异议，交村办理认证手续，村民在公示表后签字、按指纹，并提交户主身份证复印件（带原件核对）。办理认证手续后，户主3日内清场完毕，开始补偿资金兑付。

2006年7月8—9日，对于发现的错项、漏项（与核查报告不符之处）问题，涿州市南水北调办及时组织有关乡、村、设计代表、监理工程师，按程序进行核实，经监理工程师、设计代表确认后更正并再次公布，同时报保定市南水北调办备案。

2006年8月1日，河北省南水北调中线北拒马河暗渠工程涿州境内征迁安置补偿公示确认单（涿公审字第1号）编制完成，并经河北天和征迁监理部确认。

3. 实施方案的编制与批复

（1）控制性建筑物工程。

1）滹沱河倒虹吸工程。正定县南水北调征迁安置主管部门于2004年5月编制完成《正定县南水北调滹沱河倒虹吸工程征迁补偿费（临控标准）兑付实施方案》，并以正南办〔2004〕1号《关于呈请批准〈滹沱河倒虹吸工程征迁补偿费（临控标准）兑付方案〉的请示》上报南水北调中线干线工程京石段河北建设管理处。2004年5月18日，南水北调中线干线工程京石段河北建设管理处函复（冀建管征〔2004〕6号）进行了批复。2004年5月20日，正定县南水北调征迁安置主管部门以正南办〔2004〕2号文件印发了《南水北调滹沱河倒虹吸工程征迁补偿费（临控标准）兑付实施方案》。

先期开工滹沱河倒虹吸工程实施方案最终纳入市政府石政函〔2006〕37号批复的《南水北调中线干线正定段征迁安置兑付方案》。

2）唐河倒虹吸和釜山隧洞工程。2004年11月22日，河北省南水北调办印发《关于对〈唐河倒虹吸、釜山隧洞工程征迁安置实施规划〉的批复意见》（冀调水建〔2004〕30号），同意南水北调中线唐河倒虹吸工程和釜山隧洞工程按《南水北调中线唐河倒虹吸工程占迁实物量核查报告》《南水北调中线京石段应急供水工程（石家庄至北拒马河段）釜山隧洞工程占迁实物指标核查报告》中计列的核查成果和市（县）政府确定的临控补偿标准进行补偿。

2004年12月，保定市南水北调办本着保证国家重点工程建设顺利进行，保障被征地群众合法利益的原则，依据相关法律法规和河北省人民政府授权河北省南水北调办批复的唐河倒虹吸、釜山隧洞两个工程征迁安置实施规划，结合有关部门意见，分别制定了《唐河倒虹吸工程征迁安置工作实施方案》和《釜山隧洞工程征迁安置工作实施方案》。

2004年12月31日，保定市南水北调工程建设委员会下达《关于印发〈南水北调唐河倒虹吸、釜山隧洞工程征迁安置工作实施方案〉的通知》（保市调水〔2004〕2号）。

2005年1月，定州市、曲阳县、徐水县、易县人民政府，结合唐河倒虹吸工程、釜山隧洞工程境内征迁实际，分别制定《唐河倒虹吸工程定州段征迁安置实施细则》《唐河倒虹吸工程曲阳段征迁安置实施细则》《釜山隧洞工程徐水段征迁安置实施细则》和《釜山隧洞工程易县段征迁安置实施细则》，上报保定市南水北调办。

2005年1月14日，保定市南水北调办以保市调水办〔2005〕5号和〔2005〕6号文，对定州市、曲阳县人民政府上报的《唐河倒虹吸工程定州段征迁安置实施细则》和《唐河倒虹吸工程曲阳段征迁安置实施细则》分别予以批复，并提出了相关要求。2005年1月17日，保定市南水北调办以保市调水办〔2005〕7号和〔2005〕8号文件，对徐水县、易县人民政府上报的《釜山隧洞工程徐水段征迁安置实施细则》和《釜山隧洞工程易县段征迁安置实施细则》分别

予以批复。

3）漕河段工程。2005年2月，保定市南水北调办组织河北省水利水电勘测设计研究院，根据漕河段工程实物指标核查成果，结合各村资源情况，在满城县南水北调工程建设委员会办公室的配合下，编制完成了《南水北调中线京石段应急供水工程（石家庄至北拒马河段）漕河段征迁安置实施规划》。后因占压范围及实物指标变化，经实物指标复核，河北省水利水电勘测设计研究院编制完成了《南水北调中线京石段应急供水工程（石家庄至北拒马河段）漕河段征迁安置修订规划》。

2005年3月17日，河北省南水北调办印发《关于抓紧做好漕河段开工前各项准备的通知》（冀调水建〔2005〕16号），同意按照河北省水利水电勘测设计研究院编制的《南水北调中线京石段应急供水工程漕河段占迁安置修订规划》中计列的核查成果和补偿标准进行细化补偿。

2005年3月21日，根据河北省南水北调办有关工作要求，河北省水利水电勘测设计研究院编制完成《漕河段工程征迁安置实施方案》，经保定市南水北调工程建设委员会批准，以保市调水〔2005〕1号《关于印发〈漕河段工程征迁安置实施方案〉的通知》，印发至满城县人民政府、市直有关部门。

2005年3月23日，满城县人民政府根据保定市南水北调工程建设委员会批准印发的《漕河段工程征迁安置实施方案》，编制上报了《漕河段工程征迁安置实施细则》。

2005年3月24日，保定市南水北调办对满城县政府关于《南水北调满城县漕河段征迁安置实施细则》进行了审查批复。

4）古运河枢纽工程。2005年2月20日，根据河北省水利水电勘测设计研究院编制的《南水北调中线京石段应急供水工程（石家庄至北拒马河段）古运河枢纽工程征迁实施方案》，石家庄市新华区南水北调办结合本区实际，编制了《古运河枢纽工程征迁补偿费（临控标准）实施办法》，并上报石家庄市南水北调办审批。2005年2月25日，石家庄市南水北调办对《古运河枢纽工程征迁补偿费（临控标准）实施办法》进行了批复。

先期开工古运河枢纽工程兑付方案最终纳入了石家庄市政府石政函〔2006〕42号批复的《南水北调中线京石段工程新华区段征迁安置兑付方案》。

（2）京石段其他工程。2006年3月17日，河北省南水北调工程建设建委会下达了石家庄、保定两市京石段应急供水工程征迁安置任务与投资包干方案。保定、石家庄两市先后于2006年4月21日和24日下达了分县征迁安置任务与投资包干方案，两市政府于2006年5月16日和18日相继批复了沿线各县（市、区）补偿兑付方案，逐级将任务与投资包干至县。

1）石家庄市。2006年3月17日，在河北省政府京石段征迁安置工作会后，石家庄市政府主要领导、主管领导先后6次听取石家庄段投资包干方案汇报。根据市领导指示精神，石家庄市南水北调办组织新华区、正定县、新乐市，根据《南水北调中线京石段应急供水工程占迁安置规划修订报告》和省南水北调工程建设委员会包干方案批复（冀调委字〔2006〕1号），对新华区、正定县、新乐市征迁安置补偿投资和资金缺口进行了详细测算，本着公正合理的原则，初步拟定了3个县（市、区）征迁安置任务与投资包干方案。2006年3月25—30日，对包干方案的分配原则和计算方法充分征求了新华区、正定县、新乐市的意见，在此基础上，完成了包干方案征求意见稿。4月10日，再次征求了3个县（市、区）政府的意见。4月18日，3个县（市、区）政府分别反馈了书面意见。4月22日，石家庄市政府主管领导听取了专题汇报，审查确定了各县（市、区）的包干方案。

2006年4月24日，石家庄市人民政府召开南水北调征迁工作会议，通报了《石家庄市南水北调京石段应急供水工程征迁安置任务与投资包干方案》（以下简称《包干方案》），市政府与京石段沿线3个县（市、区）政府签订征迁安置工作责任状。同日，石家庄市南水北调工程建设委员会印发了《关于下达南水北调中线京石应急供水工程石家庄市段征迁安置任务与投资包干方案的通知》（石调委〔2006〕1号），落实了各县（市、区）征迁安置任务与投资。

京石段沿线3个县（市、区）政府依据《南水北调中线京石段应急供水工程占迁安置规划修订报告（31亿投资包干方案）》《南水北调中线京石段应急供水工程石家庄市永久征地征迁实物指标核查报告》和市南水北调工程建设委员会下达的《包干方案》以及有关征地拆迁政策、规定等，结合各地实际，分别编制了《南水北调中线干线工程征迁安置实施办法》或《南水北调中线干线工程征迁安置兑付方案》，经县（市、区）政府同意后上报石家庄市南水北调工程建设委员会。

2006年5月18日，经石家庄市人民政府第51次常务会议研究，通过3个县（市、区）的南水北调中线干线工程征迁安置实施办法或兑付方案，并以《关于南水北调中线干线工程征迁安置兑付方案的批复》（石政函〔2006〕42号）、《关于南水北调中线干线工程征迁安置实施办法的批复》（石政函〔2006〕37号）、《关于南水北调中线干线工程征迁安置实施办法的批复》（石政函〔2006〕36号）分别批复了新华区、正定县、新乐市的兑付方案或实施办法。

2007年4月，河北省南水北调办分批下达京石段工程二次永久征迁任务后（因首批永久征地面积不足、跨渠桥梁引道新增占地），石家庄市南水北调办组织3个县（市、区）分别编制了南水北调中线京石段工程二次征迁实施方案，经石家庄市政府研究同意，2008年12月，石家庄市南水北调工程建设委员会下达《关于南水北调中线京石段工程二次征地征迁安置实施方案的批复》（石调委〔2008〕4号、2号、3号），分别对新华区、正定县、新乐市的二次征地方案进行批复。

2）保定市。河北省南水北调工程建设委员会下达保定市征迁安置任务与投资包干方案后，为弥补包干资金缺口，保定市南水北调办经请示市政府，采取优化临时用地占地方案，细化补偿标准等措施加以解决。

2006年4月21日上午，保定市人民政府组织召开保定段征迁安置任务与投资包干方案征求意见会议，对即将下达的各县（市）征迁安置任务与投资包干方案进行了研讨，对包干资金的分配、构成和存在问题征求了各县（市）的意见。下午4时，保定市南水北调工程建设委员会召开第三次建委会全体会议，研究并通过了各县（市）征迁安置任务与投资包干方案及资金使用原则、监管程序，将征迁安置任务与投资落实到县（市）。

2006年4月22日，保定市南水北调工程建设委员会印发《关于下达南水北调中线保定段征迁安置任务与投资包干方案的通知》（保市调水〔2006〕1号）。

包干方案下达后，各县（市）依据河北省水利水电勘测设计研究院编制的《南水北调中线京石段应急供水工程征迁安置资金兑付方案编制技术大纲》，组织开展征迁安置补偿资金兑付方案编制工作。2006年5月8日，各县（市）陆续完成兑付方案编制并上报保定市南水北调工程建设委员会办公室。5月14日，保定市南水北调办组织召开兑付方案审查会议。5月16日，保定市南水北调工程建设委员会对总干渠9县（市）政府提交的《南水北调中线分县（市）段

征迁安置资金兑付方案》进行了批复。

(3) 北拒马河段工程。根据相关文件精神，涿州市人民政府组织有关单位，于2006年8月3日完成《关于南水北调中线北拒马河暗渠征迁安置补偿资金的报告》。2006年8月11日，保定市南水北调办以保市调水办〔2006〕112号文进行了批复，确定北拒马河暗渠工程征迁安置包干资金为471.0538万元，资金具体兑付标准参照保定市人民政府批复的总干渠京石段应急供水工程涿州段资金兑付方案执行。

4. 各级补偿投资包干协议

2006年3月，根据《南水北调工程建设征地补偿和移民安置暂行办法》《河北省南水北调中线干线工程建设征地拆迁安置暂行办法》《南水北调京石段应急供水工程占迁安置规划修订报告》和2005年10月27日京石段协调会议纪要，河北省南水北调工程建设委员会研究制定了京石段征迁安置任务与投资包干方案，经河北省政府同意，河北省南水北调工程建设委员会下达了石家庄、保定两市京石段工程征迁安置任务与投资包干方案。

2006年4月5日，保定市政府召开南水北调工程临时用地工作会议，河北省南水北调办、中线建管局、南水北调中线干线河北建设管理处及其所属项目部、河北省水利水电勘测设计研究院、征迁监理、保定市国土资源局、有关县（市）主管县（市）长及南水北调征迁安置主管部门、国土资源局等单位参加会议。会议主要研究部署了各县（市）南水北调征迁任务与投资包干方案的制定及临时用地核查工作。确定了永久征地按照土地部门组卷报批的产值标准以及占地地类和面积、临时用地按照设计批复的产值标准和优化后的数量为依据，由市政府与各县（市）进行任务和投资包干的原则。

2006年4月中旬，保定市南水北调办起草制定《南水北调中线保定段征迁安置任务与投资包干方案》，并征询有关部门意见。2006年4月22日，保定市南水北调工程建设委员会下发《关于下达〈南水北调中线保定段征迁安置任务与投资包干方案〉的通知》（保市调水〔2006〕1号），将征迁安置资金兑付工作全部落实到各有关县（市）。

河北省南水北调工程建设委员会下达石家庄市京石段工程征迁安置任务与投资包干方案后，石家庄市南水北调办立即开展京石段工程分县征迁安置任务与投资包干方案的编制工作。2006年4月21日，石家庄市南水北调工程建设委员会下达了各县（市、区）京石段工程征迁安置任务与投资包干方案。

2006年6月，河北省南水北调办与中线建管局签订《南水北调京石段应急供水工程（石家庄至北拒马河段）建设征地补偿、移民安置任务与投资包干协议书》，协商确定了京石段工程征迁安置任务与投资，明确了双方应承担的责任。

2011年6月，国务院南水北调办批复京石段工程占迁安置规划修订报告后，河北省南水北调办与中线建管局根据征迁安置投资变化，签订了补充协议。

5. 补偿兑付

(1) 控制性建筑物工程。

1) 滹沱河倒虹吸工程。2004年5月19日，正定县人民政府召开干部动员会议，明确各方责任，对赔付各项工作进行详细分工，并对工程涉及的4个村（新村、大孙村、野头、西柏棠）村委会、县农业局、林业局、土地局、城建局相关人员进行了培训。

2004年5月31日，正定县人民政府组织有关部门，按照批复的《滹沱河倒虹吸工程征迁实施方案》和确定的临控标准，开展征迁安置补偿兑付工作。

京石段组卷报批后，正定县按照京石段沿线全县统一标准，补齐了临控标准补偿资金差额。

2）唐河倒虹吸和釜山隧洞工程。根据南水北调中线工程建设进度要求和保定市南水北调工程建设委员会批准的唐河倒虹吸和釜山隧洞工程征迁安置实施方案，保定市南水北调办将两项工程的征地补偿资金下达所涉及县（市），公示结束后，开展资金补偿兑付。

各县（市）根据批复的实施细则，制定详细的资金兑付计划，经征迁监理工程师核定后，按照有关法律法规，将补偿资金全额拨付至所涉村征迁安置补偿资金专设账户上，由所涉乡镇政府牵头组成资金兑付小组，经县南水北调征迁安置主管部门、乡镇政府和村委会三方联合盖章后开始兑付。乡镇政府对资金兑付及土地安置补偿费的使用，实行全过程监督。

3）漕河段工程。永久征地补偿费、安置补助费由满城县南水北调征迁安置主管部门拨付有关乡镇南水北调专用账户，待村委会确定土地补偿费和安置补助费使用方案后，经乡镇政府同意，报县政府批准后，由乡镇政府兑付到位。

临时用地补偿费、永久征地青苗补偿费和地上附着物补偿费，由满城县南水北调征迁安置主管部门拨至相关乡镇南水北调专用账户。满城县南水北调征迁安置主管部门统一印制分户资金补偿兑付卡，并与相关乡镇政府、有关村委会组成资金兑付小组，对临时用地、青苗及地上附着物补偿费，经三方联合盖章后，按分户资金补偿兑现卡，以存折形式由村委会统一兑付。

4）古运河枢纽工程。2005 年 5 月 6 日，石家庄市新华区南水北调办在实物核查的基础上，按照《新华区南水北调古运河枢纽工程征迁补偿费（临控标准）》进行补偿兑付。

补偿兑付中，新华区成立了由区监察局、审计局、财政局、农村工作办公室等相关部门领导参加的补偿兑付审批组，对村集体经济组织的补偿兑付资金实行小组领导审批，对已完成各项兑付程序的补偿项目，兑付前必须经主管区长、常务区长和区长签批后，按照新调水〔2006〕3 号文件规定拨付。同时，新华区成立了征迁兑付工作领导小组、督导小组和保障机构，制定了应急预案。所涉及的各乡也成立了相应机构，负责本辖区征迁、安置、兑付等项工作。区、乡、村实行三级工作责任制，明确责任领导和责任人员，实行区包乡、乡包村、村包户的工作机制。

（2）京石段其他工程。2006 年 3 月 17 日，河北省政府召开征迁安置工作会议，对京石段征迁安置工作进行了安排部署，提出了“四个确保”的总体要求。会后，石家庄、保定两市广泛进行了宣传发动，并按照征地程序，2006 年 4 月底陆续完成了征地补偿兑付方案的编制与审批。随后，京石段全线开展补偿兑付，经过一个多月的艰苦努力，至 2006 年 6 月底，完成了首批 4.6 万亩永久征地补偿兑付任务，及时移交了工程建设用地，实现了省政府提出的“2006 年 5 月底前部分控制性建筑物工程具备进场施工条件，2006 年 6 月底前首批国家批复工程建设用地全部具备进场施工条件”的工作目标。

2006 年下半年至 2007 年年底，陆续完成了桥梁引道、弃渣场、对外连接路等后续 3727.7 亩永久征地补偿兑付任务，保障了工程建设顺利推进。

保定市坚持从实际出发，创造性开展工作，打赢了这场南水北调征迁安置工作的攻坚战。2006 年 5 月底全市 12 项控制性工程用地全部按时交付使用，6 月底圆满完成首批征迁安置任务，实现了省政府确定的“6 月底国家已批复工程具备进场施工条件”的工作目标，走在了全

省前列，得到了市委市政府、省委省政府、国务院南水北调办的高度评价。

石家庄市自2006年5月正式开始补偿兑付，至2007年干渠永久征地基本完成。石家庄市南水北调办为做好征迁资金兑付工作，制定了完善的资金兑付流程。属于村集体经济组织的征迁补偿款，由县（市、区）征迁资金兑付领导小组拨付乡镇南水北调资金专户，由乡镇政府拨付到村；属于个人的补偿资金，由县（市、区）征迁资金兑付领导小组或乡镇征迁资金兑付工作小组直接兑付给权属人；对专项和企事业单位实行协议拆迁兑付，由县级南水北调征迁安置主管部门与产权单位签订补偿协议，依据协议进行资金兑付；对于错漏项等需要变更的，由县级南水北调征迁安置主管部门组织设计单位、征迁监理及乡、村共同核实，并在变更单签字确认，经县级政府同意签批后实施兑付，并报市南水北调办备案。

（3）北拒马河段工程。2006年8月14日，保定市南水北调办下发《关于拨付南水北调中线北拒马河暗渠工程征迁安置补偿资金通知》（保市调水办〔2006〕113号），将北拒马河段工程征迁安置包干资金471.0538万元拨付涿州市南水北调办。

涿州市南水北调办依照核实后的公示表，制定兑付表（一式三份），经征迁监理审核同意后，交涿州市南水北调办主任签字同意，再由市长签字批准。一份留涿州市南水北调办存档，一份交信用联社，一份交乡镇政府。县南水北调办将各村补偿资金，由农业银行按财务管理程序拨付到信用联社各村专用账户，乡镇政府专职会计按兑付表中的内容，逐一填写河北省南水北调办统一印制的分村、分户兑付卡，一村一册，一户一卡，一式两份，一份交涿州市南水北调工程建设委员会办公室存档，一份由村委会发放给被占地户。乡镇政府会同各村村委会委托信用联社将兑付表中各户的补偿款办理成一户一折，由乡镇政府发给各村村委会，再由村委会发放给被占地户，被占地户持存折和公示有效的身份证（或户口本），到信用联社支取现金。村集体的补偿费如需采取现金兑付，须经村民代表大会通过，报乡镇政府同意。

截至2006年8月19日，涿州市南水北调办按照南水北调中线北拒马河暗渠工程征迁安置补偿资金兑付方案，完成永久征地、临时用地及地面附着物补偿资金兑付任务。

6. 农村生产生活安置

（1）控制性建筑物工程。

1）滹沱河倒虹吸工程。

a. 生产安置：南水北调工程建设在正定县境内征收的主要是农民集体所有土地。按照国家、省有关政策，结合实际情况，对被征地农民的生产安置按照“土地补偿费优先用于被征地户，在农村集体经济组织内部合理分配”的原则，由被征地村村民代表大会讨论确定安置方案，经所在乡镇政府同意，报县政府批准后，由县国土、征迁安置主管部门、乡镇人民政府和村集体经济组织实施。因调整土地难以操作，滹沱河倒虹吸工程被征地村生产安置采取货币安置方式。

b. 生活安置：农村居民生活安置主要是房屋搬迁安置，由正定县南水北调征迁安置主管部门会同国土、乡镇政府和村集体经济组织共同完成。县南水北调征迁安置主管部门根据核定的占压房屋数量，会同乡政府和村集体经济组织与被占压户签订迁建协议，明确迁建时间、总费用及支付方式等。县国土部门与乡、村落实宅基地，设计单位完成相应平面设计，县南水北调征迁安置主管部门组织完成基础设施建设，所占房屋由被占压户自行拆除，并在新址重新建设。滹沱河倒虹吸工程涉及的新村采取集中安置方式，其他大孙村、野头和西柏棠村采取分散安置方式。

滹沱河倒虹吸工程生产生活安置人口 619 人。

2）唐河倒虹吸和釜山隧洞工程。唐河倒虹吸和釜山隧洞工程征迁安置实施方案中，确定了安置形式及投资。由于工程对所涉及村影响较小，根据占压耕园地面积，直接采用货币补偿安置方式。土地补偿费用于发展村内生产及公益事业。因土地不能立即调整，在下一轮土地承包调整前，经村委会和失地农户协商达成协议，安置补助费以 5000 元/亩补偿标准一次性补偿给农户，下一轮土地承包再进行调整。

2005 年 6 月，唐河倒虹吸、釜山隧洞两个项目的征迁安置工作全部完成。共计完成生产生活安置人口 495 人，其中唐河倒虹吸生产生活安置人口 248 人，釜山隧洞工程完成生产生活安置人口 247 人。

3）漕河段工程。被征地农户生产安置：按照相关程序，采取货币安置方式。

搬迁户的生活安置：房屋及附属建筑补偿费、搬迁费、场地平整费兑付至搬迁户。宅基地征地费和基础设施补偿费兑付到村集体，由村集体负责落实宅基地，修建农村居民安置地的基础设施。

村组副业安置：漕河段占压的村组副业，据实际情况，安置方式主要是自主安置，房屋及附属建筑补偿费一次性补偿到业主，作为重建费用，由业主自行重建。

漕河段工程累计完成生产生活安置人口 1229 人。

4）古运河枢纽工程。

a. 生产安置：工程所在地石家庄市新华区南水北调征迁安置主管部门经征询乡镇政府和村集体经济组织意见，报区政府同意后，对被征地农户均采取一次性货币补偿安置。

b. 生活安置：采取货币补偿安置方式，对工程占压房屋及附属设施，由新华区南水北调征迁安置主管部门会同乡镇、村集体经济组织与被拆迁户签订拆迁协议，由被拆迁户按协议要求按时自行拆除；新址安置用地，由新华区南水北调征迁安置主管部门协调乡镇、村集体和国土部门落实，并组织完成相关基础设施建设。

古运河枢纽工程完成生产生活安置人口 2882 人。

（2）京石段其他工程。

a. 农民生产安置：河北省规定可以采取本村农业安置、就业安置、投亲靠友安置、自谋职业安置、货币安置、失地农民养老保险安置、异地农业生产安置等几种形式，由地方结合当地实际，依据国家有关法律规定，选取适当方式，妥善进行安置。石家庄市正定县、新乐市采取每年补偿一定损失直至第二轮承包期结束，第三轮承包期再统一调地的安置方式；石家庄市新华区和保定市的 9 个县（市），通过召开村民代表大会讨论决定，均采取了货币安置方式。

b. 居民生活安置：河北省采取由县征迁安置主管部门，会同乡镇人民政府、村集体经济组织和被占压房屋户主，依据土地利用总体规划和城市规划（或村镇规划），选址并制定恢复方案，签订恢复协议，由乡镇人民政府和村集体经济组织（居委会）负责落实宅基地，县南水北调工程建设委员会办公室负责场地平整等基础设施建设，兑付补偿投资，乡镇人民政府和村集体经济组织负责组织被占压房屋户主按期自行拆建房屋。在组织实施中，河北省对南水北调被拆迁农户均采取了本村安置。

c. 村组副业安置：县南水北调征迁安置主管部门委托评估机构进行评估，确定补偿资金

后，采取一次性货币补偿方式进行货币安置。

(3) 北拒马河段工程。

a. 生产安置：因工程占地面积较少，涿州市采取了货币补偿安置。

b. 生活安置：对工程占压的2家工矿企业和2家村组副业、涉及的拆迁房屋及附属设施等，均采取货币补偿安置。由涿州市建设局，国土局，孙庄、东城坊乡镇政府及相关村共同组织实施，经评估与业主签订协议后，给予一次性货币补偿。

为实现减地不减收，涿州市南水北调办委托农业部门，及时对被征迁村进行实用技术培训，内容涉及种、养、加等多个方面，深受群众欢迎。

7. 城市区（集镇）安置

先期开工的5个控制性建筑物工程和北拒马河工程均不涉及城市区（集镇）安置。

京石段其他段工程仅石家庄市涉及少量市区（集镇）居民房屋和单位迁建，安置恢复工作由所辖区县级人民政府组织实施。

石家庄市正定县（集镇）居民房屋和单位迁建的安置恢复工作，由正定县南水北调办委托河北正达房地产评估事务所有限责任公司，对涉及的野头村小学、西柏棠信用社、西柏棠中学、国税局柏棠所、城关供销社柏棠分社、城关供销社柏棠分社棉站、原西柏棠乡政府、野头村委会、石家庄林果技术培训中心9家单位进行评估，确定补偿资金数额后，正定县南水北调办与产权单位签订补偿协议，采取一次性货币补偿方式进行安置。迁建安置用地由正定县南水北调办协调有关部门落实，补偿资金兑付后，由被迁建单位自行复建。

石家庄市新华区涉及占压企业1家，仅占压企业的一部分，经评估确定补偿投资后，采取一次性货币补偿方式进行安置。

8. 专项设施迁建

(1) 控制性建筑物工程。

1) 滹沱河倒虹吸工程。2005年6月，正定县南水北调办组织完成西柏棠弃土场占地原貌恢复。

2005年10月，正定县南水北调办组织完成正定新村高压线路774m迁建恢复和新村、大孙村2252m低压线路迁建，完成水利设施恢复，恢复机井6眼和灌溉管道84m。

2) 唐河倒虹吸和釜山隧洞工程。2004年10月29日，保定市人民政府组织定州市、曲阳县人民政府，南水北调征迁安置主管部门和电力、通信等有关部门，召开南水北调工程占迁安置规划工作会议。会后，各专项设施主管部门，按会议要求分别组织开展占压专项设施恢复方案设计编制工作。保定市南水北调办组织相关部门和专家，对专项部门提出的恢复方案进行审查，并根据审查意见，确定恢复方案与迁建恢复投资。随后，保定市南水北调办逐项与专项设施主管部门，签订迁建恢复协议，明确任务、投资、迁建时间和相关要求，由专项设施主管部门根据工程建设进度和生产经营计划，组织完成专项迁建恢复。

唐河倒虹吸工程共计完成管道迁建25000m，低压线路恢复850m，迁建变压器1台。釜山隧洞工程完成10kV线路迁建210m，低压线路恢复150m，管道迁建500m。

3) 漕河段工程。根据河北省水利水电勘测设计研究院编制完成的《南水北调中线工程总干渠占迁安置实施规划工作大纲》对专项迁建的要求，2004年10月29日，保定市人民政府南水北调工程占迁安置规划工作会议后，保定市南水北调办组织有关专家，审查确定了专项迁建恢复方案与迁建投资，与专项设施主管部门签订了迁建恢复协议，由专项设施主管部门组织完成了专项迁建任务。漕河段工程共迁建恢复输变电线路3条1210m，村属变电线路2420m，通信线路7条，光缆1条，村属有线电视线路500m，各类管道18929.5m。

漕河段工程共占压机电井12眼，按照《满城县漕河段征迁安置实施细则》，农村机井补偿费、小型水利设施补偿费、占压灌溉设施搬迁费三项打捆使用，由满城县南水北调征迁安置主管部门组织完成了灌溉系统恢复工作。

4）古运河枢纽工程。2005年9月14日，石家庄市南水北调办依据河北省水利水电勘测设计研究院编制的《南水北调中线京石段应急供水工程古运河暗渠占迁安置修订规划》，分别与河北移动通信有限责任公司石家庄分公司、河北省长途通信传输局石家庄传输局签订了专项迁建协议。古运河枢纽工程涉及的其他专项，由新华区南水北调办与各专项设施主管单位签订了迁建协议，由专项设施主管部门组织完成专项迁建任务。

古运河枢纽工程涉及移动基站1处、地下电缆560m、低压线路550m、各类管道3500m。根据工程建设进度要求，专项设施主管单位陆续按要求完成了迁建任务。

（2）京石段其他工程。电力、通信、管道等专项设施恢复，由市、县南水北调办与专项设施行业主管部门或业主签订迁建恢复协议，明确补偿投资、迁建时间和技术要求，由行业主管部门或主业按协议要求组织迁建恢复。灌溉设施、连接路、小型水利设施等专项恢复由县南水北调办组织乡镇人民政府和村集体经济组织实施。不需要恢复的专项设施和企事业单位，由县南水北调办将补偿资金按协议拨付给权属所有者。迁建用地由县南水北调办协调国土资源部门落实。

保定市根据河北省水利水电勘测设计研究院编制的《南水北调中线工程总干渠占迁安置实施规划工作大纲》，于2004年10月29日全面启动专项设施迁建恢复工作，随着主体工程建设进展，从不影响工程建设、保障建设顺利的大局出发，各专项部门陆续完成了专项迁建恢复任务，保证了工程建设的顺利进行。

石家庄市专项设施迁建恢复，由各县（市、区）南水北调办按专项权属分别负责组织实施。根据实物复核阶段确定的占压专项数量，由专项设施行业主管部门组织编制恢复迁建项目技施设计，各县（市、区）南水北调办会同专项设施行业主管部门审查确定恢复迁建方案，县（市、区）南水北调办委托审计部门进行工程概预算审核，并依据专项设施隶属关系，分别由市（县）南水北调办与专项设施行业主管部门签订恢复迁建协议，明确迁建投资、迁建时间和技术要求，拨付迁建投资，由行业主管部门按迁建协议和工程建设进度要求，组织专项设施业主在规定时间内实施恢复迁建工作。

京石段其他工程共迁建恢复电力线路242处165.19km，迁建变压器49台，迁建铁塔17座，迁建恢复通信线路179处103km，恢复广播线路10处3.1km，恢复各类管道11处57.85km。

（3）北拒马河段工程。在主体工程施工中，为不影响农田灌溉，涿州市南水北调办委托水利部门及时实施了灌溉系统恢复工作。涿州市水利局通过招标，选定了施工队伍，完成了新打机井2眼、600m防渗渠建设工作。

9. 工业企业迁建

先期开工的5个控制性建筑物工程和北拒马河工程均不涉及工矿企业迁建，京石段其他工

程涉及城镇企事业单位44家2045人和多家农村工副业。企事业单位经评估后确定迁建投资，由县南水北调办与企事业主管部门或企事业法人签订恢复协议，确定补偿投资，由企事业主管部门或企事业法人按协议组织实施，安置用地由县南水北调办协调国土、建设等有关部门落实。对不符合国家产业政策、不符合环保要求、倒闭和不需要重建的企业，采取关、停、并、转及破产方式处理，实行一次性补偿，不再复建。

农村村组副业经评估后，由县南水北调办与权属人签订补偿协议，由权属人自行恢复。至2007年年底，工业企业迁建工作全部完成。

10. 永久用地交付

（1）控制性建筑物工程。

1）滹沱河倒虹吸工程。为保证工程正常施工需要，石家庄市采取按照施工进度分期移交方式，自施工单位2003年10月中旬进场开始，至2004年8月全部完成永久征地移交，累计移交永久征地1118.4亩（其中新村永久征地417.9亩、大孙村永久征地198.1亩、野头村永久征地48.3亩、水务局永久征地294亩、林场永久征地160.1亩）。

2）唐河倒虹吸和釜山隧洞工程。2004年8月30日，徐水县南水北调办将核查登记的北釜山、北合庄、北街三村占压青苗及地面附着物数量进行张榜公布。随即，根据工程建设进度要求，徐水县南水北调办经与乡镇和村集体会商，并和村民代表进行沟通后，组织东釜山乡开展了地面附着物清除工作。东釜山乡抽调专人负责，采取分组包村的办法，与所涉及的三个村干部组成附着物清除小组，督促被占地户清除附着物，于2004年8月30日上午9时正式移交给釜山隧洞项目部使用，9月1日进场施工。

截至2005年6月，唐河倒虹吸工程完成永久征地补偿兑付529亩，釜山隧洞工程完成永久征地补偿兑付467亩，全部按工程进度移交建设管理单位。

3）漕河段工程。根据《南水北调满城县漕河段征迁安置实施细则》，履行公示程序后，满城县南水北调办立即组织资金补偿兑付。至2011年年底，漕河段工程征迁安置工作全部完成，累计完成首批永久征地补偿兑付1489.72亩，二次永久征地364.96亩，全部移交建管单位。

4）古运河枢纽工程。为确保古运河枢纽工程顺利开工建设，石家庄市新华区政府多次召开专题会研究部署，采取积极有力措施，加大工作力度，推动工作顺利开展。区政府与乡、村签订占地协议书后，2005年5月23日，新华区南水北调办完成194亩永久征地的公示、补偿兑付和清表任务，全部交付建设管理单位。2005年5月24日，施工单位开始进场施工。

（2）京石段其他工程。2006年5月底，京石段12个建筑物工程永久征地全部交付建管单位，具备开工建设条件；2006年6月底，京石段首批4.6万亩永久征地全部完成补偿兑付，移交建管单位，全线具备开工建设条件。随后，陆续完成后续4000亩弃土弃渣和零散永久征地补偿兑付，至2008年10月，京石段5.02万亩永久征地全部交付建管单位。

（3）北拒马河段工程。2006年8月21日，中线建管局惠南庄泵站项目建设管理部、涿州市南水北调办与被征占地涿州市东城坊镇西疃村签订了永久征地补偿协议，完成资金补偿兑付工作，移交了征地清单，共提交永久征地217.1亩，全部交付中线建管局惠南庄建设管理部。

11. 临时用地交付和复垦

（1）控制性建筑物工程。

1）滹沱河倒虹吸工程。2003年12月底，正定县南水北调征迁安置主管部门组织完成

1101.7 亩临时用地征用，移交建设管理单位。随后，根据工程建设需要，陆续开展后续临时用地征用，截至工程完工，滹沱河倒虹吸工程累计征用临时用地 2195.732 亩。

临时用地复垦工作，与 2006 年开始的主干渠临时用地复垦工作同步实施，至 2007 年年底，累计完成复垦面积 458.759 亩，全部退还群众耕种。

2）唐河倒虹吸和釜山隧洞工程。2005 年 6 月，唐河倒虹吸、釜山隧洞两个项目完成临时用地征用 643 亩，其中唐河倒虹吸工程完成临时用地 367 亩，釜山隧洞工程完成临时用地 276 亩。工程退还临时用地后，徐水、易县、定州、曲阳四县与 2006 年开始的主干渠临时用地复垦工作同步实施，至 2010 年 11 月陆续完成复垦任务，退还群众耕种。

3）漕河段工程。自 2005 年 9 月至 2011 年年底，漕河段工程累计完成 1127.58 亩临时用地征用任务。2007 年 6 月 26 日，漕河项目建设管理部致函满城县南水北调办，漕河段工程需延期使用临时用地，至 2008 年 5 月底退还。

临时用地使用完毕后，由保定市南水北调办组织满城县南水北调办，开展临时用地复垦退还工作。期间对不规范使用的临时用地，由满城县南水北调办协调建设管理单位，逐块进行整改，直至达到退地复垦条件。至 2008 年年底，漕河段工程临时用地全部完成复垦退还。

4）古运河枢纽工程。自工程进场施工至工程完工，古运河枢纽工程累计完成临时用地征用 450 亩，保证了工程建设顺利进行。临时用地使用完毕后，石家庄市南水北调办组织新华区陆续开展临时用地复垦退还工作，至 2011 年年底，450 亩临时用地全部完成复垦退还任务。

（2）京石段其他工程。京石段其他工程由于临时用地规划在实施过程中，用地位置和数量发生重大变化，河北省各级南水北调征迁安置主管部门，根据各地实际情况，本着实事求是、方便和满足施工、保护耕地、节约用地、节约投资的原则，优化临时用地方案，组织开展相关工作，配合设计单位编制完成了符合实际、群众接受、切实可行的弃土弃渣临时用地征用方案。从保障工程建设用地出发，重点加快取土场和弃土弃渣场征地进度，经现场协调，与建设管理单位达成一致意见的临时用地，均在较短时间内完成征用工作。至工程建设完工，京石段其他工程累计完成临时用地征用 3.69 万亩。加上 5 个控制性建筑物工程，京石段工程累计完成临时用地征用 4.12 万亩。

2008 年 5 月 13 日，河北省南水北调办在保定市组织召开南水北调中线京石段保定段临时用地复垦协调会议，推进保定段临时用地复垦退还进程。

2008 年 6 月 16 日，河北省南水北调办就土地复垦、弃土弃渣、临时用地退还等问题召开座谈会，明确了退还耕地时间。

2010 年 5 月 18 日，河北省南水北调办召开京石段征迁建设工作协调会议，重点对临时用地复垦退还工作进行调度。

保定市境内临时用地规划征用 4.5 万余亩，2006 年 12 月初，根据上报的弃土弃渣占地确认意见，由中线建管局牵头，省、市、县南水北调办、设计和监理单位组成的联合调查组，利用 7 天时间，对境内弃土弃渣占地进行实地查勘，按运距长度逐块确定了弃土弃渣场临时用地面积及地块，同时确定了临时用地变更为永久征地的数量规模。后经水规总院审查，保定市境内临时弃渣场需变为永久征地数量共计 2735 亩，其中顺平 591 亩、满城 256 亩、徐水 1135 亩、易县 424 亩、涞水 329 亩。其他均按临时用地进行征用，累计完成临时用地征用 2.76 万亩，陆续移交建设管理单位。

由于石家庄市位于平原区，土质较好，没有临时用地变更永久征地的情况，石家庄市境内临时用地累计完成征用1.36万亩。

临时用地复垦退还工作，由石家庄市、保定市南水北调办组织实施。保定市南水北调办组织设计单位编制复垦设计报告，经审查后，按工程建设程序组织实施，并于2011年年底前陆续完成1.82万亩临时用地复垦验收和退还工作。石家庄市南水北调办组织沿线县（市、区），采取两种模式：一种模式由县（市、区）南水北调办按工程建设程序，招标确定专业队伍组织实施，验收后退还村集体经济组织；另一种模式由村集体经济组织按复垦方案自行复垦，石家庄市累计完成临时用地复垦面积1.28万亩。

截至2013年6月，京石段工程3.1万亩需要复垦的临时用地，全部完成复垦退还任务。

（3）北拒马河段工程。2006年8月21日，中线建管局惠南庄泵站项目建设管理部、涿州市南水北调办与被征地涿州市东城坊镇西疃村签订了临时用地协议，共征用临时用地100.609亩。

2008年7月18日，保定市南水北调办组织有关专家对《南水北调中线涿州段土地复垦项目规划设计报告》进行了审查，并以保市调水办〔2008〕116号文予以批复。

2009年3月31日，涿州市南水北调复垦连接路建设项目部与施工单位签订了施工承包合同。由于南水北调总干渠工程建设二次征地，部分临时用地变为永久征地，保定市南水北调工程建设委员会办公室保市调水办〔2009〕117号文对涿州市临时用地复垦面积和投资进行了核减，核减后北拒马河暗渠复垦面积为16.245亩。

2009年5月，涿州市南水北调办按程序确定了施工单位，由施工单位按复垦方案组织实施并通过验收后，涿州市南水北调办将临时用地全部退还群众耕种。

12. 用地组卷报批

（1）控制性建筑物工程。2005年4月前，河北省根据工程建设的紧迫形势，按先行用地方式，履行相关程序后，组织征用了5个先期开工控制性工程3798亩永久征地，并办理了先行用地手续。

（2）京石段其他工程。2005年6月29日至8月20日，随同实物指标复核，沿线12个县（市、区）南水北调办配合国土资源部门，陆续完成了勘测定界工作。

2005年10月底，国家确定河北省京石段征迁补偿投资按31亿元包干使用后，河北省南水北调办与省国土资源厅于2005年10月31日组织石家庄、保定两市及京石段沿线12个县（市、区）南水北调征迁安置主管部门和国土资源部门召开京石段征迁安置工作会议，对京石段工程永久征地组卷报批工作进行了部署。

经过地方各级南水北调征迁安置主管部门和国土资源部门的协同奋战，河北省于2005年12月完成了首批4.6万亩永久征地组卷工作，报国土资源部审批。2006年2月27日，国土资源部下达了《关于南水北调中线京石段应急供水工程建设用地的批复》（国土资函〔2006〕169号）。

2010年5月18日，河北省南水北调办召开京石段征迁建设协调会议，对京石段进行后续二次组卷工作，要求各市积极与国土资源部门展开对接，做好组卷各项准备工作。

2010年7月29—30日，河北省南水北调办组织召开京石段征迁遗留问题协调会议，安排调度二次征地组卷工作。

2015年11月26日，按照国土资源部和国务院南水北调办工作部署，河北省国土资源厅与河北省南水北调办沟通后，分别向市（县）国土资源局和南水北调办布置京石段二次组卷报批工作。针对京石段工程二次组卷工作中遇到的实际问题，2016年1月14日，河北省南水北调办会同河北省国土资源厅，联合召开南水北调中线干线工程征地组卷工作调度会议，对组卷工作中遇到的有关问题进行了研究协调。

2016年5月31日，河北省南水北调办配合河北省国土资源厅完成了京石段二次组卷汇总工作。2016年6月17日，经河北省人民政府批准，京石段二次组卷材料报国土资源部审批。

13. 档案管理

2003年11月23日，河北省南水北调办正式成立。2004年5月，机构正式组建到位，开始履行职能。办公室内设5个职能机构，其中综合处负责机关档案管理工作。设专职档案员1人，各处兼职档案员6人。在原南水北调筹备处办公室档案库房的基础上，新增库房40m²，并随着档案数量的增加，即时添置了档案柜具等专用设备。2004年引进了科怡档案管理软件（网络版）。

在尚未出台征迁安置档案管理办法前，河北省地方各级南水北调办征迁安置档案整理、归档，严格按照国家档案局和省相关规定执行。《南水北调工程征地移民档案管理办法》和《河北省南水北调中线干线工程征迁安置档案管理办法》印发后，河北省各级地方南水北调办公室按照征迁安置档案管理办法规定，按综合管理、前期规划、实施管理、会计和实物5大类，收集、整理和归档档案。

京石段工程涉及的石家庄、保定两市档案基本和省级归档模式相同，由其综合处统一整理归档。沿线各县（市、区）南水北调征迁安置档案整理归档，均采取单独设立档案室，归档征迁安置基础档案。

征迁监理档案已于2014年6月底前完成归档验收，并移交有关市南水北调办。石家庄市各县（市、区）正在进行档案归档，保定市已在各县（市）完成档案自验的基础上，完成市级档案验收。

14. 变更管理

（1）控制性建筑物工程。先期开工项目涉及的设计变更，均为一般变更，主要为树木、坟墓、临时用地、青苗补偿等实物量变更，无重大设计变更。

对一般设计变更，如实物核查出现的错漏项、群众投诉或举报实物数量变化、单项工程变更引发的征地及相应实物数量变化等，由县（市、区）南水北调征迁安置主管部门、设计代表、监理人员和相关单位有关人员进行现场核实处理。

（2）京石段其他工程。京石段工程作为南水北调中线干线率先开工项目，征迁安置工作客观上是在主体工程设计不完备、征迁安置规划设计方案不完善的特殊情况下组织实施的，造成征用地设计方案发生许多变化，出现了一些重大设计变更。

1）临时用地弃土弃渣方案变更。京石段工程河北省境内弃土总量4428万m³，弃渣总量1399万m³，松方弃土弃渣总量8030万m³。按国家批复的设计原则，总干渠渠道开挖弃土弃渣按临时用地、沿渠道就近堆高3m后复垦，不仅不符合耕地保护有关政策，同时由于对耕作影响较大，群众难以接受，规划设计临时用地方案不得不进行调整变更。经国务院南水北调办多次协调，河北省南水北调办与中线建管局商定，本着“方便和满足施工、保护耕地、节约用

地”的原则，多方探寻解决途径，在总干渠两侧，利用废弃坑塘、低洼地、未利用地和较差耕地等，多渠道分散堆放弃土弃渣。市、县南水北调办会同设计、监理、建管单位，按此意见协商落实了绝大部分的临时用地弃土弃渣方案。对部分弃渣无法按临时用地解决的，采取重大设计变更，变临时用地为永久征地。设计单位编制完成《京石段工程弃土弃渣场占地变更设计方案》，经水利部水规总院审查、发展改革委核定投资后，国务院南水北调办于2007年9月以国调办投计〔2007〕116号文件批复了设计变更方案，增加弃渣场永久征地2735亩。

2）桥梁设计方案变更。京石段工程征迁安置规划设计受当时客观条件影响，仅考虑了131座交通桥的布设方案，未考虑桥梁设计规模与地方经济发展及交通规划的衔接问题，更没考虑生产桥设置问题。在征迁安置实施过程中，补充完善了交通桥梁设计方案，落实了110座生产桥设置方案，国家发展改革委于2007年6月批复了生产桥初步设计报告。

3）异地安置方案变更。京石段工程初步设计批复的征迁安置规划中涉及15个极重度影响村，2330人需要异地安置。在征迁安置实施过程中，保定市和有关县（市）在进行征地组卷报批及制定具体补偿安置方案时，根据群众意愿，将异地安置方案变更为本村补偿安置方案，变更后的方案得到市县政府的批准，并通过国土资源部组卷报批。有关县（市）已于2006年7月按本村安置方案，将补偿资金兑付到被占地村集体经济组织。

4）灌区恢复方案变更。京石段工程征迁安置规划设计中的唐县环山渠灌区、易县易水灌区和垒子灌区，采取以井灌替代地表水的灌溉恢复方案，因多方原因无法实施。对此，设计单位经过方案比选，征求市、县南水北调办和有关乡镇、村意见，重新确定了灌区地表水灌溉恢复方案，并经中线建管局和河北省南水北调办同意，按变更后的地表水灌溉恢复方案进行了实施。

5）部分专项设施迁建设计变更。京石段工程由于桥梁设计方案发生变更，导致与桥梁建设位置相关的部分专项设施迁建设计发生变更，也存在一部分已经完成迁建的专项设施不得不进行二次迁建。依据桥梁设计变更后的主体工程技术参数，对受影响的专项设施重新进行了迁建设计，按程序审查审批后，组织开展迁建恢复工作。

（3）北拒马河段工程。在征迁安置补偿中，没有发生设计变更。

15. 监督评估

（1）监理工作。

1）监理工作程序：①依据监理合同组建现场监理机构并配备监理人员，在合同约定的时间，将监理人员派驻现场；②依据征迁安置规划或实施方案，编制监理规划和实施细则，报河北省南水北调办审批后实施；③将监理人员姓名和工作范围报送河北省南水北调办，由河北省南水北调办通知市、县南水北调办和实施单位；④在开展现场监理工作前，向有关部门和实施单位说明工作程序和工作方法；⑤采取实际检查、现场调查、座谈等方法开展工作；⑥在完成监理合同约定的全部工作后，退还全部设计文件，并将监理档案和监理日志按规定进行移交。

2）监理工作主要内容：按照河北省南水北调办印发的《南水北调中线干线工程河北境内征迁安置监理工作导则》规定，征迁安置监理工作的主要内容包括“三控制、两管理、一协调”，即：进度控制、质量控制、投资控制，合同管理、信息管理，监理协调。现场监理的方法采取检查、抽查、座谈、询问、统计和监理日志等手段。

在监理单位进场后，由总监理工程师组织有关人员编写征迁安置监理规划，在此基础上，专业监理工程师编制监理实施细则，经总监理工程师批准后报河北省南水北调办审批，作为开展监理工作的依据。

根据南水北调中线干线征迁安置工程特点，监理单位的主要任务是对永久征地、临时用地、被征地群众生产生活安置、地面附着物补偿、城（集）镇和企事业单位及专项设施迁建恢复等项目实施进度、质量、投资控制，进行合同和信息管理，协调有关单位之间的关系，对实施方进行技术咨询，并监督政策执行情况。

3）监理报告主要内容：①向委托单位报送监理月报、阶段或专题报告、报表、计划等监理文件；②各单项工程验收和总验收，提交监理工作报告；③监理工作结束时，提交监理工作总结报告。

（2）监测评估工作。

1）监测评估工作程序：①依据监测合同，在约定时间内向河北省南水北调工程建设委员会办公室提交《监测评估大纲》；②按批准的工作大纲，在外业工作开展前，向有关部门和实施单位说明工作程序和工作方法；③通过抽样调查、座谈等形式收集评估所需资料；④分析调查资料，编制评估报告。

2）监测评估工作主要内容：通过对实施过程中的跟踪调查，并与征占前基本情况和规划目标对比分析，从而对征占后的影响、效果及规划目标是否实现做出评估；对征占实施活动中发现的问题，分析原因，提出建议，并提请项目法人、实施机构及有关各方注意，为领导科学决策提供参考。

3）监测评估报告主要内容：①实施安置组织机构效能评价；②实物量指标监测与评估；③进度监测与评估；④资金兑付和使用监测与评估；⑤生产安置监测与评估；⑥生活安置监测与评估；⑦企事业单位迁建监测与评估；⑧专项设施恢复监测与评估；⑨宣传与培训评估；⑩意见与申述渠道是否畅通评估；⑪社会影响评价。

（3）控制性建筑物工程的监督评估。滹沱河倒虹吸工程于2003年12月30日开工，其他4个设计单元工程分别于2004年和2005上半年开工，当时国务院南水北调办尚未出台相应监理办法，加上时间紧迫，同时考虑每个项目核定的监理监测费用均不足50万元，因此将古运河枢纽工程、滹沱河倒虹吸工程、唐河倒虹吸工程、漕河段（吴庄隧洞、漕河渡槽和岗头隧洞）工程、釜山隧洞工程等5项工程的征迁监理工作合在一起，直接委托天津冀水工程咨询中心负责。

天津冀水工程咨询中心监理部核查期间全过程旁站监理，并在征迁实施过程中，认真履行投资、进度和质量控制，做好合同管理，配合南水北调征迁安置主管部门协调各方面关系，为征迁安置工作的顺利实施发挥了应有的作用。

（4）京石段其他工程的监督评估。京石段其他工程共划分3个监理标和1个监测标。2006年1月14日，依据《南水北调工程建设征地补偿和移民安置监理暂行办法》和《南水北调工程建设移民安置监测评估暂行办法》，中线建管局会同河北省南水北调办，在河南省郑州市对京石段监理监测评估进行了公开招标。经公示并报国务院南水北调办同意后，2006年3月，中线建管局会同河北省南水北调办与中标单位签订了合同，河北省水利水电工程监理咨询中心、吉林松辽工程监理有限公司、河北天和监理有限公司、江河水利水电咨询中心分别从事监理一标、二标、三标征迁安置监理和京石段征迁安置监测评估工作。

河北省水利水电工程监理咨询中心负责石家庄市新华区、正定县、新乐市段征迁安置监理

工作；吉林松辽工程监理有限公司负责保定市满城、顺平、唐县、定州和曲阳县段征迁安置监理工作；河北天和监理有限公司负责保定市涿州、涞水、易县和徐水县段征迁安置监理工作。江河水利水电咨询中心负责京石段征迁安置监测评估工作。

在招标过程中，对监理监测评估单位资质均按中线建管局招标文件约定进行了严格审查，单位资质均为水利水电工程甲级资质。合同签订后，监理和监测评估单位立即进场从事监理监测工作，成立了现场监理部和分县监理组等，经培训后开展相应工作，在从事监理工作中，要求各监理单位进驻人员在10人以上，除制定了相应制度外，河北省南水北调办还制定印发了监理工作指导意见、监理月报制度和监理细则。

征迁安置监理和监测评估单位在征迁安置组织实施中实行全过程参与。依据有关制度要求，监理单位对各县征迁安置工作实行全程监理，对永久征地、临时用地、被征地群众生产生活安置、地上附着物补偿、城（集）镇和企事业单位及专项设施迁建恢复等项目，实施进度、质量、投资控制，进行合同和信息管理，协调有关单位之间的关系，对实施方进行技术咨询，并监督政策执行情况。工作中，监理单位不仅要掌握工作进度情况，核实相关数据，监督政策执政，还要对关键程序、重要环节和设计变更等进行审核并签署意见，跟踪补偿兑付及资金流向，确保资金使用合理，确保补偿资金按政策足额兑付到位。京石段征迁安置监理监测工作，各监理和监测评估单位认真负责，及时提供相关信息，较好地发挥了监督作用。

（5）北拒马河段工程。北拒马河段工程征迁安置任务和投资较少，涿州市南水北调办委托河北省天和监理有限公司作为项目监理单位。

（二）邯石段工程

邯石段工程初步设计分穿漳河交叉建筑物、邢石界至古运河南渠段、邯邢段三部分。2009年2月6日，国务院南水北调办批复了《南水北调中线一期工程总干渠穿漳河交叉建筑物初步设计报告》。2009年6月6日，国务院南水北调办批复了《南水北调中线一期工程总干渠漳河北至古运河南邢石界至古运河南渠段工程初步设计报告（技术方案）》（国调办投计〔2009〕111号）和《南水北调中线一期工程总干渠漳河北至古运河南邯邢段工程初步设计报告（技术方案）》（国调办投计〔2009〕113号）。2009年11月12日，国务院南水北调办批复了《南水北调中线一期工程总干渠漳河北至古运河南邢石界至古运河南渠段工程初步设计报告（概算）》（国调办投计〔2009〕205号）和《南水北调中线一期工程总干渠漳河北至古运河南邯邢段工程初步设计报告（概算）》（国调办投计〔2009〕206号）。

1. 实物指标复核

（1）邯郸市。邯郸市人民政府于2009年7月21日召开征迁安置工作会议，8月14日分南北两个工作组启动勘界核查工作。工作组由邯郸市南水北调办、设计单位、监理单位、邯郸市国土资源测绘中心、沿线县（区）南水北调办和县直相关部门、专项设施主管部门、沿线乡镇政府、村委会有关负责人及埋桩队、沿线群众等有关人员组成，两个组每天出动300人次，不畏酷暑高温，每天徒步往返十几千米，至9月12日，邯郸段73.3km（不含邯郸市区段）1.57万亩勘界核查外业工作全部结束，历时30天。

2009年9月17日，邯郸市南水北调办组织有关单位，经过一天的努力，顺利完成了穿漳倒虹吸工程征迁实物复核和勘测定界工作，复核永久征地面积126.8亩。

2010年12月1日，南水北调中线工程邯郸市区段征迁安置实物复核工作全面启动，至12月3日，用3天时间，邯郸市完成了市区段3个县（区）6.65km、1150.5亩永久征地的勘测定界和实物复核工作。

根据中线建管局会议纪要（〔2012〕72号）精神和河北省南水北调工程建设委员会办公室的安排部署，邯郸市南水北调办于8月23—29日，完成了邯郸市需新征地的29座桥梁引道500.71亩征地的勘测定界和实物核查工作。

根据核查成果，邯石段工程邯郸段永久征地17293亩，拆迁各类房屋面积75051m^2；涉及村组副业119家，城镇单位4家，企业8家；占压机井600眼，坟墓22862座，树木79.8万株；迁建输电线路143条55.82km，通信线路116条28.52km，广播电视线路11条3.45km，各类管道25条6.19km。

（2）邢台市。邢台境内南水北调中线工程全长93.3km，途经沙河、桥西、邢台县、内丘、临城5个县（市、区）16个乡镇89个村。2009年8月3日，邢台市南水北调办组织召开南水北调征迁安置培训会议，对南水北调征迁工作人员，通信、电力、交通、林业、国土、监理等单位有关人员进行了政策业务培训。2009年8月11日，邢台市人民政府召开动员会议，对南水北调征迁安置工作进行了动员部署。

2009年8月12日，邢台市段沿线实物核查勘界工作全线启动。由邢台市南水北调办牵头，河北省水利水电第二勘察设计研究院负责技术指导，县有关部门、征迁监理单位，乡镇、村全程参与。为保证征迁进度和核查质量，核查队员白天放桩调查，夜晚汇总资料，不分昼夜，连续作战，经过25天的艰苦奋战，于2009年9月10日全部完成核查任务。

根据核查成果，邯石段工程邢台段永久征地24485亩，拆迁各类房屋119700m^2；涉及村组副业180家，城镇单位15家，企业19家；占压机井438眼，坟墓17762座，树木73.47万株；迁建输电线路198条96.63km，通信线路155条43.61km，广播电视线路28条8.92km，各类管道17条9.46km。

（3）石家庄市。石家庄市区段为解决和城市基础设施同步建设问题，拟定采取先行用地方式，先期开工建设邯石段工程石家庄市区段。经过多方协调沟通，中线建管局同意后，石家庄市政府于2009年6月22日召开市区段先行用地征迁工作会议，部署了市区段（桥西区、新华区、鹿泉市）率先启动征迁安置工作。

2009年6月26日，石家庄市南水北调办组织启动石家庄市区段实物指标核查工作，2009年6月底完成了市区段12km永久征地勘界核查任务。根据实物指标复核成果和确定的临控补偿标准，石家庄市南水北调办组织编制完成了市区段先行用地补偿方案。2009年9月9日，石家庄市人民政府第29次常务会议研究并原则同意了先期征迁补偿方案。

2009年10月10日，石家庄市人民政府召开南水北调中线干线古运河以南段工程征迁安置工作会议，部署石家庄以南段征迁安置工作，要求10月底全面完成古运河以南段外业核查工作。10月13日，石家庄市南水北调办组织6个县（市、区）有关人员进行征迁核查培训。10月14日，石家庄市南水北调办组织6个县（市、区）、设计、监理以及电力、通信、交通、国土、林业等单位有关技术人员120多人进地入户，全面展开古运河以南段征迁实物核查工作。至2009年11月12日，历时30天，6个县（市、区）全部完成核查工作。

根据核查成果，邯石段工程石家庄段永久征地15857亩，占压树木97.78万株，机井411

眼，坟墓22388座；拆迁各类房屋面积101798m²，拆迁农村副业116家，单位、工矿企业31家，输电线路99处27.6km，通信线路139处58.42km，广播电视线路5处1.72km，影响较大的排水管道21处8.27km。

2. 公告公示

邯石段工程沿线各县国土资源部门会同县征迁安置主管部门，将批准征地机关、批准文号、征收土地的用途、范围、面积、征地补偿标准、农业人口安置办法和办理征地补偿的期限等，在被征收土地的乡镇、村予以公告。

征迁安置补偿公示由县南水北调办组织，公示内容为补偿标准、地上附着物数量、补偿金额等。公示内容经征迁监理单位审核后，由县南水北调办组织人员，在相关村的政务公务栏张贴公示，为期3天，公示内容无误、无异议的，进入补偿兑付程序。

对公示内容有异议的，按职责分工解决。涉及土地分解入户问题的，由乡、村负责解决；涉及地类及权属争议的，由县国土资源局负责解决；涉及地上附着物的，由县南水北调办负责解决；若出现错漏项，按一般变更处理解决，由乡、村、户等提出人上报错漏项目，县南水北调办组织设计、监理单位进现场核实，填写《错、漏项现场核查单》《南水北调中线工程征迁安置补偿反映、争议、投诉、举报等问题受理单》和《南水北调中线工程征迁安置补偿变更单》，对变更后实物量及资金的变化进行登记处理，落实变更资金，办理错漏项目受理和变更手续，再次进行公示，无异议后办理反馈手续，由错漏项目提出人签收。

邯石段工程征迁安置永久征地补偿公示工作于2010年1月初开始，各县根据工作进度陆续进行，公示工作于2010年2月下旬全部结束。

以邯郸市磁县为例，2010年1月1日，磁县南水北调办开始启动补偿兑付公示工作，根据实物指标复核成果、兑付方案及各村永久征地划分册，对全县涉及的6个乡镇37个行政村及种畜场、漳河林场两家国有单位的补偿资金，逐村逐户进行计算，制定公示明细表10000余张，经征迁监理审核确认后，于2010年1月6日在各村进行张榜公示，至1月9日公示结束，公示时间3天。

3. 实施方案的编制与批复

邯石段工程征迁安置实施方案编制工作于2009年7月开始启动。河北省南水北调办专门成立3个包市督导组，督导、检查、指导征迁安置实施方案编制工作，协调解决方案编制中遇到的有关问题。经逐级审查并征求有关部门意见，2009年12月19日，河北省南水北调工程建设委员会下达了《关于南水北调中线一期工程总干渠邢台市段征迁安置实施方案的批复》（冀调委字〔2009〕3号）；2009年12月31日，河北省南水北调工程建设委员会下达了《关于南水北调中线一期工程总干渠邯郸市段征迁安置实施方案的批复》（冀调委字〔2009〕4号）；2009年12月31日，河北省南水北调工程建设委员会下达了《关于南水北调中线一期工程石家庄南段总干渠征迁安置实施方案的批复》（冀调委字〔2009〕5号）。

（1）邯郸市。2009年7月21日，邯郸市南水北调办组织召开南水北调中线工程邯郸段征迁安置工作座谈会议，传达省南水北调征迁安置工作会议精神，对南水北调中线邯郸段征迁安置实施方案的编制工作进行部署，征迁安置实施方案编制工作正式展开。

2009年8月4日，邯郸市南水北调办组织召开南水北调邯郸段征迁安置实施方案培训会议，邀请河北省水利水电第二勘测设计研究院、邯郸市国土资源局、邯郸市林业局有关领导、专家，对有关政策和技术问题分别进行了讲解培训。9月16日，又邀请河北省南水北调办有关处室负责同志，就沿线5个县（区）征迁安置实施方案编制作了进一步讲解。河北省南水北调办有关领导，多次到邯郸市进行调研，指导实施方案编制和有关数据测算工作。

2009年10月28日，邯郸市南水北调办召开专题会议，对各县（区）上报的征迁安置实施方案进行专题研究。12月22日，邯郸市政府召开市长办公会议，专题研究审查了邯郸市南水北调征迁安置实施方案，特别对各县（区）土地补偿方案、征迁奖励办法、召开征迁动员大会、成立征迁指挥部等问题进行研究，会议审查通过了征迁安置实施方案。12月23日，上报河北省南水北调工程建设委员会审批。

2009年12月31日，河北省南水北调工程建设委员会对《南水北调中线一期工程总干渠邯郸市段征迁安置实施方案》进行了批复，原则同意该实施方案，同意按实施方案概算投资包干使用等八条批复意见。

2009年12月4日，邯郸市南水北调办在磁县举办兑付方案编制培训班，组织开展各县（区）兑付方案编制工作。各县（区）2010年1月5日前完成兑付方案编制。

2010年1月6—7日，邯郸市南水北调办组织有关专家，分别对各县（区）征迁安置兑付方案进行了审查。2010年1月11日，邯郸市人民政府对各县（区）征迁安置兑付方案进行了批复。

2010年12月12日，复兴区、邯山区、邯郸县完成市区段兑付方案编制和上报，2010年12月下旬，邯郸市人民政府分别对邯郸县、复兴区、邯山区征迁兑付方案进行了批复。

（2）邢台市。按照《南水北调中线干线河北省境内工程征迁安置实施方案编制大纲》要求和河北省南水北调办工作安排，河北省水利水电第二勘测设计研究院会同邢台市及沿线县（市、区）南水北调办，于2009年12月完成了《南水北调中线一期工程总干渠邢台市段征迁安置实施方案》编制工作。

2009年12月19日，河北省南水北调工程建设委员会对《南水北调中线一期工程总干渠邢台市段征迁安置实施方案》（简称《征迁安置兑付方案》）进行了批复。

邢台市南水北调办依据批复的征迁安置实施方案，组织县（市、区）完成了《征迁安置兑付方案》编制工作。方案编制中，坚持以人为本，在严格执行国家政策、标准的同时，充分征求村民意见，并与权属人沟通，维护和保障群众利益。通过上下对接，左右对比，合理确定补偿标准和安置方式。为确保沿线5个县（市、区）征迁安置兑付方案具有可操作性，规范征迁安置工作程序，确保各项政策落到实处，邢台市南水北调办组织有关专家，对5个县（市、区）征迁安置兑付方案进行了细致审查。至2010年1月3日，完成征迁安置兑付方案专家审查。随后，陆续由县（市、区）人民政府批准执行。

以内丘县为例，2010年1月1日，内丘县南水北调办组织编制《南水北调中线一期工程总干渠内丘段征迁安置兑付方案》，方案编制以《南水北调中线一期工程总干渠邢台市段征迁安置实施方案设计报告》为依据，以实物占地指标复核为基础，逐类逐项进行了分析研究，并根据县情、民情、风俗习惯，对实施方案所列部分项目单价作出了细化调整，使其更加贴近实际、贴近民意、贴近县情，增加了兑付方案的可操作性。

（3）石家庄市。按照河北省南水北调办2009年11月25日协调会议要求，河北省水利水电勘测设计研究院会同石家庄市及沿线县（市、区）南水北调办，在完成外业核查工作的基础

上，结合总干渠占压实际和初步设计批复，编制完成了《南水北调中线一期工程总干渠邢石段石家庄市征迁安置实施方案》。在实施方案编制过程中，6个县（市、区）全程参与，充分考虑了各县（市、区）的实际情况。

2009年12月15日，石家庄市人民政府召开征迁安置调度会议，对石家庄市征迁安置实施方案征求了有关县（市、区）意见。考虑到石家庄市境内在建的基础设施工程永久征地执行区片价补偿标准，南水北调干线工程执行《大中型水利水电工程建设征地补偿和移民安置条例》，初步设计批复的永久征地补偿标准低于区片价，为维护被占地群众切身利益，经市政府研究，石家庄市对古运河南段工程永久征地补偿标准进行了调整，调整后增加的投资从包干资金中调剂解决。

征迁安置实施方案经征求有关县（市、区）意见，完善修改并经市政府同意上报后，2009年12月31日，河北省南水北调工程建设委员会以冀调委字〔2009〕5号批复了石家庄市古运河以南段征迁安置实施方案。

在征迁安置实施方案上报的同时，为加快兑付方案编制工作，2009年12月29日，石家庄市南水北调办组织6个县（市、区）召开会议，安排部署兑付方案编制工作。2010年1月15日，6个县（市、区）依据国家、地方有关政策和省南水北调工程建设委员会批复的征迁安置实施方案，陆续完成了兑付方案编制。

2010年1月17—19日，石家庄市南水北调办组织召开征迁安置兑付方案审查会议，对6个县（市、区）兑付方案进行了审查。按照审查意见，各县（市、区）对征迁安置兑付方案进行了修改完善，并以县（市、区）政府文件上报。经石家庄市南水北调办审查，2010年1月21日，石家庄市南水北调工程建设委员会分别以石调委〔2010〕1号、2号、3号、4号、5号、6号文件批复了高邑、赞皇、元氏、鹿泉、桥西、新华6个县（市、区）征迁安置兑付方案。

4. 各级补偿投资包干协议

依据河北省南水北调工程建设委员会批复的邯郸、邢台、石家庄市征迁安置实施方案，经河北省南水北调办分解核定各市征迁安置任务与投资，2010年1月，河北省南水北调办陆续下达了邯郸市、邢台市、石家庄市征迁安置任务与投资计划，投资计划总额由各市包干使用。

2010年4月，河北省南水北调办与中线建管局协商签订《南水北调中线一期工程总干渠漳河北至古运河南段工程建设征迁安置任务与投资包干协议书》和《南水北调中线一期工程总干渠穿漳河交叉建筑物（河北部分）建设征迁安置任务与投资包干协议书》，确定了邯石段工程征迁安置任务与投资，明确了资金使用管理和双方责任。

2010年10月12日，中线建管局、河北省南水北调办和河北省电力公司三方协商签订《南水北调中线一期工程总干渠漳河北至古运河南段、天津干线河北段（保定段）电力专项设施迁建工程任务与投资包干协议书》，明确了迁建任务与各方职责。

2011年10月12日，中线建管局与河北省南水北调办协商签订《南水北调中线一期总干渠邯邢段压覆矿业权及有形资产补偿协议书》。

5. 补偿兑付

(1) 邯郸市。2009年12月30日，邯郸市人民政府召开南水北调中线干线工程邯郸段征迁安置工作动员大会，传达河北省南水北调工程建设委员会第三次全体会议精神，动员各县（区）、各部门强力推进邯郸段征迁安置工作，确保2010年2月底完成征迁安置任务。

为调动各级、各有关部门的工作积极性，邯郸市政府制定了《南水北调征迁安置工作奖惩办法》，奖励范围是征迁安置工作成绩突出的县（区）人民政府、直接配合征迁工作的邯郸市市直属有关单位，并制定了县（区）政府和市直属单位的受奖条件。对没有按时完成征迁任务的县（区）和市直属单位通报批评，对延期交地的县（区），每延长1天，作出扣除调剂资金10万元的处罚。

邯郸市全市动员大会后，各县（区）和邯郸市直属有关部门陆续召开动员会议。各县（区）与乡镇、乡镇与村层层签订责任状，层层动员，落实任务责任。在补偿兑付工作中，邯郸市有关县（区）严格按照公开、公平、公正的原则，全程透明运作，严格兑付程序，确保不少补群众一分钱、不多花国家一分钱。市、县南水北调办工作人员，克服时间紧、任务重等困难，精心细心工作，在短时间内圆满完成资金补偿兑付任务。对于错漏项，严格按程序报批审查后进行兑付。至2010年1月15日，邯郸市段永久征地补偿兑付任务（除市区改线段外）全部完成。补偿兑付仅用了16天，完成73.3km 79个村15710亩永久征地的补偿兑付和地面附属物的清除工作。

市区改线段方案确定后，邯郸市南水北调办立即组织开展市区改线段补偿兑付工作。截至2015年12月底，邯郸市共完成17628.3亩永久征地补偿兑付任务，其中工程占地17537.1亩，安置用地73.7亩，管理处占地17.4亩。

（2）邢台市。2009年12月23日，邢台市人民政府召开南水北调征迁实施紧急动员会议，要求各级各部门认清形势，自我加压，决战一个月，确保春节前完成征迁安置补偿兑付任务，实现市政府提出的“保3争2”（确保3月底、争取2月底完成永久征地补偿兑付和用地移交）征迁目标。

2009年12月30日，邢台市境内补偿兑付工作全面展开。至2010年1月底，邢台市境内总干渠21032亩永久征地补偿兑付任务全部完成，地面附着物全部清除，具备了进场开工条件。桥梁设计方案确定，邢台市南水北调办立即组织开展桥梁引道征地补偿兑付，截至2015年6月底，共完成23237.1亩永久征地补偿兑付任务。

（3）石家庄市。2010年1月9日，石家庄市人民政府召开南水北调征迁安置工作会议，落实县（市、区）责任，全线开展补偿兑付工作。

2010年1月15日，石家庄市人民政府召开南水北调征迁安置工作调度会议，要求各县（市、区）2月底前完成永久征地补偿兑付任务。

2010年2月4日，石家庄市人民政府再次召开南水北调征迁安置调度会议，对永久征地补偿兑付工作进行协调调度。

至2010年2月11日，石家庄市全部完成境内65.8km 14879亩永久征地补偿兑付和清表工作。

桥梁设计方案确定后，石家庄市南水北调办立即组织开展桥梁引道永久征地补偿兑付。截至2015年6月底，累计完成16350亩永久征地补偿兑付任务。

6. 农村生产生活安置

（1）邯郸市。邯郸市沿线县（区）按照征迁安置实施方案要求，对南水北调征迁户的生产生活安置做了科学合理的安排，使之不低于原生活生产水平。

1）生产安置：涉及沿线6个县（区）共需要生产安置人口1.4万人。各县（区）结合乡村

意见，对被征地农民均采取了货币安置方式。截至2013年6月，已全部完成安置任务。

2）生活安置：有生活安置任务的磁县、永年县、邯郸县、邯山区，按政策规定，统一采取了货币安置，农村居民安置所需宅基地由县、乡政府负责落实。农民生活安置方案，经村民代表大会讨论，按照村民意愿，采取货币补偿安置。生活安置人口853人，截至2013年6月，已全部完成任务。

3）村组副业安置：邯郸市征迁安置涉及农村副业119家，均采用一次性货币补偿安置方法。对补偿有争议的，委托有资质的评估公司评估后确定补偿数额，兑付补偿资金。截至2013年年底，已全部完成兑付、拆除任务。

（2）邢台市。

1）生产安置：邢台市境内需要生产安置人口2万人。永久征地所涉及的村，经村委会组织村民代表讨论，充分听取村民意见，以本村内调整土地安置、货币安置、调整土地安置与货币安置相结合的方式进行安置。永久占地涉及的89个行政村中，村内调整土地安置8个村，货币安置72个村，调整土地与货币安置相结合9个村。截至2013年6月，已全部完成安置任务。

2）生活安置：农村生活安置涉及10个乡镇24个行政村，共296户（其中未建基础宅基地150户），居民人口584人，占压居住房屋面积31714m^2。安置分为分散安置和集中安置两种方式。其中分散安置51户，集中安置245户。对工程建设影响的农村居民房屋，按照乡村规划由乡镇政府和村委会负责落实宅基地，按有关规定办理手续。对占压影响居民住房较少的村采取分散安置方式，在村周边闲置地就近安置；对占压影响居民住房较多且集中的村，采取集中安置方式。各村根据农村建设规划，本着节约土地、方便生产、适宜居住的原则统一安排迁建宅基地，按照有关规定进行合理配置居民区的交通、供水、供电、通信、排水等基础设施。截至2013年6月，已全部完成安置任务。

3）村组副业安置：邢台市段征迁安置涉及180家村组副业，除沙河市4家副业采用迁建安置外，其余176家副业均采用一次性补偿安置方式。在实际兑付过程中，对局部占压的10家副业进行了设计优化或采取了工程技术措施，实际一次性补偿166家。截至2013年6月，166家副业已全部完成安置任务。

（3）石家庄市。

1）生产安置：石家庄市段涉及生产安置人口1.2万人，被征地农民生产安置，根据各村实际和村民意愿，经村民代表大会讨论，并报乡镇、县（市、区）政府同意，均采取货币补偿安置方式。截至2013年6月底，全部完成安置任务。

2）生活安置：邯石段石家庄市境内征迁安置涉及居民房屋306户1288人，除赞皇县东王俄村涉及的83户419人相对较为集中，采取集中迁建安置外，其他各村由于涉及的户数和人口较少，采取本村分散安置。

赞皇县东王俄村集中迁建安置方式，经县政府同意，83户419人集中安置到村西，根据人均用地规模，落实安置用地50.28亩，由乡镇、村集体里负责落实宅基地，并组织安置。

除东王俄村外，另外223户869人采取分散安置方式，由村集体负责落实宅基地后，被占房屋村民自行迁建。迁建新址选在本村居民点周边或居民点内的空闲宅基地，根据核查确认的房屋面积和附属建筑物数量，计算补偿投资。由于是分散建房，可利用现有的供水、供电、交通和文化、教育、卫生等基础设施。

对占压和影响的村组副业，全部采取货币补偿安置方式，根据占压影响的房屋、附属建筑物、设施、设备数量等，采取评估方式确定补偿投资。

石家庄市共完成农村房屋及工副业拆迁面积39244.53m^2。

7. 城市区（集镇）安置

（1）邯郸市。邯石段工程邯郸段永久征地涉及城镇单位有邯郸市种畜场、磁县火化场、邯郸生态水网管理所和永年永和会国土所共4家，占压房屋面积532.6m^2，均采取一次性货币补偿安置。

（2）邢台市。根据占压影响程度，城（集）镇单位和居民按照原规模、原标准，以集中安置和在原城镇周围分散搬迁安置相结合的原则进行迁建安置。对占地影响独立或少量的单位和居民，按原规模以分散搬迁方式安置；对占地范围较大，成片单位、居民区受影响，结合城镇总体规划按小区集中建设。因扩大规模和提高标准所增加的投资，由有关部门和单位自行解决。

邯石段工程邢台段征迁安置涉及占压单位15家，其中3家采用整体迁建安置方式，迁建用地24.2亩；1家采取原址后靠安置；11家采取一次性货币补偿安置方式。涉及城镇居民区8处，居民人口933人，均采取一次性货币补偿安置。截至2013年6月，共完成城镇房屋拆迁50416.91m^2，15家城镇单位全部完成搬迁。

以内丘县大孟村镇为例。南水北调中线干线工程穿镇而过，共占压28户居民、55户商住户和8家机关单位。对于集镇居民安置，内丘县采取集中安置和一次性补偿两种方式进行。对商业街55户商住户，采取集中安置方式，县南水北调办和县国土资源局、大孟村镇政府协调落实安置用地80亩（含新规划街道），由大孟村镇政府组织统一集中安置。对大理石厂家属院23户和卫生局家属院5户居民，采取一次性货币补偿方式进行安置。对8家单位采取集中安置和一次性补偿两种方式，其中大孟村镇政府、大孟国税所和大孟卫生院3家单位采取集中安置，落实安置用地14.4亩；其余大孟砖厂、内丘烟草公司、大孟信用社、大孟校区、内丘私立育才中学5家单位，均采取一次性货币补偿安置方式。

在拆迁过程中，镇政府带头拆迁，一天时间完成了拆迁任务，其他7家单位也相继在短短3天内完成搬迁拆除工作。镇政府和县有关部门积极配合征迁工作，在最短时间内，组织55户商业户进行了安置和附着物拆除。

（3）石家庄市。邯石段工程石家庄段征迁安置涉及占压单位15家，均采取货币补偿方式，经评估后确定补偿资金，补偿后由被占压单位自行复建。截至2013年6月，15家单位全部完成迁建。

8. 专项设施迁建

邯石段工程电力专项迁建工作由河北省电力公司和所在地南水北调办公室负责，河北省电力公司负责电力产权的高压线路迁建，所在地南水北调办公室负责低压线路和非电力产权高压线路。2010年8月25日，河北省南水北调办和河北省电力公司联合召开河北省南水北调电力专项设施迁建动员会议，动员部署河北境内南水北调工程影响范围内的电力设施迁建工作，邯石段工程电力设施迁建工作进入实施阶段。

邯石段工程涉及的通信、广播、电视、交通、燃气、水利、管道等专项设施迁建工作，均由市、县南水北调办组织实施，由市、县南水北调办与专项设施行业主管部门或主业签订专项

迁建恢复协议，由专项设施行业主管部门或业主组织实施迁建工作。

（1）邯郸市。

1）通信线路迁建。邯石段工程邯郸段通信、广播电视等专项线路迁建工作，由产权单位根据总干渠技术要求上报迁建方案，邯郸市南水北调办委托有资质的会计师事务所进行审查，并与产权单位核定任务后，将各条线路按其所在行政区域分解到各县（区），由县（区）南水北调办和专项产权单位签订迁建协议，由产权单位实施迁建工作，县（区）南水北调办组织，对产权单位专项迁建完成情况进行验收，邯郸市南水北调办对各县（区）的迁建工作进行监督指导，并对专项迁建完成情况进行专项验收。

2009年12月，邯郸市南水北调办委托具有资质的会计师事务所，对各专项产权部门上报的108条专项迁建设计方案投资进行了审核（不包括邯郸市区段通信专项线路）。2010年1月4日，邯郸市南水北调办组织事务所有关审查人员，就专项迁建方案的投资合理性等问题，与专项设施产权单位逐一交换意见，进行投资核定。2010年1月11日审核完成，并分别同各专项主管部门核定了任务。2010年1月15日，邯郸市南水北调办把专业项目迁建按照所在辖区，划分到各县（区）。2010年2月底，专项迁建工作基本完成，其中一部分专项采取了临时性措施，以保证不影响总干渠施工。

2010年年底，随着南水北调邯郸市区段征迁工作的启动，邯郸市南水北调办组织开展邯郸市区段通信专项迁建工作。此次占压11条通信线路，仍由产权单位上报迁建设计，邯郸市南水北调办委托有资质的单位进行评审，确定投资后将任务下达各县（区）。

2012年9月，因桥梁变更，增加10条通信线路迁建任务。

截至2013年6月底，129条通信线路迁建工作全部完成。

2）电力线路迁建。电力线路分为电力产权线路和非电力产权线路，其中电力产权高压线路迁建由河北省电力公司下达市、县电力公司实施迁建。非电力产权高压线路和低压线路，迁建任务由河北省南水北调办下达，市（县）南水北调办组织实施。邯郸市南水北调办通过对非电力产权线路核实梳理后，对已有迁建设计方案的线路按原有投资计列，对未设计的线路委托有资质的邯郸市水利水电设计院进行迁建方案设计，通过专家审查后确定投资，由邯郸市南水北调办将任务按线路所在区域下达各县（区）。各县（区）水利设施恢复中涉及的机井电力线路投资，也分别计列在各县（区）电力迁建投资中，迁建工作由县区南水北调办组织实施。

根据河北省南水北调办工作部署，邯郸市南水北调办于2010年9月15日会同邯郸供电公司成立了邯郸市南水北调电力迁建领导小组，明确了各自任务。随后，邯郸市南水北调办组织人员，深入现场对南水北调邯郸段电力线路进行调查统计，对已做设计的线路，列入第一批迁建任务，下达各相关县（区）；对未做迁建设计的线路，委托邯郸市水利水电设计院进行迁建设计。

2011年2月22日，河北省南水北调办在邯郸市召开南水北调邯郸段低压及部分非电力产权高压线路迁建设计方案审查会，会议审查通过了相关设计方案。

桥梁建设过程中，受桥梁引道征地影响，增加52条电力线路迁建任务。

截至2013年6月，邯郸市共计完成260条电力线路迁建任务。

3）水利设施和连接路恢复。水利设施规划占压大口井机井603眼，间接影响机井160眼，需恢复新打机井86眼。规划建设连接路299条126km。

水利设施和连接路恢复工作由邯郸市南水北调办组织，各县（区）南水北调办根据征迁安置实施方案下达任务，委托有资质部门编制恢复方案设计，经邯郸市南水北调办审查后，由县（区）南水北调办组织实施。占压机井采取货币补偿，间接影响机井采取新打机井恢复和埋设管道等措施恢复。

2010年11月11日，邯郸市南水北调办批复南水北调磁县段连接路及灌溉设施恢复工程实施方案；2011年1月9日，批复南水北调永年县段连接路和水利设施恢复工程实施方案；2011年3月16日，批复南水北调邯郸县段水利设施和连接路恢复工程实施方案；2011年3月16日，批复南水北调邯山区段连接路恢复工程实施方案；2011年7月22日，批复南水北调马头段连接路恢复工程实施方案。

截至2013年6月底，完成占压机井补偿和新打机井恢复工作。至2015年6月底，连接路恢复工程全部完成。

4）高级渠恢复工程。南水北调总干渠与高级渠灌区干渠、支渠渠道多次交叉和重叠，与干渠交叉、重叠11处，影响长度8.1km，与支渠交叉28处。总干渠滏阳河渡槽将原高级渠跨滏阳河渡槽与高级区渠道隔断。按照顾全大局、减少投资、合理兼顾地方利益，尽量保留和恢复高级渠功能的原则，在确保总干渠输水安全、便于工程运行管理的前提下，通过修建渠道交叉建筑物、高级渠局部改线、调整灌溉布局等措施，减少总干渠与高级渠灌区渠道的交叉次数，恢复高级渠原有功能。邯郸市南水北调办组织编制高级渠恢复方案，经河北省南水北调办审查批准后，委托高级渠灌区管理单位组织实施，邯郸市南水北调办按工程进度拨款。截至2013年12月底，工程全部完成。

5）各类管线迁建。邯郸市征迁安置涉及各类管线30处，其中较大的有引岳济邯输水管线、邯峰管线、霍北路煤气管线、纵横钢铁上水专线等，均由有专业资质的单位编制迁建方案，省、市南水北调办审查批复后，委托产权单位进行迁建，市、县南水北调办按迁建进度拨款。对少量村镇排水管线，采用一次性货币补偿方式。截至2015年6月底，30处管线迁建全部完成。

6）矿产资源及有形资产安置补偿。邯石段工程邯郸段总干渠压覆矿产1处，为永年县鑫磊石墨矿。2011年9月，中线建管局依据有关补偿实施方案与该矿项目法人签订了压覆补偿协议。截至2011年年底，资金已补偿到位。

（2）邢台市。

1）机井灌溉恢复。总干渠工程影响机井分为直接占压和间接影响两种情况，邢台市征迁安置段涉及占压机井229眼，间接影响造成井地分离的机井176眼。

对直接占压的机井，不需要恢复的，按规定标准进行一次性货币补偿；对由于总干渠将机井灌溉范围分割，影响范围较大且需要恢复的，在总干渠两侧各新打1眼机井；对影响程度较小的，通过现有灌溉系统改造，减少灌溉影响；对由于占压机井产权与灌溉范围权属不同的，对占压机井一次性货币补偿后，结合实际再新打1眼机井，恢复机井的原灌溉面积。灌溉恢复方式不仅限于新打机井，采取因地制宜、井灌区重新规划、节水技术改造等措施，尽量减少新打机井数量。

对工程临时用地范围占压的210眼灌溉机井，给予一次性补偿或落实保护费用，工程完成后自行恢复。

间接影响的机井，由于总干渠建设造成两侧机井与灌溉耕地分离的实际情况，影响部分灌溉面积，需要增打新井或增加水利配套设施。经调查核实，渠段内总干渠影响两侧灌溉机井176眼，影响灌溉面积7314亩。为恢复受到影响的灌溉面积，可同时与占压机井一并考虑优化设计，实施中在影响区新打机井81眼，并采用节水技术、实施管灌进行灌溉恢复。

对流量0.8m^3/s以上的原有渠灌区，灌溉面积与流量均较小时，则在截断水源一侧的灌区范围内布置新打机井，并进行机电及灌溉系统配套，将渠灌改为井灌。井灌区的灌溉恢复形式为对影响区域和耕地面积进行重新规划整合，按灌溉的实际需求布置机井，并进行机电及灌溉系统配套，同时采用节水技术改造等措施进行灌溉恢复。

截至2014年10月，累计完成新打机井323眼，补偿占压机井305眼，共恢复灌溉面积36936.5亩，满足了农业灌溉需要。

2）渠灌区恢复。由于总干渠建设，地表水农业灌溉设施受到较大影响的有朱庄灌区、野沟门灌区、邢台县东良舍与西沙窝村西截断野沟门灌区北七支渠道和临城灌区，主要采取渡槽恢复和改为井灌区，增打灌溉机井并实施机电灌溉系统配套。南水北调总干渠与临城灌区一支渠及二支渠的东镇斗渠、西赵庄斗渠、东洞斗渠和四支渠的方等斗渠5条渠道交叉。其中一支渠输水流量较大，已在主体工程中安排修建渡槽。其他4条斗渠被总干渠隔断后，影响总干渠右侧灌溉面积7万亩。鉴于该地区成井条件较差且费用较高，经调查分析，仍维持原渠灌区规模，修建穿总干渠引水建筑物4座。

对于占压其他灌区的小型渠道，与井灌区一同考虑恢复方案，仅对占压渠道进行了补偿。

3）小型水库、蓄水塘坝恢复。工程渠线占压小型蓄水塘坝5座，用于农业灌溉的4座，分别为内丘县五郭店塘坝、临城县北盘石东坡坝、前留塘坝、方等塘坝，影响灌溉面积2050亩。对不再具备复建条件的，给予一次性货币补偿；需要恢复灌溉面积的，采用井灌恢复，完成新打机井6眼，井深100m，并进行了机电及灌溉系统配套。

4）电力专项迁建。电力专项涉及线路42条，100kV·A变压器11台，50kV·A变压器11台，架空低压线路9105m，高压线路18950m，地埋线路2440m。涉及其他专项包括非电力产权高压部分、灌溉恢复电力部分、低压电力漏项、渣场电力、电力廊道等。截至2013年6月底，全部完成迁建任务。

5）通信线路迁建。工程占压范围内的通信线、光缆线、地下光缆线、广播电视等各类通信线路，2005年8月，由通信主管部门组织具有相应资质的设计单位进行了复（改）建设计。架空线路复建，采取增加架杆高度跨越渠道。跨渠地埋线路，根据现场实际和通信部门要求，采取架空线跨过渠道或渠下地埋线路通过。截至2013年6月底，迁建任务全部完成，共完成通信线路迁建138条44.11km，广播线路迁建24条8.78km。

6）各类管道迁建。工程渠线占压范围内的供水、输气、输油等管道，大型输水管道、输气、输油等管道由具有相应资质的设计单位提出迁改、复建专项设计。规模较小的排水、供水管道，按占压长度的2倍并依据相关标准给予补偿。占压影响田间灌溉的输水管道，在土地补偿中解决。邢台市段共涉及改建管道19条9.46km，至2015年6月底，全部完成管道迁改任务。

7）军事设施改建。工程占压部队土地、设施和多处输油、输水、输电和通信线路，经河北省南水北调办和中线建管局协商，中线建管局委托河北省负责中央和军队所属专项设施迁建工作。自2009年11月开始，邢台市和沙河市南水北调办多次与部队方沟通联系，河北省南水北调办和邢台市人民政府几次专题协调，军地双方于2013年8月底对迁建方案达成一致意见。截至2014年6月底，军用设施全部完成改建。

8）生产连接道路恢复。由于现状生产路较多，又不可能每条生产路都布置生产桥，根据总干渠交通桥梁布设情况，仍有259条农村生产生活道路未架设桥梁。由于生产路的切断，影响到当地居民的生产生活，农业机械难以到达田间进行耕种收割。邢台市南水北调办根据沿线村庄耕地分布情况和交通状况，按生产半径不超过2km，在总干渠两侧布置生产连接道路。按照有利生产、方便生活的原则，根据现状农村交通道路情况，适当布置了生产道路连接路，路面结构设计采取土路、泥结碎石、混凝土路面。截至2014年11月底，共修建生产连接路259条112.83km。

9）交通道路恢复。交通道路恢复包括沙河市褡皇线恢复、邢台市变电站与南召马公路桥连接、邢台县东良舍村北与交通公路连接、内丘县中宅阳村北公路连接、内丘县外环路复建连接、临城解村与南盘石村交通路连接等，交通路恢复共16处，恢复长度6.58km，其中沙河市褡皇线与内丘县城外环路属于等级公路与城建道路，其余14条公路均为村村通公路。至2015年12月底，交通道路恢复已完成15处，褡皇线交通路恢复尚未完工。

10）烈士墓地迁建。按照沙河市民政局意见，将沙河市北掌烈士墓迁至北掌村西总干渠左侧，按原规模复建，占地面积7.5亩。至2013年6月，迁建工作结束。

11）矿产资源及资产安置补偿。依据河北省保定地质工程勘查院完成的《南水北调中线总干渠工程建设河北省南段压覆矿产资源调查评估报告》，委托河北矿产资产评估有限责任公司、河北新世盾资产评估事务所对总干渠压覆及影响的17个矿业权（其中采矿权15个、探矿权2个）进行矿产资源（矿业权）及有形资产损失评估，并于2009年11月进行了初步审查。2011年3月25日，国务院南水北调办批复《南水北调中线一期工程总干渠邯邢段压覆矿业权及有形资产补偿初步设计报告》（国调办投计〔2011〕54号）后，河北省南水北调办对《南水北调中线一期工程总干渠邯邢段压覆矿业权及有形资产补偿实施方案》进行了批复（冀调水计〔2011〕48号）。2011年10月13日，河北省南水北调办下达了邯邢段压覆矿业权及有形资产补偿投资计划。中线建管局和邢台市南水北调办与矿业权人签订了压矿补偿协议后，由邢台市南水北调办组织补偿赔付。至2014年11月，完成压矿补偿工作。

（3）石家庄市。石家庄段征迁安置涉及迁建高等级输电线路、低压线路和各类通信线路、管道设施共计391处。其中电力产权高、低压线路112处，非电力产权高压线路12处，低压线路、变压器及配套线路120处，通信线路128处，各类管道设施19处。涉及电力、通信、军队、广播电视、市政等多家产权单位。为确保专项工程建设顺利进行，满足总干渠主体工程建设需要，石家庄市南水北调办多次召开专项设施迁建协调会议，于2010年1月20日下发了《关于落实南水北调中线一期工程石家庄市南段专项设施迁建恢复工作责任的通知》。通知中对专项设施迁建进行了工作安排，要求2010年2月13日前，各县（市、区）南水北调办组织完成专项部门上报的迁建恢复方案审查批复，4月30日前，县（市、区）南水北调办完成与各产权单位或产权单位委托的建设单位签订专项迁建协议，专项部门根据南水北调施工要求，及时组织实施，必要时采取临时措施，确保主体工程实施。石家庄市南水北调工程建设委员会办公室负责督导、协调各县（市、区）南水北调办、专项单位及有关部门，做好全市专项设施迁建

工作；县（市、区）南水北调办负责组织、协调和配合专项及有关部门，组织开展专项设施迁建方案审查、预算审核等各项工作；电力产权高压线路由市电力公司负责，按照河北省南水北调办、河北省电力公司工作安排组织落实；非电力产权高压线路和低压线路、通信线路、管道设施由各县（市、区）南水北调办统一组织，各专项产权单位具体负责迁建事宜。涉军设施，由石家庄警备区牵头协调军事通信线路迁建恢复工作。截至2013年6月，专项设施迁建全部完成。

连接路和灌溉恢复工作，由各县（市、区）南水北调办委托设计单位完成方案设计，经市南水北调办审查批复后，由县（市、区）南水北调办组织实施。截至2013年6月，灌溉恢复工作全部完成，完成新打机井282眼及赞皇、元氏、鹿泉段5个地表水灌区的恢复工作。至2015年6月底，完成连接路建设125km。

9. 工业企业迁建

（1）邯郸市。邯郸段征迁安置涉及工矿企业迁建8家，分别为磁县219工厂、新星科技有限公司、林峰化工有限公司、华筠煤炭有限公司、中十化磁县第十加油站、邯郸县郭河砖厂、永年县荣物资有限公司冀南药厂仓库。这8家企业分别由所在辖区南水北调办委托有资质的评估公司对其迁建费用进行评估，按照确定后的投资对企业进行了赔偿。截至2010年2月，全部完成赔偿和拆迁。

（2）邢台市。邢台段征迁安置涉及占压工业企业19家，渠道占压企业面积223亩，需拆迁各类房屋21897m²。经南水北调征迁安置主管部门与各企业协商后确定安置方案，除邢台县立元蜂产品饮料厂占压部分后靠迁建外，其余18家企业均采取一次性补偿安置。2010年2月，占压企业全部完成迁建。

（3）石家庄市。石家庄段征迁安置实施方案涉及占压工业企业26家。石家庄市南水北调办按技术可行、经济合理的原则，确定迁建方案。对主要生产车间在占地区以外，仅辅助生产车间、设施及办公、生活房屋的场地征用的，原则上采用后靠处理方式；对主要生产车间被征用的企业，应考虑就近复建或异地处理方式；对不符合国家产业政策、不符合环保要求的企业，采取关、停、并、转及破产等方式。

通过与各企业、单位沟通，根据各县（市、区）南水北调办意见，对于总干渠占压的企业、单位，均采用货币补偿方式，对于需要恢复的，由企业、单位根据补偿资金自行复建，不再进行统一建设。

至2010年3月底，占压企业补偿资金全部兑付到位。截至2013年6月，工业企业迁建工作全部完成。

10. 永久用地交付

（1）邯郸市。2009年12月30日，邯郸市人民政府组织召开“南水北调中线工程邯郸段征迁安置动员大会”，对南水北调中线工程邯郸段的征迁安置工作进行全面动员部署。邯郸市人民政府与各县（区）人民政府签订了《征迁安置工作责任状》，要求2010年2月底前，完成永久征地补偿兑付任务。

2010年1月15日，邯郸市段永久征地补偿兑付任务（除市区段外）全部完成，沿线73.3km、79个村、15710亩永久征地完成地面附属物清除工作，工程建设用地移交建管单位。

邯郸市区改线段方案确定后，2010年11月30日，邯郸市人民政府召开南水北调市区段征迁安置工作动员会，要求12月31日前完成永久征地补偿兑付任务。截至2010年12月28日下午3时，邯山区、复兴区、邯郸县均提前全部完成了兑付和地上附着物的清除工作，市区段6.6km、1150亩永久征地移交建设管理单位。

2012年11月，完成桥梁及总干渠变更新增共计550亩永久征地补偿兑付，移交相应建设管理单位。

截至2014年11月，邯郸市累计交付永久征地17555亩。

（2）邢台市。2010年1月底，邢台市境内总干渠勘界范围内永久征地21032亩全部完成补偿兑付及地面附着物清除任务，并全部采用隔离网隔离，移交建设管理单位，提前两个月完成市委、市政府确定的"争2保3"征迁工作目标，提前3个月完成了省政府确定的"争3保4"征迁工作目标。

截至2013年6月，邢台市境内累计完成23253.61亩永久征地补偿兑付任务，按程序全部移交建设管理单位。

（3）石家庄市。2010年1月20日至2月28日，石家庄市沿线6个县（市、区）完成永久征地补偿兑付和附着物清除任务。2010年2月28日，石家庄市南水北调办组织干渠建设管理单位、河北省水利水电勘测设计研究院、天和监理、县（市、区）南水北调办向干渠建设管理单位移交了永久征地，办理了建设用地移交表，移交面积14879亩，其中高邑县1265.3亩、赞皇县2134.3亩、元氏县5413.4亩、鹿泉市3303.3亩、桥西区1493.9亩、新华区1268.5亩。

11. 临时用地交付和复垦

2010年2月23日，根据邯石段工程建设计划和永久征地补偿兑付、附着物清除及用地移交情况，为确保工程尽快开工和顺利建设，河北省南水北调办组织召开邯石段临时用地征用专题会议，对临时用地征用工作进行了安排部署，邯石段临时用地征用工作全线展开。

2012年2月21日，河北省南水北调办根据邯石段工程建设进展和临时用地使用期限陆续临近的实际情况，组织沿线各市南水北调办、征迁监理、设计和建管单位，召开邯石段临时用地复垦退还工作会议，安排部署邯石段临时用地复垦退还工作。

（1）邯郸市。2010年2月25日，邯郸市南水北调办召开临时用地征用工作会议，根据河北省水利水电第二勘测设计研究院提供的临时用地方案和施工单位提出的用地计划，邯郸市南水北调办制定了首批第一阶段施工营区临时用地方案，并下达各县（区）。

2010年9月20日，邯郸市南水北调办召开专题会议，就邯郸段取土场补偿标准问题进行了讨论研究。会议听取了县（区）南水北调办、征迁监理、征迁设代关于取土场补偿标准偏低，征用难度大的情况汇报，建管单位就取土场不能征用影响工程建设提出了意见，经过深入分析和认真讨论，结合河北省南水北调办《关于印发〈南水北调中线邯石段征迁安置协调会议纪要〉的通知》（冀调水计〔2010〕37号）精神，最后达成一致意见，南水北调总干渠邯郸段取土场补偿标准由实施方案确定的五倍提高到六倍，并要求各县（区）抓紧征用取土场，征迁监理和征迁设代严格履行相关程序，确保工程顺利进行。

截至2014年5月，邯郸市累计征用临时用地2.122万亩。

为规范南水北调中线干线工程邯郸段临时用地复垦工作，2011年7月18日，邯郸市南水北调办印发了《南水北调中线干线工程邯郸段临时用地复垦管理暂行办法》。2012年年初，邯郸市南水北调办委托河北省水利水电第二勘测设计研究院，分地块编制完成了《临时用地复垦

方案》，由县（区）南水北调办委托总干渠施工单位进行复垦，并组织有关单位进行验收退还。截至2015年6月底，需要复垦的1.4万亩临时占地，全部完成复垦任务。至2015年8月底，征用的2.122万亩临时用地，全部退还群众耕种。

（2）邢台市。根据南水北调工程建设进度和使用要求，邢台市南水北调办组织各县（市），依据临时用地方案和建设用地计划，分批次、分块进行临时用地征用。县南水北调办合同监理、设计、施工单位和有关乡村，对征用地块进行实测、核查，签订临时用地使用协议，对补偿项目和资金进行公示。资金补偿到位后，移交施工单位（用地方）。临时用地复垦前，县南水北调办组织施工单位、设计、监理单位进行现场勘查，符合复垦退还条件的，由征迁监理单位下达复垦开工令，依据复垦进度，支付施工方复垦费。复垦完成后，施工单位先行自验，然后向县南水北调办、监理单位提出验收申请。复垦验收达标的，由县南水北调办组织签订《临时用地退还表》，将有关地块退还乡村；验收不达标的，重新进行复垦或整改，直到达到退地标准。

2010年2月底至2013年6月，邢台市累计征用临时用地1.7万亩。截至2015年6月底，累计完成临时用地复垦1.5万亩，1.7万亩临时用地全部退还。

（3）石家庄市。2010年2月施工单位进场后，建管单位组织施工单位按照招投标设计成果，对挖填平衡进一步分析后，分标段、分县列出弃（取）土（渣）量、使用时间和位置等。石家庄市南水北调办组织各县（市、区）南水北调办、设计单位、征迁监理单位、建管单位，根据挖填平衡成果，本着节约集约、永临结合、方便施工、降低影响和遵循初设成果的原则，逐块落实临时用地地块。设计单位根据建管单位提交的弃（取）土（渣）和县（市、区）南水北调办落实的临时用地地块，逐块分析弃（取）土高（深）度、使用面积，计入复垦期，确定使用时间，分类提出临时用地使用技术要求和复垦设计，分县编制临时用地方案和全市汇总方案。

受施工组织变化、设计方案优化、桥梁建设主体变更影响，初步设计确定的临时用地地块情况变化较大，使临时用地方案编制未能按计划完成。为确保临时用地征用规范操作、满足工程建设需要，2010年6月7日，河北省南水北调办印发了《关于进一步加快临时用地征用和方案编制工作的通知》（冀调水计〔2010〕31号），明确了分批进行临时用地征用和方案的编制工作。

按照通知精神，2010年6月中旬，石家庄市南水北调办组织河北省水利水电勘测设计研究院，依据建管单位确定的弃（取）土量、各县（市、区）南水北调办确定的临时用地数量、位置等，编制完成《南水北调中线一期工程总干渠邢石界至古运河南渠段首批临时用地方案》。7月22日，石家庄市南水北调办组织完成首批临时用地方案审查。9月6日，石家庄市南水北调工程建设委员会批复《南水北调中线一期工程总干渠邢石界至古运河南渠段首批临时用地方案》（石调委〔2010〕8号）。

首批临时用地方案批复后，河北省水利水电勘测设计研究院编制完成《南水北调中线一期工程总干渠邢石界至古运河南段临时用地及土地复垦方案》，2010年12月25日，石家庄市南水北调办组织专家审查。2013年8月16日，石家庄市南水北调工程建设委员会批复了《南水北调中线邢石界至古运河段总干渠石家庄市临时用地及土地复垦方案》（石调委〔2013〕8号）。

2012年3月16日，石家庄市南水北调办组织各县（市、区）南水北调办以及设计、建管、监理等单位，在元氏县召开临时用地复垦工作座谈会，确定了临时用地征用，由县（市）区南水北调办会同设计单位、征迁监理单位、用地方（建管单位）、供地方（乡、村）签订临时用地使用协议。临时用地使用完毕后，施工单位负责按照复垦方案及时进行复垦。需要水土保持工程的，由建管单位组织设计单位编制水土保持方案，施工单位负责实施。施工单位复垦（含水土保持工程）完成后，申请县南水北调办组织验收，县（市、区）南水北调办组织有关方验收合格后，组织乡村、建管单位、施工单位、征迁监理、施工监理、设计单位等相关方办理临时用地退地手续（临时用地退还表）。

截至2014年10月，石家庄市累计征用临时用地9417亩。截至2015年5月底，需要复垦的6095亩临时用地，全部完成复垦任务。至2015年8月，征用的9417亩临时用地，全部完成退还。

12. 用地组卷报批

2015年11月26日，按照国土资源部和国务院南水北调办工作部署，河北省国土资源厅与河北省南水北调办沟通后，分别向市（县）国土资源局和市南水北调办布置邯石段工程建设用地组卷报批工作。2016年1月14日，针对邯石段工程组卷工作中遇到的实际问题，河北省南水北调办会同省国土资源厅，联合召开南水北调中线干线工程征地组卷工作调度会议，研究了有关问题的解决意见。

2016年5月31日，河北省南水北调办配合省国土资源厅完成了邯石段工程用地组卷汇总工作。2016年6月17日，经河北省人民政府批准，组卷材料报国土资源部审批。

13. 档案管理

2011年8月16日，河北省南水北调办和河北省档案局联合印发了《河北省南水北调干线工程征迁安置档案管理办法》。2011年9月1日，为进一步加强和规范征迁安置档案管理，做好档案整理、归档、验收和移交工作，河北省南水北调办组织干线工程沿线各市南水北调办、设计和监理单位，召开南水北调干线工程征迁安置档案管理工作会议，学习培训档案管理办法，安排部署下阶段目标任务。

（1）邯郸市。从征迁工作开展以来就明确专人负责，参照水利系统档案管理要求进行管理。《河北省南水北调工程征迁安置档案管理办法》印发后，按照办法要求进行档案管理，征迁监理单位已完成监理档案归档和移交工作。至2016年5月底，南水北调征迁安置档案完成收集、整理工作，档案归档工作正在进行。

（2）邢台市。邢台市南水北调工程征迁安置档案实行主任负责制，下设具体专人负责。按照河北省南水北调办征迁安置档案管理工作会议要求，市、县两级南水北调办均成立了征迁安置档案管理领导小组，明确专职管理人员，落实档案管理经费。2011年9月14日，邢台市召开南水北调征迁安置档案管理培训会议，对档案收集、整理、分类、归档进行了系统培训。

2011年11月30日，邢台市境内南水北调征迁监理单位完成档案归档和验收，包括57盒323卷征迁监理档案、2009—2011年征迁资料档案及案卷目录和3张监理照片电子光盘，全部移交邢台市南水北调办。

截至2016年5月底，南水北调征迁安置相关资料完成收集、整理，部分档案已完成归档。

（3）石家庄市。2011年12月，石家庄市南水北调总干渠征迁安置监理档案完成验收，征

迁监理相关档案资料移交石家庄市南水北调办。截至2016年5月底，石家庄市和各县（市、区）南水北调征迁安置档案完成收集、整理，正在进行档案归档工作。

14. 变更管理

征迁安置实施过程中的一般变更，由设计代表、征迁监理、市（县）南水北调办及有关单位共同确认后，由县南水北调办组织实施。

对于重大设计变更，按程序履行变更报批手续后，由市（县）南水北调办组织实施。

对于临时用地方案变更，邯石段工程征迁安置实施中，经工程复勘，发现取土场、弃土场临时用地的地质条件、地形地貌条件与初步设计存有一定差异，加之施工组织和工程开挖、筑堤方案变更，原征用丛中取土场变更等原因，导致邯石段取土、弃土场临时用地数量增加。

2012年4月5日，河北省南水北调办以《关于解决邯石段新增取土弃土临时用地征用资金的函》（冀调水计〔2012〕23号），致函中线建管局。随后，河北省南水北调办按照“建设管理单位提工程量、地方提地点、设计单位复核，几方确认”的临时用地征用原则，组织设计单位编制完成了临时用地变更报告。邯石段工程共需新增取土、弃土场占地9173亩，其中邯郸市新增临时用地8547亩，石家庄市新增占地626亩，邯郸市磁县段改性土方案调整和SG1－2标需土量，待现场勘查后另行编制。

2012年5月11日，中线建管局会同河北省南水北调办在北京市组织召开会议，对设计单位编制的专题设计报告进行了初步审查，形成初审意见并要求设计单位进行修改完善。

2012年8月23日，河北省水利水电第二勘测设计研究院以《南水北调中线一期工程总干渠河北省磁县段设计单元土石方平衡专题报告》《南水北调中线一期工程总干渠河北省邯郸市至邯郸县段设计单元土石方平衡专题报告》《南水北调中线一期工程总干渠河北省永年县段设计单元土石方平衡专题报告》，河北省水利水电勘测设计研究院以《南水北调中线一期工程总干渠邢石界至古运河南渠段直管7标新增取土料场变更设计报告》上报中线建管局。经中线建管局审查，邯石段共需新增临时用地9511.8亩。

2012年10月10日，中线建管局以《关于解决南水北调中线一期工程总干渠漳河北至古运河南段土石方平衡新增移民环境投资的请示》（中线建管局计〔2012〕176号）上报国务院南水北调办。2012年11月22日，中线建管局以《关于报送南水北调中线一期工程漳河北至古运河南段土石方平衡新增临时用地增加投资补充材料的报告》（中线建管局计〔2012〕216号）上报国务院南水北调办。2013年2月25日，中线建管局向国务院南水北调办报送了《关于南水北调中线一期工程总干渠漳河北至古运河南段临时用地调查情况的报告》（中线建管局移〔2013〕8号）。

经国务院南水北调办授权，2013年4月7日，中线建管局以中线建管局移函〔2013〕18号《关于南水北调中线一期工程总干渠漳河北至古运河南段土石方平衡新增移民环境投资的复函》，致函河北省南水北调办，同意设计单位编制的新增临时用地方案，新增占地9511.8亩。

（1）邯郸市。主要涉及三类变更，具体如下：

1）因工程建设方案变化引起的征地变更。由中线建管局、河北省南水北调办组织编制变更方案，邯郸市县南水北调办负责具体落实。如邯郸段总干渠由于地形、地质和施工方案变化等原因，邯郸段需新增临时用地8886亩，为保证工程建设，邯郸市自2011年4月开始征用，及时提供取土场或弃土场，保证了工程建设需要。此外，由于邯郸段18座跨渠桥梁建设方案调整引起征地变更，新增桥梁引道永久征地 500.71 亩。

2）较大专项实施方案变化引起的变更。邯郸市南水北调办组织设计单位编制变更报告，报请河北省南水北调办审批后，由邯郸市南水北调办组织实施。如高级渠实施方案变更、部分高压电力线路迁建方案变更、穿越总干渠管线方案变更等。

3）一般征迁设计变更。由设计代表、征迁监理、县（区）南水北调办、邯郸市南水北调办共同确认后实施。如井、树、坟等附属物错漏项变更问题。

（2）邢台市。在征迁实施过程中，发生的变更有两类：一类是实物量错漏项变更；二类是永久征地数量增加（在初步设计批复范围内，较实施方案有所增加），即征地方案变更。

对于第一类变更，沿线各县（市）都出现了不同程度的错漏项，涉及占地面积、房屋拆迁、副业、树木、坟墓、机井、电力、灌溉管道等。此类变更由当事人提出，县南水北调办填写受理单，各相关部门进行现场核实更正，并完善相关手续进行二次公示。公示后，对没有异议的进行补偿兑付。

对于第二类变更，又分两种情况。其一是总干渠工程征地方案变更，在施工过程中，因工程方案发生变化，引起占地方案变更，需要增加永久征地规模。此类变更，根据工程建设管理单位提出的用地需求，经河北省南水北调办下发征地通知后，由邢台市南水北调办按通知要求组织征地补偿兑付、用地移交。其二是桥梁引道征地方案变更，由于跨渠桥梁变更，引起桥梁引道永久征地数量增加。此类变更，由桥梁建设单位依据桥梁建设实际提出，经邢台市南水北调办审核，报河北省南水北调办批准后，邢台市南水北调办按程序组织实施。

（3）石家庄市。重大设计变更主要有以下两项：

1）栗东橡胶制品有限公司坟地搬迁。南水北调中线总干渠占压了栗东橡胶厂坟地，原迁建方案采取在周边置换土地修建灵堂方案。实施阶段，由于择址建灵堂方案与地方近年陆续出台的殡葬管理政策、殡葬设施规划不一致，将原方案调整为公共陵园骨灰寄存安置方式，经河北省南水北调办批准后，石家庄市南水北调办组织实施。

2）临时用地方案变更。2010 年 8 月，在石家庄市高邑、赞皇段工程建设中，由于桩号 172＋400～173＋000渠段的土质具有弱膨胀性，需采取黏性土对渠坡进行换填，经测算，新增取土数量 44.3 万 m^3。2012 年 2 月，设计单位编制完成《南水北调中线一期工程总干渠邢石界至古运河南渠段直管 7 标取土料场设计报告》，高邑县新增取土场临时用地 626 亩。为保障工程建设，2012 年年底，高邑县南水北调办组织完成贾村土料场征用 212.4 亩，提供土料 14 万 m^3。由于贾村剩余部分料场和北渎村料场无法完成征地，经石家庄市、赞皇县南水北调办协调，决定剩余土料由赞皇县南马取土场提供。2013 年 5 月，设计单位完成《南水北调中线一期工程总干渠邢石界至古运河南渠段直管 7 标取土料场变更设计报告》，赞皇县征用南马取土场 431.47 亩，提供土料 30.3 万 m^3。2013 年 5 月，石家庄市南水北调办对变更报告进行了审查，并上报河北省南水北调办审批。2013 年 12 月 19 日，河北省南水北调办下达了《关于下发南水北调中线一期工程石家庄市段新增临时用地方案的通知》（冀调水计〔2013〕140 号），批复了新增取土场方案。随后，石家庄市南水北调办向高邑县、赞皇县转发了通知（石调水〔2013〕265 号）。2013 年 11 月，赞皇县南水北调办组织完成南马取土场新增临时用地征用工作，保证了工程用地需要。

15. 监督评估

邯石段工程征迁安置监理和监测评估工作的程序、工作内容、报告主要内容均与京石段工

程相同。

邯石段工程征迁安置共划分9个监理标和1个监测评估标。依据《南水北调工程建设征地补偿和移民安置监理暂行办法》和《南水北调工程建设移民安置监测评估暂行办法》，2008年1月，中线建管局会同河北省南水北调办，对邯石段征迁安置监理和监测评估进行了公开招标，经公示并报国务院南水北调办同意后，中线建管局会同河北省南水北调办与中标单位签订了合同。9家监理单位分别为河北水利水电监理中心、小浪底工程咨询中心、黄河移民开发公司、黄河规划设计公司、天津冀水工程咨询公司、吉林松辽监理公司、中水移民开发中心、杭州亚太建设监理公司、河北天和监理公司。监测评估单位为江河水利水电咨询中心。

2009年7月10日，河北省南水北调办向各监理和监测评估单位印发了《关于南水北调中线干线漳河北至古运河南段征迁安置监理及监测单位进场的通知》（冀调水计〔2009〕21号），要求监理监测单位在接到通知后7日内进场开展工作，自此监理、监测评估合同生效。

征迁安置监理和监测评估单位在邯石段征迁安置组织实施中实行全过程参与。依据有关制度要求，监理单位对各县征迁安置工作实行全程监理，对永久征地、临时用地、被征地群众生产生活安置、地上附着物补偿、城（集）镇和企事业单位及专项设施迁建恢复等项目，实施进度、质量、投资控制，进行合同和信息管理，协调有关单位之间的关系，对实施方进行技术咨询，并监督政策执行情况。工作中，监理单位不仅要掌握工作进度情况，核实相关数据，监督政策执政，还要对关键程序、重要环节和设计变更等进行审核并签署意见，跟踪补偿兑付及资金流向，确保资金使用合理，确保补偿资金按政策足额兑付到位。邯石段征迁安置监理监测工作，各监理和监测评估单位认真负责，及时提供相关信息，较好地发挥了监督作用。

（三）天津干线工程

天津干线河北段工程初步设计分西黑山进口闸至有压箱涵段、保定市1段、保定市2段和廊坊市段四部分。2009年3月23日，国务院南水北调办批复了《南水北调中线一期天津干线工程西黑山进口闸至有压箱涵段、保定市1段、保定市2段、廊坊市段工程初步设计报告（技术方案）》（国调办投计〔2009〕28号）；2009年6月16日，批复了《南水北调中线一期天津干线工程西黑山进口闸至有压箱涵段工程初步设计报告（概算）》（国调办投计〔2009〕107号）、《南水北调中线一期天津干线工程廊坊市段工程初步设计报告（概算）》（国调办投计〔2009〕108号）、《南水北调中线一期天津干线工程保定市2段工程初步设计报告（概算）》（国调办投计〔2009〕109号）和《南水北调中线一期天津干线工程保定市1段工程初步设计报告（概算）》（国调办投计〔2009〕110号）。

2009年11月19日，国务院南水北调办下达了《关于南水北调中线一期天津干线西黑山进口闸至有压箱涵段、保定市1段、保定市2段和廊坊市段工程临时用地耕地占用税的批复》（国调办投计〔2009〕222号）。

1. 实物指标复核

2009年6月16日，河北省南水北调办会同中线建管局，组织保定、廊坊两市南水北调办、建设管理单位和天津市水利勘测设计院，在石家庄市召开天津干线河北境内征占地工作协调会议，对工程占地方案落实，特别是临时用地方案落实进行了认真研究，确定了启动征占地复核工作的总体原则、复核途径和组织分工，提出了争取6月底前完成征占地复核的工作要求。

按照河北省南水北调办统一部署，保定、廊坊市政府均于2009年8月18日召开天津干线征迁安置工作动员大会，全面启动了天津干线征迁安置工作。

2009年8月25日，保定市南水北调办组织设计单位、征迁监理单位、建设管理单位、有关县（区）南水北调办、国土资源局、林业局组成联合调查组，分赴徐水、容城、白沟、雄县开展核查工作。同日，廊坊市南水北调办举办南水北调中线一期工程天津干线（廊坊段）征迁安置工作技术培训会议，对参加实物指标核查人员进行集中培训。2009年8月29日，天津干线廊坊段征迁安置实物指标外业核查工作正式开始。

至2009年9月30日，保定市完成境内75.973km的外业实物指标核查任务。至2009年10月16日，廊坊市完成外业实物核查任务。

根据设计单位编制完成的实物指标核查报告，天津干线保定段工程占地面积15759.45亩，其中永久征地360.59亩，临时用地15398.86亩；占压农村房屋6052.7m^2，村组副业59家，房屋面积10463.46m^2；占压机井379眼，其中开挖线内147眼，开挖线外保护机井190眼，施工影响42眼；占压坟墓2638座，树木292808株，乡村道路195条37.4km；涉及工业企业7家，占压房屋1037m^2；占压通信线路190条67.9km，输油（气）管道2处0.25km，公路18条2.55km，灌溉管道134.62km，渠道41条10.1km，广播电视线路2条0.31km。天津干线廊坊段工程占地面积13226.1亩，其中永久征地173.15亩，临时用地13052.95亩；占压农村房屋21016.7m^2，村组副业60家，房屋面积8261.6m^2；占压机井453眼；占压坟墓3230座，树木1257476株，乡村道路142条38.9km；涉及工业企业5家，占压房屋9343m^2；占压通信线路76条30.8km，输油（气）管道10处1.25km，公路6条1.58km，灌溉管道84.1km，渠道55条14.96km，广播电视线路4条1.3km，电力线路62条38.8km。

2. 公告公示

（1）保定市段。保定市南水北调办组织各县南水北调办，对经个人签字的实物核查成果、补偿标准、分户补偿资金计算表进行张榜公示。自2009年10月11日至12月底，沿线各县开始张榜公示，公示时间3天，设立举报电话，以接受群众监督。对张榜公示后发现的错、漏项（与核查报告不符之处），及时报征迁监理工程师和设计代表，并由保定市南水北调办现场代表、监理工程师、设计代表共同签字确认后改正公布。公示中，对群众举报的问题，县南水北调工程建设委员会办公室及时会同征迁监理予以核实，将结果及时反馈举报人，再将核实结果重新张榜公示。

以徐水县为例，徐水县在完成实物核查后，行动迅速，于2009年10月11日在沿线村庄对营区临时用地、占压各类附着物数量、补偿标准、补偿金额进行了公示。10月14日，公示无异议后开始营区征地资金补偿兑付。2009年12月13—15日，对天津干线永久、施工临时征用地及各类附着物数量、补偿标准、补偿金额进行了张榜公示，12月16日开始补偿资金兑付。徐水县南水北调办委托徐水县物价局价格认证中心，对占压房屋进行了评估，2010年3月31日进行了为期3天的公示，4月2日开展房屋补偿兑付。因外业实物核查期间正处秋收前期，农作物秸秆较高，致使核查时存在丢漏现象。根据乡、村反映，及时报征迁监理和设计代表，并经保定市南水北调办现场代表、监理、设计代表共同签字确认后更正，并于2010年4月21日对群众反映的错漏项进行再次公示，4月24日开始对补偿错漏项进行补偿兑付。

（2）廊坊市段。外业核查工作结束后，廊坊市南水北调办组织各县（市、区），对征地面积、附着物数量、补偿标准和补偿金额进行公示，公示时间3天。对存有疑问的，由村通过乡镇人民政府提出书面材料，由县南水北调办、监理、设计单位，会同乡镇、村等相关各方重新进行确认，对提出的问题作出答复。

以固安县为例，2009年12月19—22日，固安县南水北调办依据批复的兑付方案《南水北调中线一期工程固安段征用土地及地上附着物补偿标准》和实物调查成果，分村、分户计算征占地及地上附着物补偿金额，编制天津干线固安县段征地及地上附着物征迁安置补偿公示表。2009年12月24—26日，固安县对征迁安置补偿公示表进行张榜公示。公示过程中，未有任何异议。

3. 实施方案的编制与批复

实物指标核查工作完成后，设计单位依据河北省南水北调办制定的《南水北调中线干线河北省境内工程征迁安置实施方案编制大纲》，在保定、廊坊和有关市（县）南水北调办的配合下，陆续编制完成《南水北调中线一期工程天津干线保定市段征迁安置实施方案》和《南水北调中线一期工程天津干线廊坊市段征迁安置实施方案》，分别经保定、廊坊市人民政府审查同意后，上报河北省南水北调工程建设委员会。2009年11月26日，河北省南水北调工程建设委员会审查后，以冀调委字〔2009〕1号文对《南水北调中线一期工程天津干线保定市段征迁安置实施方案》进行了批复；2009年12月10日，以冀调委字〔2009〕2号文对《南水北调中线一期工程天津干线廊坊市段征迁安置实施方案》进行了批复。

根据《南水北调中线一期工程天津干线保定市段征迁安置实施方案》内容要求，经过详细测算，2009年11月26日，保定市南水北调工程建设委员会向天津干线各有关县（区）印发了《南水北调中线一期工程天津干线保定段分县征迁安置任务与投资包干方案》（保市调水〔2009〕6号）。

2009年11月27日，保定市人民政府组织召开南水北调天津干线征迁安置工作会议，将天津干线征迁安置任务与投资对各县（管委会）进行了包干，并与沿线徐水、白沟、容城、雄县四县（管委会）签订了《保定市南水北调中线一期工程天津干线征迁安置责任书》。

保定市各县（管委会）依据保定市南水北调办印发的《南水北调中线一期工程天津干线保定段征迁安置资金兑付方案编制技术大纲》和保定市南水北调工程建设委员会印发的《南水北调中线一期工程天津干线保定段分县征迁安置任务与投资包干方案》，开展《征迁安置资金兑付方案》编报工作。2009年12月7日，保定市南水北调办组织专家，会同设计、监理、有关县（管委会）南水北调工程建设委员会办公室，对各县《征迁安置资金兑付方案》进行了审查；2009年12月8日，保定市南水北调工程建设委员会批复了各县人民政府（管委会）《征迁安置资金兑付方案》。

2009年12月11日，廊坊市人民政府组织召开天津干线征迁安置工作动员会，廊坊市人民政府与安次区、永清县、霸州市、固安县人民政府分别签订了征迁安置责任书。随后，廊坊市各县（市、区）相继召开征迁安置动员大会，对征迁安置工作进行深入广泛动员，并制定了具体的工作流程和工作措施。

根据《南水北调中线一期工程天津干线廊坊市段征迁安置实施方案》内容要求，经过详细测算，2009年12月11日，廊坊市南水北调工程建设委员会向天津干线各有关县（市、区）印发了《南水北调中线一期工程天津干线廊坊段分县征迁安置任务与投资包干方案》。

2009年12月15日，廊坊市各县（市、区）依据《南水北调中线一期工程天津干线廊坊市分县（市、区）征迁安置任务与投资方案》，结合当地实际，编制完成《征迁安置补偿兑付方案》，并上报廊坊市人民政府审批。2009年12月18日，经廊坊市人民政府研究审查，批复了各县（市、区）《征迁安置补偿兑付方案》。

4. 各级补偿投资包干协议

依据河北省南水北调工程建设委员会批复的保定市、廊坊市征迁安置实施方案，经河北省南水北调办分解核定保定、廊坊两市征迁安置任务与投资，2009年12月14日，河北省南水北调办分别以冀调水计〔2009〕42号、43号下达了保定、廊坊两市天津干线征迁安置任务与投资计划，投资计划总额由各市包干使用。

2010年4月，河北省南水北调办与中线建管局经过充分协商，签订了《南水北调中线一期天津干线西黑山进口闸至有压箱涵段、保定市1段、保定市2段和廊坊市段工程建设征迁安置任务与投资包干协议书》，明确了征迁安置任务与投资、资金使用与拨付意见、双方责任等事项。

2010年10月12日，中线建管局、河北省南水北调办和河北省电力公司三方协商签订了《南水北调中线一期工程总干渠漳河北至古运河南段、天津干线河北段（保定段）电力专项设施迁建工程任务与投资包干协议书》，明确了迁建任务与各方职责。

2010年11月16日，中线建管局、河北省南水北调办和廊坊市农电管理局霸州供电局三方签订了《南水北调中线一期总干渠天津干线河北段（霸州市段）电力专项设施迁建工程任务与投资包干协议书》。2011年6月20日，三方协商签订了补充协议。

2010年11月16日，中线建管局、河北省南水北调办和廊坊市农电管理局永清供电局三方协商签订了《南水北调中线一期工程总干渠天津干线河北段（永清县段）电力设施迁建工程任务与投资包干协议书》。2011年6月20日，三方协商签订了补充协议。

2011年2月28日，中线建管局、河北省南水北调办和北京国电同方电力建设工程有限公司三方协商签订了《南水北调中线干线河北段（安次区段）电力专项设施切改工程施工合同》。2011年6月18日，三方签订了补充协议。

2011年3月14日，中线建管局、河北省南水北调办和固安县隆安电力工程有限公司三方协商签订了《南水北调中线干线工程天津干线河北段（固安县段）电力专项设施切改工程施工承包合同》，2011年6月20日，三方签订了补充协议。

（1）保定市段。2009年10月19日，保定市南水北调办印制了《天津干线保定段临时用地补偿资金和责任包干协议书》（范本），下发到各县（管委会）南水北调办、建管单位和征迁监理单位，确保有效控制天津干线临时用地补偿资金，鼓励施工单位科学安排施工，避免出现临时用地超期使用问题。

2009年11月26日，保定市南水北调工程建设委员会向天津干线各有关县（管委会）印发了《南水北调中线一期工程天津干线保定段分县征迁安置任务与投资包干方案》（保市调水〔2009〕6号）。2009年11月27日，保定市人民政府与徐水、白沟、容城、雄县四县（管委会）签订《保定市南水北调中线一期工程天津干线征迁安置责任书》。

（2）廊坊市段。2009年12月11日，廊坊市人民政府与固安县、永清县、安次区、霸州市

人民政府签订征迁安置责任书。2009年12月16日，廊坊市人民政府以〔2009〕131号文下达了南水北调中线一期工程天津干线固安、霸州、永清、安次4个县（市、区）征迁安置任务与投资方案。

5. 补偿兑付

(1) 保定市。为做好资金补偿兑付工作，保定市各县（管委会）先后组织召开征迁安置动员大会，广泛开展宣传发动，向所涉乡镇、村全体群众宣讲南水北调工程建设的重要意义，并多处张贴宣传画报，书写标语，利用报纸、广播、电视等各类媒体教育群众识大体、顾大局，支持国家重点建设，并向群众详细讲解征迁安置资金兑付方案内容，让群众知晓南水北调征迁安置工作的政策、标准和程序。

2009年12月，各有关县（区）征迁安置资金兑付方案批复后，按照保定市政府确定的“2009年年底前完成永久征地、临时用地首季和所有占地范围内地面附着物补偿资金兑付工作，保证每个施工标段都具备开挖条件；2010年春灌前完成占地范围外灌溉系统恢复工作；2010年4月底前完成所有房屋、设施拆除”的任务目标，结合本县（管委会）征迁安置资金兑付方案，制定资金补偿兑付办法，自2009年10月至12月底，徐水、容城、白沟·白洋淀温泉城管委会、雄县南水北调办相继完成了征迁安置资金兑付工作。

补偿资金兑付过程中，先是对经个人签字的实物核查成果、补偿标准、分户补偿资金计算表进行张榜公示，之后对发现的错、漏项（与核查报告不符之处）及时报征迁监理工程师和设计代表，并由保定市南水北调办现场代表、监理工程师、设计代表共同签字确认后改正公布。及时会同征迁监理工程师予以核实，将结果及时反馈举报人，再将核实结果重新张榜公示。公示3天无异议后即刻开展了资金兑付工作。将各类补偿资金，拨付到乡镇、村设立的南水北调专用账户上，并由指定银行专户储存。由乡镇政府责成村委会直接兑付到户，并按财务管理规定完善各种手续。为加强村集体补偿资金监管，由县（区）南水北调办、乡镇政府负责监督村集体资金的使用。

截至2013年8月，保定段共完成永久征地补偿兑付362.22亩，临时用地15549亩，清除树木30.57万棵，坟墓2864座，拆迁房屋17574.3m^2，搬迁村组副业66家，工矿企业8家，共计兑付补偿资金19112.07万元。

截至2015年6月，保定市累计完成天津干线永久征地366.5亩、临时用地15184.4亩的补偿兑付任务。

(2) 廊坊市。从2009年12月26日开始，天津干线廊坊市沿线各县（市、区）正式开展资金兑付和地上附着物清除工作。以霸州市为例，霸州市2009年12月26日征迁安置工作进入赔付阶段，各乡镇抽调人员，与霸州市南水北调工作人员一起，深入村街展开赔偿工作，用一个月时间，累计提交临时用地7356.97亩，永久征地84.79亩，并完成地上附着物清除工作，完成树木砍伐84万棵，搬迁坟墓2519座，完成262眼机井补偿，搬迁工业企业7家，拆除房屋1.1万m^2，涉及4300余户，为工程开工建设奠定了基础。

为确保资金兑付到位，廊坊市各县南水北调办要求各乡政府，对补偿资金实行专户储存，专款专用、专账核算，在国有或国家控股的商业银行开设专用账户。在补偿资金兑付过程中，县南水北调工作人员经常深入征迁现场，一面了解地上附着物清理情况，督导拆迁及补偿兑付进度，一面协调解决征迁事宜，及时收集补偿协议及兑付卡，核对补偿事项及金额，发现错漏项及时与乡政府沟通并予以纠正。

至2015年6月，廊坊市累计完成天津干线248.9亩永久征地、12947.1亩临时用地的补偿兑付任务。

6. 农村生产生活安置

（1）保定市。天津干线保定市段永久征用耕园地面积较少，且较为分散，征占地对沿线群众生产影响较小，本着尊重群众意愿的原则，永久征地均采取了货币补偿方式，生产安置人口243人。沿线4县（管委会）依照市南水北调工程建设委员会批准的征迁安置资金兑付方案进行货币补偿，征地补偿费和安置补助费，补偿倍数之和统一按前三年平均亩产值的16倍补偿。临时用地按照“占一季补一季”的原则进行补偿，并按复垦设计方案进行复垦，退地后按标准发放熟化期补助。

因工程施工影响，需拆除居民房屋，搬迁人口281人，除容城县东李家营集中安置15户65人外，其余分散占压房屋居民以村为单元，由村委会确定安置地点，采取本村后靠方式进行安置，共落实安置用地41.18亩。

村组副业和工矿企业按《南水北调中线一期工程天津干线保定市段工程占地实物指标核查报告》中确定的数量，均采取货币补偿方式进行安置。保定市段共涉及66家工矿企副业，其中8家工矿企业和48家村组副业，通过评估方式进行了一次性货币补偿；其余10家村组副业均位于容城县东李家营，采取单独选址，在东李家营村东北大清河右堤堤脚进行了集中安置。

（2）廊坊市。因永久征用耕地数量较少，天津干线廊坊市境内生产安置均采取货币补偿安置，安置人口165人。

廊坊市段征迁安置实施方案涉及搬迁人口441人，安置方式分为分散安置和集中安置两种方式。对占压影响居民住房较少的村，采取分散安置方式，在村周边闲置地就近安置；对占压影响居民住房较多且相对集中的村，采取集中安置方式。实施中分散安置213人，均在本村内分散安置，落实安置用地36.17亩，一次性货币补偿面积24.84亩；集中安置228人，安置地点在永清县刘街乡徐街村，新建集中安置居民点1个，落实安置用地40.17亩。

7. 城市区（集镇）安置

天津干线廊坊段占地影响涉及霸州市第六中学。霸州市第六中学位于霸州市堂二里镇三街村，廊大公路东侧，学校占地75.93亩。工程占压影响学校围墙内土地30.68亩，需拆迁学校砌砖围墙1329.93m^2。

为保证工程安全运行，按照输水箱涵顶部及外边缘两侧10m范围内不能建设永久性建筑物要求，工程保护区范围内影响学校面积20.14亩，为满足学校教学需要，在学校附近新征安置用地20.14亩。

8. 专项设施迁建

电力专项迁建工作由河北省电力公司和地方南水北调办负责，河北省南水北调办与河北省电力公司签订委托协议，河北省电力公司负责电力产权的高压线路迁建，地方南水北调办负责低压线路和非电力产权高压线路迁建。2010年8月25日，河北省南水北调办和河北省电力公司联合召开河北省南水北调电力专项设施迁建动员会议，动员部署河北境内南水北调工程影响范围内的电力设施迁建工作。

（1）保定市。2009年8月25日至9月27日，保定市在组织开展天津干线征迁实物量外业核查的同时，组织各有关专项设施主管部门，同步开展了专项设施核查工作。2009年9月28日至10月1日，对实物指标进行核对汇总，天津干线保定段涉及迁建通信线路190条（光缆152条，电缆38条），广播电视线路2条，输油、输气管道各1条。通信专项涉及10家单位和部门，共计占压和穿越线路110处192条。涉及河北省天然气有限公司和中石油北京输油气分公司两家企业共2条地下输油气管道。2009年10月1日至12月8日，保定市南水北调办责成有关专项主管部门，委托有资质的设计单位对各自的专项设施迁建设计方案和预算投资进行编制。

2009年12月9日，保定市南水北调办组织通信专项部门召开天津干线通信设施迁建设计审查会议，借鉴京石段工程专项迁建经验，聘请有专业资质的审查单位对迁建设计方案进行初步审查，对设计方案的可行性、可操作性、经济性等进行比较、审核。

2009年12月23日，保定市南水北调工程建设委员会组织审查单位，对任京输油管道和京邯输气管道交叉保护工程设计进行审查，根据专家审查意见，两家单位对初步设计进行了完善补充。

专项设施迁建或保护设计方案确定后，保定市南水北调办与专项主管部门签订了迁建或保护协议书。2010年3月25日，保定市南水北调办组织各参建单位，召开天津干线专项迁建联合调度会议，组织专项主管部门、天津干线各建管项目部、四县（管委会）南水北调办、征迁监理等有关部门进行一对一的对接，安排部署专项迁建任务，明确参建各方职责。会后，集中3天时间，深入现场确定了首批迁建线路。

1）电力、通信等专项迁建。2010年9月2日，保定市南水北调办组织沿线徐水、白沟、容城、雄县等县（管委会）电力部门及县南水北调办，召开天津干线电力专项设施迁建会议。会后，沿线县（区）南水北调办组织项目部、电力部门，启动了0.4kV以下及非电力产权电力设施的查勘、核实、迁建设计方案和预算的编制工作。2010年9月14—19日，保定市南水北调办聘请具有专业资质的审查单位，对电力设施迁建方案和预算进行了初步审核。9月20日、25日，先后两次组织召开天津干线电力专项设施迁建审查交底会议，对各县（区）电力专项迁建设计方案和预算进行审查论证；9月27日根据审查意见，对各县（区）电力专项迁建投资进一步进行了核定，并将确定的各县（管委会）迁建投资向河北省南水北调办进行了请示。

2010年10月8日，天津干线0.4kV以下及非电力产权电力专项迁建任务和投资批复各县（管委会）。各县（管委会）南水北调办与电力部门签订了电力专项迁建委托协议，拨付迁建资金，电力专项迁建工作全面展开。截至2011年5月19日，保定段的0.4kV以下及非电力产权专项设施共计103处完成迁出，保障了工程建设顺利进行。

2012年8月21日，天津干线主体工程基本完工，具备了电力专项设施回迁恢复的工作条件，保定市南水北调办组织有关专项部门、县南水北调办、建管单位和电力、通信、国防光电缆及广播电视线路等部门，对原直埋、架空的专项设施，严格按照“原标准、原规模或恢复原功能”的三原原则，在原址、原杆坑或已经征地的位置进行回迁恢复。

各类专项设施迁建恢复完工后，由专项部门组织专家进行专项设施迁建项目自查、自验，以确保专项设施回迁恢复后达到原功能。保定市南水北调办根据专项部门提交的验收报告，验收合格的拨付专项设施迁建恢复工程尾款。

2）乡村道路和水利设施恢复。南水北调天津干线保定段因工程施工截断田间路、生产路等多条乡村道路，影响到附近村庄生产、出行。经勘察，需复建乡村道路180条，总长34.12km，涉及田间土路、泥结石路、水泥混凝土三种类型。

因工程开挖破坏对沿线水利设施造成一定影响，水利设施恢复结合实际情况，采取三种处理方式：①影响区的水利设施恢复，施工期占地范围内开挖破坏的地下管网，工程完工后实施恢复措施；临时用地范围外受施工影响无法满足灌溉需要的，采取必要的临时灌溉设施。②工程范围内占压机井335眼，施工结束后采取恢复农村机井，满足施工占地范围内及占地范围外影响区水浇地的灌溉需要。③对流量0.8m^3/s以下的灌排渠道进行恢复。

2009年12月22日，保定市南水北调办对沿县（管委会）和保定市水利水电勘测设计院上报的《南水北调中线一期工程天津干线四县乡村道路复建设计报告》《南水北调中线一期工程天津干线四县乡村道路复建工程施工图》进行了批复。

2010年1月18日，保定市南水北调办对沿线四县（管委会）南水北调办委托保定水利水电勘测设计院编制的《南水北调中线一期工程天津干线保定市四县（管委会）段水利设施恢复工程设计》《南水北调中线一期工程天津干线保定市四县（管委会）段水利设施恢复工程设计图册》，组织有关专家进行了技术审查。

2010年1月26日，保定市南水北调办下发《关于切实做好水利、交通专项复建工作的通知》（保市调水办〔2012〕21号），正式启动沿线乡村道路恢复和水利设施恢复工程。乡村道路恢复工程交由四县（管委会）南水北调办，或由县（管委会）南水北调办委托交通部门组织恢复建设；水利设施恢复工程由县（管委会）南水北调办成立临时项目部组织实施。

截至2014年6月，天津干线保定段乡村道路恢复工作全部完成，水利专项恢复完成新打机井348眼，铺设灌溉管道147km，铺设临时灌溉管道（小白龙软管）15km，修建0.8m^3/s以下的灌排渠道70余km。

（2）廊坊市。天津干线廊坊市段专项设施主要包括通信光缆保护、交通道路恢复、输油、输气及开挖边界外工程保护、排水渠道恢复以及灌溉系统恢复。

为便于统一管理、统一协调，确保专项工程建设顺利进行，满足天津干线主体工程建设需要，2010年4月25日，廊坊市成立了南水北调天津干线专项工程建设处，负责专项工程设计、招投标、工程建设管理等任务。建设处为廊坊市南水北调办临时机构，人员由南水北调办内部调整，工程项目结束后，建设处随即撤销。

2009年12月24—25日，廊坊市南水北调办先后两次组织召开南水北调中线天津干线工程专项设施保护工作协调会，分别对与天津干线工程交叉的输油、输气管道和通信光缆、电缆等专项设施保护工作进行了专题部署。

2010年8月6日上午，廊坊市南水北调天津干线专项工程建设处与中线建管局天津直管建管部工管三处联合组织华北油田公司第四采油厂、中水五局、长科监理部等单位，召开天津干线廊坊境内工程第三标段输油、输气管道保护与主体工程施工协调会议，石油部门就天津干线主体工程施工时，输油、输气管道保护需要注意的事项，提出了技术和安全等方面要求，同时要求天津干线主体施工单位与石油部门签订施工安全协议，确保施工中输油、输气管道安全生产。

1）通信线缆保护。南水北调中线一期工程天津干线廊坊市段占压通信线路线缆共59处

108条，包括西气东输光缆1条，广电4处9条，中国铁通2处2条，河北传输14处17条，中国电信2处2条，中国移动15处20条，中国联通21处57条。

廊坊市南水北调天津干线专项工程建设处委托河北电信设计咨询有限公司，对南水北调天津干线廊坊市段通信线缆保护工程进行了专项设计。2010年4月25日，廊坊市南水北调办组织专家召开评审会议，对河北省电信设计咨询有限公司编制完成的《南水北调天津干线廊坊市段通信线缆保护工程一阶段设计及预算》进行了专家评审。河北电信设计咨询有限公司根据专家评审意见对《南水北调天津干线廊坊市段通信线缆保护工程一阶段设计及预算》进行了修改完善。2010年4月27日，廊坊市南水北调办以廊调水办〔2010〕18号文对天津干线通信线缆保护工程设计方案进行了批复。

截至2013年6月30日，施工单位按照设计要求全部完成天津干线廊坊段通信线缆保护工程。

2）交通道路恢复。南水北调中线一期工程天津干线廊坊市段固安县恢复乡间道路28条，其中砖路2条，土路26条；临时绕行道路23条，其中砖路2条，其余均为土路。永清县临时绕行道路14条，涉及绕行土路7条，绕行砖路7条；被占压需恢复的道路17条，其中砖路6条，沥青路1条，土路10条。安次区恢复乡间道路24条，其中土路23条，砖路1条；乡间临时绕行道路6条，其中砖路1条，土路5条。四标霸州市涉及恢复乡间道路69条，其中砖路6条，石子路1条，土路62条；临时绕行道路44条，其中砖路7条，土路37条。

廊坊市南水北调天津干线专项工程建设处委托廊坊市水利勘察规划设计院，对南水北调中线一期工程天津干线廊坊市段交通设施恢复工程进行了专项设计。2010年4月24日，廊坊市南水北调办组织专家在廊坊市水利勘察规划设计院召开评审会议，对廊坊市水利勘察规划设计院编制的《南水北调中线一期天津干线廊坊市段交通设施恢复工程施工详图及预算》进行了专家评审并形成意见。廊坊市水利勘察规划设计院根据专家评审意见对《南水北调中线一期天津干线廊坊市段交通设施恢复工程施工详图及预算》进行了修改完善。2010年4月26日，廊坊市南水北调办以廊调水办〔2010〕17号文对南水北调中线一期天津干线廊坊市段交通设施恢复工程施工详图及预算进行了批复。

截至2013年6月30日，施工单位按照设计图纸要求全部完成天津干线廊坊段交通设施恢复工程。

3）输油、输气及开挖边界外工程保护。天津干线廊坊市段共涉及塘燕线2条，陕京线2条，顺达天然气2条，采油二厂5条，采油四厂5条管线。

廊坊市南水北调天津干线专项工程建设处委托中国石油集团工程设计有限责任公司，对南水北调中线一期工程天津干线廊坊市段穿越输油、输气管道保护工程及开挖边界外保护工程进行了专项设计。2010年5月28日，廊坊市南水北调办组织召开专家评审会议，对中国石油集团工程设计有限责任公司华北分公司编制完成的《南水北调天津干线廊坊市段输油、输气管道保护工程施工图设计》及《南水北调中线天津干线廊坊段穿越管线开挖边界外工程》进行了评审并形成意见。中国石油集团工程设计有限责任公司按照专家审查意见对《南水北调天津干线廊坊市段输油、输气管道保护工程施工图设计》进行了修改完善。2010年6月15日，廊坊市南水北调办以廊调水办〔2010〕27号文对南水北调中线天津干线廊坊段输油、输气管道保护工程施工图设计及预算进行了批复。

2010年7月29日，华北油田采油四厂组织廊坊市南水北调天津干线专项工程建设处、设计单位、施工单位华北油田廊坊兴达建筑安装有限公司对南水北调天津干线廊坊市段与华北油田采油四厂输油、输气管线交叉保护工程进行阶段验收，验收全部合格。

截至2013年6月30日，南水北调天津干线廊坊段输油、输气管道保护工程及南水北调中线天津干线廊坊段穿越管线开挖边界外工程已全部按照图纸设计要求完成。

4）排水渠道恢复。廊坊市段排水渠道恢复工程共涉及52条渠道，其中路边沟（排水沟）20条，排灌渠道32条。

廊坊市南水北调天津干线专项工程建设处委托廊坊市禹达勘测设计有限公司对南水北调中线一期天津干线廊坊市段排水渠道恢复工程进行了专项设计。2011年8月30日，廊坊市南水北调办组织专家召开评审会议，对廊坊市禹达勘测设计有限公司编制完成的《南水北调中线一期天津干线廊坊市段排水渠道恢复工程实施方案》进行了专家评审并形成意见。廊坊市禹达勘测设计有限公司根据专家评审意见对《南水北调中线一期天津干线廊坊市段排水渠道恢复工程实施方案》进行了修改完善。2011年9月30日，廊坊市南水北调办以廊调水办〔2011〕41号文对南水北调中线一期天津干线廊坊市段排水渠道恢复工程实施方案进行了批复。

截至2013年6月30日，施工单位按照设计要求全部完成天津干线廊坊市段排水渠道恢复工程，质量全部合格。

5）灌溉系统恢复。由于天津干线占地线内的施工开挖和堆土占地，破坏了占地线内原有水井和水利设施，占地线外现有水井满足不了灌溉需求，导致部分耕地无法灌溉。经天津干渠廊坊市4县（市、区）南水北调办与沿线乡镇、村协商，采用打井、铺管道方式来满足村民耕地的正常灌溉需求。

廊坊市段灌溉恢复工程所需投资包含在各县（市、区）包干资金中，廊坊市南水北调办按照国家有关法律、法规规定，要求固安县、霸州市、永清县、安次区南水北调办委托有资质的设计单位对灌溉恢复工程作出专项设计，审查批准后实施。

2010年6月1日，廊坊市南水北调办组织有关专家召开固安县灌溉系统恢复工程评审会议，对《南水北调中线一期天津干线廊坊段（固安县）灌溉恢复工程施工详图及预算》进行了评审。2010年6月6日，廊坊市南水北调办以廊调水办〔2010〕26号文件进行了批复。主要工程量：打井32眼，铺设供水管道5380m，供电线路4800m，土方开挖2152m^3，土方回填2018m^3。

2010年12月17日，廊坊市南水北调办组织有关专家召开安次区灌溉系统恢复工程评审会议，对《南水北调中线一期天津干线廊坊段（安次区）灌溉恢复工程施工详图及预算》进行了评审。2011年4月1日，廊坊市南水北调办以廊调水办〔2011〕21号文件进行了批复。主要工程量：打深井9眼，浅井3眼，铺设供水管道3900m，供电线路1800m，土方开挖3900m^3，土方回填3875m^3。

2012年10月31日，廊坊市南水北调办组织有关专家召开霸州市灌溉系统恢复工程评审会议，对《南水北调中线一期天津干线廊坊段（霸州段）灌溉恢复工程施工详图》进行了评审。2012年11月26日，廊坊市南水北调办以廊调水办〔2012〕66号文件进行了批复。主要工程量：打深井25眼，浅井25眼，铺设供水管道20000m，供电线路7500m，土方开挖8200m^3，土方回填8040m^3。

2013年3月22日，廊坊市南水北调办组织有关专家召开永清县灌溉系统恢复工程评审会议，对《南水北调中线一期天津干线廊坊段（永清段）灌溉恢复工程设计》进行了评审。2013年4月20日，廊坊市南水北调办以廊调水办〔2013〕27号文件进行了批复。主要工程量：打深井13眼，铺设供水管道2960m，供电线路1950m，土方开挖1776m^3，土方回填1747m^3。

截至2013年6月30日，已全部按照设计图纸要求完工，满足天津干线沿线村民灌溉需求。

9. 工业企业迁建

（1）保定市。经实物核查，天津干线占地范围内涉及8家工业企业，分别为徐水县河北大午农牧集团有限公司、徐水华岳工贸有限公司、徐水县友谊纸业有限公司、徐水县遂城镇广门卫生院、白沟国际贸易城锅炉房、白沟的中国石油河北省保定分公司第七十加油站、雄县的大庄砖厂和娜雪箱包有限责任公司。拆迁房屋均为生活房屋，共计1097m^2。

依据“原标准、原规模、恢复原功能”的原则，对8家受影响企业的迁建进行了规划设计。保定市南水北调办征求当地政府和企业意见，1家采用整体搬迁重建的安置方式，2家采用调整企业用地规划，一次性货币补偿安置方式，其余5家均对其占压附属设施给予货币补偿。落实企业迁建用地3.44亩，一次性补偿土地面积19.76亩。

整体搬迁企业为中国石油河北省保定分公司第七十加油站。该企业位于保定市白沟镇白辛庄，工程占压3.34亩，且白沟分水口位于该企业占地范围内，企业无法再进行正常的生产生活。经与企业主管部门协商，对企业进行了就近整体搬迁安置，复建面积为3.44亩，对企业房屋和不可搬迁设施给予赔偿，对于可搬迁的设备，给予搬迁并补偿运输费和安装调试费。采取提前修建新的厂区设施，做到先建后拆的方法以减少企业损失。白沟南水北调办同中石油加油站共同委托保定正达土地评估公司对加油站进行了评估，2010年4月28日，白沟加油站与白沟南水北调办签订了拆迁协议。在白沟南水北调办的督促下，白沟加油站完成了拆迁。

采用调整企业用地规划、一次性货币补偿安置方式的是雄县大庄砖厂和娜雪箱包有限责任公司。两企业均被工程部分占压，且占压部分为临时用地，工程结束后可原址恢复重建。因箱涵从两企业内部穿过，工程投入运行后，致使企业对该区域土地使用受到限制，企业需要调整建设规划，通过对工程管理和检修需要的影响分析，并与企业负责人协商，参照初设批复补偿原则，对开挖线内占压土地按土地置换补偿标准进行补偿，同时企业在使用上述范围内土地时，必须保证箱涵管理和检修需要。

其余5家企业，因占地较少，对企业生产生活影响较小，地方政府征求被占地企业意见，均对其占压附属设施给予货币补偿。

（2）廊坊市。廊坊段共占压霸州市大禹水利工程有限公司、金弘建筑工程有限公司、双新家具厂、新思家具厂、森佳密度板有限公司5家企业，需拆迁企业房屋9343.39m^2，其中生产房屋7038.88m^2，生活房屋2304.51m^2，设备165台，设施包括管道、污水井、混凝土工作台、水塔等。整体搬迁重建企业为大禹水利工程有限公司和金弘建筑工程有限公司两家单位。原址复建企业为新思家具厂一家。一次性补偿企业有双新家具厂和森佳密度板有限公司两家。

10. 永久用地交付

（1）保定市。天津干线工程建设计划下达后，中线建管局向工程沿线徐水、白沟、容城、雄县（管委会）国土资源局提出了用地申请，向县林业局提出了占用林地申请。2009年8月25

日至9月23日，由保定市南水北调办总牵头、设计单位技术总负责，会同征迁安置监理单位、建设管理单位、有关县（区）南水北调办、国土资源局、林业局组成的天津干线保定段联合调查组，分赴徐水、容城、白沟、雄县开展核查勘界工作。核查小组以天津市水利勘测设计院提供的《工程建设征地拆迁安置规划设计报告（审定稿）》和天津干线河北境内各标段招标设计图纸、保定市南水北调办提出的临时用地优化意见等，在圆满完成了天津干线保定境内75.973km的实物指标核查外业工作的同时，对永久用地进行了勘界测量。

土地勘界工作委托保定市华锋科技有限公司和保定市水利水电勘测设计院两家单位负责完成。依据勘界核查成果，永久征地由四县（管委会）依法编制“一书四方案”。四县（管委会）国土资源局会同县南水北调办在工程沿线乡镇、村进行了土地征收公告。并按照省市要求，沿线四县（管委会）及时完成了各项补偿费兑付任务，向建设管理单位移交了永久用地366.5亩。

（2）廊坊市。廊坊市段工程永久征地共计158.65亩，其中固安县永久征地22.07亩，2010年7月31日完成资金兑付和附着物清除，村集体交付用地后，按程序移交建设管理单位；霸州市永久征地85.35亩，2012年5月完成兑付后，用地移交建设管理单位；永清县永久征地34.08亩，其中分水口对外连接路14.59亩，渠线内永久征地19.49亩，渠线内永久征地与临时用地同步补偿兑付，2010年1月6日开始兑付补偿资金，清除地上附着物后移交了建设用地；安次区永久征地17.15亩，2010年1月底永久征地全部移交。加上管理所占地，廊坊市累计移交永久征地248.9亩。

11. 临时用地交付和复垦

按照河北省南水北调工程建设委员会第三次全体会议明确的“天津干线2009年12月底前提交60%工程建设用地、2010年3月底全部提交工程建设用地”的工作目标，保定、廊坊两市紧紧抓住中央扩大内需促进经济增长的有利时机，在河北省南水北调工程建设委员会批复征迁安置实施方案后，用最短时间完成了兑付方案的编制和审批，全线掀起补偿兑付高潮。2010年3月23日，工程建设用地补偿兑付任务全部完成，用地移交建设管理单位。2010年3月底，地上附着物清除工作全部结束。

2011年8月16日，河北省南水北调办组织召开临时用地复垦工作座谈会议，重点剖析了临时用地复垦退还工作面临的困难和存在的实际问题，对加快复垦退还工作进行了安排部署。

为加快临时用地复垦退还进度，2013年4月23日，河北省南水北调办和中线建管局，联合对天津干线保定段临时用地复垦退耕情况进行了现场检查督导，明确了临时用地复垦退还问题的解决办法、工作要求和完成时限，并针对临时用地复垦退还涉及地方、建管单位，设计、监理、施工单位的实际，研究确定了对按计划退还临时用地的相关单位给予奖励的具体措施。

至2013年9月，天津干线2.85万亩临时用地中，需要复垦的2.61万亩临时用地全部完成复垦退还。

（1）保定市。按照河北省人民政府确定的天津干线征地工作目标，兑付方案批复后，各县（管委会）南水北调办、项目建设单位与被占地村集体三方共同签订了临时用地协议书及临时用地移交清单，开始补偿兑付和清表工作。2010年3月中旬，完成15397亩临时用地首季补偿兑付，地上附着物全部清除，用地移交建设管理单位。

保定市南水北调工程建设委员会在临时用地征用伊始，根据《南水北调中线干线河北省境

内临时用地工作协调会议纪要》精神，制定印发了《南水北调天津干线保定段临时用地使用协议》范本和《天津干线保定段临时用地补偿资金和责任包干协议书》范本，对临时用地腐殖土清理保管等提出了明确要求，对复垦工作的责任主体进行了明确界定，提出了临时用地提前结束或延期使用的奖惩办法，规定提前退地节约的临时用地补偿资金50%奖励施工单位，超期使用增加的临时用地补偿由施工单位支付，并依据“谁破坏、谁复垦”的原则，确定各标段主体施工单位是复垦的施工单位，在复垦监理的监督下，负责按照复垦设计保质、保量、按时完成临时用地复垦任务，有效促进了施工单位节约利用土地、快速规范使用土地和及时复垦。

2010年5月17日，保定市南水北调办委托保定市水利水电勘测设计院作为天津干线保定境内临时用地复垦工作的设计单位，编制了《南水北调中线一期工程天津干线保定市四县（区）临时用地土地复垦方案报告书》经审查后批复。核定南水北调天津干线保定段工程首批临时用地复垦面积15043.99亩。批复同时，规定了临时用地复垦资金动用程序：施工单位提出申请，县（管委会）南水北调办同意，市南水北调办审批。复垦设计中计列的预备费，用于解决临时用地复垦不可预见因素，使用程序为：施工单位根据设计变更向县（管委会）南水北调办提出申请，并经县（管委会）南水北调办报县（管委会）南水北调工程建设委员会审批。

到2011年9月底，大部分临时用地将到使用期限，为确保用毕土地能够及时复垦和保障延期使用土地的使用顺利，保定市南水北调办要求各县南水北调办、省建管中心、天津直管项目部、征迁复垦工程监理、各施工单位强化临时用地管理，本着“节约利用土地”的原则，督促施工单位努力缩短土地使用时间，及时开展临时用地复垦工作。对于不能及时复垦退耕造成的超期占用，按《天津干线保定段临时用地补偿资金和责任包干协议书》规定执行，由施工单位垫付增加的临时用地补偿资金。

2013年4月23日，河北省南水北调办、中线建管局联合对天津干线保定段临时用地复垦退耕情况进行了现场检查督导。督导组召开座谈会，专题研究检查过程中发现及各方反映的问题，明确解决办法、工作要求及完成时限，要求各县（区）南水北调办要以“群众接受、沿线稳定”为原则，灵活把握、创造性地开展工作，加快临时用地复垦退还进度，确保徐水、容城、白沟新城于4月30日前，雄县于5月20日前完成全部退地任务。

2013年5月底，白沟、徐水县先后完成临时用地复垦退还工作。2013年9月，保定市境内临时用地全部完成复垦任务，累计复垦临时用地15184.37亩。

（2）廊坊市。廊坊市南水北调办向固安县、霸州市、永清县、安次区下发《临时用地使用协议（范本）》及《南水北调征迁安置补偿兑付卡》，规范临时用地及征迁安置补偿兑付等有关工作，2009年8月，开展实物指标核查。调查组以村为单位测量临时用地总面积，填入临时用地调查表并由村负责人签字确认。各村将临时用地面积分解用户，填写分户调查表，经户主签字确认，交县南水北调工程建设委员会办公室核实，据此表计算分户补偿金额，由所在乡镇政府兑付到户。最终交付手续以补偿确认书和开具的五联单为依据。

2009年8月7日率先向建管单位提供了施工主营地，至2009年11月初14处施工主营地临时用地全部提供，保障了工程开工建设需要。至2010年1月底固安县、霸州市、永清县、安次区共计12947.13亩临时用地，全部交付天津干线主体工程施工单位使用。

交付时，天津干线沿线四县（市、区）南水北调办组织占地村村委会与施工单位签订《临时用地使用协议》，建管单位、监理单位、县南水北调办、乡镇政府负责监督用地使用管理情况，严格按照协议规定时间、用途使用占地。

2010年8月，廊坊市南水北调办委托廊坊市水利勘察规划设计院，编制完成了《南水北调中线一期天津干线廊坊市段临时用地复垦工程实施方案》，经审查后批复。2012年7月5日，廊坊市南水北调办以廊调水办〔2012〕39号文件向固安县、霸州市、永清县、安次区下达了天津干线廊坊市段四县（市、区）临时用地复垦工作投资计划。

2012年7月11日，廊坊市南水北调办组织召开专题会议，根据天津干线沿线所涉县（市、区）具体情况，分别部署启动临时用地复垦退还工作，天津干线廊坊段临时用地复垦工作正式启动。

至2013年9月，天津干线廊坊市境内临时用地需要复垦的10894.29亩全部完成复垦，12947.13亩临时用地全部完成退还。

12. 用地组卷报批

2009年8月23日至10月16日，保定、廊坊两市随同实物指标核查，同步完成了永久征地勘测定界工作。

2015年11月26日，按照国土资源部和国务院南水北调办工作部署，河北省国土资源厅与河北省南水北调办沟通后，分别向市县国土资源局和市南水北调办布置天津干线工程建设用地组卷报批工作。2016年1月14日，针对组卷工作中遇到的实际问题，河北省南水北调办会同省国土资源厅，联合召开南水北调中线干线工程征地组卷工作调度会议，研究协调了有关问题的解决意见。

2016年5月31日，河北省南水北调办配合省国土资源厅完成了天津干线工程用地组卷汇总工作。2016年6月17日，经河北省人民政府批准，组卷材料报国土资源部审批。

13. 档案管理

档案工作是南水北调工程征迁安置工作中的一项重要工作。天津干线工程开工建设以来，河北省南水北调办制定了一系列档案管理规定，明确了征迁安置档案收集、整理、分类、保管等各项工作程序和工作内容，并多次举办档案管理培训班，不断规范档案管理工作。

2011年8月16日，河北省南水北调办和河北省档案局联合印发了《河北省南水北调干线工程征迁安置档案管理办法》。2011年9月1日，河北省南水北调办组织天津干线沿线各市南水北调办、设计和监理单位，召开南水北调干线工程征迁安置档案管理工作会议，学习培训档案管理办法，安排部署下阶段目标任务。

截至2016年5月底，天津干线征迁安置档案已经完成收集、整理，部分档案完成了归档。

（1）保定市。2011年9月6日，保定市南水北调办会同保定市档案局召开南水北调干线工程征迁安置档案整理验收工作会议，安排部署征迁安置档案的整理验收工作。截至2016年5月，保定市县两级征迁安置档案完成收集、整理，部分征迁专项档案完成归档。

（2）廊坊市。廊坊市南水北调办设专职档案管理人员2名，置办了档案专柜。工作中严格执行《河北省南水北调干线工程征迁安置档案管理办法》，并制定了档案工作人员岗位职责、档案保密、档案保管、档案查阅、档案鉴定销毁等各项制度。

2012年11月4日，廊坊市南水北调办召开征迁安置档案管理培训会议，对各县（市、区）南水北调办主管副主任、征迁负责人及负责档案管理人员进行了业务培训。

为做好档案管理工作，廊坊市南水北调办成立了征迁安置档案管理工作领导小组，根据档

案类型分为综合管理组、实施管理组、资金管理组、实物组，每组指定负责人，按照相关文件要求，分别负责各类档案的收集、整理、分类、编目、统计、保管、移交、鉴定销毁、利用、保密等各项具体管理工作。截至2016年5月，已完成资料收集、整理，部分资料已完成分类、组卷、编目、归档。

14. 变更管理

（1）重大设计变更。天津干线征迁安置重大设计变更主要为临时用地延期使用导致费用变更。

天津干线河北段各施工单位不能按期退还临时用地，需要延期使用一年的临时用地共计27778.28亩。

为解决临时用地延期使用问题，2011年11月30日，国务院南水北调办、中线建管局和河北省南水北调办专题召开会议进行了研究。

2011年12月21日，河北省南水北调办、中线建管局和有关市南水北调办召开临时用地延期使用座谈会，对临时用地延期使用时间和费用问题进行了进一步分析探讨。

2011年12月29日，河北省南水北调办与中线建管局会商，确定了天津干线临时用地延期补偿资金解决办法和临时用地复垦退还时限。

2012年1月6日，河北省南水北调办对天津干线临时用地延期使用事宜进行了安排部署，由市（县）南水北调办会同建管单位核实延期使用面积，建管单位根据工程建设进度确定延期使用期限，设计单位编制延期使用费用变更方案。

2012年4月29日，河北省南水北调办在审查核定设计单位编制的《南水北调中线一期工程天津干线临时用地延期使用费用变更方案》的基础上，向中线建管局致函《关于动用邯石段征迁安置基本预备费解决天津干线河北段临时用地延期补偿费用的函》（冀调水计〔2012〕9号）。

2012年5月8日，国务院南水北调办下达了《关于解决南水北调中线一期工程天津干线河北段临时用地延期补偿费用的批复》（国调办征移〔2012〕105号）。

2012年5月23日，中线建管局以《关于解决南水北调中线一期工程天津干线河北段临时用地延期补偿费用的函》（中线建管局移函〔2012〕23号）将国务院南水北调办批复意见发函至河北省南水北调办，同意从国务院南水北调办掌握的漳河北至古运河南段征迁安置预备费中调剂1778.7万元、从河北省南水北调办掌握的漳河北至古运河南段征迁安置预备费中调剂862.71万元、从天津干线河北段工程优化的临时用地（较初设批复少占用的临时用地）的耕地占用税解决3205.98万元，解决天津干线河北段临时用地延期补偿费用。

（2）一般设计变更。一般设计变更由市（县）南水北调办组织实施。

设计变更管理工作程序：由反映问题人上报县南水北调办，填写《南水北调中线工程征迁安置补偿反映、争议、投诉、举报等问题受理表》，由县南水北调办与设计单位、征迁监理单位、市南水北调办共同现场核实，根据现场调查的实际情况，填写《天津干渠建设征地复核表》，根据此表编制《南水北调中线工程征迁安置补偿变更单》，报设计单位、监理单位、市南水北调工程建设委员会办公室签字盖章后，县南水北调办再按正常兑付流程进行兑付实施。

例如，天津干渠永清县段与廊沧高速公路有交叉，而且是同期实施，天津干渠征迁安置复核阶段，廊沧高速施工未启动。后经上级部门协调，南水北调工程涵洞先行施工后，再填筑高速公路路基。由于基填筑后将截断南水北调施工道路，为此施工单位提出绕行申请，需增加临时用地，属于设计变更。廊坊市南水北调办组织设计代表处、施工、建设管理、永清县南水北调办、征迁监理等相关人员到现场进行踏勘，在充分讨论的基础上，制定了绕行线路方案，确定了临时用地面积，由永清县南水北调办填制变更单报批后实施。

15. 监督评估

天津干线工程征迁安置监理和监测评估工作的程序、工作内容、报告主要内容均与京石段工程、邯石段工程相同。

天津干线河北段征迁安置共划分2个监理标和1个监测评估标。依据《南水北调工程建设征地补偿和移民安置监理暂行办法》和《南水北调工程建设移民安置监测评估暂行办法》，2009年11月，中线建管局会同河北省南水北调办招标确定中标单位。河北天和监理公司中标保定市段征迁安置监理工作，河北省水利水电监理中心中标廊坊市段征迁安置监理工作；监测评估中标单位为天津市金帆工程建设监理有限公司。各监理和监测评估单位在全过程参与天津干线河北段征迁安置组织实施，较好地发挥了监督评估作用。

四、验收

为做好南水北调中线干线工程征迁安置验收工作，明确验收职责，规范验收行为，根据《大中型水利水电工程建设征地补偿和移民安置条例》《南水北调工程建设征地补偿和移民安置暂行办法》《南水北调工程验收管理规定》《南水北调干线工程征迁安置验收办法》和《河北省南水北调中线干线工程建设征地拆迁安置暂行规定》，结合河北省境内南水北调中线干线工程征迁安置工作实际，河北省南水北调办于2012年8月10日制定印发了《河北省南水北调中线干线工程征迁安置验收办法》。

（一）市（县）级自验

1. 京石段工程

京石段工程征迁安置任务已经全部完成。专项设施迁建遵循“谁组织实施、谁负责验收”的原则，由市（县）南水北调办组织专业项目主管部门，依据相关行业规范，完成验收；临时用地复垦项目由市（县）南水北调办组织有关单位，按“随复垦，随验收”的原则，分批完成验收，办理用地退还手续；征迁安置档案按照规定完成县级自验和地市级验收；征迁安置财务完工决算编制完成。

2. 邯石段工程

截至2017年年底，邯石段工程征迁安置工作已全部完成；专业项目按照行业规范开展验收；临时用地复垦项目按“随复垦，随验收”的原则分批验收；征迁安置财务完工决算正在进行，征迁安置档案已全面开展归档。

3. 天津干线工程

截至2017年年底，天津干线河北段工程征迁安置任务已全部完成，各类专业项目和临时用地复垦项目已完成验收，征迁安置财务完工决算正在组织编制，征迁安置档案已进入归档阶段。

（二）省级验收

按照国务院南水北调办完工验收工作安排，河北省南水北调办分别制定了京石段、天津干线河北段和邯石段工程征迁安置验收工作计划，组织市、县征迁干部开展验收工作培训，全面推进省级征迁安置完工验收各项工作。

五、经验与体会

（一）河北省征迁安置主要做法

（1）加强组织领导，层层落实责任。河北省各级地方党委、政府，始终高度重视南水北调工作，坚持把南水北调工程建设作为一项重要政治任务和重大历史责任，作为转变河北经济方式、调整优化产业结构、培育新的经济增长点、实现河北经济社会可持续发展的难得机遇。省政府对南水北调中线干线工程省内征迁安置工作负总责，研究制定重大方针政策，与有关市政府签订征迁安置责任书，落实征迁安置任务。省委、省政府领导多次听取工作汇报，研究解决重大问题，多次作出重要批示；分管省领导多次深入一线调查研究、督促进度。千方百计采取措施在包干投资内完成征迁任务，将征迁任务、投资包干到市，“谁的孩子谁抱走”，对征迁工作实行奖惩措施，既增加了各市的压力，也调动了各市的积极性。沿线市县党委、政府围绕省政府确定的工作目标，精心谋划，层层发动。各市把做好南水北调征迁工作为己任，市政府与沿线各县政府签订责任书，将任务分解落实到县，及时协调和研究解决实施过程中遇到的重大事项，主要领导挂帅指挥，主管领导现场调度，组织动员各级各部门，投入大量的人力、财力，集中精力，精心组织，优化方案，全力推进征迁工作。河北省各级南水北调办，紧紧依靠当地党委、政府，始终以工程建设大局为重，坚持正确的舆论导向，打造了工程建设的强大声势，奠定了工程建设的坚实基础。打造了工程建设的强大声势，奠定了工程建设的坚实基础。

（2）做好基础工作，把握关键环节。认真总结征迁安置工作中的经验教训，坚持体制，结合实际，创新机制，梳理关键环节和突出问题，有针对性地将曾经制约工程建设的难点问题，消化在征迁安置实施之前。做深做细前期工作，在配合做好征迁安置规划审查、审批的同时，依据四部委文件要求，多方协调落实桥梁设置方案和建设责任；研究制定临时用地征用、使用、复垦、退还工作意见，规范临时用地使用管理；初步设计技术方案批复后，在初设概算尚未批复的情况下，提早动手，组织开展实物指标核查勘界；在实施方案编制中，依法维护沿线群众切身利益，在征地补偿标准的确定上，采取返还森林植被恢复费、减免新菜地开发基金、安排省国有土地有偿使用收入以及把应纳入地方财政的部分永久征地耕地占用税与征迁补偿费统筹使用等多项措施，解决了南水北调与高速铁路、高速公路等其他工程执行征地区片价形成的征地补偿标准差异问题，最大限度地保障了群众利益，赢得了群众的理解支持。

（3）规范工作程序，依法实施征迁工作。在严格执行《南水北调工程建设征地补偿和移民安置暂行办法》《南水北调工程建设征地补偿和移民安置资金管理办法（试行）》《南水北调工程建设征地补偿和移民安置监理暂行办法》《南水北调工程建设移民安置监测评估暂行办法》的基础上，河北省人民政府制定出台了《河北省南水北调中线干线工程建设征地拆迁安置暂行办法》，河北省南水北调办建立健全了完备的制度体系，如信息统计制度、协调调度制度、报告通报制度、财务管理制度等，并制定印发了征迁安置工作流程、资金使用支付程序、监理工作指导意见、临时用地征用工作意见和信访工作办法等一系列文件，规范了工作程序。使工作人员有法可依，有章可循。把国家和省组织的历次审计，作为查找不足的学习机会，对审计提出的问题进行认真整改，保障了征迁资金安全。同时，充分发挥监理单位作用，各监理单位按监理导则要求，认真负责地履行监理职责，对征迁全过程进行监理，保障了征迁兑付资金合法合规。

（4）深入征迁一线，协调解决实际问题。征迁安置涉及面广、利益关系复杂，必须整合各方面力量，相互配合，协调联动，加强督导调度。河北省南水北调办认真落实协调调度会议制度，每月定期组织有关部门、市南水北调办、设计与监理单位召开协调调度会议（遇有重大问题随时调度），掌握工作进度，及时研究解决制约工作进展的关键问题，安排部署下步工作。多次组织督导组和检查组，深入到县、乡一线，督促、指导实施工作。建立了激励奖励制度，省财政安排100万元资金专项用于奖励征迁安置先进单位和个人。实施高峰期间，河北省每周通报各市（县）工作进度，通报发至市（县）政府，鞭策后进。加强与有关部门的沟通、协作，及时通报工作情况，共同研究和协调解决影响工程建设的突出问题，全省上下形成了协调联动、整体推进的良好工作局面。

（5）坚持统筹兼顾，节约集约征用土地。在南水北调中线干线工程征迁安置组织实施中，河北省各级南水北调征迁安置主管部门，始终坚持以保障沿线群众合法权益、加快工程建设为工作的出发点和落脚点，统筹考虑失地农民当前补偿和长远生计、农村经济发展和社会和谐，在保证工程建设用地需要的前提下，结合当地实际，采取多种办法和途径，尽可能减少占用耕地。能够采取工程措施减少占地的，通过与项目法人或建设管理单位协商，尽量通过增加工程措施来解决。完善临时用地占地方案，弃土弃渣场地尽可能选择废弃地和未利用地，一方面减少占用耕地和节约征迁投资，另一方面也有利于通过复垦增加耕地存量。同时，科学制定安置方案，妥善落实各项安置措施，实现既维护群众利益，又节约资金、集约使用土地的双重目标。

（6）坚持以民为本，维护沿线的社会稳定。南水北调中线干线工程征迁安置工作直接涉及沿线广大群众的切身利益，直接关系被征地农民的民生问题，关系沿线社会的和谐稳定，工作中，河北省始终坚持以人为本，从维护沿线社会稳定、确保被征迁群众合法权益出发，妥善解决群众提出的实际困难和合理诉求。河北省南水北调办积极督促市、县南水北调办，及时足额兑付补偿资金，落实被征地群众的各项生产生活安置措施，保障群众切身利益。通过不断完善信访接待制度，认真做好群众来信、来电、来访的接待和政策解释工作，耐心细致地解答群众疑惑。对群众提出的合理诉求，及时组织有关部门研究解决。通过扎实细致的工作，保证了征迁安置工作的顺利实施，也维护了沿线社会稳定，为工程建设创造了良好条件。

（二）河北省保障群众利益维护沿线稳定的主要经验

河北省高度重视南水北调工作，地方各级党委、政府始终把南水北调工程建设作为一项重要政治任务和重大历史责任，认真落实有关征迁政策，始终把以民为本理念贯穿工程建设的全过程，及时解决制约工程建设的突出问题，消除影响社会稳定的矛盾纠纷和不安定隐患，保障

了工程建设顺利进行，保障了工程沿线社会稳定。

（1）坚持正确导向，强化宣传教育，赢得群众理解。各级南水北调办充分利用多种新闻媒体，通过多种形式和途径，广泛宣传南水北调工程利国、利省、利民的重大意义，弘扬工程建设主旋律，营造浓厚社会氛围。设立政策咨询室，成立包乡、包村工作组，大力宣传征迁安置政策，解答群众疑惑，面对面做群众工作。通过一系列的宣传教育，不仅让群众了解南水北调工程，了解征迁政策，摆正利益关系，而且全省上下形成了加快工程建设的共识，形成了推进工程建设的强大声势。

（2）坚持征迁体制，活化工作机制，高效解决问题。河北省坚持“建委会领导、省级政府负责、县为基础、项目法人参与”的征迁安置管理体制，活化工作机制，高效解决工程建设中的征迁问题。河北省人民政府成立了南水北调工程建设委员会和河北省南水北调办，并明确河北省南水北调办为南水北调干线征迁安置主管部门，负责辖区内南水北调征迁安置工作。工程沿线市、县均成立了南水北调工程建设委员会及办事机构。省南水北调办负责编制计划，落实资金，指导、协调、督促、检查各级各部门按期、保质完成征迁安置各项任务。各市南水北调办负责指导、协调、督促、检查市有关部门和县（市、区）征迁安置各项工作，组织县（市、区）编制实施计划，制定任务与投资包干方案，控制进度与投资，及时处理实施过程中出现的问题。各级国土、林业、通信、电力、文物、水利、交通、农业等部门，负责协调解决本系统征迁安置工作中的问题。各市建立了建管、施工、设计、地方南水北调办参加的联席会议制度，及时协调解决影响工程建设和群众稳定的问题。

（3）坚持以民为本，保障群众权益，赢得群众信任。河北省认真落实有关征迁政策，始终把以民为本理念贯穿工程建设的全过程。规划编审阶段，积极征求群众意见，如实反映地方有关政策和实际情况，配合完善规划设计。实施方案和兑付方案编制阶段，精心组织开展实物核查，把应纳入地方财政的部分永久征地耕地占用税与征迁补偿费统筹使用，解决了南水北调与其他工程执行征地区片价形成的征地补偿标准差异问题；省财政从土地出让金中拿出 1.2 亿元，返还森林植被恢复费 800 万元补充京石段征迁安置资金的不足；依据地方政策标准，合理确定附着物补偿标准；征求地方和群众意见，落实安置方案和相关单项设计方案；本着尽量减少占用耕地的原则，优化临时用地方案；尊重群众意愿，合理设置跨渠桥梁、灌溉恢复和连接路建设方案。补偿兑付阶段，依法履行公开公示程序，加强资金使用管理，落实补偿兑付卡制度，保证了补偿资金的真实性和准确性；按实施方案确定的安置方式，妥善落实各项安置措施，解除了群众后顾之忧。在组织实施过程中，各级南水北调征迁安置主管部门始终严格管理，落实政策，坚持依法按程序办事，做到公开、公平、公正，赢得了沿线广大群众的理解和支持。

（4）坚持深入一线，解决实际问题，赢得群众支持。为及时解决制约工程建设的突出问题，消除影响社会稳定的矛盾纠纷和不安定隐患，河北省南水北调办专门成立了包市督导组，经常深入市县和工程一线，检查、督促、协调、指导工作，解决问题。重点协调解决了部分群众借征地补偿标准存在差异阻挠施工、压覆矿产补偿、群众出行、企业用地、灌溉影响和弃土弃渣场、取土场临时用地问题等。还通过加强与有关部门和建管、施工单位的沟通协作，建立协调联系机制，落实了京石段、邯石段跨渠桥梁建设责任主体和目标任务，解决了天津干线和邯石段电力专项迁建问题，协调解决了个别标段因强夯、爆破、扬尘、强排降水、碾轧道路等造成的施工影响问题，协调建管、施工单位与沿线村庄，组织开展“工民共建”活动，优化建设环境。

（5）坚持顾全大局，保障如期通水，赢得社会肯定。京石段应急供水工程在河北境内率先开工，征迁安置工作经历了很多的困难和考验，取得了丰富的经验和教训，保障了按时通水。河北省顾全大局，在水资源紧缺的情况下，向北京供水。自2008年9月18日开始向北京市应急供水，至2014年中线工程全线通水，已四次向北京市累计供水19亿m^3（出库水量），净水量16.1亿m^3。京石段工程的通水，邯石段和天津干线的试水，受到国务院南水北调办和省委、省政府领导的充分肯定，也赢得了社会各界的肯定。京石段工程的通水，不仅解决了北京市的缺水之困，也推动了南水北调前期工作，提升了全国人民特别是工程建设者的信心，实现了南水北调人对社会的承诺，为南水北调其他项目的开工和建设提供了丰富而宝贵的经验。

（三）市县征迁安置工作的突出做法和经验体会

1. 邯郸市

邯郸市始终坚持把维护保障好广大人民群众的利益放在突出位置，坚持把人民群众满意不满意作为衡量和检验工作成效的重要标尺，紧紧围绕建设经济强省、和谐河北的目标，以过硬的工作作风，严谨的工作态度，全力做好南水北调各项工作，取得了显著的成绩，先后被国务院南水北调办和河北省南水北调办评为南水北调工作先进集体。

（1）加强学习、吃透政策。邯郸市南水北调办多方收集政策法规资料，组织市、县有关业务人员系统学习南水北调征迁安置相关法律法规和政策，邀请专家授课，培训征迁业务和财务管理、监理等方面知识。加强与有关部门沟通，邯郸市南水北调办主动与邯郸市铁路项目办公室、青兰高速公路管理处进行交流，收集石武高铁、青兰高速公路房屋拆迁的补偿办法，了解邯郸市在建工程的征迁补偿政策。通过一系列学习，把国家的法律规定、南水北调的相关政策和邯郸实际融为一体，从理论到实践，从思路到方法，从宏观到具体的工作框架逐渐清晰，为征迁工作的顺利开展奠定了坚实的基础。

（2）认真细致、不畏艰辛。在实物复核工作中，要求各县（区）务必摸清底数、掌握实情，实事求是，坚持“逢物必到”的原则，既不能多数、多记，也不能漏登、少统。

在征迁兑付和清表工作中，坚持刚性政策、亲情操作，发扬敢打硬仗、善打胜仗的工作作风，没有发生一例群众上访和阻工事件。各县（区）南水北调办在跨青兰高速公路渡槽征地、新增临时用地等急难任务中，自我加压，多方协调，超常规工作，千方百计克服重重困难，保证了工程用地和建设进度。邯郸市水利、国土、林业、电力、信访、通信及邯钢集团公司等部门，各司其职，团结协作，为工程建设做出了积极贡献。在征迁工作中，邯郸各级领导干部和同志彰显了“负责、务实、求精、创新”的南水北调精神，打造了服务干渠建设的“邯郸品牌”。

（3）领导重视、拼搏奋战。成立了以市委书记为政委、市长为指挥长的征迁工作指挥部，下设办公室、土地组、督导检查组、林业组、信访稳定组，制定了严明的征迁工作奖惩办法，与沿线六个县（区）签订了责任书，实行重奖重罚。召开动员大会，要求各级各部门不辱使命，打赢南水北调征迁攻坚战，确保2010年2月底前完成永久征地兑付和清表工作。到2010年1月15日，邯郸市就完成了73.3km、1.57万亩的征地任务，创造了单宗征地面积最大、质量最高、速度最快、社会最稳的南水北调“邯郸速度”，受到了国务院南水北调办和河北省政

府的充分肯定。

谋划开展了“一抓两提三促进，确保完成建设任务”活动，即重点抓好新增临时用地工作，工作再提速，服务再提质，促进主体工程建设、促进沿线社会稳定、促进配套工作进展，确保全面完成工程建设和其他各项任务目标。临时用地、创优环境、跨渠桥梁建设各项工作顺利推进。特别是在2013年上半年跨渠桥梁建设中，邯郸市再创了南水北调桥梁建设的“邯郸速度”。

（4）公开公正、取信于民。在征迁实物核查中，坚持“五到位、三公开”，即每一次清点确认都要市县南水北调工作人员到位、设计单位到位、监理单位到位、乡村干部到位、群众户主到位，公开透明核查、公开核查数量、公开签字确认，确保了复核质量。

在征迁补偿兑付工作中，采取“明、细、实”三字诀工作法，“明”，即把政策明明白白交给群众，公开透明操作。各县（区）利用电视、广播、发布公告、发放“明白纸”等办法，进行广泛深入的宣传，使征迁安置有关政策家喻户晓，人人皆知；在资金兑付工作中，将补偿标准、补偿明细、征地安置及资金管理使用等情况以村为单位及时张榜公示，并设立领导接待日、设置监督举报电话等，坚持阳光操作，全程接受群众监督。“细”，即深入细致地开展工作。领导干部和工作人员深入基层一线，了解群众意愿，准确掌握征迁工作第一手材料。工作中换位思考，想群众所想，带着感情做工作，让群众深受感动。“实”，即把工作往实里做。充分发挥基层党组织的战斗堡垒和共产党员的先锋模范作用，围绕征迁安置工作积极开展帮扶活动，积极帮助群众解决实际困难。各县（区）组织县直属部门有关人员深入乡村搬迁户，帮助群众联系安置住所、义务迁坟伐树等。从群众长远利益出发，谋划失地农民的生活保障问题，确保群众搬得走，安置好。

同时，建立了由邯郸市南水北调办牵头，驻邯项目建管部、县（区）南水调工程建设委员会办公室、施工单位等多方参加的联席会议制度，协调施工方与当地乡村开展工民共建等活动，融洽施工方与地方的关系，减少了民扰和扰民问题的发生。县（区）成立南水北调治安大队，坚决依法打击个别无理阻挠施工的违法行为，从而形成了有效的地方协调和服务机制，服务和保障了干线建设的顺利进行。

（5）强化宣传、营造氛围。通过广泛宣传，让广大群众和社会各界充分了解、理解和支持南水北调工程建设。明确了专人负责信息宣传，配备了相关设备，落实了宣传经费，通过报刊、电视、网络等媒体进行宣传。在全省率先制作了南水北调征迁安置专题纪实片，率先开展南水北调征文活动，印制南水北调宣传画册，组织河北省作家协会到南水北调工地采风等。各县（区）也按照省、市部署，通过发放明白纸、制作广告牌、出动宣传车等方式开展宣传，营造了良好的外部环境。

2. 邢台市

（1）领导重视、各级齐心协力。邢台市委、市政府把完成南水北调工作任务作为党委、政府执政能力和执政水平的一次重大考验，将其纳入各县年度考核目标。主管副市长常驻南水北调办公室，随时审批文件、及时解决问题。市检察院、市公安局分别与市南水北调办成立了南水北调工程建设预防职务犯罪领导小组和南水北调工程治安联防组，制定工作方案，有效预防工程建设中职务犯罪和非法干扰、破坏工程建设行为的发生。市、县两级都成立了以书记为政委、市（县、区）长为指挥长、有关部门一把手为成员的征迁安置指挥部，并逐级签订责任状，相关部门协调联动，做到了明确责任，保证质量，按时完成。市征迁指挥部采取抓典型、带一般、促平衡的方法，召开征迁现场观摩会，及时分县派驻督导组，形成了你追我赶，齐头并进的良好局面，并有力地推动了征迁工作顺利进行。

（2）周密细致开展工作。

1）邢台市在全省率先高质量完成境内勘界及实物指标核查工作。做到了土地复核到村，附着物复核到产权人，核查不错一人，不漏一户，土地到亩，树木到棵，坟头到座，房屋全部由中介机构进行了评估，准确无误。

2）认真编制《征迁安置实施方案》和《兑付方案》。严格执行国家政策标准的同时，充分征求村民意见并与权属人沟通，充分考虑了群众利益。通过上下对接，左右对比，合理确定补偿标准和安置方式，通过优化方案、政府拿税补贴等办法，最大限度地解决南水北调征地补偿标准与征地区片价差异问题。

3）将水源保护、城市规划和产业布局与工程建设结合起来，临时用地与土地整理结合起来，不仅实现了集约、节约利用土地，还增加了耕地数量，为改善和提高沿线群众生活水平，奠定了良好的基础。

（3）严守公开、公平、公正原则。在征迁安置兑付过程中，邢台市南水北调工程建设委员通过制定规范工作步骤，严格执行确认、公示、补偿的工作程序，使群众心中有数。将沿线14个土地补偿费留成的村列入全市第一批财富积累试点村，既确保了征迁资金的安全又使群众放心资金的去向，内丘县大孟镇是邢台市境内南水北调总干渠唯一穿越镇区的镇。需拆迁房屋25970m^2，涉及镇政府、卫生院、学校等8家单位55家商户，拆迁任务繁重，由于程序规范，群众理解，仅用10天时间便完成了全部征迁任务。

（4）“以人为本、和谐征迁”理念。始终把“以人为本、和谐征迁”的理念贯穿到征迁安置的各个环节。

1）广泛宣传，形成氛围。电台、电视台编制专题节目、报纸开辟专栏，还利用下乡宣传车、张贴明白纸、制作播放宣传光盘等多种形式广泛宣传南水北调工程的重大意义，宣传国家征迁安置政策，宣传机遇意识。工作人员走村串户宣传，积极解答群众提出的各种问题。营造了沿线干部群众理解、支持的良好氛围。

2）敏感问题稳妥解决。县、乡、村三级抽调既懂征迁政策，又了解民族宗教工作，富有经验的同志，分头做群众思想工作，征迁工作中未发生民族宗教问题，顺利完成了征迁任务。

3）难点问题具体解决。针对破产企业宿舍楼拆迁困难的问题，市政府确定适当提高补偿标准，并由市国资委负责搬迁工作，通过广泛征求各户诉求两种安置方式，群众情绪稳定，实现了和谐征迁。

3. 保定市（京石段应急供水工程）

京石应急供水工程保定段涉及保定市所辖的9个县（市）34个乡镇152个村，境内全长169.7km。征迁安置工作时间紧迫，任务艰巨，政策严格。保定市委市政府落实河北省政府提出的“确保农民合法权益，确保资金安全，确保工程建设顺利进行，确保沿线社会稳定”的总体要求，建立“政策必须到位，补偿必须到位，工作必须到位，执法必须到位”的工作原则，打赢京石段征地拆迁攻坚战。

（1）把南水北调征地拆迁工作作为重要政治任务，强力推动。充分认识南水北调工程对改善我国水资源配置的战略意义和保障保定市水资源“生命线工程”的重大意义。保定市委、市

政府把南水北调征迁安置工作摆到重要位置，多次召开会议研究征迁安置工作包干方案和补偿政策，出台了《进一步加强南水北调工程建设的意见》，加强了市南水北调办力量，强化了征迁安置的组织保障，建立和落实了日报告、周调度制度，及时研究和协调解决工作中遇到的突出问题。沿线各县（市）党委、政府也都把南水北调征迁安置工作作为主要工作和政治任务，成立了以县（市）委书记为政委、县（市）长为总指挥、分管县（市）长为常务副总指挥的领导小组，领导和协调辖区内征迁安置工作。

（2）扎实做好各项基础工作，稳妥有序。

1）补充完善前期工作。2005年6月，组织沿线9个县（市），出动上千名工作人员，对京石段永久征地进行了核查勘界，对地面附着物进行了核查清点，所有赔偿内容都逐一入户签字。对直接影响沿线群众生产生活的交通、灌溉、防洪、水保、排水系统恢复以及征地补偿标准问题，研究提出解决意见；对各县（市）耕地年产值存在差异问题，市南水北调办与土地、林业等相关部门通过反复调查测算，实现了全市耕地补偿标准的大体平衡，有效化解了区域差别矛盾，保障了各县（市）资金兑付工作的顺利开展。

2）科学包干。及时将地面附着物、永久征地、临时用地等工作任务和投资分解到了有关县（市）。

3）加强指导。编写《征迁安置资金兑付方案编制技术大纲》，为各县（市）资金兑付方案的编制提出了规范要求。详细解答各县（市）在编制过程中提出的技术问题，保证了各县（市）征迁安置资金兑付方案及时编制和上报。

4）依法审批。保定市南水北调办组织设计、监理和主管单位组成专家组，对各县（市）上报的资金兑付方案进行认真审查，逐县形成审查意见，为市政府最终审批提供了技术支撑，为征迁安置实施提供了严密科学的工作依据。

（3）建立健全规章制度，整体推进。制定详细的资金兑付方案和严密的资金监管制度及考核奖惩等制度并落实到位。

1）分级负责机制。明确县（市）政府是征迁安置的实施主体，县（市）长是第一责任人，分管县（市）长是具体责任人。各有关县（市）、乡镇党委、政府都把征迁安置作为一把手工程，普遍实行了县级领导包乡、部门包户责任制。各有关村明确支书为组长，村委会主任为副组长的征迁安置小组，形成了征迁重担众人挑的良好局面。

2）考评奖励机制。明确考评办法，将征迁安置工作纳入对各县（市）的年度考核目标，实行一票否决。对征迁安置先进县（市）给予奖励。各县（市）参照市政府的做法，与各乡镇签订了征迁安置责任书，明确了任务和责任，制定了奖励办法，充分调动地方干部和群众的积极性。

3）督导检查机制。通过督导检查，表彰奖励先进，通报批评落后，认真查处违法乱纪活动。严密的工作机制，保障了征迁安置工作的深入开展。

（4）耐心细致做好群众工作，赢得理解。

1）认真掌握群众的思想脉搏。通过进村入户、调查走访，掌握群众对征迁工作的意见和要求。组织包村包户工作组，零距离开展群众工作，直接发挥稳定群众情绪的作用。

2）主动热情地做好信访工作。市南水北调办通过报纸、电视等新闻媒体公布政策咨询电话，设立政策咨询处，实行24小时值班接待。各县（市）也把信访工作贯穿于征迁安置实施的全过程，建立政策咨询和信访接待机构，设立政策宣传专栏。

3）现场办公解决问题。征地拆迁实施阶段，市政府主要领导多次深入现场办公，协调解决突出问题。资金兑付期间，各县（市）南水北调办在每个村都设立了现场办公点，帮助群众填表、领卡、答疑等，深受群众欢迎。

（5）严格落实政策规定，维护稳定。在征迁安置全过程中不折不扣地贯彻执行政策，杜绝搭车、挤占、挪用征迁资金现象，预防因工作时限紧迫、基层情况复杂、急于求成而出现问题，维护了全线社会稳定。

1）科学严格实物核查。严格执行“停建令”，对抢建、抢种、抢栽的不予承认。按照《南水北调中线京石段应急供水工程技施阶段征迁安置实物指标核查技术大纲》，准确界定土地及地上附着物权属、类别和数量。

2）落实征地补偿政策。根据各县（市）实际情况，会同国土管理部门，依法确定各类征地及地面附着物补偿标准，做到了依法、合理、群众接受。

3）做好生产生活安置。根据农村土地承包法和南水北调征迁安置规划的指导思想和安置原则，从实际出发，尊重被征地农民意愿，沿线各村通过召开村民代表大会，确定生产安置方案，经乡镇政府同意，报县（市）政府批准后执行；对农村居民生活安置，采取以设计批复标准为基础，聘请有资质的评估单位对各类房屋进行评估，合理确定补偿标准，同时乡镇政府和村委会依法为搬迁居民落实宅基地。

4）迁建恢复企业和专项设施。对于工矿企业，首先按照相关产业政策从严控制迁建企业数量，凡政策规定应关停的，一律不再迁建，依法合理补偿；对符合政策、确需迁建的，除依法进行补偿外，由县（市）政府负责协调落实迁建用地。对于电力、通信等各类专项设施，由主管部门负责组织编制和提交实施方案，经专家审查后，按审查批准的方案和投资规模下达迁建通知，限期完成。

5）资金管理规定。制定印发了《保定市南水北调征迁安置资金管理办法》，明确征迁安置资金的使用原则，规定资金使用审批权限。建立健全了市、县两级南水北调征迁专用账户，对南水北调征迁资金全部实行了村财乡管。

6）加强监督监管。一方面详细解释政策、广泛宣传政策、严格执行政策，把政策交给群众，做到公开、公正、公平；另一方面，自上而下加强对执行政策情况的督导检查，防止和纠正违反政策的各类问题。

（6）强化宣传工作，营造环境。工作伊始，各县（市）都普遍召开了征迁安置动员大会，在每个沿线村庄设立永久性专栏、书写宣传标语、给每个被征迁户发放明白纸、出动宣传车、编印工作简报、向基层印发政策问答等，使南水北调的具体政策及征迁安置补偿标准确实做到了家喻户晓、人人皆知。优化了南水北调的舆论环境和政策环境，营造了征迁安置工作良好氛围。

4. 石家庄市

石家庄市克服京石段工程和邯石段工程由于实施时间不同带来的补偿标准差异等不利影响，按时完成了征迁安置任务，实现了和谐征迁、文明施工、进展顺利、氛围良好的目标，有力保障了南水北调中线工程建设。

（1）各级党委政府高度重视，将南水北调工作紧抓在手。石家庄市各级党委政府站在打造石家庄发展新优势的高度和关注民生、改善民生的角度，做好南水北调工程建设保驾护航工

作。为确保中线总干渠节点工程——滹沱河倒虹吸工程在2003年年底率先开工，石家庄市委、市政府提出要“讲政治、顾大局、保重点、保开工”，经过正定县委、县政府和各级干部、广大群众的共同努力，特事特办，按期提供了工程用地。古运河枢纽工程是京石段的起点，工程位于市区段，同时穿越北三环辅道、古运河，2005年1—5月，新华区政府、市南水北调办集中解决涉及群众利益的实际问题29件，市政府市财政拨付15.5万元，采取先垫付补偿资金的办法，保证了古运河枢纽工程用地需要。2006年，由市政府督查室、南水北调办事机构、国土、林业等部门组成南水北调征迁安置工作督导组，坚持定期到第一线了解情况，听取工作汇报，促使沿线当地政府及相关部门主要领导引起高度重视，主管领导全力以赴，确保了征迁安置工作顺利实施。2006年5—6月，在提交京石段工程用地的关键阶段，市政府主管领导先后7次召集有关县（市）区和单位进行调度，实行领导挂牌、挂账消号的责任考核制度，解决了一大批难点问题，加快了工作步伐。

2010年1月9日，市政府召集邯石段工程沿线县、乡、村三级干部400多人召开征迁安置动员大会；赞皇、鹿泉、元氏、高邑、新华等县（市、区）党委政府将征迁安置工作当作头等大事，主要领导直接到一线指挥调度，向群众宣讲征迁政策，协调解决难点问题。

在京石段征迁中，石家庄市政府专题研究增加支出7265万元用于补偿群众，投入3000多万元扩大友谊大街桥和学府路桥的建设规模，满足沿线群众出行要求；在邯石段征迁中，石家庄市区统一实行失地农民养老保险政策，为此又投入3.71亿元，确保了征迁安置工作强力推进、有序开展。

（2）各级各部门分级负责分工协作，将南水北调各项任务分解落实。石家庄市将征迁任务层层分解，与沿线县（市、区）签订南水北调干线工程建设征迁安置责任书，强化认识、强化任务、强化责任、强化目标。县（市、区）政府进一步将征迁任务分解细化，把责任落实到沿线乡镇、村（街道），并纳入政府工作目标，与干部年度考核挂钩，使征迁安置工作形成了逐级、逐段负责的工作格局。在工作中，市县南水北调办不断加强与相关部门的沟通协调，督促其各司其职、各负其责，积极解决各自系统内征迁安置工作中的问题。国土部门积极解决好永久征地勘界、组卷和拆迁单位重建的用地问题；林业部门积极做好林地使用手续办理工作；文物部门积极做好工程占地范围内的文物保护工作；农业部门积极协调解决因征地引发的承包合同变更问题；交通、电力、通信、水利等行业主管部门积极做好专项设施迁建恢复工作；财政、民政、劳动保障等部门对征迁安置工作中出现的新情况、新问题，及时进行研究解决；公安部门及时处置破坏、阻挠、妨碍征迁安置和工程建设的治安事件。落实分级负责、分工协作的制度，凝聚多方面力量，是石家庄市按时完成征迁安置任务的基础和保证。

（3）加强宣传，严格程序，创新方式，全力打造南水北调阳光工程。为确保征迁工作顺利进行，石家庄市把宣传作为促进工作的重要手段，沿线各县（市、区）通过电视广播高密度播出南水北调相关内容，沿线城镇乡村街道到处是醒目的宣传标语，为征迁工作造势。在实施过程中，始终坚持按政策操作，严格按程序实施，用一把尺子量到底，任何人都没有乱开口、乱表态的特权；市（县）南水北调办选派熟悉政策、精通业务的干部，到一线举办对话会、恳谈会，发放明白纸，为群众解疑释惑，累计编写发放各类政策问答、明白纸1万多份，举办各类政策解释会、答疑会200多次，参加群众达到了5000多人次。

在征迁安置资金兑付中，石家庄市始终坚持公开、公平、公正的原则，严格按兑付程序操作，使每一笔征迁资金都做到逐户核算、逐户填写，征占地面积、地上附着物、补偿标准等内容明明白白、清清楚楚。为加强征迁资金管理，经过深入调研，多方征求意见，石家庄市南水北调办针对农村、专项设施以及企事业单位资金兑付的不同情况，分别采用了两种不同的方法。一是对农村征迁资金兑付实行“五联单”制式管理。“五联单”是指：存根联、县南水北调办留存联、村委留存联、个人留存联以及监理留存联，分别有填表人、复核人、兑付人和领款人签字，另需加按领款人的手印。二是对专项设施及企事业单位迁建补偿实行合同管理。由县级南水北调办与产权单位依据迁建设计概算投资和实际迁建数量进行协商，并由权威专业部门进行认定后，签订补偿协议。仅在京石段征迁安置资金兑付中，就使用“五联单”5500余份，签订补偿协议500多份，兑付资金近4亿元，没有出现一例差错。

核查、兑付以及审批等环节严格执行规章制度，绝不以时间紧为借口，违背工作程序。为加快工作进度，在公示、资金兑付等环节中，各级南水北调办组织协调国土、林业、民政、农业等建设委员会成员单位集中办公，各司其职，各负其责，流水线作业，方便了群众，提高了效率。为确保资金安全，征迁监理对核查、公示、资金兑付进行全程监督；为加强资金管理，在农村资金兑付中推广使用了五联单制式兑付卡，使每一笔兑付资金，县、乡、村、户、监理都存档，加强了对征迁资金流向的控制。为加强监督，石家庄市及沿线县（市、区）南水北调办主动邀请各级纪检、审计部门指导征迁安置工作，将监督关口前移，对党员干部渎职失职、直接或鼓动亲属无理取闹、借征迁之机谋取不正当利益的行为严肃处理。通过实施“阳光操作”，确保了征迁安置工作顺利进行。

（4）始终坚持以人为本理念，将维护和保障群众利益放在突出位置。始终坚持“以人为本”的工作理念，在征迁工作的各个阶段、各个环节、各项措施切实维护征迁群众利益。各级征迁干部走村入户，将征迁政策、补偿标准不厌其烦地告诉群众，取得群众理解支持，有力地推进了拆迁工作的进展，保证了拆迁工作的圆满完成。

在京石段征迁工作中，新华区创新协调，解决困难群众生活安置问题。

桥西区因多项基础设施工程相继开工，农村人多地少矛盾突出。区、街、村三级干部进村入户，坚持政策不落实不拆、宣传不到位不拆、安置不妥善不拆、当事人思想不通不拆、矛盾隐患不排除不拆。桥西区与桥东区通力合作，按时完成墓地迁移工作。

元氏县把临时用地优化及复垦退还放在突出位置，充分利用荒地、河道沙坑、岗坡次地、废弃砖窑等，不仅节约了好地，而且容量大、复垦容易，有的疏通整治了河道，改善了行洪条件，一举多得。使用过程中厉行节约。通过增加岗坡地弃土厚度，减小占地面积。使用完毕的临时用地，及时复垦，按计划时间退还群众。取得了工程满意、群众满意的双重效果。

赞皇县东王俄村涉及拆迁54户，是全省征迁的重点和难点。县委县政府认真听取群众意见，制订方案，提前安排宅基地，调集机械车辆，帮助群众集中拆迁，解决群众后顾之忧。

石家庄市征迁安置方法得当，环节严密，有力地推进了征迁安置工作进展，保证了征迁安置任务圆满完成。

（5）坚持以南水北调工程建设为契机，全力打造民心工程形象。开展工民共建活动，进一步增强建设管理单位与当地群众的相互沟通和交流，密切工民关系，树立南水北调工程形象，为工程建设营造出了更加良好和谐的环境。高邑县与建设单位开展工民共建“十个一”活动。建设单位选派优秀党员干部为沿线村上党课，讲中央文件精神，讲工程建设大局；深入沿线慰

问困难群众、帮助解决生产生活实际困难；为积极支持工程建设的优秀党员、群众代表体检；资助贫困学生等。高邑县组织沿线干部群众，成立治安联防队，协助施工单位维护生产秩序；成立义务宣传队，宣传南水北调政策，工程建设意义；成立协调组，帮助协调处理施工单位与当地群众遇到的矛盾问题；组织文艺演出活动，丰富工程建设者的业余文化生活等。

元氏县群众自发创作《南水北调之歌》，并送文艺节目到元氏Ⅱ段生活营地慰问演出，表达村民对南水北调建设者的崇高敬意，彰显“劳动光荣”的主旋律。

(6) 强化预防监督，加强矛盾排查，努力构建南水北调和谐工程。以加强资金监管为切入点，加强矛盾排查，不断强化预防监督。正定县由检察院牵头，组织开展南水北调专项预防职务犯罪培训，县检察院、县南水北调办有关人员，深入沿线乡镇、村，协助建立健全各项规章制度，公布公开举报电话，搜集征迁资金信息，建立信息平台，县检察院共查实举报信息5件，有效堵塞了制度上的漏洞，保证资金安全。元氏县成立了南水北调工程征迁安置资金监督小组，出台了《南水北调工程征迁安置资金管理办法》，与沿线24个村签订无虚报、瞒报专项资金保证书；成立由监察局、检察院、审计局、财政局、水务局、南水北调办等部门组成的征迁安置资金审批领导小组，每月召开一次联席办公会议，听取10万元以上的项目资金使用情况通报，通过逐乡镇、逐村规范账目，边查边纠，有效预防违纪违法情况发生。高邑县成立了南水北调工程预防职务犯罪工作指导委员会，加强高邑段征迁重点部门、重点岗位、重点人员的管理，加强各个环节程序的制约和内部监督，对在征迁中出现的违规违纪和违法犯罪问题进行查办，及时向具有管理监督纠正权的部门通报情况，并在工程所涉及辖区的相关乡镇村以及建设、监督单位确定联络员，及时反馈信息。并在此基础上建立预警预测和警示警告制度。

在征迁工作中，石家庄市把保持沿线和谐稳定作为衡量征迁安置工作成败的重要标准，高度重视，扎扎实实做好信访稳定工作。第一，在预防上下工夫。市、县南水北调办公室领导经常对带有普遍性的、倾向性的问题进行调研，及时调整工作方略，改进方法，尽力使各项措施切实情、合民意。第二，加强对征迁安置矛盾的排查。定期对沿线进行矛盾排查，发现隐患，及时处理。每逢国家、省、市重要活动、节假日，都召开全市南水北调系统维护稳定工作会议，开展矛盾大排查。第三，深入抓好接访工作。市、县两级南水北调办公室都成立了信访稳定工作领导小组，制定了接访办法，完善了应急情况处置预案，明确了责任科（室），使机构到位、人员到位、责任到位、意识到位。第四，积极做好各项矛盾的协调处置工作。许多信访事件既包括征迁安置问题，也涉及土地承包、干群关系等问题，增加了问题的复杂性和解决的难度，对此市、县（市）区南水北调办公室都本着“有利于解决问题、有利于工程建设”的原则，以积极的态度去沟通、去协调，确保了石家庄段沿线社会和谐稳定。

5. 保定市唐县

(1) 充分发挥政府职能作用，牢牢把握主动权。根据《土地管理法》规定，县政府是法定的征迁安置主体，并具有行政管理、委托监督职能。南水北调征迁安置工作由县政府牵头组织协调实施。县南水北调办作为征迁安置的实施主体，直接负责政策宣传、调查登记、安置告示、支付补偿等具体工作。乡镇政府承上启下，直接领导村委会和向县政府负责，作用很大。村委会作为最基层组织，直接联系农户，熟悉地块和实际情况。唐县在南水北调征迁安置工作中，必须牢牢依靠和抓住乡村两级，采取考核、鼓励等有效措施，调动积极性和主动性，促进工作的顺利开展。

(2) 建立完善工作体系，确保有序进行。建立完善了指挥体系、业务体系和实施体系。指挥体系，由县成立征迁安置工作指挥部，下设办公室和宣传组、突发事件处置组、信访组、资金兑付组、征地拆迁组、督导组和预备工作组等7个工作组，明确职责，集中办公，协调联动。业务体系，从水利、国土、林业、建设等部门抽调47人专门负责征迁安置专项业务工作，分成资金核算组、错漏项核实更正组、资金兑付组、房屋拆迁组，密切分工，加强协作。实施体系，抽调15名县级领导和29个县直属部门组成包乡镇、包村工作组，与26个乡镇包村工作队一起，按照统一安排部署及指挥部的调度，始终战斗在一线抓好征迁安置各项工作的落实。同时实行严格的督导和奖惩机制。督导组每天都深入到各乡镇、村进行明察暗访督导检查工作进展情况，县安排专门资金，奖励按时完成征迁任务的村和全部村都按时完成任务的乡镇；对责任部门、乡镇以及分包县级领导和县直部门、乡镇包村干部实行目标责任制和"一票否决制"。

(3) 认真搞好实物核查，夯实工作基础。实物核查是整个征迁安置工作的前提和基础，必须坚持实事求是，做到准确无误。树木核查是实物核查最难、数量最大、最容易出问题的一环。为此，县政府对树木核查制定"多一棵不行，少一棵不许"的核查原则，做到了"分类细、点树准、测量精、方法正确、群众满意"。

(4) 科学制定补偿标准，把握关键环节。根据《中华人民共和国土地管理法》《河北省南水北调中线干线建设征地拆迁安置暂行办法》《南水北调中线保定段征迁安置任务与投资包干方案》，兼顾国家、集体、个人三者利益，在进行全面深入细致摸底调查的基础上，制定补偿标准。坚决做到"四个三"。一是分三个层次起草和确定。首先，由各职能部门的专业人员起草补偿标准；然后，召开论证会进行分析论证；最后，由县政府常务会议研究确定，形成权威性的文件。二是搞好三个调查。调查市场、调查种植户、调查以往工程征迁安置对群众的补偿情况，掌握第一手资料。三是实行三个征求。征求基层群众意见，征求乡、村基层干部意见，征求有关专家意见，了解群众的需求。四是做到三个兼顾。即兼顾以往工程征迁安置补偿标准尤其是刚完成的西大洋水库除险加固工程和即将进行的张石高速工程建设补偿标准，两项工程在同村同时补偿，尽量协调一致；兼顾被征迁户的利益，在政策范围内，努力做到让利于民，最大限度地保护老百姓的利益；兼顾周边县、市，尽量做到补偿标准相互平衡。

(5) 制定规范工作流程，科学操作实施。为使征迁安置工作规范运作，有序开展，在没有统一工作规程的情况下，创造性地制定了资金兑付、房屋及附属物拆迁、错漏项核实更正三个工作流程，规范整个征迁安置工作过程。其中资金兑付工作流程从制定补偿标准开始到资金兑付结束，共有18项，具体包括：①制定补偿标准；②分村确定生产安置方案；③编制资金兑付方案并上报市审批；④培训会计、设置专账；⑤核对被征迁人姓名及身份证号码；⑥核算兑付资金；⑦公告、公示；⑧填写兑付卡；⑨乡村核实兑付卡并盖章；⑩县南水北调办审核兑付卡并盖章；⑪发放、确认兑付卡；⑫错漏项核实更正及解决问题；⑬填写银行打存折明细表、资金兑付明细表；⑭资金审批；⑮拨付资金；⑯乡镇审核；⑰打存折；⑱发放存折。房屋及附属物拆迁流程和错漏项核实更正流程，分别有8项和5项。三个流程全部印发包村县领导、县直部门人员和有关乡、村，保证征迁安置工作始终在规定的框架内开展。

(6) 认真搞好房屋拆迁，主攻征迁安置难点。房屋拆迁直接影响群众的生活，是征迁安置工作的难点。在工作中严格把握以下几个环节：①依据补偿标准，聘请有资质的房地产评估机

构进行评估，出具评估报告；②办理拆迁许可，发布拆迁公告；③依据评估报告与被拆迁户签订拆迁协议，并送达拆迁通知书；④实施拆迁，被拆迁户自行对房屋及附属物进行拆除，并进行彻底清场（如被拆迁户自愿放弃拆迁，则签订协议，由南水北调办负责拆迁和清场）；⑤验收，被拆迁户完成拆迁后提出验收申请，由南水北调办进行现场验收，对验收合格的出具验收单。最后，依据验收单，按拆迁协议兑付补偿资金。在拆迁安置中，坚持以人为本，以情征地，以情拆迁，对群众提出的合理要求抓紧研究，妥善处理。真正设身处地为百姓着想，真心实意地帮助群众解决困难。

（7）高度重视信访稳定，促进社会和谐。①始终把信访问题考虑在先，大到工作安排，小到具体细节，都细致考虑，认真把握，最大限度减少征迁难度和矛盾隐患；②明确职责、原则和奖惩，做到事事有人管，件件有着落；③真诚接待和履责，认真解决，对无理取闹也要晓之以理，动之以情，化解矛盾而不激化矛盾；④坚持原则，坚决按政策、法规办事，讲事实，摆道理，对上访人把道理讲清楚、讲明白，让有理访的不过分，让无理访的无法闹，做到以理服人，依法办理。

6. 石家庄市新乐市

（1）真心对工程，在思想上把南水北调工程当作自己的事业来做。工程规划建设以来，新乐市委、市政府不仅将为南水北调工程建设服好务作为一项政治任务，更视为建设新乐城市水系、改善生态环境千载难逢的机遇，提出了“建好工程为奥运献礼、建设水系为新乐添彩”和“排除干扰不遗余力、营造环境义不容辞”等一系列口号，真正把南水北调工程作为自己的事业来做。市政府将南水北调工程列入新乐市国民经济社会发展总体规划，先后出台了《将南水北调工程列入“十一五”规划的意见》《做好南水北调重点工作的紧急通知》《加强南水北调环境建设实施方案》等一系列文件，并于2006年11月、2007年5月两次组织开展了“建设环境整治月”活动，又在2007年9月第二周开展“施工环境综合治理宣传教育周”活动。实行了市四大班子领导包段、包村、包信访案件的“三包责任制”。市委、市政府主要领导率先垂范，将南水北调工程列为调查研究的重点，坚持每周听取一次汇报，每月主持召开一次调度会议。同时，将取土场征用等6项重点工作列为市长挂牌督导内容，并多次率有关部门、乡镇，赴乡村召开占地群众见面会、座谈会、问策会，与群众面对面沟通。组建了南水北调征迁安置主管部门，从相关部门抽调工作人员，实行集中办公。在工作中，始终将南水北调工程作为新乐市政府自己的事业来做，倾注精力、不遗余力、付出心血、不计辛劳。为解决取土场征用问题，新乐市领导齐上阵，带领南水北调办、乡镇及有关部门人员吃住在村，包片、包户，深入田间炕头做工作，仅用一个月时间，顺利完成了设计变更增加的2000多亩征用任务，保证了工程建设的顺利进行。

（2）真情对百姓，在行动上始终将群众利益放在首位。南水北调工程事关群众切身利益，在推进中必须始终确保群众合法权益不受损害。在组织开展征迁安置工作中，坚持以心换心为群众着想，始终将群众利益放在首位。在征迁工作即将完成时，新乐市政府制定了《遗留问题受理处理办法》，明确了各类遗留问题处理部门与程序。2006年年初，考虑到树木、苗木移植季节性和坟墓搬迁的村风民俗，从维护群众利益和尊重群众意愿出发，新乐市政府制定了《可移栽树木、苗木和坟墓搬迁的先期赔付方案》，提前开始了树木、苗木赔偿，动员群众在清明节前进行坟墓搬迁，不仅在十几天内完成了335座坟墓的搬迁和树木、苗木的移植，还营造了广大群众支持南水北调建设的良好氛围。

（3）真诚对企业，为工程施工单位做好服务。新乐市牢固树立“为企业服务就是为新乐发展服务”思想，真心实意为施工企业着想，主动协助企业解决职工生活、工程建设中存在的问题，不与企业争利，而为企业分忧；不给企业添乱，而为企业解难，真正做到了与企业交朋友，做到了相互信任、相互支持、相互配合。帮助施工企业现场协调解决困难和问题。2008年5月，针对沙河（北）倒虹吸退水渠施工受阻问题，市领导亲自赴施工项目部和被征地企业进行协调，妥善解决了倒虹吸退水渠施工问题。通过真心实意为企业办事，赢得了企业的尊重和信任，在农田连接路修复工作中，施工企业充分发挥技术先进、设备齐全的优势，主动伸出援助之手，指导勘测定位，帮助施工建设。

（4）优化行政环境，充分发挥部门职能作用。成立了由纪检、公安、司法、宣传等部门参加的环境建设工作组，全力搞好施工环境建设。市政府、市公安局多次发布维护南水北调工程施工环境建设的通告，市政府主管政法副市长在电视台进行了宣传动员，市纪委制定了《确保南水北调新乐段顺利实施的若干纪律规定》，市行政效能投诉中心开展了南水北调工程行政效能监察，严厉查处工作效能低下、推诿扯皮等行为。市电台、市电视台开辟了南水北调专栏、专题节目，追踪报道、巡回播放磁带等形式，加大了政策、法规宣传力度。对6名支持、关心南水北调建设工程的干部群众进行了追踪报告，公开曝光查处4起违纪、违法案件，教育了干部群众。

（5）优化法制环境，严厉查处阻工涉法案件。司法保障是维护施工环境的最后一关。新乐市建立了阻工事件处置快速反应机制，对在施工现场无理取闹、寻衅滋事的，公安机关严格按照《治安管理处罚法》有关规定进行处理。对于一般的阻工事件，现场能解决的当场解决，不能解决的先行撤离现场，确保阻工不超过4小时，并确定责任部门限时解决。为确保各项措施落到实处，成立了由政府督查室、监察局、市南水北调办参加的联合督导组，对每起阻工事件进行分析，查明原因，分清责任。属于施工方造成的，由南水北调办负责与施工单位沟通协调，尽快解决；属于乡镇、部门工作不细造成的，立即进行整改，并在全市通报。对阻工事件坐而不管、管之不严，阻工时间超过4个小时或造成恶劣影响的，进行行政问责、纪律问责、严肃处理。此外，还制定了公职律师参与的司法调解制度，由3名公职律师参与各种纠纷的协调解决，向群众讲解法律知识，为承办部门提供法律咨询，促使纠纷处理做到了合法、合理。成立了南水北调治安中队，实行双重领导，严厉打击干扰、破坏工程建设的行为，依法处理施工现场的各类治安事件。对触犯刑律的不法分子，公安机关及时移交司法机关追究刑事责任，形成行政执法、司法处置衔接有力、处罚有度的机制。

第四节 河南省征迁安置工作

一、基本任务

（一）工程概况

南水北调中线干线工程从河南省的淅川县陶岔渠首引丹江水，一路沿渠北上，途经南阳、平顶山、许昌、郑州、焦作、新乡、鹤壁、安阳8个省辖市和省管县邓州市共47个县（市、

区），在安阳县施家河村穿漳河进入河北省境内，总干渠河南段总长 731km。

河南省南水北调中线干线工程按照工程建设项目法人划分为总干渠河南段工程、陶岔渠首枢纽工程和董营副坝工程三大工程建设项目。

其中总干渠河南段工程按照国家批复的南水北调中线工程初步设计报告划分为 27 个批复单元，分别为穿漳工程、安阳段工程、黄羑段工程、潞王坟试验段工程、穿黄工程、荥阳段工程、郑州 1 段工程、郑州 2 段工程、潮河段工程、双洎河渡槽段工程、新郑南段工程、禹州长葛段工程、宝丰郏县段工程、北汝河倒虹吸工程、鲁山北段工程、沙河渡槽段工程、鲁山 2 段工程、鲁山 1 段工程、叶县段工程、澧河渡槽工程、方城段工程、南阳段工程、膨胀土试验段工程（南阳段）、白河倒虹吸工程、镇平段工程、湍河渡槽工程、淅川段工程。

（二）征迁安置规划过程

1. 前期规划阶段

2002 年 12 月 23 日，国务院以《关于南水北调工程总体规划的批复》（国函〔2002〕117 号）原则同意了南水北调工程总体规划并批复，根据前期工作的深度，先期实施东线和中线一期工程。

2003 年 9 月 20 日，国务院南水北调办、国家发展改革委、水利部联合发布《关于严格控制南水北调中、东线第一期工程输水干线征地范围内基本建设和人口增长的通知》（国调办环移〔2003〕7 号）。2003 年 10 月 27 日，河南省人民政府发布《关于严格控制南水北调中线工程总干渠征地范围内基本建设和人口增长的通知》（豫政〔2003〕39 号），明确在南水北调工程区域内，任何单位和个人均不得擅自新建、扩建和改建项目，凡违反规定的建设，除按违章建筑处理外，搬迁时一律不予补偿；人口自然增长率控制在不超过本地 2002 年的水平，人口的机械增长要严格按政策掌握。

根据水利部办公厅《关于进一步加强南水北调工程前期工作的通知》（办调水〔2003〕35 号），长江勘测规划设计研究院（简称“长江设计公司”）为中线工程可行性研究报告主编单位，相关省（直辖市）设计院参与编制。2004 年 8 月，长江设计公司编制完成了总体可行性研究工作大纲，明确了编制内容、方法、组织与分工。

按南水北调中线干线规划设计分工，河南省征迁安置设计工作由河南省水利设计公司、长江设计公司和黄河设计公司承担。河南省水利设计公司承担沙河南—黄河南、黄河北—漳河南段规划设计任务，长江设计公司承担总干渠陶岔—沙河南段、穿漳工程规划设计任务，穿黄工程由长江设计公司和黄河设计公司共同承担。

黄河设计公司和长江设计公司先后于 2002 年 1 月和 7 月，分别会同河南省移民办、焦作市移民安置局、荥阳市水利局、温县移民局，对穿黄工程李村线渡槽、孤柏嘴线隧洞及李村线隧洞方案的占地实物指标和占地移民安置事宜进行了全面调查，收集了相关资料。2003 年 4 月，根据水利部关于穿黄工程方案综合比选报告工作安排，长江设计公司和黄河设计公司分别完成了相应方案工程占地章节的内容编写。2003 年 5 月，水规总院在北京对穿黄工程比选方案报告进行了审查，最终选定穿黄工程采用李村线隧洞方案，并提出了编制李村隧洞方案可行性研究报告的要求。根据审查意见及李村隧洞方案可行性研究报告工作大纲的要求，长江设计公司和黄河设计公司在方案比选报告的基础上，共同编制了《南水北调中线一期工程穿黄工程可行性研究征地移民安置规划报告》。

按照国务院南水北调办和水利部调水局的统一部署，2004 年 3 月 11 日，河南省水利设计公司会同河南省南水北调办，沿线市、县（区、市）政府组成八个联合调查组，依据工程设计用地范围大地坐标，采用测量仪器现场确定边界，持 1∶1000 和 1∶5000 地形图对总干渠沙河南—黄河南、黄河北—漳河南段途经的县（市、区）开展了实物调查工作。至 5 月 15 日调查结束，历时 65 天。共调查渠线长 472km，涉及郑州、平顶山、许昌、焦作、新乡、鹤壁、安阳 7 个市 21 个县（市、区）95 个乡（镇、街道）542 个行政村。根据实物指标调查结果，编制了《南水北调中线一期工程总干渠征地与拆迁专题报告（沙河南—黄河南段）》和《南水北调中线一期工程总干渠征地与拆迁专题报告（黄河北—漳河南段）》。

2004 年 3 月 28 日，长江设计公司会同河南省南水北调办、沿线市、县（市、区）政府组成三个联合调查组，对陶岔—沙河南段途经的县（市）开展了实物调查工作。至 4 月 30 日调查结束，历时 34 天。共调查渠线长 239km，涉及南阳、平顶山 2 市 10 县（市、区）37 个乡（镇、街道）238 个行政村。根据实物指标调查结果，编制了《南水北调中线一期工程总干渠陶岔—沙河南渠段可行性研究阶段建设征地移民规划设计报告》。

长江设计公司在上述成果的基础上开展了总体可行性研究报告的编制工作，2005 年 11 月，长江设计公司根据各省（直辖市）设计院修改后的成果进行了汇编，完成了《南水北调中线一期工程可行性研究总报告》。

2008 年 10 月 21 日，国务院第 32 次常务会议审议批准南水北调中线一期工程可行性研究总报告。可行性研究阶段河南省南水北调中线干线征迁安置估算投资 112.42 亿元。总用地面积 36.58 万亩，其中永久征地 18.18 万亩、临时用地 18.40 万亩；涉及房屋总面积 216.49 万 m^2，其中农村房屋 70.65 万 m^2、城（集）镇房屋 101.19 万 m^2、单位房屋 18.72 万 m^2、企业房屋 25.93 万 m^2；影响专项线路 1514km。规划生产安置人口 132248 人，搬迁安置人口 40030 人。

2. 初步设计阶段

（1）设计委托。初步设计阶段，河南省南水北调中线干线工程征迁安置包括总干渠河南段工程、陶岔渠首枢纽工程和董营副坝工程征地拆迁任务。

总干渠河南段工程划分为 27 个批复单元。陶岔—沙河南渠段划分为 11 个批复单元，分别为淅川段工程、镇平段工程、湍河渡槽段工程、南阳段工程、白河倒虹吸段工程、南阳膨胀土试验段工程、方城段工程、叶县段工程、澧河渡槽段工程、鲁山 1 段工程、鲁山 2 段工程；沙河南—黄河南渠段划分为 11 个批复单元，分别为荥阳段工程、郑州 1 段工程、郑州 2 段工程、潮河段工程、双洎河渡槽段工程、新郑南段工程、禹州长葛段工程、北汝河倒虹吸工程、宝丰郏县段工程、鲁山北段工程、沙河渡槽段工程；黄河北—漳河南渠段划分为 3 个批复单元，分别为安阳段工程、黄羑段工程、潞王坟试验段工程；另有穿黄工程和穿漳工程 2 个批复单元。

初步设计阶段规划设计工作公开招标，长江设计公司中标陶岔渠首枢纽工程、董营副坝工程和总干渠河南段工程的陶岔—沙河南渠段、穿黄工程和穿漳工程共 13 个批复单元的规划设计工作，河南省水利设计公司中标总干渠河南段工程的沙河南—黄河南渠段、黄河北—漳河南渠段共 14 个批复单元规划设计工作。

（2）实物调查和规划报告编制。长江设计公司于 2004 年 5—6 月，会同河南省南水北调办及穿黄工程征地涉及的各级地方政府组成了征地实物指标联合调查组，根据初步设计阶段工程

布置设计成果，对征地实物指标进行复核调查，编制完成穿黄工程初步设计报告；2006年7月17—22日会同河南省移民办及有关县（市）征迁机构对穿漳工程（河南段）建设征地涉及的各项实物指标按初步设计深度进行了全面调查；2006年11月11日又对河南省境内土料场进行调查，根据调查成果，编制完成了穿漳工程初步设计报告；于2007年11月按初步设计深度要求对膨胀土试验段（南阳段）永久征地实物指标进行了调查，临时用地根据施工组织设计划定范围并征求地方意见确认后，于2008年5月7—11日也按初步设计深度要求进行了全面调查，根据调查成果，编制完成了膨胀土试验段（南阳段）初步设计报告；于2007年11—12月对陶岔—沙河南渠段永久征地范围内实物指标进行复核，2008年10—11月，对临时用地范围内实物指标进行了调查，2010年1月编制完成陶岔—沙河南渠段10个设计单元的初步设计报告。2007年3月完成陶岔渠首枢纽工程和董营副坝工程初设调查，根据调查成果，编制完成初步设计报告。

河南省水利设计公司于2004年9月对黄河北—漳河南渠段的安阳段占地实物指标进行了复核，2005年11月编制完成了安阳段初步设计报告；于2005年5—6月对黄河北—漳河南渠段的潞王坟试验段和黄羑段实物指标进行了复核，2005年11月编制完成了潞王坟试验段初步设计报告，2006年3月编制完成了黄羑段初步设计报告；于2005年12月完成了沙河南—黄河南渠段初步设计阶段征地拆迁安置规划的调查工作，2007—2008年对工程设计用地范围变化的进行了实物补充调查，2008年11月至2009年4月完成了沙河南—黄河南渠段11个设计单元初步设计报告。

初步设计阶段，河南省各级征迁机构和设计单位对临时用地使用、特殊地类补偿等做了大量工作，维护了群众利益。

初步设计阶段临时用地的使用与可行性研究阶段相比变化较大，可行性研究阶段是在永久征地红线外两侧各100m作为渠道开挖弃土（弃渣）和筑堤取土、施工场地等工程的临时用地；初步设计阶段，弃土（弃渣）场地尽量选用距离总干渠不超过5km的废弃坑塘、砖窑坑、地势低洼地等；如果是平地弃土（弃渣），高度一般不超过3m；超过8m的弃土（弃渣）用地，按照永久征地标准进行补偿。这样做，减少了临时用地数量，保护了耕地，维护了被占地群众的经济利益。

郑州市的新郑大枣种植历史悠久，素有“灵宝苹果砀山梨，新郑大枣甜似蜜”的盛誉，所产大枣还享有“活维生素丸”之美誉，营养和经济价值极高。南水北调总干渠从新郑市穿过，占地范围内有大量枣园，可行性研究批复枣园补偿单价和一般果园相同。初步设计阶段，河南省移民办、郑州市移民局、新郑市移民局和设计单位多次向国家汇报枣园与一般果园的区别，并邀请专家到种植地和当地大枣加工企业考察，经过努力，国家初步设计批复新郑枣园与一般果园区别对待，枣园补偿标准每亩高出一般果园2万元。

（3）规划成果。初步设计阶段，总干渠河南段工程征迁安置投资233.96亿元，工程建设用地39.76万亩，其中永久征地16.68万亩、临时用地23.08万亩。占压房屋面积263.87万m^2、企业154家、单位110家、农副业844家、工商户312家。影响专项线路4148条（处）。规划生产安置人口116714人，搬迁安置人口31415人。

陶岔渠首枢纽工程征迁安置投资2.3383亿元，工程建设用地1043.7亩，其中永久征地360.6亩，临时用地683.1亩。搬迁安置人口356人，拆迁房屋15142.9m^2，农副业6家，企业

1家，单位5家。专项迁复建包括连接道路1.616km，输电线路1.13km，通信线路6.099km，广电线路5.36km，管道设施1.528km，提灌站1座（装机2660kW）。

董营副坝工程（因可行性研究阶段列入陶岔渠首枢纽工程，初步设计阶段也列入陶岔渠首枢纽工程）。工程建设用地51亩，其中永久征地27亩，临时用地24亩。

3. 实施规划阶段

（1）设计委托。河南省移民办委托河南省水利设计公司和长江设计公司承担各设计单元实施规划编制工作。实施规划的主要任务是根据招标设计的用地范围，对初步设计阶段范围变化涉及的实物指标进行补充调查，对范围没有变化的实物指标进行复核；核定生产安置人口和搬迁安置人口，安置规划设计；核定专业项目复建方案和复建投资；按照初步设计投资限额设计的原则编制实施规划投资概算和分年度实施进度计划等。

（2）规划大纲和组织。在初步设计批复后，河南省水利设计公司编制了《南水北调中线一期工程总干渠黄河北—漳河南段工程建设用地移民安置实施规划大纲》（2006年4月）和《南水北调中线一期工程总干渠黄河北—漳河南段工程建设用地移民实施规划工作计划》（2006年4月），并与长江设计公司共同编制了《南水北调中线一期工程总干渠黄河南征迁安置实施规划大纲》（2010年3月，简称《黄河南实施规划大纲》），对实施规划阶段的设计内容、设计标准和设计深度等进行了详细规定。经河南省移民办组织专家咨询和审查，作为实施阶段征迁安置实施规划工作的依据。

为做好实施规划实物复核和报告编制工作，成立了有关方参加的设计单元工程建设用地征迁安置实施规划工作领导小组、联合工作组和规划工作组。

实施规划工作领导小组：由河南省移民办会同项目法人、省辖市征迁主管部门和设计单位组成，河南省移民办为组长单位，项目法人、设计单位为副组长单位，成员单位为省辖市征迁主管部门。工作领导小组负责实施规划工作的组织、协调，解决工作中出现的重大问题。

联合工作组：由河南省移民办会同设计单位和省辖市征迁主管部门，有关县、区人民政府联合组成，河南省移民办为组长单位，省辖市征迁主管部门和设计单位为副组长单位，各县、区人民政府为成员单位。联合工作组负责安置规划的具体组织协调工作，组织对相关工作人员进行技术培训，指导督促有关县、区制定安置方案，协调、督促有关专业部门提交专项迁建方案。

规划工作组：以县、区为单位成立规划工作组，设计单位为组长单位；省辖市征迁主管部门以及县、区人民政府为副组长单位，县直有关部门和有关乡、镇为成员单位。各县、区主管部门负责编制本地区实施规划工作的业务归口和后勤保障。有关乡镇人民政府负责组织有关村，积极参与配合实施规划工作。

（3）实物复核和规划报告编制。在河南省移民办组织下，自2005年5月开始，长江设计公司和黄河设计公司（仅穿黄工程）联合项目组根据招标设计阶段的征地范围及后续变化范围对实物指标、生产安置、生活安置、专业项目等进行了调查复核，2005年12月编制了穿黄工程实施规划报告；2008年8月至2009年3月编制完成南阳膨胀土试验段工程实施规划报告；2009年4月至2011年9月编制完成穿漳工程实施规划报告；2010年5月至2011年6月编制完成鲁山1段工程、鲁山2段工程、澧河渡槽段工程、叶县段工程、方城段工程、南阳段工程、白河倒虹吸段工程、镇平段工程、湍河渡槽段工程、淅川段工程10个设计单元

实施规划报告。2009 年 5 月完成陶岔渠首枢纽工程和董营副坝工程复核调查和实施规划报告编制。

河南省水利设计公司于 2006 年 5—11 月编制完成安阳段工程实施规划报告；2007 年 3—7 月编制完成潞王坟试验段工程实施规划报告；2008 年 9 月至 2009 年 3 月编制完成黄羑段工程实施规划报告；2009 年 9—12 月编制完成郑州 2 段工程实施规划报告；2009 年 11 月至 2010 年 4 月编制完成北汝河段工程、沙河渡槽段工程实施规划报告；2010 年 3—8 月编制完成禹州长葛段工程实施规划报告；2010 年 5—8 月编制完成荥阳段工程、郑州 1 段工程、潮河段工程、新郑南段工程、双洎河段工程、宝丰郏县段工程、鲁山北段工程 7 个设计单元的实施规划报告。

在编制实施规划过程中，焦作市中心城区段是重点和难点。总干渠黄羑段工程穿越焦作市中心城区段 9.28km，拆迁城镇居民房屋 78.5 万 m^2，城镇副业房屋 1.9 万 m^2，企业房屋 7.5 万 m^2，单位房屋 13.9 万 m^2，共拆迁房屋 101.3 万 m^2；搬迁安置人口 22556 人，规划安置区 14 个；企业 20 家、单位 49 家、农副业和工商户 585 家；永久征地 3122 亩，临时用地 534 亩；影响专项线路 220 条（处）。城区段拆迁房屋和搬迁安置人口量大，征地红线外是密集住宅区，能用于安置的土地稀少；专项线路多，隶属部门复杂，迁建路由空间狭小；其他工程征用土地补偿价格高，导致临时用地难以征用。焦作市实施规划编制的时间紧迫，任务重。在河南省移民办组织下，河南省水利设计公司派遣大批技术人员赴焦作进行城区段实施规划阶段的实物指标复核、安置方案核定、专项线路迁建方案核定等工作。焦作市、区、街道办事处各级政府全力支持，动员被拆迁群众、企业、单位等配合实物指标复核工作，调剂安置用地和临时用地的使用，协调各专项线路产权部门优化迁建方案，保证了黄羑段工程实施规划报告于 2009 年 3 月编制完成。

（4）规划成果。实施规划阶段，总干渠河南段工程征迁安置总投资 233.96 亿元。工程建设用地 37.55 万亩，其中永久征地 16.04 万亩，临时用地 21.51 万亩；占压企业 142 家、单位 111 家、副业 957 家、工商企业 427 家，占压电力线路、通信（广电）线路、各类管道 5153 条（处）；生产安置人口 116296 人，搬迁居民 10509 户 45287 人。

陶岔渠首枢纽工程征迁安置投资 2.3156 亿元，工程建设用地 583.86 亩，其中永久征地 352.5 亩，临时用地 231.36 亩。搬迁安置居民 363 人，拆迁房屋 15129.3m^2，涉及农副业 6 家，企业 1 家，单位 5 家。规划专项迁建 36 条（处）。

董营副坝工程征迁安置投资 227 万元（因初步设计阶段列入陶岔渠首枢纽工程，实施规划阶段也列入陶岔渠首枢纽工程）。工程建设用地 51 亩，其中永久征地 27 亩，临时用地 24 亩。

（三）征迁安置初步设计概述

1. 总干渠河南段工程

征迁安置投资 233.96 亿元。工程建设用地 39.76 万亩，其中永久征地 16.68 万亩，临时用地 23.08 万亩。占压房屋面积 263.87 万 m^2，涉及企业 154 家，单位 110 家，农副业 844 家，工商户 312 家。影响专项线路 4148 条（处）。规划生产安置人口 116714 人，搬迁安置人口 31415 人。

（1）穿漳工程。

1）工程概况。穿漳河交叉建筑物由主体工程和护岸工程两部分组成。主体工程为输水总干渠上大型河渠交叉建筑物，型式为渠道倒虹吸，位于河南省安阳市安丰乡施家河村与河北省磁县讲武城镇之间的漳河上。主要建筑物由进口至出口依次为南岸连接段渠道、进口渐变段、进口检修闸、倒虹吸管身段、出口节制闸、出口渐变段、北岸连接段渠道等；建筑物全长1081.81m，其中南岸明渠段长87.14m，南岸进口段长64m，倒虹吸管身段长619.18m，北岸出口段长94m，北岸明渠段长217.49m。穿漳工程涉及河南、河北两省，其中河南境内长度为689.62m，河北境内长度392.19m。护岸工程是一项对下游因正常水流流态变化可能造成影响的危险岸坡及重要建筑物而进行防护工程，该工程位于穿漳工程下游1.26km，护岸工程全长500m。

2）初步设计批复。2009年2月，国务院南水北调办以《关于南水北调中线一期工程总干渠穿漳河交叉建筑物初步设计报告的批复》（国调办投计〔2009〕6号）批复初步设计报告。

3）初步设计实物指标。涉及安阳市安阳县1个乡3个行政村。工程建设用地1328.3亩，其中永久征地180.7亩，临时用地1147.6亩。影响专项线路2条（处），规划生产安置人口79人，征迁安置投资2287万元。

（2）安阳段工程。

1）工程概况。安阳段工程起于汤阴县韩庄乡驸马营村的羑河渠道倒虹吸建筑物北岸出口下游19.9m，止于安阳县施家河村漳河建筑物的进口，全长40.32km。沿线占水头的河渠交叉建筑物长0.965km、明渠渠道长39.357km。渠道全挖方段长12.484km，全填方段1.456km，半挖半填段25.419km。设计流量245～235m³/s，设计水位94.045～92.19m，渠道设计底宽18.5～12m，边坡1∶2.0～1∶3.0。沿渠道共布置各类交叉建筑物58座，其中河渠交叉建筑物3座，左岸排水16座，渠渠交叉建筑物9座，节制闸1座，退水闸1座，分水口门2座，公路桥25座，铁路桥1座，一般交通桥梁18座。

2）初步设计批复。2006年4月，国家发展改革委对安阳段初步设计报告进行了评审，以发改投资〔2006〕763号文件对该段工程初步设计概算进行了核定。

2006年5月，水利部以《关于南水北调中线一期工程总干渠安阳段初步设计报告的批复》（水总〔2006〕206号）批复安阳段初步设计报告。

3）初步设计实物指标。涉及安阳市汤阴县、安阳县、龙安区、文峰区、开发区、殷都区6个县（区）10个乡（镇、街道）49个行政村。工程建设用地16521.22亩，其中永久征地7989.61亩，临时用地8531.61亩。占压房屋总面积57226.9m²，涉及企业24家，农副业25家。影响专项线路150条（处）。规划生产安置人口7272人，搬迁安置人口2069人。征迁安置投资45678万元（包括跨总干渠一般交通桥梁主体工程投资、其他费用及基本预备费共1528.81万元）。

（3）黄羑段工程。

1）工程概况。黄羑段工程，起点位于焦作市温县北冷乡北张羌村，穿黄工程的末端S点；终点位于安阳市汤阴县韩庄乡驸马营村，羑河倒虹吸的出口。全长193.17km。沿渠道共布置河渠交叉建筑物32座，渠渠交叉建筑物14座，左岸排水55座，节制闸、分水闸和退水闸17座，分水口门12座，跨渠桥179座，铁路桥17座。

2）初步设计批复。2008年10月，国家发展改革委以发改投资〔2008〕2859号文核定了黄

羑段初步设计报告概算。

2008年11月，水利部以水总〔2008〕501号文件批复黄河北—羑河北渠段初步设计报告。

3）初步设计实物指标。涉及焦作市的温县、博爱县、中站区、解放区、山阳区、马村区、修武县，新乡市的辉县市、凤泉区、卫辉市，鹤壁市的淇县、淇滨区、开发区，安阳市的汤阴县等14个县（市、区）41个乡（镇、街道）218个行政村。工程建设用地106120.16亩，其中永久征地42323.16亩，临时用地63797.00亩。占压房屋总面积1444536.06m^2，涉及企业43家，单位64家，工商户221家，农副业375家。影响专项线路1064条（处）。规划生产安置人口30589人，搬迁安置人口32225人。征迁安置投资508737万元。

（4）潞王坟试验段工程。

1）工程概况。膨胀岩（土）试验段工程（潞王坟段）处在黄河北—羑河北渠段中，总长1.5km。该渠段为全挖方明渠段，设计流量250m^3/s，设计水位98.793～98.626m，渠道设计底宽9.5～19m，边坡1∶2.0～1∶3.0。沿渠道共布置6座交叉建筑物，其中公路桥4座，左岸排水2座。

2）初步设计批复。2006年11月，国家发展改革委以发改投资〔2006〕2607号文核定了《膨胀岩（土）试验段工程（潞王坟段）初设报告》概算。

2006年12月，水利部以水总〔2006〕586号文件批复《膨胀岩（土）试验段工程（潞王坟段）初设报告》。

3）初步设计实物指标。涉及新乡市凤泉区潞王坟乡金灯寺村。工程建设用地1764.44亩，其中永久征地939.44亩，临时用地825.00亩。占压房屋总面积40095.81m^2，涉及企业4家，单位2家。影响专项线路21条（处）。规划生产安置人口559人，搬迁安置人口186人。征迁安置投资9468万元。

（5）穿黄工程。

1）工程概况。穿黄工程是南水北调中线工程总干渠跨越黄河干流特大型河渠交叉建筑，是总干渠上规模最大、单项工期最长的关键性工程。工程位于郑州市以西30km处，南岸为郑州市的荥阳市，北岸为焦作市的温县。工程从黄河南岸的荥阳市王村镇的李村处过黄河，全长19.304km，其中黄河南岸明渠段长4.628km，进口段长0.230km，南岸斜洞长0.80km，隧洞段3.45km，出口段长0.228km，黄河北岸明渠段长9.968km。工程主要建设物包括南岸连接明渠、进口建筑物、穿黄隧洞、出口建筑物、北岸河滩明渠、新蟒河渠倒虹吸、老蟒河河道倒虹吸、北岸连接明渠。为保证沿线公路、灌溉渠道畅通，复建二级公路桥3座、三级公路桥1座、四级公路桥3座，复建李村南、北干渠2条。为恢复原有排水系统，工程设计了陈家沟、南张羌与北张羌、新老蟒河之间与青风岭之间的左岸排水系统。

2）初步设计及批复过程。根据水利部的工作布置，黄河设计公司和长江设计公司先后于2002年1月和7月，分别会同河南省移民办、焦作市移民安置局、荥阳市水利局、温县移民安置局，对李村线渡槽、孤柏嘴线隧洞及李村线隧洞方案的占地实物指标进行了全面调查，查清了各项实物指标，同时对占地移民安置事宜也进行调查，收集了相关的各类资料。

2003年4月，根据水利部关于穿黄工程方案综合比选报告工作安排，长江设计公司和黄委设计公司分别完成了相应方案工程占地章节的内容编写。

2003年5月，水规总院在北京对穿黄工程比选方案报告进行了审查，最终选定穿黄工程为李村线的隧洞方案，并提出了编制李村隧洞方案可行性研究报告的要求。根据审查意见及李村隧洞方案可行性研究报告工作大纲的要求，长江设计公司和黄委设计公司在方案比选报告的基础上，共同编制完成了《南水北调中线一期工程穿黄工程可行性研究征地移民安置规划报告》（送审稿）。

2003年8月19—23日，水规总院在郑州对《南水北调中线一期工程穿黄工程可行性研究阶段征地移民安置规划报告》进行了审查，根据审查意见修改完成了可行性研究报告。

2003年10月，国务院发展改革委中咨公司对可行性研究报告进行了初次评估，由于工程的设计规模由原来的终期规模改变为一期规模，要求设计部门按一期规模进行补充方案比选论证工作。

2004年3月，水规总院对一期规模比选报告进行了审查。根据审查意见，重新完善与修改了一期规模可行性研究报告，并于2004年5月对可行性研究报告进行了复审。根据复审意见，长江设计公司与黄委设计公司于5月24日至6月2日，会同河南省中线办及穿黄工程征地涉及的各级地方政府组成了征地实物指标联合调查组，根据初步设计阶段工程布置设计成果，对征地实物指标进行全面重新调查，并编制完成报告。

2004年7月，水规总院对南水北调中线工程一期规模穿黄工程初步设计报告进行了审查，根据审查意见，设计单位修改完成报告。

2005年4月，水利部以《关于南水北调中线一期穿黄工程初步设计报告的批复》（水总〔2005〕156号）批复初步设计报告。

3）初步设计实物指标。涉及郑州市的荥阳市、上街区、巩义市，焦作市的温县、博爱县、沁阳市共6个县（市、区）7个乡（镇、街道）35个行政村。工程建设用地8309.5亩，其中永久征地4348.7亩，临时用地3960.8亩。占压房屋总面积35568.7m^2，单位2家，农副业17家。影响专项线路50条（处）。规划搬迁安置人口281人。征迁安置投资19546万元。

（6）荥阳段工程。

1）工程概况。荥阳段工程位于河南省郑州市，工程起点位于郑州市中原区须水镇付庄行政村董岗自然村西北，终点位于荥阳市王村镇王村变电站南（穿黄工程进口A点），长23.973km。明渠长23.257km，建筑物长0.716km，设计流量265m^3/s、加大流量320m^3/s，渠道设计水深为7.0m，设计底宽12.5～18m，渠道红线宽99.09～160.32m，全挖方段长17518.3m，最大挖深26.8m，半挖半填段长5738.7m，最大填高9m。共布置各类建筑物38座，其中河渠交叉2座，左岸排水5座，渠渠交叉1座，铁路交叉1座，分水口门2座，节制闸1座，退水闸1座，交通桥15座，生产桥10座。

2）初步设计批复。2010年10月，国务院南水北调办以《关于南水北调中线一期工程总干渠沙河南至黄河南段荥阳段工程初步设计报告的批复》（国调办投计〔2010〕226号）批复初步设计报告。

3）初步设计实物指标。涉及郑州市高新区和荥阳市2个区（市）5个乡（镇、街道）22个行政村。工程建设用地14704.04亩，其中永久征地5357.42亩，临时用地9346.62亩。占压房屋总面积28176.65m^2，企业5家，农副业16家。影响专项线路137条（处）。规划生产安置人口4104人，搬迁安置人口937人。征迁安置投资86480万元。

（7）郑州1段工程。

1）工程概况。郑州 1 段工程位于河南省郑州市，起点位于郑州市中原区石羊寺村，止于中原区付庄行政村董岗自然村西北，全长 9.773km。共布置各类交叉建筑物 18 座，其中河渠交叉 3 座，左岸排水 3 座，公路桥 9 座，节制闸 1 座，退水闸 1 座，分水口门 1 座，另布置生产桥 5 座。

2）初步设计批复。2010 年 10 月，国务院南水北调办以《关于南水北调中线一期工程总干渠沙河南至黄河南段郑州 1 段工程初步设计报告的批复》（国调办投计〔2010〕226 号）批复初步设计报告。

3）初步设计实物指标。涉及郑州市中原区 1 个镇 7 个行政村。工程建设用地 4726.13 亩，其中永久征地 2486.36 亩，临时用地 2239.77 亩。占压房屋总面积 126401.09m^2，涉及企业 11 家，单位 4 家，农副业 116 家，工商户 34 家。影响专项线路 109 条（处）。规划生产安置人口 3786 人，搬迁安置人口 997 人。征迁安置投资 63465 万元。

（8）郑州 2 段工程。

1）工程概况。郑州 2 段工程起点在潮河渠倒虹吸进口前 258.7m 处，位于郑州市管城区南曹乡毕河村，终点在贾鲁河倒虹吸右岸 447m 处，位于中原区航海西路办事处石羊寺村，长度 21.961km。明渠长 20.515km，建筑物长 1.446km，渠道全挖方段 18.500km，半挖半填段 2.015km，渠道最大挖深 33m，最大填高 1.2m 左右，红线宽度 132～284m。渠线穿越大小河流 11 条，布置各类交叉建筑物 15 座（不含交通桥和生产桥），其中河渠交叉建筑物 4 座，左岸排水建筑物 6 座，控制建筑物 5 座。

2）初步设计批复。2009 年 7 月，国务院南水北调办以《关于南水北调中线一期工程总干渠沙河南—黄河南段郑州 2 段工程初步设计报告的批复》（国调办投计〔2009〕140 号）批复初步设计报告。

3）初步设计实物指标。涉及郑州市管城区、二七区、中原区 3 个区 5 个乡（镇、街道）22 个行政村。工程建设用地 12115.77 亩，其中永久征地 8093.5 亩，临时用地 4022.27 亩。占压房屋总面积 363985.0m^2，企业 33 家，单位 4 家，工商户 57 家，农副业 137 家。影响专项线路 179 条（处）。规划生产安置人口 8029 人，搬迁安置人口 1680 人。征迁安置投资 138415 万元。

（9）潮河段工程。

1）工程概况。潮河段工程起点位于新密铁路倒虹出口 296.4m 处，属新郑市新村镇吴庄村，与双洎河渡槽段相接，终点位于潮河渠倒虹吸进口前 258.7m 处，属于管城区南曹乡毕河村，长 45.847km。明渠长 45.244km，建筑物长 0.603km，起点断面设计流量 305m^3/s、加大流量 365m^3/s，终点断面设计流量 295m^3/s、加大流量 355m^3/s，渠道设计水深 7.0m，加大水深 7.604～7.648m，设计底宽 15～24.5m，渠道一级马道开口宽 61～81m，红线宽 95.89～276.80m，最大挖深 27m，最大填高 11m。共布置各类建筑物 80 座，其中河渠交叉 5 座，左岸排水 17 座，铁路交叉 2 座，分水闸 2 座，节制闸 2 座，交通桥 36 座，生产桥 16 座。

2）初步设计批复。2010 年 4 月，国务院南水北调办以《关于南水北调中线一期工程总干渠沙河南—黄河南段潮河段工程初步设计报告的批复》（国调办投计〔2010〕46 号）批复初步设计报告。

3）初步设计实物指标。涉及郑州市的新郑市、中牟县 2 个县（市）9 个乡（镇、街道）50

个行政村。工程建设用地 23973.44 亩，其中永久征地 11432.71 亩，临时用地 12540.73 亩。占压房屋总面积 46112.33m²，涉及企业 6 家，单位 4 家，农副业 19 家。影响专项线路 242 条（处）。规划生产安置人口 7502 人，搬迁安置人口 1436 人。征迁安置投资 154824.56 万元。

（10）双洎河渡槽工程。

1）工程概况。双洎河渡槽工程起点是新郑市城关镇王刘庄村（双洎河渡槽进口前 150m 处），终点位于新密铁路倒虹出口 296.4m 处，长 1849.4m。明渠长 772.4m，建筑物长 1077m，起终点断面设计流量 305m³/s、加大流量 365m³/s，渠道设计水深 7.0m，设计底宽 23.5m，渠道红线宽 119.69～230.17m，渡槽建筑物红线宽 72～386.95m，渡槽两端为高填方段，最大填高 23.2m。渡槽总长 810m，渡槽槽身横向为 4 孔，单孔净宽 7m、槽高 7.9m。共布置各类建筑物 6 座，其中河渠交叉 1 座，左岸排水 1 座，铁路交叉 1 座，节制闸 1 座，退水闸 1 座，交通桥 1 座。

2）初步设计批复。2010 年 10 月，国务院南水北调办以《关于南水北调中线一期工程总干渠沙河南至黄河南段鲁山北段、宝丰至郏县段、新郑南段和双洎河渡槽段工程初步设计报告的批复》（国调办投计〔2010〕222 号）批复初步设计报告。

3）初步设计实物指标。涉及郑州市的新郑市 2 个乡（镇、街道）2 个行政村。工程建设用地 1290.40 亩，其中永久征地 738.23 亩，临时用地 552.17 亩。占压房屋总面积 14507.17m²，涉及农副业 3 家。规划生产安置人口 379 人，搬迁安置人口 331 人。征迁安置投资 8461 万元。

（11）新郑南段工程。

1）工程概况。新郑南段工程起点位于长葛市与新郑市交界处，终点为双洎河渡槽进口前 150m 处，位于新郑市城关乡王刘庄村，长 16182.7m。明渠长 15189.7m，建筑物长 993m，起点断面设计流量 305m³/s、加大流量 365m³/s，终点断面设计流量 305m³/s、加大流量 365m³/s，渠道设计水深 7.0m。共布置各类建筑物 28 座，其中河渠交叉 2 座，左岸排水 7 座，渠渠交叉建筑物 1 座，退水闸 1 座，铁路交叉 1 座，公路桥 7 座，生产桥 9 座。

2）初步设计批复。2010 年 10 月，国务院南水北调办以《关于南水北调中线一期工程总干渠沙河南至黄河南段鲁山北段、宝丰至郏县段、新郑南段和双洎河渡槽段工程初步设计报告的批复》（国调办投计〔2010〕222 号）批复初步设计报告。

3）初步设计实物指标。涉及郑州市的新郑市 3 个乡（镇、街道）12 个行政村。工程建设用地 5610.65 亩，其中永久征地 3337.65 亩，临时用地 2273 亩。占压房屋总面积 27474.3m²，涉及企业 4 家，单位 1 家，农副业 12 家。影响专项线路 202 条（处）。规划生产安置人口 2481 人，搬迁安置人口 536 人。征迁安置投资 45179 万元。

（12）禹州长葛段工程。

1）工程概况。禹州长葛段工程起点位于禹州市鸿畅乡小武庄村，兰河涵洞式渡槽出口下游 100m 处，终点位于长葛市与新郑市交界处，长 53.7km。共布置各类建筑物 79 座，其中河渠交叉 5 座，渠渠交叉 2 座，左岸排水 25 座，铁路交叉 2 座，分水闸 4 座，交通桥 37 座，节制闸 3 座，退水闸 1 座。另外布置生产桥 18 座。

2）初步设计批复。2010 年 6 月，国务院南水北调办以《关于南水北调中线一期工程总干渠沙河南至黄河南段禹州和长葛段工程初步设计报告的批复》（国调办投计〔2010〕98 号）批复初步设计报告。

3）初步设计实物指标。涉及许昌市的禹州市、长葛市2个市12个乡（镇、街道）64个行政村。工程建设用地25043.57亩，其中永久征地11710.81亩，临时用地13332.76亩。占压房屋总面积125233.38m²，涉及企业10家，单位5家，农副业37家。影响专项线路284条（处）。规划生产安置人口11334人，搬迁安置人口4005人。征迁安置投资165461万元。

（13）宝丰郏县段工程。

1）工程概况。宝丰至郏县段起点位于宝丰县与鲁山县交界处，终点位于平顶山郏县与许昌禹州市交界附近、兰河涵洞式渡槽出口下游100m处的禹州市鸿畅乡小武庄，长40768.6m。明渠长36307.5m，建筑物长2451m，设计流量315～320m³/s、加大流量375～380m³/s，渠道设计水深7.0m，设计底宽18.5～34m，渠道红线宽94～197m，全挖方段长15481m，最大挖深28m，半挖半填段长20826.5m，最大填高12.8m。共布置各类建筑物82座，其中河渠交叉建筑物8座，左岸排水建筑物16座，渠渠交叉建筑物8座，节制闸2座，退水闸1座，分水口3座，公路交叉建筑物27座，铁路交叉3座，生产桥14座。

2）初步设计批复。2010年10月，国务院南水北调办以《关于南水北调中线一期工程总干渠沙河南至黄河南段鲁山北段、宝丰至郏县段、新郑南段和双洎河渡槽段工程初步设计报告的批复》（国调办投计〔2010〕222号）批复初步设计报告。

3）初步设计实物指标。涉及平顶山市的宝丰县、郏县2个县7个乡（镇、街道）50个行政村。工程建设用地20714.46亩，其中永久征地8850.93亩，临时用地11863.53亩。占压房屋总面积90047.24m²，涉及企业1家，单位7家，农副业28家。影响专项线路219条（处）。规划生产安置人口9450人，搬迁安置人口2582人。征迁安置投资138286万元。

（14）北汝河倒虹吸段工程。

1）工程概况。北汝河倒虹吸段工程位于河南省宝丰县东北大边庄与郏县渣园乡朱庄村之间北汝河上，是总干渠与北汝河的交叉建筑物，建筑物总长4190m，其中明渠长2708m，建筑物长1482m。渠道为全填方段，最大填高5.6m左右，永久征地范围为145～500m。渠线穿越大小河流3条，布置各类交叉建筑物6座，其中河渠交叉建筑物1座，左岸排水2座，公路桥2座，生产桥1座。

2）初步设计批复。2009年9月，国务院南水北调办以《关于南水北调中线一期工程总干渠沙河南至黄河南段北汝河渠道倒虹吸工程初步设计报告的批复》（国调办投计〔2009〕173号）批复初步设计报告。

3）初步设计实物指标。涉及平顶山市宝丰县、郏县2个县2个乡镇3个行政村。工程建设用地2395.76亩，其中永久征地1412.56亩，临时用地983.20亩。占压房屋总面积23831.08m²。影响专项线路3条（处）。规划生产安置人口1034人，搬迁安置人口792人。征迁安置投资17402万元。

（15）鲁山北段工程。

1）工程概况。鲁山北段工程起点为沙河渡槽段鲁山坡流槽出口下游50m处，位于鲁山县辛集乡三街西村，终点位于平顶山市鲁山县与宝丰县交界处，长7743.9m。明渠长6956m，设计流量320m³/s，加大流量380m³/s，渠道设计水深7.0m，设计底宽22.5～25m，渠道红线宽101～155m，全挖方段长1812.5m，最大挖深15m，半挖半填段长5143.5m，最大填高7.5m。共布置各类建筑物23座，其中渠渠交叉建筑物3座，左岸排水10座，公路桥5座，生产桥

5座。

2）初步设计批复。2010年10月，国务院南水北调办以《关于南水北调中线一期工程总干渠沙河南至黄河南段鲁山北段、宝丰至郏县段、新郑南段和双洎河渡槽段工程初步设计报告的批复》（国调办投计〔2010〕222号）批复初步设计报告。

3）初步设计实物指标。涉及平顶山市鲁山县1个乡8个行政村。工程建设用地3166.68亩，其中永久征地1505.61亩，临时用地1661.07亩。占压房屋总面积33257.86m^2，涉及单位2家，农副业2家。影响专项线路41条（处）。规划生产安置人口1655人，搬迁安置人口1151人。征迁安置投资25104万元。

（16）沙河渡槽段工程。

1）工程概况。沙河渡槽段工程起点为鲁山县薛寨村北，终点为鲁山坡流槽出口50m，全长11938.1m。沙河渡槽建筑物长9050m，渠道长3396m，多为半挖半填渠段，渠道最大挖深25.5m，最大填高15.3m左右，永久征地宽度90～361m。该段共布置各类建筑物12座，其中河渠交叉建筑物1座，左岸排水建筑物5座，控制建筑物2座，跨渠公路桥4座，另布置生产桥1座。

2）初步设计批复。2009年12月，国务院南水北调办以《关于南水北调中线一期工程总干渠沙河南至黄河南段沙河渡槽段工程初步设计报告的批复》（国调办投计〔2009〕238号）批复初步设计报告。

3）初步设计实物指标。涉及平顶山市鲁山县3个乡（镇、街道）12个行政村。工程建设用地5138.63亩，其中永久征地2494.91亩，临时用地2643.72亩。占压房屋总面积17087.43m^2，涉及企业2家，农副业10家。影响专项线路39条（处）。规划生产安置人口2406人，搬迁安置人口1288人。征迁安置投资31392万元。

（17）鲁山2段工程。

1）工程概况。鲁山2段工程起点为平顶山市鲁山县张良镇范庄和盆窑2个村，止点为平顶山市鲁山县马楼乡薛寨村，全长9.780km。采用明渠输水，渠段设计流量320m^3/s，加大流量380m^3/s，渠道设计水深7.0m。根据渠道布置，全挖方渠段长3262.0m，全填方渠段长111.0m，半挖半填渠段长5733.0m。共布置各类大小建筑物23座，其中大型河渠交叉建筑物2座，左岸排水建筑物3座，公路交叉建筑物9座，渠渠交叉建筑物6座，控制建筑物3座。

2）初步设计批复。2010年10月，国务院南水北调办以《关于南水北调中线一期工程总干渠陶岔至沙河南段鲁山2段工程初步设计报告的批复》（国调办投计〔2010〕223号）批复初步设计报告。

3）初步设计实物指标。涉及平顶山市鲁山县3个乡（镇、街道）19个行政村。工程建设用地4401.6亩，其中永久征地1922.9亩，临时用地2470.2亩，影响用地8.5亩。占压房屋总面积5417.7m^2，涉及农副业10家。影响专项线路42条（处）。规划生产安置人口1554人，搬迁安置人口189人。征迁安置投资24046万元。

（18）鲁山1段工程。

1）工程概况。鲁山1段工程起点为平顶山市鲁山县常村乡月台村和鲁山县张官营镇坡寺村，止点为平顶山市鲁山县张良镇范庄和盆窑村境内，全长13.451km。采用明渠输水，本渠

段设计流量 320m^3/s，加大流量 380m^3/s，渠道设计水深 7.0m。根据渠道布置，全挖方段分布长度 3.0km，最大挖深 14.5m；全填方段分布于渠道与天然河道相交处，最高填方 12m；其余部位均为半挖半填段，最高填方 7.3m。渠道共布置各类大小建筑物 31 座，其中河渠交叉建筑物 1 座，左岸排水 6 座，渠渠交叉建筑物 12 座，公路交叉建筑物 12 座。

2）初步设计批复。2010 年 10 月，国务院南水北调办以《关于南水北调中线一期工程总干渠陶岔至沙河南段鲁山 1 段工程初步设计报告的批复》（国调办投计〔2010〕221 号）批复初步设计报告。

3）初步设计实物指标。涉及平顶山市鲁山县、叶县 2 个县 3 个乡（镇、街道）26 个行政村。工程建设用地 7455.8 亩，其中永久征地 2897.2 亩，临时用地 4469.0 亩，影响用地 89.6 亩。占压房屋总面积 6939.5m^2，涉及农副业 1 家。影响专项线路 49 条（处）。规划生产安置人口 1671 人，搬迁安置人口 333 人。征迁安置投资 35792 万元。

（19）澧河渡槽工程。

1）工程概况。澧河渡槽工程是南水北调中线总干渠跨越澧河的大型河渠交叉建筑物，全长 860m。澧河渡槽主体建筑物包括退水闸段（长 114m）、进口渐变段（长 45m）、进口节制闸室（长 26m）、进口过渡段（长 20m）、渡槽段（长 540m）、出口过渡段（长 20m）、出口检修闸室（长 15m）、出口渐变段（长 70m）、出口明渠段（长 10m）等。工程设计输水流量 320m^3/s，加大输水流量 380m^3/s。

2）初步设计批复。2010 年 7 月，国务院南水北调办以《关于南水北调中线一期工程总干渠陶岔渠首至沙河南段澧河渡槽工程初步设计报告的批复》（国调办投计〔2010〕135 号）批复初步设计报告。

3）初步设计实物指标。涉及平顶山市叶县 1 个乡 3 个行政村。工程建设用地 1761.5 亩，其中永久征地 698.7 亩，临时用地 1062.8 亩。规划生产安置人口 349 人。征迁安置投资 6514 万元。

（20）叶县段工程。

1）工程概况。叶县段工程起点为三里河北岸南阳市方城县与平顶山市叶县交界处，止点为与平顶山市鲁山县与叶县交界处，全长 30.266km（含澧河渡槽及延长部分共 2.995km）。根据渠道布置，全挖方渠段长 12.51km，最大挖深约 33m；半挖半填渠段长 11.613km；全填方渠段长 4.93km，最大填高约 16m；建筑物长 1.213km。共布置各类大小建筑物 59 座，其中河渠交叉建筑物 2 座，左岸排水 17 座，渠渠交叉建筑物 8 座，公路交叉建筑物 29 座，分水口门 1 座，节制闸 1 座，退水闸 1 座。

2）初步设计批复。2010 年 10 月，国务院南水北调办以《关于南水北调中线一期工程总干渠陶岔至沙河南段工程淅川段、镇平县段、南阳市段、方城段和叶县段初步设计报告的批复》（国调办投计〔2010〕227 号）批复初步设计报告。

3）初步设计实物指标。涉及平顶山市叶县、鲁山县 2 个县 5 个乡（镇、街道）45 个行政村。工程建设用地 19125.7 亩，其中永久征地 6104.1 亩，临时用地 12906.3 亩，影响用地 115.3 亩。占压房屋总面积 17306.2m^2，涉及农副业 1 家。影响专项线路 157 条（处）。规划生产安置人口 2646 人，搬迁安置人口 576 人。征迁安置投资 82803 万元。

（21）方城段工程。

1）工程概况。方城段工程起点位于小清河支流东岸镇平县和方城县的分界处，终点位于三里河北岸方城县和叶县交界处，全长60.794km。采用明渠输水，沿线共布置各类大小建筑物97座，其中河渠交叉建筑物8座，左岸排水建筑物22座，渠渠交叉建筑物10座，跨渠公路桥、生产桥53座，分水口门3座，节制闸3座，退水闸2座。

2）初步设计批复。2010年10月，国务院南水北调办以《关于南水北调中线一期工程总干渠陶岔至沙河南段工程淅川段、镇平县段、南阳市段、方城段和叶县段初步设计报告的批复》（国调办投计〔2010〕227号）批复初步设计报告。

3）初步设计实物指标。涉及南阳市方城县、社旗县2个县10个乡（镇、街道）67个行政村。工程建设用地27155.7亩，其中永久征地11246.4亩，临时用地15909.3亩。占压房屋总面积12934.7m²，涉及单位1家，农副业10家。影响专项线路341条（处）。规划生产安置人口5397人，搬迁安置人口235人。征迁安置投资146082万元。

（22）南阳段工程。

1）工程概况。南阳段工程渠线长36.591km（含膨胀土试验段2.05km和白河倒虹吸单元1.337km）。起点渠底设计高程135.007m，设计水位142.507m，加大水位143.257m，相应设计流量340m³/s，加大流量410m³/s；终点渠底设计高程131.890m，设计水位139.390m，加大水位140.130m，相应设计流量330m³/s，加大流量400m³/s。为了渠道防渗，减少糙率，总干渠设计拟采用全断面衬砌。

2）初步设计批复。2010年10月，国务院南水北调办以《关于南水北调中线一期工程总干渠陶岔至沙河南段工程淅川段、镇平县段、南阳市段、方城段和叶县段初步设计报告的批复》（国调办投计〔2010〕227号）批复初步设计报告。

3）初步设计实物指标。涉及南阳市卧龙区、高新区、宛城区3个区10个乡（镇、街道）49个行政村。工程建设用地21690.7亩，其中永久征地8600.3亩，临时用地13090.4亩。占压房屋总面积55600.8m²，涉及单位8家，农副业15家。影响专项线路340条（处）。规划生产安置人口4443人，搬迁安置人口816人。征迁安置投资120450万元。

（23）膨胀土试验段工程（南阳段）。

1）工程概况。膨胀土试验段工程（南阳段）起点为南阳市卧龙区靳岗乡孙庄东，止点为南阳市卧龙区靳岗乡武庄西南，工程全长2.05km。设计流量340m³/s，加大流量410m³/s，渠道设计水深7.5m，设计断面为半挖半填渠道和挖方渠道，最大挖深19.2m，最大填高5.5m。布置有跨渠公路桥及生产桥各1座，无其他交叉建筑物。

2）初步设计批复。2008年10月，国务院南水北调办以《关于南水北调中线一期工程总干渠膨胀土试验段工程（南阳段）初步设计报告的批复》（国调办投计〔2008〕148号）批复初步设计报告。

3）初步设计实物指标。涉及南阳市卧龙区、高新区2个区2个乡5个行政村。工程建设用地1069.60亩，其中永久征地473.9亩，临时用地595.7亩。占压房屋总面积25.2m²。影响专项线路1条。规划生产安置人口314人。征迁安置投资3167万元。

（24）白河倒虹吸段工程。

1）工程概况。白河倒虹吸段工程由南阳市卧龙区蒲山镇大庄村东北穿过白河，全长1337m。工程主要建筑物由进口至出口依次为进口渐变段、退水闸及过渡段、进口检修闸、倒

虹吸管身、出口节制闸（检修闸）、出口渐变段。根据总干渠总体规划，白河交叉断面处总干渠设计流量 $330m^3/s$，加大流量 $400m^3/s$。

2）初步设计批复。2010 年 7 月，国务院南水北调办以《关于南水北调中线一期工程总干渠陶岔渠首至沙河南段白河倒虹吸段工程初步设计报告的批复》（国调办投计〔2010〕120 号）批复初步设计报告。

3）初步设计实物指标。涉及南阳市卧龙区、宛城区、镇平县 3 个县（区）3 个乡（镇、街道）3 个行政村。工程建设用地 1561.1 亩，其中永久征地 291.7 亩，临时用地 1269.4 亩。占压房屋总面积 $10228.6m^2$。影响专项线路 12 条（处）。规划生产安置人口 115 人，搬迁安置人口 178 人。征迁安置投资 6512.53 万元。

（25）镇平段工程。

1）工程概况。镇平段工程西起南阳市邓州市接壤的镇平县马庄乡马庄村，东止于镇平县彭营乡田岗村与南阳市宛城区王村乡贾营村接壤的潦河，全长 36.32km。干渠沿线横跨河流沟渠 47 条，总体地势呈西高东低、北高南低，分布在镇平县平原上。采用明渠输水，沿线共布置各类大小建筑物 59 座，其中河渠交叉建筑物 5 座，左岸排水建筑物 18 座，渠渠交叉建筑物 1 座，跨渠公路桥 25 座，生产桥 12 座，节制闸 1 座。

2）初步设计批复。2010 年 10 月，国务院南水北调办以《关于南水北调中线一期工程总干渠陶岔至沙河南段工程淅川段、镇平县段、南阳市段、方城段和叶县段初步设计报告的批复》（国调办投计〔2010〕227 号）批复初步设计报告。

3）初步设计实物指标。涉及南阳市镇平县、内乡县 2 个县 8 个乡（镇、街道）47 个行政村。工程建设用地 20116.8 亩，其中永久征地 7031.3 亩，临时用地 13085.5 亩。占压房屋总面积 $17533.6m^2$，涉及农副业 10 家，企业 10 家。影响专项线路 266 条（处）。规划生产安置人口 5409 人，搬迁安置人口 481 人。征迁安置投资 97229 万元。

（26）湍河渡槽工程。

1）工程概况。湍河渡槽工程是南水北调中线一期工程总干渠大型跨河建筑物之一，全长 1.03km。主体建筑物包括：右岸渠道连接段（包括退水闸在内）、进口渐变段（长 41m）、进口节制闸室（长 26m）、进口过渡段（长 20m）、渡槽段（长 720m）、出口连接段（长 20m）、出口闸室段（长 15m）、出口渐变段（长 55m）和左岸渠道连接段（长 19.7m）。根据总干渠总体设计，交叉断面总干渠设计流量 $350m^3/s$，加大流量 $420m^3/s$。

2）初步设计批复。2010 年 9 月，国务院南水北调办以《关于南水北调中线一期工程总干渠陶岔渠首至沙河南段澧河渡槽工程初步设计报告的批复》（国调办投计〔2010〕147 号）批复初步设计报告。

3）初步设计实物指标。涉及南阳市内乡县、邓州市 2 个县（市）4 个乡（镇、街道）6 个行政村。工程建设用地 952.08 亩，其中永久征地 170.58 亩，临时用地 781.5 亩。规划生产安置人口 72 人。征迁安置投资 2824.98 万元。

（27）淅川段工程。

1）工程概况。淅川段工程渠线线路总体走向由西南向东北，从陶岔下游开始，由西南向东利用 4km 已建引丹干渠，在肖楼分水闸处转向北刁河、格子河、堰子河，在冀寨东北处渠线转为由西向东过湍河、严陵河，然后向北抵达渠段终点，全长 51.8km。共布置各类建筑物 86

座，其中河渠交叉建筑物 8 座，左岸排水建筑物 16 座，渠渠交叉建筑物 3 座，控制建筑物 8 座，路渠交叉建筑物 51 座。

2）初步设计批复。2010 年 10 月，国务院南水北调办以《关于南水北调中线一期工程总干渠陶岔至沙河南段工程淅川段、镇平县段、南阳市段、方城段和叶县段初步设计报告的批复》（国调办投计〔2010〕227 号）批复初步设计报告。

3）初步设计实物指标。涉及南阳市淅川县、邓州市 2 个县（市）8 个乡（镇、街道）61 个行政村。工程建设用地 39396.73 亩，其中永久征地 14194.25 亩，临时用地 25202.48 亩。占压房屋总面积 39141.83m^2，涉及单位 6 家，企业 1 家。影响专项线路 198 条（处）。规划生产安置人口 7650 人，搬迁安置人口 1354 人。征迁安置投资 202907 万元。

2. 陶岔渠首枢纽工程

（1）工程概况。陶岔渠首枢纽工程是南水北调中线一期工程输水总干渠的引水渠首，位于河南省淅川县九重镇陶岔村，丹唐分水岭汤山禹山垭口南侧，是丹江口水库的副坝。建设推荐方案为新址重建加电站方案。主要有引渠、重力坝、引水闸及消力池、电站厂房等。

（2）初步设计批复。2002 年 9 月，长江设计公司会同淅川县移民办、九重镇人民政府按初步设计深度要求对各项实物指标进行全面调查。

2004 年 11 月，由于工程布置范围调整，长江设计公司进行复核调查。

2005 年 12 月，编制完成可行性研究阶段征地拆迁安置规划设计报告。

2007 年 3 月 17—22 日，在项目法人组织下，长江设计公司会同河南省移民办、南阳市南水北调办、淅川县南水北调办、九重镇人民政府组成联合调查组，在 2002 年和 2004 年实物指标调查的基础上，根据工程初步设计阶段征地范围，开展实物指标全面复核和征地拆迁安置外业规划工作，并编制初步设计阶段的征迁安置规划设计报告。

2009 年 9 月，国务院南水北调办以《关于南水北调中线一期陶岔渠首枢纽工程初步设计（概算）的批复》（国调办投计〔2009〕165 号）批复初步设计报告。

（3）初步设计实物指标。涉及南阳市淅川县九重镇 6 个行政村。工程建设用地 1043.7 亩，其中永久征地 360.6 亩，临时用地 683.1 亩。搬迁安置人口 356 人，拆迁房屋 15142.9m^2，涉及农副业 6 家，企业 1 家，单位 5 家。专项迁复建包括连接道路 1.616km，输电线路 1.13km，通信线路 6.099km，广电线路 5.36km，管道设施 1.528km，提灌站 1 座（装机容量 2660kW）。

征迁安置投资 23383 万元（因董营副坝工程初步设计阶段与可行性研究阶段一致列入陶岔渠首枢纽工程初步设计报告，投资包括董营副坝工程投资）。

3. 董营副坝工程

董营副坝工程是丹江口水利枢纽大坝加高工程的组成部分，为均质土坝，全长 246m，坝址位于邓州市杏山管理区。因为董营土坝距陶岔渠首仅约 3km。

因可行性研究阶段列入陶岔渠首枢纽工程，初步设计阶段也列入陶岔渠首枢纽工程。涉及邓州市杏山管理区 2 个行政村。工程建设用地 51 亩，其中永久征地 27 亩，临时用地 24 亩。

二、管理体制机制和规章制度

（一）管理体制

国务院南水北调工程建设征地移民管理体制为国务院南水北调工程建设委员会领导，省级

政府负责，县为基础，项目法人参与。

以此为依据，河南省明确南水北调中线干线工程征迁管理体制为省政府领导，市级政府组织协调，县为基础，征迁设计、监理单位参与，建管单位配合。这一管理体制使征地拆迁工作在政府的统一领导下，统一规划、统一政策、统一管理；极大地调动了征地移民管理部门的综合协调能力，提升了处理征地移民工作新情况、新问题的能力，还充分调动了地方工作积极性，增强了征地移民工作政府执政能力和资源整合能力。

1. 省级征迁管理机构职责

负责本行政区域内南水北调中线工程征迁安置工作的领导、管理和监督；协助政府制定征迁安置政策及相关的规定；负责工程征迁安置可行性研究、初步设计阶段实物调查、规划大纲和规划报告编制的协调配合工作，负责技施设计阶段征迁安置规划的组织编制工作；与征迁安置所在的省辖市征迁主管部门签订征迁安置协议；制定征迁安置年度计划；按照安置实施进度将征地补偿和安置资金支付给予其签订征迁安置协议的省辖市征迁主管部门；协调相关部门办理征地、林地使用手续，搞好文物保护，做好专项设施迁建工作；督导市、县人民政府做好相关工作，参与实施过程中重大征迁问题处理，负责河南省南水北调中线干线工程征迁安置省级验收等工作。

2. 市级征迁管理机构职责

省辖市人民政府对南水北调征迁安置工作负有管理、组织、协调责任，全面贯彻国家、省南水北调征迁安置政策，落实全市南水北调中线工程征地、拆迁、移民规划安置，监督移民安置规划的实施；配合完成实物指标调查工作，按照规划分解征迁任务、补偿资金并下达至县（市、区）级征迁主管部门或权属单位；督促、指导县（市、区）级征迁主管部门按计划完成任务并将资金兑付至权属人；参与监督检查和经常性稽查，负责本行政区域南水北调中线干线工程征迁安置市级初验等工作。

3. 县级征迁管理机构职责

按照“县为基础”的管理体制，县级人民政府是征迁安置工作的实施主体，要按照“征迁安置任务及投资包干协议”要求，分解、落实、完成本行政区域的征迁安置实施任务；行使拆迁补偿和安置规划实施、协调和监督监测等职能；宣传征迁安置法律、法规，做好群众的思想教育工作，及时妥善处理征迁安置工作中出现的问题，维护工程施工环境及社会稳定，参与技术培训工作；严格征迁安置资金管理，组织对征迁安置资金的使用情况进行检查、审计，按要求及时上报征迁安置统计报表和资金会计报表；按有关规定及时收集、整理、归档征迁安置资料，保证档案资料的完整、准确、系统、安全和有效；负责本行政区域南水北调中线工程征迁安置县级自验等工作。

4. 项目法人主要职责

贯彻落实国务院南水北调工程建设委员会的方针政策和重大决策，执行国家及南水北调工程建设管理的法律法规；编制征地移民规划大纲并报批；根据经批准的征地移民规划大纲编制征地移民规划；根据经批准的征地移民规划，与征迁安置所在的省级征迁主管部门签订征地移民协议；向与其签订协议的省级征迁主管部门提出下年度移民安置计划建议；根据征迁安置年度计划，按照安置实施进度将征地补偿和安置资金支付给与其签订征迁安置协议的省级征迁主管部门；负责协助地方政府做好征迁安置和环境保护工作，参与实施过程中重大征迁问题处理、办理征地手续、验收等工作。

（二）机构设置

1. 省级征迁管理机构

河南省人民政府移民工作领导小组办公室（简称“河南省移民办”），全面负责河南省南水北调中线工程征迁安置工作，包括南水北调中线工程在河南省境内的可行性研究、初步设计阶段实物调查和规划编制的协调配合工作，技术施工设计阶段征迁安置规划组织编制和组织实施征地拆迁安置工作和河南省南水北调中线工程完工阶段征迁安置验收。

2008年下半年，随着南水北调中线干线工程建设和征迁安置工作全面推开，河南省移民办设立了“干线征迁工作组”，专职负责总干渠河南段工程、陶岔渠首枢纽工程和董营副坝工程的征迁安置工作。在管理体制上形成了职能互相整合，减少环节，便于协调，加快工作运转，满足人员科学调配，提高征迁效率。干线组经过6年半的勤劳努力和辛苦付出，为2014年年底南水北调中线工程通水目标实现做出应有的贡献。

2. 市级和省直管县征迁管理机构

根据河南省南水北调中线干线工程征迁管理体制，工程建设涉及安阳市、鹤壁市、新乡市、焦作市、郑州市、许昌市、平顶山市、南阳市以及省直管县邓州市分别成立了南水北调中线工程建设领导小组及专门工作机构。

各市南水北调中线工程建设领导小组和办公室充分发挥牵头、协调、监督、检查的作用，加强与上、下级部门的沟通联系，加强与有关部门单位紧密配合，形成坚强工作合力。把每项任务落实到各级各部门，落实到人、责任到人。机构的成立，为南水北调中线干线工程顺利实施提供了组织保障。

3. 县（市、区）级征迁管理机构

县级人民政府是征迁安置工作的实施主体、责任主体，为保证国家政策落实到位、规划实施完成，南水北调中线工程河南段涉及的县级人民政府均成立了工程建设领导小组及专门工作机构，协调各部门、各级，指定专人负责本区域内征迁安置工作。资金兑付到位、规划科学实施，保障了征迁群众的合法权益和工程顺利实施，维护了社会稳定。

（三）工作机制

河南省南水北调中线干线工程征迁工作涉及面广，情况复杂，为科学、系统指导征迁安置工作开展，加快征地工作步伐，河南省移民办先后建立了南水北调中线工程环境和征迁移民工作协调机制、施工环境维护联席会议制度、征地拆迁任务与投资包干机制、联席会议机制、预备费使用管理机制、征迁问题处理机制、施工环境维护机制、征迁设计、监理单位的服务管理和信访稳定、督察、奖励等工作机制，明确了征地拆迁工作程序、征迁问题处理办法、各参与方的职责，为市、县征迁机构处理具体问题提供了政策支持，有效调动了各级征迁机构工作积极性，推动征迁工作有序、稳定的实施，为南水北调中线干线工程通水目标的实现提供了有力保障。

1. 工程建设环境和征地移民工作协调机制

2003年9月，河南省成立了省长挂帅的南水北调中线工程建设领导小组，小组成员为省政

府办公厅、省发展改革委等22个省直单位负责人以及郑州、平顶山等13个省辖市市长。高规格的领导小组，使得南水北调工作始终处于河南省政府工作的核心地位。

2006年5月，河南省南水北调中线工程建设领导小组下发通知，建立南水北调中线工程建设环境和征迁移民工作协调机制。主要内容包括省长办公会议、秘书长协调会、征地移民和建设环境协调会、成立南水北调工程项目现场协调小组。在征迁工作前期，先后召开多次领导小组会议和10多次建设环境和征地安置工作协调会，及时处理解决一大批征迁问题，有力地保障了工程建设和征迁工作的实施。

2. 施工环境维护联席会议制度

2007年，根据总干渠河南段工程建设需要，河南省南水北调办与河南省公安厅协商，由地方公安部门在开工建设的各施工标段设立警务室，配备警务人员3～4人，每天巡查在施工一线，对沿线非法阻挠扰乱施工的行为坚决予以打击，有效地维护了施工秩序和施工环境。

3. 征地拆迁任务与投资包干机制

征迁实施过程中，为有效开展工作，按照实施规划完成征迁任务，河南省移民办与有关省辖市征迁主管部门签订征迁任务和投资包干协议；省辖市征迁主管部门与县级征迁机构签订征迁任务和投资包干协议。主要内容有两个方面。

（1）明确征迁安置任务。由市级征迁机构负责，协调组织县级征迁机构，根据工程建设进度和征迁安置工作计划，按时移交永久征地，临时用地根据工程建设需要，按计划及时移交；按时完成居民点建设，及时组织居民搬迁；按时完成农副业和企事业单位迁建；组织协调有关部门、单位，按时完成通信、广电、管道、军事设施等专项设施迁（复）建工作，配合电力部门完成电力设施迁（复）建工作；组织完成有关总干渠施工影响处理工作；组织完成临时用地返还、复垦和退还工作；负责总干渠征迁安置信访工作，妥善解决群众反映的问题，维护沿线社会稳定。

（2）征迁投资包干。以省政府批复的征迁安置实施规划确定的项目经费和预备费额度，除国家掌握审批的预备费、勘测定界和林地可研费、乡村工作经费、征迁奖励资金外，各设计单元预备费以省辖市为单位核算，连同项目经费由各省辖市包干使用。

4. 联席会议制度

根据工作需要，建立征迁实施工作联席会议制度。联席会议召集人为市或县（市、区）征迁机构，参加联席会议的单位有市、县（市、区）征迁机构，建设管理单位，征迁设计单位，征迁监理单位，有关乡（镇、街道），有关专项单位等。联席会议的主要任务是协调处理征迁工作中遇到的有关问题。省辖市召开联席会议，必要时报请河南省移民办参加。

5. 预备费使用管理机制

预备费主要用于实物指标错漏登、计算错误等具体征迁安置问题的处理。不得擅自用于提高国家批复的补偿标准，禁止用于单项处理而影响全面工作的项目。市、县征迁机构审批时必须有征迁设计、监理单位的处理、认定意见。

黄河北各设计单元预备费使用额度：单项工程或问题处理金额在2万元（含2万元）以下的，由县（市、区）征迁机构审批；处理金额在2万～5万元（含5万元）的，由市征迁机构审批；处理金额在5万元以上的，逐级报河南省移民办审批。

黄河南各设计单元预备费使用额度：单项工程或问题处理金额在5万元（含5万元）以下

的，由县（市、区）征迁机构审批；处理金额在5万～50万元（含50万元）的，由市征迁机构审批；处理金额在50万元以上的，逐级报河南省移民办审批。

6. 征迁问题处理程序和要求

对于实施中出现的实物指标错漏登、计算错误、具体征迁问题等，由建设管理单位或乡（镇、街道）函告县（市、区）征迁机构，县（市、区）征迁机构经核实后，函告征迁设计、监理单位。征迁设计、监理单位在3个工作日内完成调查、核实并出具处理和认定意见；属设计变更的在7个工作日内提出处理和认定意见。征迁设计、监理单位反馈意见后，县（市、区）征迁机构在5个工作日、市征迁机构在10个工作日完成审批或上报。

在项目实施中，应维护规划设计的严肃性，任何单位和个人不得随意变更；确需变更的，按程序办理。

7. 工程建设环境维护有关要求

对工程建设过程中出现的施工环境问题，基层组织和建设管理单位应加强沟通协调，及时处理，力争把问题解决在现场；确需报征迁机构协调处理的，县（市、区）征迁机构在1个工作日内予以处理；问题比较复杂的，由市征迁机构在2个工作日内予以处理；市、县（市、区）征迁机构处理不了的问题，及时报请同级人民政府予以解决。

对经批评教育后仍无理取闹、阻碍施工者，由县（市、区）征迁机构及时报请公安机关依法处理。

8. 征迁设计、监理单位服务管理

各级征迁机构要注意发挥征迁设计、监理单位的作用，支持、引导他们按照规定积极开展工作，真正当好征迁机构的参谋和助手。各征迁设计、监理单位要提高服务意识，建立健全工作制度，切实按合同要求履行职责，配合征迁机构做好相关工作。对基层反映的问题，应严格按照政策规定及时处理，并对提出的处理、认定意见负责。要加强保密管理，征迁设计、监理单位对实施问题的处理、认定意见，未经批准不得对外扩散。否则，追究有关人员的责任。

征迁设计、监理单位要加大人员和设备投入。在征地拆迁实施过程中，征迁监理人员必须常驻现场监理部；征迁设计人员及时在现场开展工作，问题较多时，保持常驻状态。

9. 信访稳定机制

针对南水北调总干渠河南段工程全线开工后，征迁群众信访数量陡增的情况，为畅通信访渠道，有效化解信访矛盾，切实维护信访人的合法权益，河南省移民办不仅出台了信访工作机制，从组织、制度和措施等方面建立和完善信访处理工作和规定，专门设立了信访办公室，负责接待群众来信来访问题。同时明确县级政府为本辖区总干渠征迁安置信访稳定工作的责任主体，信访稳定问题的排查处理由县级征迁机构具体负责，要求各市县及时排查化解征迁中遇到的各种矛盾和纠纷，排查化解各种不稳定的因素，妥善处理群众反映的问题。

河南省移民办和省辖市征迁机构定期检查有关县（市、区）信访发生情况、信访处理情况和信访处理反馈情况，检查结果通报市、县政府。对久拖不决的信访案件，由河南省移民办进行现场督办。

10. 督察机制

为加强南水北调工程征迁安置工作的监督，促进征迁工作顺利进行，满足工程建设需要，由河南省政府办公厅或委托河南省移民办牵头，有关省辖市、县（区）、乡镇人民政府及征迁

部门、建设单位，各级文物部门，专项设施产权单位，施工单位，设计、监理和监测评估单位，村集体经济组织做好督察配合。督察内容包括征迁安置工作进度和效果，施工环境维护，征迁安置实施中技术服务质量。

通过适时组织督察，全面客观、实事求是地掌握各市县征迁工作的开展情况，发现存在的问题，提出整改和处理要求。现场督查结束后，督查单位及时进行总结，按照征迁工作完成情况和征迁效果，以省辖市为单位排出名次，在全省范围内进行通报，同时通报各省辖市政府。

11. 奖惩机制

河南省移民办为调动各市县征迁机构的积极性，激发基层征迁干部的责任意识、主动意识，进一步提高了征迁工作效率。制定了征迁安置工作奖惩办法，作为常态化的工作机制推行。根据各市县征迁工作完成情况和施工环境的维护情况，评出征迁工作先进和落后单位，对先进单位不仅基于通报表彰，而且基于实实在在的资金奖励；对后进单位则予以通报批评。

不仅如此，河南省移民办还将征迁工作开展较好的市县征迁机构和有关专项单位、征迁工作先进个人，上报国务院南水北调办进行表彰。2010 年国务院南水北调办在武汉召开表彰会议，河南省南水北调中线干线工程各级征迁机构共有 9 个先进集体和 18 名先进工作者受到隆重表彰。

（四）出台的规章制度和管理办法

河南省移民办通过现场调研和总结经验教训，先后制定和出台了多项征迁管理制度与规定，规范实施内容、程序，明确各参建单位责任，指导征迁安置工作有序渐进的实施，有力地保证了征迁问题的处理和施工环境的稳定。

1. 征迁安置工作机制规定

为贯彻落实好国务院确定的“南水北调工程建设委员会领导、省级政府负责、县为基础、项目法人参与”的征迁管理体制，规范总干渠河南段征迁安置工作，明确有关单位和部门责任，调动市县征迁机构的工作积极性，发挥征迁设计单位的技术优势和征迁监理单位的经验，加快征迁安置实施工作进度。在黄河北征迁工作中，河南省移民办经过探索研究，不断创新，与基层征迁部门总结制定了具体的征迁工作程序和管理办法，会同河南省南水北调办联合制定了《关于明确南水北调中线工程总干渠征地拆迁有关机制的通知》（豫调办〔2008〕52 号），运用于征迁工作，规范和促进了征迁工作开展。

2009 年河南省移民办在豫调办〔2008〕52 号文件基础上，结合黄羑段征迁情况，制定了《关于补充完善南水北调中线工程总干渠征地拆迁工作机制的通知》（豫移干〔2009〕101 号）。

2009 年 11 月，郑州 2 段征迁工作开始，郑州市是省会城市，经济发展较快，城市发展用地的补偿标准比较高，为统筹考虑郑州区位、经济发展状况和保护被征地农民的切身利益，河南省移民办制定了《关于南水北调总干渠郑州 2 段征地拆迁工作机制的通知》（豫移干〔2009〕269 号）。

2010 年黄河南各设计单元相继开工建设，任务量大、时间紧迫，河南省移民办在总结郑州 2 段征迁任务与投资包干实践经验的基础上，在其他未开工渠段实行征迁任务与投资包干机制，在预备费使用管理、征迁实施问题处理等方面，进一步强化市县级征迁机构的责任，扩大市县征迁机构的工作权限，制定了《关于印发河南省南水北调黄河南总干渠征地拆迁工作机制的通知》(豫移干〔2010〕227号),有效地激发了市县级征迁机构的责任意识、主动意识,进一步提高了征迁工作效率。

2. 土地补偿费分配使用和生产开发资金使用管理指导意见

为进一步做好河南省南水北调中线干线工程农村生产安置工作,切实保障征地群众生活水平不受影响,根据国家有关政策规定,河南省政府办公厅出台了《关于河南省南水北调中线工程总干渠土地补偿费分配使用的指导意见》(豫政办〔2010〕15号)和河南省人民政府移民工作领导小组出台了《关于总干渠生产开发资金使用管理指导意见》(豫移〔2012〕15号),明确了实施规划中计列的土地补偿费以及生产开发资金(即生产安置项目资金或生产安置影响处理资金)的使用范围和使用原则,妥善安置被征地农民的生产生活,弥补应出村安置调整为本村安置人口的种植业纯收入损失问题,最大限度地发挥生产开发资金的作用。

3. 征迁安置工作督察办法

为加强南水北调工程征迁安置工作的监督,促进征迁工作顺利进行,满足工程建设需要,按照服从大局、服务工程、全面客观、实事求是、维护被征迁群众合法利益的原则,2009年5月,河南省人民政府移民工作领导小组印发了《河南省南水北调工作征迁安置工作督察办法》(豫移〔2009〕12号)。督察内容包括征迁安置工作进度和效果,施工环境维护,征迁安置实施中技术服务质量。办法的出台,有效促进了征迁安置工作阶段性目标的顺利完成。

4. 征迁安置工作奖惩办法

按照《河南省南水北调工作征迁安置工作督察办法》及有关规定,河南省人民政府移民工作领导小组在2009年5月制定并印发了《河南省南水北调工作征迁安置工作奖惩办法》(豫移〔2009〕14号)。奖惩的对象是省辖市、县(市、区)政府,各级组织或参与征迁工作的部门,被征迁的企事业单位,有关设计、监理等技术服务单位。奖励资金来源为河南省移民办掌握征迁资金对应的预备费。

5. 临时用地使用规定

2008年河南省移民办编制了《河南省南水北调中线干线工程建设临时用地使用规定和复垦措施(意见稿)》(虽然没有正式印发成文件,但在实际工作中河南省移民办要求有关各方按这个规定执行),作为临时用地规范使用和复垦依据。规定明确了各方责任、权利和义务,做到有据可依、有例可循,施工单位按照要求规范使用,征迁机构按照要求监管,临时用地使用、返还工作顺利推进。

(1) 安阳段。因为这个规定是在安阳制定的,因此,安阳段临时用地使用管理均是按这个规定落实的。

(2) 黄河北其他渠段和开工较早的黄河南部分渠段。因工程开工较早,而临时用地管理规定出台较晚,这些标段工程招标文件中未对临时用地使用管理作出明确的规范要求,为解决这一问题,河南省移民办会同南水北调中线局移民环保局,组织建设管理、市县征迁机构、征迁设计、征迁监理有关各方,对招标文件未明确临时用地规范使用问题进行了研究,最终决定上述渠段临时用地使用管理执行省制定的规定和办法,施工单位由此增加的支出,通过工程变更形式进行处理。

(3) 黄河南最后开工的13个设计单元。这些单元工程在招标文件中已明确将临时用地使用的规范要求写入招标文件,要求施工单位必须按规范进行落实。

6. 临时用地使用和返还复垦计划台账编制指导意见

2012年11月，根据国务院南水北调办《关于进一步做好南水北调工程建设临时用地退还复垦工作的通知》（国调办征移〔2012〕224号）要求，河南省移民办编制了《河南省南水北调总干渠临时用地使用情况和返还复垦计划台账编制工作指导意见》（豫移办〔2012〕128号，以下简称“河南省临时用地台账编制意见”）。由各省辖市征迁机构牵头，会同建管单位组织征迁设计、征迁监理和县级征迁机构现场调查，逐地块研究临时用地使用存在的问题、需要采取的整改措施、责任单位和返还、复垦、退还时间节点，完成临时用地台账的编制。通过此种措施，为河南段总干渠的20.38万亩临时用地建立了信息资料台账，便于各级征迁机构、建管单位掌控准确信息和问题及时处理。

7. 临时用地复垦管理指导意见

河南省南水北调中线干线工程建设征用临时用地20.49万亩，为确保耕地安全，河南省移民办编制了《河南省南水北调中线干线工程建设临时用地复垦管理指导意见》（豫移干〔2012〕282号），明确县级政府是临时用地复垦的责任主体，县级征迁机构具体负责组织实施。同时，明确了临时用地返还复垦办法、复垦费使用和返还复垦报批程序等。

8. 临时用地超期补偿费发放标准规定

为有效促进河南省南水北调中线干线工程沿线群众对临时用地接收和耕种的积极性，确保临时用地返还、复垦和退还工作快速推进。河南省移民办制定了《关于调整南水北调中线干线工程临时用地超期补偿费发放标准等有关问题的通知》（豫移安〔2016〕82号），对2016年5月31日以后仍需进行超期补偿的临时用地，从2016年6月1日起，临时用地超期补偿费按当地土地流转价格进行补偿，不再执行南水北调中线干线工程原征地补偿标准。

9. 边角地处理指导意见

针对工程建设中出现的边角地问题，河南省移民办在典型调研的基础上，编制了《河南省南水北调总干渠边角地处理指导意见》（豫移干〔2012〕229号），界定了边角地问题的两种类型，即因村组边界形成的飞地问题和因建筑物、自然地形造成的飞地问题，明确了处理原则和处理程序。

10. 征迁安置投资测算报告编制指导意见

为准确掌握河南省南水北调中线干线工程征迁投资计划，满足资金结算及验收工作需要，需对各设计单元征迁资金进行全面测算，制定《河南省南水北调总干渠征迁安置投资结算报告编制指导意见》，并印发《河南省南水北调总干渠征迁安置投资测算报告编制工作大纲》（豫移办〔2013〕77号），以省辖市为单位成立联合工作组，进一步指导工作开展。同时为加强征迁安置投资测算工作领导，及时研究解决工作中的重大问题，河南省移民办成立河南省南水北调中线工程总干渠征迁安置投资测算报告编制工作领导小组，负责督查各阶段工作进展情况。

11. 征迁安置档案管理实施细则

为规范河南省南水北调工程征地补偿和移民安置档案管理，维护征地移民档案的完整、准确、系统和安全，根据国务院南水北调办、国家档案局联合印发的《南水北调工程征地移民档案管理办法》（国调办征地〔2010〕57号）以及国家有关档案工作规范和标准，结合河南省征地移民实际，联合河南省档案局印发《河南省〈南水北调工程征地移民档案管理办法〉实施细则》（豫移办〔2010〕32号），指导河南省南水北调征地移民档案管理工作开展。

12. 征迁安置验收实施细则

按照国务院南水北调办下发的《南水北调干线工程征迁安置验收办法》（国调办征地〔2010〕19号），根据工程验收需要，河南省移民办编制完成《河南省南水北调中线干线工程征迁安置验收实施细则》（豫移〔2012〕33号），指导征迁安置验收工作开展。在2017年11月组织召开南水北调总干渠征迁验收培训会，对各省辖市、县征迁干部、财务人员，征迁设计、监理人员260余人进行了全面培训。

13. 监理实施细则编制导则

为进一步规范监理工作职责、程序和内容，发挥监理单位的优势和经验，全面完成黄河南征迁工作，河南省移民办总结黄河北监理工作开展经验和教训，组织编写《南水北调中线一期工程总干渠黄河南征迁安置监理实施细则编制导则》，作为黄河南各征迁监理单位编制征迁监理实施细则的依据，指导各监理单位按照监理范围和特点编写监理实施细则并报河南省移民办审批。

三、实施与管理

（一）征迁安置概况

河南省南水北调中线干线工程从2005年9月27日穿黄工程开始，历经逾9年的建设，于2014年12月12日实现全线通水。随着通水目标的实现，总干渠河南段工程、陶岔渠首枢纽工程和董营副坝工程征迁安置工作基本完成，开始转入验收阶段。

1. 实施过程

2002年12月27日，国务院总理朱镕基在北京宣布南水北调工程（东线）开工。同年1月和8月河南省移民办协助黄河设计公司和长江设计公司进行南水北调中线工程一期穿黄工程影响调查工作。

2003年8月，河南省委、省政府成立河南省南水北调办，会同河南省移民办开展总干渠河南段前期的征迁安置工作。10月27日，河南省人民政府发布《关于严格控制南水北调中线工程总干渠征地范围内基本建设和人口增长的通知》（豫政〔2003〕39号），明确河南省南水北调工程区域内各项实物指标登记截止时限为2003年7月31日。

2004年，河南省移民办和河南省南水北调办先后完成河南省南水北调工程环境影响评价资料收集整理、总干渠文物调查、文物保护规划编制和文物保护专题报告；组织全省水利、移民、林业和国土部门参加的实物调查工作培训班；开展了郑州、平顶山、安阳、新乡、鹤壁、许昌和焦作7个市南水北调中线干线工程占地实物指标调查；完成穿黄工程初设阶段实物指标调查；8月，河南省政府明确由河南省移民办负责南水北调中线干线工程征迁安置工作。9月，安阳段工程初步设计外业调查开始。

2005年，河南省移民办组织郑州市、焦作市、安阳市按计划完成了穿黄工程和安阳段安阳河“四通一平”工程征地拆迁任务；针对总干渠涉及市、县（区）征迁机构工作人员多数没有从事过征迁工作的情况，河南省移民办理顺管理关系，至2005年12月底，总干渠河南段涉及的8个市46个县（市、区）大部分建立了与工作相适应的征迁管理机构，明确了职责分工；并先后组织了10多次征迁业务培训。

2006年年初，河南省移民办派出工作组，多次到穿黄工程工地现场办公，解决温县陈家沟料场不足、实物指标错漏、施工粉尘影响等问题，至3月31日，穿黄工程施工场地的居民全部迁出，年底工程建设用地移交和搬迁安置居民点建设全部完成；同时河南省移民办多次到安阳市现场办公，协调市、县（区）政府和土地、林业、征迁等有关单位，完成了先行用地手续办理、实施规划编制、临时用地移交任务，保证了9月28日安阳段工程正式开工。

2007年，河南省移民办组织穿黄工程居民搬迁后的征迁收尾工作，生产安置人口生产用地全部调整到位，专业项目复建工作全部完成；6月29日，潞王坟试验段开工，河南省移民办组织新乡市移民办、凤泉区移民办及时移交工程建设需要的永久征地，移交全部的临时用地，占压的企事业单位全部拆除，专项线路复建完毕；年底安阳段永久征地全部移交，居民搬迁和居民点建设全部完成。

2008年，河南省移民办组织新乡市移民办、凤泉区移民办移交了潞王坟试段全部永久征地；9月26日，南阳试验段开工，当年移交全部永久征地；组织黄羑段有关市县移交土地4522亩，保证了黄羑段工程12月26日开工需要。

2009年，河南省移民办协调有关市、县征迁机构，及时移交用地，保证了建设单位在黄河以北打通一条畅通无阻的施工道路；组织安阳市、郑州市、平顶山市移交了建设需要的工程用地，保证了穿漳工程7月1日、郑州2段7月28日、沙河渡槽和北汝河倒虹吸工程12月30日的开工建设。

2010年，总干渠河南段全线开工，河南省移民办协调黄河以南有关市、县征迁机构于10月底一次性全部移交永久征地，12月底临时用地全部移交。

2011年，国务院南水北调办主任鄂竟平在考察河南省南水北调中线干线工程建设和移民征迁工作时向河南省郭庚茂省长反馈意见说："在南水北调工程建设问题上，河南省委、省政府高度重视，省南水北调办、省政府移民办一班人非常能战斗，沿线市、县十分支持，让人深为感动。河南段的建设形势越来越好，干线征地拆迁速度之快前所未有，施工环境之好前所未有，桥梁、铁路、电力等专项迁建之顺前所未有，各项准备工作扎实程度之高前所未有。"当年，河南段工程永久征地全部移交，居民全部完成搬迁，建筑物全部拆除完毕。

2012年，河南省移民办组织有关市、县征迁机构移交了工程变更和跨渠桥梁建设需要的新增用地2.2万亩；7月，组织开展了"总干渠征迁问题集中整改月活动"，对影响工程建设的107个征迁问题，逐一建立台账，到年底问题全部解决；10月，会同南水北调中线局和河南省南水北调建设管理局以安阳市为典型，制定了河南省南水北调总干渠临时用地使用情况和返还复垦计划台账编制指导意见。通过组织现场观摩和集中培训，编制完成河南省临时用地使用情况和返还复垦计划台账，规范施工单位对临时用地的使用管理，督促施工单位尽快使用尽快返还，确保返还质量和群众的切身利益。

2013年，河南省移民办对影响工程建设的征迁问题，先后三次组织有关市、县征迁机构逐渠段排查，能解决的当场解决，当场解决不了的纳入征迁问题台账，从问题性质、处理措施、时间节点、责任单位、督办单位等方面予以明确，实施周统计、月通报制度，使问题得到了解决。当年，河南省搬迁居民全部安置到位，生产用地调整全部完成，跨渠铁路桥、公路桥、生产桥征迁工作基本完成。

2014年12月12日，南水北调中线干线工程全线通水。在河南省移民办的组织下，全省南水北调中线干线工程累计移交工程建设用地37.7万亩，其中永久征地17万亩，临时用地20.69万亩。生产安置人口112148人，生产用地调整全部完成。搬迁农村、城镇居民46742人，拆迁房屋面积1858853m²，农副业1010家，工商户415家，工矿企业169家，单位111家；完成各类专项设施迁建5812条（处）。

2015年，总干渠河南段共移交工程建设新增用地202亩；先后4次协调南水北调中线局组织建管、设计和监理及市、县征迁机构，确保38项遗留问题的快速、有效解决。全力做好20.49万亩临时用地返还、复垦和退还工作，截至2015年年底，已返还19.2万亩，其中已退还群众耕种18.3万亩，县级征迁机构正在组织复垦0.9万亩。协调河南省国土厅、河南省林业厅推进24个设计单元永久征地手续和13个设计单元使用林地审核同意书的办理工作，2016年春节前完成用地报件准备工作，统筹安排下阶段河南省南水北调中线干线工程征迁安置验收工作。

2016年，总干渠河南段共移交工程建设新增用地174亩，先后6次配合南水北调中线建管局组织建管、设计和监理及市、县征迁机构，有效处理40余项征迁遗留问题。截至2016年年底，河南省南水北调中线干线工程临时用地已返还、复垦、退还群众耕种20.3万亩；印发《关于调整南水北调中线干线工程临时用地超期补偿费发放标准等有关问题的通知》（豫移安〔2016〕82号），明确临时用地超期补偿费采用当地土地流转价格进行补偿。南水北调中线干线工程河南段建设用地手续完成永久征地组卷并获得国土资源部批复。全面梳理干线征迁资金拨付使用情况，与中线建管局对接，完成国控预备费使用情况备案。完成中国南水北调丛书河南省征地拆迁的编写工作，并组织全省各级征迁机构完成南水北调中线干线工程征迁案例33篇。完成河南省南水北调总干渠20.5万亩临时用地图集编制工作，正式交付印刷出刊。

2017年全面启动河南干线征迁专项验收工作，修订验收计划和档案验收细则，组织开展验收培训。于6月30日完成陶岔渠首工程征迁专项省级验收。8月中旬全面启动总干渠征迁安置验收工作。

2. 实施成果

总干渠河南段工程共移交工程建设用地37.25万亩，其中永久征地16.87万亩，临时用地20.38万亩。生产安置人口112148人，生产用地调整全部完成。搬迁居民47268人，拆迁房屋1850627m²，农副业1004家，工商户415家，企业168家，单位106家。累计完成各类专项设施迁建5774条（处）。征迁安置总投资240.73亿元。

陶岔渠首枢纽工程共移交工程建设用地681.54亩，其中永久征地334.68亩，临时用地346.86亩。搬迁安置人口359人，拆迁房屋8226.25m²，农副业6家，企业1家，单位5家。专项迁复建完成38条（处）。征迁安置投资22361.45万元。

董营副坝工程共移交工程建设用地45.70亩，其中永久征地27.10亩，临时用地18.6亩。征迁安置投资129.63万元。

3. 实施结论

（1）工程建设用地按照时间节点全部移交建设单位，用地范围内房屋拆除、附属物清理，满足工程要求；有关县级征迁机构办理了用地签证手续，完成了资金兑付。

（2）农村生产安置和生产开发项目按照批复方案基本实施完成。

（3）农村和城市居民搬迁安置任务完成，居民点及安置小区水、电、路等基础设施功能满

足居民生活需求。

(4) 工程占压影响农村副业已按照批复方案拆迁补偿。

(5) 工程占压影响工业企业已按照批复方案拆迁补偿。

(6) 工程占压影响单位已按照批复方案拆迁补偿。

(7) 工程建设影响项目已全部实施完成,基本满足群众生产生活。

(8) 农村生产生活连接道路复建实施完成,基本满足群众生产生活。

(9) 输变电、通信、广电、管道和军事等专项复建由产权单位实施完成。

(10) 工程建设单位返还的临时用地复垦基本完成,有关各县级征迁机构办理签证手续后退还群众耕种。

(11) 永久征地获得国土资源部批复。

(二)征迁安置实施管理情况

南水北调中线干线河南段工程征迁安置实施工作内容包括实物指标复核、公告公示、实施方案编制和批复、补偿兑付、农村生产生活安置、专项设施迁建、永久征地交付、临时用地交付和复垦、变更管理等环节和内容。

实施中,充分发挥政策制度、管理机制的约束作用,对共性工作作出统一安排,确保实施管理规范、高效。

如实施方案的编制,由河南省移民办委托有资质的设计单位开展工作,要求以国家批复的初步设计投资为基础,按经济合理的原则,优化设计方案,编制实施规划报告;以实物指标为基础,结合安置方案和实施要求,确定征迁安置投资。经审查核定后,由河南省人民政府移民工作领导小组批复。

补偿兑付和公告公示工作,根据南水北调工程干线征迁安置管理体制,以县(区)征迁机构为主体,兑付资金自省、市、县、乡逐级下达。各级征迁机构严格按照南水北调征地移民资金管理有关要求,制定财务管理制度,同时对征迁干部加强廉政教育,及时组织乡、村有关人员进行业务培训。根据征迁安置实施规划,按照集体财产兑到村,个人财产兑到户的原则,由被征迁户本人签字领取。兑付前,征迁部门要在村显要位置进行补偿有关内容的公示,公示期5～7天,设立举报电话,主动接受群众监督。并认真听取群众的意见,对群众反映的问题逐一进行落实解决,确保征迁资金及时、准确兑付到被征迁群众手中。

农村居民生产的恢复与发展是居民生活稳定的基本条件,也是渠线征地区社会长治久安的重要保证。农村居民生产安置实施规划,依据设计基准年生产人口计算总量和富余土地存量调查及环境容量分析成果,拟定生产安置实施总体方案,在此基础上,征求农村居民意愿,最终确定切合当地实际的生产安置实施方案,并得到当地乡(镇)和县政府的确认。实施中,按照河南省人民政府办公厅《关于规范农民集体所有土地征地补偿费分配和使用的意见》(豫政办〔2010〕15号)和河南省人民政府移民工作领导小组《关于总干渠生产开发资金使用管理指导意见》(豫移〔2012〕15号)文件精神,结合实际情况,经村民组织自治决定,通过调整土地、发放补偿款、建设生产发展项目等不同方式落实生产安置。

被拆迁户的生活安置方面,集中安置的新居民点设计,在满足拆迁户住房要求的前提下,结合拆迁区域人均住房面积和安置区居民目前的住房型式,既要考虑宅基用地面积的限制,又要考虑布置合理，以适应生产、生活习惯和改善卫生条件的需求。集中安置点新址征地、场地平整及村台、道路、供电、供水、排水、通信等基础设施统一建设。居民房屋建设采取自建（自己确定施工队伍）或联建（由几户联合确定施工队伍）的方式，建设资金来源于拆迁户个人补偿费和个人储蓄，由拆迁户根据自己经济实力的大小，确定建房面积和结构形式。分散安置的被拆迁户，划定宅基地后自行建房。

临时用地的交付使用和复垦退还工作，均在国务院南水北调办、河南省移民办的统一要求下开展。交付时，根据工程建设进度分批分期移交，由施工单位放线，县级南水北调办负责兑付征地补偿款并清理地面附属物，由市级南水北调办组织建管单位、征迁设计、监理单位，县南水北调办、乡镇及涉及产权单位共同签订临时用地移交签证表。市南水北调办会同建管单位组织征迁设计、征迁监理和县南水北调办按照河南省临时用地台账编制意见，共同编制《临时用地使用情况和返还复垦计划台账》（简称“临时用地台账”），并通过印发文件的形式明确复垦任务和时间节点，落实责任，规范指导临时用地复垦工作。施工单位使用临时用地完毕，按照临时用地台账要求平整土地，建管单位、施工单位、征迁设计、监理，县南水北调办、乡镇及涉及产权单位共同签订临时用地返还签证表，返还给县南水北调办。县南水北调办组织复垦，复垦合格后退还给产权单位。临时用地退还产权人耕种后，如出现塌陷等情况，根据临时用地使用有关规定，仍由县南水北调办负责督促建设单位处理，确保群众权益不受损害。

工业企业迁建依据国家产业政策和有关征地拆迁补偿政策，结合地区经济产业结构调整、产品结构调整、技术改造及环境保护要求，按照原规模、原标准、恢复原功能的原则，按技术可行、经济合理的原则对受影响企业提出整体迁建或关、停、并、转、补偿处理方案。

严格变更管理，在征迁实施过程中，严格维护河南省政府批复的征迁安置实施规划的严肃性，任何单位和个人不得随意变更。对新增用地，由中线建管局函告河南省移民办，河南省移民办下达征迁计划和投资，市、县级征迁机构按照征迁计划组织实施。对于实施中出现的实物指标错漏登、计算错误等具体安置问题、超出包干范围的问题和设计变更事项，通过联席会议、预备费使用管理、征迁问题处理等征迁工作机制共同协调处理。由县级南水北调办根据建设管理单位或乡村书面反映，经核实后提出初步意见正式函告征迁设计、监理单位。征迁设计、监理单位收到县级征迁主管部门文件后立即开展有关工作，据实出具处理、认证意见。县级南水北调办接到处理意见后，按照程序和要求处理。

1. 总干渠河南段工程

（1）穿漳工程。

1）实物指标复核。2009 年 4 月 7 日，河南省移民办、安阳市南水北调办、长江设计公司组成穿漳河交叉建筑物（河南省）征地拆迁实施规划联合工作组，开展实物复核工作。根据工程施工设计阶段征地范围和工程布置设计成果，安阳市南水北调办负责对技术实施阶段征地实物指标征地范围变化情况进行全面调查认定，同时对初步设计阶段征地实物指标错漏情况，安阳市南水北调办组织长江设计公司、安阳县南水北调办、安阳县土地局、安阳县林业局、安丰乡政府、河南省国土资源调查规划院等单位进行实物指标复核，各村签字确认，最后由安阳县人民政府以书面文件形式确认，作为技术施工阶段建设征地补偿依据。

2）公告公示。2009 年 5 月，安阳县南水北调办对占地面积、实物指标、补偿标准、补偿资金、安置办法等内容逐村进行了公示，公示期 5 天。同时，按照上级征迁安置工作计划市政

府及南水北调办及时发布了禁播公告及迁坟公告。

3）实施方案编制和批复。河南省移民办委托长江设计公司承担穿漳工程征迁安置实施阶段规划设计工作。经实施阶段实物指标复核、编写设计报告、初审、修订和审查，2011 年 10 月，河南省人民政府移民工作领导小组批复《南水北调中线一期工程总干渠穿漳河交叉建筑物（河南省）建设征地拆迁安置实施规划报告（审定稿）》（豫移〔2011〕27 号）。

工程建设涉及安阳县的 1 个乡镇 3 个村。规划建设用地 1099.5 亩，其中永久征地 206.7 亩，临时用地 892.8 亩。征地范围内零星果木 2481 株，机井 21 眼，坟墓 338 座。生产安置人口 79 人，影响涉及房屋面积 158.2m^2，涉及专项设施 10kV 电力线路 1 条占压长度 1.28km，南岸营地占压地埋通信线路 1 条长度 0.4km。征迁安置投资 2287.01 万元。

4）补偿兑付。完成征迁安置投资 2281.65 万元，其中农村补偿投资 1727.71 万元，专业项目复改建投资 42.75 万元，其他费用 84.12 万元，有关税费 320.76 万元。

5）农村生产生活安置。规划生产安置人口涉及 3 个行政村 79 人进行补偿安置，不再进行农村土地调整。安阳县南水北调办和安丰乡政府已将占地补偿资金直补到户。

6）专项设施迁建。穿漳工程涉及的电力、通信专项迁复建工作由安阳县南水北调办与产权单位签订协议。2009 年 12 月安阳移动公司完成 1 条地埋光缆迁建；2010 年 4 月安阳县电业管理公司完成 1 条 10kV 电力线路迁建。

安阳县南水北调办组织实施生产路恢复，建设生产路 1 条，保证群众生产生活需求。

7）永久征地交付。2009 年 4 月 30 日前交付安丰乡施家河村、北丰村、吉庄村 3 个村及安阳县林场涉及的永久征地 251.8 亩。安阳市南水北调办组织安阳段建管处、征迁设计、监理，安阳县南水北调办及有关乡镇和涉及产权单位共同签订永久征地移交签证表。地面附着物清理完毕，拆迁房屋面积 158.2m^2。

8）临时用地交付和复垦。安阳县南水北调办负责兑付征地补偿款并清理地面附属物，在安阳市南水北调办组织下，建管单位、征迁设计、监理，安阳县南水北调办、安丰乡及涉及产权单位共同签订临时用地移交签证表。共交付临时用地 878.8 亩。

2012 年年底，安阳市南水北调办会同建管单位组织征迁设计、征迁监理和安阳县南水北调办共同编制《南水北调总干渠穿漳工程临时用地使用情况和返还复垦计划台账》。2013 年年初，安阳市南水北调办转发《关于印发〈河南省南水北调中线干线工程建设临时用地复垦管理指导意见〉的通知》（安调办移〔2013〕4 号），进一步指导临时用地复垦工作的开展。

施工单位使用临时用地完毕，签证返还给安阳县南水北调办。安阳县南水北调办组织复垦，复垦合格后退还给产权单位。临时用地复垦完成，退还群众耕种。

9）变更管理。根据变更管理工作机制，安阳县南水北调办按照程序和要求处理的变更内容主要有地类差异、居民安置和专项错漏、工程降水影响、临时用地超期补偿等。

（2）安阳段工程。

1）实物指标复核。2006 年 6 月，河南省水利设计公司开展实施阶段外业调查和实物指标复核工作。根据工程施工设计阶段征地范围和工程布置设计成果，安阳市南水北调办负责对技术施工阶段征地范围实物指标变化情况进行全面调查认定。同时对初步设计阶段征地实物指标错漏情况，安阳市南水北调办组织河南省水利设计公司、有关县（市、区）征迁机构及乡镇政府、河南省国土资源调查规划院等单位进行实物指标复核，各村签字确认，最后由有关县

（市、区）人民政府以书面文件形式确认，作为技施阶段建设征、用地补偿依据。

2）公告公示。2006年7月，安阳县、殷都区、龙安区、文峰区、开发区、汤阴县在总干渠安阳段沿线占地村对占地面积、实物指标、补偿标准、补偿资金、安置办法等内容进行了公示。

3）实施方案编制和批复。河南省移民办委托河南省水利设计公司承担安阳段工程征迁安置实施阶段规划设计工作。经审查修订，2007年1月，河南省人民政府移民工作领导小组以“豫移领〔2007〕1号”批复《南水北调中线一期工程总干渠安阳段用地拆迁实施规划报告（审定稿）》。

工程建设涉及汤阴、安阳2个县以及龙安、文峰、开发、殷都4个区的11个乡（镇、街道）52个行政村。规划建设用地14193.07亩，其中永久征地8164.3亩，临时用地6028.77亩。生产安置人口6472人，搬迁安置人口1275人。拆迁各类房屋64684.76m²，涉及村组副业65家，企业19家，单位1家。规划专项迁复建186条（处），其中连接道路65条，输电线路70条，通信线路37条，广电线路9条，管道5条。征迁安置投资44149.43万元（不包括跨总干渠一般交通桥梁主体工程投资、其他费用及基本预备费共1528.81万元）。

4）农村生产生活安置。内容包括生产安置、生产开发项目和生活安置三方面。

生产安置：农村生产安置人口6472人。根据确定的生产安置人口去向和地方政府意见，生产安置采取三种形式：9个行政村417人不调整生产用地，采取补偿方式安置。3个行政村361人使用集体预留的机动地，40个行政村5694人村内统一调地。

实施过程中，除龙安区王潘流村167人全村统一调地外，其余村庄6305人依据村民组织法，决定不再调整土地，采用了被占地农户领取补偿款的方法进行补偿。

生产开发项目：初设批复汤阴县驸马营村，殷都区南流寺村、西梁村和南士旺村，安阳县施家河村、北李庄村和固岸村等7个村608人出村调地安置，实施规划调整为在本村调地安置。其种植业收入损失，可通过实施农田整治、土壤改良、水利设施配套等生产措施和开发种、养、加项目予以弥补。规划生产开发资金718.16万元。

由有关县（市、区）征迁机构按照批复的方案组织实施。

生活安置：工程建设影响需搬迁27个村1355人，其中7个村1212人本村后靠，规划7个集中安置居民点，其他20个村143人根据本村村庄布设情况，在原居民点适当位置分散安置。

共建设7个集中安置点（汤阴县驸马营，龙安区的丁家庄、郜家庄、活水村、许张村、黄张村、红星村），安置搬迁人口252户1212人，新址征地、场地平整及村台、道路、供电、供水、排水、通信等基础设施建设完成，居民全部入住。其他分散安置人口完成搬迁安置。

5）专项设施迁建。输电线路、通信线路、广电线路和管道设施由安阳市南水北调办分别与安阳市电力公司、安阳市通信、广电、管道等产权单位签订协议，由权属单位自行组织迁建。连接道路恢复由各县（市、区）征迁机构组织实施。

专项迁复建完成337条（处），其中连接道路155条，输电线路91条，通信线路70条，广电线路16条，管道5条。

6）工业企业迁建。工程建设影响企业19家，其中汤阴县1家，龙安区14家，殷都区2家，安阳县2家。安阳公务段劳司水泥厂等6家补偿处理；汤阴县豫鑫食用菌公司等9家整体搬迁；安阳市郊东风文化用品厂等4家合并重建。

7）单位迁建。工程建设用地占压影响学校1处（红星小学），位于龙安区红星村，用地面积1.9亩，小学内有5个班，学生200人左右，建筑面积443.26m²。由于整体被总干渠占压，因此需搬迁重建，根据当地政府意见，将红星小学与该村占房居民统一搬迁。搬迁新址位于村北开阔的水浇地上，地势平坦，且位于新居民点与村子之间，紧邻村中通往对外公路的主干道，交通便利。搬迁建设完成后，红星村红星小学恢复正常教学。

8）永久征地交付。安阳段是中线建管局委托河南省建设工程的首开段，作为大型线性水利工程，征地拆迁和工程建设都没有经验可以借鉴，根据实际情况，采取了依工程建设需要，分批分期交付永久征地的方式。

2006年11月20日前提供已进场的6个建筑物施工用地，包括安阳河倒虹吸、安林公路桥、文明大道公路桥、张北河暗渠段、王潘流公路桥、洪河倒虹吸。

2006年年底前移交了安阳段3标、4标、5标、6标共14.88km渠道永久征地。

2007年3—6月分批移交安阳段剩余25.44km永久征地。

共交付永久征地8399.86亩。在安阳市南水北调办组织下，安阳建管处、征迁设计、监理，有关县（市、区）征迁机构及有关乡镇和涉及产权单位共同签订永久征地移交签证表。用地范围内的机井、坟墓、零星树木等附着物清理完毕。拆迁各类房屋68313.34m²，拆迁补偿村组副业78个。

9）临时用地交付和复垦。2005年8月底交付安阳河倒虹吸"四通一平"工程临时用地115.15亩，保证了9月9日安阳段正式开工建设。

2006年年底前移交25.44km各标段所需的营地、进场道路用地。

2007年1月底前完成25.44km各标段所需的生产区用地移交。

共交付临时用地5941.96亩，并办理了移交签证表。

临时用地使用完毕后，交付的临时用地全部返还，临时用地复垦完成，退还群众耕种。

10）变更管理。安阳段作为河南省委托建设工程的首开段，征迁开始之时尚未建立规范的征迁安置工作机制，实施过程中诸多问题处理影响较大。河南省移民办组织安阳市南水北调办、建管单位、河南省水利设计公司、征迁监理、有关县（市、区）征迁机构多次召开现场工作会议，总结经验，梳理问题，明确责任，规范处理程序。变更内容主要有工程新增用地，地类差异，居民、农副业、工业企业实物指标和专项错漏，总干渠影响处理，边角地处理，临时用地超期补偿等。共新增工程建设用地1178亩，其中永久征地287亩，临时用地891亩。

（3）黄羑段工程。工程起于穿黄工程的末端S点，止于羑河倒虹吸的出口，全长196.75km。河南省移民办委托河南省水利设计公司承担黄羑段工程征迁安置实施阶段规划设计工作。2009年3月，河南省人民政府移民工作领导小组以豫移〔2009〕6号文件对《南水北调中线一期工程总干渠黄河北—羑河北段征迁安置实施规划报告》进行了批复。

工程建设涉及安阳市的汤阴县3个乡镇26个行政村，鹤壁市的淇县、开发区和淇滨区3个县（区）9个乡镇35个行政村，新乡市的卫辉市、凤泉区和辉县市3个县（区）14个乡（镇、街道）85个行政村，焦作市的温县、博爱县、中站区、解放区、山阳区、马村区、修武县7个县（区）15个乡（镇、街道）73个行政村（社区）。

征用土地93848.04亩，其中永久征地为43880.20亩，临时用地为49967.84亩。生产安置人口25693人，搬迁安置人口30232人。拆迁各类房屋836537.3m²，涉及村组副业517个和工商企业 408 家，企业 33 家，单位 70 家。各类专项迁复建 1749 条（处）。完成征迁安置投资 582351.63 万元。

a. 汤阴段。

1）工程概况。安阳市汤阴段工程长 23.275km。共布置河渠交叉、渠渠交叉、左岸排水、分水闸、交通桥、生产桥等各类交叉建筑物 43 座。

2）实物指标复核。2008 年 12 月，河南省水利设计公司开展实施阶段外业调查和实物指标复核工作。根据工程施工设计阶段征地范围和工程布置设计成果，安阳市南水北调办负责对技施阶段征地范围实物指标变化情况进行全面调查认定。同时对初设阶段征地实物指标错漏情况，安阳市南水北调办组织河南省水利设计公司、汤阴县南水北调办、汤阴县土地局、汤阴县林业局、有关乡镇政府、河南省国土资源调查规划院等单位进行实物指标复核，各村签字确认。最后由汤阴县人民政府以书面文件形式确认，作为实施阶段建设征、用地补偿依据。

3）公告公示。2009 年 4 月，汤阴县南水北调办在办公地点设公示栏，有关乡镇、每个村庄设公示榜，公示期 5 天。公示内容包括被占地村的占地面积、树、井、坟等实物指标、补偿标准、补偿资金、安置办法等；被拆迁居民每户的安置人口、房屋面积、补偿标准、补偿资金、明白卡等；被拆迁企业、单位、副业的征迁面积、设施设备、停产损失、补偿资金等。公示后认真听取群众的意见，及时暴露有关错漏登、计算错误等现象问题，对群众反映的问题逐一进行落实解决，充分体现公平、公开、公正。同时，根据征迁工作进度安排，安阳市政府、市南水北调办及汤阴县南水北调办及时张贴公告，并在《安阳日报》、汤阴电视台等新闻媒体上发布禁播公告及迁坟公告。

4）实施方案编制与批复。2009 年 3 月，河南省人民政府移民工作领导小组以豫移〔2009〕6 号文对《南水北调中线一期工程总干渠黄河北—羑河北段征迁安置实施规划报告》进行了批复。

工程建设涉及安阳市的汤阴县 3 个乡镇 26 个行政村。规划建设用地 12493.80 亩，其中永久征地 4781.81 亩，临时用地 7711.99 亩。生产安置人口 2887 人；搬迁人口涉及行政村 2 个共 18 户 74 人，均为农业人口；永久征地和临时用地范围内占压房屋总计 19362.34m^2；涉及副业 10 家，单位 5 家，企业 4 家；规划专项迁复建 115 条（处）；征迁安置投资 38840.84 万元。

5）农村生产生活安置。

农村生产安置：生产安置人口涉及 25 个行政村的 2887 人。根据确定的生产安置人口去向和地方政府意见，生产用地调整采取三种形式：19 个行政村 1658 人不调整生产用地，1 个村 50 人使用集体预留的机动地，5 个行政村 1179 人村内统一调整。

除部落村采用全村统一调整土地、统一分配占地补偿资金外，其余村庄全部采用直补到户的方式兑付占地补偿资金。

生产开发项目：初设批复出村调地生产安置的小莲庄村、大云村、三里屯村、董庄村、部落村、李家湾村 6 个行政村的 666 人，实施阶段调整为本村调地安置。根据用地区域内农民家庭平均每人纯收入指标中的种植业人均纯收入水平，666 人调整为在本村安置的种植业纯收入损失为 46.95 万元，可通过实施农田整治、土壤改良、水利设施配套等生产措施和开发种植、养殖、加工等项目予以弥补。规划生产开发投资 670 万元。

汤阴县南水北调办按照批复方案组织生产开发项目实施及资金使用。

生活安置：工程建设影响搬迁2个行政村19户82人。建设1个集中安置点，安置18户78人；另有1户4人分散安置。

6）专项设施迁建。连接道路由汤阴县南水北调办负责，完成51条。

电力线路规划内的高等级用户线由安阳市南水北调办组织实施，其余电力线路由河南省移民办负责与产权单位签订协议并组织迁建，规划内34条线路已于2009年年底全部迁建完毕；规划外临时土区、生产桥新增9条10kV电力线路，3条电力线路需要二次迁建，在河南省移民办批复后，由安阳市南水北调办组织实施迁建完成。

通信线路规划内的汤鹤二级、鹤壁新老区直埋光缆由安阳市南水北调办组织实施，其余由河南省移民办负责签订专项迁建协议并组织实施，规划内通信线路已于2010年7月前全部迁建完毕。规划外临时土区、生产桥新增14条线路，9条线路需要二次迁建，在河南省移民办批复后，由安阳市南水北调办组织实施迁建完成。

广播电视线路由汤阴县南水北调办组织实施，规划内线路已于2009年年底迁建完毕；规划外临时用地、公路桥新增5条线路，在河南省移民办批复后，迁建完成。

管道设施由汤阴县南水北调办负责，于2009年年底全部迁建完成。

7）工业企业迁建。工程用地影响涉及工业企业4家，即汤阴县水务局钻井队、汤阴县饲料公司、汤阴县福兴助剂厂、汤阴县建筑公司。迁建处理方案为汤阴县水务局钻井队采取整体搬迁方案，其他3家采取补偿处理方案。

实施过程中，汤阴县南水北调办与影响企业签订迁建补偿协议后，由企业按照要求处理，2009年5月提前完成4家企业的迁建补偿。

8）单位迁建。工程用地影响涉及5家单位。单位的处理方案由地方政府负责提出，在初步设计的基础上，根据地方政府、单位的意见及实际情况，进行了适当调整。规划补偿4家，整体迁建1家。

实施过程中，汤阴县南水北调办与影响单位签订迁建补偿协议，韩庄乡信用社、7164部队训练厂、汤阴县烟草局、汤阴县职教中心4家单位补偿已到位，部落水库管理局整体迁建完成。

9）永久征地交付。在安阳市南水北调办组织下，山西省万家寨引黄工程总公司（以下简称“汤鹤代建部”）、征迁设计单位、监理单位，汤阴县南水北调办及有关乡镇和涉及产权单位共同签订永久征地移交签证表，交付永久征地4785亩。用地范围内机井51眼，坟墓2476冢，零星树木19917株清理完毕，拆迁房屋面积19362.34m^2，拆迁补偿副业10家。

10）临时用地交付和复垦。在安阳市南水北调办组织下，汤阴代建部、征迁设计单位、监理单位，汤阴县南水北调办及有关乡镇和涉及产权单位共同签订临时用地移交签证表，共交付临时用地7259.46亩。

施工单位使用完毕，根据汤阴段临时用地台账要求整改到位后，各方共同签订临时用地返还签证表，返还给汤阴县南水北调办。汤阴县南水北调办及有关乡镇组织复垦，复垦合格后退还群众耕种。

11）变更管理。变更内容主要有工程新增用地，地类差异，居民、农副业附属物和专项错漏，临时用地超期补偿等。共新增用地1063.71亩，其中永久征地158.99亩，临时用地904.72亩。

b. 鹤壁市段。

1）工程概况。鹤壁段工程长29.22km。共布置各类交叉建筑物55座，其中河渠交叉建筑物4座，左岸排水建筑物12座，渠渠交叉建筑物4座，节制闸1座，退水闸1座，分水口门3座，公路桥20座，生产桥9座，铁路桥1座。

2）实物指标复核。2008年9月，鹤壁市南水北调办、河南省水利设计公司、淇县、淇滨区和开发区南水北调办、乡（镇、街道）、村委会等单位有关人员组成联合调查组，分别对工程永久征地和临时用地范围内的各项实物指标进行了实地调查，在调查过程中，对勘测定界的范围内的各类地面附着物进行了调查复核，调查结果由各参加单位及产权人均现场进行了签字认可。实施阶段征地实物指标由三个县（市、区）人民政府确认。

3）公告公示。鹤壁市南水北调办组织有关县（市、区）南水北调办、乡（镇、街道）、村委会等单位开展公示。将实物调查结果及补偿标准在沿线涉及村庄进行张榜公示。有关县（市、区）南水北调办将申请复核内容逐级汇总上报至鹤壁市南水北调办。鹤壁市南水北调办以正式文件形式将汇总复核内容报给设计单位，然后由鹤壁市南水北调办会同设计单位、有关县（市、区）南水北调办现场复核。各县（市、区）南水北调办将复核结果再次在各乡、村进行公告公示，公示期3天。同时发放分村明白册。分村明白册包括征迁政策、征迁居民实物、永久征地、临时用地等内容，以村为单位，每户一册，全村各户的兑付情况在明白册中全部真实反映出来，做到了资金兑付人人明白、相互监督、阳光操作，受到征迁群众一致好评，有效避免了因分地和兑付不公而产生的纠纷，以及可能对施工产生的影响。

4）实施方案编制和批复。2009年3月，河南省人民政府移民工作领导小组以豫移〔2009〕6号文件对《南水北调中线一期工程总干渠黄河北—美河北段征迁安置实施规划报告》进行了批复。

工程建设涉及鹤壁市的淇县、开发区、淇滨区3个县（区），共9个乡镇35个行政村。规划建设用地14158.89亩，其中永久征地6031.84亩，临时用地8127.05亩。生产安置人口3859人，搬迁安置人口878人；拆迁房屋面积54684.253m^2；涉及拆迁企业2家、单位1家、副业22家；规划专项迁复建213条（处）；征迁安置投资50044.34万元。

5）补偿兑付。为保证征迁工作公开、公平、公正进行，将征地群众补偿兑付工作做实做好，鹤壁市南水北调办通过责任认定、地面附着物认定、资金兑付等三个程序，由三个县（市、区）政府、南水北调办，乡（镇、街道）政府，村委会和村民对每个程序逐一核实，签字盖章，落实了乡镇政府和村委会的责任，规范了乡村干部和村民行为，确保补偿资金准确无误地兑付到村民手中。资金兑付前举行廉政告知会，加强廉政教育。市、县纪检监察部门和检察院提前介入，全程监督，开展效能监察、跟踪问效、督办落实。三个县（市、区）检察院分别召开了沿线各村支部书记、村委会主任参加的南水北调工程征迁工作廉政告知会，进行反腐倡廉教育。加强监察和审计，严格资金管理和监督，确保了资金安全和干部安全。

6）农村生产生活安置。内容包括农村生产安置、生产开发项目和生活安置三个方面。

农村生产安置：规划生产安置人口涉及35个行政村的3859人。根据确定的生产安置人口去向和地方政府意见，生产安置采取三种形式：26个行政村2959人不调整生产用地，采取补偿方式安置。1个村99人使用集体预留的机动地，8个行政村801人村内统一调地。

生产开发项目：初设批复出村调地生产安置的上庄村、小庄村、小洼村、杨庄村、鲍屯

村、刘河村、新庄村、侯小屯村、刘庄村9个行政村的703人，实施阶段调整为本村调地安置。根据用地区域内农民家庭平均每人纯收入指标中的种植业人均纯收入水平，703人调整为在本村安置的种植业纯收入损失为65.87万元，可通过实施农田整治、土壤改良、水利设施配套等生产措施和开发种植、养殖、加工等项目予以弥补。规划生产开发资金947.43万元。

生活安置：工程建设影响搬迁5个行政村203户913人。建设2个集中安置点，安置830人；另有83人分散安置。

7）专项设施迁建。国防光缆由河南省移民办组织实施，输电线路、通信线路由河南省移民办分别与河南省电力公司、河南省通讯管理局签订协议，由权属单位自行组织迁建。

完成国防光缆迁复建25km；低压线路迁复建161条（处）；电力、通信、广电等专项部门拆迁复建各类专项管线224条（处）；修建完成连接道路175条（处）。

8）工业企业迁建。工程建设影响2家工业企业。按规划对淇县安钢康乐园采取补偿处理，淇县永昌牧业发展有限公司整体搬迁，于2009年完成企业迁建。

9）单位迁建。工程建设影响淇滨区的夏庄提灌站管理所1家单位。按规划采取补偿处理，补偿兑付后，2009年5月单位原建筑物拆除。

10）永久征地交付。由鹤壁市南水北调办、湖南澧水流域水利水电开发有限责任公司（以下简称“鹤壁代建部”）、有关县（市、区）南水北调办、乡（镇、办事处）、村委会、设计单位、监理单位等有关代表共同签字，用地单位、县（区）南水北调办、乡（镇、办事处）、村委会在移交签证表上盖本单位公章。

共交付永久征地6048.46亩。用地范围内附着物清理完毕，拆迁房屋面积54684.26m^2，拆迁补偿农副业22家。

11）临时用地交付和复垦。在移交临时用地过程中，鹤壁市南水北调办、鹤壁代建部、有关县（市、区）南水北调办、乡（镇、办事处）、村委会、设计单位、监理单位等有关代表共同在临时用地移交签证表上签字，同时用地单位、县（区）南水北调办、乡（镇、办事处）、村委会在移交签证表上盖上本单位公章。共交付临时用地7083.44亩。

临时用地返还前，由县（市、区）南水北调办、鹤壁代建部、乡（镇、办事处）政府、村委会、监管单位、施工单位等有关各方到现场查看临时用地整改情况，村委会确认整改到位后，有关各方在返还签证表上签字并盖章。

县（市、区）南水北调办接收返还的临时用地后，组织有关乡镇、村按照规划复垦方案实施，验收合格后，由行政村干部和村民代表在临时用地退还表签字确认，分地到户耕种。

12）变更管理。变更内容主要有工程新增用地，地类差异，居民、农副业、工业企业实物指标和专项错漏，总干渠影响处理，边角地处理，临时用地超期补偿等。经变更新增工程建设用地1193.9亩，其中永久征地73.9亩，临时用地1120亩。

c. 新乡市段。

1）工程概况。新乡市段总干渠长度为74.014km。共布置各类交叉建筑物122座，其中河渠交叉建筑物11座，左岸排水建筑物25座，渠渠交叉建筑物4座，节制闸4座，退水闸4座，分水口门4座，公路桥47座，铁路桥2座，生产桥21座。

2）实物指标复核。2008年12月至2009年1月，河南省移民办组织河南省水利设计公司、新乡市南水北调办和辉县市、卫辉市、凤泉区征迁机构开展实施阶段外业调查和实物指标复核工作。各县（市、区）对辖区内征迁实物指标及安置方案进行了认定说明，其调查成果得到三个县（市、区）人民政府确认。

3）公告公示。2009年1月，卫辉市、凤泉区、辉县市南水北调办分别对本辖区内总干渠沿线各乡村征地范围内实物调查指标进行公示，并对公示期间群众反映的实物指标错漏等问题进行了再次复核和公示。

4）实施方案编制和批复。2009年3月，河南省人民政府移民工作领导小组以豫移〔2009〕6号文件对《南水北调中线一期工程总干渠黄河北—羑河北段征迁安置实施规划报告》进行了批复。

工程建设涉及辉县市、凤泉区、卫辉市三个市（区），含14个乡镇85个行政村。规划建设用地38332.21亩，其中永久征地14497.59亩，临时用地23834.62亩。生产安置的人口11559人。搬迁安置涉及12个行政村411户1844人；拆迁房屋面积125579.50m²；涉及拆迁企业3家、单位9家、副业93家；规划专项迁复建453条（处）。征迁安置投资125411.95万元。

5）补偿兑付。市、县（市、区）两级征迁机构严格按照上级南水北调资金管理有关要求，制定了严格的财务管理制度。及时组织乡、村有关人员进行了业务培训。为了确保征迁资金及时足额兑付，根据征迁安置实施规划，按照集体财产兑到村，个人财产兑到户的原则，涉及行政村的补偿资金直接兑付给村集体；涉及单位的补偿资金直接兑付到权属单位；涉及个人的补偿资金直接兑付给个人。

6）农村生产生活安置。农村生产安置：规划生产安置人口涉及85个行政村的11559人。根据确定的生产安置人口和地方政府意见，生产用地调整采取四种形式：16个行政村2269人不调整生产用地，6个村474人使用集体预留的机动地，49个行政村6744人村内统一调地，14个行政村2072人小组内统一调地。

辉县市共有4个村（组）315人统一调整生产用地，其他54个行政村9159人采取不调整生产用地形式，实行资金补偿安置，补偿费按政策兑付到被占地群众手中。卫辉市部分村通过村民代表大会及“4+2”工作法对安置方案进行了变更，变更后有6个村591人为全村调地，8个村417人为小组调地，8个村589人不再调整土地。凤泉区5个行政村488人不调整生产用地。

生产开发项目：初设批复出村调地生产安置的辉县市16个行政村的2740人，实施阶段调整为本村调地安置。根据用地区域内农民家庭平均每人纯收入指标中的种植业人均纯收入水平，2740人调整为在本村安置的种植业纯收入损失为247.06万元，可通过实施农田整治、土壤改良、水利设施配套等生产措施和开发种植、养殖、加工等项目予以弥补。规划生产开发资金3531.21万元。

辉县市南水北调办按照新乡市南水北调办批复的方案逐村进行了立项审批，其中6个村发展蔬菜大棚，7个村购置门面房发展三产，1个村进行生活用水配套工程，1个村发展花生基地建设，1个村发展现代化养殖业，资金下拨至各有关乡镇，项目基本实施完成。

生活安置：工程建设影响搬迁居民2122人。其中辉县市建设4个农村居民点，安置农村居民1042人；1个城镇居民点，安置城镇居民947人；其他分散安置133人，其中辉县市83人，卫辉市50人。

5个居民点道路、供电、供水、排水、通信等基础设施建设完成，居民搬迁入住。分散安

置人口完成搬迁安置。

7）专项设施迁建。专项迁复建完成714条（处）。其中连接道路354条，输电线路145条，通信线路175条，广播电视线路25条，管道设施复建13条，军事设施2处。

河南省移民办委托河南省电力公司实施电力线路69条，河南省通信公司实施通信线路131条，签订2处军事设施迁建协议；新乡市南水北调办实施2条电力线路（产权单位为陈召煤矿），广电线路22条；辉县市实施7条地方用户电力线路；辉县市组织实施广电线路11条，卫辉市实施广电线路5条，凤泉区组织实施广电线路4条。辉县市完成连接路233条，输电线路27条，通信线路2条，广电线路14条，各类管道9条。卫辉市完成连接路103条，电力线路1条，广电线路5条，管道4条；凤泉区完成连接道路18条，广播电视线路4条。

新乡段桥梁引道新增通信线路42条，新增46条等级电力线路，全部由新乡市南水北调办组织实施。新增20条地方用户电力线路，由辉县市组织实施；新增连接路142条全部由各县（区）组织实施。

8）工业企业迁建。工程建设影响辉县市3家工业企业，分别为公路橡胶防水建材厂、大乙风光园和新乡黑田明亮皮具有限公司。

2009年辉县市南水北调办与3家工业企业签订补偿处理协议，3家企业按期全部拆迁完成，补偿费全部兑付。

9）单位迁建。工程建设影响辉县市9家单位。处理方案分别为焦泉营小学和辉县市超限站采取补偿处理方案；辉县烈士陵园和71697部队采取部分搬迁方案；王敬屯中学、辉县地震台、辉县看守所和辉县公路管理局采取整体搬迁方案；西山风景园采取补偿方案处理。

2009年河南省移民办与地震台和71697部队签订迁建协议，新乡市南水北调办与其余7家企、事业单位签订迁建协议，迁建补偿处理全部完成。

10）永久征地交付。在新乡市南水北调办的组织下，新乡市建管处、征迁设计单位、监理单位，有关县（市、区）征迁机构及有关乡镇和涉及产权单位共同签订永久征地移交签证表，交付永久征地15813.14亩。用地范围内附着物清理完毕，拆迁房屋面积82888.88m^2，拆迁补偿93家农副业。

11）临时用地交付和复垦。2008年11月，从石门河营地移交开始，在新乡市南水北调办的组织下，有关县（市、区）征迁机构及有关乡镇和涉及产权单位共交付临时用地19936.91亩。移交签证齐备。

新乡市南水北调办会同建管单位组织征迁设计、征迁监理和关县（市、区）征迁机构按照河南省临时用地台账指导意见，共同编制《南水北调总干渠新乡段临时用地使用情况和返还复垦计划台账》。2012年12月新乡市南水北调办《关于转发〈河南省南水北调中线干线工程建设临时用地复垦管理指导意见〉的通知》（新调办移〔2012〕129号），进一步指导临时用地复垦工作的开展。其中总干渠辉县段交付临时用地13586.69亩，返还工作从2012年10月开始，在工程实施过程中，为确保临时用地复垦工程的复垦质量和工期，辉县市南水北调办与辉县段各施工单位和被占地村民委员会签订了临时用地复垦工程施工“三方协议”。2013年9月，河南省移民办在新乡市召开专题会议，对辉县市提出的南水北调临时用地复垦工作“三方协议”予以认可，并将之称为“辉县模式”进行推广。

12）变更管理。变更内容主要有工程新增用地，地类差异，居民、农副业、工业企业实物指标和专项错漏，总干渠影响处理，边角地处理，临时用地超期补偿等。共新增工程建设用地4688.03亩，其中永久征地113.03亩，临时用地4575亩。

d. 焦作市非中心城区段。

1）工程概况。中线干线工程焦作市非中心城区段长57.16km。共布置各类交叉建筑物92座，其中河渠交叉建筑物10座，左岸排水建筑物7座，渠渠交叉建筑物2座，节制闸2座，退水闸1座，分水口门5座，公路桥35座，生产桥18座，铁路桥12座。

2）实物指标复核。2008年9月至2009年1月，河南省移民办组织河南省水利设计公司、焦作市南水北调办和有关县（区）征迁机构开展实施阶段外业调查和实物指标复核工作。各县（区）对辖区内征迁实物指标及安置方案进行了认定说明，其调查成果得到各县（区）人民政府确认。

3）公告公示。南水北调征迁工程开工以来，焦作市南水北调办及有关县（区）征迁机构认真落实上级部门的文件精神，以公告形式向群众宣传工程建设和国家征迁安置补偿政策，让群众充分了解各类征迁补偿标准，由各县（区）南水北调办将调查情况、补偿数额在村委会进行张榜公示，形成了“一把尺度，一个标准”，做到了公开透明，让群众清清楚楚、明明白白。成立南水北调工作宣传小组，印制宣传册3万余本、宣传单10万余份，张贴了总干渠用地保护（停建令）公告，经过有效的宣传活动，极大地促进了南水北调征迁工作的开展，也为工程顺利建设打下了坚实的基础。

2009年3—4月，各县（区）征迁机构对实物调查复核成果及补偿标准在涉及乡村进行了张榜公示，公示期10天。

4）实施方案编制和批复。2009年6月，按照河南省移民办《河南省政府移民办公室关于协助落实省移民办与焦作市城区办建立直接工作联系有关事宜的函》（豫移干函〔2009〕13号）的要求，河南省水利设计公司以河南省政府移民工作领导小组批准的黄羑段征迁安置实施规划为基础，按原工作深度，将焦作市实施规划分解为焦作市城区段和非城区段两部分，编制《南水北调中线一期工程总干渠黄河北—羑河北段焦作市非中心城区段征迁安置实施规划报告》。

非中心城区段工程建设涉及焦作市的温县、博爱县、中站区、山阳区（部分）、马村区、修武县6个县（区），含14个乡（镇、街道）61个行政村（社区）。规划建设用地29795.85亩，其中永久征地12286.83亩，临时用地17509.02亩。需拆迁房屋面积70.82万m^2；迁建涉及22个行政村5个社区4235户15603人（其中农业人口3445人）；涉及单位44家、企业19家、副业218家、工商户331家。规划专项迁复建719条（处）。征迁安置投资162147.83万元。

5）补偿兑付。市、县两级征迁机构根据河南省移民办《河南省南水北调工程建设征地补偿和移民安置资金管理办法》，制定了相关的征地补偿和移民安置资金管理办法、会计内部监督制度等财务制度，各有关报账单位也制定了本单位的财务管理制度。

县（区）征迁机构对专项资金实行统一领导，严格按照制度规定和支付程序要求办理。农村移民安置补偿资金严格按照省、市下达的计划数拨付。如温县南水北调办，由业务科下达拨款通知，经领导审批后财务科拨款到有关报账单位，再由报账将资金兑付到村或权属人手中，最后报账单位凭有关手续到县南水北调办核销。专业工程项目资金的拨付，由市、县两级南水北调办按批复投资和任务同施工单位签订合同，根据合同分期预付款项，迁（复）建完成后，

按项目验收的有关规定组织验收合格后进行核销。

6）农村生产生活安置。

农村生产安置：生产安置人口涉及59个行政村的8939人。根据确定的生产安置人口去向和地方政府意见，生产用地调整采取四种形式：5个行政村279人不调整生产用地，2个村101人使用集体预留的机动地，33个行政村6134人村内统一调地，19个行政村2425人村小组内统一调地。

实施过程中，在县征迁机构和乡政府的指导下，各行政村依据村民组织法自治决定，其中13个村1842人不再调整生产用地，采用了被占地农户领取补偿款的方法进行补偿；46个村7097人采取本村组统一调地。

生产开发项目：初设批复出村调地生产安置的18行政村的1684人，实施阶段调整为本村调地安置。根据用地区域内农民家庭平均每人纯收入指标中的种植业人均纯收入水平，1684人调整为在本村安置的种植业纯收入损失为117.0万元，可通过实施农田整治、土壤改良、水利设施配套等生产措施和开发种植、养殖、加工等项目予以弥补。规划生产开发资金1685.15万元。

焦作市南水北调办对各县（区）征迁机构上报的生产开发资金使用方案经进行了审批，由各县（区）征迁机构组织生产开发项目实施及资金兑付。

生活安置：工程建设影响搬迁温县、中站区、马村区和修武县20个行政村3822人，建设9个集中安置点，安置3667人，分别是温县西南冷村；中站区启心村、南敬村；马村区西韩王村、东韩王村和聩城寨村；修武县丁村、孟村和小官庄村；居民全部入住。其余155人本村分散安置。

7）城市区（集镇）安置。焦作市南水北调办在城市区（集镇）居民搬迁中，探索和推行了“征迁宣传动员六到户、征迁服务工作六到位、安置配套设施六落实”的工作方法。认真执行各项政策，规范运作程序，公平公正公开，确保群众搬得顺心、住得放心、生活得安心。

共搬迁安置城镇居民13631人，其中1个城镇居民点安置486人和1个城镇安置小区安置13145人。城镇居民安置小区依据《城市居住区规划设计规范》(GB 50180—93）及国家批复结果，小区住宅楼按六层建设，人均用地控制指标为25m^2/人。居住区用地包括住宅用地、公建用地、道路用地和公共绿地。场地平整及道路、供电、供水、排水、通信等基础设施统一建设，搬迁居民全部入住。

8）专项设施迁建。输电线路、通信线路、广电线路和管道设施由焦作市南水北调办分别与焦作市电力公司，焦作市通信、广电、管道等产权单位签订协议，由权属单位自行组织迁建。连接道路恢复由各县（市、区）征迁机构组织实施。

共完成专项迁复建608条（处），其中连接道路209条，输电线路197条，通信线路170条，广电线路16条，管道12条，军事设施4处。

9）企业迁建。工程建设影响焦作市企业19家，其中温县伟康公司1家，中站区焦作市市政工程公司等5家，山阳区焦作市西泰贸易有限公司等2家，马村区房地产开发公司等9家，修武县焦作市鸿锐化工有限责任公司等2家。

处理方案为搬迁4家，后靠安置1家，补偿14家。

由有关县（区）征迁机构与产权单位签订补偿协议，企业自行迁建。

10）单位迁建。工程建设影响单位43家，其中温县2家，博爱2家，中站区1家，马村区38家，修武县1家。

单位的处理方案由地方政府负责提出，在初步设计的基础上，根据地方政府、单位的意见及实际情况，进行了适当调整。规划迁建方案为24家单位搬迁，3家后靠，16家补偿。由有关县（区）征迁机构与产权单位签订补偿协议，单位自行迁建处理。

11）永久征地交付。焦作市南水北调办组织焦作建管处、征迁设计单位、监理单位，有关县（区）征迁机构及有关乡镇和产权单位共同签订永久征地移交签证表，共交付永久征地12630.45亩。用地范围内的机井、坟墓、零星树木等附着物清理完毕，拆迁各类房屋703310.5m²，村组副业257个，工商户347家。

12）临时用地交付和复垦。焦作市南水北调办组织建管单位、征迁设计单位、监理单位，有关县（区）征迁机构、乡镇及产权单位共同签证，交付临时用地13898.04亩。

施工单位使用临时用地完毕验收合格，办理返还签证后，交还有关县（区）征迁机构。有关县（区）征迁机构组织复垦，复垦合格后退还给产权单位。交付的临时用地复垦已全部完成，退还群众耕种。

13）变更管理。经变更程序共新增工程建设用地1299.12亩，其中永久征地416.8亩，临时用地882.32亩。

e. 焦作市中心城区段。

1）工程概况。总干渠焦作市城区段工程长9.28km。共布置各类交叉建筑物15座，其中河渠交叉建筑物4座，节制闸1座，退水闸1座，公路桥7座，生产桥1座，铁路桥1座。

2）实物指标复核。2008年9月至2009年1月，河南省移民办组织河南省水利设计公司、焦作市城区办和有关县（区）征迁机构开展实施阶段外业调查和实物指标复核工作。各县（区）对辖区内征迁实物指标及安置方案进行了认定说明，其调查成果得到各县（区）人民政府确认。

3）公告公示。围绕南水北调中线工程焦作市中心城区段建设，市、区两级政府先后对重大决定、方案和相关信息进行了公示公告。

自2002年，焦作市先后发布《关于南水北调中线工程市区段搬迁安置规划建设的公告》《关于加强城区土地规划管理严禁违法建设的通告》《焦作市城市规划管理局关于在“南水北调”控制规划区域内严禁违法建设的通告》《关于进一步加强南水北调城区段沿线建设及土地管理的通告》，均在《焦作日报》刊登，在拆迁区域张贴。

2006年8月14日，焦作市政府发布《南水北调中线工程城区段规划控制区占地实物指标调查通告》，并在拆迁区域进行了张贴。

2009年4月，解放区、山阳区对南水北调总干渠补偿资金进行公示。

4）实施方案编制和批复。焦作市城区段工程建设涉及解放区、山阳区（部分）2个县（区），含2个乡（镇、街道）12个行政村。规划建设用地2006.64亩，其中永久征地1942.35亩，临时用地64.29亩。搬迁涉及12个行政村2440户8354人，拆迁房屋面积506774.74m²，其中城市居民房屋面积442240.09m²、城市公房面积10870.55m²、城市副业房屋11141.99m²、企业房屋25187.67m²、单位房屋17334.43m²；涉及拆迁企业10家、单位10家、副业99家、小型工商户61家；规划专项迁复建146条（处），其中连接路4条、输电线路26条、通信线路

93条、广电线路12条、管道设施11条。征迁安置投资55236.98万元（不含预备费、生产桥投资）。

5）补偿兑付。市、区两级征迁机构按照“严格程序，及时足额拨付；阳光兑付，群众明明白白；强力监管，严禁截留挪用；规范核销，确保安全使用”的标准做好资金兑付工作。13个征迁村均设立南水北调专户，南水北调补偿资金通过区南水北调指挥部四级联签后预付到各村专户。专户资金实行村财街管，由街道办事处会计站统一管理。各村按照资金计划，根据征迁进度，组织征迁户填写补偿费领取单，由街道办事处会计站开具银行存单，征迁户直接到银行兑付（企事业迁建由区南水北调办直接兑付）。

完成征迁安置投资55236.98万元，其中农村补偿费2436.78万元，城市补偿38761.72万元，工矿企业补偿2250.34万元，单位补偿1680.31万元，专业项目复（改）建补偿费2842.37万元，影响处理规划投资1259.59万元，复垦投资15.07万元，其他费用为2966.95万元，有关税费为3023.85万元。

6）城市区（集镇）安置。2009年3月，焦作市中心城区段建设指挥部印发《关于印发城区段征迁安置建设工作市领导联系村和相关单位包村任务分解及工作职责的通知》（焦城指文〔2009〕1号）和《关于印发城区段建设征迁安置工作各责任单位2009年度目标任务分解的通知》（焦城指文〔2009〕2号），明确了城区段征迁工作的目标任务、时间节点，对市领导联系村和相关单位包村工作进行了责任分解。

根据焦作市南水北调城区段指挥部的统一部署，解放、山阳两城区结合工作实际，分三个阶段开展了征迁。第一阶段是宣传发动阶段。召开征迁动员大会，对全区征迁安置工作进行全面部署；办事处、村结合实际制定征迁方案；加大宣传力度，采取挂横幅、贴标语、出动宣传车、向群众发放“一书一册一单”（告知书、政策汇编手册、宣传单）等形式，营造浓厚氛围；倾听征迁户合理诉求，做好群众思想工作，扎实开展错漏登复核。第二阶段是集中征迁阶段。组织公职人员和村干部、党员、村民代表带头搬迁；签订征迁安置协议书，向群众发放搬迁费、过渡费；帮助群众搬家；组织攻坚队伍，集中处理重点、难点、遗留问题；搬迁完成后入户验收，填写搬迁验收卡。第三阶段是安全拆除与检查验收阶段。以村为单位组织有资质的拆除公司进行拆除，要求做到场光地净；由包户工作人员、村拆除领导小组验收，填写拆除验收卡，按时交地。

共搬迁城镇人口9662人，其中解放区6555人、山阳区3107人。根据地方政府意见，以村为单位共规划了11个安置区，其中解放区7个、山阳区4个。城镇居民安置小区依据《城市居住区规划设计规范》（GB 50180—93）及国家批复结果，小区住宅楼按六层，人均用地控制指标为25m²/人。居住区用地包括住宅用地、公建用地、道路用地和公共绿地。安置小区道路、供电、供水、排水、通信等基础设施统一建设，居民已搬迁入住。

7）专项设施迁建。焦作市城区办在专项设施迁建中：一是分别与各专项基础设施产权单位签订专项设施迁建协议书，及时下达投资计划，拨付资金。二是会同建管、施工、设计、监理及各产权单位对新增、漏登的专项基础设施进行全面普查和认定。三是对所有专项基础设施迁建纳入责任目标管理，采取会议协调、现场办公、下达督办通知、实行日报告制度等多种形式，有力地促进了专项设施迁建工作。四是针对部分专项设施迁建需要增设临建措施的问题，积极调查研究，拟定专项设施临建项目、方案、投资计划，并及时报河南省移民办及设计单位。

专项设施迁建完成672条（项）。其中规划141条，新增、原漏登58条；总干渠桥梁等交叉工程占压范围征迁461项；新月铁路改线涉及12条。

8）工业企业迁建。工程建设影响工业企业10家（解放区8家、山阳区2家）。按“原规模、原标准、恢复原功能”为原则，依据实施规划明确的处理方案，结合焦作市中心城区段需征迁企业实际情况完成迁建，其中解放区宏安制冷设备有限公司等9家工业企业补偿处理，山阳区焦作市新星实业公司处理方案为异地搬迁。

9）单位迁建。工程建设影响单位11家（解放区7家、山阳区4家）。解放区焦作建筑经济学校等10家单位补偿处理，解放区东王褚乡政府异地搬迁。解放区王褚乡东于村小学因工程调整用地范围不再占压影响。

10）永久征地交付。根据工程建设的需要，移交永久征地2177.97亩。

11）临时用地交付和复垦。共交付临时用地974.71亩。大部分用地为城市区建设用地，仅少量用地为耕地已完成复垦。

12）变更管理。焦作市城区办组织解放、山阳两城区将征迁补偿资金卡发放到各村，由区直包村干部与村干部共同入户，将征迁补偿资金卡送达征迁户，并协助征迁户对资金卡和实物进行逐项核对，发现错漏登问题的，及时反馈至村委会和驻村工作组；村委会和驻村工作组对错漏登情况进行初步复核、汇总登记后，加盖公章报区南水北调办；区南水北调办会同设计、监理单位进行现场复核，认定结果反馈村委会和驻村工作组。同时区南水北调办接到处理意见后，按照程序和要求处理。变更内容主要有工程新增用地，地类差异，居民、农副业、工业企业、单位实物指标和专项错漏，总干渠影响处理等。

2009—2016年，经有关各方复核认定，南水北调总干渠焦作市中心城区段共增加补偿资金956.81万元。

（4）潞王坟试验段工程。

1）实物指标复核。2007年3月7日，河南省移民办组织省国土资源厅、省征地储备中心、河南省水利设计公司、新乡市移民办及新乡市国土资源调查规划院有关人员召开潞王坟段用地范围勘边定界及编制实施规划报告协调会议。

2007年3月9—16日，在新乡市各级政府及征迁部门的配合下，河南省水利设计公司完成了潞王坟试验段实施规划阶段外业调查工作，调查实物指标得到有关地方政府的认可。

2）公告公示。2007年6月16日，凤泉区移民办开始对总干渠沿线各乡村永久占地范围内实物复核指标进行公示，公示期7天。公示期间对被占地群众反映实物指标错漏等问题进行调查。

3）实施规划编制和批复。2007年11月，河南省人民政府移民工作领导小组以豫移〔2007〕13号文件批复《南水北调中线一期工程总干膨胀岩（土）试验段工程（潞王坟段）用地拆迁实施规划报告》。

规划建设用地1756.91亩，其中永久征地943.11亩，临时用地813.8亩。生产安置人口474人。拆迁各类房屋35596.7m^2，村组副业4个，企业4家，单位2家。影响专项24条（处）。征迁安置投资9468.31万元。

4）补偿兑付。为了使南水北调补偿资金能足额兑付到位，确保工程顺利进行，新乡市凤

泉区南水北调办与坟上、五陵、金灯寺三个村和有关单位签订了征地补偿协议。在土地补偿费使用上，严格按豫政办〔2006〕50号文件规定执行，对国家下拨的补偿资金，市、区移民部门均以文件形式下拨，并实行南水北调领导小组组长、副组长、办公室主任等三人会签制度；对下拨到村上的资金，在使用上凡是直接兑付群众的，一律用三联单兑付，并在补偿款领取表上签字；属于用于公益事业的，由村召开村民代表会讨论同意后，先由村里填写用款单，村支书、村委会主任签字，再由乡党委书记、乡长、纪委书记、主管副乡长签字后方可使用。

5）农村生产安置。

生产安置：规划生产安置的2个行政村474人采用村内统一调整生产用地方式。

实施过程中，各行政村依据村民组织法自治决定，不再调整土地，采用了被占地农户领取补偿款的方法进行补偿。

生产开发项目：初设批复出村调地生产安置的坟上、金灯寺的170人，实施阶段调整为本村调地安置。其种植业收入损失，可通过实施农田整治、土壤改良、水利设施配套等生产措施和开发种、养殖项目予以弥补。项目投资为195.52万元。

区征迁机构、乡政府指导坟上及金灯寺两村开发荒山100亩，土地整理土方共67000m^3，打深井1眼，灌溉渠道450m、修建水沟550m，规划田间道路135m。金灯寺村建设生产经营厂房并配套设施，出租给承包经营者获取收益，补贴失地人口生产收入。

6）专项设施迁建。专项设施迁建完成29条（处）。其中新乡市移民办复建输变电线路10条，通信线路4条，输灰管道临时迁建1处，铁路补偿1处。凤泉区移民办实施连接道路11条，广电线路2条，输水管道1条。

7）工业企业迁建。工程用地影响工业企业4家，其中新乡誉华水泥有限公司整体搬迁，新乡市监狱劳改支队、河南省新乡市新风水泥有限责任公司、河南省新乡水泥厂3家企业补偿处理。

2008年新乡市移民办与4家企业签订补偿协议，房屋拆除、附属物清理、补偿资金兑付均已完成。

8）单位迁建。工程用地影响单位2家，即河南新乡北站国家粮食储备库、凤泉区水利局玫瑰泉管理处。均补偿处理。

2008年新乡市移民办与河南新乡北站国家粮食储备库签订补偿协议，凤泉区移民办与凤泉区水利局玫瑰泉管理处签订补偿协议，完成了房屋拆除、附属物清理、补偿资金兑付。

9）永久征地交付。在新乡市移民办的组织下，新乡段建管处、征迁设计单位、监理单位、凤泉区移民办、潞王坟乡政府及涉及产权单位共同签订永久征地移交签证表。交付永久征地976.21亩。拆迁各类房屋33924.54m^2，拆迁补偿4家村组副业。

10）临时用地交付和复垦。在新乡市移民办的组织下，新乡建管处、征迁设计单位、监理单位、凤泉区移民办、潞王坟乡政府及涉及产权单位共同签订临时用地移交签证表。共交付临时用地841.4亩。

施工单位使用临时用地完验收合格，签返还表，交还给凤泉区移民办。凤泉区移民办组织复垦退还群众耕种。

11）变更管理。凤泉区移民办根据建设管理单位或乡村书面反映，经核实后提出初步意见正式函告征迁设计、监理单位。征迁设计、监理单位收到县级征迁主管部门文件后立即开展有关工作，据实出具处理、认证意见。凤泉区移民办接到处理意见后，按照程序和要求处理。变更内容主要有工程新增用地，地类差异，农副业、工业企业实物指标错漏，总干渠影响处理，边角地处理，临时用地超期补偿等。共新增工程建设用地 225.8 亩，其中永久征地 8.8 亩，临时用地 217 亩。

（5）穿黄工程。

1）实物指标复核。2004 年 5 月 24 日至 6 月 2 日，河南省移民办组织长江设计公司和黄河设计公司分别进驻荥阳市和温县，进行中线穿黄工程征地移民实施阶段实物指标调查。

2005 年 5 月 9—27 日，河南省移民办组织长江设计公司和黄河设计公司分别进驻荥阳市和温县，进行穿黄工程征迁安置实施规划外业工作，将 2004 年 5 月调查的实物指标张榜公布，对工程用地范围变化或农村居民户（单位、专业项目）反映的错、漏项目，按照《南水北调中线一期工程穿黄工程建设征地移民安置实施规划大纲》予以核实，并纳入实施规划中。对 2004 年 5 月调查后新增的实物指标不予登记。房屋增长指标按规定的人口增长指标和初设调查的人均房屋指标计算，由各行政村包干使用。技施阶段征地实物指标由涉及县（市）人民政府确认。

2）公告公示。2005 年 5 月，温县南水北调中线工程建设领导小组对实物调查复核成果及补偿标准在涉及乡村进行了张榜公示，公示期 10 天。

2005 年 8 月，荥阳市乡（镇、街道）征迁机构组织工程征迁涉及村（组）对实物调查复核成果及补偿标准进行了张榜公示，公示期 7 天。

3）实施规划编制和批复。工程建设涉及郑州市的荥阳市和焦作市的温县、博爱县、沁阳市 4 个县（市）7 个乡镇 35 个行政村。规划建设用地 10261.6 亩，其中永久征地为 4447.5 亩，临时用地为 5814.1 亩。生产安置人口 2803 人；搬迁安置人口 393 人。拆迁各类房屋 34248.7m^2，涉及村组副业 17 个，单位 2 家。规划专项 56 条（处）。征迁安置投资 26799 万元。

4）补偿兑付。

焦作市（北岸）：温县南水北调办等各有关报账单位制定了财务管理制度。规范资金运作，专项资金实行统一领导，严格按照制度规定和支付程序要求办理。农村征迁安置补偿资金严格按照省、市下达的计划数拨付。专业工程项目由温县南水北调办按批复投资和概算同施工单位签订合同，根据合同分期预付款项，完工验收合格后进行核销。

郑州市（南岸）：征迁安置资金由省、市、县南水北调办逐级兑付，对补偿给集体的资金直接兑付给集体单位；对补偿给个人的资金通过办事处、居委会兑付给个人。为加快征迁进度，涉及军事、通信专项单位迁建的，由郑州市南水北调办负责签订协议后直接将补偿款兑付到权属单位。

5）农村生产生活安置。

a. 焦作市。

生产安置：农村生产安置涉及温县 16 个行政村的 1678 人。

根据温县实际情况，在充分征求地方政府、安置群众和安置村居民意见的基础上，进一步落实生产安置方案，确定出村调地安置的位置。各行政村通过组织召开支部会、村委会、群众代表会、党员代表会等会议，根据村民自治法和各村的实际情况，制定生产安置方案，其中 4 个村进行土地调整，不进行土地调整的 17 个村。温县 4 个行政村均在 2007 年完成了生产调地

工作。

生活安置：搬迁温县 3 个行政村 201 人，建设 1 个集中居民点，安置 2 个村 178 人；分散安置 1 个村 23 人。

集中居民点全部入住。分散安置宅基地已全部落实到位，并全部分配到户，建房入住。

b. 郑州市。

生产安置：农村生产安置涉及荥阳市王村镇 5 个行政村的 1125 人，均采用了本村调整土地的方式安置。

在工程用地征收前期，郑州市各级征迁机构就提前介入生产安置工作中，根据工程征地周边土地资源状况及穿黄工程周边安置区环境容量和被征地群众的意愿，涉及生产安置的村庄全部采取村内调地安置的方式进行，并已全部实施完成。

生活安置：规划搬迁荥阳市 1 个行政村 92 人，本村集中安置。

2006 年 3 月实际搬迁薛村 24 户 92 人，2006 年 12 月完成了后靠居民点建设居民全部入住。

6）专项设施迁复建。焦作市 2006 年完成电力线路改迁 19 条，复建长度 14.2km；通信线路 20 条，复建长度 7.53km；广电线路 4 条，复建长度 0.67km；输油管道 1 条。为满足群众的生产和生活需要，温县南水北调办实施生产道路 21 条 11.6km。

郑州市 2006 年 5 月完成电力线路改迁 5 条，并由荥阳电业局检验合格，正常安全运行；完成通信线路 13 条；完成上街铝厂 2 条输水管道。为满足群众的生产和生活需要，荥阳市南水北调办实施生产道路 8 条 14.40km。

7）单位迁建处理。焦作市工程建设影响赵堡镇陈沟村玉皇庙，规划整体搬迁。

2006 年 4 月玉皇庙原址拆除；2008 年在新址复建完成。

郑州市工程建设影响荥阳市薛村中学（民营），规划整体搬迁。

经周边村庄群众及学校所属负责人提议，王村镇政府及相关单位商讨后决定并校建学，将薛村中学新址建校资金用于扩建王村一中使用，原薛村中学生全部安置于王村一中，2007 年 3 月底王村一中新扩建校区建设全部完成。

8）永久征地交付。

焦作市：2005 年 10 月 30 日前，交付渠道及建筑物永久征地，其后增加的永久征地均按计划及时进行了移交。共交付永久征地 2425.16 亩。拆迁房屋面积 11500m^2，拆迁补偿农副业 5 家。

郑州市：共交付永久征地 2050.74 亩。拆迁房屋面积 20377m^2，拆迁补偿农副业 11 家。

9）临时用地交付和复垦。焦作市共交付临时用地 2505.86 亩。2015 年 5 月，经组织相关部门和村两委会、村民代表共同验收合格后，将穿黄工程沁阳丹河料场临时用地 441.12 亩退还相关村庄耕种。

郑州市交付临时用地 2394.3 亩。至 2016 年年底，完成全部临时用地复垦，退还群众耕种。

10）变更管理。经变更程序，新增工程建设用地 1408.28 亩，其中永久征地 594.61 亩，临时用地 813.67 亩。

（6）荥阳段工程。

1）实物指标复核。2010 年 9 月 10 日至 10 月 25 日，郑州市南水北调办组织征迁监理单位、林业部门、施工单位、荥阳市南水北调办及有关乡（镇、街道）、村组等有关单位人员配合河南省水利设计公司进行了荥阳段实施阶段实施指标复核和外业调查工作。在调查过程中，对勘测定界范围内的各类地面附着物进行了调查复核，调查结果各参加单位及产权人均现场进行了签字认可。有关县（市、区）政府提出有关征迁安置方案，确认实物复核指标。

2）公告公示。2010 年 11 月，荥阳市乡（镇、街道）征迁机构组织工程征迁涉及村（组）对实物调查复核成果及补偿标准进行了张榜公示，公示期 7 天。

3）实施方案编制和批复。2010 年 12 月，河南省人民政府移民工作领导小组以豫移〔2010〕24 号文件批复《南水北调中线一期工程总干渠沙河南—黄河南荥阳段工程征迁安置实施规划报告（审定稿）》。

工程建设涉及荥阳市、郑州高新技术开发区管委会 2 个县（市、区）5 个乡镇 22 个行政村。规划建设用地 14363.86 亩，其中永久征地为 5154.12 亩，临时用地为 9209.74 亩。生产安置人口 4104 人；搬迁安置人口 342 人。拆迁各类房屋 26380.14m^2，村组副业 27 个，企业 5 家。规划专项迁复建 228 条（处）。征迁安置投资 86480.00 万元。

4）签订补偿投资包干协议。2010 年 3 月，河南省移民办与郑州市南水北调办签订《南水北调中线一期工程总干渠沙河南—黄河南荥阳段工程征迁安置任务及投资包干协议》。协议拨付郑州市南水北调办荥阳段征迁投资直接费、基本预备费、其他费、税费 55279.51 万元，约定由郑州市南水北调办负责协调荥阳段工程用地移交，用地手续办理、勘测定界、林地可研、施工环境维护等工作。

5）补偿兑付。征迁安置资金由省、市、县（市、区）南水北调征迁机构逐级兑付，县（市、区）南水北调征迁机构收到征迁安置资金后，按照实物量复核结果，对补偿给集体的资金直接兑付给集体单位；对补偿给个人的资金通过办事处、居委会兑付给个人。涉及军事、通信专项单位迁建的，由郑州市南水北调办负责签订协议后直接将补偿款兑付到权属单位。

南水北调郑州各段的补偿标准均按照河南省移民工作领导小组批复的征迁安置实施规划报告中计列的补偿标准执行，若遇特殊情况、特别物种或补偿有异议时，需经有关各方共同商定，征迁设计、征迁监理部门认定并报上级部门核准后，补偿投资可依据实际情况作适当的调整。

郑州市人民政府市长办公会议纪要〔2009〕92 号研究决定郑州市财政拿出 4.73 亿元（不含县、市、区财政投资）对郑州段南水北调工程建设永久征地四环内每亩奖补 15000 元，四环外每亩奖补 7000 元，对南水北调总干渠郑州段工程征地附着物补偿标准低的问题通过附着物差额补助（以郑政文〔2009〕127 号文为标准）方法解决，差额费用由市、县（区）两级财政按 3∶7 的比例承担。荥阳段共下拨奖、差补资金 3681 万元。

6）农村生产生活安置。内容包括生产安置、生产开发项目、生活安置三方面。

生产安置：涉及 22 个村 4104 人，其中 1 个村采取组内统一调整生产用地方式进行安置，21 个村采取村内统一调整生产用地方式进行安置。实施过程中，充分发挥村民委员会和村民代表会的作用，制定好土地调整方案，在不影响农民耕种前将土地调整到位。

生产开发项目：初设批复茹寨、晏曲村、寨杨村和孙寨 4 个行政村 617 人出村安置，实施阶段调整为本村安置。主要通过从事农田灌溉设施改造、食用菌种植、大棚蔬菜种植、畜禽养殖等农业生产经营弥补种植业纯收入损失。规划生产开发项目资金 1255.01 万元。由荥阳市南水北调办依据批复的生产开发项目组织实施。

生活安置：工程建设影响搬迁 6 个行政村 357 人，建设 1 个集中居民点，安置蒋寨村 275 人；其他 5 个村 82 人根据本村实际情况分散安置。

居民点集中安置户居民全部入住。分散安置居民自行建房安置。

7）专项设施迁建。郑州市南水北调办及有关县（市、区）征迁机构主动和专项产权单位沟通联系，签订迁建合同，及时拨付专项迁建资金，协调施工环境，督促专项单位按时完成专项线路的迁建。

专项迁复建完成 293 条（处），其中连接道路 69 条，输电线路 39 条，通信线路 169 条，广电线路 14 条，管道 2 条。

8）工业企业迁建。工程建设影响企业 5 家，分别是荥阳市中原化工厂、荥阳市真村第二砖厂、郑州新农村蔬菜食品有限公司、五谷丰化工产品有限公司、荥阳市军峰机械厂。依据企业划分标准及迁建原则，经地方各级政府和企业主管部门协商，确定郑州新农村蔬菜食品有限公司后靠安置，其他 4 家采取一次性补偿安置方案。

荥阳市南水北调办与迁建补偿的 5 家企业签订协议，用地范围内房屋拆除、附属物清理，完成补偿兑付。

9）永久征地交付。郑州市南水北调办组织郑州建管处、征迁设计单位、监理单位，荥阳市南水北调办及有关乡镇和涉及产权单位共同签订永久征地移交签证表，交付永久征地 5444.65 亩。用地范围内的机井、坟墓、零星树木等附着物清理完毕；拆迁各类房屋 14636.14m^2，拆迁补偿村组副业 22 个。

10）临时用地交付和复垦。共交付临时用地 9234.28 亩。郑州市南水北调办组织郑州建管处、征迁设计单位、监理单位，荥阳市南水北调办及有关乡镇和涉及产权单位共同签订临时用地移交签证表。

施工单位使用临时用地完毕签证返还给荥阳市南水北调办。荥阳市南水北调办组织有关乡村接收复垦，完成 7434.93 亩临时用地复垦并退还群众耕种。另有弃土场放坡损失 432.35 亩和 1367 亩难以复垦的弃渣场占地进行永久补偿。

11）变更管理。经变更程序，共新增提交工程建设用地 412.7 亩，其中永久征地 168.58 亩，临时用地 244.12 亩。

（7）郑州 1 段工程。

1）实物指标复核。2010 年 8 月 13 日至 12 月 3 日，郑州市南水北调办组织征迁监理、林业部门、施工单位、中原区南水北调办及有关乡（镇、街道）、村组等单位人员配合河南省水利设计公司进行了郑州 1 段实施阶段实施指标复核和外业调查工作。对勘测定界范围内的各类地面附着物进行了调查复核，调查结果各参加单位及产权人均现场进行了签字认可。中原区地方政府提出有关征迁安置方案，确认实物复核指标。

2）公告公示。2010 年 10 月，中原区征迁机构、有关乡（镇、街道）组织工程征迁涉及村（组）对实物调查复核成果及补偿标准进行了张榜公示，公示期 7 天。

3）实施方案编制和批复。2010 年 12 月，河南省人民政府移民工作领导小组以豫移〔2010〕24 号文批复《南水北调中线一期工程总干渠沙河南—黄河南郑州 1 段征迁安置实施规划报告（审定稿）》。

工程建设涉及中原区 2 个乡镇 8 个行政村。规划建设用地 4569.02 亩，其中永久征地为

2388.11亩，临时用地为2180.91亩。生产安置人口3786人，搬迁安置人口911人。拆迁各类房屋109295.09m²，涉及村组副业91个，企业9家，单位4家。规划专项迁复建155条（处）。征迁安置投资63465.00万元。

4）各级补偿投资包干协议。2010年3月，河南省移民办与郑州市南水北调办签订《南水北调中线一期工程总干渠郑州1段工程征迁安置任务及投资包干协议》。协议拨付郑州市南水北调办郑州1段征迁投资直接费、基本预备费、其他费、税费46383.85万元，约定由郑州市南水北调办负责协调郑州1段工程用地移交，用地手续办理、勘测定界、林地可研、施工环境维护等工作。

5）补偿兑付。南水北调郑州各段的补偿标准均按照河南省移民工作领导小组批复的征迁安置实施规划报告中计列的补偿标准执行，若遇特殊情况、特别物种或补偿有异议时，需经有关各方共同商定，征迁设计、征迁监理部门认定并报上级部门核准后，补偿投资可依据实际情况作适当的调整。

为促进征地工作的实施，郑州市人民政府市长办公会议研究决定，由郑州市财政出资对南水北调郑州段工程实行永久征地奖励补贴，按照四环内每亩奖补15000元，四环外每亩奖补7000元标准实行，对南水北调郑州段工程给予征地附着物差额补助（以郑政文〔2009〕127号），差额费用由市、县（区）两级财政按3∶7的比例承担。郑州1段共下拨奖、差补资金4000万元。

6）农村生产生活安置。内容包括生产安置、生产开发项目和生活安置三方面。

生产安置：涉及7个村3786人均采取组内统一调整生产用地方式安置。充分发挥村民委员会和村民代表会的作用，制定好土地调整方案，在不影响农民耕种前将土地调整到位。

生产开发项目：须水镇赵坡、须水和付庄3个行政村437人由于各村土地资源较少，总干渠永久征地后土地调整的空间较小，对以上3个行政村应出村而采取本村安置后的种植业收入损失进行弥补，补偿方式为投入专项资金895.64万元，用于这3个行政村生产项目开发，提高种植业收入。

由中原区南水北调办依据批复的生产开发项目组织实施。

生活安置：工程建设影响搬迁5个行政村925人，规划建设3个集中安置，安置赵坡、三王庄和付庄村880人；其他2个村45人本村分散安置。

3个居民安置点由中原区南水北调办聘请有资质的设计公司设计典型户型供搬迁户选择，在满足拆迁户住房要求的前提下，着力改变目前农村普遍存在的"新房子，老样子"等不经济不合理的问题。新居民点布置合理，以适应生产、生活习惯和改善卫生条件的需求，宅基地按东西11.48m、南北14.52m规划，新址征地、场地平整及村台、道路、供电、供水、排水、通信等基础设施统一建设完成，居民全部入住。

7）专项设施迁复建。郑州市南水北调办及有关县（市、区）征迁机构主动和专项产权单位沟通联系，签订迁建合同，及时拨付专项迁建资金，协调施工环境，督促专项单位按时完成专项线路的迁建。

专项迁复建完成162条（处），其中连接道路19条，输电线路25条，通信线路100条，广电线路8条，管道10条。

8）工业企业迁建。工程建设影响郑州市赵坡砂轮厂等9家企业全部进行迁建安置。

用地范围内房屋拆除、附属物清理，补偿兑付完成。

9）单位迁建。工程建设影响4家单位，分别为付庄小学、解放军防空兵指挥学院射击场、大李庄幼儿园和须水小学。

根据实施规划阶段拆迁安置规划调查，经地方各级政府与单位主管部门协商，依据总干渠对各单位占压影响程度的分析，确定付庄小学、解放军防空兵指挥学院射击场整体搬迁，大李庄幼儿园、须水小学采用一次性补偿安置。4家单位迁建全部完成。

10）永久征地交付。2010年12月底前交付永久征地2287.71亩。郑州市南水北调办组织郑州建管处、征迁设计单位、监理单位，中原区南水北调办及有关乡镇和涉及产权单位共同签订永久征地移交签证表。拆迁各类房屋105398.3m^2，拆迁补偿村组副业91个。

11）临时用地交付和复垦。交付临时用地1855.16亩。施工单位使用临时用地完毕，签证返还给中原区南水北调办。中原区南水北调办组织有关乡村复垦，完成临时用地复垦后，全部退还群众耕种。

12）变更管理。经变更程序，共新增用地22.1亩，其中永久征地11.07亩，临时用地11.03亩。

（8）郑州2段工程。

1）实物指标复核。2009年9月15—30日，郑州市南水北调办组织征迁监理、林业部门、施工单位、有关县（市、区）征迁机构及乡（镇、街道）、村组等单位及人员配合河南省水利设计公司进行了郑州2段实施阶段实施指标复核和外业调查工作。对勘测定界范围内的各类地面附着物进行了调查复核，各参加单位及产权人均现场签字认可。有关县（市、区）地方政府确认实物复核指标。

2）公告公示。2009年10月，郑州2段涉及的中原区、管城区和二七区南水北调办、沿线乡（镇、街道）征迁机构组织工程征迁涉及村组对实物调查复核成果及补偿标准进行了张榜公示，公示期7天。

3）实施方案编制和批复。2009年12月，河南省人民政府移民工作领导小组以豫移〔2009〕43号文件批复《南水北调中线一期工程总干渠沙河南—黄河南郑州2段征迁安置实施规划报告实施规划报告（审定稿）》。

工程建设涉及中原区、二七区和管城区的7个乡镇的22个村。规划建设用地13371.51亩，其中永久征地为6317.47亩，临时用地为7054.04亩。生产安置人口5959人，搬迁安置人口1550人。拆迁各类房屋353843.71m^2，涉及村组副业133个，工商企业49家，企业33家，单位1家。规划专项迁复建267条（处）。征迁安置投资138415.00万元。

4）补偿投资包干协议。2009年10月，河南省移民办与郑州市南水北调办签订《南水北调中线一期工程总干渠沙河南—黄河南郑州2段工程征迁安置任务及投资包干协议》。协议拨付郑州市南水北调办郑州2段征迁投资直接费、基本预备费91388.46万元，约定由郑州市南水北调办负责协调郑州2段工程用地移交，用地手续办理、勘测定界、林地可研、施工环境维护等工作。

5）农村生产生活安置。内容包括生产安置、生产开发项目和生活安置三方面。

生产安置：涉及21个村5959人。管城区站马屯村和毕河村2个村采取本村调地安置（初步设计批复出村调地）；管城区南曹乡苏庄、刘德成村、席村、十八里河镇小李庄村，二七区嵩山路办事处黄岗寺村、刘寨村、荆胡村、贾寨村、侯寨乡八卦庙村，中原区航海西路办事处密垌村、郭厂村、李江沟村、冯湾村13个村提出了调地方式；二七区侯寨乡刘庄村，管城区十八里河镇柴郭村、十八里河村，中原区航海西路办事处闫垌村、段庄村、石羊寺村6个村无调地方式。

实施过程中充分发挥村民委员会和村民代表会的作用，制定好土地调整方案，在不影响农民耕种前将土地调整到位。

生产开发项目：初设批复站马屯村和毕河村2个村928人出村安置，实施阶段调整为本村安置。根据实施规划报告审查意见，初步设计批复的出村安置搬迁安置费及提高的土地补偿费用（即初步设计中永久征地水浇地等提高为按一般菜地补偿，处理生产安置增加的费用）可作为生产安置项目经费用于生产开发，以弥补出村安置调整为本村安置的种植业收入损失。规划生产安置项目投资5163.42万元，由郑州市统一管理，负责组织、指导各涉及村进行生产安置项目建设，用于制定弥补生产用地减少造成种植业的损失。

生活安置：工程建设影响搬迁15个行政村1351人，建设4个集中安置居民点，安置二七区嵩山路办事处黄岗寺村，中原区航海西路办事处段庄、闫垌、冯湾4个村1150人；其他11个村20人，根据本村村庄布设情况，在原居民点适当位置分散安置。

2013年10月搬迁安置完成。

6）专项设施迁建。专项迁复建完成343条（处），其中连接道路75条，输电线路113条，通信线路134条，广电线路9条，管道12条。

7）工业企业迁建。工程建设影响企业33家，其中管城区2家、二七区3家、中原区25家，引桥占压及渠道两端范围内涉及3家。依据企业迁建原则和受影响情况和县（区）南水北调办提出的安置意见，33家企业全部进行迁建安置，用地范围内房屋拆除、附属物清理，补偿兑付完成。

8）单位迁建。工程建设影响仅涉及管城区刘德成小学1家单位进行搬迁安置。

刘德成小学新校址已建成，学生已入学。用地范围内房屋拆除、附属物清理。

9）永久征地交付。2009年12月底前交付永久征地6342.97亩。拆迁各类房屋315517m^2，拆迁补偿村组副业133个，拆迁补偿工商企业49家。

10）临时用地交付和复垦。交付临时用地6043.75亩。郑州市南水北调办组织郑州建管处、征迁设计、监理，有关县（市、区）及乡镇和涉及产权单位共同签订临时用地移交签证表。

施工单位使用临时用地完毕签证返还给有关县（市、区）南水北调办。有关县（市、区）南水北调办组织有关乡村及时复垦，临时用地复垦后，全部退还群众耕种。

11）变更管理。经变更程序，共新增工程建设用地50.84亩，其中永久征地0.82亩，临时用地49.64亩。

（9）潮河段工程。

1）实物指标复核。2010年3月28日至7月10日，河南省水利设计公司、郑州市南水北调办会同新郑市南水北调办、航空港区南水北调办、中牟县南水北调办及各乡（镇、街道）人民政府再次按要求对各项实物指标进行了全面调查复核。对省政府下达的停建令（2003年7月31日）后增加的实物指标不予登记。实物指标由权属拥有者、设计调查部门留存影像资料（备查）。外业调查结束时由企业负责人或产权部门负责人签字盖章认可、调查人员签字；并由新

郑市、中牟县人民政府和航空港区管委会以书面形式对实物指标进行确认，认证后的实物纳入实施规划，作为补偿依据。各县（市、区）对各自辖区内征迁实物指标及安置方案进行了认定说明，其调查成果得到各县（市、区）人民政府认可。

2）公告公示。2010年7月，郑州市南水北调办对实物调查复核成果及补偿标准交由各县（市、区）征迁机构组织公示，公示期5天。

2010年8月，新郑市、中牟县人民政府和航空港区管委会对调查、复核后的实物成果进行张榜公示，公示期7天。

3）实施方案编制和批复。2010年9月河南省人民政府移民工作领导小组以豫移〔2010〕14号文件批复《南水北调中线一期工程总干渠沙河南—黄河南潮河段工程征迁安置实施规划报告》。

工程建设涉及中牟县、经济开发区、航空港区和新郑市4个县（市、区）11个乡镇55个行政村。规划建设用地23734.7亩，其中永久征地为11237.8亩，临时用地为12496.9亩。生产安置人口7737人，搬迁安置人口209人。拆迁各类房屋31331.28m^2，村组副业15个，企业6家，单位4家。规划专项486条（处）。征迁安置投资154824.56万元。

4）补偿投资包干协议。2010年7月，河南省移民办与郑州市南水北调办签订《南水北调中线一期工程总干渠沙河南—黄河南潮河段工程征迁安置工作任务及投资包干协议》。协议拨付郑州市南水北调办潮河段征迁投资直接费、基本预备费、其他费、税费154824.57万元，约定由郑州市南水北调办负责协调潮河段工程用地移交，用地手续办理、勘测定界、林地可研、施工环境维护等工作。

5）地方奖补资金。由于郑州市是省会城市，经济发展较快，城市发展用地的补偿标准比较高，为统筹考虑郑州区位、经济发展状况和保护被征地农民的切身利益，郑州市人民政府决定郑州市财政向潮河段拨付征地奖励补贴、附着物补偿差额资金约10689万元。

6）农村生产生活安置。

生产安置：涉及55个村7737人（新郑市2876人，中牟县3052人，航空港区1641人），其中25个村采取组内统一调整生产用地方式进行安置，26个村采取村内统一调整生产用地方式进行安置，其余4个村不调整生产用地。

实施过程中充分发挥村民委员会和村民代表会的作用，制定好土地调整方案，让群众知情，使群众放心，抓住有利时机，迅速开展土地调整工作，并做到公开、公正、公平，主动接受群众的监督，在不影响农民耕种前将土地调整到位。51个村7030人均采取村内或组内统一调整生产用地的方式进行了安置；4个村707人生产用地不调整，对被占地群众进行资金补偿。

生产开发项目：初设批复新郑市新村镇吴庄村、张垌村、和庄镇崔庄、龙王乡赵郭李、孟庄镇唐河、中牟县三官庙乡魏家、白庙、耿家、航空港区新港办事处庙后安、蒲庄、郑港办事处大马村11个村928人出村安置，实施阶段调整为本村安置。主要通过从事农田灌溉设施改造、大棚蔬菜种植等高效农业、畜禽养殖等农业生产经营弥补种植业纯收入损失。规划生产开发项目投资1826万元。

生活安置：搬迁居民涉及10个行政村207人，根据地方政府意见及各涉及村庄布设情况，均在原居民点适当位置分散安置。

新郑市南水北调办按照征迁要求时间段，及时组织搬迁居民拆迁和补偿兑付，10个行政村

207人已搬迁，自行选置宅基建房。

7）专项设施迁建。需复接道路61746m，修建桥涵20座，长353m。按照郑州市南水北调办计划安排，各县（市、区）均采用了招投标，根据地方村委意见，连接道路修建按计划逐步展开，到2012年10月，连接道路已全部建成并投入使用。

潮河段工程影响涉及通信线路共220条、通信基站1座。郑州市南水北调办与郑州通信传输局线路、军事专项权属单位签订了迁建协议，其余线路交由各县（市、区）南水北调办负责组织实施，全部实施完成。

涉及广播电视线路23条。广播电视线路复建由各县（市、区）南水北调办负责组织有资质的单位进行迁建，实施完成。

管道复建涉及107中压天然气干管1条和新郑望京楼水库一城区水厂供水管道1条。新郑市南水北调办与产权单位签订协议，2012年12月实施完成。

8）工业企业迁建。工程建设影响6家工业企业，其中新郑市3家、中牟县3家。

确定新郑市郑州中兴轮胎有限公司、新郑市新新包装有限公司、中牟县张庄镇吕坡闫全中砖厂、中牟县中苑畜牧养殖场、中牟县张庄镇养殖场5家企业采取一次性补偿安置方案，新郑市新村镇连军塑料厂采取整体搬迁安置方案。

2010年10月，按照郑州市南水北调办工作整体计划安排，补偿安置的5家企业领取补偿，用地范围内房屋拆除、附属物清理。

9）单位迁建。工程建设影响4家新郑市单位，分别为新村镇第一初级中学、新郑市望京楼公墓、郑州桥工段和龙王乡霹雳店小学。

确定新村镇第一初级中学在学校东侧、总干渠右岸后靠安置，新郑市望京楼公墓（烈士陵园）采取后靠的安置方案，郑州桥工段（原许昌工务段）采取一次性补偿的安置方案，龙王乡霹雳店小学采取整体搬迁安置方案。

2010年10月，影响的4家单位实施完成，用地范围内房屋拆除、附属物清理，补偿兑付。

10）永久征地交付。根据工程建设用地计划，郑州市南水北调办及时组织召开由干渠沿线各县（市、区）南水北调办，各乡（镇、街道），村、组干部，群众代表参加的开工动员大会，讲形势、定目标、提要求，及时组织公示，及时宣传南水北调有关征迁安置政策法规，印发《南水北调中线工程政策宣传册》、下发通告、出动宣传车、张贴标语、悬挂横幅，广泛宣传，达到了家喻户晓、人人皆知，在全市上下进一步形成了积极参与、广泛支持工程建设的良好氛围。工作中重点抓住勘边定界、附属物清理和专项线路改建三个关键，确保了工作实效。

2010年12月底前交付永久征地11051.6亩。郑州市南水北调办组织郑州建管处、征迁设计、监理，有关县（市、区）南水北调办及乡镇和涉及产权单位共同签订永久征地移交签证表。

11）临时用地交付和复垦。2011年3月底共交付临时用地9679.42亩。郑州市南水北调办组织郑州建管处、征迁设计单位、监理单位，有关县（市、区）南水北调办及乡镇和涉及产权单位共同签订临时用地移交签证表。

施工单位使用临时用地完毕，签证返还给有关县（市、区）南水北调办。有关县（市、区）南水北调办及乡镇组织实施复垦，完成临时用地复垦，退还群众耕种。

12）变更管理。经变更程序，共新增工程建设用地1200.42亩，其中永久征地43.42亩，临时用地1157亩。

（10）双洎河渡槽段工程。

1）实物指标复核。2010年9月10日至12月2日，河南省水利设计公司、郑州市南水北调办组织新郑市南水北调办及各乡（镇、街道）人民政府按要求对各项实物指标进行全面调查复核。对省政府下达的停建令（2003年7月31日）后增加的实物指标不予登记。实物指标由权属拥有者、设计调查部门留存影像资料（备查）。外业调查结束时由企业负责人或产权部门负责人签字盖章认可、调查人员签字；并由新郑市人民政府以书面形式对实物指标进行确认，认证后的实物纳入实施规划，作为补偿依据。新郑市人民政府对辖区内征迁实物指标及安置方案进行了认定说明，其调查成果得到认可。

2）公告公示。2011年1月，新郑市人民政府对调查、复核后的实物成果在沿线村张榜公示，公示期7天。

3）实施方案编制和批复。2010年12月19日，河南省人民政府移民工作领导小组以豫移〔2010〕24号文件批复《南水北调中线一期工程总干渠沙河南—黄河南双洎河渡槽段征迁安置实施规划报告（审定稿）》。

工程建设涉及新郑市2个乡镇2个村。规划建设用地1035.18亩，其中永久征地为640.42亩，临时用地为394.76亩。生产安置人口379人，搬迁安置人口285人。拆迁各类房屋13626.06m²，涉及村组副业4个。规划连接道路5条。征迁安置投资8461.00万元。

4）补偿投资包干协议。2011年3月，河南省移民办与郑州市南水北调办签订《南水北调中线一期工程总干渠沙河南—黄河南双洎河渡槽段工程征迁安置工作任务及投资包干协议》。协议拨付郑州市南水北调办双洎河渡槽段征迁投资直接费、基本预备费、其他费、税费8461万元，约定由郑州市南水北调办负责协调双洎河渡槽段工程用地移交，用地手续办理、勘测定界、林地可研、施工环境维护等工作。

5）地方奖补资金。郑州市财政向双洎河渡槽段拨付征地奖励补贴、附着物补偿差额资金约424万元。

6）农村生产生活安置。

生产安置：涉及2个村379人，均采取组内统一调整生产用地方式安置。

实施过程中充分发挥村民委员会和村民代表大会的作用，制定好土地调整方案，抓住有利时机，迅速开展土地调整工作，并做到公开、公正、公平，主动接受群众的监督。同时根据新郑市人民政府意见，结合村民代表大会会议决定，生产安置资金平均分配。

生活安置：规划搬迁安置居民涉及2个行政村281人，其中1个集中安置点，安置城关乡王刘庄村3组144人；其他城关乡王刘庄村（4组和引桥占压居民）和新村镇焦沟村搬迁居民137人本村分散安置。

2011年3月，新郑市南水北调办组织乡（镇）、村有关人员召开了搬迁人口迁建会议，明确了征迁工作的目标任务、时间节点，对各领导联系村和相关单位包村工作进行了责任分解；倾听了征迁户的合理诉求，做好了群众思想工作，扎实开展了错漏登复核。

2011年4—5月，新郑市南水北调办组织乡镇公职人员和村干部、党员、村民代表带头搬迁；签订征迁安置协议书，向群众发放搬迁费、过渡费，帮助群众搬家。

2011 年 6 月集中安置点开始建设，2012 年 6 月集中安置和分散安置的 281 人全部入住。

7）专项设施迁复建。规划连接道路 5 条 2924m，修建桥涵 1 座，长 24m。

根据地方村委意见，经新郑市南水北调办招投标，实施连接道路 28 条。

8）永久征地交付。郑州市南水北调办在用地移交中实施督导，新郑市南水北调办组织召开由干渠沿线各乡（镇、街道），村、组干部，群众代表参加的动员大会，定目标、提要求，组织人员张榜公示，开展宣传、资金兑付，地面附属物清理、勘边定界、集中力量拆除房屋、坟墓、军事设施等。

交付永久征地 642.27 亩，郑州市南水北调办组织建管单位、征迁设计单位、监理单位，新郑市南水北调办及有关乡镇和涉及产权单位共同签订永久征地移交签证表。

9）临时用地交付和复垦。郑州市南水北调办组织建设管理单位、征迁设计、监理，新郑市南水北调办及有关乡镇和涉及产权单位共同签订交付临时用地 810.66 亩。

施工单位使用临时用地完毕，签证返还给新郑市南水北调办。新郑市南水北调办及有关乡村组织复垦，完成临时用地复垦，退还群众耕种。

10）变更管理。经变更程序，共新增工程建设用地 503.7 亩，其中永久征地 3.4 亩，临时用地 500.3 亩。

（11）新郑南段工程。

1）实物指标复核。2010 年 9 月 10 日至 12 月 2 日，河南省水利设计公司、郑州市南水北调办组织新郑市南水北调办及各乡（镇、街道）人民政府再次按要求对各项实物指标进行全面调查复核。对省政府下达的停建令（2003 年 7 月 31 日）后增加的实物指标不予登记。实物指标由权属拥有者、设计调查部门留存影像资料（备查）。外业调查结束时由企业负责人或产权部门负责人签字盖章认可、调查人员签字；并由新郑市人民政府以书面形式对实物指标进行确认，认证后的实物纳入实施规划，作为补偿依据。新郑市人民政府对各自辖区内征迁实物指标及安置方案进行了认定说明，其调查成果得到认可。

2）公告公示。2011 年 1 月，新郑市人民政府对调查、复核后的实物成果在沿线各村张榜公示，公示期 7 天。

3）实施方案编制和批复。2010 年 12 月，河南省人民政府移民工作领导小组以豫移〔2010〕24 号文件批复《南水北调中线一期工程总干渠沙河南—黄河南新郑南段工程征迁安置实施规划报告（审定稿）》。

工程建设涉及新郑市 3 个乡镇 14 个行政村。规划建设用地 5165.44 亩，其中永久征地为 3337.65 亩，临时用地为 1827.79 亩。生产安置人口 2481 人，搬迁安置人口 376 人。拆迁各类房屋 30656.94m²，涉及村组副业 11 个，企业 5 家，单位 1 家。规划专项迁复建 192 条（处）。征迁安置投资 45179.52 万元。

4）补偿投资包干协议。2011 年 3 月，河南省移民办与郑州市南水北调办签订《南水北调中线一期工程总干渠沙河南—黄河南新郑南段工程征迁安置工作任务及投资包干协议》。协议拨付郑州市南水北调办新郑南段征迁投资直接费、基本预备费、其他费、税费 45179.52 万元，约定由郑州市南水北调办负责协调新郑南段工程用地移交，用地手续办理、勘测定界、林地可研、施工环境维护等工作。

5）地方奖补资金。郑州市财政向新郑南段拨付征地奖励补贴、附着物补偿差额资金约

2296万元。

6）农村生产生活安置。

生产安置：涉及14个村人口2481人均采取组内统一调整生产用地方式安置。

实施过程中，根据新郑市人民政府意见，结合村民代表大会会议决定，14个村2481人均采取村内或组内统一调整生产用地的方式进行了妥善安置，生产安置资金平均分配到户。

生产开发项目：初步设计批复新郑市观音寺镇英李行政村214人出村安置，实施阶段调整为本村安置，主要通过从事农田灌溉设施改造、大棚蔬菜种植等高效农业、畜禽养殖等农业生产经营弥补种植业纯收入损失。生产安置项目资金475万元。

生产开发资金主要用于本村农田灌溉设施改造，结余资金用于弥补村民的经济损失。

生活安置：搬迁安置居民涉及7个行政村384人，建设1个集中居民点，安置贾庄闵沟村民组99人；其他6个村285人根据本村村庄实际情况分散安置。

2011年5月拆迁完毕，2012年6月安置点建成，居民入住新居。

7）专项设施迁建。专项迁复建完成207条（处），其中连接道路68条，输电线路26条，通信线路98条，广电线路13条，军事设施2处。

8）企业迁建。工程建设影响5家企业。分别是中石化郑州石油公司新郑九站、新郑市农牧开发中心、新郑胡庄综合建材厂、新郑市天基铸造厂、新郑市永兴保温材料厂。依据企业划分标准及迁建原则，在地方各级政府和企业主管部门协商下，确定5家企业均采取一次性补偿处理方案。

2011年10月完成5家企业的补偿兑付。

9）单位迁建。工程建设影响新郑市城关乡第二初级中学。由于该学校已经停办，对学校整体采用一次性补偿处理方案。

2011年10月完成补偿处理。

10）永久征地交付。用地交付实施中，郑州州市南水北调办监督，新郑市南水北调办组织召开由干渠沿线各乡（镇、街道），村、组干部，群众代表参加的动员大会，提出要求和完成时限。组织进行张榜公示，资金兑付，地面附属物清理、勘边定界、集中力量拆除房屋、坟墓等，多策并举。

2011年5月底前交付永久征地3332.76亩，郑州市南水北调办组织建管单位、征迁设计单位、监理单位，新郑市南水北调办及有关乡镇和涉及产权单位共同签订永久征地移交签证表。

11）临时用地交付和复垦。经郑州市南水北调办组织建管单位、征迁设计、监理，新郑市南水北调办及有关乡镇和涉及产权单位共同签证。2011年4月底前交付临时用地2102.24亩。

施工单位使用临时用地完毕签证返还给新郑市南水北调办。新郑市南水北调办及有关乡村组织复垦，完成2732亩临时用地复垦，退还群众耕种。

12）变更管理。经变更程序，共新增工程建设用地63.31亩，其中永久征地2.69亩，临时用地60.62亩。

（12）禹州长葛段工程。

1）实物指标复核。2010年3月1日至6月14日，河南省水利设计公司进行了实施规划阶段外业调查工作，对初设阶段调查的居民、村组副业、单位、工业企业等实物指标进行复核。

禹州市和长葛市人民政府对辖区内征迁实物指标及安置方案进行了认定说明，调查成果得到确认。

2）公告公示。2010年4月1—3日，禹州市南水北调办对初设阶段调查的居民、村组副业、单位、工业企业等实物指标进行了公示。由禹州市南水北调办和各乡镇办工作人员在沿线涉及的10个乡（镇、街道）49个行政村的村务公开栏进行张贴公示公告，公示期3天。公示期如有异议以村级为单位进行汇总后，报送所属乡（镇、街道），由各乡（镇、街道）初步审核后报送禹州市南水北调办，禹州市南水北调办发函给河南省水利设计公司和征迁监理单位，共同进行复核。

2010年7月，长葛市南水北调办根据河南省水利设计公司提供的补偿清单，会同有关乡镇、行政村在各村村务公开栏张贴公示表，对征地面积、地面附属物、占压居民房屋等内容进行公示。2011年1月，长葛市南水北调办根据征迁设计提供的桥梁占压补偿清单，对桥梁占地、附属物及居民房屋情况进行公示。

3）实施方案编制和批复。2010年8月，河南省人民政府移民工作领导小组以豫移〔2010〕10号文件批复《南水北调中线一期工程总干渠沙河南—黄河南禹州和长葛段征迁安置实施规划报告（审定稿）》。

工程建设涉及禹州市和长葛市12个乡镇64个行政村。规划建设用地24856.35亩，其中永久征地为11523.62亩，临时用地为13332.73亩。生产安置人口11334人，搬迁安置人口2946人。拆迁各类房屋94575.37m²，涉及村组副业41个，企业5家，单位5家。规划专项迁复建432条（处）。征迁安置投资165460.79万元。

4）各级补偿投资包干协议。2010年12月15日，河南省移民办与许昌市南水北调办签订《南水北调中线一期工程沙河南—黄河南许昌段工程征迁安置工作任务及投资包干协议》。协议拨付许昌市南水北调办禹州长葛段征迁投资直接费、基本预备费、其他费、税费165460.78万元，约定由许昌市南水北调办负责协调禹州长葛段工程用地移交，用地手续办理、勘测定界、林地可研、施工环境维护等工作。

禹州市和长葛市人民政府根据南水北调中线工程在各自境内的地理位置，分别与有关乡镇政府签订目标责任书，对南水北调征迁安置工作任务及责任进行了划分和明确。

5）农村生产生活安置。

生产安置：工程涉及的禹州市和长葛市64个行政村11334人中，56个村9296人采取组内统一调整生产用地方式进行安置，其余8个村2038人采取村内统一调整生产用地方式进行安置。

实施过程中，按照河南省人民政府办公厅《关于规范农民集体所有土地征地补偿费分配和使用的意见》（豫政办〔2010〕15号），禹州市征迁涉及的49个村和长葛市征迁涉及的16个村已全部完成生产调地。

生产开发项目：初步设计批复禹州市鸿畅乡小武庄、张得乡许楼、新贺庄、梁北镇陈口、董村、秦村、朱阁乡田庄、古城镇狮子口村，以及长葛市坡胡镇白庄、尹刘、后河镇芝芳村出村安置的1418人，实施规划阶段调整为本村安置。根据各村提出的生产开发项目，主要通过农田灌溉设施改造、大棚蔬菜种植、畜禽养殖等农业生产经营，弥补工程永久征地对当地农民造成的收入损失，确保其生活水平不低于其他群众。经分析论证，各项目符合当地实际情况，

切实可行。规划生产开发项目投资 3063 万元。

生活安置：规划搬迁安置居民涉及 37 个行政村 3059 人，其中 3 个集中居民点，安置禹州市韩城办事处 3 个村 1465 人；其他 19 个村 1594 人（禹州市 15 个村 1532 人，长葛市 4 个村 62 人）本村分散安置。

共搬迁安置 3059 人。建设 3 个集中安置点，新址征地、场地平整及村台、道路、供电、供水、排水、通信等基础设施统一建设完成，安置 1465 人。分散安置 1594 人自行建房入住。

6）专项设施迁建。输电线路由河南省移民办与河南省电力公司签订迁改协议，由其负责按时迁改；通信线路由许昌市南水北调办与各有关通信单位签订迁改协议，各通信单位负责迁改；广电线路由禹州市和长葛市南水北调办与各自辖区内广播电视单位签订迁改协议；管道均在禹州市境内，由禹州市南水北调办与有关单位签订协议；军事设施由许昌市南水北调办与驻许部队签订协议。

专项迁复建完成 597 条（处），其中连接道路 201 条，输电线路 54 条，通信线路 289 条，广电线路 49 条，管道 3 处，军事设施 1 处。

7）工业企业迁建。工程建设影响禹州市境内 5 家工业企业，分别为郭村机砖厂、广东温氏河南禹州家禽有限公司、禹州市化轻机械厂、禹州市砂轮厂和禹州市滑石粉厂。

依据企业迁建原则及受影响情况，在初步设计批复的方案基础上，进一步与地方各级政府及企业主管部门结合，确定 5 家企业均采取一次性补偿方案。

2010 年禹州市南水北调办与 5 家企业签订补偿协议，用地范围内房屋拆除、附属物清理，补偿资金全部兑付到位。

8）单位迁建。工程建设影响禹州市境内 5 家单位，分别为新庄小学、西十里小学、公路局沥青仓库、朱阁供销社、韩兴公司。

据实施规划阶段拆迁安置规划调查，经充分与地方各级政府及单位主管部门协商，依据总干渠对各单位占压影响程度的分析，确定韩城办事处的新庄小学和西十里小学采取整体搬迁安置方案，其余 3 家单位采取一次性补偿安置。

2010 年禹州市南水北调办与 5 家单位业签订补偿协议，用地范围内房屋已拆除，附属物清理，补偿资金已全部兑付到位。2 家搬迁安置单位中，新庄小学校新学校已建成并投入使用，西十里村小学在总干渠红线范围内的房屋已拆除，不影响学校正常使用。

9）永久征地交付。共交付永久征地 11907.937 亩。在许昌市南水北调办组织下，许昌段建管处、征迁设计单位、监理单位、禹州市南水北调办、长葛市南水北调办及有关乡镇和涉及产权单位共同签订永久征地移交签证表。拆迁各类房屋 88145.43m^2，拆迁补偿村组副业 42 个。

10）临时用地交付和复垦。2010 年 12 月上旬至 2011 年 1 月，按照河南省移民办移交南水北调中线工程总干渠黄河南临时用地的要求，河南省水利设计公司派设代人员到现场落实复核临时用地范围实物指标，并提交临时用地土地及地面附属物补偿清单。许昌市南水北调办组织征迁设计、征迁监理、许昌建管处和禹州市、长葛市南水北调办、有关乡村对临时用地位置、附属物情况进行了现场复核，禹州市和长葛市南水北调办根据征迁设计提供的补偿清单，及时组织附属物清理和土地移交手续办理，严格按照时间节点完成各项工作任务。共交付临时用地 12363.18 亩。

临时用地返还工作由许昌市南水北调办牵头，组成县级征迁机构、建管单位、施工企业、监理单位、乡镇、村委等参加的验收组，发现问题现场提出整改意见，督促施工单位限期整改。整改后再次接受验收，直至达到要求为止。初验合格的，及时办理返还签证手续，尽快开展复垦工作。各县（市）与有关乡镇签订复垦目标责任书、乡镇与村签订复垦协议，根据协议规定，乡镇按照协议规定监督各行政村实施复垦。规定了责任：村委按照乡镇的复垦要求开展临时用地复垦工作，复垦完成签订临时用地退还后手续；乡镇政府职责是督促村委的临时用地复垦工作进度，协调解决复垦过程中出现的各类问题，支付复垦费用，并监督、落实资金的使用情况；县级征迁机构职责是负责按标准及时拨付复垦费用，指导乡、村规范、按时完成复垦工作。

11）变更管理。经变更程序，共新增工程建设用地 2192.04 亩，其中永久征地 290.04 亩，临时用地 1902 亩。

（13）宝丰郏县段工程。

1）实物指标复核。2010 年 5—11 月，在河南省移民办的领导下，平顶山南水北调办组织了河南省水利设计公司、宝丰县、郏县征迁机构，有关县国土局、县林业局、沿线乡镇政府等单位进行了实施规划阶段外业调查工作，在调查过程中，对勘测定界范围内的各类地面附着物进行调查复核，调查结果各参加单位及产权人均现场进行签字认可。宝丰县、郏县政府对辖区内征迁实物指标及安置方案进行认定说明，调查成果得到确认。

2）公告公示。实施过程中，由宝丰县、郏县南水北调办公室组织所涉乡镇，认真落实上级部门的文件精神，根据补偿清单进行张榜公示，向群众宣传国家政策，让群众充分了解各类征迁补偿标准，由各乡镇南水北调办将调查情况、补偿数额在村委会进行张榜公示，形成了“一把尺度，一个标准”，做到了公开透明，让群众清清楚楚、明明白白。同时成立南水北调工作宣传小组，张贴了总干渠用地保护（停建令）公告、征迁实物指标公示等，印制宣传册 3 万余本、宣传单 10 万余份，经过有效地宣传活动，极大地促进了南水北调征迁工作的开展，也为工程顺利建设打下了坚实的基础。

3）实施方案编制和批复。2010 年 12 月，河南省人民政府移民工作领导小组以豫移〔2010〕24 号文件批复《南水北调中线一期工程总干渠沙河南—黄河南宝丰至郏县段征迁安置实施规划报告（审定稿）》。

工程建设涉及鲁山县、宝丰县和郏县 8 个乡镇 49 个行政村。规划建设用地 20511.8 亩，其中永久征地为 8708.91 亩，临时用地为 11802.89 亩。生产安置人口 9450 人，搬迁安置人口 2163 人。拆迁各类房屋 67746.08m^2，涉及村组副业 25 个，单位 4 家。规划专项迁复建 381 条（处）。征迁安置投资 138285.95 万元。

4）各级补偿投资包干协议。2011 年 12 月，河南省移民办与平顶山市南水北调办签订《南水北调中线一期工程总干渠黄河南工程征迁安置工作任务及投资包干协议》。协议拨付平顶山市南水北调办征迁投资直接费、基本预备费、其他费、税费 363036.89 万元，约定由平顶山市南水北调办负责协调 8 个设计单元（宝丰郏县段工程、北汝河倒虹吸工程、鲁山北段工程、沙河渡槽段工程、鲁山 2 段工程、鲁山 1 段工程、叶县段工程、澧河渡槽工程）工程用地移交，用地手续办理、勘测定界，林地可研，施工环境维护等工作。

5）补偿兑付。市、县两级征迁机构严格按照实施规划报告下达的资金计划，结合实际开展补偿资金兑付工作。严格遵照征迁程序和工作机制实施，做到调查精确，补偿有据，审核及

时，足额兑付补偿款，确保了南水北调工程的正常施工。实施过程中针对河南省移民办下达的每一笔补偿资金，对补偿内容逐项核实，确保不漏项、不重复，既做到了补偿资金专款专用，又保障了群众的利益。

郏县完成征迁安置投资 44814.49 万元，其中农村部分土地征用有关补偿 18478.03 万元，房屋补偿及搬迁费 978.65 万元，居民安置点建设费 632.16 万元，农副业迁建补偿资金 867.43 万元，影响处理规划资金 2360.35 万元，生产安置项目资金 50 万元，单位迁建资金 377.28 万元，专业项目复建费 4394.09 万元，有关税费 15096.04 万元，管理处建设用地征迁费用 89.82 万元，其他费用 633.75 万元。

6）农村生产生活安置。

生产安置：工程涉及的宝丰县 23 个行政村和郏县 25 个行政村 9450 人中，41 个村采取组内统一调整生产用地方式进行安置，3 个村采取村内统一调整生产用地方式进行安置，4 个村不调整生产用地。

实施过程中，宝丰县、郏县征迁机构充分发挥村民委员会和村民代表会的作用，分别制定各村生产用地调整方案和土地补偿资金的兑付方案，切实做到公开、公正、透明，接受群众监督，让群众知情，使群众放心，达到公平合理、和谐征迁、社会稳定的工作目标。“两个方案”全部在村政务公开栏公示，并报乡镇人民政府批准后实施。

生产开发项目：初设批复宝丰县李庄、王铁庄、史营及郏县杜庄、小卢寨、鲁庄、狮西 7 个行政村出村安置 1348 人，实施规划阶段调整为本村安置；宝丰县城关镇大寺、友好、西街及北街 4 个行政村 737 人因本村耕地面积较少，按《南水北调中线一期工程总干渠初步设计建设征地征迁安置规划设计及补偿投资概算编制技术规定》中出村安置原则计算生产开发项目投资。根据各村提出的生产开发项目，主要通过农田灌溉设施改造、大棚蔬菜种植、畜禽养殖等农业生产经营，弥补工程永久征地对当地农民造成的收入损失。经过分析论证，各项目符合当地实际情况，切实可行。规划生产开发资金 3690 万元。

平顶山市南水北调办以《关于南水北调总干渠郏县生产开发项目实施方案的批复》（平移干〔2017〕8 号）、《关于下达南水北调中线工程生产安置项目资金的通知》（平移干〔2015〕67 号）文件对南水北调郏县段生产开发项目资金使用管理方式进行了明确。为充分合理利用生产开发项目资金，结合干渠沿线村庄实际情况，并充分听取渣园乡、白庙乡、安良镇政府意见。生产开发项目通过新建村内基础设施提高群众生产生活水平。一期项目资金新建混凝土道路 19564m，文化广场 5 座，图书室 2 座，排水管道 860m，新建机井 8 眼。

生活安置：搬迁安置 1591 人，建设 6 个集中安置点，安置宝丰县杨庄镇小李庄、石灰窑、高庄，石桥镇肖楼和观音堂林站乔岭，郏县安良镇孔楼 1095 人；其余宝丰县杨庄镇小店和肖旗乡乔庄，郏县渣元乡杜庄、小芦寨和安良镇鲁庄、南街 496 人分散安置。

7）专项设施迁建。专项迁复建完成 578 条（处），其中连接道路 136 条，输电线路 71 条，通信线路 343 条，广电线路 22 条，管道 6 处。

8）单位迁建。工程建设影响单位 4 家，分别为宝丰县杨庄镇大温庄小学、郏县渣园乡东冯庄军民小学、安良镇郏县第二职业高中及安良镇养老院。经地方各级政府充分与单位主管部门协商，依据总干渠对各单位占压影响程度，设计单位对方案进行经济技术论证，宝丰县杨庄镇大温庄小学和郏县安良镇郏县第二职业高中及安良镇养老院采取整体搬迁方案，郏县渣园乡东冯庄军民小学采取一次性补偿方案。

宝丰县杨庄镇大温庄小学，郏县渣园乡东冯庄军民小学、安良镇郏县第二职业高中及安良镇养老院已按照规划方案实施，补偿兑付。

9）永久征地交付。宝丰县、郏县南水北调办组织各乡镇南水北调办配合设计部门、建设管理单位对渠道用地范围内的地面附着物清理工作进行验收。验收合格后县征迁机构与建管单位、施工单位、征迁设计单位、监理单位、有关乡镇和行政村签订永久征地移交签证表。为满足工程建设需要，制定了县级领导联系村、相关单位包村制度，对口承包征迁安置任务，对所包的村、户征迁安置工作负总责，并实行包宣传、包稳定、包征迁、包安置、包开工时间的“五包”责任制。

共交付永久征地 9041.68 亩，其中宝丰县 4754.02 亩，郏县 4233.26 亩，鲁山县 54.3 亩。拆迁各类房屋 48877.5m^2，拆迁补偿村组副业 29 个。

10）临时用地交付和复垦。宝丰县、郏县南水北调办组织各乡镇南水北调办配合设计部门、建管单位对用地附着物清理工作进行验收。验收合格后县级征迁机构与建管单位、施工单位、征迁设计单位、监理单位、有关乡镇和行政村签订临时用地移交签证表。

共交付临时用地 13446.64 亩。

临时用地返还复垦工作先期由各县征迁机构负责组织实施。一是明确职责，落实责任分工。明确了县、乡镇、工程建管单位、复垦实施单位的责任，建立了责任追究制度，保证了各项工作顺利开展。二是制定了详细的临时用地返还、复垦工作计划。编制了临时用地复垦方案编制大纲，制定了临时用地返还、复垦工作意见，做到统一标准、统一指导、按时推进。三是成立临时用地返还复耕工作领导小组，定期检查，定期上报工作开展情况，确保工作成效。每月初组织一次现场检查，逐地块督促临时用地按计划返还，召开会议协调返还过程中存在的问题，推进工作顺利开展。四是督促工程建管单位按时返还临时用地，确保及时复垦。根据每块临时用地使用期限，督促工程建管单位按时返还用地，为地方复垦留足时间。对建管单位需要进行延期使用的用地，及时报请省政府移民办批准，保证群众利益。五是优先选择被占地农村集体经济组织承包复垦工程。县级政府为临时用地复垦工作主体，由县级征迁机构负责本辖区临时用地复垦组织、实施。在具体复垦实施过程中，优先选择被占地农村集体经济组织承包复垦工程，签订合同，明确双方权责。六是严把验收关，确保复垦土地质量。邀请临时用地涉及的乡、村代表参与验收工作。验收合格后，退还给原土地所有者使用。验收不合格，责令复垦单位限期整改，重新申请验收，确保质量。

至 2016 年年底，临时用地已全部复垦并退还群众耕种。

11）变更管理。经变更程序，共新增工程建设用地 2002.44 亩，其中永久征地 37.44 亩，临时用地 1965 亩。

（14）北汝河倒虹吸段工程。

1）实物指标复核。2009 年 11 月 15 日至 12 月 29 日，在河南省移民办的领导下，平顶山南水北调办组织了河南省水利设计公司、宝丰县、郏县征迁机构，有关县国土局、县林业局、沿线乡镇政府等单位进行了实施规划阶段外业调查工作，在调查过程中，对勘测定界范围内的各类地面附着物进行调查复核，调查结果各参加单位及产权人均现场进行签字认可。宝丰县、郏县人民政府对辖区内征迁实物指标及安置方案进行认定说明，调查成果得到确认。

2）公告公示。宝丰县、郏县征迁部门认真落实上级部门的文件精神，以公告形式向群众宣传国家政策，让群众充分了解各类征迁补偿标准，通过宣传使广大群众干部认识到，南水北调工程建设对国家、对地方、对征迁户本人的重大意义，才能为征迁工作的顺利开展奠定基础。邀请省市南水北调征迁机构领导、专家为宝丰县征迁工作人员详细解释政策、法规，具体工作中的注意事项等。通过一系列会议的召开为征迁工作的顺利开展奠定了基础。

补偿费用安置方案等内容公开公示情况：根据上级要求，征迁任务、补偿清单发放后，宝丰县、郏县南水北调办坚持第一时间进行公示，在征迁村多处张贴，并对群众提出的问题答疑解惑，及时汇总群众反映的情况，按程序上报。在永久征地、临时用地征迁工作开展之前张贴发布禁播、迁坟公告，确保群众早做准备。

根据征迁工作安排，结合当地实际情况，宝丰县南水北调办共发放张贴禁播、迁坟、征迁通知等公告1300余份。郏县南水北调办共发放张贴禁播、迁坟、征迁通知等公告1000余份。

3）实施规划编制和批复。2010年4月，河南省人民政府移民工作领导小组以豫移〔2010〕4号文件批复《南水北调中线一期工程总干渠沙河南—黄河南宝丰至郏县段征迁安置实施规划报告（审定稿）》。

工程建设涉及宝丰县和郏县4个乡镇9个行政村。规划建设用地2407.61亩，其中永久征地为1396.46亩，临时用地为1011.15亩。生产安置人口901人，搬迁安置人口749人。拆迁各类房屋23373.49m^2，涉及村组副业3个。规划专项迁复建15条（处）。征迁安置投资17402.32万元。

4）各级补偿投资包干协议。2011年12月，河南省移民办与平顶山市南水北调办签订《南水北调中线一期工程总干渠黄河南工程征迁安置工作任务及投资包干协议》。协议拨付平顶山市南水北调办征迁投资直接费、基本预备费、其他费、税费363036.89万元，约定由平顶山市南水北调办负责协调8个设计单元（宝丰郏县段工程、北汝河倒虹吸工程、鲁山北段工程、沙河渡槽段工程、鲁山2段工程、鲁山1段工程、叶县段工程、澧河渡槽工程）工程用地移交，用地手续办理、勘测定界，林地可行性研究，施工环境维护等工作。

5）补偿兑付。市、县两级征迁机构严格按照实施规划报告下达的资金计划，结合宝丰县实际，开展补偿资金兑付工作。严格遵照征迁程序和工作机制实施，做到调查精确，补偿有据，审核及时，足额兑付补偿款，确保了南水北调工程的正常施工。实施过程中针对下达的每一笔补偿资金，对补偿内容逐项核实，确保不漏项、不重复，既做到了补偿资金专款专用，又保障了群众的利益。

6）农村生产生活安置。

生产安置：工程涉及的3个行政村901人中，其中2个村829人采取村内统一调整生产用地方式进行安置，其余1个村72人采取组内统一调整生产用地方式进行安置。

实施过程中，宝丰县、郏县征迁机构充分发挥村民委员会和村民代表会的作用，分别制定各村生产用地调整方案和土地补偿资金的兑付方案，“两个方案”全部在村政务公开栏公示，并报乡镇人民政府批准后实施。

生产开发项目：初设批复宝丰县石桥镇边庄及郏县渣园乡朱庄2个行政村出村安置的532人，实施规划阶段调整为本村安置。如果不出村安置，2个村种植业纯收入共减少65.57万元。根据各村提出的生产开发项目，主要通过干果种植、蔬菜种植、家禽养殖、休闲观光等农业生产经营，采取“果、鸡、猪、鱼、休闲”立体农业开发模式，弥补工程永久征地对当地农民造成的收入损失。规划生产开发资金946.5万元。

平顶山市南水北调办以《关于南水北调总干渠郏县生产开发项目实施方案的批复》（平移干〔2017〕8号）、《关于下达南水北调中线工程生产安置项目资金的通知》（平移干〔2015〕67号）对南水北调郏县段生产开发项目资金使用管理方式进行了明确。为充分合理利用生产开发项目资金，结合干渠沿线村庄实际情况，并充分听取渣园乡、白庙乡、安良镇政府意见。生产开发项目项目通过新建村内基础设施提高群众生产生活水平。一期项目资金新建混凝土道路1006m，文化广场1座。

生活安置：搬迁安置2个行政村829人，其中规划1个集中安置点，安置郏县朱庄村703人；其余宝丰边庄村126人分散安置。

建设农村集中安置点1个，安置703人，居民全部入住。

7）专项设施迁建。专项迁复建完成14条（处），其中连接道路11条，通信线路2条，广电线路2条。

8）永久征地交付。宝丰县、郏县南水北调办组织各乡镇南水北调办配合设计部门、建管单位对渠道用地范围内的地面附着物清理工作进行验收。验收合格后县级征迁机构与建管单位、施工单位、征迁设计、监理、有关乡镇和行政村签订永久征地移交签证表。

共交付永久征地1403.82亩。拆迁各类房屋23744m²，拆迁补偿村组副业3个。

9）临时用地交付和复垦。宝丰县、郏县南水北调办组织各乡镇南水北调调办配合设计部门、建管单位对用地附着物清理工作进行验收。验收合格后县级征迁机构与建管单位、施工单位、征迁设计单位、监理单位、有关乡镇和行政村签订临时用地移交签证表。共交付临时用地1315.45亩，其中宝丰县737亩，郏县608.45亩。

临时用地返还复垦工作先期由各县征迁部门负责组织实施。一是明确职责，落实责任分工。明确了县、乡镇、工程建管单位、复垦实施单位的责任，建立了责任追究制度，保证了各项工作顺利开展。二是制定了详细的临时用地返还、复垦工作计划。编制了临时用地复垦方案编制大纲，制定了临时用地返还、复垦工作意见，做到统一标准、统一指导、按时推进。三是成立临时用地返还复耕工作领导小组，定期检查，定期上报工作开展情况，确保工作成效。每月初组织一次现县级政府为临时用地复垦工作主体，由县级征迁机构负责本辖区临时用地复垦组织、实施。在具体复垦实施过程中，优先选择被占地农村集体经济组织承包复垦工程，签订合同，明确双方权责。严把验收关，邀请临时用地涉及的乡、村代表参与验收工作。验收合格后，退还给原土地所有者使用。验收不合格，责令复垦单位限期整改，重新申请验收，确保质量。

截至2016年年底，1315.45亩临时用地已全部复垦退还群众耕种。

10）变更管理。变更内容主要有工程新增用地，地类差异，居民、农副业实物指标和专项错漏，总干渠影响处理，边角地处理，临时用地超期补偿等。共新增工程建设临时用地57.6亩。

（15）鲁山北段工程。

1）实物指标复核。2010年5—11月，鲁山县南水北调办根据工作需要配合河南省水利设计公司进行了实施规划阶段外业调查工作。调查成果得到了权属单位、物权人、相关集体组织

的签字认可。鲁山县政府对辖区内征迁实物指标及安置方案进行了认定说明，调查成果得到确认。

2）公告公示。2010年11月，鲁山县南水北调办对沿线各村（组）实物调查数量、补偿标准、补偿数量、补偿金额等内容进行了公示，公示期为5个工作日。

3）实施方案编制和批复。2010年12月，河南省人民政府移民工作领导小组以豫移〔2010〕24号文件批复《南水北调中线一期工程总干渠沙河南—黄河南鲁山北段工程征迁安置实施规划报告（审定稿）》。

工程建设涉及鲁山县1个乡8个行政村。规划建设用地3126.47亩，其中永久征地1492.25亩，临时用地1634.22亩，生产安置人口1655人，搬迁人口910人。拆迁房屋面积25329.13m^2，涉及农副业3家，单位2家。规划专项81条（处）。征迁安置投资25104.27万元。

4）补偿兑付。以鲁山北段实施规划补偿清单为依据，根据征迁工作进度，分批、分期拨付使用。鲁山县南水北调办将直接费中临时用地、永久征地补偿资金、房屋及附属设施补偿资金、居民安置建设费、边角地处理补偿资金、居民生活影响处理资金、农副业补偿资金、单位迁建补偿资金等下达到乡政府，由乡政府负责组织实施或直接兑付到物权单位及相关村、组、户；临时用地复垦费、灌溉影响处理费由县南水北调办统一使用按规划实施，企业迁建补偿费签订补偿协议后直接兑付给企业。

5）农村生产生活安置。

生产安置：工程涉及的7个行政村1655人采取组内统一调整生产用地方式进行安置。

实施过程中，沿线三个乡（镇、街道）党委、政府派出指导组，深入各征地村指导生产安置工作，各村均采取“4＋2”工作法，根据大多数群众的意愿，报经省政府移民办批复后，不再调整生产用地。土地补偿费按全部兑付到村集体，各村召开村民代表会议确定分配办法，分配到户。

生产开发项目：初步设计批复郝村、马庄2个村出村安置的146人，实施规划阶段调整为本村安置。因此2个村种植业纯收入共减少18万元。根据各村提出的生产开发项目，主要通过农田灌溉设施改造、大棚蔬菜种植、畜禽养殖等农业生产经营弥补工程永久征地对当地农民造成的收入损失，确保其生活水平不低于其他群众。规划生产开发资金260万元。

生活安置：搬迁安置4个行政村954人，建设1个集中安置点，安置辛集乡史庄村844人；其余辛集乡三街东村和辛集村3个村110人分散安置。搬迁群已入住新居。

6）专项设施迁建。专项迁复建完成184条（处），其中连接道路31条，输电线路10条，通信线路125条，广电线路18条。

7）单位迁建。工程建设影响单位2家，分别为鲁山县辛集乡畜牧站及辛集乡联中。经地方各级政府充分与单位主管部门协商，依据总干渠对各单位占压影响程度，规划辛集乡畜牧站、辛集乡联中采取整体搬迁方案，辛集乡联中采取一次性补偿方案。

鲁山县南水北调办按照实施进度，与2家产权单位签订补偿协议，由其按照规划方案实施完成。

8）永久征地交付。2010年9月10日，南水北调中线工程叶县段征迁安置指挥部组织召开南水北调中线工程鲁山段工程永久征地动员大会，对南水北调中线工程鲁山北段的永久征地征迁工作进行全面动员部署。河南省国土资源厅国土规划院承担鲁山北段工程永久征地的土地堪测定界任务，鲁山北段建管单位承担工程永久征地的放线、栽桩、地表清理和临时施工通道的打通任务。

2010年9月底，秋收结束后，征迁工作全面启动，10月25日鲁山北段1503.04亩永久征地全部移交给工程建设单位。用地范围内附着物清理，拆迁各类房屋28317.59m^2，拆迁补偿农副业8家。

9）临时用地交付和复垦。2010年12月21日，南水北调中线工程叶县段征迁安置指挥部组织召开未开工渠段临时用地征迁移交工作动员会，安排部署临时用地征迁移交工作，要求移交用地的工作标准是：用地范围内零星树木全部砍伐清理、坟墓全部迁移、房屋全部拆除、专项线路全部移建、办理移交签证手续。2011年1月12日，鲁山北段临时用地1665.69亩全部移交建管单位使用。

鲁山县南水北调办根据河南省移民办和平顶山市南水北调办关于临时用地复垦工作的指导意见，委托设计单位统一编制了临时用地复垦方案，面积较小的地块，直接委托给土地权属村进行复垦；面积较大的地块，直接交给南水北调施工单位进行复垦。

截至2015年10月，完成临时用地复垦面积1334.46亩（实际需要复垦面积），均退还群众耕种。

10）变更管理。变更内容主要有工程新增用地，地类差异，居民、农副业实物指标和专项错漏，总干渠影响处理，边角地处理等。共新增工程建设用地157.98亩，其中永久征地4.98亩，临时用地153亩。

（16）沙河渡槽段工程。

1）实物指标复核。2009年11月15日至12月29日，鲁山县南水北调办、河南省水利设计公司、国土部门、有关乡镇等联合组成调查组，完成了土地勘测定界及地面附着物清单复核工作。调查成果得到了权属单位、物权人、相关集体组织的签字认可。鲁山县政府对辖区内征迁实物指标及安置方案进行了认定说明，调查成果得到确认。

2）公告公示。2009年12月30日，鲁山县南水北调办对沿线各村组实物调查数量、补偿标准进行了公示，公示期为5～7个工作日。

3）实施方案编制和批复。2010年4月，河南省人民政府移民工作领导小组以豫移〔2010〕4号文件批复《南水北调中线一期工程总干渠沙河南—黄河南沙河渡槽工程征迁安置实施规划报告（审定稿）》。

工程建设涉及鲁山县3个乡镇12个行政村。规划建设用地5918.39亩（不含大营石料场），其中永久征地2492.84亩，临时用地3425.56亩。生产安置人口1873人，搬迁安置人口440人。拆迁房屋面积13441.96m^2；涉及拆迁副业12家、企业2家。规划专项迁复建53条。征迁安置补偿总投资31391.76万元。

4）补偿兑付。根据征迁工作进度，按照沙河渡槽段实施规划补偿清单，分批、分期拨付使用。鲁山县南水北调办将直接费中临时用地、永久征地补偿资金、房屋及附属设施补偿资金、居民安置建设费、边角地处理补偿资金、居民生活影响处理资金、农副业补偿资金、单位迁建补偿资金等下达到乡，由乡政府负责组织实施或直接兑付到物权单位及相关村、组、户；临时用地复垦费、灌溉影响处理费由县南水北调办统一使用按规划实施，企业迁建补偿费签订

补偿协议后直接兑付给企业。

5）农村生产生活安置。

生产安置：工程涉及的12个行政村1873人中，9个村1483人组内统一调整生产用地方式进行安置，3个村390人村内统一调整生产用地。

实施过程中，根据大多数群众的意愿，报经河南省移民办批复后，不再调整生产用地。

生产开发项目：初步设计批复沙诸王、楼东、詹营、核桃园四个村出村安置的461人，实施规划阶段调整为本村安置。因此4个村种植业纯收入共减少56.82万元。根据鲁山县政府提出的《鲁山县辛集乡核桃园村牛郎织女文化之乡生态农业观光园项目可行性报告》，通过从事葡萄种植、大棚蔬菜种植、畜禽养殖、休闲观光、餐饮、住宿等农业生产经营，采取“果、鸡、牛、猪、休闲”立体农业开发模式，以弥补工程永久征地对当地农民造成的收入损失。经过分析论证，此项目符合当地实际情况，切实可行。规划生产开发资金825万元。

鲁山县南水北调办按照规划方案，通过种植、养殖和其他农业开发项目实施弥补其种植业纯收入损失，确保其生活水平不低于其他群众。

生活安置：搬迁安置9个行政村594人，建设3个集中安置点，安置442人；其余152人分散安置。

实际搬迁安置578人，其中集中435人和分散安置143人。

6）专项迁复建。专项迁复建完成166条（处），其中连接道路31条，通信线路118条，广电线路16条，管道1条。

7）工业企业迁建。工程建设影响鲁山县汇源办事处2家企业，即鲁山县万春园林绿化有限公司和鲁山县鲁阳建筑安装工程有限公司（包括混凝土预制板厂和水泥管厂），依据企业迁建原则、受影响程度及企业自身意见，2家企业均采取补偿处理方案。

鲁山县南水北调办与2家企业签订补偿协议，完成兑付。

8）永久征地交付。2009年12月至2010年6月，鲁山县南水北调办组织协调三个乡（镇）全面完成地上附着物的清除工作，组织建管单位、征迁设计单位、监理及有关乡镇和涉及产权单位共同签订永久征地移交签证表，共交付永久征地2315.9亩。拆迁各类房屋22472.92m^2，拆迁补偿农副业18家。

9）临时用地交付和复垦。临时用地交付与永久征地交付同步实施，共交付临时用地2835.78亩。

规划复垦临时用地2610.28亩。鲁山县南水北调办根据河南省移民办和平顶山市南水北调办关于临时用地复垦工作的指导意见，委托设计单位统一编制了临时用地复垦方案，面积较小的地块，直接委托给土地权属村进行复垦；面积较大的地块，直接交给南水北调施工单位进行复垦。至2015年5月30日，已完成全部临时用地复垦退还群众耕种。

10）变更管理。变更内容主要有工程新增用地，地类差异，居民、农副业、工业企业实物指标和专项错漏，总干渠影响处理，边角地处理等。共新增工程建设永久征地41.08亩。

（17）鲁山2段工程。

1）实物指标复核。2010年5—11月，鲁山县南水北调办、长江设计公司、国土部门、有关乡镇等联合组成调查组，进行了实施规划阶段外业调查工作，完成了初步设计阶段调查的居民、村组副业、单位、工业企业等实物指标进行了公示、复核，并按复核后的实物指标提供补偿清单。鲁山县人民政府对辖区内征迁实物指标及安置方案进行了认定说明，调查成果得到确认。

2）公告公示。2010 年 11 月，鲁山县南水北调办对沿线各村组实物调查数量、补偿标准进行了公示，公示期为 5 个工作日。

3）实施方案编制和批复。2011 年 8 月，河南省人民政府移民工作领导小组以豫移〔2011〕19 号文件批复长江设计公司编制的《南水北调中线一期工程总干渠陶岔至沙河南工程（鲁山 2 段）建设征地拆迁安置实施规划报告（审定稿）》。

工程建设涉及鲁山县 2 个乡镇 21 个行政村。规划建设用地 4280 亩，其中永久征地 1900.3 亩，临时用地 23799.7 亩，生产安置人口 1554 人，搬迁人口 130 人，拆迁房屋面积 5406.8m²，农副业 10 家。规划专项迁复建 63 条（处）。征迁安置补偿 24045.86 万元。

4）补偿兑付。根据征迁工作进度，按照实施规划补偿清单分批、分期拨付使用。鲁山县南水北调办将直接费中临时用地、永久征地补偿资金、房屋及附属设施补偿资金、居民安置建设费、边角地处理补偿资金、居民生活影响处理资金、农副业补偿资金、单位迁建补偿资金等下达到乡镇政府，由乡镇政府负责组织实施或直接兑付到物权单位及相关村、组、户；临时用地复垦费、灌溉影响处理费由县南水北调办统一使用。

5）农村生产生活安置。

生产安置：规划生产安置涉及的 13 个行政村 1554 人，均采取村内或组内统一调整生产用地的方式进行安置，共调整本村原居民耕园地 1672.4 亩，人均安置标准 1.06 亩。

实施过程中，根据大多数群众的意愿，经报批准后，不再调整生产用地。

生产安置项目：初步设计批复出村安置调整为本村安置马楼乡庹村和张良镇黄五常村 55 人，若采取出村或邻村调地安置方案，分别需调整耕地 29.1 亩和 10.5 亩，2 村亩均种植业纯收入分别为 1338 元和 1190 元；若不出村或邻村安置，2 村征地后种植业纯收入分别减少 3.89 万元和 1.25 万元。为了弥补工程永久征地对 2 个村农民造成的收入损失，结合 2 乡镇提出的蔬菜大棚种植项目，在充分征求村民意愿的基础上，分别规划新建蔬菜大棚 32 亩和 15 亩。规划生产开发资金 95 万元。

生活安置：搬迁安置人口涉及 5 个行政村 93 人。结合生产安置规划，充分考虑征地拆迁居民的意愿后，本村后靠分散安置。

6）专项设施迁建。专项迁复建完成 105 条（处），其中连接道路 17 条，输电线路 16 条，通信线路 68 条，广电线路 4 条。

7）永久征地交付。2010 年 10 月 20 日，长江设计公司提交了以村民小组为单位编制的永久征地土地补偿清单。

2011 年 2 月下旬至 2011 年 4 月底，平顶山市南水北调办组织长江设计公司、征迁监理、鲁山县南水北调办处理核实用地范围调整和因设计变化造成渠道永久征地和临时用地面积增减出现的征迁处理有关遗留问题，对增减房屋及地面附属物等实物指标进行现场复核确认形成会议纪要，同时提交相对应的补充清单。

共交付永久征地 2035.09 亩。拆迁各类房屋 4509.92m²，拆迁补偿农副业 6 家。

8）临时用地交付和复垦。2010 年 12 月上旬至 2011 年 1 月底，长江设计公司现场复核临时用地范围实物指标，并提交临时用地土地及地面附属物补偿清单。

2010年12月21日，南水北调中线工程叶县段征迁安置指挥部组织召开未开工渠段临时用地征迁移交工作动员会，安排部署临时用地征迁移交工作，要求移交用地的工作标准是：用地范围内零星树木全部砍伐清理、坟墓全部迁移、房屋全部拆除、专项线路全部移建、办理移交签证手续。共交付临时用地2479.62亩。

鲁山县南水北调办根据河南省移民办和平顶山市南水北调办关于临时用地复垦工作的指导意见，委托设计单位统一编制了临时用地复垦方案，面积较小的地块，直接委托给土地权属村进行复垦；面积较大的地块，直接交给南水北调施工单位进行复垦。至2015年10月30日，已完成2361.95亩临时用地复垦退还群众耕种。

9）变更管理。变更内容主要有工程新增用地，地类差异，居民、农副业实物指标和专项错漏，总干渠影响处理，边角地处理等。共新增工程建设用地49.1亩，其中永久征地20.3亩，临时用地28.8亩。

（18）鲁山1段工程。

1）实物指标复核。2010年5—11月，平顶山市南水北调办组织长江设计公司、鲁山县南水北调办、有关乡镇、国土部门等联合组成调查组，完成了土地勘测定界及地面附着物清单复核工作。主要包括：①对初设阶段调查的居民、村组副业、单位、工业企业等实物指标进行了公示、复核，并按复核后的实物指标提供补偿清单；②在初步设计成果基础上，以户为单位进一步落实集中居民点建设新址及人口规模，对人口规模扩大和新址发生变化的居民点，补充地形测量及地质勘察工作；③完成居民点总体平面布置，在征求乡村意见并得到签字认可后，全面开展居民点场地平整、道路、对外交通、给排水、电力、电信及有线电视、文化教育、卫生等基础设施及公共设施项目的规划设计。鲁山县政府对辖区内征迁实物指标及安置方案进行了认定说明，调查成果得到确认。

2）公告公示。2010年11月，鲁山县南水北调办对沿线各村（组）实物调查数量、补偿标准进行了公示，公示期为5个工作日。联合调查组对有异议的实物进一步现场核实确认，由户主、村级代表、乡镇代表、县级代表、设计代表五方签字认可。

3）实施方案编制和批复。2011年8月，河南省人民政府移民工作领导小组以豫移〔2011〕19号文件批复长江设计公司编制的《南水北调中线一期工程总干渠陶岔至沙河南工程（鲁山1段）建设征地拆迁安置实施规划报告（审定稿）》。

工程建设涉及叶县和鲁山县4个乡镇的27个行政村。规划建设用地7143.4亩，其中永久征地2863.9亩，临时用地4279.5亩。生产安置人口1671人，搬迁人口296人。拆迁房屋面积7241.7m^2，农副业1家。规划专项迁复建81条（处）。征迁安置投资35792.40万元。

4）农村生产生活安置。

生产安置：规划生产安置涉及的19个行政村1671人，均采取村内或组内统一调整生产用地的方式进行安置，调整本村原居民耕园地2437.0亩，人均安置标准1.51亩。

实施过程中，根据大多数群众的意愿，不再调整生产用地。

生产开发项目：初步设计批复杨南村出村安置30人，实施规划调整为在本村调地安置。若采取出村或邻村调地安置方案，需调整耕地32.4亩，该村亩均种植业纯收入为1414元，若不出村或邻村安置，该村征地后种植业纯收入减少4.58万元。为了弥补工程永久征地对本村农民造成的收入损失，结合本镇提出的蔬菜大棚种植项目，在充分征求村民意愿的基础上，规划新建蔬菜大棚35亩。规划生产开发资金70万元。

生活安置：搬迁安置4个行政村305人。建设1个集中居民点，安置231人；分散安置65人。

5）专项设施迁建。专项迁复建完成118条（处），其中连接道路42条，输电线路12条，通信线路63条，管道1条。

6）永久征地交付。2011年2月下旬至2011年4月底，平顶山市南水北调办组织长江设计公司、征迁监理、鲁山县南水北调办分2次对鲁山1段地方提出用地范围调整和因设计变化造成渠道永久征地和临时用地面积增减出现的征迁处理有关遗留问题，对增减房屋及地面附属物等实物指标进行现场复核确认形成会议纪要，同时提交相对应的补充清单。

2010年9月10日，南水北调中线工程叶县段征迁安置指挥部组织召开南水北调中线工程鲁山段工程永久征地动员大会，对南水北调中线工程鲁山1段的永久征地征迁工作进行全面动员部署。河南省国土资源厅国土规划院承担鲁山1段工程永久征地的土地勘测定界任务，鲁山1段建管单位承担工程永久征地的放线、栽桩、地表清理和临时施工通道的打通任务。

2010年9月底，秋收结束后，征迁工作全面启动，通过各方的20多天的共同努力，2010年10月25日共交付永久征地为2876.13亩。鲁山县南水北调办及有关乡镇、建管单位、征迁设计单位、监理单位和涉及产权单位共同签订永久征地移交签证表，拆迁各类房屋7283.08m^2，拆迁补偿农副业1家。

7）临时用地交付和复垦。2010年12月上旬至2011年1月底，长江设计公司又先后派人员到现场落实灌溉影响规划以及连接路规划，并配合地方政府完成生产安置规划工作；现场复核临时用地范围实物指标，并提交临时用地土地及地面附属物补偿清单。

2010年12月21日，南水北调中线工程叶县段征迁安置指挥部组织召开未开工渠段临时用地征迁移交工作动员会，安排部署临时用地征迁移交工作，要求移交用地的工作标准是：用地范围内零星树木全部砍伐清理、坟墓全部迁移、房屋全部拆除、专项线路全部移建、办理移交签证手续。2011年1月12日共交付临时用地4280.5亩。

规划复垦临时用地4045亩。为将临时用地及时复垦退还给当地群众，鲁山县南水北调办根据河南省移民办和平顶山市南水北调办关于临时用地复垦工作的指导意见，委托设计单位统一编制了临时用地复垦方案，面积较小的地块，直接委托给土地权属村进行复垦；面积较大的地块，直接交给南水北调施工单位进行复垦。已全部复耕退还给当地群众。

8）变更管理。经变更程序，共新增工程建设用地27.23亩，其中永久征地22.83亩，临时用地4.4亩。

（19）澧河渡槽段工程。

1）实物指标复核。2010年5月6日至7月上旬，平顶山市南水北调办组织长江设计公司、征迁监理、叶县南水北调办及有关乡镇，配合长江设计公司开展澧河渡槽段外业规划工作。叶县人民政府对辖区内征迁实物指标及安置方案进行了认定说明，调查成果得到确认。

2）公告公示。分村公示工程用地面积、地类和地面附着物数量。自南水北调开工以来，由于宣传措施得力，使广大农户在土地测量、地上附属物清理和交地等方面，给予了积极配合和大力支持。公示后，没有异议按公示结果执行；如有异议，由市级征迁机构查清有关情况，组织勘测定界单位、设计、监理单位现场核实，提出处理意见。

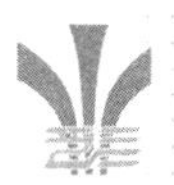

通过对实物调查的公示，使广大群众了解自己的拆迁实物情况，对于存在错漏登问题的及时反映，通过设计部门复核更正，最大程度地确保了拆迁群众的利益。

3）实施方案编制和批复。2011年8月，河南省人民政府移民工作领导小组以豫移〔2011〕19号文件批复长江设计公司编制的《南水北调中线一期工程总干渠陶岔至沙河南工程（澧河渡槽段）建设征地拆迁安置实施规划报告（审定稿）》。

工程建设涉及叶县1个乡镇3个行政村。规划建设用地1305亩，其中永久征地677.6亩，临时用地627.4亩，生产安置人口349人。征迁安置投资6514.00万元。

4）农村生产安置。规划生产安置人口349人，均采取村内或组内统一调整生产用地的方式进行安置。

5）永久征地交付。2011年2月下旬至2011年4月底，平顶山市南水北调办组织长江设计公司、征迁监理、叶县南水北调办、建管单位，分别2次对澧河渡槽设计单元地方提出用地范围调整和因设计变化造成渠道永久征地和临时用地面积增减出现的征迁处理有关遗留问题现场处理，对增减地面附属物等实物指标进行现场复核确认形成会议纪要，同时提交相对应的补充清单。

共交付永久征地672.32亩。平顶山市南水北调办组织建管单位、叶县南水北调办、征迁设计单位、监理单位及有关乡镇和涉及产权单位共同签订永久征地移交签证表。

6）临时用地交付和复垦。2010年7月上旬，长江设计公司提交了以村为单位编制的永久征地和部分临时用地补偿清单。

共交付临时用地293.6亩。平顶山市南水北调办组织建管单位、叶县南水北调办、征迁设计单位、监理单位及有关乡镇和涉及产权单位共同签订临时用地移交签证表。

施工单位使用临时用地完毕，按照临时用地台账要求整改到位后，建管单位、施工单位、征迁设计单位、监理单位，叶县南水北调办及有关乡镇和涉及产权单位共同签订临时用地返还签证表，返还给叶县南水北调办。交付的628.8亩临时用地复垦已完成，退还群众耕种。

（20）叶县段工程。

1）实物指标复核。2010年5月6日至7月上旬，平顶山市南水北调办、征迁监理单位、叶县南水北调办有关乡镇，配合长江设计公司开展外业规划工作，主要包括：①对初步设计阶段调查的居民、村组副业、单位、工业企业等实物指标进行了公示、复核，并按复核后的实物指标提供补偿清单；②在初步设计成果的基础上，以户为单位进一步落实集中居民点建设新址及人口规模，对人口规模扩大和新址发生变化的居民点，补充地形测量及地质勘察工作；③完成居民点总体平面布置，在征求乡村意见并得到签字认可后，全面开展居民点场地平整、道路、对外交通、给排水、电力、电信及有线电视、文化教育、卫生等基础设施及公共设施项目的规划设计。叶县人民政府对辖区内征迁实物指标及安置方案进行了认定说明，调查成果得到确认。

2010年7月，长江设计公司对居民点设计成果进行了内部审查，根据审查意见，对规划设计进行修改完善后，于7月29日提交了叶县2个居民点建设说明书及施工图设计成果。

2）公告公示。为使沿线干部群众充分了解征迁安置的政策法规，确保工程顺利推进，叶县里采取召开专题会议、印发《南水北调中线工程政策宣传册》、下发通告、出动宣传车、张贴标语、悬挂横幅、播出电视滚动字幕等多种形式，广泛宣传南水北调工程建设的重大意义和相关政策，教育引导干部群众服从服务大局，支持国家重点工程建设，达到了家喻户晓、人人皆知。通过组织召开由干渠沿线乡镇干部、村（组）干部、群众代表参加的叶县段暨澧河渡槽段开工动员大会，讲形势、定目标、提要求，进一步形成了积极参与、广泛支持工程建设的良好氛围。分村公示工程用地面积、地类和地面附着物数量。公示后，没有异议的，即按公示结果执行；如有异议，由市级征迁机构查清有关情况，组织勘测定界单位、设计、监理单位现场核实，提出处理意见，复核更正，最大程度地确保了拆迁群众的利益。

3）实施方案编制和批复。2011年8月，河南省人民政府移民工作领导小组以豫移〔2011〕19号文件批复长江设计公司编制的《南水北调中线一期工程总干渠陶岔至沙河南工程（叶县段）建设征地拆迁安置实施规划报告（审定稿）》。

工程建设涉及平顶市叶县4个乡镇41个行政村。规划建设用地17520.4亩（不含管理用地），其中永久征地6192.1亩，临时用地11328.3亩。农村生产安置人口共2646人，搬迁建房人口564人。各类房屋17391.6m^2。规划专项迁复建179条（处）。征迁安置投资82802.94万元。

4）补偿兑付。根据公示结果分村下达补偿资金，包括地面附着物补偿费和土地补偿费。土地补偿资金使用方案因素较多，方案确定周期较长，有关问题受时间限制难以及时落实的，以预付的形式下达资金，未发生因兑付问题影响工程用地。

5）农村生产生活安置。生产安置：各乡镇根据生产安置任务和富余土地存量调查及环境容量分析，永久征地涉及的4个乡镇政府在充分征求农村居民意愿后，全部在本村内调整耕园地安置。

规划生产安置居民人口2646人，全部种植业安置，共调整本村原居民耕园地4717.8亩，人均安置标准1.85亩。

生活安置：搬迁安置9个行政村658人。建设2个集中居民点，安置373人；分散安置285人。

在旧村拆迁中，县、乡工作队每天在拆迁点指导旧房拆迁，对照拆迁奖励办法，拆迁一户验收一户，现场兑现发放奖金。118户564人在一个月内全部完成旧房拆迁任务，带头拆迁的50户群众受到奖励。

在新村建设中，采取自建或联建的方式，施工队由搬迁居民自行确定，建房质量由搬迁居民自行负责监督，房屋建成后，由建房领导小组组织搬迁居民进行搬迁。纳入新农村建设规划的居民点和分散安置户按照新农村建设标准进行建房的，可享受新农村建设的相关优惠政策。在搬迁居民及广大征迁干部的共同努力下，圆满完成了拆迁、建房任务。2个集中居民点群众搬迁入住。分散安置实施完成，并通过了由征迁监理、县纪检监察、审计等有关单位共同组织的验收。

6）永久征地交付。根据工程建设用地计划安排。叶县南水北调办在工作中重点抓住勘边定界、附属物清理和专项线路改建三个关键，实行乡镇一日一报进度、领导小组两天一督查的工作制度，采取县领导现场办公、一事一议等措施，于7月9日提前一周移交土地，征迁机构与建管单位、施工单位签订土地移交签证表。

共交付永久征地6315.26亩。拆迁各类房屋22933.7m^2，拆迁补偿农副业1家。

7）临时用地交付和复垦。共交付临时用地为11836.5亩。平顶山市南水北调办组织建管单位、叶县南水北调办、征迁设计单位、监理单位及有关乡镇和涉及产权单位共同签订临时用

地移交签证表。

施工单位使用临时用地完毕，按照临时用地台账要求整改到位后，建管单位、施工单位、征迁设计单位、监理单位，叶县南水北调办及有关乡镇和涉及产权单位共同签订临时用地返还签证表，返还给叶县南水北调办。交付的临时用地复垦已完成，退还群众耕种。

8）专项迁复建。专项迁复建完成264条（处），其中连接道路48条，输电线路53条，通信线路151条，广电线路6条，管道6条。

9）变更管理。变更内容主要有工程新增用地，地类差异，居民、农副业实物指标和专项错漏，总干渠影响处理，边角地处理等。共新增工程建设用地948.2亩，其中永久征地371.2亩，临时用地577亩。

（21）方城段工程。

1）实物指标复核。2010年5月6日至7月上旬，方城县南水北调办配合长江设计公司对初设阶段调查的居民、村组副业、单位、工业企业等实物指标进行了公示、复核。有关县级政府对辖区内征迁实物指标及安置方案进行了认定说明，调查成果得到确认。

2010年12月上旬至2011年1月底，方城县、社旗县南水北调办配合长江设计公司落实灌溉影响规划、连接路规划及生产安置方案规划工作；现场复核临时用地范围实物指标。

2011年2月下旬至4月底，南阳市南水北调办牵头，南阳建管处，长江设计公司，松辽监理公司，方城县、社旗县南水北调办等有关单位参加，就用地范围调整和因设计变化造成的渠道永久征地范围变化、施工道路临时用地规划及建管单位提出的临时用地范围调整，进行现场实物指标调查。

2）公告公示。2010年7月，方城县南水北调办对实物调查复核成果及补偿标准在方城县方城段涉及乡村进行了张榜公示，公示期10天。

2010年7月，社旗县南水北调办对实物调查复核成果及补偿标准在社旗县方城段涉及乡村进行了张榜公示，公示期10天。

3）实施方案编制和批复。2011年8月，河南省人民政府移民工作领导小组以豫移〔2011〕18号文件批复《南水北调中线一期工程总干渠陶岔至沙河南工程（方城段）建设征地拆迁安置实施规划报告（审定稿）》。

工程建设涉及方城县、社旗县的9个乡镇、65个行政村。规划建设用地25682.48亩，其中永久征地为11810.83亩，临时用地为13871.65亩。生产安置人口5397人，搬迁安置人口136人。拆迁各类房屋11703.9m^2，涉及农副业6家，单位1家。规划专项迁复建482条（处）。征迁安置投资146081.82万元。

4）各级补偿投资包干协议。2011年12月，河南省移民办与南阳市南水北调办签订《南水北调中线一期工程总干渠沙河南—陶岔段工程征迁安置工作任务及投资包干协议》。协议拨付南阳市南水北调办6个设计单元（淅川段、镇平段、南阳段、白河倒虹吸、湍河渡槽、方城段）征迁投资直接费、基本预备费、其他费、税费576005.01万元，约定由南阳市南水北调办负责协调工程用地移交，用地手续办理、勘测定界、林地可研、施工环境维护等工作。

南阳市南水北调办与方城县南水北调办签订《南水北调中线一期工程总干渠南阳境内工程征迁安置任务与投资包干协议》，包干任务为移交建设用地24824.79亩，其中永久征地11810.83亩（含管理机构用地5.4亩），临时用地13013.96亩。包干资金为144452.17万元。

南阳市南水北调办与社旗县南水北调办签订《南水北调中线一期工程总干渠南阳境内工程征迁安置任务与投资包干协议》，包干任务为移交临时用地857.69亩。包干资金1629.65万元。

5）农村生产生活安置。

生产安置：方城县农村居民生产安置涉及51个行政村5397人，规划在本村内调整耕园地9246.7亩安置，安置后人均耕园地1.85亩。

截至2012年6月，方城县农村生产安置措施全部完成。实施过程中，生产用地调整涉及51个村292个组，需调整土地10116.8亩，通过村民充分讨论确定126个小组采用土地调整方案，调整土地7650多亩，95个小组采用直补方案。

生产开发项目：独树镇独东村由于征地前人均耕地已不足1亩，征地后人均耕园地0.45亩。初步设计批复出村安置，但由于该村紧邻集镇，大部分村民都从事其他职业，基本不以农业为主要生活来源，村民不愿出村安置。为保障村民不因征地而降低生活质量水平，经县、乡镇两级政府与村委会和村民反复研究，及乡镇政府根据该村的实际情况结合当地特点提出开发项目《方城县独树镇人民政府关于建设独树镇综合农贸市场解决独东村失地人口长期生活问题的报告》，在独树镇兴建综合农贸市场项目，该市场的收入由镇政府负责监督补贴给该村失地农民，以弥补工程永久征地对当地农民造成的收入损失。经过分析论证认为该项目概算一期投资约348万元，据此测算项目年盈利应在29.23万元应能满足要求，其收入补助给征地村民，同时提供就业岗位，后续二期工程投资由地方政府解决。

方城县南水北调办在《关于报送方城县独树镇东村生产开发实施方案的请示》（方调水办〔2013〕123号）中提出，方城县南水北调办按照“4+2”工作法，征求相关乡村意见，制定了生产开发实施方案，采用直补被占地农户方式，按被占地面积平均分配生产安置资金，由被占地农户自行结合或自主进行生产开发。南阳市南水北调办以宛调水办征字〔2013〕27号文件予以批复。方城县已于2013年6月按照新方案将资金兑付至被占地农户。

生活安置：方城县规划搬迁安置人口涉及10个行政村147人，结合生产安置规划，充分考虑征地拆迁村民的意愿后，采取本村分散安置方式。

10个行政村147人已完成搬迁安置。二郎庙乡齐庄村和券桥乡河堰村安置较为集中，安置72人；其他由各村委会确定搬迁安置村民建房地点，建房选址应尽可能靠近村庄，以节省水、电、路等基础设施投资，自行安置。

6）专项设施迁建。输电线路迁改由河南省移民办与河南省电力公司签订协议，省电力公司负责按时迁改；通信线路迁改由南阳市南水北调办与各有关通信单位签订协议，各通信单位负责迁改；广电线路和管道迁改与产权单位签订协议；连接道路恢复由方城县南水北调办组织实施。

专项迁复建完成501条（处），其中连接道路157条，输电线路95条，通信线路207条，广电线路41条，管道1条。

7）单位迁建。工程建设影响涉及方城县券桥乡竹园小学，该小学规划在村内按原规模复建，其复建方案由当地教育主管部门指导学校设计完成，仅将该校土地纳入农村补偿，房屋和附属设施做一次性补偿。

实施中，按照乡镇政府规划，该小学不再进行复建，补偿兑付完成。

8）永久征地交付。南阳市南水北调办组织建管单位、征迁设计单位、监理单位、施工单

位、方城县南水北调办及有关乡镇和涉及产权单位共同签订永久征地移交签证表，交付永久征地 11810.83 亩。拆迁各类房屋 14826.2m^2，拆迁补偿农副业 8 家。

9）临时用地交付和复垦。2010 年 12 月上旬至 2011 年 1 月底，长江设计公司现场复核临时用地范围实物指标，并提交临时用地土地及地面附属物补偿清单。

2011 年 2 月下旬至 2011 年 4 月底，由南阳市南水北调办牵头，方城段建设管理处、长江设计公司、松辽委监理公司、方城县南水北调办等有关单位参加，分 2 次到现场就地方提出用地范围调整，和因设计变化造成的渠道永久征地范围变化、施工道路临时用地规划及建管单位提出的临时用地范围调整，进行现场实物指标调查，并以确认函的形式对规划成果及房屋、地面附属物等实物指标确认，同时提交相对应的补充清单。

共交付临时用地 13663.13 亩。2011 年 1 月 13 日交付临时用地面积 12520.7 亩，除施工道路部分没有围挡之外，其他的全部于 2011 年 6 月围挡完毕，满足正常的施工使用。2012 年 6 月交付 1080.26 亩。

施工单位使用临时用地完毕，按照临时用地台账要求整改到位后，南阳市南水北调办组织建管单位、征迁设计单位、监理单位、施工单位、方城县南水北调办及有关乡镇和涉及产权单位共同签订临时用地移交签证表。截至 2017 年 2 月底，方城段临时用地复垦完成，退还群众耕种。

10）变更管理。变更内容主要有工程新增用地，地类差异，居民、农副业实物指标和专项错漏，总干渠影响处理，边角地处理等。共新增工程建设用地 698.47 亩，其中永久征地 254.95 亩，临时用地 443.52 亩。

（22）南阳段工程。

1）实物指标复核。2010 年 5 月 6 日至 7 月上旬，长江设计公司现场开展外业规划工作，主要包括：①对初设阶段调查的居民、村组副业、单位、工业企业等实物指标进行公示、复核，并按复核后的实物指标提供补偿清单；②在初步设计成果的基础上，以户为单位进一步落实集中居民点建设新址及人口规模，对人口规模扩大和新址发生变化的居民点，补充地形测量及地质勘察工作；③完成居民点总体平面布置，在征求乡村意见并得到签字认可后，全面开展居民点场地平整、道路、对外交通、给排水、电力、电信及有线电视、文化教育、卫生等基础设施及公共设施项目的规划设计。有关县（市、区）政府对辖区内征迁实物指标及安置方案进行了认定说明，调查成果得到确认。

2010 年 7 月，长江设计公司对居民点设计成果进行了内部审查，根据审查意见，对规划设计进行修改完善后，于 7 月 29 日提交了卧龙区 2 个居民点建设说明书及施工图设计成果，2010 年 9 月卧龙区提出将雷庄村居民点改为 2 个集中居民点，为此对更改的居民点重新进行了规划设计。

2010 年 12 月 5—14 日，根据河南省移民办要求，长江设计公司现场落实灌溉影响规划以及连接路规划，并配合地方政府完成生产安置方案规划等工作。

2）公告公示。2010 年 7 月，卧龙区南水北调办对实物调查复核成果及补偿标准在卧龙区南阳段涉及乡村进行了张榜公示，公示期 10 天。

2010 年 7 月，高新区南水北调办对实物调查复核成果及补偿标准在高新区南阳段各涉及乡村进行了张榜公示，公示期 10 天。

2010 年 7 月，宛城区南水北调办对实物调查复核成果及补偿标准在宛城区南阳段各涉及乡村进行了张榜公示，公示期 10 天。

3）实施方案的编制与批复。2011 年 8 月，河南省人民政府移民工作领导小组以豫移〔2011〕18 号文件批复《南水北调中线一期工程总干渠陶岔至沙河南工程南阳段建设征地拆迁安置实施规划报告（审定稿）》。

工程建设涉及南阳市三个行政区：卧龙区、高新区、宛城区的 11 个乡镇 50 个行政村。规划建设用地 20266.6 亩，其中永久征地为 7446.6 亩，临时用地为 12878.3 亩。生产安置人口 4443 人，搬迁安置人口 825 人。拆迁各类房屋 56825m²，涉及农副业 18 家，企业 12 家。规划专项迁复建 424 条（处）。征迁安置投资 120449.95 万元。

4）补偿投资包干协议。2011 年 12 月，河南省移民办与南阳市南水北调办签订《南水北调中线一期工程总干渠沙河南—陶岔段工程征迁安置工作任务及投资包干协议》。协议拨付南阳市南水北调办 6 个设计单元（淅川段、镇平段、南阳段、白河倒虹吸、湍河渡槽、方城段）征迁投资直接费、基本预备费、其他费、税费 576005.01 万元，约定由南阳市南水北调办负责协调工程用地移交，用地手续办理、勘测定界，林地可行性研究（简称“可研”），施工环境维护等工作。

5）农村生产生活安置。

生产安置：规划生产安置人口涉及 33 个村 4443 人，本村调整耕园地 5574 亩。

实施过程中，按照河南省人民政府办公厅《关于规范农民集体所有土地征地补偿费分配和使用的意见》（豫政办〔2010〕15 号）文精神和河南省政府关于独生子女户的土地补偿费的分配意见，结合乡村及当地村民的习惯，宛城区（包括新区）生产用地调整涉及 11 个村，23 个组，需调整土地 1781.8 亩，经村民充分讨论，分别采用直补、土地调整等方式实施安置，其中红泥湾镇刘寺村所涉及的 6 个村民小组都在刘寺集镇附近，人口集中，人均耕地面积少，为了保证征迁群众的生产生活，在实际工作中，利用“四议两公开”工作方法解决生产生活安置问题，6 个村民小组耕地不予调整，将占地补偿款直接拨付给占地征迁群众，全区已于 2012 年 4 月完成全部生产用地调整。

生活安置：规划搬迁安置人口涉及 10 个行政村 1109 人（卧龙区 7 个行政村 785 人，高新区 1 个行政村 9 人，宛城区 2 个行政村 31 人）。规划 2 个集中居民点（安置雷庄村 2 个组），安置 412 人；分散安置 697 人。

10 个行政村 1109 人已完成搬迁安置。建设集中居民点 2 个，居民点新址征地、场地平整及村台、道路、供电、供水、排水、通信等基础设施建设完成，居民全部入住。

6）专项设施迁建。实施完成专项迁复建 357 条（处），其中连接道路 76 条，输电线路 94 条，通信线路 220 条，广电线路 38 条，管道设施 5 处。

7）工业企业迁建。工程建设影响小型工业企业 4 家，其中南阳市卧龙区 3 家，高新区 1 家。分别是南阳市新亚电力实业有限公司加油站、中石化河南南阳石油公司第八加油站、靳岗村帆布厂、南阳华丰实业公司。规划 4 家工矿企业全部整体搬迁。

4 家企业均按照规划方案实施完成。

8）单位迁建。工程建设影响单位 8 家，卧龙区共涉及 6 家单位，即卧龙区水利生态工程建设服务中心、靳岗村村委会、南阳市环境卫生管理所、金岁月生态园、雷庄村委、赵庄村委。

南阳市高新区共涉及2家单位，即樊长河租赁站、天洼居委会。

卧龙区水利生态工程建设服务中心、靳岗村村委会、金岁月生态园、樊长河租赁站4家单位一次性补偿；天洼居委会、南阳市环境卫生管理所、雷庄村委、赵庄村委4家单位就近选址进行复建。

8家单位均按照规划方案实施完成。

9）永久征地交付。2011年1月17—23日，由南阳市南水北调办组织、协调河南省国土资源调查规划院、长江设计公司、河南立信工程监理公司、各有关县（区）南水北调办和涉及乡镇等单位，现场复核因干渠面积扩大造成增加的地面附属物指标。

南阳市南水北调办组织建管单位、征迁设计单位、监理单位，有关县（区）征迁机构及乡镇和涉及产权单位共同签订永久征地移交签证表，共交付永久征地7810.7亩。拆迁各类房屋53519.8m²，拆迁补偿农副业15家。

10）临时用地交付和复垦。2010年12月27日至2011年1月9日，长江设计公司现场复核临时用地范围实物指标，并提交临时用地土地及地面附属物补偿清单。

2011年2月21日至3月23日、2011年4月7—30日，根据南阳市南水北调办安排，长江设计公司现场对地方提出的部分临时用地问题进行复核，并提供复核后的实物指标补偿清单。

南阳市南水北调办组织建管单位、征迁设计单位、监理单位，有关县级征迁机构及乡镇和涉及产权单位共同签订临时用地移交签证表，共交付临时用地13262.32亩。

施工单位使用临时用地完毕，按照临时用地台账要求整改到位后，有关县（区）征迁机构、建管单位、施工单位、征迁设计单位、监理单位及乡镇和涉及产权单位共同签订临时用地返还签证表，返还给县级征迁机构。县（区）征迁机构组织复垦后，全部退还群众耕种。

11）变更管理。经变更程序，共新增工程建设用地765.5亩，其中永久征地417亩，临时用地348.5亩。

（23）膨胀土试验段工程（南阳段）。

1）实物指标复核。2008年8月7日，河南省移民办组织对该工程涉及市、区、乡镇有关部门参加征地拆迁实施规划人员进行了培训。8月8日至9月3日组成膨胀土试验段工程（南阳段）征地拆迁实施规划联合工作组，在河南省移民办的领导下以及南阳市南水北调办及卧龙区、高新区及有关单位的大力支持下，联合工作组开展了膨胀土试验段工程（南阳段）征地范围变化及错漏登的实物指标补充调查和征地拆迁实施规划外业工作。有关县（区）政府对辖区内征迁实物指标及安置方案进行了认定说明，调查成果得到确认。

2）公告公示。2008年10月，卧龙区南水北调办对实物调查复核成果及补偿标准在卧龙区膨胀土试验段涉及乡村进行了张榜公示，公示期10天。

2008年10月，高新区南水北调办对实物调查复核成果及补偿标准在高新区膨胀土试验段涉及乡村进行了张榜公示，公示期10天。

3）实施方案编制和批复。2009年6月，河南省人民政府移民工作领导小组以豫移〔2009〕19号文件批复《南水北调中线一期工程总干渠膨胀土试验段工程（南阳段）建设征地拆迁安置实施规划报告》。

工程建设涉及高新区岗王庄及卧龙区坡桥、大刘、雷庄、大马营5个村。规划建设用地1071.61亩，其中永久征地479.71亩，临时用地591.90亩。生产安置人口542人。房屋面积

25.2m²，涉及专项设施有国道 1 条 0.18km，机耕道路 4 条 1.365km。征迁安置投资 3167.0 万元。

4）补偿兑付。完成征迁安置投资 4718.09 万元，其中农村补偿 2392.12 万元，专业项目复改建 173.47 万元，其他费用 121.11 万元，有关税费 2019.88 万元。

5）农村生产安置。规划生产安置人口涉及 4 个村 542 人，本村调整耕园地 429.44 亩。

有关县（区）征迁机构和乡镇已按照规划方案实施完成。

6）专项迁复建。工程建设影响 312 国道 1 条，占压长度 0.18km；机耕道路 6 条（其中永久征地范围内 4 条全部为坡桥村机耕道路，另 2 条机耕道路为临时用地范围内），占压长度 1.365km。

连接道路完成 9 条。

7）永久征地交付。南阳市南水北调办组织建管单位、征迁设计单位、监理单位，有关县（区）征迁机构及乡镇和涉及产权单位共同签订永久征地移交签证表，2008 年 11 月共交付永久征地 477.73 亩。

8）临时用地交付和复垦。南阳市南水北调办组织建管单位、征迁设计单位、监理单位，有关县（区）征迁机构及乡镇和涉及产权单位共同签订临时用地移交签证表，共交付临时用地 567.48 亩。

施工单位使用临时用地完毕，按照临时用地台账要求整改到位后，有关县（区）征迁机构、建管单位、施工单位、征迁设计单位、监理单位及乡镇和涉及产权单位共同签订临时用地返还签证表，返还给县（区）征迁机构。县（区）征迁机构组织复垦后，全部退还群众耕种。

9）变更管理。工程设计变更的新增用地由中线建管局函告河南省移民办，河南省移民办下达征迁计划和投资，市、县两级征迁机构按照征迁计划组织实施。共新增工程建设用地 95.7 亩，其中永久征地 55 亩，临时用地 41.7 亩。

（24）白河倒虹吸工程。

1）实物指标复核。2010 年 5 月 6 日至 7 月上旬，卧龙区、宛城区南水北调办配合长江设计公司对初设阶段调查的居民、村组副业、单位、工业企业等实物指标进行了公示、复核。有关县（区）政府对辖区内征迁实物指标及安置方案进行了认定说明，调查成果得到确认。

2010 年 12 月上旬至 2011 年 1 月底，卧龙区、宛城区南水北调办配合长江设计公司落实灌溉影响规划、连接路规划及生产安置方案规划工作；现场复核临时用地范围实物指标。

2011 年 2 月下旬至 2011 年 4 月底，南阳市南水北调办牵头，南阳市建管处、长江设计公司、河南立信工程监理公司、卧龙区南水北调办、宛城区南水北调办等有关单位参加，就用地范围调整和因设计变化造成的渠道永久征地范围变化、施工道路临时用地规划及建管单位提出的临时用地范围调整，进行现场实物指标调查。

2）公告公示。2010 年 7 月，卧龙区南水北调办对实物调查复核成果及补偿标准在卧龙区白河倒虹吸涉及乡村进行了张榜公示，公示期 10 天。

2010 年 7 月，宛城区南水北调办对实物调查复核成果及补偿标准在宛城区白河倒虹吸涉及乡村进行了张榜公示，公示期 10 天。

3）实施方案编制与批复。2011 年 8 月，河南省人民政府移民工作领导小组以豫移〔2011〕18 号批复《南水北调中线一期工程总干渠陶岔至沙河南工程白河倒虹吸工程建设征地拆迁安置

实施规划报告（审定稿）》。

工程建设征地涉及南阳市卧龙区、宛城区 2 个乡镇 4 个行政村。规划建设用地 1193.5 亩，其中永久征地 192.7 亩，临时转永久 139.4 亩，临时用地 861.4 亩。生产安置人口共 115 人，搬迁建房人口 186 人。占压农村居民房屋面积 8601.6m^2（不含村组副业）；涉及村组副业 11 家。规划专项迁复建 14 条（处）。征迁安置投资 6512.53 万元。

4）补偿投资包干协议。2011 年 12 月，河南省移民办与南阳市南水北调办签订了南水北调中线一期工程总干渠沙河南—陶岔段工程征迁安置工作任务及投资包干协议。协议拨付南阳市南水北调办 6 个设计单元（淅川段、镇平段、南阳段、白河倒虹吸、湍河渡槽、方城段）征迁投资直接费、基本预备费、其他费、税费 576005.01 万元，约定由南阳市南水北调办负责协调工程用地移交，用地手续办理、勘测定界，林地可研，施工环境维护等工作。

5）农村生产生活安置。

生产安置：规划生产安置人口共 115 人，全部种植业安置，在本村和相邻村调整原居民耕园地 125 亩，人均安置标准 1.15 亩。

生活安置：搬迁安置 1 个行政村 198 人。建设 1 个大庄集中居民点，安置 198 人，居民全部入住。

6）专项设施迁建。专项设施迁建包括总干渠两岸道路复接规划、输电线路、通信线路、广播电视线路和管道复建。

专项迁复建完成 16 条（处），其中连接道路 3 条，输电线路 7 条，通信线路 2 条，广电线路 4 条。

7）永久征地交付。南阳市南水北调办组织建管单位、征迁设计单位、监理单位，有关县（区）征迁机构及乡镇和涉及产权单位共同签订永久征地移交签证表，共交付永久征地 192.7 亩。拆迁各类房屋 8601.6m^2，拆迁补偿农副业 11 家。

8）临时用地交付和复垦。2011 年 2 月下旬至 2011 年 4 月底，南阳市南水北调办组织卧龙区移民局、宛城区南水北调办、长江设计公司等有关单位参加，对临时用地范围调整后地面附属物等实物指标现场复核，同时提交补偿清单。

南阳市南水北调办组织建管单位、征迁设计单位、监理单位，有关县（区）征迁机构及乡镇和涉及产权单位共同签订临时用地移交签证表，共交付临时用地 840.6 亩。

施工单位使用临时用地完毕，按照临时用地台账要求整改到位后，有关县（区）征迁机构、建管单位、施工单位、征迁设计单位、监理单位及乡镇和涉及产权单位共同签订临时用地返还签证表，返还给县（区）征迁机构。县（区）征迁机构组织复垦后，全部退还群众耕种。

（25）镇平段工程。

1）实物指标复核。2010 年 5 月 6 日至 7 月上旬，长江设计公司现场开展外业规划工作，主要包括：①对初设阶段调查的居民、村组副业、单位、工业企业等实物指标进行公示、复核，并按复核后的实物指标提供补偿清单；②在初步设计成果的基础上，以户为单位进一步落实集中居民点建设新址及人口规模，对人口规模扩大和新址发生变化的居民点，补充地形测量及地质勘察工作；③完成居民点总体平面布置，在征求乡村意见并得到签字认可后，全面开展居民点场地平整、道路、对外交通、给排水、电力、电信及有线电视、文化教育、卫生等基础设施及公共设施项目的规划设计。镇平县政府对辖区内征迁实物指标及安置方案进行了认定说明，调查成果得到确认。

2010年7月15日，南阳市南水北调办对居民点设计成果进行了初步审查。根据审查意见，长江设计公司对规划设计进行修改完善后，于7月29日提交了各居民点建设规划说明书及基础设施施工图设计成果。

2）公告公示。2010年7月，镇平县南水北调办对实物调查复核成果及补偿标准在涉及乡村进行了张榜公示，公示期10天。

3）实施方案的编制与批复。2011年8月，河南省人民政府移民工作领导小组以豫移〔2011〕18号文件批复《南水北调中线一期工程总干渠陶岔至沙河南工程镇平段建设征地拆迁安置实施规划报告（审定稿）》。

工程建设征地涉及镇平县的6个乡镇45个行政村。规划建设用地18011.09亩，其中干渠永久征地7402.11亩，镇平管理所4.65亩，临时用地10604.33亩。农村生产安置人口共5409人。搬迁建房人口366人。房屋15635.36m^2；影响7个单位、2家工业企业。规划专项迁复建245条（处）。征迁安置投资97228.5万元。

4）各级补偿投资包干协议。2011年12月，河南省移民办与南阳市南水北调办签订《南水北调中线一期工程总干渠沙河南—陶岔段工程征迁安置工作任务及投资包干协议》。协议拨付南阳市南水北调办6个设计单元（淅川段、镇平段、南阳段、白河倒虹吸、湍河渡槽、方城段）征迁投资直接费、基本预备费、其他费、税费576005.01万元，约定由南阳市南水北调办负责协调工程用地移交，用地手续办理、勘测定界，林地可行性研究，施工环境维护等工作。

南阳市南水北调办与镇平县南水北调办签订《南水北调中线一期工程总干渠南阳境内工程征迁安置任务与投资包干协议》。

5）农村生产生活安置。

生产安置：工程征地范围内生产安置人口5409人全部采取种植业生产安置方式进行，种植业安置根据合理调整本村和邻村以及本乡镇内土地资源由近至远安置，共需调整本村原居民耕园地5746.16亩，安置后人均耕园地为1.16亩。生产安置的居民主要为调整责任田，同时因地制宜进行种植业结构调整，并配套必要的水利设施，使其成为稳产高产良田。

生产开发项目：初设批复西门村307人和北门村236人出村，实施规划调整为在本村调地安置。为了弥补工程永久征地对当地农业的损失，结合当地实际情况发展部分二、三产业项目及高效农业项目，弥补生产安置后种植业收入减少。规划生产开发资金471.89万元。

镇平县侯集镇政府按照“4+2”工作法，多次征求相关村意见，对原生产开发项目实施方案进行变更，在侯集镇南水北调工程永久征地比例较大的6个行政村中，采用生产开发资金直补的方式，由群众自主进行生产开发。南阳市南水北调办批复后。镇平县南水北调办已按照新方案将资金兑付至被占地农户。

生活安置：搬迁安置7个行政村613人。建设1个集中居民点，安置163人；分散安置450人，居民全部入住。

6）专项设施迁建。专项迁复建完成249条（处），其中连接道路75条，输电线路35条，通信线路126条，广电线路13条，管道设施1处。

7）工业企业迁建。工程建设影响2家小型工业企业，镇平县强力新型建材有限公司搬迁安置、镇平县环宇烟火化工有限公司一次性补偿安置。

8）单位迁建。工程建设影响7家单位，分为镇平县侯集镇房营村村部、房营村小学、农业局县原种场、镇平县苗圃场、五岳庙林场、彭营村自来水供水站、李寨村灌溉渠道。

7家单位的处理方案：侯集镇房营村村部、房营村小学、镇平县苗圃场、彭营村自来水供水站4家采取搬迁方案；农业局县原种场、五岳庙林场、李寨村灌溉渠道3家补偿处理方案。

镇平县南水北调办与7家单位签订补偿协议，用地范围内房屋及附属物拆除清理，补偿全部兑付。

9）永久征地交付。2011年2月下旬至2011年4月底，南阳市南水北调办、长江设计公司、河南立信工程监理公司、镇平县南水北调办等单位参加，对增减房屋及地面附属物等实物指标进行现场复核确认形成会议纪要，同时提交相对应的补充清单。

南阳市南水北调办组织建管单位、征迁设计单位、监理单位，镇平县南水北调办及有关乡镇和涉及产权单位共同签订永久征地移交签证表，共交付永久征地7402.11亩。拆迁各类房屋21100m^2，拆迁补偿农副业15家。

10）临时用地交付和复垦。2010年12月上旬至2011年年底，长江设计公司现场落实灌溉影响规划以及连接路规划，并配合地方政府完成生产安置规划工作；现场复核临时用地范围实物指标，并提交临时用地土地及地面附属物补偿清单。

南阳市南水北调办组织建管单位、征迁设计单位、监理单位，镇平县南水北调办及有关乡镇和涉及产权单位共同签订临时用地移交签证表，共交付临时用地11125.93亩。

施工单位使用临时用地完毕，按照临时用地台账要求整改到位后，镇平县南水北调办、建管单位、施工单位、征迁设计单位、监理单位及有关乡镇和涉及产权单位共同签订临时用地返还签证表，返还给镇平县南水北调办。镇平县南水北调办组织复垦后，全部退还群众耕种。

11）变更管理。经变更程序，共新增工程建设用地495.19亩，其中永久征地206.16亩，临时用地289.03亩。

（26）湍河渡槽段工程。

1）实物指标复核。2010年9月中旬，长江设计公司到现场开展外业规划工作，实物指标进行了公示、复核，并按复核后的实物指标提供补偿清单。邓州市政府对辖区内征迁实物指标及安置方案进行了认定说明，调查成果得到确认。

2010年12月至2011年4月，长江设计公司到现场与征迁涉及部门、移民监理及施工单位对临时用地布置范围进行了优化设计及调整，对变化范围的附属物进行调查，对原范围内的错漏情况进行了复核。

2）公告公示。2010年9月，邓州市南水北调办公室对实物调查复核成果及补偿标准进行了张榜公示，公示期5天。

3）实施方案编制和批复。2011年8月，河南省人民政府移民工作领导小组以豫移〔2011〕18号文件批复《南水北调中线一期工程总干渠陶岔至沙河南工程（湍河渡槽）建设征地拆迁安置实施规划报告（审定稿）》。

工程建设涉及邓州市十林乡王河村、魏寨村，赵集镇冀寨村、黑白洼村，张村镇朱营村、河道管理所。规划工程占地707.13亩，其中永久征地面积170.58亩，临时用地面积536.55亩。农村生产安置人口74人。征迁安置投资2824.98万元。

4）各级补偿投资包干协议。2011年12月，河南省移民办与南阳市南水北调办签订《南水北调中线一期工程总干渠沙河南—陶岔段工程征迁安置工作任务及投资包干协议》。协议拨付南阳市南水北调办6个设计单元（淅川段、镇平段、南阳段、白河倒虹吸、湍河渡槽、方城段）征迁投资直接费、基本预备费、其他费、税费576005.01万元，约定由南阳市南水北调办负责协调工程用地移交，用地手续办理、勘测定界，林地可研，施工环境维护等工作。

南阳市南水北调办与邓州市南水北调办签订《南水北调中线一期工程总干渠南阳境内工程征迁安置任务与投资包干协议》。

5）农村生产安置。规划生产安置人口涉及2个村74人，均为本村调地安置，本村调整耕园地82.3亩。

6）永久征地交付移交。南阳市南水北调办组织建管单位、征迁设计单位、监理单位，邓州市南水北调办及乡镇和涉及产权单位共同签订永久征地移交签证表，共交付永久征地170.58亩。

7）临时用地交付和复垦。2010年12月至2011年4月，长江设计公司到现场与征迁涉及部门、移民监理及施工单位对临时用地布置范围进行了优化设计及调整，对变化范围的附属物进行调查，对原范围内的错漏情况进行了复核。

南阳市南水北调办组织建管单位、征迁设计单位、监理单位，邓州市南水北调办及有关乡镇和涉及产权单位共同签订临时用地移交签证表，共交付临时用地407.64亩。

施工单位使用临时用地完毕，按照临时用地台账要求整改到位后，邓州市南水北调办、建管单位、施工单位、征迁设计单位、监理单位及有关乡镇和涉及产权单位共同签订临时用地返还签证表，返还给邓州市南水北调办。邓州市南水北调办组织复垦后，退还群众耕种。

（27）淅川段工程。

1）实物指标复核。2010年5月6日至7月上旬，南阳市南水北调办组织淅川县和邓州市征迁机构配合长江设计公司现场开展外业规划工作，主要包括：①对初设阶段调查的居民、村组副业、单位、工业企业等实物指标进行公示、复核，并按复核后的实物指标提供补偿清单；②在初步设计成果的基础上，以户为单位进一步落实集中居民点建设新址及人口规模，对人口规模扩大和新址发生变化的居民点，补充地形测量及地质勘察工作；③完成居民点总体平面布置，在征求乡村意见并得到签字认可后，全面开展居民点场地平整、道路、对外交通、给排水、电力、电信及有线电视、文化教育、卫生等基础设施及公共设施项目的规划设计。实施阶段征地实物指标由淅川县和邓州市人民政府确认。

2）公告公示。2010年7月，淅川县南水北调办对实物调查复核成果及补偿标准在淅川县淅川段涉及乡村进行了张榜公示，公示期10天。

2010年7月，邓州市南水北调办公室对实物调查复核成果及补偿标准进行了张榜公示，公示期5天。

3）实施方案编制与批复。2011年8月，河南省人民政府移民工作领导小组以豫移〔2011〕18号文件批复《南水北调中线一期工程总干渠陶岔至沙河南工程淅川段建设征地拆迁安置实施规划报告（审定稿）》。

工程建设涉及南阳市淅川县和邓州市的8个乡镇61个行政村。规划占地面积36683.4亩，其中永久征地13550.74亩，临时用地23132.66亩。农村生产安置人口共7650人，搬迁安置

1317人。征地房屋面积35895.73m²，涉及8家单位、2家工业企业。规划专项迁复建474条(处)。征迁安置投资202907.22万元。

4）各级补偿投资包干协议。2011年12月，河南省移民办与南阳市南水北调办签订《南水北调中线一期工程总干渠沙河南—陶岔段工程征迁安置工作任务及投资包干协议》。协议拨付南阳市南水北调办6个设计单元（淅川段、镇平段、南阳段、白河倒虹吸、湍河渡槽、方城段）征迁投资直接费、基本预备费、其他费、税费576005.01万元，约定由南阳市南水北调办负责协调工程用地移交，用地手续办理、勘测定界，林地可研、施工环境维护等工作。

南阳市南水北调办与淅川县、邓州市南水北调办签订《南水北调中线一期工程总干渠南阳境内工程征迁安置任务与投资包干协议》。

5）农村生产生活安置。

生产安置：规划农村生产安置人口涉及36个村7650人。根据确定的生产安置人口去向和地方政府意见，全部种植业安置，共调整本村、邻村原居民耕园地11637亩，人均安置标准1.70亩。其中调整本村土地11396亩，安置35个村7409人；调整邻村土地241亩，安置1个村241人。

生产开发项目：初步设计批复邓州市张村镇朱营村出村安置64人，实施规划调整为在本村调地安置。调地安置方案，需调整耕地67.8亩，按水浇地综合产值1754元计算，若不出村或邻村安置，该村征地后种植业收入减少11.89万元。为了弥补工程永久征地对当地农业的损失，结合当地实际情况发展部分二、三产业项目及高效农业项目，弥补生产安置后种植业收入减少。规划生产开发资金173.03万元。

生活安置：规划搬迁安置人口涉及19个行政村1819人（淅川5个行政村733人，邓州市14个行政村1086人）。

建设5个集中居民点，安置1142人；分散安置677人。集中居民点淅川县2个，安置564人；邓州市3个，安置578人。分散安置677人，其中淅川县169人，邓州市508人。居民全部入住。

6）工业企业迁建。工程建设影响淅川县2家企业。处理方案为九重镇环球工艺品有限公司整体搬迁。复建超过原补偿规模的部分投资由企业自理。淅川县力强水泥有限公司一次性补偿处理。

2013年6月，2家企业用地范围内建筑物已全部拆除，附属物清理，补偿全部兑付。淅川县九重环球工艺品有限公司整体搬迁至九重镇太平村王岗组。

7）单位迁建处理。工程建设影响8家单位，其中镇内单位2家，分别为水资源广场和九重宾馆；镇外单位6家，分别为王家道班、张楼小学、电灌局、军休疗养院、加油站和范岗村水塔。

8家单位的处理方案：九重宾馆和加油站2家采取整体搬迁方案；其他6家采取补偿处理方案。

用地范围内8家单位房屋及附属物拆除清理，补偿全部兑付。

8）专项设施迁建。专项迁复建完成359条（处），其中连接道路129条，输电线路105条，通信线路111条，广电线路13条，军事设施1处。

9）永久征地交付。南阳市南水北调办组织建管单位、征迁设计单位、监理单位，淅川县、邓州市南水北调办及有关乡镇和涉及产权单位共同签订永久征地移交签证表，共交付永久征地37216.46亩。拆迁各类房屋54138.52m²。

10）临时用地交付和复垦。2010年12月上旬至2011年年底，长江设计公司现场复核临时用地范围实物指标，并提交临时用地土地及地面附属物补偿清单。

2010年年底，施工单位进驻现场进行前期准备工作，为满足工程顺利开工，2010年12月至2011年4月，长江设计公司到现场与征迁涉及部门、移民监理及施工单位对施工占压道路、临时用地布置范围进行了优化设计及调整，对变化范围的附属物进行调查，对原范围内的错漏情况进行了复核。

南阳市南水北调办组织建管单位、征迁设计单位、监理单位，淅川县、邓州市南水北调办及有关乡镇和涉及产权单位共同签订临时用地移交签证表，共交付临时用地23492.49亩。

施工单位使用临时用地完毕，按照临时用地台账要求整改到位后，淅川县南水北调办、邓州市南水北调办，建管单位、施工单位、征迁设计单位、监理单位及有关乡镇和涉及产权单位共同签订临时用地返还签证表，返还给淅川县、邓州市南水北调办。淅川县、邓州市南水北调办组织实施复垦后退还群众耕种。

11）变更管理。经变更程序，共新增工程建设用地1243.18亩，其中永久征地889.64亩，临时用地353.54亩。

2. 陶岔渠首枢纽工程

（1）实物指标复核。2009年5月至7月上旬，长江设计公司到现场开展外业规划工作，主要包括：①对初设阶段调查的居民、村组副业、单位等实物指标进行了公示、复核，并按复核后的实物指标提供补偿清单；②在初步设计成果的基础上，以户为单位进一步落实集中居民点建设新址及人口规模，开展居民点地形测量及地质勘察工作；③完成居民点总体平面布置，在征求乡村意见并得到签字认可后，全面开展居民点场地平整、道路、对外交通、给排水、电力、电信及有线电视、文化教育、卫生等基础设施及公共设施项目的规划设计。实施阶段征地实物指标由淅川县和邓州市人民政府确认。

（2）公告公示。2009年7月，淅川县南水北调办对实物调查复核成果及补偿标准在淅川县淅川段涉及乡村进行了张榜公示，公示期10天。

2009年7月，邓州市南水北调办公室对实物调查复核成果及补偿标准进行了张榜公示，公示期5天。

（3）实施方案编制与批复。2011年5月，河南省人民政府移民工作领导小组以“豫移〔2011〕18号”批复《南水北调中线一期陶岔渠首工程建设征地拆迁安置实施规划报告（审定稿）》。

工程建设涉及南阳市淅川县九重镇2个行政村。规划建设用地583.86亩，其中永久征地352.5亩，临时用地231.36亩。搬迁安置人口363人，拆迁房屋15129.3m²，涉及农副业6家，企业1家，单位5家。专项迁复建40条（处）。征迁安置投资23155.56万元。

（4）各级补偿投资包干协议。南阳市南水北调办与淅川县南水北调办签订《南水北调中线一期工程总干渠南阳境内工程征迁安置任务与投资包干协议》，包干任务为移交建设用地15445.27亩，其中永久征地4885.27亩，临时用地10560.00亩。包干资金为88795.95万元。

南阳市南水北调办与邓州市南水北调办签订《南水北调中线一期工程总干渠南阳境内工程

征迁安置任务与投资包干协议》，包干任务为移交建设用地 21669.96 亩，其中永久征地 8836.05 亩（含管理机构用地 5.25 亩），临时用地 12833.91 亩。包干资金为 116585.13 万元。

（5）补偿兑付。淅川县完成征迁安置投资 7867.85 万元，其中农村补偿 4011.68 万元，工业企业补偿 411.45 万元，专业项目复改建 2220.51 万元，其他费用 192.23 万元，有关税费 1031.98 万元。

邓州市完成征迁安置投资 14493.6 万元，其中农村补偿 292.19 万元，单位补偿费 146.62 万元，其他费用 10.55 万元，有关税费 15.13 万元，引丹灌渠补偿费 14000 万元。

（6）农村生活安置。搬迁安置 6 个行政村和 1 个单位共 359 人。建设 1 个集中居民点，安置 311 人；分散安置 22 人；单位 26 人。居民全部入住。

（7）专项设施迁建。专项迁复建完成 38 条（处），其中连接道路 2 条，输电线路 5 条，通信线路 18 条，广电线路 5 条，管道设施 8 处。

淅川县宋岗电灌工程管理局陶岔一级提灌站迁建完成。

（8）工业企业处理。工程建设影响宋岗电灌工程管理局下属企业淅川自动化塑编包装厂 1 家工业企业。工业企业处理补偿坚持原规模、原标准、恢复原功能和节约用地的原则，根据地方有关部门及企业的意见，按一次性补偿处理，不再进行迁复建。

影响处理企业房屋拆除、附属物清理，补偿兑付。

（9）单位迁建。工程建设影响河南省淅川县烟草公司陶岔烟草仓库、南阳引丹灌区陶岔管理处、九重供销合作社、陶岔信用社、九重镇兽医站、电灌局陶岔一级提灌站等 6 家单位。

规划前 5 家单位迁复建的位置沿农村居民点主干道的东西两侧布置，单位新址征地、场地平整工程量均在陶岔农村居民点一并考虑。电灌局陶岔一级提灌站房屋设施等单独作为专业项目按重新复建考虑。

已按照规划方案实施，房屋拆除、附属物清理，补偿兑付。

（10）永久征地交付。南阳市南水北调办组织建管单位，征迁设计单位、监理单位，淅川县、邓州市南水北调办及有关乡镇和涉及产权单位共同签订永久征地移交签证表，共交付永久征地 334.68 亩。拆迁房屋面积 8226.25m^2，拆迁补偿农副业 6 家。

（11）临时用地交付和复垦。2010 年根据淮委南水北调中线一期陶岔渠首枢纽工程建设管理局《关于南水北调中线一期陶岔渠首枢纽工程临时用地申请的函》（陶岔建管函〔2010〕8 号），长江设计公司开展临时用地调查复核工作，于 2010 年 6 月提交陶岔渠首临时用地补偿清单。

南阳市南水北调办组织建管单位，征迁设计单位、监理单位，淅川县、邓州市南水北调办及有关乡镇和涉及产权单位共同签订临时用地移交签证表，共交付临时用地 346.86 亩。

施工单位使用临时用地完毕，按照临时用地台账要求整改到位后，淅川县南水北调办、邓州市南水北调办、建管单位、施工单位、征迁设计单位、监理单位及有关乡镇和涉及产权单位共同签订临时用地返还签证表，返还给淅川县、邓州市南水北调办。淅川县、邓州市南水北调办组织复垦实施后，全部退还群众耕种。

3. 董营副坝工程

（1）实施方案编制和批复。因初步设计阶段列入陶岔渠首枢纽工程，实施规划阶段也列入陶岔渠首枢纽工程。

2011年5月，河南省人民政府移民工作领导小组以豫移〔2011〕18号文件批复《南水北调中线一期陶岔渠首工程建设征地拆迁安置实施规划报告（审定稿）》。

工程建设涉及邓州市杏山管理区的2个行政村。规划建设用地51亩，其中永久征地27亩，临时用地24亩。征迁安置投资227.6万元。

（2）各级补偿投资包干协议。南阳市南水北调办与邓州市南水北调办签订《南水北调中线一期工程总干渠南阳境内工程征迁安置任务与投资包干协议》，包干任务为移交建设用地21669.96亩，其中永久征地8836.05亩（含管理机构用地5.25亩），临时用地12833.91亩。包干资金为116585.13万元。

（3）补偿兑付。完成征迁安置投资129.63万元，其中农村补偿费91.12万元，有关税费38.51万元。

（4）永久征地交付。交付永久征地27.1亩。

（5）临时用地交付和复垦。交付临时用地18.6亩，已全部复垦并退还群众耕种。

（三）用地组卷报批

南水北调中线干线工程开工后，河南省移民办积极协调河南省国土、林业部门开展工作，安排市、县两级征迁机构配合做好用地组卷报批工作。截至2016年年底，河南省已交付南水北调中线干线工程永久征地16.87万亩。

1. 国土资源部先期批复用地

穿黄工程、安阳段工程、新乡膨胀土试验段工程、南阳膨胀土试验段工程永久征地手续已经国土资源部批复，批准面积13265.64亩。具体批复情况如下：

（1）2006年国土资源部以《关于南水北调中线一期总干渠穿黄工程建设用地的批复》（国土资函〔2006〕523号）批复穿黄工程永久征地面积4084.87亩。

（2）2007年6月，国土资源部以《关于南水北调中线一期总干渠安阳段工程建设用地的批复》（国土资函〔2007〕528号）批复安阳段工程永久征地面积8164.3亩。

（3）2009年7月，国土资源部以《关于南水北调中线一期总干渠膨胀岩（土）试验段（潞王坟段）工程建设用地的批复》（国土资函〔2009〕884号）批复新乡潞王坟试验段工程永久征地面积928.88亩。

（4）2010年11月，国土资源部以《关于南水北调中线一期总干渠膨胀土试验段工程（南阳段）建设用地的批复》（国土资函〔2010〕965号）批复南阳膨胀土试验段工程永久征地面积447.59亩。

2. 国土资源部2016年批复用地

国土资源部已批复前期开工的穿黄工程等4个设计单元建设用地，是河南省通过省内异地补充耕地的方式获得批准的。由于河南省后备土地资源不足，在省内难以补充南水北调中线干线工程所占压的永久征地，2011—2013年，其他23个设计单元永久征地用地手续组卷由河南省国土厅上报后一直未能获得国土资源部批准。

2016年4月，国务院南水北调办征地移民司在河南省郑州市组织召开南水北调中线总干渠河南段工程建设用地手续组卷有关问题专题协调会，提出按照国土资源部明确的“一次报卷、一次上报国务院会议研究”的要求，完成总干渠河南段用地手续组卷报批工作。

河南省移民办按照要求积极协调配合河南省国土部门，安排有关市、县两级征迁机构完成了设计变更新增用地和迁建用地组卷，加上已组卷的23个设计单元用地，共165288.64亩永久征地手续一起由河南省国土厅上报国土资源部，2016年12月国土资源部以国土资函〔2016〕714号文予以批复。

（四）监理监测效果评价

1. 监理监测评估范围

为规范南水北调工程建设征地补偿和移民安置监理工作，有序实施移民安置规划，同时规范监测评估南水北调工程建设移民安置工作的效果，准确掌握移民生产生活情况，依据国务院南水北调办发布的《南水北调工程建设征地补偿和移民安置监理暂行办法》（国调办环移〔2005〕58号）和《南水北调工程建设移民安置监测评估暂行办法》（国调办环移〔2005〕58号），总干渠河南段的17个征迁安置监理监测评估标由中线建管局会同河南省移民办经4次公开招投标确定了中标单位，并指导、督促各单位按照合同要求和内容开展监理监测评估工作。陶岔渠首枢纽工程和董营副坝工程（现项目法人为南水北调中线水源有限责任公司）先期阶段的项目法人为淮委南水北调中线一期陶岔渠首枢纽工程建设管理局与河南省移民办直接委托河南天地工程监理公司负责征迁监理监测评估。

（1）总干渠河南段征迁监理、监测评估单位及范围。

1）征迁监理。江河水利水电咨询中心负责穿黄工程设计单元征迁监理工作。

黄河勘测规划设计有限公司（黄河北监理四标）：负责穿漳工程（河南段）、安阳段、黄羑段（汤阴段和鹤壁段）3个设计单元征迁监理工作。

北京市中冠农村水利工程监理有限公司（黄河北监理三标）负责潞王坟试验段和黄羑段（新乡段）2个设计单元征迁监理工作。

河南省华兴建设监理有限公司（黄河北监理二标）负责黄羑段（焦作段中心城区段和马村区段）设计单元征迁监理工作。

小浪底水利水电工程有限公司咨询公司（黄河北监理一标）负责黄羑段（焦作段非中心城区段，不包括马村区段）设计单元征迁监理工作。

河南省华兴建设监理有限公司（黄河南监理9标）负责荥阳段、郑州1段、郑州2段（中原区段）3个设计单元的征迁监理工作。

河南华北水电工程监理有限公司（黄河南监理8标）负责郑州2段（管城区和二七区）、潮河段（航空港区段、经开区段、中牟段）2个设计单元的征迁监理工作。

天津市冀水工程咨询中心（黄河南监理7标）负责潮河段（新郑市段）、双洎河渡槽段、新郑南段3个设计单元的征迁监理工作。

河南黄河移民经济开发公司（黄河南监理6标）负责禹州长葛段征迁监理工作。

小浪底水利水电工程有限公司咨询公司（黄河南监理5标）负责北汝河倒虹吸和宝丰郏县段2个设计单元的征迁监理工作。

黄河勘测规划设计有限公司（黄河南监理4标）负责鲁山北段、沙河渡槽段、鲁山1段、鲁山2段、澧河渡槽段、叶县段和膨胀土试验段（南阳段）7个设计单元的征迁监理工作。

吉林松辽工程监理有限公司（黄河南监理3标）负责方城段、白河倒虹吸工程（宛城区段）、南阳段（宛城区段和示范区段）3个设计单元的征迁监理工作。

河南立信工程咨询监理有限公司（黄河南监理2标）负责白河倒虹吸工程（卧龙区段）、南阳段（卧龙区段和高新区段）和镇平段3个设计单元征迁监理工作

河南省河川工程监理有限公司（黄河南监理1标）负责湍河渡槽、淅川段2个设计单元征迁监理工作。

2）监测评估。江河水利水电咨询中心监测评估范围分为三部分，包括：①穿黄工程监测评估范围包括郑州市和焦作市。②黄河北—漳河南段范围包括焦作市的温县、博爱县、中站区、解放区、山阳区、马村区、修武县；新乡市的辉县市、凤泉区、卫辉市；鹤壁市的淇县、淇滨区、开发区；安阳市的汤阴县、龙安区、文峰区、开发区、殷都区、安阳县。③陶岔—沙河南渠段范围包括南阳市的卧龙区、高新区、宛城区、方城县、淅川县、镇平县，省直管县邓州市，平顶山市的叶县、鲁山县。④华北电力大学监测评估范围为沙河南—黄河南渠段平顶山市的鲁山县、宝丰县、郏县；许昌市的禹州市、长葛市；郑州市的新郑市、中牟县、航空港区、经开区、管城区、二七区、中原区、高新区、荥阳市。

（2）陶岔渠首枢纽工程和董营副坝工程征迁监理、监测评估单位。为河南天地工程监理公司，负责陶岔渠首枢纽工程和董营副坝工程的征迁监理、监测评估工作。

2. 工作开展

2006年江河水利水电咨询中心开始参与穿黄工程征迁监理工作。随着安阳段、潞王坟试验段和黄羑段实施，黄河北4家征迁监理单位陆续进场开展工作。至2010年黄河南10家征迁监理单位全部进场，征迁监理工作全面推开，2家监测评估单位按照要求陆续开展工作。

2012年上半年，黄河北4个标段（黄河勘测规划设计有限公司、北京市中冠农村水利工程监理有限公司、河南省华兴建设监理有限公司、小浪底水利水电工程有限公司咨询公司）监理合同到期，中线建管局会同河南省移民办根据征迁安置任务的实施情况，委托河南省华兴建设监理有限公司（原黄羑段征迁监理二标）继续从事黄河北后期征迁安置监理工作，其他3家监理单位经中线建管局和河南省移民办验收后退出黄河北征迁监理工作。

2013年年底至2014年年初，按照河南省移民办开展穿黄工程、安阳段、新乡试验段和南阳试验段四个设计单元的验收工作要求，有关征迁监理单位认真参与，提交征迁监理工作报告，接受验收组及专家咨询，配合相关县（市、区）征迁部门完成县级自验。

3. 监督管理

河南省移民办为使征迁监理单位能够在征迁安置实施中发挥监督、指导、协调、服务的作用，协助基层征迁机构做好工作，通过建立管理制度、创新工作机制，规范监理行为，有序开展征迁监理服务。

（1）建立和完善征迁安置工作机制。根据南水北调工程建设进展和特点，先后出台了三个征迁安置工作机制，确定了联席会议制度、预备费使用管理办法、实施中存在问题的处理要求、施工环境维护有关要求、征迁设计与监理单位的服务管理等责任、内容和程序。

（2）加强监理监测技术培训。2010年3月，河南省移民办在南阳市举办各征迁监理单位参加的南水北调中线工程征迁安置培训班；2010年6月，河南省移民办在郑州市举办各征迁监理单位参加的南水北调中线工程征迁监理监测实施细则编制培训会；2012年11月，河南省移民办在安阳市组织召开了南水北调总干渠临时用地使用情况和返还复垦台账编制工作会议，明确

监理单位的责任；2013 年 2 月，河南省移民办在南阳市组织召开了南水北调总干渠征迁安置验收培训会。

（3）组织征迁监理编写监理实施细则，进一步规范监理工作职责、程序和内容。黄河以北监理单位进场前，要提交监理实施细则并经河南省移民办评审后实施。黄河以南则依据其编制的《南水北调中线一期工程总干渠黄河南征迁安置监理实施细则编制导则》，由监理单位结合监理范围和特点编写监理实施细则并报河南省移民办批准。

4. 主要做法

在各级政府的高度重视、省市征迁机构强有力的领导和指挥、基层征迁机构及相关各部门的密切配合下，征迁监理单位理顺了关系，秉承“守法、诚信、公正、科学”的原则，实事求是，认真负责地开展现场监理工作。主要做法有如下方面。

（1）检查、旁站。监理项目部通过现场监理人员对征收土地、征用土地范围内的居民旧址、建筑物、附属物以及安置点等有关区域进行巡视、检查，适时对重要征地移民工作进行旁站，及时了解征地拆迁安置工作开展情况，掌握征迁工作进度，对发现和存在的问题及时向征迁机构和实施方进行反馈，提出相关意见和建议，以便征迁安置工作能够顺利进行。

（2）座谈、沟通。监理人员定期不定期赴实施部门就征迁安置工作进展情况、实施过程存在的问题等，召集相关人员进行座谈、沟通，了解掌握补偿资金的兑付、受影响人群的生产生活安置情况、信息公开情况、征迁实施工作有关问题解决落实情况、受影响人群对征迁实施工作的意见和建议等，并探讨有关问题的解决方法和措施，表述监理部门意见和建议。及时向征迁实施机构和各工程建管部进行反馈。

（3）咨询、指导。对实施方档案资料工作进行查询，指导、检查档案资料收集、分类和归档工作，并最终一次性移交相关档案资料。

（4）参加征迁安置工作会议。为了更好地解决处理征迁安置工作中出现和存在的问题，协调好各方关系，保证征迁安置工作正常有序地开展，监理项目部积极配合组织或参加河南省移民办、市、县征迁机构及各建设单位、实施单位定期不定期召开的征地移民安置工作会议、协调沟通会议，参加上级部门组成的督察组和检查组工作，针对征迁安置工作突出性、时限性问题，寻求解决问题和矛盾的方法、方案及措施。

（5）收集征迁安置工作资料。全过程参加实物核查、补偿资金审核、建设用地移交、居民点建设检查、专项设施迁建、单项工程竣工验收等工作并收集相关工作资料。

（6）监理文件、简报。在监理工作过程中，为了让征迁安置工作中存在的问题能够引起重视、得到解决，对实施中发生的实施变更复核后得到确认，监理项目部采用监理建议书、监理通知书和文函等书面文件形式来进行告知和确认，督促对存在问题进行解决或提出监理意见和建议。

在征迁安置工作开展过程中，为了及时反映征迁机构、上级部门、监理项目部、实施方等部门的工作进展、工作方法、典型事迹、普遍性问题和特殊问题事件，监理项目部不定期以监理简报形式将相关信息反馈给有关单位和部门，以便沟通情况、共同进步、弘扬先进和促进问题的解决。

（7）监理月报告。监理项目部在监理月报中反映征地拆迁安置工作进展情况和有关存在的问题，并提出相关工作建议和意见。

5. 监理监测效果

（1）征迁监理结论。截至2016年年底，各标段征迁监理单位提交监理月报告860期次，并参与征迁问题的处理，及时出具监理认证意见。

征迁监理单位前期准备工作充实，实施中采取积极措施鼓励群众参与并进行政策宣传，征迁安置补偿标准严格按照上级批复标准、数额执行；各级征迁安置实施机构机制健全，运作正常，能够有效地处理和协调各有关部门之间的关系；坚持按机制办事，按规程操作，及时处理河南省移民办转交的信访案件，故在征迁安置补偿实施过程中没有发生重大问题。工程建设用地按时移交，满足工程建设需要；临时用地复垦满足设计要求，及时退还群众耕种；搬迁安置群众生活安置顺利，工程沿线社会稳定；专业项目复（改）建基本按实施规划（设计变更）要求完成。

（2）监测评估结论。各监测评估单位按期提交监测评估报告，监测评估结论：①各级征迁安置实施机构工作成效明显，征迁安置过程比较顺利，满足工程建设要求。②政策宣传有效，信息公开。从项目开始到征迁安置实施的全过程，各级征迁安置实施部门都通过各种方式宣传政策、安置信息及有关法律、法规，并通过发放明白纸等方式增加征迁户对政策的了解，使得征迁过程中，没有出现大的矛盾。③监管严格，资金安全高效。各级征迁安置机构都能健全规章制度，杜绝漏洞，抓好财务人员管理，确保各项投资规范使用，干部素质得到了提高。④征迁安置补偿资金均按标准兑付。在各项补偿资金的兑付上，按照政策界定人口、核清实物、张榜公布、凭证领款、当场签字，大部分征迁群众对兑现工作较为满意。⑤总干渠征迁工作基本完成，临时用地返还工作进展顺利。在临时用地返还、复垦工作中，各级征迁安置机构积极督促施工单位做好水土保持、垃圾清理等工作，及时掌握复垦情况，完善手续，及时将复垦好的临时用地退还给群众耕种。⑥征迁安置群众对以后的生活存在一定的担忧。征迁安置群众土地减少后，收入的主要来源是打工，打工受国家整体经济水平的影响大，存在不确定性，随着年龄的增长，打工机会减少，征迁群众对由此造成的收入减少问题存在担忧。⑦各级部门积极维护干渠施工环境，确保了稳定。各级政府高度重视施工环境维护，积极协调解决群众提出的实际问题，要求施工单位按标准施工，防止扰民和民扰现象发生；对无理阻工现象，严厉打击，维护了施工环境和社会稳定。⑧安保防汛工作成效显著。对南水北调工程沿线的安保问题，各级政府和相关部门向沿线群众下发通知，制定安全通告，同时制定防汛应急预案，建立24小时防汛值班室，对总干渠沿线的安全问题起到重要作用。

四、档案与验收管理

（一）档案管理

征地移民档案管理是南水北调工程建设重要的基础性工作，是南水北调工程征迁工作的重要组成部分。

为规范河南省南水北调工程征地补偿和移民安置档案管理，维护征地移民档案的完整、准确、系统和安全，充分发挥其作用，根据国务院南水北调办、国家档案局联合印发的《南水北调工程征地移民档案管理办法》（国调办征地〔2010〕57号）以及国家有关档案工作规范和标准，结合河南省征迁安置实际，河南省移民办、河南省档案局联合印发了《河南省〈南水北调

工程征地移民档案管理办法〉实施细则》(豫移办〔2010〕32号)，指导河南省南水北调征地移民档案管理工作开展。

河南省移民办组织各级征迁机构协调同级档案部门共同对南水北调征地移民档案工作进行专题研究，提出工作思路和采取的办法，对南水北调征地移民档案进行资料的收集、分类、整编、归档，确保档案的完整、准确、系统和安全，使档案管理工作更加条理规范，为南水北调中线工程征地移民档案验收奠定了良好的基础。主要做好以下方面的工作。

(1) 加强档案管理制度、硬件设施等方面建设。健全档案收集、整理、保管、鉴定、销毁、利用、保密等各项规章制度，做好档案利用工作，积极为南水北调工程提供优质服务。

(2) 从事征迁工作的单位或部门，按照“谁产生，谁整理”的原则，将征迁工作中形成的文件进行收集、整理，并及时做好移交工作。市、县(市、区)征迁主管部门产生或经办的文件由本单位整理归档，县(市、区)级以下征迁工作产生的文件，按有关要求归档整理后向县(市、区)级征迁主管部门移交。

(3) 加强档案管理检查。河南省移民办、河南省档案局联合印发《关于开展南水北调征地移民档案自查工作的通知》(豫移办〔2011〕43号)，要求市、县(市、区)征迁机构对自身管理制度、硬件设施建设和档案管理等内容进行自查，并将结果报河南省移民办。河南省移民办和河南省档案局在此基础上进行抽查，督促整改落实。

(4) 制定《河南省南水北调干线征迁安置项目档案验收实施办法》进一步加强对河南省南水北调干线征迁安置项目档案验收工作的监督、指导，规范档案验收工作行为，统一档案验收标准，确保档案验收质量。

(二) 验收管理

为做好南水北调中线干线工程河南省征迁安置验收工作，明确验收职责，规范验收行为。河南省移民办按照国务院南水北调办下发的《关于南水北调干线工程征迁安置专项验收有关事项的通知》，根据工程验收需要，成立了副省长任主任委员的省级征迁安置验收委员会，下发了《关于做好河南省南水北调中线干线工程完工阶段征迁安置验收工作的通知》，编制《河南省南水北调中线干线工程征迁安置验收实施细则》，指导河南省南水北调中线干线工程征迁验收工作开展。

2013年2月，河南省移民办组织召开南水北调中线干线工程征迁验收培训会，对各省辖市、县征迁干部、财务人员，征迁设计、监理人员进行了全面培训。各省辖市也成立了相应的验收组织，制订了验收工作计划。

2013年年底开展了穿黄工程、安阳段工程、潞王坟试验段工程和膨胀土试验段(南阳段)工程四个先期开工设计单元的征迁安置验收工作，并在2014年1月完成了四个设计单元征迁安置县级自验。

根据国务院南水北调办有关验收工作计划，河南省移民办于2017年6月30日完成陶岔渠首工程征迁安置省级验收，并在全面完成干线征迁安置任务、补偿兑付到位的基础上，按照2018年完成全部设计单元征迁安置验收工作的目标作出全面安排。对征迁工作人员开展验收工作培训，组织开展县级自验、档案验收；公开招标选取具备大型调水工程征迁设计或监理从业经历的技术服务单位，协助市、县开展技术性验收。

五、经验与体会

（一）主要做法

1. 建立和完善征迁安置工作制度

河南省南水北调中线干线工程征迁工作复杂，涉及面广，为减少中间环节，加快征迁工作步伐，河南省移民办制定了包括联席会议、预备费使用管理、征迁问题处理、施工环境维护、征迁设计和征迁监理服务等征迁安置工作机制，监督管理、奖励和信访稳定工作机制以及出台土地补偿费用使用管理、生产开发费用使用管理、边角地问题处理、临时用地复垦等多个指导意见，明确了总干渠征迁工作程序、征迁问题处理办法和工作职责，为市、县征迁机构处理具体征迁问题提供了政策支持，决策依据；进一步放权于基层，强化了市、县征迁机构的责任意识，有效调动了基层征迁机构的工作积极性，推动征迁工作有序实施。

2. 制定合理的征迁实施计划

在每一个设计单元开工前，根据工程建设进度，河南省移民办都要制订出科学合理的征迁安置实施计划，明确各项征迁工作内容、责任单位和具体的时间节点。根据国家批复初步设计，编制征迁安置实施规划，经河南省人民政府移民工作领导小组批准后，作为总干渠征迁补偿兑付的实施依据。在实施规划批复前，为满足工程建设需要，打破常规，由设计单位根据实物指标调查核实情况，先行编制补偿清单，满足补偿兑付工作需要。对时间要求紧迫的工程建设用地，提前做好用地移交的准备工作，在县级征迁机构拿到补偿清单后，15 日内移交用地，有房屋拆迁任务的 30 日内移交用地，保证工程建设需要。例如对临时用地使用进行计划管理，由于种种原因，河南省编制征迁实施规划时，用地方案确定的临时用地大概只占 80%左右，剩余约 20%的临时用地在实施规划中只是一个数字，指标划入相应省辖市的市属部分，留待实施环节具体落实。为进一步规范临时用地的使用，保证工程建设及时用地，结合河南省已开工渠段临时用地使用现状，河南省移民办制定了一个从下达用地计划、确定用地方案、编制补偿清单、用地移交、使用、返还和复耕退还的临时用地使用管理程序《关于对南水北调中线干线工程临时用地实行计划管理的通知》（豫移干〔2010〕18 号），并取得良好成效。

3. 加强工程建设用地移交过程管理

为减少工程用地移交后施工单位和交地群众之间的纠纷与矛盾，并作为各级征迁机构补偿兑付的依据。在总干渠工程建设用地移交过程中，要办理四次签证手续，分别是永久征地和临时用地移交签证和临时用地返还、退还签证手续。永久征地移交阶段，市级征迁机构会同建设管理单位组织县级征迁机构，施工单位，征迁设计单位，征迁监理单位、有关乡（镇）政府和行政村办理永久征地移交签证表，用地移交到建管单位使用管理。临时用地返还阶段市级征迁机构会同建管单位组织县级征迁机构、施工单位、征迁设计单位、征迁监理单位、有关乡（镇）政府和行政村办理返还签证手续，用地返还到县级征迁机构组织复垦；对施工单位可以在复垦阶段完成的整改问题，在签证表中写明情况、责任方、处理措施及时间，这样既保护了群众利益，也减少了工程建设方的损失。临时用地复垦验收合格后由市、县级征迁机构，征迁设计单位，征迁监理单位、有关乡镇政府和行政村办理用地退还签证表，退还群众耕种。

4. 加强临时用地使用管理

河南省南水北调中线工程交付临时用地 20.38 万亩，这些地使用完毕后，需要退还群众耕

种。任何使用管理疏忽，都会给群众生产带来影响，也会影响到施工环境稳定。在临时用地使用管理上，河南省移民办经历了不断探索的过程，制定了有效的管理办法和措施。

（1）规范临时用地使用、复垦。如安阳段、黄河北其他渠段，工程招标文件中未对临时用地使用管理作出明确的规范要求，个别施工单位对临时用地的使用不规范，特别是取土区回填后表层出现大石块，基层无法复垦，乡村和群众意见很大，与建管和施工单位产生了很大的矛盾，也给复垦、交付耕种造成了障碍。河南省移民办会同中线建管局，组织建管单位，市、县级征迁机构，征迁设计单位、征迁监理单位有关各方，对招标文件未明确临时用地规范使用的问题进行了研究，最终决定各设计单元临时用地使用管理执行河南省研究制定的临时用地使用规定和复垦措施规定，保证了后期临时用地按期返还。同时河南省移民办下发了临时用地复垦管理指导意见，明确县级政府是临时用地复垦的责任主体，县级征迁机构具体负责组织实施，规定了临时用地返还复垦办法、复垦费使用和返还复垦报批程序等。

（2）编制临时用地台账。为深入贯彻国务院南水北调办临时用地退还复垦工作精神，及时处理存在的问题，加快返还复垦进度，河南省移民办制定《南水北调总干渠临时用地使用情况和返还复垦计划台账编制工作指导意见》，指导各省辖市组织编制本辖区内临时用地台账，逐块梳理。台账编制不仅摸清了家底，更为今后问题的处理找到明确的依据，减少了相互之间的推诿和纠纷。

（3）规定临时用地超期补偿费发放标准。为有效促进河南省南水北调中线干线工程沿线群众对临时用地接收和耕种的积极性，确保临时用地返还、复垦和退还工作快速推进。河南省移民办明确对2016年5月31日以后仍需进行超期补偿的临时用地，从2016年6月1日起，临时用地超期补偿费按当地土地流转价格进行补偿，不再执行南水北调中线干线工程征地补偿标准。

（4）创新性开展南水北调总干渠临时用地图集编制。根据工作需求，结合河南省南水北调总干渠征用20.38万亩临时用地实际，全面反映河南省南水北调中线干线工程临时用地征迁工作，自2011年起，河南省移民办委托编制单位着手进行探索、研究，开展南水北调总干渠临时用地图集编制工作，并应用于临时用地管理，取得良好成效。

5. 多措并举做好专项迁建工作

河南省南水北调中线干线工程占压影响电力、通信、广电、军事设施等各类专项几千条，为加快征迁进度，按时移交用地，保证工程建设和专项设施功能恢复，河南省移民办协调河南省电力公司、河南省通信管理局和军事设施管理单位，落实责任，提高效率，完成迁建。

（1）电力专项统一实施。南水北调中线总干渠河南段占压电力设施约1174条，总投资约5.2亿元。为充分发挥电力行业的管理优势，按照河南省政府协调意见，南水北调电力设施迁建工作由河南省电力公司负责牵头，组织各市、县电力公司实施。根据《南水北调工程建设征地补偿和移民安置资金管理办法（试行）》有关规定，迁建补偿资金（为中央预算内资金）实行包干管理，专款专用。河南省电力公司根据实际需要对电力设施迁建资金进行优化调整，并把专项迁建当作本行业、本部门一件大事来抓，按照规定的时间节点，积极行动，抢时间，争速度，克服一切困难，按时完成专项迁建任务。

（2）通信线路由河南省通信管理局负责牵头，各市征迁机构与各通信运营单位签订迁建协议，按照批复投资和时间要求完成迁建任务。

（3）军事设施由河南省移民办统一负责，与各军事单位签订迁建协议，按期完成。

6. 各级政府加大支持和投入

（1）郑州市是河南省省会，经济发展较快，城市发展用地的补偿标准比较高，为促进南水北调征迁工作，统筹考虑郑州区位、经济发展状况和保护被征地农民的切身利益，郑州市针对南水北调补偿标准与过去郑州市建设用地补偿标准的差异问题，决定由市财政拿出4.73亿元（不含县、市、区财政投资）对郑州段南水北调工程建设永久征地四环内每亩奖补15000元，四环外每亩奖补7000元，对南水北调总干渠郑州段工程征地附着物补偿标准低的问题通过附着物差额补助（以郑政文〔2009〕127号文为标准）方法解决，差额费用由市、县（区）两级财政按3：7的比例承担。新郑市、航空港区、中牟县、经济技术开发区、管城区、二七区、中原区、高新技术开发区和荥阳市等9个县（市、区）按照征迁安置任务情况均收到数额不等的财政补贴。

（2）焦作市中心城区段拆迁任务安置重，且多为城镇户口。焦作市政府、市征迁主管部门重点抓安置、强力促保障，主要做好以下方面。

1）建立和完善征迁安置配套的政策体系。为保证征迁群众“搬得出、稳得住、能发展、可致富”，焦作市委、市政府在国家、省征迁政策的基础上，出台了《关于进一步为南水北调工程建设征迁群众提供优惠保障政策的通知》，制定了14个方面46项优惠政策；市指挥部共召开联席会议51次，研究决定了300余项关系征迁群众切身利益的事项：一是就业再就业方面，为征迁群众提供8000个就业岗位，组织召开专场就业招聘会；市本级准备1000万元小额贷款资金，为征迁群众提供小额担保贷款、职业培训补贴。二是养老保障方面，在征地中实行区片综合地价，明确每亩地包含9075元的社会保障费用，由两城区政府设立专账，确保用于被征迁群众的养老保障。三是医疗保障方面，将城区段征迁居民全部纳入城镇居民医疗保险范围，鼓励征迁村用土地补偿款20%的村集体留成部分，为征迁群众办理医疗保险；由市财政全额负担，对低保户、重度残疾人直接纳入城镇居民医疗保险。四是住房保障方面，由市、区两级财政筹集资金，对低收入住房困难户进行购房贷款贴息；征迁群众每人每月增加40元过渡安置费；凡征迁补偿款不足以购买政策安置房的困难户，可享受财政补助资金，户均15000元左右。五是教育就学方面，建立征迁户子女入学绿色通道，保障征迁户子女搬迁期间就近入学；对困难户子女考上大中专以上院校的残疾人家庭资助5000元；对征迁群众子女参加中招考试每人加5分。六是社会救助方面，从爱心基金中拿出200万元作为特困救助专项资金，对特殊困难征迁户予以救助。七是法律服务方面，成立南水北调法律服务律师团，为征迁群众免费上门提供法律咨询和法律服务。八是征迁对象应征入伍方面，焦作军分区规定，在征兵工作中，对南水北调征迁户家庭的适龄青年，优先确定为预征对象。

2）建设群众满意的安置工程。具体措施如下：一是完善机制，明确区委区政府是安置房建设的责任主体，实行县级干部“包按时开工、包进度控制、包资金控制、包质量控制、包安全控制、包按时入住”的“六包”制度。二是加强安置小区建设质量安全工作，提出“不让一平方米房屋出现质量问题，不出一起重大安全事故，不拖欠一分钱农民工工资”的工作目标。建立了施工单位和监理单位负直接责任、业主单位和各安置小区的分包干部负管理责任、市住建局负监管责任的质量管理体系；同时组织具有相关工作经验的人大代表、政协委员和党员、群众代表全程参与质量监督。三是千方百计降低安置房价格，出台政策减免安置小区建设规费，列出专项资金解决安置小区配套建设，使多层安置房价格与每平方米701元的拆迁补偿标准大体相

当。选定黄金地段土地用于生产生活安置，以安置促征迁。四是加快安置房建设进度，进一步完善了安置小区建设相关政策，建立了以联审联批、集中办公、会议协调、部门合作、特事特办为主要内容的手续办理绿色通道；科学安排，严格按照工期节点加快工程进度，确保安置房建设如期完成。在安置房尚未完全建成的情况下，千方百计为征迁群众解决现房过渡安置，采取以预期安置房置换和市场现金回购等方式，确保征迁群众每户至少分到一套现房，实现了先安置后拆迁。五是营造工程建设环境，组织开展了安置小区施工环境整治活动，市公安、监察等部门对强装强卸、强买强卖、无理取闹、干扰破坏工程建设的违法行为，毫不手软、严厉打击。

（二）经验与体会

1. 省级征迁安置经验与体会

（1）领导重视，形成合力。河南省委、省政府把南水北调工程建设作为河南省的一号工程来抓，主要领导亲自挂帅，分管领导靠前指挥，时刻关注征迁工作，多次到征迁一线视察、检查和指导，对征迁工作给予肯定，对存在问题提出明确要求。省直有关部门和有关省辖市主要负责人员共同参与，调研摸底，掌握征迁动态，及时研究解决重大问题。各市、县党委、政府全力支持、服务配合征迁工作，分包乡、村，分包渠段，形成了强大的征迁工作合力和浓厚的征迁工作氛围。

（2）认真落实各级政府征迁安置工作责任。河南省政府与南水北调中线干线工程有关省辖市政府签订了征地补偿和移民安置责任书，明确各级政府在总干渠征迁安置工作中的职责；各省辖市也与有关县（区）政府签订征迁安置责任书；市县政府都成立相应的征迁安置工作领导组织，健全相应的办事机构，形成横向到边、纵向到底、一级抓一级、层层抓落实的工作格局，广泛调动各方面的积极性，为工程建设提供组织保证。

（3）切实加强征迁工作的培训宣传。为提高征迁干部业务水平，全省征迁系统累计举办各类征迁骨干培训班120期，培训人员达1万多人次。利用广播、电视、报纸、网络等载体，及采用宣传车、宣传员进村入户等方式，宣传南水北调工程的重要意义，宣传工程建设对促进河南省经济社会发展和改善民生的重要作用。安阳段征迁过程中，安阳市各级政府和征迁机构在没有现成的经验和模式可以借鉴的情况下克服重重困难，全力推进征迁安置工作，在确保群众利益的同时，保证了工程顺利开工建设，安阳征迁经验被称为“安阳速度”，中国南水北调报专题对“安阳速度”进行了报道和解读。焦作市政府以人为本，和谐征迁的做法，《河南日报》《人民日报》《光明日报》及中央电视台、中央人民广播电台等媒体相继进行了报道，《河南日报》更是以大篇幅的文章《南水北调精神唱响怀川大地》，提炼出焦作拆迁过程中所体现出的南水北调精神。

（4）妥善安置征迁群众生产生活。征迁群众生产生活安置问题，事关征迁群众的切身利益，事关沿线社会稳定和工程建设的顺利进行。做好征迁群众思想工作，妥善安置征迁群众生产生活，解除征迁群众后顾之忧，是实现和谐征迁的基础。焦作市是南水北调总干渠唯一穿越中心市区的城市，累计搬迁群众近3万人，拆迁房屋和企事业单位总面积达到180万m^3，搬迁群众对征迁工作有一定的抵触情绪。为确保和谐征迁，焦作市政府针对总干渠征迁问题出台了从子女入学、就业、入伍到社会保障等多达46项优惠政策，组织市直、县直两级干部落实“七包”责任制，即包签协议、包搬迁、包拆除、包过渡安置、包回访、包稳定、包搬进新房。

在全市上下的共同努力下，焦作市仅用半年时间就完成了全部征迁任务，受到了省政府的嘉奖。时任国家副主席的习近平同志对焦作市征迁工作也作出重要批示给予高度肯定。

(5) 及时处理各种征迁问题。通过对影响工程建设的征迁问题进行会商排查，建立征迁问题台账，实行挂、销号制度，先后开展了“总干渠征迁问题集中整改月”活动和“移民征迁矛盾问题集中排查化解”活动，对排查出来的问题，逐项明确处理措施、责任人员和时间节点，一周一汇总，一周一通报，有关征迁问题按期全部得到解决。同时，为妥善处理工程施工给当地群众生产生活造成的影响，各级征迁机构主动协调建设单位，针对群众反映的强重夯、降排水、噪声、粉尘及震动等影响问题，拿出切实可行的解决办法，保证群众的正常生产生活。各级征迁干部克服工作任务繁重的困难，发扬“五加二”“白加黑”的作风，为服务工程建设付出了大量的心血和汗水。

(6) 加大征迁督查奖惩力度。为确保征迁任务落到实处，确保各个时期、各个阶段征迁任务的完成，各地党委、政府高度重视征迁工作中的热点、难点问题，充分发挥党委、政府督查室和纪检监察部门的作用，定期进行检查，定期召开督察会议，印发督察通报，对征迁任务完成好的进行表扬，差的进行批评，限期解决问题，并通过媒体公示，增强了各有关部门征迁安置工作的责任感和紧迫感。河南省征迁工作取得的成绩，得到了国务院南水北调办的充分肯定和建设单位的好评，国务院南水北调办多次向河南省政府发来贺电表示祝贺。

2. 市级征迁安置经验与体会

(1) 安阳市。

1) 加大宣传教育工作力度，营造强大舆论氛围。安阳市始终高度重视南水北调政策宣传工作，全市各级南水北调征迁机构都建立了宣传组织，为深入做好南水北调宣传工作提供了坚强的领导和组织保障。通过发放宣传手册、电视台滚动字幕、出动宣传车、粉刷标语等多种方式，广泛宣传南水北调工程建设的重大意义及征迁政策和补偿标准等。向沿线的拆迁户和被占地户发放《安阳市南水北调工程征迁移民实施工作宣传材料》4000余份，设立标语牌300余块，悬挂、粉刷宣传条幅、标语1000余条。举办不同层次的征迁安置政策培训班，召开群众座谈会，深入基层走访调研等形式，进一步加强了对沿线群众的宣传教育。通过大力宣传，沿线广大干部群众对南水北调工程的重大意义和有关征迁安置政策有了深刻的了解，从内心深处和实际行动上都能够积极主动支持南水北调工程建设，对南水北调工程建设用地移交和建设环境的营造起到了积极的作用。

各级政府和征迁部门及时发布公告，严格公示制度，确保征迁补偿资金按时足额兑付到位。按照河南省移民办征迁安置工作计划，安阳市南水北调办先后在《安阳日报》刊登公告4次，县（区）政府结合实际情况和征迁工作进度，及时发布禁播、迁坟等公告，保证了征地拆迁工作的顺利进行。为使所有拆迁户和被占地户及时了解补偿政策和安置方案，沿线所有涉及的村组都在醒目位置设立了南水北调征迁补偿专用公示栏，及时公开个人和集体补偿费、居民点建设方案、生产用地调整方案、灌溉影响处理方案等内容。涉及的企业、单位和农村副业也同时在县（区）征迁机构和拆迁现场进行了公示。

组织各县（区）深入做好群众思想工作，沿线各县（区）实行领导包乡、乡干部包村、党员干部包户，利用中午、晚上、节假日等时间，挨家挨户做思想工作，解释群众对征地拆迁政策中不理解、有疑问的地方。县、乡、村领导和党员干部深入基层、耐心细致的工作成效明

显，绝大多数群众都认识到了南水北调工程的重大意义，主动支持配合南水北调工程建设。对于个别人以补偿标准低为由，故意拖延时间、影响施工的，在讲政策、做工作无效的情况下，及时协调相关部门采取强制措施，保证工程建设顺利进行。

2）建立健全征迁工作机制，保障征迁工作规范有序。按照河南省移民办用地拆迁工作的总体计划安排，结合安阳市实际，安阳市南水北调办提出了“科学安排、迅速突破、强力推进、确保工程建设用地”的工作思路，建立健全了建设环境及征迁工作协调联系机制，与安阳市公安局联合制定《安阳市南水北调工程安全保卫和建设工作联席会议制度》；安阳市南水北调工程建设领导小组专门印发《关于建立南水北调中线工程建设环境及征地移民工作协调机制的通知》（安调〔2006〕1号）和《关于建立南水北调中线工程建设环境及征迁工作协调联系机制的通知》（安调〔2006〕2号）等文件，明确市长、秘书长协调会、协调组碰头会、工作例会、月汇报会和征地移民、建设环境协调等会议制度，并成立南水北调工程项目现场协调小组。安阳市政府定期召开南水北调征迁工作协调会议，及时协调解决南水北调征迁和环境问题，为征迁工作的顺利开展提供了有力保障。安阳市政府与沿线县（区）政府签订目标责任书，有关县（区）也和有关乡（镇、街道）签订目标责任书，明确各级政府责任，落实领导负责制和责任追究制，一级抓一级，层层抓落实，形成职责分明、齐抓共管的良好局面。同时，积极发挥政策的综合效应，在国家政策框架允许的范围内，安阳市南水北调办结合实际，具体细化、有所创新，有针对性地研究出台了《中心组理论学习制度》《廉政建设制度》《财务管理办法》《安阳市南水北调工程建设用地移交签证表》《安阳市南水北调工程建设临时用地退还签证表》《专项线路迁建现场认可表》《征迁工作机制》《信访工作应急预案》《阻工问题快速处置机制》《档案管理制度》等一系列具体措施，为南水北调工程建设、征地拆迁、施工环境维护等创造了有利条件，保证了南水北调征地拆迁和环境维护工作规范有序进行。

3）落实县级政府主体责任，全力服务工程建设。按照国务院确定的“国务院南水北调工程建设委员会领导、省级人民政府负责、县为基础、项目法人参与”的南水北调工程征地移民管理体制，安阳市南水北调办充分发挥县级政府的责任主体作用，调动一切能够调动的资源，全力服务和支持南水北调工程建设。在安阳市委、市政府的统一领导下，县（区）党委、政府主要领导靠前指挥，深入一线现场协调解决有关问题。在征迁实施过程中，根据征迁工作的开展情况，相应出台了推动征迁工作的有关文件，多次召开会议研究解决征迁工作中遇到的各类问题，出台文件或印发会议纪要，保证了问题能够得到及时解决，促进了征迁工作顺利开展。汤阴县人民政府印发《汤阴县南水北调工程征迁安置工作奖惩办法》，出台一系列南水北调征迁安置工作优惠政策，经测算补贴优惠资金达23万余元。开发区管委会专门出台对南水北调失地农民的优惠政策，对失地农民区分不同年龄阶段制定相应的补贴制度。龙安区人民政府出台龙政文〔2006〕99号文件，抽调3～5名副科级干部专门负责解决征迁工作中遇到的疑难问题，并从区财政拿出10万元用于弥补基础设施建设资金不足问题，妥善解决了南水北调工程用地与村民安置矛盾问题。殷都区人民政府将南水北调征迁工作列入政府工作目标，并将目标任务层层分解，做到了分工明确，责任到人。区委、区政府、区人大等领导多次安排听取南水北调征迁工作的专题汇报，并深入到南水北调施工现场实地察看，对其中存在的问题及时研究解决。2010年，在省市资金没有拨付到位的情况下，区政府先后垫付资金32万元，用于解决征迁工作中发生的突发问题，使群众及时得到补偿，确保了工程建设的顺利实施。安阳县人民政府印发《安阳县人民政府关于对南水北调工程房屋提前拆迁居民给予奖励的通知》，对提前拆迁房屋的居民给予奖励。以上一系列优惠政策和措施的有效落实，保证了工程建设用地按时移交，营造了良好的施工环境。

4）不断创新拓宽工作思路，强力保证征迁工作质量。紧紧围绕河南省移民办下达的征迁工作计划和目标，创新工作方法，攻克征迁难点，以强有力的措施保证征迁工作顺利开展。

一是建立阻工问题快速处置机制。安阳市南水北调办成立领导小组和办事机构，县（区）征迁机构组建现场快速处置小组，建立信息快报、领导包案、限时办结、责任追究等制度。施工单位遇到阻工问题，可以直接用手机短信的形式报市南水北调办主要领导，确保阻工问题能够在第一时间得到及时有效处置。

二是建立征迁疑难问题集中会诊制度。针对征迁工作中遇到的重大疑难问题，由安阳市南水北调办相关领导牵头，召集征迁设计单位、征迁监理单位、县（区）征迁机构、乡镇政府、村委会有关负责同志和群众代表流动巡回进行集中会诊，对照政策法规，结合实际情况，对症下药，认真分析研判，找出问题症结所在，有针对性地提出处理意见，帮助基层解决重大疑难问题。成立征迁工作业务指导专家组，不定期抽调有丰富征迁工作实践经验的同志作为专家，为县（区）征迁机构释疑解惑，经常性深入一线帮助解决有关疑难问题，取得了很好的效果。

三是建立台账管理、督察奖惩长效机制。安阳市南水北调办建立了征迁问题台账管理的长效机制，将所有征迁和阻工问题列入台账，实行动态管理和销号制度，逐项明确责任人、责任单位、完成时限和完成要求。切实加大督察力度，坚决做到有部署、有督查、有结果、有奖惩。对工作完成好的县（区）进行表彰奖励，对不能按期按要求处理的问题进行挂牌督办，严重影响工程建设进度的追究有关责任人的责任，强力推进征迁工作开展。

5）加大信访稳定工作力度，确保沿线社会大局稳定。在做好南水北调征地拆迁工作的同时，安阳市南水北调办采取开门接访、干部下访等多种形式，领导包案、限时办结等信访工作制度，按照“小问题不出村、大问题不出县、再大问题市里办”的总体目标，全力解决群众信访反映的突出问题，排查化解各类矛盾纠纷400余起，办理上级部门和有关部门交办转办的信访事项120余起，全部做到了政策解释到位、问题处理到位、稳控措施到位，确保了赴省进京上访零目标的实现，维护了沿线社会大局稳定。

一是加强领导，健全制度。成立了信访稳定工作领导小组和办事机构，各县（区）南水北调征迁机构也成立了相应的组织机构，专门负责本辖区南水北调移民征迁信访稳定工作。建立了信访问题处理机制，确保各类信访事项能够及时有效得到妥善处理。制定了信访稳定工作应急预案，确保群体性突发事件和其他突发情况能够得到迅速处置，避免造成恶劣影响。实行县级领导分包县（区）和科级干部联系人制度，确保每个县（区）、每个标段、每起纠纷有人问、有人管、有结果。

二是加强排查，落实责任。采取滚动式、不间断、全方位矛盾纠纷排查方式，排查不稳定因素纵向到底、横向到边，不留死角。对排查出来的每一起不稳定因素，全部建立信访台账，明确责任领导、责任人员、完成时限和目标要求。对于可能引发上访事件的重大不稳定因素，实行县级领导包案，要求包案领导对所包案件一包到底，直至问题得到彻底解决。

三是畅通渠道，双向规范。市、县（区）两级征迁机构实行领导挂牌接待来访群众制度，每周三为领导信访接待日。接待的每一起信访事项，都要认真做好接待记录，并做好签批交

办和协调处理工作。对于不属于南水北调工作范围内的信访事项，及时告知信访人到有权处理的部门反映情况。实行双向规范，征迁干部因不负责任、推诿扯皮、玩忽职守，导致上访事件发生，造成严重社会影响的，给予通报批评，直至提请纪检监察部门给予党纪、政纪处分。对于违法信访、无理取闹、干扰南水北调工程建设的，联合相关部门，坚决予以打击处理。

（2）鹤壁市。

1）领导重视支持，队伍担当奉献。鹤壁市委、市政府始终把南水北调工程建设作为全市义不容辞的政治责任，列为全市重点工程和民生工程，摆上重要议事日程，定期研究，专题部署。市主要领导和分管领导，定期听取南水北调征迁安置工作汇报，多次深入工程现场办公，调研指导，协调解决问题。市、县（区）均成立南水北调中线工程建设领导小组及专门工作机构，充分发挥牵头、协调、监督、检查的作用，加强与上级部门的沟通联系，加强与有关单位紧密配合，沟通上下，协调左右，形成坚强工作合力。市南水北调办领导亲自上阵抓、抓征迁、抓协调、抓服务。干部队伍年轻有为，做到讲政治不讲条件，讲大局不讲困难，讲奉献不讲报酬，按照“五加二”“白加黑”的工作要求，加强协调督查，以强烈的责任感、认真的工作态度，敢于担当、勇于担当、善于担当，凡是工程建设中遇到的困难、反映的问题、需要协调的事项，急事急办，特事特办，都千方百计地努力解决，始终如一地为工程建设营造良好的环境。2009年以来协调处理征迁、环境维护等各类问题2000多个。受到了广大干部群众的好评，确保了工程建设顺利推进。

2）广泛宣传动员，营造良好氛围。针对阶段性工作任务要求，先后多次召开全市南水北调工程建设、征迁、协调及环境维护动员、推进会，广泛动员和统一部署；出动宣传车1000多车次，发放宣传材料7万多份，张贴公示、公告1万余张，制作多幅南水北调公益宣传广告牌，在市电视台播出宣传支持南水北调建设的游走字幕，在《鹤壁日报》《淇河晨报》编制宣传支持南水北调建设的专题；围绕南水北调工程建设的意义、先进经验、精神风貌等方面，适时组织市主要媒体记者现场采访采风，积极扩大工程建设社会影响；积极行动，扎实开展南水北调总干渠鹤壁段安全保卫宣传工作，避免溺水等安全事故发生，保护人民群众人身安全，确保总干渠工程安全、供水安全。做到电台有声音、电视有影响、报纸有文章、工地有标语。充分发挥教育、学校、报纸、电视、广播、网络等部门单位媒体的作用，全方位、多层次、多形式持续广泛深入宣传，形成了全社会关心、支持、服从、服务工程建设的良好氛围。

3）坚持以人为本，实现和谐征迁。坚持把以人为本、和谐征迁的理念贯彻于征迁安置工作全过程，牢固树立大局意识、责任意识、群众意识、奉献意识，始终处理好对上级负责与对群众负责的关系，实事求是地解决群众的实际困难和问题；处理好国家与个人的关系，认真落实征迁政策，维护好群众合法权益；处理好集体利益与征迁工作环境的关系，教育基层干部不与群众争利益；处理好征迁工作与社会稳定的关系，耐心细致地做好群众的思想工作，确保社会大局稳定。对征迁安置工作实行县（区）总包干，并按时间节点完成征迁安置任务。对企业和群众反映实物指标补偿标准与实际不符的问题，及时协调征迁设计、监理人员现场核实，积极争取上级政策支持。

4）创新工作机制，强抓征迁工作。建立健全工作责任、工作台账、工作督查、进度日报告、周例会、合同管理、应急事件报告处理、征迁奖惩等多项行之有效的机制，规范各项工作。高度重视招投标工作，严格按照省统一部署，认真落实市委、市政府、市纪委指示精神，由纪检、检察等职能部门提前介入、全程监督，创新招投标办法，将开标评标场所分离，全程阳光操作，确保招投标工作公开、公正、公平。组织动员征迁单位上下同心，目标同向，以日保周、以周保月，按照节点计划，科学安排，倒排工期，突出抓好重点征迁安置项目，强力推进征迁安置进度，确保按时完成任务。

5）实行全程监督，加强廉政建设。以开展党的群众路线教育实践活动、“三严三实”专题教育活动、“两学一做”学习教育等为契机，紧密结合工作实际，坚持把党风廉政建设责任制与业务工作同步部署、同步落实、同步检查、有机结合，明确责任分工，狠抓制度落实。始终把资金监管贯穿征迁安置的全过程，把廉政建设贯穿征迁安置的全过程，管好队伍，用好资金。完善资金使用和监管制度，强化资金使用全过程管理，切实提高资金使用效率，堵塞管理漏洞，确保资金安全；重视廉政建设，加强资金监督和审计工作，自觉接受各级审计稽查监督，确保了资金安全和干部廉洁。

（3）焦作市（中心城区段）。

1）坚持以人为本、和谐征迁的指导思想。南水北调征迁工作启动伊始，市委、市政府就明确提出“以人为本，和谐征迁，规范运作，科学发展”的指导思想。市委常委会议先后强调：“要认真落实科学发展观，坚持以人为本，和谐征迁。要使老百姓成为工程的受益者，而不能成为受害者。要把南水北调征迁工作作为学习实践科学发展观的重要内容，解决好工程进展中的突出问题，确保和谐征迁，顺利实施。”

市政府常务会议明确提出“四个确保”的工作目标：一是确保总干渠按国家确定的时间如期开工；二是确保以南水北调工程建设为契机，提升焦作整个城市的品位和形象，安置小区建设要达到“三高”标准，即高标准规划、高档次设计、高质量建设；三是确保征迁工作中不出现大规模越级上访和安全事故；四是确保征迁、安置、建设资金投入中的财政安全。同时坚持“三个不出现”和“八个一”。“三个不出现”，即“人口迁移不出现一起行政诉讼和大规模越级上访，房屋拆除不出现一起安全事故，安置房建设不出现1平方米质量问题”；“八个一”，即“补偿资金发放一刻都不能拖延，该给群众的一分都不能克扣，政策执行一点都不能打折，政策研究一点都不能含糊，重大阻工事件一起都不能出现，质量安全事故一件都不能发生，工程进度一秒都不能耽搁，优质服务一丝都不能马虎”，下决心以一流的环境、一流的服务、一流的工作，打造一流的工程。

焦作市坚持以刚性政策、亲情操作为原则，实行了和谐征迁的工作方法。既坚持政策的严肃性，做到规范操作、不突不破；也注重执行上的灵活性，做到柔性操作、亲情温暖。实践证明，焦作市征迁工作中探索实行的“七包”责任制、“八步走”征迁程序、“五公开”工作制度、“三个六”工作方法，以及对按时搬迁的群众给予奖励等，是具有焦作特色的城市拆迁工作方法，保证了南水北调焦作城区段征迁的和谐推进，顺利实施。

2）坚持以科学发展观为指导。一方面，按照科学发展观的要求树立工作理念。一是将征迁安置建设与市经济社会的发展紧密结合起来，作为提高人民群众生活水平的机遇，作为提升城市品位、城市形象的机遇，作为打造旅游大市、文化名市的机遇，作为保民生、保增长、保稳定的机遇。二是将征迁安置建设与维护群众切身利益紧密结合起来，征迁政策上注重利民惠民，征迁方式上注重规范运作、阳光亲情，安置房建设中注重科学规划、严格程序、保证质

量。三是将科学发展观具体落实到廉政建设及财务管理工作中，严格各项规章制度，认真执行上级下达的资金计划，每一笔支出都必须经过联审联签，确保资金安全、廉洁高效。

另一方面，在实际工作中体现科学发展。一是促进征迁企业的上档升级。河南平原光电有限公司是研制生产光机电一体化的大型骨干企业，南水北调总干渠占压了公司厂区，焦作市以企业搬迁为契机，在高新区规划了光机电产业园，使企业扩大了生产规模，提升了工艺水平。二是统筹兼顾总干渠建设和城市长远发展。原设计的跨渠桥梁满足不了城市功能的正常运转和发展需求，市委、市政府多次到国务院南水北调办、中线建管局等单位进行深入的沟通交流，争取桥梁设计变更、增设市政管廊，为城市发展预留空间。三是提高城市品位、改善人居环境。总干渠、绿化带建成后，将在市中心增加50万m^2的水域面积和200万m^2的绿地，形成城市生态景观走廊和旅游观光亮点。四是注重文化传承。为妥善保护城区段占地范围内的文物古迹和古树名木，焦作市将文物古迹整体迁建，将古树名木集中移植为南水北调纪念林，将文化、历史、自然紧密联系在一起。

3）充分发挥党组织作用和党的政治优势。在南水北调征迁工作中，地方党组织作为领导者、组织者、管理者和推进者，对所面临的外部制约和困难必须坦然面对、主动接受、积极应对、化解矛盾，特别是对大事、难事和急事，更要时刻“放在心上、抓在手里”。各级领导干部不仅要牢记使命，强化责任意识，准确把握工作的重点、难点，深入研究解决问题的办法，身体力行，保证征迁工作的稳步推进，保障工程建设的顺利实施。在具体工作中，焦作市进行了全市上下的干部动员、组织动员和社会动员，整合各方面力量，打赢了这场攻坚战。市、区五大班子领导深入一线、统揽全局、协调各方；纪检、宣传、发展改革、规划、住房建设、国土、企业发展、房管、园林、公安、财政、审计、信访、教育、文化等部门及金融、电信、联通等单位出台优惠政策；各级人大代表、政协委员积极建言献策，为征迁困难群众捐款捐物；共青团、残联、工商联、律师协会等社团组织纷纷发出倡议，开展志愿者服务活动。可以说，从市级领导到村组干部，从党政机关到社团组织，从市直部门到驻焦单位，从领导干部到一般群众，近百家单位、数千名党员干部及社会各界通过各级各类组织凝聚在一起，形成了横向到边、纵向到底的立体式工作网络，汇集成了强大的工作合力。

4）建立指挥有力、运转高效的组织机制。一是组建高规格的领导机构，成立了由市委书记任政委、市长任指挥长的南水北调中线工程焦作城区段建设指挥部，下设由市纪委监察局、组织部、市委市政府督查室等部门组成的督导监察组等12个专项工作组。市委、市政府领导坚持把城区段征迁工作作为日常工作的重中之重，多次召开会议安排部署，实地检查工作进展情况，研究解决征迁难点问题，有力地推动了工作进展。二是制定市级领导联系村和市直单位包村等制度，成立了由市委常委、副市长等五大班子领导联系、13个市直主要部门牵头、94个市直单位参加的13个包村工作组，小单位全员参加，大单位抽调精兵强将组成专门队伍，全市3000多人次直接参与了征迁工作。三是在征迁第一线锻炼、考察、使用干部，对出色完成工作任务的党员干部，市委优先提拔使用。四是印发了《关于督导监察的工作机制和奖惩办法》《关于对领导干部在南水北调征迁安置工作中的奖惩办法》，并严格执行《焦作市行政机关首长问责暂行规定》，切实加强督导、严格奖惩。

5）实行阳光规范、亲情征迁的工作方法。坚持阳光公开、规范运作。一是实行工作程序“八步走”，即入户动员、错漏登复核公示、临时过渡落实到户、签订协议、搬迁验收、银行存折放款、统一组织拆除清理、定期回访。二是坚持"五公开"，即每家每户补偿款公开、人口与拆迁面积公开、安置房分配公开、特困对象照顾公开、提前搬迁奖励公开。三是做到"五个不拆"，即政策不完善不拆、宣传不到位不拆、安置不妥当不拆、当事人思想不通不拆、矛盾隐患不排除不拆。

坚持刚性政策，亲情操作。党员干部与征迁群众一对一结对子，实行包签协议、包搬迁、包拆除、包过渡安置、包回访、包稳定、包搬进新房的"七包"制度。探索和推行了"征迁宣传动员六到家，征迁服务工作六到位，安置配套措施六落实"的工作方法。"征迁宣传动员六到家"，即全面普查，调查摸底工作做到家；逐户分析，征求意见工作做到家；家喻户晓，政策宣传工作做到家；真情为民，排忧解难工作做到家；找准症结，沟通疏导工作做到家；保障权益，法律咨询工作做到家。"征迁服务工作六到位"，即形成合力，强化责任到位；提高素质，能力建设到位；干部带头，示范引路到位；社区村组牵头，搬迁服务到位；完善制度，监督保证到位；坚持原则，依法裁决到位。"安置配套措施六落实"，即政策公开制度落实，承诺内容落实，统筹发展机制落实，领导包户制度落实，激励约束机制落实，人性化操作落实。

6）发扬干群一心、顾全大局的优良传统。城区段征迁安置工作牵涉千家万户，情况复杂、矛盾繁多，被视为最苦、最累、最难的一项工作。但广大征迁干部与征迁群众心连心，同甘苦，共克时艰，密切了党群、干群关系。

市、区、办、村四级干部坚持"五加二""白加黑"工作精神，放弃节假日和休息时间，进村入户，深入田间地头，宣讲政策、沟通交流、答疑解惑。一些征迁工作组在村里开锅立灶，参与征迁的党员干部一天到晚在村里办公，不完成任务不撤离。本单位干部职工涉及征迁的，主要领导亲自到涉迁干部职工家中，不厌其烦地做思想工作，要求带头拆迁，为一般群众做出表率。

征迁群众在国家工程面前顾全大局、为国分忧，舍小家为大家，使征迁工作顺利开展。

7）切实维护群众利益是核心。无论遇到多么大的困难和问题，都要牢固树立正确的群众观点，想问题、办事情坚持把群众利益放在首位，做到一切为了群众，一切依靠群众。征迁工作中，焦作市在严格执行国家征迁安置政策、确保征迁任务按时完成的前提下，切实把群众利益放在首位。从配套政策的制定、具体拆迁的实施，到被征迁群众的安置，时时为群众着想、处处让群众满意。各分包单位出钱出物出车辆，最大限度地解决征迁群众的实际困难。焦作军分区协调驻焦部队为征迁群众送医送药，并成立基干民兵治安巡逻、安全监督和征迁帮扶3个小分队，服务城区段征迁工作。水务、电力、通信部门分别成立服务小组，保证征迁群众搬家期间用水、用电、通信正常。实践证明，只要最大限度维护群众利益，保障群众的合法权益，重视和解决他们的合理诉求，再难的事情也能办好。

3. 县级征迁安置经验与体会

（1）平顶山市宝丰县。

1）发挥政治优势，加强领导，明确责任。在征迁安置工作中，只有充分发挥党的政治优良传统，充分发挥党和政府的凝聚力、感召力和战斗力，才能推动拆迁工作顺利进行。宝丰县建立了县、乡、村三级领导体系，明确第一责任人，实行包宣传、包稳定、包征迁、包安置、包开工的"五包"责任制，确保落实好县领导包乡镇、乡镇领导包村、工作人员包组的工作责

任制，并定期召开征迁工作联席会议，研究解决征迁过程中遇到的困难。同时，按照时限要求，分别与各乡镇签订目标责任书，进一步细化任务，明确责任，倒排工期，确保按计划完成工作任务。在征迁安置工作中，把每项任务落实到各单位、落实到人，做到“千斤重担大家挑，人人肩上有指标，个个身上有压力”，切实增强责任感和紧迫感，才能确保各项任务圆满完成。

2）加强培训、宣传工作。由县南水北调办组织召开县直属有关单位、各乡镇、村参加的南水北调征迁培训会，使各级征迁干部和工作人员掌握了政策理论，提高了业务水平，明确了工作任务，熟悉了信访处置。利用广播、电视、报纸等新闻媒体，出动宣传车、悬挂横幅、刷写标语、印发宣传单、召开会议等形式，把有关南水北调补偿政策、补偿标准、临时用地使用要求及复垦措施等内容，宣传到基层群众，取得基层群众的理解支持，努力营造良好的舆论氛围。同时，及时兑付各项土地补偿资金，做好沿线被征迁群众的思想稳定工作，为工程建设创造优良的施工环境。

3）坚持以人为本，刚性政策人性化操作。机械执行政策，不去积极探索征迁方式的人性化和艺术化，容易激化群众矛盾，欲速则不达。在征迁工作中，做到关怀、关心搬迁群众，实现人性化征迁，和谐征迁。思想政治工作不是万能的，对极个别影响搬迁的人进行必要的批评教育，遏制搬迁中的不和谐因素，讲和谐但不妥协，确保征迁顺利进行。

4）高效、优质的服务是有力的支撑。征迁干部和工作人员当好服务员和协调员，想群众之所想，急群众之所急，办群众之所需，切实维护群众切身利益，赢得群众信任和支持，再棘手的难题也能破解，再困难的事情也能办好。

5）加强督查，落实奖惩。成立南水北调征迁工作督查组，定期检查各乡镇征迁工作进度并下发通报，对按时间接点要求完成任务的乡镇、村，县政府拿出资金进行奖励，对不按时间要求完成任务的，县政府将通报批评。同时，对工作积极、措施得力的先进典型，利用各种形式进行宣传报道，以点带面，整体推进，确保按时限要求完成各项征迁任务。

（2）南阳市淅川县。

1）抓领导。成立了以县委书记为政委的高规格征迁指挥部。县委、政府主要领导多次主持召开征迁工作会议，专题安排部署征迁安置工作。干线征迁全面启动后，每天都有一名县领导坐镇征迁一线，为征迁工作强力推进奠定了基础。

2）抓认识。通过召开各种层次的会议统一思想认识，在县春节晚会、三下乡文艺汇演中增加征迁内容，以及举办各类征迁知识培训等形式，使全县干群认识到南水北调工程的伟大意义，认识到干线征迁工作是压倒一切的政治任务，支持征迁、搞好征迁是淅川义不容辞的责任。

3）抓宣传。下发征迁宣传手册500本，张贴征迁公告300份，悬挂宣传标语50余幅，在县电视台开辟征迁专栏，及时编发征迁简报，营造出浓厚的征迁氛围。

4）抓保障。县财政对征迁群众、九重镇和拆迁单位各类奖励、补助资金计180万元，拨付县征迁指挥部工作经费20万元，合计达200万元。九重镇也拿出专项资金10万元，用于征迁奖励。足额经费支持成为淅川征迁工作快速推进的重要保障。

5）抓责任。从县直有关部门抽调29名同志组成前线指挥部进驻九重镇，下设5个分指挥部，组成10支搬迁工作服务队，对征迁安置任务实行“八包”：即包点、包村、包户、包宣传发动、包政策落实、包征迁进度、包解决问题、包信访稳定，同时把任务完成情况与奖惩相挂钩，严格工作纪律和奖惩措施。

6）抓督查。把县委、县政府主要领导高位督查与督查室督查、县征迁指挥部办公室督查相结合，及时下发督查通报，通报工作进度，限期解决问题。

7）抓安全。县里统一为拆迁群众每人购买了100元的人身意外伤害保险。在征迁现场设立安全员、警戒线，租用大型机械统一拆迁，确保拆迁安全；严格执行征迁补偿标准，严格执行资金兑付程序，纪检、监察、审计等部门定期对征迁资金使用情况进行检查，确保资金安全；从县规划、国土、城建等部门抽调人员组成居民点建设组，县质检站全程参与居民点建设，确保居民房屋质量安全。

8）抓稳定。抽调县信访局、公安局等单位人员组成安全稳定组，现场排查、处置各种信访案件。研究制订了《淅川县南水北调干线征迁安置工作信访应急预案》，对信访稳定工作进行安排部署，有效控制了越级上访和重访案件发生，没有出现大的阻工现象，确保了征迁安置工作的顺利进行。

（3）南阳市方城县。

1）讲政治，克难题，推动南水北调工作顺利开展。工程建设，征迁先行。方城县南水北调办公室以“服从国家大局、服务地方发展、关注群众利益”为原则，率先提出以“环境换时间”，做到组织指挥到位。办公室树立大局意识，坚持正确的舆论导向，调动全县各方面力量服务支持工程建设，通过层层发动，健全保障体系，强化业务培训，夯实工作基础，保证了征迁工作的科学推进；宣传到位。利用新闻媒体，全方位多角度宣传南水北调。在县电视台播出专题节目，印发宣传手册3000份，刷写宣传标语、过街联2000多幅，出动宣传车250台次，做到了电视有影，广播有声，全民参与，广泛动员。全县上下形成了支持、关注国家重点工程的浓厚舆论氛围。责任到位。创新工作机制，加强工作督察，落实工作责任，夯实征迁安置工作基础，为工程建设赢得了宝贵的建设时间。

2）创机制，强管理，保障南水北调建设强力推进。树立服务观念，创优施工环境，建全规章制度，为推进工程建设速度提供保障。出台了《方城县南水北调中线工程建设征地补偿和拆迁安置实施办法》等10个文件和规定，规范工作程序，夯实征迁工作基础，为征迁安置工作顺利开展提供了政策依据。以征迁安置“创先争优百日竞赛活动”为契机，组织观摩评比，评分排名，奖先促后，严明奖惩，形成了沿线乡镇你追我赶，争当先进的良好氛围。先易后难、化解热点、突出重点、主攻难点，根据问题性质，分门别类处理不同性质问题。对具备调地条件的，先交地后调地；对征地困难的，先启动迁坟、树木清理等地面附属物清理工作；在安置困难时，在兼顾群众生活的前提下，先拆后建，以拆促建，既节约建房投资，又保证了提前交地。创新工作机制，营造无障碍施工环境，率先提出“线内问题，线外解决”工作机制，妥善处理各类突发事件，2013年、2014年连续两年被评为“信访工作先进单位”，保证了方城段全线施工无障碍的优良环境。

3）舍小家，顾大家，确保通水目标如期实现。“国逢大事，万众一心。”为了国家工程建设，为了沿线百姓利益，办公室全体人员“五加二”“白加黑”、废寝忘食忘我工作。每天走村串户、往返施工现场，早出晚归，没有星期天和节假日，大家没有怨言、没有懈怠，一如既往，承担了肩负的责任，体现了自身价值，保障了国家建设，兼顾了百姓利益，实现了中线工

程方城县征迁工作的全面完成；信访矛盾化解在基层，保持了工程稳定、社会稳定；保护水质取得显著成效，成立巡查队伍 8 支 360 人。关停一、二级保护区内养殖场 1020 家，污染企业 475 家；通过秸秆还田和有机肥推广使用，面源污染治理取得了显著成效；环境综合治理以美丽乡村建设为契机，已完成 10 个村的升级改造；52 座桥梁接养移交任务，率先在全市一次性完成；"三个一"建设发放宣传页 7.17 万份，在总干渠主要跨渠桥梁及建筑物处设置宣传警示牌 410 处、悬挂宣传标语 203 幅，形成了全社会关心支持南水北调的工作氛围。

第四章　丹江口水库移民安置工作

水库移民系非自愿移民，移民安置号称天下第一难。丹江口库区移民安置实施以来，决策者和实施管理者发挥集体智慧，坚持科学发展观，解放思想，以人为本，结合丹江口库区实际，大胆探索，在政策、机制等方面不断创新，移民规划、安置、补偿等方面实现了很多突破，在实施组织和管理方面也有很多创新，在高强度迁建任务下，实现了和谐移民，取得了巨大成功。

丹江口库区移民搬迁安置工作的顺利实施和取得的成效，充分体现了在党的领导下社会主义制度的优越性，充分体现了各级党委政府对国家、对人民、对历史高度负责的精神，充分体现了广大移民干部坚持以人为本、践行科学发展观的为民情怀，充分体现了广大移民群众舍小家为大家、识大体顾大局的无私奉献精神。

在这场史无前例、波澜壮阔、轰轰烈烈的移民安置工作中，国家有关部门、地方各级党委和政府坚决贯彻落实党中央、国务院的战略部署，讲政治、讲大局、讲奉献，把库区移民工作当作重大政治任务，敢于担当、奋力拼搏、真抓实干，为南水北调工程建设作出了重大贡献，移民安置工作得到了社会各界的高度评价和充分肯定。

第一节　概　　况

一、水库淹没及移民安置实施规划情况

丹江口大坝加高工程坝前正常蓄水位170m方案，淹没影响涉及河南省淅川县，湖北省丹江口市、郧县、郧西县、武当山特区、张湾区等6个区县的40个乡镇、441个村、2372个村民小组、15座城（集）镇、585家单位、161家工业企业，以及大量的道路、电力、通信、广播电视、水利设施和文物等。

根据湖北省丹江口水库移民安置实施规划，湖北省移民搬迁安置主要任务为：规划搬迁总人口168835人，其中农村移民143351人、居民8216人、单位7342人、城（集）镇新址占地3510人、城（集）镇寄宿人口3363人、工业企业3053人。农村移民生产安置人口146517人。

全库区规划迁建13个城（集）镇，规划复建和一次性补偿442家单位（含集镇新址占地5家、集中居民点新址占地1家），工程防护7家单位，迁建和一次性补偿125家工业企业，复（改）建库区专业项目等级公路112.50km（含桥梁55座7886延米），码头45处（含一次性补偿码头30处），库周交通道路529.86km；复建电力线377.14km，新建、加固变电站5座；复建电信线路779.64km，迁建局站8座；复建广播电视线路637.98km；复建供水设施7处，规划库岸防护工程2处。规划加固引丹灌溉工程清泉沟隧洞工程。

根据河南省丹江口水库移民安置实施规划，河南省移民搬迁安置主要任务为：农村移民规划搬迁涉及168个村，搬迁移民165471人，安置在省内6个省辖市、25个县（市、区）；规划分散建房4458人；进马蹬集镇建房689人；修建208个移民新村，集中建房160324人。208个移民新村共征地22.89万亩，其中新村占地2.06万亩，生产用地20.07万亩，养殖园区用地0.76万亩。移民搬迁安置分试点、第一批、第二批三期实施。农村外项目涉及淅川县3个集镇迁建、177家单位及36家工业企业淹没处理，7条等级公路及2座大桥、10处码头、3座35kV变电站、288条电力线路548.25km、100台配电台区、通信线路724.69km、模块局及接入点98个，12个移动基站、77条村以上广播电视线路、1处广播电视站、宋岗提灌站、灌河防洪大堤以及库周基础设施等专业项目恢复改建。

二、政策法规

为规范南水北调丹江口库区移民安置工作，各级各部门均出台了一系列政策，有力地推进了移民安置工作的顺利实施。

国务院、国务院南水北调工程建设委员会、国务院南水北调办及相关部委依据国家颁布的法律法规，制定了《南水北调工程建设征地补偿和移民安置暂行办法》《南水北调工程征地移民资金会计核算办法》《南水北调工程建设征地补偿和移民安置资金管理办法》《南水北调工程建设征地补偿和移民安置监理暂行办法》《南水北调工程建设移民安置监测评估暂行办法（试行）》《国务院南水北调办信访工作办法》《南水北调工程征地移民档案管理办法》《南水北调丹江口水库大坝加高工程建设征地补偿和移民安置验收管理办法（试行）》等。

河南省、湖北省结合实际，制定了移民搬迁安置、实施管理、资金管理、政策帮扶、信访稳定、监督奖惩措施等方面的一系列规章制度，为本省南水北调丹江口库区移民安置实施提供了强有力的制度支撑，使移民搬迁安置做到了有规可依、有章可循。其中，河南省印发了《河南省南水北调丹江口库区移民安置工作实施方案》《河南省南水北调丹江口库区移民安置实施办法（试行）》《河南省人民政府关于南水北调中线工程丹江口水库移民安置优惠政策的通知》《河南省人民政府关于加强南水北调丹江口库区移民后期帮扶工作的意见》《关于加强和创新移民村（社区）社会管理的指导意见（试行）》等文件；湖北省印发了《湖北省人民政府关于全面推进南水北调中线工程丹江口库区水库移民工作的通知》《湖北省南水北调丹江口库区水库外迁移民搬迁工作指导意见》《湖北省南水北调中线工程丹江口水库大规模移民外迁实施方案》《湖北省委专题办公会议纪要关于研究南水北调中线工程丹江口库区安置区移民新农村建设有关优惠政策的专题会议纪要》等文件。

三、体制机制

丹江口水库移民安置工作的管理体制为国务院南水北调工程建设委员会领导，河南、湖北两省人民政府负责，相关县为基础，中线水源公司参与的管理体制。

河南省丹江口库区移民安置工作，实行“党委统一领导、党政齐抓共管，政府分级负责、县乡政府为主体，项目法人参与”的管理体制。在省委、省政府统一领导下，全省丹江口库区移民安置工作由省南水北调丹江口库区移民安置指挥部负责，指挥部下设办公室，办公室设在省政府移民办，作为指挥部的日常办事机构，负责移民安置工作的组织、协调、指导和监督检查。有关市、县（市、区）党委、政府负责本辖区丹江口库区移民安置工作的组织和领导，根据移民安置任务，成立了相应的移民安置指挥部或领导小组，具体负责本辖区移民安置工作的管理和监督。县、乡两级政府是农村移民安置工作的责任主体和实施主体。

湖北省丹江口水库移民工作，在省政府的领导下，由库区安置区有关市级政府负责本行政区域内移民工作的组织和领导，县（市、区）级政府是移民工作的实施主体、责任主体和工作主体。各级政府主要领导是第一责任人，分管领导是直接责任人。省移民局具体负责全省南水北调丹江口水库移民工作的管理和督办。各级各有关部门配合、支持和参与移民工作，在原有库区村组移民理事会的基础上，组建库区村组移民迁安理事会，在村党支部和村委会领导下自主处理一些移民迁安事务，充分调动移民搬迁安置的积极性和主动性。

四、实施管理

《南水北调工程总体规划》于2002年12月得到国务院的批准，《南水北调中线一期工程项目建议书》于2005年5月得到国家发展改革委的批复，《南水北调中线一期工程可行性研究总报告》于2008年12月得到国家发展改革委的批复，《南水北调中线一期工程丹江口水库初步设计阶段建设征地移民安置规划设计报告》于2010年5月得到国务院南水北调办的批复。

丹江口水库移民搬迁安置按照国务院有关会议精神，分试点和大规模移民两个阶段开展。2008年10月国务院南水北调办批复了丹江口库区移民试点规划，河南省于2009年8月底全部完成试点任务，湖北省于2010年5月中旬完成了试点任务。2010年5月，国务院南水北调办批复了库区建设征地移民初步设计报告，河南、湖北两省同时于2009年10月启动了库区大规模移民搬迁工作。河南省分两批完成大规模外迁移民任务，并在2012年年底完成全部内安移民；湖北省先分批次完成外迁移民任务后，稳步推进内安移民工作。两省共计完成搬迁移民34.89万人。

为保证移民安置目标圆满完成，河南、湖北两省均制定了丹江口库区移民安置工作实施方案，成立了高规格的省移民安置指挥部，指挥部下设办公室；实行省直单位包县制度，各有关市、县也实行了市包县、县包乡、县乡干部包村包户的逐级分包责任制，形成了步调一致、运转高效的组织体系，为移民迁安提供了坚实的组织保障和政策保障。在移民迁安过程中，坚持以人为本、科学编制规划，强化组织领导、层层落实责任，广泛宣传发动，完善各项制度、创新工作机制，强化督促检查、严格实行奖惩，克服种种困难、破解许多难题，圆满完成了各阶段移民迁安任务。与此同时，也相继完成了集镇迁建、工业企业淹没处理、专业项目恢复改建、库底清理等其他工作任务。

移民搬迁后，为实现“稳得住、能发展、快致富”的目标，两省及时调整工作重心，通过积极开展发放过渡期生活补助、加快办理各类迁转手续、调整分配生产用地等后续工作，切实解决了移民搬迁后的生产生活困难，实现了移民搬迁后的平稳过渡；通过出台后期帮扶政策，

实行省直单位对口帮扶、加大移民产业发展、狠抓移民就业技能培训、抓好移民优惠政策延续等帮扶措施，帮助移民发展生产，促进移民增收致富；通过加强和创新移民村社会管理，提升了移民村社会管理的民主化、科学化水平，移民收入水平基本得到恢复或提高；城（集）镇迁建、单位及工业企业淹没处理、专业项目复建等功能得到恢复。

第二节　丹江口水库移民安置工作

一、丹江口水利枢纽初期工程及移民概况

（一）初期工程建设

丹江口水利枢纽是我国20世纪50年代开工建设、规模巨大的水利枢纽工程，具有防洪、供水、发电、航运等综合利用效益，是开发治理汉江的关键工程，同时也是南水北调中线的水源工程。

为解决汉江严重洪水灾害，新中国成立初期我国就开展了汉江治理工作。在培修堤防、修建杜家台分洪工程的同时，全面开展治理开发汉江的规划设计工作。1956年编制完成的《汉江流域规划要点报告》选定丹江口水利枢纽作为治理开发汉江的第一期工程。

1958年4月，中共中央政治局决定兴建丹江口水利枢纽工程。1958年6月，《丹江口水利枢纽设计要点报告》获得批准。批准的工程规模为水库正常蓄水位170m、死水位150m，枢纽布置河床部位为混凝土重力坝和坝后式电站，两岸为黏土心墙土石坝，电站装机735MW。通航建筑物在右岸预留位置，暂不兴建。同年9月，工程正式开工。工程开工后，根据国民经济发展需要，电站装机容量增至900MW，通航建筑物工程同期兴建，采用升船机方案。

工程施工初期，因施工准备及施工设备不足，主要靠人工及半机械化施工，加之对大型工程缺乏施工经验，已浇混凝土出现裂缝、架空等混凝土质量问题。1962年2月暂停混凝土坝施工，停工期间进行质量问题研究及补强处理，同时进行机械化施工准备。1964年年底大坝混凝土恢复浇筑。

在停工期间，研究并决定丹江口水利枢纽工程分期兴建。1966年6月，经国务院批准的工程初期规模为坝顶高程162m、水库正常蓄水位155m，后期规模水库正常蓄水位仍为170m。此后，丹江口水利枢纽初期规模据此方案进行设计与施工。

丹江口水利枢纽初期工程包括：挡水前缘总长2494m的拦河大坝，一座装机900MW的水电站和一线能通过150t级船舶的升船机。另在陶岔及清泉沟分别修建了灌溉引水渠道及引水隧洞。

初期工程1967年7月大坝开始拦洪，同年11月下闸蓄水，1968年10月第一台机组发电，1973年底全部建成。河床混凝土坝100m高程以下已按后期最终规模兴建，混凝土坝下游需加高的部位已预留键槽，两岸混凝土坝及土石坝按初期规模建设。

丹江口初期工程按千年一遇洪水设计，相应库水位158.8m；校核洪水采用万年一遇洪水，相应库水位161.4m。1975年国家计委根据湖北、河南两省用电需要，为尽量多蓄水发电，批

准将丹江口水利枢纽初期工程正常蓄水位提高到157m。1975年8月河南发生特大洪水后，重新研究了丹江口水利枢纽的洪水标准，1978年改按万年一遇加20%洪水作为水库保坝洪水标准，相应最高库水位164m。以上两项运用标准的改变，使得两岸一部分混凝土坝及两岸土石坝需要进行加高、加固处理，加固方案经水利部于1979年和1980年分别批准。

丹江口水利枢纽初期工程运行以来，发挥了巨大的作用，取得了显著的经济效益和社会效益。由于国民经济的发展，特别是华北缺水局面日益紧迫，必须实施南水北调中线工程以补充华北地区水资源的不足。根据《南水北调中线工程规划》（2001年修订）的审查意见，要求加高丹江口水利枢纽大坝，将水库正常蓄水位从157m提高至170m。此后，丹江口大坝加高工程进入了实质性的实施阶段。

（二）初期工程移民安置

丹江口水利枢纽初期工程水库淹没农田43万亩，水库移民数量大，有效迁移人口38.2万人（不包括工程开工初期的有效移民3万人），由于工程蓄水位屡经变更，情况复杂，任务艰巨。库区移民先后分六批次迁移，从1958年开始动迁，至1975年基本结束，前后经历了17年，移民分别安置在湖北、河南两省的19个县（市），大体上经历了三个阶段。

1. 工程前期的水库移民准备阶段（1952—1957年）

1952—1953年，长江水利委员会会同中国科学院地理研究所和湖北、河南两省进行库区调查，编制了《丹江口水库技术经济调查报告》。根据丹江口水利枢纽初步设计的要求，1956—1958年，长江流域规划办公室会同湖北、河南两省对丹江口水库淹没区进行大规模的调查研究工作，以175m（平水）为基本方案，于1958年提出《丹江口水库初步设计阶段调查报告》。调查成果经检查验收完全符合初步设计的要求，为国家确定正常蓄水位提供了切实可行的基本资料。

丹江口水库库区跨越鄂、豫、陕三省。调查范围包括陕西省白河县、湖北省郧西县、郧县和均县，河南省淅川县和邓县。为了全面论证和选定正常蓄水位的经济合理性，分11个不同的蓄水位进行调查和分析研究，得出在各级不同的水位方案下的淹没实物指标。分级调查蓄水位120～200m不同高程的方案，调查面积总计1650km，其中农村普查面积1537km。

水库淹没影响区主要在湖北、河南两省的郧阳地区和南阳地区的4县、146个乡、3215个自然村。均县、郧县和淅川县是3个重点淹没县，淹没损失严重，当蓄水位175m（平水）时，均县、淅川县两县城全部淹没，郧县县城淹没90%以上（其中郧县县城是鄂西北五县之首县，均县为古城），共淹没影响到140个乡、681个农业社、3181个自然村，淹没人口占全库区淹没人口的99.28%。

2. 工程开工后至大坝暂停浇筑之间的库区移民初期阶段（1958—1964年）

1958年4月中央决定丹江口水利枢纽工程上马，应争取在1959年作施工准备或正式开工，丹江口水利枢纽工程遂于1958年9月1日正式开工。丹江口工程总指挥部按照设计蓄水位170m方案，要求1960年汛前迁走120m高程以下居民，1961年汛前将坝前水位170m、20年一遇洪水淹没线下的居民全部迁走。1958年12月丹江口工程总指挥部召开第一次移民会议，仅原则决定由库区内所在县委、县人委统筹安排移民搬迁和安置工作，移民费由各县包干使用。当时移民任务重、时间紧，既无实施规划，资金又不到位，各县压力极大，移民工作仓促

上阵。首当其冲的郧县、均县、淅川县均于1958年底或1959年初纷纷成立县城拆迁机构，地处最下游的均县城关镇1959年年初就开始拆迁，建房、生产和移民安置三项工作同时并举，造成以后新县城三易其址的损失，截至1965年三县城搬迁安置的移民共1.7万人。

这一时期的农村移民工作面宽、线长、工作量大，任务更艰巨。虽然长江流域规划办公室1959年初就提出《丹江口水库移民及库底清理施工组织设计任务书》，明确要求各县1959年4月底前提交各项工作的实施规划，但这个任务书至1959年10月才由工程总指挥部转发，滞后半年之久；另一方面为了保证工程1959年12月截流，时间太紧，地方上不可能制定出符合实际的移民安置规划，只能各行其是，动了再说。实际上农村移民1958年冬就开始了，这一时期农村移民先后有10万人动迁，由于工作草率，只管迁，不管安，号召“自由选点”，提倡“邻找邻、亲投亲”“发钱到户”，大部分移民返迁原地，靠跑水度汛，靠救济生活，据统计，均县和淅川县移民在外分散插队、能稳定下来未返迁库区的，只有1万多人。此外，淅川县在1959年1月根据省、地下达支边任务的指示精神，决定从库区移民青年中选出8008人支援青海边区建设，分别安置在黄南自治州循化撒拉县、贵南自治州贵南县和海南自治州都兰县，按军事建制建立农场。次年3月，又将该批青年家属14334人也迁至青海，先后共移民22342人。由于不适应当地自然条件，加之生产生活上的困难，绝大部分陆续返迁，至1961年年底共返回1.5万人，淅川县为此专门成立3个返迁人员登记站，帮助移民解决生活、生产困难。

由于工地总党委决定工程在1959年12月上中旬截流，工程总指挥部不得不于1959年10月召开第二次移民搬迁会议，要求“1960年6月以前，把125m高程以下居民搬迁就近到170m高程以上的地方去，对125m到150m以内的居民，可作考虑安排或做搬迁的准备工作”。1960年4月工程总指挥部通知，库区各地移民迁移线以正常蓄水位175m方案为准，要求于1962年汛前分三期全部迁完。1961年国家已开始执行“调整、巩固、充实、提高”的方针，工程投资压缩，施工及移民进度放缓。1962年1月工程停止大坝浇筑，开始质量处理，移民进度暂停，这时库区移民呈现大量返迁。在当时“左”的冒进思想指导下，工程计划和移民进度安排都不落实，出现库区移民初期无规划盲目进行的被动局面，致使动迁10万余人中，只有约3万余人（包括城镇1.7万人）得以初步安置下来，大量的返迁加大了工程复工后的库区移民工作的难度。

3. 大坝工程复工后大规模连续移民（1965—1975年）

在这个阶段，丹江口水利枢纽工程经中央批准，初期建设规模按防洪发电方案设计，即正常蓄水位145m、移民高程147m，移民调查数约18万人，分三批迁移，第一、第二、第三批实际动迁数约为21.2万人。以后蓄水位抬高至155m、移民高程157m，增加移民人数（实际动迁人数）约10.7万人；最后蓄水位又抬高至157m、移民高程159m，增加移民约6.3万人，又分三批迁移（第四、第五、第六批）。至此，工程初期建设规模定型，正常蓄水位157m、移民高程159m以下全库六批移民实际动迁总人数约38.2万人。在38.2万移民中，农村移民36.2万人、城镇移民2万人（不含停工前迁移的城镇人口）。农村移民安置总的情况是前三批147m高程以下移民以外迁为主；后三批147～159m高程以内安为主。具体安置方式是：本县后靠内安19.1万人，占总数的52.8%；迁到外县、外省安置17.1万人，占47.2%。外迁移民绝大多数安置在汉江、丹江中下游工程的防洪、灌溉受益区，即湖北省的钟祥、宜城、荆门、襄阳、沔阳、随县、枣阳、汉阳、京山、南漳、汉川和河南省的邓县等12个县（市），还有小部分安置在湖北省的十堰市、嘉鱼县和武昌县。同时，在这个阶段完成了库区三个县城的迁建安置任务，合计 3.7 万人。

1965 年以后大规模移民迁安工作是有计划、有步骤按规划进行的。1964 年湖北省提出“就地安置，重建家园，依靠群众，自力更生，国家扶持，发展生产”的移民方针。并在 1965 年 3—4 月开展外迁移民试点，用 37 天时间把均县首批移民 13670 人顺利迁到宜城县。迁移中迁出区各生产队选派移民代表参加选点、定点，迁出区和安置区干部、群众列队欢送欢迎，坚持一手抓房建、一手抓生产，至当年底，庄稼有了较好收成，稳定了移民情绪，达到试点预期效果。1965 年 4 月为了解决淅川移民困难问题，河南、湖北两省达成协议：淅川移民，河南能安置多少算多少，无法安置的人数“由河南包迁、湖北包安、标准统一、经费公开”，“移民组织领导问题，由两省共同负责，以湖北为主”。

1965 年长江流域规划办公室会同湖北、河南两省对蓄水位 144m（移民高程 147m）的淹没范围进行了界桩测设和淹没实物指标调查。全库区需搬迁的人数合计 18 万人（不包括调查前已迁出库区定居的移民），并编制了丹江口工程设计蓄水位 145m 的移民规划报告，分三批搬迁，计划 1968 年汛前迁安完毕，1965 年 12 月规划获得国家批复。

规划的实施基本上是有领导、有步骤的进行，河南省淅川县第一、第二批移民分别迁入湖北省的荆门和钟祥县，第三批全部迁往钟祥县大柴胡围垦区。襄樊设接待站转运到指定的安置区，移民到点后，湖北省按每人半间房，荆门县保证每人一亩熟地、一亩荒地，钟祥县大柴胡围垦区保证每人 2 亩耕地。以上三批淅川移民实迁湖北 68868 人，另有 3995 人在本县投亲靠友，总计动迁 73844 人（其中迁往荆门 2.6 万人，迁入大柴胡 4.4 万人）。

以后随水库设计蓄水位抬高，库区移民任务增加，作为第四、第五、第六批移民分批迁安。

1969 年 4 月，河南、湖北两省和长江流域规划办公室联名提出将初期规模蓄水位由 145m 提高到 155m，新增移民约 10 万人，两省人数参半，湖北略多，这批移民作为丹江口水库第四批移民安排。两省于 1969 年召开移民会议，提出“远迁不如近迁，近迁不如就地后靠自安”，今后的库区移民即由两省各自负责迁安。为此，河南省决定将邓县的九重、厚坡两个相对人少地多的公社划归淅川县建制，以利就地安置移民。

河南移民约 5 万人，分两批迁安。第一批（即为第四批）计 3.2 万人，迁往邓县 1.2 万人，其余由淅川内安；第二批（即第五批）2.4 万人，除 1 万人迁往九重、厚坡和部分人零星迁入香花、上集外，其余全部在本公社后靠安置，并于 1973—1974 年迁安完毕。

湖北移民约 5 万人，分两批（即第四、第五批）迁安。至 1971 年年底迁出库区 3.1 万人（均为后靠内安），有 2.5 万人计划于 1972 年秋后搬迁。

1974 年 10 月汉江大水，实际水位淹到 157.7m，157m 线上、线下均遭淹没，至此，157m 线下的居民全部迁毕。同年，国家决定将蓄水位由 155m 提高到 157m，移民高程提高到 159m，由此增加库区移民 6.3 万人，即为库区第六批移民。河南省绝大部分在本大队后靠自安，另有 13645 人零星插队或投亲靠友；湖北省这部分移民亦基本采取县内后靠自安的办法完成。

至此，丹江口工程初期规模水库移民基本结束，正常蓄水位 157m、移民高程 159m 以下全库区六批移民总计有效安置 38.2 万人。

党和政府对移民工作十分关心和重视，周恩来总理从丹江口水库规划设计开始就指示“要

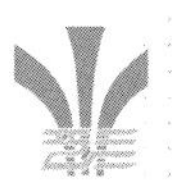

认真研究水库移民问题”，以后在工程实施阶段多次指示“我们是社会主义国家，不能以水赶人”，“国家要对移民负责到底”。由于从中央到地方的关心和重视，丹江口水库移民搬迁安置工作取得了很大成绩，但安置后的生活水平恢复缓慢，生活水平高于搬迁前的很少，与迁入区当地水平还有较大差距。总体来说，初期工程移民迁出库区后，大多数安置下来，十来年完成如此巨大的水库移民迁安任务，保证了水库按时蓄水和及时发挥工程巨大效益，成绩斐然。

（三）初期工程移民遗留问题及处理

丹江口初期工程库区大规模移民虽然取得了很大成绩，保证了工程各阶段的蓄水要求，但由于水库移民始于“大跃进”年代，高峰在“文化大革命”时期，我国的国力和经济状况还较薄弱，如此众多水库移民的大规模迁移和安置没有前例经验，对移民工作的艰巨性、复杂性认识不足，再加上丹江口工程建设进度的决策难定，初期工程规模的蓄水位屡次抬高，部分内安移民在库区“滚雪球”似地搬迁，多次重复，往往是年底作出决定，次年汛前就必须迁出库区，移民限期迁出，安置突击建房，质量差、标准低，部分安置区又缺土少地，资源不足，问题突出，使得库区移民生活贫困而导致部分移民动荡返迁、流散上访，移民安置工作的各种矛盾逐渐暴露出来。对暴露出来的问题，中央和有关的各级地方政府都曾给以关注，并拨款处理，但多属非连续的应急措施。

党的十一届三中全会，为全面系统处理丹江口库区移民遗留问题创造了良好的大环境。经过反复的调查研究和酝酿，国务院终于做出在十年内解决好丹江口水库移民遗留问题的决策，这是丹江口水库移民转危为安的关键性转折点。从 1984 年国务院批复关于解决丹江口水库移民遗留问题的报告以来，在八年时间内，解决丹江口水库移民遗留问题经历了两个阶段：第一阶段是 1985—1986 年对开发性移民工程实施的进一步求证阶段。长江流域规划办公室在关于丹江口水库移民遗留问题处理的具体规划意见中对处理遗留问题的目标、方针、原则做了研究，这些研究成果汲取了过去补偿性安置移民的经验和教训，对开发性移民的具体配套政策、资金管理办法、科技普及和基础教育的改善等都进行了大胆而有益的探索和验证，并采取边实验、边推广的办法。第二阶段是 1987—1991 年正常发展阶段，重点内容是对探索、验证阶段实验成功的经验迅速进行全方位的推广和普及，使各项工作都步入正常的运行轨道，大大促进了开发性移民方针、政策的全面实施。经过历时八年的移民遗留问题处理和开发性移民建设，移民的温饱水平由 1984 年的 9.9%上升到 76%，其中致富水平由 3.1%上升到 21.2%，小康水平由 0.10%上升到 6.8%，旱涝保收率由 34%上升到 49.2%，为移民长治久安打下了良好的基础。

二、南水北调丹江口大坝加高工程及移民安置

（一）丹江口大坝加高工程建设

南水北调丹江口大坝加高工程于 2005 年 1 月 8 日开始前期道路、场平、施工营地等准备工程建设。2005 年 9 月 26 日主体工程正式开工，原计划 2010 年全部建成，后经批准调整到 2013 年底完建。

根据《南水北调中线工程规划》（2001 年修订）的审查意见，要求加高丹江口水利枢纽大

坝。2004年12月，水利部水利水电规划设计总院对初步设计报告进行了审查；2005年1月，国家发展改革委对工程概算进行了评审；2005年4月，水利部以《关于丹江口水利枢纽大坝加高工程初步设计报告的批复》（水总〔2005〕168号）批准了本工程的初步设计报告，明确了加高工程的建设规模、工程等级、工程总体布置方案、总工期以及静态总投资等。

（二）丹江口大坝加高工程水库淹没及坝区占地情况

1. 水库淹没总体情况

（1）淹没区。土地调查范围为初期工程土地征用线以上、大坝加高工程土地征用线以下的区域。房屋、人口等的调查范围为初期工程土地征用线以上、大坝加高工程人口迁移线以下的区域。初期水库正常蓄水位157m土地征收线以下的土地已在初期工程中征用，不再作为实物指标调查，只调查157m以下的构筑物、设施和林木。

（2）淹没影响区。对淹没区以上因水库蓄水后可能诱发的滑坡、坍岸、浸没区域，由有甲级资质的工程地质部门认定后，纳入处理范围；对因水库蓄水后失去生产、生活条件的孤岛和因水库蓄水后库边剩余居住人口、土地较少且难以恢复对外交通的地段列入处理范围。丹江口大坝加高工程坝前正常蓄水位170m方案，淹没影响涉及河南省淅川县，湖北省丹江口市、郧县、郧西县、武当山特区、张湾区等6个区县的40个乡镇、441个村、2372个村民小组、15座城（集）镇、585家单位、161家工业企业。淹没影响区土地面积307.7km^2（淹没区302.5km^2、影响区5.2km^2），其中耕园地25.64万亩、林地6.58万亩。淹没影响各类人口22.43万人，其中农户（含建成区农户）20.37万人、居民0.89万人、户口在单位的职工0.86万人、户口在企业的职工0.31万人。淹没各类房屋面积623.98万m^2，其中农户（含建成区农户）490.63万m^2、居民30.93万m^2、单位64.60万m^2、工业企业37.82万m^2。淹没影响等级公路247.47km，其中大中型桥梁35座2174延米；机耕道999.71km；码头86处，停靠点383处；电力线路580.33km，电信线路954.86km，广播电视线路820.45km；水电站9座，总装机容量3940kW；抽水泵站138座，总装机容量27899kW；供水管道30.80km；水文站、水位站35个；Ⅰ～Ⅳ等水准点92个。

2. 坝区总体情况

永久征地范围内农村及国有农用土地共计1323.6亩，其中耕园地1008.9亩（耕地821.9亩、园地187亩），林地305.2亩，鱼（藕）塘9.5亩。涉及四级道路1.36km，机耕道5.33km；35kV输电线路4.15km，10kV输电线路8.3km，6kV输电线路5.04km；邮电通信杆路9.7km；有线电视14.31km。临时用地涉及耕地119.7亩，园地235.2亩，林地1485.3亩。

永久征地范围内坝区移民安置2572人，工矿企业拆迁14家，房屋总面积101645.9m^2，其中农村房屋18932m^2、居民房屋21886.1m^2、单位房屋30090.2m^2、企业房屋30737.6m^2。

（三）丹江口大坝加高工程移民安置规划概述

南水北调丹江口库区移民安置规划分为总体规划、项目建议书、总体可研、初步设计等前期工作阶段以及实施规划阶段。丹江口水库移民安置规划是南水北调中线工程规划报告的组成部分之一，在初步设计和实施规划阶段，编制了移民安置规划专题报告。实施规划由省级主管

部门委托设计单位编制完成。

《南水北调工程总体规划》于2002年12月得到国务院的批准，《南水北调中线一期工程项目建议书》于2005年5月得到国家发展改革委的批复，《南水北调中线一期工程可行性研究总报告》于2008年12月得到国家发展改革委的批复，《南水北调中线一期工程丹江口水库初步设计阶段建设征地移民安置规划设计报告》于2010年5月得到国务院南水北调办的批复。

根据批准的《南水北调中线一期工程丹江口水库初步设计阶段建设征地移民安置规划设计报告》（国调办征地〔2010〕74号），到规划设计水平年（2013年），丹江口水库生产安置人口28.61万人［含城（集）镇新址征地规划生产安置人口2695人］，总搬迁安置人口34.49万人，迁建16个城（集）镇，复建和一次性补偿160家工业企业、609家单位［含淹没影响单位578家、随迁单位1家、城（集）镇新址占地单位8家、集中居民点新址占地涉及单位房屋22家］及若干专业项目。

1. 农村移民安置规划

丹江口库区农村生产安置人口283380人，安置区域涉及河南、湖北两省16个省辖市的58个区（县）、248个乡镇、1207个村和107个单位，其中，种植业安置280871人（移民生产用地38.84万亩），投亲靠友安置2493人，进养老院和自谋职业安置16人。安置去向为：县内安置55520人，出县外迁安置227860人。

丹江口库区农村搬迁安置人口317235人，其中，进集镇建房6743人，分散建房30473人，修建集中居民点1399个，集中建房280019人。安置去向为：县内建房88717人，出县外迁建房228518人。

2. 城（集）镇迁建规划

丹江口库区共迁建16个城（集）镇，其中，县城2个（丹江口市大坝办事处、郧县城关镇），建制镇8个（淅川县老城镇，丹江口市六里坪镇、均县镇、浪河镇、丁家营镇，郧县柳陂镇、茶店镇和张湾区黄龙镇），集镇6个（淅川县马蹬场镇、滔河乡集镇，丹江口市土台乡集镇，郧县辽瓦场镇，郧西县天河口场镇和张湾区方滩乡集镇）。总迁建用地规模223.22hm^2，总人口规模为27081人。

丹江口库区淹没影响585家单位，除7家位于郧县县城坍岸范围内、由于库岸综合治理后不需搬迁外，剩余578家单位规划迁往镇内288家、一次性补偿或迁往镇外290家。另规划马蹬场镇随迁单位1家。

3. 工业企业迁建规划

丹江口库区淹没影响工业企业161家，规划结合技术改造搬迁复建93家（异地迁建），转产或合并转产25家（后靠复建），关停破产42家（一次性补偿），位于郧县县城坍岸范围内、由于库岸综合治理后不需搬迁企业1家。搬迁去向为：迁至镇内15家，迁至城（集）镇工业园区44家，迁至镇外和非淹没集镇101家，因郧县县城坍岸治理不需搬迁企业1家。

4. 专业项目复建规划

丹江口库区共规划复（改）建等级公路326.33km（其中大中型桥梁78座11376.6延米），各类码头54处，库周道路1594.49km；新建、迁建、改造、加固35kV变电站7座，加固110kV变电站2座，复建电力线路822.01km、通信线路1255.54km、广播电视线路1011.29km；复建供水管道14.80km，对受淹没影响的宋岗电灌站和湖北省清泉沟泵站进行复建和改造；复建水文站3个、水位站32个，库周水准观测路线3104.7km；对影响城（集）镇安全的郧县县城和郧县安阳集镇库岸进行治理，整治库岸总长度5883.74m，其中郧县县城5345.00m、安阳镇538.74m。

5. 库区地震监测系统建设规划

规划建设水库地震监测预警系统，由遥测地震监测台网、深部地下水动态监测和资料分析等3个子系统组成，实时监视库区地震活动动态，为水库调度运行和防震减灾决策提供依据。

6. 库底清理

完成移民迁移线至初期工程土地征用线之间居民、农村外单位、企业、专业项目等建（构）筑物清理、林木清理、卫生清理、固废清理和易漂浮物清理。

（四）国家层面移民政策、体制、规章制度

1. 补偿政策

依据《大中型水利水电工程建设征地补偿和移民安置条例》（国务院令第471号）和《南水北调工程建设征地补偿与移民安置暂行办法》（国调委发〔2005〕1号），南水北调工程建设征地补偿政策如下。

（1）南水北调工程建设征收耕地的，土地补偿费和安置补助费之和为该耕地被征收前三年平均年产值的16倍。土地补偿费和安置补助费不能使需要安置的移民保持原有生活水平，需要提高标准的，由项目法人或者项目主管部门报项目审批或者核准部门批准。征收其他土地的土地补偿费和安置补助费标准，按照工程所在省、自治区、直辖市规定的标准执行。被征收土地上的零星树木、青苗等补偿标准，按照工程所在省、自治区、直辖市规定的标准执行。被征收土地上的附着建筑物按照其原规模、原标准或者恢复原功能的原则补偿；对补偿费用不足以修建基本用房的贫困移民，应当给予适当补助。使用其他单位或者个人依法使用的国有耕地，参照征收耕地的补偿标准给予补偿；使用未确定给单位或者个人使用的国有未利用地，不予补偿。移民远迁后，在水库周边淹没线以上属于移民个人所有的零星树木、房屋等应当依照上述规定的标准给予补偿。

（2）通过新开发土地或调剂土地安置被占地农户或农村移民，有关地方人民政府应将土地补偿费、安置补助费兑付给提供土地的村或者迁入村的集体经济组织。村集体经济组织应将上述费用的收支和分配情况向本组织成员公布，接受监督，确保其用于被占地农户或农村移民的生产和安置。其他经济组织提供安置用地的，根据有关法律法规和政策规定兑付。

（3）自愿以投亲靠友方式安置的农村移民，应向迁出地县级人民政府提出申请，并由迁入地县级人民政府出具接收和提供土地的证明，在三方共同签订协议后，迁出地县级人民政府将土地补偿费、安置补助费拨付给迁入地县级人民政府。

（4）移民个人财产补偿费和搬迁费，由迁出地县级人民政府兑付给移民。省级人民政府应统一印制分户补偿兑现卡，由县级人民政府填写并发给移民户，供移民户核对。

（5）城（集）镇、企事业单位和专项设施的迁建，应按照原规模、原标准或恢复原功能所需投资补偿。城（集）镇迁建补偿费支付给有关地方人民政府。企事业单位和专项设施迁建补偿费，根据签订的迁建协议支付给企业法人或主管单位。因扩大规模、提高标准增加的迁建费用，由有关地方人民政府或有关单位自行解决。

2. 管理体制

根据《大中型水利水电工程建设征地补偿和移民安置条例》和《南水北调工程建设征地补偿和移民安置暂行办法》(国调委发〔2005〕1号),南水北调工程建设征地补偿和移民安置工作,实行国务院南水北调工程建设委员会领导、省级人民政府负责、县为基础、项目法人参与的管理体制。丹江口水库移民安置工作的管理体制为国务院南水北调工程建设委员会领导,河南、湖北两省人民政府负责,相关县为基础,中线水源公司参与的管理体制。

(1)国务院南水北调工程建设委员会。国务院南水北调工程建设委员会制定南水北调工程征地补偿和移民安置的重大方针和统一的政策,研究解决重大问题,国务院有关部门和有关省市政府作为建委会成员各负其责,做好征地移民工作。

(2)省级人民政府。省级人民政府是本省行政区域征地移民工作的责任主体,根据国务院南水北调工程建设委员会制定的统一政策,制定本省的实施细则,解决本地带有个性的问题,确定本行政区域内负责南水北调工程建设征地补偿和移民安置工作的主管部门,落实征地移民工作各级地方政府的责任,组织、督促本省有关部门,按照各自职责做好征地补偿和移民安置的相关工作。

(3)相关县。县级人民政府作为我国土地权属和产权管理的重要环节,充分发挥其在社会动员、资源调配、行政执法、维护社会稳定等方面的政府作用,承担具体的补偿兑付、组织拆迁及安置等工作。

(4)项目法人。项目法人组织前期勘测设计工作,负责征地移民安置资金筹集,参与资金使用的管理等。

3. 各参与方任务及职责

(1)国务院南水北调办与有关省级人民政府签订征地补偿和移民安置责任书。根据安置责任书和移民安置规划,项目法人与省级主管部门签订征地补偿、移民安置投资和任务包干协议。

(2)省级主管部门依据移民安置规划,会同县级人民政府和项目法人编制移民安置实施方案,经省级人民政府批准后实施,同时报国务院南水北调办备案。

(3)实施阶段的农村移民安置设计,由省级主管部门采取招标方式确定设计单位。城(集)镇、企事业单位、专项设施迁建、库区防护工程的设计,由组织实施单位负责。上述设计应严格控制在批准的初步设计范围内。

(4)根据国家确定的投资规模和项目法人提出的工程建设和移民任务,省级主管部门商项目法人组织编制征地补偿和移民安置计划,项目法人编制中央和军队所属的工业企业、专项设施的迁建计划,报国务院南水北调办核定。

(5)项目法人按照下达的征地补偿和移民安置计划,根据工作进度及时将资金拨付给省级主管部门、中央和军队所属工业企业和专项设施迁建的实施单位。征地补偿和移民安置资金必须专账管理、专款专用。

(6)农村征地补偿和移民安置计划,由县级人民政府负责组织实施。农村移民安置点的道路、供水、供电、文教、卫生等基础设施的建设和宅基地布置,应按照批准的村镇规划,由乡(镇)、村组织实施。农村移民住房可根据规划由移民自主建造,不得强行规定建房标准。要按照移民安置规划,将被占地农户和农村移民的生产用地落实到位,并签订土地承包合同。

（7）城（集）镇、企事业单位、专项设施的迁建和库区防护工程的建设应严格履行基本建设管理规定，并根据计划安排及相应行业规程、规范组织实施。城（集）镇迁建由县级人民政府组织实施。地方所属的企事业单位或专项设施的迁建，由省级或省级以下主管部门与企业法人或主管单位签订迁建协议；中央和军队所属的工业企业或专项设施的迁建，由项目法人与企业法人或主管单位签订迁建协议。库区防护工程由项目法人负责实施。

（8）省级以下各级主管部门应及时统计计划执行情况，逐级定期报送给上一级主管部门。省级主管部门负责汇总统计资料，并报国务院南水北调办，同时抄送中线水源公司。

（9）项目法人和各级主管部门应按照国家有关规定建立健全征地补偿和移民安置档案，确保档案资料的完整、准确和安全。县级主管部门按照一户一卡建立移民户卡档案。企业法人或主管单位应将迁建的企事业单位或专项设施的设计、实施、验收等报告及时提交给与其签订迁建协议的项目法人或主管部门存档。

（10）县级以上地方人民政府要采取切实措施，使被征地农民生活水平不因征地而降低。农村移民按照规划搬迁安置后，生产生活水平低于搬迁前水平的，应通过后期扶持，使其达到搬迁前水平。

（11）国务院南水北调办负责征地补偿和移民安置的监督和稽查。有关地方各级人民政府应当加强对本行政区域内征地移民工作的管理。各级主管部门应当加强内部管理，定期向本级人民政府和上级主管部门报告工作。审计、监察和财政部门应当依照国家有关规定对征地补偿和移民安置资金的使用情况进行审计、监察和监督。

4. 规章制度

为规范南水北调丹江口库区移民安置工作，国务院、国务院南水北调工程建设委员会、国务院南水北调办及相关部委依据国家颁布的法律法规，制定了一系列的规章制度，主要有：《国务院办公厅关于严格控制丹江口水利枢纽大坝加高工程坝区和库区淹没线以下区域人口增长和基本建设的通知》（国办发〔2003〕12号）、《南水北调工程建设征地补偿和移民安置暂行办法》（国调委发〔2005〕1号）、《国务院南水北调工程建设委员会关于南水北调工程建设征地有关税费计列问题的通知》（国调委发〔2005〕3号）、《南水北调工程征地移民资金会计核算办法》（财政部财会〔2005〕19号）、《南水北调工程建设征地补偿和移民安置资金管理办法》（国调办经财〔2005〕39号）、《南水北调工程建设征地补偿和移民安置监理暂行办法》（国调环移〔2005〕58号）、《南水北调工程建设移民安置监测评估暂行办法（试行）》（国调办环移〔2005〕58号）、《国务院南水北调办信访工作办法》（国调办综〔2005〕101号）、《国土资源部、国务院南水北调办关于南水北调工程建设用地有关问题的通知》（国土资发〔2005〕110号）、《国务院南水北调工程建设委员会关于进一步做好南水北调工程征地移民工作的通知》（国调委发〔2006〕1号）、《国务院南水北调办关于做好南水北调工程征地移民档案管理工作的通知》（国调办环移〔2006〕99号）、《国务院南水北调办关于维护丹江口库区社会稳定促进移民安置工作的通知》（综环移〔2009〕27号）、《国务院南水北调办关于进一步做好丹江口库区移民搬迁安置后的生产生活后续工作和有关稳定工作的通知》（综征地〔2009〕60号）、《国务院南水北调办关于开展南水北调工程丹江口库区水库移民工作领域专项治理工作的通知》（综征地〔2009〕62号）、《国务院南水北调办关于进一步做好南水北调工程征地移民有关工作的通知》（综征地〔2009〕94号）、《南水北调工程征地移民档案管理办法》（国调办征地〔2010〕57号）、《南水北

调丹江口水库大坝加高工程建设征地补偿和移民安置验收管理办法（试行）》（国调办征地〔2011〕30号）等。这些规章制度的制定，有力地促进了丹江口库区移民安置工作，维护了移民的合法权益，保障了南水北调工程建设的顺利进行。

第三节　河南省实施管理

一、地方层面政策、体制、规章制度

（一）政策

河南省始终把丹江口库区移民安置工作当作一项特别紧迫、特别重要的政治任务，举全省之力推进。为切实做好丹江口库区移民安置工作，依据《南水北调工程建设征地补偿和移民安置暂行办法》（国调委发〔2005〕1号），河南省结合实际，下发了《河南省南水北调丹江口库区移民安置实施办法（试行）》（豫移指〔2009〕54号）、《河南省人民政府关于南水北调中线工程丹江口水库移民安置优惠政策的通知》（豫政〔2008〕56号）、《河南省人民政府关于加强南水北调丹江口库区移民后期帮扶工作的意见》（豫政〔2012〕63号）、《关于加强和创新移民村（社区）社会管理的指导意见（试行）》（豫移〔2012〕30号）等一系列文件，制定了包括移民搬迁、移民安置优惠、移民新村建设、移民后期帮扶、移民社会管理等方面的相关配套政策。

按照“搬得出、稳得住、能发展、可致富”的总体要求，通过采取相应措施，实现“八个一”的目标：

（1）每个移民有一个符合基本居住条件的住房。保证移民每人拥有24m^2砖混结构住房，切实解决移民居住问题。

（2）每户移民有一个良好的人居环境。搞好供排水、供电、道路、电信、广播电视、文化、卫生、体育、环卫等设施的配套建设，搞好移民新村绿化和美化，使移民有一个生产方便、生活便利、环境优美、设施齐全的人居环境。

（3）每个移民新村都是一个生态文明村。引导移民群众树立生态文明观念，提高环境保护意识，积极主动地建设资源节约型和环境友好型社会主义新农村。采取国家补偿、省补贴和移民个人投入的办法，原则上每户移民新建一座“两位一体”的沼气池。积极探索利用移民养殖小区建设大、中型沼气池的新路子。

（4）每个移民有一份基本的口粮田，解决移民口粮问题。通过调整土地、搞好土地整理等措施，为移民提供一份基本口粮田。对按水田和水浇地划拨的口粮田，搞好农田水利设施配套；对按旱地划拨的，有条件的地方可发展成水浇地。

（5）每个移民新村有一个生产发展“三步走”的规划。第一步是确保移民土地调整到位，完成土地整理、水利设施配套等任务，保证移民发展农业生产的基本需要；第二步是引导移民发展特色种植、养殖、林果和农产品加工，调整优化农业结构，使移民尽快从生产发展中得到实惠；第三步是积极稳妥地发展第二、第三产业，扩大移民就业门路，提高移民收入水平。

（6）每户移民家庭转移一个劳动力。大力开展移民实用技术培训和技能培训，通过多种举措，力争平均每户移民家庭向其他产业转移1名劳动力，逐步提高其自我发展能力。

（7）每个符合条件的移民享受一份国家后期扶持资金。按照国家现行的水库移民后期扶持政策，确保农村农业人口的移民从完成搬迁之日起纳入后期扶持范围，每人每年直补600元，连续扶持20年。

（8）每个符合条件的移民逐步办理一份养老保险。逐步建立健全适合移民特点和需求的社会养老保险制度，为符合条件的移民逐步办理养老保险，最终纳入全省新型农村社会养老保险范围，切实解决移民老有所养的问题。

在安置原则上，坚持以人为本，满足移民生存与发展的需求；坚持公开、公平、公正，接受社会监督，维护移民的合法权益；坚持顾全大局，服从国家整体安排，兼顾国家、集体、个人的利益；坚持可持续发展，与资源综合开发利用、生态环境保护相协调，节约利用土地；坚持因地制宜，统筹规划；坚持与社会主义新农村建设相结合，与农村经济社会发展相结合，与促进农村和谐稳定相结合。

在政策落实上，对涉及个人补偿部分要求全部到人，集体补偿部分从严管理。把移民新村建设与社会主义新农村建设结合起来，整合移民资金、支农惠农资金、新农村建设资金，力争把移民新村建成当地新农村建设的示范村。妥善处理好移民搬迁安置中有关政策接转延续、减免税费、村组干部待遇、公职人员随迁、移民学生升学优惠、债务处理等问题。科学安排移民外迁经费，保障移民外迁工作顺利进行。

（二）管理体制

河南省高度重视丹江口库区移民迁安工作，各级都成立了高规格的丹江口库区移民安置指挥部或领导小组，加强了力量，充实了人员，建立健全了管理机构，形成全省上下目标一致、高效运转的指挥体系，为移民安置提供了强有力的组织保障。高度重视实施管理工作，建立健全了计划、项目、资金、质量、奖惩、档案等一系列管理制度，严格按照有关管理制度实施，有力地促进了移民迁安工作的顺利开展。

《南水北调工程建设征地补偿和移民安置暂行办法》（国调委发〔2005〕1号）规定：南水北调工程建设征地补偿和移民安置工作，实行国务院南水北调工程建设委员会领导、省级人民政府负责、县为基础、项目法人参与的管理体制。根据上述要求，河南省确立了“党委统一领导、党政齐抓共管，政府分级负责、县乡政府为主体，项目法人参与”的丹江口库区移民迁安工作管理体制。

1. 组织体系

（1）省级移民实施管理机构。河南省南水北调丹江口库区移民安置实施管理机构沿革主要分为两个阶段：2003年至2009年7月主要由河南省人民政府移民工作领导小组负责，2009年8月以后主要由河南省南水北调丹江口库区移民安置指挥部负责。1986年，河南省人民政府移民工作领导小组成立，代表河南省政府负责全省水库移民工作，领导小组下设办公室。2003年南水北调丹江口库区移民工作开始后，根据省政府安排，南水北调丹江口库区移民安置和干线征迁工作由省政府移民办负责。2009年7月，为贯彻落实党中央、国务院关于进一步加快南水北调工程建设步伐的有关精神，切实做好南水北调丹江口库区移民安置工作，确保南水北调中线工程按期通水，省委、省政府决定成立河南省南水北调丹江口库区移民安置指挥部。省委副

书记任政委，分管副省长任指挥长，省人大、省政协领导任副政委，省委、省政府重要部门领导为副指挥长，省直有关部门及有关省辖市领导为成员。指挥部下设办公室，办公室设在省政府移民办。办公室内设综合组、督察组、协调组、建设组、宣传组、稳定组，人员从省直有关单位抽调，与原有工作脱钩，实行集中统一办公。

（2）市、县移民实施管理机构。在丹江口库区大规模移民开始之前，市、县两级移民实施管理机构设置有所分别，有的单独设立，有的是设在水利部门或南水北调办；有的是原有机构，有的是新成立的。为切实加强对丹江口库区移民安置工作的领导，各有关市、县（市、区）根据省委、省政府安排和工作需要，将移民安置工作作为一项政治任务摆上重要议事日程，在大规模移民开始之后，都相继成立了移民安置指挥部或领导小组，大多地方各级党委书记任政委、行政首长任指挥长，实行准战时体制，并把移民工作作为培养、锻炼年轻干部的重要平台，全面负责本地区的丹江口库区移民迁安工作。外迁安置乡镇大多数都没有设置正式的移民机构，任务较重的成立了临时性的移民安置指挥部。

（3）省直移民迁安包县工作组。为了加强对移民迁安工作的督导、协调和帮扶，按照河南省委、省政府的统一部署，实行了库区移民迁安包县工作责任制。从省直厅局中选取省直25个厅局，组成25个包县工作组，分包25个县（市、区）。每个工作组由一名副厅级领导干部带领5～7人组成，分别驻扎在有移民迁安任务的25个县（市、区）（后由于安置区区划调整，原安置在原阳县的狮子岗村划归新乡市平原新区管理，原安置在中牟县的姚湾村、后湾后洼村划归郑州市郑东新区管理，有移民安置任务的县由25个变为27个，各厅局原分包任务不变），驻村蹲点，履行督导、协调、帮扶职能。各市、县实行了市包县、县包乡、县乡干部包村包户的逐级分包制度。

（4）设计、监督评估单位。河南省南水北调丹江口库区移民安置实施规划工作由长江设计公司和黄河设计公司共同承担，长江设计公司负责技术归口工作。根据《省移民安置指挥部办公室关于规划设计任务分工的通知》（豫移指综〔2009〕4号），长江设计公司负责全省丹江口库区移民安置对接及以前的规划设计工作，负责库区规划设计工作以及南阳市、平顶山市外迁移民规划设计工作，并负责汇总编制移民实施规划总报告；黄河设计公司负责郑州、新乡、许昌、漯河市外迁移民对接后的规划设计工作。根据国务院南水北调办制定的有关监理、监测办法，省政府移民办与南水北调中线水源有限责任公司通过招标确定了3家移民安置监督评估单位。其中，江河水利水电咨询中心负责全省试点、淅川县第一批和第二批农村移民安置、城（集）镇迁建、工业企业迁改建、专业项目恢复改建、库底清理等监理工作及移民安置监理的技术归口工作，负责全省移民安置的监测评估工作；黄河设计公司负责南阳市邓州、唐河、社旗、新野、宛城、卧龙6个县（市、区）第一批、第二批移民安置监理工作；河南黄河移民经济开发公司负责郑州、平顶山、新乡、许昌、漯河5市的18个县（市、区）第一批、第二批移民安置监理工作。其他单项工程的设计、监理单位由各市、县按照有关规定确定。

2. 各方职责

（1）省移民安置指挥部及办公室。省移民安置指挥部负责全省南水北调丹江口库区移民安置工作的组织和领导。省移民安置指挥部办公室具体负责移民迁安的政策制定、规划编制、任务安排、组织协调、督促检查、服务指导等工作。

（2）项目法人。项目法人南水北调中线水源有限责任公司，在国务院南水北调办的领导和监督下，负责丹江口大坝加高和水库移民等工程的建设、管理工作。

（3）省辖市人民政府及移民实施管理机构。市政府、移民安置指挥部（领导小组）对南水北调征地移民工作负有组织协调责任，全面贯彻国家、省南水北调征地移民政策，协调市相关部门、县级人民政府做好南水北调征地移民有关工作，组织、督促县级人民政府搞好征地移民实施方案的落实工作。市级移民机构具体负责本辖区丹江口库区移民安置工作的组织和领导。

（4）县（市、区）人民政府及移民实施管理机构。县（市、区）人民政府、移民安置指挥部（领导小组）负责移民搬迁安置宣传动员，落实移民安置政策，组织完成移民安置总体对接和具体对接工作，编制移民搬迁与安置实施的方案，组织完成移民资金结算工作与搬迁后续工作，移民搬迁后纳入安置地管理。

（5）省直移民迁安包县工作组。省直移民迁安包县工作组负责督促分包县（市、区）按时完成南水北调丹江口库区移民迁安任务。具体职责：①对丹江口库区移民迁安工作的组织领导、政策落实、实施进度、资金管理等进行督导；②协调安置县（市、区）与对应的库区县、乡（镇）的关系，协调解决移民迁安有关问题；③对移民迁安给予对口帮扶。

（6）设计单位。设计单位负责编制移民安置实施规划大纲和实施规划报告及阶段性成果，移民安置任务变更后编制调整报告，负责有关实施问题处理等工作。

（7）监督评估单位。监督评估单位负责对补偿和安置的进度、资金、质量等进行检查，对农村移民搬迁前的生产生活情况进行基底调查，对安置后生产用地落实、生产生活恢复等进行监测，对补偿和安置的实施情况定期报告；参与实施问题处理。

河南省丹江口库区移民安置工作，坚持农村移民安置以迁安两地县乡政府为主，集镇迁建以所在地乡镇政府为主，企业迁建以本企业或其主管部门为主，专业项目复建以行业主管部门为主。在库区与安置区的事权划分上，坚持属地管理、各负其责。库区政府主要负责移民迁安工作的宣传动员和思想教育，移民淹没实物指标的复核和补偿资金的发放，移民安置去向确定，移民外迁的搬迁运输组织，现有集体财产处理，库区后靠搬迁安置的实施管理，库底清理和移民剩余资源整合与管理等工作。安置区政府主要负责外迁移民的接收组织，移民安置用地的征收划拨和手续办理及承包到户，以移民房屋建设为主的安置点建设的组织管理和协调及工程质量，有关惠民政策和迁移手续的接转服务，被征地群众土地调整和补偿补助费使用管理，移民规划用地和后续生产生活管理等工作。

河南省丹江口库区移民安置工作，实行移民任务和投资包干。移民迁安工作，纳入市县乡各级政府目标管理，移民任务不能按期完成或出现重大失误的，实行一票否决。

（三）规章制度

为切实做好丹江口库区移民安置工作，河南省结合实际，制定了一系列规章制度，为南水北调丹江口库区移民安置实施提供了强有力的制度支撑，使移民搬迁安置做到有法可依、有章可循。

1. 搬迁安置

为保证移民新村建设的质量，制定了相应的措施，如移民新村房屋和市政道路工程质量考核标准、新村房屋建设工程质量通病防治措施等；为圆满完成移民搬迁任务，实现平安搬迁、文明搬迁、和谐搬迁的目标，制定了南水北调丹江口库区试点、第一批、第二批的移民搬迁实

施方案。

2. 实施管理

为规范南水北调丹江口库区移民安置工作，省移民安置指挥部办公室制定了移民安置有关管理办法（意见），如建设项目管理办法、计划管理办法和基本预备费使用意见等；为进一步明确任务，落实责任，抓好落实，圆满完成任务，河南省对丹江口库区移民安置工作提出了具体意见，如试点、第一批和第二批的实施意见等。

3. 资金管理

为规范征地补偿和移民安置资金管理，遵循责权统一、计划管理、专款专用、包干使用的原则，制定了相关的资金管理办法，如资金管理办法（试行）、征地移民资金会计核算补充规定等。

4. 政策帮扶

为切实做好移民后续帮扶工作，因地制宜、积极稳妥地开展多种形式的生产开发，拓宽增收渠道，增加经济收入，省移民安置指挥部办公室提出了相关的意见、措施，如移民生产开发工作指导意见、移民安置配套政策措施分解任务、第二批移民后续帮扶工作意见等；省直各有关单位结合本单位职能，都出台了具体的对口帮扶政策。

5. 信访稳定

为进一步建立健全信访突发事件应急处置机制、移民群体性上访事件处理机制，全面提高应急处置能力，最大程度地预防和减少信访突发事件的发生，降低事件造成的危害和影响，结合实际信访情况，省移民安置指挥部办公室、省政府移民办制定了相应的应急预案，包括信访突发事件应急预案、移民群体性上访事件应急预案、进一步规范信访工作程序的通知等。

6. 监督、奖惩措施

为加强南水北调中线工程丹江口库区移民安置工作的监督管理，加快移民安置工作进度，保证移民安置质量，全面完成移民安置工作任务，制定了相关的监督、奖惩措施，如移民安置工作督查办法、移民搬迁安置奖惩暂行办法、社区移民安置考核奖惩办法等。

（四）实施管理措施

在移民迁安过程中，河南省重视制度建设，强化实施管理，推动了移民迁安工作的规范实施。

1. 计划管理

河南省按照基本建设程序的要求，高度重视计划管理，明确提出了计划是资金拨付、实施管理、监督评估和检查验收的依据。

（1）狠抓制度建设，规范计划工作。为规范丹江口库区移民安置计划管理工作，控制概算投资，根据《大中型水利水电工程建设征地补偿和移民安置条例》（国务院令第471号）和国务院南水北调工程建设委员会印发的《南水北调工程建设征地补偿和移民安置暂行办法》（国调委发〔2005〕1号），以及国家有关法律法规，制定了《河南省南水北调丹江口库区移民安置计划管理办法》（豫移指办〔2009〕19号），明确各级计划工作的职责，对年度计划管理、日常投资计划管理和计划监督检查做出规定，有效地促进了计划工作规范化、制度化。

（2）严格按计划实施，维护计划的严肃性。各级移民机构始终注意维护移民计划的严肃性，强调计划一经批准，必须严格执行，不得擅自变更；确需变更的，必须按原程序报批；对计划执行情况进行检查，监督实施单位严格按计划实施。

（3）计划服务于实施，做到及时上报和下达。为保证移民资金按时到位，根据年度移民安置任务，及时编报年度投资计划；根据批准的移民安置实施规划、年度投资计划、实施进度和资金到位情况，及时下达投资计划，为移民安置提供资金保障。

（4）加强队伍建设，提高业务素质。各级移民管理机构严把计划人员进入关，选择政治素质好，业务能力强的人员管理计划；加强对计划人员的业务培训，提高业务素质；加强计划的动态管理，为科学决策提供依据。

2. 项目管理

为规范丹江口库区移民安置建设项目的管理，维护移民合法权益，确保移民新村工程建设质量，防止违法违纪行为的发生，制定了《河南省南水北调丹江口库区移民安置建设项目管理办法》（豫移指办〔2009〕19号）和《河南省南水北调丹江口库区移民新村建设招标投标管理办法》（豫移指建〔2009〕5号）等有关办法。各市县按照基本建设有关规定，通过招投标确定施工单位和监理单位，签订相关合同；市县质监部门、移民管理机构监督检查；移民迁安组织代表现场监督。项目建设完成经施工单位自验后，由建设单位组织有关单位按规定对其进行竣工验收；项目验收合格后由地方有关政府组织相关单位办理移交手续，及时移交项目管理单位管理。

3. 质量管理

移民新村建设是移民迁安工作的关键环节。在新村建设过程中，河南省高度重视建设质量，创新工作机制，严格质量监管。

（1）坚持统一征地、统一规划、统一标准、统一建设、统一搬迁、统一发展的“六个统一”原则，把每个移民新村建成了整齐划一、美观漂亮的社会主义新农村的示范村。

（2）严把招标投标关、市场准入关、材料进场关、监测检验关、竣工验收关等“五道关口”，确保了新村建设每一个环节都符合质量要求。

（3）建立政府监督、中介监理、企业自控、移民参与的“四位一体”监管体系，全方位监督移民新村建设质量。

（4）落实每月一次互督互查、关键时间节点评比奖惩、搬迁前省市县三级验收的“三项机制”，督促各地切实提高了质量意识。

（5）健全规章制度，先后出台了《河南省南水北调丹江口库区移民新村建设工程质量和施工安全管理办法》（豫移指办〔2009〕21号）、《河南省南水北调丹江口库区移民新村建设招标投标管理办法》（豫移指建〔2009〕5号）、《关于做好南水北调丹江口库区移民新村建设征地和“三通一平”工作的通知》、《河南省南水北调丹江口库区移民新村房屋和市政道路工程质量考核标准（试行）》（豫移指办〔2009〕24号）、《河南省南水北调丹江口库区第二批移民新村建设工程冬期施工要点》（豫移指办〔2010〕98号）、《河南省南水北调丹江口库区移民新村建设蒸压粉煤灰砖砌体工程质量控制措施》（豫移指办〔2009〕27号）等有关文件。通过一系列严格的监管措施，使移民新村建设质量始终处于受控状态，建设质量整体较高，移民群众普遍满意。

生产安置方面，按照尽量集中连片、耕作半径不宜超过3km的原则，严格按照规划标准

（水浇地人均1.05亩、旱地人均1.4亩，临近城镇安置的移民水浇地人均0.4～0.8亩）为农业安置移民划拨生产用地。生产用地确定后，由安置地乡镇政府或国土部门负责进行土地整理，安置地水利部门进行水利设施配套。待土地整理、水利设施配套完成后，经乡镇政府、行业部门、移民村委会、移民代表各方签字认可共同验收，并划拨到移民新村。

4. 监督管理

为了加强对移民迁安督查工作的组织领导，河南省移民安置指挥部办公室专门设立了督查组，由省委组织部有关负责同志任组长，省纪委、审计厅等相关部门人员为成员。各市县也都成立了相应的移民督查机构，为移民迁安督查工作提供了组织保障。为规范移民监督管理，印发了《河南省南水北调丹江口库区移民安置工作督查办法》（豫移〔2008〕9号），从督查内容、督查方式和程序、督查情况处理和责任追究、督查人员、被督查单位权利和义务等方面给予明确规定。同时，还印发了《河南省南水北调丹江口库区移民搬迁安置奖惩办法》（豫移〔2009〕2号），明确了奖惩对象、阶段划分、资格条件、奖惩方式等。在实际工作中，以省直移民迁安包县工作组为主体，每月一次互督互查，基本上做到一月一评比，一月一通报；在“三通一平”及房屋基础建设、房屋主体建设、新村基础设施建设、移民搬迁、后续工作等重要时间节点，河南省移民安置指挥部办公室组织检查评比和通报。从试点、第一批移民到第二批移民，每一重要阶段都要召开转段动员会或现场会，对前一阶段进行总结表彰，对下步工作进行安排。同时，对重大问题或久拖不决的问题，向党委、政府一把手发督办函，让一把手督办催办。通过全方位、高密次的督查，解决了问题，促进了工作，取得了实效。

移民监理与监测评估工作从外部对移民安置实施进行监督。移民监理与监测评估单位负责对补偿、拆迁和安置的进度、资金、质量等进行检查，对补偿、拆迁和安置的实施情况定期报告；对农村移民安置后生产用地落实、生产生活恢复等进行监测。单项工程均由各市、县通过招投标确定的监理单位监督实施。

二、农村移民

（一）淹没及规划概况

按照丹江口大坝加高工程坝前正常蓄水位170m方案，淹没涉及河南省淅川县11个乡镇、184个村、1276个村民小组。淹没影响区土地总面积21.70万亩，其中耕地12.62万亩、河滩地0.04万亩、园地0.52万亩、林地1.2万亩、牧草地0.09万亩、养殖水面0.15万亩、其他土地7.08万亩；总人口26957户105962人，其中纯农户（居住在农村的农户）26866户105618人、建成区农户91户344人；房屋面积244.48万m^2，其中纯农户（居住在农村的农户）243.6万m^2、建成区农户0.88万m^2。

根据河南省丹江口水库移民安置实施规划，河南省丹江口库区农村移民集中安置共规划安置点208个，共需搬迁安置农村移民165471人，规划征地23.24万亩（不含分散、投亲靠友移民和对外道路占地），其中新村占地2.02万亩、生产用地20.46万亩、养殖园区0.76万亩，农村移民安置实施规划总投资119.67亿元。

1. 试点移民

规划搬迁移民11113人，涉及淅川县10个村。除分散安置的128人外，其余10985人集中安置在郑州、平顶山、新乡、许昌、漯河、南阳等6个省辖市的荥阳、中牟、宝丰、原阳、许昌、临颍、邓州、新野、唐河、社旗等10个县（市）的10个乡镇。规划建设12个移民集中安置点，占地1427.23亩。规划生产安置人口11059人，需调整集中安置农村移民生产用地13701.80亩（按水浇地人均1.05亩、旱地人均1.4亩标准配置）。

2. 库区第一批移民

规划搬迁移民66418人，涉及淅川县57个村。除分散安置的1872人外，其余64546人集中安置在郑州市、平顶山市、新乡市、许昌市、漯河市、南阳市等6个省辖市、25个县（市、区）的55个乡镇。规划新建81个移民集中安置点，建设用地面积8131.44亩。规划生产安置人口65735人，调整集中安置农村移民生产用地81565.33亩（按水浇地人均1.05亩、旱地人均1.4亩标准配置）。

3. 库区第二批移民

规划搬迁移民87940人，涉及淅川县122个村。除分散安置的3147人外，其余84793人集中安置在郑州市、平顶山市、新乡市、许昌市、漯河市、南阳市等6个省辖市、20个县（市、区）的69个乡镇。规划新建115个移民集中安置点，建设用地面积10685.24亩。规划生产安置85764人，调整集中安置农村移民生产用地109327.65亩（按水浇地人均1.05亩，旱地人均1.4亩标准配置）。

（二）实施规划编制及审批

河南省丹江口库区农村移民实施规划分试点、第一批、第二批3个批次编制。为搞好实施规划编制，根据国家有关法规、规定和批准的初设规划，结合移民安置优化整合结果，河南省组织编制了《南水北调中线一期工程丹江口水库河南省建设征地移民安置实施规划工作大纲（试行）》和《南水北调中线一期工程丹江口水库河南省建设征地移民安置农村集中居民点建设实施规划技术规定（试行）》，规范了实施规划编制工作。

1. 试点实施规划

为加快南水北调工程建设，探索移民安置经验，锻炼移民干部队伍，国务院南水北调办决定2008年启动河南省丹江口库区移民试点工作。根据《南水北调中线一期工程丹江口水库建设征地移民安置试点方案工作细则》，河南省确定了库区10个移民村纳入试点范围。试点移民实施规划由中线水源公司委托长江设计公司编制完成了《南水北调中线一期工程丹江口水库建设征地移民安置河南省试点规划报告》。经中线水源公司初审、设管中心组织审查，国家发展改革委以发改投资〔2008〕2534号文核定了投资概算，国务院南水北调办于2008年10月以国调办环移〔2008〕152号文批复了试点规划。由于试点移民搬迁比原定的搬迁时间延后、移民规模改变、个别居民点新址调整，设计单位又编制了《南水北调中线一期工程河南省丹江口水库建设征地移民安置试点规划调整报告》。河南省移民安置指挥部于2010年5月对其进行了批复。为保持与库区移民政策的统一并考虑物价水平，2010年6月编制并审批了《南水北调中线一期工程河南省丹江口水库建设征地移民安置试点调整概算报告》（豫移指办〔2012〕25号），作为资金兑付的依据。

2. 库区第一批和第二批实施规划

按照《南水北调工程建设征地补偿和移民安置暂行办法》（国调委发〔2005〕1号）有关规

定，实施阶段的农村移民安置设计，由省级主管部门采取招标方式确定设计单位。根据国务院南水北调办安排和河南省丹江口库区移民安置工作"四年任务、两年完成"的目标，实施规划编制工作时间紧、任务重、难度大，经国务院南水北调办批复（综环移函〔2009〕110号）和省政府同意，河南省丹江口库区移民实施规划编制工作，以长江设计公司为主并技术归口，黄河设计公司参加，共同编制完成。

（1）实施规划前期工作。为了保证尽早启动第一批、第二批的移民新村建设工作，在实施规划编制完成前，省移民安置指挥部办公室先行组织编制了第一批、第二批新址征地和"三通一平"规划要点报告，保证了实施的需要；组织制定了《南水北调中线一期工程移民安置河南省丹江口水库建设征地移民安置农村集中居民点建设实施规划技术规定》，规范了实施规划编制工作。

（2）实施规划编制。库区第一批、第二批移民安置实施规划编制工作分别于2009年5月、2010年1月启动，设计单位根据省移民安置指挥部办公室有关要求，分别于2010年5月、2010年12月编制完成了南水北调中线一期工程河南省丹江口水库建设征地第一批、第二批农村移民安置实施规划报告。实施规划分县编制，其中第一批移民分县实施规划共25册，第二批移民分县实施规划共20册。在分县实施规划的基础上，长江设计公司编制了全省第一批、第二批移民安置实施规划。省移民安置指挥部分别以豫移指〔2010〕15号文件、豫移指〔2011〕2号文件进行了批复。

（3）实施规划调整。移民搬迁完成后，根据实际搬迁安置的移民任务，省移民安置指挥部委托设计单位对库区第一批、第二批实施规划报告进行了调整，设计单位于2011年3月和12月分别完成了南水北调中线一期工程河南省丹江口水库建设征地第一批、第二批农村移民安置实施规划调整报告，省移民安置指挥部办公室以豫移指办〔2012〕13号文件对第一批、第二批农村移民安置实施规划调整报告进行了批复。

3. 实施规划主要成果

河南省丹江口库区农村移民安置共规划安置点208个，共需搬迁安置移民165471人，规划征地23.24万亩（不含分散、投亲靠友移民和对外道路占地），其中新村占地2.02万亩、生产用地20.46万亩、养殖园区0.76万亩，农村移民安置实施规划总投资119.67亿元。

（1）试点移民。规划搬迁移民11113人，涉及淅川县10个村。除分散安置的128人外，其余10985人集中安置在郑州（2581人）、平顶山（1039人）、新乡（960人）、许昌（1424人）、漯河（617人）、南阳（4364人）等6个省辖市的荥阳、中牟、宝丰、原阳、许昌、临颍、邓州、新野、唐河、社旗等10个县（市）、10个乡镇。规划建设12个移民集中安置点，占地1427.23亩。规划对外连接道路41.11km，桥梁12座，10kV供电线路34.66km；规划主支街道路15.19km，宅前路40.66km；供水井14眼；供水管道44.67km，排水管道45.99km；供电台区20个，变压器20台、容量1935kV·A，路灯976盏；绿化面积46879m^2，行道树17750.60m。规划了学校、村部、卫生室等公共设施用地。规划生产安置人口11059人，需调整集中安置农村移民生产用地13701.80亩（按水浇地人均1.05亩，旱地人均1.4亩标准配置）。按2008年平均价格，试点农村移民安置补偿费74277.29万元。

（2）库区第一批移民。规划搬迁移民66418人，涉及淅川县57个村。除分散安置的1872人外，其余64546人集中安置在郑州市（6383人）、平顶山市（6038人）、新乡市（7030人）、许昌市（4519人）、漯河市（3110人）、南阳市（37466人）等6个省辖市、25个县（市、区）、55个乡镇。规划新建81个移民集中居民点，建设用地面积8131.44亩。规划对外连接道路149.61km，桥梁45座，10kV供电线路124.51km；规划主支街道路57.65km，宅前路178.58km，硬化广场110380m^2；供水井80眼；供水管道275.81km，排水管道275.30km；供电台区209个，变压器215台、容量31189kV·A，路灯2185盏；新村绿化面积299870m^3，行道树111691m。规划了学校、村部、卫生室等公共设施用地。规划生产安置人口65735人，调整集中安置农村移民生产用地81565.33亩（按水浇地人均1.05亩，旱地人均1.4亩标准配置）。按2008年平均价格，库区第一批农村移民安置实施规划补偿费共计470003.10万元。

（3）库区第二批移民。规划搬迁移民87940人，涉及淅川县122个村。除分散安置的3147人外，其余84793人集中安置在郑州市（9768人）、平顶山市（324人）、新乡市（9463人）、许昌市（10571人）、漯河市（1572人）、南阳市（53095人）等6个省辖市、20个县（市、区）、69个乡镇。规划新建115个移民集中居民点，建设用地面积10685.24亩。规划对外连接道路174.58km，桥梁64座，10kV供电线路119.73km；规划主支街道路82.84km，宅前路205.74km，硬化广场174003m^2；供水井113眼；供水管道302.88km，排水管道430.76km；供电台区288个，变压器315台、容量45603kV·A，路灯2641盏；绿化面积785918m^2，行道树230.88km。规划了学校、村部、卫生室等公共设施用地。规划生产安置85764人，调整集中安置农村移民生产用地109327.65亩（按水浇地人均1.05亩，旱地人均1.4亩标准配置）。按2008年平均价格，库区第二批农村移民安置实施规划补偿费共计652421.32万元。

4. 实施规划与初步设计比较

根据国家批准的初设规划，到规划设计水平年，河南省丹江口水库农村需搬迁安置人口161310人，共规划安置点562个，规划新址征地1.87万亩，划拨生产用地19.06万亩，规划投资115.98亿元。

根据批复的实施规划，共搬迁安置人口为165471人，优化整合后安置点减少为208个，规划新址征地增加到2.02万亩，划拨生产用地增加到20.46万亩，规划投资增加到119.67亿元。

与初设规划比较，实施规划搬迁安置人口增加4161人，增加原因主要有：①库边影响人口增加127人；②根据河南省制定的人口核定政策，淹没线下人口核定增加6104人；③淹地不淹房需要搬迁人口减少2070人。与初设规划比较，安置点减少354个，新址征地增加1529亩，生产用地增加14033亩，农村移民安置补偿费增加3.69亿元。

（三）安置点选择和对接

1. 安置点选择

2003年6—7月，河南省政府及移民主管部门提出了外迁安置备选区，长江设计公司对河南省提出的移民安置备选区进行技术论证，开展了外迁安置区移民环境容量实地调查工作，并提出了河南省外迁移民安置区环境容量初步调查报告。在环境容量初步调查工作的基础上，河南省政府将移民安置任务下达到移民安置区的各地市，各地市又将指标落实到各区县，区县将可安置移民的乡镇、村可调土地数量和安置移民的大致数量与居民点的位置予以落实。2004年7月15日至9月3日，长江设计公司根据区县提供的资料及安置区各县、乡镇的土地详查成果、统计资料，对移民安置村的土地环境容量进行了分析，现场核对了土地数量，查勘单位具

体落实到地块、地类，确定了各村、乡镇、县的移民安置人数，在有利生活、方便生产的前提下，对移民安置点逐点进行了定点、定位、定量（确定进点人数），同时对居民点配套的基础设施现场持图作了具体规划。在此基础上，编制完成了河南省农村移民外迁安置规划专题报告。

由于初步设计规划确定的安置方案时间较早，距实施阶段间隔时间较长，情况变化较大，同时考虑新农村建设的需要，河南省于2009年5月对初步设计阶段确定的安置方案进行了优化调整。对安置移民人数少、区位和水土条件差的安置点进行了整合，使优化调整后的安置点尽量靠近主干道边、城（集）镇边、产业集聚区边，原则上以村为单位整建制安置，每个安置点安置移民原则上不低于500人，有条件的地方整合达到1000人甚至2000人以上。优化整合后，集中安置区移民安置点数量从562个调整为208个。

2. 安置对接

在安置点优化整合的基础上，为了体现公平、公正，便于操作，河南省采取“总体理论对接一次完成，具体对接分批进行”的办法，于2009年下半年对试点以外的库区移民进行了安置对接。

（1）总体理论对接。库区以乡镇为单位对所有移民村进行综合评价和排序，安置区以县为单位对所有安置点进行综合评价和排序。根据确定的库区乡镇对安置区市、县（市、区）总体对接框架，依据各移民村和安置点的综合评价结果，结合各安置点安置容量，将每个移民村理论对接到安置点，提出试点以外库区移民的总体理论对接初步方案。之后，组织库区县、乡镇到安置区察看安置点，根据察看情况，迁安双方协商，以迁出地为主确定总体理论对接方案。总体理论对接从2009年5月开始，2009年7月结束。

（2）具体对接。根据总体理论对接方案，开始安排具体对接工作，由库区各乡镇负责，分别从2009年8月、2010年2月开始组织第一批、第二批移民村对拟定的安置点进行考察，在充分协商的基础上，双方签订移民安置对接承诺书，最终于2009年11月、2010年4月分别把第一批、第二批移民村确定到相应的安置点，完成具体的安置方案。

（四）新村建设

移民新村建设是整个移民安置最重要的环节之一，主要包括移民房屋建设、基础设施建设和公益设施建设。在移民新村建设过程中，河南省高起点规划、高标准设计、高质量建设，打造了一批社会主义新农村的示范村，让移民群众充分享受到了我国经济社会快速发展带来的丰硕成果。

1. 移民房屋建设

房屋建设涉及移民群众切身利益，与千家万户关系密切，移民群众关注度高、期望值高，是整个移民搬迁安置过程中的热点和焦点。在房屋建设过程中，河南省各级党委、政府和有关部门高度重视，坚持移民群众利益至上、进度服从质量的原则，采取多种有效措施，加强质量监管，加快建房进度，高标准、高质量完成了各个阶段的移民房屋建设任务。

（1）组织形式。鉴于南水北调丹江口库区移民规模大、搬迁时间紧、迁安两地相距远等特殊性，采取移民自主建房存在着诸多困难和问题。为此，经充分听取移民意见，河南省决定实行“双委托”集中建房模式，即由移民个人（户主）出具委托书，将个人房屋建设工作委托本村的移民迁安组织负责，然后，再由移民迁安组织出具委托书，将全村的移民个人房屋建设工作委托给迁入地县级移民管理机构或乡镇政府进行房屋建设。经依法委托，迁入地县级移民管理机构或乡镇政府统一集中建设移民房屋。“双委托”集中建房模式，既体现了移民群众的自主性和自愿性，又妥善地解决了移民自主建房难的问题；既加快了建房进度，又解决了分户自主建房质量难以控制的问题。全省除投亲靠友等分散安置移民是自主建房外，其他近迁外迁安置、县内后靠安置移民，均采取“双委托”统一建房模式。

(2) 质量、安全控制。为确保实现“四年任务、两年完成”的目标，保障丹江口库区移民房屋建设的质量和安全，省移民安置指挥部办公室从移民房屋户型设计、户型选择、招标投标、新村征地及“三通一平”、质量管理、安全管理、责任管理、房屋维修等各个方面采取了一系列保障措施。先后出台了《移民新村建设工程质量和施工安全管理办法》《移民新村建设招标投标管理办法》《移民新村房屋和市政道路工程质量考核标准（试行）》《第二批移民新村建设工程冬期施工要点》《移民新村建设蒸压粉煤灰砖砌体工程质量控制措施》等有关文件。在户型选择方面，从社会上广泛征集美观实用的230个户型设计方案，经专家论证后精选出了46个获奖设计方案编印成册，发放到每个市县和移民村，供移民群众选择。在移民新村工程质量和施工安全管理方面，省移民安置指挥部明确规定，各有关省辖市人民政府对本辖区内的工程质量和施工安全负总责，县（市、区）人民政府是工程质量和施工安全的第一责任人，乡镇人民政府和移民村迁安组织对移民新村各项建设工程实施监督管理。建立了政府监督、中介监理、企业自控、移民参与的“四位一体”的质量管理体系。每个移民新村建设项目现场，至少有建设系统派出的两名质量监督人员进驻，代表政府行使监管责任，全省共选派134名质量监督员；每个移民新村都有专职监理单位监督工程质量；企业建立严格的内部质量监管体系，按照规范施工；移民迁安组织提前介入，积极参与移民新村工程建设活动，关键部位现场监督。严把招标投标关、市场准入关、材料进场关、监测检验关和竣工验收关等五道关口，将质量监管贯彻到移民房屋建设的全工程，始终使移民房屋建设质量处于受控状态。

(3) 监督管理。为确保移民房屋建设的质量、安全和进度，积极采取各种措施加强监督和检查。

1) 阶段性检查。在移民房屋建设的“三通一平”、房屋基础、房屋主体、装饰装修等各个主要时间节点，省移民安置指挥部办公室都对移民房屋建设进度、质量、安全、管理及优惠政策落实等方面进行阶段性检查与考核，并根据考评结果，分阶段对先进单位进行奖励，对落后单位进行通报批评，达到激励先进、鞭策落后的目的。

2) 互督互查。省移民安置指挥部每月组织一次全省移民房屋建设互督互查，并以县为单位进行考评排序。互督互查工作由省移民安置指挥部办公室统一组织，从25个包县工作组中选取12个或13个，由组长带队，并从所包县建设部门抽调1～2名工程技术人员，会同省移民安置指挥部办公室各组有关人员1～2名组成督查组，每月月底赴各地市、县（市、区）对移民房屋建设工程管理、工程质量和工程进度进行督查。督查结束后，省移民安置指挥部办公室印发互督互查通报。互督互查的结果，不仅作为考评各地市移民房屋建设的重要依据，也作为省移民安置指挥部对省直包县工作组年度考核的重要依据。

3) 综合检查。各批次移民搬迁结束后，省移民安置指挥部办公室都对各市、县（市、区）移民搬迁安置情况进行综合检查评比，根据综合检查评比情况，省移民安置指挥部举行高规格

的表彰大会，表彰和奖励在移民搬迁安置过程中涌现出的先进单位和先进个人，以此促进移民搬迁安置工作健康有序的向前推进。

4）逐级验收。移民房屋验收分四级逐级进行，一是企业自验，二是县级初验，三是市级复验，四是省移民安置指挥部终验。在移民搬迁前，通过各级严格的验收程序，逐级对存在的质量问题进行整改，保证了移民房屋的质量，满足了移民搬迁要求。

（4）政策帮扶。为鼓励按时搬迁，切实保证移民房屋质量，确保建设进度，省移民安置指挥部办公室先后出台了建房搬迁奖励、门楼院墙奖励、安置地房屋监理补助等政策。对按时建房搬迁的移民，每户给予2000元建房搬迁奖励；对按时按要求完成门楼院墙建设的，经验收后每户奖励2000元；按户均300元标准拨付安置地，用于房屋监理费用。各级政府为把移民新村建设成社会主义新农村示范村，也分别了出台移民房屋建设奖补政策，如平顶山市、南阳市等地由地方财政按照每户8000元的标准奖补库区移民群众建房。在移民房屋建设中，由于设计标准提高，特别是由于建筑材料价格上涨，房屋建设单价较高，在移民承受能力不足情况下，各地采用多种形式对施工企业进行补助，保障了移民新村建设的正常进行。

（5）实施成果。通过两年多的积极努力，全省丹江口库区移民房屋建设任务如期完成。208个移民新村实际建房38451户，其中试点建房2604户，库区第一批、第二批建房35847户，总建筑面积50.5万m^2，人均住房面积34.25m^2。

2. 基础设施建设

移民新村基础设施建设分为安置点内基础设施建设和点外基础设施建设，其中点内基础设施主要有点内道路（主、支街，宅前路），供水排水、供电、通信广播、有线电视、消防、环卫、污水处理等设施；点外基础设施主要有对外连接道路、桥梁、10kV高压线路、通信广播、有线电视及排水设施等。

（1）组织形式。点外基础设施主要由安置地县（市、区）移民管理机构或乡镇政府等作为建设主体，按照规划和设计要求，结合行业标准，委托安置地县级主管部门实施。其中对外连接道路由县交通部门组织实施，高压线路由电力部门组织实施，通信广播、有线电视等分别由电信、广播电视部门组织实施。点内基础设施建设，由建设单位按照丹江口库区移民新村建设招投标有关办法，严格按照招投标程序，通过招投标确定施工单位后组织实施。

（2）质量、安全控制。移民新村基础设施质量和安全控制分别由各专业实施部门进行质量和安全自控。县级行业主管部门按照规划和设计要求，结合行业标准，对其进行监督管理。各专业项目监理单位按照合同对实施进行监督控制。

（3）政策帮扶。在移民新村基础设施建设过程中，省相关厅局出台多项优惠政策，帮扶移民新村基础设施建设，提高基础设施建设水平和标准。省交通厅对移民村对外连接路每公里补助10万元，省水利厅把移民纳入安全用水范围，省农业厅将移民沼气池全部纳入补助，省林业厅为每个移民村安排绿化资金5万元等。

（4）实施成果。移民新村建设用地2.18万亩；场地平整工程完成挖方326.65万m^3、回填1200.32万m^3、弃方84.99万m^3；室外工程完成挡土墙砌筑15.65万m^3、护坡13.41万m^2；点内供水：新打机井208眼，安装无塔供水设施204套，铺设输水管道922.55km，安装消防栓903个，建设供水管理房7177m^2；点内排水，修建排水沟164.47km，安装排水管703.68km，修建沉泥井30015个；新建末端污水处理设施，其中无动力和微动力系统分别达到日处理污水量7561m³、3895m³，建设人工湿地40.67亩；村内道路：修建主要道路349条、89.77km，次要道路346条、110.16km，宅前道路2774条、440.49km；建设供电台区384个，安装变压器422台，容量7.94万kV·A，架设路灯7091盏；点内架设380V供电线路429.78km、220V供电线路1018.89km、通信线路1506.52km、有线电视线路1689.84km；新村绿化面积99.84万m²，栽种行道树469.59km；环卫设施：建设公共厕所301个、垃圾池730处，安装垃圾箱3686个，建设双瓮厕所9248户、分户沼气池6055个、集中沼气池23个、天然气入户3250户；修建广场面积39.62万m²；对外连接路新修208.42km、改建188km；建设桥梁155座；点外架设10kV供电线路251.81km、通信线路1399.44km、有线电视线路1294.22km；修建点外排水沟149.21km。

3. 公益设施建设

移民新村公益设施建设包括学校、村部、便民超市、卫生室、公共活动设施等。

（1）组织形式。学校、卫生室等项目按照规划设计，分别结合教育部门、卫生部门等行业标准，由县（市、区）人民政府通过招投标方式组织实施；村部、超市等按照规划设计，通过招投标方式组织实施。移民新村公益设施建设的质量管理和监督检查，纳入移民房屋建设的质量管理监督体系。

（2）政策帮扶。移民新村公益设施建设补偿补助投资较低，为适应新农村建设的需要，河南省有关厅局高度重视，出台政策进行帮扶，地方政府多方筹资、对口帮扶单位全力支持，使新村公益实施建设质量及建设规模得到了全面的提升。其中，省教育厅把移民学校建设全部纳入校安工程和维修工程补助范围，省卫生厅为每个移民村卫生室建设补助1万～5万元，省体育局为每个移民村安排体育设施资金5万元。

（3）实施成果。学校占地面积793.83亩、建筑面积12.56万m²，在校学生25325人（其中移民学生16084人），配备教师1470人（其中随迁教师368人）；村部占地面积435.03亩，建筑面积6.43万m²。卫生室建筑面积1.56万m²，配备医护人员243人（其中随迁村医181人）；便民超市建筑面积9029m²；计生指导室、文化室、储物棚等其他建筑面积10349m²。各移民新村公益设施建筑形式不同，有村部、卫生室、超市一体建设；有村部、超市、卫生室分别建设。总体上既满足了村委会办公、移民学习专业知识的要求，又满足了移民群众就近购物、方便就医的需求。

（五）搬迁组织

在河南省委、省政府的坚强领导和国务院南水北调办的精心指导下，经过各级各有关部门精心组织、共同努力、连续奋战，河南省南水北调丹江口库区移民分三批次完成了搬迁任务，分别于2009年8月28日完成试点移民搬迁；2010年9月4日完成第一批移民搬迁，2011年10月26日完成第二批外迁移民搬迁，2012年3月24日完成淅川县内移民搬迁，实现了“平安、文明、和谐”和“不伤、不亡、不漏、不掉一人”的搬迁目标，圆满完成了省委、省政府提出的“四年任务、两年完成”的安置任务。全省移民搬迁涉及淅川县的10个乡镇、169个村，共迁出41315户、166069人（其中出县安置146499人、县内集中安置14236人、县内分散5334人）。

1. 前期准备

为确保移民平安顺利搬迁，河南省扎实做好有关前期准备工作，制定了周密完善的搬迁实

施方案，成立了搬迁指挥机构，加强了对移民搬迁工作的领导。抽调人员进村入户，对移民群众中存在的矛盾进行全方位排查化解。组织新闻媒体加大宣传力度，在全省形成了支持搬迁、踊跃搬迁的良好氛围。

（1）制定完善搬迁方案。省移民安置指挥部办公室提前谋划，在方案制定过程中，充分吸取了试点移民搬迁经验教训，广泛征求了省直有关部门和有关市县的意见，多次修改完善。方案明确了搬迁任务、搬迁时限、各级各有关部门的职责分工、移民搬迁的原则；部署了移民搬迁前的新村验收、特殊人群健康和学生情况调查、债权债务处理，搬迁中的物资装卸、车辆通行、安全监管、医疗卫生保障，搬迁后的“一对一”帮扶、弱势群体安置、学生入学、有关手续办理、村级班子建设等工作；通盘考虑了移民群众的吃、住、行、医、用等生活细节；建立健全了移民搬迁指挥体系。市县移民指挥部办公室也根据省实施方案，结合实际，进一步细化完善，并将责任分解，落实到人、到事，制定了具体的可具操作性的实施方案。

（2）建立健全指挥机构。省移民安置指挥部设立了移民搬迁总协调和副总协调，下设综合协调、交通运输、安全保卫、医疗卫生、库区协调、宣传报道、信访稳定、督促检查等8个组，具体负责移民搬迁组织协调指挥。成立了省移民搬迁指挥中心，24小时值班，及时处理搬迁过程中出现的具体问题。实行联系市指导组制度，由省移民安置指挥部有关领导分别联系6个省辖市，协调处理搬迁中的有关问题。地方各级党委、政府也对移民搬迁工作高度重视，均成立了移民搬迁指挥中心、前线指挥部和突发事件应急指挥部，党、政一把手亲自挂帅、亲自部署，并深入一线、靠前指挥，分管领导具体负责，身先士卒，亲力亲为。淅川县搬迁指挥中心设置了中心指挥长席、综合协调调度席、公安交警指挥席、道路通行保障席、用电安全保障席、卫生安全保障席、航运安全保障席、气象石油通信服务席、应急处置席、后勤保障席10个席位，抽调部门工作人员全力服务移民搬迁工作。由此，全省上下形成了领导有力、协调到位、运转高效、保障及时的移民搬迁指挥体系。

（3）层层宣传发动。省移民安置指挥部办公室详细制定了每批移民搬迁工作宣传报道方案，对报道的主题、内容和方式进行了详细谋划，并分别针对报纸、广播、电视等不同类型媒体制定了细化方案。适时召开了移民搬迁新闻发布会，向中央和省市媒体介绍南水北调工程的重大意义、做好移民工作的体会以及面临的困难和挑战。省移民安置指挥部有关领导做客人民网、河南人民广播电台等栏目，详细阐述了移民搬迁、生产生活安置、各类补偿补助标准、有关帮扶政策等，系统宣传了移民搬迁工作。与河南省新闻工作者协会联合下发了《关于开展河南省南水北调中线工程好新闻奖评选活动的通知》，激发媒体记者宣传报道的积极性。搬迁前夕，组织河南省主要媒体，深入淅川库区一线进行采访；对迁安两地的欢送欢迎仪式进行了报道。在《河南日报》开辟了《关注南水北调移民安置工作》专栏，集中宣传阶段性工作和先进典型，并在单日搬迁超过3000人时在《河南日报》头版刊登搬迁简讯。各地也采取群众喜闻乐见的宣传形式，对移民搬迁进行宣传报道。如淅川县在搬迁前深入开展“讲意义、讲大局、讲形势、讲政策、讲法制、讲安置地的奉献”的“六讲”主题教育，强化“比土地、比区位、比补偿、比规划、比补助、比发展环境、比发展前景、比过去的移民政策”的“八对比”宣传教育活动，在广大移民中叫响“早搬迁，早发展”的口号，努力增强移民搬迁的主动性。全省各级通过多角度、全方位、大力度、广覆盖的舆论宣传，宣传了政策，树立了典型，弘扬了正气，营造了良好的社会氛围。

（4）积极排查化解矛盾。为确保移民顺利搬迁，在每批移民搬迁前集中进行为期两个月的“矛盾排查月”活动。一方面，抽调足够力量，深入基层，排查矛盾。淅川县从县、乡两级党政机关和教育系统的行政工作人员中，抽调3800多人次组成库区移民搬迁矛盾排查化解专项工作队，对各个移民村的矛盾纠纷进行拉网式排查，共排查各类问题3500多起，其中较大矛盾隐患10余种类型1000多起。另一方面，对各种矛盾排查建立化解机制。对排查出来的矛盾和问题，按照债权债务、线上林地、集体财产分割等类型，进行分列登记，按照工作流程，建立了5种工作台账，即“接访台账”“上三级转办案件办理台账”“矛盾排查和安全稳定信息台账”“信访信息综合台账”“矛盾化解工作责任台账”。通过定人员、定责任、包调处、包化解和跟踪督查、定期考核等措施，使各种矛盾纠纷和重大不稳定因素都得到了有效化解，为移民搬迁的顺利进展扫清了工作障碍。同时，积极接待群众来访，并通过日报、周报、月报等形式，及时给领导反馈信访动态，提出解决问题的具体建议，使一大批移民群众的上访问题在淅川县内得到了有效化解，最大可能地减少了影响搬迁的事件发生。

2. 搬迁组织

在移民大搬迁中，河南省周密部署、精心安排，采取一系列措施，保障搬迁平安顺利进行。

（1）严格规范搬迁程序。为避免不具备搬迁条件而仓促搬迁现象的发生，切实维护广大移民群众的切身利益，河南省对搬迁程序做了严格的规定。在移民新村具备搬迁条件后，首先由县级移民安置指挥机构组织对移民新村房屋、基础设施和公益设施等项目全面验收，通过后组织移民个人或迁安组织代表对房屋进行检查，并提请相关省直移民迁安包县工作组审核，合格后向市级移民安置指挥部办公室提出搬迁申请；市级移民安置指挥部办公室复验合格，并审查搬迁实施方案、搬迁后续工作安排等。具备搬迁条件后，将搬迁申请连同省直移民迁安包县工作组组长签署的同意搬迁意见，提前7天报省移民安置指挥部办公室审批。省移民安置指挥部办公室收到申请后，组织现场检查、验收和审核批复，批准后方可搬迁。移民新村经验收合格并批复同意搬迁后，安置地提前3天将包含搬迁时间、搬迁规模、行车路线、车辆数量、联络人等信息的搬迁计划上报省移民安置指挥部办公室。省移民安置指挥部办公室在征求淅川县意见后，向省交通运输厅等有关厅局和安置市县发布搬迁预告，作为每批次移民搬迁的指令。搬迁预告一经发布，不得随意变更。若因天气、道路原因确需变更的，须及时上报确定后的搬迁计划；若因其他原因确需变更的，必须逐级报省移民安置指挥部办公室审批。

（2）深化细化保障措施。在移民搬迁前，迁安两地为确保移民顺利搬迁，做了大量艰苦细致的保障工作。首先是做好搬迁车辆保障工作。搬迁车队除客、货车外，都配备有工作车、警车、故障维修车。交通、交警部门专业人员对签订合同的车辆进行复检，对符合条件的车辆现场拍照并发放“特别准运证”。交警部门对核准的运输车辆司机进行搬迁业务培训，发放“特别驾驶证”，并进行有关时速要求、装车要领、安全高度、指挥信号、组织纪律等培训。其次是做好特殊群体和医疗卫生保障工作。在搬迁前迁安两地对移民村老弱病残孕、鳏寡孤独、五保户、精神病人等特殊群体情况进行全面了解和掌握，制定出特殊搬迁措施；卫生部门派出综合能力强、医护技术水平高的人员，抽调车况好的救护车辆，配备必要的药品，全程保障移民搬迁医疗安全。第三是做好安全通行保障工作。淅川县对涉及移民搬迁的道路、临时道路、停车场等进行全面维修；在水路搬迁时，移民干部身着救生衣，在轮渡四周排成人墙为移民护

航，确保移民群众生命财产安全；迁安两地特别是淅川县抽调大量警力在移民搬迁途经路口维持交通秩序，确保移民搬迁车队快速安全通行；交通部门为配合移民搬迁，调整道路维修计划，并派路政车全程接力护送。第四是做好移民生活临时保障。每辆客车都配备车长，一名联络员，一名卫生员，一名工作人员，两名驾驶员，全程护送移民安全到达。迁入地有专人引导入户，为每户移民备好一周的生活必需品，并组织服务队提供全方位、“保姆式”服务。第五是做好防汛防暑保障工作。移民搬迁期间，正值高温多雨、天气多变时期，为做好防汛防暑工作，安置地选派的客车、救护车都配备有空调设备，货车配备有帐篷、灭火器等防雨防火用品。

（3）强化组织协调机制。移民搬迁实施方案对省直有关厅局、省直厅局包县工作组、迁安市县的职责做了详细界定，并将省交通、卫生、公安等有关部门，以及南阳市、淅川县迁出市县主要领导纳入省移民搬迁组织领导机构。河南省、南阳市移民安置指挥部办公室派出处级干部常驻淅川县，现场协调解决有关问题。在移民搬迁期间，各有关单位都实行24小时带班值班和日报告制度，确保能够及时协调解决有关问题。迁安双方都互派联络员，特别是安置地都提前派人到库区移民村进行调研，了解和掌握搬迁移民需运输的人员和物资情况，制定详细的运输方案。河南省、南阳市、淅川县还分别建立了手机短信发送平台，及时发布搬迁有关信息，通报有关情况。各级各部门既各负其责，又通力协作，形成了统一领导、分级负责、县为基础，以迁入地为主、迁出地配合，各有关部门主动服务的搬迁工作机制。

（4）提供亲情周到服务。在搬迁期间，各级各部门对移民群众提供了细致周到的服务，使移民群众真正感受到了党和政府的温暖。搬迁前，迁入地主要领导亲自带领工作人员和搬迁车队到库区迎接，迁出地组织300～500多人服务队伍帮助移民装运家具，组织干部群众举行欢送仪式，并由县乡主要领导带领人员一路护送到新村。搬迁中，每批次移民搬迁都有卫生部门专门组织的医疗救护车队和医护人员，携带救急药品和器械，为移民群众特别是年老体弱、临产孕妇、高危病人等特殊群体提供医疗卫生服务；公安、交警人员头顶烈日，坚守岗位，日夜保障移民生命财产安全；电力部门组建移民搬迁服务队，投入应急发电设备，确保移民搬迁用电安全；交通运输部门为移民开辟“绿色通道”，免除移民搬迁路桥通行费，同时积极开展优质服务活动，在搬迁车队休息的服务区，为移民免费分送面包、茶水、火腿肠等。移民到达安置地后，各地都举行了简朴热烈的欢迎仪式，由专人引导入户，成百上千名服务队员帮忙卸车、搬运，并备好了米、面、菜、油、炉具等可满足一周生活的必需品，有的地方还专门安排县乡干部为移民做好第一顿安家饭，帮助移民正确使用液化气，及时熟悉当地生活方式。同时，教育、民政、公安等部门办理各种手续，保持各种手续的连续性，确保移民利益不因搬迁而受影响。

（六）生产安置

河南省南水北调丹江口库区农村移民全部采取有土生产安置，有土生产安置的主要措施包括生产用地调整划拨、土地整理和水利设施配套。生产用地调整划拨的标准是人均水浇地1.05亩或旱地1.4亩。生产用地调整是移民安置的前提，也是移民搬迁安置工作的难点，直接关系到移民搬迁安置工作的成败。在移民人数多、搬迁安置时间紧、任务重的情况下，从试点开始，各级就把移民生产用地划拨当做重中之重，明确工作重点，抓住工作难点，保证了土地划拨及时到位，生产安置按时完成。

1. 组织形式

生产用地调整划拨数量根据移民安置人数确定，在实施规划中予以明确。生产用地调整划拨主要由各安置地乡镇政府负责，涉及出让土地的当地村委会代表协助。由于在安置区人多地少矛盾突出，移民生产用地调整划拨难度很大、矛盾很多，各地对生产用地调整划拨都高度重视，把土地调整作为移民搬迁安置工作的重点，采取得力措施，确保将移民生产用地及时调整划拨到位。一是加强组织领导。各安置地市、县（市、区）、乡镇都成立了移民生产生活用地调整领导组织，负责移民生产生活用地调整工作。二是广泛宣传发动。各地加大对安置地群众宣传的力度，宣传南水北调工程建设的重大意义，宣传移民群众的奉献精神，教育群众要想移民所想、急移民所急、为移民排忧，树立“移民为国做贡献，我为移民解忧难”的意识，服从政府安排，积极为移民腾地调地。三是层层分解任务。安置地各县（市、区）、乡镇、村、组层层分解任务，明确工作目标，建立目标责任制。四是建立奖惩机制。按照河南省移民安置指挥部的统一要求，各安置地根据各自实际，建立了移民生产用地调整工作奖惩机制，对能够及时将土地调整到位的给予物质和精神上的奖励，对不能及时将土地调整到位的，进行通报批评，追究相应责任。

例如安置移民人数最多的邓州市，成立了以市长为组长的土地调整领导小组，各有关乡镇党委政府均由一把手挂帅成立土地调整工作组。在调地工作中坚持“三结合”原则，即远近、好坏地相结合，移民与地方群众利益相结合，环境容量与调配政策相结合。首先围绕选定的居民地，在其周围 2km 范围反复考察对比，确定大致方位，然后运用“4＋2”工作法组织涉及的村组干部、群众代表开会讨论，初步定型后再邀请搬迁移民村“两委”班子、群众代表实地察看、发表意见。地块划定后，乡镇政府针对安置地群众组织开展多种形式的宣传活动，印发宣传册，组织干部挨家挨户宣讲国家移民政策和移民做出的牺牲，并组织群众代表到库区实地了解移民的生活状况，让群众从思想上理解和支持移民安置工作，同时深入了解和掌握群众存在的顾虑和问题，并及时研究解决。为了充分调动各有关镇村的积极性，市财政还拨付专项资金作为前期工作经费，并对任务完成好的村给予物质、精神奖励，有力地促进了土地调整任务的完成。在调整划拨土地过程中，为保证生产用地划拨满足“尽量集中连片、耕作半径原则上不超过 3km”等原则，各安置地均实行了“推磨调地”。河南省为集中安置移民划拨生产用地 21.17 万亩，实际“推磨调地”达 225.67 万亩，移民生产用地与“推磨调地”之比为 1∶10.7。在“推磨调地”过程中，涉及安置地群众 159.97 万人，移民与受影响群众之比为 1∶9.7。

2. 质量控制

按照规划，移民（农业人口）生产用地标准是水浇地人均 1.05 亩、旱地人均 1.4 亩，社区安置的移民（农业人口）水浇地人均 0.4 亩。根据规划生产用地标准并结合当地农民土地使用情况，采用 GPS 定位设备，对移民生产用地进行定位划拨。为确保给移民划拨土地的质量，河南省国土厅把移民生产用地纳入土地整理范围，河南省水利厅把给移民划拨的水浇地全部纳入农田水利配套范围。生产用地确定后，由安置地乡镇政府或国土部门负责进行土地整理，安置地水利部门进行水利设施配套。待土地整理、水利设施配套完成后，及时进行验收并划拨到移民新村。河南省移民安置指挥部办公室针对各批次移民搬迁时间和生产季节，明确规定必须在每批次搬迁年份的夏收前将生产用地从安置地群众中调整出来，夏收后将生产用地移交给县级

移民管理机构，对不需要土地整理和水利设施配套的土地，县级移民管理机构可直接移交给移民村，将生产用地分配到户，保证移民种上小麦。生产用地调整到位后，大部分移民村按照"四议两公开"的办法，将生产用地分配到了移民手中。对因个别特殊问题，未能及时分配到户的移民村，安置地在做好群众的思想工作，争取群众的理解和支持的同时，由政府组织，先行替移民种上小麦，以不误农时。同时，及时处理问题，确保土地分配到户。

3. 监督管理

移民生产用地达到规划条件后，经乡镇政府、行业部门、移民村委会、移民代表各方签字认可共同验收。验收后，安置点所在地政府将生产用地划拨到移民新村，并监督新村村委会将生产用地足额分配到移民户。

4. 实施成果

全省208个移民新村共划拨生产用地21.50万亩，完成土地整理18.49万亩，完成水利设施配套7.24万亩，生产用地分配到户21.18万亩（其中流转8.21万亩）；划拨养殖园区用地0.73万亩。

（七）新村运行管理

丹江口水库移民搬迁后，移民群众居住集中，新村基础设施和公益设施完善，生产和生活条件有了很大改善，具有一定的辐射带动能力，具备城镇化的条件和社会管理的基础，但移民经济基础薄弱，社会管理滞后，不稳定因素较多，移民安稳致富任重道远。因此，加强和创新移民村社会管理，通过建立健全民主、科学的管理模式，让移民群众在民主管理中实现自我发展、自我完善、自我提升，为移民村和谐稳定和生产发展创造良好的环境十分必要、非常紧迫。

为深入贯彻党的十八大精神，认真落实党中央、国务院和河南省委、省政府关于加强和创新社会管理的决策部署，逐步提高移民新村社会管理水平，促进移民经济社会发展，保持社会和谐稳定，河南省政府移民办于2012年12月初启动了加强和创新移民村社会管理试点工作，并于2013年初在丹江口库区所有移民村全面推广。

加强和创新移民村社会管理，核心是构建村"两委"（村支部和村委会）主导、"三会"（民主议事会、民主监事会、民事调解委员会）协调、社会组织（经济管理组织、社会服务组织等）参与的新型社会管理机制。主要包含三方面的内容：一是加强和创新村务民主管理。推行村"两委"领导下的民主议事会＋民主监事会＋民事调解委员会的移民村民主管理模式。二是加强和创新经济组织管理。鼓励各移民村因地制宜成立工业公司、农业公司、专业合作社和专业协会等经济组织，采取市场化运作的方式，依法开展经营服务活动，在移民的产、供、销方面发挥龙头作用。三是加强和创新社会服务管理。鼓励各移民村逐步成立物业公司，市场化运作，管理费用通过集体经济收益、收取公共服务费、地方政府补助、社会捐资等渠道解决，切实解决移民村基础设施和公益设施的养护、公共卫生保洁、垃圾清运、污水处理、水费收缴、安全保卫等瓶颈制约，促进移民村和谐、有序发展。

各地把移民村社会管理创新工作纳入整体工作布局，作为移民工作的重中之重，集中优势资源，强力推进，确保取得实效，突出以下几点：

（1）试点引路。本着"稳妥实施、有序推进"的原则，丹江口库区17个移民新村被纳入试点，省政府移民办和省辖市移民部门联系移民村，加强对试点村的协调、督导和帮扶。先后召开移民村社会管理创新工作动员会、现场观摩会、推进会等，促进创新工作的有序开展。明确各级移民部门主要领导是移民村社会管理创新的第一责任人，负总责、亲自抓，形成一级抓一级、层层抓落实的工作格局。

（2）制度规范。先后制定了《关于加强和创新我省移民村（社区）社会管理的指导意见》《关于加强和创新我省移民村（社区）社会管理的实施意见》《关于加强和创新移民村（社区）社会管理试点工作的意见》，以及《河南省移民村（社区）民主议事会议事导则》《河南省移民村（社区）民主监事会监督导则》《河南省移民村（社区）民事调解委员会调解导则》等有关制度，指导创新活动的开展。各地结合实际，分别制定了相应的制度和工作规范，做到以制度管人、以制度管事、以制度推进工作。

（3）政策引导。对移民村社会管理创新工作实行"三挂钩"，即与生产发展奖补资金和后扶项目资金挂钩，与移民村社会管理工作奖补资金挂钩，与移民系统评先评优挂钩。同时，为做好试点工作，建立了奖惩机制，按照每个村 100 万元的标准，根据活动开展情况实行奖惩。通过建立激励约束机制，激发各地实施移民村社会管理创新的积极性和主动性，确保工作取得实效。

（4）营造氛围。由于移民村社会管理创新工作顺应了时代发展和群众意志，解决了移民村发展中的许多问题，活动开展以来，得到了社会各界的广泛关注，新华社、《光明日报》《河南日报》、河南电视台等媒体纷纷到试点移民村采访报道，营造了浓厚的舆论氛围。

移民村社会管理创新实施以来，通过全省上下的努力，取得了初步成效：一是村级集体经济初具规模。丹江口库区 17 个试点移民新村结合生产发展实际，以种、养、加为重点，每个村都培育了一个明晰的主导产业，"一村一品"的产业格局初步形成。二是社会管理得到加强。各地按照有关法律法规和规定，组建了各类经济管理组织和社会服务组织。通过层层推选，村民会议通过，产生了村级民主议事会、民主监事会、民事调解委员会。移民村的物业管理，有的本村成立物业公司，直接管理；有的委托外部物业公司管理，移民参与。三是干群关系日益密切，村"两委"班子的凝聚力和战斗力显著增强。移民群众广泛参与村务决策、管理与监督，涉及群众利益的事项得以顺利决策实施。如郏县马湾村移民扶持项目建设的蔬菜大棚，由于移民群众意见不统一，迟迟无法确定承包事宜，村民主议事会成立后，经民主议事会议广泛讨论，最终确定了承包的原则和价格；辉县市侯家坡、中牟县姚湾等移民村生产发展项目及春节慰问等事项的确定，都是通过村民主议事会决定的。四是移民新村和谐稳定，为移民群众生产生活营造了良好环境。移民村"两委"民主管理，权力在阳光下运行，各种不和谐因素逐步减少，加上民事调解委员会的有效调解，一些长期困扰移民村的矛盾纠纷得到及时化解。

（八）后期扶持和生产发展

移民搬迁结束以后，为使移民群众能够尽快致富，河南省高度重视移民生产发展和增收致富工作，通过加强组织领导、完善工作机制，制定帮扶政策、细化帮扶措施，全面安排部署、精心组织实施，扎实推进生产发展和后期帮扶工作，并取得了初步成效。

2012 年 5 月 22 日，省委、省政府召开移民总结表彰暨后期帮扶工作动员大会，对后期帮扶工作进行安排部署。2012 年 7 月，省政府印发了《关于加强南水北调丹江口库区移民后期帮

扶工作的意见》(豫政〔2012〕63号),确定了移民后期帮扶的指导思想和基本原则,提出了完善提高新村建设成果、着力夯实农业生产基础、积极推进产业结构调整、全力抓好移民培训就业、大力推进社会事业发展等具体任务;制定了实行省直单位对口帮扶、加大移民产业发展投入、抓好移民优惠政策延续、加强移民技能培训和职业教育、完善后期扶持政策等政策帮扶措施。省移民安置指挥部在国家批复规划之外,按农业人口每人0.05亩的标准为移民村划拨养殖园区用地;印发了《关于我省南水北调丹江口库区移民生产开发工作指导意见》(豫移指〔2010〕33号),明确了移民村生产开发项目扶持的原则和重点。南阳市制定了《南阳市南水北调丹江口水库移民安置区社会经济发展规划》,印发了《关于支持南水北调水库移民安置区社会经济发展规划的若干意见》。其他市县也因地制宜,出台了移民后期帮扶政策。

为帮助移民发展生产,省政府移民办筹措生产发展奖补资金4.6亿元,倾斜后扶结余资金5.5亿元用于扶持移民村种植、养殖和加工业项目;国土部门把移民生产用地纳入整理范围,提高土地质量;水利部门把移民生产用地纳入水利设施配套规划,提高灌溉保证率;农业部门安排了产业结构调整基金,促进移民经济产业结构调整;人社部门加强对移民的生产技能培训,提高移民就业能力,转移安排了一批移民劳动力就业;畜牧部门指导移民发展养殖业,促进移民养殖产业发展。

各地也进一步加大了工作力度,全力抓好后期帮扶和移民生产发展工作:结合当地经济发展规划,因地制宜,分类指导,帮助移民村理清生产发展思路,编制移民生产发展项目规划;充分利用国家各种支农惠农政策,积极争取资金;坚持多种经营,通过"招商引资,筑巢引凤,扩大就业""集体建设,租赁经营,移民收益""打好基础,个人建设,自主经营""发展项目,成立协会,提供服务"等多种形式,探索移民生产发展项目经营的方式和方法;积极开展移民生产和就业技能培训,提高移民就业创业能力,采取引进来、送出去的办法,安排移民就业。

围绕生产发展和后期帮扶,各地各有关部门创新思路,涌现了一大批好的典型。省林业厅按照"任务不减、定向不变、联系不断"的总体要求,调整充实了包县工作力量,进一步明确了包县职责任务,及时安排下拨林业帮扶资金,并在分包的宛城区召开了全省林业系统移民后期帮扶工作动员会,对包县帮扶工作进行再安排、再动员。南阳市在移民后期帮扶上,起步早、力度大、办法多,编印了《涉农龙头企业与丹江口库区移民安置区发展致富协作项目材料汇编》,分解了移民安置区社会经济发展任务,采取"项目带动、政策推动、融资拉动、部门联动、劳务移动"等"五轮驱动",全力推进移民生产发展和增收致富工作。郑州市出台了《关于促进郑州市南水北调丹江口库区移民稳定发展的实施方案》,市财政按照每人每年1000元产业发展基金的标准,县(市)按照1∶1匹配,扶持5年;对22个移民新村,因村制宜,确立了"一村一品"产业发展思路,大力推进产业结构调整,着力打造一批养殖和种植基地。辉县市发挥区位产业优势,坚持政府引导、产业带动、自主创业,兴办了一批种植、养殖、加工业项目,取得了较好效果。平顶山市宝丰县、许昌市襄城县、漯河市临颍县等地也都积极开展后期帮扶活动,引导移民发展生产,取得了明显成效。

截至2017年年底,208个移民新村共建成和在建了温室大棚种植、养殖、林果种植、庭院餐饮、庭院加工等生产开发项目971个,项目总投资25.4亿元;举办移民生产技能培训班727期,培训移民7.5万余人次;转移安置移民劳动力1.82万人。

（九）后续问题处理

为保证移民搬迁后实现平稳过渡、生产生活不受影响，河南省在每批移民搬迁都及时开展了搬迁后续工作。后续工作主要包括户籍迁移、身份证办理、党团关系迁移、新农合接转、养老保险、农村低保衔接、军烈属关系迁移、五保户关系办理、移民房屋维修、用地手续办理、移民个人补偿费和集体补偿费结算、资金结算等。为保证后续工作及时到位，省移民安置指挥部办公室对后续工作定期进行督查。各安置地政府对后续工作也都非常重视，及时召开各相关部门后续工作办理动员大会，安排部署任务，层层落实责任，限定时间完成。

截至2015年年底，集中安置移民的户口、党团组织关系、新农合手续、农村低保手续、军烈属关系、五保户手续迁转已经完成；移民身份证已办理（16岁及16岁以上人员）108260人；移民个人补偿费结算38.57亿元、集体补偿费结算3.41亿元。

移民搬迁后，安置地各县（市、区）都根据河南省移民安置指挥部办公室的有关要求，成立了由专业人员组成的房屋维修队，针对移民房屋存在的个别质量问题，按照全面排查、逐户修缮、逐户销号的原则，责成施工单位维修，或扣除施工单位部分保证金，由乡镇政府组织相关施工人员进行维修或拨付资金由移民自行维修。

（十）水保环保

根据国家批复有关规划，河南省结合各安置地实际，积极实施移民新村污水和垃圾处理项目，认真做好移民新村的环保水保工作。

（1）工作任务。通过末端污水处理设施，使208个移民新村污水达标排放；切实解决移民新村垃圾的收集、清运和处理工作；做好农村移民安置点对外道路绿化及环村绿化工作。

（2）处理原则。在污水处理标准方面，对采用厌氧无动力技术（简称“无动力”）的污水处理设施，污水排放要达到《污水综合排放标准》（GB 8978—1996）规定的二级标准；对采用简易好氧生化设施（简称“微动力”）、好氧生化＋人工湿地（简称“人工湿地”）或好氧生化＋氧化塘（简称“氧化塘”）的污水处理设施，污水排放要达到《城镇污水处理厂污染物排放标准》（GB 18918—2002）规定的一级B标准。在污水处理设施方面，中小型村原则上按无动力污水处理设施设置；大型村原则上按微动力污水处理设施设置；特大型村原则上按氧化塘设置，也可按微动力污水处理设施设置，有条件的地方，还可按人工湿地建设。各地环保部门根据有关规定，结合本地实际，制定了具体的排放标准。在垃圾处理方面，原则上由当地政府按照批复投资负责处理。在水土保持方面，各有关县（市、区）根据省移民办下达的水保投资，以县为单位包干使用；充分利用植树的有利时机，做好农村居民点对外道路绿化及环村绿化工作。

（3）组织实施。为保证移民新村水保环保工作的顺利实施，河南省移民安置指挥部办公室根据移民安置工作进展情况，规定移民新村污水处理设施要在2011年8月31日前全面完成建设。主要采取了以下措施：一是动员部署。为突出移民新村污水处理、垃圾处理工作的重要性，进一步明确任务，落实责任，河南省移民安置指挥部办公室在平顶山市召开了现场观摩会，进行了动员部署。二是制定方案。各地根据现场观摩会的安排，结合本地实际，研究制定了适合本地的处理方案，报市移民安置指挥部办公室审批后，报省移民安置指挥部办公室备

案。三是组织实施。各安置地按照批准的移民新村污水处理实施方案，倒排工期，交叉作业，强力推进，移民新村污水处理项目在2011年8月31日前基本完成了建设。四是多方帮扶。河南省环保厅按照《河南省南水北调丹江口库区移民安置工作实施方案》有关要求，将所有移民新村纳入生态文明村建设，并按照有关规定落实奖补资金；各地也整合相关资金，支持移民新村污水及垃圾处理，特别是运行费使用完后，各地基本上把移民新村污水及垃圾处理费用纳入了地方财政解决，确保了设施正常运行。五是检查验收。各地水保环保项目完成后，河南省移民安置指挥部办公室及时组织有关人员对各地水保环保建设情况进行了检查验收，保证相关设施充分发挥效益和作用。

（4）实施成果。新建末端污水处理设施，其中无动力和微动力系统分别达到日处理污水量7561m^3、3895m^3，建设人工湿地40.67亩；垃圾池730处，安装垃圾箱3686个，建设双瓮厕所9248户。

（十一）分散安置

河南省南水北调丹江口库区试点、第一批、第二批移民安置中的分散安置工作与集中安置同步进行。分散安置仅涉及南阳市淅川县，共计2073户5334人，其中：分散后靠安置1294户2620人，投亲靠友244户922人，进镇建房165户693人，干部职工家属328户1099人。

（1）分散后靠。分散后靠安置首先由移民和所在村委向淅川县人民政府提出申请，经迁出村委、所在乡镇人民政府、淅川县移民局审核后，根据接收移民的村组意见和土地环境容量，纳入分散后靠安置范围。淅川县分散后靠安置共1294户2620人。分散后靠移民大部分房屋以自建为主，少部分由乡镇统建。房屋建设已完成，共建筑房屋10.59万m^2，人均住房面积40.42m^2，移民已于2012年9月搬迁入住；补偿补助资金按有关政策已兑付到移民户；户籍迁移及各项关系和手续接转全部完成。

（2）投亲靠友。投亲靠友自主寻找接收地点的移民244户922人，已全部按规定签订安置三方协议。移民房屋建设一般由安置地政府组织承建或由移民个人及亲属、朋友协助自建。据实地调查，整个移民户实际建房面积4.24万m^2，人均住房面积46.02m^2，生产用地划拨1264.2亩。投亲靠友移民的房屋建设、生产生活用地划拨、户口迁移、资金兑付等工作已全部完成。

（3）进集镇安置。根据移民意愿，要求进集镇安置的，由移民和所在村委向淅川县人民政府提出申请，由安置地集镇政府根据本集镇周围的土地环境容量确定是否接收移民。在生产安置容量充足（集镇周围安置村组人均耕地达到1亩以上）的情况下，可以接收移民进集镇安置。提供安置地的集镇村民小组、村民委员会分别出具接收和提供土地（包括耕地和宅基地标准、面积）证明，经迁出村村委、所在乡镇政府、淅川县移民局审核后，纳入进集镇安置范围。淅川县进集镇安置移民集中在马蹬镇，属镇内近迁安置，共安置165户693人，实际建房2.73万m^2，人均住房面积39.36m^2，划拨生产用地949.20亩。

（4）干部职工家属。淅川县内外的党政事业单位、国有和集体企业上班的正式干部职工直系家属，属于移民、且自愿在县内安置的，由本人提出申请，提供干部职工所在单位证明，经迁出村委、所在乡镇政府、县移民局审核后，由县政府统筹安置。淅川县共安置干部职工家属328户1099人；完成建房4.84万m^2，人均住房面积44m^2；生产用地划拨1430.60亩；已完成户口迁移、各种关系及手续衔接、补偿补助资金兑付等工作。

三、城（集）镇迁建

（一）淹没及规划概况

根据丹江口大坝加高工程坝前正常蓄水位170m方案，丹江口水库淹没影响河南省南阳市淅川县的3座集镇。

根据《南水北调中线一期工程河南省丹江口水库建设征地农村外非试点项目实施规划汇编报告》，河南省丹江口库区规划迁建集镇3个，占地总规模为40.91hm²，其中马蹬集镇13.02hm²、滔河集镇26.68hm²、老城集镇1.21hm²。搬迁安置进马蹬集镇建房的本镇苏庄、小草峪两村农村移民160户689人，进老城集镇居民17户。

（二）实施规划编制及审批

2013年4月，长江设计公司受河南省政府移民办委托，编制完成了《南水北调中线一期工程河南省丹江口水库建设征地农村外非试点项目实施规划汇编报告》，南阳市移民指挥部以宛移指字〔2013〕4号文对《农村外非试点实施规划汇编报告》进行了批复。根据规划，河南省丹江口库区迁建城（集）镇3个，包括马蹬集镇、滔河集镇、老城集镇。

1. 马蹬集镇

马蹬集镇为淅川县马蹬镇下辖的一个一般场镇，位于淅川县中部，紧邻丹江口水库，距马蹬集镇16km、距县城26km。镇内常住人口435人，单位18家。丹江口大坝加高后，马蹬场镇基本全淹，规划在现马蹬镇人民政府所在地的后侧进行复建，迁建后成为马蹬集镇的一部分。初设规划核定迁建人口规模为846人，占地面积6.48hm²。实施规划期间，根据淅川县反映，省政府移民办以豫移库〔2011〕98号文件、豫移库〔2011〕140号文件，对马蹬集镇建设规模进行了两次调整，最终确定马蹬集镇迁建人口规模为1124人，占地8.81hm²。与初设规划比较，占地增加2.33hm²。马蹬集镇政府在上述规模基础上开展了相关的规划设计工作，最终规划集镇建设占地规模为13.02hm²。根据淅移指办〔2011〕305号批复，马蹬集镇迁建区新址位于马蹬集镇政府北侧，跨S335省道两侧。迁建区主要安置进镇建房的本镇苏庄、小草峪两村农村移民160户689人和8家受淹单位。集镇总体布局分北部商业办公区与南部移民住宅区两大功能区。

2. 滔河集镇

丹江口水库蓄水后，滔河集镇建成区虽然没有被淹没，但集镇周边农村移民大部分出乡外迁，失去了发展空间和服务对象，因此初设规划对集镇内的33家行政单位实施搬迁，加上规划进镇复建的受淹单位——滔河乡信用社后，集镇占地面积为12.2hm²。初设阶段，滔河集镇未做专门迁建规划设计，其新址征地和镇内基础设施建设费用按完成了迁建规划的城镇综合指标推算，实施时由地方政府确定具体复建地点及迁建方案。2012年6月，滔河乡人民政府委托哈尔滨工业大学城市规划设计研究院编制了《南阳市淅川县滔河乡总体规划（2012—2030）》（简称《滔河乡总体规划》）。2012年7月，淅川县人民政府以淅政〔2012〕109号文对《滔河乡总体规划》进行了批复。2012年12月，受滔河乡人民政府委托，河南省城乡建筑设计院有限

公司编制了《淅川县滔河乡集镇控制性详细规划（2012—2030）》。

滔河集镇新址位于紧邻209国道及X011线的清泉营、姬家营、严湾、万家岭等4个村的交界区域，建设用地向北侧、西侧、南侧扩展，北侧新建工业园区，西侧重点发展新城，南侧整合新型社区。建设规模为：近期（2015年）规划人口0.75万人，人均建设用地指标按$102m^2$/人控制，建设用地规模在$76.5hm^2$以内；远期（2030年）规划人口1.7万人，人均建设用地指标按$115m^2$/人控制，建设用地规模$195hm^2$。根据《滔河乡镇政府关于集镇整体迁建实施方案的报告》（滔政〔2011〕45号）及滔河乡政府2012年9月初提供的实际进镇单位名单，滔河新集镇将建设22家单位。

3. 老城集镇

老城集镇属局部受淹，大坝加高后，水库淹没至集镇南端的皇冠地毯厂，淹没线下管网系统由于淹没中断。老城集镇旧城功能恢复即对中断的镇兴北路、新建路2条道路和有关线路予以恢复，其中镇兴北路红线宽度12m，全长1004m；新建路红线宽度20m，全长346m，以及部分电力、电信、广电工程线路等。复建单位1个，为老城镇小学，在镇内原明德小学旁复建，根据老城镇人民政府提供的征地补偿协议，复建占地13.92亩，复建房屋$2960m^2$。另有17户受淹居民（13户有户籍，4户为财产户）需要进镇安置。

（三）实施组织

河南省丹江口库区城（集）镇迁建实施主要包括马蹬、老城、滔河3个集镇迁建。

城（集）镇迁建以所在乡镇政府为实施责任主体。由乡镇政府首先编制迁建实施方案，报经县政府审核批准后，乡镇政府组织编制总体规划，总体规划经专家评审、行业主管部门审核，并逐级报县城乡规划委员会、县政府审定批准。在此基础上编制修建性详细规划，进行施工图设计，并由乡镇政府负责组织实施。

复建项目实行严格的规划管理。各类项目必须首先由建设单位上报实施方案，经批准后编制实施规划，实施规划经县政府统一审定批准后方可实施。迁入集镇的单位、企业以迁入地乡镇政府为管理主体，单位、企业或其主管部门为实施主体，分别对实施方案、施工设计进行把关。随集镇迁建的单位、企业和居民，必须严格执行集镇迁建总体规划和详细规划。按照“四定”（定区、定位、定界、定用地面积）进行迁建，严禁任何单位和个人乱占乱建。不准非移民项目“搭车”挤占集镇迁建用地指标，不准超规模、超标准建设；不准转卖或搞房地产开发。需迁建的单位、企业迁建前，由本单位、企业编制迁建实施方案，以文件形式报经迁入乡镇政府、主管部门、行业主管部门和县移民局审核同意，县政府批准后方可实施。

经批准的复建实施规划，必须严格执行，不得擅自调整；确需调整的，由建设单位向县移民局提出申请，按原程序报批。原规划进集镇单位或企业，原则上不得改变安置去向。确需改变安置去向，要求迁出镇外或一次性补偿的，应由该单位、企业提出申请，报经主管部门、行业管理部门、集镇所在地乡镇政府同意，经县移民局审核、县政府批准后，按镇外单位、企业规划处理。所需调整的征地费、基础设施费，从集镇征地和基础设施补偿费中核减后支付。原规划的镇外单位、企业，如要求调整规划方案，进集镇迁建，由该单位、企业提出申请，报经主管部门、行业管理部门、集镇所在地乡镇政府同意，经县移民局审核、县政府批准后，按镇内单位、企业规划处理。原补偿给该单位、企业的征地费、基础设施费，不再支付给该企业、单位，统一交由迁入地乡镇政府，统筹用于集镇征地和基础设施建设。

集镇迁建实施“五制”管理的原则，即项目法人责任制、招投标制、监理制、竣工验收制、预决算审计制。集镇迁建项目法人是乡镇政府。集镇用地由乡镇政府提出迁建选址申请，报经规划、国土部门批准，办理规划和征地手续。复建用地必须遵循节约用地的原则，按照上级批准的用地规模和标准划拨。在控制规模和标准以内的复建用地手续，由县国土局负责统一办理，超规模、超标准用地的，由乡镇自行办理用地手续。

对集镇迁建建设进度、质量、资金使用管理实行严格的监督检查，定期向上级移民主管部门报告复建项目实施情况。根据《河南省南水北调丹江口库区移民安置建设项目管理办法》的规定，工程建设招投标的监督管理工作，单项工程投资规模在200万元以下（不含200万元）的，由县级纪检监察机关、移民管理机构负责；200万～500万元（不含500万元）的，由市级纪检监察机关、移民管理机构负责；500万元以上的，由省移民管理机构负责。建设单位的财审、计划部门负责人参与移民建设项目招标、合同签订、竣工验收等决策的全过程，严格按照基本建设程序和合同、计划核拨资金。

（四）实施成果

马蹬集镇基础设施水、电、路、电信、广电已完成，8家镇内单位房屋建设已经完工，进镇建房农户165户693人已于2012年搬迁入住，进镇单位基本完成搬迁；滔河集镇进镇单位房屋建设基本完工，镇内2条主干道路路基工程已完成，道路铺设、供电、排水、供水水源工程，以及对外排水及末端污水处理均已完成；老城集镇已经全部完成建设，两条道路、有关线路及学校建设已完工，17户受淹居民全部安置在老城镇穆山新型农村社区，已于2013年1月搬迁入住。

四、单位及工业企业迁建

（一）淹没及规划概况

根据丹江口大坝加高工程坝前正常蓄水位170m方案，工业企业淹没影响涉及河南省南阳市淅川县178家单位、36家工业企业，淹没影响人口0.13万人，房屋面积13.7万m^2。

（1）试点规划。根据2008年国调办批复的《丹江口水库建设征地移民安置试点规划报告》（国调办环移〔2008〕152号），丹江口库区1家村属工业企业、9家村属单位纳入试点规划。

（2）第一批、第二批移民实施规划。根据2010年省移民指挥批复的《南水北调中线一期工程河南省丹江口水库建设征地第一批农村移民安置实施规划报告》和《南水北调中线一期工程河南省丹江口水库建设征地第二批农村移民安置实施规划报告》，丹江口库区29家单位、4家企业纳入第一批规划；26家单位、10家企业纳入第二批规划。

（3）农村外非试点项目实施规划。根据2013年南阳市移民指挥部批复的《南水北调中线一期工程河南省丹江口水库建设征地农村外非试点项目实施规划汇编报告》，丹江口库区114家单位、21个企业纳入农村外非试点项目。

（二）补偿协议签订

1. 单位

迁入集镇的单位，以迁入地乡镇政府为管理主体，单位或其主管部门为实施主体，分别对实施方案、施工设计进行把关。不需复建的单位，提出资金使用和职工安置方案，经单位或职工代表会议讨论通过，逐级审批后，按一次性补偿处理，将补偿费直接兑付给权属人，由其自行处理。需迁建的单位迁建前，应由本单位编制迁建实施方案，以文件形式报经迁入乡镇政府、主管部门、行业主管部门和县移民局审核同意，县政府批准后方可实施。国有、集体单位迁建方案报批前，应分别提交领导班子会议和职工代表会议讨论通过。上述会议记录经整理后，作为附件随迁建方案一并上报。

淅川县的178家单位，其中复建108家（村属单位53家、农村外单位55家），一次性补偿70家（村属单位11家、农村外59家）。试点村属单位9家，均按原规模、原标准给予一次性补偿。第一批、第二批移民村属单位共55家，其中学校47所，纳入集体财产分割范围，用于学校复建，6家单位异地迁建，2家单位一次性补偿。农村外非试点单位114家，其中一次性补偿59家；复建55家，其中迁往马蹬集镇8家，迁往滔河集镇22家，迁往老城集镇1家，镇外复建24家。

2. 企业

需迁建的企业，迁建前应由本企业编制迁建实施方案，以文件形式报经迁入乡镇政府、主管部门、行业主管部门和县移民局审核同意，县政府批准后方可实施。国有企业迁建方案报批前，应分别提交领导班子会议和职工代表会议讨论通过；股份制企业迁建方案报批前，应报经董事会讨论通过。上述会议记录经整理后，作为附件随迁建方案一并上报。迁入集镇的企业以迁入地乡镇政府为管理主体，企业或其主管部门为实施主体，分别对实施方案、施工设计进行把关。不需复建的企业，提出资金使用和职工安置方案，经单位班子会议和职工代表会议讨论通过，逐级审批后，按一次性补偿处理，将补偿费直接兑付给权属人，由其自行处理。

淅川县的36家企业，其中一次性补偿26家，复建10家。试点村属企业1家，按一次性补偿处理。第一批、第二批移民村属企业14家，其中11家一次性补偿，3家异地复建。农村外非试点企业21家，其中14家一次性补偿，7家复建。

（三）补偿兑付

1. 单位

178家单位，复建108家（村属单位53家，农村外单位55家），一次性补偿67家（村属单位11家，农村外56家）。在实施过程中，根据豫移库〔2014〕43号、宛移库〔2016〕6号文件，取消大石桥教会、滔河乡政府招待所2家单位农村外单位补偿资格；1家单位（恒大液化气公司）主动放弃补偿。

2. 企业

36家企业，复建10家（农村外7家，村属企业3家），一次性补偿26家均签订了一次性补偿协议，补偿资金已兑付。

五、专业项目迁复建

（一）淹没及规划概况

根据丹江口大坝加高工程坝前正常蓄水位170m方案，丹江口水库淹没河南省丹江口库区等级公路75.10km，机耕道340.88km，大中型桥梁10座733km，码头12处；淹没电力线路323.00km，电信线路553.80km，广播电视线路228.74km；水电站5座，装机容量900kW；装机容量1000kW以上的泵站2座，装机容量17300kW。

根据2008年国务院南水北调办批复的《丹江口水库建设征地移民安置试点规划报告》（国调办环移〔2008〕152号），河南省丹江口库区省道S335线、小三峡大桥等两个控制性项目纳入试点规划，先期实施。

因农村外项目实施与初步设计批复情况变化较大，根据2013年南阳市移民指挥部批复的《南水北调中线一期工程河南省丹江口水库建设征地农村外非试点项目实施规划汇编报告》，丹江口库区交通、电力、电信、广播电视、水利水电设施等项目恢复改建纳入非试点实施规划。规划复建等级公路124.766km（含桥梁）、复建码头10处；新建变电站3座、电力线路548.25km、10kV配电台区100个；建设中继线路724.69km、模块局及接入点98个、基站12个；复建广播电视线路443.97km、广播电视站1个；建设宋岗提灌站、灌河防洪大堤等水利设施，以及库周基础设施恢复等。

（二）实施组织

专业项目复建以行业主管部门为主。专业项目复建，首先由专业部门编制复建实施方案，报经淅川县政府审核批准后，由县移民局委托有资质的专业勘测设计单位，在初步规划设计的基础上进一步进行勘察规划评估论证，并征求相关乡镇和专业部门的意见，在此基础上编制实施规划，经专家评审，报县政府批准后，再依据实施规划，与相关专业部门签订委托复建协议，由相关专业部门负责组织实施。

对需复建的项目，由建设单位负责，县移民局把关，按照批准的建设实施方案，组织技术人员或委托有资质的专业技术单位进行工程项目施工设计。对单项合同设计费估算在50万元以上（含50万元）的，必须公开招投标确定设计单位；在50万元以下的，可采取邀请招标确定设计单位。个别特殊情况需委托设计的，必须由县政府同意并报请南阳市政府批准。对超规模、超标准的建设项目，建设单位必须落实超移民补偿投资来源，并出具超移民补偿投资自筹承诺书，经县政府批准后，方可进行工程项目施工设计。设计单位编制的预算必须经县审计局审核把关，并出具审计报告，方可办理报批手续。施工设计完成后，经县移民局审查、县政府同意，按照行业管理部门项目管理规定进行评审、报批。

复建项目实施“五制”管理，即项目法人责任制、招投标制、监理制、竣工验收制、预决算审计制。复建项目法人作为招标人，负责组织复建项目的招投标，按照《河南省丹江口库区移民安置建设项目管理办法》及国家有关规定，复建单项工程投资规模在200万元以上（含200万元）的，必须进行公开招标；在20万～200万元的，原则上也应公开招标。建设单位要委托有相应资格的招标代理机构代理招标，不得以任何方式为其指定代理机构。按行业、项目

大小不同，投标人必须具有不同行业、不同等级的施工资质证书、安全生产许可证、营业执照等有效证件，方可投标。投标人不得挂靠、借用资质进行投标，一经发现，立即停止其投标资格，已经中标的，取消其中标资格，并计入企业诚信档案，承担相应损失。在工程项目建设施工中禁止层层转包、分包。项目建设单位依法与确定的设计、监理、施工企业签订合同。签订的合同依法进行公证，并报县移民局备案。专业项目复建以县移民局为主，建设单位参与确定监理单位。按照国家规定单项工程监理费在50万元以上（含50万元）的，必须公开招标确定监理单位；监理费在50万元以下的，可采取其他方式确定监理单位。由移民局与监理单位签订监理合同，并从复建项目独立费用中支付相关监理费用，监理单位接受县移民局和复建工程主管部门双重管理。未经现场监理人员签字，建筑材料、构配件和设备不得在工程上安装、使用。单元工程建设项目完成后，项目监理单位或监理人员应当签署监理意见，否则，项目建设单位不得拨付建设资金，项目施工单位不得进行下一道工序施工。项目施工单位按有关规定编制施工组织设计、建设进度计划和资金使用计划，经项目总监理工程师审核批准后，报项目建设单位备案。工程开工后，项目建设单位、监理单位在施工过程中建立现场办公会制度，适时召集施工、监理、设计等单位参加的协调会，协调解决施工进度、质量、设计、资金使用等问题。项目建设任务完成后，项目施工单位按照合同规定，对项目建设进行自验。自验完成后，施工单位向建设单位提交竣工验收申请，按有关规定提供项目建设自验报告、完整的技术档案、施工管理资料和项目结算（审计）报告等资料。同时，监理单位向建设单位提交监理规划、监理大纲、监理月报、工程质量、进度、投资控制文件、监理总结等竣工验收所需资料。项目建设单位在收到项目竣工验收申请后，一个月内组织有关单位按规定对建设项目进行竣工验收。竣工验收由设计、监理、施工、建设单位及县移民局、项目建设所在地乡镇政府等共同参加。复建项目竣工验收合格后，施工单位、建设单位和管理单位要及时办理移交手续。未经验收或验收不合格的工程，一律不准投入使用，不得办理移交手续。

对建设进度、质量、资金使用管理实行严格的监督检查，定期向上级移民主管部门报告复建项目实施情况。根据《河南省南水北调丹江口库区移民安置建设项目管理办法》的规定，工程建设招投标的监督管理工作，单项工程投资规模在200万元以下（不含200万元）的，由县级纪检监察机关、移民管理机构负责；200万～500万元（不含500万元）的，由市级纪检监察机关、移民管理机构负责；500万元以上的，由省移民管理机构负责。建设单位的财审、计划部门负责人参与移民建设项目招标、合同签订、竣工验收等决策的全过程，严格按照基本建设程序和合同、计划核拨资金。各复建单位主动接受移民、财政、审计和监察部门的审计、监察和监督检查，并按要求及时提供有关资料。对违反有关规定，在工程质量、施工安全、资金管理、建设进度等方面造成重大失误的单位，依法给予行政处罚；对单位主要领导、主管领导和责任人，追究其行政、法律责任。

（三）实施成果

复建等级公路（含桥梁）131.63km，复建码头10座，复建35kV变电站3座，新建电力线路288条548km（含库周电力恢复），复建通信中继线路730.28km，新建模块局及接入点98个，新建移动基站12个，复建广播电视线路74条444.50km，复建完成宋岗电灌站，复建灌河防洪堤工程8.1km，引丹取水工程、5座小水电站、25条灌溉渠道36.718km给予一次性补偿并按协议兑付了资金；库周机耕道已复建221条159.27km，桥梁12座380.98延米，渡口38个，停靠点17个；低压线路已结合10kV及以上线路整合实施完成，村以下广电线路复建完成124处，建设水源恢复工程156处，打井136眼，改建14眼，修建扬水站6处。

六、库底清理

（一）库底清理任务

河南省是丹江口水库主要淹没区，移民人数多，共需搬迁安置16.54万人；淹没面积大，共淹没土地面积144km^2；库岸线长，总长1057km；清理任务重，涉及库区11个乡镇、184个村、3个集镇、177家单位、36家企业，以及大量的交通、电力、广电、通信、水利等专业项目。

根据《南水北调中线一期工程丹江口水库河南省库底清理实施规划报告》，河南省库底清理主要任务如下：

（1）卫生清理。需清理化粪池1处、沼气池1848处、粪池32756处、牲畜栏27668处、污水池1处、公共厕所309处、网箱26.96万m^2、普通坟墓18737座、医疗卫生机构116处、兽医站15处、屠宰场2处、牲畜交易所3处、病死牲畜掩埋场地2处，灭鼠面积136672亩。

（2）固体废物清理。需清理生活垃圾18096.68t，工业固体废物3处、共13803.17m^3，危险废物1处4.5m^3，被污染的土壤18处、共5960.18m^3。

（3）建（构）筑物清理。需清理各类房屋391.12万m^2、砖石围墙34.88万m^2、土围墙3.68万m^2、门楼7777个、烤烟房1.07万m^2、地窖32612个、水池4.29万m^3、大口井3766口、炉灶38982个、炉窑69处、烟囱11处、水塔1860.36m^3、储油罐159.68m^3、油槽46.00m^3、其他独立柱体67.60m^3、地下建筑物2处、牌坊3处、大中型桥梁22座、杆塔4.41万根（基）、堤坝64处、渡槽4处、泵闸3处。

（4）林木清理。需清理成片林地2.52万亩，零星树木（含绿化树、行道树）124.92万株。

（5）易漂浮物清理。需清理建（构）筑物清理后易漂浮的材料、树木枝丫和柴草、秸秆等。

（二）库底清理技术要求

（1）卫生清理。

1）一般污染源。化粪池、沼气池、粪池、公共厕所、牲畜栏、污水池残留污物，彻底清掏运至移民迁移线外指定地点消毒、填埋；化粪池、沼气池、粪池的坑穴用漂白粉按1kg/m^{3}撒布浇湿后，用农田土或建筑渣土填平压实；牲畜栏、公共厕所、污水池的地面用4%漂白粉上清液按2kg/m^2（即每平方米需要漂白粉0.08kg）喷洒，坑穴表面用漂白粉按1kg/m^{3}撒布浇湿后，用农田土或建筑渣土填平压实。

2）普通坟墓。根据库底清理技术要求，坟墓墓碑等障碍物全部推倒摊平；埋葬15年以内的坟墓，将尸体迁出后，墓穴及周围土用4%漂白粉上清液按2kg/m^{2}消毒，墓穴用农田土或建筑渣土回填压实；埋葬15年以上的坟墓，推倒摊平碾压压实。

3）网箱全部拆除运至移民迁移线以外。

4）传染性污染源。医疗卫生机构工作区、兽医站、屠宰场及牲畜交易所：粪便污物按

10：1加漂白粉进行消毒处理，混合2小时后运至移民迁移线外指定场所消毒、填埋；粪坑用漂白粉按$2kg/m^2$撒布浇湿后，用农田土或建筑渣土填平压实；地面及以上2m的墙壁用4%漂白粉上清液按$0.3kg/m^2$喷洒（即每平方米需要漂白粉0.012kg），消毒时间不少于30分钟。医院垃圾：全部集中焚烧，焚烧残留物集中填埋处理。病死牲畜掩埋地：尸骨挖出后就地焚烧。坑穴用10%漂白粉上清液按$2kg/m^2$消毒处理后（即每平方米需要漂白粉0.2kg），用农田土或建筑渣土填平压实。

5）生物类传染源。对居民区、集贸市场、仓库、屠宰场、码头、垃圾堆放场200m区域耕作区的鼠类采用药物灭杀。投饵量，居民区原则上室内面积小于$15m^2$时，投放毒饵2堆；室内面积大于$15m^2$时，投放毒饵3堆；耕作区每亩投放毒饵10堆。

（2）固体废物清理。包括生活垃圾清理、工业固体废物清理、危险废物清理、被污染的土壤清理四项。按照库底清理技术要求，将农村生活垃圾全部运至县城垃圾场填埋处置。危险废物统一运至南阳康卫（集团）有限公司专业处置。其他工业固体废物清理、被污染的土壤全部运至库外指定地点填埋处置。

（3）建（构）筑物清理。清理范围内的各类建筑物全部拆除，清理残留高度不得超过地面0.5m。建筑物内的易漂浮物运至库外。

（4）林木清理。包括成片林地清理、零星树木清理。林木全部砍伐并运至移民迁移线外，残留树桩高度不得超过地面0.3m。

（5）易漂浮物清理。易漂浮不得堆放在移民迁移线以下，全部运出库外，或就地焚烧，灰烬掩埋。

（三）实施规划编制与审批

根据《南水北调中线一期工程丹江口水利枢纽大坝加高工程初步设计阶段水库建设征地移民设计规划报告》，河南省丹江口水库库底清理任务涉及建构（筑）物清理、卫生清理和林木清理。

为全面完成库底清理任务，南水北调中线水源有限责任公司于2012年5月委托长江设计公司根据国家有关法律法规、技术标准，结合丹江口水库实际，编制了《南水北调中线一期工程丹江口水库库底清理技术要求》，国务院南水北调办于6月以国调办征移〔2012〕132号文进行了批复，要求河南、湖北两省以此为依据抓紧编制库底清理实施方案，抓紧开展库底清理工作。

2012年11月，长江设计公司进一步复核了库底清理工程量和清理方案，并结合河南省库底清理工作方案，编制完成《南水北调中线一期工程丹江口水库河南省库底清理实施规划报告》。2013年1月，河南省南水北调丹江口库区移民安置指挥部以豫移指〔2013〕1号文件对该报告进行了批复。

（四）实施组织

1. 组织机构

为切实做好库底清理工作，按照国务院南水北调办的总体部署，河南省成立了由省政府副省长任组长，省政府副秘书长、省移民安置指挥部副指挥长、省政府移民办主任任副组长，省环境保护厅、省住房和城乡建设厅、省林业厅、省卫生厅、南阳市人民政府等相关部门主管领导，以及设计、监督评估单位负责人为成员的丹江口水库库底清理工作领导小组。领导小组下设办公室，办公室设在省政府移民办，具体负责库底清理工作的监督检查、协调指导和验收工作。南阳市也成立了相应的机构，负责库底清理工作的组织实施、监督检查和自验工作。淅川县成立了淅川县南水北调丹江口库区库底清理工作领导小组，各移民乡镇和县直相关单位成立了相应的工作机构，一把手亲自负责，任务层层分解，责任层层落实。南阳市淅川县先后下发了《库底清理工作实施方案》《关于认真贯彻执行〈南水北调中线一期工程丹江口水库库底清理技术要求〉进一步做好库底清理工作的通知》，明确了县库底清理工作领导小组办公室、县移民局、卫生局、环保局、林业局、公安局、复建办等有关部门的工作职责；有关部门和单位做好本部门、本单位所属建（构）筑物、专项设施、固体废物、林木、易漂浮物清理；各库区乡镇是库底清理的实施主体和责任主体，负责做好建（构）筑物、卫生、固体废物、林木、易漂浮物清理量调查统计，组织实施清理，负责本乡镇库底清理档案资料收集管理。通过召开会议、出动宣传车、刷写标语、张贴公告、发送短信、编发通报简报等形式，大力宣传库底清理的重要意义、任务、范围、技术要求、政策规定，使移民干部认识到库底清理工作的重要性、艰巨性，也使移民群众和社会各界理解支持库底清理工作。

2. 质量控制

县库底清理工作领导小组办公室在设计单位指导下，开展库底清理实物量调查摸底工作；采取以会代训的办法，对乡镇和有关部门的清理专干进行专题培训；印发《库底清理技术要求》，库底清理人员人手一份。卫生、环保、林业、移民等部门按照各自分工分别提出了技术要求。南阳市淅川县各乡镇均抽调乡卫生、防疫、林业、移民干部组成专业清理队伍，具体实施清理，清理人员一律要求先培训后上岗。县卫生局抽调20多名业务技术骨干，巡回到各地现场监督指导库底清理，确保库底清理工作不走过场，不留死角。组织人员现场录制库底清理资料，制作专题片。各乡镇、各部门均成立了档案资料工作组，收集整理各种档案资料；按照库底清理规范，对本单位承担的清理任务、清理对象、数量、范围、时间、方法、过程和效果认真做好记录，制作留存照片、录像资料；对建筑物清理和卫生清理合同、卫生清理药品等材料购货凭证、拨款票据以及各类文件资料、表册及时进行收集、整理、立卷、归档，并指定专人负责管理，为做好验收工作奠定基础。

3. 监督管理

根据河南省移民安置指挥部办公室批准的库底清理实施方案，南阳市淅川县制定了《淅川县南水北调丹江口库区库底清理督查工作方案》，抽调30多人成立10个驻乡镇工作督导组、3个巡回督导组。通过指挥部领导不定时督查、巡回督查组巡回督查、驻乡镇工作组跟踪督查，形成强有力的督查网络，并采取一天一小评通报、五天一奖惩总结的办法，有力地推进了工作。淅川县先后拿出100万元，采取以奖代补的形式，实施排序奖惩。通过督查、评比、排序、奖惩，有力地推进了工作开展，确保了库底清理质量。

在库底清理过程中，省南水北调丹江口水库库底清理工作领导小组办公室采取一月一督查的办法，对南阳市淅川县库底清理工作进行监督检查，根据督查情况和存在问题，印发督查通报；组织设计、监督评估单位有关人员定期不定期深入淅川县协调指导库底清理工作。库底清理工作完成后，南阳市、淅川县及时组织了自验工作，省南水北调丹江口水库库底清理工作领导小组办公室按照国务院南水北调办的要求，组织有关部门和专家按时完成了省级初验。

(五)实施成果

根据《河南省南水北调丹江口水库移民安置蓄水前初验报告》及实施情况,河南省库底清理主要完成了以下工作:

(1)卫生清理。清理化粪池1处、沼气池1848处、粪池32756处、牲畜栏27668处、污水池1处、公共厕所309处、网箱27.98万m^2、普通坟墓18765座、医疗卫生机构116处、兽医站15处、屠宰场2处、牲畜交易所3处、病死牲畜掩埋场地2处,灭鼠136672亩。

(2)固体废物清理。清理生活垃圾15742t,工业固体废物2处共9676.83m^3,危险废物2处(其中皇冠地毯集团有限公司废酸、废碱2.7t;航运公司制漆厂污泥88.43m^3),被污染的土壤16处、1630m^3。

(3)建(构)筑物清理。清理各类房屋381.18万m^2(含新建房屋及错漏登房屋)、砖石围墙34.15万m^2、土围墙3.65万m^2、门楼7580个、烤烟房0.99万m^2、地窖32598个、水池4.20万m^3、大口井3603口、炉灶38675个、炉窑69处、烟囱11处、水塔1860.35m^3、储油罐159.68m^3、油槽46m^3、其他独立柱体67.62m^3、地下建筑物2处、牌坊3处、大中型桥梁18座、杆塔4.41万根(基)、线路4416km、堤坝64处、渡槽4处、泵闸3处。

(4)林木清理。清理成片林地5.6万亩,零星树木(含绿化树、行道树)30.6万株。与实施规划比较,清理的成片林地面积增加了3.08万亩,主要为移民搬迁后村台及周边空地新生的灌木林。

(5)易漂浮物清理。清理淹没线下建(构)筑物易漂浮的材料、树木及其枝桠和柴草、秸秆等易漂浮物29800处。

七、监督评估

为了加强对全省南水北调丹江口库区移民安置管理,规范移民安置监督评估工作,根据《大中型水利水电工程建设征地补偿和移民安置条例》(国务院令第471号)、《南水北调工程建设征地补偿和移民安置监理暂行办法》(国调办环移〔2005〕58号)、《南水北调工程建设移民安置监测评估暂行办法》(国调办环移〔2005〕58号)、《大中型水利工程移民安置监督评估管理暂行规定》(水移〔2010〕492号)及有关法律法规、技术标准,结合南水北调丹江口库区移民安置工作实际,河南省对移民搬迁进度、移民安置质量、移民资金的拨付和使用情况以及移民生活水平的恢复情况进行监督评估。移民安置监督评估,包括移民监理和移民监测评估,省移民安置指挥部办公室负责对全省南水北调丹江口库区移民安置监督评估工作监督管理。

(一)移民监理

1. 标段及单位

河南省丹江口库区移民监理工作共划分为四个标段,由三家单位分别承担。江河水利水电咨询中心承担试点移民监理标和第一批、第二批移民监理3标两个标段。试点移民监理工作范围为:河南省丹江口水库移民安置试点,涉及安置地6个省辖市11个县(市)1.1万人。监理3标工作范围为:全省6个市25个县(市、区)15.1万人;1标、2标、3标移民监理技术归口,以及淅川县内约2万人农村移民安置、3个城(集)镇迁建、36家工业企业改建、专业项目恢复改建、库底清理和文物保护等监理工作。黄河设计公司承担第一批、第二批移民安置监督评估1标，监督评估工作范围为除淅川县以外南阳市邓州、唐河、社旗、新野、宛城、卧龙6个县（市、区）农村移民7.4万人的安置监理工作。河南黄河移民经济开发公司承担第一批、第二批移民安置监督评估2标，监督评估工作范围为郑州、平顶山、新乡、许昌、漯河5个省辖市18个县（市、区）农村移民5.7万人的安置监理工作。

2. 工作内容

（1）进度控制方面。根据发包人的总体计划和年度工作计划，督促实施方采取切实措施，实现进度目标要求。当实施进度发生较大偏差时，及时向发包人提出调整控制性进度计划意见，经发包人批准后，完成进度计划的调整；根据批准的移民安置实施规划，对各类移民安置项目的实施进度进行监控。重点控制农村移民新村基础设施、公益设施及房屋的建设进度，以及移民生产用地划拨分户和其他生产措施的实施进度；城（集）镇迁建、专业项目的建设进度，库底清理进度等；及时向发包人反映移民安置计划的执行情况。

（2）质量控制方面。协助发包人审查实施方提交的移民安置实施方案和质量保证体系，并监督实施；按照移民安置的综合质量目标控制实施质量；检查移民安置有关工程质量的监理和监督工作；对移民安置项目实施情况进行监督检查，不符合要求的要及时责令整改。对移民安置工作中存在突出问题和发生重大事件时及时报告，在进行必要的调查后，提交专题报告；参与移民安置有关专项验收、阶段性验收和竣工验收，并提交各相应阶段的监理报告。投资控制方面。监督移民补偿资金的拨付、使用；分项检查项目资金使用情况；定点抽查移民个人补偿费的兑现情况；协助发包人复核移民预备费的使用；协助发包人督促移民资金按计划及时到位，检查移民资金的使用情况，监督实施方按审定的规模、标准和投资实施；参与移民安置规划设计成果审核以及漏项、设计方案变更等审查，提出监理意见。

（3）移民协调工作。受发包人委托及时向市、县（市、区）移民实施机构，通报移民实施情况及存在的问题，及时、公正、合理地做好各有关方面的协调工作；参加有关解决移民安置实施问题的例会，如移民安置进度计划拟定、规划设计方案审查、工程招标、工程检查及验收等活动；协助地方政府移民管理机构对移民工作人员进行业务培训。

（4）信息管理。对移民安置以及专业项目和移民安置工程建设信息进行收集、整理，定期编制移民监理报告，及时上报重大问题；在发包人要求的时间内向发包人提交移民监理规划、监理实施细则和合同条款中规定的旬报、月报、年报等文件资料。

（5）合同管理。协助发包人组织各项移民工程合同的签订，并在合同实施过程中管理合同，包括合同管理、会议管理、支付、合同变更、违约、索赔及风险分担、合同争议协调等。

（6）技术归口。由监理3标负责1标、2标、3标移民安置监督评估技术归口，协调、制定统一内容和格式的监督评估规划、监督评估报告、专题报告；汇总1标、2标、3标的有关监督评估技术资料，编制监督评估总报告、专题总报告和验收总报告等，发包人提出的其他报告，以及其他技术协调工作。

（7）竣工验收。参与县级自验、省级初验，并协助委托人按国家有关规定进行移民安置竣工验收。

3. 组织实施

（1）工作方法主要有：①现场巡查。坚持到移民安置点现场进行巡视，对移民安置工作质

量、进度和批复的规划执行情况，提出监督评估意见。②督查。根据省移民管理机构关于移民进度及节点安排，明确各阶段的工作重点，重点进行督察。在督查中发现问题，提出整改意见和建议，重大问题及时向省移民管理机构报告。在移民安置实施过程中还参加省移民管理机构组织的进度、质量督察和检查。③座谈。通过查看现场，与乡镇管理人员、监理、施工人员、移民群众座谈等方式，调查各项移民安置工作进展、质量情况和存在问题，及时掌握现场进度第一手资料。对存在的问题提出处理意见及建议。④协调。参加省、市、县移民管理机构组织的工作会议，以及有关问题处理协调会，按监督评估工作要求提出意见和建议，为省移民管理机构决策提供依据。⑤统计分析。要求实施方定期报送进度报表，结合实施进度计划及巡查结果等资料进行对比分析，查找影响进度的主要因素，督促实施方采取切实措施，实现进度目标；在工作场所张贴进度横道图和移民搬迁进度统计表，根据统计结果实时更新，形象直观地表现移民进度。⑥信息报送。定期向委托方报送周报、旬报、月报，设立进度管理章节，及时向省移民管理机构反映移民安置各项工作的进展情况，对比实施进度与进度计划，分析进度滞后原因，为委托方提供决策参考和依据。

（2）进度监督评估。依据河南省移民办制定的移民安置、农村外项目实施工作意见，督促实施方采取切实措施，实现进度目标要求，通过现场巡查掌握项目进展情况，每周、每旬、每月对房屋建设、移民搬迁、后续工作进展、专业项目进度等进行检查、统计和汇总，并与进度计划进行对照比较，及时找出影响进度的原因，对项目进度提出调整建议。全面收集实施进度原始资料，调查进度方面存在问题，对移民安置实施进度进行监控；及时与实施方和委托方就实施进度、存在问题进行沟通，对实施进度是否满足进度计划做出合理的判断，提出进度计划调整意见。对检查中发现的问题，及时通过专题报告、周报、旬报、月报向省移民办反映通报；对应由实施方直接处理的问题，要求限期处理；对须请省移民管理机构解决或干预的问题，及时上报，提请处理。

（3）质量监督评估。农村移民安置质量监督评估的任务，是依据批准的建设征地及移民安置规划，对移民生产安置和生活安置质量实行全面的质量控制，使其达到规划的安置标准。农村外项目建设质量监督评估，根据项目的不同确定质量控制重点，一次性补偿项目，控制重点为补偿协议的签订和补偿资金的兑付；对复建项目，根据不同的建设阶段确定质量控制重点，在施工图设计、工程招投标阶段，重点关注招投标程序；在建设阶段，重点对重要、隐蔽工程施工过程、原材料、质量缺陷进行现场检查；在验收阶段，重点关注质量缺陷处理结果、历次验收遗留问题处理情况、未完工程施工计划及措施、档案资料制备、质量等级评定等。

（4）资金监督评估。资金监督评估方面，监督评估单位在熟悉移民投资构成、实施规划概算、移民资金拨付程序和使用有关规定的基础上，主要参与资金结算情况调查、专项资金拨付审查、变更项目复核等工作。

4. 综合评价

（1）进度评价。河南省南水北调丹江口库区移民安置，试点移民 12 个外迁集中安置点，于 2009 年 8 月全部搬迁完毕；第一批移民 63 个外迁、近迁集中安置点，于 2010 年 9 月完成搬迁；第二批移民 87 个外迁、近迁集中安置点，于 2011 年 8 月完成搬迁，实现了“四年任务，两年完成”的移民安置总体目标。随后，第二批移民 4 个外迁社区，于 2011 年 10 月完成搬迁，淅川县内第一批、第二批共计 42 个后靠集中安置点于 2012 年 2 月完成搬迁；分散安置移民于

2012年3月完成安置；进集镇安置农村移民于2012年9月完成搬迁；至此全省208个集中安置点及分散、进集镇移民搬迁安置工作全部完成。在农村移民实施过程中，虽然时间紧、任务重，但经实施方周密的计划，得力的组织和得当的措施，采取统一建房，分批搬迁的方式，新村建设、移民搬迁、生产安置、移民培训工作顺利完成，全面完成了总体进度计划目标，为水库蓄水创造了条件。农村外项目和库底清理实施进度，满足水库蓄水和移民项目验收要求。

（2）质量评价。

1）农村移民安置。河南省南水北调丹江口库区移民安置实施质量满足规划确定的生产安置标准和搬迁安置标准，人均耕地、住房面积均较搬迁前有所提高，基础设施、公共设施配套齐全，生产条件和居住环境得到较大改善。移民搬迁后，为实现“稳得住、能发展、快致富”的目标，河南省及时调整工作重心，除积极开展后续工作，切实解决移民搬迁后的生产生活困难，出台后期帮扶政策、措施，帮助移民发展生产增收致富外，通过加强和创新移民村社会管理，构建移民村“两委”主导、“三会”协调、社会组织广泛参与的新型社会管理机制，为移民今后稳定发展、致富开创了新型的管理模式。

2）农村外项目。城（集）镇原有功能得到恢复，进集镇移民得到妥善安置，迁建城（集）镇布局合理，基础设施完善，交通便利，生活方便；受淹单位和工业企业按规划标准进行了补偿或复建；专业项目复建遵循“三原原则”，同时充分考虑库区实际情况及地方和行业发展规划，满足当地群众生活需要，有利于库区经济持续发展，专业项目功能已恢复，工程质量总体受控。

3）库底清理。库底清理经过分阶段清理和最后集中限期清理，完成了清理范围内的卫生清理、林木清理、固体废弃物清理、建（构）筑物清理及易漂浮物清理，清理范围和清理质量满足实施规划和库底清理技术要求。

4）资金使用。河南省各级移民管理机构资金管理制度健全，资金拨付流程规范；省、市移民办投资计划下达及时；从抽查的安置点来看，移民个人补偿补助费、集体补偿费公示到位，程序规范；从复核实施方提出的移民门楼院墙、沼气池建设补助资金申请，及预备费使用申请来看，申请手续完备，符合相关规定。

（二）移民监测评估

移民监测评估主要通过对从移民安置实施开始到生活水平恢复期间移民生产生活水平的跟踪调查，并与移民搬迁前基本情况和移民规划目标对比分析，从而对移民安置效果及规划目标是否实现进行评估。2008年10月及2010年6月，河南省移民办与南水北调中线水源有限责任公司分别对南水北调中线一期工程河南省丹江口库区移民安置试点和库区第一、第二批移民安置监测评估进行了公开招标，江河水利水电咨询中心中标承担河南省丹江口库区移民监测评估工作。

1. 监测评估开展情况

（1）监测评估对象与范围。监测评估的对象为南水北调中线一期工程丹江口库区移民安置的试点移民及第一批、第二批大规模移民。监测评估范围涉及河南省丹江口库区淅川县大石桥、老城、金河、盛湾、滔河、马蹬、上集、香花等10个主要淹没乡镇。移民搬迁后，监测评估范围随之扩展到移民安置区，涉及郑州、新乡、许昌、平顶山、漯河、南阳6个省辖市的27

个县（市、区）和邓州市的155个出县集中安置点，以及53个淅川县内安置点。

（2）监测评估内容。结合河南省丹江口水库移民搬迁安置的实际情况，监测评估的主要内容包括：移民管理机构运转情况，移民资金使用和管理情况，农村移民生活安置和生产安置情况，农村外项目实施情况，库底清理情况，农村移民收入水平恢复情况，移民后期帮扶情况，移民权益保障情况，移民满意度，移民社会适应性调整情况等。

（3）监测评估方法。监测评估每个周期工作分为前期准备、外业调查和报告编写三个阶段。主要通过文献分析法、参与观察法、访谈法、专题调查会、问卷调查、抽样调查6种方法，对移民安置实施活动进行数据信息的收集，在此基础上对移民活动进行周期性的监测和客观评估，以发现已存在或潜在的问题，提出解决问题的意见和建议，并反馈给河南省移民办与南水北调中线水源有限责任公司，以推动移民安置工作的不断改进和完善。

（4）监测评估进程和成果。江河水利水电咨询中心组建项目监测评估项目组，配备满足移民安置监测评估需要的人员，并将项目组组织形式、人员构成及总监测评估师的任命书送达南水北调中线水源有限责任公司和省、市、县（市、区）移民管理机构；按照有关要求编制了监测评估工作大纲与工作计划，以此指导监测评估工作的开展。2009年5月至2012年12月，监测评估项目组对河南省丹江口库区试点移民共计进行了8次实地调查，2010年8月至2016年7月，对第一批和第二批移民安置点进行了12次实地调查。

截至2016年年底，共编制了20期阶段性监测评估报告、1期试点移民监测评估总报告、1期库区移民监测评估总报告、1期蓄水验收监测评估工作报告、1期总体验收监测评估工作报告。

2. 监测评估结论

（1）领导重视、组织得力。河南省各级政府高度重视丹江口库区移民安置工作，各级各部门建立了高效的工作机制，财政、国土、教育、交通、水利、电力等多部门积极发挥职能作用，精心组织、周密安排、稳步推进，保证了各项移民安置政策的具体落实，保障了移民安置工作的顺利开展。

（2）移民管理机构工作成效明显。各级移民管理机构成立后，进行了大量艰苦有效的工作。在移民安置实施的过程中，制订详细的工作计划和工作重点，并围绕这些重点展开工作。针对群众工作量大、面广、具体的特点，坚持从实际出发，创造性地开展工作，赢得了群众的信任和支持。由于工作做得细，使得各批次移民安置工作圆满完成，顺利实现了“四年任务，两年完成”的目标，满足了南水北调中线一期工程的建设要求。

（3）移民资金管理符合程序。河南省各级移民管理机构都能按计划拨付资金；各市、县（市、区）在移民安置费用的使用方面，都能按程序、及时足额兑现。各级移民管理机构均制定了有效的财务管理办法，并进行了培训，实施后移民安置财务管理得到了加强，管理干部素质得到了提高。

（4）政策宣传有效，信息公开。各县（市、区）移民管理机构工作人员深入移民群众，做好解疑释惑，让移民户确切了解实物指标、补偿标准、安置方式、移民应享受的权利和优惠政策等。这些宣传工作有力地推动了移民安置工作的顺利开展。

（5）移民安置效果。从监测评估情况看，河南省南水北调丹江口库区移民生产安置坚持以土为本、大农业安置为主的原则，在移民生产安置过程中，严格按照规划的标准调整划拨生产用地，积极开始水利设施配套，改善农业生产条件。加强移民生产技能培训，拓宽移民就业门路，帮助指导移民发展生产，促进移民增收致富，移民生产安置成效显著。

按照河南省南水北调丹江口库区移民安置规划标准，移民新村供水、排水、供电、村内外道路、广播电视网络、绿化以及环卫等基础设施建设均进行了统一规划。完善的基础设施、良好的生活环境，不仅满足了移民生产生活需要、提高了移民生活质量，也为逐步实现农村基础设施城镇化、生活服务社区化、生活方式市民化的新的城乡一体化居住模式和服务管理模式创造了基本条件。

河南省南水北调丹江口库区移民人均年收入增幅明显。从监测评估样本户调查情况看，2009年移民人均纯收入为4064元，2015年增长到9317元，搬迁完成后，移民人均可支配收入实现翻番；90%以上移民村有集体收入，高的达到200多万元。根据河南省国民经济与社会发展统计年报，2015年全省农村居民人均可支配收入10853元，较2014年增长8.9%。与全省农村居民相比，移民年人均可支配收入已基本接近全省农村居民平均水平，移民家庭、移民村的经济发展已纳入良性、快速发展的轨道。移民搬迁后也逐步融入当地生活，移民后续帮扶工作取得了较明显的成效。

八、移民验收

2011年3月，国务院南水北调办印发了《南水北调丹江口水库大坝加高工程建设征地补偿和移民安置验收管理办法（试行）》（国调办征地〔2011〕30号），对验收工作进行安排部署。根据规定，库区移民验收分为大坝加高蓄水前验收和总体验收两个阶段，均分为自验、初验和终验。河南省蓄水前验收工作于2012年8月启动，2013年6月完成了省级初验，2013年8月通过了国务院南水北调办组织的终验；河南省总体验收工作于2015年9月启动，2017年8月完成了省级初验，截至2017年年底国务院南水北调办尚未开展国家终验。

（一）蓄水前验收

1. 自验

根据国务院南水北调办的安排部署，河南省把2012年定为丹江口库区移民安置验收年，围绕移民安置验收，进一步加大工作力度，加快农村外项目实施和移民后续收尾工作，以验收促进各项工作完成。同时，河南省政府移民办组织有关单位，制定了《河南省南水北调丹江口库区移民安置验收工作大纲》，报国务院南水北调办批准执行，并制定了《河南省南水北调丹江口库区移民安置验收工作实施细则》，以规范和指导移民安置验收工作。2012年8月22日，河南省召开全省移民工作会议，安排部署县级自验，及时组织各地开展县级自验工作，各地按照全省县级自验工作安排，认真制订计划，逐级安排部署，加强验收培训，健全验收组织，加快安置扫尾，逐项处理问题，全力推进移民安置县级自验工作。至2012年年底，丹江口库区农村移民安置县级自验工作全面完成。农村外项目及库底清理县级自验于2013年6月初完成。

2. 初验

为切实做好省级初验工作，河南省移民安置指挥部成立了河南省南水北调丹江口库区移民蓄水前初验委员会，由省政府、移民安置指挥部、中线水源公司、移民安置设计与监督评估单位的领导和专家组成，负责省级初验工作组织领导、协调指导，出台了《河南省南水北调丹江口水库蓄水前验收实施方案》《河南省南水北调丹江口库区移民蓄水前库底清理和农村外项目

省级初验技术验收工作实施方案》等。为做好省级初验技术验收工作，成立了各专业技术验收组，由省移民安置指挥部办公室、省直有关单位、有关设计、监督评估单位的领导和专家组成，具体负责库底清理、农村移民搬迁安置、农村外项目技术验收工作。2013 年 5—6 月，省移民安置指挥部办公室组织相关省直单位、省辖市及有关专家，分别对农村移民安置、农村外项目及库底清理进行了省级初验技术验收，并完成了河南省南水北调丹江口库区移民蓄水前阶段验收省级初验工作报告。

2013 年 6 月 28 日，河南省南水北调丹江口库区移民蓄水前阶段验收省级初验委员会在省政府召开会议，听取丹江口库区移民省级初验工作情况汇报，审议省级初验工作报告。在听取全省丹江口库区移民蓄水前阶段验收省级初验工作情况后，验收委员会各位委员对省级初验工作报告进行了审议并举手表决通过。根据初验报告，河南省丹江口水库库底清理基本完成，清理质量符合相关规范和技术要求，个别遗留问题淅川县承诺在国家终验前整改到位；农村移民搬迁安置按规划完成，移民房屋建成，基础设施配套，公益设施完善，生产用地划拨到位并分配到户，生产发展初具规模，移民收入水平得到恢复或提高；城（集）镇迁建、单位及工业企业淹没处理、专业项目复建等项目按规划基本完成，功能基本得到恢复，个别未完工项目淅川县承诺尽快完成，不影响水库蓄水。

3. 终验

2013 年 7 月 16—18 日，国务院南水北调办在河南省淅川县组织开展了南水北调丹江口水库大坝加高工程建设征地补偿和移民安置蓄水前移民搬迁安置终验技术性初步验收。验收组由国务院南水北调办、南水北调工程设计管理中心、特邀专家、省政府移民办和南水北调中线水源有限责任公司及规划设计、监督评估等单位共 50 余人组成。技术性初步验收专家组分农村移民搬迁安置，城（集）镇、单位、工业企业迁建，专业项目复建 3 个专业组开展了现场检查验收工作。有关专家及代表现场查看了农村移民搬迁安置、城（集）镇迁建、工业企业迁建和专业项目复建实施情况，查阅了有关技术资料及档案。在进行充分讨论的基础上，验收专家组召开全体会议，形成了《南水北调丹江口水库大坝加高工程建设征地补偿和移民安置蓄水前河南省移民搬迁安置终验技术性初步验收报告》。2013 年 8 月 7—10 日，国务院南水北调办在河南库区开展丹江口水库库底清理技术性初步验收，形成《南水北调丹江口水库大坝加高工程建设征地补偿和移民安置蓄水前——河南省库底清理终验技术性初步验收报告》。根据报告，南水北调中线一期工程丹江口水库大坝加高工程建设征地补偿和移民安置蓄水前河南省移民搬迁安置和库底清理终验技术性初步验收评定为合格，能够满足丹江口水库大坝加高蓄水要求。

2013 年 8 月 21—22 日，国务院南水北调办在湖北省丹江口市组织召开了南水北调丹江口库区移民安置蓄水前终验行政验收会议。会议听取了南水北调中线水源有限责任公司、河南、湖北两省工作报告和南水北调工程设计管理中心关于丹江口水库蓄水前移民安置技术性验收的情况汇报，现场查看了湖北省丹江口市移民安置和库底清理工作情况，讨论通过了《南水北调丹江口水库大坝加高工程建设征地补偿和移民安置蓄水前搬迁安置终验报告》。根据终验报告，河南省丹江口水库移民安置综合评定为合格，能够满足丹江口水库大坝加高蓄水要求。

（二）总体验收

1. 自验

2015 年 9 月，河南省对南水北调丹江口库区移民安置总体验收工作进行了安排部署，制定了《河南省南水北调丹江口库区移民安置总体验收工作大纲》《河南省南水北调丹江口库区移民安置总体验收工作实施细则》《河南省南水北调丹江口库区移民安置档案验收实施办法》等。2015年12月，河南省在许昌市举办南水北调丹江口库区移民安置总体验收培训班，对有关市、县（市、区）的领导和业务人员进行了培训。各地以总体验收为契机，加快移民安置扫尾，加大实施问题处理力度，加快计划调整、结算和核销，促进账面资金使用，积极排查化解矛盾纠纷等。为督促各地加快自验工作进度，河南省移民办实施了验收进展情况半月报制度，并委托第三方中介机构赴各地开展技术指导，及时解决存在的问题。至2016年9月底，丹江口库区移民安置自验工作全部完成。

2. *初验*

为做好省级初验工作，省移民安置指挥部于2016年11月印发了《河南省南水北调丹江口库区移民安置总体验收初验工作方案》（豫移指〔2016〕1号），成立了河南省南水北调丹江口库区移民安置总体验收初验委员会。初验委员会设主任委员一名，由省政府有关领导担任；设副主任委员两名，由省移民办和南水北调中线水源公司领导担任；成员由省直有关单位、有关省辖市及省直管县政府、移民安置设计与监督评估单位的领导和专家担任。验收委员会下设技术验收组，由省移民安置指挥部办公室、南水北调中线水源公司、省直有关部门、移民安置设计与监督评估单位的代表和专家等50余人组成。2016年11月2日至12月1日，技术验收组对全省有关市、县（市、区）农村移民安置、农村外项目实施、资金管理、档案管理和文物保护进行了初验技术验收，并编制了河南省南水北调丹江口库区移民总体验收省级初验工作报告。

在技术验收发现的问题整改完成后，2017年8月15日，省移民安置指挥部在郑州召开河南省南水北调丹江口库区移民安置总体验收省级初验委员会会议，省级初验委员会成员赴郑州市新郑市新蛮子营村、观沟村现场察看了移民安置实施情况，听取各有关单位汇报，审议省级初验工作报告。经全体委员举手表决，河南省南水北调丹江口库区移民安置通过省级初验。根据初验报告，河南省南水北调丹江口库区移民安置工作已按批准的规划完成。移民均已得到安置，生产用地已经调整到位，补偿补助资金已足额兑付到移民手中，各项迁转手续办理完毕；农村外复建项目已经完成，一次性补偿项目手续齐全；文物保护有关后续工作基本完成；资金管理和档案管理总体较好。

2018年2月，省移民安置指挥部以《关于申请开展河南省南水北调丹江口库区移民安置总体验收终验的函》（豫移指〔2018〕1号），将《河南省南水北调丹江口库区移民安置总体验收省级初验工作报告》报国务院南水北调办，申请国家终验。

九、河南省主要做法及经验

（一）主要做法

南水北调中线工程建设，成在水质，重在工程，难在移民。移民安置工作的成效，事关中线工程建设成败，事关库区群众切身利益，事关社会大局稳定。在移民人数多、安置任务重、搬迁时间紧、质量要求高的情况下，河南省委、省政府高瞻远瞩，审时度势，果断决策，提出了丹江口库区移民“四年任务、两年完成”的迁安目标。河南省各级党委、政府及各有关部门积极响应省委、省政府的号召，把移民迁安工作作为特别紧迫、非常重要的政治任务，动员社

会力量，强化政府行为，圆满完成了丹江口库区移民迁安任务，创造了水库移民史上的伟大奇迹。

1. 建立了高效权威的移民指挥工作体系

河南省委、省政府始终将移民迁安工作作为一项重要的政治任务和中心工作，作为向全省人民承诺的十件大事之一提上重要日程。为确保“四年任务、两年完成”目标如期实现，省委、省政府明确了移民迁安工作实行党委统一领导，政府分级负责，县、乡政府为主体，项目法人参与的管理体制，将移民迁安工作纳入市县乡各级政府目标管理，移民任务不能按期完成或出现重大失误的，实行一票否决。省委、省政府专门成立了省移民安置指挥部，省委副书记任政委、分管副省长任指挥长，省人大、省政协领导任副政委，省委、省政府重要部门领导为副指挥长，省直有关部门及有关省辖市领导为成员。指挥部下设办公室，内设综合组、督察组、建设组、协调组、宣传组、稳定组，从省直有关部门抽调30多名得力人员，脱离原工作岗位，实行集中办公。各有关市、县也都成立了高规格的指挥部或领导小组，大多由地方各级党委书记任政委、行政首长任指挥长，党政一把手亲自挂帅，分管领导现场指挥，实行准战时体制，并把移民工作作为培养、锻炼年轻干部的重要平台。全省上下形成了目标一致、高效运转的指挥体系，从而为移民迁安提供了坚实的政治基础和组织保障。

2. 建立了责任明确的移民分包工作体系

为充分发挥各级各部门的职能作用，加大移民迁安工作实施力度，确保移民迁安任务的圆满完成，从2009年7月开始，河南省实行了库区移民迁安包县工作责任制，省直25个厅局，均由一名副厅级实职领导干部带队，由5～7人组成工作组，分别驻扎在有移民迁安任务的25个县（市、区），驻村蹲点，一包到底，明确了分包工作组在移民迁安工作中督促检查、协调迁安、政策帮扶的职责，提出了“队员当代表，单位做后盾，领导负总责”的工作方针。各市、县实行了市包县、县包乡、县乡干部包村包户的逐级分包制度。25个省直包县工作组认真履行职责，为丹江口库区移民迁安工作的顺利完成做出了重要贡献。在移民安置对接过程中，加强迁安双方的沟通协调，扎实做好移民群众的思想教育工作，圆满完成了对接任务；在新村建设过程中，帮助地方出谋划策，协调解决有关问题，加强建设质量监管，结合部门职能对移民新村建设进行大力帮扶，促进了速度、保证了质量、提高了标准；在移民搬迁过程中，加强协调沟通，积极参与配合，全程跟踪服务，圆满实现了平安搬迁、文明搬迁、和谐搬迁和“不伤、不亡、不漏、不掉一人”的目标；在移民后续工作中，千方百计在技术、项目、资金等方面对移民进行支持和帮助。

3. 建立了政策集成的移民帮扶工作体系

在移民迁安工作中，河南省一方面认真贯彻落实国家有关移民迁安政策；另一方面又坚持大力帮扶，将各项支农惠农资金和新农村建设资金向丹江口库区移民倾斜，放大移民安置政策效应，努力将移民新村建设成为社会主义新农村建设的示范村。省委、省政府印发了《河南省南水北调丹江口库区移民安置工作实施方案》，明确了省直有关部门和有关市县的帮扶职责和具体任务。省直36个厅局按照省委、省政府实施方案的要求，在项目、资金、政策、技术等方面积极开展移民帮扶工作，直接帮扶移民资金20.92亿元，向移民安置区倾斜支持达50亿元。各地按照省委、省政府的统一安排，积极出台优惠政策，整合支农惠农资金，倾力支持移民。例如：郑州市按照市区土地每亩奖补1.5万元、县区土地每亩奖补7000元的标准，拿出

9.8亿元用于解决移民征迁征地差价，按照每村300万元的标准对22个移民新村进行补贴和配套；平顶山市对建设二层房屋的移民户每户奖励8000元；南阳市从市财政拿出3亿元用于奖补移民新村建设和生产发展。

4. 建立了快速高效的移民新村建设工作体系

移民新村建设是移民迁安工作的关键环节，事关移民群众切身利益，事关社会和谐稳定。鉴于全省丹江口库区移民16.5万人中，有14.6万人为出县外迁安置移民（占88.5%），如果这些移民都到几百千米外的新村建房，首先他们人生地不熟，进料用工困难，建设管理成本高，质保维权难度大，且绝大部分移民不懂建筑，难以监管；其次，移民个人建房效率低，进度参差不齐，难以保障“四年任务、两年完成”目标的实现。针对这一难题，河南省积极探索适合新时期外迁移民的建房管理模式：①移民村建立了具有广泛代表性的移民迁安组织。代表全体移民管理移民村迁安事项，在新村布局、房屋造价、施工招标、房屋建设等方面全程参与；②实行“双委托”建房模式，创建了移民自主建房的新形式；③提高施工企业准入门槛，要求施工企业具有总承包三级及以上资质，确保房屋质量安全，维护移民合法利益；④严格质量安全监管，强化建设主管部门的监管责任，同时，通过招标择优确定监理单位，实行24小时旁站监理。坚持严把招标投标关、市场准入关、材料进场关、监测检验关、竣工验收关“五道关口”、实行政府监督、中介监理、企业自控、移民参与“四位一体”的质量监督体系，建立了互督互查、关键节点检查评比、逐级验收的“三项机制”，使移民新村建设质量始终处于受控状态，确保把移民新村建成移民群众放心满意的精品工程。

5. 建立了平安和谐的移民搬迁工作体系

（1）建立健全移民搬迁组织。河南省成立了移民搬迁指挥中心，设移民搬迁总协调和副总协调，下设综合协调组、交通运输组、安全保卫组、医疗卫生组、库区协调组、宣传报道组、信访稳定组、督促检查组8个组，具体负责移民搬迁组织协调指挥。各有关市县也都比照成立移民搬迁组织机构，特别是淅川县，作为河南省丹江口库区移民的唯一迁出地，组织移民迁出任务非常艰巨，成立了县委书记任政委、县长任指挥长的高规格移民搬迁指挥中心，24小时值班，全力保障了移民集中搬迁的圆满完成。

（2）制定了周密详细的移民搬迁方案。每批移民搬迁前，均提前组织制定切实可行的移民搬迁方案，明确目标任务，落实各方责任，制定具体计划，提出明确要求。

（3）召开高规格的会议动员部署。每批移民搬迁前，均组织召开移民搬迁动员会，宣布搬迁方案，落实各级各部门责任，进行战前动员部署。

（4）做好移民搬迁前的验收。每个移民新村建设完成、具备搬迁条件后，根据各地移民搬迁申请，省移民安置指挥部办公室现场组织验收，既要检查新村建设是否按规划设计完成，还有那些需要整改的问题，又要落实搬迁方案是否切实可行，还要检查搬迁后续工作是否安排部署，经验收通过后方可搬迁。

（5）精心组织移民搬迁。为了营造良好的氛围，动员社会各界全力支持移民搬迁，每批移民均举行了搬迁启动仪式和完成仪式。在搬迁期间，省移民安置指挥部办公室24小时昼夜值班，统一指挥搬迁，及时协调解决有关问题；省交通运输厅开辟绿色通道，保证运输车辆快速、免费通行，还在高速公路服务区为移民群众免费分发食品；省公安厅组织做好移民搬迁社会治安和交通秩序维护，确保移民平安顺利搬迁；省卫生厅组织各地派出救护车辆和医疗卫生队全程跟踪保障；

气象部门及时发布搬迁期间天气预报；各市县领导亲自带队组织移民搬迁，并跟随车队一路护送。

（6）扎实开展搬迁后续工作。移民搬迁后，及时组织对移民进行后续帮扶。各地按照省移民安置指挥部的要求，在移民搬迁的当天都发放了一周左右的生活必需品，保证了移民的基本生活；落实县乡干部“一对一”结对帮扶移民户活动，及时了解和解决移民生活中的困难和问题；制作了包含帮扶人员姓名、职务、联系电话、帮扶承诺等内容的“爱心帮扶卡”，发放到每个移民手中，随叫随到；及时安排超市开业，方便移民生活；及时安排卫生室开诊，组织乡镇卫生院提供医疗服务；及时兑付移民过渡期生活补助，保障移民基本生活需要；及时开展有关手续结转，方便移民群众的生产生活；组织开展移民生产用地划拨、土地整理和分配到户工作；及时开展移民劳动力培训和转移就业，积极谋划和实施生产开发项目，帮助移民群众增收致富；组织科技文化卫生下乡，活跃移民文化生活，向移民送医、送科技，帮助移民实现平稳过渡，尽快适应新的环境，开始新的生活。

6. 建立了氛围浓厚的移民宣传工作体系

为了加强对移民宣传工作的组织领导，为迁安工作营造良好的氛围，省移民安置指挥部办公室专门设立了宣传组，由省委宣传部有关负责同志任组长，省广电厅、省电视台等相关部门（媒体）人员为成员。各市县也都成立了相应的宣传组织机构，为营造移民迁安工作氛围提供组织保障。各级各部门通过电视、报纸、广播、网络、标语、宣传车、宣传材料等形式，广泛宣传南水北调工程建设的伟大意义，宣传移民安置有关政策、规划和标准，宣传移民群众的贡献，宣传移民干部的奉献精神，为移民迁安工作营造浓厚的氛围。一方面利用各种手段加大了宣传教育力度，使广大移民群众真正了解工程建设的伟大意义，了解有关移民补偿政策和安置规划，激励广大移民群众舍小家、顾大家，服从国家的整体安排，积极主动地响应号召，充分发挥主观能动性，自力更生、艰苦创业、重建家园。另一方面，又注意发挥迁安双方各级党员干部的先锋模范作用，动之以情、晓之以理地做好群众的思想工作。迁入地党政干部亲自带队到库区宣讲安置区的区位优势、发展优势和优惠政策，并带着亲情、带着慰问品逐村逐户看望移民群众。广大移民干部进村包户，苦口婆心、不厌其烦地帮助群众解疑释惑。

7. 建立了奖惩分明的移民监督工作体系

为了加强对移民迁安督查工作的组织领导，省移民安置指挥部办公室专门设立了督查组，由省委组织部有关负责同志任组长，省纪委、审计厅等相关部门人员为成员。各市县也都成立了相应的移民督查机构，为移民迁安督查工作提供了组织保障。为规范移民监督管理，省移民安置指挥部印发了《河南省南水北调丹江口库区移民安置工作督查办法》，从督查内容、督查方式和程序、督查情况处理和责任追究、督查人员、被督查单位权利和义务等方面给予明确规定。印发了《河南省南水北调丹江口库区移民搬迁安置奖惩办法》，明确了奖惩对象、阶段划分、资格条件、奖惩方式等。在实际工作中，以省直移民迁安包县工作组为主体，每月一次互督互查，一月一通报，一月一评比；并在“三通一平”及房屋基础建设、房屋主体建设、新村基础设施建设、移民搬迁、后续工作等重要时间节点，省移民安置指挥部办公室组织检查评比和通报。从试点、第一批移民到第二批移民，每一重要阶段都要召开转段动员会或现场会，对前一阶段进行总结表彰，对下步工作进行安排。同时，对重大问题或久拖不决的问题，向党委、政府一把手发督办函，让一把手督办催办。通过全方位、高密次的督查，解决了问题，促进了工作，取得了实效。

8. 建立了诉求畅通的移民信访工作体系

为了加强对移民信访稳定工作的组织领导，省移民安置指挥部办公室专门设立了稳定组，由省信访局有关负责同志任组长，省信访局、公安厅等相关部门人员为成员，并在省移民安置指挥部办公室稳定组增设信访工作室，统筹信访稳定工作。各市县也都成立了相应的移民信访稳定机构，全力做好移民信访稳定工作，确保社会大局稳定。

（1）将移民信访纳入省大信访管理。按照“属地管理、分级负责”和“谁主管、谁负责”的原则开展信访稳定工作。实行定责任单位、定责任领导、定责任人、定办理要求、定办结时限的“五定责任制”，构建移民矛盾纠纷排查化解新格局。

（2）建立信访信息报送和重大信访事项报告制度。各市移民管理机构每月月底前向省移民安置指挥部办公室信访工作室报送受理群众来信来访情况；本辖区发生的重大信访事项，需于24小时内报省移民安置指挥部办公室信访工作室，不得迟报、漏报、瞒报。

（3）建立领导接访和包案处理重大信访问题制度。对重大问题明确由领导接访和包案处理。对中央和省立案交办的信访案件以及移民管理机构发生的重大信访问题，按照业务分工实行领导包案制，包案领导对所包案件亲自阅读案卷材料，亲自组织调查处理，亲自审签查处报告，亲自督察处理结果，并上报落实情况。

（4）建立矛盾纠纷排查化解台账和信访督察督办制度。各有关部门建立矛盾纠纷排查化解台账，认真登记信访问题及处理情况。建立信访工作督查督办制度，采取电话督办、发函督办与实地督办相结合的办法，采取经常督查与定期督查相结合的方法，及时督察督办征地移民部门的信访问题。

（5）建立信访矛盾纠纷排查化解长效机制。省政府移民办成立南水北调工程征地移民信访矛盾纠纷排查化解工作领导小组，采取经常排查与定期排查相结合、重点抽查与普遍排查相结合的方法，每月进行一次重点排查，每季度进行一次普遍排查。各市移民管理机构定期排查，每月上报排查情况，确保问题早发现、早解决。

（二）基本经验

河南省南水北调丹江口库区移民迁安工作较好地发挥了党的核心领导优势、现行体制机制优势、中央和地方政策集成优势、党善于做群众思想政治工作的优势，举全省之力，汇各方力量，把移民迁安工作由部门行为转变为政府行为，又把政府行为转变为全社会行动，实现了“两个转变”。创新体制机制、创新方式方法，探索出了一套行之有效的移民迁安管理模式，积累了新时期移民迁安工作经验。

1. 执政为民、民生为本是做好移民迁安工作的基本理念

在移民迁安过程中，各级党委、政府始终把移民迁安工作作为一项重要的政治任务，把移民迁安工作摆上重要日程，全力向前推进。各级都成立了规格很高、运转高效、指挥有力的移民迁安指挥部，为移民迁安工作提供了坚强的政治保障。各级领导深入基层、亲临一线、亲自指挥，查看实情，了解民意，以民生为本，解决了许许多多移民迁安工作难题。实行了省直厅局包县，各市县包乡、包村、包户的逐级分包制度，驻村蹲点解决实际民生问题，促进了移民迁安工作的顺利开展。

2. 统一指挥、分工协作是做好移民迁安工作的主要抓手

在省移民安置指挥部的统一指挥下，各级政府和部门分工协作，齐抓共管，为移民迁安工

作提供了坚强的组织保障。在新村建设过程中，建设、交通、电力、水利、通信、教育、卫生、农业、林业、体育、环保等部门，结合职责，积极参与，加强指导，全程服务，加快了建设进度，保证了建设质量。在移民搬迁过程中，卫生部门组织医疗救护车队和医护人员，携带急救药品和器械，为移民群众提供医疗卫生服务；公安、交警人员坚守岗位，日夜保障移民生命财产安全，保障交通通畅；电力部门组建移民搬迁服务队，投入应急发电设备，确保移民搬迁用电安全；交通运输部门为移民开辟“绿色通道”，免除移民搬迁路桥通行费，为移民免费分送食品。

3. 政策倾斜、大力帮扶是做好移民迁安工作的有力措施

在丹江口库区移民迁安过程中，全省各级各部门一方面认真贯彻落实国家移民迁安政策，不折不扣、用足用活，力争产生最大效益；另一方面，坚持大力帮扶，将各项支农惠农资金和新农村建设资金向丹江口库区移民倾斜。省直36个厅局在项目、资金、政策、技术等方面积极开展移民帮扶工作。各有关市县也都结合实际，积极支持移民迁安工作，为安置好库区移民制定了许多优惠政策。各项政策、资金的有效集成，减轻了移民经济负担，提升了移民新村建设标准，展示了社会主义制度组织有力、集中力量办大事的优越性。

4. 机制创新、破解难题是做好移民迁安工作的有效手段

丹江口库区移民迁安人数多、时间紧、任务重、要求高，要在短时间内完成16.5万移民迁安，面临着许多困难和问题。在移民迁安过程中，河南省积极学习借鉴其他水库移民的经验和教训，结合丹江口库区移民迁安实际，探索工作方法，创新工作机制，破解移民迁安难题，取得了良好的迁安效果。制定管理办法，完善政策体系，确保了移民迁安工作有序进行；层层签订目标责任书，明确了迁安两地职责，增强了责任感和使命感；及时开展移民迁安转段动员、重点工作检查验收，充分调动了各级各部门的工作积极性；贯彻“六个统一”（统一征地、统一规划、统一标准、统一建设、统一搬迁、统一发展）严把“五道关口”（招标投标关、市场准入关、材料进场关、监测检验关、竣工验收关），落实“四位一体”（政府监督、中介监理、企业自控、移民参与），坚持“三项机制”（互督互查、关键节点检查评比、逐级验收），确保了移民新村建设质量；坚持一月一督察、不定期暗访、重点问题发督办函等措施，促进了移民迁安难题的及时解决。科学的方法，有效的机制，不仅保障了丹江口库区移民迁安工作的顺利实现，而且丰富发展了水库移民工作的理论和实践，为今后移民工作提供了有益借鉴。

5. 以人为本、亲情操作是做好移民迁安工作的坚强支撑

在政策宣传上，全省各级各部门分包到户、到组、到人，耐心细致宣传相关政策和法律法规，让移民了解各项移民政策和迁安规划，从而真正接受上级决策、支持工程建设。在资金兑付上，严格执行移民政策，对涉及移民切身利益的移民身份认定、实物指标登记、补偿资金兑付等情况进行公示，切实维护移民合法权益。在安置对接上，组织移民代表实地考察，充分尊重移民群众的意见，进一步对安置方案进行优化整合。在新村建设上，突出移民群众的主体地位，问计于移民，问需于移民，充分尊重移民群众的意愿，让移民群众全程参与监管。在搬迁过程中，提前制定搬迁实施方案，全面落实组织领导、交通运输等保障措施，主动做好各项服务，让移民搬得安心、搬得舒心。在移民搬迁后，迅速为移民办理户口、证照等有关手续，认真解决移民生产生活中的困难和问题，帮助移民尽快恢复生产生活。通过为移民排忧解难、解决问题，使移民迁安工作得到了移民的充分理解和大力支持。

6. 宣传发动、营造氛围是做好移民迁安工作的关键环节

在丹江口库区移民迁安过程中，河南省充分利用各种形式，加大宣传教育力度，做好移民群众的思想工作，使广大移民群众真正理解工程建设的伟大意义，了解有关移民安置补偿政策，进而积极主动地响应号召、实施搬迁。迁入地党政干部亲自带队到库区宣讲安置区的区位优势、发展优势和优惠政策，并带着亲情、带着慰问品逐村逐户看望移民群众。迁出地创新思想教育工作方法，坚持贯彻“六到户”（移民政策宣讲到户、干部走访到户、议题公示到户、问题解决到户、矛盾调解到户、群众评议到户）工作法，深入开展“八对比”（比土地、比区位、比补偿、比规划、比补助、比发展环境、比发展前景、比过去的移民政策）宣传教育活动，拉近迁出地和迁入地距离，动之以情、晓之以理，激发移民群众“早搬迁、早稳定、早发展”的愿望。正是各级干部把移民当亲人，以真心换真情，通过“润物细无声”的思想工作，化解了移民群众故土难离的心结和搬迁安置中的矛盾与纠纷，推动了移民工作顺利开展。

7. 一心为民、无私奉献是做好移民迁安工作的根本保证

各级移民干部，牢记使命，不负重托，承担着巨大压力，忍受着辛酸和委屈，做了大量艰苦细致的工作。面对艰巨的任务、艰辛的工作、沉重的压力，全省各级移民干部无怨无悔、毫不退缩，把移民迁安作为一种事业的选择、人生的追求、价值的体现和神圣的使命来对待，全心投入，默默奉献。正是这支务实重干、克难攻坚、善打硬仗的干部队伍，推进了移民迁安工作又好又快地顺利开展。通过南水北调丹江口库区移民这项伟大工程的实践，已经在广大干部中孕育和产生了一种伟大的精神，这就是对党和国家的忠诚，对民族的责任，对移民的深深热爱，可以概括为“顾全大局、克难攻坚、团结拼搏、无私奉献”的移民精神，这种精神不仅是做好移民迁安工作的力量源泉，也是做好各项工作的宝贵财富。

8. 畅通渠道、维护权益是做好移民迁安工作的重要保障

移民迁安涉及移民群众世世代代居住地的改变，涉及千家万户的切身利益，移民利益诉求多、矛盾纠纷多、信访上访多、不稳定因素多，维护移民权益，保持库区和移民安置区社会大局稳定十分重要。在移民迁安过程中，各地始终把搞好移民安置、维护好移民群众的利益作为工作的出发点和落脚点，积极采取措施，做好移民信访稳定工作；建立健全机制，落实维稳责任；畅通信访渠道，做好来信来访处理；坚持下访制度，了解民情民意；认真排查化解矛盾，及时解决有关问题；制定优惠政策，使资金向移民倾斜。通过各种措施，解决了一大批移民群众反映的热点难点问题，最大程度地保护了移民群众的切身利益，迁安期间没有发生大的集访案件，移民群众搬迁后总体和谐稳定。

丹江口库区移民迁安工作的成功，充分体现了河南省各级各有关部门较强的社会执行能力、舆论引导能力和资源整合能力，充分发挥了各级党组织的凝聚力、战斗力，充分展示了河南人民纯朴善良、吃苦耐劳、爱国爱家的优秀品质。实践证明，无论面对多大困难，面对多大压力，只要我们紧紧依靠党的领导，充分凝聚各方资源，汇聚各方力量，团结一致，务实重干，就一定能够取得重大胜利。

十、移民权益保护及申诉

在移民搬迁安置过程中，河南省坚持把保护移民合法权益、维护移民切身利益放在重要位置，充分尊重移民的知情权、参与权和监督权，畅通移民信访、申诉渠道，确保移民利益不受

损害。始终把维护移民的合法权益作为移民迁安工作的出发点和落脚点，坚持以人为本、阳光操作，充分征求移民群众的意见和建议，切实保障移民的知情权、参与权和监督权。

（一）移民权益保护

1. 知情权

河南省在南水北调丹江口库区移民搬迁安置过程中，始终坚持“移民未动，宣传先行”，通过各种形式的宣传报道，形成强大舆论攻势，营造浓厚社会氛围，使移民群众充分认识国家重点工程建设的重大意义，提高了移民群众支持国家重点工程建设的自觉性。在移民安置过程中，各级各部门从实物指标调查、迁安对接、新村建设、搬迁安置、资金兑付、后续帮扶、生产发展等方面，都充分征求移民群众的意见，广泛宣传国家移民安置政策和安置地实际情况，确保了各阶段移民群众的知情权。①在人口和实物指标调查登记时，告知移民户主，并签字确认，并将登记结果以村组为单位公告公示；②在移民对接过程中，组织移民代表到安置地参观考察，让移民充分了解安置地的各方面条件，保证公平、公正、合理对接；③在搬迁前印发移民政策宣传手册，通过各种媒体广泛宣传南水北调工程建设意义、移民方针政策，将移民安置政策原则、安置标准、补偿项目、补偿标准及有关迁转手续办理程序、时间、部门告知群众；④在移民资金兑付前，每家每户发放“实物卡”和“资金明白卡”，让移民知道自己房屋、财产、附属物等实物数量、补偿标准、补偿金额等，使移民对自家补偿补助情况心中有数、一目了然；⑤在移民搬迁后，将生产开发的帮扶和奖励政策告知群众，鼓励支持移民自主创业，以创业带动就业。

2. 参与权

移民群众是移民工作的主体，移民群众的积极参与是搞好移民工作基础和保证。河南省移民安置各项工作，在每一时间阶段，都有移民群众参与，在安置方案确定、新村工程建设、搬迁日期安排、土地分配、后期帮扶、村集体事务等方面都在充分征求移民意见的基础上补充完善，充分保证了移民的参与权。在实物指标调查方面，采用逐家入户调查，调查表填写完毕，必须经由移民户主签字确认方可生效。在安置方案方面，移民代表分批次赴安置地实地考察，达成一致意见，迁安双方签署书面承诺文字后方为完成。在新村建设方面，建房户数、房屋类型、各项工程建设等都在移民的全程参与下完成。在搬迁实施中，搬迁日期、搬迁车辆、搬迁批次等都在移民参与下确定实施。在生产安置方面，移民生产用地位置、分配到户等由移民村群众集体确定，土地整体交付移民村，由移民村自主确定分配方案。在后期帮扶方面，帮扶资金的使用、帮扶项目的确定等广泛邀请移民群众座谈，听取移民代表意见。

3. 监督权

河南省移民安置工作，自始至终都在移民群众的监督之下，让移民群众充分享有监督权，充分发挥移民代表对工程建设的全程监督作用。移民监督权的发挥主要包括三个方面：一是在新村建设过程中，移民迁安委员会对新村建设质量的监督。在移民新村建设过程中，移民村分期分批派移民代表驻工地监督工程质量，从新村建设开始到竣工，派移民代表常驻工地，对工程质量进行监督。在监督过程中，凡移民代表提出的问题，都认真对待，限时解决。凡结束一道工序，必须由移民代表签字同意，才能开始下一道工序。二是移民群众对村级迁安事务的监督。主要包括移民人口、宅基地分配、生产用地分户等，采取召开群众大会公布或张榜公示的形式，全面接受群众监督。三是对村级财务的监督。移民搬迁前后，针对移民关心的村级迁安经费的使用、集体财产及土地出租收入等财务情况，各有关乡镇政府都指导村委会，及时张榜公布，对群众提出异议的支出，要求村委会作出说明，发现问题认真纠正。

（二）移民申诉

接受和处理移民申诉，是了解移民搬迁和安置实际情况，吸取经验教训，为移民排忧解难，发现解决管理工作中的问题，保护移民权益的一个重要途径。在做好移民广泛参与和监督工作的同时，河南省十分重视移民申诉问题的处理。移民申诉渠道主要有如下两条：

（1）移民系统。移民反映的问题可从村委逐级到南水北调移民主管部门，可表示为：移民→村委会（或驻村工作队）→县移民指挥部办公室（或移民办）→市移民指挥部办公室（或市移民办）→省移民指挥部办公室（或省移民办）→国务院南水北调办。

（2）政府系统。可表示为：移民→乡镇政府→县政府（或县信访局）→市信访局→省信访局→国家信访局。

畅通的申诉渠道为解决移民申诉问题提供了方便。河南省丹江口库区移民反映的问题，大部分是关于财产和人口错登漏登、生产安置条件差、房屋建设质量问题和村级干部违法违纪等。针对移民反映的问题，按照不同性质分别由责任单位或与迁出地沟通协调予以及时调查，落实处理。

十一、移民安置效果评价

河南省南水北调丹江口库区移民迁安工作，坚持以科学发展观为指导，坚持以人为本，高起点规划，高标准建设，平安和谐搬迁，及时开展后续帮扶，加强创新社会管理，移民迁安取得了比较满意的效果。移民搬迁后，新村环境优美，居住条件改观，基本生活保障，生产发展较快，收入逐步提高，发展前景广阔，移民群众满意，社会各界赞誉，基本达到了“生产发展、生活宽裕、乡风文明、村容整洁、管理民主”的社会主义新农村标准，实现了移民安置规划的目标。

（一）移民生活安置效果

河南省在移民新村建设过程中，通过有效整合移民资金、支农惠农资金、新农村建设资金，移民新村建设标准大大提高。建成后的移民新村，房屋美观漂亮，街道宽敞整洁，基础设施完善，公共设施齐全，村容干净整洁，移民和谐稳定，具备新型农村社区的雏形，为逐步实现农村基础设施城镇化、生活服务社区化、生活方式市民化的新的城乡一体化居住模式和服务管理模式创造了基本条件。

1. 移民房屋

搬迁前，移民村是多年来自然形成的村落，缺乏统一规划，居住环境杂乱。移民房屋分布零散，人均房屋面积 20.9m²，大部分移民房屋为土木结构，房屋通风、采光条件较差。搬迁后，移民新村经统一规划，住房整齐有序，移民人均住房面积增加到 34.25m²。移民房屋质量显著提高，新建移民房屋均为砖混结构，其中 57%的移民房屋为砖混二层楼房，房屋通风、采光条件良好，每户还建有外观漂亮、整齐划一的门楼院墙。

2. 基础设施

按照河南省南水北调丹江口库区移民安置规划标准，移民新村供水、排水、供电、村内外道路、广播电视网络、绿化以及环卫等基础设施建设均进行了统一规划。完善的基础设施、良好的生活环境，不仅满足了移民生产生活需要、提高了移民生活质量，也为搬迁后移民拓展致富道路奠定了基础。

（1）供水。搬迁前，库区移民生活饮用水主要靠管道从山上引山泉水、自打浅水井或建小水窖，人畜饮用水和安全很难保证。搬迁后，通过采取纳入集镇自来水管网或在安置点打井、修建无塔供水设备集中供水方式，建设了标准的自来水供水系统，入户率达到100%；按照人均生活用水100L/d供水，且水质符合《生活饮用水卫生标准》（GB 5749—2006）的有关规定，满足了生活用水需要，移民的用水情况得到了极大改善。

（2）供电。搬迁前，库区移民村供电设施较差，用电功率较小，只能用于照明，家用电器的拥有率和使用率都较低。搬迁后，移民新村用电进行了统一规划，建设了电力台区，架设了输电线路，户户通上了电，供电稳定。移民添置了冰箱、洗衣机、空调、电磁炉等家用电器，移民家庭用电标准大大提高，生活条件得到很大改善。

（3）道路。搬迁前，库区大多数移民居住在山地或丘陵地带，交通十分不便。乡村道路绝大部分是土石路面，部分村庄甚至要通过坐船才能到县城。村内大多为泥土路，群众出行时，经常“晴天一身土、雨天两腿泥”。搬迁后，各移民新村按照“三边”（靠近主要道路边、城集镇边和产业集聚区边）规划原则，基本上选择在交通发达的平原或距离集镇很近的地方，并且统一规划了对外连接路。移民村通往县城的道路均为柏油公路，移民出行可以很方便地坐上公交车，交通十分便利。移民村村内道路全部进行硬化、亮化和绿化，不仅道路质量比搬迁前好，而且道路宽度增加，满足了移民的生产、生活需要。

（4）广电、通信网络建设。搬迁前，移民村固定电话拥有量和有线电视覆盖率较低，设施设备落后。搬迁后，在当地政府及电信部门的支持帮扶下，各移民新村均架设了通信电缆，通信信号、通信质量有了很大的提高。部分移民新村实现通信村内组网，互打免费。移民新村安装了电视信号接收器，实现户户通有线电视。荥阳市东魏营、西魏营等村还配备了数字高清设备。全面覆盖的通信、有线网络在服务移民文化休闲生活的同时，也为移民提供了更多获取信息的渠道。

（5）卫生环境。搬迁前，移民生活垃圾随意堆放，生活废水任意排放，人们的环境卫生意识比较薄弱。搬迁后，移民铺设了污水排放管网，实行雨污分流，专门建有污水处理设施，垃圾有固定的堆放点，安排专人负责清运，新村村容整洁。人们的环境卫生意识明显提高，卫生状况今非昔比。

3. 公益设施

（1）学校。搬迁前，由于移民大多居住在山区、半山区，村落比较分散，交通不便，学生就读距离较远，读书很不方便。库区学校教学条件较差，师资力量不足。搬迁后，根据移民安置规划，移民子女教育纳入当地教育体系，学生就近入学。大型村和移民人数超过600人的中型村，距当地最近的小学超过1km时，新建1所小学。小于100人时设置初小，大于100人时设置完小，幼儿园设在小学内。学生读书距离很近，十分方便。为加大对移民的帮扶，教育部门把移民新村学校纳入校安工程，加大了投资力度，并从当地学校中选拔优秀教师配备到移民村学校，充实了师资力量。搬迁后移民子女的受教育条件得到极大改善。

(2) 卫生室。搬迁前，移民村内的医疗条件较差，卫生所房屋破旧、设施简陋、卫生人员匮乏，难以满足正常医疗保健需求；受距离远、交通不便等因素影响，移民只有生了大病，才会去乡镇卫生所或县市级以上的医院。搬迁后，移民新村均设有标准卫生室，配备了医护人员和必备的医疗器械和药品。多数移民新村距离乡镇卫生所、县市级医院较近，移民就医十分方便。移民就医条件得到明显改善。

(3) 村委会。搬迁前，多数移民村村委会办公用房简陋，办公条件较差。搬迁后，移民新村均建设了村委会办公用综合楼，结构为砖混楼房，内设不同的办公区域，多数配备有电话、电脑等现代办公用品，为移民村基层组织开展工作、推进移民村社会管理创造了条件。多数村委会综合楼内还设有图书室、活动室等，为移民提供了更多的活动场所。

(4) 超市。搬迁前，库区淹没村仅有少量的小卖部，而且商品不齐全，不能满足移民的日常生活需要。搬迁后，每个移民新村均建有便民超市，商品齐全，基本满足移民日常生活需要。

(二) 移民生产安置效果

河南省丹江口库区移民生产安置坚持以土为本、大农业安置为主的原则，在移民生产安置过程中，严格按照规划的标准调整划拨生产用地，大面积开展土地整理，积极开始水利设施配套，加强移民生产技能培训，拓宽移民就业门路，帮助指导移民发展生产，促进移民增收致富，移民生产安置成效显著。

1. 耕地资源

(1) 土地类型及数量。搬迁前，库区移民人均耕地为0.96亩，以旱地为主。搬迁后，按照人均水浇地1.05亩或旱地1.4亩进行生产用地划拨，其中县内安置移民生产用地以旱地为主，出县安置移民生产用地以水浇地为主。移民生产用地数量、质量均较搬迁前有一定程度的提高和改善。

(2) 生产设施，包括农业灌溉状况、交通条件和机械化程度三方面。搬迁前，库区灌溉设施较少，灌溉方式主要是修建水库自流灌溉和修建提灌站提水灌溉两种；渠系配套不完善，部分水利设施基本处于荒废状态；库区移民耕地面积狭小，地块分散，田间道路条件差，农业机械化程度低。搬迁后，安置地遵循“尽量集中连片、耕作半径原则上不超过3km”等原则，为移民划拨生产用地，并进行了土地整理和水利设施配套，提高了机械化耕作程度和灌溉保证率，方便了田间管理。

2. 移民就业

规划阶段，移民安置点的选择充分考虑了移民搬迁后的生产发展途径，尽量靠近生产基地、工业园区，方便移民转移就业。搬迁后，各级政府和移民实施管理机构为了使移民尽快适应当地的劳动生产环境和生产方式，恢复生计，对移民进行了多种形式的劳动技能培训，以提高移民农业生产技能和非农就业能力，增强移民发展致富的信心。截至2017年年底，全省举办培训班727期，培训移民7.5万余人次，培训内容涉及电脑知识、种植、养殖、生产加工、烹饪、驾驶、家电维修、农机维修等技能，收到了良好的效果。据统计，移民劳动力转移就业4.5万余人。

3. 生产开发

移民搬迁后，各级政府与移民实施管理机构精心组织实施，扎实推进后期帮扶工作，生产发展初见成效。截至2017年年底，208个移民新村共建成和在建温室大棚种植、养殖、林果种植、庭院餐饮、庭院加工等生产开发项目971个，项目总投资25.4亿元，安置移民劳动力1.82万人。

（三）移民收入水平恢复情况

搬迁前，移民收入主要由农副业收入和劳务收入两部分组成。农副业收入呈多元化，其中，淹没区粮食经济作物收入相对较高，部分靠近水库的村组渔业收入较多，水库消落区土地种植和山地养殖业、林果业也是移民收入的重要来源。搬迁安置过程中，移民农业生产和外出务工因搬迁受到不同程度影响，收入暂时减少，刚性支出增加。移民实施管理机构采取发放过渡期生活补助、免费提供粮种、统种统收等措施，保证了搬迁期顺利过渡，移民生活水平基本保持平稳。搬迁后，多数移民通过形式多样、有针对性的培训掌握了水稻、小麦、玉米、油菜、芝麻等作物的种植技术，基本适应新的劳动生产方式。移民在满足粮食生产的条件下，根据市场需求大力发展高效特色农业，农业收入有所提高。特别是在各级政府的帮扶下，通过生产安置方案的落实、生产开发项目的实施，促进了移民多种经营的发展，改善了移民收入结构。各地大力实施的移民培训促进了移民劳动力转移就业，增加了移民务工收入。移民已基本达到或超过其原有生活水平。

第四节　湖北省实施管理

一、地方层面政策、体制、规章制度

（一）政策

湖北省自始至终把南水北调丹江口水库移民搬迁安置工作当作全省三件大事（防汛、血防和移民）之一，秉承"三优"（优越、优先、优厚），坚持"三心"（热心、爱心、责任心）、"三真"（投入真感情、给予真支持、强化真落实），举全省之力，努力把移民工程打造成落实科学发展观、改善民生和社会主义新农村建设的典范工程。为切实做好丹江口库区移民安置工作，依据《南水北调工程建设征地补偿和移民安置暂行办法》（国调委发〔2005〕1号），湖北省结合实际，印发了《湖北省人民政府关于全面推进南水北调中线工程丹江口库区水库移民工作的通知》（鄂政发〔2010〕11号）、《关于印发湖北省南水北调中线工程丹江口水库外迁移民搬迁工作指导意见的通知》（鄂移指办〔2010〕16号）、《省人民政府办公厅关于做好南水北调中线工程丹江口库区移民试点工作的通知》（鄂政办发〔2008〕78号）、《关于研究南水北调中线工程丹江口库区安置区移民新农村建设有关优惠政策的专题会议纪要》（省委专题办公会议纪要〔2009〕第17号）、《关于印发湖北省南水北调中线工程丹江口水库大规模移民外迁实施方案的通知》（鄂移指〔2010〕5号）等一系列文件，制定了包括移民搬迁、移民安置优惠、移民新村建设、移民后期帮扶、移民社会管理等方面的相关配套政策。

在安置目标上，逐步实现每人有一份稳产高产的口粮田，解决移民吃饭问题；每户有一个良好的居住环境，解决移民安居问题；每户建一口沼气池，解决移民烧柴问题；每人享受一份国家后期扶持补助，解决移民生活困难问题；每户培训转移一个劳动力，解决移民就业问题；每个符合条件的移民办理一份养老保险，解决老有所养问题。

在安置原则上，坚持以人为本、质量优先，努力把移民安置点建设成为新农村建设示范工程，把迁建集镇建成库区明星集镇，把各专业项目工程建成优质工程；坚持以土为本、以农业安置为主的原则，统筹考虑移民眼前利益与长远发展，落实综合帮扶措施，促进库区安置区经济社会发展和移民安稳致富；坚持"三结合"原则，把移民搬迁安置工作与社会主义新农村建设相结合，与农村经济社会发展相结合，与脱贫致富奔小康相结合；坚持政策优惠、全面落实的原则，对移民和移民安置点建设在落实农村普惠政策、各项支持政策上实行重点倾斜，优先保障。

在政策落实上，对涉及个人补偿部分要求全部到人，集体补偿部分要从严管理。要求省直有关部门认真落实南水北调中线工程丹江口库区安置区移民新农村建设的各项优惠政策，在2010年将外迁安置点、2011年将库区后靠移民安置点全部纳入新农村建设试点范围，实行计划单列，戴帽下达，优先安排。通过国家和省现有的各项支农、惠农政策及基础设施建设投入与移民补偿资金的捆绑使用，加快移民新村建设步伐，进一步提高移民搬迁安置质量，充分调动广大移民搬迁的积极性，加快搬迁安置进度，为未来发展打下良好基础；妥善处理好移民搬迁安置中有关政策接转延续、减免税费、村组干部待遇、公职人员随迁、移民学生升学优惠、债务处理等问题。科学安排移民外迁经费，保障移民外迁工作顺利进行。

（二）管理体制

湖北省南水北调中线工程丹江口水库移民工作，在省政府的领导下，库区安置区有关市级政府负责本行政区域内移民工作的组织和领导，县（市、区）级政府是移民工作的实施主体、责任主体和工作主体。各级政府主要领导是第一责任人，分管领导是直接责任人。省移民局具体负责全省南水北调丹江口水库移民工作的管理和督办。各级各有关部门要积极配合、支持和参与移民工作。在现有库区村组移民理事会的基础上，组建库区村组移民迁安理事会，在村党支部和村委会领导下自主处理一些移民迁安事务，充分调动移民搬迁安置的积极性和主动性。

库区移民内安坚持"五为主"：农村移民安置以库区安置区县（市、区）政府为主，集镇迁建以所在地乡（镇）政府为主，专业项目复建以行业主管部门为主，企业迁建以企业法人或所属主管部门为主，单位搬迁以单位为主。

在库区与安置区的事权划分上，坚持属地管理、各负其责。库区政府主要负责移民迁安工作的宣传动员和思想教育，移民淹没实物指标的复核和补偿资金的发放，移民安置的去向，移民外迁的搬迁运输组织，现有集体财产处理，库区后靠搬迁安置的实施管理，库区清理和移民剩余资源整合与管理。安置区政府主要负责外迁移民的组织接收，移民安置用地的征收划拨、责任田的调整和手续办理及承包到户，以移民房屋建设为主的安置点建设的组织管理和协调及工程质量，有关惠民政策和迁移手续的接转服务，被征地群众土地调整和补偿补助费使用管理，移民规划用地和后续生产生活管理。

湖北省南水北调中线工程丹江口水库移民工作，通过层层签订目标责任制，明确了各级的工作任务，严格实行了责任追究，将移民搬迁安置任务完成情况列入相关地方党政领导班子和领导干部年度考核内容。

（三）规章制度

为切实做好丹江口库区移民安置工作，湖北省结合实际，制定了一系列规章制度，为南水北调丹江口库区移民安置实施提供了强有力的制度支撑，使移民搬迁安置做到了有规可依、有章可循。

（1）搬迁安置。为保证移民新村建设的质量，制定了相应的措施，如外迁移民代表入驻安置区参与监督建房工作实施办法、移民安置工程质量监督管理要点、移民安置工程质量安全监督网工作实施意见等；为圆满完成移民搬迁任务，实现平安搬迁、文明搬迁、和谐搬迁的目标，制定了南水北调丹江口库区试点、大规模外迁、内安的移民搬迁实施方案。

（2）实施管理。为规范南水北调丹江口库区移民安置工作，省移民安置指挥部办公室制定了移民安置有关管理办法（意见），如建设项目管理办法、建设招标投标管理办法和实施管理费使用管理办法、征地移民档案管理实施办法等。

（3）资金管理。为规范征地补偿和移民安置资金管理，遵循责权统一、计划管理、专款专用、包干使用的原则，制定了相关的资金管理办法，建立了移民资金监督网。

（4）优惠政策。为提高资金的使用效率，湖北省通过国家和省现有的各项支农、惠农政策和基础设施建设投入与移民补偿资金捆绑使用，省委专门召开了南水北调中线工程丹江口库区安置区移民新农村建设优惠政策专题会议，形成了纪要文件，明确了各部门的职责，形成各部门积极出台优惠政策、共同帮扶移民的良好局面。

（5）信访稳定。为进一步建立健全信访突发事件应急处置机制、移民群体性上访事件处理机制，全面提高应急处置能力，最大程度地预防和减少信访突发事件的发生，降低事件造成的危害和影响，结合实际信访情况，湖北省在移民搬迁后积极开展了移民矛盾化解问题整改活动，形成了月整改制度。结合常规性维稳工作，又印发了《关于开展“排查化解矛盾、解决突出问题、促进生产发展”活动的通知》，掀起了移民矛盾纠纷排查化解和生产发展奔小康工作的高潮。

（6）监督、奖惩措施。为加强南水北调中线工程丹江口库区移民安置工作的监督管理，加快移民安置工作进度，保证移民安置质量，全面完成移民安置工作任务，制定了相关的监督、奖惩措施，如省领导及省直部门联系库区市、县、乡制度，约谈制度，工程质量回访保修制度，工程质量安置监督管理制度等。

二、农村移民

（一）淹没及规划概况

按照丹江口大坝加高工程坝前正常蓄水位 170m 方案，淹没影响涉及湖北省丹江口市、武当山特区、郧县、郧西县和张湾区等 5 个县（市、区）的 29 个乡镇、257 个村、1096 个村民小组；淹没影响区土地面积 24.47 万亩，其中耕园地 12.46 万亩、林地 5.38 万亩；淹没影响各类人口 11.70 万人，其中农户（含建成区农户）9.78 万人、居民 0.88 万人、单位 0.75 万人、工业企业 0.29 万人；各类房屋面积 365.61 万 m^2，其中农户（含建成区农户）246.16 万 m^2。

根据湖北省丹江口水库移民安置实施规划，湖北省丹江口库区规划生产安置人口 146517 人，规划搬迁安置农村移民 143351 人，其中：集中建安置点 360 个，建房 124723 人，分散建房 9592 人；进集镇建房 3685 人；自主购房 5351 人。

（1）外迁移民。规划安置在武汉、襄阳、随州、荆门、荆州、黄冈 6 个省辖市的 18 个县（市、区）及天门、潜江、仙桃 3 个省直管市。规划外迁移民建设安置点 192 个，搬迁 77490 人。规划外迁移民生产安置人口 77142 人，调整生产安置用地 11.5 万亩，人均 1.5 亩。

（2）内安移民。规划县内搬迁安置 65861 人（不包括郧县原规划分散搬迁安置改为改善生活环境不搬迁就地进行生产安置的 12713 人），共建安置点 168 个，80 人以上居民点集中安置移民 47711 人，分散安置移民 14465 人，进集镇移民 3685 人。规划县内农村移民生产安置人口 69375 人。

（二）实施规划编制及审批

湖北省丹江口库区农村移民实施规划分试点外迁、大规模外迁、内安移民 3 个批次编制。为搞好实施规划编制，根据国家有关法规、规定和批准的初设规划，结合移民安置优化整合结果，湖北省组织编制了《南水北调中线一期工程丹江口水库湖北省建设征地移民安置实施规划工作大纲》和《南水北调中线一期工程湖北省丹江口水库建设征地移民库区移民实施规划工作细则》，规范了实施规划编制工作。

1. 试点实施规划

为加快南水北调工程建设，保障库区社会稳定，探索移民安置经验，根据国务院有关会议精神，国务院南水北调办于 2008 年启动丹江口水库移民搬迁试点工作，2008 年 10 月以国调办环移〔2008〕152 号文件对《南水北调中线一期工程丹江口水库建设征地移民安置试点规划报告》进行了批复。随即，湖北省启动了试点项目的建设工作，试点外迁移民于 2010 年 5 月 31 日搬迁安置完毕。

外迁移民试点工作期间，根据移民意愿，对试点范围、规模、对接方案等进行了局部调整。为准确反映试点外迁移民实施成果，将调整后的实施报告纳入《南水北调中线一期工程丹江口水库建设征地湖北省移民安置实施规划报告》。

2. 大规模外迁移民实施规划

为了对农村移民安置、集镇迁建、工业企业处理、专项设施复建、水库移民后期扶持措施、征地补偿和移民安置投资等做出统筹安排，2009 年 4 月，长江设计公司受湖北省移民局委托编制了《南水北调中线一期工程丹江口水库湖北省建设征地移民安置实施规划工作大纲》，湖北省人民政府于 2009 年 6 月 22 日以鄂政函〔2009〕135 号文对其进行了批复，作为实施规划编制的依据。

2009 年 7 月，长江设计公司派员赴外迁县（市、区），与当地有关部门组成联合工作组，开展农村移民安置实施规划外业工作。11 月底，库区各县（市、区）外迁移民任务量基本确定。与此同时，库区和外迁安置区的具体对接、外迁安置区集中居民点的规划设计工作也全面展开，在初步确定的对接方案基础上，库区各级政府与移民代表多次到安置区居民点与当地政

府进行“点对点”对接，并在对接方案落实后签订了移民外迁对接协议。12月下旬，完成整体对接方案并上报湖北省移民局。2010年1月，外迁安置区约140个集中居民点启动了新址征地和基础设施工程建设。在此基础上，湖北省人民政府于2月22日下发《关于全面推进南水北调中线工程丹江口水库移民工作的通知》（鄂政发〔2010〕11号），明确了各安置区移民安置任务和进度要求。

2010年4月，库区外迁移民开始分批次搬迁，截至2010年12月31日，湖北省完成大规模外迁移民6.7万人任务。随后，湖北省移民局要求各安置县（市、区）整理资料，统计安置成果，并于2011年6月15日下发了《关于开展南水北调中线工程丹江口水库外迁移民实施规划编制工作的通知》，同时与长江设计公司共同组成工作组，分赴各区县收集整理有关资料。9月底至12月初，长江设计公司编制完成各外迁县（市、区）农村移民安置实施规划报告，经征求相关县（市、区）意见、湖北省移民局审查后，编制完成了《南水北调中线一期工程丹江口水库建设征地湖北省外迁安置区农村移民安置实施规划报告》。经省政府授权，省移民局于2013年1月印发了《关于南水北调中线一期工程丹江口水库建设征地湖北省移民安置实施规划的批复》（鄂移〔2013〕13号）。

3. 内安移民实施规划

2010年4月大规模外迁移民开始搬迁后，同步开展了库区移民迁建工作。由于库区内安移民规模较大、涉及面广、迁复建项目多，根据湖北省移民局要求，2010年4月，长江设计公司编制完成了《南水北调中线一期工程湖北省丹江口水库建设征地库区移民实施规划工作细则》，作为《南水北调中线一期工程丹江口水库湖北省建设征地移民安置实施规划工作大纲》的补充，进一步对库区内安移民安置规划工作做出统筹安排。4月27日，湖北省移民局以鄂移〔2010〕79号文批准该实施规划工作细则，作为内安农村移民安置实施规划编制的依据。

2010年5月，长江设计公司派员赴库区各县（市、区）开展内安移民实施规划编制外业工作，到2011年5月底外业工作基本结束。2011年2月下旬至8月，库区地方政府委托有关设计单位完成了库区集中居民点的规划设计，居民点建设规划说明书陆续通过地方组织的审查。9月，长江设计公司收集整理内安集中居民点的设计成果及生产安置方案落实情况，在此基础上，对5月完成的初步规划成果进行了补充完善，并于10月编制完成各县（市、区）农村移民安置实施规划报告征求意见稿，由湖北省移民局下发各县（市、区）征求相关部门意见。

2011年11月下旬，为解决库区移民生产资料问题，十堰市人民政府对丹江口市、郧县和郧西县的回填造地方案进行了审批。长江设计公司根据审批文件和各县（市、区）反馈意见，对征求意见稿进行了修改完善，之后经湖北省移民局审查后，于12月初编制完成《南水北调中线一期工程丹江口水库建设征地湖北省农村移民安置实施规划报告》。12月16日，湖北省南水北调中线工程丹江口水库移民搬迁安置指挥部以鄂移指〔2011〕4号文批准实施。

（三）安置点选择和对接

按照国务院南水北调办统一部署，湖北省于2008年11月正式启动丹江口水库移民试点工作。与此同时，为加快工作进度，随后又启动了非试点大规模外迁规划对接工作。在工作中，采取特事特办、急事急办和超常规的工作思路，一边安排初步设计的评审扫尾工作，一边启动实施规划编制工作，一边推进移民安置对接，将初步设计和实施规划交叉安排，将移民对接与规划设计交叉进行，将规划审批权限下放到市级政府，采取“对接一批，规划一批，审批一批，启动一批”的方法，确保实施规划工作整体向前推进。

1. 安置地选择

在安置地选择上，坚持以下导向：①尽量选择水资源丰富、基础设施较好、经济社会比较发达的地方；②尽量位于集镇、公路、学校、医院附近以及其他条件较好的地方；③尽量以村组为单位整建制搬迁到一个居民点安置；④尽量把移民责任田划分在离居民点相对较近的地方；⑤尽量留出接收安置任务20%以上的备选居民点，供移民选择。

各级党委政府设身处地为移民着想，充分尊重移民意愿，广泛听取移民意见，由过去的领导看点、政府决策转变为政府引导、移民定点，最大程度地满足移民意愿。为确保移民有选择的空间，全省拿出了13万人的安置容量，供7.6万移民选择。武汉市、天门市、潜江市、仙桃市安置移民超过4万人，黄冈市团风县黄湖新区是全省最大的移民安置点，距离团风县城只有6km，距离武昌水果湖只有1小时车程。移民对安置点总体满意度较高。

2. 安置对接

在湖北省移民局的组织下，在实施阶段，采取“省统一领导，市县分级负责，移民广泛参与，设计院技术论证，共同完成”的方法，库区、安置区党委政府密切配合，对外迁移民安置区规划的居民点进行了全面的优化、整合，形成了操作性较强的移民对接方案。

（1）确定安置区域。综合考虑移民迁出地交通区位、经济发展、收入来源、生活水平、风俗习惯等因素，对相关因素给出一定的权重系数，再评定一个分值。相应地，对拟接收移民的安置区也采用同样的办法，测算出一个综合分值。在此基础上，采用门当户对的办法，基本确定外迁移民拟迁入的县（市、区），并以文件的形式予以确认。

（2）居民点优化整合。以初设规划报告为基础，结合移民区县、移民乡镇、移民代表的意见，对初设规划的外迁居民点进行了全面排查，对地处偏远、水土条件较差、安置人数过少的居民点进行了优化整合。

通过优化整合，全省外迁移民安置点由规划的510个调整为192个；内安移民实施过程中，库区各地根据自身实际情况，对初设规划的居民点进一步优化确定，经征求乡镇、村组、移民、专业部门、设计单位各方意见后，5县（市、区）共建设247个居民点，比规划减少79个。

（3）移民村与居民点的整体对接。由库区县（市、区）政府统一领导，以乡镇为单位，赴规划安置地县（市、区）进行全面整体选点。采用的方式一般为库区县（市、区）分管领导带领乡镇分管同志实地踏勘，认真比选，初步确定拟安置移民的乡镇、街办。对外迁重点村迁入地的选择，重视程度更高。例如：郧县柳陂镇、丹江口市六里坪镇的有关村，一般都由县（市、区）主要负责同志带队，与拟迁地主要负责同志面对面沟通协商，并达成共识。

（4）移民村与居民点的定点对接。以乡镇为主，组织村组干部、移民代表到整体对接选定的对应安置区实地查看，听取安置区情况介绍，全面了解各居民点位置、经济发展水平、环境状况、耕作习惯、生活习俗、生产用地范围、土地质量等情况，充分比较、反复比选。对满意的居民点，由村组干部和移民代表签字认可后，确定为该村组外迁移民居民点，以文件形式逐级上报省政府。

（5）移民户与居民点的实质性对接。在迁入地确定之后，再组织移民代表分期分批到安置区实地查看，既看居民点位置，又看生产用地地块和土质。基本覆盖了每家每户，个别村组丈

夫去看了之后，妻子不放心，又去看。既有政府统一组织的，也有相约自发前往的。在此基础上，又履行“双委托”（移民户与移民迁安理事会签订委托建房合同、移民迁安理事会与安置区政府签订委托建房合同）、“双确定”（确定户型、确定建房楼层）协议签订程序。

由于湖北省移民外迁总体意愿不强，导致对接过程十分艰难，出现了很多反复，耽误了不少宝贵的建设时间。武汉市汉南区银莲湖安置点直至2010年3月中旬才最终得以敲定。湖北省共组织了1800多批次、35000多名村组干部和移民代表的对接考察，完成了6.3万多人的外迁对接工作，在户（房）型、楼层及房屋面积选择上基本满足了移民要求。湖北移民安置对接呈现三大特点，且以三例为证。

（1）外迁动员难。郧县柳陂镇、城关镇土地容量严重不足。因区位优势明显，移民普遍不愿意外迁，甚至集体抵制外迁。在动员移民签订外迁协议时，郧县动员一切可以动员的力量，全力以赴。面对“脸难看、话难听、人难见、工作难开展”的困境，在全县深入开展了“我回家乡劝移民”活动，全县1200多名原籍在库区的县乡干部返回家乡，做自己亲戚、朋友的工作，动员他们支持国家工程，自觉移民搬迁。同时，全县2600余名工作队员全部进入移民乡镇包村、包户，采取攀亲戚、认朋友、干农活、解困难、人盯人、多次交心谈心等办法，集中一个多月的时间，一举攻克了“双委托”“双确定”协议签订这道难关。

（2）出现反复多。襄州是全省5个移民试点县之一，规划5个安置点，拟安置丹江口市六里坪镇后湾村和庙湾村移民274户、975人。2009年4月，在5个安置点基础设施建设全部完成之后，部分后湾村移民对安置点选址提出异议，不同意建房。2009年8月，库区政府做通庙湾村移民思想工作后，8月18日启动了张罗岗农场二、三分场移民建房工作。9月，丹江口市在报请省移民局同意后，将规划安置在龙王镇3个点的后湾村移民调整到黄集镇富庄安置点，确定将龙王镇3个点用于安置石鼓镇西河口村、温坪、鞍子垭、熊家庄4个村的移民。9月28日、30日，丹江口市组织石鼓镇村组干部和移民代表先后到柏营、白集两个安置点进行对接；10月7日，襄州区向丹江口市提供移民建房的效果图、户型图、平面图；10月18日，包点区领导带领区移民指挥部、龙王镇相关人员到石鼓镇，就石鼓镇安置在白集、柏营的移民建房一事进行对接；11月2日启动柏营、白集两个安置点移民建房工作。10月9日，丹江口市均县镇移民代表到松树坡安置点进行对接；11月4日，丹江口市又组织石鼓镇村组干部和移民代表到松树坡安置点进行对接；11月12日启动松树坡安置点移民建房工作。武汉市汉南区与郧县先后开展了90余次大规模移民对接工作。经过多轮优化，移民安置点从当初确定的7个零散安置点，最后整合为2个安置点。

（3）对接周期长。2006年，湖北省规划潜江市建设34个移民安置点。因318国道改线、汉宜铁路以及兴隆水利枢纽工程和引江济汉工程建设，6个安置点600余人的安置计划受到影响；其余28个安置点，确定接收移民4977人。2009年9月17日，全省移民规划工作会议后，根据省政府安排（省政府2009年第104号专题会议纪要），郧县原规划迁往随州的移民改迁广华农场2153人、武当山特区外迁广华农场1300人、郧西县外迁漳湖垸农场1500人，共4953人。最终，确定搬迁到潜江市的移民有2699户、11309人（其中郧县移民8308人，郧西县移民1573人，武当山特区移民1428人），占全省南水北调中线工程外迁移民的1/7强，其中属潜江市区镇农场直接对接安置移民1345人，由省管农场对接后移交潜江市安置移民9964人。

（四）新村建设

在移民新村建设过程中，湖北省委省政府提出，要把移民新村与社会主义新农村建设结合起来，把移民新村建设成为奔小康的先进村和新农村建设的示范村。在规划工作中，各地统筹移民新村近期建设和长远发展，统筹移民生活安置和生产安置，统筹移民物质和文化需求，对移民安置新村和住房规划设计不断进行优化、深化和细化，确保移民新村建设同步接轨时代要求，最大程度地实现“两个结合”，即把移民新村与安置区社会经济发展规划相结合，合理控制规模，科学安排移民安置点布局；把移民新村与社会主义新农村建设结合起来，“水、电、路、气、房”和移民就医、就学、社会保障等一次性考虑到位。在把握国家、省移民搬迁安置政策和移民群众意愿的基础上，用足用活新农村建设的有关政策，尽量把新农村建设的投入叠加到移民新村建设上来，建设成布局合理、村容整洁、特色鲜明、生活方便、饮水安全、环境良好、住房适用、设施配套的移民新村。

1. 组织形式

面对时间紧、任务重、压力大的现实，湖北省在推进移民新村建设组织形式方面做了积极探索，学习和借鉴了河南省的一些做法，取得了明显实效。经充分听取移民意见，湖北省委、省政府决定也对外迁移民实行“双委托”集中建房模式，即移民户主与移民迁安理事会签订委托建房合同，移民迁安理事会在库区乡镇政府协调指导下与安置区乡镇政府或县级移民搬迁安置指挥部签订委托建房合同，安置区乡镇政府或县级移民搬迁安置指挥部与中标施工企业签订建房合同。迁安理事会参与招投标、施工组织等建房全过程的监督管理。对于内安移民，按照“统一规划，分户自建，政府监管，确保质量”的组织形式建设移民房屋。

移民新村基础设施建设分为安置点内基础设施建设和点外基础设施建设，其中，点内基础设施主要有点内道路（主、支街，宅前路）、供水排水、供电、通信广播、有线电视、消防、环卫、污水处理等设施；点外基础设施主要有对外连接道路、桥梁、10kV高压线路、通信广播、有线电视及排水设施等。点外基础设施主要由安置地县（市、区）移民管理机构或乡镇政府等作为建设主体，按照规划和设计要求，结合行业标准，委托安置地县级主管部门实施，其中对外连接道路由县交通部门组织实施，高压线路由电力部门组织实施，通信广播、有线电视等分别由电信、广播电视部门组织实施。点内基础设施建设由建设单位按照丹江口水库移民新农村建设招标投标管理办法，严格按照招投标程序，通过招投标确定施工单位后组织实施。

移民新村公益设施建设包括学校、村部、便民超市、卫生室、公共活动设施等。学校、卫生室等项目按照规划设计，分别结合教育部门、卫生部门等行业标准，由县（市、区）人民政府通过招投标方式组织实施；村部、超市等按照规划设计，通过招投标方式组织实施。移民新村公益设施建设的质量管理和监督检查，纳入移民房屋建设的质量管理监督体系。

2. 质量、安全控制

为确保实现“四年任务两年基本完成，三年彻底扫尾”的目标，保障丹江口库区移民房屋建设的质量和安全，湖北省移民安置指挥部办公室从移民房屋户型设计、户型选择、招标投标、新村征地及“三通一平”、质量管理、安全管理、责任管理、房屋维修等各个方面采取了一系列保障措施。先后出台了《关于加强南水北调中线工程丹江口库区移民住房建设质量安全管理工作的通知》《关于南水北调中线工程丹江口水库移民农村建房指导价的通知》《南水北调

中线工程丹江口水库外迁移民代表入驻安置区参与监督建房工作实施办法》《关于进一步加强外迁移民居民点房屋建设工作的通知》《湖北省南水北调中线工程丹江口水库移民新农村建设招标投标管理办法的通知》（鄂移指〔2009〕3号）、《省移民局关于印发〈湖北省南水北调中线工程丹江口水库移民安置建设项目管理暂行办法〉的通知》（鄂移〔2010〕92号）、《南水北调中线移民安置工程质量监督管理要点》（鄂移〔2010〕23号）、《南水北调中线移民安置工程质量安全监督网工作实施意见》（鄂建〔2010〕15号）等有关文件。在户型选择方面，广泛征求移民群众意愿，结合当地民居风格，精心设计户型，供移民群众选择。在移民新村工程质量和施工安全管理方面，实行属地管理、分级负责，移民安置区市、县政府及相关职能部门具体负责辖区内工程建设全过程综合性、实物性的质量安全监督管理；由省住房和城乡建设厅、省移民局等有关单位组成的省质量安全监督网主要负责对移民安置区市、县政府及相关职能部门的质量安全监督管理行为，以及移民安置工程建设各方主体质量安全行为和工程实体质量、施工安全生产活动进行检查、监督和指导。库区政府根据居民点规模大小和工期长短，采用轮流压茬的方式，组织外迁移民群众分期分批轮流进驻建房现场，积极参与移民新村工程建设活动，关键部位现场监督。严把招标投标关、市场准入关、材料进场关、监测检验关和竣工验收关等“五道关口”，将质量监管贯彻到移民房屋建设的全过程，始终使移民房屋建设质量处于受控状态。

移民新村基础设施和公益设施质量和安全控制分别由各专业实施部门进行质量和安全自控。县级行业主管部门按照规划和设计要求，结合行业标准，对其进行监督管理。各专业项目监理单位按照合同对实施进行监督控制。

3. 监督管理

为确保移民安置点建设的质量、安全和进度，积极采取各种措施加强监督和检查。

（1）督察。实行明察和暗访相结合、安置进度周报制度、完成情况通报制度等形式，对各安置点基础设施和安置住房建设进度、质量、安全、管理及优惠政策落实等方面进行督查，并根据督察结果，动态体现各地安置任务完成率排名情况。

（2）巡查。采取集中与分散、定期与不定期检查相结合的方式，省移民安置工程质量安全监督网成员单位每个月进行一次集中巡查，对移民安置点建设全过程进行质量安全监督管理。

（3）综合检查。各批次移民搬迁结束后，湖北省移民安置指挥部办公室都对各市、县（市、区）移民搬迁安置情况进行综合检查评比，根据综合检查评比情况，省移民安置指挥部举行高规格的表彰大会，表彰和奖励在移民搬迁安置过程中涌现出的先进单位和先进个人，以此促进移民搬迁安置工作健康有序的向前推进。

（4）“五制”管理。丹江口库区移民安置点建设工程全部采用“五制”的办法进行建设，即移民安置建设项目法人责任制、工程监理制、招投标制、合同管理制和资金管理制。

4. 政策帮扶

为确保按时搬迁，切实保证移民房屋质量，确保建设进度，省移民安置指挥部办公室出台了移民建房监管补助、院墙建设和房屋装修补助、安置点村委会及综合服务中心建设补助、移民建房监理费等政策。各级政府为把移民新村建设成社会主义新农村示范村，也分别了出台移民房屋建设奖补政策，如丹江口市下发了《关于对库区内安移民建房实行奖励的通知》（丹移指〔2011〕28号），制定了奖励政策，鼓励移民尽快建房。在移民房屋建设中，由于设计标准提高，特别是由于建筑材料价格上涨，人员工资上涨，房屋建设单价较高，在移民承受能力不足情况下，各地采用多种形式对施工企业进行补助，保障了移民新村建设的正常进行，如黄冈市团风县政府补贴20万元专项资金用于购买优质瓦，每块砖补贴2分钱运费，补贴100万元购买200万m^3石料；武汉市黄陂区采用招投标加分的方式鼓励资质高、信誉好的施工企业参与移民工程施工，等等。

在移民新村基础设施建设过程中，省相关厅局出台多项优惠政策，帮扶移民新村基础设施建设，提高基础设施建设水平和标准。省交通厅将移民安置点对外交通道路建设纳入全省发展规划，优先安排“村村通”项目计划及其建设补助资金，确保移民新村至少有一条主干道与通县公路连接；省水利厅把库区安置区的农村安全饮水工程和农田水利建设纳入规划，优先安排年度项目计划和资金；省农业厅将移民安置点纳入全省沼气建设、优先安排年度项目计划和资金；省林业局将移民安置点的绿化纳入重点项目建设范围，优先安排年度计划和资金，指导和监督移民安置点的绿化建设等。

移民新村公益设施建设补偿补助投资较低，为适应新农村建设的需要，省有关厅局高度重视，出台政策进行帮扶，地方政府多方筹资、对口帮扶单位全力支持，使新村公益实施建设质量及建设规模得到了全面的提升。其中，省教育厅将移民学校纳入农村中小学校舍安全工程和校舍维修工程，对移民建校资金缺口给予支持；省商务厅在移民安置点农村连锁超市和“万村千乡”市场工程优先布点，并落实每村7000元补助；省文化厅将500人以上移民安置点内文化室建设列入全省文化设施维修补助项目，并给予资金补助；省体育局落实了移民新村的体育健身器材和篮球场建设。

（五）搬迁组织

湖北省结合丹江口库区实际，农村移民安置实施过程按照“先外迁、后内安”的搬迁部署，分试点、外迁、内安三步完成搬迁，分别于2010年5月31日完成了试点外迁移民搬迁，2010年11月28日完成了大规模外迁移民搬迁，2012年9月18日完成内安移民搬迁，实现了“平安、文明、和谐”和“不伤、不亡、不漏、不掉一人”的搬迁目标，圆满完成了省委、省政府提出的“四年任务两年基本完成，三年彻底扫尾”的安置任务。全省移民共搬迁143755人，其中外迁77329人，内安66426人。

1. 前期准备

为确保移民平安顺利搬迁，湖北省扎实做好有关前期准备工作，制定了周密完善的搬迁实施方案，成立了高规格的搬迁指挥机构，加强了对移民搬迁工作的领导。抽调人员进村入户，对移民群众中存在的矛盾进行全方位排查化解。组织新闻媒体加大宣传力度，在全省形成了支持搬迁、踊跃搬迁的良好氛围。

（1）制定完善搬迁方案。为规范全省丹江口水库外迁移民搬迁工作，确保有序、安全、和谐、顺利搬迁，湖北省印发了《湖北省南水北调中线工程丹江口水库外迁移民搬迁工作指导意见》，制定了《湖北省南水北调中线工程丹江口水库大规模移民外迁实施方案》。方案明确了搬迁任务、搬迁计划、搬迁准备、搬迁组织、各级各有关部门的职责分工、移民搬迁的原则；部署了移民搬迁前的新村验收、搬迁中的物资装卸、车辆通行、安全监管、医疗卫生保障，搬迁后的帮扶、特殊移民安置、学生入学、有关手续办理、村级班子建设等工作；通盘考虑了移民

群众的吃、住、行、医、用等生活细节；建立健全了移民搬迁指挥体系。市县移民指挥部办公室也根据省实施方案，结合实际，进一步细化完善，并将责任分解，落实到人、到事，制定了具体的可具操作性的实施方案。

（2）建立健全指挥机构。省移民安置指挥部设立了移民搬迁总协调和副总协调，下设综合协调、交通运输、安全保卫、医疗卫生、宣传报道、信访稳定、督办检查、库区协调、安置区协调等9个组，具体负责移民搬迁组织协调指挥。成立了省移民搬迁指挥中心，24小时值班，及时处理搬迁过程中出现的具体问题。实行联系点制度，由省直有关部门分别联系库区和安置区县（市、区），协调处理搬迁中的有关问题。地方各级党委、政府也对移民搬迁工作高度重视，纷纷成立了移民搬迁指挥中心、前线指挥部和突发事件应急指挥部，党、政一把手亲自挂帅、亲自部署，并深入一线、靠前指挥，分管领导具体负责，身先士卒，亲力亲为。全省上下形成了领导有力、协调到位、运转高效、保障及时的移民搬迁指挥体系。

（3）层层宣传发动。省委宣传部、省移民局专门制定了《南水北调中线工程丹江口水库移民工作宣传方案》，详细制定了不同阶段移民搬迁工作宣传报道方案，对报道的主题、内容和方式进行了详细谋划，并分别针对报纸、广播、电视等不同类型媒体制定了细化方案。适时召开了移民搬迁新闻发布会，向中央和省市媒体介绍了南水北调工程的重大意义、做好移民工作的体会和面临的困难和挑战。各级层层召开移民工作动员会、宣誓会和政策培训会，充分利用各新闻媒体及群众喜闻乐见的方式，认真宣讲中央决策，细致宣传移民政策，耐心解答移民疑问，引导移民积极主动搬迁；坚持“公开、公平、公正”的原则，严格执行移民安置各项政策，实行移民身份及实物指标“三榜”公示、“四级”确认，实行移民政策、安置方案、实物指标、补偿标准、办事程序、办事结果“六公开”，扎实做好“六清”工作，确保移民“零问题”上车、“零矛盾”搬迁；建立健全了工作责任机制，实行市级领导包乡镇、市直部门包村组、移民干部包农户，组织包保人员入村、入户，深入开展“我回家乡劝移民”活动，与移民同吃、同住、同劳动，细讲政策法规，倾听移民心声，解决移民诉求。全省各级通过多角度、全方位、大力度、广覆盖的舆论宣传，讲清了政策，树立了典型，弘扬了正气，营造了良好的社会氛围。

（4）积极排查化解矛盾。为确保移民顺利搬迁，库区和移民安置区积极开展“移民矛盾化解和问题整改月”活动，加强政策宣传力度，实行部门联动化解，建立预防预警机制，确保移民信息畅通，妥善解决移民群众的实际困难和问题，及时化解矛盾，确保移民搬迁过程的社会稳定。

2. 搬迁组织

在移民大搬迁中，湖北省库区和移民安置区政府紧扣时间节点，倒排工期，联合制定详尽的搬迁计划，从指导思想、基本原则、方法步骤、职责分工、时间安排、搬迁路线以及各项保障措施上都予以明确，落实到天、对接到点、责任到人。省移民搬迁安置指挥部在科学组织对接的基础上，专门印发了搬迁方案，对库区安置区政府及省直相关部门职责进行了明确分工。各地各部门结合各自职能，对搬前、搬中、搬后一个环节一个环节的研究，对搬迁的时间、规模、批次等问题一项一项的确定，对人力运力组织、人员分工、安全保卫等逐个逐个的明确，有效统筹各方力量，科学优化预案和流程，实行精细化和人性化操作。全省投入2万多名干部、1万多台车辆，先后组织搬迁120批次，做到了“车不掉漆、人不去皮、不伤不亡不漏不掉一人”，实现了平安搬迁、有序搬迁、和谐搬迁的目标。

（1）严格规范搬迁程序。为避免不具备搬迁条件而仓促搬迁现象的发生，切实维护广大移民群众的切身利益，湖北省对搬迁程序做了严格的规定。一是要求发函。移民房屋和居民点各项基础设施经过竣工验收，具备搬迁基本条件后，安置区县级移民工作指挥部提前2周致函库区县级移民工作指挥部。二是要求查看。库区县级移民工作指挥部须在接到安置区发函后一周内，组织移民所在乡镇、移民村迁安理事会代表到安置区居民点实地查看，查看人数应控制在10人左右。搬迁规模在600人以内的，县级移民工作指挥部办公室派员参加；600人以上；1000人以下的，市级移民工作指挥部办公室派员参加；1000人以上的，省移民工作指挥部办公室派员参加。三是要求会商。经实地查看，库区、安置区一致认为安置区居民点具备搬迁条件后，双方县级移民工作指挥部应就搬迁具体时间、方式等进行会商和确认。四是要求报告。库区、安置区县级移民工作指挥部就移民搬迁形成一致意见后，分别向所在市级移民工作指挥部报告，同时报省移民工作指挥部办公室备案。

（2）深化细化保障措施。在移民搬迁前，迁安两地为确保移民顺利搬迁，做了大量艰苦细致的保障工作。一是组织搬迁车辆。库区政府开展运输车辆和司机的资格审查，挑选符合要求的车辆和司机，并开展培训。二是做好搬迁物资装卸。库区组织装卸帮扶车队，帮助移民装卸物资。三是组织移民集中乘车。组织移民按时到达集结点，引导移民按照安排乘车，每辆客车安排1名随车工作人员，直至抵达安置区并做好移交。四是组织搬迁车辆通行。库区安置区在搬迁道路的各个重要部位，设置专门交警指挥岗和指示标志，加强运输线路的疏导和管理；在停车场安排交警指挥，确保搬迁车辆有序停放、有序通行。五是加强运输安全监管。在搬迁运输过程中，迁安两地安排公安交警、交通运管人员，认真组织搬迁活动，保持车队有序行驶。六是做好医疗卫生保障。库区组织医疗卫生单位准备必要的药品和医疗卫生保障器械，做好搬迁移民突发疾病的救治工作，尤其是特殊移民的医疗保障，确保移民搬迁医疗卫生安全。

（3）强化组织协调机制。移民搬迁实施方案对库区和移民安置区政府、省直有关部门的职责做了详细界定，并将省交通、卫生、公安等有关部门，以及库区和移民安置区市县主要领导纳入省移民搬迁组织领导机构。在移民搬迁期间，各有关单位都实行24小时带班值班和日报告制度，确保能够及时协调解决有关问题。迁安双方都互派联络员，特别是库区在搬迁前安排干部到安置区驻点，协助安置区做好移民接收工作。对高龄老人、危重病人、临产孕妇、精神病人和军烈属、五保户、鳏寡孤独、特困户等特殊移民登记造册，交安置区政府做好准备和安排。各级各部门既各负其责，又通力协作，形成了统一领导、分级负责、县为基础，以迁入地为主、迁出地配合，各有关部门主动服务的搬迁工作机制。

（4）提供亲情周到服务。在移民搬迁后，提供亲情化服务，在吃、住、用、行、医、学等方面全方位做好移民搬迁后续保障工作。首先是做好生活服务。安置区在迎接移民迁入时普遍开展以送米、送油、送菜、送话费、送便民服务卡为主的送温暖活动，同时组织超市、商贩到各安置点经营，满足移民的大米、蔬菜及生活日用品等需求；及时做好移民子女入学、关系接转等工作；完善供水、供电、电信、网络电视等生活环境设施，配备工程技术和维修服务人员，确保通水、通电、通信号。其次是做好生产服务。及时完成移民土地分配，帮助移民代耕代种；开展移民农业技术培训，帮助移民适应生产结构与模式的调整；积极提供就业信息与岗位，帮助移民务工就业。再次是做好对口跟踪服务。组织工作专班常驻移民安置点，安排机关

干部与移民攀亲结贵，宣讲移民政策，协调解决矛盾，组织房屋整修，指导发展生产，处理迁安遗留问题，谋划安稳致富长远措施。

（六）新村运行管理

移民搬迁后，移民群众居住集中，新村基础设施和公益设施完善，生产和生活条件有了很大改善，但社会管理滞后，不稳定因素较多，移民安稳致富任重道远。安置区注重基层组织建设，建立健全民主、科学的管理模式，让移民群众在民主管理中实现自我发展、自我完善、自我提升。

潜江市加强移民新村社会管理，持续强化党务、规范村务、拓展商务、优化服务，着力将移民村办公活动场所打造成“移民之家”，为移民提供全方位服务。他们在移民人数最集中的柳陂新村创建了移民社区服务中心，由安置地政府、移民局、公安局、农业局、计生委、民政局等部门各派一名工作人员进驻服务中心工作。按照“管理全覆盖、信息全收集、事态全掌握”的要求，细心热情地服务移民群众，仅2013年上半年就受理移民问题200多件。市移民局与市委党校举行多期移民干部培训，培训村干部165人次。天门市、荆州开发区移民村主职干部待遇普遍高于全市平均水平，村级组织凝聚力、战斗力大为增强，为安稳发展提供了组织保障。

团风县黄湖新区安置移民3700多人，通过发展星光带、星光点、星光村、星光户、星光人，辐射带动群众创和谐、谋发展。他们以社区管理方式服务群众，街道卫生、治安巡逻、绿化养护、防灾抗灾、水、电、气、信息网络维护都有专职服务人员，还发展和动员志愿者参加社区服务，群众不出社区就能享受到全方位、一站式服务，拉近了移民与政府的距离、方便了移民生产生活。

丹江口市移民搬迁安置后，通过对165个移民集中安置点实行合并和新设，纳入了正常的村组体制管理。同时，由于安置点人口居住集中，在村组干部和移民代表充分讨论基础上，按照“房屋居住舒适，道路通行方便，庭院绿化美化，环保设施配套，社会功能完善，服务设施齐全，土地旱涝保收，生产发展致富，乡风文明和谐，管理民主规范”的要求，制定和完善了环境卫生、绿化美化和公共服务等管理办法和村规民约，建立了村“两委”主导，移民点“三会”（民主议事会、民主监督会、民事调解委员会）协调的工作机制。一是以发放工资和义务支持的形式明确公共设施维护、环境卫生保持专兼职人员，确保移民点内外整洁美观；二是通过“两委”和“三会”的扎实工作，形成移民新村大小事有人监督有人干，矛盾纠纷有人管，歪风邪气无处藏的氛围。从而实现移民新村自我管理、自我教育和自我提升。

（七）后期扶持和生产发展

为确保移民“搬得出、稳得住、能发展、可致富”，湖北省十分重视移民安稳发展工作，立足保稳定求发展，以发展促稳定，巩固了搬迁成果，促进了移民的融入。

移民搬迁后，湖北省不等不靠，及时跟进支持帮扶移民发展增收措施：一是筹措发展资金。2011年上半年，按照人均1500元的标准筹措了生产发展资金，及时下拨各地，通过发展促安稳。各地结合实际，在移民发展项目补助、税费减免、无息贷款等方面相继出台了一系列扶持措施。二是连续召开生产发展现场推进会。2009 年 11 月、2011 年 5 月、2013 年 9 月，以省政府或省移民工作指挥部名义分别在团风县、天门市和潜江市召开了外迁移民安稳发展现场会，总结经验，查摆差距，相互学习，取长补短。三是积极争取帮扶政策。2012 年 9 月，委托长江设计公司开展了南水北调中线工程丹江口水库移民发展致富奔小康研究工作。2013 年 3 月，联合省统计局组织开展了水库移民生活水平专题调研活动，摸清了底数，找到了差距。

通过几年来的探索，发展成效已经显现，涌现出了一大批种植、养殖专业合作社（协会），部分涉农龙头企业与移民共同发展壮大，全省移民就业率明显提高，收入也有较大幅度增长，促进了移民与当地经济社会的深度融入。天门市白茅湖农场引进天门市江汉畜禽水产苗圃专业合作社，投资 350 万元改造精养鱼池 300 多亩，蔬菜大棚 25 个，苗圃基地 300 亩，吸收 20 多户移民投资入股、70 多个移民长期务工就业，较好地解决了代湾大队移民蔬菜产业发展和增收问题。柳陂镇引资 3.5 亿元建设光伏农业产业园，年可实现产值 2.3 亿元，利税 8000 万元，解决 1200 多人就业问题。蔡甸洪北金马堰村移民王贤生，联合该村 8 户移民，组建永成中药材种植专业合作社，与安徽亳州药材企业签订产购销合作协议，发展订单农业，吸引数十户移民参与，并辐射到汉川、仙桃等地。丹江口市浪河镇引进企业在移民安置点附近复建投产，主产纸箱、纸板，年产值 2000 万元，吸纳了附近 120 余名移民就业。仙桃市充分利用移民传统西瓜种植技术，重点扶持建设大棚，又从山东聘请技术人员加强指导，早西瓜项目已大见成效。剅河镇吴场村移民租用当地居民土地，发展大棚 30 多个，每亩纯收入超过 8000 元。枣阳市熊集在广东打工的移民，回乡投资 80 万元开办工艺品加工厂，开发出时钟等二三十个品种，一人创业，致富一方。

（八）后续问题处理

湖北省外迁移民房屋基础牢固、结构稳定、质量总体受控，无安全隐患。但受建房工期紧、阴雨多影响，少数地区部分移民房屋存在质量缺陷，诸如漏水（渗）水、地面起沙石、地坪下陷等，引起部分移民不满，加之整改不及时、不彻底情况不同程度存在，诱发上访，引起省政府的高度重视。2010 年 12 月，省政府作出决定，认真整改，取信于民。一是组建外迁移民帮扶工作队。以县（市、区）为责任主体组建移民帮扶工作队，市一级政府加强督导，库区县级政府配合，为期 3 年。帮扶工作队由一名县级领导牵头，从移民、财政、人社、公安、住建、国土、民政、信访等部门和安置区所在地乡镇抽调得力工作人员参加，长年驻扎在移民乡镇村组。工作队的主要职责是宣讲移民政策、协调解决矛盾、组织房屋整修、指导发展生产、处理迁安遗留问题，谋划安稳致富长远措施。二是为库区、安置区移民集中安置的重点乡镇临时选配一名党委副书记，不占编制，专司移民工作，为期 3 年，3 年后不再配备。三是继续由省政府督查室牵头，定期开展督导检查，重点督查外迁移民后续稳定发展措施的落实、省直有关部门支持政策的到位情况，协调解决工作中的突出问题和困难。

建立移民房屋维修机制，由县乡政府组织维修专班，常年驻点，及时维修。维修资金由三部分组成：一是省政府按照人均 600 元标准安排资金到县（市、区），由县（市、区）统筹使用，分 3 年按照 300 元、200 元、100 元逐年安排到位；二是从县（市、区）施工单位质量保证金中统筹一部分；三是移民价差资金中安排一部分。三部分的资金不得以任何形式发放给个

人，由县集中捆绑使用，统筹安排，突出解决当前移民房屋建设和装修中存在的问题。对安置点内外水、电、路等基础设施和学校、医院等各项公益服务设施进行全面排查，对质量缺陷问题限期整改到位。经过一年多的努力，湖北省外迁移民房屋质量缺陷问题基本得到解决，移民群众满意度较高。

三、城（集）镇迁建

（一）淹没及规划概况

丹江口水利枢纽大坝加高工程正常蓄水位 170m 方案，湖北省城（集）镇淹没涉及 5 个县（市、区）26 个乡（镇、街道），淹没及影响单位 443 家（其中镇内单位 243 家、镇外单位 200 家）；人口 17648 人，其中居民人口 8819 人、单位人口 8829 人（其中镇内单位人口 6100 人、镇外单位人口 2729 人）；房屋 852678m^2，其中居民房屋 307380m^2、单位房屋 545298m^2（其中镇内单位房屋 332053m^2、镇外单位房屋 213245m^2）。

淹没影响涉及的 26 个乡（镇、街道），分为三种情况：一是 13 个城（集）镇建成区受淹（影响），分别为丹江口市大坝办事处、六里坪镇、均县镇、土台镇、浪河镇、丁家营镇，郧县城关镇、柳陂镇、辽瓦镇、茶店镇，郧西县天河口镇，张湾区方滩乡和黄龙镇。淹没影响程度为均县镇淹没比重较小，主要位于水库形成后的孤岛上；其余 12 个城（集）镇均为部分淹没。二是丹江口市三官殿办事处只涉及 3 家单位，其中镇内 1 家、镇外 2 家。三是其他 12 个乡镇仅有镇外单位受淹，其他为受影响。

根据上述淹没特点，初设规划时湖北库区共有 13 个城（集）镇纳入迁建规划范围。其中六里坪、均县、土台、浪河、郧县城关、柳陂、辽瓦、天河口、方滩、黄龙等 10 个城（集）镇编制完成了迁建详细规划；丹江口市大坝办事处、丁家营、茶店等 3 个城（集）镇由于淹没比重较小，且大坝办事处的居民和部分单位已纳入试点规划，因此未进行迁建详细规划。

实施规划阶段城（集）镇规划有四项任务：城（集）镇迁建、居民迁建、单位迁建、部分淹没城（集）镇功能恢复。

1. 城（集）镇迁建总体情况

实施规划阶段各县（市、区）人民政府结合总体发展规划对各城（集）镇重新进行规划，人口规模及用地规模既考虑了丹江口水库移民安置需要，又结合城镇化水平发展需求，集镇人口规模较初步设计增加较多。因此，长江设计公司对地方政府提供的部分城（集）镇建设规模或相关设计报告中采用的规模无法进行复核。丹江口市和郧县城集（镇）建设规模直接采用地方批复规模；郧西县天河口镇的人口规模采用地方重新核定数，占地规模采用修建性详规数据；张湾区集镇建设规模采用集镇迁建实施规划报告数据。

长江设计公司对丹江口水库湖北省 13 个城（集）镇实施规划处理方式分为 3 种：①六里坪、浪河、天河口 3 个集镇为就地抬高；②丁家营、土台（建设时改名为“龙山”）、大坝办事处 3 个集镇为后靠复建；③均县、郧县城关、茶店、柳陂、辽瓦、黄龙、方滩 7 个集镇为异地迁建。按照各集镇批复规模或相关报告，13 个复建城（集）镇人口规模为 32388 人，迁建用地规模为 457.53hm^2。

2. 迁建详细规划情况

13 个城（集）镇中，大坝办事处毗邻丹江口市城区，淹没影响居民人口 155 人（2003 年调查数），2008年编制试点规划时，复核后居民人口为788人（大坝办事处原居民211人，部分单位改制后认定的居民577人），已入试点规划阶段施工影响区进行补偿、安置；部分复建单位利用补偿资金在镇内松涛山庄、胡家岭、羊山路和丹赵路等地自行择址复建。鉴于居民、单位均已得到妥善安置，故在实施时，未另行编制修建性详规。茶店镇与郧县城关镇合并到长岭新区复建，因此完成迁建详规的城（集）镇为11个。

（二）实施规划编制及审批

湖北省涉及城（集）镇迁建的有4个县（市、区），实施方案编制及审批如下。

（1）《丹江口市南水北调中线工程库区城（集）镇搬迁复建实施办法》（丹政发〔2011〕2号）和《郧县南水北调中线工程丹江口库区城（集）镇搬迁复建实施办法》（郧政发〔2011〕8号）规定，城（集）镇搬迁复建工作由两县（市）移民工作指挥部具体负责，有关乡镇是城（集）镇迁复建的责任主体、工作主体和实施主体。各乡镇要按照高起点规划设计，高质量施工建设的要求，委托有资质的设计单位对城（集）镇迁复建初步设计规划方案进一步优化，做好集镇详规设计、施工图设计，使集镇布局合理，功能齐全，环境优美。规划设计方案经评审通过后，分别由两县（市）移民工作指挥部审查，丹江口市或郧县人民政府审批，报十堰市备案，乡镇按项目管理程序组织实施。

（2）郧西县天河口镇迁建首先由观音镇政府提出迁建实施方案，报县移民工作指挥部。因迁建方案由初设的异地搬迁改为就地抬高、后靠重建，郧西县移民工作指挥部先后两次向湖北省移民局提交选址变更的请示，经湖北省移民安置指挥部批准，由县移民工作指挥部委托有资质的设计单位编制天河口集镇修建性详细规划，在专家评审、县政府审定批准后，进行施工图设计，由观音镇政府负责组织实施。

（3）张湾区2个集镇的迁建实施规划由张湾区移民工作指挥部委托长江设计公司在初设修建性详规的基础上编制。因黄龙镇的新址发生变化，张湾区提交申请，经湖北省移民局批准后，2集镇先后开展施工图设计，由乡镇政府负责组织实施。

（三）实施组织

为切实做好丹江口水库湖北省库区城（集）镇搬迁复建工作，根据《南水北调中线一期工程丹江口水库建设征地初步设计阶段移民安置规划设计报告》的有关规定，湖北省库区各级政府结合库区实际，按照高起点高质量的施工要求，委托有资质的设计单位对城（集）镇迁复建初步方案进一步优化，做好集镇详细规划设计、施工图设计，使集镇布局合理、功能齐全、环境优美。规划设计方案经评审通过后，由库区实施县（市、区）移民工作指挥部审查，政府审批，报十堰市政府备案，各乡镇按项目管理程序组织实施。

城（集）镇搬迁复建实施项目法人负责制。按照政府批准的城（集）镇迁建实施规划，乡镇政府统一负责城（集）镇征地及基础设施建设，在城（集）镇基础设施建设基本完成后，乡镇统筹做好镇内单位、居民、农村进集镇移民迁建安置工作，确保单位、居民、进镇农村移民迁建与集镇迁建规划一致。迁建规模较大城（集）镇，乡镇组建项目法人，对集镇基础设施建设项目进行招投标确定施工、监理等单位。城（集）镇迁复建涉及的专业项目按照实施规划由专业部门负责实施。集镇单位迁复建由产权所有单位自行按照基本建设程序进行。居民、进镇

农村移民房屋按照统一规划、统一管理、自主委托（移民理事会协调）施工单位进行建设。

城（集）镇迁建实行竣工验收制度。工程完工后，乡镇组织设计单位、施工单位、监理单位及政府质量监督单位共同验收，验收合格后，及时向县（市、区）移民工作指挥部提交竣工验收技术档案、验收报告，由县（市、区）移民工作指挥部组织有关验收委员会，分若干小组对城（集）镇迁复建工程项目进行综合验收（县级自验）。自验合格后，库区县（市、区）人民政府向湖北省人民政府提请省级初验。

（四）实施成果

库区5县（市、区）规划的13个迁建集镇已经全部完成基础设施建设、单位迁建及居民建房，共搬迁27601人，迁建用地595hm^2。库区迁建集镇淹没影响区镇内、镇外443个单位已完成搬迁处理，其中完成搬迁复建124个，完成一次性补偿312个，完成镇内、镇外单位人口搬迁6705人，完成工程防护单位7个。

四、工业企业迁建

（一）淹没及规划概况

根据2003年淹没实物指标调查结果，湖北省受淹企业125家（含7家非省属企业），其中全淹企业73家、部分受淹企业49家、影响企业3家。淹没户口在厂人数2923人，其中全淹2700人、影响223人；淹没房屋建筑面积总计34.18万m^2，其中全淹32.12万m^2、影响2.06万m^2；受影响年产值20.89亿元。

湖北省淹没企业主要分布在郧县与丹江口市，其中郧县城关镇、茶店镇及柳陂集镇被部分淹没，该区域工业经济相对发达，受淹企业规划较大，涉及建材、机电、轻纺、化工、医药、食品等多个领域，水库淹没对当地经济影响相对较大。丹江口市淹没影响企业65家，企业规模仅次于郧县。

湖北省受淹企业所在县（市、区）均制定了相应的南水北调中线工程丹江口库区工业企业迁建实施办法，其编制程序主要为：

（1）需迁建企业。库区搬迁企业原则上进行复建，也可根据现状进行改制、破产。县属企业迁建方案由企业负责制定，有关主管部门会同县级移民局审核，经县政府审批后，按程序组织实施；镇办企业、民营企业迁建方案由企业负责制定，库区乡镇会同县（市、区）直有关部门审核，经县级政府审批后组织实施。

（2）不需迁建企业。企业因改制、破产倒闭需一次性补偿安置的，安置方案经主管部门和库区乡镇政府同意，县级移民局审核，报县级移民工作指挥部批准后，作为一次性补偿安置。企业与县级移民局签订一次性补偿安置协议，补偿资金分期、直接拨付到产权企业，由企业在规定时间节点内完成职工安置，并完善相关手续，完成企业办公、生产、生活设施设备的拆除处理工作。最后，由主管部门、库区乡镇审核，再拨付剩余资金。

实施规划阶段，125家工业企业淹没处理方案为：迁复建59家、一次性补偿66家。59家需复建的工业企业中，郧县工业用油公司拆分复建为2家企业，最终复建成60家工业企业，其中镇内复建11家、镇外复建49家。涉及企业人口2513人，其中进新集镇944人、镇外安置

1531 人、一次性补偿 38 人。

（二）补偿协议签订

库区各县（市、区）移民工作指挥部严格按照初设规划报告中淹没工业企业情况，详细复核，签订补偿协议。企业淹没处理补偿协议书分一次性补偿协议和迁复建补偿协议两种。库区各县（市、区）召集企业主管部门和淹没企业相关人员开座谈会，根据初设规划报告要求，详细说明协议书内容：包括企业基本概况，淹没受损情况，固定资产情况（房屋建筑物、设备等），以及流资搬迁和停产损失。先签意向书，再公示，到期再签正式的补偿协议，做到手续齐备、规范。

（三）补偿兑付

按照南水北调中线工程丹江口水库工业企业迁复建实施办法，库区各县（市、区）移民工作指挥部对工业企业迁复建工作施工质量、进度、企业职工安置等方面做了要求，由迁建企业自主完成迁复建任务，各地移民局按照补偿投资计划足额兑现补偿资金。

在具体实施过程中，库区各县（市、区）区和每一个企业签订一次补偿或复建协议书。一次性补偿的在各项手续完备的情况下，及时给予补偿；对于搬迁复建的企业，制定拆迁、复建时间表，同时加强企业选址、企业复建、资金拨补等管理，既促进企业能按时按规模复建完成，也保障移民资金的实时兑付。

2013 年 6 月 30 日前，库区各县（市、区）移民局对各工业企业迁复建单位补偿协议资金均已兑付完毕，兑付补偿资金 47674.17 万元。

需复建的工业企业中，郧县工业用油公司拆分复建为 2 家企业，125 家工业企业淹没处理实施完成搬迁处理 126 家，其中已完成一次性补偿处理 85 家、完成搬迁 41 家。完成淹没影响企业搬迁户藉在厂职工 2838 人。

湖北省库区一次性补偿企业移民资金已全部兑付，补偿已销号；迁建企业建设程序符合规定，基础设施已建成，生产和生活用房已按规划建设；企业生产运行良好，企业职工已得到较好安置；企业补偿资金兑付已完成，资金专款专用；淹没线下建（构）筑物全部拆除；湖北省淹没工业企业淹没处理（补偿或复建）工作已经完成。

五、专业项目迁复建

（一）淹没及规划概况

库区淹没的专业项目主要包括公路、港口码头、输变电、通信、广播电视、水利水电、水文站网、各类管道、文物古迹、矿产资源等，其中文物古迹、矿产资源调查规划均由专业部门负责单独完成。专业项目淹没指标按 170m 人口迁移线调查。根据 2003 年实物指标调查成果，丹江口水库淹没影响湖北省等级公路（四级及以上）172.37km，其中大中型桥梁 25 座 1401 延米；机耕道 658.83km；码头 74 处，停靠点 356 处；电力线路 257.33km，电信线路 387.6km，广播电视线路 591.71km；水电站 4 座，总装机容量 3040kW；抽水泵站 136 座，总装机容量 10599kW；供水管道 30.8km（包括东风公司供水管道 27.4km），水位站 1 座。

实施规划以国家批复的初设规划报告为依据，实行迁建任务和补偿投资双包干。由各专业部门对经批准的复建项目，在初设阶段审定设计成果的基础上，按相关行业要求组织完成施工图设计。

在确保项目功能恢复、建设进度满足移民搬迁需要的前提下，经主管部门批准，有关部门可结合其他投入，合理确定建设规模。移民补偿投资按批准的初设规划报告中的项目投资计列；扩大规模或提高标准需要增加的投资，由各专业部门自行负担。

在不改变初设规划报告确定的总体布局及功能的前提下，经主管部门批准，可对规划方案进行局部优化和调整。局部优化和调整的项目必须遵循初设规划报告确定的规划原则、范围和标准。

根据审定的《南水北调中线一期工程丹江口水库建设征地湖北省移民安置实施规划报告》，实施规划阶段湖北库区规划复（改）建等级公路112.5km（含大中小型桥梁55座7886.2延米），复建码头15处；复建电力线路377.142km，电信线路779.64km，广播电视线路637.98km；复建机耕道529.857km，渡口225处；复建大型供水管道31.63km，水文（位）站1个；库岸防护工程治理总长度5605.12m。

（二）实施组织

专业项目复建以各行业主管部门为主组织实施。首先由专业部门按初步设计报告确定的项目申报，对无变化的项目，经区县移民局审核，区县政府审批同意后，纳入实施方案；对结合库区实际和行业发展规划，部分需要进行优化整合、变更的项目，各专业部门提出具体方案，报区县政府审批同意后，作为调整项目纳入实施方案，在此基础上，各区县移民指挥部（或移民局）与相关专业部门签订补偿协议，并实行任务、投资双包干。

各专业主管部门按照区县政府批准的项目规模、标准和投资，委托有资质的设计单位进行施工图设计。对单项合同设计费估算在50万元以上（含50万元）的，必须公开招投标确定设计单位；在50万元以下的，可采取邀请招标确定设计单位。完成设计的专业项目评审由各专业部门负责组织，按评审意见组织设计部门进行设计修改完善后，报区县移民工作指挥部审核、区县政府批准后组织实施。在各专业实施方案和各单项工程设计的基础上由长江设计公司编制完成了专业项目实施规划报告。

专业项目在复建实施过程中实行项目法人负责制、招投标制、质量安全终身责任制、监理制、竣工验收制等。复建项目法人作为招标人，按照《中华人民共和国招标投标法》和行业建设有关规定进行组织复建项目的招投标，复建单项工程投资规模在200万元以上（含200万元）的，必须进行公开招标；在20万（含20万元）～200万元的，原则上也应公开招标，项目法人依法与施工单位签订施工合同。复建专业项目实行建设监理制，按照国家规定单项工程监理费在50万元（含50万元）以上的，采取公开招标确定监理单位；监理费在50万元以下的，可采取邀请确定监理单位。项目法人（或建设单位）依法与监理单位签订监理合同。专业项目建设质量、安全实行终身责任制，项目法人（或建设单位）的法定代表人对质量安全负总责，勘察设计、施工、监理单位的法定代表人对所承建的项目质量安全按有关规定承担相应责任；区县移民工作指挥部对实施过程中参建各方，包括项目法人、设计、施工、监理单位等行为及工程质量进行抽查和监督。按照区县政府批准的实施方案和各专业部门签订的补偿协议，区县移民局根据专业项目复建工程进度拨付项目复建资金，并预留部分资金在工程竣工验收后拨付；专业项目严格按照下达的投资实施，对提高标准、扩大规模增加的由实施单位自行解决；项目法人和建设单位对专业项目复改建资金单独建账，进行管理和核算。专业项目竣工后，施工单位及时组织自验，自验合格后，向项目法人（或建设单位）提交竣工验收申请报告，专业项目主管部门在收到申请后，一个月内组织有关单位对项目进行验收。项目终验合格后，施工单位向专业项目主管部门提出移交申请，相关单位参与办理移手续；项目法人（或建设单位）负责收集、整理项目实施的有关文件和资料，建立项目档案，纳入移民档案管理，并报送移民局。

专业项目所实施的项目，其上级业务主管部门负责项目实施的监督工作，确保项目建设质量和安全。项目法人应主动配合审计、监察、移民等部门的审计、检查和监督，及时提供有关资料，对存在的问题按要求限期整改。各专业部门切实加强移民资金管理，确保专款专用，对贪污、挪用、侵占、浪费移民资金的违法违纪行为，以及失职、渎职造成严重经济损失或工程质量安全事故的单位和个人，按有关规定追究其相应责任；构成犯罪的，移交司法机关处理。

库区各县（市、区）结合移民搬迁进度，编制了专业项目复（改）建实施计划，并通过了有关行业部门审批。实施过程中，县级政府结合移民迁建实际和行业发展规划，充分考虑当地发展需要，对部分项目进行了优化整合。

丹江口市制定了《丹江口市南水北调中线工程库区专业项目复（改）建实施办法》（丹政发〔2011〕4号）。按照湖北省移民局下达的年度投资计划，丹江口市移民局将计划分解到各专业部门，实行投资计划管理，复建任务包干，各专业部门结合库区移民安置实际，对部分需要优化、整合、变更的项目提出具体的方案，经市移民工作指挥部研究、市政府同意、报上级移民主管部门审批后，作为年度计划调整项目实施。

武当山特区专业项目实施规划由武当山特区委托有资质设计单位设计、经组织评审后实施，采用任务、资金双包干的原则，由武当山特区移民工作指挥部与交通、电信、广播等相关专业部门签订复建协议书，由专业部门负责具体实施。

郧县和张湾区采用移民局与各专业局签订专业项目复建投资包干协议，实行任务、投资双包干。由各专业局委托有资质设计单位设计，各专业局负责组织评审、实施、验收。

郧西县专业项目实施规划由郧西县政府负责委托有资质设计单位设计、组织评审、实施，或以任务资金双包干原则，由郧西县移民工作指挥部与相关专业部门签订复建协议书和责任书，由专业部门负责实施完成。

（三）实施成果

湖北省各县（市、区）复建等级公路共171.70km（含桥梁44座、9945.20延米），复建码头16座，一次性补偿5座；复建电力线路共392.00km（110kV线路34.75km，35kV线路41.85km，10kV线路315.40km），新建110kV变电站1座，加固变电站3座，改造变电站1座；复建通信线路558.66km，电信分局1个，新建、迁建模块局7个；复建广播电视线路721.67km；库周基础设施中，复建水源工程229处，供电线路233.48km，广播电视线路273.65km，复建机耕道490.04km，人行道119.8km，桥梁4374延米，路堤580m，渡口225处；复建输水管道31.67km；库岸防护涉及郧阳区城关镇和安阳镇，库岸防护长度5605m。

六、库底清理

（一）库底清理任务

根据《南水北调中线一期工程丹江口水库湖北省库底清理实施规划报告》，湖北省库底清理主要任务如下：

（1）卫生清理。需清理化粪池1061处、沼气池6420处、粪池37123处、牲畜栏51256处、公共厕所505处、污水池32处、网箱139.97万m^2、普通坟墓35828座、传染病死亡者坟墓464座、医疗卫生机构82处、医院垃圾39t、兽医站14处、牲畜交易所6处、屠宰场10处、病死牲畜掩埋地19处，灭鼠13.03万亩。

（2）固体废物清理。需清理生活垃圾4.77万m^3，工业固体废物73处、16.40万m^3，危险废物2处、69m^3，污染土壤36处、16.87万m^3。重点清理企业有丹江口市丹龙工贸化工有限公司、丹江口市第一造纸厂、郧县博达丰工贸有限公司和郧县郧阳造纸厂。

（3）建（构）筑物清理。需清理房屋565.88万m^2、砖石围墙28.60万m^2、土围墙0.87万m^2、门楼1250个、烤烟房0.06万m^2、地窖3.08万口、水池12.87万m^3、压水井0.43万口、大口井1.63万口、炉灶3.56万个、炉窑211处、烟囱41处、水塔1.28万m^3、储油罐0.50万m^3、油槽70m^3、其他独立柱体0.41万m^3、地下建筑物3处、牌坊7处、大中型桥梁33座、杆塔4.55万根（基）、堤坝109处、渡槽11处、泵闸7处、供水管道46.59km、码头8处。

（4）林木清理。需清理成片林地10.59万亩，零星树木（含绿化树、行道树）101.31万株。

（5）易漂浮物清理。主要包括建（构）筑物清理后易漂浮的材料，伐倒的树木及其枝丫，以及田间和农舍旁堆置的柴草、秸秆等。

（二）库底清理技术要求

（1）卫生清理。

1）一般污染源。化粪池、沼气池、粪池、公共厕所、牲畜栏、污水池残留污物，彻底清掏运至移民迁移线外指定地点消毒、填埋；化粪池、沼气池、粪池的坑穴用漂白粉按1kg/m^3撒布浇湿后，用农田土或建筑渣土填平压实；牲畜栏、公共厕所、污水池的地面用4%漂白粉上清液按2kg/m^2（即每平方米需要漂白粉0.08kg）喷洒，坑穴表面用漂白粉按1kg/m^3撒布浇湿后，用农田土或建筑渣土填平压实。

2）普通坟墓。根据库底清理技术要求，坟墓墓碑等障碍物全部推倒摊平；埋葬15年以内的坟墓，将尸体迁出后，墓穴及周围土用4%漂白粉上清液按2kg/m^2消毒，墓穴用农田土或建筑渣土回填压实；埋葬15年以上的坟墓，推倒摊平碾压压实。

3）网箱。全部拆除运至移民迁移线以外。

4）传染性污染源。医疗卫生机构工作区、兽医站、屠宰场及牲畜交易所：粪便污物按10∶1加漂白粉进行消毒处理，混合2小时后运至移民迁移线外指定场所消毒、填埋；粪坑用漂白粉按2kg/m^2撒布浇湿后，用农田土或建筑渣土填平压实；地面及以上2m的墙壁用4%漂白粉上清液按 0.3kg/m² 喷洒（即每平方米需要漂白粉 0.012kg），消毒时间不少于 30 分钟。医院垃圾：全部集中焚烧，焚烧残留物集中填埋处理。病死牲畜掩埋地：尸骨挖出后就地焚烧。坑穴用 10%漂白粉上清液按 2kg/m² 消毒处理后（即每平方米需要漂白粉 0.2kg），用农田土或建筑渣土填平压实。

5）生物类传染源。对居民区、集贸市场、仓库、屠宰场、码头、垃圾堆放场 200m 区域耕作区的鼠类采用药物灭杀。投饵量，居民区原则上室内面积小于 15m² 时，投放毒饵 2 堆；室内面积大于 15m² 时，投放毒饵 3 堆；耕作区每亩投放毒饵 10 堆。

（2）固体废物清理。包括生活垃圾清理、工业固体废物清理、危险废物清理、被污染的土壤清理四项。按照库底清理技术要求，固体废物全部实行无毒和无害化处理。处理措施按照依法、依规、经济合理的原则，优先采用就地无害化处理方式，难以就地无害化处理的有毒废物应运至移民迁移线以上按规定处理、处置。

（3）建（构）筑物清理。清理范围内的各类建筑物全部拆除，清理残留高度不得超过地面 0.5m。建筑物内的易漂浮物运至库外。

（4）林木清理。包括成片林地清理、零星树木清理。林木全部砍伐并运至移民迁移线外，残留树桩高度不得超过地面 0.3m。

（5）易漂浮物清理。易漂浮不得堆放在移民迁移线以下，全部运出库外或就地焚烧，灰烬掩埋。

（三）实施规划编制与审批

根据《南水北调中线一期工程丹江口水利枢纽大坝加高工程初步设计阶段水库建设征地移民设计规划报告》，湖北省丹江口水库库底清理任务涉及卫生清理、固体废物清理、建构筑物清理、林木清理和易漂浮物清理。

为全面完成库底清理任务，2012 年 5 月，南水北调中线水源有限责任公司于委托长江设计公司根据国家有关法律法规、技术标准，结合丹江口水库实际，编制了《南水北调中线一期工程丹江口水库库底清理技术要求》，国务院南水北调办于 6 月以国调办征移〔2012〕132 号文进行了批复，要求河南、湖北两省以此为依据抓紧编制库底清理实施方案，抓紧开展库底清理工作。

2012 年 7 月，湖北省移民局委托长江设计公司编制《丹江口水库湖北省库底清理实施规划报告》。长江设计公司承担任务后，为统一工作思路、统一技术路线，编制完成了《丹江口水库湖北省库区库底清理实施方案编制工作大纲》并于 2012 年 8 月，派员赴丹江口库区，与地方政府、移民、交通、电力、广电、卫生、环保、林业等部门有关人员组成联合调查组，结合地方完成的库底清理实施方案，对卫生、固体废物、建（构）筑物、林木、易漂浮物等清理量进行了全面的调查、复核。结合各区县卫生、环保部门牵头完成的卫生清理和固体废物清理实施方案，编制完成《南水北调中线一期工程丹江口水库湖北省库底清理实施规划报告》。2012 年 12 月，湖北省移民局在武汉组织召开了审查会议。根据审查意见，2013 年 1 月，长江设计公司编制完成了湖北丹龙化工有限公司、丹江口市第一造纸厂、郧阳造纸厂、郧县博达丰工贸有限公司等 4 个企业固体废物处理方案。2014 年 2 月，国务院南水北调办印发《关于南水北调中线一期工程丹江口水库库底清理补充规划专题报告的批复》（国调办征移〔2014〕47 号）。

（四）实施组织

1. 组织机构

为切实做好库底清理工作，按照国务院南水北调办的总体部署，根据“统一领导、分级负责，县为基础，部门配合”的库底清理工作管理体制，湖北省成立了南水北调工程丹江口水库库底清理和验收工作领导小组，由省政府分管领导任组长，十堰市政府、省移民局、卫生厅、环保厅、林业厅、住建厅、交通运输厅等相关部门为成员单位。领导小组办公室设在省移民局，下设督办协调组、卫生清理组、固废清理组、林木清理组四个工作组。工作组采取不定期方式，分赴库区开展督查工作，督察内容包括进度、质量、档案记录等。对督查中发现的问题，由督查组现场协调解决；对重大问题，报省领导小组研究解决。

根据省移民工作指挥部要求，十堰市人民政府及库区5个县（市、区）政府也成立了库底清理领导小组，负责组织领导本县（市、区）的底清理工作。库区5个区县由移民局、卫生局、环保局、林业局等专业部门牵头，成立分项工作领导小组，负责制定本县（市、区）分项清理工作技术方案和清理工作实施方案；组织清理技术培训和清理现场技术指导，做好质量监控及清理后的效果评价。库区各乡镇是库底清理工作实施主体和工作主体，在专业牵头单位的监督指导下负责做好本乡镇库底清理的组织实施工作，并对清理成果负责。

2. 质量控制

库底清理领导小组在设计单位指导下，开展库底清理实物量调查摸底工作；采取以会代训的办法，对乡镇和有关部门的清理专干进行专题培训；印发《库底清理技术要求》，库底清理人员人手一份。卫生、环保、林业、移民等部门按照各自分工分别提出了技术要求。库区各县（市、区）乡镇均抽调乡卫生、防疫、林业、移民干部组成专业清理队伍，具体实施清理，清理人员一律要求先培训后上岗。省督办组巡回到各地现场监督指导库底清理，确保库底清理工作不走过场，不留死角。各乡镇、各部门均成立了档案资料工作组，收集整理各种档案资料；按照库底清理规范，对本单位承担的清理任务、清理对象、数量、范围、时间、方法、过程和效果认真做好记录，制作留存照片、录像资料；对建筑物清理和卫生清理合同、卫生清理药品等材料购货凭证、拨款票据以及各类文件资料、表册及时进行收集、整理、立卷、归档，并指定专人负责管理，为做好验收工作奠定基础。

3. 监督管理

为及时掌握库底清理工作进度，各县（市、区）必须按省移民局下发的“丹江口水库库底清理实施进度表”“库底清理记录报告单”的内容详细填写，每周上报一次进度，以纸质和电子版形式，将库底清理进度情况上报。各县（市、区）以全省库底清理工作会议的有关要求，及时调整工作布局，对进度较慢的库底清理工作任务加强督办协调力度，及时解决影响库底清理进度的具体问题，促其加快进度，确保按期完成清库任务。省督办组赴各县（市、区）巡视督导重点乡镇和重大污染源的清理工作，对重大污染源和重点乡镇重点督办，对进度滞后的下发督办通报，督促库底清理工作进度。

在库底清理过程中，省南水北调丹江口水库库底清理和验收工作领导小组办公室采取不定期方式，对库区库底清理工作进行监督检查，根据督查情况和存在问题，印发督查通报；组织设计、监督评估单位有关人员定期不定期深入库区协调指导库底清理工作。库底清理工作完成后，库区县乡及时组织了自验工作，省南水北调丹江口水库库底清理和验收工作领导小组办公室按照国务院南水北调办的要求，组织有关部门和专家按时完成了省级初验。

（五）实施成果

根据《湖北省南水北调丹江口水库移民安置蓄水前初验报告》及实施情况，湖北省库底清理主要完成了以下工作：

（1）卫生清理。实际清理一般性污染源16.76万处，完成率100.88%；传染性污染源680处，完成率100.44%；生物性污染源清理147处，完成率达100.00%；灭鼠面积8951万m^2，完成率103.04%。

（2）固体废物清理。实际完成清理一般固废清理60048m^3，完成率125.94%；工业固体废物20.75万m^3，完成率126.56%；危险废物2处139t，完成率104.51%；污染土壤17.05万m^3，完成率101.11%。4家重点企业均已完成现场清理。

（3）建（构）筑物清理。拆除房屋565.88万m^2（含丹江口市均县镇淹没线上已搬迁的17个单位及24户居民房屋3.288万m^2，这些房屋作为均州历史文化给予保留，并上报遗址保留报告，按已拆除统计），完成率100%；砖石围墙28.60万m^2、土围墙0.87万m^2、门楼1250个、烤烟房620m^2、地窖3.083万口、水池12.86万m^3、压水井0.427万口、大口井1.613万口、炉灶3.88万个、炉窑211处、烟囱41处、水塔126座、储油罐37个、油槽2个、独立柱体5处、地下建筑物3处、牌坊7处、碍航的大中型桥梁33座、杆塔4.545万根（基）、堤坝109处、渡槽11处、泵闸7处、供水管道46.59km，码头8处，完成率100%。

（4）林木清理。清理成片林木10.71万亩，完成率101.1%；零星树木、绿化树、行道树101.38万株，完成率100.1%。

（5）易漂浮物清理。全部完成。

七、移民验收

移民安置项目验收是移民迁安工作的重要组成部分，县级自验是搞好总体移民安置项目验收的前提。按照国务院南水北调办的安排，丹江口库区移民安置蓄水前验收要在2013年8月前完成。

（一）蓄水前验收

1. 自验

根据国务院南水北调办的安排部署，湖北省把2012年定为丹江口库区移民安置验收年，围绕移民安置验收，进一步加大工作力度，加快移民后续收尾工作，以验收促进各项工作完成。同时，湖北省移民局组织有关单位，制定了《湖北省南水北调中线一期工程丹江口水库移民安置验收大纲》、报国务院南水北调办批准执行，并制定了《湖北省南水北调中线工程丹江口水库移民安置蓄水前初验工作方案》，以规范和指导移民安置验收工作。2012年12月，湖北省对移民安置验收工作开始安排部署。为确保验收工作科学、有序推进，省验收委员会组织开展了移民验收工作业务培训，组织移民规划设计单位、移民安置监督评估机构对库区、安置区县（市、区）验收工作进行巡回指导，帮助开展移民安置自验准备。各县（市、区）按照全省

县级自验工作安排，认真制订计划，逐级安排部署，加强验收培训，健全验收组织，加快安置扫尾，逐项处理问题，全力推进县级自验工作。2013年3月底，外迁移民安置区移民安置自验工作全部完成。2013年6月初，库区移民安置实施县（市、区）移民安置自验工作完成。

2. 初验

为切实做好省级初验工作，湖北省人民政府成立了南水北调丹江口水库移民安置蓄水前验收委员会，由省政府相关部门、十堰市人民政府、中线水源公司、移民安置设计与监督评估单位的领导和专家组成，负责省级初验工作组织领导、协调指导，验收具体工作由省验收委员会办公室负责，出台了《湖北省南水北调中线工程丹江口水库移民安置蓄水前初验工作方案》。初验工作分为外迁移民安置、库区移民安置、工业企业迁建、专业项目复（改）建、文物保护及库底清理6个专业验收工作组，在县级自验完成的基础上进行初验抽查，于2013年4月、6月分别组织对农村外迁移民安置、库区及坝区移民安置进行了省级初验，并完成了湖北省南水北调丹江口水库移民安置蓄水前初验报告。

根据农村移民安置、城（集）镇迁建、工业企业迁建、专业项目复（改）建等初验工作组分项验收评定意见，湖北省验收委员会综合评定湖北省南水北调丹江口水库移民安置蓄水前初验为合格。

3. 终验

2013年7月19—21日，国务院南水北调办在湖北省十堰市组织开展了南水北调丹江口水库大坝加高工程建设征地补偿和移民安置蓄水前移民搬迁安置终验技术性初步验收。验收人员有国务院南水北调办、南水北调工程设计管理中心、特邀专家、省政府移民办和南水北调中线水源有限责任公司，及规划设计、监督评估等单位共50余人。技术性初步验收专家组分农村移民搬迁安置，城（集）镇、单位、工业企业迁建，专业项目复建3个专业组开展了现场检查验收工作。有关专家及代表现场查看了农村移民搬迁安置、城（集）镇迁建、工业企业迁建和专业项目复建实施情况，查阅了有关技术资料及档案。在进行充分讨论的基础上，验收专家组召开全体会议，形成了《南水北调丹江口水库大坝加高工程建设征地补偿和移民安置蓄水前湖北省移民搬迁安置终验技术性初步验收报告》。根据报告，南水北调中线一期工程丹江口水库大坝加高工程建设征地补偿和移民安置蓄水前湖北省移民搬迁安置终验技术性初步验收评定为合格，能够满足丹江口水库大坝加高蓄水要求。

2013年8月21—22日，国务院南水北调办在湖北省丹江口市组织召开了南水北调丹江口库区移民安置蓄水前终验行政验收会议。会议听取了南水北调中线水源有限责任公司、河南、湖北两省工作报告和南水北调工程设计管理中心关于丹江口水库蓄水前移民安置技术性验收的情况汇报，现场查看了湖北省丹江口市移民安置和库底清理工作情况，讨论通过了《南水北调丹江口水库大坝加高工程建设征地补偿和移民安置蓄水前搬迁安置终验报告》。根据终验报告，湖北省丹江口水库移民安置综合评定为合格，能够满足丹江口水库大坝加高蓄水要求。

（二）总体验收

2015年4月，国务院南水北调办印发了《关于加快完成丹江口库区移民尾工项目扫尾开展总体验收工作的通知》。湖北省政府高度重视移民总体验收工作，成立了湖北省南水北调中线工程丹江口水库移民安置总体验收委员会，由省政府分管领导任主任委员，省政府副秘书长和省移民局局长任副主任委员，十堰市人民政府、省直14个相关部门、南水北调中线水源有限责任公司、长江勘测规划设计研究有限责任公司、丹江口水库湖北省移民安置监督评估项目部为验收委员会成员单位。2016年11月16日，省政府召开湖北省南水北调中线工程丹江口水库移民安置总体验收委员会第一次会议，安排部署湖北省移民总体验收省级初验工作。2016年11月20日至12月10日，省移民验收委员会办公室组织省直12个部门和十堰市政府等单位一行50多人分成农村移民一组、农村移民二组和城（集）镇、企业、专业项目组三个工作组，通过“听、查、看、访”等方式，分别对库区、外迁安置区进行了省级初验。根据国务院南水北调办的总体安排，结合省政府在移民系统开展的履职尽责点题督查，湖北省对省级初验发现的问题全面整改，并在全省开展初验“回头看”，全面排查政策落实、搬迁扫尾、生产质量、房屋维修等重点问题。经过近一年的整改，2017年12月29日，省移民总体验收委员会召开第二次会议，审议湖北省南水北调中线工程丹江口水库移民安置总体验收初验结论为合格。

八、主要做法及效果评价

（一）主要做法

1. 高站位，统一思想认识

湖北省领导反复强调，做好丹江口水库移民工作是全省“天大的事”，要始终秉承热心、爱心、责任心，坚持优先、优越、优厚，举全省之力，努力把移民工程建设成为落实科学发展观、改善民生和社会主义新农村建设的典范工程，并提出移民工作是对广大干部全局观念、组织纪律观念、群众观念的一次重要检验，全省上下必须要把思想和行动统一到天大的事上来，全面完成好中央交给的任务。全省各级党委、政府站在讲政治、顾全局的高度，动员各方力量，汇集各种资源，上下联动，形成了领导重视、思想统一、合力攻坚的移民工作氛围。

2. 高起点，建设移民新村

湖北省抢抓南水北调工程建设机遇，整合各项政策，汇集各方资源，着力把移民安置点打造成奔小康的先进村和新农村建设的示范村。各地统筹移民新村近期建设和长远发展，统筹生产与生活安置，将移民新村建设与当地经济社会发展规划相结合、与社会主义新农村建设相结合，不断优化移民新村规划布局和住房设计，确保水、电、路、通信、照明、环保一步到位，就业、就学、就医充分兼顾，建成了一大批有一定规模、设施配套、功能完善、特色鲜明的社会主义新农村。

3. 硬措施，确保任务完成

为确保按期完成移民搬迁安置任务，湖北省多措并举。①政策支持。省委、省政府印发了《关于研究南水北调中线工程丹江口库区安置区移民新农村建设有关优惠政策的专题会议纪要》《关于支持南水北调移民内安和丹江口库区跨越式发展的意见》《省人民政府关于全面推进南水北调中线工程丹江口水库移民工作的通知》等文件，倾力支持移民迁安复建。②领导包保。坚持主要领导分别联系库区乡镇工作制度，县（市、区）建立了县级领导包乡镇、县直部门包村组、机关干部包移民户的包保责任制。③对口帮扶。省直31个部门对口帮扶外迁安置区和库区29个移民内安乡（镇），解决了一大批事关移民生产生活方面的问题。④强化督办。省移民

工作指挥部协调督办组常驻库区，工作动态掌握在一线，政策服务在一线，重大问题协调解决在一线。省政府督查室也深入库区对进度滞后的乡镇进行了重点督办。⑤保障施工。通过延长库区黏土砖企业生产期限、组织外地劳力进工地、政府无偿为企业提供施工器具、叫停一般性工程援建移民工程等一系列措施，千方百计保正常施工、保时间节点。

4. 真感情，赢得移民支持

移民工作是政治任务，更是民生工程。做好移民工作，必须要有一支对移民充满深厚感情、具备扎实群众工作基本功和丰富群众工作经验的干部队伍。在工作中湖北省始终坚持以人为本，坚持把维护移民群众的根本利益和现实的合法权益放在首位，在规划、对接、建设、政策扶持及后续发展等环节上，充分倾听群众呼声，尊重群众意愿，满足群众合理诉求，最大限度地争取广大移民群众的理解和支持。①确保移民合法权益。在研究问题、出台政策等方面，让广大移民充分享受到发展的成果。各级政府对移民建房出台了“以奖代补”办法，缓解了建房难、建房慢问题。省政府筹措了房屋维修资金，有效地解决了少数外迁移民房屋质量缺陷问题，深得民心。②尊重移民的知情权。在移民身份确认，实物指标补偿，价差测算、兑付等方面坚持“公开、公平、公正”，充分保障移民的知情权、话语权。③帮扶移民发展增收。省政府按照人均1500元标准筹措了生产发展资金，分两年下拨各地；各地在移民发展项目补助、税费减免、贴息贷款等出台多种扶持政策，引导移民谋发展，部分移民已率先走上了发展致富道路。

5. 强监管，确保资金安全

湖北省严格遵守有关法律、法规，加强工程质量、移民资金管理，确保工程安全、资金安全。①严格质量管理。省、市、县住建部门将全省移民安置点所有移民工程纳入监管范围，做到了监管无盲区、指导无空白。省移民工程质量安全监督网经常组织专家开展明察暗访，库区安置区严格落实了政府质量监督、工程监理、移民代表、企业自律“四位一体”的质量监管体系，实行全过程质量管控。省市县不等不靠，齐心协力，提前对库区集中居民点高切坡治理进行规划、设计、施工，确保了移民及时安全入住。②严格资金管理。湖北既重视建立健全管理制度，又注重严格监管，经常性地开展内审工作。2012年4—6月，国家审计署对湖北省南水北调移民资金进行全面审计，没有发现重大违法违纪问题。③严格干部管理。廉政教育经常进行，警示招呼逢会必打，做到了警钟长鸣。

6. 好机制，维护社会稳定

严格执行移民政策、着力健全工作机制，全力维护社会稳定。①在移民政策上下工夫。湖北省自始至终把政策这根红线贯穿于移民搬迁安置的全过程，着力提高移民干部尤其是县、乡两级移民干部的政策水平，确保执行政策不折不扣，不突不破，坚决维护移民政策的统一性、权威性、严肃性。②在健全工作机制上下工夫。通过建立规划导向机制、投入保障机制、教育培训机制和长效服务机制，既注重阶段性、突击性地动员和组织移民搬迁，解决“搬得出”的问题，也注重增加移民收入、促进融入当地，解决“稳得住、能发展”的问题。③切实加强矛盾排查、纠纷化解。集中开展对移民的法制宣传教育活动，引导移民以合法、理性方式表达诉求。④重要节点重点监管。通过建立和不断完善信访维稳机制，及时发现问题、及时跟进措施、及时消化解决，没有出现大的群访事件。

7. 大宣传，营造良好氛围

紧紧围绕移民搬迁安置主线，进一步加大宣传力度，营造了良好社会氛围。一是超前谋划，掌握宣传主导权。省移民局与省委宣传部共同策划制定了《南水北调中线工程丹江口水库移民工作宣传方案》，做到长计划，短安排。二是突出重点，占领宣传主阵地。充分发挥各级新闻媒体主力军作用，开专栏，做专版，推重头，浓墨重彩地宣传移民工作，牢牢占领宣传主阵地。组织中央、省级新闻媒体采访团多次深入库区、安置区采访报道，共刊发新闻稿件2000余篇。其中移民干部刘峙清作为优秀移民干部和争先创优先进个人向中宣部重点推荐，列入了建党90周年重要典型宣传计划，中央、省级各大主流新闻媒体同步在《身边的感动》栏目推出了刘峙清的先进事迹。三是拓宽方式，提高宣传感染力。围绕宣传南水北调移民精神，完成了“五个一工程”，即拍摄一部数字电影《汉水丹心》，发行一部报告文学《汉水大移民》，举办一场专题晚会，出版一本摄影画册，组织一次广播电视大直播。四是科学考评，增强宣传实效性。省移民局与省委宣传部、省记协多次对各级新闻媒体发表的关于湖北南水北调移民工作的新闻作品联合开展了好新闻奖评选活动。《基本完成南水北调中线工程移民搬迁》被湖北省记协、湖北日报传媒集团、湖北省广播电视台联合推选为“湖北2011年十件大事”。

8. 敢担当，干部奋力拼搏

广大移民干部奋力拼搏是做好“天大的事”的坚实基础。广大基层移民干部以高度的政治责任感和强烈的事业心，夜以继日、长期超负荷奋战在移民工作一线，积劳成疾的有之，以身殉职的有之，变成植物人的有之，涌现出以刘峙清为代表的一批忍辱负重、鞠躬尽瘁、默默奉献的模范人物，库区安置区先后有10位同志献出了宝贵的生命。他们用汗水、泪水、苦水和血水铺就了移民搬迁的和谐之路，铸成了移民工程的历史丰碑。

移民搬迁安置全面启动以来，全省上下众志成城，克难攻坚，外迁实现了“有序搬迁、平安搬迁、和谐搬迁”的目标，内安实现了“快速启动、加速推进、平稳有序、大局稳定”的目标。

（二）效果评价

湖北省全省上下秉承“爱心、热心、责任心”，坚持“优越、优先、优厚”原则，投入真感情，给予真支持，强化真落实，致力于把移民工程建设成为落实科学发展观、改善民生和社会主义新农村建设的典范工程，移民生产生活在原规划的基础上又上了一个大的台阶。

1. 移民生活安置效果

湖北省在移民新村建设过程中，通过国家和省现有的各项支农、惠农政策和基础设施建设投入与移民补偿资金捆绑使用，优化规划，提高移民新村建设标准。建成后的移民新村，房屋美观漂亮，街道宽敞明亮，基础设施完善，公共设施齐全，村容干净整洁，移民和谐稳定，初步具备新型农村社区的雏形，为逐步实现农村基础设施城镇化、生活服务社区化、生活方式市民化的新的城乡一体化居住模式和服务管理模式创造了基本条件。

搬迁前，移民村是多年来自然形成的村落，缺乏统一规划，居住环境杂乱；房屋分布零散，人均住房面积只有20.97m^2，且大多都是土木房、土坯房，房屋通风、采光条件较差；生活饮用水主要靠管道从山上引山泉水、自打浅水井或建小水窖，人畜饮用水和安全很难保证；供电设施较差，用电功率较小，只能用于照明，家用电器的拥有率和使用率都较低；交通十分不便。乡村道路绝大部分是土石路面，部分村庄甚至要通过坐船才能到县城，村内大多为泥土路，群众出行时，经常“晴天一身土、雨天两腿泥”；生活垃圾随意堆放，生活废水任意排放，

人们的环境卫生意识比较薄弱；医疗条件较差，卫生所房屋破旧、设施简陋、卫生人员匮乏，难以满足正常医疗保健需求；受距离远、交通不便等因素影响，移民只有生了大病，才会去乡镇卫生所或县市级以上的医院。多数移民村村委会办公用房简陋，办公条件较差。学生就读距离较远，读书很不方便；库区学校教学条件较差，师资力量不足。

搬迁后，移民新村经统一规划，住房整齐有序，外迁移民人均住房面积达到32.32m^2，内安移民人均建房面积增加到42m^2，移民房屋质量显著提高，新建移民房屋均为砖混结构，房屋通风、采光条件良好，每户还建有外观漂亮、整齐划一的门楼院墙。移民新村点内场地全部硬化，街道平整，排水通畅，饮水安全，电路安全，电信及有线电视全部接入到户。各居民点都修建有村委会、公厕、垃圾收集点、晒场，各居民点还修建了卫生室，配备了医师和床位，满足了移民的就医需求。移民自主开设小型私营超市，满足了移民生活需要。各个居民点附近都有学校，可以满足移民子女入学就读的需要。

2. 移民生产安置效果

湖北省丹江口库区移民生产安置坚持以土为本、大农业安置为主的原则，在移民生产安置过程中，严格按照规划的标准调整划拨生产用地，大面积开展土地整理，积极开展水利设施配套，加强移民生产技能培训，拓宽移民就业门路，帮助指导移民发展生产，促进移民增收致富，移民生产安置成效显著。

搬迁前，库区移民人均耕地为0.91亩，以旱地为主。灌溉设施较少，灌溉方式主要是修建水库自流灌溉和修建提灌站提水灌溉两种。渠系配套不完善，部分水利设施基本处于荒废状态；库区移民耕地面积狭小，地块分散，田间道路条件差，农业机械化程度低。

搬迁后，外迁移民按人均1.5亩划拨生产用地，库区内安移民按人均大棚菜地0.4亩或水浇地1.05亩或旱地1.4亩划拨生产用地。移民生产用地数量、质量均较搬迁前有一定程度的提高和改善。搬迁后，安置地遵循“尽量集中连片、耕作半径原则上不超过3km”等原则，为移民划拨生产用地，并进行了土地整理和水利设施配套，提高了机械化耕作程度和灌溉保证率，方便了田间管理。规划阶段，移民安置点的选择充分考虑了移民搬迁后的生产发展途径，尽量靠近生产基地、工业园区，方便移民转移就业。搬迁后，各级政府和移民实施管理机构为了使移民尽快适应当地的劳动生产环境和生产方式，恢复生计，对移民进行了多种形式的劳动技能培训，以提高移民农业生产技能和非农就业能力，增强移民发展致富的信心。移民搬迁后，各级政府与移民实施管理机构精心组织实施，扎实推进后期帮扶工作，生产发展初见成效，移民已基本达到或超过其原有生活水平。

九、非省属项目迁复建

（一）淹没及规划概况

根据批复的《南水北调中线一期工程丹江口水库初步设计阶段建设征地移民安置规划设计报告》，涉及中线水源公司组织实施的非省属复建项目2个和新建项目1个，即丹江口水库水文河道专项设施复建和水准网复建，并新建丹江口水库地震监测系统。

（1）丹江口水库涉及汉江局3个水文站（其中2个迁建、1个后靠复建），31个水位站（其中22个后靠复建、9个迁建），316个河道观测设施（其中195个固定断面的标点后靠、81个固定断面比测调整、40个观测断面复建)。

(2)丹江口水库涉及一等水准网移测复建:观测长度746.8km,普通水准标埋标115座,基本标埋标14座,钢管标21座,跨江水准1处,需要维护的普通标51座,基本标4座;二等水准网线移测复建:观测长度1659.9km,普通水准标埋标287座,基本标埋标28座,钢管标29座,跨江水准42处,需要维护的普通标85座,基本标5座;三等水准网线移测复建:观测长度402km,普通水准标埋标101座,需要维护的普通标21座;四等水准网线移测复建5条线路。

(3)新建丹江口水库地震监测系统。该系统专门用于检测库区及周边地震活动情况以保障工程项目和库区人民生命财产安全,由11个测震台、1个台网中心、3口地下水井、1个分析中心和1个数据备份中心组成。

(二)补偿协议

《南水北调中线一期工程丹江口水库初步设计阶段建设征地移民安置规划设计报告》批复后,中线水源公司依据相关规定和批复概算,分别与湖北省移民局、汉江集团、长江水利委员会水文局和长江科学院签订了任务和投资包干协议。

2008年,库区移民试点概算批复后,中线水源公司分别与河南省移民办、湖北省移民局签订了试点任务和投资包干协议,库区征地移民初设批复后,中线水源公司逐年与河南、湖北两省签订年度资金支付协议。

(三)实施情况

中线水源公司按照批复初设,分别与相关非省属主管单位签订了任务和投资包干协议,并要求编制实施方案。实施单位编制实施方案后由中线水源公司组织审查,实施方案确定后,实施单位组织实施。中线水源公司按照合同和实施进度拨付资金并检查实施情况,协调处理出现的相关问题。

(1)库区水文河道专项设施。复建单位长江水利委员会水文局汉江局2011年8月编制了实施方案并通过了审查,2011年9月开工建设,2013年5月完成了所有水文河道专业设施复建工作,并开展了相关比测分析,完成了全部河道观测标点全部埋设并实测。全部水文河道复建项目恢复了功能。

(2)库区水准点复测项目。实施单位长江空间公司2011年6月编制了项目实施方案,并报经中线水源公司审查通过,2012年11月前全部完成项目的复建任务。

(3)水库地震监测系统。2011年,中线水源公司委托长江设计公司完成了实施方案设计。2011年底,通过公开招投标确定了长江三峡勘测研究院有限公司承揽此项目的建设,并签订了施工合同,建设期1年。2012年12月建成并投入运行。

第五节 经验与体会

南水北调中线工程建设,成在水质,重在工程,难在移民。移民安置工作的成效,事关中

线工程建设成败，事关库区群众切身利益，事关社会大局稳定。在移民人数多、安置任务重、搬迁时间紧、质量要求高的情况下，河南省、湖北省高瞻远瞩，审时度势，果断决策，分别提出了丹江口库区移民“四年任务、两年完成”“四年任务两年基本完成，三年彻底扫尾”的迁安目标。

为保证移民安置目标圆满完成，各级党委、政府及各有关部门积极响应中央、国务院的号召，把移民迁安工作作为特别紧迫、非常重要的政治任务，动员社会力量，强化政府行为，制定了丹江口库区移民安置工作实施方案，成立了高规格的省移民安置指挥部，指挥部下设办公室；实行省直单位包县制度，各有关市、县也实行了市包县、县包乡、县乡干部包村包户的逐级分包责任制，形成了步调一致、运转高效的组织体系，为移民迁安提供了坚实的组织保障和政策保障。在移民迁安过程中，坚持以人为本、科学编制规划，强化组织领导、层层落实责任，加强宣传教育、广泛宣传发动，完善各项制度、创新工作机制，强化督促检查、严格实行奖惩，克服种种困难、破解许多难题，圆满完成了丹江口库区移民迁安任务，创造了水库移民史上的伟大奇迹。

丹江口库区移民搬迁后，为实现“稳得住、能发展、快致富”的目标，河南省、湖北省及时调整工作重心，通过积极开展发放过渡期生活补助、迁转各类手续、调整分配生产用地等后续工作，切实解决了移民搬迁后的生产生活困难，实现了移民搬迁后的平稳过渡；通过出台后期帮扶政策，实行省直单位对口帮扶、加大移民产业发展、狠抓移民就业技能培训、抓好移民优惠政策延续等帮扶措施，帮助移民发展生产，促进移民增收致富；通过加强和创新移民村社会管理，提升了移民村社会管理的民主化、科学化水平，为移民村安稳致富打下了坚实的基础。

水利水电工程移民工作是一项复杂的社会系统工程，这些非自愿移民是被动搬迁安置，出现这样那样问题在所难免，移民群体涉及各种人群，对搬迁安置产生的可能和问题千差万别，没有规律可循，如何应对随时出现的问题，是摆在各级党委、政府和移民部门的首要工作。在南水北调丹江口水库移民搬迁安置工作中，国务院南水北调办、河南、湖北两省各级党委、政府，部门采取了一系列行之有效的措施，创新工作方法，保证了移民社会稳定大局，有力推进了移民搬迁安置各项工作，保持了库区和移民安置区经济社会稳定和发展。这一成功典范，极大地丰富了我国水库移民工作内涵，为今后大规模水库移民搬迁安置提供了有益的经验借鉴。

一、党中央、国务院的正确决策和坚强领导，是做好移民工作的根本保证

我国是世界上水利水电工程移民人数最多的国家。自1949年以来，共修建各类水库近9万座，全国水库移民总计达2500多万人。但在20世纪80年代中期以前，由于受建国初期国家相对贫困、传统计划经济的影响，水工程移民工作没有引起足够的重视，有的甚至忽视客观经济规律，或多或少都产生了许多遗留问题，造成部分移民的生产生活困难。从1984年以来，各级政府对水工程移民工作的认识发生了深刻变化，逐步将移民视为水工程的重要组成部分，认识到水工程移民在某种程度上是社会的重构与重建，特别是对于移民规模较大的水工程，移民问题受到社会各界的高度关注。

南水北调丹江口水库移民是国家的意志和行动。党中央、国务院在2002年研究南水北调工程建设管理工作时，决定成立国务院南水北调工程建设委员会及其办公室，实行“建委会统

一领导，分省负责、县为基础、项目法人参与”的征地移民工作管理体制。国务院南水北调办在国务院正确的领导下，研究制定了符合两省实际、行之有效的宣传、组织、动员体制和移民实施的政策、办法，科学协调两省移民搬迁安置，做到集中领导、组织有力、配合紧密、统一政策、落实到位，为移民搬迁安置任务圆满成功提供了重要保障。实践证明，党中央、国务院的正确决策和坚强领导是做好丹江口库区移民工作的根本保证。

二、社会主义制度的巨大优越性，是做好移民工作的坚实基础

社会主义制度的优越性就在于能做到全国一盘棋，集中力量，保证重点。丹江口大坝加高工程移民的实践证明了，我国社会主义制度具有其他国家难以比拟的优越性。

丹江口库区移民安置工作相比其他水工程移民更具特殊性。20 世纪 50 年代建设丹江口水利枢纽初期工程时，移民就达 40 万人，仅河南省南阳市淅川县一个县就有移民 20 万人。南水北调丹江口大坝加高工程，抬高水位淹没的范围仍是初期工程淹没涉及的 6 个县，河南省淅川县再次移民 16 多万人，两次大规模搬迁，使淅川县成为我国水利水电工程移民史上以县为单位搬迁安置农村移民最多的县，难度不言而喻。

为了减轻丹江口库区的环境压力，确保移民实现“搬得出、稳得住、能发展、可致富”的目标，国务院南水北调办会同河南、湖北两省研究采取外迁为主、内安为辅的工作方针，34 万多移民中共有 22 万多移民出库区外迁安置，短短两年就完成了规划确定的“四年任务两年完成”的目标，并初步实现了“搬得出、稳得住”，移民在当地党委、政府的领导下，通过自己的努力，生产生活水平已经达到或超过了搬迁前水平。

三、制定政策规章，是做好移民搬迁安置工作的重要举措

政策规章是依法依规移民的重要举措，为规范南水北调丹江口大坝加高工程征地移民搬迁安置工作，各级各部门均出台了一系列政策法规，有力地推进了移民安置工作的顺利完成。

中央层面，国务院、国务院南水北调工程建设委员会、国务院南水北调办及相关部委依据国家颁布的法律法规，制定了《南水北调工程建设征地补偿和移民安置暂行办法》《南水北调工程征地移民资金会计核算办法》《南水北调工程建设征地补偿和移民安置资金管理办法》《南水北调工程建设征地补偿和移民安置监理暂行办法》《南水北调工程建设移民安置监测评估暂行办法（试行）》《国务院南水北调办信访工作办法》《南水北调工程征地移民档案管理办法》《南水北调丹江口水库大坝加高工程建设征地补偿和移民安置验收管理办法（试行）》等。

省级层面，河南省、湖北省结合实际，制定了包含移民搬迁安置、实施管理、资金管理、政策帮扶、信访稳定、监督奖惩措施等方面的一系列规章制度，为本省南水北调丹江口库区移民安置实施提供了强有力的制度支撑，使移民搬迁安置做到了有法可依、有章可循。其中，河南省主要下发了《河南省南水北调丹江口库区移民安置工作实施方案》《河南省南水北调丹江口库区移民安置实施办法（试行）》《河南省人民政府关于南水北调中线工程丹江口水库移民安置优惠政策的通知》《河南省人民政府关于加强南水北调丹江口库区移民后期帮扶工作的意见》《关于加强和创新移民村（社区）社会管理的指导意见（试行）》等文件；湖北省主要下发了

《湖北省人民政府关于全面推进南水北调中线工程丹江口库区水库移民工作的通知》《湖北省南水北调丹江口库区水库外迁移民搬迁工作指导意见》《湖北省南水北调中线工程丹江口水库大规模移民外迁实施方案》《关于研究南水北调中线工程丹江口库区安置区移民新农村建设有关优惠政策的专题会议纪要》等文件。

这些政策规定的出台，为移民搬迁安置工作提供了政策支撑，使各级政府、相关部门及广大移民群众做到有据可依，有规可循；使反映和诉求，也做到用政策法规提出问题和解决问题。实践证明，有一套行之有效的政策法规体系，是做好水工程移民工作的重要举措。

四、顾全大局、无私奉献、艰苦奋斗、主动搬迁的精神，是做好移民工作的力量源泉

南水北调丹江口大坝加高工程征地农村移民安置涉及几十万移民群众的切身利益和前途命运，不坚持走群众路线，不依靠广大移民群众，是难以成功的。在丹江口大坝加高工程移民搬迁安置实践中，国务院南水北调工程建设委员会和库区、安置区各级政府始终坚持把宣传教育摆在重要位置，坚持以科学的理论武装人，以正确的舆论引导人，以高尚的精神塑造人，以优秀的作品鼓舞人。大力宣传南水北调工程在我国社会主义现代化建设中的重大意义，宣传党中央、国务院关于南水北调工程移民的一系列方针政策，宣传广大移民群众顾全大局、无私奉献、艰苦奋斗、主动搬迁的爱国主义精神和感人事迹，引导广大移民群众支持、参与移民工作，实现由被动移民到政府组织领导下的积极主动外迁。

在顾全大局、无私奉献、艰苦奋斗、主动搬迁的移民精神激励下，丹江口库区广大移民群众为了支持国家重点工程建设，毅然告别世代生活的家园，用勤劳的双手重建美好生活，谱写了一曲新时代的爱国主义壮歌。丹江口库区、安置区各级政府，积极采取措施，保证移民群众参与移民工作，提高决策和工作水平。坚持不懈地开展民主法制教育，引导移民群众充分认识和正确行使自己的民主权利，用法律法规规范自己的行为，维护自己的利益。

五、科学编制移民安置规划，是做好丹江口大坝加高移民工作的重中之重

南水北调丹江口大坝加高工程，涉及河南、湖北两省6个县（市、区），搬迁安置人口34万多人，工程建设时间短，移民任务十分艰巨，加之两次在同一地区建设两次水工程，两次大规模搬迁安置，新老移民矛盾交织，工作难度和复杂程度可想而知。河南、湖北两省的移民干部和移民群众提起移民安置的成功经验时，都异口同声地说，丹江口库区移民安置有一个科学的规划。

设计单位在开展丹江口大坝加高工程库区移民淹没实物指标调查时，就开始着手编制移民安置规划前的准备工作，边调查、边了解库区土地容量，探讨移民搬迁安置方案。在编制移民安置规划时，充分尊重当地政府和移民群众意愿，把所有能够考虑的问题都尽可能想周全。首先，丹江口水库移民安置规划是全面系统的，内容涵盖了移民涉及的方方面面，内容是齐全的。其次，编制单位借鉴了全国水工程移民安置的经验教训，对丹江口库区农村移民不实行多渠道安置，全部采用有土安置，确保每个农村移民有一份稳定的、保证最基本的生活来源——土地，解决移民的后顾之忧，深受农村移民的支持和拥护。第三，对淹没线上土地质量进行折算，一定程度体现了实事求是和听取地方政府意见，即对线上剩余土地根据质量不同，按照一

亩折合几分的办法计算环境容量，比移民条例的规定更加细化和人性化。第四，在调查期间，尽可能将实物指标调查细致，对有争议或不能计算的实物指标，采取协商和备注相结合的办法，最大限度地将实物指标调查清楚，不留或少留这方面的遗留问题，移民群众对此是比较满意的。可以说，丹江口大坝加高工程库区移民安置规划是我国水工程移民安置规划编制较为全面、较为细致、较具有可操作性的成功范例之一。为丹江口库区移民安置“四年任务两年完成”起到了不可替代的作用，是移民搬迁安置提前完成的重中之重的保证。

丹江口库区移民安置规划体现了以人为本的科学发展理念，是党中央、国务院根据丹江口库区经济社会可持续发展要求做出的正确决策。它是解放思想、实事求是、与时俱进思想路线的具体体现，也是水工程移民安置规划的创新。实践证明，丹江口水移民安置规划代表了移民群众的长远利益和根本利益，得到了广大移民群众的理解和支持，为移民提供了一个比原有生产、生活环境更加优越的生存空间，为今后发展生产、逐步致富创造更好的条件，而且有效地缓解了库区安置压力，有利于库区生态环境的保护，促进了丹江口库区经济社会的协调发展和人与自然的和谐，确保一库清水送达北方。

六、创新工作方式方法，是做好移民工作的关键

在丹江口库区移民搬迁安置试点阶段，河南、湖北两省省委、省政府和移民部门就十分重视移民工作。河南省出台了移民外迁安置管理办法，把支持丹江口库区移民外迁工作当作一项政治任务；湖北省委、省政府多次研究移民搬迁安置工作，不断创新移民工作方式，提出对移民“高看一眼、厚爱三分”的要求，并出台了一系列规定和办法，确保移民外迁工作和后靠安置工作的顺利进行。同时，在南水北调中线工程论证开始，就预留土地容量用于安置移民。两省还在工作中创新工作方式与方法，成为做好移民工作不可或缺的重要保障措施。

河南省移民办在移民工作中，根据移民搬迁安置特点，及移民的主要诉求，成立“三会”，实施民主管理。为了避免村干部“一言堂”、决策不透明、群众在村级事务中意见难统一，以及因监督缺乏力度滋生的腐败，率先在移民村成立了“三会”（民主议事会、民主监事会、民事调解委员会）。民主议事会负责议事决策，涉及困难户救济、低保户确定、村级项目选择等事务，均由议事会协商决定；民主监事会实施村务监督，重点是监督村委会执行村民会议、民主议事会决定和村级财务收支运行等情况；民事调解会调解矛盾纠纷，成员由村委会主任、治保主任、组长及移民中德高望重者组成，这些人有地位、有威望，能有效调解民事纠纷，实现“小事不出村、矛盾不上交”。

湖北省移民局在移民搬迁安置试点开始，就着手改变工作方法，利用国有农场安置移民的有利条件，向省委、省政府请示，调剂出一部分补偿资金用于解决外迁移民的实际问题，得到批准同意后，积极为移民办实事，在没有增加国家负担的情况下，为每个移民增加近万元的补偿补助资金，用于购买生产资料、农药化肥、种子等生产资料，极大缓解了移民搬迁安置后的生产恢复困难，受到移民群众的大力支持和拥护。

七、全方位监督，是做好移民工作的重要制度保障

完善民主监督制度，是加强社会主义民主和法制建设的重要内容，是行政法制化、高效化

的重要保障。丹江口水库移民是在各级政府的组织领导下，统筹使用移民资金，进行移民开发和安置，因此，加强对权力的监督和制约，显得更为迫切、更为必要。

国务院南水北调办针对移民工作中的薄弱环节，出台了丹江口库区移民资金使用管理办法、预备费使用管理办法等，要求移民工作在当地党委、政府的领导下，主动接受人大、政协的监督；主动接受纪检、监察部门的监督和财政、审计部门的检查；主动接受移民群众的监督；主动接受新闻舆论的监督。河南、湖北两省加大移民资金使用管理力度，经常开展移民工程建设进度、质量和资金使用情况检查，这些措施极大地保证了移民资金使用的有效性和安全性。

国家审计署、财政部积极发挥职能作用，加大对丹江口库区移民资金的检查、审计力度，及时防范、查处和纠正各种违法违纪行为，对确保移民资金专款专用，不断提高资金使用效益，发挥了积极的作用。在丹江口库区和安置区，各地普遍建立健全了以监察部门牵头，移民、审计、检察、财政、银行等部门和单位参加的移民工作监督网，以移民资金、移民工程质量管理为核心，对移民工作进行全方位、全过程的监督，及时查处挪用移民资金、工程质量事故致使重大人员伤亡案等违法案件，起到了很好的警示和教育作用。同时，在移民工作中不断完善各项规章制度，从源头上、机制上堵塞了漏洞，防范了风险。

八、发挥基层组织建设战斗堡垒作用，是做好移民工作的重要手段

丹江口大坝加高工程库区及安置区涉及的乡（镇、街道）和村民委员会，是直接与移民打交道的两级最基层的具体办事机构，上级所有的政策、指示及其所有具体工作都由地方基层组织落实完成。河南、湖北两省人民政府高度重视基层组织建设，充分发挥村委会党支部及支部书记的模范带头作用。

库区和安置区乡（镇、街道）作为移民过程中具体落实的基层单位，相继增加了一名副职分管移民工作，各乡（镇、街道）都成立了移民办（站），不少乡镇移民机构一把手还高配干部，确保移民工作有序开展。在经济待遇上，适当给村支书提高补助。各移民村党支部和村支书充满工作热情，利用与当地群众长期共同生活、劳动的先决优势，积极稳妥地逐户做工作，带领移民代表一起赴安置区考察安置点，听取移民代表的意见，最大限度地满足移民合理合法诉求。接收地各级政府和有关部门更是按照省委、省政府提出的对移民“高看一眼、厚爱一分”的要求，在短短的两年时间里，从移民安置点建房选择、调整土地、基础设施建设、公共设施建设等，到为迎接移民搬迁入住、尽快恢复生产生活，倒排工期，不分昼夜地工作，全力配合搬迁村，有力地保证了移民搬迁安置工作的顺利开展。

移民村“两委”班子配备齐全、组织有力，有的村村委成员有退伍军人，也有有知识的年轻人，还有致富能手。他们共同的特点是，政治思想好、公道正派、真抓实干、责任心强、敢于开拓、勇于奉献、敢于担当、公私分明，对移民各家各户的情况了如指掌，受过相关移民政策培训，有一套好的工作方法，他们是共产党员模范带头作用的践行者，深受移民群众的认可。他们走村串户，深入各家各户，倾听移民诉求，说服帮助移民解决实际困难，工作方式方法稳妥有效。

通过移民搬迁安置还出现了部分先进典型代表。例如：湖北省十堰市原郧阳县郧阳村、原阳村等5个村搬迁至团风县黄湖农场，5个村分五批次搬迁，总共876户、3723人，原规划5

个居民点，后规划调整合并为一个集中移民安置区——黄湖社区，下辖2个村，成为湖北省外迁安置移民最大的一个居民点。在总支书赵久富的带领下，移民搬迁安置工作高效快捷，后续帮扶力度不断加大，移民人均收入快速提高，移民村社会治理不断创新，逐渐成为丹江口库区移民搬迁学习基地，来此学习取经的各省移民干部络绎不绝，赵久富也相继被选举为湖北省和全国人大代表，并被评为全国“五一”劳动奖章获得者和“感动中国人物”。

事实证明，基层组织在移民搬迁安置乃至社会主义各项建设中起到了不可替代的作用，是我们党一直加强基层组织建设的重要体现。

九、抓发展，是促进移民后续稳定发展的重要抓手

水库移民搬迁安置最终目标是“搬得出、稳得住、能发展、可致富”。丹江口大坝加高工程库区移民2010年全面完成搬迁安置任务，2011年扫尾，到2016年，已搬迁安置6个年头，移民已基本实现了“搬得出、稳得住”，但发展才是致富的根本。为了加快丹江口库区移民经济社会发展，河南、湖北两省都制定了扶持丹江口库区移民经济发展的具体办法，从政策、技术、培训、资金，到项目安排、劳动力转移、结构转型等都做出了具体安排。移民从搬迁完成开始，两省就将发展移民生产摆在重要位置。

经过几年的发展，丹江口水库移民不管是库区，还是安置区，移民搬迁后的生产都有了不同程度的发展，有的移民村还有了长足发展，总体上，移民收入已经达到或超过搬迁前水平。通过政府全方位帮扶和移民生产就业技能培训，培养了一批致富带头人，在致富带头人的带领下，部分移民村的年均可支配收入已高于当地平均水平。库区及安置区各级政府还积极找企业，为移民劳动力转移举办专题招聘会，有的县一年举办2～3次，不少移民劳动力已得到转移，外出务工收入高于在家种地收入。部分移民村走“企业＋农户＋土地”或合作社的发展途径，实行土地流转，种植高附加值的经济作物，增加移民收入，移民通过土地流转，每年获得一定的土地流转资金，一些留守在家的中老年移民，还就近到移民经济园区务工，一年收入上万元。各级各部门积极想方设法帮助移民发展生产，使移民群众切身增加收入，移民生产得到了发展，广大移民“谋发展、盼致富”的思想积极性得到充分调动，通过帮扶移民生产发展，不断提高就业增收水平，极大地促进了移民村社会稳定和经济发展。

南水北调丹江口水库移民搬迁安置工作的成功实践，充分体现了党领导下的社会主义制度优越性，充分体现了各级有关部门较强的社会执行能力、舆论引导能力和资源整合能力，充分体现了广大移民群众舍小家为大家、识大体顾大局的无私奉献精神，充分展示了各级党组织的凝聚力、战斗力，充分反映了库区和移民安置区群众平凡善良、吃苦耐劳、爱国爱家的优秀品质。实践证明，无论面对多大困难，面对多大压力，只要紧紧依靠党的领导，坚持党的群众路线，充分凝聚各方资源，汇聚各方力量，团结一致，务实重干，我们的移民工作就一定能够取得伟大胜利。

第五章　湖北省汉江中下游治理工程征迁安置工作

第一节　基　本　任　务

一、工程概况

为了减小或消除南水北调中线调水对汉江中下游的影响，南水北调中线一期工程总体规划中安排建设兴隆水利枢纽、引江济汉工程、部分闸站改造和局部航道整治4个单项工程。划分为5个设计单元工程，其中兴隆水利枢纽、部分闸站改造和局部航道整治各为一个单项工程，亦各为一个设计单元工程；引江济汉为一个单项工程，划分为主体设计单元工程和自动化调度运行管理系统设计单元工程。

（一）兴隆水利枢纽工程

兴隆水利枢纽工程枢纽坝址位于汉江中下游河段湖北省潜江市、天门市境内，上距丹江口水利枢纽378.3km，下距河口273.7km。库区回水河段涉及湖北省荆门市、天门市和潜江市的部分地区。枢纽正常蓄水位为36.2m（黄海高程），相应库容2.73亿m^3，水库总库容4.85亿m^3，规划航道等级为Ⅲ级，电站装机容量为40MW，为4台贯流式水轮发电机组，单机容量10MW。兴隆枢纽建成后，主要任务是在中线调水后恢复库区沿岸灌溉和河道航运条件，使两岸灌溉面积由现状的196.8万亩，规划发展到327.6万亩，同时年均发电2.25亿kW·h。

（二）引江济汉工程

引江济汉工程从荆州市荆州区李埠镇长江龙洲垸河段引水到潜江市高石碑镇汉江兴隆河段以下，贯穿湖北省江汉平原腹地，地跨荆州、荆门两个地级市所辖的荆州区和沙洋县，以及省直管市潜江市的9个乡镇和省沙洋监狱管理局2个监狱农场。引江济汉工程是湖北省最大的水资源优化配置工程，其主要任务是满足和改善汉江兴隆以下河段的生态、灌溉、供水和航运用水条件，并解决东荆河灌区的灌溉水源问题，同时，其自身还兼有航运效益。引水干渠全长67.23km，进口渠底高程26.5m，出口渠底高程25.0m，渠底宽60m。引江济汉工程干渠沿线各类建筑物共计105座，其中各种水闸14座，泵站1座，船闸2座，东荆河橡胶坝3座，倒虹吸30座（其中河渠交叉7座、左岸排水19座、渠渠交叉4座），公路桥54座，铁路桥1座。

引江济汉工程的引水规模为设计引水流量350m^3/s，最大引水流量500m^3/s，多年平均引水量28.0亿m^3。

（三）部分闸站改造工程

汉江中下游部分闸站改造工程从丹江口水库坝下至汉江汉川市境内河段，长600余km，规划闸站、泵站改造项目31项，位于汉江左岸13处，右岸18处。沿汉江两岸自上而下依次分布于襄阳市所辖的谷城县、宜城市、樊城区共9个，荆门市所辖的钟祥市、沙洋县7个，天门市4个，潜江市1个，仙桃市3个，孝感市汉川市7个，总设计引水流量232.66m^3/s，总装机功率23163kW。

工程主要任务是通过闸站、泵站改造等工程措施，解决汉江中下游沿岸受影响的15个主要灌区的灌溉用水等。

初设批复概算静态总投资54558万元（2010年一季度价格水平），设计总工期28个月。

（四）局部航道整治工程

汉江中下游局部航道整治工程的范围为汉江丹江口以下至汉川断面的干流河段，全长574公里，其中丹江口至襄樊河段长117km，襄樊至汉川河段长457km。建设规模为Ⅳ级航道通航500t级船队标准。局部航道整治采用加长原有丁坝和加建丁坝及护岸工程、疏浚、护滩和抛石护脚等工程措施，以维持500t级航道的设计尺度，达到整治的目的。通对局部河段采取整治、护岸、疏浚等工程措施，恢复和改善汉江航运条件。

主要工程量为：筑坝239座，总长58.512km，护滩带47条，长6.92km，抛石工程量93.96万m^3；丙纶布排护底152.73万m^2，D型排护底69.47万m^2，X型排护滩32.37万m^2；疏浚工程总长9257m，挖方工程量75.19万m^3；护岸30处、共长31193m，抛石23.24万m^3，X型排护滩5.4万m^2；平堆8747m^3、清障10800m^3。

初设批复概算为46142万元（2010年一季度价格水平），设计总工期30个月。

二、征迁安置情况

根据国务院南水北调办批复的南水北调中线一期汉江中下游4项治理工程初步设计，4项治理工程永久征地25430亩，临时用地42810亩，搬迁安置1490户、6485人，搬迁房屋24.5万m^2，静态投资27.90亿元。

（一）兴隆水利枢纽工程

兴隆水利枢纽征地拆迁安置范围涉及荆门市所属的钟祥市和沙洋县，天门市，潜江市，省沙洋监狱管理局和省汉江河道管理局等部分地区和单位。

2009年2月，国务院南水北调办印发了《关于南水北调中线工程汉江兴隆水利枢纽初步设

计报告的批复》(国调办投计〔2009〕7号),征地拆迁安置概算投资6.47亿元。

坝区工程征地拆迁安置涉及潜江市高石碑镇5个村,天门市多宝镇9个村,沙洋县2个镇3个村;库区淹没占地为汉江河滩,涉及的区域有汉江左岸的天门市多宝镇、钟祥市旧口镇,汉江右岸的沙洋县马良镇、李市镇、沙洋镇,以及潜江市高石碑镇等6个镇。工程永久征地6042亩,临时用地9332亩,淹没和占压滩地18326亩,搬迁户306户、1240人,搬迁房屋40360m²,以及部分水利、交通、输变电、通信、管道、广播电视设施等。

(二)引江济汉工程

引江济汉工程征地拆迁安置范围涉及荆州市所属的荆州区,荆门市所属的沙洋县,潜江市,仙桃市,省沙洋监狱管理局和省汉江河道管理局等部分地区和单位。

2009年12月28日和2010年2月10日,国务院南水北调办分别印发《关于南水北调干中线一期引江济汉工程初步设计报告(技术方案)的批复》(国调办投计〔2009〕250号)和《关于南水北调干中线一期引江济汉工程初步设计报告(概算)的批复》(国调办投计〔2010〕13号),核定征地拆迁安置概算投资20.89亿元。

工程永久征地18725亩,临时用地29728.5亩,搬迁1175户、5219人,拆迁房屋总面积20.29万m²,涉及企事业单位12个,以及部分水利、交通、输变电、通信、管道、广播电视设施等。

(三)部分闸站改造工程

部分闸站改造工程征地拆迁安置范围涉及汉江沿岸的襄阳市所属的樊城区、谷城市和宜城市,荆门市所属钟祥市和沙洋县,潜江市,仙桃市和汉川市等部分地区。

2011年5月4日,国务院南水北调办印发《关于南水北调中线一期汉江中下游部分闸站改造工程初步设计报告的批复》(国调办投计〔2011〕92号),由于部分闸站改造属于直接为农田灌溉服务的基础设施,按有关规定可免交耕地占用税,征地拆迁安置概算投资4452.56万元。

工程除了原闸站权属范围用地以外,永久征地348亩,临时用地2224亩,搬迁9户、26人,拆迁房屋1717m²,涉及4个企事业单位,以及部分道路、输变电设施等专业项目。

(四)局部航道整治工程

局部航道整治工程征地拆迁安置范围涉及汉江丹江口以下沿线襄阳市、荆门市、潜江市、仙桃市、汉川市等部分地区。

2011年8月16日,国务院南水北调办印发了《关于南水北调干中线一期汉江中下游局部航道整治工程视初步设计报告的批复》(国调办投计〔2011〕185号)文。局部航道整治工程用地均在河道范围内,原则上不需补偿,考虑到部分河滩地可以季节性耕种,同意适当计列补偿费;河滩地不计复垦费,也不计耕地占用税,本阶段征地补偿投资按1000万估列。

航道整治工程由湖北省南水北调管理局委托湖北省交通运输厅港航管理局(简称"湖北省港航管理局")具体组织实施,相关征地补偿由湖北省港航管理局负责完成。根据湖北省交通厅设计院2011年8月实物指标调查,航道整治工程初步设计永久征地315亩,临时用地1526亩,投资共896万元。

第二节　管理体制与制度建设

湖北省委、省政府高度重视南水北调汉江中下游治理工程建设和征地拆迁安置工作，从机构设置、制度建设、管理措施等方面入手，认真研究探索，形成了一套完善的实施管理模式和制度体系，为全省南水北调中线一期汉江中下游治理工程建设和征地拆迁安置提供了强有力的组织领导和制度保障。

一、管理体制

（一）省级领导机构及征迁办事机构

湖北是南水北调中线工程的水源地，丹江口水库大坝加高调水后对汉江中下游农业灌溉用水、航运、生态环境的影响是事关湖北社会经济可持续发展的重大问题。1995 年 12 月 4 日，湖北省人民政府办公厅印发《省人民政府办公厅关于成立湖北省南水北调中线工程领导小组的通知》（鄂政办发〔1995〕124 号），率先成立了省级南水北调中线工程领导小组，时任省人民政府副省长张洪祥任组长，成员单位有省计划委员会、省水利厅、省民政厅、省交通厅、省建设厅、省环保局和省电力局。领导小组下设办公室，办公室设在省计划委员会，办公室主任由省计划委员会副主任兼任。

2003 年 7 月，湖北省政府办公厅印发了《省人民政府办公厅关于成立省南水北调工程领导小组的通知》（鄂办文〔2003〕49 号），原湖北省南水北调中线工程领导小组调整为湖北省南水北调工程领导小组，时任省人民政府省长罗清泉任组长。成员单位有省委宣传部、省发展计划委员会、省财政厅、省国土资源厅、省交通厅、省建设厅、省水利厅、省文化厅、省移民局、省环保局、省林业局、省血防办、省通信管理局、省电力公司。省南水北调工程领导小组下设办公室，办公室设在省水利厅，办公室主任由省水利厅厅长兼任。

1. 湖北省南水北调工程领导小组的主要职责

湖北省南水北调工程领导小组对全省南水北调工程征地拆迁安置工作负总责。2005 年 4 月 5 日，湖北省政府与国务院南水北调办签订了《南水北调主体工程建设征地补偿和移民安置责任书》，明确如下主要职责：

（1）贯彻执行《南水北调工程建设征地补偿和移民安置暂行办法》，制定本行政区域内南水北调工程征地补偿和移民安置的有关政策的规定，主要包括土地补偿和安置补助费分解兑付的办法和具体标准，有关优惠政策和管理制度。

（2）确定本行政区域内南水北调工程建设征地补偿和移民安置工作的主管部门，组织督促本省有关部门、省级以下人民政府，按照各自职责做好征地补偿和移民安置相关工作。主要包括落实被征地农民和农村移民生产安置所需土地，编制征地补偿和移民安置实施方案并组织实施，编制后期扶持方案并组织实施，预防和处置征地移民群体性事件及相关信访工作等。

（3）发布工程征地范围确定的通告，控制在征地范围内迁入人口、新增建设项目、新建住房、新栽树木等。

（4）责成省有关部门和省级以下人民政府配合项目法人开展工作，主要包括工程用地预审和工程用手续办理、对工程占地（淹没）影响和各种经济损失进行调查、编制初步设计阶段征地补偿和移民安置规划等。

（5）根据国家批准的初步设计征地补偿和移民安置规划，审批征地补偿和移民安置实施方案。

（6）督促省级主管部门与项目法人签订征地补偿和移民安置投资和任务包干协议，监督检查包干协议内征地补偿和移民安置任务的完成和资金的使用管理。

（7）责成省级以下人民政府配合项目法人和省级主管部门开展的征地补偿和移民安置监理、监测。

（8）组织本行政区域内征地补偿和移民安置的验收。

（9）及时向国务院南水北调办反映征地工作中存在的问题。

2. 主要任务和成员单位的主要职责

2003年8月28日，湖北《省人民政府办公厅关于印发〈湖北省南水北调工程领导小组工作规则〉和〈湖北省南水北调工程领导小组成员单位职责〉的通知》（鄂政办发〔2003〕104号），其中工作规则明确，湖北省南水北调工程领导小组的主要任务是“研究决定省南水北调工程建设中的重大政策、措施、办法，批准湖北省南水北调工程年度实施计划”，其成员单位的主要职责：

（1）省发展计划委员会。负责组织对南水北调与湖北经济发展相关政策的研究；负责把握机遇，促进相关地区经济协调发展的有关工作。

（2）省财政厅。监督项目法人落实中央和省有关南水北调建设资金管理制度及办办法，负责落实湖北省南水北调建设管理机构经费及有关专项资金，配合国家有关部门监督检查湖北省南水北调工程建设资金的使用与管理。

（3）省国土资源厅。负责组织南水北调工程湖北省境内工程建设、管理和移民安置项目的土地征用及相关政策的落实，负责南水北调工程湖北省境内压覆矿产资源的调查与评价工作。

（4）省交通厅。负责与南水北调工程相关的汉江中下游航道整治项目的协调，协助做好湖北省南水北调工程与国家及省内交通设施交叉衔接建设的协调工作。

（5）省建设厅。负责协调湖北省南水北调工程移民安置区城乡建设规划编制的审查并监督实施，负责对湖北省境内南水北调工程中所涉及的房屋建筑与市政工程建设的建筑市场秩序进行宏观监管。

（6）省文化厅。负责湖北省南水北调工程建设相关地区文化资源、历史文化遗产和文物的保护，负责对湖北省境内南水北调工程建设中文物古迹的认定和发掘。

（7）省移民局。负责南水北调中线工程湖北省境内移民安置工作并检查监督执行情况，指导移民工程监理工作。

（8）省环保局。指导协调南水北调汉江中下游治理工程环境影响评价。

（9）省林业局。负责协调湖北省南水北调工程建设中的林地征用许可、林木采伐和恢复。

（10）省通信局。负责协调湖北省南水北调工程建设范围内通信设施的迁建。

（11）省电力公司。负责协调湖北省南水北调工程建设范围内电力设施的迁建。

3. 湖北省南水北调办主要职责

根据湖北省机构编制委员会印发的《关于省南水北调工程领导小组办公室体制和工作职责

问题的批复》（鄂编发〔2005〕29号），湖北省南水北调办是湖北省南水北调工程领导小组的常设办事机构，也是南水北调汉江中下游治理工程征地拆迁安置综合管理和协调部门，主要职责是：具体负责承担领导小组全体（扩大）会议以及办公会议的准备工作；督促、检查和落实会议决定的事项；负责工程建设中的行政监督管理工作；组织协调工程建设中的环境保护、生态建设、移民安置、投资立项、技术攻关、对口支援等重大问题；承办领导小组交办的其他事项。

（二）市级领导机构及征迁办事机构

根据湖北省政府办公厅关于《省人民政府办公厅关于成立省南水北调工程领导小组的通知》（鄂办文〔2003〕49号）精神，湖北省南水北调汉江中下游治理工程各相关市（直管市）、县（市、区）先后成立了南水北调工程领导小组，由政府主要领导任组长，有关职能部门为成员单位，依托水利部门成立了南水北调办事机构。其主要任务之一是负责本辖区内南水北调汉江中下游治理工程征地拆迁安置工作。

市级南水北调汉江中下游治理工程领导小组和办事机构的成立，为贯彻落实国务院南水北调工程建设委员会颁布的国家《南水北调工程建设征地和移民安置暂行办法》，全面完成湖北省南水北调汉江中下游治理工程征地拆迁安置目标任务，在制度上、组织上提供了保证。在省级和县（市、区）之间形成桥梁和纽带，起到承上启下的作用。

根据2009年2月11日和2010年3月1日，省政府分别与荆门市、荆州市、天门市、潜江市、仙桃市政府和省沙洋监狱管理局签订了《南水北调中线汉江兴隆水利枢纽工程建设征地补偿和拆迁安置责任书》《南水北调中线一期引江济汉工程建设征地拆迁安置责任书》，各地各单位根据所承担的征地拆迁安置工作任务，承担相应的职责。荆门市、荆州市辖区内征地拆迁安置工作，是由所属县（市、区）人民政府负责，市人民政府的主要职责是领导、指导和协调所辖市、县（市、区）人民政府实施完成征地拆迁安置工作。天门、潜江和仙桃三个直管市以及各县（市、区）人民政府是征地拆迁安置的责任主体，对本辖区内征地拆迁安置工作负总责。部分闸站改造工程征地拆迁安置工作，湖北省南水北调办与各相关县（市、区）的南水北调办签订任务与投资包干协议，明确各方职责。

市级人民政府、省直属单位职责如下：

（1）贯彻执行国家和省政府制定的南水北调工程建设征地补偿和拆迁安置有关法规、政策，指导所属县（市、区）人民政府结合本地实际，制定征地拆迁安置实施办法和制度。

（2）落实南水北调汉江中下游治理工程建设征地补偿和拆迁安置实施主体和责任主体责任，主要领导是第一责任人，分管领导是重要责任人，对辖区内征地补偿和拆迁安置工作负总责。

（3）与所属县（市、区）人民政府签订征地补偿和拆迁安置责任书，并履行指导、监督职能，按期完成征地补偿和拆迁安置任务。

（4）委托市南水北调办、各县（市、区）南水北调办与湖北省南水北调办共同签订南水北调汉江中下游治理工程建设征地补偿和拆迁安置投资和任务包干协议。

（5）根据省政府批准的南水北调中下游治理工程建设征地补偿和拆迁安置实施规划及湖北省南水北调办的年度征地拆迁安置计划建议，指导各县（市、区）编制年度实施计划，完成征

地拆迁安置任务。

（6）组织、督促落实工程建设和农村拆迁安置所需土地，办理用地手续；兑付征地和拆迁安置补偿费；落实集中安置点建设和分散建房安置工作；组织实施工程建设临时用地复垦与检查验收；协调企事业单位迁建和专项设施复建、改建等工作。

（7）加强征地拆迁安置宣传法律、法规和政策，协调解决征地拆迁安置工作中出现的问题，及时排查化解矛盾，预防和处置群体性事件，做好信访工作，维护社会稳定，建立重大问题及时报告制度。

（8）组织征地拆迁安置自验收工作。

（三）县级领导机构及征迁办事机构

湖北省南水北调工程领导小组成立后，随着南水北调汉江中下游治理工程前期工作的逐步开展，各县（市、区）政府先后成立了南水北调工程领导小组，由政府主要领导任组长，有关职能部门为成员单位，部门主要领导为成员。各县（市、区）和单位依托水利部门相继成立了南水北调工程征地拆迁安置管理机构，明确了专门班子，人员，负责南水北调工程征地拆迁安置的具体工作。

1. 县（市、区）政府职责

（1）贯彻执行国家和省政府制定的南水北调工程建设征地补偿和拆迁安置的有关法规、政策。结合本地实际，制定相关实施办法和制度。

（2）与市政府签订南水北调汉江中下游治理工程建设征地补偿和拆迁安置责任书，落实征地拆迁安置责任主体和实施主体责任，主要领导是第一责任人，分管领导是重要责任人，对辖区内征地补偿和拆迁安置工作负总责。

（3）委托县（市、区）南水北调管理机构与湖北省南水北调办签订南水北调汉江中下游治理工程建设征地补偿和拆迁安置投资和任务包干协议。

（4）根据省政府批准的南水北调汉江中下游治理工程建设征地补偿和拆迁安置实施规划及湖北省南水北调办征地拆迁安置年度计划建议，组织编制下达年度实施计划，完成征地拆迁安置任务。

（5）组织、督办县（市、区）相关职能部门落实工程建设和农村拆迁安置所需土地，办理用地手续；兑付征地和拆迁安置补偿费；落实集中安置点建设和分散建房安置工作；组织实施工程建设临时用地复垦与检查验收；协调企事业单位迁建，专项设施复建、改建等工作。

（6）加强征地拆迁安置政策宣传工作，做好群众的思想教育工作，及时排查化解矛盾，预防和处置群体性事件，做好信访工作，及时妥善处理征地拆迁安置工作中出现的问题，维护社会稳定，建立重大问题及时报告制度。

（7）协调解决征地拆迁安置工作中出现的问题。

（8）负责文物保护、挖掘等工作。

（9）组织征地拆迁安置自验收工作。

2. 县（市、区）征迁办事机构主要职责

（1）落实国家和省政府制定的南水北调工程建设征地补偿和拆迁安置的有关法规、政策；结合实际，制定相关工作制度。

（2）按照经批准的征地拆迁安置实施方案，组织实施南水北调汉江中下游治理工程征地拆迁安置工作，按时完成永久征地、临时用地及复垦和拆迁安置等目标任务。

（3）根据湖北省南水北调办征地拆迁安置年度计划建议，编制年度实施计划，报本级政府批准，并报湖北省南水北调办备案。

（4）组织实施征地拆迁安置补偿费兑付，搬迁和安置点选址及建设，配合相关部门落实生产措施。

（5）督促有关部门和单位，按照各自职责完成征地拆迁安置任务，及时提供工程建设和拆迁安置所需土地，办理永久征地、临时用地和林地使用等手续。

（6）组织和协调有关部门和单位，实施完成专项设施迁（改）建等工作。

（7）严格执行征地拆迁安置资金管理制度，加强征地拆迁安置资金的使用情况进行检查，接受国家和省有关部门的检查、监督和审计。

（8）深入开展南水北调工程征地拆迁安置政策宣传工作，加强调查研究，及时解决征地拆迁安置工作中出现的问题，做好信访工作，认真排查化解矛盾，预防和处置群体性事件，维护社会稳定。

（9）协助文物部门做好文物保护、挖掘工作；按有关规定及时收集、整理、归档征地拆迁安置资料，保证档案资料的完整、准确、系统、安全和有效性，组织征地拆迁安置档案验收。

（10）组织征地拆迁安置专项验收和自验收。

（四）现场协调机构

2009年2月，湖北省南水北调兴隆水利枢纽开工建设，征地拆迁安置工作先后启动。2009年2月11日，湖北省政府组织召开兴隆水利枢纽工程建设征地和拆迁安置工作会议，安排部署工程建设征地和拆迁安置工作。会议要求，各地各有关部门要认真落实中央和省委、省政府有关南水北调工程建设征地补偿和拆迁安置的方针、政策，把中央和省委、省政府对南水北调工程征地移民工作的要求，切实落实到兴隆水利枢纽工程征地和拆迁安置工作中去。征地和拆迁安置工作涉及发展改革、水利、国土、财政、交通、农业、林业、卫生、教育、公安和税务等部门，各部门要讲政治、顾大局，充分认识征地和拆迁安置工作的重要性，形成合力，共同完成任务。

各级政府是兴隆水利枢纽工程征地和拆迁安置工作的责任主体、工作主体和实施主体，要加强对征地和拆迁安置工作的领导，党政主要领导要亲自抓，重大问题要亲自研究决策，重要环节要亲自过问把关，重点工作要亲自督促指导，确保征地和拆迁安置工作不走弯路，不发生大的失误，尤其是稳定工作，要切实担负起责任。各级领导要深入一线，及时发现征地和拆迁安置过程中出现的各种新情况、新问题，及早发现不稳定的苗头，研究解决的措施，果断处置突发情况，把矛盾化解在萌芽状态。

会议要求，各地要成立征地和拆迁安置工作专班，工作人员、工作经费要保证落实到位。在实施过程中，要充分估计征地和拆迁安置实施过程中可能遇到的困难，把情况考虑得更复杂一些，把应对措施制定得更周密一些，进一步分解细化实施方案，把任务落实到点，把责任明确到人，要精心组织，积极稳步推进征地和拆迁安置工作。

根据省政府工作会议精神，兴隆水利枢纽工程所在地天门市、潜江市、沙洋县和钟祥市政

府高度重视，分别成立了由政府主要领导亲自挂帅的征地和拆迁安置前线总指挥部。由各市、县（市、区）南水北调办负责牵头，水利、国土、林业、公安、有关乡镇、建设管理单位、设计、监理和施工等单位，组建了房屋拆迁、安置建设、施工现场和政策宣传工作组进驻乡镇，现场组织指挥和协调督办征地拆迁安置工作。其主要职能任务和工作要求如下：

（1）组织和推进征地拆迁安置目标任务，为工程建设提供所需土地，及时解决本地南水北调工程建设中出现的拆迁和施工环境等问题，尽量把问题就地化解。现场协调解决有困难的，由现场协调工作专班形成意见后报县（市、区）南水北调工程建设指挥部协调解决；如市、县（市、区）解决仍有困难的，可向上一级单位报告，启动更高层次的协调机制。未经现场协调，有关单位不得将问题直接报告上级主管单位。

（2）各市、县（市、区）级南水北调办事机构要帮助、督促市、县（市、区）协调工作组开展工作，切实解决群众反映的合理问题；对群众阻挠施工现象要正确分析，既要维护群众正当利益，又要依法打击非法行为，维护好南水北调工程建设环境。

（3）各现场指挥部要积极组织施工单位开展文明施工，改进施工方式，尽量避免因施工产生的噪声、粉尘等对群众生产、生活造成影响，争得群众对工程建设的理解和支持。

（4）各市、县（市、区）南水北调办事机构负责督促有关市、县（市、区）尽快就已开工和新开工项目成立工程建设现场协调工作组，并将各市、县（市、区）工作组名单和联系方式汇总上报，确保协调工作组联系渠道畅通。

（五）现场协调机构的作用

湖北省南水北调汉江中下游治理工程开工建设以后，湖北省南水北调办积极督促落实，工程所在市、县（市、区）政府普遍成立了南水北调工程建设现场指挥部，政府分管领导现场督导工作，各有关部门参加。

天门市成立了兴隆水利枢纽工程协调工作指挥部，市长为指挥长，市委副书记、市人大副主任、副市长为副指挥长，抽调市级分管领导驻第一线负责征地、拆迁安置、协调工作。天门市政府印发了《天门市人民政府关于维护南水北调兴隆水利枢纽工程施工秩序的通知》和《告被征地农户书》及《兴隆水利枢纽工程征地拆迁政策宣传手册》，每月召开2～4次征地拆迁安置工作会议，专题研究处理征地拆迁安置中的问题和矛盾，及时研究解决群众的合理诉求，确保了兴隆水利枢纽协调征地拆迁安置工作顺利进行。

潜江市组建了征地拆迁安置前线总指挥部。市委书记、市长、分管副市长等市领导不定期召开专题会议，研究部署引江济汉征地拆迁安置工作，并深入一线，靠前指挥，现场解决工作难点问题。由潜江市公安局分管副政委挂帅，设立工程驻地民警室，做到警力前移，提前介入，协调施工方与村民矛盾，对阻工滋事人员进行治安谈话，对无故阻工的强制带离现场，确保正常施工秩序；设置了工程建设保护区，设立警戒线，实行国家重点工程挂牌保护，对施工和拆迁的重要交通要道设置了交通安全警示牌；积极协调施工矛盾，全力为施工单位做好各项协调工作，营造良好的施工环境。

荆州市荆州区是引江济汉工程的渠首，城区房屋征地拆迁安置困难较大，荆州区委、区政府高度重视，主要领导挂帅抓，分管领导具体抓，区直部门包村配合抓，工作专班重点抓，协调人员一线抓，乡镇领导上门抓，村委干部挨户抓，形成一个从上至下，纵横结合的征地拆迁安置工作协调体系。成立了荆州区南水北调引江济汉工程建设征地拆迁维稳工作领导小组，区分管领导为组长，区南调办主任为副组长，成员由区南调办、荆州段建管办、区通航指挥部、区直有关部门、沿线各镇、管理区负责人组成。区直39个科局包村，区、镇、村干部一对一包户，确保征地拆迁安置和社会维稳工作有条不紊开展。抽调了市直机关、乡镇干部，分别进驻荆州段四个渠道标段和三个开口段标段，常年驻段协调监管，全天候负责工地的现场协调维稳工作，及时发现、反馈、协调、解决现场的一系列随时出现的具体问题。以保施工、保安全、保节点、保通水、保维稳为目标，加大了引江济汉工程施工环境整治力度，区公安分局将各施工标段列为治安重点保护单位，挂牌办公，在每个标段设置警务室，现场维持秩序。引江济汉工程涉及的镇（管理区）、村、组高度重视，组织工作专班，强化工作责任，加大宣传力度，加大协调力度，及时处理各类矛盾，解决各种问题，清除施工障碍，确保引江济汉工程顺利进行。

荆门市沙洋县成立南水北调中线工程建设领导小组，负责统一指挥、协调全县征地拆迁工作。县委、县政府定期不定期召开专题会议进行研究安排，确保在最短的时间、以最快的速度、采取最有力的措施解决引江济汉工程工程征地拆迁安置工作中的各种困难和问题。并组建了县、镇、村三级引江济汉工程征地拆迁安置工作专班，成立包保专班，层层签订责任状，落实工作责任，做到了县对镇有包联领导、镇对村有工作专班、村对户有包保责任人。县委督查室、县政府督查室、县纪委监察局、县南水北调办成立的四个督导，对阶段性工作进行督办检查，督促各镇按时限、按计划、分节点完成征地拆迁安置工作，确保全县引江济汉工程征地拆迁工作顺利推进。

二、管理工作机制

在南水北调汉江中下游治理工程征地拆迁安置工作具体实施过程中，各级政府根据当地实际，在工程征地拆迁安置管理体制框架下，建立了职责明确、协调有力、运转顺畅、快捷高效的征地拆迁安置组织实施工作机制。

（一）政府领导协调工作机制

湖北省南水北调工程领导小组制定了领导小组工作规则，建立了领导小组实行会议集体讨论、民主决策处理重要问题的制度。领导小组会议包括全体会议和组长办公会。领导小组全体会议一般每年至少召开一次。领导小组组长办公会不定期召开，研究解决临时性重大问题。领导小组的日常事务工作由湖北省南水北调办负责办理。南水北调工程沿线各市、县（市、区）成立了南水北调工程领导小组，政府领导任领导小组组长，研究解决和协调南水北调汉江中下游治理工程建设和征地拆迁安置等重大问题。

（二）部门协作工作机制

根据湖北省南水北调工程领导小组工作规则：湖北省南水北调办根据省领导小组全体会议和组长办公会研究的结论性意见，形成会议纪要，并印发领导小组成员及与会议决定事项有关的单位。领导小组会议议定的南水北调工程建设的有关事项，由湖北省南水北调办会同有关部门督促办理，并及时报告有关情况。领导小组成员单位之间要加强联系与沟通，充分发挥各职

能部门的作用，主动解决南水北调工程建设中的问题。领导小组成员单位提交领导小组研究的事项，应先送湖北省南水北调办汇总，提交会议讨论的事项，会前由湖北省南水北调办征求有关部门及有关市的意见。湖北省南水北调办与省国土资源厅、省林业局建立了征用土地和使用林地协调机制，与省直其他有关部门和重大专项设施主管部门建立了经常联系协商制度，完善了征地拆迁安置工作的协调机制。各市、县（市、区）相关部门相应建立了部门协作工作机制。

（三）施工环境与专项设施迁建协调机制

1. 建立施工环境与专项设施迁建处理协调工作机制

为了加快南水北调汉江中下游治理工程环境维护和专项设施迁建等有关问题的处理，确保南水北调汉江中下游治理工程又好又快建设，2011年，湖北省南水北调办组建了工程建设环境维护和专项设施迁建快速处理工作领导小组，制定了《南水北调汉江中下游治理工程建设环境维护和专项设施迁建快速处理工作制度》(鄂调水办〔2011〕73号)。湖北省南水北调办所属的汉江中下游治理工程各建管处（办）组建相应的工程建设环境维护和专项设施迁建快速处理工作领导小组及办事机构。现场快速处置领导机构由现场建设管理单位和工程所在地地方南水北调办事机构牵头组建，有关参建单位作为成员参加。各建管处（办）工程建设环境维护和专项设施迁建快速处置领导机构组建方案报湖北省南水北调管理局备案。

工程建设环境维护和专项设施迁建快速处理置机制按照统一领导、分级负责的原则组织实施。按照快速反应、迅速处理、务实高效的要求，制定了工程建设环境维护和专项设施迁建快速处理工作流程：①当施工现场出现工程建设环境维护和专项设施迁建问题时，有关施工单位应立即将情况报告现场快速处置领导机构。②现场快速处置领导机构接到情况报告后，应立即报告湖北省南水北调管理局工程建设环境维护和专项设施迁建快速处理工作领导小组，并立即赶往施工现场进行处理。现场快速处置领导机构可采取先采用临时措施保现场施工不中断，后按程序补办手续的办法，快速处置有关问题，争取已开工项目不出现停工或局部停工现象。问题处理后，应及时将有关情况及处理情况报湖北省南水北调管理局备案。③对于较复杂的暂时不能处理的问题，在保证现场不停工的基础上，现场快速处置领导机构可依据权限，在2小时内将有关情况报告湖北省南水北调管理局快速处理工作领导小组。对于报送至湖北省南水北调管理局的有关问题，局机关各处要依据职责，限期办理。④湖北省南水北调管理局对接到的工程建设环境维护和专项设施迁建问题报告，应按照南水北调工程建设环境维护及阻工事件快报制度的要求，及时将有关信息报送国务院南水北调办，问题处理完成后，需向国务院南水北调办报告的应及时报告。

2. 建立南水北调工程安全保卫工作联席会议制度

省、市、县（市、区）南水北调办事机构、公安机关、现场建设管理机构按照统一协调、分级负责、多方配合、上下联动的原则，层层建立了南水北调汉江中下游治理工程安全保卫工作联席会议制度，成立了相应的工作组。现场建设管理机构和施工单位根据实际情况，与当地乡镇政府、派出所、村委会等建立定期的工作协调会议制度。

（四）信访工作机制

征地拆迁安置工作情况复杂，妥善处理群众上访和群体性事件问题是征地拆迁安置工作的重要内容。地方政府是征地拆迁安置信访和矛盾纠纷处理的责任主体。各级南水北调办事机构明确了责任人，建立了联系机制，确保信息渠道畅通。现场建设管理机构在所负责的工程范围内，及时组织排查施工过程中影响群众利益的问题。同时配合当地政府做好群众工作，防止出现聚众滋事、群众与施工队伍发生冲突的事件。

各相关单位建立反应灵敏、处置有力的应急处置体系，制定应急状态下维持治安秩序的各项预案，维护治安秩序，着力保障了当地正常的生产、生活、工作秩序和社会稳定和谐。

三、制度建设

根据国家有关法律、法规和政策，及国务院南水北调办制定的南水北调工程征地补偿和移民安置有关政策规定、制度和办法。湖北省南水北调办结合汉江中下游治理工程征地拆迁安置实际，勇于探索，大胆实践，在征地拆迁安置各个环节，突出加强制度建设，创造性地开展工作。为规范南水北调工程征地拆迁安置工作，先后制定了南水北调汉江中下游治理工程征地拆迁安置相关管理办法和制度，为南水北调汉江中下游治理工程征地拆迁安置工作提供了政策保障。

（一）征地拆迁安置实施细则

为了进一步规范南水北调汉江中下游治理工程征地拆迁安置工作，2010 年 12 月，湖北省南水北调办印发了《湖北省南水北调中线一期汉江中下游治理工程征地拆迁安置实施细则》（鄂调水办〔2010〕79 号）。实施细则明确了征地拆迁安置工作的原则、管理体制、征地拆迁安置工作程序、各级政府和办事机构的职责、征迁征地拆迁安置资金管理、征地拆迁安置监理监测评估和奖罚附则等内容。实施细则在指导汉江中下游治理工程征地拆迁安置工作中起到了积极的作用。

（二）征地拆迁资金管理暂行办法

2009 年 1 月 19 日，湖北省南水北调办印发了《汉江中下游治理工程征地拆迁资金管理暂行办法》（鄂调水办〔2009〕4 号）。明确了征地拆迁安置资金管理遵循分级负责、投资包干、计划管理、专款专用的原则。确定了财务管理、会计核算、会计报表和审计、监督管理等工作制度。为规范汉江中下游治理工程征地拆迁安置资金的使用、管理、核算和监督工作，保障群众的合法权益，确保工程建设的顺利实施提供了强有力的保障。

（三）征地拆迁实施管理费暂行办法

为了规范南水北调汉江中下游治理工程征地拆迁安置管理机构实施管理费的使用和管理，2009 年湖北省南水北调办印发了《征地拆迁实施管理费暂行办法》（鄂调水办〔2009〕42 号），明确征地拆迁管理费的管理和使用的原则：①专款专用，严禁挪用和占用；②与征地拆迁项目资金分开核算且包干使用；③各单位不得从征地拆迁项目资金中另提取相关管理费，其管理性开支也不得挤占项目经费。同时，规定了管理费的使用范围和开支标准。各级南水北调管理机构的征地拆迁管理费实行预算总量控制。

（四）档案管理实施办法

根据国家档案管理的有关规定，湖北省南水北调办、湖北省档案局联合印发了《南水北调中线汉江中下游治理工程征地拆迁安置档案管理实施办法》（鄂调水办〔2012〕68号），为规范汉江中下游治理工程征地拆迁安置档案管理，有效组织征地拆迁安置档案的收集、整理，归档工作，为确保征地拆迁安置档案完整、准确、系统、安全提供了保障。

（五）征地拆迁设计变更管理暂行办法

根据国家有关法律法规，结合南水北调汉江中下游治理工程征地拆迁安置实际，湖北省南水北调办印发了《南水北调中线一期汉江中下游治理工程征地拆迁设计变更管理暂行办法》，遵循“处理及时、程序规范、论证科学、审批严格、责任明确”的原则，规范了南水北调汉江中下游治理工程征地拆迁安置设计变更核实、报批的一般程序。

（六）征地拆迁安置验收管理实施细则

据《大中型水利水电工程移民安置验收管理暂行办法》（水移〔2012〕77号）、《南水北调干线工程征迁安置验收办法》（国调办征地〔2010〕19号），结合南水北调汉江中下游治理工程征地拆迁安置工作实际，湖北省南水北调办印发了《湖北省南水北调汉江中下游治理工程征迁安置验收管理实施细则（暂行）》，为规范南水北调汉江中下游治理工程征迁安置验收管理，明确验收责任，保证验收工作质量起到了积极作用。

（七）专项设施迁（复）建实施管理办法

为了进一步加强南水北调汉江中下游治理工程专项设施迁（复）建实施管理工作，湖北省南水北调办制定了南水北调汉江中下游治理工程专项设施迁（复）建实施管理办法。对征地拆迁安置中包括水利、交通、电力、通信、有线电视、供排水、供气、供热、电缆、石油管道、水文站、军事、永久测量标志等专业项目迁（复）建实施管理的主体作了明确的规定。

（八）临时用地复垦实施管理办法

为规范南水北调汉江中下游治理工程临时用地复垦实施管理工作，维护土地所有人的合法权益，依据《土地复垦规定》（国务院令第19号）、《湖北省土地复垦实施办法》等相关规定，湖北省南水北调办制定了《湖北省南水北调汉江中下游治理工程临时用地复垦实施管理办法》。办法明确，湖北省南水北调办事机构负责南水北调汉江中下游治理工程临时用地复垦工作的管理和监督。市、县（市、区）人民政府是临时用地复垦的责任主体，市、县（市、区）南水北调办事机构负责临时用地复垦的具体组织实施工作。临时用地复垦资金必须专款专用，任何单位和个人不得截留、挤占和挪用。临时用地复垦资金接受上级主管部门的审计、稽查和监督。

（九）农村搬迁房屋补偿标准调整

南水北调兴隆水利枢纽是南水北调汉江中下游四项治理工程第一个开工项目，当时国务院南水北调办批复的初步设计概算投资，其中农村搬迁房屋补偿标准低于后期批复的引江济汉工程的补偿标准，为了保障、平衡农村搬迁群众的利益，防止搬迁群众间相互攀比，维护社会稳定，确保工程建设的顺利进行。经湖北省政府同意，2010年2月22日，湖北省南水北调办印发了《关于调整南水北调中线一期兴隆水利枢工程农村搬迁居民房屋补偿标准的通知》（鄂调水办〔2010〕15号），参照引江济汉工程的房屋补偿标准调整提高了兴隆水利枢纽房屋补偿标准。

第三节 实施与管理

一、前期工作

根据国土资源、林业等法律法规要求，地质灾害危险性评估、压覆矿产资源储量调查、使用林地可行性研究及建设用地预审是建设项目征地必须开展的前期工作，也是工程建设和办理征地手续的重要依据。前三项工作由用地单位委托专业单位编制相关报告，报国土资源、林业等主管部门办理必要的备案和批复手续。建设用地预审由用地单位按照有关规定和程序，向国土资源主管部门申报办理。征迁外业调查的质量则直接影响工程实施方案编制的质量，并决定了征迁工作能否顺利实施。

（一）地质灾害危险性评估

1. 兴隆枢纽地质灾害评估报告编制和备案

2004年11月10日，湖北省南水北调办委托湖北省地矿建设工程承包集团有限公司，编制完成了《南水北调中线工程汉江兴隆水利枢纽工程地质灾害危险性评估报告》，经专家审查通过后，向湖北省国土资源厅报送了"地质灾害评估报告备案表"。湖北省国土资源厅的意见为"该建设项目地质灾害危险性评估工作符合有关规定"。

2. 引江济汉工程地质灾害评估报告编制和备案

2005年3月9日，湖北省南水北调办委托湖北省地质环境总站，编制完成了《南水北调中线引江济汉工程（龙高Ⅰ线）地质灾害危险性评估报告》。2005年5月15日，通过了专家审查。随后，向湖北省国土资源厅报送了"地质灾害评估报告备案表"。2005年5月23日，湖北省国土资源厅的意见为"该建设项目地质灾害危险性评估工作符合有关规定"。

部分闸站改造工程和局部航道整治工程征地拆迁安置移民前期工作不涉及地质灾害危险性评估。

（二）压覆矿产资源调查

1. 兴隆枢纽压覆矿产调查报告的编制

2004年11月10日，湖北省南水北调办委托湖北省地质环境总站进行兴隆水利枢纽压覆矿产调查评价工作。2004年11月，完成《湖北省兴隆水利枢纽工程压覆矿产资源调查报告》。同时，工程所在地天门市、潜江市、沙洋县国土资源局提供了《关于兴隆水利工程压覆矿产情况的说明》。经专家审查后报湖北省国土资源厅。2004年12月，湖北省国土资源厅印发了《关于

审查湖北省兴隆水利枢纽工程矿产资源调情况的函》(鄂土资储〔2004〕84号)予以批准。

2. 引江济汉工程压覆矿产调查报告的编制

2005年3月9日，湖北省南水北调办委托湖北省地质环境总站进行引江济汉工程压覆矿产调查评价工作。2005年5月，完成《南水北调中线引江济汉工程(龙高Ⅰ线)压覆矿产资源调查报告》。同时，工程所在地荆州市、沙洋县、潜江市国土资源局，江汉石油管局提供了南水北调中线引江济汉工程(龙高Ⅰ线)压覆矿产资源情况的说明。经专家审查后报湖北省国土资源厅。2004年5月23日，湖北省国土资源厅印发了《关于审查南水北调中线引江济汉工程(龙高Ⅰ线)建设范围矿产资源情况的函》(鄂土资储函〔2005〕27号)。

部分闸站改造工程和局部航道整治工程征地拆迁安置移民前期工作不涉及压覆矿产情况。

(三) 建设项目用地预审

1. 兴隆水利枢纽

2005年1月24日，湖北省国土资源厅向国土资源部上报了《关于南水北调中线汉江兴隆水利枢纽工程建设用地预审的初审意见的函》(鄂土资函〔2005〕21号)。

2005年6月7日，国土资源部以《关于南水北调中线工程汉江兴隆水利枢纽建设用地的预审意见的复函》(国土资预审字〔2005〕153号)批复了南水北调中线工程汉江兴隆水利枢纽建设用地预审手续。

2. 引江济汉工程

根据国务院南水北调办《关于做好南水北调工程项目用地预审工作的通知》(综环移函〔2004〕66号)和国土资源部、国务院南水北调办《关于南水北调工程建设用地有关问题的通知》(国土资发〔2005〕110号)的要求，湖北省南水北调治理工程建设用地预审除兴隆水利枢纽由湖北省国土资源厅向国土资源部申报建设用地预审手续外，引江济汉工程、汉江中下游部分闸站改造工程建设用地预审手续由国务院南水北调办统一组织报批。2005年11月25日，国土资源部以《关于南水北调中线一期工程建设用地的预审意见的复函》(国土资预审字〔2005〕180号)批复了南水北调中线一期工程建设用地的预审手续。

(四) 征迁外业调查与设计批复情况

征地拆迁实物指标调查关系群众切身利益，直接影响当地社会、经济发展乃至社会安定，是工程初步设计的重要组成部分，对确定征地补偿投资概算起到决定性作用。以实物指标调查成果为基础的征地补偿投资经国家审查批复后，成为征地拆迁补偿和投资控制的主要依据。实施阶段的调查成果，是省级编制实施规划(方案)的依据，也是湖北省与市、县(市、区)签订征地拆迁安置补偿投资包干协议的实物量依据，还直接影响补偿兑付工作。

1. 征迁外业调查的保障措施

(1) 加强领导，健全机构，明确专人负责。根据《大中型水利水电工程建设征地补偿和移民安置条例》《南水北调工程征地补偿和移民安置暂行办法》等有关规定，征地拆迁工作实行“各级政府负责、县为基础、项目法人参与”的管理体制，各级政府严格落实征地拆迁工作的主体责任。为保证实物调查及南水北调工程征迁工作的顺利实施，湖北省各相关市、县(市、区)加强领导，及时建立健全了外业调查机构，成立专门班子、固定专人，确保实物调查工作顺利进行。

（2）精心组织，周密部署，层层落实工作任务。湖北省各相关市、县（市、区）政府召开了本市、县（市、区）实物调查工作会议，层层部署落实调查工作任务，并从水利、国土等部门及所涉乡（镇）抽调相关人员与专业人员共同组成了联合调查组，开展调查工作。

专项设施迁移由于涉及部门多、协调难度大，所在市、县（市、区）南水北调工程征地拆迁主管部门及时组织召开专门会议，积极协调各产权单位和部门的关系，配合设计单位认真做好专项设施调查和复建方案编制工作。

（3）加强宣传，营造支持工程建设的强大舆论氛围。各地充分借助广播、电视、报刊等新闻媒体，向社会广泛宣传南水北调工程的重大意义和促进当地经济、社会发展的巨大作用，努力营造全社会支持、服务国家重点工程建设的良好氛围。根据工程初步设计确定的征地范围，各市、县（市、区）政府及时发布通告，严禁在征地范围内迁入人口、新增建设项目、新建住房、新栽树木等。

（4）密切配合，分工协作，认真搞好征地移民实物量调查工作。征地拆迁实物量调查以县为基础，由县级政府负责组织实施。省级、市级有关部门负责协调、指导和督查。设计部门负责记录、整理基础资料以及现场全程录像，编写规划报告等工作。各级政府及有关部门、产权单位积极参与、全力配合，保证了实物调查成果的真实性和准确性。

2. 征迁外业调查实物指标调查内容及批复

（1）兴隆水利枢纽工程初步设计阶段实物指标调查、批复。2005年1月16—17日，湖北省南水北调办组织召开审查会，审查由湖北省水利水电规划勘测设计院（简称“湖北省设计院”）编制的《南水北调中线工程汉江兴隆水利枢纽初步设计阶段水库淹没及工程占地实物指标调查大纲》（送审稿）。荆门市、潜江市、天门市、钟祥市、沙洋县南水北调办等有关部门负责人参加会议，并形成会议纪要。

2005年3月2日，湖北省南水北调办在武汉召开兴隆水利枢纽工程占地区域“停建令”工作会议。荆门市、潜江市、天门市、钟祥市、沙洋县政府及南水北调办等有关部门负责人参加会议。

2005年5月，湖北省设计院编制了《南水北调中线工程汉江兴隆水利枢纽初设阶段水库淹没及工程占地实物指标调查大纲》《南水北调中线工程汉江兴隆水利枢纽初设阶段水库淹没及工程占地实物指标调查细则》。

2005年6月1日，湖北省南水北调办在潜江市举办兴隆水利枢纽工程占地实物指标调查培训班。6月初，由湖北省设计院牵头，会同水库淹没涉及的乡镇村组干部一道组成联合调查组，按照调查大纲的要求，分成6个小组，对兴隆水库正常蓄水位36.2m方案及初步确定的枢纽布置方案范围内的实物指标分别进行了测量调查。同年8月，对于最后修改确定的枢纽布置方案，湖北省设计院又对其做了补充调查。调查成果得到了拆迁户的认可，并与所在村镇和县市人民政府取得了一致意见。2005年8月至2005年9月，湖北省设计院会同兴隆水利枢纽涉及的市、县、乡镇、村组干部一道，进行了拆迁安置及专项设施迁改建规划设计工作。在资料收集、外业调查、内业整理、综合分析的基础上，提出了拆迁村搬迁方案和生产开发方案，完成了2个拆迁村和1片生产开发区的典型规划设计，并按提出了公路等专项设施的复建方案，并编制完成了《南水北调中线工程汉江兴隆水利枢纽初步设计报告》。

经专家审查后，国务院南水北调办印发了《关于南水北调中线工程汉江兴隆水利枢纽初步设计报告的批复》（国调办投计〔2009〕7号）。

（2）引江济汉工程初步设计阶段实物指标调查、批复。2006年2月，受湖北省南水北调办的委托，湖北省设计院承担了该工程的初步设计工作。

2006年8月31日至9月1日，湖北省南水北调办在武汉召开引江济汉工程占地区域“停建令”工作会议。荆州市、荆门市、荆州区、潜江市和沙洋县政府及南水北调办等有关部门负责人参加会议。

2006年9月7—8日，湖北省南水北调办组织召开审查会，审查由湖北省设计院编制的《南水北调引江济汉工程初步设计占地实物指标调查大纲》及《南水北调引江济汉工程初步设计占地实物指标调查细则》。荆州市、荆门市、荆州区、潜江市、沙洋县政府及南水北调办等有关部门负责人参加会议。

2006年10—12月，由湖北省南水北调办牵头，湖北省设计院依据《南水北调引江济汉工程初步设计占地实物指标调查大纲》及《南水北调引江济汉工程初步设计占地实物指标调查细则》，会同占地涉及的乡镇村组干部一道组成联合调查组，对渠线永久占地部分的实物指标进行了测量调查。

2008年11月，根据工程初步设计方案，湖北省设计院进行了临时用地、建筑物占地、东荆河补水工程的补充调查。调查成果和安置规划得到了搬迁户、所在村、镇和市、县人民政府的认可。对于电信电力等专业项目的恢复改建方案，委托相关专业部门提出复建规划，经审查后将其成果并入本报告。

2009年2月，湖北省南水北调办在武汉主持召开了南水北调中线一期引江济汉工程初步设计报告法人内审会。根据内审会相关意见，湖北省设计院修改完成了《南水北调中线一期引江济汉工程初步设计报告（送审稿）》。

2009年7月，水利部水利水电规划设计总院对初设报告（送审稿）进行了审查。根据审查意见，2009年8—9月，对相关实物指标进行了复核和补充调查，编制完成了《南水北调中线一期引江济汉工程初步设计报告（修改稿）》。

经审查，国务院南水北调办分别以《关于南水北调干中线一期引江济汉工程初步设计报告（技术方案）的批复》（国调办投计〔2009〕250号）和《关于南水北调干中线一期引江济汉工程初步设计报告（概算）的批复》（国调办投计〔2010〕13号）批准引江济汉工程初步设计报告、核定概算。

（3）部分闸站改造工程。受湖北省南水北调办委托，湖北省设计院于2002年5月正式开展部分闸站改造工程可行性研究工作。2004年11月编制完成报告初稿。2005年3月20—26日，水利部水利水电规划设计总院在武汉召开会议，对湖北省设计院编制的《南水北调中线一期汉江中下游部分闸站改造工程可行性研究报告》进行了预审。

2010年5月13日，湖北省南水北调办在武汉主持召开会议，对《南水北调中线一期汉江中下游部分闸站改造工程初步设计报告》进行了项目法人内审。

2010年10月，水利部水利水电规划设计总院对初步设计报告进行了审查。根据审查意见，编制单位对初步设计报告进行了修改完善，编制完成了初步设计报告（审定本）。水规总院对初步设计报告（审定本）进行了复核，2011年通过了审查。

2011年5月4日，国务院南水北调办批复《南水北调中线一期汉江中下游部分闸站改造工程初步设计报告》。

（4）局部航道整治工程。受湖北省南水北调管理局的委托，湖北省交通规划设计院承担局部航道整治工程初步设计报告编制工作。

2010年4月，湖北省交通规划设计院设计人员会同地方相关部门，对航运经济腹地进行了经济调查，查勘了襄樊至汉川航道，收集了近年浅滩水深资料及部分扫床图，并对工程沿线占地范围内的实物指标进行了调查。

设计人员携带大比例工程设计图纸，每到一处抛泥区、弃土场，复核抛泥区、弃土场位置选择是否合适、耕地类型、地类分界、河滩地高程（2年一遇洪水位以上考虑复垦措施）等，然后在计算机上量算，建立土地面积数据库。

根据工程占地影响范围，调查的实物指标主要成果为：永久征地总面积315亩，其中旱地214.3亩，林地24亩，草地76.8亩；临时用地总面积1526亩，其中旱地1168.1亩，林地357.9亩，低滩地均未计入临时用地。

2011年8月，国务院南水北调办下发《关于南水北调中线一期汉江中下游局部航道整治工程初步设计报告的批复》（国调办投计〔2011〕185号）。

二、实施规划编制

实施规划编制的工作重点包括补偿标准确定、补偿方案确定、实施方案征求意见修订等。目的是保证征地拆迁安置顺利实施，并对征地拆迁安置投资进行有效控制，组织编制工作在外业调查、实物汇总完成和确定拆迁安置方案后即可开展。这一阶段工作由县级南水北调办事机构牵头，与设计单位密切配合完成。编制过程中，根据国家批复的设计单元工程征地拆迁初步设计专题报告，以及国家、省相关的法律法规和政策规定，对数量、标准的确定要严格把关。其中工程永久征地及临时用地以勘测定界单位现场确认的为准，实物以县、乡镇、村、物权人、设计及监理各方共同签字确认的为准，拆迁安置选址、水、电、路以县级人民政府确定的为准，专项设施方案以产权单位委托符合资质要求的设计单位进行的迁建方案设计为准。

补偿标准的确定。土地补偿标准原则上执行国家初步设计批复的标准；房屋及附着物补偿标准的确定要考虑初步设计批复标准及省级确定的有关标准，同时要考虑当地实施的实际综合权衡确定。设计单位应对同一设计单元工程内同种土地及附着物的补偿标准协调统一，避免出现不一致的现象。

补偿方案的确定。补偿方案内容主要包括土地补偿费和安置补助费分配使用方案，拆迁安置点基础设施设计，村副业、企事业单位迁建规划设计，专项设施迁建方案汇总，征地拆迁影响问题处理等。除土地补偿费和安置补助费的分配使用方案外，其他工作由于专业性较强，应当以设计单位为主进行专业设计，但对县级人民政府提出的意见应充分予以考虑，并体现在实施规划中。

征求意见并修订。征地拆迁安置补偿标准和方案初步确定后，由县级人民政府负责组织发布征地规划实施规划公告。公告的内容包括：集体经济组织被征用土地的位置、地类、面积，地上附着物和青苗的种类、数量，需要生产安置的农业人口的数量和搬迁安置人口数量；土地补偿费和安置补助费的标准、数额、支付对象和支付方式；地上附着物和青苗的补偿标准和支

付方式；农业人员的具体安置途径；其他有关征地补偿、安置的具体措施。被征地农村集体经济组织、农村村民或者其他物权人对征地拆迁实施规划有不同意见的，可向所属乡镇人民政府提出。乡镇人民政府应当向县级南水北调办事机构反映相关问题，县级南水北调办事机构应对反映的问题进行认真研究，确有不同意见时，应当依照有关法律、法规对征地拆迁实施规划进行适当修改，最终形成征地拆迁安置实施规划报告。

（一）兴隆水利枢纽实施规划编制主要内容

2007年9月，湖北省南水北调办对兴隆水利枢纽工程征地拆迁安置实施规划技施设计单位进行了招标，湖北省设计院中标承担兴隆水利枢纽工程征地拆迁实施规划的编制工作。

1. 实物指标调查复核

2008年12月，根据湖北省南水北调办的统一部署，湖北省设计院在本工程初步设计报告上报审查的同时，组织开展了兴隆征地拆迁安置技施阶段实物指标调查、复核工作。在各市（县）人民政府组织下，湖北省设计院会同各市（县）南水北调管理机构及工程涉及的乡（镇）、村、组干部一道完成了兴隆水利枢纽工程征地拆迁户主要实物指标的复核及三榜公示工作。复核的重点为农村人口、房屋及附属建筑，零星果木和林木，对技施阶段调整后的坝区占地也进行了复核调查。

（1）土地复核。土地按所有权分为国有和集体所有，按用途分农用地、建设用地、未利用地三大类。按征用性质，工程永久占地分为永久征地、永久淹没或占压滩地、永久占压护堤林。其中永久征地为工程永久征收村集体经济组织的土地，淹没或占压滩地、占压护堤林属国有土地。

土地复核根据技施阶段枢纽布置图、施工布置图，对比初步设计调整部分，重新调查，现场查清各类土地权属、核实地类。对初步设计有异议的部分，也进行现场核实。

（2）人口复核。农村人口系指居住在农村的村民，有农业人口和非农业人口之分。在农村人口复核时，凭户口簿为准调查户数、人数。采取先公示、后复核、再公示的程序。对有异议的，以户为单位全面调查，调查人员和村、组干部共同到现场按户籍查对，并逐户登记造册。重点是2005年停建令颁布以后出生、死亡、婚嫁等正常增减的人口。

（3）房屋复核。对公示后提出异议的房屋，调查人员对房屋按产权、用途和结构实地逐处、逐幢、逐户丈量，以建筑面积计算，作好丈量记录，注明房屋产权隶属关系，分户调查建档，做到分户建卡、拍照。

（4）附属建筑物复核。对公示后提出异议的附属建筑物，逐户（逐单位）、逐项丈量登记，全面调查。

（5）其他项目复核。其他项目，如零星树木、农村副业设施、小型水利水电设施、专业项目等，原则上按2005年停建令颁布后的调查结果统计，不进行全面复核。

（6）安置点调整。2009年4月上旬，潜江、天门对初步设计确定的安置点进行了调整，同年4月中旬，地质和测量人员对新安置点进行了地勘调查工作。

2009年5月，编制完成《兴隆水利枢纽工程征地拆迁实施方案（送审稿）》。

2. 审查报批

2009年5月9—11日，湖北省南水北调办召开兴隆水利枢纽工程征地补偿和拆迁安置实施阶段（技施）设计审查会，对《南水北调中线一期工程汉江兴隆水利枢纽征地拆迁实施规划（送审稿）》进行了评审。评审后，湖北省南水北调办先后三次就有关县市反映的问题，会同设计人员到现场核实、修订实施规划方案。

2009年6月，编制完成《兴隆水利枢纽工程征地拆迁实施规划（审定本）》，并报湖北省政府审批。

2009年8月，湖北省人民政府批复了《兴隆水利枢纽工程征地拆迁实施规划》（鄂政函〔2009〕194号）。

3. 主要实物指标

兴隆水利枢纽库区和坝区合计永久占地24532.2亩，其中永久征地6291.2亩（含耕地5293.2亩）、淹没和永久占压滩地17826亩、永久占压地方部门护堤林415亩；临时用地9412亩；搬迁307户1269人，拆迁房屋39286m^2。小型水利设施小型渠道6.74km；小型闸站4座，小型水塔1座。专业项目主要涉及机耕路23.48km，10kV电力线路6.18km，380V电力线路1.3km，220V电力线路0.24km，50kVA变压器1台套，电信线路7.03km，广播电视线路4.33km。

（二）引江济汉工程实施规划编制主要内容

2009年10月，湖北省南水北调办对引江济汉工程征地拆迁安置实施规划设计单位进行了招标，湖北省设计院中标承担引江济汉工程征地拆迁安置实施规划的编制工作。

1. 实物指标调查复核

2010年1—7月，湖北省设计院设计人员分别到引江济汉工程相关市县（区）进行了实物指标调查及实物指标的复核、工作，在各级政府的领导下，各级南水北调办和相关部门的支持和配合下，完成了引江济江工程征地拆迁主要实物指标的复核及三榜公示工作。

2010年7月27日，湖北省南水北调办组织召开了引江济汉工程征地拆迁安置实施规划编制工作会议。会议就落实湖北省政府《关于研究兴隆工程暨引江济汉工程建设工作的会议纪要》（湖北省人民政府专题会议纪要第69号，2010年7月12日）提出的引江济汉工程拆迁安置实行“权力下放，任务和资金双包干”的原则，各市、县（市、区）要按照原则性与灵活性相结合的原则，结合实际制定征地拆迁方面的具体政策和实施方案。耕地占用税要优先用于征地拆迁安置补偿，妥善解决好征地拆迁安置工作中的实际问题的精神，研究部署了下阶段引江济汉工程征地拆迁安置实施规划编制工作。各市、县（市、区）根据本地征地拆迁安置的实际情况，分别提出了引江济汉工程征地拆迁安置实施规划编制情况的报告。同年9月，湖北省设计院编制了各市、县（市、区）征地拆迁实施规划分报告。

2. 审查报批

2010年9月9—11日，湖北省南水北调办分别组织召开了各市、县（市、区）征地拆迁实施分报告审查会。湖北省设计院根据各县市区审查意见及实施期间征地拆迁变化情况修改完善了分报告相关内容，编制了《南水北调中线一期引江济汉工程征地拆迁实施规划》总报告及各县市区分报告（送审稿）。

2012年1月6日，湖北省南水北调办组织专家对《南水北调中线一期引江济汉工程征地拆迁实施规划》总报告及各县市区分报告（送审稿）进行了审查。审查认为：“实施规划基本符

合国家政策和有关规范规定，符合本工程的实际情况，经适当修改后，可以作为工程建设用地征迁安置工作的依据。”会后湖北省设计院根据审查意见修改完善了总报告和分报告相关内容，编制完成了《南水北调中线一期引江济汉工程征地拆迁实施规划》总报告及各县市区分报告（审定稿）。

2012年4月1日，湖北省人民政府批复了《南水北调中线一期引江济汉工程征地拆迁实施规划》（鄂政函〔2012〕76号）。

3. 主要实物指标

根据实物指标公示和复核结果，引江济汉工程涉及主要实物指标为：

（1）国土勘界永久征地19247.7亩（耕地10539亩）；工程影响占地1085.46亩；临时用地31824亩（含耕地21712亩）。搬迁户1214户，搬迁人口5495人。拆迁房屋243748m^2，其中正房159649m^2、偏房56627m^2、杂房27472m^2。

（2）交通设施。各种交通设施共169条，其中比较重要的有荆沙铁路、汉宜高速公路、襄荆高速公路、318国道、207国道。

（3）输变电设施。各种电力线路共95条，影响长度19.43km。其中500kV线路3条；220kV线路7条；110kV线路3条，影响变压器共25台（套），总容量2235kV·A。

（4）通信设施。各种通信线路共127次，影响长度26.18km。其中电信光缆15条，电信电缆71条，长途电信光缆5条，国防光缆2条，移动光缆12条，联通光缆9条，网通光缆3条，铁通光缆3条，铁通电缆6条，电信机房1处，防汛光缆1条。

（5）广电设施。各种广电线路共41条，影响长度16.4km。其中广播电视光缆16条，广播电视电缆25条，广播电视机房1处。

（6）管道设施。各种大型管道共12条。其中输油管道3条，输水管道6条，影响农村安全饮水工程在地下铺设的各种管道共计43.15km。

（7）测量设施。荆州市测绘局设立的国家Ⅱ级水准点1处。

（8）水利水电设施。水利设施主要有大中型泵站2座，大中型渠道8条。涉及的农村小型水利水电设施主要有小型渠道178条，小型泵站28座，小型桥梁23座，小型涵闸19座等。

（三）部分闸站改造工程实施规划编制主要内容

受湖北省南水北调办委托，湖北省设计院依据国务院南水北调办批复的初步设计，编制完成了《南水北调中线一期汉江中下游部分闸站改造工程征地拆迁实施规划》，于2012年9月经湖北省人民政府批准实施。

根据实施规划设计，工程永久征地348亩（含耕地218亩），临时用地2224亩；搬迁9户26人，拆迁房屋2338m^2，涉及企事业单位3个，专业项目若干；征地拆迁总投资4452.56万元。

（四）局部航道整治工程实施规划编制主要内容

根据湖北省政府《关于加快推进引江济汉通水和通航工程、汉江中下游局部航道整治工程和汉江航道整治工程建设有关工作的会议纪要》的相关精神，湖北省南水北调管理局与湖北省港航管理局签订《南水北调中线一期汉江中下游局部航道整治工程建设管理委托协议》，由湖北省港航管理局负责组织实施此工程。2012 年 8 月，湖北省港航管理局下发《关于汉江中下游局部航道整治工程由汉江兴隆至汉川段航道整治工程建设指挥部负责建设管理的通知》（鄂交港航办〔2012〕176 号），明确由湖北省汉江兴隆至汉川段航道整治工程建设指挥部负责本工程的建设管理工作。

按照国务院南水北调办《关于南水北调中线一期汉江中下游局部航道整治工程初步设计报告的批复》（国调办投计〔2011〕185 号），本工程建设征地移民补偿主要实物指标是：永久征地总面积 315 亩，临时用地总面积 1526 亩，建设征地移民补偿投资概算为 896 万元。

2013 年 8 月，汉江兴隆至汉川段航道整治工程建设指挥部根据工程河段地形变化、局部河势演变，结合该航道整体整治工程需要，向本工程设计单位湖北省交通规划设计院提出了修编建设征地移民补偿方案的要求。同年 11 月，湖北省交通规划设计院参照交通部门行业规范，对建设征地移民补偿方案进行了优化调整，编制了《关于南水北调中线一期汉江中下游局部航道整治工程建设征地移民补偿实施方案》。其主管单位湖北省港航管理局以《关于南水北调中线一期汉江中下游局部航道整治工程建设征地移民补偿实施方案的批复》（鄂交港航办〔2013〕302 号）审查通过并向湖北省南水北调办备案。

在编制《关于南水北调中线一期汉江中下游局部航道整治工程建设征地移民补偿实施方案》过程中，按照统筹兼顾、节约资源的原则，在保证通航的基本功能外，整治线布置时尽可能兼顾了沿河的港口、码头、取排水设施等，做到水资源综合利用，减小不利方面的影响，然而由于工程整治范围较长，沿线临河设施较多，航道整治作为一个长河段、系统性的工程，为保证工程效果，工程方案布置不能兼顾全部临河设施，对部分临河设施造成了不利影响。

为了规范南水北调中线一期汉江中下游局部航道整治工程建设征迁补偿，保证工程顺利进行，根据航道整治工程方案实际情况，设计单位组织相关技术人员对工程建设用地青苗、专项设施（客渡、汽渡、专用码头）的影响进行了实地查勘，对补偿方案进行了认真研究，完成了《南水北调中线一期工程汉江中下游局部航道整治工程建设征地移民补偿实施方案》的修编。指挥部参考修编后的补偿方案，根据施工过程中实际情况，遵循“动态设计、动态管理”的原则，对工程实施过程中涉及建设征地移民补偿的项目进行了补偿，包括青苗补偿、专项设施补偿等。

规划编制建设征地移民补偿资金 892 万元，其中：建设用地青苗补偿资金 200 万元，专用设施补偿资金 626 万元，征迁协调管理费 66 万元。

三、征地拆迁安置

拆迁安置是指被搬迁人口从原居住地搬迁到安置点，并进行生产生活安置的全过程，是征地拆迁工作的中心环节，也是工程建设成功与否的关键。在拆迁安置规划编制、批准后，拆迁安置实施工作包括补偿费兑付，安置点基础设施建设，房屋建设，搬迁入住，生产安置实施等各阶段的工作。

（一）兴隆水利枢纽征地拆迁安置

2009 年 2 月 26 日，兴隆水利枢纽开工建设。该工程征地拆迁安置主要集中在潜江市高石碑镇 5 个村，天门市多宝镇 9 个村。兴隆水利枢纽完成永久征地 6042 亩，新建 3 个集中安置

点，安置306户1270人，拆迁房屋40360m^2。

2009年2月11日，湖北省政府组织召开兴隆水利枢纽工程建设征地和拆迁安置工作会议，就兴隆水利枢纽工程建设征地和拆迁安置工作进行全面部署。湖北省政府与各有关市、县（市、区）政府签订了《南水北调中线汉江兴隆水利枢纽工程建设征地补偿和拆迁安置责任书》；湖北省南水北调办分别与各有关市、县（市、区）南水北调办签订了《南水北调中线汉江兴隆水利枢纽工程建设征地补偿和拆迁安置投资和任务包干协议》。

1. 各地征地拆迁安置实例

（1）天门市拆迁安置情况。

1）基本情况。兴隆工程征地拆迁安置共涉及天门市多宝镇和蒋湖农场两个乡镇（场）的19个行政村（农场分场），永久征地2192.51亩，拆迁89户365人（均为农业户口），拆迁房屋总建筑面积为11641m^2。

2）管理机构。2003年初，为配合国家做好汉江中下游地区实施四项补偿工程的可行性研究论证工作，天门市委、市政府就成立了由市长任组长的天门市南水北调工程领导小组，并下设办公室，由市水利局局长兼任办公室主任。2004年9月24日，成立天门市南水北调工程领导小组办公室，负责天门市境内南水北调兴隆水利枢纽征地拆迁安置工作。

3）制度建设。根据《湖北省人民政府关于进一步加强征地管理切实保护被征地农民合法权益的通知》（鄂政发〔2005〕11号）和《天门市征地统一年产值标准》（天政办发〔2006〕169号）精神，及时制定印发了《关于做好南水北调兴隆水利枢纽工程征地补偿安置工作的通知》（天政办发〔2009〕6号），指导兴隆工程征地工作的开展。天门市南水北调办印发了《关于认真做好兴隆水利枢纽工程坝区永久征地补偿入户工作的通知》（天调水办〔2009〕17号）和《兴隆水利枢纽工程征地补偿费发放管理办法》（天调水办〔2009〕24号），明确了征地补偿标准、使用途径及兑付工作程序，强调了资金管理和发放纪律，征地补偿工作有法可依、有章可循，极大地保障了被征地群众的利益。确保各项工作顺利进行。

4）拆迁组织。市政府与乡镇签订责任书，明确市、镇双方的责任与义务；乡镇与被拆迁户签订拆迁协议、明确拆迁责任及补偿费用；市、乡镇组建拆迁专班，实行一名干部住农户家帮助一户拆迁；制定切实可行的奖励办法，推动拆迁进程；对拆迁户反映的合理诉求，积极受理妥善解决。2010年9月3日正式启动拆迁，同年11月15日搬迁完毕。

5）安置点选址和建设。

a. 安置点选址。天门市拆迁安置86户365人，因多宝镇土地容量有限，镇内安置困难较大，市政府多次与湖北省沙洋监狱管理局协商，沙洋监狱管理局同意出让土地，安置兴隆水利枢纽拆迁群众。2005年7月，湖北省南水北调办委托湖北省设计院开展实地踏勘调查，并编制完成了安置点设计方案。

2007年湖北省南水北调办组织编制兴隆水利枢纽实施规划，再次征求农户对安置点选择的意见时，农户认为原安置点选址离原鲍咀村太远，其耕地在鲍咀，生活居住点却在几十公里之外，生产生活、走亲访友不便，不同意离开本村安置。被拆迁农户集体提出意见，要求将安置点选址调整到沙洋荷花垸监狱十五队所属的土地，该地距离鲍咀村委会约1km，紧临兴彭公路，交通方便，发展空间大。天门市委、市政府尊重拆迁安置群众的诉求，及时召集多宝镇领导座谈，研究群众反映的问题，多次与沙洋监狱管理局、荷花垸监狱协商、沟通购地事宜。经实地调查、群众同意，2009年年初拆迁安置点最终落实，并由天门市南水北调办重新组织设计单位提出设计方案，安置点建设用地42.7亩。

b. 安置点建设。天门市安置点建设由市南水北调办组织统一规划设计，安置点公共设施采取招标确定施工单位。宅基地由村委会组织，进行抽签分配，农户自建自管房屋质量和施工安全。市南水北调办与多宝镇政府抽调专人负责协调安置点建设过程中的安全生产和质量管理等方面的问题。

在安置点公共设施的建设中，充分尊重被拆迁群众诉求：①安置点台基平田面抬高1.5～2.0m，平均高于兴彭公路0.5m，确保安置点不受涝灾；②充分考虑农户有父子分家立户的情况，将原拆迁安置86户调整为91户进行安置；③安置点内的排污道由暗管改为明沟盖板，防止堵塞，便于清淤；④将安置点四周的土沟进行混凝土植方块硬化，并新增桥梁两座，将安置区内进出农户家门的混凝土路面适当延长，形成循环道路，方便群众进出；⑤将安置点纳入农村饮水安全改良试点。

6）安置点新村运行管理。安置点建成后经市、镇、村三方共同验收后，移交镇、村；在乡镇指导下，由村委会组织村民自治管理。

（2）潜江市拆迁安置。

1）基本情况。兴隆水利枢纽工程涉及潜江市高石碑1个镇，5个行政村，25个村民小组。永久征地3043亩，拆迁安置218户905人，拆迁房屋总建筑面积27965m²，主要集中在高石碑镇沿堤村和窑岭村。

2）管理机构。2003年，潜江市委、市政府成立了由市长任组长，相关部门为成员单位的南水北调中线工程领导小组，领导小组下设办公室，潜江市水利局局长任办公室主任。同年8月，成立了潜江市南水北调工程建设管理局，全面负责工程建设征地拆迁安置工作。工程所在地高石碑镇相应成立了南水北调工程协调领导小组，设立了专门办公室，镇主要领导负责工程征地补偿和拆迁工作。

3）制度建设。2005年3月，根据湖北省政府《关于研究兴隆水利枢纽工程移民安置工作有关问题的会议纪要》（2005年9号专题会议纪要）文件精神，潜江市人民政府发布了《关于严格控制兴隆水利枢纽工程占地区域人口增长和基本建设的通告》（潜政发〔2005〕7号），明确了工程区域范围、确定加强人口管理，严格控制工程占地范围内基本建设，并严明了政策纪律。

潜江市南水北调办下发了关于加强征地拆迁资金管理的通知。

4）拆迁组织。搬迁工作采取党员包组包户负责制，发动党员干部带头拆迁。2009年8月16日沿堤村党支部书记带头拆迁，在其感召下，党员干部纷纷响应，群众随之而动。在拆迁中，潜江市协调专班真心真情真诚关爱拆迁群众，从安全饮水、防病、防暴雨袭击等关键环节抓起，组织市直部门、镇直单位对口帮扶拆迁户。潜江市民政部门支援32顶帐篷帮助拆迁户度过建房期住宿难的问题。潜江市卫生防疫部门送医送药，驻拆迁安置现场进行卫生消毒防疫。拆迁时值中秋节，市政府为拆迁户送去慰问金、大米、纯净水、洗衣粉等生活用品，对拆迁户中70岁以上老人，长期患病的拆迁群众、生活困难的拆迁户每人送去200元不等的资金或物资，同时对特别困难的低保户在捐赠资金中给予建房补助2000～6000元。市拆迁安置协调专班的工作人员，长期驻拆迁安置现场，协调处理拆迁中的矛盾和问题。2010年6月，兴隆水

利枢纽涉及拆迁的沿堤村、窑岭村完成了拆迁工作。

5）安置点选址和建设。

a. 安置点选址。2006年，潜江市开始进行兴隆水利枢纽安置点选址工作，一是沿堤村集中安置点原选址方案是在潜江市境内的南方集团王场基地，在实施规划编制过程中，高石碑沿堤村拆迁群众要求政府重新调整安置点选址，在湖北省南水北调办协调和支持下，经与湖北省沙洋监狱管理局协商，将漳湖垸监狱在潜江市境内的部分土地出让给潜江市政府安置南水北调兴隆水利枢纽拆迁群众。该地距沿堤村2.5km，满足了拆迁群众意愿。高石碑沿堤村漳湖垸监狱安置点新址征地86.16亩。二是原规划分散安置的窑岭村拆迁群众要求实行集中安置，由原后靠分散安置调整为后靠集中安置。

b. 安置点建设。集中安置点选择在交通方便，水、电、路基础设施容易解决的漳湖垸监狱农场区5中队驻地，其基础设施等按国家基建程序统一规划。漳湖垸监狱集中安置点共安置沿堤村村民172户、719人，占总拆迁人口的79%。窑岭村后靠集中安置48户、186人，占总拆迁人口的21%。

集中安置点基础设施补偿资金采取大包干形式，拨付到接受征地拆迁户所在高石碑政府，由镇政府为征地拆迁户平整场地，填筑台基、安排台基地，并负责交通道路，给排水，输配电、电信等基础设施配套工程建设。其中集中安置点交通桥由潜江市南水北调办组织建设。

潜江市委、市政府高度重视征地拆迁安置工作，提出了南水北调兴隆水利枢纽安置点建设要结合社会主义新农村建设进行高起点设计、高规格建设的思路。潜江市南水北调办组织拆迁户代表100多人远赴应城市汤池镇考察参观。潜江市建筑设计院广泛收集民情，多次征求群众意见先后数易其稿设计的徽派建筑风格和形式。潜江市政府组织召开10多个部门和20余位专家进行专题评审。潜江市规划局，高石碑镇建设服务中心工作人员驻扎安置现场，从测量、放线、每一个环节逐一进行规划控管，提供全方位服务。潜江市国土部门投资50万元平整生产安置土地。潜江市水务部门投资80万元帮助拆迁安置点规划和建设水利排灌设施。潜江市农业部门投资40万元支持拆迁户建设沼气。潜江市气象部门投资10万元解决集中安置点防雷装置。交通、林业、安全饮水、文化、通信、电力等部门围绕工程拆迁安置对口落实工作任务，急事急办、特事特办有力配合促进了拆迁安置顺利进行。潜江市南水北调办根据工作目标，按期排出工作计划任务表，建立了定期通报机制，市工作专班一天一碰头，一星期一结账，有关部门积极运作，对口支持，全力帮助群众解决建房期住宿、水、电、路等具体问题，促进了征地拆迁安置工作顺利推进。

6）安置点新村运行管理。潜江市高石碑沿堤村于2009年8月12日开始拆迁，2010年11月17日完成搬迁安置。

安置点新村建立了以村党组织、村民委员会、村经济合作组织、村代会、村务监督委员会、村和谐促进会为主要模式的“六位一体”村级管理运行机制，着力强化村级社会管理工作，制定了《村党支部工作制度》《村民委员会工作制度》《村民自治制度》《村民代表会议事章程》《村务监督委员会章程》等规章制度，明确村党组织、村委会、村代会、村监会的工作职责和相互关系，建立起党组织领导下的村务决策、管理、监督运行机制。全面推行“四议两公开”工作法，凡村内重要事项，严格按照村党组织提议、村“两委”会商议、党员大会审议、村代会或村民会议决议的民主程序进行决策，将决议结果和实施结果向村民公开，实施过程全面接受村监会和上级单位的监督，充分落实村民的知情权、参与权、决策权和监督权，让村干部权力在阳光下运行。

潜江市委、市政府高度重视安置群众帮扶工作，围绕“迁得出、安得下、稳得住、逐步能致富”的工作目标，将高石碑镇政府机关干部分驻各集中安置点和分散安置点，制定落实了“联幢联户、联人联心”“一户一策一干部”、拆迁群众利益诉求“联审联议”、部门联系安置点建设和发展等制度，切实加强了基层组织的建设。同时，积极开展安置群众劳动技能、农业实用技能的免费培训工作，促进群众就业和增收。对特困群众积极开展低保救济工作，帮助解决生产生活难题。90%的群众由平房和土木结构房改建成了砖混结构的楼房，人均住房面积增加，拆迁群众新建房屋较搬迁前更宽敞、明亮、清洁。潜江市沿堤村拆迁群众真实现了“安居乐业”，社会稳定，安置新村已成为当地新农村建设的亮点。

2. 生产安置

兴隆水利枢纽坝区生产安置的人口 2407 人，其中调剂耕地安置 2074 人，改造中低产田安置 241 人，其他安置 92 人。根据实施规划，库区淹没河滩地和排渗沟工程占地均不进行生产安置。生产安置方式采用调剂耕地安置和改造中低产田安置为主，并根据各地的实际情况采取多种安置方式为辅的格局。

3. 后期扶持

依据湖北省政府批准的兴隆水利枢纽征地拆迁安置实施规划，工程坝区拆迁安置人口为 1269 人的（实际完成拆迁安置人口为 1270 人），坝区生产安置人口为 2407 人。2010 年 1 月，湖北省移民局根据国家后期扶持申报政策向水利部申报兴隆水利枢纽后期扶持指标，经水利部核定并在湖北省内调剂少量指标，将搬迁安置的 1270 人纳入后期扶持。

（二）引江济汉工程征地拆迁安置

该工程征地拆迁安置主要任务集中在荆州市荆州区、荆门市沙洋县、潜江市，相关附属工程涉及仙桃市和湖北省沙洋监狱管理局。引江济汉工程完成永久征地 18725 亩，新建 23 个集中安置点，临时用地 29728.5 亩，搬迁 1175 户、5219 人，拆迁房屋总面积 20.29 万 m^2。

2010 年 3 月 1 日，湖北省政府召开全省南水北调工作会议。会上，湖北省政府与各有关市、县政府签订了《南水北调中线一期引江济汉工程建设征地拆迁安置责任书》；湖北省南水北调办分别与各有关市、县（市、区）南水北调办签订了《南水北调中线一期引江济汉工程建设征地拆迁安置投资和任务包干协议》。各市、县（市、区）政府与乡镇，乡镇与村组分别签订了征地拆迁安置责任书和包干协议。

1. 各地征地拆迁安置实例

（1）荆州区征地拆迁安置。

1）实施规划情况。引江济汉工程在荆州区境内全长 27.05km，工程涉及荆州区李埠镇、太湖港管理区、郢城镇、纪南镇 4 个镇（管理区）15 个村 49 个组。实施规划拆迁安置 738 户、3399 人，其中集中安置点 7 个，安置 464 户、2105 人；分散安置 274 户、1294 人；拆迁房屋 158784m^2。

2）管理机构。2006 年，荆州市荆州区成立南水北调引江济汉工程管理局，隶属区水利局管理，其主职责为：承担南水北调引江济汉荆州区征地拆迁安置及工程建设协调、管理、施工

组织、质量监督任务；负责协调南水北调引江济汉工程荆州区段工程建成后的运行和维护管理；配合做好南水北调引江济汉荆州段工程建设的有关服务工作。

2010年2月，荆州区区委、区政府成立荆州区南水北调引江济汉工程建设领导小组，下设区南水北调引江济汉工程建设领导小组办公室。因工程建设及实际工作需要，荆州区南水北调引江济汉工程管理局、荆州区南水北调引江济汉工程建设领导小组办公室、湖北省南水北调引江济汉工程荆州段建设管理办公室（简称“一局两办”）和后成立的荆州区南水北调引江济汉通水通航工程指挥部合署办公。荆州区引江济汉工程建设沿线的李埠镇、太湖港管理区、郢城镇、纪南镇分别成立引江济汉工程建设协调指挥部。

3）制度建设。根据国务院南水北调办、湖北省政府和有关部门制定的南水北调工程征地拆迁安置相关法规和政策，荆州区人民政府制定印发了《荆州市荆州区南水北调引江济汉工程征地拆迁安置工作实施办法》（荆区政发〔2010〕19号）；制定了《荆州区南水北调引江济汉工程征地补偿和移民拆迁资金管理暂行办法》《荆州区南水北调引江济汉工程管理局实施管理费管理细则》《荆州区南水北调引江济汉工程征地移民资金区级报账管理办法》《引江济汉工程荆州段建设管理办公室财务管理办法》相关制度。

4）拆迁组织。荆州区引江济汉工程线路经过荆州市城郊，当地拆迁户的房屋建设标准较高，且门面房多，按国家批准的房屋拆迁补偿标准进行拆迁安置难度很大，拆迁户难以接受。为了推进全区引江济汉工程拆迁安置工作，确保拆迁群众的利益，区委、区政府提出了“务实评估、整体测算、灵活还建、分头维稳”的工作意见。经多次调查摸底，区委、区政府研究决定，请专业评估公司对拆迁房屋进行评估，按评估重置价进行拆迁房屋补偿，并对商业门面房及已征宅基地给予一定的补偿。评估价与国家补偿价的超额部分，由区财政拨款补贴，较好地解决了拆迁安置补偿资金不足的问题，真正做到了以人为本，让利于民，为引江济汉工程征地拆迁安置工顺利进行创造了条件。

荆州市荆州区引江济汉工程房屋拆迁从2010年初开始，2012年3月25日全部完成。全部拆迁工作分三个阶段进行。

第一阶段，保障引江济汉工程开工所需用地。2010年3月3日，区委、区政府组织召开拆迁专题会议，全面部署拆迁工作。区南水北调办与李埠镇政府成立了工作专班，拆迁专班实行分级负责，责任落实到人，领导干部靠前指挥，既是指挥员更是协调员，充分利用村民代表大会力量，调动各方积极因素，采取“重点突破、各个击破、以点带面”的措施，全力推进房屋拆迁工作。至3月26日前，顺利完成了李埠镇天鹅村44户拆迁户的拆迁任务，为引江济汉工程房屋拆迁工作开个好头。

第二阶段，提交施工用地及营地、临时便道用地。自2011年初，在荆州区引江济汉工程建设领导小组统一部署下，房屋拆迁工作在全区27.05km全面开展，半年内共拆迁房屋528户

第三阶段，克难攻坚关键期。2011年下半年后，引江济汉工程进入施工建设高峰期，尚未拆迁的168户主要集中在207国道、拍马工业园、花园村和李埠镇沿江村，是拆迁户中的门面户，拆迁协调工作难度较大。11月23日，区委、区政府组织召开征迁问题专题会，提出要进一步加强征迁工作的组织领导，强化工作措施，迅速行动起来，打好拆迁攻坚战，全力支持工程建设。区领导亲临李埠镇、纪南镇前线指挥、督办征地拆迁工作。区委、区政府组织39个区直科局单位进村、进户包拆迁，每个重点村两名区领导，区、镇、村干部联手包户，实行

“一对一”等办法进行拆迁。对纪南镇国道、环道两旁的68户门面及商户等拆迁“重点户”，特别是207国道两旁的门面户、企业户和商业户，镇党委、镇政府主要领导脱产1个月，深入拆迁一线，进农户、企业、商户做思想工作，宣讲拆迁政策，并及时研究解决拆迁户提出的实际困难和问题。区委、区政府加强了社会治安措施，预防因拆迁导致的群体性事件发生，维护当地社会稳定。至2012年3月25日，荆州区引江济汉工程738户房屋拆迁全部完成。

5）安置点选址和建设。

a. 安置点选址与调整。早在2010年7月，荆州区南水北调办就组织规划，国土、新农办等部门会同各镇村做好安置点选址。安置点选址由村、镇申报，荆州区南水北调办牵头，会同区新农办、国土荆州分局、区规划局逐一实地踏勘定点。从规划到实施过程中，其中有的安置点进行了多次调整。

一是原规划安置点的调整。荆州市荆州区引江济汉工程原规划7个集中安置点，即天鹅、沿江、太湖A区、太湖B区、花园、拍马、高台集中安置点。在实施阶段，太湖农场、纪南镇拍马村拆迁群众要求对原安置点选址进行调整。太湖农场管委会研究决定，将太湖A区和太湖B区合并为一个安置点，并报区南水北调办批准。纪南镇拍马村委会原计划将安置点修建成5～6层的小高层分配给拆迁户，拆迁群众实地考察后，都表示不愿意住小高层，习惯于“前庭后院式”的家园。村委会在征求拆迁群众意见后决定，将已建的小高层，作为商品房出售，村委会再规划宅基地，实施分散安置。纪南镇政府从全区新农村建设、节约用地、方便基础设施配套等方面考量，在广泛征求拆迁群众意见后，决定在拍马村建一个集中安置点，对少数不愿意进安置点的拆迁户再分散安置。荆州区引江济汉工程拆迁安置由原规划7个集中安置点，调整为5个集中安置点，即天鹅、沿江、太湖、花园、高台集中安置点。

二是新增9个镇设安置点。荆州区郢城、纪南镇政府为结合乡镇新农村建设、节约用地、方便管网衔接，经广泛征求拆迁户的意见，决定将原规划分散安置的采取集中安置。两镇新增安置点9个，其中纪南镇7个，郢城镇2个。

荆州区引江济汉工程安置点调整后，建设安置点14个。荆州区共完成安置752户，安置人口3454人，其中集中安置708户、3270人；分散安置44户、184人。

b. 安置点建设。安置点公共设施建设，由区南水北调办牵头，区新农村建设办公室提出建设建议，国土分局对集中安置地点进行勘界，区规划局对安置点进行统一规划，安置点供水、电力线路、道路、天然气、通信网络、公园、绿地等公共设施建设由政府组织建设。供水设施建设，首先考虑就近连接自来水公司大管网，暂时无自来水管网连接的，建设相应规模的自来水水厂；电力、通信、网络、电视线路设施建设，按照行业规范和群众需求进行建设；道路设施，干线公路连接到每个还建安置点，支线道路连通到每个安置户，确保群众出行方便；公园绿化设施，有的还建安置点建设了公园式的绿地小区。

宅基地分配上，为体现公开、公平、公正的原则，由村民委员会组织，在区、镇、村安置专班监管下，公安部门配合，拆迁户排序、领号、抓阄选择宅基地。选择集中安置的，按照村民委员会的统一安排，到集中安置点自主建房；选择分散安置的，无论是在本村安置还是村外安置或购置，均由拆迁户按有关规定自行决定，最后由拆迁户填表签字，予以认可。区国土、城建、规划等相关部门简化程序，热情服务，减免行政事业收费，全力支持拆迁户自主建房。

荆州区征地拆迁安置补偿费及基础设施配套建设费采取全额补偿方式兑付到拆迁安置户。集中安置的拆迁户，自行筹资购买宅基地和投入集中安置点水、电、路基础设施建设费。为减轻拆迁户建房经济压力，集体经济条件较好的乡（镇）、村、组，按新农村建设要求，对集中安置点建设给予适当补贴。选择分散安置的拆迁户，按照村委会统一规划，自行筹资建房。

6）效果评价。荆州区引江济汉工程拆迁安置实行统一规划、统一设计，高标准、高质量建设集中安置点的工作理念。当地政府在安置点建设过程中，除供水、电力、道路、天然气、网络通信高标准建设外，还着力改善安置点的居住环境建设。有的农户根据自己实际需要修建了车库、停车场等配套设施，极大地改善了居住条件。公园式安置小区整齐划一，充分展现了“新产业、新生活、新风尚、新家园、新机制、新农民”的新农村建设崭新面貌。

（2）沙洋县拆迁安置。

1）实施规划情况。引江济汉工程在沙洋境内约33.4km，征地拆迁安置涉及沙洋县后港、毛李、官当、李市4个镇23个村，实施规划拆迁629户，其中财产户292户，拆迁安置337户、1516人，拆迁房屋6.18万m^2。

2）管理机构。2003年，沙洋县成立了沙洋县南水北调中线工程建设领导小组，负责统一指挥、协调全县征地拆迁工作。各镇、村相应成立了工作专班，负责本辖区的征地拆迁安置工作。

3）制度建设。沙洋县南水北调办根据《关于研究兴隆工程暨引江济汉工程建设工作的会议纪要》（湖北省人民政府专题会议纪要第69号）的文件精神和国家的有关政策以及湖北省设计院《南水北调中线一期引江济汉工程征地拆迁实施规划（沙洋县）》，结合沙洋县的实际情况，制定出台了《沙洋县南水北调中线引江济汉工程征地拆迁安置实施方案》《沙洋县引江济汉工程永久征地及拆迁安置补偿标准》《沙洋县引江济汉通水通航工程永久占地土地面积及青苗调查方案》《关于引江济汉通水通航工程永久性占地征地补偿地类认定有关事项的通知》《沙洋县南水北调引江济汉工程建设领导包联工作责任方案》等征地拆迁、安置补偿方案，并提交县政府审批通过。制定了《沙洋县引江济汉工程永久征地及拆迁安置补偿标准》《沙洋县引江济汉工程临时用地占用及其复垦方案》，明确了永久征地、房屋拆迁、地上附着物及补偿标准，临时用地复垦办法及标准。结合通水通航工程建设制定了《沙洋县引江济汉通水通航工程永久占地土地面积及青苗调查方案》和《关于引江济汉通水通航工程永久性占地征地补偿地类认定有关事项的通知》，制定了《沙洋县南水北调引江济汉工程建设领导包联工作责任方案》，明确了各镇的包联领导、第一责任人和具体责任人及相关工作要求。沙洋县南水北调办公室在完善内部机构的同时，逐步完善了如会议制度、接待制度、车辆管理制度及岗位责任制等多项管理规章制度，确保了沙洋县引江济汉工程征地拆迁安置工作稳步向前推进。

4）拆迁组织。沙洋县拆迁工作于2010年10月开始启动，随后，县南水北调办与各乡镇、乡镇与各村组（农户）完成拆迁协议签署工作。2011年7月，完成拆迁房屋任务。

5）安置点选址和建设。引江济汉沙洋段安置以集中安置为主，分散后靠自建安置为辅，原规划8个集中安置点，分别是荆南安置点、乔姆安置点、团结安置点、黄湾安置点、同兴安置点、黄岭安置点、唐垴安置点、高丰安置点。其中后港镇荆乔集团、荆南村、松林村、韩场村、独枣村、黄场村、李台村、乔姆村6组共计102户、475人安置在荆南安置点；乔姆村8组、9组共计30户、137人安置在乔姆安置点；风井村、金山村共计47户、200人安置在团结安置点；毛李镇钟桥村、黄湾村、高兴村共计22户、101人安置在黄湾安置点；官垱镇同兴村、爱国村、白洋湖村共计62户、262人安置在同兴安置点；李市镇黄岭村14户、81人安置在黄岭安置点，唐垴村41户、182人安置在唐垴安置点，高丰村9户、38人安置在高丰安置点。

经征求群众意见后，后港荆南安置点、乔姆安置点、团结安置点调整合并为1个安置点，共建6个集中安置点。共拆迁安置337户、1516人，其中集中安置241户、1084人，自主安置79户、356人，分散安置17户、76人。

沙洋县安置点建房实行统一规划、统一模式，由各镇人民政府负责集中建房。基础设施配套费由县南水北调办按人口规模拨付到各镇，规划统一使用。同时，鼓励拆迁安置户到城市和集镇购房，对自主安置的给予10000元奖励；鼓励在安置过渡时期投亲靠友，过渡时期的生活补助费按每户补助2000元；在规定的时间内完成拆迁的农户给予3000元奖励。

（3）潜江市拆迁安置。潜江市引江济汉工程完成永久征地9323.13亩，搬迁安置130户、540人，拆迁房屋18808m^2。潜江市市委、市政府坚持征迁工作与区域发展相结合，眼前利益与长远利益相结合，统筹谋划，精心组织，狠抓落实。集中安置点房屋建设，统一规划布局，为拆迁户设计几款房型，供其选择，自建房屋。对于分散后靠安置的居民，根据划分的宅基地，自行建房，只推荐房型，但不作统一要求。各安置点的公共基础设施进行统一规划，由地方政府统一组织建设，集中安置点已成为潜江市新农村建设样板。

（4）仙桃市征地拆迁安置。仙桃市根据拆迁安置实际情况，鼓励拆迁安置户购现房，并对提前或按时完成拆迁任务的农户给予奖励。8户拆迁户中2户在城区购房（村有留守房），2户在本村购房，4户自主建新房，2011年春节前全部搬入新居。

2. 生产安置

引江济汉工程永久征用耕地10540亩，规划水平年生产安置人口为7492人，其中荆州区生产安置人口3957人，沙洋县生产安置人口2542人，潜江市生产安置人口993人。永久征地后，生产安置在湖北省国土资源厅的指导下，由各地制定具体的生产安置方案，确保生产安置规划方案落到实处，征地补偿资金得到合理使用。

根据本工程占地特点，对各行政村影响只是局部的，农民并未完全失去土地，因此农业生产安置主要采取调整耕地、以土地为依托的安置方式。在调整土地的基础上辅以发展大棚蔬菜和改造中低产田，从而实现征地后生产生活不低于原有水平。本工程交通十分便利，渠道建成通航后，对交通又有极大的改善。从地理位置看，本工程位于荆州、荆门、潜江和武汉城市圈的中心，最远距武汉市也不足4小时路程，李埠镇、纪南镇、郢城镇等乡镇属于荆州市城郊，距荆州市中心不足半小时路程。结合各村的生产现状、产业结构和地理位置，考虑蔬菜需求大、运输成本低，销售方便等因素，采取在调整土地的基础上发展大棚蔬菜的安置方式，在项目区形成产业规模。大棚蔬菜收益为一般农田的2～3倍，结合被征耕地数量，以达到原有生活水平为目标，以此确定各村大棚蔬菜规模。

对于征地后各行政村，在调整耕地、发展大棚蔬菜的基础上，对其部分中低产田进行改造，加大水利和农业措施的投入，提高单位面积产出率，为各征地村生产生活超过原有水平创造条件。

（三）闸站改造工程征迁安置实施

2012年4月1日，湖北省南水北调办与南水北调汉江中下游部分闸站改造工程所涉及的襄阳、天门、潜江、仙桃、沙洋、钟祥、汉川南水北调办签订《南水北调中线汉江中下游部分闸站改造工程建设征地补偿拆迁安置投资和任务包干协议》。

实施中，湖北省南水北调办坚持督导，明确要求。各市县南水北调办在当地政府的领导下，高度重视闸站改造工程征地补偿拆迁安置工作，明确工作职责任务，及时为工程建设提供建设用地。严格执行投资和任务包干征协议，做好征地补偿和拆迁安置资金兑付工作。严格按照国务院南水北调办和湖北省南水北调办资金管理办法，实行专账专户，按程序办理补偿资金兑付工作，确保被征地拆迁农户的利益。全力配合当地国土部门做好永久征地用地手续组卷上报，做好临时占地复垦和验收交地工作。及时解决征地拆迁工作中出现的问题，认真排查化解矛盾，预防和处置群体性事件，维护社会稳定。

部分闸站改造工程征地拆迁安置工作自2012年1月开展以来，经过各地南水北调办的努力，严格按照湖北省征地拆迁安置政策，结合闸站改造工程均分布在河道大堤范围内，且占地面积小、散、远的特点，采取优化用地等方式及时解决建设过程中的实际问题，于2016年全部完成，并于2017年年底前全部完成县级验收工作。

（四）局部航道整治工程征迁安置实施

湖北省南水北调办考虑到局部航道整治工程施工的专业性，结合湖北省汉江航道整治规划的实际，经国务院南水北调办同意，采取资金与任务委托包干的方式，委托湖北省交通厅组织实施。

2012年8月，湖北省港航管理局《关于汉江中下游局部航道整治工程由汉江兴隆至汉川段航道整治工程建设指挥部负责建设管理的通知》（鄂交港航办〔2012〕176号），明确由汉江兴隆至汉川段航道整治工程建设指挥部负责工程的建设管理工作。工程于2012年11月开工建设，2014年7月工程完工进入试运行。在试运行期经过整治效果观测和实船适航试验，航道整治建筑物稳定，航道尺度基本达到设计要求，南水北调对汉江中下游航道的不利影响得到有效缓解。

针对南水北调局部航道整治工程跨地市多、线长分散、情况复杂的实际，为确保各个地方在执行政策上的统一性，汉江兴隆至汉川段航道整治工程建设指挥部组织编制了《南水北调中线一期汉江中下游局部航道整治工程建设征地移民补偿实施方案》，并报上级主管部门批准后，依据该方案与各施工单位和各渡口、码头所有人签订《用地青苗补偿及相关协调费用协议书》《码头还建委托协议》《渡口补偿建设合同》等合同协议。指挥部工程协调处、工程管理处、技术质量处分别负责合同的草拟、审核，工程量的核实，各自在授权范围内进行签字确认，部门之间相互制约、相互监督，再报分管领导、主要领导层层把关，将征迁协调工作直接置于有效监管之中，避免了违规操作现象的出现，从程序上、源头上确保了征迁协调政策执行的统一性、连续性和严肃性。

根据湖北省港航管理局《关于南水北调中线一期汉江中下游局部航道整治工程建设征地移民补偿实施方案的批复》（鄂交港航办〔2013〕302号），汉江兴隆至汉川段航道整治工程建设指挥部对临时使用土地的青苗补偿参照湖北省内同类工程（湖北省港航管理局2003年丹襄段航道整治工程）青苗补偿标准，按每条丁坝0.4万元、每千米护岸1.5万元、每条护滩带0.2万元、每处填（挖）槽1万元的标准进行补偿。对高滩X（D）型排的占地，没有利用的不予补偿，已利用的根据《湖北省人民政府关于进一步加强征地管理切实保护被征地农民合法权益的通知》，按照每亩800元标准进行补偿。

对客运渡口补偿，按单边客渡10万元、双边客渡18万元的标准给予补偿；汽渡、专用码头复建补偿根据指挥部与产权单位共同商定复建补偿方案，采取一次性（包干）货币补偿。

（1）加强征迁协调管理。工程建设征地移民补偿工作是项目工程顺利实施的基础性工作，指挥部按照属地原则，在工程沿线各市州成立以地方政府分管交通副市长为组长，以交通运输局、港航海事局、航道管理局相关单位负责人为成员的汉江航道整治工程协调领导小组，下设办公室，县市港航海事局局长任办公室主任，以切实加强对辖区范围内的征迁协调工作的领导。依据工程沿线各地市辖区实际工程建设里程的长短，按照指挥部与各地市协调办签订的《协调协议书》，根据工程进度情况分期支付协调管理费。协调领导小组办公室，专司工程矛盾协调处理，保护工程整治建筑物不受破坏，确保工程顺利推进。

（2）依法签订补偿协议。指挥部与各施工单位，渡口、码头、所有人、相关市州协调领导小组签订《用地青苗补偿及相关协调费用协议书》《协调协议书》《码头还建委托协议》《渡口补偿建设合同》等合同协议，明确工作内容、包干经费、时间要求、工作目标、职责义务、奖罚措施，确保工程建设征地移民补偿公开、公正、透明，符合国家相关法律法规规定。

（3）多方现场据实核查。对占地范围内的青苗补偿，由施工单位与被征地农户共同进行现场丈量、清点、核实、登记、签认，按照有关规定及合同协议对被占青苗农户进行一次性货币补偿。对受影响的渡口、码头等专项设施的补偿，由指挥部与渡口、码头所有人或当地村民委员会及地方协调领导小组共同进行现场核实，商定迁建改造补偿方案，签订迁建改造补偿协议，指挥部以总价包干的形式委托地方协调小组或者所有人实施清淤、修复、改造等补偿工程。

（4）严格考核检查验收。一是严格执行合同约定。各施工单位根据与指挥部签订的《用地青苗补偿及相关协调费用协议书》，包干使用，超支不补，并及时向指挥部提交与农户达成的青苗林木补偿协议、银行付款手续以及签收领款单等支付依据，做到内容真实、手续完备、资料齐全、支付合规。二是严格复建工程质量监管。签订渡口、码头补偿工程协议后，受指挥部委托的实施方严格履行基本建设程序，按照相关技术标准和要求进行工程施工，以消除汉江航道整治工程对渡口、码头造成的不利影响。工程完工后，由渡口、码头使用方和工程实施方共同验收，恢复原有功能。三是严格工程协调巡检巡查。指挥部每季度定期不定期对沿线工程建设情况进行巡检巡查，发现因地方协调领导小组工作不力，导致工程建设遭受无理阻工、整治建筑物产生破坏的，分别按照《协调协议书》、给予协议金额10%以上的扣减；情况严重的，处于3%～5%的罚款。

2015年12月底，汉江中下游局部航道整治工程征迁安置工作任务全部完成。

2017年12月6日，湖北省南水北调办组织召开验收会，经实地查看、查阅档案、听取汇报，验收委员会同意汉江中下游局部航道整治工程建设征地移民补偿工作通过省级验收。

四、专项设施迁建

专项设施迁建在满足规程规范要求的基础上，按照“原规模、原标准和恢复原功能”的原则实施。严格按照基本建设程序管理，执行批准的实施方案和预算投资。掉项、漏项项目等处理严格执行征地移民有关程序，批复方案不得随意提高设计标准，确保经济合理、符合工程设计及工期要求。

（一）兴隆枢纽专项设施迁建实施情况

1. 交通设施复建

水库淹没沙洋县埨桥泵站机耕路 1 条，长 0.8km，采取填土抬高的方法复建。坝区内影响的交通设施均为村属机耕路，共涉及 41 条、23.48km，由当地村组复建。

2. 电力、电信及广电设施复建

兴隆水利枢纽的输变电设施复建总长度为 10.91km，10kV、380V 和 220V 线路按不同标准进行复建。坝区内影响电信设施 5 条 10.14km 的电信线路、4.32km 移动公司通信线路全部进行了复建。坝区内影响有线电视线路，复建总长度为 6.21km 全部进行了复建。

3. 其他设施复建

事业单位和村民委员会房屋补偿或复建：一是窑岭闸管所与潜江市水利站合并办公；二是天门分局多宝哨所与多宝分局合并，以上两单位房屋不再复建，全部按实施规划给予一次性补偿；三是对沿堤村委会在新址复建，实行投资包干。5 个有影响的农副设施，经双方达成一致意见，全部让其自行进行了恢复。

（二）引江济汉工程专项设施迁建实施情况

专业设施迁（复）建是引江济汉工程征地拆迁工作的重要组成部分，具有工程战线长、专业性强、涉及行政区和专业部门多、项目多、投资大等特点。专业设施复建由地方政府统一领导，市、县（市、区）南水北调办督办、协调，各专业部门实施复建。对于地方所属的专业设施，按照专项设施的具体情况实施：电力线路迁建，按照国务院南水北调办、国家电网公司《关于进一步做好南水北调工程永久、临时供（用）电工程建设及电力专项设施建设迁建协调工作的通知》（国调办投计〔2008〕28 号）文件精神，由各级电力行业主管部门组织实施；通信线路迁建，由湖北省南水北调办按照批复的概算将投资包干到市、县（市、区），由市、县（市、区）南水北调办与通信主管部门签订迁建协议，协调实施；水系恢复，由设计单位编制设计方案，经审查后实施，各地南水北调办负责组织实施水系恢复工程建设。专项设施按照“原规模、原标准、恢复原功能”的原则进行复建，并预留一定的余地，为当地社会经济发展创造条件。按照《南水北调工程建设征地补偿和移民安置暂行办法》（国调委发〔2005〕1 号）第 22 条规定，中央和军队所属的工业企业或专业设施的迁建，由项目法人和企业法人或主管部门签订迁建协议。2010 年 12 月 21 日，湖北省南水北调办在武汉组织召开引江济汉工程专业设施复建工作协调会，有关市、县（市、区）南水北调办、设计和监理单位、湖北省南水北调管理局工程处和引江济汉工程建管处负责人参加会议。会议要求，各地南水北调办和相关单位，根据引江济汉工程征地拆迁安置工作责任书、协议书的要求，组织实施或督办、检查专项设施的迁（复）建。协调处理好专项设施迁（复）建工作中的矛盾和问题，为专项设施迁（复）建创造条件。

1. 荆州区

荆州区专项设施迁建涉及企、事业单位，交通、电力、通信、广电、石油、供水等部门和行业。荆州区根据征地拆迁安置实施规划及概算投资与相关单位和部门签订迁建协议，限期完成迁建任务。超规模、超标准的迁建投资由相关单位和部门自行解决。

（1）企事业单位迁建。荆州区完成事业单位迁建 2 家、工业企业迁建 3 家、工商企业迁建 8 家。这 13 家企事业单位整体迁建有 8 家，部分受影响的有 5 家。另外，受影响的个体工商户有 63 家、村委会等服务设施共计 21 处。荆州区南水北调办与各迁建单位签订迁建包干补偿协议书，由各单位完成迁建任务。

（2）交通设施复建工程。荆州区引水渠穿越各种交通设施共 169 处，其中铁路 1 处（荆沙铁路）、高速公路 2 处（汉宜高速公路、襄荆高速公路）、一级公路 2 处（318 国道、207 国道）、二级公路 7 处、三级公路 6 处、四级公路 1 处、村级道路（机耕路）150 处。交通恢复拟新建铁路桥 1 座、四级以上的公路桥 24 座、村级道路（机耕路）桥 11 座。铁路桥、四级以上的公路桥由对口部门恢复完成，11 座机耕桥及交通设施恢复由湖北省南水北调办统一组织建设，村级道路（机耕路）由当地村组复建。交通设施复建总长度 10336m。

（3）输变电设施复建工程。荆州区输变电设施复建完成 66 条（台），其中 220kV 线路 6 条、110kV 线路 3 条、35kV 线路 4 条、10kV 线路 36 条、变压器 17 台。输变电设施复建，220kV 线路跨越处采用桥塔加高移位，110kV 和 35kV 线路采用线路改造、杆换塔和现浇塔基，10kV 线路采用沿桥敷设方式，对受影响的 17 台变压器采用迁移的方式。

（4）通信设施复建工程。荆州区通信设施复建完成 62 条（处），其中电信光缆 41 条、长途电话光缆 5 条、国防光缆 2 条、移动光缆 5 条、联通光缆 3 条、网通光缆 3 条、铁通光缆 1 条、防汛专用光缆 1 条，电信机房 1 处。通信恢复采用地埋、附桥埋管、架空等形式完成复建。

（5）广电设施复建工程。荆州区广电设施复建完成 20 条（处），其中广播电视光缆 7 条、广播电视电缆 12 条、广播电视机房 1 处。复建采用在原址或附近重新建设，由专业部门组织复建完成。

（6）管道设施复建工程。荆州区大型管道设施复建完成 8 条、农村安全饮水复建 1 项，其中中石化荆荆成品油管道 1 条、荆州自来水总公司输水管道 6 条、西气东输管道 1 条，农村安全饮水复建 22.05km。由专业部门组织复建完成。

（7）测量设施复建工程。荆州区测量设施复建完成 1 处，由荆州市测绘局复建。

（8）水利设施复建工程。荆州段水利设施复建项目完成 44 处，其中电力排灌站迁建 26 处、新建 18 处。

截至 2014 年年底，荆州区引江济汉工程专业设施迁建已全部完成。

2. 沙洋县

沙洋县引江济汉工程完成工商企业补偿 6 家，专项设施改建共完成 172 处，其中输变电设施 43 处、通信设施 52 处、广电设施 17 处、管道设施 3 处、水利设施 57 处。

（1）工商企业。沙洋县影响范围内的工商企业共 6 家，主要为养殖行业，受影响房屋面积 2203.65m²（其中框架结构 536.4m²、砖混结构 170m²、砖木结构 1497.25m²），附属设施若干。

受影响企业分别为荆乔特种繁育基地、荆乔名优鱼孵化基地、沙洋县水产局后港名优养殖场、官垱镇杨贴湖渔场、白洋湖养殖场和李市镇养殖场。以上受影响企业全部采取一次性货币补偿政策，由其自行决定是否复建。

(2) 输变电设施。输变电设施43处，包括10kV输变电线路29条、5.37km，35kV输变电线路4条、0.82km，变压器6台，220kV输变电线路1条、0.2km，500kV输变电线路3条、0.94km。

(3) 通信设施。通信设施52处包括电信光缆6条、1.01km，电信电缆28条、5.27km，移动光缆5条、0.82km，联通光缆5条、0.81km，铁通光缆2条、0.36km，铁通电缆6条、1.16km。

(4) 广电设施。广电设施17处包括广播电视光缆5条、0.98km，广播电视电缆12条、1.95km。

(5) 管道设施。管道设施3处包含输油管道2条、0.34km，安全饮水管道8.4km。

(6) 水利设施。水利设施57处包含水系调整改、扩建排水渠13处，泵站工程39处，涵闸工程5处。

3. 潜江市

潜江专项设施迁建工作得到了市直相关部门的大力配合，电力、电信、广电线路等专业项目补偿恢复按实施方案的实物量，由潜江市南水北调办分别与权属单位签订补偿复建协议，补偿资金按工程进度分期拨付权属单位。潜江市受影响的专项设施主要有交通设施、电力设施、通信设施、广电设施、管道设施、水利水电设施等。桥梁布设间距以1～1.5km为控制范围，对渠道沿线道路进行改道、合并，重新恢复其路网功能；电力设施包括10kV输变电线路3条、0.61km，变压器1台；通信设施包括移动光缆2条、0.32km，联通光缆1条、0.15km，电信光缆1条、0.2km，电信电缆10条、1.86km；广电设施包括广电光缆3条、0.96km，广电电缆4条、0.66km；管道设施包括高石碑镇农村安全饮水管道，复建长度13000m。根据上述受影响的专项设施复建情况，潜江市南水北调办分别与相关单位签订迁（复）建协议。

引江济汉渠道线穿越大小河流及沟渠，对项目区原有灌排体系带来了一定的不利影响。由于涉及河流和沟渠太多，为了做到既经济，又有利于工程管理和安全运行，潜江市采取水系调整和补偿相结合的方案，扩挖及改线渠道长度720m，新建灌溉泵站1座，迁建灌溉泵站2座，新建分水节制闸（灌）1座，新建排水闸（排）1座。同时对小型水利水电设施按照永久占用耕地每亩400元进行补偿。

4. 湖北省沙洋监狱管理局

沙洋漳湖垸监狱完成了10kV输变电线路3条、0.65km，变压器1台，广播电视光缆1条、0.2km等专项设施迁建任务。

五、临时用地复垦

临时用地复垦是征地拆迁安置工作中实施难度最大的项目之一。湖北省南水北调汉江中下游治理工程完成临时用地40697.89亩，临时用地复垦39545.7亩。

(一) 兴隆水利枢纽复垦设计

湖北省设计院于2009年委托武汉永业赛博能规划勘测有限公司承担《南水北调中线一期

汉江兴隆水利枢纽工程土地复垦方案》的编制工作，先后完成了《南水北调中线一期汉江兴隆水利枢纽工程土地复垦方案》《南水北调中线一期汉江兴隆水利枢纽工程土地复垦方案》（分县市），提交了复垦规划设计图、现状图、单体图、规划设计文本、预算等设计成果和复垦设计变更图、变更预算设计变更等成果。

（二）引江济汉工程复垦设计

2010年8月，湖北省设计院委托武汉永业赛博能规划勘测有限公司负责《南水北调中线一期引江济汉工程临时用地土地复垦方案》编制工作。至同年11月，经过现场勘查、资料收集、征求意见等几个工作程序，完成了全线可研阶段的复垦方案，并通过了湖北省国土资源厅组织的专家评审。经修改后，形成了复垦报告书、报告表、工程投资概预算和复垦图纸等成果资料。

引江济汉工程主体工程全线施工后，临时用地复垦设计单位对全线临时用地使用、变更、复垦进行了长期跟踪服务。

对荆州区、沙洋县、潜江市临时用地全面踏勘并收集施工方资料，及时与施工方对接解决问题，完成变更设计和方案修改，配合完成了临时用地复垦施工招标、施工、验收等工作。

（三）临时用地复垦实施实例

1. 兴隆水利枢纽永丰垸弃渣场临时用地复垦实施

兴隆水利枢纽临时用地9412亩，其中坝区永丰垸弃渣场（C5弃渣场）临时用地4479亩，是坝区最大的一块临时用地，主要用于堆放兴隆水利枢纽导流明渠开挖吹填弃渣，设计吹填高程38.7m，平均弃渣堆放高度为2～4m。涉及潜江市兴隆村、窑堤村，沙洋县沿河村、蔡咀村。导流明渠开挖吹填弃渣完成后，在平整土地前，必须挖出被埋入吹填弃渣中的剥离土，用于表层覆盖，剥离土转动后，形成的几十个坑槽需进行第二次回填，坑槽回填工程量大；同时，因该地块面积过大，部分吹填高程未达到设计高程形成的低洼地，高低不平的部位需要进行平整，第二次回填及洼地平整增加130多万m^3。

兴隆水利枢纽永丰垸弃渣场临时用地实施表土剥离、土地平整及复垦，施工跨越时间较长，施工机械燃料、人工价格上涨，剥离土二次转运增加了工程量和投资。2011年3月18日，湖北省南水北调办召开兴隆水利枢纽建设专题会议，明确“兴隆水利枢纽临时用地复垦，要以湖北省政府批复的‘实施规划’土地复垦投资概算进行投资控制；执行国家规定的土地复垦标准；以现有的土地复垦方案为基础，以被用地群众可接受为目的，调整复垦设计方案。各有关责任单位，要抓紧时间完成土地平整、复垦和移交工作。因客观原因超概算的，经兴隆建管处及设计、监理单位审核后，确属合法合规使用的资金报湖北省南水北调办研究解决。”会议后，湖北省南水北调办经济发展处组织兴隆水利枢纽工程管理局、湖北省水利水电规划勘测设计院、湖北腾升工程管理有限责任公司，根据《南水北调中线一期工程汉江兴隆水利枢纽征地拆迁实施规划》有关临时用地复垦典型设计投资、水利工程预算定额、施工期间潜江及沙洋地区柴油价格等资料，对兴隆水利枢纽工程永丰垸渣场复垦工程施工进行了预算分析，提出了解决措施和办法。经过湖北省南水北调办与地方政府及施工单位多方协调，明确了各方责任和任务，有力推进了该项工作的实施，保障了兴隆水利枢纽临时用地及永丰垸弃渣场复垦全部

完成。

2. 荆州区临时用地及复垦

引江济汉工程荆州区完成临时用地9364.98亩，其中需复垦8784亩。荆州进口段从工程开工建设到工程建成通水，临时用地使用期长、弃土沙化严重，复垦难度较大。

(1) 编制复垦实施方案。2013年4月，临时用地复垦方案设计由武汉永业赛博能规划勘测有限公司负责，分李埠、太湖、纪南、郢城、荆州长江河道分局等5个镇（场）和单位进行设计，提交成果《临时用地复垦设计方案文本》《临时用地复垦设计方案预算书》《临时用地复垦设计图》等。

(2) 复垦实施。荆州区临时用地复垦难度较大的主要集中在进口段工程所在地李埠镇，临时用地4162亩：①李埠镇临近长江，地质结构为沙质结构，以种植棉花、油料、水稻、豆类农作物耕作模式为主，其地表土原本沙质比较重；②弃渣（砂、淤泥）处理需要大量可耕种覆土。因引江济汉工程施工需要，将大量泥沙吹淤至沮漳河故道，进口段通水通航渠道开挖时，由于细砂不能用于填筑渠堤，1200多万方弃砂在荆江大堤和所征农田临时用地的弃渣场堆积，均需要大量覆土复垦；③临时用地挖深大。引江济汉工程穿越长湖水系庙湖和海子湖，实施渠道土方开挖时，湖中淤泥输送至弃泥场，所征用的临时用地取土弃泥结合，其先深挖取土用于填筑渠堤，然后弃泥，平均深度达4m，最深达6m以上。

解决复垦困难的办法：①充分利用表皮土地。在复垦过程中，坚持临时用地复垦标准，利用好原清表的表皮土复垦，保持良好的耕种质量。②调动覆土。对李埠镇沙质严重的临时用地复垦，选择调动耕种质量较好的覆土进行复垦，达到良好的耕种质量。③科学处置。对用于作弃泥场的临时用地，先将其复垦后作为旱田耕种，并分析沉淀淤泥土壤的酸、碱程度，经科学配置，给予一定人为改良，达到优质耕种效果。

3. 沙洋县临时用地复垦

引江济汉工程沙洋段临时用地范围包括渠道沿线的弃渣场、清淤渣场、辅助企业、场内外道路、土料场等，总面积15149.5亩，全部完成复垦。

(1) 编制复垦实施方案。沙洋县南水北调办依据引江济汉工程征地与拆迁安置实施规划，组织编制了《南水北调引江济汉工程临时用地复垦方案》《临时用地表土剥离存储实施方案》。方案包括复垦工作的每道程序及水系、道路的布置和等级标准等内容，明确了表土剥离厚度、表土覆盖厚度、平整度等技术要求；明确了基础设施水渠开挖、田埂及田间道路的修筑，由施工方按复垦规划组织实施等内容。

(2) 复垦实施。沙洋县南水北调办全面负责临时用地复垦工作，各乡镇明确了临时用地复垦责任人。沙洋县南水北调办根据《沙洋县引江济汉工程临时用地土地复垦方案》，通过招投标，确定临时用地复垦单位，将表土剥离、土地平整、沟路渠配套三个子项目分解到各中标施工单位和地方镇政府，同时被占地村选派干部和群众代表全程参与临时用地复垦的监督管理。

实现了“符合复垦方案，符合群众意愿，群众接受土地，确保按时验收”的总要求。

六、用地手续办理

南水北调工程是占地规模较大的线形工程，途经县、乡、村数量众多，征地手续办理十分复杂。湖北省各级国土、林业行政主管部门积极行动、主动服务，各级南水北调办密切配合，关键时段采取集中办公方式加快建设用地手续办理进度。

（一）先行用地手续

1. 兴隆水利枢纽

2009年3月11日，湖北省南水北调办向省国土资源厅申报《关于申请办理兴隆水利枢纽控制单体工程先期用地的函》（鄂调水局〔2009〕12号）。

2009年3月16日，湖北省国土资源厅向《湖北省国土资源厅关于申请办理汉江兴隆水利枢纽工程控制性单体工程先期用地的请示》（鄂土资文〔2009〕97号）上报国土资源部。

2009年5月21日，国土资源部下发《国土资源部办公厅关于汉江兴隆水利枢纽工程控制工期的单体工程先行用地的复函》（国土资厅函〔2009〕384号），同意先行用地259.2hm^2（含耕地255.60hm^2）。

2. 引江济汉工程

2010年1月6日，湖北省政府组织召开了南水北调引江济汉工程开工前期准备工作会议，根据会议纪要（湖北省人民政府专题会议纪要2010年第8号）精神，由湖北省国土资源厅负责引江济汉工程永久地征地工作。随后，湖北省国土资源厅组织开展了永久征地勘测定界、先行用地和建设用地的申报工作。

2010年3月4日，湖北省国土资源厅向国土资源部上报《关于办理南水北调中线一期引江济汉工程建设项目控制工期单体工期先行用地的请示》（鄂土资文〔2010〕99号）。

2010年3月26日，国土资源部下发《国土资源部办公厅关于南水北调中线一期引江济汉工程控制工期单体工程先行用地的复函》（国土资厅〔2010〕297号），同意先行用地25.43hm^2（含耕地20.26hm^2）。

（二）永久征地手续

南水北调汉江中下游治理工程初步设计阶段规划永久征地25430亩。其中兴隆水利枢纽6042亩，引江济汉工程18725亩，部分闸站改造工程348亩，航道整治工程315亩。

1. 组卷报批

（1）兴隆水利枢纽。2009年年底，湖北省南水北调办委托省国土资源厅开展兴隆水利枢纽建设用地组卷报批工作，双方签订了有关协议，明确由省国土资源厅责成各市、县（市、区）国土部门负责完成建设用地组卷报批业务工作。根据勘测定界成果，工程沿线涉及的各市、县（市、区）国土部门和南水北调办联合，逐乡（镇）逐村进行征地公告、组织征地听证、签订征地补偿协议等工作。市、县（市、区）国土部门完成了土地利用规划修订、分幅土地利用现状图制作，“一书四方案”编制上报省国土资源厅，省国土资源厅汇总报国土资源部审批。根据工作协议，湖北省南水北调办向各地国土部门提出了建设用地组卷报批的申请，并按有关规定安排各地国土部门工作经费。

（2）引江济汉工程。湖北省南水北调办与省国土资源厅签订引江济汉工程永久征地统征工作协议。湖北省南水北调办将引江济汉工程永久征地补偿费全额拨付给省国土资源厅，并适当安排国土资源部门组卷报批工作经费。

2010年6月，湖北省南水北调办和省国土资源厅联合召开了征地报卷工作会议，部署引江

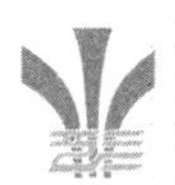

济汉工程建设用地报卷工作，明确了征地组卷工作的主体是各级国土部门，各级南水北调办事机构，要主动与同级国土部门加强沟通配合，各市县要加强征地报卷工作的领导，层层动员部署，确保各项工作有序开展。

根据勘测定界成果，工程沿线涉及的各市、县（市、区）国土部门和南水北调部门，逐乡镇逐村进行征地公告、组织征地听证、签订征地协议等工作。市、县（市、区）国土部门完成了土地利用规划修订、分幅土地利用现状图制作、“一书四方案”等组卷报批资料报省国土资源厅汇总上报。

2. 征地手续批复情况

（1）兴隆水利枢纽。2010 年 11 月 29 日，国土资源部下发《关于南水北调中线汉江兴隆水利枢纽工程建设用地的批复》（国土资函〔2010〕973 号），批准兴隆水利枢纽工程建设用地 586.96hm^2。由当地人民政府以划拨方式提供，作为南水北调中线一期汉江兴隆水利枢纽工程建设用地。

（2）引江济汉工程。2011 年 12 月 3 日，国土资源部下发《关于南水北调中线一期引江济汉工程建设用地的批复》（国土资函〔2011〕876 号），批准建设用地 1298.55hm^2，由当地政府以划拨方式提供，作为南水北调中线一期引江济汉工程建设用地。

七、信访稳定

自南水北调汉江中下游四项治理工程开工建设以来，湖北省南水北调办高度重视矛盾纠纷排查化解和维护社会稳定工作，及时处理征地拆迁安置补偿中的疑难问题和遗留问题，没有产生信访积案，也未出现重复上访、进京非正常上访、群体性事件等现象。为做好矛盾纠纷排查化解专项活动，及时成立专项活动工作专班，每年下发《关于做好南水北调汉江中下游治理工程征地拆迁安置维稳工作的通知》，工作专班多次深入到各市、县（市、区）进行维稳工作情况专项调研检查，集中力量、集中时间，排查问题、分析原因、研究措施，及时有效地化解各种矛盾纠纷，解决关系群众切身利益的问题，维护了群众合法利益，确保了社会稳定。

（一）信访处置

1. 信访处置工作基本原则

（1）实事求是原则。一切从实际出发，注重所反映信访事件的调查研究，认真对待被征地农民提出的问题，按照南水北调工程有关政策精神，合理地解决问题。

（2）严格执行政策、法规的原则。必须牢固树立法制观念和政策观念，依法、按政策办事。既要切实保护被征地农民的合法权益，满足其正当要求，又要维护政策和法律的严肃性，认真细致地做好疏导工作。

（3）全心全意为被征地农民服务的原则。征地农民信访工作具体琐碎，情况复杂，只有树立全心全意为被征地农民服务的思想，才能在处理具体问题时诚恳相待，热情相助，克服困难，不怕麻烦，切实为被征地农民解决实际问题。

（4）解决实际问题与思想教育相结合的原则。被征地农民来信来访既有具体的问题，也有思想认识问题。因此，工作中既要按政策解决好实际问题，又要把思想教育工作贯穿始终，帮助他们解开思想疙瘩，提高认识，化解矛盾。

2. 信访处置工作程序

（1）登记。对所有来访人，接访工作人员详细记录来访人的基本情况和主要述求，明确接谈处理建议。

（2）接谈。接访工作人员核对来访人的身份证或其他有效证件，阅看来访人提交的相关材料，听取来访人的陈述，询问有关情况，核实来访登记内容，并录入以下内容：来访人反映问题的主要事实及要求；来访人以往的信访过程和处理情况；越级访、重复访的原因；来访的异常、过激言行；与有关方面和部门沟通、研究来访问题的情况；来访事项属不予（再）受理的，向来访人介绍宣传有关法律法规；对来访事项涉及征地补偿的大规模集体访，可请相关市、县（市、区）南水北调主管部门前来联合接待处理。

（3）办理。通过上报、报告、办理、协调处理、复查等方式办理不同来访事项。

3. 信访问题分析

湖北省南水北调汉江中下游治理工程开工建设以来，被征地群众上访、信访反映的问题，主要有以下几类：①对南水北调工程建设征地拆迁安置相关政策的咨询。包括个人房屋的测量、面积、附属建筑物等实物指标计量方法及补偿标准；南水北调征地拆迁安置补偿政策，以及与其他工程如高速铁路、高速公路及城市建设征地拆迁补偿标准的对比；征地补偿费村集体与个人的分配比例，以及村集体部分的使用政策规定和后期扶持等政策咨询。②征地拆迁补偿费未及时足额发放，分配使用方案不透明。③农村拆迁户反映房屋补偿标准低，拆迁后补偿资金建不了房屋。④城区郊边商户反映拆迁后，失去了经营效益，影响生活，要求提高补偿标准或解决生活出路。⑤因不了解政策和征迁安置实施程序、步骤等情况，提出过高或不合理要求。

4. 对策措施

为做好来访、信访工作，切实维护群众合法权益，确保工程沿线社会和谐稳定，湖北省南水北调办高度重视，采取了一系列措施。

（1）加强政策宣传力度。按照国家征地拆迁政策法规，在征迁补偿兑付过程中，对征用土地、附着物等实物量及标准、补偿款予以张榜公示，在公示期间，湖北省南水北调办组织有关人员到现场调研，宣传政策，消除群众与干部间的误解。各地普遍印发了南水北调工程宣传手册，宣传到户，并根据不同人群，如外出打工、经商者，通过书信或亲友传递相关信息，确保征地拆迁安置政策家喻户晓。

（2）切实解决具体问题。拆迁既是工程建设的需要，也是寄托了群众改善和提高居住条件的期望，是真正实现"安居乐业"，构建社会主义和谐社会的必然要求，拆迁群众建房是工作的重点。如荆州区政府结合本区村民原住房屋建设标准高、质量好的特点，通过中介对拆迁房屋进行评估，按评估价值进行补偿，通过区财政补贴部分补偿费，保障拆迁群众能得到合理的补偿。对少数特困户地方政府也给予适当补助，让群众真正能拆得起家，盖得起房。在宅基地分配上，尽量考虑原经商户实际情况，为商户经营创造条件。及时掌握群众诉求，适当调整规划，如潜江市原规划后靠分散安置建房，当群众了解到集中安置点居住环境、生产生活设施和公共配套服务设施优势后，一致要求集中安置建房，省、市政府及时调整安置规划，满足群众要求。

（3）加强来访、信访的跟踪服务。加强来访、信访跟踪服务是防止事件反弹的重要措施。湖北省南水北调办将群众反映的问题及时反馈到地方政府及南水北调办，责成地方政府采取有

效措施，及时解决反映的问题，防止重访。

5. 效果评价

实践证明，做好信访工作，切实维护群众合法权益，确保工程沿线社会和谐稳定，是做好南水北调征地拆迁安置工作的应有之义。南水北调汉江中下游治理工程拆迁安置的拆迁安置1544户、6846人已经全部入住。国务院南水北调办和相关部门曾在各种会议上充分肯定湖北省征地拆迁安置工作，几年来，国务院南水北调办没有接访湖北省南水北调汉江中下游治理工程涉及征地拆迁安置的上访群众。

（二）矛盾化解和预防群体性事件

全面深入做好南水北调汉江中下游治理工程征地拆迁安置矛盾纠纷排查化解和预防群体性事件，是构建社会主义和谐社会的必然要求，也是促进经济社会平稳发展的重要保障。根据国务院南水北调办的统一部署，结合南水北调工程汉江中下游治理工程征地拆迁安置实际，湖北省南水北调办先后成立了汉江中下游四项治理工程矛盾纠纷排查化解工作领导小组，建立了省级南水北调工程安全保卫工作联席会议制度，组织制定了《汉江中下游四项治理工程征地移民预防和处置群体性事件预案》。进一步加强了湖北省征地拆迁安置主管部门及项目法人与地方政府，各级公安、移民、国土资源等部门的沟通与协调，及时了解掌握征地拆迁安置和工程建设中的问题和不安定隐患，及时化解矛盾，预防群体性事件发生。各有关市、县（市、区）南水北调办成立了汉江中下游四项治理工程建设征地拆迁安置矛盾纠纷排查化解和施工环境协调工作机构，制定了群体性事件处置工作预案，全省上下形成了统一领导、分级负责、齐抓共管、协调联动的南水北调工程维稳工作机制。

(1) 排查化解征地拆迁安置中的矛盾。根据“建委会领导、省级政府负责、县为基础、项目法人参与”的南水北调征地拆迁管理体制，地方政府是征地拆迁安置矛盾纠纷排查化解工作的责任主体。实践中，湖北省南水北调办作为全省南水北调工程征地拆迁安置的主管部门，积极履行征地拆迁安置矛盾纠纷排查化解工作职责，紧紧地依靠地方政府，并在地方党委、政府的统一组织下，把矛盾纠纷排查化解工作作为各级政府和部门的重要工作来抓。结合汉江中下游治理工程征地拆迁安置实际，认真排查各种可能引发矛盾纠纷的问题，包括：征迁工作部署是否周密，执行政策是否严格；征迁实施中有无因政策宣传不到位导致信访和政策咨询频繁；被征地农民和拆迁户合法利益申诉渠道是否畅通，申诉问题是否就地及时解决；是否按照公开、公平、公正原则开展补偿标准和方案的公示；资金管理是否符合法规，是否有挤占、挪用、截留征地补偿资金的行为，发现侵害群众利益的行为是否及时纠正；是否存在少数不法分子煽动群众制造矛盾的苗头，以及其他可能酿成矛盾甚至群体性事件的因素，并根据群众来信来访得到的信息，做出可能引发矛盾隐患的评估，确定排查的重点，采取化解矛盾的措施。

(2) 排查化解施工过程中影响群众利益的纠纷。各地建设管理单位和施工单位在负责的工程范围内，组织排查施工过程中影响群众利益的问题。包括施工的噪声污染、粉尘污染、爆破安全隐患、地下水位降低影响用水和农田排灌、弃土弃渣影响、阻断交通影响、专项迁建等直接关系到群众切身利益和生产生活的问题。对排查出的问题及时研究解决的方案或措施，并将解决责任具体落实到各单位。同时配合当地政府做好群众工作，防止出现聚众滋事、群众与施工队伍发生冲突的事件。

（三）安全保卫

1. 建立安全保卫工作机制

省、市、县（市、区）政府高度重视南水北调汉江中下游治理工程安全保卫工作，成立了安全保卫工作领导小组，建立了安全保卫联席会议制度。各级南水北调工程办事机构，结合本地实际，组织建立了责任明确、运转高效的安全保卫保障体系和安全保卫协调机制。在建立联席会议制度的基础上，参与南水北调工程维护建设环境信息网络建设，为排查化解矛盾纠纷、预防处置群体性事件、维护良好的建设环境提供信息化服务。落实监督检查制度，各地公安机关与南水北调办共同对工程沿线治安状况进行联合督查，对安全保卫和建设环境存在的重大问题，明确责任人，限期督办。

2. 安全保卫工作成效

工程沿线各级公安机关切实加强了对工程安全保卫工作的组织领导和协调，充分地发挥职能作用，大力加强对工程沿线地区的治安管理，在南水北调工程施工现场设立警务室，及时受理工程建设单位的报警求助，做到警力前移，提前介入，协调处理施工方与村民矛盾，对阻工滋事人员进行治安谈话，对无故阻工的强制带离现场，确保正常施工秩序；依法打击寻衅滋事、强包工程、强占材料供应市场、偷盗工程物资等违法犯罪活动；设置了工程建设保护区，设立警戒线，实行国家重点工程挂牌保护；对施工和拆迁的重要交通要道设置了交通安全警示牌，公告安全施工事项，动员全社会服务南水北调工程建设。南水北调汉江中下游治理工程沿线地区没有发生严重影响工程建设的重大案件，治安秩序总体保持平稳。

第四节　档案与验收管理

一、档案管理

湖北省南水北调办高度重视档案工作，省、市、县（市、区）各级南水北调办建立健全了档案管理机构，完善了各项管理制度，配备了专职兼职档案管理人员，设置了档案室和档案柜，配备了档案管理系统，装载了检索软件。高度重视管理人员业务能力提升，湖北省南水北调办组织市、县（市、区）档案管理人员参加了水利部、国务院南水北调办和湖北省档案局举办的各类机关档案规范化管理培训班。通过现场查勘、阶段性验收等方式对征地拆迁安置档案管理人员进行业务实践培训，提升管理水平。

重视各市、县（市、区）和设计、勘界、监理、国土、文物等部门档案工作。按照档案管理与征地拆迁安置工作“四同步、一超前”的工作要求，在部署、检查、总结、验收征地拆迁安置工作时，对档案工作同步进行部署、检查、总结、验收；在征地拆迁安置验收前，必须提前完成征地拆迁安置档案资料的收集、整理和归档。

2014年12月1—2日，湖北省南水北调办与省档案局联合对兴隆水利枢纽工程各市、县（市、区）和单位、兴隆水利枢纽管理局、征迁监理省级征地拆迁安置档案验收。

2017年11月29日，湖北省南水北调办与湖北省档案局联合对局部航道整治工程建设征地移民补偿档案进行了验收。共收集两大属类档案资料10卷，包含G类档案2卷，B类档案8卷。

引江济汉工程及部分闸站改造工程征地拆迁安置档案管理已按要求分类整理，按计划将在2019年底前逐步完成验收移交。

二、验收管理

（一）兴隆水利枢纽征地拆迁安置验收

1. 征地拆迁安置县级自验收

2009年2月26日，兴隆水利枢纽开工建设，截至2014年11月，兴隆水利枢纽征迁安置工作基本完成。根据《湖北省南水北调汉江中下游治理工程征迁安置验收管理实施细则（暂行）》有关规定，天门市、潜江市、沙洋县、钟祥市、省沙洋监狱管理局、汉江河道管理局先后完成了兴隆水利枢纽征迁安置自验收。

2. 征地拆迁安置省级验收

2014年12月7—9日，湖北省南水北调办组织了南水北调中线汉江兴隆水利枢纽征迁安置省级验收。相关单位代表和验收委员会专家经对各安置点、永久征地、临时用地及复垦、专项设施迁建等现场踏勘后，召开兴隆水利枢纽征迁安置省级验收会议，会议完成了相关议程，通过省级验收。

（二）引江济汉工程征地拆迁安置验收

1. 征地拆迁安置县级自验收

截至2017年12月31日，荆州区、潜江市、仙桃市、钟祥市、沙洋县、省沙洋监狱管理局、汉江河道管理局根据《湖北省南水北调汉江中下游治理工程征迁安置验收管理实施细则（暂行）》有关规定，先后完成了引江济汉工程征地拆迁安置县级自验工作。

2. 征地拆迁安置省级验收

根据国务院南水北调办对征迁安置验收的要求，引江济汉工程征地拆迁安置省级验收计划于2019年8月完成。

（三）部分闸站改造工程征地拆迁安置验收

1. 征地拆迁安置县级自验收

截至2017年12月31日，襄阳市、潜江市、天门市、仙桃市、钟祥市、汉川市、沙洋县根据《湖北省南水北调汉江中下游治理工程征迁安置验收管理实施细则（暂行）》有关规定，先后完成了部分闸站改造工程征地拆迁安置县级自验工作。

2. 征地拆迁安置省级验收

部分闸站改造工程征地拆迁安置省级验收计划于2018年完成。

（四）局部航道整治工程征地拆迁安置验收

1. 征地拆迁安置自验收

2017年8月8日，湖北省港航管理局组织对南水北调中线汉江局部航道整治工程征迁安置工作进行了总体验收。

2. 征地拆迁安置省级验收

2017年12月6日，湖北省南水北调办在钟祥市主持召开了南水北调中线一期工程汉江中下游局部航道整治工程建设征地移民补偿省级验收会。验收工作组成员实地察看了工程现场，依次听取了征迁安置实施管理、征迁安置财务结算、规划设计以及监理的工作报告，查阅了征迁安置档案，对发现的问题进行了询问，并提出了意见和建议。验收委员会认为，汉江中下游局部航道整治工程征迁安置补偿工程符合验收标准，同意该项目通过验收。

第五节　经验与体会

湖北省委、省政府高度重视汉江中下游四项治理工程的征迁安置工作，精心组织多次召开工作会议。湖北省南水北调办认真落实省委、省政府和国务院南水北调办关于南水北调汉江中下游四项治理工程征地补偿和拆迁安置方针、政策和工作部署，注重发挥各级地方人民政府在征地补偿和拆迁安置中的责任主体作用，稳步推进征地补偿和拆迁安置工作。各地政府在征迁安置工作中发挥了带头模范作用，不仅统筹规划，制定切实可行的工作计划，而且常常深入工作一线，沟通协调各方面力量，指导征迁安置工作的具体实施。经过几年的建设，征迁安置工作全面完成了省委、省政府和国务院南水北调办所确定的阶段性建设目标任务。

四项治理工程征迁安置工作坚持以人为本、和谐征迁，通过四项治理工程的巨额投资拉动和征迁安置，广大征迁安置群众生产生活恢复较快，基础设施大为改善，产业结构不断优化，安置地社会稳定，积极推动了湖北省城镇化水平和新农村建设，促进了湖北地方经济持续快速增长，实现了“搬得出、稳得住、能致富”的目标。征迁安置工作的高效和高质量推进不仅确保了四项治理工程建设的开展，并创造了中国多项水利施工纪录。同时，工程在征迁安置、生产发展、社会维稳、舆论宣传等多方面的工作为国家相关水利工程的征迁安置提供了重要的参考经验。

一、健全领导机制，为征迁工作提供强有力的组织保障

南水北调工程征地补偿和移民安置工作实行省级人民政府负责、县为基础、项目法人参与的管理体制。建立健全各级地方领导机制，加强政府在征地拆迁安置工作中的领导作用，是顺利完成征地拆迁安置工作的重要保证。

湖北省委、省政府高度重视南水北调汉江中下游治理工程征地拆迁安置工作，在征地补偿和拆迁安置各阶段，组织召开了一系列重要工作会议，研究部署征地拆迁安置工作。主要领导亲自到工程现场、安置点实地调研、督办、检查工作，倾听基层意见和建议，协调解决征地拆迁安置过程中遇到的难点、焦点问题。湖北省南水北调办是征地补偿和拆迁安置主管部门，办领导长期坚持深入各地调研督办，研究解决征地拆迁安置中具体问题。

地方政府认真履行征地拆迁安置责任主体、工作主体和实施主体职责，是做好征地拆迁安置工作的重要保证。工程沿线各级党委政府，始终坚持把征地拆迁安置工作作为服务工程建设重要抓手，及时成立办事机构，抽调基层工作经验丰富、作风扎实的优秀干部充实到征地拆迁

工作岗位，建立例会协调制度，加强业务培训、广泛宣传动员，在实物核查、资金兑付、信访维稳等方面，为工程建设及征地拆迁安置创造了良好的外部环境，为保障工程沿线的和谐稳定发挥了关键作用。

二、坚持规划先行，强调规划在征迁工作中的统筹功能

坚持规划先行，实施规划作为实施征地拆迁安置的主要依据，强化规划意识，充分发挥规划的先导作用、主导作用和统筹作用十分必要。2008年开始，根据湖北省南水北调办的统一安排，湖北省设计院承担南水北调兴隆水利枢纽和引江济汉工程征地拆迁实施规划编制任务。在各市、县（市、区）政府领导下，湖北省设计院与各地南水北调办配合，开展实物指标的复核调查、公示，共同编制完成了兴隆水利枢纽和引江济汉工程征地拆迁实施规划。期间，湖北省南水北调办先后组织相关市、县（市、区）南水北调办召开征地补偿拆迁安置实施规划编制工作协调会，研究解决实物指标复核调查中反映的问题。为了进一步完善引江济汉工程实施规划的编制工作，湖北省南水北调办分别组织召开了荆州市荆州区、潜江市、荆门市沙洋县《南水北调引江济汉工程征地拆迁实施规划分市、县（市、区）设计报告》审查会。根据各市、县（市、区）对编制实施规划的意见和建议，湖北省设计院再次对实施规划进行修改，最后编制形成较为完善的实施规划报告，为顺利完成引江济汉工程征地补偿和拆迁安置工作打下了坚实的基础。

三、建立协调机制，是做好征迁工作的重要保障

南水北调工程征地拆迁安置工作涉及面广，面对的是广大农民群众的其切身利益。征地拆迁安置涉及的部门和行业的利益，给征地拆迁安置工作增加了很多不确定的因素。依靠各级地方政府和相关部门，加强同他们的工作联系，建立通畅的联合协调机制是做好征地拆迁工作的重要手段。南水北调办紧紧依靠地方各级政府和各级有关部门，主动上门协调工作：一是抓好地方的协调。充分发挥地方政府的责任主体和实施主体的作用，协调市、县（市、区）政府，解决征迁安置工作的困难和问题，达到推动工作的目的。二是协调好国土，林业、交通等部门的工作，形成合力推进相关工作。积极协调林业部门，及时办理了使用林地同意书，为引江济汉工程永久征地按时组卷上报提供了必备条件；协调国土部门，及时完成了技施阶段永久征地变更调整的系列工作；加强与交通部门的沟通联系，协调好通水、通航工程征地拆迁安置补偿标准的一致性；协调施工单位及时修复因施工损坏的村道、农田灌渠设施，做好弃渣场挡护工作，施工后场地的平整和绿化。实践证明，加强与各级政府、各部门的协调、合作，有效推进了征地拆迁安置工作的全面开展。

四、规范调查机制，为征迁工作奠定扎实的数据基础

实物指标调查成果是征地拆迁安置补偿投资的重要依据，全面细致做好实物指标调查是做好征迁安置工作的基础。湖北省南水北调办组织湖北省设计院和相关市、县（市、区）及有关部门的技术人员进行实物指标调查工作，加强对实物指标复核质量的控制，坚持把实物指标调查复核工作做深、做细、做实，保证各类数据权威、全面、准确性，为征地拆迁安置的补偿兑付等一系列工作打下了基础。

五、加强舆论宣传，为征迁维稳营造良好的氛围

采取各种措施加强舆论宣传，维护社会稳定：一是加强工程重要性宣传。通过广播、电视专访、报纸专版、图片、宣传车等多种形式宣传工程建设的重要意义和对汉江中下游的重要作用，同时深入农户作细致思想工作，争取群众理解和支持。二是加强补偿政策宣传。组织专门人员编印补偿政策宣传提纲、问题解答、征求意见表等，分发到每个拆迁户，与群众面对面座谈对话，宣讲政策，解决疑难，化解矛盾。三是抓好征迁政策培训。湖北省南水北调办举办引江济汉工程征地补偿和拆迁安置政策法规培训班，提高了相关人员在征地拆迁安置工作中的政策法规意识和工作能力。四是认真做好矛盾纠纷排查化解工作。切实做好群众上访、信访工作接待，耐心倾听他们的诉求，做细致的政策宣传解释工作，及时解决群众的合理诉求，让群众满意，为维护社会稳定等创造了良好的条件。

六、完善监督评估，为征迁工作达标提供重要抓手

监督评估是征地拆迁安置工作顺利进行的重要环节，湖北省南水北调办通过对征地拆迁安置监督评估工作的专项检查，提高了监督评估工作的效能。实践证明，完善监督评估体系，实行有效监督并主动接受群众监督，是完成征地拆迁安置工作的重要抓手。

实践经验证明，做好南水北调工程征地拆迁安置工作，要坚持“六到家”：全面普查调查摸底工作做到家；逐户分析，征求意见工作做到家；政策宣传，家喻户晓工作做到家；真情为民，排忧解难工作做到家；找准症结，沟通疏导工作做到家；保障征迁人权益，法律咨询工作做到家。同时要做到“四到位”：干部带头示范作用要到位；以市、县（市、区）为主体，以镇（乡）搬迁服务要到位；完善制度，监督保证要到位；坚持原则，依法依规协调要到位。做到政策公开、承诺兑现、领导包户、激励先进，实行人性化操作等措施。南水北调汉江中下游治理工程征地拆迁安置任务的顺利完成，得益于省委、省政府的正确领导，得益于国务院南水北调办的大力支持；得益于湖北省南水北调办精心组织和指挥；得益于各级市、县（市、区）党委、政府重视和支持；得益于设计、监理和有关单位的团结合作；得益于项目建设单位的密切配合；得益于各级南水北调办有一支“爱岗敬业，吃苦耐劳，团结协作，乐于奉献，勇于创新”的工作队伍。

第六章　征地移民工作经验与体会

南水北调工程东线、中线一期工程分别于2002年12月27日和2003年12月30日正式开工建设。2013年11月15日南水北调东线一期工程正式通水，2014年12月12日南水北调中线一期工程正式通水，标志着南水北调东、中线一期工程的基本完成并逐步开始发挥效益。征地移民是“天下第一难”的工作，是制约工程建设按期完成的关键因素之一。征地移民工作顺利完成，有力地保证了工程建设的顺利实施和通水目标如期实现。习近平总书记在2015年新年贺词中说“南水北调中线一期工程正式通水，沿线40多万人移民搬迁，为这个工程作出了无私奉献，我们要向他们表示敬意，希望他们在新的家园生活幸福。”

征地拆迁和移民安置是工程建设和水库蓄水的前提条件，是工程建设的重要组成部分，荣辱与共，功不可没。在党中央、国务院的正确领导下，在地方各级党委、政府和各有关部门的共同努力下，在广大征地移民干部辛勤工作下，在工程沿线和库区广大群众的支持下，南水北调征地移民工作以人民利益为中心，以科学发展观为指导，始终坚持讲政治、讲大局、讲奉献，精心组织，统筹安排，抢抓机遇，奋力拼搏，取得了辉煌的成效：南水北调东、中线一期干线工程总长2400多km，完成永久征地43万亩，临时用地45万亩，搬迁安置群众10多万人；完成丹江口库区移民搬迁34.5万人，迁建15座城（集）镇，重建和补偿585家单位和161家工业企业以及若干专业项目，永久征地53万亩。

辉煌成绩的背后，凝聚了几代党和国家领导的关怀和牵挂、地方各级党委政府的智慧、广大干部的汗水和泪水、移民群众的无私奉献和付出，是决策者、建设者、管理者和广大移民群众共同努力的结果，是社会主义制度优越性的集中体现，是中华民族伟大精神的再现。向那些在征地移民战线工作过的、支持过的和关心过的干部群众表示由衷的敬意和感谢。通过南水北调征地移民十多年工作的实践探索，以下五方面的工作体会值得借鉴参考。

（1）坚持党的领导和科学发展观在征地移民工作中的统领地位。充分发挥新时代中国特色社会主义可以集中力量办大事的制度优势和政治优势，把科学发展的理念及构建社会主义和谐社会的要求贯穿到征地移民各个方面，做到以人为本，维护好国家和人民的利益；做到科学规划，实事求是，不断探索和总结客观规律，提高工作水平，维护移民群众切身利益；做到和谐征迁和移民搬迁，共同营造良好的和谐氛围。

（2）坚持以改革创新的精神研究和解决征地移民问题。南水北调工程是当今世界上规模最大的水利工程，工程的建设和投资规模、管理和协调难度都是前所未有的。针对南水北调工程的特点，面对征地移民工作中遇到的新情况、新问题，必须遵循经济社会发展规律和以人为本的社会规律，突破传统观念、陈旧规定和不合理标准的束缚，以改革创新的精神，完善新制度，实现新探索，总结新经验，开拓新局面，才能赢得移民群众的理解和支持。

（3）坚持在工程建设中维护人民利益、促进社会和谐。南水北调工程是造福当代、惠及子孙的伟大工程，工程的建设过程必须充分体现对人民利益的尊重和对社会和谐的促进。要认真倾听地方政府和人民群众的诉求，把政策的严肃性与执行的灵活性结合起来，把规划工作的普遍性与解决问题的特殊性结合起来，把为子孙后代谋福祉与为沿线群众谋利益结合起来，设身处地为人民群众着想，想方设法解决群众的合理诉求，处理好征地拆迁和移民安置中遇到的各种问题，主动营造和谐氛围。

（4）坚持按客观规律办事和规范管理。南水北调工程建设是在社会主义市场经济条件下进行的，必须充分考虑群众利益、科学规划、据实计列投资，创新工作机制，统筹处理好前期工作、征地移民实施工作、工程建设、投资控制的关系，全面协调地推动各项工作。通过征地移民工作的顺利实施，对管理体制及规章制度的实施效果作出科学评价，及时调整、完善，为工程建设管理提供政策支持。

（5）坚持加强统筹协调和营造团结共建氛围。南水北调是系统工程，必须调动各方面的积极性。在征地移民中，既发挥地方政府的主导作用，又加强相关部门的检查监督。着力构建各项工作相互支持、协调配合的氛围，形成团结共建的良好局面。

征地移民大事记

2002 年

5 月 8—9 日，国务院副总理温家宝，在河南省委书记陈奎元、省长李克强等陪同下，考察了南水北调中线陶岔渠首闸、穿越黄河工程，以及丹江口库区淅川县移民工作情况。

2003 年

2 月 10 日，南水北调中线丹江口水利枢纽大坝加高工程水库淹没指标调查河南省联合调查组在淅川县召开第一次工作会议，安排部署有关调查事宜。此次会议的召开，标志着南水北调中线工程前期准备工作正式开始。

2004 年

10 月 25 日，国务院南水北调工程建设委员会第二次全体会议在北京召开。确定了南水北调工程建设征地移民管理的体制机制和补偿标准。

2005 年

4 月 5 日，南水北调征地移民工作会议在北京召开。国务院南水北调办分别与南水北调东、中线一期工程沿线北京、天津、河北、河南、湖北、江苏、山东等七省（直辖市）政府签订了《南水北调主体工程建设征地补偿和移民安置责任书》，落实征地移民工作责任。

4 月 8 日，河北省召开全省南水北调工作会议，部署河北省南水北调工作。河北省政府分别与石家庄、邯郸、邢台、保定市政府签订了《河北省南水北调中线主体工程建设征迁安置责任书》。

4 月 13 日，河南省政府召开南水北调中线工程豫北段征地移民规划会，部署安排南水北调中线穿黄工程移民技施设计和黄河北至姜河段渠线征地移民安置初设规划工作。

6 月 3 日，南水北调工程北京段征地拆迁工作会召开。北京市南水北调办与海淀区、丰台区、房山区政府签订了《北京市南水北调工程征地拆迁责任书》。

6 月 6 日，国土资源部和国务院南水北调办联合印发《关于南水北调工程建设用地有关问题的通知》（国土资发〔2005〕110 号），对南水北调工程建设项目用地预审、永久性用地申报、建设用地报批材料、控制工期的单体工程先行用地、征地补偿安置以及耕地占补平衡等问题作出明确规定。通知决定成立南水北调工程用地协调小组，以保证南水北调工程依法、及时用地。

6月8日，国务院南水北调办印发《南水北调工程建设征地补偿和移民安置资金管理办法（试行）》（国调办经财〔2005〕39号）。

7月25日，南水北调中线建管局与河北省南水北调办签订南水北调中线京石段应急供水工程（石家庄至北拒马河段）征地补偿和移民安置工作协议。

9月7日，南水北调中线建管局与北京市南水北调办签订南水北调中线京石段应急供水工程（北京段）征地、拆迁补偿工作协议。

11月11日，财政部印发《南水北调工程征地移民资金会计核算办法》（财会〔2005〕39号）。

2006年

2月20日，国务院南水北调工程建设委员会印发《关于进一步做好南水北调工程征地移民工作的通知》（国调委发〔2006〕1号），要求认真落实征地移民管理体制，严格执行国家批准的征地补偿和移民安置概算，切实安置好被征地农民和农村移民的生产生活。

2月27日，经国务院批准，国土资源部批复了南水北调中线京石段应急供水工程建设用地。

3月17日，河北省政府召开了南水北调京石段应急供水工程征迁安置工作会议。工程沿线市县政府和省直有关部门参加。会上，省政府与沿线地市级政府签订了责任书。

5月15日，河南省召开南水北调中线工程征地移民工作会议。

6月21—23日，中共中央政治局委员、国务院副总理曾培炎考察丹江口大坝加高施工现场和移民新村，察看丹江口水库水质检测情况。他强调，实施南水北调工程是优化水资源配置、缓解北方地区水资源短缺状况的一项重大举措，也是落实科学发展观、建设资源节约型和环境友好型社会的一次重要实践。要坚持保护优先、防治结合，统筹协调、突出重点，加大水污染防治和生态保护与建设力度，扎实做好水源地保护工作，切实保障人民群众用水安全，促进经济社会可持续发展。

12月27日，干线北京段工程永久征地组卷全部完成。

2007年

2月2日，丹江口库区移民工作座谈会在郑州召开，研究移民工作中出现的新情况、新问题，部署下一步工作。

6月21日，南水北调工程矛盾纠纷排查化解工作会议在北京召开。

10月25日，南水北调工程丹江口水库库区移民试点工作会议在北京召开。会议确定库区移民试点方案编制工作，落实移民试点工作责任，明确工作时限。

12月，干线北京段主体工程征地拆迁工作全部完成。

2008年

3月4—7日，国务院南水北调办会同国家发展改革委、国土资源部、水利部、国家林业局赴河南、湖北两省专题调研丹江口库区移民规划和试点工作有关问题。

5月10日，国务院总理温家宝到河南视察，期间在南阳市卧龙区听取了河南省有关南水北

调中线干线主体工程、水源地保护、移民安置、配套工程等情况汇报。

6月24日，南水北调工程征地移民工作会议在郑州召开，总结南水北调征地移民工作的经验教训，表彰先进单位和先进个人，部署下一步工作。

9月10日，国务院南水北调办邀请国办秘书局、人力资源和社会保障部、水利部、国土资源部、国务院法制办召开南水北调征地移民社会保障政策问题座谈会。

10月17日，国务院南水北调办下发《关于开展丹江口库区移民安置试点工作的通知》，试点任务包括河南、湖北两省移民2.3万人。

10月22—23日，国务院南水北调办在北京召开丹江口库区移民初步设计工作协调会，研究部署移民初步设计及实施方案编制报批工作。

10月27日，河南省政府印发《关于南水北调中线工程丹江口水库移民安置优惠政策的通知》(豫政〔2008〕56号)。

11月7日，河南省丹江口库区移民安置动员大会在郑州召开。

11月24日，湖北省政府办公厅印发《关于做好南水北调中线工程丹江口库区移民试点工作的通知》(鄂政办发〔2008〕78号)。

11月25日，湖北省在武汉召开丹江口库区移民试点工作动员会议，标志着南水北调中线水源地丹江口库区移民试点工作全面启动。

12月21—27日，国务院南水北调办会同人力资源和社会保障部、水利部、国家林业局、国务院法制办组成全国落实水库移民政策第五督查组，赴河北、河南两省进行专题督查。

2009年

2月12日，河南省政府办公厅出台《关于进一步推进南水北调中线工程丹江口库区移民新村建设的意见》。

5月23—25日，南水北调丹江口库区移民试点及干线工程征迁工作现场经验交流会在郑州召开，总结交流南水北调工程征地移民工作经验，要求加快推进并努力做好征地移民工作。

6月14日，湖北省政府召开全省南水北调中线工程丹江口库区移民实施规划工作会议，全面部署丹江口库区移民实施规划工作。

7月10日，中共中央政治局常委、中央书记处书记、国家副主席习近平对焦作城区段征迁工作作出重要批示："河南省焦作市在深入学习实践科学发展观活动中，坚持以人为本、和谐征迁，确保南水北调工程顺利实施的做法很有特点、很有成效。"

7月16—17日，河南省委、省政府分别召开省委常委会议和省政府常务会议，专题研究部署南水北调丹江口库区移民安置工作，并通过了省南水北调办、省政府移民办拟定的《南水北调丹江口库区移民安置工作实施方案》。会议要求，进一步统一思想，提高认识，下定决心，坚定信心，举河南省之力，采取有力措施，积极主动打好移民安置攻坚战，确保移民任务圆满完成。

7月29—30日，河南省委、省政府在南阳市淅川县召开全省南水北调丹江口库区大规模移民动员大会，安排部署库区移民工作。

8月16日，河南省南水北调丹江口库区试点移民搬迁启动，首批来自南水北调丹江口库区淅川县滔河乡姬家营的300多名移民喜迁新居。

8月19日，南水北调工程征地移民维稳工作座谈会在北京召开。

8月20日，湖北省首批移民搬迁在襄樊市惠岗村和荆门市新河村同时启动。

9月22日，河南省南水北调丹江口库区移民安置指挥部在郑州召开会议，安排部署移民安置对接工作。

10月20日，河南省南水北调丹江口库区第一批移民实施动员大会在郑州召开，总结丹江口库区移民安置工作，明确2010年移民搬迁目标任务。

2010年

1月25日，河南省政府下发通报，表彰南水北调中线工程丹江口库区试点移民工作和南水北调中线工程干线征迁工作先进单位。

2月9日，河南省召开南水北调干线征地拆迁和施工环境协调会议，对南水北调河南段总干渠征迁和施工环境问题提出了明确要求。

5月24日，湖北省政府召开全省南水北调中线工程丹江口水库移民工作现场会，总结前段工作，安排部署下一段工作。

6月10日，湖北省南水北调中线工程丹江口库区大规模搬迁首批移民入住武汉市黄陂区。

6月17日，河南省丹江口库区第一批大规模移民搬迁启动。

6月23日，南水北调工程丹江口库区移民试点和干线征迁工作总结表彰大会在湖北武汉举行，表彰工作中表现突出的先进集体和先进个人，安排部署下一阶段南水北调工程征地移民工作。

7月23日，湖北省政府召开专题座谈会，对湖北省丹江口库区大规模移民搬迁安置工作进行再次动员部署。

9月1日，国务院南水北调办在江苏徐州召开南水北调工程征地移民预防和处置群体性事件工作座谈会。

9月4日，河南省完成丹江口库区第一批移民的集中搬迁任务。

10月9日，中共中央政治局常委、国务院副总理、国务院南水北调工程建设委员会主任李克强在河南南阳主持召开南水北调工程建设工作座谈会并作重要讲话，强调把事关全局和保障民生的南水北调工程建设好。会前，李克强考察了南水北调渠首陶岔枢纽建设、丹江口库区水质和库区移民搬迁安置。

10月9—12日，国务院南水北调办主任鄂竟平分别主持召开工程沿线七省（直辖市）南水北调办、移民办、项目法人单位主要负责人会议和办机关司局长专题会议，认真学习领会、贯彻落实李克强同志在南水北调工程建设工作座谈会上的重要讲话精神，并结合南水北调工作实际，对下一步工作进行了部署。

10月26日，河南省委、省政府在郑州召开南水北调丹江口库区第一批移民总结表彰暨第二批移民安置再动员电视电话会，总结第一批移民搬迁安置工作，表彰优秀（先进）单位和先进个人，并对第二批移民搬迁工作进行再动员、再部署。

11月28日，湖北省圆满完成18023户、76652人的外迁移民搬迁安置任务，标志着2010年度丹江口库区大规模移民搬迁任务圆满完成。

12月28日，湖北省委、省政府在武汉召开南水北调中线工程丹江口水库移民外迁工作总

结表彰会议。

2011 年

1 月 9 日，河南省委、省政府召开 2011 年河南省南水北调工程建设暨移民征迁工作会议，总结 2010 年工作，分析形势，研究部署 2011 年的工作任务。

3 月 28 日，湖北省委、省政府在十堰召开现场办公会，对丹江口库区移民内安工作进行全面部署。

3 月 30 日，国务院南水北调办在武汉召开丹江口库区移民工作座谈会，深入贯彻落实建委会第五次全体会议精神，围绕办党组提出的“两制度、两机制”要求，深入细致做好移民搬迁工作，确保和谐搬迁、和谐移民。

4 月 19 日，河南省移民安置指挥部在郑州召开丹江口库区第二批移民搬迁动员会，要求在 5 月 1 日至 8 月 31 日圆满完成第二批大规模移民搬迁任务。

5 月 5 日，河南省淅川县大石桥乡西岭村第一批 147 户 693 名移民登上了开往郑州市腰店镇移民新村的客车，标志着河南省南水北调丹江口库区第二批移民大搬迁全面启动。

6 月 7 日，湖北省政府在荆州召开南水北调中线引江济汉工程征迁安置工作总结暨工程建设动员会议。

6 月 30 日，湖北省正式启动南水北调中线工程丹江口库区第一批内安移民搬迁，十堰市武当山特区 289 户 1213 名内安移民顺利搬迁入住该区太极湖办事处石家庄村大屋场等 3 个移民新村。

7 月 26 日，湖北省直部门支持帮扶中线工程丹江口水库移民内安工作会议在武汉召开。

8 月 25 日，河南省南水北调丹江口库区第二批农村移民集中搬迁基本完成暨襄城县张庄村移民入住仪式在河南省许昌市举行。至此，河南省丹江口库区第二批大规模农村移民集中外迁基本结束。

8 月 25 日，湖北省丹江口水库内安移民生产安置工作会议在武汉召开。

9 月 8 日，河南省移民安置指挥部召开全省丹江口库区第二批移民搬迁后续帮扶工作动员会，动员全省各级各有关部门全力做好移民后续帮扶。

9 月 15—16 日，国务院南水北调办在郑州召开南水北调工程建设用地手续办理工作座谈会，部署加快工程建设用地手续组卷报批工作。

10 月 11 日，中线引江济汉荆州段工程建设工作督办座谈会在湖北武汉召开，重点研究工程征地拆迁安置扫尾阶段的工作。

11 月 3—4 日，国务院南水北调办在湖北宜昌召开南水北调工程征地移民预防和处置群体性事件工作座谈会。

12 月 20 日，湖北省丹江口库区农村移民搬迁基本结束，这标志着涉及湖北、河南两省的南水北调丹江口库区大规模移民搬迁基本完成。截至年底，累计搬迁移民 33 万，占移民总数 34.5 万的 96%。

2012 年

1 月 14 日，河南省南水北调丹江口库区移民安置指挥部召开河南省南水北调丹江口库区移民迁安包县工作座谈会。

1月17日，湖北省委书记李鸿忠深入湖北天门市白茅湖移民安置点，看望慰问丹江口库区移民群众。

1月20日，国务院南水北调办主任鄂竟平、副主任蒋旭光深入河南省郑州市中牟县和荥阳市移民安置点，看望慰问丹江口库区移民群众。

2月10日，国务院南水北调办召开南水北调丹江口库区移民重点工作会商会。

3月15—16日，国务院南水北调办副主任蒋旭光赴湖北郧县、丹江口市、武当山特区调研移民工作。

3月17日，湖北省南水北调丹江口库区移民内安工作现场会在十堰市召开。

3月21日，河南省南阳市南水北调丹江口水库移民发展致富工作动员大会召开，总结大规模移民搬迁后续发展工作，安排部署移民发展致富工作。

5月31日，湖北省在天门市召开全省南水北调中线工程丹江口水库外迁移民工作现场会。

6月19日，国务院南水北调办召开丹江口库区移民进度商处会。

8月22日，河南省在郑州召开南水北调丹江口库区移民工作座谈会，贯彻落实省政府《关于加强南水北调丹江口库区移民后期帮扶工作的意见》，安排部署丹江口库区移民后期帮扶工作。

8月27日，国务院南水北调办召开丹江口库区移民干部先进事迹新闻通气会。

8月28日，国务院南水北调办召开南水北调工程征地移民维护稳定工作会议。

8月28—30日，河南省召开大中型水库移民后期扶持暨生产发展工作会议，对南水北调丹江口库区移民后期扶持与生产发展工作做出部署。

9月17—19日，国务院南水北调办副主任蒋旭光调研湖北十堰郧县和丹江口市库区移民安置和库底清理工作。

9月18日，湖北省南水北调丹江口水库移民搬迁安置工作表彰暨帮扶发展动员大会在十堰市召开。

10月8日，全面反映南水北调丹江口库区移民搬迁安置的长篇报告文学《向人民报告——中国南水北调大移民》出版发行。

10月16—18日，国务院南水北调办分别在湖北、河南召开南水北调工程丹江口库区移民生产发展交流会。

12月19—22日，国务院南水北调办副主任蒋旭光调研湖北十堰郧县和丹江口市库区库底清理工作。

2013年

2月25—28日，国务院南水北调办副主任蒋旭光赴河南省调研丹江口水库库底清理和移民村创新社会管理工作，并出席2013年丹江口库区移民进度商处会。

4月17—20日，国务院南水北调办副主任蒋旭光深入湖北省丹江口库区检查督导库底清理工作。

4月25日，国务院南水北调办在河北邢台召开南水北调工程干线征迁安置工作商促会。国务院南水北调办副主任蒋旭光出席会议并讲话。

6月14—17日，国务院南水北调办组织开展南水北调丹江口水库大坝加高工程建设征地补偿和移民安置蓄水前文物保护初验技术性初步验收。

6月18—21日，国务院南水北调办副主任蒋旭光深入河南省丹江口库区检查库底清理、验收工作并调研移民村创新社会管理。

7月16—18日，国务院南水北调办副主任蒋旭光赴湖北十堰丹江口、郧县等地，调研丹江口水库库底清理、验收和高切坡治理工作，并深入移民村及群众家中走访。

7月16—21日，国务院南水北调办组织开展南水北调丹江口水库大坝加高工程建设征地补偿和移民安置蓄水前移民搬迁安置终验技术性初步验收。

8月1日，国务院南水北调办在天津召开南水北调工程干线征迁安置工作商促会，研究落实近期干线征迁安置重点工作。国务院南水北调办副主任蒋旭光出席会议并讲话。

8月5—10日，国务院南水北调办组织开展南水北调丹江口水库大坝加高工程建设征地补偿和移民安置蓄水前库底清理终验技术性初步验收。

8月22日，国务院南水北调办组织召开南水北调丹江口水库大坝加高工程建设征地补偿和移民安置蓄水前终验会议。国务院南水北调办副主任、南水北调丹江口库区移民安置终验验收委员会主任蒋旭光宣布，南水北调丹江口库区移民安置验收通过蓄水前终验。

8月28—29日，国务院南水北调办副主任蒋旭光一行结合群众路线教育实践活动，赴江苏省调研东线工程通水前征迁有关工作，深入徐州市沛县和铜山区的南四湖下级湖湖区了解有关抬高蓄水位的影响处理情况。

9月4—5日，国务院南水北调办主任鄂竟平赴河南省调研南水北调丹江口库区移民工作。

11月26—27日，国务院南水北调办主任鄂竟平赴湖北省调研南水北调丹江口库区移民工作。

2014年

1月7日，丹江口库区淅川县移民精神报告团到国务院南水北调办作报告。国务院南水北调办主任鄂竟平，副主任张野、蒋旭光、于幼军出席报告会，蒋旭光代表办党组讲话。

2月25日，国务院南水北调办在北京组织召开丹江口库区移民进度商处会，安排部署2014年丹江口库区移民工作。

3月19—21日，国务院南水北调办副主任蒋旭光一行赴湖北省丹江口库区，检查库区内安移民工作蓄水前“回头看”活动开展情况。

3月26—28日，国务院南水北调办副主任蒋旭光一行赴河南省，检查丹江口库区内安移民“回头看”活动开展情况，调研移民生产帮扶发展。

4月8日，南水北调工程第四部公益宣传片《移民篇》在中央电视台各频道正式播出。

5月14—16日，国务院南水北调办副主任蒋旭光一行赴河南省调研中线工程通水前征迁有关工作。

5月28—30日，国务院南水北调办副主任蒋旭光一行赴河北省调研中线工程通水前征迁有关工作。

6月3日，湖北省政府主持召开《丹江口库区及上游水污染防治和水土保持“十二五”规划》实施推进会议，研究规划实施存在的问题，督办项目建设进度。

6月11日，湖北省政府在十堰市郧县召开南水北调丹江口水库移民安稳发展现场会。国务院南水北调办副主任蒋旭光和湖北省副省长梁惠玲出席会议并讲话。

8月11—13日，国务院南水北调办副主任蒋旭光赴河南省调研中线工程通水前有关征迁工作完成情况，并出席干线临时用地复垦退还推进会。

8月21日，国务院南水北调办在武汉召开南水北调干线征迁工作商促会，研究落实干线征迁安置重点工作。国务院南水北调办副主任蒋旭光出席会议并讲话。

10月15—16日，国务院南水北调办副主任蒋旭光一行赴河南省调研丹江口蓄水安全和库区移民发展稳定工作，慰问移民干部群众。

10月23日，国务院南水北调办在河南省郑州市召开南水北调工程征地移民维护稳定工作会。

12月31日，国家主席习近平通过中国国际广播电台、中央人民广播电台、中央电视台，发表2015年新年贺词。贺词指出："12月12日，南水北调中线一期工程正式通水，沿线40多万人移民搬迁，为这个工程作出了无私奉献，我们要向他们表示敬意，希望他们在新的家园生活幸福。"

2015年

2月3—5日，国务院南水北调办副主任蒋旭光一行赴河南省调研南水北调工程丹江口库区移民工作，看望慰问移民干部、群众。

3月24—25日，国务院南水北调办主任鄂竟平率调研组赴湖北省调研丹江口水库移民安置和水质保护工作，看望慰问库区移民干部群众。

3月25—26日，国务院南水北调办主任鄂竟平率调研组赴河南省调研丹江口库区移民工作，看望慰问库区移民干部群众。

4月22—23日，中共中央政治局常委、国务院副总理、国务院南水北调工程建设委员会主任张高丽在河南调研南水北调工程建设管理有关工作。22日，张高丽巡视了丹江口水库，察看现场提取的水样，了解库区水环境保护情况；深入到河南淅川县陶岔村实地考察中线渠首枢纽工程，察看大坝，了解并听取通水有关情况介绍；走进九重镇桦栎扒移民新村调研和看望村民。23日上午，在河南南阳召开南水北调工程建设管理工作座谈会，传达学习习近平总书记和李克强总理关于南水北调建设管理的重要指示批示精神，听取南水北调工作情况汇报，研究部署下一阶段工作。

5月28—29日，国务院南水北调办副主任蒋旭光率调研组赴湖北省调研丹江口库区移民帮扶发展工作。

9月24日，国务院南水北调办在武汉召开南水北调工程丹江口库区移民商处会，研究部署库区移民总体验收和移民后续帮扶发展规划编制工作。

10月13日，丹江口库区移民干部、河南省淅川县西簧乡党委书记向晓丽荣获"全国道德模范"提名奖。

11月5日，国务院南水北调办在南京召开南水北调干线工程征迁工作会，研究协调落实干线征迁安置重点工作。

2016年

6月13—15日，国务院南水北调办副主任蒋旭光赴湖北省调研丹江口库区移民和定点扶贫工作。

6月23日，国务院南水北调办在济南召开南水北调征地拆迁商促会，研究部署干线征迁安置近期重点工作。

9月23日，国务院南水北调办在郑州召开丹江口库区移民商促会，研究库区移民工作有关问题，部署下阶段工作。

12月5—6日，国务院南水北调办副主任蒋旭光率队调研丹江口库区移民稳定发展工作，并会见河南省委有关领导，就有关移民工作交换了意见。

2017年

6月6—9日，国务院南水北调办副主任蒋旭光赴湖北省调研南水北调丹江口水库移民发展稳定及定点扶贫工作情况，看望慰问移民干部群众和扶贫挂职干部。

7月6日，国务院南水北调办在河南省郑州市召开2017年南水北调工程干线征迁商促会，研究部署今后一个阶段干线征迁重点工作。

8月9—10日，2017年南水北调工程库区移民商促会在湖北省召开，会议部署了下阶段工作任务。

8月15日，河南省南水北调中线工程丹江口水库移民搬迁安置通过省级总体验收。

9月21日，国务院南水北调办在天津召开南水北调工程征地移民维护稳定工作会，围绕迎接党的十九大胜利召开确保社会稳定，对征地移民信访稳定工作进行再加压、再部署。

9月25—26日，国务院南水北调办主任鄂竟平赴湖北省调研南水北调丹江口水库移民后续稳定发展情况，看望慰问移民干部群众。

9月29—30日，国务院南水北调办副主任蒋旭光率队赴河南省调研南水北调丹江口水库移民稳定发展情况。

11月15—18日，国务院南水北调办副主任蒋旭光一行赴湖北省调研南水北调丹江口库区移民和定点扶贫工作。调研期间，会见了湖北省有关领导，并就有关南水北调移民工作交换了意见。

11月29日至12月1日，国务院南水北调办副主任蒋旭光一行赴河南省调研南水北调丹江口库区移民稳定发展工作，看望库区移民干部群众，并考察南水北调干部学院。

12月29日，湖北省南水北调中线工程丹江口水库移民搬迁安置通过省级总体验收，湖北省南水北调工程移民安置工作按规划全面完成。

附　　录

南水北调征地移民重要文件目录

1. 关于南水北调工程总体规划的批复（国函〔2002〕117号）

2. 关于严格控制南水北调中、东线第一期工程输水干线征地范围内基本建设和人口增长的通知（国调办环移〔2003〕7号）

3. 关于印发《南水北调工程建设征地补偿和移民安置暂行办法》的通知（国调委发〔2005〕1号）

4. 关于南水北调工程建设中城市征地拆迁补偿有关问题的通知（国调委发〔2005〕2号）

5. 关于南水北调工程建设征地有关税费计列问题的通知（国调委发〔2005〕3号）

6. 南水北调工程建设征地补偿和移民安置资金管理办法（国调办经财〔2005〕39号）

7. 南水北调工程建设征地补偿和移民安置监理暂行办法（国调办环移〔2005〕58号）

8. 南水北调工程建设移民安置监测评估暂行办法（国调办环移〔2005〕58号）

9. 关于印发《南水北调干线工程征迁安置验收办法》的通知（国调办征地〔2010〕19号）

10. 关于印发《南水北调工程征地移民档案管理办法》的通知（国调办征地〔2010〕57号）

11. 关于印发《南水北调丹江口水库大坝加高工程建设征地补偿和移民安置验收管理办法（试行）》的通知（国调办征地〔2011〕30号）

12. 关于进一步做好南水北调工程建设临时用地退还复垦工作的通知（国调办征移〔2012〕224号）

13. 北京市南水北调工程保护办法（北京市人民政府令第230号）

14. 北京市南水北调工程征迁安置验收实施细则（京调办〔2011〕69号）

15. 北京市南水北调工程征迁安置档案管理办法（京调办〔2012〕47号）

16. 天津市被征地农民社会保障试行办法（津政发〔2004〕112号）

17. 关于严格控制南水北调天津干线征地范围内基本建设和人口增长的通告（津政发〔2005〕116号）

18. 天津市南水北调工程建设征地拆迁临时用地交付程序（津调水移〔2008〕17号）

19. 天津市南水北调工程建设征地拆迁变更程序（津调水移〔2009〕1号）

20. 南水北调天津干线工程征地拆迁档案验收工作指导意见（津调水移〔2013〕4号）

21. 河北省人民政府关于印发河北省南水北调中线干线工程建设征地拆迁安置暂行办法的通知（冀政〔2005〕77号）

22. 河北省南水北调工程建设委员会办公室关于印发《南水北调中线干线工程河北境内临

时用地工作协调会议纪要》的通知（冀调水计〔2009〕8号）

23. 河北省南水北调工程建设委员会办公室关于印发《南水北调中线干线工程河北境内征迁安置实施方案编制大纲》的通知（冀调水计〔2009〕17号）

24. 河北省南水北调工程建设委员会办公室关于印发《南水北调中线干线工程河北境内征迁安置监理工作导则》的通知（冀调水计〔2009〕32号）

25. 河北省南水北调办、河北省档案局关于印发《河北省南水北调中线干线工程征迁安置档案管理办法》的通知（冀调水计〔2012〕44号）

26. 河北省南水北调工程建设委员会办公室关于印发《河北省南水北调中线干线工程征迁安置验收办法》的通知（冀调水计〔2012〕61号）

27. 河北省南水北调工程建设委员会办公室关于印发《河北省南水北调中线干线工程征迁安置验收大纲》的通知（冀调水计〔2018〕17号）

28. 关于对南水北调东线工程建设用地范围进行严格规划控制的通知（苏政传发〔2006〕19号）

29. 南水北调东线一期江苏境内工程建设征地补偿和移民安置实施方案编制大纲（苏调办〔2007〕17号）

30. 关于印发《南水北调东线一期江苏境内工程建设征地移民工作年度考核办法（试行）》的通知（苏调办〔2008〕41号）

31. 江苏省南水北调工程征地补偿和移民安置资金财务管理办法（试行）（苏调办〔2005〕39号）

32. 关于做好南水北调工程征地补偿和移民安置竣工财务决算编制工作的通知（苏调办〔2008〕32号）

33. 关于印发《江苏省南水北调工程征地移民档案管理实施细则》的通知（苏调办〔2010〕62号）

34. 关于做好江苏省南水北调工程征迁移民安置完工验收工作的通知（苏调办〔2012〕61号）

35. 关于加强江苏南水北调工程征迁安置管理工作的补充意见（苏调办〔2014〕33号）

36. 山东省南水北调工程征地移民实施管理暂行办法（鲁调水政字〔2009〕15号）

37. 山东省南水北调工程征地移民评比奖励办法（鲁调水指字〔2008〕8号）

38. 山东省南水北调工程临时用地复垦实施管理办法（鲁调水政字〔2009〕13号）

39. 山东省南水北调工程专项设施恢复建设实施管理暂行办法（鲁调水政字〔2009〕14号）

40. 山东省南水北调工程永久界桩埋设及管理暂行办法（鲁调水指字〔2007〕6号）

41. 关于加强南水北调工程征地边界管理工作的通知（鲁调水政字〔2010〕13号）

42. 山东省南水北调工程征地移民验收管理暂行办法（鲁调水政字〔2009〕20号）

43. 山东省南水北调工程征地移民档案管理暂行办法（鲁调水政字〔2009〕46号）

44. 山东省南水北调工程征地移民实施方案编报和审查管理办法（鲁调水政字〔2010〕31号）

45. 关于南水北调工程征地移民实施方案编制有关问题的通知（鲁调水指字〔2010〕17号）

46. 山东省南水北调工程征地移民设计变更管理暂行办法（鲁调水征字〔2010〕7号）

47. 关于严格控制南水北调中线工程总干渠征地范围内基本建设和人口增长的通知（豫政〔2003〕39号）

48. 关于河南省南水北调中线工程总干渠土地补偿费分配使用的指导意见（豫政办〔2010〕15号）

49. 关于明确南水北调中线工程总干渠征地拆迁有关机制的通知（豫调办〔2008〕52号）

50. 河南省南水北调工作征迁安置工作督察办法（豫移〔2009〕12号）

51. 河南省南水北调工作征迁安置工作奖惩办法（豫移〔2009〕14号）

52. 关于总干渠生产开发资金使用管理指导意见（豫移〔2012〕15号）

53. 河南省南水北调中线干线工程征迁安置验收实施细则（修订稿）（豫移〔2017〕20号）

54. 河南省《南水北调工程征地移民档案管理办法》实施细则（豫移办〔2010〕32号）

55. 河南省南水北调干线征迁安置项目档案验收实施办法（豫移办〔2014〕3号）

56. 关于补充完善南水北调中线工程总干渠征地拆迁工作机制的通知（豫移干〔2009〕101号）

57. 河南省南水北调总干渠边角地处理指导意见（豫移干〔2012〕229号）

58. 河南省南水北调中线干线工程建设临时用地复垦管理指导意见（豫移干〔2012〕282号）

59. 河南省人民政府关于南水北调中线工程丹江口水库移民安置优惠政策的通知（豫政〔2008〕56号）

60. 河南省人民政府办公厅关于进一步推进南水北调中线工程丹江口库区移民新村建设的意见（豫政办〔2009〕11号）

61. 河南省南水北调丹江口库区移民安置实施办法（试行）（豫移指〔2009〕54号）

62. 河南省南水北调工程丹江口库区移民安置工作督查办法（豫移〔2008〕9号）

63. 河南省南水北调丹江口库区移民搬迁安置奖惩暂行办法（豫移〔2009〕2号）

64. 河南省南水北调丹江口库区移民安置计划管理办法（豫移指办〔2009〕19号）

65. 河南省南水北调丹江口库区移民安置建设项目管理办法（豫移指办〔2009〕19号）

66. 河南省南水北调丹江口库区移民新村建设招标投标管理办法（豫移指建〔2009〕5号）

67. 河南省南水北调工程建设征地补偿和移民安置资金管理办法（试行）（豫移综〔2005〕69号）

68. 关于我省南水北调丹江口库区移民生产开发工作指导意见（豫移指〔2010〕33号）

69. 河南省人民政府关于加强南水北调丹江口库区移民后期帮扶工作的意见（豫政〔2012〕63号）

70. 湖北省南水北调汉江中下游治理工程建设管理实施意见的通知（鄂政办发〔2006〕69号）

71. 湖北省南水北调办关于印发《汉江中下游治理工程征地拆迁资金管理暂行办法》的通知（鄂调水办〔2009〕4号）

72. 湖北省国土资源厅关于加强临时用地管理的通知（鄂土资发〔2009〕39号）

73. 湖北省南水北调中线一期汉江中下游治理工程征地拆迁安置实施细则（鄂调水办〔2010〕79号）

74. 湖北省南水北调办 湖北省档案局关于印发《南水北调中线汉江中下游治理工程征地拆迁安置档案管理实施办法》的通知（鄂调水办〔2012〕68号）

75. 湖北省南水北调办关于印发《湖北省南水北调汉江中下游治理工程征迁安置验收管理实施细则（暂行）》的通知（鄂调水办〔2013〕13号）

76. 湖北省人民政府关于全面推进南水北调中线工程丹江口水库移民工作的通知（鄂政发〔2010〕11 号）

77. 湖北省人民政府办公厅关于做好南水北调中线工程丹江口库区移民试点工作的通知（鄂政办发〔2008〕78 号）

78. 湖北省关于研究南水北调中线工程丹江口库区安置区移民新农村建设有关优惠政策的专题会议纪要（省委专题办公会议纪要〔2009〕第 17 号）

79. 湖北省人民政府办公厅关于成立湖北省南水北调中线工程丹江口水库移民搬迁安置指挥部的通知（鄂政办发〔2009〕67 号）

80. 湖北省南水北调中线工程丹江口水库移民搬迁安置指挥部关于印发《湖北省南水北调中线工程丹江口水库移民新农村建设招标投标管理办法》的通知（鄂移指〔2009〕3 号）

81. 湖北省移民局关于印发《湖北省南水北调中线工程丹江口库区移民资金管理办法（试行）》的通知（鄂移〔2008〕235 号）

82. 湖北省委办公厅 省政府办公厅关于做好对口帮扶南水北调中线工程丹江口库区乡镇移民内安工作的通知（鄂办文〔2011〕25 号）

83. 湖北省人民政府办公厅转发省移民局关于南水北调中线工程丹江口水库移民若干问题意见的通知（鄂政办函〔2010〕112 号）

84. 关于印发湖北省南水北调中线工程 丹江口水库大规模移民外迁实施方案的通知（鄂移指〔2010〕5 号）

《中国南水北调工程　征地移民卷》
编辑出版人员名单

总 责 任 编 辑：胡昌支

副总责任编辑：王　丽

责　任　编　辑：冯红春　吴　娟　郝　英

审　稿　编　辑：王　勤　方　平　冯红春　吴　娟

封　面　设　计：芦　博

版　式　设　计：芦　博

责　任　排　版：吴建军　郭会东　孙　静　丁英玲　聂彦环

责　任　校　对：梁晓静　黄　梅

责　任　印　制：崔志强　焦　岩　王　凌　冯　强